Conversion Factors

Area	1 $mile^2$	=	640 acres
	1 acre	=	0.4047 ha
Density	1 kg/m^3	=	0.06243 lb_m/ft^3
Energy	1 BTU	=	1,055 J
	1 cal	=	4.184 J
	1 J	=	0.7376 ft lb_f
Force	1 lb_f	=	4.448 N
	1 N	=	0.2248 lb_f
Length	1 ft	=	0.3048 m
	1 m	=	3.281 ft
	1 mile	=	5,280 ft
Mass	1 lb_m	=	0.4536 kg
	1 kg	=	2.205 lb_m
Power	1 HP	=	550 ft lb_f/s
	1 kW	=	737.6 ft lb_f/s
Pressure	1 atm	=	14.696 lb_f/in^2
	1 atm	=	1.0133 bar
	1 atm	=	1.0133×10^5 Pa
Time	1 day	=	24 hr
	1 hr	=	60 min
	1 min	=	60 s
Viscosity	1 cP	=	2.419 lb_m/ft hr
	1 cP	=	0.001 kg/m s (Pa s)
	1 cP	=	0.000672 lb_m/ft s
Volume	1 ft^3	=	7.481 U.S. gal
	1 U.S. gal	=	3.785 liter
	1 m^3	=	264.2 U.S. gal

Constants

Quantity	*Value*	*Units*
Avogadro's number, N	6.0221×10^{23}	mol^{-1}
Boltzmann's constant, k	1.3806×10^{-23}	J/K
Dielectric constant of water, 25 °C	80	—
Faraday's constant, F	9.6485×10^4	C/mol
Gas constant, R $(= kN)$	8.3145	J/mol K
Gas constant, R	0.08206	liter atm/g-mol K
Gas constant, R	1.987	cal/g-mol K
Gas constant, R	10.73	psia ft^3/lb-mol °R
Gravitational acceleration, g	9.807	m/s^2
Gravitational acceleration, g	32.17	ft/s^2
Permittivity of free space, ε_0	8.8542×10^{-12}	C/V m (F/m)

윌키스의

화학공학 유체역학

제3판

FLUID MECHANICS for CHEMICAL ENGINEERS
with Microfluidics, CFD, and COMSOL Multiphysics 5

James O. Wilkes

제3판

윌키스의 화학공학 유체역학

| 윤도영 · 서양곤 · 이우걸 · 서동철 옮김 |
역자 대표

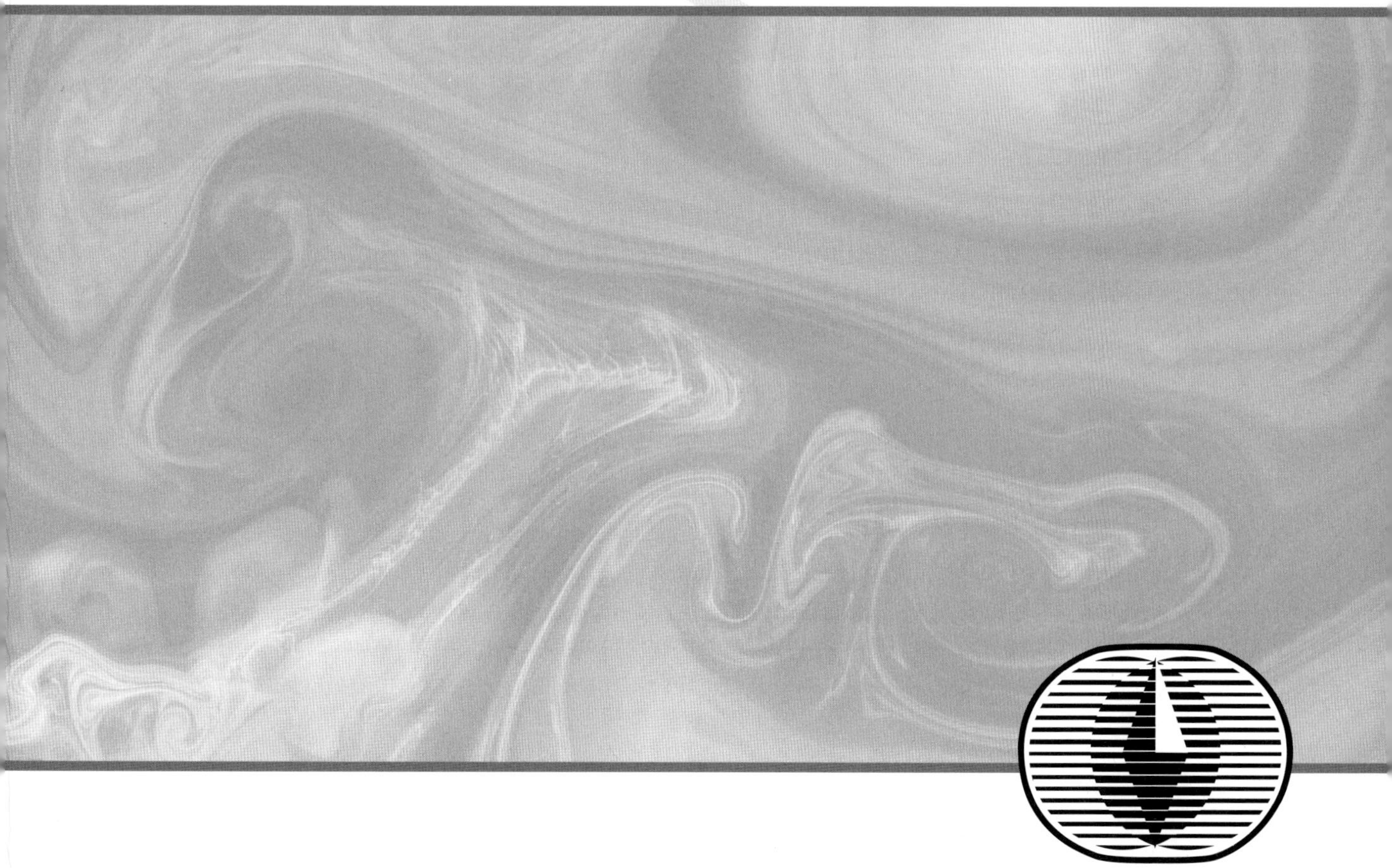

Pearson

사이플러스
Science plus

Pearson

TITLE: **FLUID MECHANICS FOR CHEMICAL ENGINEERS**:
WITH MICRO FLUIDICS, CFD, AND COMSOL MULTIPHYSICS 5
AUTHOR: JAMES O. WILKES
ISBN: 013471282X/9780134712826
EDITION: 3rd Edition

옮긴이 머리말

Preface

Applied Numerical Methods (Wiley, 1969)와 Digital Computing and Numerical Methods (Wiley, 1973)같은 수치해석 교재의 집필자인 James O. Wilkes 교수가 유체역학 교재를 집필하여 유체역학의 어려운 문제의 해를 구하기 위한 수치해법을 적용하는 방법론을 제시하는 것은 최근의 4차 산업혁명에서 대두되고 있는 인공지능(AI)의 기반을 구축하는 사회적 변화에 있어 시사하는 바가 크다. 특히, 화학공학에서는 유체의 유동과 마찰에 의한 동력산출과 같은 고전적인 유체의 연속적 흐름에 대한 해석은 물론 3차원 공간에서의 구조물 주변에서의 흐름과 같이 매우 복잡한 문제들이 산재해 있다.

이 책은 화학공학에서 이동현상의 기본 원리를 수학적 모델링을 통하여, 화학공장의 엔지니어링에 있어서 간단한 해석적인 해로부터 엄밀한 해석을 할 수 있도록 전산유체역학(CFD)의 방법론과 그 사례들을 많이 수록하고 있음이 큰 특징이라고 말할 수 있다. 즉, 수학적 모델링에 대한 해를 해석적인 방법으로 직접 수식으로 해를 도출함과 동시에 복잡한 문제들에 대하여는 해를 구하기 위한 CFD 기법들에 어떻게 접목시키는지를 잘 보여 주고 있다. 이를 위하여 이 책에서는 화학공학에서 필수적인 많은 예제들이 수록되어 있을 뿐 아니라 각 예제의 활용성을 잘 부각시키고 있다는 데 그 장점이 있다. 해석의 결과를 실제 데이터와 비교하고, 나아가서 관련 문헌을 소개하여 독자로 하여금 문제를 어떻게 해결해야 하는가에 대한 암시를 제공하고 있는 것도 장점이라고 말할 수 있다.

예제와 연습 문제들은 전통적인 화학공학 문제들은 물론 기후 변화 및 환경, 전자소재, 그리고 고분자 공정 분야의 문제들로 구성되어 있어 학생들로 하여금 실용화 기술을 쉽게 접할 수 있으며 동시에 엄밀한 해를 도출할 수 있도록 해준다. 따라서 이 교재는 학부 및 대학원 과정을 통하여 옮긴이들이 가졌던 그리고 교재를 사용할 교수진으로 하여금 교육적 기대를 충족할 수 있을 것으로 판단된다.

Wilkes 교수의 Fluid Mechanics for Chemical Engineers는 1999년에 제1판이 출간되었고 2006년에 제2판에서 CFD의 내용이 대폭 추가되어 출판되었다. 제2판에서는 제1판에서 사용되었던 FEMLAB 소프트웨어를 COMSOL Multiphysics로 변경하여 다양한 유동학적 문제들을 손쉽게 해결할 수 있는 기본 tool을 소개한 바가 있다.

이번 제3판에서는 COMSOL Multiphysics의 방법론은 물론 ANSYS Fluent를 부가하여 보다 엄밀하고 비교할 만한 수치적 결과들을 손쉽게 산출할 수 있도록 친절한 예제들이 충실히 포함되어 있다. 다만, 국내 대학의 화학공학과 관련 학부 교과과정의 운영상 CFD 기법까지 상세하게 포함시키기에는 다소 무리가 있다는 일선 교수님들의 의견과 대학원 과정에서 CFD에 대한 교과과정을 포함하는 대학이 많기 때문에, 본 출판의 제작권을 갖고 있는 ㈜사이플러스 출판사의 결정으로 제10장까지만 번역서를 제작하는 데 다소 아쉬움은 있다. 제10장까지의 본문에서도 다양한 유동문제의 해석에서 CFD 기법들이 소개되어 있지만, 보다 많은 주제에 대하여 CFD 적용사례를 공부하고자 하는 학생들은 원서를 통해 학습하기를 바란다. Wilkes 교수는 Cambridge 대학교에서 수학하였을 때, 교육적 철학과 방법론에 있어 학생들에게 일을 할 수 있는 방법에 노력하셨던 고 Terence Fox 교수에 대하여 존경심을 표하고 또한 매번 책의 버전을 증편 시 헌정하며, 이 책이 일선에서 교수진께서 학생들에게 화학공학을 가르치는 데 또한 학생들이 화학공학에서 어떻게 배워야 하는지를 느끼게 해주는 좋은 교과서임에는 틀림이 없다.

오역이나 오자들을 줄이려고 역자들은 많은 노력을 기울였다. 책이 증간될 때마다 오류가 급격히 감소할 수 있도록 독자들이 많이 도와주실 것으로 기대한다. 마지막을 이 책이 발간될 수 있도록 도와주신 많은 분들, 특히 ㈜사이플러스 출판사 여러분들께 깊은 사의를 표한다.

2020년 2월 20일

역자 대표 윤도영 적음

지은이 머리말

Preface

이 책은 유체역학에서의 매우 광범위한 주제들을 포괄하는 단일 책에 대한 필요성으로 인해 집필되었다. 내용으로는 제1부와 제2부로 구성되는데, 제1부에서의 처음 4개의 장에서는 거시적이거나 비교적 큰 규모의 현상에 대하여 다루고, 제2부인 나머지 10개의 장에서는 미시적이거나 비교적 소규모의 현상을 다룬다. 전체적으로 화학공학자에게 산업적으로 중요한 주제를 염두에 두고 집필에 노력하였다. 이 책의 구성은 다음의 목록에 요약되어 있다.

▶ *제1부 — 거시유체역학*

1. 유체역학 입문
2. 질량, 에너지, 운동량 수지
3. 파이프에서의 유체 마찰
4. 화학공학 장치에서의 유동

▶ *제2부 — 미시유체역학*

5. 유체역학의 미분방정식
6. 점성 유동 문제들의 해
7. Laplace 방정식, 비회전성 및 다공성매질 유동
8. 경계층 유동과 거의 단방향 유동
9. 난류 유동
10. 기포운동, 2상 유동, 유동화
11. 비뉴톤성 유체
12. 미세유체학(microfluidics)과 전기반응 유동 효과
13. 전산유체역학 입문, Fluent
14. 유체역학 문제의 해를 위한 COMSOL Multiphysics

우리의 경험에 의하면, 학부에서의 유체역학 과정은 제1부와 제2부의 일부를 기초로 할 수 있으며, 대학원에서의 과정은 근사적인 방법과 안정성과 같은 주제들에 대한 추가 자료가 보충된 제2부의 대부분을 기초로 한다.

제3판. 제12장, 13장, 14장의 주요한 추가를 통해 이 책을 최신화하려고 시도하였는데, 하나는 미세유체학(microfluidics)이고 다른 두개는 CFD(전산유체역학)에 대한 내용이다. CFD를 위한 소프트웨어의 선택은 어려움을 주었는데, 여러 가지 이유로 ANSYS Fluent와 COMSOL Multiphysics를 선택했지만, 다른 우수한 CFD 프로그램과 비교하여, 이를 홍보하려는 의도는 없었다. 강의실에서 CFD 예제를 사용하면 과거의 "획일적인" 기하구조들과 일정한 물성 등과 같은

제한적인 요건들이 해소될 수 있기 때문에 강의주제들이 생동감 있고 흥미가 향상될 수 있을 것이다. 난류에 관한 제9장도 광범위하게 재작성되었다. 여기서 다시 CFD를 사용하면 파이프에서 또는 평행 판 사이의 일반적인 흐름을 뛰어 넘고, 난류 혼합 및 재순환 흐름과 같은 추가 실제 상황을 조사할 수 있다.

예제 문제. COMSOL (제2부 전체적으로 분산되어 있음) 및 Fluent (제13장에서는 모두)를 포함하여 대략 6개의 완벽히 작동하는 예제들이 소개되어 있다. 모든 COMSOL 예제는 MacBook Pro 컴퓨터와 Linux 및 Windows 플랫폼 모두에서 버전 5.2a로 실행되었다. 다른 COMSOL 버전을 사용하는 사용자는 여기에서 재현된 것과는 다소 다른 창들이 생성될 수도 있다. 각 COMSOL 예제의 형식은 (a) 문제 설명, (b) COMSOL 구현에 대한 세부 사항, (c) 결과, 그리고 (d) 논의이다.

각 장의 끝부분에 있는 문제들은 대체적으로, 쉬운(E), 보통(M) 또는 난해/장문(D)로 분류되어 있다. 케임브리지 대학교(University of Cambridge)는 J. F. Davidson 교수가 친절하게 승인한 몇 가지 화학공학 시험 문제를 독창적이거나 수정된 형태로 재생산할 수 있도록 허가를 받았고, 이는 추가로 "(C)"로 지정하였다.

감사의 글. 전 미시간의 동료인 Stacy Birmingham (비-뉴턴 유체), Cornell University의 Brian Kirby (Microfluidics) 그리고 ANSYS, Inc. Ch-Yang Cheng (CFD)의 귀중한 기여에 감사드린다. 저의 전 박사과정 학생이자 좋은 친구인 Kevin Ellwood가 이번 제3판의 출판에 큰 도움을 주었다. 필자는 대부분의 원본 예제와 제14장(COMSOL 3.2)을 집필했지만, 그는 더 길고 포괄적인 COMSOL 5.2a에서 다시 작성하는 데 필요한 모든 전문 지식을 제공하였다. COMSOL Inc.와 COMSOL AB의 많은 사람들로부터 많은 도움을 받았다. COMSOL 개발, 라이센싱 및 응용 프로그램 팀과 관련하여 훌륭한 협력으로 도움을 주신 모든 분들께 감사를 드린다. ANSYS, Inc.에서 Chi-Yang Cheng은 전산유체역학 및 Fluent에 관한 장을 작성하고 업데이트하는 데 적임자였다. Nitin Anturkar, Mark Burns, John Ellis, Scott Fogler, Tom Grindley, Amy Horvath, Leenaporn Jongpaiboonkit, Lisa Keyser, Ronald Larson, Susan Montgomery, Sunitha Nagrath, Michael Solomon, Sandra Swisher, Robert Ziff, 나의 아내 Mary Ann Gibson Wilkes, 그리고 고 Stuart Churchill, Kartic Khilar, Donald Nicklin, Margaret Sansom, Rasin Tek를 포함한 다른 친구들과 동료들의 도움에 감사를 드린다. 또한 미시간 대학교(University of Michigan)와 방콕의 출라 롱콘 대학교(Chulalongkorn University)에서 많은 학생들과 친구들로부터 많은 영감을 받았다. 다른 사람들은 특별히 문헌 인용을 통해 사의를 표하였다.

제3판에 즉각적인 관심을 기울인 Prentice Hall 편집팀과 제작팀의 무한한 도움을 받았는데, Kathleen Karcher, Carol Lallier, Laura Lewin, Julie Nahil 그리고 Dana Wilson에게 감사의 마음을 전한다.

추가 안내. 웹사이트 http://fmche.engin.umich.edu에서 이 책에 대한 부가적인 안내를 제공하기 위한 "게시판(bulletin board)"이 운영되는데, 여기서는 문제 해답에 대한 힌트, 정오표, 저자에게 연락하는 방법 등이 바람직한 해결책으로 제공된다. 나의 개인 인터넷 주소는 wilkes@umich.edu이다. 본문 텍스트는 TEXtures "typesetting" 프로그램을 사용하여, 오래되었지만 신

퇴성 높은 Power Macintosh G5 컴퓨터로 작성되었다. 텍스트 대부분에 11 포인트 활자가 사용되었다. 그림의 대부분은 MacDraw Pro, Excel 및 KaleidaGraph를 사용하여 구성하였다.

Terence Fox 교수에게 이 책을 헌정하고자 한다. Fox 교수는 Cambridge 공대 졸업생으로 1933년부터 1937년까지 Billingham, Yorkshire에 있는 Imperial Chemical Industries Ltd에서 근무하였다. Cambridge로 돌아와서 그는 1937년부터 1946년까지 공학을 가르쳤는데, 이 시기는 제2차 세계대전이 끝난 후 형성기라고 할 수 있는 동안에 케임브리지 대학교(University of Cambridge)의 화학공학과(Department of Chemical Engineering)에서 학과장으로 선발되어 학과를 주도하도록 선발되기 바로 전이었다. 학자이자 신사이면서도 Fox 교수는 수줍음이 많았으나 비범하게 두뇌가 뛰어나서 중요한 일에 대해 깊은 통찰력을 가지고 빠른 기간 내에 학과를 매우 높은 위치로 도달하게 하였으며, 이는 아직까지 유지하고 있다. 그는 산업적 관점과 지적 엄격함을 조합하는 데 성공하였다. Fox 교수는 1959년에 새로운 건물을 확보한 후(부분적으로 본인에 의해 설계되었음) 1959년 학과의 학과장직을 사임하였다.[1]

T.R.C.Fox

Fox 교수는 나의 학생 시절에 Stan Sellers, Kenneth Denbigh, John Davidson, Peter Danckwerts, Denys Armstrong 및 Peter Gray와 같은 뛰어난 교수진을 학과로 영입하는 데 중요한 역할을 했다. 또한 그는 1956년에 중견 교수로 나를 친절하게 받아 주었고, 나는 케임브리지 대학교 화학공학과에서 4년을 근무하였다. Danckwerts 교수는 Fox 교수의 재능에 대한 감사[2]를 다음과 같이 표하였다. “Fox 교수는 어떠한 연구도 어떠한 논문도 강요하지 않았다.” 세상이 얼마나 바뀌었는가? 요즘 같아선 개인적으로 알고 있지 않는 한 그의 이력서는 아마도 버려져서 고용될 기회도 거의 없었을 뿐 아니라, 정년 보장을 받는 데 배제되었을 것이다! 그러나 그의 강의, 꼼꼼하게 작성된 유인물, 열정, 천재성, 그리고 우정은 나에게는 큰 영감이었고, 나의 경력에 미친 그의 긍정적인 영향에 깊은 감사를 드릴 수 있어 매우 기쁘다.

James O. Wilkes
August 18, 2017

[1]학과–현재는 화학공학 및 생명(Chemical Engineering and Biotechnology)-는, 2017년에 웨스트 케임브리지 부지에 새로운 건물로 이전하였다.

[2]P. V. Danckwerts, “Chemical engineering comes to Cambridge,” The Cambridge Review, pp. 53—55, February 28, 1983.

지은이 소개

About the Authors

이 책으로부터 읽기와 공부하기를 즐기기 바란다. 질문이나 의견이 있으면, 우리의 웹사이트 http://fmche.engin.umich.edu로 연락주기 바란다. 저자들에 대한 소개는 다음과 같다.

James Oscroft Wilkes ("Jim")는 1932년 영국 Southampton에서 태어났으며, 2차 세계대전 중에는 Shropshire에서 살았다. Emmanuel College에서 화학공학을 전공한 학생으로서, 그는 1955년 케임브리지 대학교(University of Cambridge)에서 학사학위를 취득했다. 그 후 미시간 대학교(University of Michigan in Ann Arbor)에서, 그는 국제교육자선단체인 The English-Speaking Union로부터 George George VI Memorial Fellowship을 수여받았으며, 1956년에는 석사학위를, 그리고 1963년에는 박사학위(PhD)를 취득하였다. 또한, 화학공학 분야에서 1956년부터 1960년까지는 케임브리지 대학교에서 1960년에서 2000년까지는 미시간 대학교(University of Michigan)에서 교수로 재직하였다. 미시간 대학교에서는 1971년부터 1977년까지 학과장직, 1990년부터 1995년까지는 공과대학에서 입학 부학장직을 각각 수행하였다. Jim은 1989년 Arthur F. Thurnau 교수로 지명되었다. 그의 연구 관심사는 수치해법(numerical methods), 고분자 공정(polymer processing) 그리고 전산유체역학(computational fluid mechanics)이다. 그는 1955년에 최초의 미시간 대학교 디지털 컴퓨팅 과정(digital-computing course)을 개설하였다.

Jim은 Trinity College of Music (London)의 준회원으로 1951년에 오르간 연주 졸업장을 수여받았고, 1981년 American Guild of Organists에서 봉사-연주 자격증(Service-Playing Certificate)을 받았다. 음악 외에도 취미는 아내인 Mary Ann과 함께한 뉴질랜드의 북웨일즈(North Wales)와 미국 서부 지역의 하이킹, 수영, 원예, 독서, 집필이 포함된다. 그는 Pipe Organs of Ann Arbor (1995), A Century of Chemical Engineering at the University of Michigan (2002)의 저자이며, Applied Numerical Methods (Wiley, 1969), Digital Computing and Numerical Methods (Wiley, 1973)의 공동 저자이기도 하다. 2007년 12월에 그는 케임브리지에 있는 Emmanuel

College의 Bye-Fellow로 선출되었고, 2014년 1월에 그는 The English Place-Name Society의 명예 평생회원으로 지명되었다. 그는 할아버지의 원고인 Place-Names of Hampshire and the Isle of Wight을 편집하여 2015년 624 페이지와 200개의 삽화가 있는 책으로 출판하였다. Jim과 Mary Ann은 New Victoria County History of Hampshire 프로젝트의 공동 후원자이다.

Stacy G. Birmingham 박사는 Grove City College에서 Albert A. Hopeman, Jr. 과학, 공학 및 수학으로 구성된 학부의 학부장 겸 기계공학과 교수이다. 그녀는 카네기 멜론 대학교(Carnegie Mellon University)에서 화학공학의 학사, 석사 및 박사 학위를 받았다. 미시간 대학교에서는 화학공학과(Chemical Engineering Department), 거대분자 과학 및 공학과(Macromolecular Science & Engineering Department)에서 학술 경력을 시작하였다. 주목할 만한 상으로는 국립과학재단(National Science Foundation)의 대통령 젊은 연구자상(Presidential Young Investigator Award)과 미시간 대학의 교육 및 봉사에 대한 38E 상(38E Award)이 포함된다. Grove City College의 학부장으로서, 그녀는 STEM 전공과 대학의 부전공의 수를 두 배 이상 늘리고, 지역 학교를 위한 수많은 P-12 STEM 봉사 프로그램을 개발하였다. 그녀는 현재 여성 공학 및 기술 교직원의 일과 삶의 균형에 중점을 둔 문제를 연구하고, 공학 교육을 위한 혁신적인 교육학을 개발 그리고 평가하고 있다. 여가 시간에는 골프, 자전거 타기, 스키 타기에서 가족과 함께 시간을 보낸다.

Chi-Yang Cheng은 대만의 Yang Ming Shan에서 태어났다. 그는 국립 대만 대학교(National Taiwan University)에서 학사 학위를, 로드아일랜드 대학(University of Rhode Island)에서 기계공학 석사(MS)와 박사(PhD) 학위를 받았다. 1991년부터 2002년까지 펜실베이니아 주 서부 Grove City College의 교수로 재직하였고, 현재는 뉴햄프셔 레바논(Lebanon, New Hampshire)에 있는 ANSYS, Inc.의 선임 기술 서비스 엔지니어이자 다트머스 대학(Dartmouth College)의 Thayer 공학부(School of Engineering)의 부교수로 재직하고 있다. 그의 연구 관심사로는 미세크기 열전달, 미끄럼-유동 영역에서의 공기역학, 다상 유동 모델링 및 수치해석이 포함된다. 그는 Donald Knuth의 TEX와 Leslie Lamport의 LATEX 구현 및 문서 준비를 위한 확장에 있어 헌신적인 사용자이다. 1999년에 Chi-Yang은 이 기술을 사용하여 그의 동생이 쓴 "제2차 중일 전쟁(1931~1945)의 역사"를 조판했다. 그의 취미에는 하이킹, 정원 가꾸기, 독서 그리고 고전음악 감상이다.

Kevin R.J. Ellwood는 캐나다 윈저(Windsor)에서 태어나 윈저 대학교(University of Windsor)에서 화학공학 학사(BASc)와 석사(MASc) 학위를 받았습니다. 1991년 미시간 대학에서 화학공학 박사(PhD) 학위를 취득한 후 Ford Research의 고분자과학부(Polymer Science Department)에 합류하였다. 그의 초기 연구는 분무화(atomization)과 자유 표면 흐름에 대한 기본적인 이해를 향상시키기 위해 시뮬레이션 방법을 사용하는 데 중점을 두었다. 코팅, 고분자가공, 고분자 노화 및 연료 전지 성능에 고전적인 전달 현상을 적용하는 것이 그의 주된 연구 활동들 이었다. 현재 그는 Fluids Research Group을 이끌고 산업용 코팅에 초점을 맞추고 있으며, 페인트 공정을 위한 가상 제조 도구의 구현을 지원하고 있다. 활발한 기술적인 주제로는 전산유체역학, 다상흐름, 복잡한 유동과 분무가 포함된다. 대규모 컴퓨팅은 또 다른 관심 분야인데, 이를 통하여 다중체 역학 기술과 유체 흐름을 위한 입자 방법의 개발을 지원하고 있다. 그의 아내와 아이들을 소중히 하는 것 외에도, 그의 취미는 고전 스포츠카(classic muscle car)이며, 주말에는 1970 Boss 302 Mustang을 운전하는 것을 볼 수 있다.

Brian J. Kirby는 2004년 8월 코넬 대학(Cornell University)의 Sibley 항공학부(School of Aerospace Engineering)에 합류하여 현재 부교수이며, Micro/Nanofluuidics Laboratory를 지휘하고 있다. 그 이전에는 캘리포니아 주 리버모어 소재의 샌디아 국립연구소(Sandia National Laboratories in Livermore, California)의 미세유체 부서(Microfluidics Department)에서 수석 기술요원으로 2001년부터 2004년까지 미세유체 시스템에 대하여 일했으며, 이는 주로 반생체테러리즘(counterbioterrorism)에 적용되었다. 1996년부터 2001년까지 스탠포드 대학(Stanford University)의 고온가스역학 연구실(High Temperature Gasdynamics Laboratory)에서 대학원생으로 일하면서 연소와 항공열추진에 적용하기 위해 화염 가스를 이미징하는 레이저 분광법(laser spectroscopy)을 개발하였다. 1994년부터 1996년까지 그는 미시간 대학교의 가변중력 연구실(Variable Gravity Research Laboratory)에서 대학원생으로 일하면서 저압 확산 화염의 매연 형성 과정을 연구하였으며, 또한 캘리포니아 주 팔로알토(Palo Alto)에 있는 Hewlett-Packard Lab에서 하드드라이브 스택의 유체역학 프로세스를 연구하기도 하였다. Kirby 교수는 2001년에 스탠포드 대학에서 기계공학 박사(PhD), 1996년에 미시간 대학교에서 기계공학 석사(MSE) 그리고 1994년에 미시간 대학교에서 항공우주공학 학사(BSE)를 취득하였다.

차례
Contents

제 2 부 미시유체역학 *Microscopic Fluid Mechanics*

제 7 장 Laplace 방정식, 비회전성 및 다공성 매질 유동 • *329*

Laplace's Equation, Irrotational and Porous-Media Flows

제 8 장 경계층 유동과 거의 한방향 유동 • *383*

Boundary-Layer and Other Nearly Unidirectional Flows

제 *10* 장 기포운동, 2상 유동, 유동화 • *493*

Bubble Motion, Two-Phase Flow, and Fluidization

FLUID MECHANICS For CHEMICAL ENGINEERS

제 1 부

거시유체역학

Macroscopic Fluid Mechanics

Some Greek Letters

α	alpha	ν	nu
β	beta	ξ, Ξ	xi
γ, Γ	gamma	o	omicron
δ, Δ	delta	π, ϖ, Π	pi
ϵ, ε	epsilon	ρ, ϱ	rho
ζ	zeta	$\sigma, \varsigma, \Sigma$	sigma
η	eta	τ	tau
$\theta, \vartheta, \Theta$	theta	υ, Υ	upsilon
ι	iota	ϕ, φ, Φ	phi
κ	kappa	χ	chi
λ, Λ	lambda	ψ, Ψ	psi
μ	mu	ω, Ω	omega

제 1 장

유체역학 입문

Introduction to Fluid Mechanics

1.1 화학공학에서의 유체역학

화학공정 조작의 대부분은 전부 또는 일부가 유체 상에서 이루어지므로 유체역학에 대한 지식은 화학공학자에게 필수적이다. 이와 같은 조작들에 대한 예는 생물화공, 화학, 에너지, 발효, 재료, 재련, 석유, 제약 산업 등에서 흔히 볼 수 있다.

유체역학을 강조하는 데에는 두 가지 이유가 있다. 첫째, 어떤 특정 조업 조건에서는 수많은 물질들이 기체 또는 액체로 존재하거나 이 두 상으로 전환될 수 있다. 둘째, 고체를 유체화시켜 다루는 방법이 있는데, 이에 대한 예로서 탄화수소의 유동층 촉매 개질과 물의 교반 및 이동 매질로 사용하는 석탄 입자의 장거리 배송을 들 수 있다.

이 책에서 다루는 거의 *모든* 내용에는 상당히 많은 이론적 전개가 필요하지만, 화공 공정 및 여러 가지 실제적인 상황에 적용된다. 이 책 전체에 걸쳐서, 먼저 *물리적* 상황에 대해 이해를 하고, 이를 통해 동반되는 이론과 식을 이해할 수 있게 된다.

1.2 유체의 일반적인 개념

"유체란 무엇인가"에 대한 질문에 답하면서 시작하자. 개략적으로 말해서 유체는 수상 스키를 타는 사람이 호수의 표면 위를 미끄러져 가거나, 버터를 빵 표면에 바를 때 작용하는 힘과 같은 접선 방향의 전단의 존재 하에서 *연속적으로* 변형될 수 있는 물질이다. 유체가 연속적으로 변형하는 속도는 가해지는 힘의 크기뿐만 아니라 *점도* 또는 유동 및 변형에 대한 저항으로 불리는 유체의 특성에 따라 달라진다. 전단이 가해지면 고체도 변형되지만, 고체의 변형에 의해 유발되는 탄성력과 가해지는 전단력이 정확히 상쇄되는 평형 위치에 곧 도달한다.

유체에 전단을 주는 간단한 장치는 그림 1.1에 보인다. 유체는 두 동심 원통 사이에 채워진다. 외부 원통은 정지되어 있고 (반지름 R의) 내부 원통은 각속도 ω로 회전한다. 이와 같은 유체의 전단 운동은(여기에서는 회전 우력(torque)에 의하여 공급되는) 에너지원이 내부 원통을 회전시킬 수 있으면 계속된다. 그림에 있는 속도 *분포*에서, 속도는 회전 방향으로 내부 원통의 회전 속도 $R\omega$에서 외부 원통에서 0으로 변화함에 주목하라. 이는 두 원통에서 *고정*(no-slip) 조건을 보여주는 대표적인 예이다. 하지만 만약 두 원통 사이의 공간에 (고무와 같이 명백한 탄성을 보이는) 고체로 채워져 있다면, 물론 회전 우력이 고무와 원통 사이에 *미끄럼*(slip)을 일으킬 정도로 아주 크지 않다면, 평행 위치에 도달하기 전에 제한된 회전만이 가능하게 될 것이다.

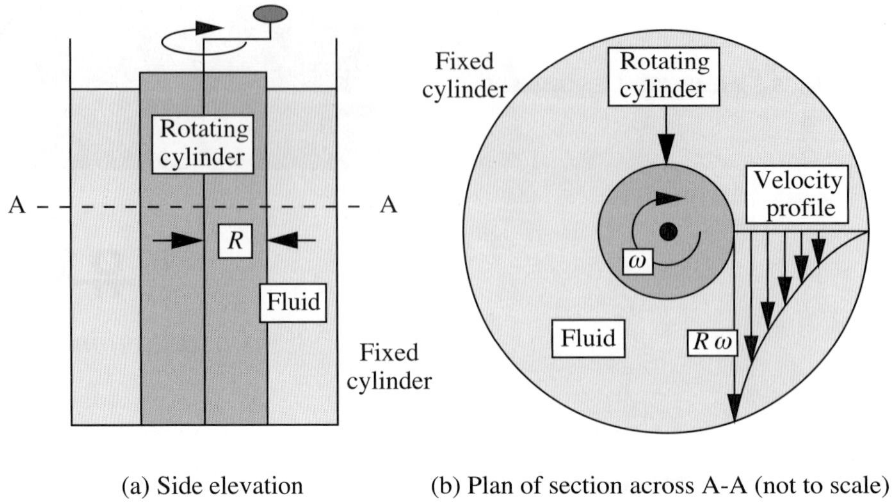

그림 1.1 유체의 전단.

유체에는 다양한 종류가 있다. 물, 기름, 공기와 같이 명료하고 간단한 법칙에 따라 거동하는 것들을 일반적으로 *뉴턴성 유체*(Newtonian fluid)라 부른다. 이 유체들은 일정한 점도를 보이나, 어떤 특정 공정조건 하에서는 탄성을 보이지 않는다. 다행스럽게도 화학공학자들이 관심을 갖는 대부분의 유체들이 뉴턴성 거동을 보이기 때문에, 모든 장에서 유체들을 뉴턴성이라 가정한다.

점도가 일정하지 않거나 (전단의 강도 등에 의존하는) 현저한 탄성을 보이는 유체들을 *비뉴턴성*(non-Newtonian)이라 한다. 예를 들면, 변형이 가해진 고분자 물질들은 각각의 최근 분자 배열을 기억하고 이 상태로 되돌아가려 하면서 점도뿐만 아니라 *탄성*도 보이게 된다. 진흙이나 치약과 같은 다른 유체들은 근본적으로 고체와 같이 거동하고, 가해진 전단력이 *작은* 경우에는 흐르지 않지만 *큰* 전단력이 가해질 경우에는 흐른다.

또한 유체들은 대체적으로 액체와 기체의 두 범주로 나뉜다. *액체*는 분자 사이의 거리가 가까워 비교적 높은 점도와 밀도를 가지며, 부피는 대체로 온도와 압력에 무관하게 일정하게 유지되거나 액체를 담고 있는 용기의 크기와 같아지는 것으로 특정지어진다. 반면에 *기체*는 분자들이 꽤 떨어져 있어서 밀도와 점도가 비교적 낮고, 일반적으로 기체를 감싸고 있는 용기를 급속히 채우려는 특징이 있다. 하지만 액체와 기체의 두 상태는 가능한 상태의 연속적인 *스펙트럼* 상의 두 극단만을 나타내는 것이다.

그림 1.2의 온도/압력 도표의 점 G에 있는 초기 기상 상태의 유체를 고려하면 상황이 쉽게 설명된다. 압력을 증가시킴으로써 그리고 온도를 감소시킴으로써 증기압 곡선에 도달하게 되고, 이 곡선을 교차하게 되며, 유체를 응축하게 되면, 점 L에서는 명백히 액체가 된다. 반 시계 방향의 경로를 좇아가도록 온도와 압력을 조절하고, 이 공정에서 임계점 C를 우회하도록 함으로써 유체는 점 G로 되돌아온다. 점 G에서는 유체는 또다시 기체로 추정되지만 어디에서 L점의 액체가 G점의 기체로 전이가 일어나는가? 이에 대한 대답은 한 점이 아니며, 변화는 중간 상태의 전체 스펙트럼을 통한 연속적이고 점차적이라는 것이다.

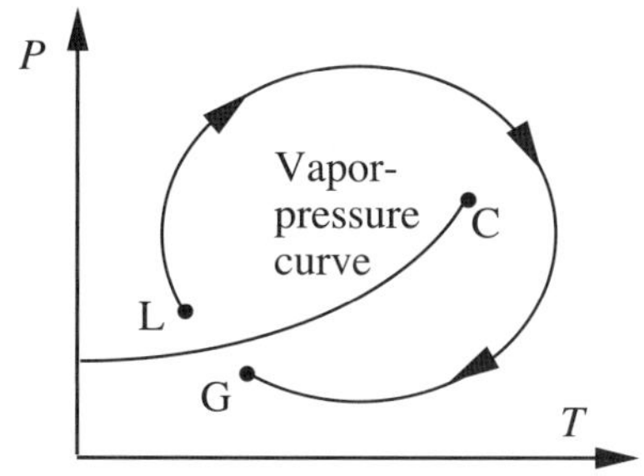

그림 1.2 액체는 언제 기체가 될 것인가?

1.3 응력, 압력, 속도 및 기본적인 법칙들

응력

*힘*의 개념은 명백해야 한다. 유체역학에서 *응력*이라 불리는 단위 면적당의 힘은 힘 자체보다도 더 편리하고 다루기 쉬운 것으로 알려져 있다. 더욱이, 어떤 특정 표면을 다룰 때 특히 중요한 두 가지 형태의 응력이 존재한다.

1. 그림 1.3(a)에 보이는 첫 번째 형태의 응력은 표면에 *수직*으로 작용하여 *수직 응력*이라 불린다. 이 응력은 작용하는 유체를 늘리거나 압축시키려는 경향이 있는가에 따라 인장력이거나 압축력이 될 것이다. 수직 응력은 F/A와 같게 된다. 여기서 F는 수직력이고, A는 이 힘이 작용하는 표면의 면적이 된다. 점선으로 표시된 부분은 변형에 의하여 유발되는 부피 변화를 보여준다. 유체역학에서 *압력*은 가장 중요한 형태의 *압축 응력*이고, 이후에 좀 더 자세히 논의된다.
2. 그림 1.3(b)에 보이는 두 번째 형태의 응력은 표면에 *접선* 방향으로 작용한다. 이를 전단응력 τ라 부르며 F/A와 같게 된다. 여기서 F는 접선 방향의 힘이고, A는 이 힘이 작용하는 표면의 면

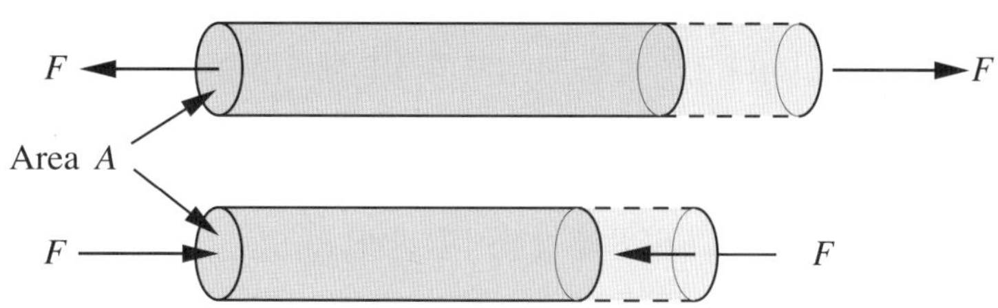

그림 1.3(a) 원통에 작용하여 늘리거나 압축시키려는 수직 응력 F/A, 각각 인장 또는 수축을 유발함.

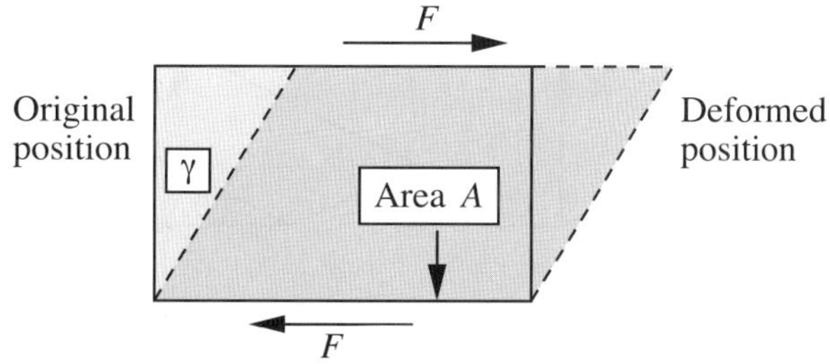

그림 1.3(b) 장방형 육면체 관 형태의 물체에 작용하는 전단 응력 $\tau = F/A$, 각도 γ로 측정되는 변형을 유발함(여기서는 단면만 보여짐).

적이 된다. 전단 응력에 대한 지식은 점성 뉴턴성 유체의 유동을 공부할 때 아주 중요하다. 변형각 γ의 시간 도함수로 측정되는 주어진 변형 속도에 대하여, 전단응력 τ는 유체의 점도에 비례한다(그림 1.3(b) 참조).

압력

정지 상태의 유체를 포함하는 거의 모든 *유체 정역학적* 문제에서 모든 분자들은 *압축* 상태에 있게 된다. 예를 들면, 단면이 그림 1.4로 나타낸 수영장에 대하여, 대표적인 점 P에서의 압축은 점 P *위에* 있는 무게가 아래로 중력에 의하여 아래로 향하는 힘에 의하여 발생한다. 압축의 정도는 스칼라양 p, 즉 *압력*으로 측정된다.

조그만 구형 풍선을 표면으로부터 잡아당겨서 바닥에 중량을 달아서 잡아매면, 풍선은 구형을 유지하려할 것이나, 그림 1.4(a)에서 보는 바와 같이 그 크기는 줄어들 것이다. 풍선의 표면에는 *안쪽으로* 향하는 수직 방향의 힘들이 작용해야 되며, 이 힘들은 그림 1.4(b)에 보이는 것처럼 본질적으로 균일해야 되는 것은 명백해 보인다.

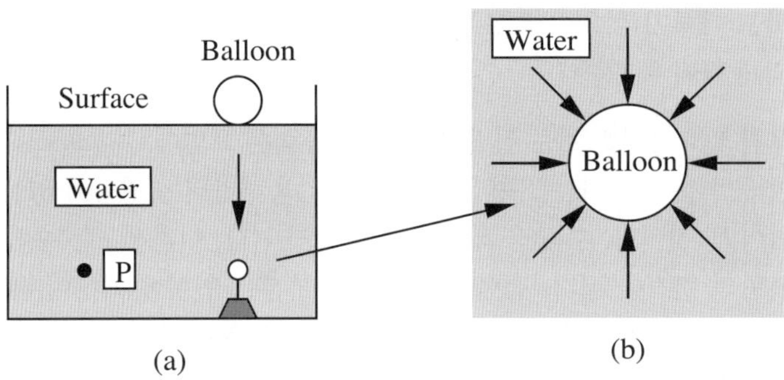

그림 1.4 (a) 수영장에 잠겨 있는 풍선; (b) 압축된 풍선의 확대된 그림(압력이 풍선에 작용함).

압력 p는 스칼라이지만, 항상 면적과 같이 고려되어야 하는데, 면적 A는 충분히 작아서 표면에서는 압력이 균일하다고 가정한다. 압력의 정의에 의하여 표면은 $F = pA$라는 수직 압축력을 받는다. 따라서 압력은 단위 면적당 힘으로 응력과 같은 단위를 가진다.

그림 1.5에 보이는 쐐기 모양의 미분소의 유체 요소를 대상으로 하여 도출되는 바와 같이, 어떤 점에서의 압력의 값은 그 평면의 방향에 무관하다.

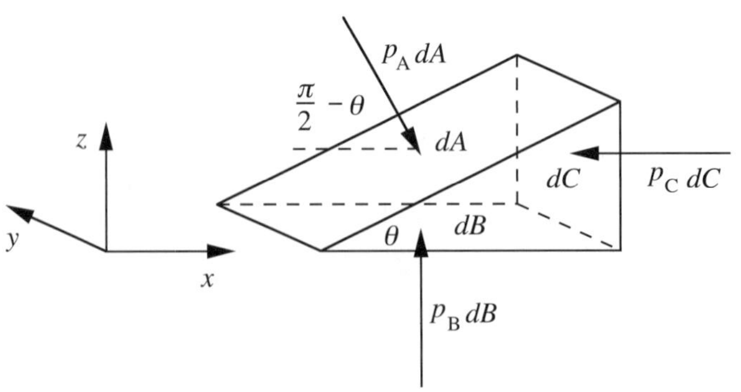

그림 1.5 쐐기 모양의 유체 요소의 평형.

압력의 작용에 의하여 면적이 dA, dB, dC인 사각형 면에 $p_A dA$, $p_B dB$, $p_C dC$의 3가지 힘이 작용한다. 쐐기가 움직이지 않고 있으므로, $p_A dA$는 $\cos(\pi/2 - \theta) = \sin\theta$를 곱하여 각도 $(\pi/2 - \theta)$를 통하여 분해되어야 함을 염두에 두고, 수평 또는 x 방향에서 이 요소에 작용하는 두 힘을 같게 둔다.

$$p_A dA \sin\theta = p_C dC. \tag{1.1}$$

하부 표면에 작용하는 연직 방향의 힘 $p_B dB$에는 x 성분이 없으므로 식 (1.1)에서 생략된다. 또한 y 방향에서 쐐기의 두 삼각형 면에 작용하는 수평 압력 힘도 x 방향으로 아무런 효과가 없기 때문에 생략된다. 기하학적으로 생각하면, 면적 dA와 dC는 다음과 같이 관련지을 수 있다.

$$dC = dA \sin\theta. \tag{1.2}$$

위의 두 식으로부터 다음과 같은 관계를 얻을 수 있다.

$$p_A = p_C, \tag{1.3}$$

이 식은 압력이 고려하는 표면의 방향에 무관하다는 것을 입증하여 준다. z 방향 힘의 수지식으로부터 비슷한 결과 $p_A = p_B$를 얻을 수 있다.[1]

움직이는 유체인 경우에는 수직 응력은 압력과 유체의 움직임에 의하여 유발되는 추가적인 응력을 포함하며, 이 추가적인 응력에 대해서는 5.6절에서 자세히 다룰 것이다.

어떤 특정 압력이 대기압보다 큰 양을 *계기* 압력이라 한다. 계기 압력이라 불리는 이유는 대부분의 압력 계기가 주위의 대기압과 요구되는 압력의 *차이*를 읽는 계기이기 때문이다. *절대* 압력은 계기 압력에 대기압을 더한 것과 같게 된다.

속도

유체역학의 많은 문제들은 어떤 점에서의 유체의 속도를 다룬다. 이 속도는 시간에 대한 유체 입자의 변화 속도와 같기 때문에 방향과 크기를 갖는다. 특정한 상황, 특히 2~4장에 다룰 *거시적인* 관점에서 보는 경우에서는 위치에 대한 속도의 변화를 무시해도 충분하다. 다른 경우, 특히 6장 및 그 이후 장에서 다룰 *미시적인* 관점에서 다루게 되는 상황에서는 위치에 대한 속도의 변화를 고려하는 것이 필수적이다.

속도는 그 자체로 중요할 뿐만 아니라 u가 위치에 따라 변함이 없이 *균일한* 속도를 나타낼 경우 3가지 *플럭스* 또는 유속(flow rate)으로 즉시 연결된다.

1. 만약 유체가 그림 1.6과 같이 속도의 방향과 수직인 면적 A의 평면을 통과한다면, 평면을 통과하는 유체의 *부피* 유속은 $Q = uA$이다.
2. 이에 해당하는 *질량* 유속은 $m = \rho Q = \rho u A$이다. 여기서 ρ는 유체의 밀도이다.
3. 속도에 질량을 곱하면 유체역학에서 가장 중요한 물리량인 운동량이 된다. 면적 A를 통과하는 *운동량 유속*(momentum flow rate)은 $\dot{\mathcal{M}} = mu = \rho u^2 A$이다.

그림 1.6(b)처럼 속도 u나 밀도 ρ가 위치에 따라 변하는 경우, 3가지 물리량은 다음과 같이 면적 A 위에서의 적분을 통하여 구할 수 있는데, 이는 뒤에서 다시 자세히 다룰 것이다. 즉, $Q = \int_A u\, dA$, $m = \int_A \rho u\, dA$, $\dot{\mathcal{M}} = \int_A \rho u^2\, dA$이다.

[1] 실은 z 방향의 힘의 수지식에서는 쐐기의 부피에 비례하는 중력장 하의 쐐기의 무게를 고려해야 한다. 하지만 압력 힘은 작용하는 면의 면적에 비례한다. 쐐기의 크기가 무한소로 작아짐에 따라 부피 대 면적의 효과는 사라지게 되고, 따라서 중력장 하의 무게는 중요하지 않게 된다.

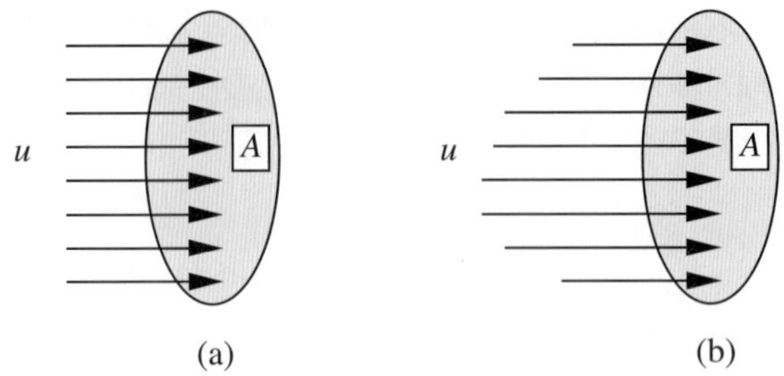

그림 1.6 면적 A를 통과하는 유체 속도가 (a) 일정한 경우, (b) 위치에 따라 변하는 경우.

기본 법칙

원리적으로 유체역학의 *법칙*들은 상대론적인 효과를 무시하는 질량, 에너지, 운동량 보존 법칙으로 비교적 간단히 나타낼 수 있다. 이 법칙들을 적용할 때에는 우선 계, 계의 경계와 계의 주위를 확인하고, 계가 주변 환경과 상호 작용하는 방식을 확인한다. 그림 1.7을 참고로 하여 물리량 X가 질량, 에너지 또는 운동량을 나타낸다고 하자. 또한 X는 주위로부터 *더해질 수*도 있고, 계의 경계를 가로질러 X_{in}만큼 계로 전달될 수도 있고, 마찬가지로 계로부터 주위로 X_{out}만큼 *제거되거나* 전달될 수 있다.

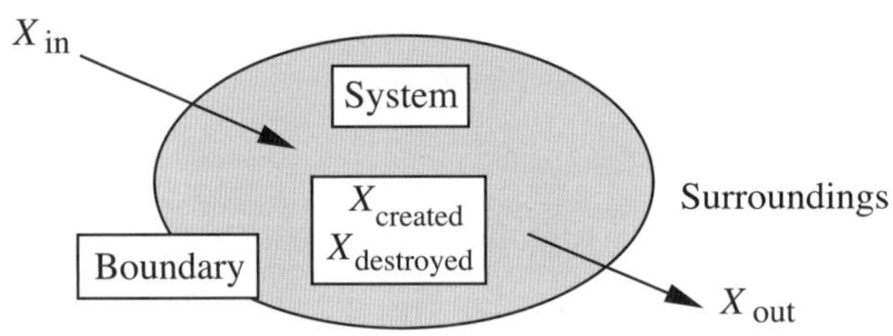

그림 1.7 계 및 계 외부 또는 내부로의 전달.

일반적인 보존 법칙에서는 계에서의 X-함량의 증가량 ΔX_{system}를 다음과 같이 나타낸다.

$$X_{\text{in}} - X_{\text{out}} = \Delta X_{\text{system}}. \tag{1.4a}$$

이와 같은 기본 법칙이 직관적으로 명백한 것처럼 보이지만, 이 법칙은 매우 제한적으로 선택된 물리량 X에만 적용된다. 예를 들면, 이 법칙은 만약에 X가 부피와 같은 또 다른 크기성질(extensive property)인 경우에는 *일반적으로* 옳지 않고, 만약 X가 압력과 온도와 같은 세기성질(intensive property)인 경우에는 의미가 없다.

X^i가 특정 화학종의 질량인 경우에는 화학 반응에 의한 생산량 X^i_{created} 또는 소멸량 $X^i_{\text{destroyed}}$이 존재한다. 이 경우에는 일반 법칙은 다음과 같이 된다.

$$X^i_{\text{in}} - X^i_{\text{out}} + X^i_{\text{created}} - X^i_{\text{destroyed}} = \Delta X^i_{\text{system}}. \tag{1.4b}$$

보존 법칙에 대해서는 2.1절에서 좀 더 자세히 논의되고 보존 법칙은 근본적으로 매우 중요하기 때문에 이 책의 전 범위를 통하여 다양한 형태로 수많은 응용분야를 보게 될 것이다.

물리적인 문제를 풀기 위하여 유체에 대한 다음과 같은 정보들이 통상적으로 필요하게 된다.

1. 유체의 물리적 특성(1.4절).
2. 유체의 *유동*이 포함되는 경우에는 다양한 응력들을 유동 형태와 연관시키는 유체에 대한 *구성 방정식*.

1.4 물리적 성질들 – 밀도, 점도, 표면 장력

특히 중요한 유체의 물리적 성질은 밀도, 점도, 표면 장력이다. 이들 각각은 분자적 개념에서 정의하고 간략히 살펴볼 것이며, 이들의 차원은 질량, 거리, 시간(M, L, T)의 관점에서 검토할 것이다. 물리적 성질들은 주로 특정 유체에 따라 달라진다. 액체의 경우 점도는 온도에 크게 의존한다. 기체의 점도는 절대 온도의 제곱근에 *근사적으로* 비례한다. 기체의 밀도는 절대 압력에 거의 직접적으로 의존하며, 다른 대부분의 경우에는 물성에 대한 압력의 효과는 무시될 수 있다.

전형적인 공정들은 거의 등온에서 진행되는 경우가 많으며, 이 경우에는 온도의 영향을 무시할 수 있다. 밀도가 일정하지 않은 압축성 가스의 유동이나, 점성 소산(viscous dissipation)으로 상당한 내부 가열을 유발할 수 있는 매우 높은 전단 속도의 액체와 같은 특정한 경우를 제외하거나, 발열/흡열 반응이 관여되는 상황에서는 압력과 온도에 따른 물리적 특성의 변화를 무시할 것이다.

밀도

밀도는 개별 분자의 질량과 단위 부피당 채워져 있는 분자들의 총 수에 의존한다. 액체의 밀도는 기본적으로는 액체의 종류에 따라 크게 달라지지만, 온도 의존성은 적다. 대표적인 액체들의 밀도 값이 비중과 열팽창 계수와 함께, 표 1.1(식 (1.9)~(1.11) 참조)에 제시되어 있다.[2] 표 1.1~1.6까지

표 1.1 ▸ 20 °C에서 액체의 비중, 밀도 및 열팽창 계수

Liquid	Sp. Gr. (s)	Density, ρ kg/m^3	Density, ρ lb$_m$/ft^3	α °C^{-1}
Acetone	0.792	792	49.4	0.00149
Benzene	0.879	879	54.9	0.00124
Crude oil, 35°API	0.851	851	53.1	0.00074
Ethanol	0.789	789	49.3	0.00112
Glycerol	1.26 (50 °C)	1,260	78.7	—
Kerosene	0.819	819	51.1	0.00093
Mercury	13.55	13,550	845.9	0.000182
Methanol	0.792	792	49.4	0.00120
n-Octane	0.703	703	43.9	—
n-Pentane	0.630	630	39.3	0.00161
Water	0.998	998	62.3	0.000207

[2]표 1.1, 1.3, 1.4, 1.5, 1.6에 주어진 값들은 Perry, J.H. ed., *Chemical Engineers' Handbook*, 3판., McGraw-Hill, New York (1950)에 주어진 정보에 기초한다.

주어진 수치들의 정확도는 본문에서 필요한 계산에 적합하다. 특별히 극한 조건에서 매우 정확한 값이 필요하다면, 전문 정보를 다른 곳에서 찾아야 한다.

유체의 *밀도* ρ는 단위 부피당 유체의 질량으로 정의되고, 유체의 관성 또는 가속력에 대한 저항을 나타낸다. 따라서 다음과 같이 되고,

$$\rho = \frac{\text{mass}}{\text{volume}} \;[=]\; \frac{\mathrm{M}}{\mathrm{L}^3}, \tag{1.5}$$

여기서 기호 "[=]"는 일관되게 물리량의 차원을 나타내는 데 사용된다.[3] 부피가 너무 작게 선택되어 전형적인 분자의 선택을 포함할 가망이 없거나, 너무 크게 선택되어(기체의 경우에서) 압력의 변화가 부피의 변화를 통하여 밀도에 현저한 변화를 주지 않도록 선택되어야 한다는 것은 식 (1.5)에서 쉽게 이해될 수 있다. 밀도에 의하여 특징지어지는 매질은 연속체로 불리며, 이 책에서 기술되는 바와 같이 Newton의 운동 법칙을 포함하는 고전 역학을 따르게 된다.

API 등급(American Petroleum Institute, 미국 석유 학회)은 다음 식에 따라 비중과 관련이 있다.

$$^\circ\mathrm{API} = \frac{141.5}{s} - 131.5. \tag{1.6}$$

물에 대해서는 $^\circ\mathrm{API} = 10$이며, 밀도가 *낮은* 액체에 대해서는 더 높은 값을 가짐을 유의해야 한다. 표 1.1에 나타낸 원유에 대해서 식 (1.6)은 $141.5/0.851 - 131.5 \doteq 35\ ^\circ\mathrm{API}$를 보여준다.

기체의 밀도. 이상 기체의 경우에는 $pV = nRT$이며, 여기서 p는 *절대* 압력, V는 기체의 부피, n은 기체의 몰 수(단위로 사용되는 경우 "mol"로 축약됨), R은 기체 상수, T는 *절대* 온도이다. 만약 M_w를 기체의 분자량이라 하면, 다음과 같은 관계를 얻을 수 있다.

$$\rho = \frac{nM_\mathrm{w}}{V} = \frac{M_\mathrm{w}p}{RT}. \tag{1.7}$$

따라서 이상 기체의 밀도는 분자량, 절대 압력, 절대 온도에 의존한다. 여러 단위계에 대해서 기체 상수 R의 값은 표 1.2에 주어져 있다. 예전에는 °K로 표현된 Kelvin 온도가 이제 더 간단하게 "K"로 표시된다.

*비이상 기체*에 대해서는 (p와 T의 함수인) 압축 인자 Z가 식 (1.7)의 분모에 추가되어 다음과 같이 된다.

$$\rho = \frac{nM_\mathrm{w}}{V} = \frac{M_\mathrm{w}p}{ZRT}. \tag{1.8}$$

따라서 Z가 1에서 벗어나는 정도가 기체의 비이상성의 척도가 된다.

기체의 등온 *압축도*는 다음과 같이 정의되고,

$$\beta = -\frac{1}{V}\left(\frac{\partial V}{\partial p}\right)_T,$$

일정 온도에서 압력의 *증가*에 의한 부피의 *감소* 분율과 같게 된다. 이상 기체의 경우에는 $\beta = 1/p$

[3]표기 "[=]"의 초기 모습은 R.B. Bird, W.E. Stewart, E.N. Lightfoot, *Transport Phenomena*, Wiley, New York, (1960)에서 볼 수 있다.

표 1.2 ▸ 기체 상수 R의 값들

Value	Units
8.314	J/g-mol K
0.08314	liter bar/g-mol K
0.08206	liter atm/g-mol K
1.987	cal/g-mol K
10.73	psia ft^3/lb-mol °R
0.7302	ft^3 atm/lb-mol °R
1,545	ft lb_f/lb-mol °R

로 절대 압력의 역수가 된다.

물질의 *열팽창 계수* α는 일정 압력에서 온도의 단위 증가당 부피 증가의 분율이다.

$$\alpha = \frac{1}{V}\left(\frac{\partial V}{\partial T}\right)_p. \tag{1.9}$$

주어진 질량에 대하여 밀도는 부피의 역수에 비례하므로 (α가 거의 일정한) 적당한 온도 범위에서 대부분의 액체의 밀도는 온도에 대하여 선형 함수이다.

$$\rho \doteq \rho_0[1 - \alpha(T - T_0)], \tag{1.10}$$

여기서 ρ_0는 기준 온도 T_0에서의 밀도이다. 이상 기체의 경우에는 $\alpha = 1/T$로 절대 온도의 역수이다.

유체의 *비중* s은 밀도 ρ와 특정한 *표준 조건*에서 기준 유체에의 밀도 ρ_{SC}의 비로 정의된다.

$$s = \frac{\rho}{\rho_{SC}}. \tag{1.11}$$

*액체*의 경우, ρ_{SC}는 보통 4 °C에서의 물의 밀도인 1.000 g/ml 또는 1,000 kg/m^3이 된다. *기체*의 경우에는 ρ_{SC}는 때로는 60 °F, 14.7 psia에서의 공기의 밀도인 약 0.0759 lb_m/ft^3 채택되고, 어떤 경우에는 0 °C, 1기압에서의 공기의 밀도가 사용된다. 기체의 경우에는 *유일한* 기준이 없기 때문에 제시된 값을 해석할 때 주의해야 한다. 주로 메탄과 다른 탄화수소로 구성된 *천연 가스*의 경우에는 *기체 비중*은 공기의 분자량(28.8 lb_m/lb-mol)에 대한 기체의 분자량의 비로 정의된다.

흔히 경험하는 몇몇 기체들의 분자량 M_w과 0 °C, 대기압의 표준 조건에서의 밀도를 표 1.3에 나타내었다.

점도

그림 1.8(a)에서와 같이 유체의 점도는 가해진 전단 응력하에서 유동에 대한 저항을 측정한다. 여기서 유체는 정지 상태의 한 판과 그 판에 대하여 속도 V로 정상 상태로 움직이는 다른 판 사이의 두께 h의 비교적 작은 틈새에 이상적으로 갇혀 있다고 가정된다.

실제로 이 상황은 그림 1.1에서와 같이 서로에 대하여 회전하는 반지름이 큰 두 동심 원통 사이의 공간에 채워진 유체로 실현될 수 있다. 일정한 움직임을 유지하고 서로 미끄러지는 두 개의 분자

표 1.3 ▶ 기체 분자량과 0 °C, 대기압에서의 밀도

Gas	M_w	Standard Density	
		kg/m³	lb$_m$/ft³
Air	28.8	1.29	0.0802
Carbon dioxide	44.0	1.96	0.1225
Ethylene	28.0	1.25	0.0780
Hydrogen	2.0	0.089	0.0056
Methane	16.0	0.714	0.0446
Nitrogen	28.0	1.25	0.0780
Oxygen	32.0	1.43	0.0891

층에 의하여 유발되는 점성 마찰을 이기기 위하여 오른쪽 방향으로(그리고 평형을 유지하기 위하여 아래 판에 왼쪽 방향으로) 정상 상태 힘 F가 상부 판에 가해진다.

이와 같은 상황에서, 오른쪽 방향으로의 유체의 속도 u는 하부 판($y = 0$)에서 0으로부터 상부 판에서 V로 선형적으로 변화한다는 것이 실험적으로 알려졌다. 이는 그림 1.8(b)에서와 같이 각 판에서 고정(no-slip) 조건에 해당한다. 하부 판으로부터 임의의 거리 y에서의 속도는 다음과 같이 간단히 나타낼 수 있다.

$$u = \frac{y}{h}V. \tag{1.12}$$

전단 응력 τ가 다음과 같이 단위 면적에 작용하는 접선 방향의 힘이라는 것을 기억하자.

$$\tau = \frac{F}{A}, \tag{1.13}$$

여기서 A는 각 판의 면적이다. *뉴턴 유체*라 불리는 많은 종류의 물질에 대하여 전단응력은 속도 *구배*에 정비례한다는 것이 실험적으로 알려져 있다.

$$\tau = \mu\frac{du}{dy} = \mu\frac{V}{h}. \tag{1.14}$$

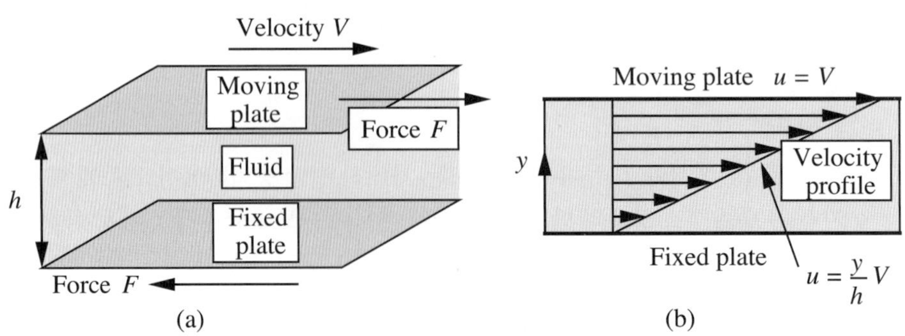

그림 1.8 ▶ (a) 두 평형판 사이에서 전단 하의 유체; (b) 그에 따르는 선형 속도 분포.

비례상수 μ는 유체의 *점도*라 불리며, 그 차원은 F (ML/T^2), A (L^2), du/dy (T^{-1})를 대입하여 얻을 수 있다.

$$\mu \;[=]\; \frac{\text{M}}{\text{LT}}. \tag{1.15}$$

점도의 대표 단위들은 g/cm s (*poise*로 알려져 있으며, P로 나타냄), kg/m s, 1b_m/ft hr이다. 상온에서 물의 점도는 근사적으로 0.01 P 또는 1.0 cP이므로 poise의 100분의 1인 *cetipoise* (cP)도 편리한 단위이다. 점도에 대한 환산인자들을 표 1.11에 나타내었다.

유체의 점도는 3.2절에서 해석되는 바와 같이 관에서 알려진 속도로 흐를 때 압력 강하를 측정하여 결정될 수 있다. *유변학적* 또는 점도를 포함하는 유체의 유동 특성을 결정하는 방법은 종종 두 표면 사이의 작은 틈새에 유체를 담고, 표면 중 하나를 움직이며, 다른 표면을 정지 상태로 유지하는 데 필요한 힘을 측정하는 것과 관련된다.

동점도 ν는 밀도에 대한 점도의 비이고,

$$\nu = \frac{\mu}{\rho}, \tag{1.16}$$

점성력과 중력이 동시에 존재하는 경우에 중요하다. ν의 차원은 L^2/T이며, 이는 물질전달에서의 확산계수 D와 열전달에서 열확산 계수 $\alpha = k/\rho c_\text{P}$와 동일하다. 이 세 가지 양들 사이에는 명백한 유사성이 있다. 나중에 살펴보겠지만 동점도는 유체의 층류 및 난류 유동에서 운동량의 "확산" 속도를 지배한다.

액체의 점도. 액체의 점도 μ는 일반적으로 다음과 같이 근사적으로 절대 온도에 따라 변하며,

$$\ln\mu \doteq a + b\ln T \qquad \text{or} \qquad \mu \doteq e^{a+b\ln T}, \tag{1.17}$$

압력에는 무관하다. μ를 cp 단위로 측정하고 T에 Kelvin이나 Rankine 온도를 적용한다고 가정하면 여러 대표적인 유체들에 대한 적절한 매개인자 a, b 값을 표 1.4에 나타내었다. 점도에 대한 결과 값은 근사치이며 첫 번째 대략적인 설계에만 적합하다.

기체의 점도. 많은 기체들의 점도 μ는 다음과 같은 식으로 근사된다.

$$\mu \doteq \mu_0 \left(\frac{T}{T_0}\right)^n, \tag{1.18}$$

여기서 T는 절대 온도(Kelvin이나 Rankine)이고, μ_0는 절대 온도 T_0에서의 점도이며, n은 실험 데이터를 가장 잘 맞추는 경험적인 지수이다. 대기압에서의 μ_0와 n 값들이 표 1.5에 주어져 있다. 첫 번째 근사치까지 기체의 점도는 압력에 무관하다는 것을 기억하라. μ_0 값은 cP 단위로 주어졌고, $T_0 \doteq 273$ K $\doteq 492$ °R의 기준 온도에 해당하는 값들이다.

표면 장력[4]

표면 장력은 액체 표면이 늘려진 탄성 막(membrane)처럼 거동하려는 경향이다. 액체들은 그 표면을 최소화하려는 자연적인 경향이 있다. 대표적인 경우가 액체에 의하여 젖지 않은 수평 표면 위에

[4]표면 장력의 개념은 다소 복잡하고 이 책의 작은 부분에만 관련되기 때문에, 처음 읽을 때에는 이 하위 절은 생략하는 것이 좋다.

표 1.4 ▶ 액체에 대한 점도 매개인자들

Liquid	a (T in K)	b (T in K)	a (T in °R)	b (T in °R)
Acetone	14.64	−2.77	16.29	−2.77
Benzene	21.99	−3.95	24.34	−3.95
Crude oil, 35°API	53.73	−9.01	59.09	−9.01
Ethanol	31.63	−5.53	34.93	−5.53
Glycerol	106.76	−17.60	117.22	−17.60
Kerosene	33.41	−5.72	36.82	−5.72
Methanol	22.18	−3.99	24.56	−3.99
Octane	17.86	−3.25	19.80	−3.25
Pentane	13.46	−2.62	15.02	−2.62
Water	29.76	−5.24	32.88	−5.24

표 1.5 ▶ 기체에 대한 점도 매개인자들

Gas	μ_0, cP	n
Air	0.0171	0.768
Carbon dioxide	0.0137	0.935
Ethylene	0.0096	0.812
Hydrogen	0.0084	0.695
Methane	0.0120	0.873
Nitrogen	0.0166	0.756
Oxygen	0.0187	0.814

서의 액적(유리 위의 수은) 또는 얇은 기름 필름이 덮여 있는 표면 위의 물이다. 그림 1.9의 왼쪽과 같은 작은 액적의 경우에는 액적은 거의 완벽한 구형을 이룬다. 이는 이 형태가 주어진 부피에서 표면적을 최소로 하는 형태이기 때문이다.

중력 효과는 대략적으로 액적의 반지름 a의 세제곱인 a^3에 비례하나 표면 장력은 a^2에 비례하므로, 액적의 크기가 커질수록 중력 효과가 더 중요해지기 때문에 모양은 약간 평평해진다. 표면 장력 효과에 대한 중력의 비는 대략적으로 $a^3/a^2 = a$의 값에 의존한다. 따라서 그림 1.9의 오른쪽과

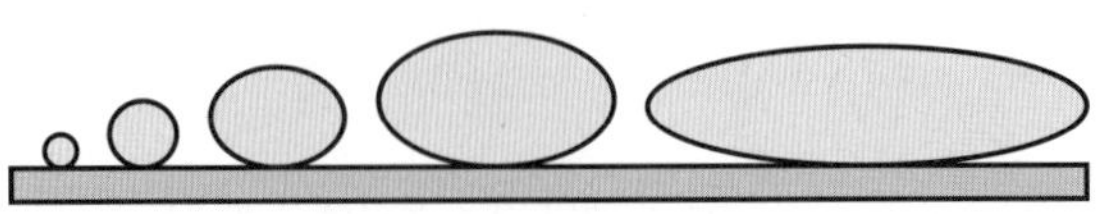

그림 1.9 ▶ 표면 장력보다 중력이 점점 더 중요해지기 때문에 더 큰 액적들은 더욱 평평해진다.

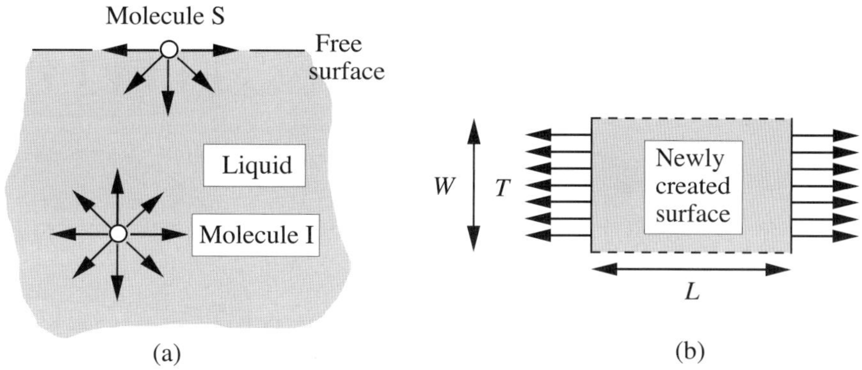

그림 1.10 (a) 액체의 내부와 표면에 있는 분자, (b) 거리 L에 걸쳐서 장력 T를 움직여서 새로 만들어진 표면

같이 액적의 크기가 커질수록 중력 효과가 중요하게 된다. 전반적으로 이러한 상황은 물로 채워진 풍선과 비슷한데, 물은 중력 효과를 나타내며, 풍선은 표면 장력처럼 행동한다.

근본적인 성질은 그림 1.10(a)를 참고로 하여 정의되는 *표면 에너지*이다. 액체의 *내부*에 위치한 분자 I는 그 이웃들로부터 모든 방향에 걸쳐서 동등하게 잡아당겨진다. 하지만 *표면*에 위치한 분자 S는 액체의 벌크로의 순 인력을 받게 된다. (표면 위의 증기는 비교적 희박하여 증기가 분자 S에 작용하는 힘은 미약하다.) 따라서 내부 분자를 표면으로 가져오는 힘에 대응하여 일에 가해져야 한다. 따라서 *표면 에너지*라 불리는 에너지 σ는 표면의 단위 면적에 기인할 수 있다.

위의 접근법과 동일한 관점은 그림 1.10(b)와 같이 표면에 그려진 선의 단위 길이당 작용하는 표면 장력 T를 고려하는 것이다. 이 장력이 거리 L만큼 움직였고 그로 인하여 면적 WL의 새로운 표면이 생겼다고 가정하자. 행해진 일은 힘 TW와 움직인 거리 L의 곱, 즉 TWL이고, 이 일은 새로 얻은 표면 에너지 σWL과 같아야 한다. 따라서 $T = \sigma$이다. 두 양은 N/m와 같은 단위 길이당 힘의 단위를 가지고 있고, J/m^{2}와 같은 단위를 가지는 단위 면적당 에너지와 같다.

다음으로는, 그림 1.11(a)에서와 같이 반지름 r의 액적의 내부 압력 p_1이 주위 증기의 압력 p_2를 초과하는 양 $p_1 - p_2$를 구한다. 그림 1.11(b)는 가상의 원통형 "대상 표면" ABCD로 둘러싸인 액적의 상반구의 평형을 나타낸다. 이 대상 표면에 작용하는 연직 방향의 힘은 곧 같게 될 것이다. 내부 압력 p_1은 두 반구(하반구는 보이지 않음)를 서로 떨어뜨리려고 하는 반면에 표면 장력 σ는 이 둘을 서로 당기려고 한다는 것에 주목하라.

좀 더 자세히 살펴보면, 고려해야 할 서로 다른 두 가지 형태의 힘이 존재한다.

1. 액적의 내부와 외부 증기 사이의 *압력 차*에 기인한 힘. 각 압력은 면적 πr^2(원 CD와 AB의 면적)에 작용한다.

$$(p_1 - p_2)\pi r^2. \tag{1.19}$$

2. 표면 장력에 기인한 힘. 이 힘은 길이 $2\pi r$의 원주에 작용한다.

$$2\pi r\sigma. \tag{1.20}$$

평형에서 이 두 힘들은 같게 되므로 다음과 같은 관계를 얻을 수 있다.

$$\Delta p = p_1 - p_2 = \frac{2\sigma}{r}. \tag{1.21}$$

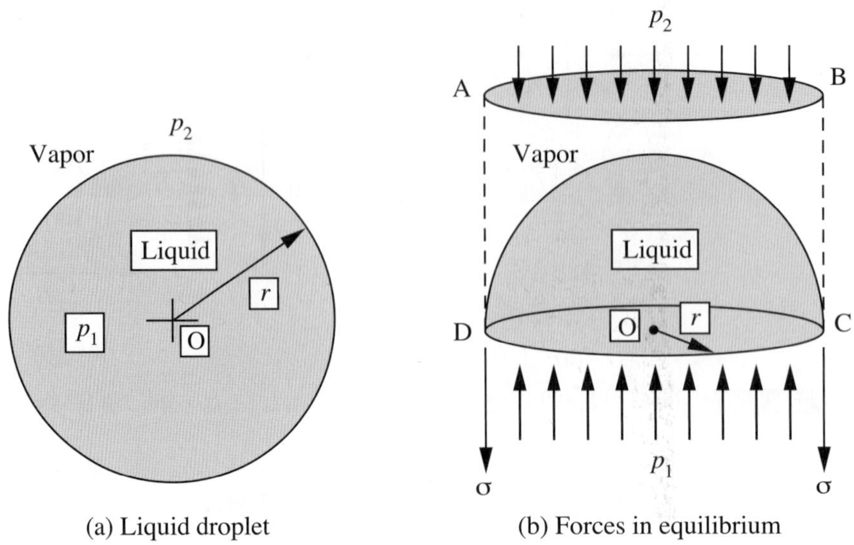

그림 1.11 곡선 표면을 가로지르는 압력 변화.

즉, 계면의 오목한 면 또는 액적 쪽에 작용하는 압력이 더 *크다*. 액적 대신에 *기포*의 경우에는 압력 변화가 어떻게 될까? 왜 그렇게 될까?

좀 더 일반적으로, 주 곡률 반경이 r_1과 r_2인 계면에서 압력 증분은 다음과 같이 된다.

$$p_1 - p_2 = \sigma\left(\frac{1}{r_1} + \frac{1}{r_2}\right). \tag{1.22}$$

그림 1.11에 나타낸 바와 같이 반경이 r인 구에 대해서는, 두 곡률반경이 같으므로, $r_1 = r_2 = r$, $p_1 - p_2 = 2\sigma/r$이다. 문제 1.31은 $r_1 \neq r_2$인 경우를 다룬다. 만약 반경 r_1과 r_2에 해당하는 곡률의 중심이 계면의 같은 쪽에 있다면 반경 r_1과 r_2는 같은 부호를 가질 것이고, 그렇지 않다면 반대 부호를 가질 것이다. 표면의 곡률에 대한 심화된 정보를 부록 A에 나타내었다.

그림 1.12에 나타낸 액체의 표면 장력 σ를 측정하기 위한 간단한 실험에 대한 설명은 다음과 같다.

(a) *모세관 상승법*에서는 안쪽 반지름이 a인 가는 관을 액체에 연직으로 담그면 액체가 관의 내부에서 높이 h로 상승한다. 만약 (벽과 자유 표면 사이의 각인) *접촉각*이 θ이면, 메니스커스(관에서의 액체 표면의 요철)는 구의 표면의 일부로 근사될 수 있다. 그림 1.12(a)의 오른쪽 부분의 확대된 그림에서 보이는 기하학적 형태로부터, 구의 반지름은 $r = a/\cos\theta$임을 알 수 있다. 표면은 공기 쪽이 오목하므로 식 (1.21)은 부호가 반대가 되어 $p_2 = p_1 - 2\sigma/r$이 된다. 따라서 p_2는 대기압 p_1보다 *낮게* 된다. 경로 1-2-3-4를 따라가면서 점 3, 4가 같은 유체 안의 같은 고도에 있으므로 $p_3 = p_4$가 됨을 관찰하자. 따라서 점 4에서의 압력은 다음과 같이 된다.

$$p_4 = p_1 - \frac{2\sigma}{r} + \rho g h.$$

하지만 점 1과 4가 대기압 하에 있기 때문에 $p_4 = p_1$이 된다. 따라서 표면 장력은 다음과 같은 관계로 주어진다.

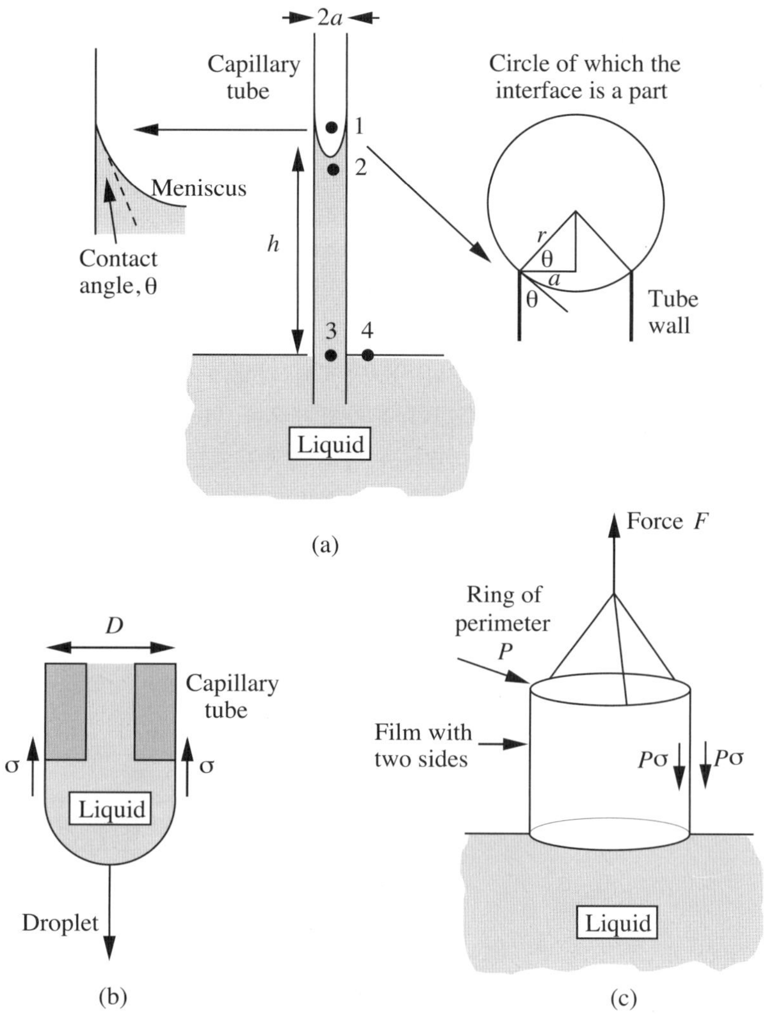

그림 1.12 표면 장력을 측정하는 방법들.

$$\sigma = \frac{1}{2}\rho g h r = \frac{\rho g h a}{2\cos\theta}. \tag{1.23}$$

완전 젖음 표면과 같이 대부분의 경우에서 θ는 거의 0이고, 따라서 $\cos\theta = 1$이다. 하지만 유리에서의 수은과 같은 액체의 경우, 전혀 젖지 *않은* 표면일 때 $\theta = \pi$이므로 $\cos\theta = -1$이 된다. 결과적으로 모세관에서의 액체의 수위는 주위 풀(pool)보다 *낮게* 된다.

(b) 액적 무게법에서는 바깥 지름이 D인 모세관의 끝에 액적이 아주 천천히 형성되도록 놓아둔다. 액적의 무게가 액적을 잡아두는 표면 장력 힘 $\pi D\sigma$보다 막 커질 때까지 액적은 자란다. 바로 이 순간에 액적은 모세관으로부터 떨어지고 액적의 무게 $w = Mg$는 액적을 접시에 받고 무게를 재서 결정할 수 있다. 두 힘을 같게 두면, 표면 장력은 다음과 같은 형태로 계산된다.

$$\sigma = \frac{w}{\pi D}. \tag{1.24}$$

(c) *고리 장력계*(ring tensiometer)에서는 민감한 저울에 붙어 있는 가는 선 고리를 액체에 담그고, 얇은 액체 필름이 이 고리를 따라 올라오도록 조심스럽게 들어올린다. 이 필름을 지지하는 데 필요한 힘 F는 저울에서 측정된다. 필름에는 면이 두 개이므로 총 힘은 $2P\sigma$이며, 여기서 P는 고리의 둘레이다. 따라서 표면 장력은 다음과 같이 결정된다.

$$\sigma = \frac{F}{2P}. \tag{1.25}$$

대부분의 실험기법들과 같이 위에서 언급된 세 방법 모두에서 간단한 이론에는 불완전한 것이 있기 때문에 식(1.23)~(1.25)로 주어진 결과를 약간 수정해야 한다.

일반적으로 표면 장력은 자유 표면(액체/기체 또는 액체/고체 경계)이나 계면(액체/액체 경계)을 포함하는 경우에만 나타난다. 후자의 경우에, 그것은 일반적으로 계면 장력이라고 불린다.

공기 또는 증기와 접촉한 20 °C에서의 액체의 표면 장력에 대한 대표적인 값들(일반적으로 두 값들의 차이는 거의 없음)을 표 1.6에 나타내었다.[5]

표 1.6 ▸ 표면 장력

Liquid	σ dynes/cm
Acetone	23.70
Benzene	28.85
Ethanol	22.75
Glycerol	63.40
Mercury	435.5
Methanol	22.61
n-Octane	21.80
Water	72.75

1.5 단위들과 단위계들

질량, 무게, 힘

물체의 *질량* M은 물체가 포함하고 있는 물질 양의 척도이고, 질량내에 포함된 구성 분자의 수에 의존하므로 일정할 것이다. 이에 반하여 물체의 무게 w는 그 물체에 작용하는 중력 힘이고 Mg와 같게 된다. 여기서 g는 국지적 중력 가속도이다. 대부분 지구 표면에서 일어나는 현상을 논의하게 될 것이고, 여기서 g는 대략 32.174 ft/s^2 = 9.807 m/s^2 = 980.7 cm/s^{2}이다. 이 책의 대부분에서 이 값들은 각각 32.2, 9.81, 981로 간략화되어 쓰인다.

Newton의 운동 제2법칙에 따르면, 질량 M에 가한 힘 F는 가속도 a를 부여한다.

[5]표면 장력 값들은 *CRC Handbook of Chemistry and Physics*, 48th ed., The Chemical Rubber Co., Cleveland, OH (1967)에서 얻었다.

표 1.7 ▶ 대표적인 힘의 단위들

System	Units of Force	Customary Name
SI	kg m/s^2	newton
CGS	g cm/s^2	dyne
FPS	lb$_m$ ft/s^2	poundal

$$F = Ma, \tag{1.26}$$

이 식으로부터 힘은 명백히 ML/T^{2}의 *차원*을 갖는다. 표 1.7에는 SI(meter/kilogram/second) 단위계, CGS(centimeter/gram/second) 단위계, FPS(foot/pound/second) 단위계에서 각 단위에게 해당하는 힘의 단위가 주어져 있다.

Poundal은 구식의 단위이고 거의 쓰이지 않는다. 대신에, *poundforce* (lb$_f$)가 영국식 단위계에서 좀 더 일반적이다. 이 양 1 lb$_m$에 작용하는 중력 힘으로 정의된다. 1 lb$_m$를 자유 낙하하도록 놓아둔다면, 32.2 ft/s^{2}의 가속도로 낙하할 것이다. 따라서 다음과 같이 된다.

$$1\ \mathrm{lb_f} = 32.2\ \mathrm{lb_m}\ \frac{\mathrm{ft}}{\mathrm{s^2}} = 32.2\ \mathrm{poundals}. \tag{1.27}$$

ft, lb$_m$, s (FPS) 단위계에서 lb$_f$를 사용할 때 일반적으로 "g$_c$"라고 하는 환산인자가 반드시 필요하게 될 것이다.

$$\mathrm{g_c} = 32.2\ \frac{\mathrm{lb_m\ ft/s^2}}{\mathrm{lb_f}} = 32.2\ \frac{\mathrm{lb_m\ ft}}{\mathrm{lb_f\ s^2}}. \tag{1.28}$$

어떤 저자들은 g$_c$를 그들의 식에 포함시키지만, 이 환산인자는 사용되고 있는 어떤 특정 단위계에서만 가상적으로 포함되기 때문에 이 방법은 혼란을 줄 수가 있고, 따라서 식들의 일반성을 훼손하는 경향이 있다. 예를 들면, 압력을 lb$_f$/in^{2}으로 표현할 때 144 in^2/ft^{2}의 환산인자를 왜 포함시키지 않는가? 우리는 식에서 모든 환산인자를 생략하는 것을 선호하고, 환산인자들은 표현들을 수치적으로 계산할 경우에 필요한 경우에만 도입한다. 만약 독자들이 미심쩍은 경우에는 계산을 하는 과정에서 *항상* 단위들을 검토해 보아야 한다.

SI 단위들

가장 체계적으로 개발되었고, 보편적으로 사용되는 단위들은 *SI* 단위들 또는 *SystèmeInternational d'Unités*[6]에서 나타난다. 우리가 주로 사용하는 단위계는 일부는 표 1.8에 주어져 있다.

기본 단위들은 미터, 킬로그램, 초(m, kg, s)이다. 이 단위들로부터 다른 단위들이 파생될 수 있다. 힘(kg m/s^2)은 이미 논의하였고, 에너지는 힘과 길이의 곱, 동력은 단위시간당의 에너지, 표면 장력은 단위 면적당의 에너지 또는 단위 길이당의 힘 등이다. 이 단위들 중의 몇 개는 이름을 가지고 있고, 이들의 단축형과 이름들을 표 1.8에 나타내었다.

전통은 사라지기 어렵다. 다른 미터법상의 단위들도 *부가*단위들로 사용될 수 있을 정도로 잘 확립되었다. 이 부가단위들을 표 1.9에 나타내었다. *그램*(gram)은 고전적인 예이다. 질량의 기본

[6]표 1.8과 1.9의 근거에 대한 뛰어난 논의는 The Royal Society of London에 의하여 출판된 *Metrication in Scientific Journal* (1968)에 주어져 있다.

표 1.8 ▶ SI 단위들

Physical Quantity	Name of Unit	Symbol for Unit	Definition of Unit
Basic Units			
Length	meter	m	–
Mass	kilogram	kg	–
Time	second	s	–
Temperature	degree Kelvin	K	–
Supplementary Unit			
Plane angle	radian	rad	—
Derived Units			
Acceleration			m/s^2
Angular velocity			rad/s
Density			kg/m^3
Energy	joule	J	$kg\ m^2/s^2$
Force	newton	N	$kg\ m/s^2$
Kinematic viscosity			m^2/s
Power	watt	W	$kg\ m^2/s^3$ (J/s)
Pressure	pascal	Pa	$kg/m\ s^2$ (N/m^2)
Velocity			m/s
Viscosity			kg/m s

표 1.9 ▶ SI 단위계와 함께 허용되는 보조 단위들

Physical Quantity	Name of Unit	Symbol for Unit	Definition of Unit
Area	hectare	ha	$10^4\ m^2$
Kinematic viscosity	stokes	St	$10^{-4}\ m^2/s$
Length	micron	μm	10^{-6} m
Mass	tonne gram	t g	10^3 kg = Mg 10^{-3} kg = g
Pressure	bar	bar	$10^5\ N/m^2$
Viscosity	poise	P	10^{-1} kg/m s
Volume	liter	l	$10^{-3}\ m^3$

표 1.10 ▸ 분수 또는 배수의 접두사들

Factor	Name	Symbol	Factor	Name	Symbol
10^{-12}	pico	p	10^{3}	kilo	k
10^{-9}	nano	n	10^{6}	mega	M
10^{-6}	micro	μ	10^{9}	giga	G
10^{-3}	milli	m	10^{12}	tera	T

SI 단위(kg)는 그램의 항으로 나타내었을 뿐 아니라 그 자체의 이름을 주어지지도 않았음에 주목하라.

표 1.10은 작거나 큰 양을 편리하게 나타내는 데 사용되는 용인된 접두사들의 몇 개를 보여준다. 과도한 10진법 상의 자리를 피하기 위하여 0.000001 s는 보통 1 μs(1 microsecond)로 더 잘 표현된다. 하나의 접두사가 두 개의 접두사보다는 더 낫기 때문에 1 μkg은 1 mg으로 표현되어야 함에 주의하라.

좀 더 자주 사용되는 환산인자들을 표 1.11에 나타내었다.

예제 1.1 단위 환산

Part 1. 65 mph를 (a) ft/s, (b) m/s로 나타내어라.

풀이

답은 표 1.11의 환산인자들을 사용하여 구해진다.

$$(a)\quad 65\ \frac{\text{mile}}{\text{hr}} \times \frac{1}{3{,}600}\ \frac{\text{hr}}{\text{s}} \times 5{,}280\ \frac{\text{ft}}{\text{mile}} = 95.33\ \frac{\text{ft}}{\text{s}}.$$

$$(b)\quad 95.33\ \frac{\text{ft}}{\text{s}} \times 0.3048\ \frac{\text{m}}{\text{ft}} = 29.06\ \frac{\text{m}}{\text{s}}.$$

Part 2. 68 °F에서 35 °API 원유의 밀도는 53.1 $\text{lb}_\text{m}/\text{ft}^3$이고, 점도는 32.8 $\text{lb}_\text{m}/\text{ft hr}$이다. SI 단위계에서 밀도, 점도, 동점도는 얼마인가?

풀이

$$\rho = 53.1\ \frac{\text{lb}_\text{m}}{\text{ft}^3} \times 0.4536\ \frac{\text{kg}}{\text{lb}_\text{m}} \times \frac{1}{0.3048^3}\ \frac{\text{ft}^3}{\text{m}^3} = 851\ \frac{\text{kg}}{\text{m}^3}.$$

$$\mu = 32.8\ \frac{\text{lb}_\text{m}}{\text{ft hr}} \times \frac{1}{2.419}\ \frac{\text{centipoise}}{\text{lb}_\text{m}/\text{ft hr}} \times 0.01\ \frac{\text{poise}}{\text{centipoise}} = 0.136\ \text{poise}.$$

또는 P는 poise에 대한 기호임에 주의하면서, SI 단위계로 바꾸고, ν를 계산하라.

$$\mu = 0.136\ \text{P} \times 0.1\ \frac{\text{kg/m s}}{\text{P}} = 0.0136\ \frac{\text{kg}}{\text{m s}}.$$

$$\nu = \frac{\mu}{\rho} = \frac{0.0136\ \text{kg/m s}}{851\ \text{kg/m}^3} = 1.60 \times 10^{-5}\ \frac{\text{m}^2}{\text{s}} \quad (= 0.160\ \text{St}).$$

표 1.11 ▸ 흔히 사용되는 환산인자

Area	1 $mile^2$	=	640 acres
	1 acre	=	0.4047 ha
Energy	1 BTU	=	1,055 J
	1 cal	=	4.184 J
	1 J	=	0.7376 ft lb_f
	1 erg	=	1 dyne cm
Force	1 lb_f	=	4.448 N
	1 N	=	0.2248 lb_f
Length	1 ft	=	0.3048 m
	1 m	=	3.281 ft
	1 mile	=	5,280 ft
Mass	1 lb_m	=	0.4536 kg
	1 kg	=	2.205 lb_m
Power	1 HP	=	550 ft lb_f/s
	1 kW	=	737.6 ft lb_f/s
Pressure	1 atm	=	14.696 lb_f/in^2
	1 atm	=	1.0133 bar
	1 atm	=	1.0133×10^5 Pa
Time	1 day	=	24 hr
	1 hr	=	60 min
	1 min	=	60 s
Viscosity	1 cP	=	2.419 lb_m/ft hr
	1 cP	=	0.001 kg/m s
	1 cP	=	0.000672 lb_m/ft s
	1 $lb_f\ s/ft^2$	=	4.788×10^4 cP
Volume	1 ft^3	=	7.481 U.S. gal
	1 U.S. gal	=	3.785 l
	1 m^3	=	264.2 U.S. gal

예제 1.2 강의실을 차지하고 있는 공기의 질량

가로 80 ft, 세로 40 ft, 높이 12 ft인 강의실에 있는 공기의 질량을 추산하라. 기체 상수는 R = 10.73 psia ft^3/lb-mol °R이다.

▸ 풀이

강의실의 부피는 그림 E.1.2에 나타낸 것 같이 다음과 같다.

$$V = 80 \times 40 \times 12 = 3.84 \times 10^4\ ft^3.$$

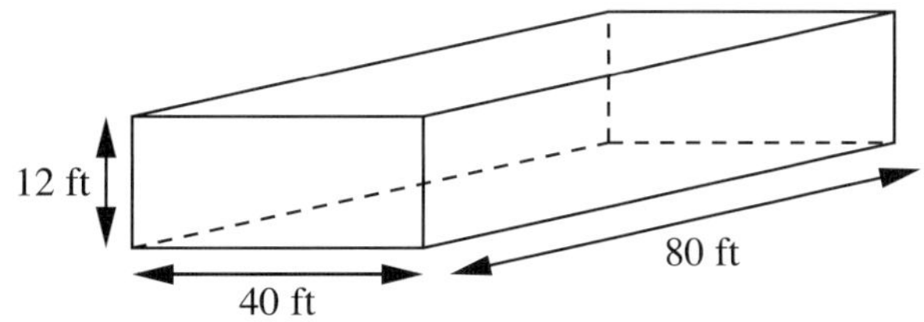

그림 E1.2 강의실의 제원.

만일 공기를 20%의 산소와 80%의 질소로 근사한다면, 공기의 분자량은 $M_w = 0.8 \times 28 + 0.2 \times 32 = 28.8$ lb_m/lb-mol이다. 절대 압력을 $p = 14.7$ psia, 온도를 70 °F = 530 °R로 가정하면, 이상기체 법칙으로부터 밀도는 다음과 같이 된다.

$$\rho = \frac{M_w p}{RT} = \frac{28.8\ (\text{lb}_\text{m}/\text{lb mol}) \times 14.7\ (\text{psia})}{10.73\ (\text{psia ft}^3/\text{lb mol }^\circ\text{R}) \times 530\ (^\circ\text{R})} = 0.0744\ \text{lb}_\text{m}/\text{ft}^3.$$

따라서 공기의 질량은 다음과 같게 된다.

$$M = \rho V = 0.0744\ (\text{lb}_\text{m}/\text{ft}^3) \times 3.84 \times 10^4\ (\text{ft}^3) = 2{,}860\ \text{lb}_\text{m}.$$

이 책의 나머지 부분에서는 단위들의 자세한 전환들이 계산에서 생략될 것이다. 단위 전환의 결과들은 항상 확인해보아야 한다.

1.6 유체 정역학

고도에 따른 압력의 변화

여기서는 정체된 유체에서 압력이 고도 z에 따라 어떻게 변하는지를 살펴본다. 이 결과는 "안나푸르나 산 정상에서의 압력은 어떻게 되는가?"나 "기름 저장 탱크의 벽에 작용하는 힘은 얼마인가?"와 같은 문제에 대한 답이 될 수 있으므로 유용하다. 단면적이 A, 높이가 dz이고, 부피가 $A\ dz$인 유체의 가상적인 미분 원통요소를 고려하자. 이 요소는 그림 1.13에서 보이는 바와 같이 같은 유체에 의하여 둘러싸여 있다. 이 요소의 무게, 즉 질량에 작용하는 아래 방향으로의 중력 힘은 $dW = \rho A\ dz\ g$이다. 완벽하게 동일한 두 가지 접근법이 다음에 주어진다.

방법 1. p를 원통의 밑부분에 작용하는 압력이라 하자. p는 dp/dz의 속도로 고도에 따라 변하므로, 원통의 꼭대기에서의 압력은 전개나 도함수의 정의에 의하여 $p + (dp/dz)dz$이 된다.[7] (여기서는 고도에 따라 압력이 낮아지리라고 기대하고 있지 않음에 주의하라. 따라서 양의 부호가 사용되었다. 만약 앞으로 보여질 것처럼 압력이 고도의 증가에 따라 감소한다면, 이어지는 전개 과정은 dp/dz가 음이 됨을 보여주게 될 것이다.) 따라서 유체는 *위 방향*으로의 힘 pA을 원통의 밑 부분에 작용하고, 아래 방향의 힘 $[p + (dp/dz)dz]A$을 원통의 꼭대기에 작용한다.

[7] 이 기본적인 문장에 대한 더 자세한 사항을 부록 A에 나타내었고, 비슷한 주장이 이 책에서 계속하여 나타나므로 완전히 이해해야 한다.

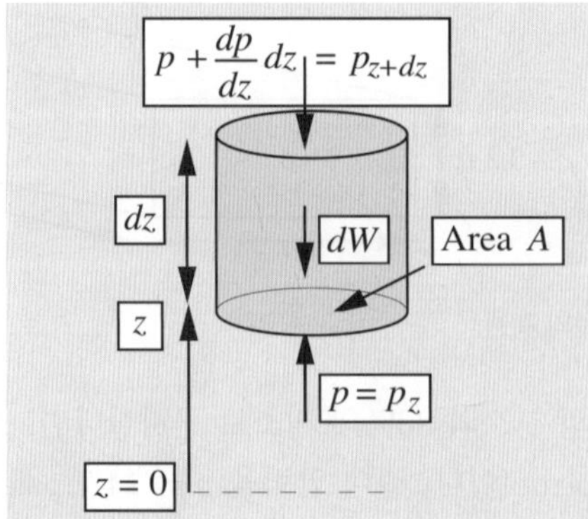

그림 1.13 유체 원통에 작용하는 힘들.

다음으로, Newton의 운동 제2법칙에 위 방향으로의 순 상향력을 질량과 가속도를 곱한 값으로 두어서 적용하자. 원통은 정지하고 있으므로 순 힘은 0이 된다.

$$\underbrace{pA - \left(p + \frac{dp}{dz}dz\right)A}_{\text{Net pressure force}} - \underbrace{\rho A\,dz\,g}_{\text{Weight}} = \underbrace{(\rho A\,dz)}_{\text{Mass}} \times 0 = 0. \tag{1.29}$$

pA를 소거하고, Adz로 나누면 다음과 같은 고도에 따른 압력의 변화 속도를 지배하는 *미분 방정식*이 얻어진다.

$$\frac{dp}{dz} = -\rho g. \tag{1.30}$$

방법 2. p_z와 p_{z+dz}를 고도가 z와 $z + dz$인 원통의 밑 부분과 꼭대기에서의 압력이라 하자. 유체는 원통의 밑 부분에 *위 방향*으로의 힘 p_zA을 작용하고, 꼭대기에서는 *아래 방향*으로의 힘 $p_{z+dz}A$을 작용한다. Newton의 운동 제2법칙을 적용하면 다음과 같은 결과를 얻을 수 있다.

$$\underbrace{p_zA - p_{z+dz}A}_{\text{Net pressure force}} - \underbrace{\rho A\,dz\,g}_{\text{Weight}} = \underbrace{(\rho A\,dz)}_{\text{Mass}} \times 0 = 0. \tag{1.31}$$

두 압력 항을 좌변에 두고 Adz로 나누면 다음과 같이 된다.

$$\frac{p_{z+dz} - p_z}{dz} = -\rho g. \tag{1.32}$$

dz가 0에 근접함에 따라, 식 (1.32)의 좌변은 도함수 dp/dz가 되고, 다음과 같이 앞의 결과와 같은 결과를 준다.

$$\frac{dp}{dz} = -\rho g. \tag{1.30}$$

유한한 Δz 높이를 고려하고 Δz를 0으로 두어서도 같은 결과를 도출할 수 있다.

식 (1.30)에서 압력은 연직 상방에서 국지적인 밀도에 비례하는 속도로 *감소*한다는 예측에 주의하라. 이와 같은 압력 변화는 고층 빌딩에서 고속으로 운전되는 엘리베이터 안에 있을 때, 또는 비행기가 이륙할 때 귀로도 감지될 수 있다. 여러분들은 위의 두 접근법을 철저하게 이해해야 한다. $dz \to 0$의 극한을 취하고 도함수의 정의를 되새길 필요가 없기 때문에, 이 책의 대부분에서는 방법 1이 사용될 것이다.

자유 표면을 가지는 액체에서의 압력

그림 1.14에서 자유 경계면에서의 압력은 p_s이고, 수영장에서와 같이 자유 표면으로부터 깊이 H인 곳의 압력을 구하고자 한다.

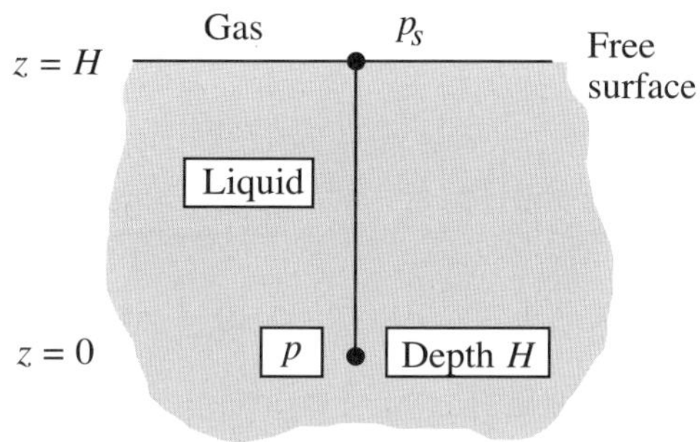

그림 1.14 깊이 H에서의 압력.

식 (1.30)을 변수 분리하고, 자유 표면($z = H$)과 깊이 $H(z = 0)$ 사이에서 적분하면 다음과 같은 결과를 얻을 수 있다

$$\int_{p_s}^{p} dp = -\int_{H}^{0} \rho g \, dz. \tag{1.33}$$

액체에서 ρ와 g가 일정하다고 가정하면(이 가정은 상당히 합리적임), 이 양들은 적분 기호 밖으로 보낼 수 있고, 다음과 같은 결과를 준다.

$$p = p_s + \rho g H, \tag{1.34}$$

이 식은 압력은 자유 표면으로부터 아래로 감에 따라 선형적으로 증가함을 보여준다. 심해잠수부들이 경험하는 아주 깊은 곳에서는 압력은 상당히 높게 된다.

예제 1.3 기름 저장조에서의 압력

자유 표면은 대기에 노출되어 있고, 원유가 깊이 H로 채워져 있는 그림 E1.3의 원통형 탱크의 밑면에서의 절대 압력은 얼마인가? 원유의 비중은 0.846이다. (a) $H = 15.0$ ft인 경우(압력을 $\text{lb}_\text{f}/\text{in}^2$ 단위로), (b) $H = 5$ m인 경우 (압력을 Pa와 bar 단위로) 구하라. 주위 방벽은 무엇 때문에 존재하는가?

풀이

(a) 압력은 대기압 p_a와 깊이 $H = 15.0$ ft의 기둥에 의한 증분의 합이다. 따라서 $p_s = p_a$로 두면 식 (1.34)는 다음과 같이 된다.

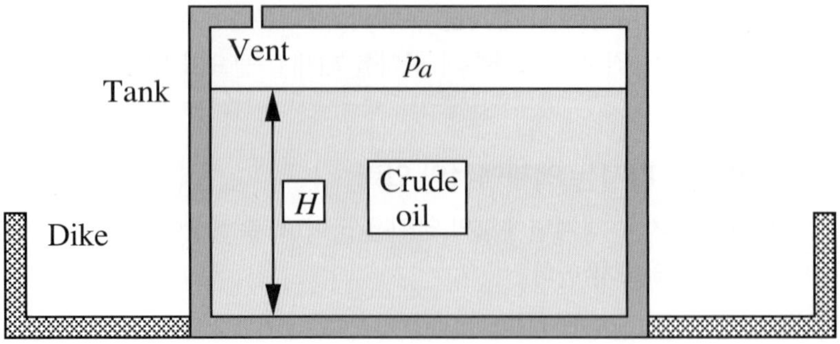

그림 E1.3 원유 저장조.

$$
\begin{aligned}
p &= p_a + \rho g H \\
&= 14.7 + \frac{0.846 \times 62.3 \times 32.2 \times 15.0}{144 \times 32.2} \\
&= 14.7 + 5.49 = 20.2 \text{ psia.}
\end{aligned}
$$

독자들은 분자의 32.2의 단위는 g [=] ft/s^2이고, 분모의 32.2의 단위는 g_c [=] $\text{lb}_\text{m}\ \text{ft/lb}_\text{f}\ \text{s}^2$임에 주의하면서 단위들을 검토해 보아야 한다.

(b) SI 단위들에 대해서는 환산인자는 필요 없다. 물의 밀도가 1,000 kg/m^3이고, $p_a \doteq 1.01 \times 10^5$ Pa임을 알면 다음과 같은 결과를 얻을 수 있다.

$$p = 1.01 \times 10^5 + 0.846 \times 1{,}000 \times 9.81 \times 5.0 = 1.42 \times 10^5 \text{ Pa} = 1.42 \text{ bar.}$$

탱크가 파괴될 경우에는 방벽은 누출되는 기름을 가두고, 화재가 번지는 것과 환경이 오염되는 것을 막는다.

후기

어느 날 아침 정유소에서 일하러 나갔을 때, 저자는 기름 저장 탱크가 제대로 작동하지 않았을 때의 결과를 직접 보았다. 밤 동안의 비는 탱크 내부의 증기가 부분적으로 응축되어 압력이 충분히 낮아져, 외부 대기압이 마치 깡통처럼 보이게 강철 탱크를 구겨 놓았다. 정유소 관리자는 기뻐하지 않았다.

예제 1.4 다중 유체의 정역학

그림 E1.4의 U자관에는 물과 기름 기둥이 있고, 이 사이에 기포가 갇혀 있다. 제시된 액체 기둥들의 높이에 대하여 기름의 비중을 구하라.

풀이

점 2에서의 압력 p_2는 점 1에서의 압력 p_1에서 시작하여 적절히 더하거나 빼서 얻을 수 있다. 다양한 유체 기둥들로 인하여 유체 정역학적 압력은 변한다. 수평부에는 압력의 변화가 없기 때문에 U자관의 폭(2.0 ft)은 무의미하다는 것에 주의하여라. 다음 결과를 얻을 수 있다.

$$p_2 = p_1 + \rho_o g h_1 + \rho_a g h_2 + \rho_w g h_3 - \rho_w g h_4, \tag{E1.4.1}$$

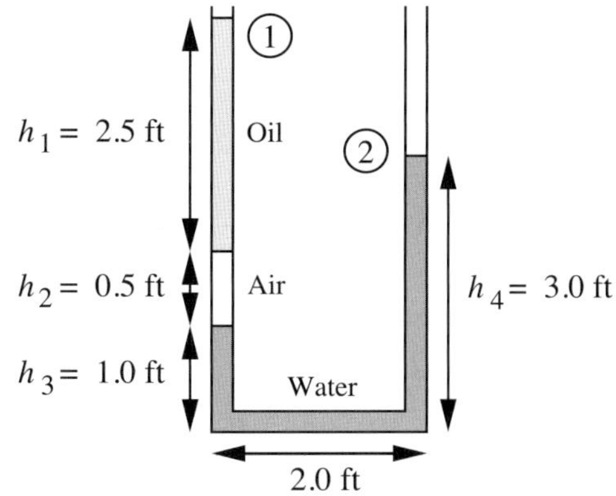

그림 E1.4 기름/공기/물 계.

여기서 ρ_o, ρ_a, ρ_w는 각각 기름, 공기, 물의 밀도를 나타낸다. 기름과 물의 밀도 비하여 공기의 밀도는 아주 작기 때문에 ρ_a를 포함하는 항은 무시될 수 있다. 또한 $p_1 = p_2$는 모두 대기압이다. 따라서 식 (E1.4.1)을 다음과 같이 기름의 비중 s_o에 대하여 풀 수 있다.

$$s_o = \frac{\rho_o}{\rho_w} = \frac{h_4 - h_3}{h_1} = \frac{3.0 - 1.0}{2.5} = 0.80.$$

기체에서의 압력의 변화

기체의 경우에는 밀도는 더 이상 상수가 아니라 압력(그리고 온도—비록 온도 변화는 압력 변화 보다는 덜 중요하지만)의 함수이고, 이에 대해서는 두 가지 접근법이 존재한다.

1. 고도의 변화가 작은 경우에는, 밀도가 일정하다는 가정을 여전히 사용할 수 있고, 식 (1.34)와 비슷한 식은 여전히 근사적으로 유용하다.
2. 고도의 변화가 꽤 있거나 큰 경우에는, 식 (1.30)에 있는 밀도는 기체가 이상 기체 또는 비이상 기체인지에 따라 식 (1.7)이나 (1.8), $\rho = M_w p/RT$ 또는 $\rho = M_w p/ZRT$에 의해 주어져야 한다. 기체 법칙이 적용될 때는 *항상 절대* 압력과 *절대* 온도가 사용되어야 한다. 변수 분리를 하고, 적분을 할 수 있으나 dp/p 항이 있기 때문에 결과는 좀 더 복잡해지고 (가장 간단한 경우(등온의 경우)에는) 고도에 따라 압력이 *기하급수적으로* 감소한다.

예제 1.5 기체에서의 압력의 변화

분자량이 M_w인 (지구의 대기와 같은) 기체에 대하여, 고도 $z = 0$에서의 압력이 $p = p_0$라면 고도에 따라 압력 p가 어떻게 변하는지를 조사하라. 온도 T는 일정하다고 가정하라. 고도의 증가가 작은 경우에는 어떤 가정을 할 수 있을까? 온도 T가 고도의 함수 $T = T(z)$로 주어지는 비등온인 경우에는 어떻게 해석을 진행시킬 수 있는지를 설명하라.

풀이

이상기체 거동을 가정하면, 식 (1.30)과 식 (1.7)은 다음과 같은 결과를 보여준다.

$$\frac{dp}{dz} = -\rho g = -\frac{M_w p}{RT} g. \tag{E1.5.1}$$

변수 분리를 하고 적절한 상한과 하한에서 적분을 하면 $M_w g/RT$가 일정하므로 다음과 같이 된다.

$$\int_{p_0}^{p} \frac{dp}{p} = \ln \frac{p}{p_0} = -\int_0^z \frac{M_w g}{RT}\,dz = -\frac{M_w g}{RT}\int_0^z dz = -\frac{M_w g z}{RT}, \tag{E1.5.2}$$

따라서 그림 E1.5에 보이는 바와 같이 고도에 따라 압력은 기하급수적으로 감소한다.

$$p = p_0 \exp\left(-\frac{M_w g}{RT} z\right). \tag{E1.5.3}$$

Taylor 전개에 의하면 $e^{-x} = 1 - x + x^2/2...$이므로, 압력은 다음과 같이 근사된다.

$$p \doteq p_0 \left[1 - \frac{M_w g}{RT} z + \left(\frac{M_w g}{RT}\right)^2 \frac{z^2}{2}\right]. \tag{E1.5.4}$$

$M_w gz/RT$ 값이 작은 경우에 마지막 항은 중요하지 않은 2차 효과이고(압축 효과는 중요하지 않음), 다음과 같은 관계를 얻을 수 있다

$$p \doteq p_0 - \frac{M_w p_0}{RT} gz = p_0 - \rho_0 gz, \tag{E1.5.5}$$

여기서 ρ_0는 고도 $z = 0$에서의 밀도이다. 이러한 가정(실질적으로는 일정 밀도 가정 중의 하나)은 그림 E1.5에 점선으로 주어지고, 고도의 변화가 작은 경우에만 적용될 수 있다. 문제 1.19는 이 선형 근사를 적용 가능한 z의 상한을 구한다. 만약 현저한 고도의 변화가 있다면(문제 1.16과 1.30에서와 같이) 식 (E1.5.5)의 근사는 정밀하게 사용될 수 *없다*. Taylor 전개는 $M_w gz/RT$ 값이 작은 경우에 어떤 것이 일어나는가를 보여주기 위한 도구에 불과하다는 것에 주목하라. $M_w gz/RT$ 값이 큰 경우는 식 (E1.5.4)가 *아니라* 식 (E1.5.3)을 이용하여 계산해야 한다.

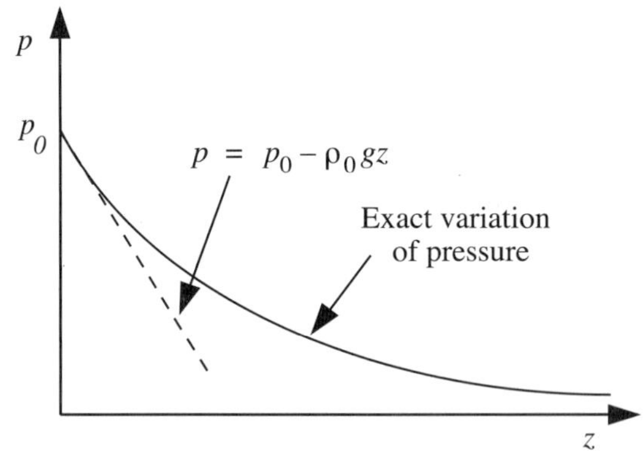

그림 E1.5 고도에 따른 기체 압력 변화.

온도가 일정하지 않은 경우에 대해서는 (기상 관측 기구에서 관측된 관측 결과로 얻어지는) 고도에 따른 온도 함수 $T(z)$가 알려져 있는 경우에는 이 함수는 적분 안에 있어야 한다.

$$\int_{p_1}^{p_2} \frac{dp}{p} = -\frac{M_w g}{R}\int_0^z \frac{dz}{T(z)}. \tag{E1.5.6}$$

$T(z)$는 z에 대한 간단한 함수가 아닐 것이기 때문에, 부록 A에 나타낸 Simpson의 법칙과 같은 수치해법을 사용하여 식 (E1.5.6)의 두 번째 적분을 근사해야 한다.

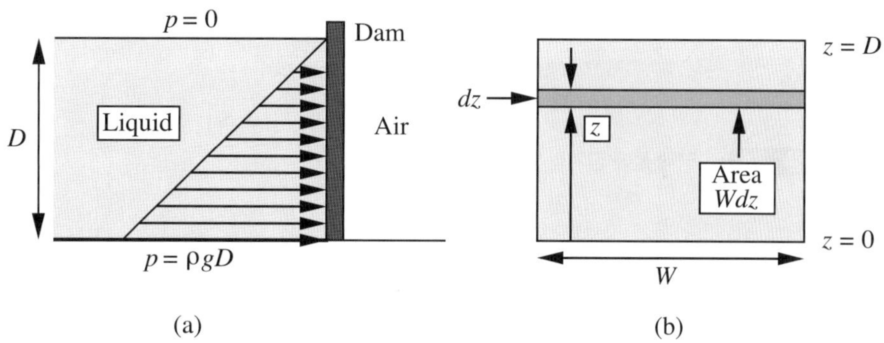

그림 1.15 댐에 작용하는 수평 방향의 미는 힘(thrust). (a) 측면도, (b) 단면도.

댐이나 수문에 작용하는 전체 힘

그림 1.15는 깊이 D, 폭 W인 댐이나 수문의 측면도와 단면도를 보여준다. 댐을 적당한 강도로 만들기 위해서는 액체가 댐에 작용하는 수평방향의 전체 힘 F에 대한 표현이 필요하다. 저장조에 있는 액체에 대해서도 비슷한 결과를 적용할 수 있다. 간략히 하기 위해 자유 표면과 댐 외부의 공기에서 $p = 0$으로 두는 계기 압력이 사용된다. 절대 압력도 사용될 수 있지만, 어디에서나 일정한 대기압을 더해 주기만 하면 되고 궁극적으로는 소거될 것이다. 만약 z 좌표를 액체의 밑부분으로부터 위로 잰다면, 이 점에 해당하는 자유 표면으로부터 잰 깊이는 $D - z$이다. 따라서 식 (1.34)로부터 면적 $dA = Wdz$의 무한히 작은 직사각형 막대에 작용하는 수평 방향의 힘의 미분량 dF는 다음과 같이 된다.

$$dF = pW\,dz = \rho g(D - z)W\,dz. \tag{1.35}$$

밑면($z = 0$)에서 댐의 꼭대기($z = D$)까지 적분하면 수평 방향의 전체 힘은 다음과 같게 된다.

$$F = \int_0^F dF = \int_0^D \rho g W(D - z)\,dz = \frac{1}{2}\rho g W D^2. \tag{1.36}$$

임의의 형태의 연직 벽 표면에 작용하는 수평 방향 압력 힘

앞의 해석은 사각형 모양에 대한 것이다. 좀 더 일반적인 경우는 *임의의* 모양의 연직 *면*의 표면을 보여주는 그림 1.16에 설명되어 있다. *아래 방향*의 좌표 h에 대하여 해석하는 것이 약간 쉽다는 것에 주의하라.

간략화를 위해 자유 표면에서 $p = 0$으로 두는 계기 압력을 취하자(기체 법칙은 사용되지 않음). 수평 방향의 전체 힘은 다음과 같이 된다.

$$F = \int_A p\,dA = \int_A \rho g h\,dA = \rho g A \frac{\int_A h\,dA}{A}. \tag{1.37}$$

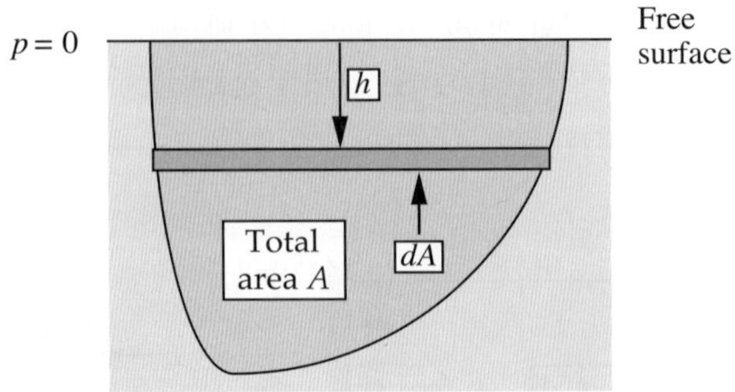

그림 1.16 액체 풀에 잠겨진 연직 표면의 측면도.

표면 중심의 깊이 h_c는 다음과 같이 정의된다.

$$h_c \equiv \frac{\int_A h\,dA}{A}. \tag{1.38}$$

식 (1.37)과 (1.38)로부터 전체 힘은 다음과 같게 된다.

$$F = \rho g h_c A = p_c A, \tag{1.39}$$

여기서 p_c는 중심에서의 압력이다.

이 접근법의 장점은 몇몇 기하학적 형태에 대해서는 중심점의 위치가 이미 알려져 있다는 것이다. 예를 들면, 깊이 D, 폭 W인 사각형에 대해서는

$$h_c = \frac{1}{2}D \quad \text{and} \quad F = \frac{1}{2}\rho g W D^2, \tag{1.40}$$

이며, 식 (1.36)으로 주어지는 앞의 결과와 같게 된다. 비슷하게, 간신히 잠겨 있는 연직 원판에 대해서는 중심의 깊이는 원의 반지름이 된다. 한 변이 액체 표면과 일치하는 연직 삼각형의 경우에는 중심의 깊이는 삼각형의 높이의 1/3이 된다.

곡선면에 작용하는 수평 방향 압력 힘

그림 1.17(a)는 액체에 잠겨진 표면의 단면을 보여준다. 이 표면은 더 이상 평면이 아니다. 하지만 그 형태는 그림의 평면에 수직인 방향으로 균일하다.

일반적으로 그림 1.17(b)와 같이 표면 면적 dA의 요소에 작용하는 국지 압력 힘 $p\,dA$는 수평 방향으로 작용하지 않는다. 따라서 이 힘의 수평 방향 성분은 각도 $(\pi/2 - \theta)$만큼 투사하여, 즉 이 힘에 $\cos(\pi/2 - \theta) = \sin\theta$를 곱해서 얻어야 한다. 따라서 전체 수평 방향 힘 F는 다음과 같이 된다.

$$F = \int_A p \sin\theta\,dA = \int_{A^*} p\,dA^*, \tag{1.41}$$

여기서 $dA^* = dA \sin\theta$는 A를 가상적인 연직 면 A*로 투영한 요소이다. 식 (1.41)의 적분은 다음 예제에서 설명되는 것과 같이 쉽게 얻어진다.

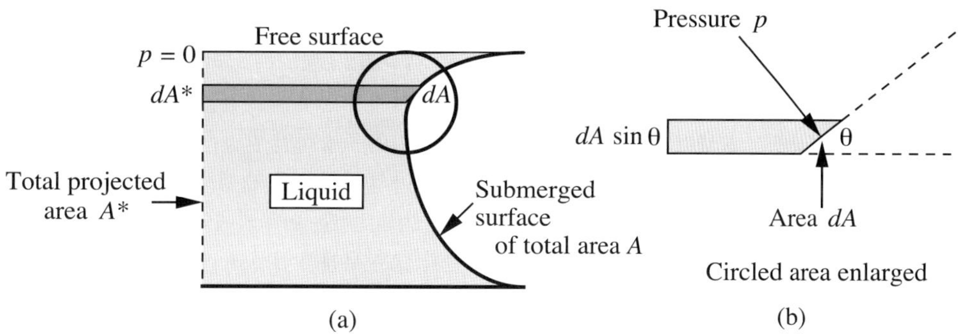

그림 1.17 균일한 단면 모양을 가지는 표면에 작용하는 추력.

예제 1.6 곡선면에 작용하는 유체 정역학적 힘

선체가 지름 D인 원형 단면인 잠수함이 그림 E1.6에 보이는 바와 같이 밀도 ρ인 물에 막 잠수하였다. 그림에 수직인 면으로 거리 W인 선체의 왼쪽 반에 작용하는 전체 수평 방향의 힘 F_x를 나타내는 식을 유도하라. 지름이 $D = 8$ m이고, 총 길이 $W = 50$ m의 잠수함의 총 길이에 대하여 원형 단면이 유지되며, 바닷물의 밀도가 $\rho = 1{,}206$ kg/m^{3}이라면, 선체의 왼쪽 반에 작용하는 수평 방향의 총 힘을 구하라.

풀이

힘은 그림 1.15의 직사각형에 대해서는 동일한 식 (1.41)의 적분을 계산하여 다음과 같이 구해진다.

$$F_x = \int_{A^*} p\,dA = \int_{z=0}^{z=D} \rho g W(D-z)\,dz = \frac{1}{2}\rho g W D^2. \tag{E1.6.1}$$

수치값을 대입하면 다음과 같이 된다.

$$F_x = \frac{1}{2} \times 1{,}026 \times 9.81 \times 50 \times 8.0^2 = 1.61 \times 10^7 \text{ N}. \tag{E1.6.2}$$

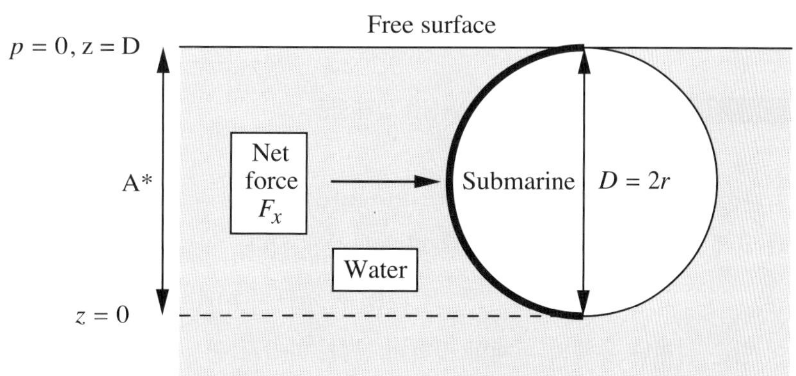

그림 E1.6 바닷물에 막 잠수한 잠수함.

따라서 총 힘은 약 3.62×10^6 lb$_f$가 된다.

Archimedes. 아르키메데스(ca. 287~212 B.C.)는 그리스 수학자이자 발명가이다. 그는 이탈리아의 시라쿠스에서 태어나 알렉산드리아에서 공부한 기간을 제외하고는 그의 일생의 대부분을 이곳에서 보냈다. 그는 그를 유명하게 만든 어떤 독창적인 발명품보다도 수학 공부에 훨씬 더 관심이 많았다. 발명품 중의 하나가 태양 광선을 모아서 강한 열을 발생시키는 "불태우는 거울"이다. 또 다른 하나는 연속적인 물 흐름을 끌어올리기 위한 회전하는 아르키메데스 스크류이다. 순금으로 만들었을 것이라 여겨지는 왕관을 받았을 때, 왕관과 같은 무게의 금을 각각 욕조에 가라앉혀서 넘치는 물의 양의 차이를 관찰하여 왕관이 은이 섞여 있을 가능성을 시험하였다. 이 결과에 그는 몹시 흥분하여 옷을 걸치지도 않고 "유레카($\epsilon \H{\upsilon} \rho \eta \kappa \alpha$), 유레카", "알았다, 알았다"라고 외치면서 뛰어나왔다는 전설이 있다. 지레대의 효과를 극적으로 나타내기 위하여 "나에게 설 자리를 주면 지구를 옮겨보겠다"라고 말하였다. 그는 그의 가장 중요한 지적 기여는 구의 부피와 구를 둘러싸는 원통의 부피의 비를 결정한 것이라고 생각했다. [미적분학이 발명되었기 때문에 여러분들도 이 비를 유도할 수 있을 것이다!]. 안타깝게도 아르키메데스는 시라쿠스가 로마인들에 의해 점령되었을 때 살해되었다.

출처: 브리태니커 백과사전, 제11판, 캠브리지 대학 출판부(1910~1911)

부력

만약 물체가 유체에 잠겨 있다면, 이 물체는 유체가 위로 미는 부력을 받는다. 이 힘을 구하기 위해 그림 1.18에 보이는 바와 같이 유체에 잠긴 높이가 H이고, 단면이 A인 원통에 작용하는 부력에 대하여 우선 고찰하자.

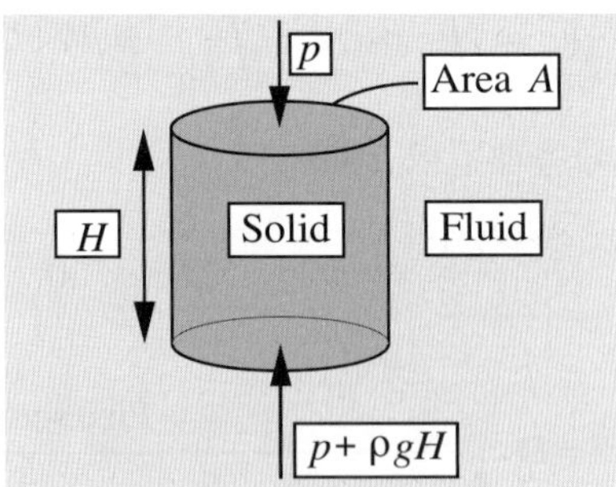

그림 1.18 유체에 잠긴 원통에 작용하는 압력 힘들.

곡선인 연직 면에 작용하는 힘은 수평 방향이고, 따라서 무시될 수 있다. 따라서 밑면과 윗면의 압력 차에 의한 *위 방향*으로 순 힘은 다음과 같게 된다.

$$F = (p + \rho g H - p)A = \rho H A g, \tag{1.42}$$

이 힘은 밀려난 유체의 무게와 정확히 같다. 따라서 원통에 대하여 (부력은 밀려난 유체의 무게와 같다는) *아르키메데스 법칙*을 증명한 것이 된다. 임의의 균일한 단면을 갖는 원통에 대해서도 같은 결과를 얻을 수 있다.

그림 1.19는 임의의 모양을 갖는 물체에 대한 좀 더 일반적인 상황을 보여준다. 하지만 물체는 무한소의 단면적 dA를 갖는 무한히 많은 수의 연직 직사각형 육면체 또는 "상자"로 나눌 수 있기 때

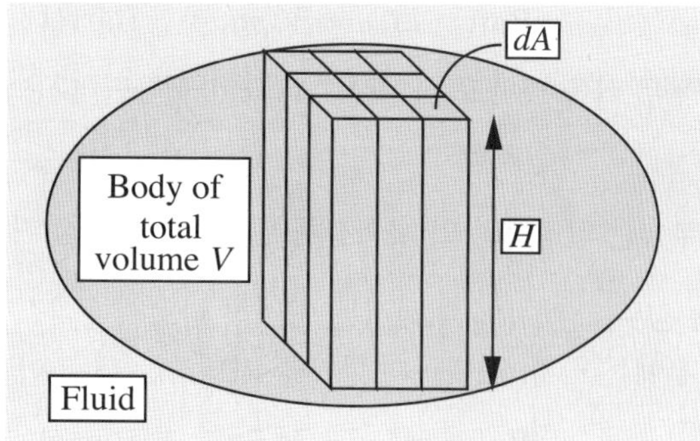

그림 1.19 임의의 모양을 갖는 물체에 대한 부력.

문에 아르키메데스 법칙은 여전히 유효하다. 하나의 상자에 대한 효과는 더해지거나 전체 상자들에 대하여 "적분되어" 위 방향으로의 순 부력은 밀려난 액체의 무게가 된다.

예제 1.7 아르키메데스 법칙의 적용

그림 E1.7(a)의 상황인 수영장 위에 떠있는 뗏목에 정지하고 있는 통을 고려하자. 통은 뗏목에서 밀려지고 통의 내용물, 즉 질량에 따라서 아마도 가라앉거나 뜨게 될 것이다. 빗금처진 부분은 밀려난 물의 부피를 보여준다. 각 경우를 그림 E1.7(b)와 (c)에 나타내었다. 수영장의 수위가 그림 (a)의 수위에 비하여 오를 것이지, 떨어질 것인지, 아니면 변화가 없을 것인지를 결정하라.

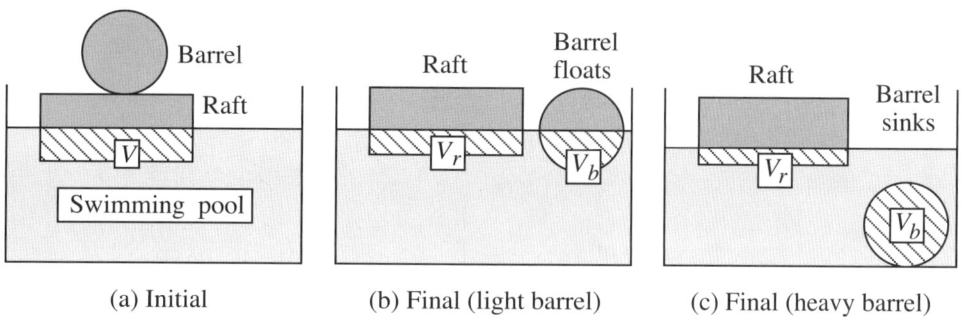

그림 E1.7 수영장 풀에 있는 뗏목과 통: (a) 초기 상태, (b) 경량 통이 굴러떨어져 떠 있음, (c) 중량 통이 굴러떨어져 가라앉음. 빗금처진 부분은 물의 표면 아래의 부피를 나타낸다.

풀이

초기 상태. 뗏목과 통의 질량을 각각 M_r과 M_b라 하자. 만약 (a)에서 밀려난 물의 부피가 초기에 V라면, 아르키메데스 법칙에 의하면 뗏목과 통의 전체 무게는 밀도가 ρ인 밀려난 물의 무게와 같아야 한다.

$$(M_r + M_b)g = V\rho g. \tag{E1.7.1}$$

통이 뜨는 경우. 만약 (b)에서와 같이 물에 잠긴 뗏목과 통의 부피가 각각 V_r과 V_b로 통이 뜬다면, 뗏목과 통에 대하여 별개로 아르키메데스 법칙을 적용할 수 있다.

$$\text{Raft}: \ M_r g = V_r \rho g, \qquad \text{Barrel}: \ M_b g = V_b \rho g. \tag{E1.7.2}$$

식 (E1.7.2)의 두 식을 더하고 식 (E1.7.1)과 비교하면, 다음과 같이 된다.

$$V_r + V_b = V. \tag{E1.7.3}$$

따라서 물의 부피는 일정하고 밀려난 전체 부피는 변하지 않기 때문에, 표면의 수위는 *변하지 않는다*.

통이 가라앉는 경우. 뗏목에 대해서는 여전히 아르키메데스법칙을 적용할 수 있으나, 통에 의하여 밀려난 물의 무게는 더 이상 뗏목의 무게를 지탱하는 데 쓰이지 않는다. 따라서 다음과 같이 된다.

$$\text{Raft}: \ M_r g = V_r \rho g, \qquad \text{Barrel}: \ M_b g > V_b \rho g. \tag{E1.7.4}$$

식 (E1.7.4)의 두 식을 더하고 식 (E1.7.1)과 비교하면, 다음과 같이 된다.

$$V_r + V_b < V. \tag{E1.7.5}$$

따라서 수영장 물의 부피는 일정하고 밀려난 전체 부피는 *감소*하기 때문에 표면의 수위는 *떨어진다*. 이 결과는 아마도 직감에 반하는 것이다. (c)에서 통의 *총* 부피가 가라앉았기 때문에, 아마도 표면의 수위는 (b)에서보다 더 상승할 것이라고 생각할 것이다. 하지만 통이 가라앉으려면 무거워야 하므로 뗏목에 주는 하중과 V_r은 감소하고, 따라서 밀려난 총 부피 역시 감소하게 된다.

이 문제는 잘못된 결론으로 비약하기보다는 완전한 해석에 대한 필요를 보여준다.

1.7 회전에 의한 압력 변화

마지막으로 그림 1.20(a)에 나타낸 경우에 대한 자유 표면의 모양을 고려하자. 유체가 부분적으로 채워진 원통형 용기가 각속도 ω, 즉 단위 시간당 $N = \omega/2\pi$의 회전수로 회전한다. 이 문제의 해석은 회전하는 로켓의 연료 탱크, 원심필터와 액체 거울 등에 적용할 수 있다.

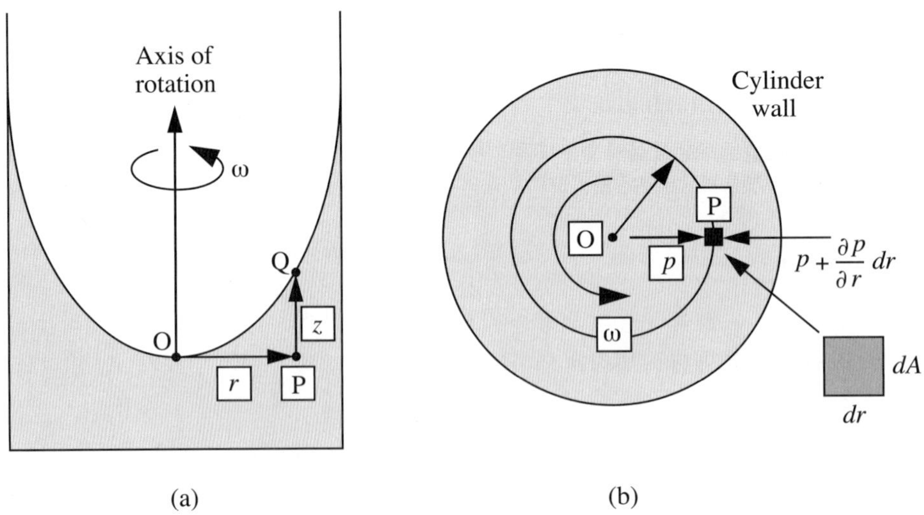

그림 1.20 회전하는 원통에 대한 압력 변화. (a) 고도, (b) 평면도.

점 O는 $r = 0$, $z = 0$인 원점을 나타낸다. 충분히 긴 시간 후에 용기의 회전은 점성 운동에 의하여 액체로 전달되어야 하는 회전을 *강제 와류*라 부른다. 실제로 액체는 일정한 각속도 ω로 회전하는 *고체*처럼 회전한다. 따라서 반경 방향 위치 r에서 회전 방향으로의 속도는 $v_\theta = r\omega$가 된다. 따라서 이 경우를 이미 살펴 본 유체 정역학적 해석과 비슷하게 다루는 것은 적절하다.

유체 요소 P를 단면적이 dA이고, 반경 방향으로 dr만큼 뻗어 있는 사각형 상자라 가정하자. (사실은, 요소는 옆면이 약간 경사져 있다. 하지만 이 효과를 고려하는 좀 더 정교한 해석도 여기서 유도되는 것과 동일한 결과를 줄 것이다.) 안쪽 변에 작용하는 압력은 p이고, 바깥쪽 면에 작용하는 압력은 $p + (\partial p/\partial r)dr$이다. 반지름 r의 원형 경로로 균일한 회전에 대하여, 원의 중심 O를 향하는 가속도는 $r\omega^2$이다. Newton의 운동 제2법칙을 사용하여 O를 향하는 순 압력 힘을 요소의 질량과 가속도의 곱으로 구한다.

$$\underbrace{\left(p + \frac{\partial p}{\partial r}dr - p\right)dA}_{\text{Net pressure force}} = \underbrace{\rho(dA\,dr)}_{\text{Mass}}\,r\omega^2. \tag{1.43}$$

압력은 수평(반지름) 방향과 연직 방향으로 모두 변하기 때문에, *편도함수*의 사용이 필수임을 주의하라. 간단히 하면 반지름 방향으로의 압력의 변화는 다음과 같이 된다.

$$\frac{\partial p}{\partial r} = \rho r\omega^2, \tag{1.44}$$

따라서 압력은 반지름의 바깥 방향으로 *증가한다*.

계면에 있는 모든 점에서의 계기압력은 0, 특히 $p_\text{O} = p_\text{Q} = 0$임에 유의하라. (일정한 z에서) 점 O에서 P까지 적분하면 다음과 같이 된다.

$$\begin{aligned} \int_{p=0}^{p_\text{P}} dp &= \rho\omega^2 \int_0^r r\,dr, \\ p_\text{P} &= \frac{1}{2}\rho\omega^2 r^2. \end{aligned} \tag{1.45}$$

하지만 P점에서의 압력은 경로 QP를 관통하면서의 통상적인 유체 정역학적 압력 증가를 고려하여 얻어진다.

$$p_\text{P} = \rho g z. \tag{1.46}$$

식 (1.45)와 (1.46)에서 중간 압력 p_P를 소거하면 반지름 방향의 위치에서 자유 표면의 고도를 다음과 같이 연관시킬 수 있다.

$$z = \frac{\omega^2 r^2}{2g}. \tag{1.47}$$

따라서 자유 표면은 *포물선형*이며, 밀도는 식에서 소거되어 자유 표면의 형태에 영향을 주는 인자가 아님에 유의하라.

자유 와류라는 또 다른 형태의 와류가 있다. 이 와류는 4장과 7장에서 논의할 싸이클론 집전기, 토네이도에서 중요하다. 자유 와류에서 각도 방향으로의 속도는 $v_\theta = c/r$로 주어진다. 여기서 c는 상수이고, 따라서 v_θ는 반지름 방향의 위치에 반비례한다.

예제 1.8 회전하는 용기로부터의 범람

초기에 높이 H, 반지름 a의 원통형 용기에 액체가 반쯤 차 있었다. 용기는 그림 E1.8에 보는 바와 같이 연직 축 Z-Z 주위로 일정하게 회전한다. 액체가 용기의 꼭대기 너머로 넘치게 되는 각속도 ω의 값은 얼마인가? 만약 $H = 1$ ft, $a = 0.25$ ft라면, 몇 rpm (revolutions per minute)이 필요한가?

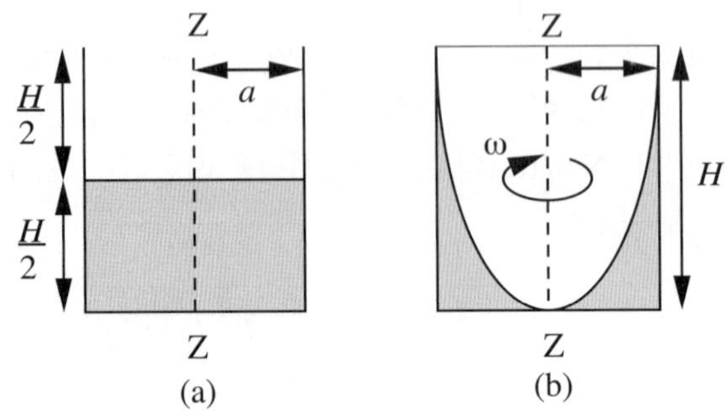

그림 E1.8 회전하는 용기의 구조. (a) 정지 상태, (b) 범람하는 상태.

풀이

식 (1.47)로부터 자유 표면의 모양은 포물선형이다. 따라서 회전하는 원통 안의 공기는 회전 포물면을 형성한다. 이 포물면의 부피는 미적분학으로부터 이 포물면 *회전체를 둘러싸는 원통*, 즉 용기의 부피의 정확히 반이라고 알려져 있다.[8] 따라서 중심부의 액체가 원통의 바닥에 닿을 때 곡선 벽의 액체가 원통의 꼭대기에 닿게 된다. 따라서 식 (1.47)로부터 $z = H$, $r = a$라 두면, 원하는 각속도를 다음과 같이 얻을 수 있다.

$$\omega = \sqrt{\frac{2gH}{a^2}}.$$

주어진 값에 대해서는 다음과 같이 된다.

$$\omega = \sqrt{\frac{2 \times 32.2 \times 1}{0.25^2}} = 32.1 \ \frac{\text{rad}}{\text{s}}, \qquad N = \frac{\omega}{2\pi} = \frac{32.1 \times 60}{2\pi} = 306.5 \ \text{rpm}.$$

---

[8]증명은 다음과 같이 행해진다. 우선 그림 E1.8(b)에서의 포물면에 대해 $z = H$일 때 $r = a$임에 주의하고, 따라서 식 (1.47)로부터 $\omega^2/2g = H/a^2$이다. 따라서 식 (1.47)은 다음과 같이 쓸 수 있다.

$$z = H\frac{r^2}{a^2}.$$

따라서 원통 안에 있는 공기의 포물면 회전체의 부피는

$$V = \int_{z=0}^{z=H} \pi r^2 \, dz = \int_{z=0}^{z=H} \frac{\pi a^2 z}{H} \, dz = \frac{1}{2}\pi a^2 H,$$

이 되고, 이는 원통의 부피 $\pi a^2 H$의 정확히 반이 된다. 초기에 원통의 반만 채워져 있었기 때문에, 액체 부피는 여전히 나머지 반을 차지한다.

연습 문제 Problems for Chapter 1

1. *단위 환산—E.* Acre-foot은 몇 ft^3에 해당하는가? 몇 gallon인가? 몇 m^3인가? 물 몇 ton인가?

2. *단위 환산—E.* 기름의 점도 μ는 10 cP이고, 비중 s는 0.8이다. 이 양들은 (비중은 밀도 ρ로) lb_m, ft, s 단위계와 SI 단위계로 다시 나타내어라.

3. *단위 환산—E.* (a) 중력 가속도 32.174 ft/s^2를 SI 단위로, (b) 압력(1기압인) 14.7 lb_f/in^2를 Pa와 bar로 나타내기 위하여 환산인자를 사용하라.

4. *운석의 밀도—E.* Arizona에 있는 Barringer Crater는 30,000년 전에 지름 60 m, 질량 10^6 t의 구형 운석에 의하여 생겨났다. 운석이 지구와 충돌하였을 때의 속도는 15 km/s였다.[9] (모든 수치들은 근사값이다.) 운석의 평균 밀도는 얼마인가? 운석의 주 성분은 무엇인가? 왜 그러한가? 만약 1 t의 TNT 폭약이 50억 joule에 상당한다면, 운석과 같은 충격을 주기 위해서는 몇 t의 TNT가 필요한가?

5. *Reynolds 수—E.* 내부 지름이 1.05 in.인 관 내를 35 gpm(gallon per minute)로 흐르는 물의 유동에 대한 Reynolds 수 $\mathrm{Re} = \rho u_m D/\mu$는? 물의 밀도 $p = 62.3\ lb_m/ft^3$, 점도 $\mu = 1.2$ cP이다. Reynolds 수의 단위는 무엇인가?

6. *기포 내의 압력—E.* 지름이 d인 *비누 거품*을 고려하자. 만약 외부 공기 압력이 p_a, 비누 거품의 표면 장력이 σ이면 거품 내의 압력 p_b에 대한 표현을 유도하라. *힌트*: 두 개의 공기/액체 계면이 있음에 주의하라.

7. *유류 저장소에 물을 압입하기(water-flooding)—E.* 그림 P1.7(b)는 어떻게 물이 깊이 H의 한쪽 유정을 통하여 원유를 함유하는 지층으로 압입되고, 그 결과 밀려난 원유가 다른 유정을 통하여 위로 올라오는지를 보여준다. 그림 P1.7(b)는 물/원유 계면에서 지름이 d인 이상화된 공극의 확대 그림을 보여준다.

   만약 물과 원유가 막 움직이기 시작한다면, 원유의 배출 압력이 p_o라면 필요한 물의 압입 압력 p_w는 얼마인가? 기름은 공극을 완전히 적시고(항상 그런 것은 아님), 물/기름 계면의 표면 장력은 σ, 물

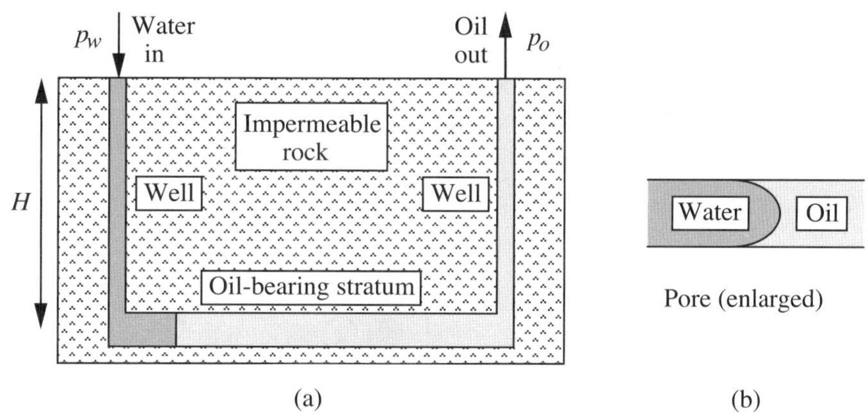

그림 P1.7 유류 저장소에 물을 압입하기.

[9]Richard, A.F. Grieve, "Impact Cratering on the Earth", *Scientific America*, Vol. 262, No. 4, p. 68 (1990).

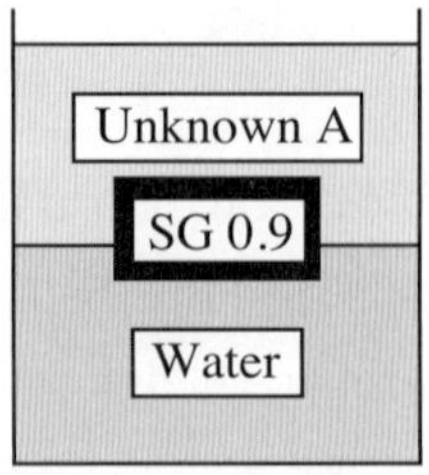

그림 P1.9 물과 액체 A에 잠겨 있는 원통.

과 기름의 밀도는 각각 ρ_w와 ρ_o라고 가정하라.[10]

8. *기압계 표시—M.* 집에(해발 950 ft) 수은주 높이를 기록하는 기압계가 있다. 1월의 평균적인 날에 기상대에(해발 700 ft) 전화를 걸어 정확한 압력이 0.966 bar임을 알았다. 여러분의 기압계의 정확한 기록은 얼마이며, 몇 psia에 해당하는가? 수은의 비중은 13.57이다.

9. *두 층 부력—E.* 그림 P1.9에 보는 바와 같이 (물과 섞이지 않는) 미지의 액체 A가 비커에서 물층 W 위에 떠있다. 비중이 0.9인 완전히 잠긴 원통의 경우 축이 연직 방향이고 높이의 2/3가 A/W 계면 위에 있고 1/3이 계면 아래에 있다. A의 비중은 얼마인가? 두 가지 방법으로 이 문제를 풀어라. 첫 번째는 아르키메데스 법칙을 사용하고, 다음으로 운동량이나 힘의 수지를 사용하라.

10. *자동 압력계—E.* 그림 P1.10에 보이는 U-튜브는 서로 다른 내부 지름 d_1과 d_2인 튜브로 구성된다. 이 튜브들에는 밀도가 ρ_1과 ρ_2인 서로 섞이지 않는 액체로 부분적으로 채워져 있고, 튜브의 꼭대기는 대기압에 개방되어 있다. 만약 자그마한 부피 v_2만큼 두 번째 액체가 오른쪽 튜브에 더해진다면, B의 높이가 떨어지는 양 δ를 ρ_1, ρ_2, v_2, d_1, d_2로 유도하라. 만약 ρ_1이 알려져 있고 ρ_2를 모른다면, 이 장치는 두 번째 액체의 밀도를 결정하는 데 사용될 수 있을가?

힌트: 길이 h_A, h_B, h_C는 시작할 때에는 포함되나 최종 결과에는 나타나지 않는다. 두 번째 액체를 더한 후에 h_C가 길이 Δ만큼 증가하는 것을 고려하자. Δ는 궁극적으로는 소거되어야 할 양이다.

11. *상승하는 기포—E.* 그림 P1.11에 나타낸 바와 같이, 높이가 H이고, 단단한 벽으로 된 속이 빈 연직 원통의 양쪽 끝이 막혀 있고 밀도 ρ의 비압축성 기름으로 채워져 있다. 압력계가 원통의 꼭대기에서의 압력을 가리킨다. 부피 v_0의 자그마한 기포가 초기에 원통 바닥의 위치 A에 달라붙어 있을 때, 압력계는 p_0를 가리킨다. 기포 내에 기체는 분자량이 M_w인 이상기체이다. 벽을 쳐서 기포를 떨어지게 하면

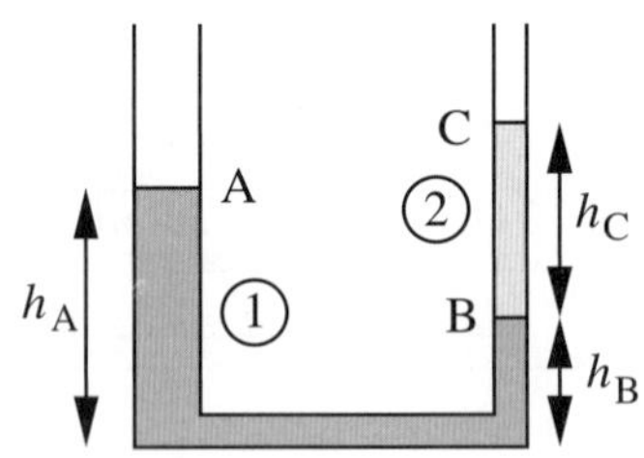

그림 P1.10 섞이지 않는 액체로 채워진 U-튜브.

[10]D.L. Katz et al., *Handbook of Natural Gas Engineering*, McGraw-Hill, New York (1959) p. 57에 의하면 물의 젖는 특성은 특정 바위 지층에 따라 아주 크게 변한다.

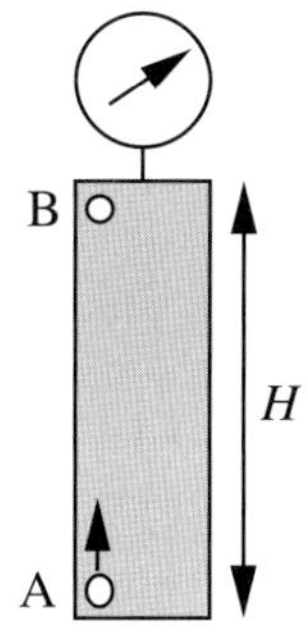

그림 P1.11 밀폐된 원통에서 상승하는 기포.

기포는 원통의 꼭대기인 위치 B까지 상승한다. 온도는 전 과정에 걸쳐서 T로 일정하다. 원통의 꼭대기에서 새로운 압력 눈금 p_1을 주어진 변수들 모두 또는 일부를 사용하여 방정식으로 유도하라.

12. *갑문을 통과하는 배—M.* 질량 M인 배가 연속되는 동일한 사각 갑문을 통하여 위로 이동한다. 각 갑문은 조감도상에서 외형적으로 면적이 A로 동일하고 높이 변화는 h이다. 한 갑문에서 다른 갑문으로 (예를 들면, 1에서 2로) 이동하는 데 수반되는 단계들은 그림 P1.12에 나타낸 A–B–C이다. 언덕의 꼭대기에 있는 갑문은 물 공급원으로부터 공급을 받는다. 갑문 1의 초기 깊이는 H이고 물의 밀도는 ρ이다.

(a) 표시된 순서에 대하여 갑문 1에서 물의 질량 증가에 대한 방정식을 변수 M, H, h, A, ρ, g 모두를 사용하여 유도하라.

(b) 만약 배가 언덕의 정상에 도착한 후에 비슷한 과정을 통하여 원래의 높이로 내려간다면, 갑문이 바로 위에 있는 갑문으로부터 얻는 물의 질량에 대한 방정식을 다시 유도하라.

(c) 만약 (i) 배가 위로만 이동할 때, (ii) 배가 위로 올라가서 다시 내려올 때, 공급되어야 하는 물의 양은 배의 질량에 의존하는가? 여러분의 대답을 설명하라.

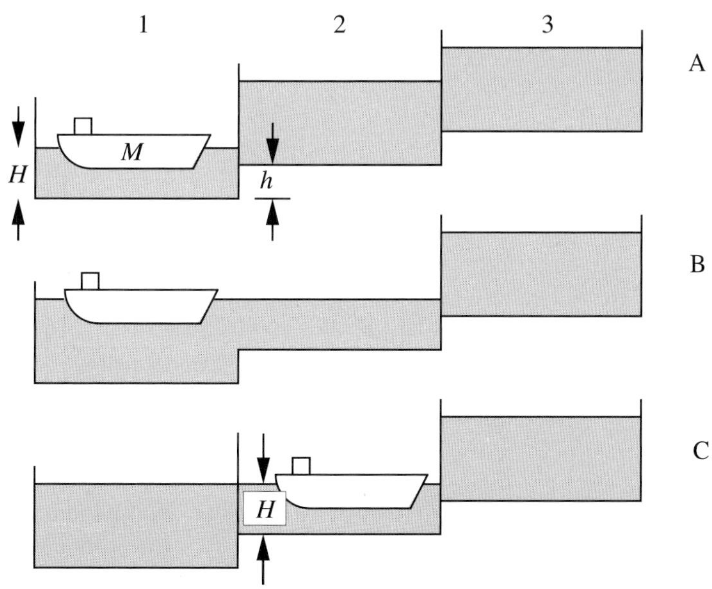

그림 P1.12 배와 갑문.

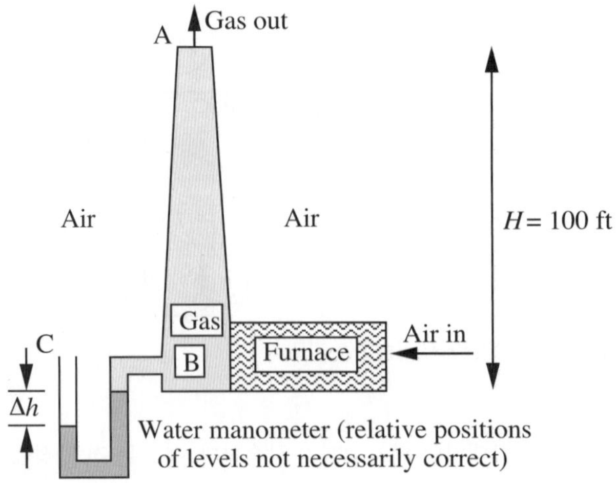

그림 P1.13 용광로의 굴뚝.

13. *용광로의 굴뚝—E.* 그림 P1.13에 보이는 바와 같이, 굴뚝을 통해 나가는 뜨거운 기체($\rho_g = 0.05$ $\text{lb}_\text{m}/\text{ft}^3$)를 만들기 위한 공기($\rho_a = 0.08\ \text{lb}_\text{m}/\text{ft}^3$)가 연료와 함께 태워지는 용광로로 흘러간다. 점 A의 굴뚝의 꼭대기에서 주위 공기와 기체의 압력은 같다.

굴뚝의 밑면 B와 바깥 공기 C 점 사이에서 연결된 압력계에서 수위의 차이 Δh(in.)는 얼마인가? 어느 쪽이 올라가는가? 용광로를 가로지르는 압력 강하를 무시하고(걱정할 만한 정도는 아님), 문제를 유체 정역학적으로 다루어라. 즉, 굴뚝에서 마찰 효과와 운동 에너지의 변화, 압축 효과는 무시하라.

14. *액체 비중계—E.* 그림 P1.14에서와 같이 액체 비중계가 물에서 떠 있을 때, 비중계의 원통형 유리관은 잠겨 있다. 따라서 유리관에서의 어떤 위치 X는 물의 자유표면과 같은 높이가 된다. 이 비중계가 비중이 s인 다른 액체 L에 놓여졌을 때, 유리관은 솟아오르고, 따라서 점 X는 이제는 L의 자유 표면 위의 위치 z에 있게 된다.

z의 항으로 s를 나타내는 방정식을 유도하라. 유리관의 단면적은 A이고, 물에서 총 부피(유리관 + 유리관) V가 잠겨있게 된다.

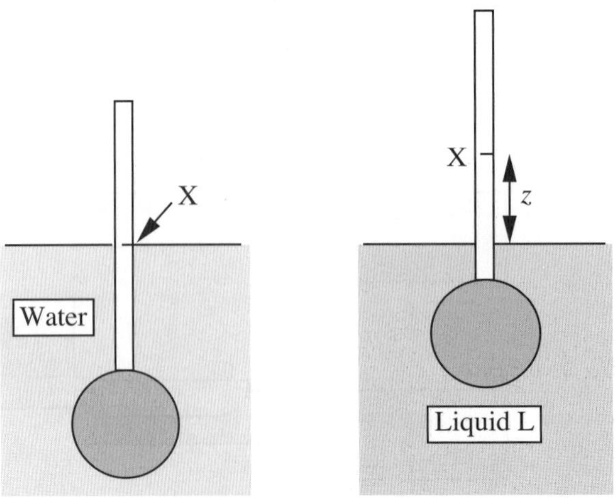

그림 P1.14 물과 시험 액체 L에서의 액체 비중계.

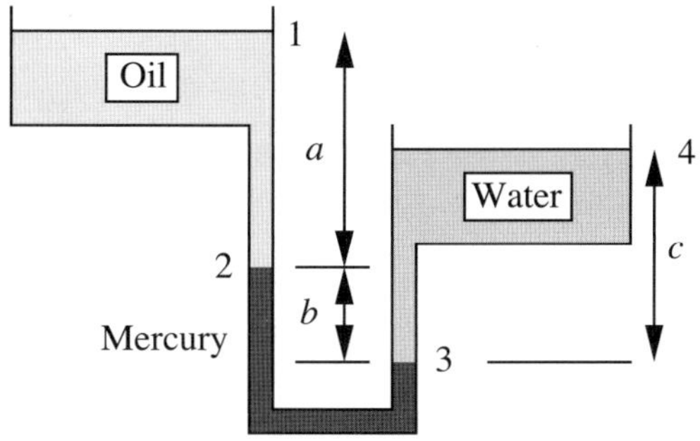

그림 P1.15 기름/수은/물 계.

15. *세 가지 액체로 구성된 압력계—E.* 그림 P1.15에서 보이는 유체 정역학적 경우에서 $a = 6$ ft이고, $c = 4$ ft이다. 기름, 수은, 물의 비중은 $s_o = 0.8$, $s_m = 13.6$, $s_w = 1.0$이다. 공기에서의 압력 변화는 무시할 만하다. 수은의 높이간의 차이 b는 몇 in.인가? 어느 쪽의 수은주의 높이가 높은가? 후자의 경우에 그림이 맞지 않을 수도 있음을 주의하라.

16. *Erebue 산에서의 압력—M.* *Shackleton*의 전기의 223쪽에, 남극 탐험가의 동료, Edward Marsall은 다음과 같이 기록되었다(Roland Huntford, Atheneum, New York 1986). "측고계(hypsometer, 액체의 끓는점을 측정하여 고도를 추산하는 장치)에 의하여 Erebus 산의 고도는 결정되었다. 이 측고계는 단순히 증류수가 끓여지고 온도가 측정되는 작은 원통이다. 이것은 고도를 측정하는 가장 정확한 방법으로 알려져 있다. Erebus의 정상은 해발 13,500 ft로 밝혀졌다."[11]

공기의 일정한 (평균) 온도는 −5 °F(여름 *정상*의 온도는 −30 °F이다), 해수면에서의 압력은 13.9 psia 라고 가정하면, 측고계에서 끓는 증류수의 온도는 얼마인가? 온도 T = 160, 170, 180, 190, 200, 210 °F에서 물의 증기압은 각각 p_v = 4.741, 5.992, 7.510, 9.339, 11.526, 14.123 psia이다.

17. *유정과 가스정 압력—M.* 18,000 ft 깊이의 유정의 정상에 있는 압력계의 눈금이 2,000 psig를 가리킨다. 유정의 밑부분 4,000 ft 부분은 기름($s = 0.70$)으로 채워져 있다. 유정의 나머지 부분은 천연가스($T = 60$ °F, 압축인자 $Z = 0.80$, $s = 0.65$, 분자량이 공기의 분자량의 0.65배임을 의미함)이다.

(a) 기름/가스 계면에서, (b) 유정의 바닥에서 압력(psig)을 계산하라.

18. *댐에 작용하는 추력(thrust)—E.* 사각형 댐에 작용하는 추력에 관하여, 위 방향으로의 좌표 z를 사용하는 대신에 (자유표면에서 $h = 0$인) *아래 방향*으로 좌표 h를 이용한다면, 식 (1.36)이 얻어질 수 있음을 확인하라.

19. *공기에서의 압력변화—M.* 기체에서 압력 변화에 관한 예제 1.5를 참고로 하고, 40 °F에서 공기를 다루고 있다고 가정하라. 지표면으로부터의 고도 z에서 절대 압력을 계산하기 위하여 (z로 나타낸 구간에서) 팽창의 선형 부분만을 이용하고 있다고 가정하라. 오차가 엄밀한 값의 1% 이내에 해당한다는 것을 염두에 두면, mile 단위로 z가 얼마나 큰 값이 될까?

20. *Grand Coulee 댐—E.* 1941년에 처음 작동된 Grand Coulee 댐은 높이가 550 ft이고, 너비가 3,000 ft이다. 댐의 기저부에서 압력은 얼마인가? 상류부의 물이 댐에 작용하는 총 수평 방향 힘 F는 몇 lb_f인가?

21. *V자 모양의 댐에 작용하는 힘—M.* 연직 댐이 꼭대기에 높이가 3 m이고, 너비가 2 m인 V자 모양을

[11]좀 더 최신의 값은 12,450 ft로 고려된다.

갖고 있다. 높이는 댐 상류부의 수위와 같다. 물이 댐에 작용하는 힘을 두 개의 서로 다른 방법을 사용하여 결정하라.

22. *회전하는 수은 거울—M.* Quebec의 Laval University의 물리학자인 Ermanno Borra는 매 6초마다 한 바퀴씩 회전하는 수은 풀(pool)로 된 40 in. 지름의 망원경 거울을 만들었다.[12] (공기 베어링이 진동을 없애고, 얇은 기름 층이 표면의 잔물결을 막는다.)

표면은 주위에 비하여 중심에서 얼마만큼(Δz) 움푹 들어갔는가? 거울의 초점 거리는 몇 m인가? Borra는 거울 값으로 $7,500을 지불하였다. 그는 이와 유사한 30 m 크기의 거울은 $7,500,000이면 건설할 수 있을 것으로 추산하였다. 만약 초점 거리가 변하지 않는다면, 큰 거울의 Δz 값은 얼마인가? *힌트*: 포물면의 초점 거리 f에 관한 식은 $r^2 = 4fz$이다.

23. *회전하는 용기에서의 물과 기름—E.* 서로 섞이지 않는 물과 기름이 부분적으로 채워져 있는 원통형 용기가 회전판 위에 놓여졌다. 필요한 식을 전개하고, 기름/공기 계면의 모양과 물/기름 계면의 모양이 동일함을 증명하라.

24. *위성을 궤도에 올려놓는데 필요한 힘—M.* "NASA는 중성자 별, 블랙홀, 우주의 가장 자리에 위치한 은하의 중심의 수수께끼와 같은 작용을 규명하기 위하여 주말에 1억9천5백만 달러짜리 천문 위성을 발사하였다. 오랫동안 기다렸던 우주 비행은 위성의 Delta-2 로켓이 Cape Canaveral 우주 기지에서 발사된 지난 토요일 오전 8:48에 시작하였다."[13]

이 "X-ray Timing Explorer 인공위성"은 6,700 lb_m의 질량을 가지며, 발사 78분 후에 (지표면에서) 360 mile 높이의 궤도에 놓이게 된다고 보고되었다.

이 위성을 궤도에 올려놓기 위하여 얼마나 많은 에너지(J)가 직접 위성으로 전달되었을까? 이에 해당하는 평균 일률(kW)은 얼마인가? 질량 m과 질량이 M_e인 지구 사이의 인력은 GmM_e/r^2이다. 여기서 r은 지구의 중심으로부터 측정된 질량까지의 거리이고, G는 만유인력 상수이다. 지구의 반지름은 6.37×10^6 m, 지표면에서 $g = 9.81\ \text{m/s}^2$임을 기억하고 있다면, 이 문제의 해를 구하는 상수 G 값이 필요한 것은 아니다.

25. *중앙 공급식 가열-루프—M.* 그림 P1.25는 수평 배관(BC와 DA)에 붙어 있는 굽도리 널(baseboard) 핀에 의하여 가열되는 건물의 두 층을 가열하기 위하여 계 ABCD를 통하여 뜨거운 물이 순환하는 배관 루프(loop)를 보여준다. 관들의 수평 및 연직 부분은 길이가 각각 L과 H이다.

평균 밀도가 $\overline{\rho}$이고 부피 팽창 계수가 α인 물이 조그만 히터에 의한 자연대류의 작용으로 순환한다. 히터로 들어오고 나가는 물의 온도는 각각 T_1과 T_2이다. 관의 단위 길이당 마찰에 의한 압력 강하는 cu^2/D이다. 여기서 c는 알려진 상수이고, u는 물의 평균 속도, D는 관의 내부 지름이다. 연직 다리(vertical legs) AB와 CD는 단열되어 있고, 각 층에 같은 양의 열이 발산된다고 가정할 수 있다.

물의 부피 회전 속도 Q에 대한 표현을 c, D, $\overline{\rho}$, α, g, L, H, T_1, T_2 항으로 유도하라.

26. *지구 중심에서의 압력—M.* 지구 중심에서의 압력이 $p_c = 3Mg_s/8\pi R^2$으로 주어짐을 증명하라. 여기서 g_s는 지표면에서의 중력 가속도, M은 지구의 질량, R은 지구의 반지름이다. *힌트*: 중심으로부터의 반지름 r에서 지구 내부의 조그마한 질량 m을 고려하자. m과 반지름 r내부로 둘러싸인 질량 M_r 사이의 인력 mg_r(여기서 g_r은 국지 중력 가속도)은 GmM_r/r^2가 된다. 여기서 G는 만유인력 상수이다. 지구 표면 위에서의 질량에 대해서도 반복하여 $g_r/g_s = r/R$임을 보여라. 그 다음 유체 정역학을 적용

---

[12] *Scientific Americans*, February, 1994, pp 76−81. 그의 업적에 대한 이 보다 더 이른 언급은 1986년 12월 15일자 Time지에 나와 있다.

[13] 1996년 1월 7일자 *Manchester Guardian Weekly.*

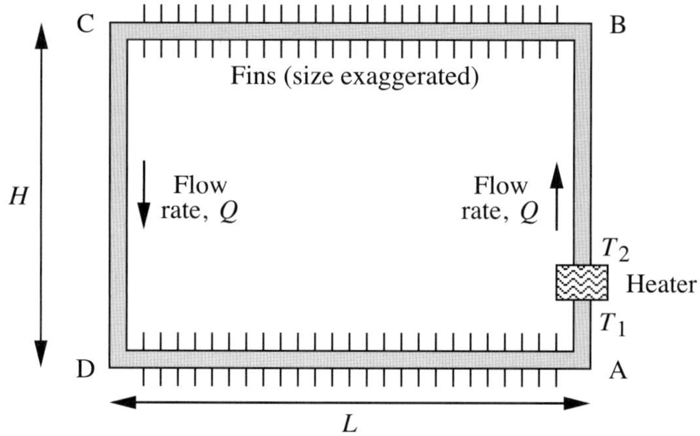

그림 P1.25 중앙 공급식 가열 루프.

하라.

만약 지구의 반지름이 $R = 6.37 \times 10^6$ m이고, 평균 밀도를 5,500 kg/m^{3}으로 가정한다면 p_c를 psi와 Pa 단위로 예측하라.

27. *고리 위의 비누 필름—M.* 그림 P1.27에 나타낸 것처럼, 비누 필름이 지름이 D이고 거리 H만큼 떨어진 두 개의 고리 사이에서 늘려지고 있다. 가장 좁은 부분에서의 필름의 반지름 R이 다음과 같이 주어짐을 증명하라.

$$R = \frac{1}{6}\left(2D + \sqrt{D^2 - 3H^2}\right).$$

비누 필름의 모양은 원호이고 $D \geq \sqrt{3}\,H$라고 가정할 수 있다. 만약 D가 $\sqrt{3}\,H$보다 작다면 어떤 일이 일어날까?

여러분이 한 가정을 명백히 기술하고, 반지름에 대한 표현을 D와 H의 항으로 유도하라. 여러분의 유도한 표현은 엄밀한가 아니면 근사적인가? 설명하라.

28. *러닝머신(treadmill) 스트레스 시험—M.* 정상 상태 속도 V로 움직이는 힘 F에 저항하는 데 필요한 일률 P는 얼마인가? (그림 P1.28의) 러닝머신 응력 시험에서 여러분은 속도 V와 경사각 θ가 계속하여 증가하는 움직이는 벨트를 계속하여 걸어야 한다. 초기에 벨트는 ($\tan\theta$로 정의되는) 10%의 등급에서

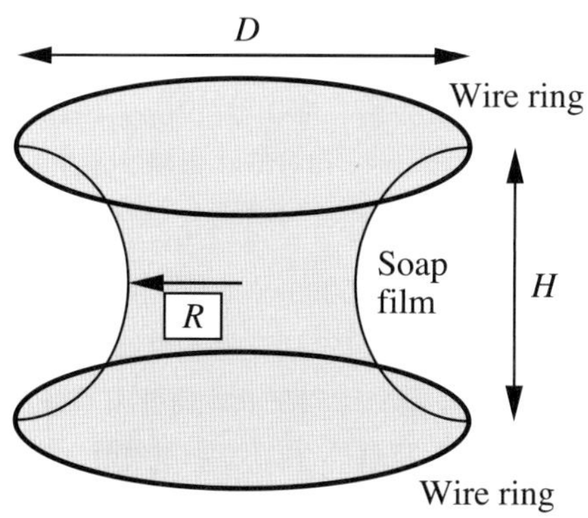

그림 P1.27 두 고리 위의 비누 필름.

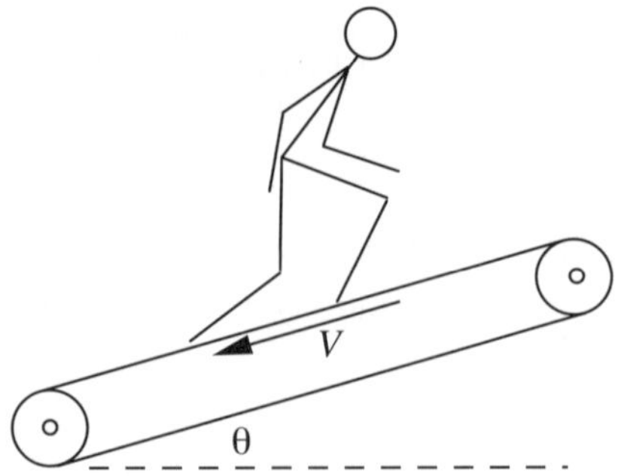

그림 P1.28 러닝머신 위의 사람.

1.7 mph로 움직이고 있었다. 시험은 13.3분 후에 끝났다. 그 당시 벨트는 18%의 등급에서 5.0 mph로 움직이고 있었다. 만약여러분의 질량이 163 lb_m이라면, (a) 시험 초기에 여러분이 발휘 일률은 몇 마력인가? (b) 시험이 끝났을 때 여러분이 발휘하는 일률은 몇 마력인가? (c) 총괄적으로 얼마나 많은 joule을 소비하였는가?

29. *압축성 액체에서의 기포의 상승—D.* 부피 V, 등온 압축 계수 β인 액체의 압력이 Δp만큼 증가하였다. 부피의 증분이 다음과 같이 근사될 수 있음을 설명하라.

$$\Delta V = -\beta V \Delta p.$$

문제 1.11을 다시 풀어라. 이번에는 초기 말도와 부피가 각각 ρ_0와 V_0인 기름이 유한한 압축 계수 β를 갖도록 허용하자. 초기 기표 부피 v_0에 대한 최종 기포 부피 v_1의 비가 다음과 같이 주어짐을 증명하라.

$$\frac{v_1}{v_0} = 1 + \frac{\rho_0 g H}{p_0}.$$

만일 필요하다면, (a) 기포의 부피는 기름의 부피에 비하여 아주 작고, (b) $\beta \rho_0 V_0 \gg v_1$라고 가정하라 만약 $\rho_0 = 800\ \text{kg/m}^3$, $\beta = 5.5 \times 10^{-10}\ \text{m}^2/\text{N}$, $H = 1$ m, $\rho_0 = 10^5\ \text{N/m}^2$ 통의 꼭대기에서의; 초기 압력), $v_0 = 10^{-8}\ \text{m}^3$, $V_0 = 0.1\ \text{m}^3$이라면 v_1/v_0를 계산하고, 위의 가정 (b)가 합리적인지를 검토하라.

30. *원유 및 가스정에서의 압력—M.* 그림 P1.30은 12,000 ft 깊이의 우물을 보여준다. 아래 $H = 2{,}000$ ft 부분은 비중 $s = 0.75$인 비압축성 원유가 차 있고, 이 부분의 위에는 100 °F에서 $h = 10{,}000$ ft의 메탄(CH_4; C = 12, H = 1) 층이 있다. 메탄은 등온 이상 기체처럼 거동하며 밀도는 일정하지 *않다.* 가스와 원유는 정지 상태에 있다. 물의 밀도는 62.3 $\text{lb}_\text{m}/\text{ft}^3$이다.

(a) 만약 이 우물의 꼭대기에서 계기 압력이 $p_A = 1{,}000$ psig라면 원유/메탄 계면에서 절대 압력 p_B (psia)를 계산하라. 수치를 대입하기 전에 기호로 나타내어라.

(b) 계면 B에서 우물의 바닥 C로 감에 따른 추가 압력(psi), $(p_C - p_B)$를 계산하라.

31. *두 원판 사이의 비누필름—E(C).* 무게 W, 반지름 a인 원판이 그림 P1.31에서 볼 수 있는 것처럼 표면 장력이 σ인 비누필름에 의하여 비슷한 원판에 매달려 있다. 필름 내부의 계기 압력은 P이다.

우선, a, P, W, σ의 항으로 각도 θ에 대한 표현을 유도하라. 그 다음, 목 부분의 반지름 r을 a, P, W, σ와 연관시키는 식을 구하라. (a) 곡률 반경이 r_1과 r_2인 비누필름 내부에서 과잉 압력은 $2\sigma(1/r_1 + 1/r_2)$이고, (b) 필름의 단면은 원호를 형성한다고 가정하라.

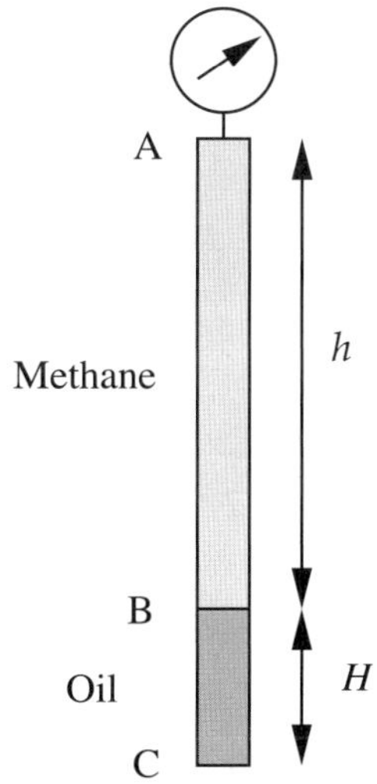

그림 P1.30 오일과 메탄을 포함하는 유정.

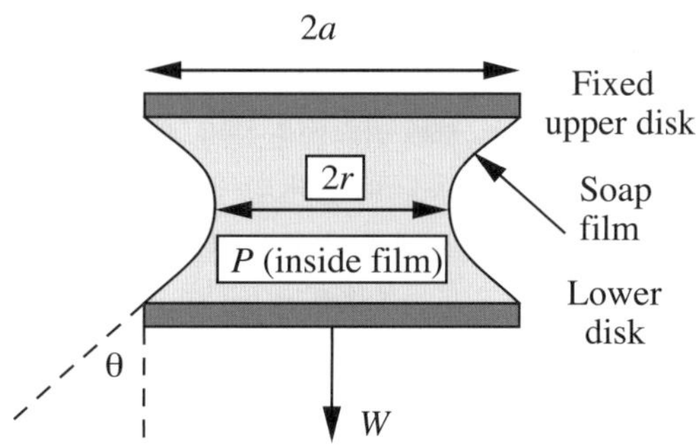

그림 P1.31 두 원판 사이의 비누필름.

32. *Erg에 관한 신문 기사—E.* 1994년 1월 18일자 *New York Times*에는 다음 기사가 실렸다. Erg는 과학자들이 에너지를 측정하는 데 사용되는 미터법 단위이다. 1 erg는 1 g의 질량을 1초 동안 1 cm 움직이는 데 필요한 에너지 양이다. (이 기사는 Los Angeles 도심에서 20마일 북쪽인 San Fernando의 Northridge 지역에서 발생한 Richter 규모로 6.6으로 측정된 전날의 지진과 관련된 기사이다.)

같은 신문의 1월 30일자에는 이에 대한 반박 편지가 실렸다. "이것은 사실이 아니다. 질량을 움직이는 데 필요한 에너지는 이 움직임이 얼마에 걸쳐서 일어났는지는 상관이 없다. 따라서 정의에는 단위 시간에 포함되어서는 안 된다."

2월 10일 또 다른 독자들로부터 온 편지는 원래의 기사와 첫 번째 편지에 대한 적절한 논평을 했다. 두 번째 편지에는 어떤 내용이 있었다고 생각하는가?

33. *삼각형의 무게 중심—E.* 액체에서 연직으로 유지되는 삼각형 판의 (길이 B의) 한 변은 액체의 표면과 일치한다. 판의 높이는 H이다. 무게 중심의 깊이에 대한 표현을 유도하라. 밀도가 ρ인 액체가 판의 한 면에 작용하는 수평 힘은 얼마인가?

34. *Blake-Kozeny 식—E.* 길이 L, 입자지름 D_p, 공극률 ε의 충전탑을 흐르는 점도 μ의 유체의 층류 유동에서 압력 강하$(p_1 - p_2)$에 대한 Blake-Kozeny 식은 다음과 같다(4.4절).

$$\frac{p_1 - p_2}{L} = 150\left(\frac{\mu u_0}{D_p^2}\right)\left[\frac{(1-\varepsilon)^2}{\varepsilon^3}\right].$$

(a) 적절한 이유를 들어, ε에 대한 단위를 제시하라.

(b) 만약 $p_1 - p_2 = 75\ \mathrm{lb_f/in^2}$, $D_p = 0.1$ in., $L = 6.0$ ft, $\theta = 0.22$ P, $u_0 = 0.1$ ft/s라면 ε의 값을 계산하라.

35. *공기와 물에 대한 전단 응력—E.* $h = 0.1$ cm와 $V = 1.0$ cm/s의 경우에 그림 1.8의 상황을 고려하자. 압력은 전체에 걸쳐서 대기압이다.

(a) 만약 유체가 20 °C에서의 공기라면, 전단 응력 τ_a(dyne/cm^2)을 계산하라. τ가 간격에 따라 변하는가? 설명하라.

(b) 만약 유체가 20 °C에서의 물이라면, 전단 응력 τ_w(dyne/cm^2)을 계산하라. τ_w/τ_a의 비는 얼마인가?

(c) 만약 온도가 80 °C로 증가하였다면, τ_a는 증가하는가, 감소하는가? τ_w는 어떨까?

36. *참/거짓.* *참*(T)과 *거짓*(F)에 표시하라.[14]

(a)	정상 상태 전단 응력하의 유체는 더 이상 움직임이 없는 평형 상태에 도달할 것이다.	T□ F□
(b)	압력과 전단 응력은 단위 면적당 힘의 두 예이다.	T□ F□
(c)	유체역학에서 기본 보존 법칙들은 부피, 에너지, 운동량 보전 법칙이다.	T□ F□
(d)	이상 기체 법칙을 사용할 때 절대 압력과 온도를 사용해야 한다.	T□ F□
(e)	이상 기체의 밀도는 절대 온도와 기체의 분자량에 의존한다.	T□ F□
(f)	대략적으로 물의 밀도는 1,000 kg/m^{3}이고, 중력 가속도는 9.81 m/s^{2}이다.	T□ F□
(g)	계기 압력을 절대 압력을 바꾸기 위해서는 대략 1.01 Pa를 더하면 된다.	T□ F□
(h)	psia를 psig로 바꾸기 위해서는 대략 14.7를 더하면 된다.	T□ F□
(i)	교실에서 절대 기압은 대략 1 bar이다.	T□ F□
(j)	만약 ρ를 g/cm^3 단위의 밀도, μ를 g/cm s 단위의 점도라 한다면, 동점도 $\nu = \mu/\rho$의 단위는 stokes이다.	T□ F□
(k)	주어진 유체에서 표면 장력과 단위 면적당의 표면 에너지는 동일한 수치 및 단위를 갖는다.	T□ F□
(l)	힘은 운동량의 전달 속도와 등등하다.	T□ F□
(m)	일은 단위 시간당의 동력의 소산 속도와 동등하다.	T□ F□
(n)	-20.0 psig의 낮은 계기 압력은 가능하다.	T□ F□
(o)	교실에서 공기의 밀도는 대략 0.08 kg/m^{3}이다.	T□ F□
(p)	정적 유체(static fluid)에서 압력은 연직 방향으로 z의 $dp/dz = -\rho g_c$ 형태로 변한다.	T□ F□
(q)	임의의 점에서 고도에 따른 압력의 변화 속도는 압축성 및 비압축성유체에 모두에 대해 $dp/dz = -\rho g$이다.	T□ F□
(r)	위는 열려 있고 34 ft 높이의 물로 채워진 연직 관의 밑 부분의 압력은 (계기압력으로) 약 1기압이다.	T□ F□

[14] 참/거짓 문제에 대한 답은 부록 B에 포함되어 있다.

(s) 밀도가 ρ인 액체의 자유 표면 아래에 중심으로부터의 거리 R만큼 잠겨 있는 반지름 R의 연직 원판의 한쪽 면에 작용하는 수평 힘은 $\pi R^3 \rho g$이다. T □ F □

(t) 그림 1.15에서와 같이 밀도가 ρ인 액체에 꼭대기까지 잠겨 있는 W 폭, 깊이 D의 연직 사각형 또는 댐에 대하여 액체의 수평 방향 총 추력 $\int_0^D \rho g h W \, dh$로 표시된다. 여기서 h는 자유 표면으로부터 *아래 방향*으로의 좌표이다. T □ F □

(u) 자유 표면이 꼭대기인 사각형 댐에 작용하는 수평 압력 힘은 F_x이다. 만약 댐의 폭은 그대로 두고 높이를 2배로 한다면 총 힘은 $2F_x$가 될 것이다. T □ F □

(v) 기름에 완전히 잠겨 있는 고체는 물에 잠겨 있을 경우에서와 같은 상향의 부력을 경험하게 된다. T □ F □

(w) (뚜껑이 잘 닫힌 상자와 같이) 물체가 속이 비어 있다면, 아르키메데스법칙은 성립하지 않는다. T □ F □

(x) 원심력에 의한 압력의 변화 속도는 $\partial p/\partial r = \rho r^2 \omega$로 주어진다. 여기서 ω는 회전 각속도이다. T □ F □

(y) 초당 라디안을 rpm으로 바꾸려면 120π로 나누면 된다. T □ F □

(z) 회전 용기에서 액체의 자유 표면의 모양은 포물선이다. T □ F □

(A) 한 면이 자유 표면이고 액체에 의하여 연직 방향으로 유지되고 있는 한 면이 L인 정사각형 판의 한 면에 작용하는 유체 정역학적 힘은 F이다. 만약 판을 연직 방향으로 L만큼 아래로 이동한다면, 한 면에 작용하는 힘은 $3F$가 될 것이다. T □ F □

질량, 에너지, 운동량 수지

Mass, Energy, and Momentum Balances

2.1 일반적인 보전의 법칙들

유체역학에 관한 연구는 상당 부분 다음과 같은 세 가지 크기 특성(extensive quantity)의 보존의 법칙(law of conservation)을 토대로 한다.

1. *질량*(mass) — 보통은 전체 질량이나, 어떤 경우에는 하나 또는 그 이상의 개별 화학종들의 질량.
2. 전체 *에너지*(energy) — 내부, 운동, 위치 및 압력 에너지의 총합.
3. *운동량*(monentum), 선형과 각운동량 모두.

전체를 하나의 계로 간주하는 경우, *보존*은 계의 내부에서 위의 세 가지 특성의 일부가 재배치된다 하더라도 이 특성들의 순 증감이 없다는 것을 의미한다. 일반적인 보존 법칙은 그림 2.1의 일반적인 계로 설명할 수 있다. 그림에서는 다음의 사항들이 정의되어 있다.

1. *계*(system) V.
2. *주위*(surroundings) S.
3. *경계*(boundary) B, 경계는 *대상표면*(control surface)라고도 하며, 계는 경계를 통해 주위와 어떤 방식으로 상호작용한다.

계와 주위 사이의 상호작용은 통상 하나 또는 그 이상의 다음의 기전(mechanism)들을 통해 이루어진다.

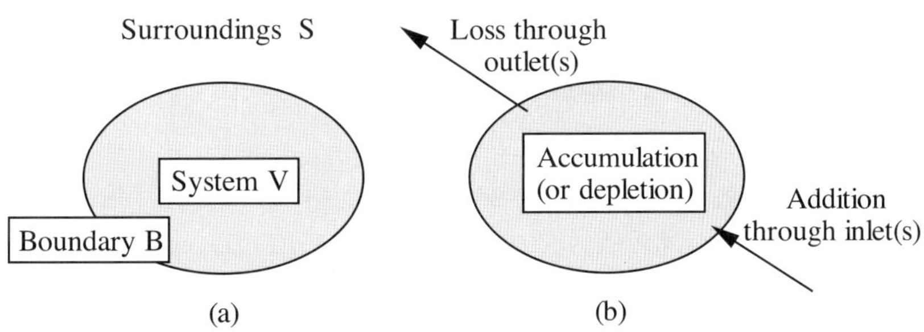

그림 2.1 (a) 계와 계의 주위; (b) 계로의 유입과 유출. 화학반응의 경우 계 내에서의 생성항과 소멸항들을 포함시킬 수도 있다.

1. 유동하는 흐름(flowing stream), 계로 유입되거나 계로부터 유출.
2. 경계에서의 접촉력(contact force), 대체로 경계에 대해 수직 또는 접선 방향이며, 일반적으로 *응력*(stress)이라고 한다.
3. 체력(body force), 계 전체에 작용하는 외부 장(field)에 의한 힘이며, 중력(gravity)이 대표적인 예이다.
4. 유용한 일, 모터에 제공되는 전기에너지 또는 터빈으로부터 발생하는 축일(shaft work).

X가 질량, 에너지, 또는 운동량을 나타낸다고 하자. 한정된 시간 동안 X에 대한 일반적인 보존의 법칙은

비반응계

$$X_{\text{in}} - X_{\text{out}} = \Delta X_{\text{system}}. \tag{2.1a}$$

반응계에서 화학종 i에 대한 질량 수지

$$X^i_{\text{in}} - X^i_{\text{out}} + X^i_{\text{created}} - X^i_{\text{destroyed}} = \Delta X^i_{\text{system}}. \tag{2.1b}$$

기호들은 표 2.1에 정의되어 있다. 윗첨자 i와 함께 나타낸 생성항 및 소멸항은 화학 반응에서의 화학종 i에 대한 질량 수지에만 필요하며, 이 책에서는 더 이상 다루지 않는다.

표 2.1 ▸ 식 (2.1)에서 쓰인 기호의 정의

Symbol	Meaning
X_{in}	Amount of X brought into the system
X_{out}	Amount of X taken out of the system
X_{created}	Amount of X created within the system
$X_{\text{destroyed}}$	Amount of X destroyed within the system
ΔX_{system}	Increase (accumulation) in the X-content of the system

식 (2.1a)는 무분별하게 적용할 수 없고, *일반적으로 질량, 에너지, 운동량*의 *세 가지* 성질에 대해서만 적용된다는 것을 알아야 한다. 예를 들면, 만일 X가 또 다른 크기 특성인 부피인 경우에는 일반적으로 이 식은 성립하지 않으며, X가 압력이나 온도와 같은 세기 특성인 경우에도 성립하지 않는다.

이 책의 대부분의 예제에서 X는 질량을 의미하고, 밀도를 일정한 것으로 간주하므로, 식 (2.1a)는 *부피*의 보존 법칙으로 간소화될 수 있으나, 이는 기본적인 법칙은 아니다. 예를 들면, 기체통에 질소 기체를 주입하면, (기체통과 채워진 기체로 구성된) 계의 부피가 (압축성) 질소를 주입한다고 해서 증가되지 *않는다*는 것을 알고 있다.

식 (2.1a)는 단위 시간에 대해서도 고려할 수 있다. 이 경우에 모든 양들은 속도가 된다. 예를 들면, ΔX_{system}은 계의 X-함량이 증가하는 속도 dX_{system}/dt가 되고, x_{in}(x가 소문자임에 주의할 것)은 X가 계로 전달되는 속도(rate) 방식으로 식 (2.2)와 같이 표시할 수 있다.

$$x_{\text{in}} - x_{\text{out}} = \frac{dX_{\text{system}}}{dt}. \tag{2.2}$$

2.2 질량 수지

일반적인 보전의 법칙은 속도를 고려할 때 가장 유용하다. 이 경우에 X가 질량 M 그리고 x가 질량 속도 m ($\dot{m}$ 기호로도 표시)을 나타낸다면, (*비반응계*에 대하여) *순간적인* 질량 수지식은 다음과 같다.

$$m_{\text{in}} - m_{\text{out}} = \frac{dM_{\text{system}}}{dt}, \tag{2.3}$$

여기서 기호의 정의는 표 2.2에 나타내었다.

표 2.2 ▶ 식 (2.2)의 기호들의 정의

Symbol	Meaning
m_{in}	Rate of addition of mass into the system
m_{out}	Rate of removal of mass from the system
dM_{system}/dt	Rate of accumulation of mass in the system (will be negative for a depletion of mass)

이 책의 대부분의 문제에서는 정상 상태의 경우를 다룬다. 정상 상태에서 계는 다음의 예와 같이 모든 순간에 동일한 상태를 갖는다.

1. 모든 시점에서 유속이 일정한 강.
2. 밑면을 통해 액체가 배출되고, 유입파이프를 통해 동일한 유속으로 액체가 공급되어, 탱크 내의 액체의 부피가 항상 일정하게 유지되는 탱크.

정상 상태 문제는 dM_{system}/dt와 같은 시간 도함수가 0이므로, *대수* 방정식이 되어 일반적으로 풀기가 훨씬 쉬워진다.

예제 2.1과 같은 일부 문제들은 *비정상 상태* 또는 *과도* 상황에 관한 문제이며, 다음의 예와 같이 시간에 따라 계의 상태가 변한다.

1. 댐의 수문이 갑작스럽게 개방되어 하류의 수위가 상승하고 있는 강.
2. 탱크 밑면을 통해 액체가 배출되고 있으나, 유입 흐름(stream)에 의해 액체가 보충되지 않아 액체 수위가 시간에 따라 감소하고 있는 탱크.

과도 상태 문제는 dM_{system}/dt와 같은 시간 도함수가 남아 있어 식이 *미분 방정식*으로 되므로, 일반적으로 풀이가 더 어렵다.

예제 2.1 탱크 비움에 대한 질량 수지

그림 E2.1(a)에서 나타낸 탱크의 부피는 $V = 1\ \text{m}^3$이고, 탱크에 채워진 공기는 주위와의 열적 평형에 의해 온도가 일정하게 유지되고 있다.

만일 초기 절대 압력이 $p_0 = 1$ bar이고, 공기가 탱크내의 압력과는 무관하게 $Q = 0.001\ \text{m}^3/\text{s}$의 일정한 속도로 빠져나간다면, 탱크 내의 최종 압력이 0.0001 bar로 감소하는 데 소요되는 시간은 얼마인가?

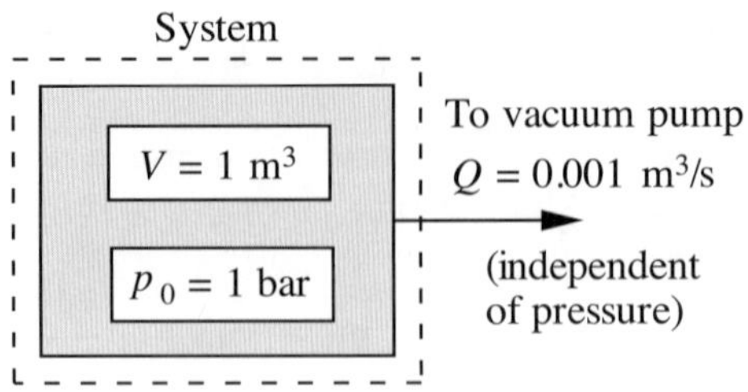

그림 E2.1(a) 탱크 비움.

풀이

먼저 점선으로 된 직사각형으로 표시된 탱크를 계로 선택한다. 공기가 계로 유입되지 않으며, 단지 한 개의 배출구만 있음에 주목한다. 이 계에서의 공기에 대한 질량 수지(손실속도가 음의 값임을 유의한다)는 다음과 같다.

$$-(\text{질량 손실 속도}) = (\text{질량 축적 속도})$$

$$-Q\rho = \frac{d}{dt}(V\rho) = V\frac{d\rho}{dt} + \rho\frac{dV}{dt} = V\frac{d\rho}{dt}. \tag{E2.1.1}$$

탱크 부피 V가 일정하므로, $dV/dt = 0$임에 주목하라. 이상 기체의 경우

$$\rho = \frac{Mp}{RT}, \tag{E2.1.2}$$

이므로, 따라서

$$-Q\frac{Mp}{RT} = V\frac{M}{RT}\frac{dp}{dt}. \tag{E2.1.3}$$

이 된다.

M/RT를 소거하면, 시간 t에 따른 p 압력 변화를 나타내는 *상미분 방정식*을 다음과 같이 구할 수 있다.

$$\frac{dp}{dt} = -\frac{Q}{V}p. \tag{E2.1.4}$$

변수를 분리하고, $t = 0$ (압력이 p_0일 때)에서 나중 시간 t (압력이 p일 때)까지 적분하면 다음과 같이 된다.

$$\int_{p_0}^{p}\frac{dp}{p} = -\frac{Q}{V}\int_0^t dt \qquad \text{또는} \qquad \ln\frac{p}{p_0} = -\frac{Qt}{V}. \tag{E2.1.5}$$

최종 결과는 그림 E2.1(b)에 나타낸 바와 같이 시간에 따라 탱크 압력이 기하급수적으로 감소한다는 것을 보여준다.

$$p = p_0 e^{-Qt/V}. \tag{E2.1.6}$$

따라서 초기 압력 1 bar에서 최종 압력 $p_f = 0.0001$ bar가 되도록 탱크를 비우는 데 소요되는 시간 t_f는 다음과 같다.

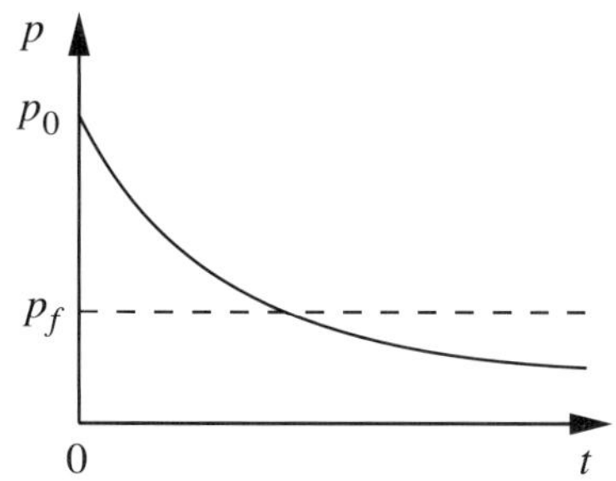

그림 E2.1(b) 탱크 압력의 기하급수적 감소.

$$t_f = -\frac{V}{Q}\ln\frac{p_f}{p_0} = -\frac{1}{0.001}\ln\frac{0.0001}{1} = 9{,}210\ \text{s} = 153.5\ \text{min}. \tag{E2.1.7}$$

연습 문제 2.1은 이 문제와 다르게 공기가 주위의 대기로 부터 탱크내로 서서히 스며드는 경우에 관해 다루고 있다.

유체 유동에 대한 정상 상태 질량 수지

유용하고 간단한 질량 수지(*연속 방정식*(continuity equation)이라고도 함)를 그림 2.2에 나타낸 상황에 관해서도 유도해 낼 수 있다. 그림에서 계는 공항에 있는 풍향계와 비슷하다. 위치 1에서 밀도 ρ_1인 유체가 면적이 A_1인 계의 표면 일부를 균일한 속도 u_1으로 수직으로 관통하여 유입된다. 정상 상태 유동에서 유체의 개별입자는 *유선*(streamline)이라 하는 경로를 따른다. 폐곡선 C를 관통하는 다수의 유체 입자들을 고려하면, 동일한 수의 유선들을 얻게 되고, 이들은 *유관*(stream tube)이라고 하는 표면을 형성하게 된다. 유관을 가로지르는 유동은 없다. 위치 2에서는 유체가 일정한 속도 u_2와 밀도 ρ_2로 계로부터 유출된다. 여기서 유동 방향에 수직인 면적은 A_2이다.

식 (2.3)을 참고하면, 계가 정상 상태에 있기 때문에 질량의 축적은 없다. 따라서, 0이 아닌 항들은 각기 $\rho_1 A_1 u_1$와 $\rho_2 A_2 u_2$의 값과 동일한 m_1(질량의 추가 속도)과 m_2(질량의 제거 속도) 뿐이다.

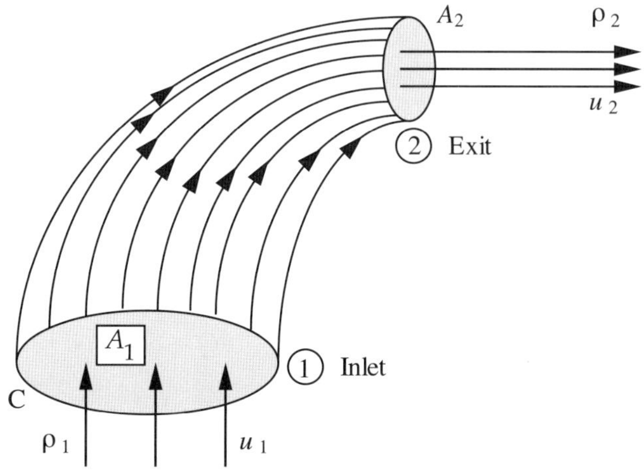

그림 2.2 유관을 통한 유동.

따라서 식 (2.3)은 다음과 같이 된다.

$$\underbrace{\rho_1 A_1 u_1}_{m_1 \text{ in}} - \underbrace{\rho_2 A_2 u_2}_{m_2 \text{ out}} = 0 \quad \text{(steady state)}, \tag{2.4a}$$

이 식은 다음과 같이 나타낼 수 있다.

$$\rho_1 A_1 u_1 = \rho_2 A_2 u_2 = m, \tag{2.4b}$$

여기서 $m(= m_1 = m_2)$은 계로 유입되거나 유출되는 질량 유속(mass flow rate)이다.

일반적으로 *비압축성 유체*의 경우 $\rho_1 = \rho_2$이고, 따라서 정상 상태 질량 수지는 다음과 같다.

$$A_1 u_1 = A_2 u_2 = \frac{m}{\rho} = Q, \tag{2.5}$$

여기서 Q는 *부피 유속*(volumetric flow rate)이다.

만일 u_1과 u_2를 적절한 *평균 속도*(mean velocity) u_{m1}과 u_{m2}로 치환하면, 식 (2.4a/b)는 입구 및 출구 속도가 균일하지 않은 경우에도 적용할 수 있다. 그러나, 불균일 속도 분포의 개념은 *미시유체역학*(microscopic fluid mechanics)을 다루는 장에서 논의하기로 한다.

2.3 에너지 수지

식 (2.1)을 그림 2.3에 나타낸 일반적인 계에 적용해 보자. 여기서는 특성 X는 *에너지*를 나타낸다. 계로 유입되거나 계에서 유출되는 유동이 모두 존재한다. 또한 물리량들은 표 2.3에 정의되어 있다.

짧은 시간 주기에 대해 식 (2.1)을 적용하여 미분 에너지 수지를 구한다. 계로 도입되는 두 개의

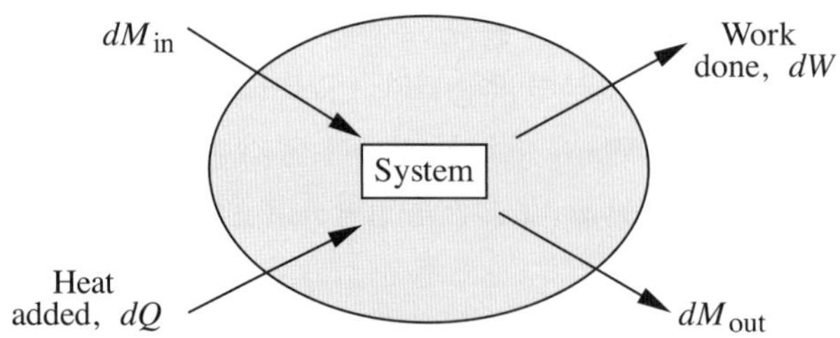

그림 2.3 유입 및 유출 유동이 존재하는 계에 대한 에너지 수지.

전달(질량 및 열 유입)과 계로부터의 유출되는 두 개의 전달(질량 및 일 유출)이 있음을 주목하라. 질량 전달은 에너지도 동반되므로, 다음 관계를 얻게 된다.

$$dM_{\text{in}}\left(e + \frac{p}{\rho} + gz + \frac{u^2}{2}\right)_{\text{in}} - dM_{\text{out}}\left(e + \frac{p}{\rho} + gz + \frac{u^2}{2}\right)_{\text{out}} + dQ - dW = d\left[M\left(e + gz + \frac{u^2}{2}\right)\right]_{\text{system}}, \tag{2.6}$$

여기서 각 항들은 에너지 또는 일의 단위를 갖는다. 간략화를 위하여, 계는 *균일*하다고 가정하고, 따라서 계의 모든 부분들은 단위 질량당 동일한 내부 에너지, 위치 에너지, 운동 에너지를 갖는다.

표 2.3 ▶ 에너지 수지에 대한 기호들의 정의

Symbol	Definition
dM_{in}	Differential amount of mass entering the system
dM_{out}	Differential amount of mass leaving the system
dQ	Differential amount of heat added *to* the system
dW	Differential amount of useful work done *by* the system
e	Internal energy per unit mass
g	Gravitational acceleration
M	Mass of the system
u	Velocity
ρ	Density

만약 이 가정이 적합하지 않는다면, 계 전체에 대한 적분이 필요하게 될 것이다. 또한 다중 유입구 및 유출구도 추가적인 항들에 의하여 수용될 수 있을 것이다.

밀도 ρ는 단위 질량당의 부피인 v의 역수이므로, $e + p/\rho = e + pv$이고, 이는 단위 질량당 *엔탈피*(enthalpy)가 된다. 식 (2.6)의 *유동 에너지*(flow energy) 항 p/ρ는 주입 일(injection work) 또는 유동 일(flow work)이라고도 하며, 그림 2.4를 살펴보면 쉽게 설명된다. 압력 p_1하에서 유관으로 들어가는 유체의 단위 질량을 고려해 보자. 단위 질량의 부피는

$$\frac{1}{\rho_1} = A_1 \frac{1}{\rho_1 A_1} \tag{2.7}$$

이며, 면적 A_1과 질량이 이동한 거리 $1/\rho_1 A_1$의 곱이다. (여기서 "1"은 질량의 단위를 갖는다.) 따라서 단위 질량을 유관으로 밀어 넣는 압력 p_1에 의해 계에 행해진 일은 압력에 의하여 작용한 힘

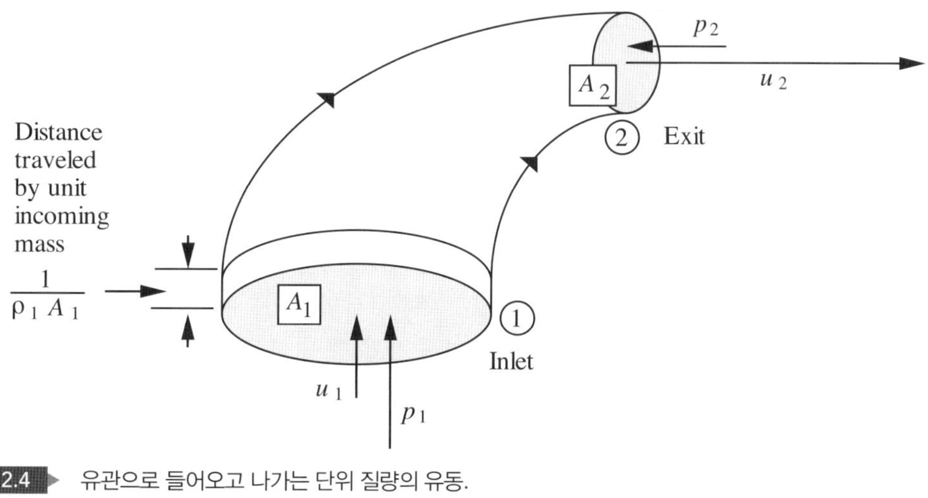

그림 2.4 ▶ 유관으로 들어오고 나가는 단위 질량의 유동.

$p_1 A_1$과 단위 질량이 움직인 거리의 곱이 된다.

$$p_1 A_1 \times \frac{1}{\rho_1 A_1} = \frac{p_1}{\rho_1}. \tag{2.8}$$

이와 유사하게, 출구에서 계가 주위에 행한 일은 다음과 같다.

$$p_2 A_2 \times \frac{1}{\rho_2 A_2} = \frac{p_2}{\rho_2}. \tag{2.9}$$

정상 상태 에너지 수지

이후부터 모든 물리량은 흐르는 단위 질량당 물리량이다. 그림 2.5에 나타낸 일반적인 계를 참고하면, 입구 흐름(inlet stream)에 의해 도입되는 에너지와 계에 공급된 열의 합은 출구 흐름(exit stream)에 의해 배출되는 에너지와 계가 주위에 행한 일의 합과 같아야 한다. 따라서 정상 상태 조건 하에서 식 (2.6)은 우변이 0이 되고, $dM_{\text{in}} = dM_{\text{out}}$로 나누면 다음과 같다.

$$e_1 + \frac{u_1^2}{2} + gz_1 + \frac{p_1}{\rho_1} + q = e_2 + \frac{u_2^2}{2} + gz_2 + \frac{p_2}{\rho_2} + w, \tag{2.10}$$

여기서 각 항들은 흐르는 단위 질량당 에너지를 의미한다.

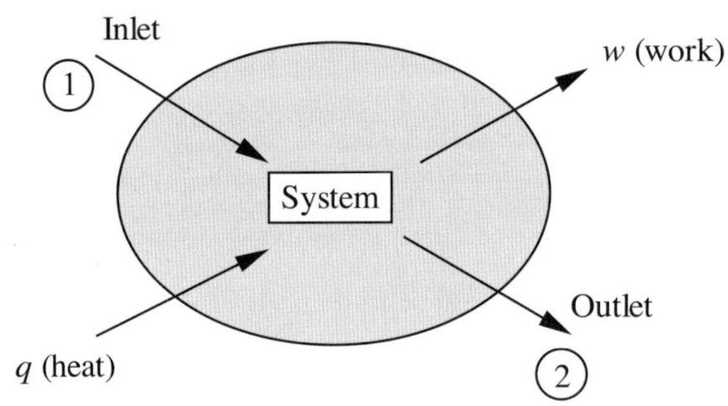

그림 2.5 정상 상태 에너지 수지.

*미분량*의 변화가 일어나는 무한소의 계에 관해서 식 (2.10)은 다음과 같이 쓸 수 있다.

$$de + d\left(\frac{u^2}{2}\right) + d(gz) + d(pv) = dq - dw, \tag{2.11}$$

여기서, 예를 들면, de는 미분량의 변화이고, $v = 1/\rho$는 단위 질량당 부피이다.

이제는 열로 소산되는 마찰일 $d\mathcal{F}$, 주위로부터 추가되는 열 dq, 유체에 의해 행해진 작은 양의 일 pdv로부터 발생하는 내부 에너지의 증가 de에 대해 알아보자. 즉, $de = d\mathcal{F} + dq - pdv$이다. 따라서 식 (2.11)에서 내부 에너지 변화 de를 소거하고, $d(pv)$ 항을 전개하면,

$$\underbrace{d\mathcal{F} + dq - pdv}_{de} + d\left(\frac{u^2}{2}\right) + d(gz) + \underbrace{pdv + vdp}_{d(pv)} = dq - dw, \tag{2.12}$$

이 되고, 열 출입에 관련된 항이 없는 *역학적* 에너지 수지(mechanical energy balance)의 미분 형태로 간략화된다.

$$d\left(\frac{u^2}{2}\right) + d(gz) + \frac{dp}{\rho} + dw + d\mathcal{F} = 0. \tag{2.13}$$

점 1에서 점 2로의 유동에 대한 유한계(finite system)에 관해서는, 식 (2.13)을 적분하면

$$\Delta\left(\frac{u^2}{2}\right) + \Delta(gz) + \int_1^2 \frac{dp}{\rho} + w + \mathcal{F} = 0, \tag{2.14}$$

여기서 유한한 변화는 항상 최종값에서 초기값을 뺀 값이며, 예를 들면

$$\Delta\left(\frac{u^2}{2}\right) = \frac{u_2^2}{2} - \frac{u_1^2}{2}. \tag{2.15}$$

밀도가 일정한 *비압축성* 유체(incompressible fluid)에 대한 에너지 수지는 쉽게 적분 가능하며, 다음의 식을 얻을 수 있다.

$$\Delta\left(\frac{u^2}{2}\right) + \Delta(gz) + \frac{\Delta p}{\rho} + w + \mathcal{F} = 0. \tag{2.16}$$

대부분의 경우, g는 거의 상수이며, 이런 경우에는 다음과 같이 더 간단히 표시된다.

$$\Delta\left(\frac{u^2}{2}\right) + g\Delta z + \frac{\Delta p}{\rho} + w + \mathcal{F} = 0, \tag{2.17}$$

이 식을 *일반화된 Bernoulli 방정식*(generalized Bernoulli equation)이라 하고, 두 개의 부가적인 항(마찰 소산(frictional dissipation) $\mathcal{F}$와 계가 행한 일 w)에 의하여 *확장된* 식이다. $\mathcal{F}$는 음의 값이 될 수 *없음*에 주의하라. 열을 완전히 유용한 일로 전화시키는 것은 불가능하다. 만약 유체가 터빈을 통해 흐르면서 주위에 일을 행하면, 일을 나타내는 항 w는 양의 값이 될 것이고, 만약 유체가 펌프를 통해 흐르면서 유체에 일이 행해지면, 이 항은 음의 값이 된다.

일률(Power)

일을 행하기 위한 에너지 소모 속도를 *일률*이라 하고, 차원은 ML^2/T^3이며, 대표적인 단위는 W (J/s)와 ft lb_f/s이다. 특정한 상황에 대한 관계식을 표 2.4에 나타내었다.

표 2.4 ▸ 계에 따른 일률 표현식

System	Expression for P
Flowing stream:	mw (m = mass flow rate, w = work per unit mass)
Force displacement:	Fv (F = force, v = displacement velocity)
Rotating shaft:	$T\omega$ (T = torque, ω = angular velocity of rotation)
Pump:	$Q\Delta p$ (Q = volume flow rate, Δp = pressure increase)

예제 2.2 *n*-Pentane 수송

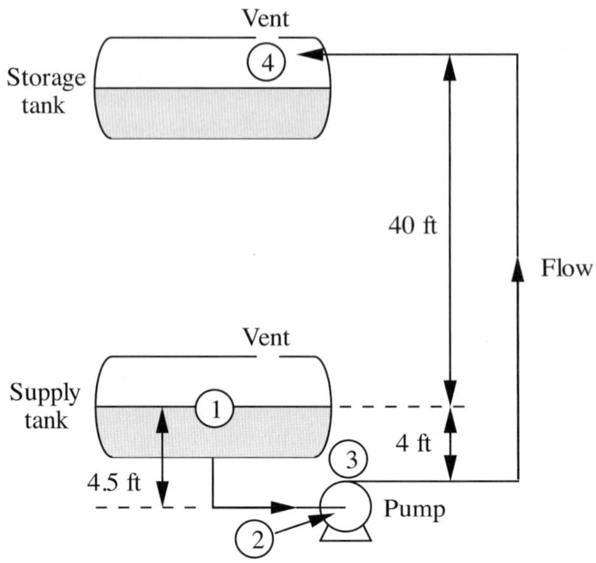

그림 E2.2 *n*-Pentane 수송.

그림 E2.2는 온도가 25 °C인 상태에서 n-pentane ($\rho = 39.3\ \text{lb}_\text{m}/\text{ft}^3$)을 한 탱크에서 연직 거리가 40 ft인 다른 탱크로 수송하기 위한 배관도이다. 모든 파이프는 3-in. I.D.이다. 관 내에서 발생하는 총괄 마찰 손실은 (3장에서 기술될 방법에 의해) 다음과 같다고 가정하자.

$$\mathcal{F} = 2.5\ u_\text{m}^2\ \frac{\text{ft}^2}{\text{s}^2} = \frac{2.5u_\text{m}^2}{g_c}\ \frac{\text{ft lb}_\text{f}}{\text{lb}_\text{m}}. \tag{E2.2.1}$$

그러나 간략화를 위해 펌프 입구로 연결되는 짧은 길이의 관에서의 마찰은 무시할 수 있다. 그리고 펌프와 펌프 모터의 총 효율을 75%라고 가정하자. 만일 평균속도 u_m이 25 ft/s일 때, 다음을 계산하라.

(a) 펌프를 구동하는 데 필요한 일률.

(b) 펌프의 입구에서의 압력 그리고 이 압력과 25 °C에서의 n-pentane의 증기압인 10.3 psia와 비교 설명하라.

(c) 펌프 출구에서의 압력.

풀이

관의 단면적과 질량 유속은 다음과 같다.

$$A = \frac{\pi}{4}\left(\frac{3}{12}\right)^2 = 0.0491\ \text{ft}^2, \tag{E2.2.2}$$

$$m = \rho u_\text{m} A = 39.3 \times 25 \times 0.0491 = 48.2\ \frac{\text{lb}_\text{m}}{\text{s}}. \tag{E2.2.3}$$

공급탱크(supply tank)가 상당히 크기 때문에, 탱크의 기/액 계면은 아주 서서히 하강하고, 따라서 $u_1 \doteq 0$이다. 점 1과 점 4 (두 위치 모두 압력이 대기압이며, 따라서 $\Delta p = 0$) 사이의 에너지 수지는 다음과 같다.

$$\Delta\left(\frac{u^2}{2}\right) + g\Delta z + \frac{\Delta p}{\rho} + w + \mathcal{F} = 0, \qquad \text{(E2.2.4)}$$

$$\frac{25^2 - 0^2}{2} + 32.2 \times 40 + 0 + w + 2.5 \times 25^2 = 0. \qquad \text{(E2.2.5)}$$

따라서 흐르는 단위 질량당 일은 다음과 같다.

$$w = -3{,}163 \ \frac{\text{ft}^2}{\text{s}^2} = -\frac{3{,}163 \ \text{ft}^2/\text{s}^2}{32.2 \ \text{lb}_\text{m} \ \text{ft}/\text{lb}_\text{f} \ \text{s}^2} = -98.3 \ \frac{\text{ft lb}_\text{f}}{\text{lb}_\text{m}}, \qquad \text{(E2.2.6)}$$

여기서 음의 부호는 유체에 일이 가해졌음을 의미한다. 펌프 모터를 구동하기 위한 일률은 다음과 같다.

$$P = mw = \frac{48.2 \times 98.3}{737.6 \times 0.75} = 8.56 \ \text{kW}. \qquad \text{(E2.2.7)}$$

펌프 입구에서의 압력은 점 1과 점 2 사이의 구간에 대해 Bernoulli 방정식을 적용하여 구한다.

$$\frac{u_1^2}{2} + \frac{p_1}{\rho} + gz_1 = \frac{u_2^2}{2} + \frac{p_2}{\rho} + gz_2. \qquad \text{(E2.2.8)}$$

관의 지름은 전 구간에 걸쳐 동일하므로(3 in.), 펌프로 유입되는 속도 u_2는 관의 연직 구간에서의 속도 25 ft/s와 동일하다. 펌프 입구에서의 압력에 관해 풀면,

$$p_2 = \rho\left[g(z_1 - z_2) - \frac{u_2^2}{2}\right] = \frac{39.3}{32.2 \times 144}\left(32.2 \times 4.5 - \frac{25^2}{2}\right)$$
$$= -1.42 \ \text{psig} = 14.7 - 1.42 = 13.28 \ \text{psia}. \qquad \text{(E2.2.9)}$$

(좀 더 정확하게는 공급탱크와 펌프 입구 사이의 짧은 관에서 발생하는 마찰도, 특히 3장의 내용에서는 포함시켜야 한다. 그러나 이 양은 상당히 작기 때문에 여기서는 이 항을 무시할 수 있다.) 압력 p_2가 n-pentane의 증기압보다 *더 높기* 때문에, 액체 상태에서 펌프로 유입된다. 만약 p_2가 10.3 psia보다 작으면, n-pentane은 기화될 것이고, 펌프는 *공동현상*(cavitation) 때문에 작동하지 않을 것이다.

펌프 출구에서의 압력은 펌프에 대한 에너지 수지를 적용함으로써 가장 쉽게 구할 수 있다. (입구부와 출구부의 지름이 같으므로) 속도의 변화가 없고, 관을 통한 마찰 소산이 없으므로,

$$g\Delta z + \frac{\Delta p}{\rho} + w = 0. \qquad \text{(E2.2.10)}$$

이 된다. 그러나 $p_2 = -1.42$ psig, $w = -3{,}163 \ \text{ft}^2/\text{s}^2$, $\Delta z = 0.5$ ft이므로

$$p_3 = -1.42 + \frac{39.3}{32.2 \times 144} \times (3{,}163 - 32.2 \times 0.5) = 25.2 \ \text{psig}. \qquad \text{(E2.2.11)}$$

이다. 점 3과 점 4 사이 구간에 대해 에너지 수지를 적용해도 같은 결과를 얻을 수 있다.

2.4 Bernoulli 방정식

간략화를 위한 다음의 가정들을 할 수 있는 상황들이 자주 발생한다.

1. 유동은 정상 상태이다.
2. 일 효과는 없다. 즉 유체는 (터빈의 경우와 같이) 일을 하지도 않고 (펌프의 경우와 같이) 일이 유체에 가해지지도 않는다. 따라서 식 (2.17)에서 $w = 0$이다.
3. 유동은 마찰이 없다. 따라서 식 (2.17)에서 $\mathcal{F} = 0$이다. 이 가정은 긴 관의 경우에는 당연히 성립하지 *않는다*.
4. 유체는 비압축성이다. 즉, 밀도가 일정하다. 이 가정은 대부분의 유체에 대하여 잘 적용된다. 만약 압력 변화가 적당히 작다면 일부 기체 유동의 경우에도 적용 가능하다.

이와 같은 조건하에서, 일반적인 에너지 수지는 다음과 같이 간략화된다.

$$\Delta\left(\frac{u^2}{2}\right) + \Delta(gz) + \frac{\Delta p}{\rho} = 0, \tag{2.18}$$

이 식이 유체 역학에서 가장 중요한 관계식들 중의 하나인 *Bernoulli 방정식*이다.

동일 유선 상에서 점 1과 점 2 사이의 유동에 대해, 또는 정적 평형 상태하에 있는 유체의 임의의 두 점 사이에서 식 (2.18)은 다음과 같이 된다.

$$\underbrace{\frac{u_1^2}{2} + gz_1 + \frac{p_1}{\rho}}_{\text{Total energy at point 1}} = \underbrace{\frac{u_2^2}{2} + gz_2 + \frac{p_2}{\rho}}_{\text{Total energy at point 2}}, \tag{2.19}$$

이 식은 운동 에너지, 위치 에너지, 압력 에너지는 각각 변할 수 있지만, 이 에너지들의 합은 일정하다는 것은 나타낸다. 식 (2.19)의 각 항들은 첫 번째 항과 같은 차원을 갖는다. 즉 속도의 제곱 또는 L^2/T^2의 차원을 갖는다. 두 주요 단위계에 대해 조작해 보면 다음과 같은 결과를 얻는다.

1. *SI 단위*

$$\frac{\mathrm{m}^2}{\mathrm{s}^2} = \frac{\mathrm{m}}{\mathrm{kg}} \underbrace{\mathrm{kg}\ \frac{\mathrm{m}}{\mathrm{s}^2}}_{\text{Force(N)}} = \frac{\mathrm{m\ N}}{\mathrm{kg}} = \frac{\mathrm{J}}{\mathrm{kg}}, \tag{2.20}$$

이는 단위 질량당의 에너지임을 쉽게 알 수 있다.

2. *영국 단위*

$$\frac{\mathrm{ft}^2}{\mathrm{s}^2} = \frac{\mathrm{ft}}{\mathrm{lb_m}} \underbrace{\mathrm{lb_m}\ \frac{\mathrm{ft}}{\mathrm{s}^2}}_{\text{poundal}} = \frac{\mathrm{ft\ poundal}}{\mathrm{lb_m}}, \tag{2.21}$$

이 관계도 단위 질량당의 에너지이다. 그러나 poundal은 힘의 오래된 단위이므로, 계산에 좀 더 실질적인 단위인 $\mathrm{lb_f}$를 사용해야 한다면, Bernoulli 방정식의 각 항들을 환산인자 g_c, $\mathrm{ft\ lb_m/lb_f\ s^2}$로 나누어 주면 된다. 예를 들면, 운동 에너지 항은 다음과 같이 된다.

$$\frac{\mathrm{u_1^2}}{2\mathrm{g_c}}\ [=]\ \frac{\mathrm{ft\ lb_f}}{\mathrm{lb_m}}\ \text{(energy per unit mass).} \tag{2.22}$$

전술한 바와 같이, 이 방정식들에 g_c(또는 다른 환산인자들)이 포함되지 않는 것을 선호한다.

Daniel Bernoulli. 1700년 네덜란드의 Groningen에서 태어나 1782년 스위스의 Basel에서 사망하였다. 그는 Groningen에서, 그 후에는 Basel에서 수학과 학과장을 지낸 Jean Groningen의 세 아들 중 둘째이다. 아버지의 투박함과 질투로 인해 Daniel이 의학 공부를 계속하지 못했고, 1725년 St. Petersburg에서 수학 교수가 되었다. 1733년 건강이 나빠져서, Basel에 있는 가족과 재결합했다. 여기서 그는 해부학과 식물학 교수로 임명되었다. 1738년 그는 *Hydrodynamica* 라는 논문을 발표하였다. 이 논문에서 속도와 압력의 관계를 다루었고, 제트 추진 배의 개념이 포함되어 있다. 그는 (경도 결정에 중요한) 바다에서 시간의 측정, 행성 궤도의 경사 및 파도와 연관하여 Academy of Science in Paris로부터 많은 상을 단독으로 또는 공동으로 수상하였다. 그는 스위스 수학자인 Leonhard Euler(1701~1783)와 선의의 경쟁을 즐겼다. 말년에 천식으로 고생하였고, 실생활과 연관된 확률 연구에 많은 시간을 보냈다. 그가 젊었을 때 여행하는 동료들에게 자신을 "나는 Daniel Bernoulli입니다"라고 소개했을 때, 그에 대해 사람들은 "그리고 나는 Isaac Newton입니다" 답했었던 것을 회상하면서 즐거워했었다.

출처: *The Encyclopedia Britannica* 11th ed., Cambridge University Press (1910~1911)

유체의 높이압(head)

단위 질량당의 에너지와 밀접하게 연관된 물질량은 식 (2.19) 전체를 중력가속도 g로 나누어 줌으로써 얻을 수 있다.

$$\underbrace{\frac{u_1^2}{2g}+z_1+\frac{p_1}{\rho g}}_{\begin{pmatrix}\text{Velocity + static}\\ \text{+ pressure heads}\end{pmatrix}}=\underbrace{\frac{u_2^2}{2g}+z_2+\frac{p_2}{\rho g}}_{\begin{pmatrix}\text{Velocity + static}\\ \text{+ pressure heads}\end{pmatrix}}=H. \tag{2.23}$$

식 (2.23)의 각 항들은 길이 차원을 가지며, $u_1^2/2g$, z_1, $p_1/\rho g$, H를 각각 *속도 높이압*(velocity head), *정적 높이압*(static head), *압력 높이압*(pressure head), *총 높이압*(total head)이라고 한다.

그림 2.6에 나타낸 것과 같이, 탱크에서 마찰이 없는 이상적인 관을 통해 액체가 정상 상태로 흐르는 경우를 고려한다면, 유체 높이압을 물리적으로 쉽게 해설할 수 있다. 탱크가 적절한 크기를 갖는다면, (자유 표면인) 점 1에서의 속도 u_1은 거의 0이라고 할 수 있으며, 자유 표면이 대기에 노출되어 있으므로 (계기) 압력 또한 0이다. 따라서 점 1에서의 속도와 압력 높이압 둘 다 0이므로, 총 높이압(예를 들면 H)은 어떤 기준 고도에 대한 자유 표면의 고도인 정적 높이압 z_1과 같다. 따라서 식 (2.23)은 다음과 같이 다시 쓸 수 있다.

$$z_1=H=\underbrace{\frac{u_2^2}{2g}+z_2+\frac{p_2}{\rho g}}_{\text{Each of these terms is interpreted in Fig. 2.6}}. \tag{2.24}$$

점 2를 고려해 보면, 이 점에서의 정적 높이압은 단순히 기준 고도로부터 이 점까지의 고도 z_2이고, 압력 높이압은 점 2을 기준으로 그보다 더 위로 상승한 마노미터의 액체의 높이(압력 p_2와 상

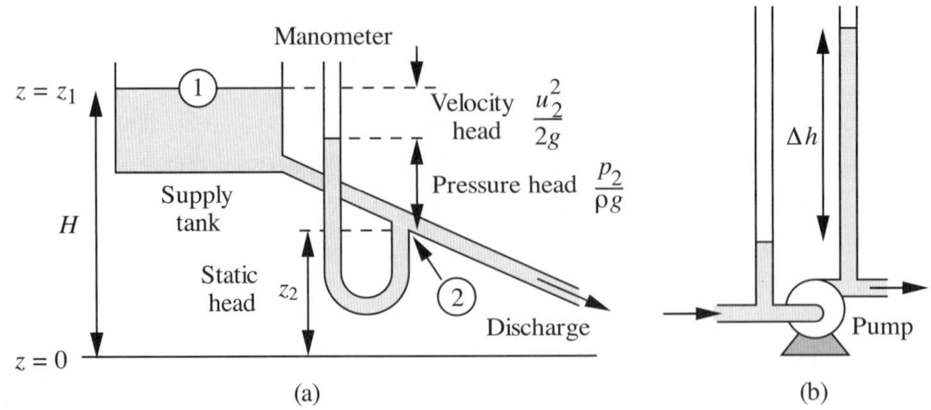

그림 2.6 (a) 파이프 유동에 대한 속도 높이압, 정적 높이압, 압력 높이압, 총 높이압의 물리적 해석, (b) 펌프를 통과하면서 압력 높이압이 증가한다.

당히 유사한 값) 그리고 마노미터 관의 액체의 윗면과 점 1과의 고도의 차이는 속도 높이압 $u_2^2/2g$이 된다.

파이프의 지름이 일정하므로, 연속성에 의거하여 속도와 속도 높이압 $u_2^2/2g$은 일정해야 된다. 그림 2.6(a)를 참고하면, 정적 높이압이 파이프를 따라 연속적으로 감소하고, 총 높이압은 일정해야 하므로, 압력 높이압은 연속적으로 *증가*한다. 그러나 파이프의 출구 압력은(또는 출구를 벗어난 직후의 압력은) 대기압이기 때문에, 압력 높이압은 0이어야 한다! 여러분들은 틀림없이 다음과 같은 질문을 할 것이다. "뭔가 잘못된 것이 아닌가?" 그리고 그림이 정확하게 그려졌는지 아닌지를 곰곰이 따져볼 것이다.

그림 2.6(b)는 펌프에 의해 증가된 압력 Δp는 펌프의 입구와 출구에 설치된 압축률 측정관(piezometric tube) 액체의 수위 증가인 높이압 증가 $\Delta h = \Delta p/\rho g$와 동일하다는 것을 보여준다.

전술한 내용은 마찰이 없는 이상적인 액체에 대한 것임에 주의해야 한다. 실제로는 파이프를 통과하게 되면 총 높이압에 어느 정도의 손실이 발생한다.

2.5 Bernoulli 방정식의 응용

이제 식 (2.18)을 흔히 발생하는 상황에 적용해 보면, 압력, 속도 및 고도를 포함하는 유용한 관계식들을 얻을 수 있다. 경우에 따라 정상 상태 유동, 외부적으로 작용하는 일이 존재하지 않고, 마찰이 없으며, 점도가 일정하다는 가정들을 적절하게 적용할 수 있다.

탱크 배출

먼저 탱크의 바닥에 설치된 단면적 A인 오리피스를 통해 액체가 배출되고 있는 그림 2.7을 고려해 보자. 만약 오리피스가 *둥글게* 처리되어 있으면, 출구에서의 유선은 서로 평행하게 배열되며, 출구에서의 압력은 균일하게 대기압이 된다. 자유 표면(free surface)인 점 1의 고도는 오리피스 말단을 기준으로 h이며, z_2를 0으로 잡는다. 점 1과 점 2 구간에서는 일 효과가 없으며, 유체는 비압축성이다. 또한 액체가 상당히 천천히 하강하므로 (액체의 점도가 매우 높지 않다면), 마찰 소산은 거의 없고, 유동은 사실상 정상 상태이다. 따라서 식 (2.19)를 점 1과 점 2 구간에 적용하면 다음과 같은 결과를 얻을 수 있다.

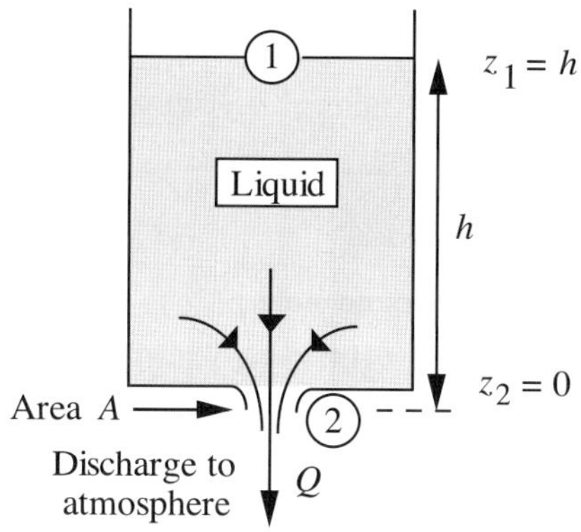

그림 2.7 둥글게 처리된 오리피스를 통한 탱크 배출.

$$\frac{u_1^2}{2} + gh + \frac{p_1}{\rho} = \frac{u_2^2}{2} + 0 + \frac{p_2}{\rho}. \tag{2.25}$$

그러나 만약 탱크의 단면적이 오리피스의 단면적보다 현저히 크다면, $u_1 \doteq 0$이며, 또한 두 점의 압력이 모두 대기압이므로 $p_1 = p_2$이다. 식 (2.25)는 다음과 같이 간략화된다.

$$u_2 = \sqrt{2gh}, \tag{2.26}$$

따라서 액체의 출구 속도는 중력장 하에서 연직 거리 h를 자유낙하하는 속도와 일치한다. 상응하는 부피 유속(volumetric flow rate)은 다음과 같다.

$$Q = Au_2 = A\sqrt{2gh}. \tag{2.27}$$

만약 그림 2.8과 같이 단면적이 A인 *칼날 오리피스*(sharp-edged orifice)의 경우, 오리피스를 벗어난 후에도 관성으로 인해 분사(jet)의 단면적은 계속적으로 감소하여 면적이 a가 되는, *최소 수축부*(vena contracta)[1]로 알려진 지점에 이르게 되며, 이 점에서는 모든 유선들이 평행하게 배열된다. 만약 이 경우 C_c는 *축소 계수*(coefficient of contraction)이면, *최소 수축부*의 면적과 총유속은 다음과 같다.

$$a = C_c A, \tag{2.28}$$

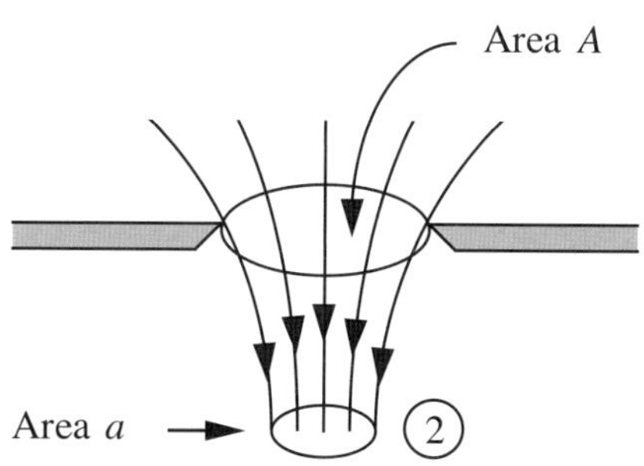

그림 2.8 끝이 날카로운 오리피스를 통한 탱크 배출.

[1]라틴어로 "제한된 분사"

$$Q = C_c A\sqrt{2gh}, \tag{2.29}$$

여기서 *축소 계수*는 대부분의 경우, 다음과 같은 값은 갖다.

$$C_c \doteq 0.63. \tag{2.30}$$

오리피스 판 미터(Orifice-plate meter)

가속된 흐름(stream)에서의 압력 감소에 관한 Bernoulli의 원리는 그림 2.9에 나타낸 것과 같이 유체의 유속 측정 장치에 응용할 수 있다. 그림에는 중심에 단면적이 A_o인 구멍이 뚫려 있는 원판형 *오리피스 판*이 단면적이 A_1인 두 파이프의 플랜지 사이에 고정되어 있다.

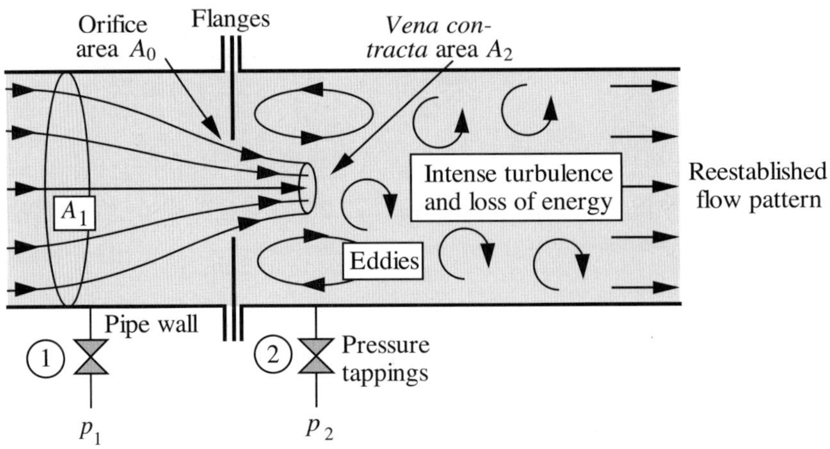

그림 2.9 ▶ 오리피스 판에서의 유동.

Bernoulli 방정식은 유체가 왼쪽에서 축소된 면적의 오리피스를 통해 오른쪽으로 흐르는 유동에 대해 적용된다. 축소되는 흐름(contracting stream)은 실험적으로 비교적 안정하다고 알려져 있기 때문에, 특히 짧은 구간인 경우, 마찰 소산은 무시할 수 있다. 따라서 속도가 *증가*함에 따라 압력은 *감소*하게 된다. 다음은 이론적으로 압력 차 $p_1 - p_2$를 측정함으로써 상류부 속도 u_1을 계산하는 과정이다. u_2를 *수축부*에서의 분사 속도라고 하자.

동일한 고도의 ($z_1 = z_2$) 점 1과 점 2 구간에 *Bernoulli 방정식*을 적용하면,

$$\frac{u_1^2}{2} + \frac{p_1}{\rho} = \frac{u_2^2}{2} + \frac{p_2}{\rho}. \tag{2.31}$$

점 1과 점 2 구간에서의 *질량 보존*(conservation of mass)에 의해 *연속 방정식*을 구할 수 있다.

$$u_1 A_1 = u_2 A_2. \tag{2.32}$$

식 (2.31)과 (2.32)에서 u_2를 소거하면,

$$\frac{u_1^2}{2} + \frac{p_1}{\rho} = \frac{u_1^2}{2}\frac{A_1^2}{A_2^2} + \frac{p_2}{\rho}. \tag{2.33}$$

u_1에 관해 풀면,

$$u_1 = \sqrt{\frac{2(p_1 - p_2)}{\rho\left(\dfrac{A_1^2}{A_2^2} - 1\right)}}, \tag{2.34}$$

부피 유속 Q는 다음과 같이 된다.

$$Q = u_1 A_1 = A_1\sqrt{\frac{2(p_1 - p_2)}{\rho\left(\dfrac{A_1^2}{A_2^2} - 1\right)}} = A_1\sqrt{\frac{2(p_1 - p_2)}{\rho\left(\dfrac{A_1^2}{C_c^2 A_o^2} - 1\right)}}. \tag{2.35}$$

식 (2.35)에서 축소 계수 C_c는 대부분의 경우에 있어서 대략 0.63이다. 그러나 실제로는 식 (2.35)보다는 상당히 덜 논리적이고 무차원 *배출 계수*(discharge coefficient) C_D가 사용된 다음의 관계식이 사용된다.

$$Q = C_D A_1\sqrt{\frac{2(p_1 - p_2)}{\rho\left(\dfrac{A_1^2}{A_o^2} - 1\right)}}. \tag{2.36}$$

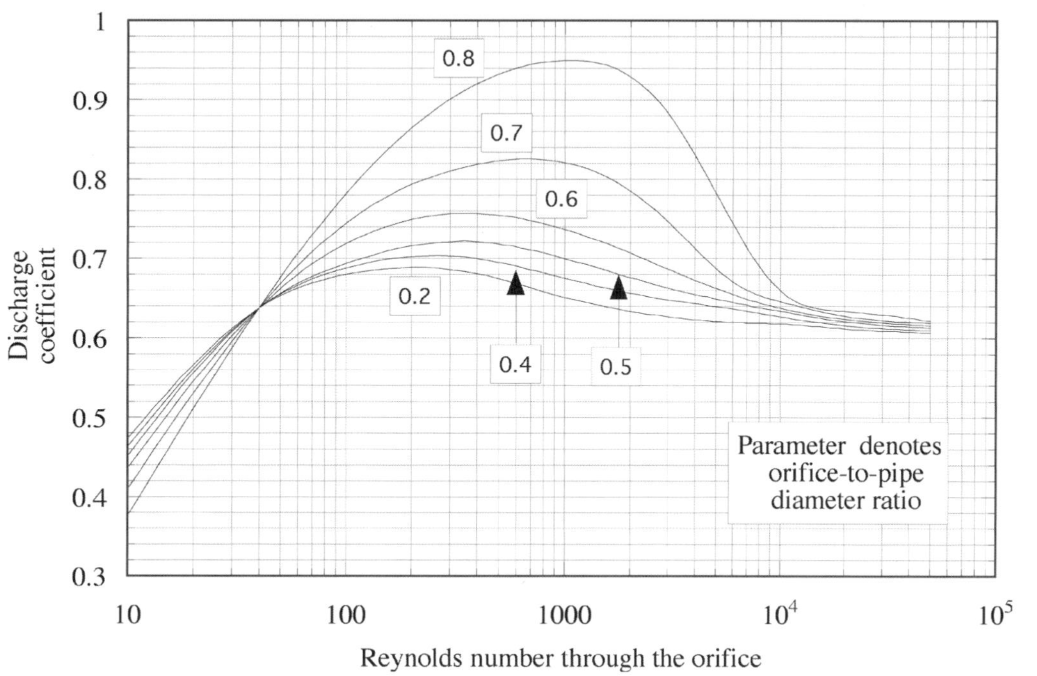

그림 2.10 오리피스 판에서의 배출 계수. *G.G. Brown et al.*, Unit Operations, *John Wiley & Sons, New York*, 1950에서 주어진 값에 기초함.

그림 2.10은 C_D가 두 개의 추가적인 무차원 군, 즉 파이프의 지름에 대한 오리피스 지름의 비율과 오리피스를 통과할 때의 *Reynolds* 수에 대한 의존성을 보여준다.

$$\frac{D_o}{D_1}, \qquad \mathrm{Re_o} = \frac{u_o D_o \rho}{\mu}. \tag{2.37}$$

오리피스에서의 Reynolds 수는 (일반적으로 훨씬 더 이용 가능한) 상류부의 Reynolds 수 $\mathrm{Re_1}$로 다음과 같이 표시할 수 있다.

$$\mathrm{Re_o} = \frac{D_1}{D_o}\mathrm{Re_1}. \tag{2.38}$$

*최소 수축부*의 하류부에서 분사가 관의 단면적 전체로 다시 팽창함에 따라 불안정하게 된다는 것이 실험적으로 알려져 있다. 결과적으로 발생하는 난류와 유용한 일의 손실은 Bernoulli 방정식을 하류에는 *적용될 수 없음*을 의미한다.

어떤 무차원 군을 하나 또는 그 이상의 다른 무차원 군들로 표현하는 이런 형태의 결과는 이 책에서 여러 번 다루게 되며, *차원해석*에 관련된 4.5절에서 좀 더 전반적으로 다루도록 한다. 그러나 현재는 이 무차원 군들은 한 물리량에 대한 다른 유사한 물리량의 비율로 나타낸다는 것을 알아야 한다. 파이프 지름에 대한 오리피스 지름의 비는 오리피스가 관의 지름에 비하여 얼마나 큰지를 명백하게 설명하는 기하학적 의미를 가진다. Reynolds 수의 중요성은 그리 명확하지는 않지만 (전술한 식 (1.14)에서 점도와 속도 구배의 곱으로 주어진) 점성 효과에 대한 (ρu^2와 같이 표시할 수 있는) 관성 효과의 비를 나타낸다. 따라서 이 두 양들의 비, $(\rho u^2)/(\rho u/D) = \rho u D/\mu$가 Reynolds 수이다. 3장과 4장에서 Reynolds 수가 클 때 난류가 발생한다는 것을 설명하고 있다.

피토관(Pitot tube)

그림 2.11에 나타낸 장치도 Bernoulli 원리에 근거하며, 배나 비행기 같이 이동하는 물체의 속도를 결정하는 데 사용된다. 여기서 밀도가 ρ인 정체된 물 위에서 미지의 속도 u_1으로 일정하게 이동하는 배에 *피토관*이 부착되어 있다. 관의 잠긴 부분의 끝점은 배가 이동하는 방향을 향하도록 고정되어 있다. 이 끝점에 가해지는 압력은 관 내의 물의 수위 상승 높이 h로 알 수 있는데, (좀 더 실제적으로는) 압력 변환기에 의해 알 수 있다(2.7절 참조).

간략화를 위하여 배에 탑승하고 있는 관측자를 기준으로 배의 이동을 고려해 보자. 이 경우 피

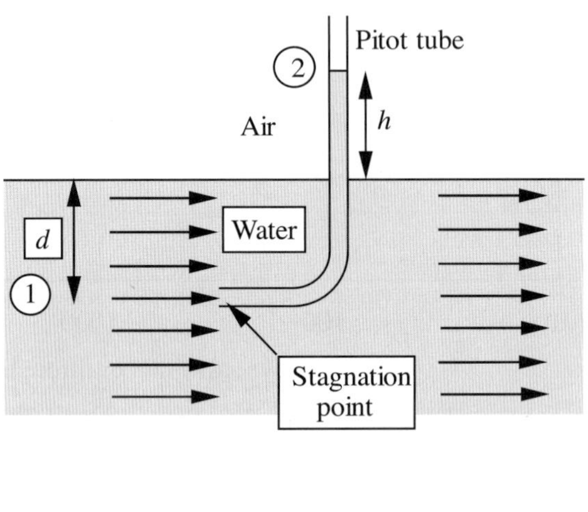

그림 2.11 피토관.

토관은 실질적으로 정지 상태에 있고, 물이 상류 속도 u_1으로 관에 접근한다. 피토관과는 반대로, 접근하는 물은 감속하여 관 끝의 *정체점*(stagnation point)에서 정지하게 된다.

점 1과 2 사이 구간에 Bernoulli 방정식을 적용하면 다음과 같이 된다.

$$\frac{p_1}{\rho} + \frac{u_1^2}{2} + 0 = \frac{p_2}{\rho} + \frac{0^2}{2} + g(h+d), \tag{2.39}$$

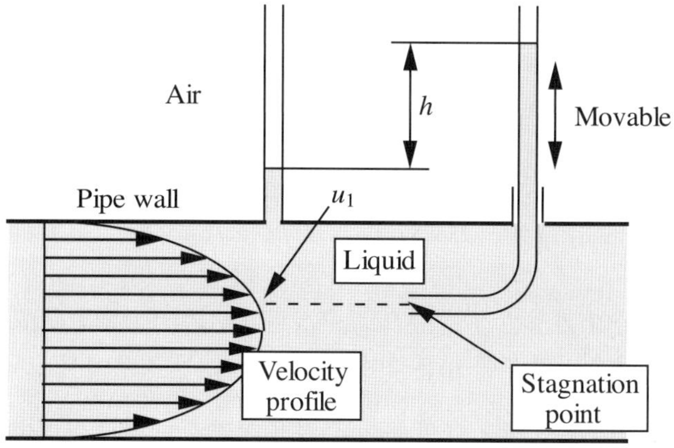

그림 2.12 피토-정압관.

여기서 첫 번째 0은 점 1이 기준 고도 $z_1 = 0$임을 나타내고, 두 번째 0은 점 2에서는 물이 정지된 상태인 $u_2 = 0$임을 의미한다. 그러나 유체 정역학에서 점 1의 압력은 다음과 같다.

$$p_1 = p_2 + \rho g d. \tag{2.40}$$

식 (2.39)에서 식 (2.40)을 빼면 다음과 같이 된다.

$$u_1 = \sqrt{2gh}, \tag{2.41}$$

따라서 배의 속도 u_1은 관 내의 물 수위로부터 쉽게 결정할 수 있다. 실제로는 물 수위를 측정하기보다는 압력 변환기를 사용하여 초과 압력(ρgh에 해당)을 측정하지만, 개념적으로 간단하기 때문에 여전히 사용되고 있다.

그림 2.12에 보인 유사한 장치를 *피토-정압관*(Pitot-static tube)이라 하는데, 파이프 내의 반지름 방향 위치의 속도를 측정하는 데 사용된다. 여기서는 두 개의 관이 사용된다. 왼쪽 관은 단순히 압력을 측정하고, 가변적인 오른쪽 관은 전술한 피토관과 같은 역할을 한다. 피토관이 위치한 특정 횡방향 위치에서의 속도 u_1은 다음과 같다.

$$u_1 = \sqrt{2gh}. \tag{2.42}$$

예제 2.3 탱크 채우기

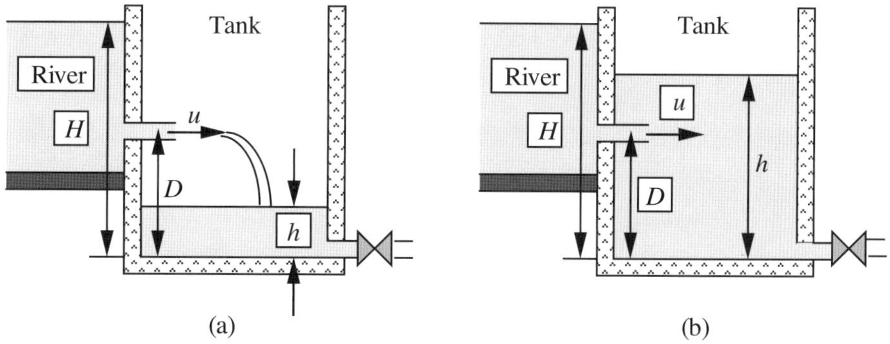

그림 E2.3 강물로 탱크 채우기: (a) 파이프가 잠기기 전; (b) 파이프가 잠긴 후.

그림 E2.3에 나타낸 바와 같이 골프장의 스프링클러에 물을 공급하기 위한 탱크를 채우기 위해 인접한 강물을 이용한다. 강물의 수위는 탱크의 바닥보다 $H = 10$ ft 높고, 강과 탱크를 연결하는 관은 탱크 바닥으로부터 $D = 4$ ft 높이에 설치되어 있고, 관을 통한 저항은 무시할 수 있다. 관 내부의 단면적은 $a = 0.1\ \text{ft}^2$이고, 탱크의 단면적은 $A = 1{,}000\ \text{ft}^2$이다. 탱크를 채우는 데 소요되는 시간 t를 나타내는 식을 유도하고, 그 시간을 계산하라.

풀이

이 문제의 풀이 과정은 두 부분으로 구성된다. 그림 E2.3의 (a)와 (b)에 보이는 것과 같이, 연결관이 물에 잠기기 전과 후를 구분하여 풀어야 한다. 두 경우에서 모두 대기압(계기)을 0으로 놓는다.

Part 1. 이 경우는 탱크 안의 물의 수위가 연결관 배출구 아래에 있기 때문에, 유동에 대한 저항은 없으므로, 유속은 일정하다. 강물의 표면과 대기로 배출되는 연결관 배출구 사이에 Bernoulli 방정식을 적용하면 다음과 같다.

$$gH = gD + \frac{1}{2}u^2, \tag{E2.3.1}$$

따라서

$$u = \sqrt{2g(H - D)}. \tag{E2.3.2}$$

부피 유속은 ua로 일정하고, 물이 연결관까지 도달하는 데 걸리는 시간은 그때까지 채워진 탱크부피를 부피유속으로 나눈 값이다.

$$t_1 = \frac{AD}{a\sqrt{2g(H - D)}}. \tag{E2.3.3}$$

Part 2. 그림 E2.3(b)와 같이 연결관이 *물에 잠긴* 경우, 유속은 탱크 내의 수위에 영향을 받아 일정하지 않고 변하게 된다. 연결관의 배출구 압력은 배출구 위의 물로부터 기인한 유체 정역학적 압력 $\rho g(h - D)$와 같다. 강물의 표면과 배출관 사이에 Bernoulli 방정식을 다시 적용하면 다음과 같다.

$$gH = gD + \frac{\rho g(h - D)}{\rho} + \frac{1}{2}u^2, \tag{E2.3.4}$$

또한

$$u = \sqrt{2g(H - h)}. \tag{E2.3.5}$$

(밀도가 일정할 때) 부피 수지식를 취하면 탱크 내로의 유입되는 유속과 탱크 내에의 물 부피 증가 속도가 같게 된다.

$$ua = A\frac{dh}{dt}. \tag{E2.3.6}$$

변수를 분리하고 적분을 하면(다양한 적분 형태에 관해서는 부록 A 참조),

$$\frac{a}{A}\int_0^{t_2} dt = \int_D^H \frac{dh}{\sqrt{2g(H - h)}}.$$

따라서 영역 2를 채우는 데 소요되는 시간은 다음과 같다.

$$t_2 = \frac{A}{a}\left[-\frac{1}{g}\sqrt{2g(H-h)}\right]_D^H = \frac{A}{a}\sqrt{\frac{2(H-D)}{g}}. \tag{E2.3.7}$$

탱크를 완전히 채우는 걸리는 총 시간을 식 (E2.3.3)과 식 (E2.3.7)의 합과 같다.

$$\begin{aligned} t = t_1 + t_2 &= \frac{A}{a}\left[\frac{D}{\sqrt{2g(H-D)}} + \sqrt{\frac{2(H-D)}{g}}\right] \\ &= \frac{1{,}000}{0.1}\left[\frac{4}{\sqrt{2\times 32.2\times(10-4)}} + \sqrt{\frac{2\times(10-4)}{32.2}}\right] \\ &= 10,000 \times (0.203 + 0.610) = 2{,}030 + 6{,}100 = 8{,}130 \text{ s} = 2.26 \text{ hr.} \end{aligned}$$

2.6 운동량 수지

운동량

일반적인 보존의 법칙은 *운동량*(momentum) $\mathcal{M}$에도 적용되며, 그림 2.13(a)와 같이 속도 u로 이동하는 질량 M의 운동량은 다음과 같이 정의된다.

$$\mathcal{M} \equiv Mu \ [=] \ \frac{\text{ML}}{\text{T}}. \tag{2.43}$$

운동량에 대해서는 공통으로 사용되는 기호가 없다. 이 책 및 여러 문헌들에는 일반적으로 질량과 질량 유속을 기호 M과 m (또는 $\dot{m}$)으로 표시한다. 따라서 운동량과 유동에 의한 운동량의 전달 속도를 임의로 기호 $\mathcal{M}$과 $\dot{\mathcal{M}}$으로 각각 표시한다. 운동량은 *벡터양*이고, 그림에 나타낸 간단한 경우에서 속도 u가 방향을 갖는다. 좀 더 일반적으로, 그림 2.13(b)의 Cartesian 좌표계에 나타낸 세 좌표축 방향에 대한 속도 성분 u_x, u_y, u_z (또는 v_x, v_y, v_z 또는 u, v, w로 표시하기도 함)들이 존재할 수 있다. 이 경우 질량 M의 운동량은 x, y, z 축 방향에서 각각 Mu_x, Mu_y, Mu_z의 성분을 갖는다.

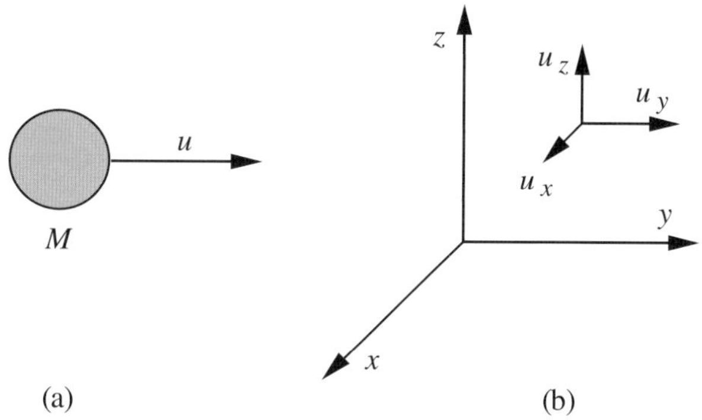

그림 2.13 (a) 질량과 속도의 곱인 운동량; (b) 세 좌표축 방향의 속도 성분.

1차원 이상의 문제에 대한 운동량 보존 또는 운동량 수지는 각각의 좌표축 방향에 대하여 적용해야 한다. 예를 들면, 그림 2.14에 보여지는 농구공에 대해 x 방향에서의 운동량 Mu_x는 거의 일정

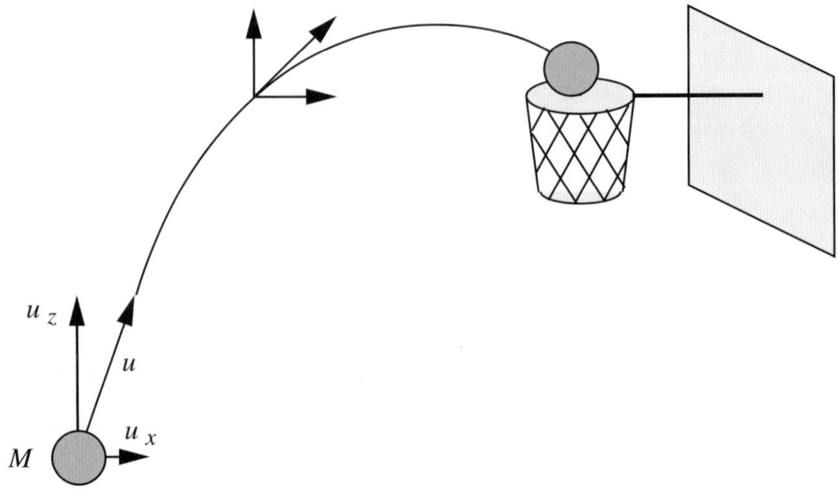

그림 2.14 x, y방향에서 운동량은 시간에 따라 변한다.

한 반면(공기에 의한 항력은 운동량을 약간 감소시킬 수 있음), 위 방향으로의 운동량 Mu_z는 아래 방향으로의 중력에 의해 지속적으로 감소하고—결국에는 부호가 바뀐다.

만약 강과 같은 계가 서로 다른 속도 $\mathbf{u}$(**굵은 활자체**는 벡터량을 의미함)로 흐르는 여러 개의 부분들로 구성되어 있다면, 계의 운동량은 계의 질량 전체에 관하여 적분하여 구한다.

$$\mathcal{M} = \int_M \mathbf{u}\, dM. \tag{2.44}$$

운동량 보존 법칙

통상적인 법칙인 식 (2.2)를 따르면, 계로 유입되는 운동량의 알짜 전달 속도는 계의 운동량의 증가 속도와 같다. 그러면 "운동량이 어떻게 전달되는가?"라는 의문이 제기된다. 이에 대한 답은 다음에서 상세히 설명되는 바와 같이, 두 가지의 주된 방법은 *힘*(force)과 *대류*(convection)에 의해 전달된다.

1. *힘에 의한 운동량 전달*

힘의 차원을 분석해 보면 *운동량의 전달 속도*와 동일하다는 것을 쉽게 알 수 있다.

$$\text{Force } [=] \ \frac{\text{ML}}{\text{T}^2} = \frac{\text{ML/T}}{\text{T}} = \frac{\text{momentum}}{\text{time}}. \tag{2.45}$$

유체역학에서 가장 흔하게 발생하는 힘은 압력(표면에 수직으로 작용), 전단 응력(표면에 접선 방향으로 작용), 중력(수직 아래 방향으로 작용)에 기인한다. 압력과 전단 응력은 계가 주위와 접촉하는 영역에서 발생하기 때문에 *접촉력*(contact force)이라고 한다. 중력은 계 전체에 작용하므로 *체력*(body force)이라고 한다.

마찰저항이 무시할 만한 공기 중에서 중력장 하에서 순간 속도 u로 낙하하고 있는 질량 M에 대해 운동량 수지를 적용할 수 있다. 아래 방향으로의 운동량을 양이라 하면, (질량 M인) 계로의 운동량 전달 속도는 중력에 의한 힘 Mg이고, 이를 아래 방향으로의 질량의 운동량 증가 속도와 같다고 놓으면,

$$F = Mg = \frac{d}{dt}(\mathcal{M}) = \frac{d}{dt}(Mu) = M\frac{du}{dt}. \tag{2.46}$$

질량은 일정하므로 M을 도함수 밖으로 빼낼 수 있다. 따라서 가속도는 다음과 같이 되고,

$$\frac{du}{dt} = g, \tag{2.47}$$

이는 잘 알려진 사항이지만, 운동량 보존의 원리로부터 직접 유도할 수 있다.

다른 예로는 그림 2.15에 보인 바와 같이, 길이 L, 지름 D인 파이프에서 유체가 정상 상태로 흐르는 경우를 들 수 있다. 상류부 압력 p_1은 하류부 압력 p_2보다 크고, 이 차이가 왼쪽에서 오른쪽으로의 유동에 구동력이 된다. 그러나 벽에 의해 유체에 작용하는 전단 응력 τ_w은 흐름을 저하시킨다.

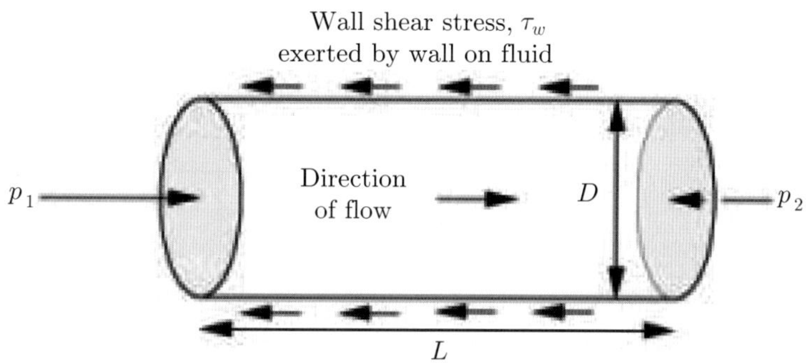

그림 2.15 파이프를 통해 흐르는 유체에 작용하는 힘들.

이 경우에 대해 *오른쪽* 방향으로의 정상 상태 운동량 수지식을 세운다. 간략화를 위해 유체와 같이 움직이는 원통을 계로 선택하면, 계에 유입되거나 유출되는 *유동*을 고려할 필요가 없어진다. 결과적으로

$$\frac{\pi D^2}{4}(p_1 - p_2) - \tau_w \pi DL = \frac{d\mathcal{M}}{dt} = 0. \tag{2.48}$$

여기서, 첫 번째 항은 *원형* 단면적 $\pi D^2/4$에 작용하는 알짜 압력 차 $p_1 - p_2$에 의해 계로 운동량이 추가되는 속도이다. 두 번째 항은 *원통의 내부 표면적* πDL에 *왼쪽*으로 작용하는 벽 전단 응력(wall shear stress)에 의해 계로부터 운동량이 제거되는 속도이다. 유동이 정상 상태이므로, 시간에 따른 계의 운동량 변화가 없고, 즉 $d\mathcal{M}/dt = 0$이다. 위 식을 다음과 같이 간략화된다.

$$\tau_w = \frac{(p_1 - p_2)D}{4L}, \tag{2.49}$$

이 식은 응력을 속도 구배와 연관시키는 구성 방정식에 관계없이 압력 강하(실험적으로 쉽게 측정되는)로부터 벽 전단응력을 얻을 수 있는 중요한 식이다.

2. *대류 또는 유동에 의한 운동량의 전달*

유동에 의한 운동량의 *대류 전달*은 좀 더 난해하지만, 그림 2.16을 참고로 하면 이해하기가 편하다. 이 그림에서 단면적 A인 호스에서 분사되는 물이 마찰이 없는 바퀴가 설치된 질량 M인 수레

의 먼 쪽에 속도 u로 충돌한다. 점선으로 표시된 부분은 정지 상태의 계를 나타내며, 수레는 오른쪽으로 가속될 것이므로, 계 내부의 운동량 Mv는 오른쪽 방향으로 증가할 것이다. 이는 분사의 *대류작용*에 의해 운동량이 표면 BC를 통해 계 내로 전달되기 때문이다. 전달 속도는 질량 유속 $m = \rho uA$에 속도 u를 곱한 값, 즉

$$\dot{\mathcal{M}} = mu = \rho Au^2 \ [=] \ \frac{\mathrm{M}}{\mathrm{T}}\frac{\mathrm{L}}{\mathrm{T}} = \frac{\mathrm{ML/T}}{\mathrm{T}}, \tag{2.50}$$

이 값 역시 단위시간당 운동량이다.

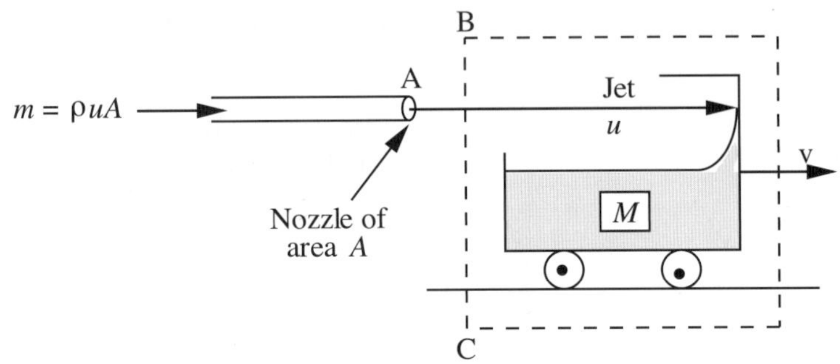

그림 2.16 운동량의 대류 전달.

수레의 가속은 대상 부피가 정지된 상태인지 또는 이동하는 상태인지에 따라 운동량 수지를 두 가지의 접근법을 적용하여 구할 수 있다. 각 경우에 있어서, 물은 단면적 A인 노즐에 의해 속도 u로 분사되고, 수레의 속도는 v이다. 이 두 속도는 노즐에 대한 속도이다. 운동량 수지는 질량이나 에너지 수지보다 개념적으로 어렵기 때문에 독자들은 두 접근법을 이해하기 위한 노력이 필요하다. *관성 좌표계*(정지 또는 일정한 속도로 움직이지만 *가속되지 않는* 좌표계)에서 운동량 수지를 세워보는 것도 중요하다.

1) 대상 표면이 수레와 같이 움직일 경우

그림 2.17에 보인 바와 같이, 계를 나타내는 대상 표면이 수레와 같은 속도 v로 오른쪽으로 이동한다. 관찰자에게는 물이 속도 u가 아니라 *상대속도* $(u - v)$로 BC를 가로질러 계로 들어가고 있는 것으로 보이며, 따라서 대상 부피로의 *질량*의 대류에 의한 전달 속도 m은 다음과 같이 주어진다.

$$m = \rho A(u - v). \tag{2.51}$$

(오른쪽 방향이 양의 방향인) 운동량 수지는 다음과 같다.

$$(\text{운동량의 추가 속도}) = (\text{운동량의 증가 속도}) \tag{2.52}$$

$$\rho A(u - v)u = mu = \frac{d}{dt}(Mv) = M\frac{dv}{dt} + v\frac{dM}{dt}. \tag{2.53}$$

운동량 플럭스는 m에 절대 속도 u(질량 플럭스 m에 이미 고려된 상대 속도$(u - v)$가 아님)를 곱해서 구할 수 있다. 또한 계의 질량은 일정하지 않으며, 다음의 속도로 증가한다.

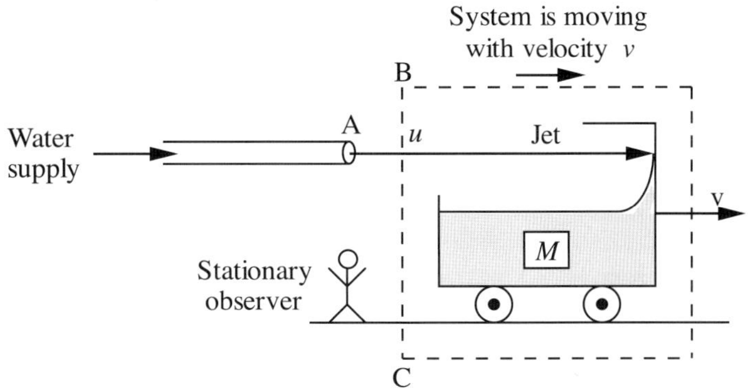

그림 2.17 정지 상태의 관찰자-움직이는 계.

$$\frac{dM}{dt} = m = \rho A(u - v). \tag{2.54}$$

위의 세 식으로부터 오른쪽 방향으로 수레의 가속도 $a = dv/dt$는 다음과 같이 주어지게 된다.

$$a = \frac{\rho A}{M}(u - v)^2. \tag{2.55}$$

2) 대상 부피가 고정되었을 경우

그림 2.18에서는 대상 표면이 공간상에 고정되어 있고, 따라서 수레는 대상 표면 안에서 움직인다. 또한 대상 표면 내에서의 길이 L인 분사가 $dL/dt = v$의 속도로 늘어나고 있고, 분사의 운동량 ρALu가 증가하게 되는 사항을 고려해야 한다. *질량* 수지는 다음과 같게 된다.

$$\text{(질량 추가 속도)} = \text{(질량 증가 속도)}$$

$$m = \rho A u = \frac{dM}{dt} + \frac{d}{dt}(\rho A L) = \frac{dM}{dt} + \rho A v. \tag{2.56}$$

이와 마찬가지로 *운동량* 방정식은 다음과 같다.

$$\text{(추가 속도)} = \text{(증가 속도)}$$

$$mu = \rho A u^2 = \frac{d}{dt}(Mv + \rho A L u) = Ma + v\frac{dM}{dt} + \rho A v u. \tag{2.57}$$

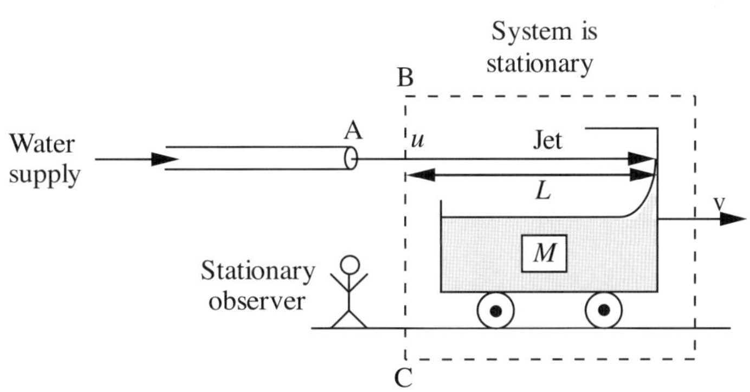

그림 2.18 정지 상태의 관찰자-고정계.

식 (2.56)과 (2.57)에서 dM/dt를 소거하고 다시 정리하면, 가속도는 식 (2.55)와 동일하게 되며, 따라서 두 접근법의 동등성이 입증된다.

$$a = \frac{\rho A}{M}(u - v)^2. \tag{2.58}$$

예제 2.4 물 제트의 충돌

그림 E2.4는 일정한 힘 F에 의하여 지지되고 있는 방패에 물 제트가 충돌하여 반지름 방향 몇 개로 분리되어 제트에 대하여 직각 방향으로 배출되는 것을 보여준다. 만약 물의 총유속이 $Q = 1\ \text{ft}^3/\text{s}$이고 그 속도가 $u = 100\ \text{ft/s}$일 때, $F\ (\text{lb}_\text{f})$를 구하라.

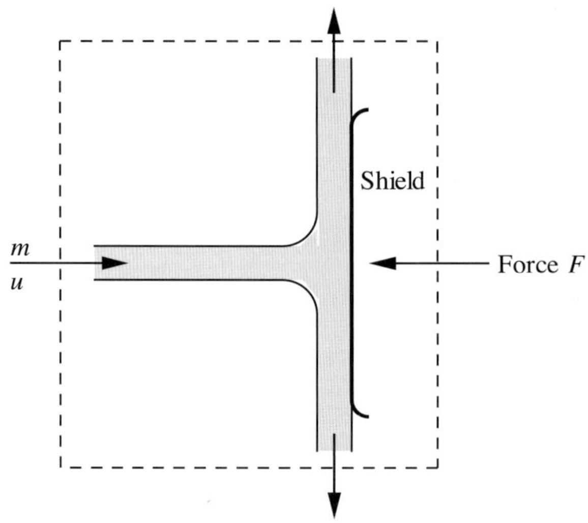

그림 E2.4 방패에 충돌하는 제트.

풀이

점선으로 표시된 대상 표면으로 제한된 계에 대하여 오른쪽 방향으로의 운동량 수지를 취하자. 만약 질량 유속이 m이라면, 대류에 의해 계로 전달되는 운동량 전달 속도는 mu이다. 배출 흐름들의 오른쪽으로의 운동량은 없다. 또한 지지하는 힘은 왼쪽 방향으로의 운동량 추가 속도 F에 해당된다. 따라서 정상 상태에서

$$mu - F = 0, \tag{E2.4.1}$$

이 되고, 따라서

$$F = mu = \rho Q u = \frac{62.4 \times 1 \times 100}{32.2} = 193.8\ \text{lb}_\text{f}.$$

예제 2.5 물에서 파동의 속도

그림 E2.5(a)에 나타낸 바와 같이, 깊이가 $D + dD$로 약간 증가된 파동 형태의 교란이 깊이가 D인 정체된 물의 표면을 따라서 속도 u로 이동하고 있다. 물의 다른 부분은 속도 u로 움직이지 않고 있음에 주의하라. 단지 정지 영역과 교란 영역의 구분하는 선만 속도 u로 이동한다. 사실 파동 전단의 상류부의 물의 속도는 작은 양인 du이고, 하류부에서는 속도는 0이다. 만약 점도가 무시될 수 있다면, 파동의 속도를 깊이의 항으로 구하라.

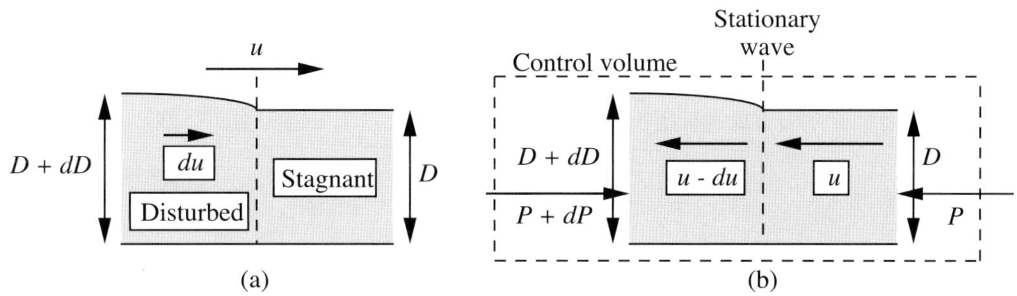

그림 E2.5 (a) 이동하는 파동의 전단; (b) 파동과 같이 움직이는 관찰자가 보는 정지된 파동의 전단.

다음과 같은 물 파동들의 위협에 직면한 주민들을 대피시키기 위한 경고 시간을 추산하라.

(a) 1,000마일 떨어진 해양에서 지진이 발생하여 평균 깊이가 2,000 ft인 해양을 가로질러 이동하는 해일(쓰나미(tsunami)[2]와 유사함).

(b) 50마일 떨어진 댐의 붕괴로 깊이 12 ft이고 4 mph 속도로 흐르는 강을 따라 주민 거주지를 향해 흘러오는 방류된 물.

풀이

그림 E2.5(a)에 보인 바와 같이 이 문제는 파동의 전단이 오른쪽으로 이동함에 따라 그림이 시간에 따라 변하기 때문에 과도 상태 문제이다. 그림 E2.5(b)에 나타낸 바와 같이 속도 u를 왼쪽으로 겹쳐놓음으로써 문제를 해결할 수 있다. 즉, 파동과 같은 속도로 이동하는 관찰자에게는 물이 오른쪽으로부터 속도 u로 다가와 왼쪽으로 속도 $u - du$로 나가는 것처럼 보이게 된다.

모든 힘, 유속, 운동량 플럭스들은 그림 평면에 수직 방향으로의 단위 길이를 기준으로 할 것이다. 교란이 작기 때문에 $(dD)^2$과 $du\ dD$ 같은 2차 미분량들은 무시할 수 있다. 그림 E2.5(b)를 참고하면, 하류부 및 상류부에서의 전체 압력 힘은 적분에 의하여 다음과 같이 구할 수 있다.

$$P = \int_0^D \rho g h\, dh = \frac{1}{2}\rho g D^2, \quad P + dP = \int_0^{D+dD} \rho g h\, dh = \frac{1}{2}\rho g (D + dD)^2. \qquad \text{(E2.5.1)}$$

표시된 대상 부피에 대한 *질량* 수지는 하류부와 상류부의 속도와 깊이를 연계시킨다(계산은 단위 너비에 근거하고 있고, 따라서 $D \times 1 = D$가 실제 면적임을 기억하라).

[2]2004년 12월 27일자 *The New York Times*에 따르면, *쓰나미*는 지진에 의한 수중 교란에 의해 발생한 일련의 파동이다. 전날의 재난은 Sumatra 해변에서 인도판이 버마판 아래로 미끄러지면서 발생하였다. 기사에 의하면 해양 지질판이 수백 마일에 걸친 지역을 수십 피트 융기시키면서 믿기 힘든 거대한 양의 물을 밀어냈다고 한다. 이로 인해 발생한 파동은 인도네시아, 태국, 스리랑카 그리고 그 외 지역에 접근하면서 엄청난 파괴가 발생되었으며, 결과적으로 225,000명 이상이 사망하였다.

$$\rho u D = \rho(u - du)(D + dD), \qquad \text{또는} \qquad dD = D\,\frac{du}{u}. \tag{E2.5.2}$$

점도가 무시할 만하므로, 해저에 의해 물에 작용하는 전단응력은 없다. 따라서 대상 부피에 대한 왼쪽 방향으로의 정상 상태 *운동량* 수지는 다음과 같이 된다.

$$\underbrace{\frac{1}{2}\rho g D^2}_{P} + \underbrace{(\rho u D)u}_{\text{Convected in}} - \underbrace{\frac{1}{2}\rho g(D + dD)^2}_{P+dP} - \underbrace{(\rho u D)(u - du)}_{\text{Convected out}} = 0, \tag{E2.5.3}$$

이 식은 다음과 같이 간략화될 수 있다.

$$(\rho u D)\,du = \rho g D\,dD, \qquad \text{또는} \qquad u\,du = g\,dD. \tag{E2.5.4}$$

질량 수지를 dD에 대입하면 다음과 같이 파동의 속도 u를 구할 수 있다.

$$u\,du = gD\frac{du}{u}, \qquad \text{또는} \qquad u = \sqrt{gD}. \tag{E2.5.5}$$

파동의 속도는 물의 깊이의 제곱근에 비례하여 증가함을 주목하라. 다른 관점으로는 관성 효과 (ρu^2)와 유체 정역학적 효과$(\rho g D)$의 비인 *Froude* 수, $\mathrm{Fr} = u^2/gD$가 1이라는 것이다.

물파동에 대한 계산은 다음과 같다.

(a) *해양파*:

$$u = \sqrt{32.2 \times 2{,}000} = 254\ \text{ft/s}, \tag{E2.5.6}$$

이고, 따라서 경고 시간은 다음과 같다.

$$t = \frac{1{,}000 \times 5{,}280}{254 \times 3{,}600} = 5.78\ \text{hr}. \tag{E2.5.7}$$

(b) *강물파*:

$$u = \sqrt{32.2 \times 12} = 19.7\ \text{ft/s} = \frac{19.7 \times 3{,}600}{5{,}280} = 13.4\ \text{mph}. \tag{E2.5.8}$$

강물 자체가 4 mph 속도로 흐르고 있으므로, 파동의 총속도는 $13.4 + 4 = 17.4$ mph이다. 따라서 대피를 위한 경고시간은

$$t = \frac{50}{17.4} = 2.87\ \text{hr}. \tag{E2.5.9}$$

이 된다. 수심이 깊은 물에서의 이동하는 *싸인 곡선* 형태로 변하는 파동의 속도에 관해서는 7.10절에서 논의한다.

오리피스 판과 급격 확장에 대한 운동량 수지 추가사항

이 절은 Bernoulli 식을 적용할 수 없는 난류 영역에서의 압력 변화를 운동량 수지로 결정하는 두 가지 예에 관해 고려하는 것으로 마무리하도록 한다.

그림 2.19는 오리피스 판을 통한 유동을 보여준다. 질량 수지는 다음과 같이 된다($A_1 = A_3$임에 주의).

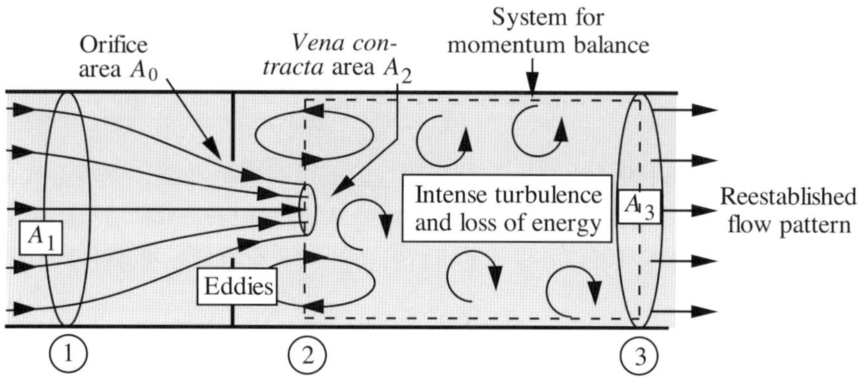

그림 2.19 오리피스 판을 가로지른 총괄 압력 강하.

$$m = \rho u_1 A_1 = \rho u_2 A_2 = \rho u_3 A_3, \tag{2.59}$$

또는

$$u_3 = u_1 \quad \text{그리고} \quad u_2 = \frac{u_1 A_1}{A_2}. \tag{2.60}$$

오리피스 판의 *상류* 영역에서는 유선들이 수렴하고 유동이 비교적 마찰이 없으므로, Bernoulli 방정식은 속도 변화에 따른 압력 변화의 관계에 사용되었다.

$$\frac{u_1^2}{2} + \frac{p_1}{\rho} = \frac{u_2^2}{2} + \frac{p_2}{\rho}. \tag{2.61}$$

식 (2.60)과 (2.61)에서 u_2를 소거하면 상류부에서의 압력 강하는 다음과 같다.

$$\frac{p_1 - p_2}{\rho} = \frac{u_2^2}{2} - \frac{u_1^2}{2} = \frac{u_1^2}{2}\left(\frac{A_1^2}{A_2^2} - 1\right). \tag{2.62}$$

*하류부*에서는 분사의 단면적이 증가하고 이로 인해 과도한 난류가 발생하는 것이 특징이며, 따라서 마찰 소산항 $\mathcal{F}$를 더 이상 *무시할 수 없고*, 이 영역에는 Bernoulli 방정식을 적용할 수 없다. 그러나 점 2와 3 사이의 파이프 길이가 충분히 짧으므로 파이프에 의한 벽 전단 응력은 무시될 수 있다. 점 2와 3 사이에 점선으로 표시된 대상 부피에 대한 운동량 수지식은 다음과 같이 된다(오른쪽 방향을 양의 값으로 간주).

$$m u_2 - m u_3 + (p_2 - p_3) A_1 = 0. \tag{2.63}$$

여기서 첫 번째 두 항은 대상 부피로 유입 또는 유출되는 운동량 대류에 해당되며, 두 번째 두 항은 단면적이 모두 A_1인 양단에 작용하는 압력힘을 나타낸다. 난류로 인해 계 내부에 운동량에 일부 변동이 있을지라도, 시간이 충분히 긴 경우 이 변화들은 소거될 수 있다. 이를 *유사* 정상 상태 관점에서 보면, 유동이 *평균적으로 정상* 상태임을 나타낸다. 분사의 수축부 주위의 와류(eddy)들은 재순환되고, 대상 표면을 가로지르는 와류들의 알짜 운동량 전달은 0이 된다.

하류부에서의 압력 강하는 식 (2.60)과 (2.63)에서 u_3를 소거하여 구할 수 있다.

$$\frac{p_2 - p_3}{\rho} = \frac{m}{\rho A_1}(u_3 - u_2) = u_1(u_1 - u_2) = u_1^2\left(1 - \frac{A_1}{A_2}\right). \tag{2.64}$$

총 압력 강하(overall pressure drop)는 식 (2.62)와 식 (2.64)의 합으로 구해진다.

$$\frac{p_1 - p_3}{\rho} = \frac{u_1^2}{2}\left(\frac{A_1^2}{A_2^2} - 2\frac{A_1}{A_2} + 1\right) = \frac{u_1^2}{2}\left(\frac{A_1}{A_2} - 1\right)^2. \tag{2.65}$$

식 (2.65)의 마지막 항은 두 개의 제곱의 곱이기 때문에 항상 *양*의 값이 되어야 한다. 따라서 p_3는 항상 p_1보다 작고, 전체적으로 유용한 일의 *손실*이 발생한다. 실제로, 이에 해당하는 마찰 소산 항 $\mathcal{F}$는 점 1과 3 사이 구간에 식 (2.17)인 총괄 에너지 수지를 적용하여 구할 수 있다.

$$\Delta\left(\frac{u^2}{2}\right) + g\Delta z + \frac{\Delta p}{\rho} + w + \mathcal{F} = 0. \tag{2.66}$$

여기서 전체적으로 속도와 고도의 변화가 없으며 행해진 일이 없기 때문에 첫 번째, 두 번째, 네 번째 항들은 0이다. 따라서 흐르는 단위 질량당의 마찰 소산은 다음과 같다.

$$\mathcal{F} = -\frac{\Delta p}{\rho} = \frac{p_1 - p_3}{\rho} = \frac{u_1^2}{2}\left(\frac{A_1}{A_2} - 1\right)^2, \tag{2.67}$$

이 값은 *경사진* 또는 수직으로 배열된 파이프에 대해서도 사용될 수 있으며, 고도의 변화는 $g\Delta z$ 항에 의해 반영되었다.

다음과 같은 문제에 관해서도 고려해 볼 필요가 있다.

1. p_3가 p_2보다 작은가, 같은가, 또는 더 큰가? 그 이유는 무엇인가?
2. 점 1과 2 사이의 구간에 운동량 수지를 세우는 과정에서 포함된 인자들은 무엇인가?

오리피스 판을 통과하는 높은 난류 유동 대한 CFD (computational fluid dynamics, 전산유체역학) 모사 결과를 예제 9.4에서 설명하였다. CFD의 능력을 예시하기 위해 이에 대한 모사(simulation) 일부의 하부 절반 부분을 그림 2.19에 보였다.

그림 2.21은 파이프 내에서의 급격한 확장은 지름이 다른 두 파이프가 연결되었을 때 발생한

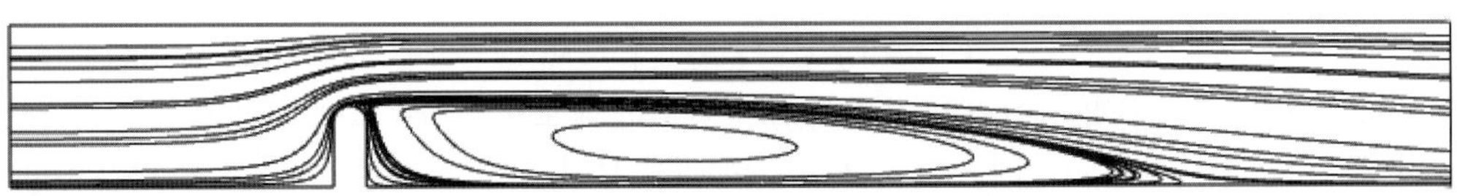

그림 2.20 오리피스 판을 통해 왼쪽에서 오른쪽 방향으로 흐르는 유동을 COMSOL Multiphysics를 이용하여 계산한 유선들. 예제 9.4 참조. *Courtesy COMSOL, Inc.*

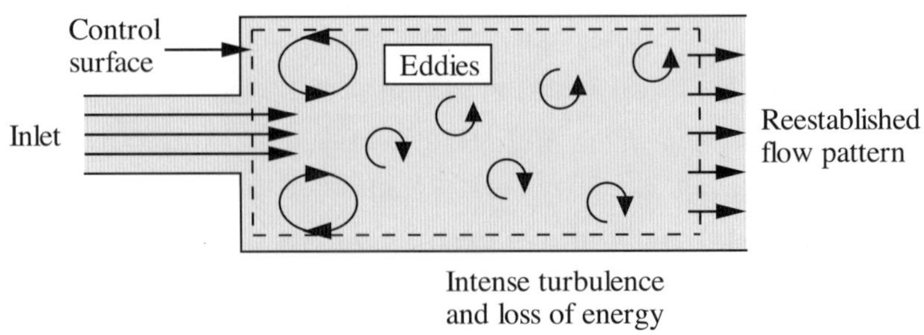

그림 2.21 파이프 내에서의 급격한 확장.

다. 이에 해당하는 $\mathcal{F}$ 항은 오피피스 판의 하류부에서와 비슷한 운동량 수지로부터 구할 수 있고, 이에 관해서는 연습 문제에서 다루기로 한다(연습 문제 P2.22 참조).

예제 2.6 로터미터를 이용한 유량 측정

그림 E2.6(a)에는 *로터미터*(rotameter)라고 하는 유량측정 장치를 보였는데, 이 장치는 완만하게 *좁아지*는 유리관 내에 (스테인레스 강철, 유리 또는 탄탈럼(tantalum)과 같은 불활성 물질로 만들어진) 고체 "뜨개(float)"로 구성되어 있다. 유체가 위로 유동하면서 뜨개는 평형 위치에 도달하게 되고, 이 위치에 해당되는 유리관에 표시된 눈금으로부터 유속(flow rate)을 측정할 수 있다.

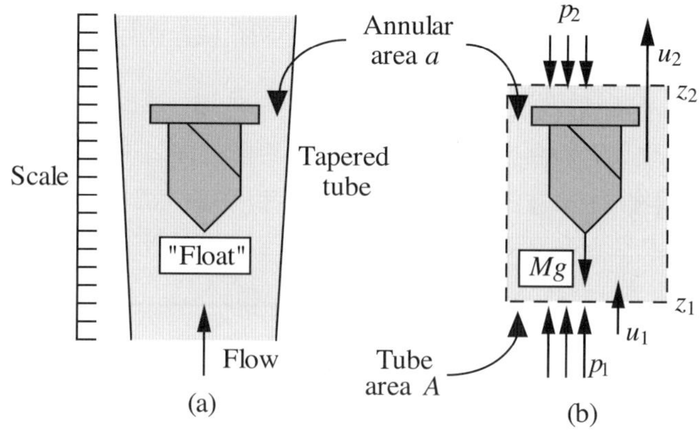

그림 E2.6 (a) 로터미터 일부, (b) 대상 부피.

뜨개는 뜨개에 새겨진 나선형의 홈에 의하여 안정화된다. 이 나선형 홈에 의해 *회전*이 유도된다. 다른 형태의 뜨개들이(장치가 소형인 경우 구형 뜨개를 사용) 사용될 수 있다. 문제는 유동과 뜨개의 평형 위치를 분석하는 것이다. 점성 효과를 무시할 수 있다고 가정하는데, 이 가정은 대부분 산업적으로 중요한 유체들이 뜨개 주위를 흘러갈 때 적용할 수 있다.

풀이

오리피스 판과 벤투리 미터와 같은 일부 유량계들은 축소된 면적이 일정하고, 이로 인해 유속에 따른 압력 강하가 발생한다. 반면에 로터미터는 뜨개와 관 사이의 환형 면적 a에 변화에 의존한다. 이 면적은 수직 방향에서의 뜨개의 위치 함수이며, 모든 유속에 대해 일정한 압력 강하가 발생한다. 달리 말하면, 가변 면적을 갖는 오리피스와 같은 환형 면적 함수이다.

그림 E2.6(b)를 참고로 하면, 질량, 에너지, 그리고 위 방향으로의 운동량 수지는 다음과 같다.

연속방정식:
$$m = \rho u_1 A = \rho u_2 a, \tag{E2.6.1}$$

Bernoulli 방정식:
$$\frac{1}{2}u_1^2 + \frac{p_1}{\rho} + gz_1 = \frac{1}{2}u_2^2 + \frac{p_2}{\rho} + gz_2, \tag{E2.6.2}$$

운동량 수지:
$$\underbrace{(p_1 - p_2)A}_{\text{압력}} + \underbrace{mu_1 - mu_2}_{\text{대류}} - \underbrace{\overbrace{\left[(z_2 - z_1)A - \frac{M}{\rho_f}\right]}^{\text{유체의 부피}} \rho g - Mg}_{\text{중력}} = 0, \tag{E2.6.3}$$

여기서 ρ와 ρ_f는 각각 유체와 뜨개의 밀도이다. 운동량 수지에서 세 개의 항들에 아래 괄호가 쳐져 있고, 대괄호 안의 표현은 대상 부피 내의 유체의 부피이다. 식 (E2.6.3)으로부터 시작하여, 압력과 고도를 포함하는 항들은 식 (E2.6.2)를 이용하여 소거할 수 있고, m과 u_2를 포함하는 항들은 식 (E2.6.1)을 이용하여 소거할 수 있다. 약간의 대수적 조작을 통해 다음의 식이 구해진다.

$$\frac{1}{2}\rho u_1^2 A\left(\frac{A}{a}-1\right)^2 = Mg\left(1-\frac{\rho}{\rho_f}\right). \tag{E2.6.4}$$

따라서 부피유량(Q)은 다음과 같다.

$$Q = Au_1 \;=\; A\sqrt{\frac{2Mg\left(1-\frac{\rho}{\rho_f}\right)}{\rho A\left(\frac{A}{a}-1\right)^2}} \;\doteq\; a\sqrt{\frac{2Mg}{\rho A}}, \tag{E2.6.5}$$

여기서 근사 형태는 $a \ll A$와 $\rho \ll \rho_f$인 경우에 성립한다. $a = a(z)$와 $A = A(z)$는 뜨개의 위치 z 방향 위치에 의존하므로, 식 (E2.6.5)는 유속이 뜨개의 평형 위치로부터 결정될 수 있다는 것을 보여준다. 실제에서 a를 정확히 알 수 없으므로(*수축부 효과*가 존재할 수도 있음), 식 (E2.6.5)는 예비 설계용으로 사용될 수 있고, 정확한 용도로 사용하기 전에 로터미터를 *보정*해야 한다.

각 운동량

지금까지는 정해진 *직선* 방향에서의 운동량 보존을 주로 다루었다. 그러나 각 *운동량*(angular momentum)을 고려하는 것도 가능하며, 그림 E2.22(a)를 통해 설명하도록 한다. 그림에서 미분 질량 dM이 곡률 반경(radius of curvature)이 r인 원호(arc)에서 *각속도*(angular velocity) ω rad/s로 회전하고 있다. 질량의 각 운동량 dA는 다음과 같이 정의된다.

$$dA = ru\,dM = \omega r^2 dM. \tag{2.68}$$

유한하게 *분산된* 질량의 경우, 총 각 운동량은 전체 질량에 대해 적분함으로써 얻어진다.

$$A = \int_M \omega r^2 dM = \omega I, \tag{2.69}$$

여기서 *관성 능률*(moment of inertia) I는 다음과 같이 정의된다.

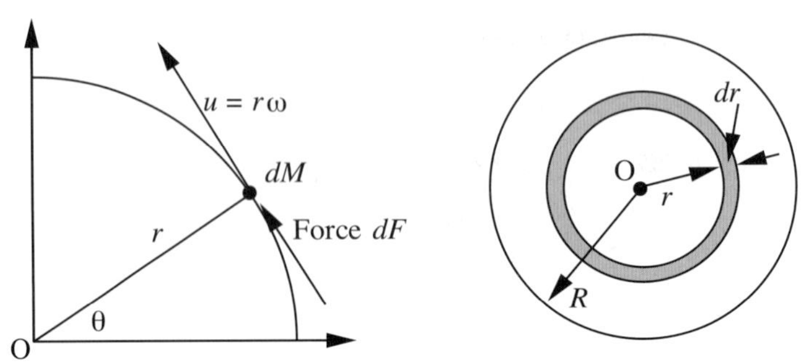

그림 2.22 (a) 반지름이 r인 원호에서 운동하는 질량; (b) 총 각 운동량을 구하기 위한 적분.

$$I = \int_M r^2 \, dM. \tag{2.70}$$

예를 들면, 단면이 그림 2.22(b)에 나타낸 단면을 갖는 두께 W, 반지름 R, 질량 M인 플라이휠(flywheel)과 관련하여 관성능률 I는 다음과 같다.

$$I = \int_0^R r^2 \underbrace{2\pi r dr W \rho}_{dM} = \underbrace{\rho W \pi R^2}_{M} \frac{R^2}{2} = M\frac{R^2}{2}. \tag{2.71}$$

또한 힘과 반지름의 곱인 *우력*(torque)은 다음과 같이 미분형과 적분형으로 나타내어지며,

$$dT = r\,dF, \qquad T = \int_F r\,dF, \tag{2.72}$$

이는 선형 운동량의 힘과 유사하고, 각 운동량의 전달이 발생한다. 속도 v로 움직이는 일정한 질량 M에 힘 F를 가하면 법칙 $F = M\,dv/dt$에 이르게 되는 것과 같이, 각 운동량 수지식의 형태는 다음과 같다.

$$T = I\frac{d\omega}{dt}. \tag{2.73}$$

여기서 T는 관성 능률이 I인 플라이휠의 축에 가해진 우력이며, $d\omega/dt$의 각 가속도를 유발시킨다.

마지막 예로, 원심 펌프의 임펠러를 고려하자. 임펠러의 단면을 그림 2.23에 나타내었다. (실질적인 이유로 날개는 대개 직선형이 아닌 곡선형이다. 이에 대해서는 4.2절에서 자세히 다룬다.)

임펠러는 각속도 ω로 회전하고, 이 회전에 의한 원심력으로 날개들 사이를 통해 유체를 반지름 방향의 바깥쪽으로 흐르게 한다(4.2절 참조). 유체는 반지름 방향의 위치 r_1에서 도입되고 r_2에서 방출된다. 이때의 접선 방향 속도(tangential velocity) u_1과 u_2는 정지 상태의 관찰자에 대한 액체의 입구와 출구 속도이다. 화살표 A, B, C, D는 회전하는 임펠러에 대한 액체의 속도를 나타낸다.

임펠러에 대한 각 운동량 수지는 다음과 같다.

$$\frac{dA}{dt} = (ru)_{\rm in} m_{\rm in} - (ru)_{\rm out} m_{\rm out} + T = (ru)_1 m_1 - (ru)_2 m_2 + T. \tag{2.74}$$

정상 상태의 경우, 도함수는 0이고, 임펠러를 회전시키는 데 필요한 우력은 다음과 같다.

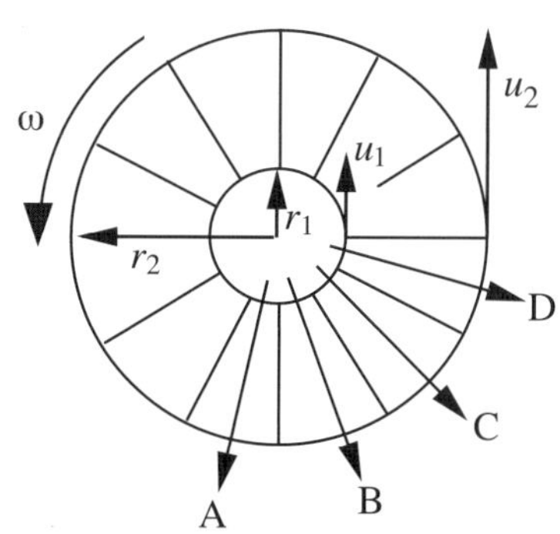

그림 2.23 펌프 임펠러의 단면.

$$T = m[(ru)_2 - (ru)_1] = m\omega(r_2^2 - r_1^2). \tag{2.75}$$

여기서 m은 펌프를 통해 흐르는 질량 유속, 하첨자 1과 2는 입구와 출구 조건을 나타내며, $u = r\omega$는 상응하는 접선 방향 속도를 나타낸다. 펌프를 구동하는데 드는 *동력*(power)은 각속도와 우력의 곱이다(표 2.4 참조).

$$P = \omega T. \tag{2.76}$$

2.7 압력, 속도, 유속 측정

앞 절에서는 정적 유체와 흐르는 유체와 관련된 가장 중요한 물리량을 측정하는 다양한 방법에 관해 언급하였다. 이 절에서는 그 방법들을 재검토하고 상세히 설명하고자 한다. 참신하고 이해하기 쉬운 내용들이 포함된 책과 CD[3] 등을 참고할 수 있다.

압력

피에조미터(piezometer)는 압력 측정장치의 일반적인 명칭이다. 여기서는 세 가지 기본적인 형태를 고려한다. 각 경우에서 피토관의 원리에서 다룬 바와 같이 측정 장치의 개방구가 유체 운동 방향과 접선 방향이어야 한다는 것은 중요하며, 그렇지 않으면 잘못된 측정값을 얻게 된다.

1. 그림 2.24에 주어진 두 예에서와 같이 압력을 측정하고자 하는 위치에 투명관을 연결한다.

(a) *압력 측정관*에서는 액체가 상승하는 수위의 높이를 측정하고, 파이프 또는 탱크의 점 1에서 요구되는 계기 압력은 $p_1 = \rho gh$이다. 이와 같은 장치는 당연히 유체가 기체가 아닌 액체인 경우에만 사용될 수 있다.

(b) 오리피스 판 전후에서 발생하는 압력 *차*를 측정하기 위해서는 압력을 측정하고자 하는 유

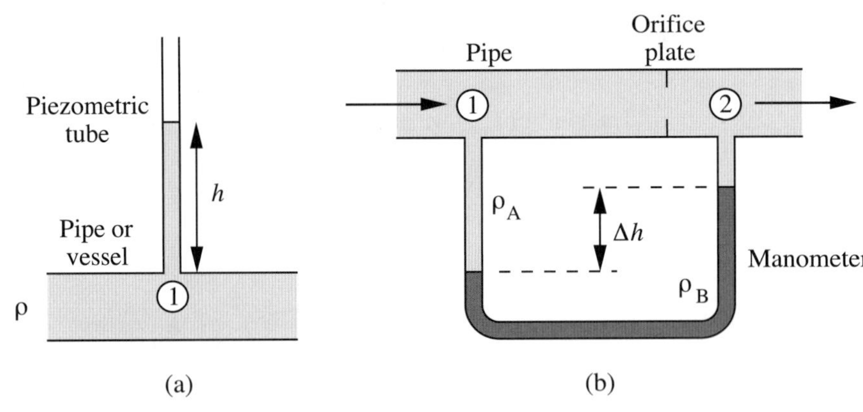

그림 2.24 (a) 압력 측정관, (b) 마노미터.

[3]참고문헌: R.J Goldstein ed., *Fluid Mechanics Measurements*, 2nd ed., Hemisphere Publishing Corporation, New York, 1996; *Material Balances and Visual Equipment Encyclopedia of Chemical Engineering Equipment*, CD produced by the Multimedia Education Laboratory, Department of Chemical Engineering, University of Michigan, Susan Montgomery (Director), 2002.

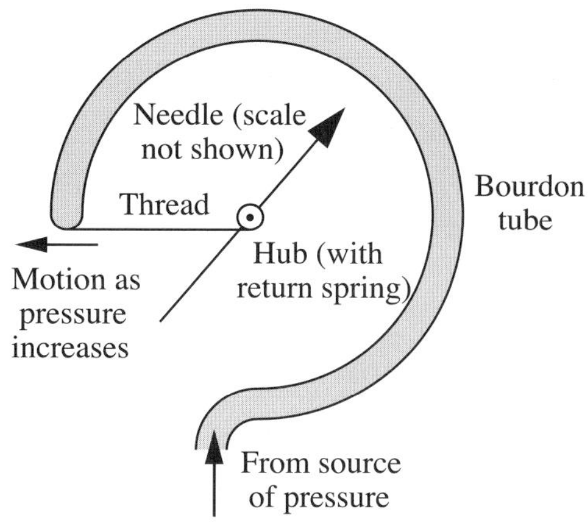

그림 2.25 Bourdon 관 압력계의 요소.

체(액체나 기체)와 혼합되지 않는 비혼성 액체를 사용하는 차동 U자 마노미터(differential U-manometer)를 사용할 수 있다. 그림의 장치는 $\rho_B > \rho_A$인 경우에 해당되고, 요구되는 압력차는 $p_1 - p_2 = (\rho_B - \rho_A)g\Delta h$이다. $\rho_B < \rho_A$인 경우에는 마노미터 관은 뒤집어진 U자가 되도록 파이프의 위에 설치해야 한다. 만일 마노미터의 오른쪽 관이 공기 중으로 개방시키면, (a) 상황에도 마노미터를 사용할 수 있고, 이 경우 압력을 측정하고자 하는 유체가 기체인 경우에도 사용 가능하다.

2. 그림 2.25는 *Bourdon 계기*의 주요 부품들을 나타내고 있는데(바늘 실제 연결 부위는 좀 더 복잡함), 한쪽 끝은 개방되어 있고 다른 쪽 끝은 닫혀 있는 평편한 곡선형 금속관이 이용된다. 개방된 끝에 가해진 압력으로 인해 관을 곧게 펴지게 되고, 이 움직임으로 인해 바늘이 회전하여 원형 눈금 상에서 해당되는 측정치를 가리키도록 하는 측정 장치이다.

3. *압력변환기*(pressure transducer)는 소형 얇은 격막(thin diaphragm)을 사용되는데, 이 격막은 대개 빈 금속 원통에 포함되어 있으며, 압력을 측정하려는 위치에 고정된다 . 압력의 변화는 이 격막이 굽혀지게 하고, 이 변형의 정도를 다른 방법으로 측정할 수 있다. 예를 들면, 격막이나 격막에 부착된 다른 감지 요소의 압저항 및 압전 물성이 전기 저항 또는 전기 분극의 변화 형태로 변환되는 변형률의 변화를 발생시키고, 이어지는 처리과정을 위하여 전기적 신호로 전환된다. 반도체 제작기술의 발전으로 다양한 압력 변환계들을 이용할 수 있으며, 압력을 기록하거나 또는 공정제어 컴퓨터로 전송이 가능한 압력 변환계들이 선호된다.

속도

유체의 속도는 여러 가지 방법으로 측정할 수 있다. 중요한 방법들은 다음과 같다.

1. *유체와 함께 움직이는 작은 입자나 기포들 추적.* 사전에 결정된 짧은 시간 동안에 사진을 촬영하여, 입자들이 이동한 거리로 속도를 결정한다. 투명한 관 내부에서의 유동에 대해서, 벽과 입자 사이의 거리는 이미 알려진 위치에 초점을 맞추거나 또는 두 개의 카메라를 이용하여 얻어진 두 개의 음화(negative)의 겉보기 입자 위치를 비교하는 입체사진술(stereoscopic photography)을 이용하여 결정할 수 있다. 레이져-도플러 속도계(LDV, Laser-Doppler Velocimetry)는 이동하는 미세 입자에 의해 유발되는 레이저광의 도플러 변이(Doppler shift)를 측정하여 속도를 결정한다. 적외선 레이저는 이용하여 상층 대기의 난류를 분석하는 데 이용된다.

2. *피토 관 측정.* 이미 논의하였다.
3. *열선 유속계(hot-wire anemometry).* 두 지지체 사이에 걸쳐 있는 아주 작고 얇은 전기적으로 가열되는 전선을 흐름(moving stream)에 도입한다. 전선의 저항을 측정하는 데 전선의 저항은 온도에 의존하며, 온도는 국지적 열전달 계수에 의해 결정되고, 이 계수는 국지적 속도에 의존한다.

유속

다음은 유체의 유속(flow rate)을 측정하기 위한 다양한 방법 및 장치들 중 대표적인 사항들이다.

1. 유동하는 흐름을 용기로 *배출시킴으로써* 알려진 시간 동안 유동하는 유체의 부피 또는 질량을 직접 측정할 수 있다.
2. *Bernoulli 원리에 근거한 장치들.* 제한된 부위를 통한 속도의 증가로 인해 압력은 감소한다. 예를 들면, 앞서 논의한 오리피스 판과 로터미터 그리고 벤튜리(연습 문제 2.12 참조) 등이 있다.
3. *둑(weir)이나 V자 형태 홈(notch) 위를 흐르는 액체의 유동.* 액체의 유량에 따라 액체의 깊이가 변한다.
4. *터빈 미터(turbine meter).* 관의 내부에 소형 터빈을 설치하고, 유량에 의존하는 터빈의 회전속도가 전기적으로 기록계로 전달된다.
5. *열 유량계(thermal flow meter).* 두 개의 온도 측정기 사이에 소형 가열기를 설치한다(하나는 가열기의 상류부(A) 그리고 다른 하나는 하류부(B)). 동력이 가해졌을 때 발생하는 온도차($T_B - T_A$)를 측정하는데, 이 온도차는 유량과 반비례로 변하고, 이를 활용하여 유량이 결정된다.
6. *표적형 유량계(target meter).* 이 유량계는 전형적으로 유연한 지지대(arm) 위에 원판을 설치하고, 파이프 내의 유동에 수직으로 장착한다. 지지대에 장착된 변형률 계기의 출력으로부터 원판의 전위를 측정할 수 있고, 이를 이용하여 유량을 결정할 수 있다.
7. *코리올리 유량계(Coriolis flow meter).* 그림 2.26(a)에 나타낸 바와 같이, 유연하고 자기유도체에 의해 위아래로 진동하는 U자형 관 BCDE(모서리가 적절하게 둥글게 처리된)를 통해 유체가 흐르고 있다. 그림 2.26(b)는 U자형 관이 상승 위치에 있을 때 발생하는 현상을 보여준다. 유체가 *수평 방향*으로 유입된다. 유체가 경로 BC^*를 따를 수밖에 없기 때문에, 위쪽으로 연직한 운동량이 생기고, 따라서 BC^* 구간에 반대 방향 또는 *아래로* 누르는 힘을 발생시킨다. 유체가 E 지점에서 U자형 관을 빠져나가기 전에 이 연직으로 상승하는 운동량을 해소해야 하기 때문에, 유체는 D^*E 구간에 *위쪽* 방향의 힘을 가하게 된다. 그림 2.26(c)에 나타낸 바와 같이, 그 결과는 (CD 끝에 보인 것처럼) U자형 관은 상승 모드임에도 불구하고 *시계 방향*으로 뒤틀리게 된다. 그리고 하강 모드에서는 정확히 반대되는 현상이 발생한다. 코리올리 유량계라 부르는 이유는 회전하거나 진동하는 계 내에서 흐르는 유체에 가해지는 힘을 고려함으로써 분석할 수 있기 때문이다.
8. *와류 유량계(vortex shedding meter).* 장애물을 유동하는 흐름에 놓아두면, 소용돌이(vortices)들이 후류(wake)의 다른 쪽에서 흩어지게 된다. 흩어지는 빈도, 이에 따른 유속(flow rate)이 여러 가지 방법으로 결정되는데, 후류에 놓인 유연한 조각의 진동을 측정하는 것이 하나의 방법이다.

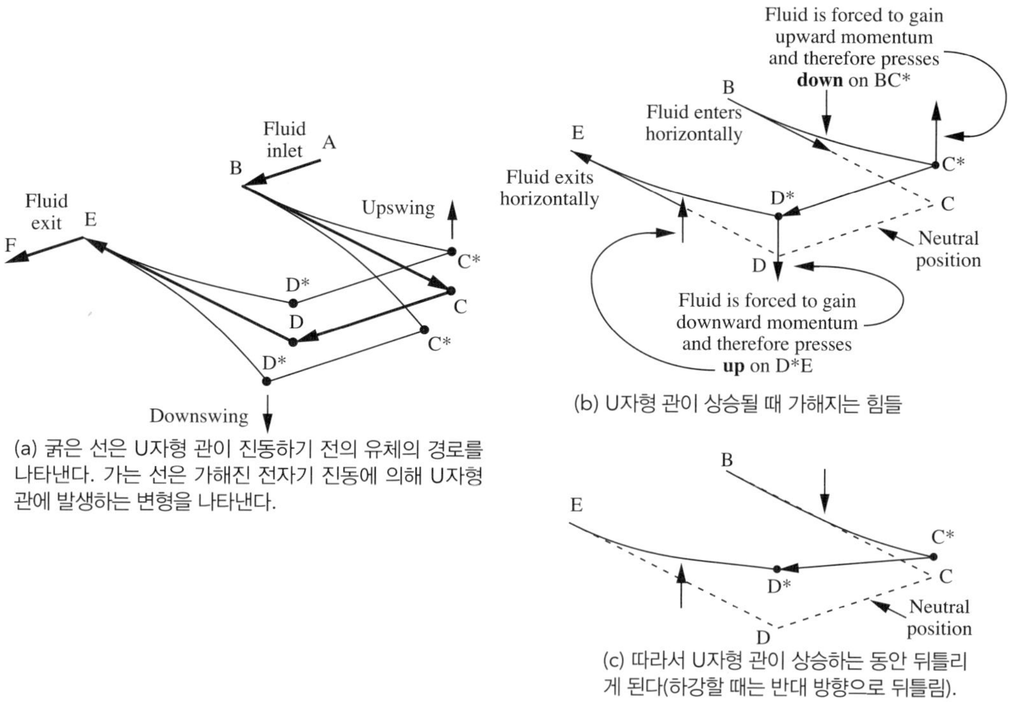

(a) 굵은 선은 U자형 관이 진동하기 전의 유체의 경로를 나타낸다. 가는 선은 가해진 전자기 진동에 의해 U자형 관에 발생하는 변형을 나타낸다.

(b) U자형 관이 상승될 때 가해지는 힘들

(c) 따라서 U자형 관이 상승하는 동안 뒤틀리게 된다(하강할 때는 반대 방향으로 뒤틀림).

그림 2.26 코리올리 질량유량계(Coriolis mass-flow meter)의 원리.

연습 문제 *Problems for Chapter 2*

1. *누출 탱크 비움—M.* 이 문제는 그림 P2.1의 탱크에 관련하여, 압력이 1 bar인 외부 공기가 탱크로 조금 새어들어 오는 것을 제외하면 예제 2.1과 같다. 공기가 새어들어 오는 질량 유속은 $c(\rho_0 - \rho)$이다. 여기서 $c = 10^{-5}$ m^{3}는 일정하고, ρ_0는 주위 공기의 밀도, ρ는 탱크 내의 공기 밀도이다. 탱크 내부의 초기 밀도는 ρ_0이다.

탱크 내부 압력이 도달할 수 있는 최소 압력 p^*는 얼마인가? 압력이 초기값에서 초기값과 p^* 사이의 중간에 해당하는 압력까지 떨어지는 데 걸리는 시간은 얼마인가?

2. *차의 감속—E.* 2차선인 고속도로에서 차들이 평균시속 60 mph로 이동한다. 공사구간에서 차들이 한 개 차로로 합쳐지고, 평균 시속이 20 mph이고, 전후방 차의 전방 범퍼들 사이의 평균거리는 25 ft이다. 2차선 구간에서 각 차로의 전후방 차들의 전방 범퍼 사이의 거리는 얼마가 되겠는가? 그 이유는 무엇인가? 시간당 몇 대의 차가 공사구간을 통과하겠는가?

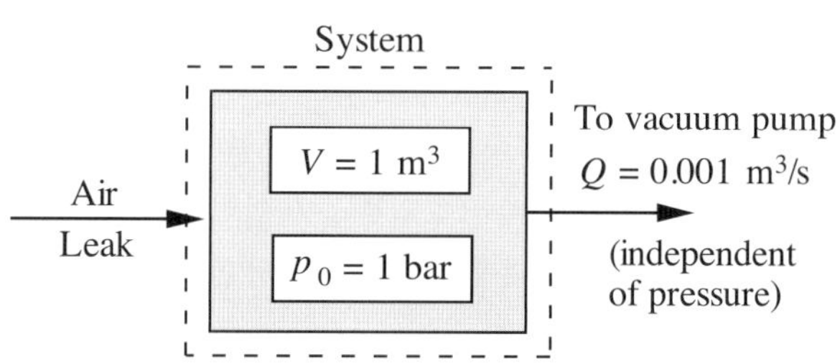

그림 P2.1 누출이 있는 탱크 비우기.

3. *자동차 밀도—E.* 고속도로를 65 mph로 운전하는 동안에 1 마일 운전할 때마다 반대 방향으로 평균 18대의 차가 지나간다. 어떤 순간에 마일당 반대 방향으로 운행하는 차는 몇 대인가?

4. *에틸렌 수송배관—E.* 20 lb_m/s인 에틸렌 기체(이상 기체로 가정함)가 60°F에서 파이프를 통해 정상 상태로 흐른다. 상류부의 위치 1의 압력은 $p_1 = 60$ psia이고, 하류부의 위치 2의 압력은 $p_2 = 25$ psia로 떨어진다. 압력이 떨어지는 이유는 무엇인가? 두 위치에서의 에틸렌의 속도는 각각 얼마인가?

5. *교반 탱크의 과도 상태 거동—E.* 그림 P2.5에 소금물로 채워진 부피 $V = 2\ \text{m}^3$인 교반 탱크를 보였다. 소금물의 초기 농도는 $t = 0$에서 $c_0 = 1\ \text{kg/m}^3$이다. 이 탱크에 $Q = 0.01\ \text{m}^3/\text{s}$의 속도로 순수한 물이 탱크에 공급되고, 탱크의 배출구를 통하여 동일한 속도로 소금물을 배출시킨다. 소금물의 농도 c를 c_0, t, Q, V의 항으로 나타내기 위한 식을 유도하라. t에 따른 c의 관계를 대략적으로 나타내고, 주요 특성을 설명하라. 소금물의 농도가 최종값 $c_f = 0.0001\ \text{kg/m}^3$으로 희석되는 데 걸리는 시간은 얼마인가?

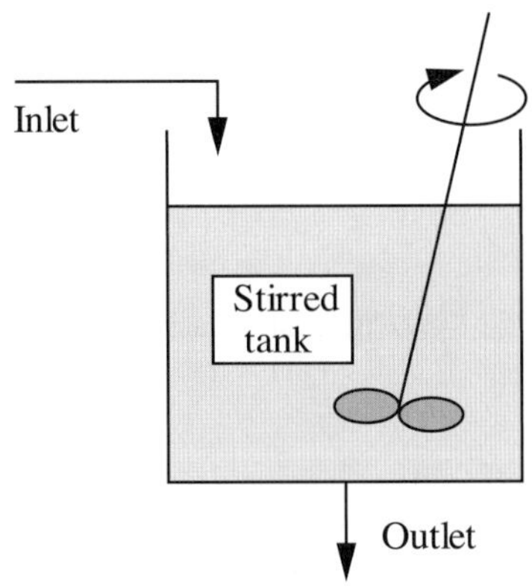

그림 P2.5 연속 유동이 있는 교반 탱크.

6. *소금이 용해되는 교반 탱크—M.* 소금물로 채워진 부피 $V = 2\ \text{m}^3$인 교반 탱크의 소금의 초기 농도는 $t = 0$에서 $c_0 = 1\ \text{kg/m}^3$이다. 이 탱크에 $Q = 0.01\ \text{m}^3/\text{s}$의 속도로 순수한 물이 탱크로 공급되고 동일한 속도로 소금물이 배출구를 통하여 배출된다. 또한 탱크 바닥에 다량의 소금 결정이 있으며, 이 소금 결정은 균일한 속도 $m = 0.02$ kg/s로 용해된다.

탱크 안의 소금물의 부피가 일정하게 유지된다고 가정하는 것이 타당한가? 소금물의 농도 c를 c_0, m, t, Q, V의 항으로 표시하는 식을 유도하라. t에 대한 c를 대략적으로 도시하고, 주요 특성들을 설명하라. 소금 결정이 지속적으로 공급된다고 가정한다면, $t = 0, 10, 100, \infty$ s에서의 소금물의 농도는 얼마인가? 과도 상태 질량 수지를 세우기 위한 계를 세심하게 정의해야 한다.

7. *분수형 정원 호스—D.* 다공성 섬유벽으로 된 분수형 정원 호스를 그림 P2.7에 나타내었다. 물은 $x = 0$에서 p_0의 압력으로 공급되고, $x = L$인 호스 말단은 마개로 막혀 있다. 어떤 중간 위치 x에서 호스의 단위길이당 물이 부피 유속 $q = \beta(p - p_a)$로 벽을 통해서 밖으로 새어나온다. 여기서 p는 호스 내부의 국지적인 압력이고, 상수 β와 외부 공기 압력 p_a는 모두 알려져 있다.

호스 내부의 물의 부피 유속은 압력 구배의 음의 값에 비례한다고 가정할 수 있다.

$$Q = -\alpha \frac{dp}{dx}, \tag{P2.7.1}$$

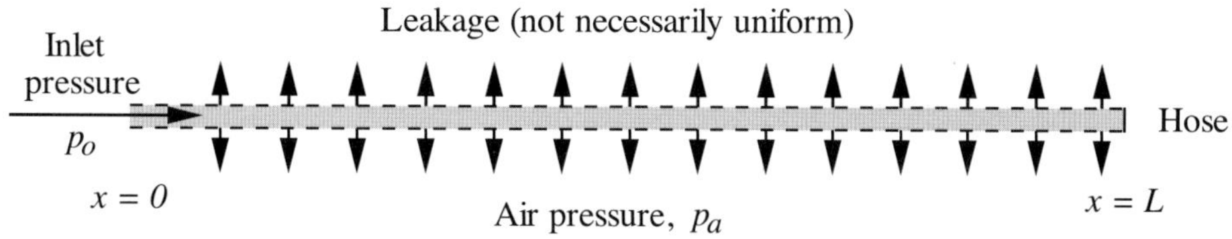

그림 P2.7 다공성 벽으로 된 정원 호스.

여기서 상수 α 값은 알려져 있다(엄밀히 말하면, 식 (P2.7.1)은 층류 유동에 대해서만 성립되며, 경우에 따라서 그렇지 않을 수도 있다. 더 자세한 내용은 3장 참조). 호스의 미분 길이 dx에 대한 물질 수지로부터 압력 변화는 다음의 미분 방정식을 따른다는 것을 증명하라.

$$\frac{d^2P}{dx^2} = \gamma^2 P, \tag{P2.7.2}$$

여기서 $P = (p - p_a)$이고 $\gamma^2 = \beta/\alpha$이다. 다음의 관계

$$P = A \sinh \gamma x + B \cosh \gamma x \tag{P2.7.3}$$

가 식 (P2.7.2)를 만족시킴을 보이고, 경계조건을 이용하여 상수 A와 B을 결정하라. 그리고 압력 변화가 다음과 같음을 증명하라.

$$\frac{p - p_a}{p_0 - p_a} = \frac{\cosh \gamma (L - x)}{\cosh \gamma L}. \tag{P2.7.4}$$

다음으로, 호스로부터의 총 유실속도가 다음과 같이 주어짐을 보여라.

$$Q_{\text{loss}} = \alpha\gamma(p_0 - p_a) \tanh \gamma L. \tag{P2.7.5}$$

마지막으로 γ 값이 작거나, 중간, 그리고 큰 값을 가지는 경우에 대해, x에 대한 $(p - p_a)/(p_0 - p_a)$를 개략적으로 도시하고, 개략도의 주요 특성을 설명하라.

8. *사이펀(siphon)의 성능—E.* 그림 P2.8은 단면적 $A = 0.01\ \text{m}^2$, 총 길이 5.5 m의 관을 이용하여 탱크로부터 물을 빨아내고 있다. 사이펀의 배출구는 탱크 내의 물의 수면보다 1 m 아래에 있다. 사이펀의 최고점은 탱크 수면보다 1.5 m 높다. 사이펀 관에서의 물의 속도 v(m/s)는 얼마인가? 최저압력은 몇 bar(계기압)이며, 어디에서 발생하겠는가? 관의 마찰은 무시하라. 여러분의 답이 합리적인가?

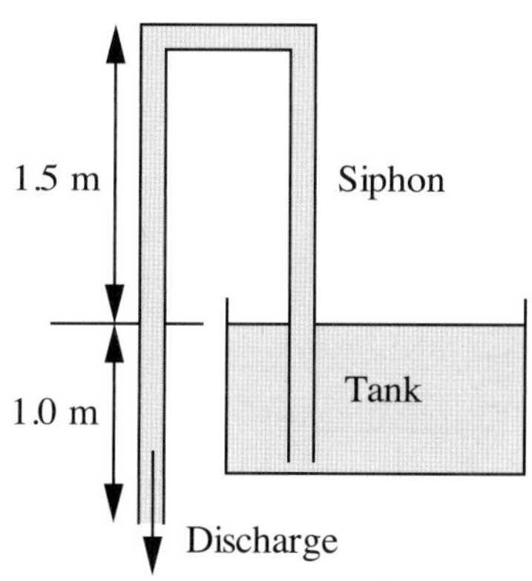

그림 P2.8 사이펀을 이용한 탱크 비움.

만약 사이펀 관이 탱크 바닥 높이까지 닿아 있다면(그러나 막히지는 않음), 탱크를 비우는 데 드는 시간이 $t = V/vA$인가? 여기서 V는 탱크 내의 초기 물 부피이다. v는 위에서 계산된 탱크가 가득 차있을 때의 속도이다. 여러분의 답을 설명하라.

9. *피토관—E.* 배의 속력은 피토관(Pitot tube)으로 측정된다. 바닷물($\rho = 64\ \text{lb}_\text{m}/\text{ft}^3$)에서 배로 이동할 때, 관으로 측정한 압력이 $2.5\ \text{lb}_\text{f}/\text{in}^2$였다. 배의 속도(mph)는 얼마인가? 민물($\rho = 62.4\ \text{lb}_\text{m}/\text{ft}^3$)에서 측정된 압력이 $2.5\ \text{lb}_\text{f}/\text{in}^2$라면, 배의 속도는 얼마인가?

10. *이산화탄소 누출—M.* 긴 수직 관의 위는 개방되어 있고, 아래 부분에 작은 오리피스가 설치되어 있으며, 그 외의 부분들은 밀폐되어 있다. 관의 하부 10 m 정도는 이산화 탄소(MW = 44)로 채워져 있다. 관 내에서 이산화 탄소 위와 관의 외부는 공기(MW = 28.8)로 채워져 있다. 오리피스로부터 분출되는 이산화 탄소의 속도(m/s)를 계산하라. 유동의 방향은 어느 쪽인가?

11. *두 압력 측정기—E.* 그림 P2.11에 나타낸 바와 같이, 물로 채워진 수직관 상에 두 압력계가 40 ft 간격으로 설치되어 있는데, 압력계에 의해 측정된 압력이 100 psig로 정확히 같다.

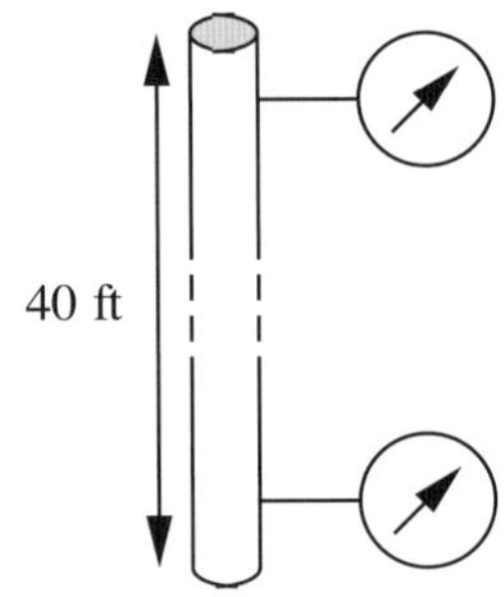

그림 P2.11 2개의 압력계.

(a) 물이 유동하고 있는가? 그 이유는 무엇인가?

(b) 만약 그렇다면, 어느 방향으로 흐르는가? 그 이유는 무엇인가? *힌트*: 두 압력계 사이의 관에 대해 총괄 에너지 수지를 세우고, 여러분의 답을 검토하라.

12. *벤튜리 미터(Venturi meter)—M.* 밀도가 ρ인 액체가 부피 유속 Q로 단면적 A인 관을 통해 흐르고, 그림 P2.12에 보이는 목 부위의 단면적이 a인 벤튜리 미터를 통과한다. 수은(ρ_m)으로 채워진 마노미터가 상류부(위치 1)와 목 부위(위치 2) 사이에 연결되어 있으며, 수은주 높이차 Δh가 기록된다. Q를 A, a, g, Δh, ρ, ρ_m 및 C_D 항으로 표시하는 식을 유도하라.

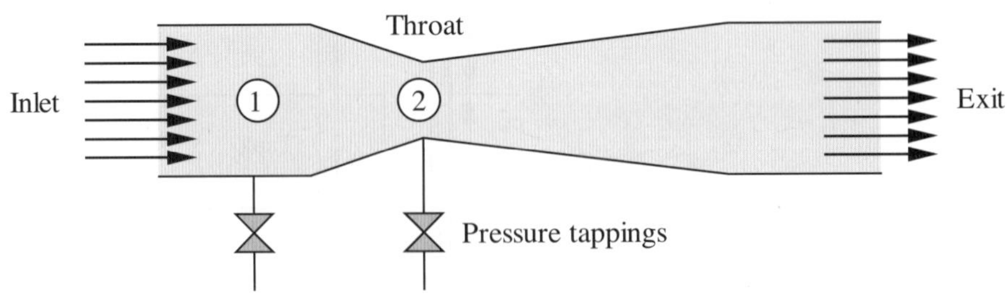

그림 P2.12 벤튜리 미터.

만약 파이프와 벤튜리의 목 부위의 지름이 각각 6 in.와 3 in.인 경우, 수은($s = 13.57$) 마노미터의 높이차가 $\Delta h = 20$ in.일 때 iso-pentane ($\rho = 38.75$ $\mathrm{lb_m/ft^3}$)의 유속(gpm)은 얼마인가? 배출 계수 $C_D = 0.98$로 가정하라. *주의*: 수은으로 채워지지 않은 마노미터의 부분은 압력 태핑을 통해 파이프와 자유롭게 왕래가 가능하기 때문에 iso-pentane으로 채워져 있다.

13. *오리스 판—M.* 내부 지름이 2 in.인 수평관을 이용하여 100 °F에서 밀도 50 $\mathrm{lb_m/ft^3}$, 점도 3.18 $\mathrm{lb_m}$/ft hr인 등유(kerosene)를 수송하고 있다. 유속을 측정하기 위하여 끝이 날카로운 오리피스 판을 파이프에 설치하고, 압력 태핑에 연결된 수은 마노미터로의 수은 높이차가 15 in.로 측정되었다. 만약 등유의 최대 유속이 560 $\mathrm{lb_m}$/min으로 예상된다면, 수은주의 높이차 15 in.로 측정될 오리피스 판의 지름을 결정하라.

14. *탱크 비움—M.* 지름이 1 m인 원통형 탱크 바닥에 끝이 둥근 지름 2 cm의 오리피스를 설치하였다. 초기에 아세톤이 높이 2 m로 채워진 상태에서 탱크를 완전히 비우는 데 걸리는 시간은 얼마인가? 만일 끝이 날카로운 오리피스가 설치되었다면, 걸리는 시간은 얼마인가? 필요한 경우, 아세톤의 밀도를 49.4 $\mathrm{lb_m/ft^3}$으로 간주한다.

15. *탱크로부터 비혼성 액체의 배출—M.* 그림 P2.15는 초기에($t = 0$) 기름(밀도 ρ_0)과 물(ρ_w)이 각각 H 높이만큼 채워져 있는 단면적이 A인 탱크를 보여준다. 탱크의 밑면에는 단면적이 a이고 축소 계수가 0.62인 끝이 날카로운 오리피스가 설치되어 있다. 물이 탱크로부터 빠져나가는 데 걸리는 시간 t에 대한 표현을 H, g, A, a, ρ_0, ρ_w의 함수로 유도하라. 마찰은 무시하고 $A \gg a$라고 가정한다. 부록 A에 주어진 적분 공식을 활용한다.

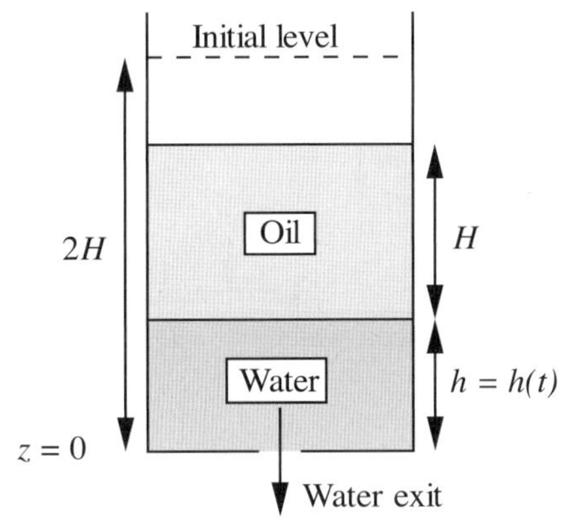

그림 P2.15 기름과 물로 채워진 탱크 배출.

16. *수평 원통형 탱크의 배출—D.* 그림 P2.16에는 상부에 공기구멍이 있는 반지름이 r, 길이가 L인 원통형 탱크의 단면도와 측면도를 나타내었다. 초기에($t = 0$), 탱크는 저점도 액체로 가득 채워져 있었고, 이 액체는 길이 H, 단면적 A인 파이프를 통하여 배출된다.

탱크를 비우는 데(배출관을 제외한) 소요되는 시간이 다음과 같음을 증명하라.

$$t = \frac{2Lr^2}{A\sqrt{2g}} \int_0^{\pi} \frac{\sin^2\theta \, d\theta}{\sqrt{H + r(1+\cos\theta)}}.$$

만약 $L = 5$ m, $r = 1$ m, $H = 1$ m라면, 탱크를 1시간 내에 비우기 위한 A의 값은 얼마인가? 만약 필요하면 적분의 근사값을 구하는 데 Simpson의 법칙을 사용하라.

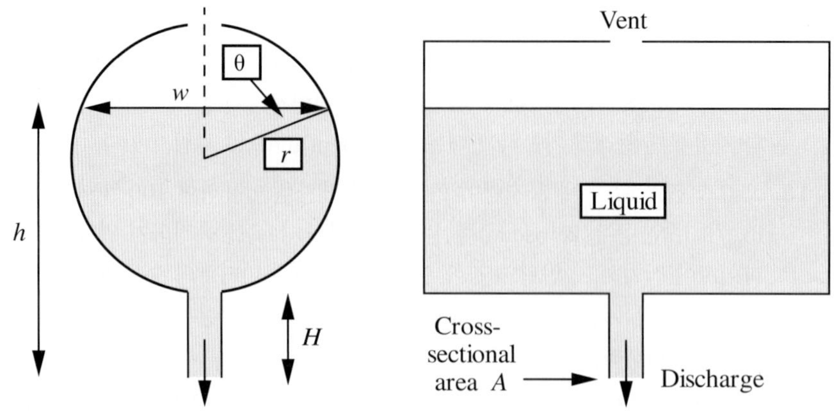

(a) End elevation (b) Side elevation

그림 P2.16 원통형 액체 저장탱크.

17. *실리콘 웨이퍼 들어올리기—M.* 여러분의 상사가 그림 P2.17에 나타낸 바와 같이 깨지기 쉬운 원형 실리콘 웨이퍼를 접촉하지 않고 들어올리는 장치를 제안하였다. 이 장치는 바깥 반지름이 r_2인 플랜지에 연결된 반지름이 r_1인 중심 관을 통하여 압력이 p_0이고, 밀도 ρ가 일정한 공기를 불어넣는다. 장치가 반지름이 r_2인 실리콘 웨이퍼로부터 H만큼 위로 이격되어 있다. 공기는 이 틈을 통해 반지름 외부 방향으로 속도 $u(r)$로 흘러, 최종적으로 p_0보다 상당히 낮은 압력 p_2인 대기로 배출된다.

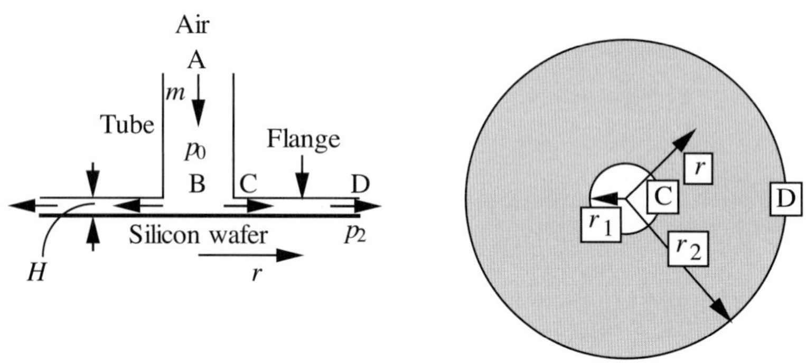

(a) Elevation (b) Plan

그림 P2.17 실리콘 웨이퍼 들어올리기.

만약 유동은 마찰이 없고 중력 효과는 무시될 수 있다면,

(a) 반지름 방향의 위치 r과 주어진 변수들 일부 또는 모두를 포함하는 u_1에 관한 식을 구하라. 반지름 방향의 위치 r_1과 r_2 구간에서 r에 따라 u_r의 변화를 개략적인 그래프를 나타내라.

(b) 공기 흐름(air stream)에서 속도와 압력을 연관시키는 방정식은 무엇인가? 반지름 r_1과 r_2 사이에서 반지름 방향 위치에 따라 플랜지와 웨이퍼 사이의 틈에서 압력 $p(r)$이 어떻게 변하는지를 보여주는 그래프를 스케치하라. *힌트*: 반지름 r_2에서 압력 p_2로 시작하여 역방향으로 풀어가는 것이 최상의 방법일 것이다. 그래프에 p_0의 값을 명확히 나타내어라.

(c) 웨이퍼를 들어올리기 위한 장치의 장점에 대하여 설명하라.

18. *로켓의 성능—M.* 그림 P2.18에 질량이 M lb_m이고, 순간 수직 방향 속도가 v ft/s인 로켓을 보였다. 추진 배출가스는 노즐을 통하여 아래로 질량 유속 m lb_m/s, 로켓에 대한 상대속도 u ft/s로 배출되고 있다. 중력 가속도는 g ft/s^2이고, 로켓에 가해지는 항력은 $F = kv^2$ $lb_m\,ft/s^2$이고, k는 알려진 상수이다.

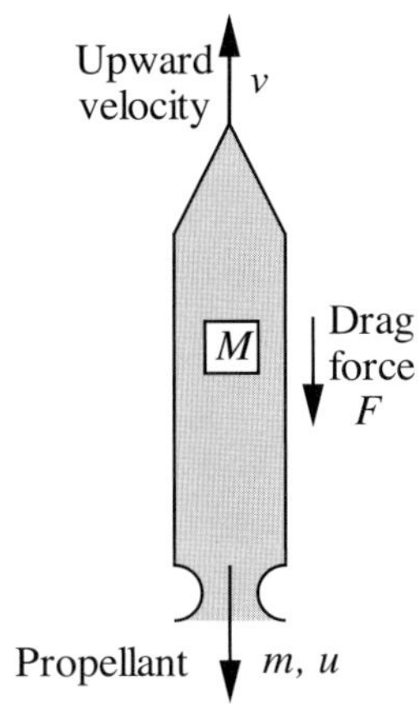

그림 P2.18 로켓의 상승.

(a) 배출 노즐로 빠져나가는 추진제의 아래 방향으로의 절대 속도는 얼마인가?

(b) 노즐을 통한 아래 방향으로의 운동량 플럭스는 얼마인가?

(c) 로켓의 질량은 일정한가?

(d) 움직이는 로켓을 계로 취하여 운동량 수지를 세우라. 이때 여러분이 지상의 관찰자인지 또는 로켓에 탑승한 상태인지를 명시하라. 이에 따른 로켓의 가속도 dv/dt에 대한 식을 M, m, v, u, k의 항으로 유도하라.

19. *제트 비행기—E.* 질량이 10,000 kg인 소형 제트 비행기가 일정한 고도로 정지 상태의 공기($\rho_a = 1.0$ kg/m^3)를 통해 $u = 250$ m/s의 속도로 비행하고 있다. 외부 공기가 엔진으로 유입되고, 엔진에서 무시할 만한 양의 연료가 연소되어 밀도가 $\rho = 0.40$ kg/m^3인 연소가스가 생성되며, 단면적이 1 m^2인 배출구를 통해 비행기에 대해 상대속도 $v = 600$ m/s로 배출된다. 다음을 계산하라.

(a) 연소가스의 총 질량 유속(kg/s)을 구하라.

(b) 비행기의 외부 표면에 작용하는 공기의 저항에 의한 마찰 항력(frictional drag force, N)을 구하라.

(c) 엔진의 일률(W)을 구하라.

20. *제트 추진 보트—M.* 그림 P2.20에는 질량 $M = 1{,}000$ lb_m인 보트가 펌프를 이용하여 단면적 $A = 0.2$ ft^2인 관을 통해 물을 유입하여 분사시킴으로써 보트에 대한 상대 속도 $v = 30$ ft/s인 일정한 속도

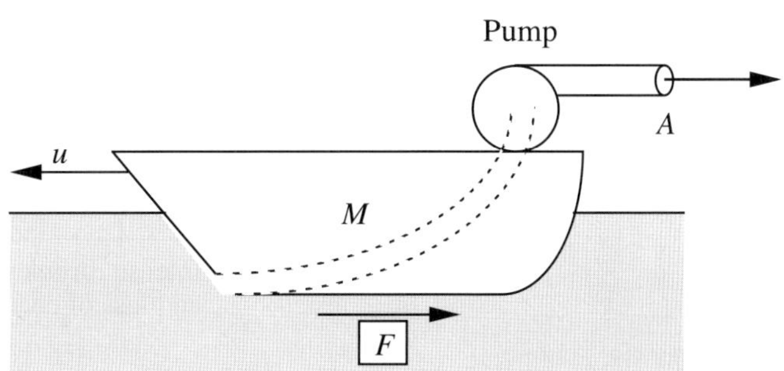

그림 P2.20 제트 추진 보트.

로 운행하는 보트를 나타내었다. 물의 저항력 F는 보트의 속도 u의 제곱에 비례하고, u의 최대값은 20 ft/s이다.

속도가 $u = 10$ ft/s일 때 보트의 가속도는 얼마인가? 호숫가에 정지된 상태의 관찰자에 대하여, 운동량 수지에 대한 두 가지 접근법을 사용하고, 두 가지 접근법의 결과가 같은지를 검토하라. (보트 전방의 호수물이 교란되지 않도록 대상 부피를 충분히 크게 설정하라.)

(a) 배와 함께 움직이는 대상 표면.

(b) 대상 표면이 고정되어 있고, 이 공간 내에서 보트가 움직인다.

보트를 추진하는 데 필요한 일률은 다음과 같음이 알려져 있다.

$$P = \frac{m}{2}(v^2 - u^2),$$

여기서, m은 펌프를 통한 분사되는 물의 질량 유속이다. 이 결과를 보트를 타고 있는 관찰자의 관점에서 간단하게 설명하라. 보트의 속도 u가 *증가*할수록 일률 P가 *감소*하는 이유를 설명하라.

21. *분기된 관—M.* 그림 P2.21에는 비중이 0.8인 원유를 수송하는 배관을 나타내었다. 점 1에서의 총 부피 유속은 10 ft^3/s이다. 분기 1, 2, 3의 지름은 각각 5, 4, 3 in이다. 세 분기 모두가 같은 수평면 상에 있고, 마찰은 무시할 만하다. 점 1과 3에 있는 압력계는 각각 $p_1 = 25$ psig와 $p_3 = 20$ psig이다. 점 2에서의 압력은 얼마인가? (*힌트*: Bernoulli 방정식은 한 번에 한 유선에만 적용될 수 있다.)

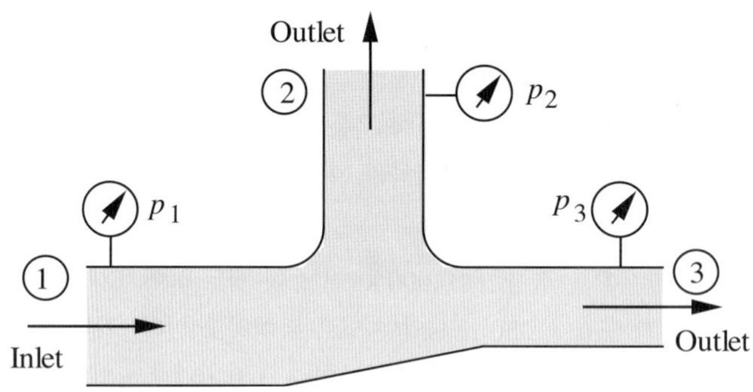

그림 P2.21 분기된 관.

22. *관에서의 급격한 확장—M.* 그림 P2.22는 관에서의 급격한 확장을 보여주고 있다. 점 1과 2에서 유동 형태가 완전히 전개되었음에도 불구하고, 점 1과 2 사이에 Bernoulli 방정식을 적용할 수 없는 이유는 무엇인가?

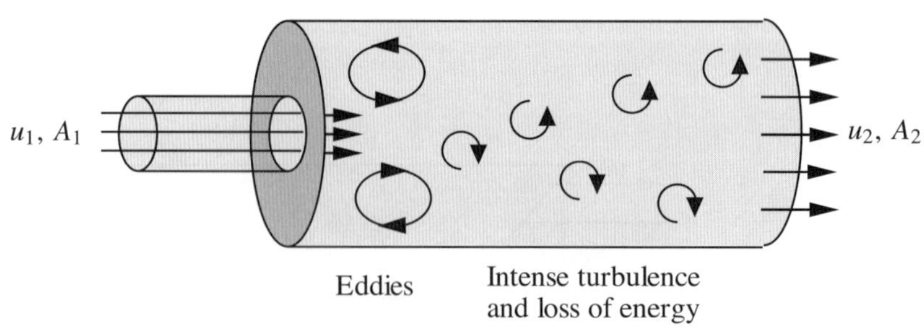

그림 P2.22 관에서의 급격한 확장.

총괄 압력 *증가*는 다음과 같음을 증명하라.

$$p_2 - p_1 = \rho u_2^2 \left(\frac{A_2}{A_1} - 1 \right).$$

이와 같은 압력 증가를 위한 에너지는 어디에서 발생하는가? 또한 마찰 소산 항이 다음과 같음을 증명하라.

$$\mathcal{F} = \frac{1}{2} u_2^2 \left(\frac{A_2}{A_1} - 1 \right)^2.$$

23. *되돌림 엘보우에 작용하는 힘—M.* 그림 P2.23는 되돌림 엘보우(return elbow) 또는 "U자형 파이프"가 힘을 전달하지 않는 신축성 호스를 이용하여 두 파이프를 연결하고 있는 형태를 보여준다. 내부 직경이 0.1 m인 파이프를 통해 10 m/s의 속도로 물이 흐르고 있다. 점 1과 2에서의 계기압력은 각각 3.0과 2.5 bar이다. 장착되어 있는 되돌림 엘보우가 원래 위치를 유지하는 데 필요한 수평 방향 힘 F (N, 왼쪽 방향으로)는 얼마인가?

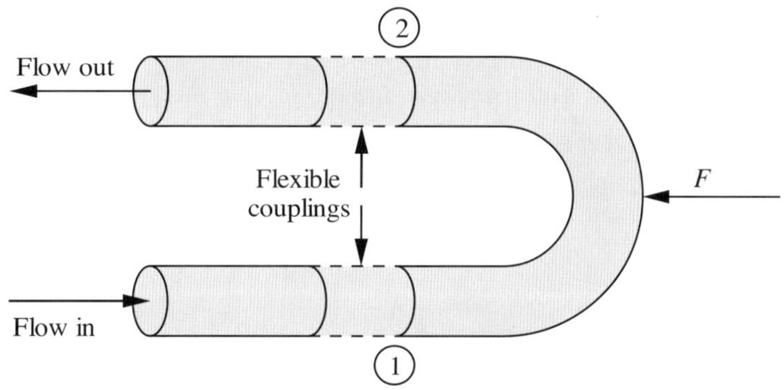

그림 P2.23 되돌림 엘보우에서의 유동.

24. *수력학적 도약—M.* 그림 P2.24는 강이나 개방된 유로에서 주로 나타나는 *수력학적 도약*(hydraulic jump)을 보여준다. 적당한 조건하에서, 급속히 유동하는 액체의 흐름이 액체 표면의 상승에 부수적인 오름과 함께 천천히 유동하거나 또는 고요한 흐름으로 갑자기 변한다.

그림의 평면에 수직한 방향으로 단위 길이만큼 확장하여 설정한 대상 부피에 대한 질량 및 운동량 수지를 적용하고, 유로의 바닥에서의 마찰을 무시할 만하고, 속도분포가 편평하다고 가정했을 때, 하류의 깊이 d_2가 다음과 같다는 것을 증명하라.

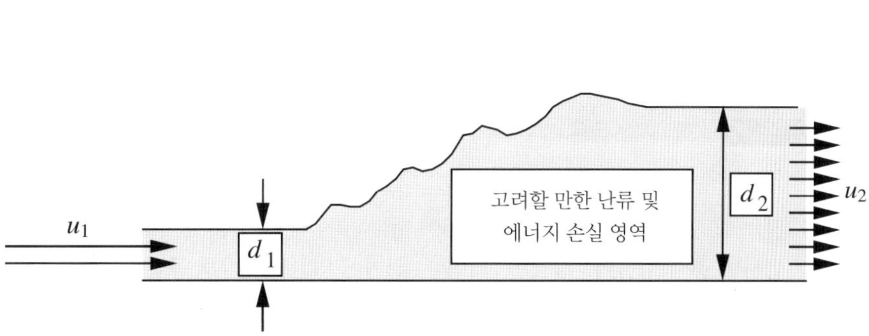

그림 P2.24 수력학적 도약.

$$d_2 = -\frac{1}{2}d_1 + \sqrt{\left(\frac{d_1}{2}\right)^2 + \frac{2u_1^2 d_1}{g}}.$$

만약 $u_1 = 5$ m/s, $d_1 = 0.21$ m일 때, 이에 상응하는 하류부의 값들을 계산하라. (여기에서는 필요하지 *않지만*, 총괄 에너지 수지는 흐르는 단위 질량당의 점성 또는 마찰손실 $\mathcal{F}$는 그림에 나타낸 바와 같이 점프 방향으로만 양의 값임을 보여줄 것이다. 따라서 수심이 깊은 흐름은 자발적으로 수심이 얕은 흐름으로 변하지 않는다.)

25. *좁아지는 굽은 관—M.* 그림 P2.25에 수평면에 위치한 (중력 효과가 중요하지 않는) 좁아지는 굽은 관을 통해 밀도가 일정한 액체가 흐르고 있는 상황을 나타내었다. 굽은 관에 어떤 힘도 작용하지 않는 신축성 연결관은 계를 지정하는 데 사용되었다. 지지력 F_x와 F_y는 파이프의 벽에 의해서 제공되기 때문에 실제로는 연결관들은 사용되지 않는다.

마찰 손실을 무시하고, 기지의 입구 계기 압력 p_1, 유입 속도 u_1, 입구 및 출구 파이프 지름 D_1과 D_2 (각각의 단면적 A_1 및 A_2), 그리고 액체의 밀도 ρ를 일부 또는 모든 항을 이용하여 다음에 대한 방정식들을 유도하라.

(a) 출구 속도 u_2와 압력 p_2을 계산하라.

(b) 굽힘 관을 제자리에 유지하기 위해서는 F_x와 F_y이 필요하다. $D_1 = 0.20$ m, $D_2 = 0.15$ m, $p_1 =$ 1.5 bar(계기 압력), $u_1 = 5.0$ m/s, $\rho = 1{,}000$ kg/m^3(액체는 물로 간주)일 때의 두 힘 F_x와 F_y를 계산하라.

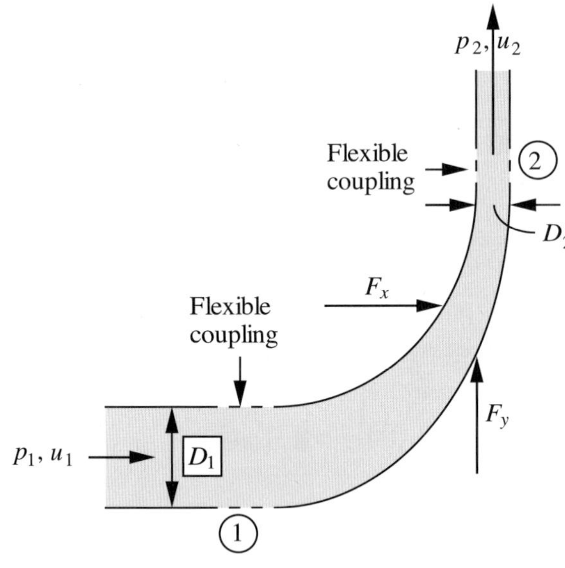

그림 P2.25 좁아지는 굽은 관.

26. *제트 방출 펌프—M.* 그림 P2.26에 나타낸 바와 같이 총 높이압이 100 ft인 물을 배출구의 제트에 공급하며 총 높이압이 −5 ft인 (더 낮은 위치에 있는) 또 다른 공급원으로부터 물을 10 ft^3/s 속도로 끌어올리고 있다.

제트관의 노즐 면적은 0.05 ft^{2}이고, 지점 1에서 유입선의 원환 면적은 0.5 ft^{2}이다. 높이압이 100 ft인 공급부로부터 제공되는 물의 부피 유속을 계산하고, 지점 2 방출부의 총 수송 높이압을 계산하라.

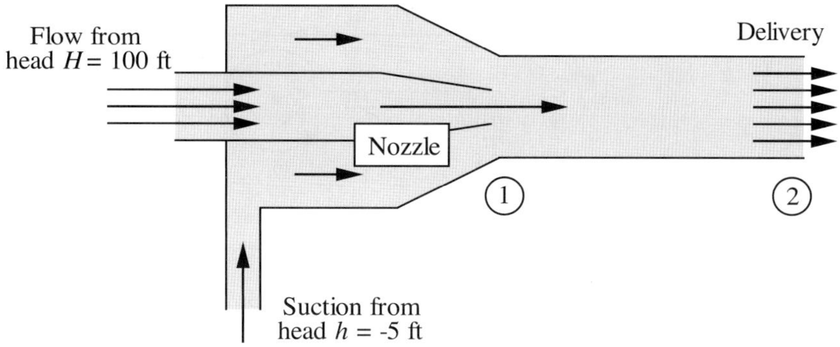

그림 P2.26 방출 펌프.

27. *음파의 속도—M.* 그림 P2.27(a)에 보인 바와 같이 음파(sound wave)는 매질 내에서 전파되는 아주 작은 교란이다. *음파의 전단*은 속도 c로 이동하며, 매질을 교란된 부분과 교란되지 않는 부분으로 나눈다. (유체 자체의 어떤 부분도 실제로는 속도 c로 움직이지는 않는다.) 교란되지 않은 매질의 속도는 $u = 0$, 압력은 p, 밀도는 ρ이다. 음파의 전단 바로 뒤쪽의 교란된 매질에서는 이 값들이 아주 미세하게 변화하고, 따라서 상응하는 값들은 du, $p + dp$, $\rho + d\rho$이다. 이 계는 그림 P2.27(b)와 같이 파의 전단과 같은 속도로 이동하는 관찰자의 관점에서 가장 잘 해석할 수 있는데, 즉 왼쪽 방향의 속도 c를 중첩시키면 음파의 전단이 정지 상태가 되고 유동이 오른쪽으로부터 왼쪽 방향으로 정상 상태로 흐르는 형태로 해석할 수 있게 된다.

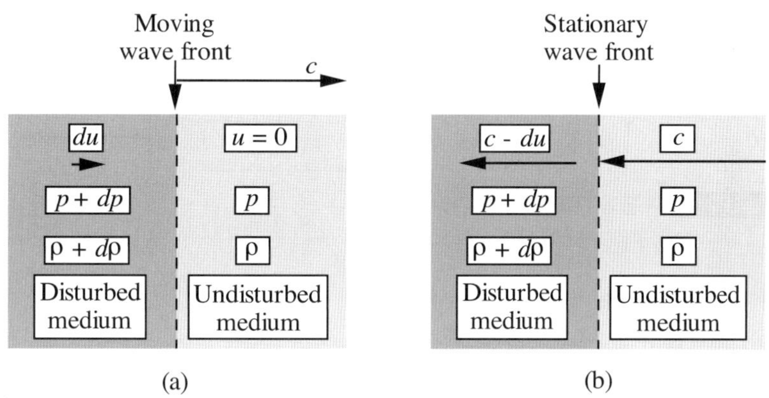

그림 P2.27 음파의 전파; (a) 관측자가 정지 상태인 경우; (b) 관찰자가 파의 전단과 같이 이동하는 경우.

대상 부피를 명확히 제시하고 이에 대한 정상 상태 질량 및 운동량 수지를 적절히 세우면 음속의 속도가 다음과 같음을 증명하라.

$$c = \sqrt{\frac{dp}{d\rho}}.$$

(여기에서는 필요하지 않지만, 위 도함수는 등엔트로피인 경우에 대해 계산해야 된다는 것을 증명할 수 있다.)

28. *차를 감속시키는 힘—M.* *실험적으로* 다양한 속도에서 차를 감속시키는 힘(바람, 도로 등)을 *가장 쉽게* 결정할 수 있는 방법은 무엇인가?

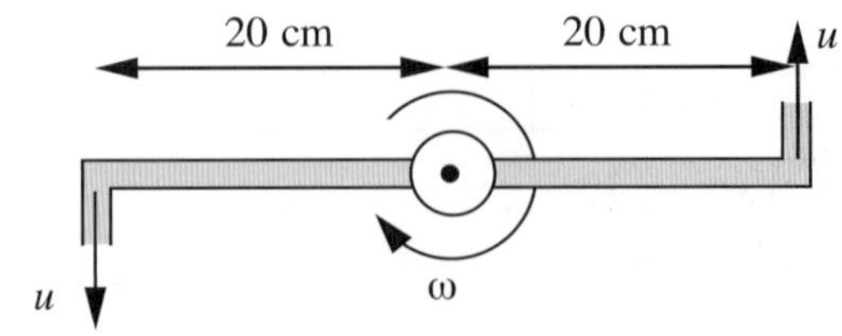

그림 P2.29 정원 스프링클러의 평면도.

29. *정원 스프링클러, 회전하는 암(arms)—E.* 그림 P2.29은 정원 스프링클러의 간단한 평면도를 보여 준다. 중심 베어링은 아주 매끄러워 암이 회전축을 중심으로 자유롭게 회전할 수 있도록 되어 있다. 두 노즐은 단면이 각각 5 mm^2이고, 암의 길이는 각각 20 cm이다. 그림과 같이 회전하는 이유를 설명하라. 스프링클러에 공급되는 물의 공급 속도가 0.0001 m^3/s일 때, 다음을 계산하라.

(a) 노즐에 대한 물 분사 속도 u(m/s)

(b) 암의 회전 각속도 ω를 rad/s와 rps (revolutions per second) 단위로 각각 계산하라.

30. *정원 스프링클러, 고정된 암—E.* 문제 2.29에서 주어진 스프링클러에 관해 다시 고려해 보자. 물의 공급 속도가 동일한 상황에서 스프링클러의 암이 회전하지 못하도록 하기 위해 필요한 우력(torque)은 얼마인가?

31. *기름/물 분리—M.* 기름/물 혼합 용액의 흐름을 침전을 통해 기름과 물을 분리시켜 별도의 흐름들로 분리하는 장치를 그림 P2.31에 도시된 바와 같은 장치를 가능한 한 단순하게 설계하라(그림에서 상대적인 수위는 반드시 정확하지는 않아도 됨).

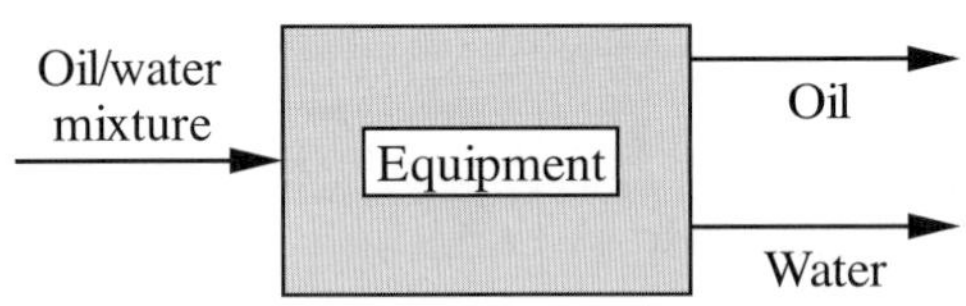

그림 P2.31 물과 기름을 분리하기 위한 장치.

다음의 설계사항을 고수하라.

(a) 출구 흐름들은 대기압 하에 있다.

(b) 입구 흐름에서 기름과 물의 함량이 시간에 대하여 변하고, 기름과 물의 최대 유속은 각각 10 및 40 gpm으로 예측된다.

(c) 적절하게 분리가 될 수 있도록 하기 위하여, 장치 내에서의 기름과 물의 체류 시간은 평균적으로 최소 20분이다. 각각의 상에 대해 $t = V/Q$로 정의된 체류 시간은 상이 차지하는 부피를 그 상의 부피 유속 Q로 나눈 것이다.

(d) 물의 상대적 유속이 낮아 기름이 물 배출구로 배출되지 않아야 하며, 기름의 상대적 유속이 낮아 물이 기름 배출구로 배출되어서는 안 된다.

최소한 다음 사항을 명백히 기술하라.

(a) 장치의 부피 및 모양

(b) 입구 및 출구 관의 위치

(c) 내부 구조

32. *지구 회전 속도의 감속—D.* 만약 a와 b가 각각 반장축과 반단축이라면, 이에 해당하는 타원의 방정

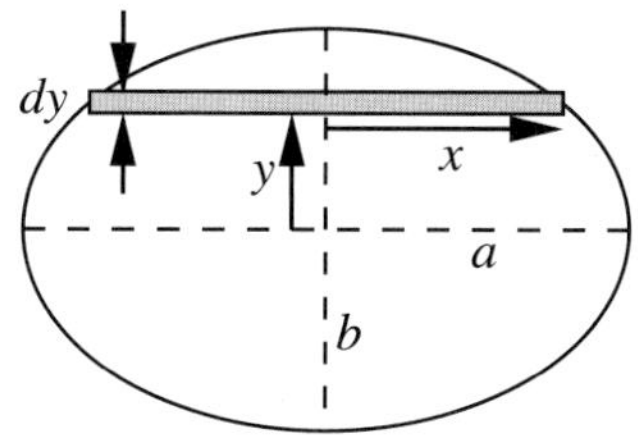

그림 P2.32 회전하는 타원체

식은 다음과 같다.

$$\frac{x^2}{a^2} + \frac{y^2}{b^2} = 1. \tag{P2.32.1}$$

타원을 단축 주위로 회전시켜 얻어지는 그림 P2.32에 나타낸 것과 같은 타원체를 고려하자. 그림에서 보여지는 반지름 x와 두께 dy의 원판에 대하여 질량 dM와 (반단축에 대한) 관성 모멘트 dI에 관한 식을 구하라. 그러고 나서 타원체의 질량과 관성 모멘트가 다음과 같이 주어짐을 증명하라.

$$M = \frac{4}{3}\pi\rho a^2 b, \qquad I = \frac{8}{15}\pi\rho a^4 b. \tag{P2.32.2}$$

1995년 12월 31일 자정에, 점점 감속되고 있는 지구의 회전 속도에 의하여 측정된 시간에 좀 더 정확히 맞추기 위하여 추가 1초를 모든 cesium-133 원자시계에 더했다. 1972년에서 1995년 사이의 24년 동안에 이와 같은 시간의 건너뜀이 20번 있었다. 지구의 회전속도가 느려지는 것에 대한 한 가지 이론은 지구는 적도 부분에서 부풀어 오르고 극지방에서 납작해지고 있다는 것이다.[4] 지구가 1972년 완전한 구형이었고, 1995년에는 타원체라고 가정하면 적도 및 극에서의 지구의 반지름은 원래 반지름의 몇 %만큼 변화하였는가? 만약 지구의 반지름이 6.37×10^6 m라면, 변화한 길이는 얼마인가?

33. *실제 액체에 대한 높이압—M.* 그림 2.6에는 이상적인 *마찰이 없는* 유체에 대한 유체 높이압에 관해 설명하였다. *실제* 유체에 대해 그림을 다시 그리고 모든 특징을 설명하라. 이 유체에서 관 마찰은 현저하다. 관 입구에서 시작하여 출구까지 등간격으로 4개의 압력계를 배치하라.

34. *제트 비행기의 가속—M.* 그림 P2.34는 정지 상태의 공기를 통해 속도 u로 수평으로 비행하는 질량 M인 비행기를 보여준다. 이 비행기는 밀도 ρ_g인 고온의 기체를 엔진에 대한 상대속도 v로 단면적이 A인 배출구를 통하여 대기 중으로 배출하는 제트 엔진에 의하여 추진된다. 항력 F는 cu^2이고, c는 알려진 상수이다.

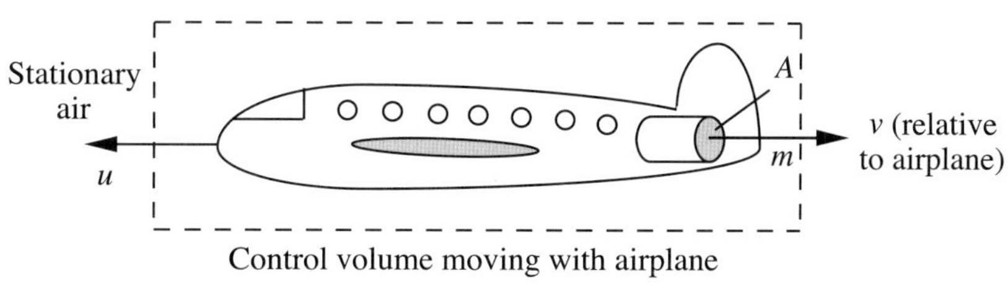

그림 P2.34 수평 비행하는 비행기.

[4]1990년 12월 31일자의 *Washington Post*의 Curt Suplee. "Setting Earth's clock." 1995년 12월 31일자 *New York Times*의 "The 61-second minute."

기호 u, v, ρ_g, A, M, c를 전부 또는 일부를 사용하여 다음에 답하라.

(a) 엔진을 떠나는 뜨거운 기체의 질량 유속 m에 관한 식을 구하라.

(b) 지상에서 정지 상태의 관찰자가 보는 배출 가스의 방향과 속도는?

(c) 비행기와 함께 움직이는 대상 부피에 대하여 운동량 수지를 작성하고, 가속도에 대한 표현을 유도하라. 소모된 연료의 질량은 비행기의 질량에 대하여 무시할 수 있을 정도로 작다고 가정한다.

(d) 만약 $u = 100$ m/s, $v = 300$ m/s, $\rho_g = 0.4$ kg/m^3, $A = 2$ m^2, $M = 10^4$ kg, $c = 0.60$ kg/m일 때, a(m/s^2)를 계산하라.

35. *V자 홈의 성능—M.* 그림 P2.35(a)는 액체를 수송하는 통로 또는 탱크의 벽 끝에 반각 θ의 삼각형 통로가 있는 V자 홈을 보여준다. 홈의 밑 부분에서 높이 H인 자유 표면까지에서 흘러넘치는 액체의 부피 유속 Q를 유도하고자 한다.

그림 P2.35(b)의 측면도는 (압력은 유체 정역하적이고, 속도가 무시할 정도로 작은) 상류부의 점 1에서 압력이 (단면 A–A의 전체에서) 대기압인 홈의 출구의 하류부의 점 2까지에서 자유 표면 아래의 일정한 깊이 h에서 수평 방향으로 흐르는 대표적인 유선을 보여준다. 홈을 흘러넘치는 액체의 속도를 $u_2 = \sqrt{2gh}$로 가정할 수 있는 이유는 무엇인가?

홈의 전체 높이에 대하여 적분을 하여, H, g, θ의 항으로 Q를 결정하라. *힌트*: 먼저 높이 h에서의 폭 w를 H, h, θ의 항으로 결정하라. (실제로는 액체가 홈을 떠난 후에 흐름이 현저히 축소되 Q에 대하여 얻어진 이론값에 배출 계수가 곱해져야 한다. 배출 계수의 값은 대략 $C_D \doteq 0.62$이다.)

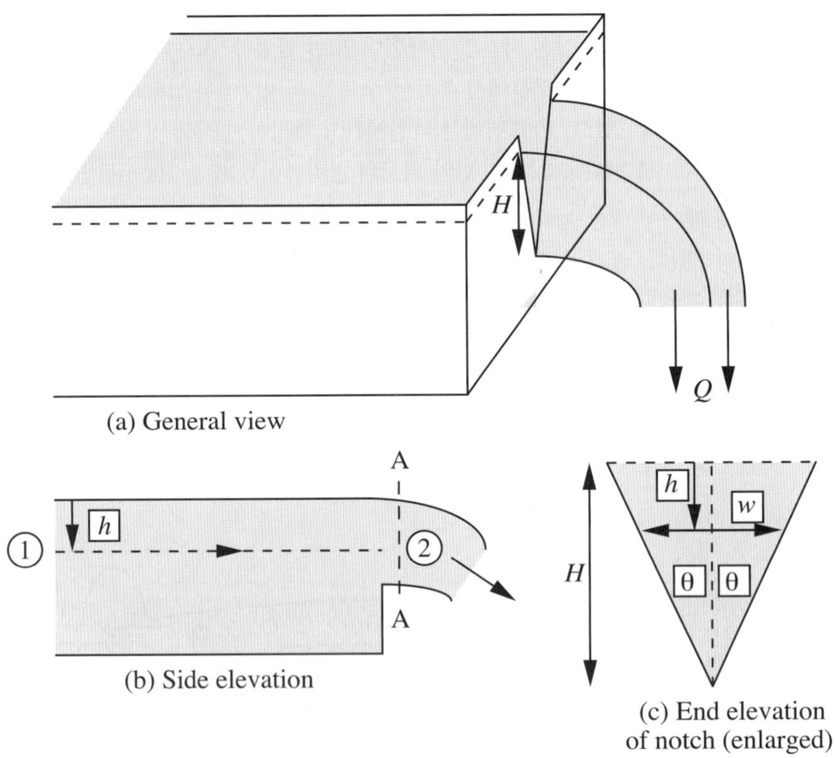

그림 P2.35 V자 홈 위로의 배출.

36. *사이펀을 이용한 탱크 배출—M.* 그림 P2.36은 일정한 부피 유속 Q로 액체가 공급되고 동시에 배출구가 탱크의 밑면과 같은 높이인 단면적이 a인 사이폰(siphon)을 통하여 배출되는 단면적이 A인 탱크

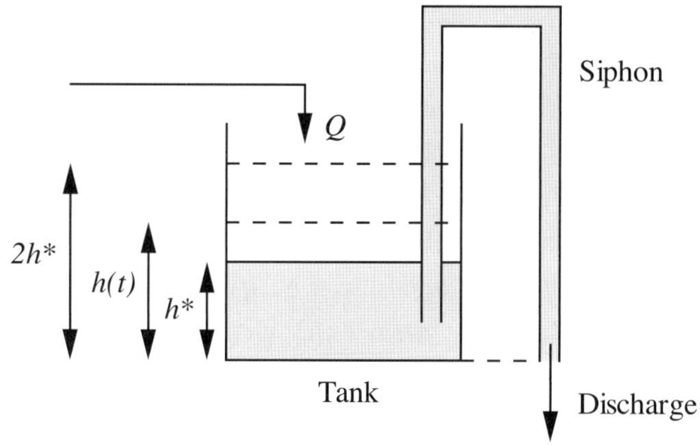

그림 P2.36 탱크를 비우기 위한 사이폰(siphon).

를 보여준다. Siphon에서의 마찰 손실은 무시할 수 있다.

(a) 관 마찰은 무시할 수 있다고 가정하고, 탱크의 정상 상태 수위는 다음과 같이 주어짐을 증명하라.

$$h^* = \frac{Q^2}{2ga^2}.$$

(b) 만약 액체의 공급 유속이 $2Q$로 갑자기 증가된다면, 액체의 깊이가 (최상단의 점선으로 보여지는) $2h^*$로 증가하는 데 소요되는 시간은 다음 표현으로 주어짐을 증명하라. 이 식에서를 계수 α를 계산할 수 있을 것으로 기대된다.

$$t = \frac{\alpha AQ}{ga^2}.$$

힌트: 부록 A에 주어진 적분들 중의 하나가 필요할 것이다. 액체의 깊이 h가 h^*와 $2h^*$ 사이의 값일 때, 탱크에 대한 과도 상태 물질 수지를 세우는 것을 시작하라. 유속이 커질수록 더 긴 시간이 소요되는 사실에 관해 설명하라.

37. *유체 "jetser"—M.* 1993년 10월호 *Journal of Engineering Education*에 Oregon State University 토목공학과에서의 대회를 게재했다. 기사는 "학생들은 바퀴 달린 평판에 놓인 저장고에 연결된 노즐의 물에 의해서만 동력을 얻는 유체 jetser 설계 및 제작"에 관한 것이다. 이와 같은 jetser에 대한 가능한 구조를 그림 P2.37에 나타내었다.

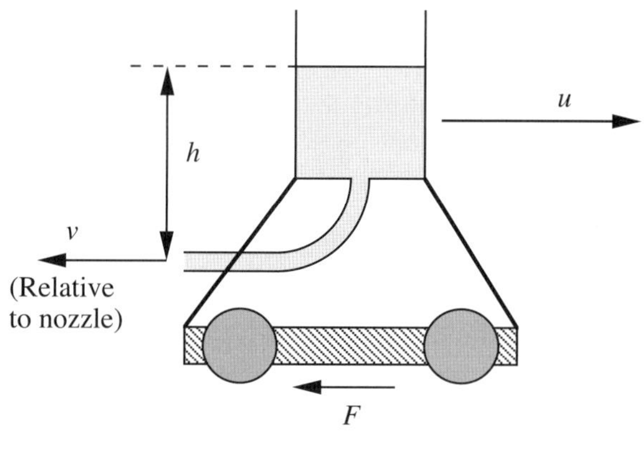

그림 P2.37 유체 jetser.

유체의 마찰을 무시하고, 현재의 높이 차 h의 항으로 (노즐에 대한 물의 배출 속도) v에 대한 표현을 유도하기 위하여 Bernoulli 방정식을 사용하라. 만약 노즐의 단면적이 A이고, 물이 밀도가 ρ이면, 노즐을 떠나는 질량 유속 m에 대한 표현식을 유도하라.

그 다음, 정지 상태의 관찰자가 보는 관점에서 움직이는 jetser에 대하여 운동량 수지를 세워라. 그리고 h, A, F(항력), u, M(이동장치의 현재 질량), ρ 및 필요하다고 생각되는 물리적 상수들 모두 또는 일부를 사용하여 가속도 du/dt에 대한 표현식을 유도하라.

38. *강물에서 오리피스 관을 지탱하기 위한 힘—D(C).* 지름이 4 in.인 얇은 관이 그 축에 평행하게 6 ft/s의 속도로 흐르는 강물에 고정되어 있다. 관에는 지름이 3 in.이고, 면적 기준의 축소계수가 0.60인 끝이 날카로운 오리피스가 설치되어 있다. 입구 손실 및 관에서의 전단력을 무시하고 오리피스가 관의 양쪽 끝으로부터 멀리 떨어져 있다고 가정하고, 관을 통과하는 유속(flow rate)과 이 관을 강물의 흐름에서 정지 상태로 유지하는 데 필요한 힘을 각각 계산하라.

39. *체단*(seive tray) *위의 거품—D (C).* 그림 P2.39는 높은 유속에서 조업되는 체 단위의 유동 형태를 보여준다. 이 액체에는 무시할 만한 양의 기체가 흡수되어 있다. 액체는 왼쪽에서 오른쪽으로 단을 가로질러 흐른다. AB 영역은 속도가 u_L이고 밀도가 ρ_L인 맑은 액체가 흐르는 영역이고, 천공 영역은 B에서 시작되며, BC는 거품 영역이다. 거품의 평균 밀도는 ρ_F이다. 운동량 수지에 의하여 두 영역의 유체의 두께는 다음 식에 의하여 연관지어진다는 것을 보여라.

$$\left(\frac{h_F}{h_L}\right)^3 \frac{\rho_F}{\rho_L} - \frac{h_F}{h_L}\left(1 + \frac{2u_L^2}{gh_L}\right) + \frac{2u_L^2\rho_L}{gh_L\rho_F} = 0.$$

$h_L = 0.2$ ft, $u_L = 0.5$ ft/s, $\rho_F/\rho_L = 0.5$일 때 h_F를 계산하라. 액체와 거품 층에서의 압력 증가의 비 p_L/p_F의 비를 계산하라.

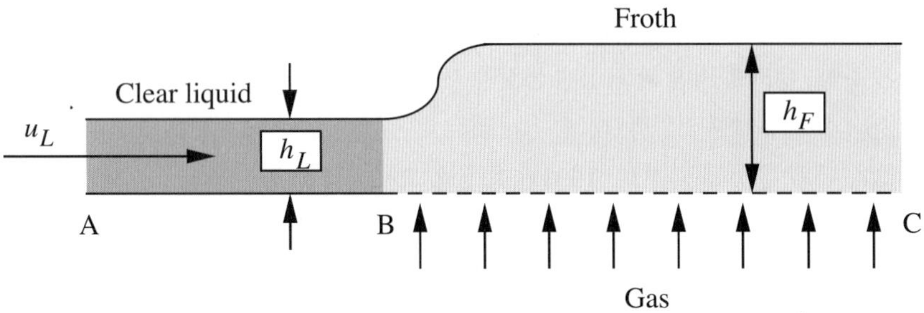

그림 P2.39 체 단위의 거품의 형성.

40. *다중 오리피스 판—M (C).* 오리피스 판 뒤에서의 *압력 회복*은 무엇을 의미하는가? 하류부에서 부분적인 압력 회복을 가능하게 하는 오리피스 판을 가로지르는 총괄 압력 강하는 kQm임을 보여라. 여기서 Q는 부피 유속이고, m은 질량 유속, k는 계의 기하학적 형태의 함수이다. k를 상수라고 가정하되, 이 가정에 대해 설명하라.

그림 P2.40에서와 같이 4개의 동일한 오리피스 판이 Wheatstone bridge와 비슷한 배열로 연결되어 있다. 펌프는 비압축성 유체를 D에서 B로 일정한 질량 유속 m_2로 이송한다. m_2를 크다고 가정하면, A와 C 사이에서의 압력 강하는 관 XY에서의 액체의 질량 유속 m_1에 비례함을 보여라. 압력 강하에 대한 이 표현이 적용될 수 있는 m_2의 임계값은 얼마인가?

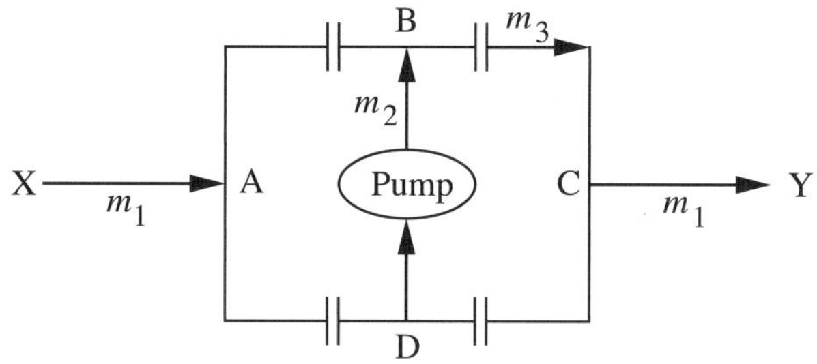

그림 P2.40 Wheatstone-bridge 배열에서의 4개의 오리피스 판.

41. *급격한 확장에서의 압력 회복—M (C).* 관에서의 급격한 확장에서 압력 증가는 큰 관의 지름이 고정된 작은 관의 지름의 $\sqrt{2}$배일 때 최대가 되고, 이때 에너지 소산 속도는 $\rho a u^3/8$임을 보여라. 여기서 u는 단면적이 a인 작은 관에서 속도이다.

42. *원자로 바닥의 분기관—D (C).* 그림 P2.42는 액체를 원자로 바닥으로 주입하는 데 사용되는 분기관을 보여준다. 분기관은 단면적이 A인 관으로 만들어졌다. 액체는 속도 v로 단면적이 a인 관 P를 통하여 유입되고 많은 작은 구멍들을 통하여 분기관의 주위로 균일하게 빠져나간다. 재순환 속도는 주입구의 바로 상류인 단면 BB에서 속도 V로 표시된다. 단면 A와 B 사이에서 에너지 손실은 없지만 단면 A에서 B까지 운동량이 보존된다고 가정하고, 벽에서의 마찰을 무시할 수 있을 때 다음을 보여라.

$$V = v(A - a)\sqrt{\frac{2}{Aa}}.$$

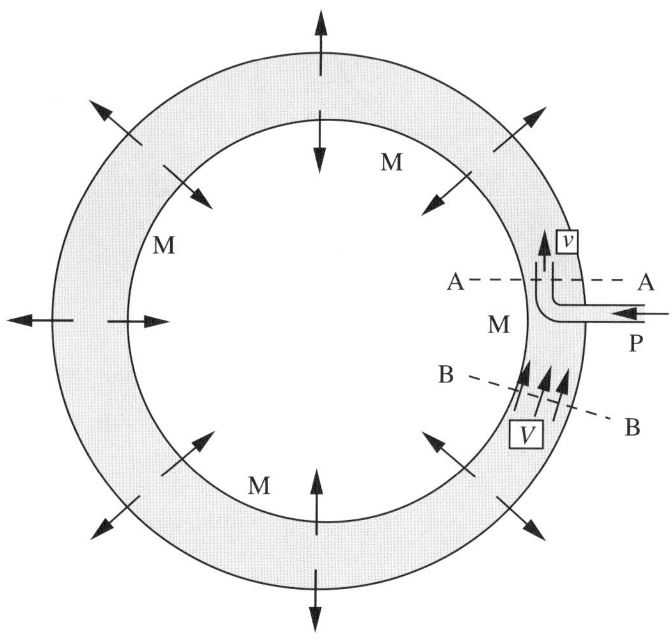

그림 P2.42 원자로의 기반으로 액체를 주입하는 데 사용되는 분기관.

43. *통풍관에서의 누입—M (C).* 대기압보다 약간 큰 압력에서 동작되는 단면이 사각형인 통풍관에 손상된 부분이 있다. 횡단면이 그림 P2.43에 주어져 있다. 대기로 열려진 단면적은 (유동 방향의 수직으로 측정된) 단면적의 10%이다.

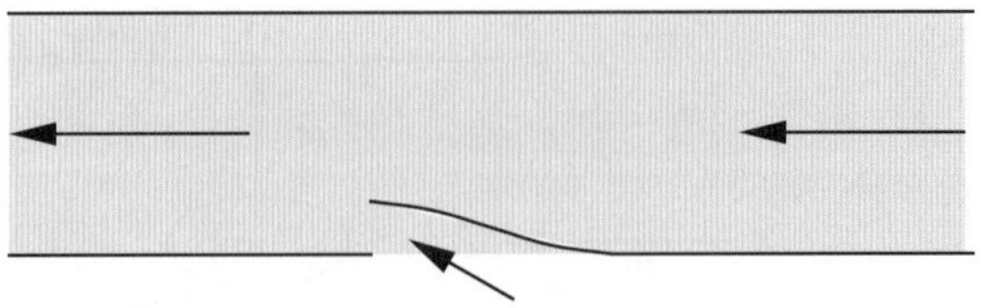

그림 P2.43 손상된 부분이 있는 통풍관.

손상부 상류의 속도가 3 m/s이면, 통풍관을 따라서의 압력 강하의 함수로 안쪽으로의 누입에 대한 표현을 구하라. 마찰에 의한 압력 손실을 무시하라. 만약 마찰을 고려한다면, 이 문제를 풀기 위하여 어떤 다른 정보가 필요할까?

44. *충전탑 범람—M (C).* 그림 P2.44는 충전탑에서 범람 메카니즘을 조사하기 위한 장치를 보여준다. 수직 원통을 중력장 하에서 아래 방향으로 계속 흘러내리는 액체 필름이 뒤덮는다. 단면에 보여지는 노즐 B는 중심선 A에 대하여 대칭이고, 단면 X−X에서 노즐의 벽과 액체 표면 사이의 면적은 $A = a + bx^2$이다.

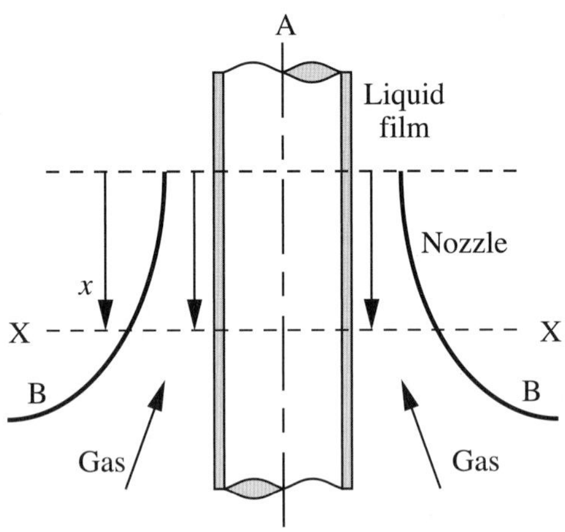

그림 P2.44 범람을 조사하기 위한 장치.

만약 액체 표면이 원통형으로 남아 있고, 기체 속도가 임의 단면 X−X를 가로질러서 균일하다면, 기체 흐름에서의 압력 구배 dp/dx는 $x = \sqrt{a/5b}$에서 최대가 될 것이고, 아래 방향으로 액체의 유동을 멈추게 하는 기체의 유속 Q는 다음과 같이 주어짐을 보여라.

$$Q^2 = \frac{108 g \rho_L a^3}{125 \rho_G b} \sqrt{\frac{5b}{a}},$$

여기서 ρ_G와 ρ_L은 각각 기체와 액체의 밀도이다.

45. *압력 높이압의 해석—M.* 그림 P2.6(a)에 나타낸 상황을 분석하고, 압력계의 액체 수위가 합리적으로 그려져 있는지에 대하여 상세히 설명하라.

46. *속도와 압력—M.* 물이 저장고의 점 A로부터 최종 배출점인 점 B까지 지름이 변하는 유로를 통하여 흐른다. A에서 B까지의 유선을 따라서 속도와 게기 압력에 대한 일반적인 경향을 명확하게 스케치하라.

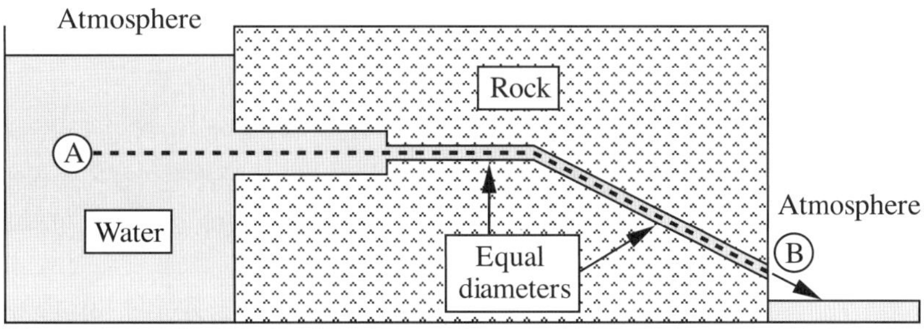

그림 P2.46 크기가 변하는 유로를 통하여 액체가 흐른다.

47. *참/거짓.* *참*(T)과 *거짓*(F)에 표시하라.

(a) 열 항은 역학적 에너지 수지식에는 존재하고, Bernoulli 방정식에는 존재하지 않는다. T□ F□

(b) 만약 순수한 물이 일정 부피의 소금물 탱크로 흘러들어 간다면, 출구 흐름에서 소금물의 농도는 시간에 따라 지수적으로 감소한다. T□ F□

(c) 만약 유체의 속도가 충분히 크다면, 유선은 서로 교차될 수 있다. T□ F□

(d) 만약 휘발유가 지름이 일정한 관을 통해 위로 흘러간다면, 중력의 작용에 의하여 휘발유의 속도는 감소한다. T□ F□

(e) 에너지 수지식 또는 Bernoulli 방정식에서 $\Delta p/\rho$는 속도의 제곱과 같은 단위를 갖는다. T□ F□

(f) 만약 Bernoulli 방정식을 g_c로 나눈다면, 각 항은 유체의 높이압이 되고, ft 또는 m와 같은 길이의 단위를 갖는다. T□ F□

(g) 그림 2.7(탱크 배출)에서 초기($t = 0$) 액체 수위 $h = h_0$, 이에 해당하는 출구 유속(exit flow rate)이 $Q_0 = A\sqrt{2gh_0}$인 경우를 고려하자. 탱크를 비우는 데 드는 시간은 유체의 초기 부피를 Q_0로 나눈 시간이 될 것이다. T□ F□

(h) 피토관(Pitot tube)은 운동 에너지가 위치 에너지로 바뀌는 원리 하에서 작동한다. T□ F□

(i) 유체가 오리피스 판을 통하여 수축부로 흘러가는 경우에, 수축부에서 속도가 증가하기 때문에 유체의 압력은 증가할 것이다. T□ F□

(j) 만약 수평 관에서 오리피스 판에 대한 마찰 소산 항 $\mathcal{F}$가 알려져 있다면, 이 항은 수평이 아닌 경우에도 적용될 수 있다. T□ F□

(k) 만약 수은 압력계가 밀도 ρ_k인 등유가 흐르는 오리피스 판을 가로질러서 연결되어 있고, 높이차 Δh가 기록되고, 이에 해당하는 압력 강하는 $p_1 - p_2 = \rho_{\mathrm{Hg}}g\Delta h$이다. T□ F□

(l) 질량 유속이 m이고 속도가 u인 흐름은 mu^2의 속도(rate)로 운동량을 대류시킨다. T□ F□

(m) 어떤 순간에 액체 연료 로켓의 운동량 증가 속도는 $M\,dv/dt$이다. 여기서 M은 로켓의 현재 질량이고, v는 현재 속도이다. T□ F□

(n) 제트 엔진의 추력은 $m(v - u)$이다. 여기서 m은 엔진을 통한 질량 유속이고, v는 엔진에 대한 배출 기체의 속도, u는 엔진이 탑재되어 있는 비행기의 속도이다. T□ F□

(o) 급격하게 확장되는 배관을 통한 흐름은 항상 압력이 *감*소한다. T□ F□

(p) 수력학적 도약(hydraulic jump)은 비가역적이고, 비교적 깊은 액체 흐름이 비교적 얕은 흐름으로 전환되었을 때만 발생할 수 있다. T □ F □

(q) 중력 작용 때문에 투수판과 홈 플레이트 사이의 야구공의 운동량은 감소한다. T □ F □

(r) 호수에서 속도 u로 전진하는 보트는 호수에서 물을 빨아들여서 배에 대한 상대속도 v로 후방으로 배출하는 펌프가 설치되어 있다. 호숫가에 있는 관찰자가 보는 물의 속도는 앞 방향으로 $v - u$이다. T □ F □

(s) 오리피스 판의 하류에서 유체의 유동 형태가 재확정된 후, 압력은 오리피스 판의 상류의 압력으로 회복될 것이다. T □ F □

(t) ($w = \mathcal{F} = 0$인) Bernoulli 방정식은 급격하게 확장되는 관에서도 성립한다. T □ F □

(u) 운동량 수지는 배관에서 급격한 확장에 대하여 마찰 소산항 $\mathcal{F}$를 결정하는 데 사용될 수 있다. T □ F □

(v) 팔을 밖으로 편 채로 발끝으로 회전하는 스케이트 선수는 손을 머리 위에 올리면 공기의 마찰이 감소하기 때문에 더 빨리 회전한다. T □ F □

제 3 장

파이프에서의 유체 마찰

Fluid Friction in Pipes

3.1 서론

화학 공정 조작에서, 유체는 대개 파이프를 통하여 운반되는데, 파이프 내에서(난류를 동반하거나 그렇지 않거나 간에) 점성 작용은 "마찰" 및 유용한 일이 열로 소산되게 된다. 이러한 마찰은 유체에 펌프로 압력을 높이거나 중력 하에서 높은 곳에서 낮은 곳으로 낙하시킴으로써 극복된다. 두 경우 모두 주어진 구동력 하에서의 유속 및 속도를 아는 것이 필요하다. 이 주제에 관하여 논의하도록 한다.

그림 3.1은 길이 L인 파이프의 시작과 끝에서 압력 p_1과 p_2를 측정하기 위해 설치된 압력계를 보여준다. 중력 효과를 배제하기 위해 의도적으로 *수평인* 파이프를 선택하였다. 또한 정확한 결과를 얻기 위해, 첫 번째 압력계는 유동 형태가 (관의 길이에 따라 더 이상 변하지 않는) *완전히 발달되도록*(fully developed) 수평의 파이프의 입구로부터 충분히 멀리 떨어진 위치에 설치해야 한다.

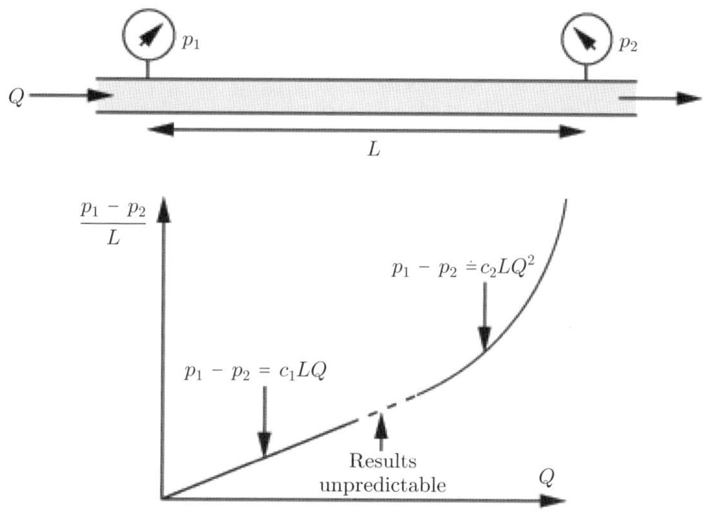

그림 3.1 수평 파이프에서의 압력 강하.

Reynolds, Osborne. 1842년 Ireland의 Belfast에서 태어나 1912년 England의 Somerset에서 사망하였다. Reynolds는 영국의 성공회 성직자의 가정에서 태어났으며, 1861년 기계공학자인 Edward Hayes의 지도하에 1867년 Cambridge에서 수학 분야에서 학위를 받았다. 짧은 기간 동안 토목기술자로 일한 후, 다음해에 Manchester, Owence College에 신설된 교수직에 임용되어 그 곳에서 37년 동안 근무하였다. 그는 공학과 물리학의 다양한 분야의 주제에 관해 연구하였다. 그가 *Philosophical Transactions of the Royal Society*, 174, pp. 935−982 (1883)에 발표한 논문 "An experimental of the circumstances which determine whether the motion of water in parallel channels shall be direct of sinuous and of the law of resistance on parallel channels"에서 현재 그의 이름을 딴 무차원군의 중요성을 제시하였다. 열과 운동량 전달 간의 그의 추론(9장 참조)에 관한 "On the extent and action of the heating of steam boilers," *Proceedings of the Manchester Literary and Philosophical Society*, Vol. 14, p. 8 (1874−1875) 논문을 출판되었다. 1885년에 촘촘히 충전된 과립이 외부 교란을 받을 때 간극 부피(공극률(void fraction))이 증가하는 능력을 *팽창성*(dilatancy)이라고 명명하였다. 1877년에 영국왕립협회의 회원으로 선출되었다.

유속이 고정된 상태에서, 길이를 변화시키면서 반복적으로 측정하는 실험에서 압력차 ($p_1 - p_2$)는 L에 정비례한다는 것으로 밝혀졌다. 따라서 부피유속 Q에 따른 단위길이당 압력차(*압력 구배* dp/dz의 음의 값, 여기서 z는 파이프의 길이를 나타냄), $(p_1 - p_2)/L$의 도표로 나타내는 것이 적절하다. 이렇게 얻어진 그래프를 보면 세 개의 다른 유동 영역이 존재한다.

1. 유속이 낮은 경우(추후 바로 정의될), 압력 구배는 유속에 정비례한다.
2. 중간 영역의 유속의 경우, 결과의 재생성이 없으며, 외형상 임의적으로 1과 3 영역의 확장 선상에서 변동하는 경향을 보인다.
3. 유속이 큰 경우, 압력 구배는 유속의 제곱근에 비례한다.

이 영역들은 각각 *층류*(laminar), *전이*(transition), *난류*(turbulent) 영역으로 알려져 있다. 이러한 상황은 그림 3.2과 같이 1883년 Osborne Reynolds 경이 투명한 관을 통한 액체의 유동들에 관한 잘 알려진 실험을 통해 좀 더 보여주었다. 이 실험에서 유동하는 액체 흐름(stream)의 중심에 주사기로 염료를 주입하여 아주 가는 필라멘트를 형성한다. 속도의 불균형으로 인해 불안정성이 발생하지 않도록 주입하였다. (기체의 경우, 등유 증기와 같은 연기 필라멘트를 주입하여 유동을 가시화하였다.) 이 실험에서 전술한 바와 정확히 상응하는 세 종류의 상이한 유동 영역을 관찰할 수 있다.

1. 유속이 작은 경우, 그림 3.2(a), 주입된 염료 분사가 액체를 따라 이동하는 긴 필라멘트의 모양을 유지한다.
2. 중간 영역의 유속의 경우, 결과는 재생되지 않으며, 영역1과 3의 확장선 상에서 임의로 변하는 현상을 보였다.
3. 유속이 큰 경우, 그림 3.2(b)와 같이 분사된 염료는 주위 액체와 신속하게 혼합되어 희석되면

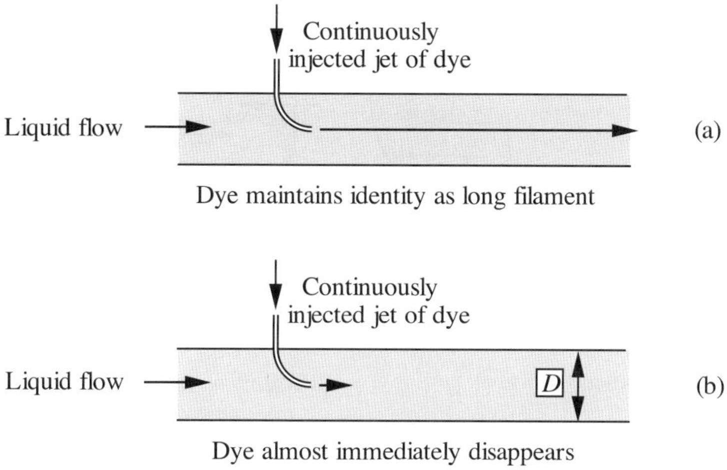

그림 3.2 ▶ Reynolds 실험.

표 3.1 ▶ 파이프 유동 영역의 Reynolds 수에 대한 의존성

Approximate Value of Reynolds Number	Flow Regime	Pressure Gradient Is Proportional to
$< 2,000$	Laminar	Q
2,000—4,000	Transition	Variable
$> 4,000$	Turbulent	$Q^{1.8}$—Q^2

서 사라지게 된다. 그 이유는 관에서의 액체의 오른쪽 방향으로의 유동이 무작위성인 난류 운동과 중첩되면서 불안정화되기 때문이다.

추가적인 실험을 통하여 세 영역은 단지 유속(flow rate)에만 의존하는 것이 아니라, 유체의 평균 속도 u_m, 밀도 ρ, 점도 μ 그리고 관의 지름 D의 무차원적 조합에도 의존하는 것이 밝혀졌다. 무차원적 조합 또는 *무차원 군*은 다음과 같이 정의되고,

$$\mathrm{Re} = \frac{\rho u_m D}{\mu}, \tag{3.1}$$

이를 *Reynolds 수*(Reynolds number)라 하며, *점성 효과*($\mu u_m/D$)에 대해 관성 효과(ρu_m^2으로 측정되는—예를 들면, 식 (3.26) 참조)의 상대적인 중요성을 나타낸다. 표 3.1은 특정한 Reynolds 수가 어떤 영역에 속하는지를 보여준다. Q의 지수 1.8 또는 2는 추후에 정의되는 관 표면의 수력학적 *거칠기*에 의존한다. 3.2절과 3.3절에서 층류와 난류 영역에서의 유동에 관해 좀 더 자세히 다루도록 한다.

3.2 층류 유동

중력에 의한 추가적인 복잡성(추후 논의)을 피하기 위해, 그림 3.3과 같이 반지름 a인 수평 원통형

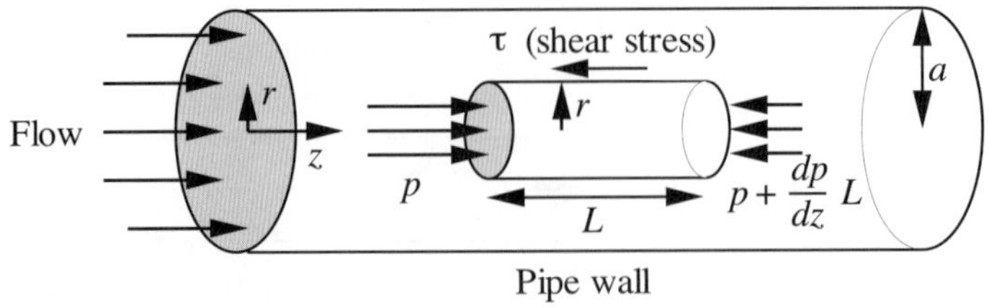

그림 3.3 원통형 유체 요소에 작용하는 힘.

관에서의 유동에 관해 고려해 보자.

추가로 반지름 r, 길이 L인 흐르는 원통형 유체 요소를 고려한다. 이 경우 원통의 양쪽 원형 말단을 가로지르는 *대류* 운동량 전달은 존재하지 않으며, 따라서 해석이 간략화된다.[1] 파이프 벽에 의한 속도 저해작용으로 인해 유체 원통과 파이프 벽 사이에서 유체에 의해 원통의 곡면에 왼쪽 방향으로 전단응력 τ가 작용하게 될 것이다.[2] 면적이 πr^2인 원형 양쪽 말단에 작용하는 순 압력힘(net pressure force)은 면적이 $2\pi rL$인 원형 표면에 작용하는 전단응력에 의하여 완벽하게 상쇄된다.

$$p\pi r^2 - \left(p + \frac{dp}{dz}L\right)\pi r^2 - \tau 2\pi rL = 0. \tag{3.2}$$

이를 간단히 나타내면 다음과 같다.

$$\tau = \frac{r}{2}\left(-\frac{dp}{dz}\right). \tag{3.3}$$

압력 구배는 실험적으로 쉽게 결정될 수 있기 때문에(3.1절 참조), 식 (3.3)은 반지름 방향의 임의의 위치에서 나타나는 전단응력을 계산하는 데 사용할 수 있다. dp/dz가 음의 값이므로, 그림 3.3에 나타낸 방향의 τ는 양의 값이 됨을 주목하라. 식 (3.3)은 그림 3.4 왼쪽에 나타낸 바와 같이 τ는 r에 따라 선형적으로 변한다는 것을 예측할 수 있다. 전단응력은 중심선에서는 0이고, 파이프 벽에서 최대값 τ_w로 증가한다.

지금까지의 내용은 층류나 난류 유동 모두에 대하여 똑같이 성립한다. 그러나 지금부터는 *뉴턴성 유체*(Newtonian fluid)의 *층류* 유동에 한하여 고려하면, 전단응력은 다음과 같이 속도 구배에

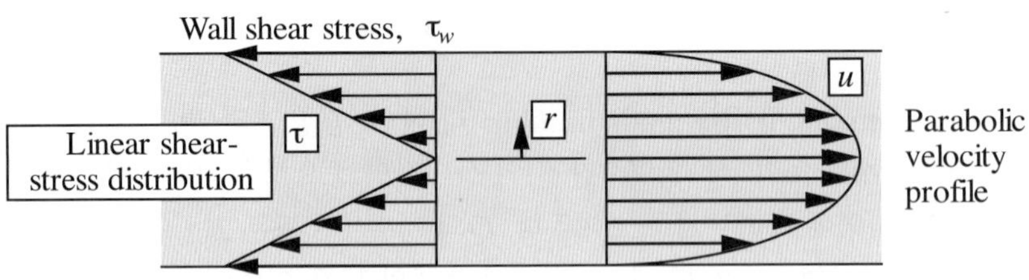

그림 3.4 층류 유동에서의 전단응력 및 속도 분포.

[1]만약 공간상에 고정된 원통을 고려한다면 z 축 방향 운동량은 왼쪽 말단을 통해서는 도입되고, 오른쪽 말단을 통해 나가는 대류 전달이 존재하게 된다. 하지만 속도 분포가 완전히 전개되었으므로, 이 전달 속도들은 크기가 같고 하나는 (계에 더해 주는) 양이고 다른 하나는 (계로부터 빠져나가는) 음이므로, 이 두 양은 서로 소거되고 같은 결과를 얻을 수 있다.

[2]부호 약속 및 두 첨자를 포함하는 전단응력의 좀 더 자세한 정의는 5.6절에서 다룬다.

정비례한다.

$$\tau = -\mu \frac{du}{dr}, \tag{3.4}$$

여기서 μ는 유체의 점도이다. 식 (3.4)에 관한 자세한 설명은 3.3절에서 분자 수준에서의 운동량 전달 현상을 토대로 해서 설명할 것이다. 그림 3.3을 참고하여, τ는 나타낸 바와 같이 양의 값이고, du/dr은 음의 값임에 주의한다(속도는 벽에 접근함에 따라 0으로 감소하므로). 식 (3.3)과 (3.4)에서 τ를 소거하면 다음과 같이 된다.

$$-\mu \frac{du}{dr} = \frac{r}{2}\left(-\frac{dp}{dz}\right), \tag{3.5}$$

위의 식을 적분하면

$$\int_0^u du = -\frac{1}{2\mu}\left(-\frac{dp}{dz}\right) \int_a^r r\, dr, \tag{3.6}$$

여기서 $r = a$일 때, $u = 0$인 경계조건은 파이프 벽에서의 *접착 조건*(no-slip condition)을 의미한다.

임의의 반경 방향 r에서 속도에 대한 최종 방정식은 다음과 같다.

$$u = \frac{1}{4\mu}\left(-\frac{dp}{dz}\right)(a^2 - r^2). \tag{3.7}$$

압력구배를 유한한 길이 L에 대한 총 압력 강하의 항으로 다음과 같이 나타낼 수 있다.

$$\frac{dp}{dz} = \frac{p_2 - p_1}{L} = -\frac{p_1 - p_2}{L} = \frac{\Delta p}{L}. \tag{3.8}$$

따라서 속도 분포는 다음과 같이 쓸 수 있다.

$$u = \frac{-\Delta p}{4\mu L}(a^2 - r^2). \tag{3.9}$$

그림 3.4의 오른쪽 그림에 나타낸 바와 같이, 속도 분포가 *포물선* 형태이고, 속도는 압력구배에 정비례하며, 점도에 반비례함을 알 수 있다.

총 부피 유속(total volumetric flow rate) Q는 파이프의 단면에 대해 적분하여 얻을 수 있다. 그림 3.5에 나타낸 바와 같이 내부 반지름 r과 폭 dr인 미분 원환을 고려해 보자. 원환의 면적은 다음의 두 방법 중 하나로 구할 수 있다. (a) $(dr)^2$ 항을 무시하고, 반지름이 $r + dr$과 r인 두 원의 면

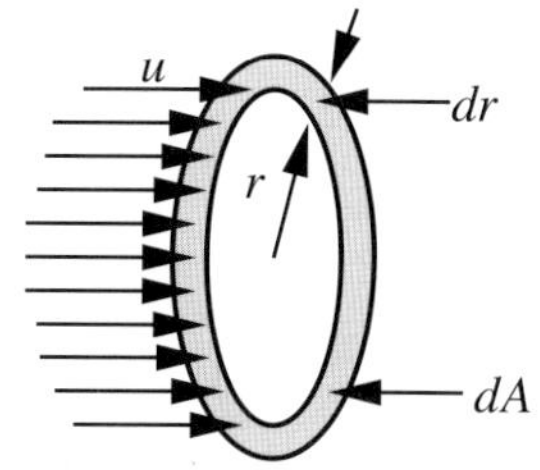

그림 3.5 미분 원환을 통한 유동.

적 차; 또는 (b) 원환을 풀어서 길이 $2\pi r$과 폭 dr인 직사각형의 면적. 면적 dA와 이를 통과하는 미소 부피 유속 dQ는 다음과 같다.

$$dA = \pi(r+dr)^2 - \pi r^2 = \pi r^2 + 2\pi r\,dr + \pi(dr)^2 - \pi r^2 = 2\pi r\,dr, \tag{3.10a}$$

$$dA = 2\pi r\,dr, \tag{3.10b}$$

$$dQ = u\,dA = 2\pi r u\,dr. \tag{3.11}$$

따라서 총 부피 유속(flow rate)은 다음과 같다.

$$\begin{aligned} Q &= \int_0^Q dQ = 2\pi \int_0^a \underbrace{\frac{1}{4\mu}\left(-\frac{dp}{dz}\right)}_{\text{Constant}}(a^2-r^2)r\,dr \\ &= \frac{\pi a^4}{8\mu}\left(-\frac{dp}{dz}\right) = \frac{\pi a^4}{8\mu}\,\frac{p_1-p_2}{L}, \end{aligned} \tag{3.12}$$

이 관계식은 관 유동에 관한 *Hagen-Poiseuille 법칙*으로 알려져 있다.

위와 같은 해석은 중력항이 포함되는 *경사진* 파이프에 대한 운동량 수지에까지 확장될 수 있다. 압력 구배에 $\pm\rho g\sin\theta$ 항이 추가되고, 결과적으로 속도 분포는 다음과 같이 된다.

$$u = \frac{1}{4\mu}\left(-\frac{dp}{dz} \pm \rho g \sin\theta\right)(a^2-r^2), \tag{3.13}$$

여기서 θ는 수평에 대해 (양의) 경사각이다. 식 (3.13)에서 양의 부호는 하강 유동에, 음의 부호는 상승 유동에 적용된다. 속도 분포는 파이프의 방향에 관계없이 여전히 포물선 형태를 갖는다.

마찰 소산항 $\mathcal{F}$

또 다른 일반적으로 좀 더 유용한 방법은 먼저 그림 3.6에 나타낸 파이프에 대한 *마찰 소산항*을 결정하는 것이다.

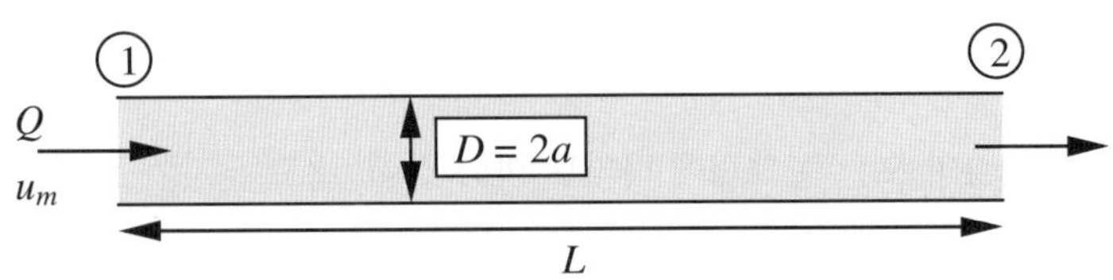

그림 3.6 ▶ 수평 파이프에서의 유동.

Hagen-Poiseuille 법칙을 다시 쓰면 다음과 같다.

$$Q = \frac{\pi a^4(-\Delta p)}{8\mu L}, \tag{3.14}$$

여기서 $\Delta p = p_2 - p_1$이다("Δ"는 항상 최종값에서 초기값을 제한값이다). 그러나 총괄 에너지 수지, 식 (2.17)은 다음과 같이 된다.

$$\alpha\Delta\left(\frac{u^2}{2}\right) + g\Delta z + \frac{\Delta p}{\rho} + w + \mathcal{F} = 0, \tag{3.15}$$

여기서 인자 α는 현재로서는 중요하지 않지만, 추후에 설명할 것이다. 속도 및 고도의 변화 그리고 가해진 일이 없기 때문에, 첫 번째, 두 번째, 네 번째 항들은 0이다. 식 (3.14)를 이용하여 Δp 항을 소거하면, $\mathcal{F}$에 대한 해는 다음과 같이 된다.

$$\mathcal{F} = -\frac{\Delta p}{\rho} = \frac{8\mu LQ}{\pi a^4 \rho} = \frac{8\mu u_{\mathrm{m}} L}{\rho a^2}. \tag{3.16}$$

$\mathcal{F}$에 대한 이 식은 파이프의 경사에 의존하지 않는다는 측면에서 "보편적"이라고 할 수 있다. 따라서 이 방정식은 *수평*, *경사진*, 또는 *수직* 파이프에서의 유동에 대한 에너지 수지에 사용할 수 있다. 그 이유는 마찰 소산이 속도 분포의 형태와 크기에 의존하는데, 속도 분포는 항상 포물선 형태이고 파이프의 방향에 의존하지 *않기 때문이다*.

다음과 같은 관계들도 유용하다.

최대속도(Maximum velocity)

유체의 속도는 중심선에서 최대가 되고, 식 (3.7)에 $r = 0$을 대입하면 다음과 같은 결과를 얻는다.

$$u_{\max} = \frac{a^2}{4\mu}\left(-\frac{dp}{dz}\right). \tag{3.17}$$

평균속도(Mean velocity)

유체의 평균속도는 식 (3.12)의 총 부피 유속(volumetric flow rate)을 단면적으로 나누어서 구할 수 있고, 최대 속도의 반이 된다.

$$u_{\mathrm{m}} = \frac{Q}{\pi a^2} = \frac{a^2}{8\mu}\left(-\frac{dp}{dz}\right) = \frac{1}{2}u_{\max}. \tag{3.18}$$

단위 질량당 운동 에너지(Kinetic energy per unit mass)

총괄 에너지 수지를 세우기 위해서는 특정 축 방향 위치 z를 통과하는 유체의 단위 질량당 운동 에너지를 구할 필요가 있다. 단위 질량당 운동 에너지는 평균속도의 제곱의 절반, 즉 $u_{\mathrm{m}}^2/2$이 아니라는 것을 알게 될 것이다.

단위 질량당 어떤 특성 ψ (운동 에너지의 경우, $\psi = u^2/2$)에 대해, 흐르는 단위 질량당의 평균값 $\overline{\psi}$를 다음과 같이 정의하자.

$$\overline{\psi} = \frac{\underbrace{\int_0^a \underbrace{2\pi r\,dr}_{dA}\,(\rho u \psi)}_{\text{Total amount of } \psi \text{ flowing}}}{\underbrace{\int_0^a \underbrace{2\pi r\,dr}_{dA}\,(\rho u)}_{\text{Total mass flow rate}}}. \tag{3.19}$$

$\psi = u^2/2$를 식 (3.19)에 대입하고, 분모가 단순히 ρQ라는 것을 알고 있다면, 흐르는 단위 질량당의 운동 에너지는 다음과 같이 된다는 것을 알 수 있다.

$$\overline{KE} = \frac{1}{\rho Q}\int_0^a 2\pi r\,dr\left(\rho u\frac{u^2}{2}\right) = \left[\frac{a^2}{8\mu}\left(-\frac{dp}{dz}\right)\right]^2 = u_{\mathrm{m}}^2 \quad \left(\text{not } \frac{u_{\mathrm{m}}^2}{2}\right). \tag{3.20}$$

따라서 관을 통한 층류 유동에서 단위 질량당 운동 에너지는 다음과 같이 된다.

$$\overline{KE} = \alpha \frac{u_m^2}{2}, \tag{3.21}$$

여기서 $\alpha = 2$이다.

*난류*의 속도 분포에 대하여, 식 (3.19)를 $\psi = u^2/2$를 사용하여 적분할 수 있지만, 이 경우에는 난류에 적합한 속도 분포(3.5절 참조)를 이용해야 한다. 층류의 속도 분포에 비해 난류의 속도 분포는 중심선 부근에서 훨씬 더 편평하고, 벽 근처에서는 기울기가 훨씬 더 급하기 때문에, 결과적으로 $\alpha \doteq 1.07$이 된다. 또한 에너지 수지에서 운동 에너지 항은 대체로 다른 항들에 비해 작기 때문에, 난류의 경우에는 α를 1이라고 해도 크게 문제가 없으며, 따라서 생략되는 경우가 많다.

예제 3.1 파이프에서의 고분자 유동

어떤 고분자가 그림 E3.1(a)의 수평 파이프를 통해 다음의 조건하에서 정상 상태로 흐르고 있다. $\rho = 900\ \text{kg/m}^3$, $\mu = 0.01$ Pa s(kg/m s), $D = 0.02$ m, $u_m = 0.5$ m/s. 다음을 계산하되 단위를 명확히 표시하라.

(a) Reynolds 수
(b) 흐르는 단위 kg당의 마찰 소산
(c) 단위 미터당 발생하는 압력 강하
(d) 만약 고분자가 펌핑 작용 없이 정상 상태 동일 속도로 흐른다면, 파이프 길이 1 m당 고도의 *강하*. 이 경우에는 그림 E3.1(b)와 같이 중력이 유동을 위한 충분한 에너지를 공급한다(즉 $\Delta p = 0$).

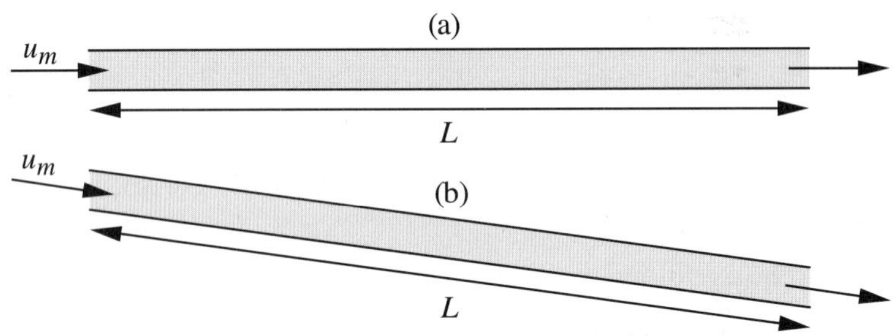

그림 E3.1 파이프에서 고분자의 유동: (a) 수평 파이프, (b) 경사진 파이프.

풀이

(a) (무차원) Reynolds 수는 다음과 같이 된다.

$$\text{Re} = \frac{\rho u_m D}{\mu} = \frac{900 \times 0.5 \times 0.02}{0.01} = 900. \tag{E3.1.1}$$

(b) Reynolds 수가 임계값인 2,000 이하이므로, 유동은 *층류*이고, 단위길이당($L = 1$ m) 마찰 소산은 식 (3.16)을 사용하여 다음과 같이 계산할 수 있다.

$$\mathcal{F} = \frac{8\mu u_m L}{\rho a^2} = \frac{8 \times 0.01 \times 0.5 \times 1}{900 \times (0.01)^2} = 0.444\ \frac{\text{m}^2}{\text{s}^2} = 0.444\ \frac{\text{J}}{\text{kg}}. \tag{E3.1.2}$$

(c) 파이프의 임의의 두 지점에 대한 에너지 수지는 다음과 같다.

$$\alpha\Delta\left(\frac{u^2}{2}\right) + g\Delta z + \frac{\Delta p}{\rho} + w + \mathcal{F} = 0. \tag{E3.1.3}$$

그러나 첫 번째, 두 번째, 네 번째 항이 0이므로 (속도가 일정함, 수평 파이프에서 고도의 변화가 없음, 가해진 일이 없음), 1 m당 압력 강하는 다음과 같이 된다.

$$-\Delta p = \rho\mathcal{F} = 900 \times 0.444\ \frac{\text{kg m/s}^2}{\text{m}^2} = 400\ \text{Pa} = 0.0040\ \text{bar}. \tag{E3.1.4}$$

(d) 펌핑 작용이 없는 경우에 필요한 고도 강하를 구하기 위해 운동 에너지 변화가 없고, 가해진 일이 없는 경우에 대한 총괄 에너지 수지를 다시 적용한다. 추가적으로, 위치 에너지의 손실이 파이프와의 마찰과 완전히 균형을 이루므로 압력의 변화는 없다. 따라서

$$\Delta z = -\frac{\mathcal{F}}{g} = -\frac{0.444}{9.81} = -0.0453\ \text{m}. \tag{E3.1.5}$$

즉, 파이프의 단위 미터당 고도를 0.0453 m 감소시켜야 한다.

3.3 전단 응력에 대한 모델들

Newton의 점도 법칙(law of viscosity)은 분자 확산에 기인하는 운동량 전달을 토대로 전단응력과 속도 구매와의 관계를 설명한다. 먼저 마찰이 없는 궤도 위의 두 수송 활자(trolley)를 보여주는 그림 3.7를 고려하자.

질량이 M인 사람이 속도 u로 오른쪽으로 이동하는 활자 A로부터 정지 상태에 있는 활차 B로 옮겨 탄다. 그러면 이 사람은 $\mathcal{M} = Mu$의 운동량을 A에서 B로 전달하게 되고, 그 결과 활차 B가 가속된다. 여기서 운동량은 x축 방향이지만, 전달 방향은 횡방향 또는 y축 방향임에 주의하라. 만약 사람들이 *연속적으로* 옮기게 되면, 운동량 전달이 연속적으로 전달되게 되며 (활차가 이 사람들을 모두 수용할 수 있을 정도로 크다고 가정하고) 알짜 효과는 A가 B에 x축 방향으로 *정상 상태*의 힘을 작용하는 것이 된다.

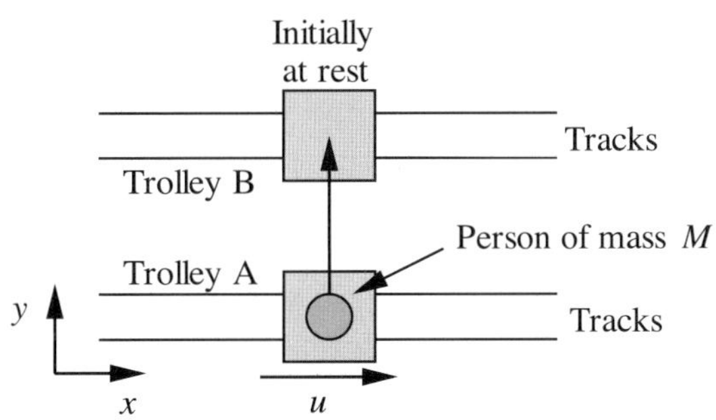

그림 3.7 마찰이 없는 궤도 위의 두 수송 활차 사이에서의 횡방향 운동량 전달.

층류 유동에서의 운동량 전달

이와 유사한 현상은 층류 유동에서도 발생하는데, 이 경우에는 횡방향 이동이 *Brown 운동*(Brownian motion)[3]이라고 알려진 무작위성 분자운동에 의해 발생한다.

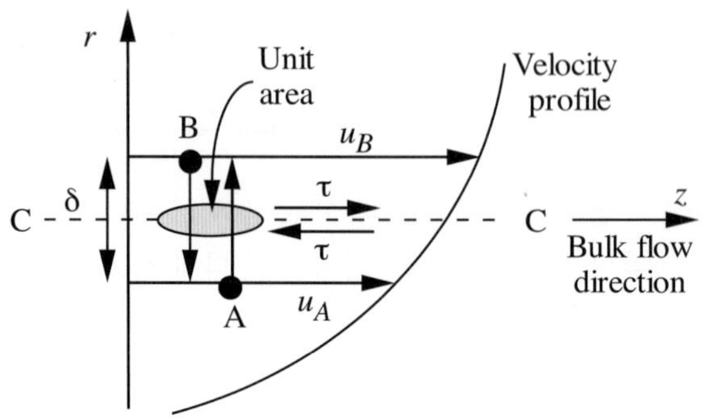

그림 3.8 층류 유동에서 전단응력에 대한 분자 확산 모델.

그림 3.8은 z축 방향 또는 관의 축방향의 유동에 대한 속도 분포의 일부를 보여준다. 반지름 방향의 임의의 위치에서 C−C 평면을 고려해보자. Brown 운동 때문에 A와 B 같은 분자들이 아래와 위로부터 단위 시간당 단위 면적당 m의 질량 속도로 끊임없이 C−C 평면을 통과할 것이다. 속도의 z 성분이 u_B인 B 분자는 속도의 z 성분이 u_A인 A 분자가 위로 전달하는 운동량보다 약간 많은 양의 z 성분의 운동량을 아래로 전달한다. 그림에 나타낸 것과 같은 속도 분포에 대하여 C−C 평면을 관통하여 아래로 전달되는 z 성분의 운동량의 알짜 전달 속도는 *양*이 되고, 다음과 같이 전단응력으로 표시한다.

$$\tau = m(u_\text{B} - u_\text{A}). \tag{3.22}$$

평균적으로, 분자들은 서로 충돌하여 운동량을 내어 놓기 전까지 짧은 거리, 즉 분자들의 *평균 자유 경로*(mean free path), δ를 이동하게 된다. 따라서 속도 차 $u_\text{B} - u_\text{A}$는 δ와 국지 속도 구배의 곱이 되고, 다음과 같은 Newton의 점도 법칙(Newton's law of viscosity)이 된다.

$$\tau \doteq m\delta \left(\frac{du}{dr}\right) = \mu \frac{du}{dr}, \tag{3.23}$$

여기서 $\mu = m\delta$는 유체의 *점도*이다. m과 δ가 z 방향의 유속(flow rate)과는 무관하므로, 점도는 상수이며, 벌크(bulk) 운동과는 무관하다. 이제 식 (3.4)와 비슷한 결과에 대한 *물리적 근거*를 가지게 되었으며, 이 식에서 음의 부호는 단지 전단응력의 방향에 대한 관점을 반영한 것이다.

---

[3] G. Stix, *Scientific American*, Vol. 291, No. 3, September 2004, p. 46에 "[1905년] Albert Einstein은 *Annalen*에 게재한 논문 'On the motion of small particles suspended in liquids at rest required by the molecular-kinetic theory of heat'은 주어진 액체 부피 내에 분자의 수와 질량과 분자들이 부유되는 형태에 관한 예측을 제공하였다. 이 불규칙한 운동은 1827년 식물학자 Robert Brown이 물속의 화분립 내의 입자들의 불규칙한 지그재그 움직임을 발견한 후 Brownian 운동이라 명명되었다. Einstein은 물 분자의 움직임이 너무 커서 현탁 입자들을 밀치듯 하며, 이는 현미경으로 마치 춤을 추는 것처럼 보일 수도 있다고 제안했다.

Issac Newton 경. 1642년 England의 Lincolnshire에서 출생, 1727년에 Kensington에서 사망, London의 Westminster 사원에 안장되었다. 그는 탁월한 과학 천재였으며, 가족 농장 일을 돕기 위하여 잠시 학업을 중단하기도했지만, 1661년 Trinity College Cambridge에 입학하여, 1665년에 수학 학사 학위를 받았으며, 1667년에 이 대학의 특별 연구원으로 임용되었다. Newton은 빛의 반사, 굴절, 편광을 포함한 광학에 관한 연구를 수행하였고, 반사 망원경을 발명하였다. 1666년 경에 그는 Kepler의 행성 운동에 관한 법칙으로부터 태양과 행성 사이의 인력은 둘 사이의 거리의 제곱에 반비례해야 한다는 것으로 추론하였다. 1669년에 Newton은 수학과에서 루카스 석좌교수(Lucasian professor)로 임명되었고, 1671년 영국 왕립 학회(The Royal Society) 회원으로 선출되었다. 그의 대표 저서는 1687년 3권으로 출판된 *Philosophiae Naturalis Principia Mathematica*이다. *Principia*에서는 역학, 천체 운동, 유체역학, 파동, 조류에 관한 법칙들을 다루고 있다. 이때까지는 그의 모든 업적들에도 불구하고, Newton은 금전적으로나 국가적으로 탁월한 지위를 인정받지 못했으나, 1699년에 Master of the Royal Mint in London에 임명되면서 상황이 개선되었으며, 평생 동안 탁월한 성과로 이 직책을 유지하였다.

출처: *The Encyclopedia Britannica*, 11판, Cambridge University Press (1910–1911).

*기체*의 경우, 평균 자유 경로(mean free path)는 동역학적 이론으로부터 예측될 수 있으며, 점도를 다음과 같은 이론식으로 표현할 수 있으며, 이 식은 압력이 10기압 이하인 경우 대부분 실험값과 잘 일치하는 것으로 알려져 있다.

$$\mu = \frac{1}{\pi r^2}\sqrt{\frac{mkT}{3}}. \tag{3.24}$$

여기서 r은 기체 분자의 유효 반지름(effective radius)이고, m은 질량, k는 Boltzmann 상수(1.380×10^{-16} erg/molecule K)이고, T는 절대온도이다. 이 식으로부터 (a) μ는 압력에 무관하며, (b) μ는 온도가 증가함에 따라 증가한다는 것을 예측할 수 있다.

*액체*의 경우, 기체와 같은 점도에 관한 간단한 식은 없다. 그러나 일반적으로(기체의 경우와는 반대로) 액체의 점도는 온도가 증가함에 따라 감소한다. 액체와 기체의 점도를 나타내는 식 (1.17)과 식 (1.18)은 실험적인 관찰로부터 얻어진 실험식이다.

난류 유동에서의 운동량 전달

전술한 내용과 유사한 상황이 난류 유동의 경우에도 성립한다. 그러나 난류인 경우에는 난류의 에디(eddy)로 인해 분자의 무작위적인 운동이 크게 *확대*된다. 난류 유동은 *에디 동점도*(eddy kinematic viscosity) ν_T의 개념을 이용하여 다음과 같이 표현할 수 있고,

$$\tau = \rho(\nu + \nu_T)\frac{du}{dr} \doteq \rho\nu_T\frac{du}{dr}, \tag{3.25}$$

(실험적으로) $\nu_T \gg \nu$이다. 에디 동점도 ν_T는 상수는 아니지만, 실험적으로 $u_{\rm m}D$에 정비례하는 것으로 알려져 있다. 여기서 D는 파이프의 지름이다. 이 결과는 정성적인 측면에서도($u_{\rm m}$의 증가는 난류를 심화시키고, D가 커질수록 에디가 더 멀리 이동함) 설명이 가능하다. 운동량 전달은 유체의 밀도에도 비례한다. du/dr이 대략적으로 $u_{\rm m}$에도 비례하고(임의의 위치에서 $u_{\rm m}$을 2배 증가시키면,

속도구배도 대략 2배가 됨) D에 반비례하므로,

$$\tau \doteq c\rho u_{\rm m} D \left(\frac{u_{\rm m}}{D}\right) \doteq c\rho u_{\rm m}^2, \tag{3.26}$$

여기서 c는 상수이고, 우리가 고찰하고자 하는 특정 반지름 방향의 위치에 의존한다. 에디 점도에 관해서는 9장에서 자세히 다룬다.

차원 해석 소개

벽에서의 전단응력 $\tau_{\rm w}$에 초점을 맞추면, 난류 유동에서 무차원 벽 전단응력(wall shear stress) 또는 *마찰인자*(friction factor)

$$f = \frac{\tau_{\rm w}}{\rho u_{\rm m}^2}, \tag{3.27}$$

가 상수라고 간주함으로써 식 (3.26)은 재구성할 수 있다. 마찰인자는 벽 전단응력과 예제 2.4에서 밀도 ρ와 속도 $u_{\rm m}$인 흐름(stream)이 벽에 수직으로 충돌하면서 유발되는 단위 면적당의 관성 힘의 비를 나타내는 또 다른 *무차원 군*이다. 그러나 앞에서 도입한 가정들이 완전히 정확한 것은 아니기 때문에, 실제로는 마찰인자가 완전한 상수는 아니며, 또 다른 두 개의 무차원군(Reynolds 수와 파이프 벽의 상대 거칠기(relative roughness))에 의존한다는 것을 추후에 설명할 것이다.

좀 더 많이 사용되는 다른 식으로는 *Fanning* 마찰인자:

$$f_{\rm F} = \frac{\tau_{\rm w}}{\frac{1}{2}\rho u_{\rm m}^2}, \tag{3.28}$$

그리고 *Moody* 마찰인자:

$$f_{\rm M} = \frac{\tau_{\rm w}}{\frac{1}{8}\rho u_{\rm m}^2}. \tag{3.29}$$

가 있다. 이 책에서는 주로 $f_{\rm F}$를 사용한다. 대부분의 경우에 "Fanning"이란 명칭을 생략하고 간단히 마찰인자라고 할 것이다.

3.4 배관 및 수송 문제들

그림 3.9에 경사진 파이프에서의 상향 유동을 나타내었다. 파이프를 통해 흐르는 유체의 유동 방향에 대한 정상 상태 운동량 수지는 다음과 같다.

$$\underbrace{(p_1 - p_2)\frac{\pi D^2}{4}}_{\left(\text{Net pressure force}\right)} - \underbrace{\tau_{\rm w}\pi DL}_{\left(\text{Wall shear stress force}\right)} - \underbrace{\frac{\pi D^2}{4}\rho Lg\sin\theta}_{\left(\text{Gravitational force}\right)} = 0. \tag{3.30}$$

이 식의 세 개의 항들은 각각 유동을 구동하는 순 압력 힘, 파이프 벽에 의해 유발되는 전단력에 의한 감속, 그리고 유체의 무게에 의한 감속을 나타낸다. 식 (3.30)은 다음과 같이 다시 쓸 수 있다.

$$-\Delta p = p_1 - p_2 = 4\tau_{\rm w}\frac{L}{D} + \rho g \Delta z. \tag{3.31}$$

그러나 식 (3.28)의 Fanning 마찰인자의 정의로부터 다음과 같은 관계를 얻을 수 있다.

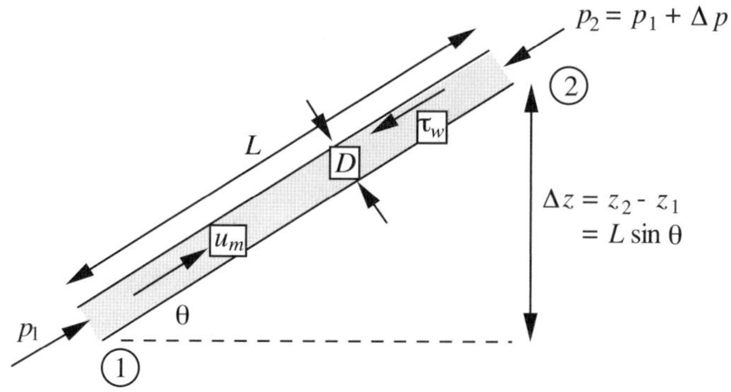

그림 3.9 경사진 파이프에서의 압력 강하.

$$\tau_{\mathrm{w}} = \frac{1}{2} f_{\mathrm{F}} \rho u_{\mathrm{m}}^2. \tag{3.32}$$

식 (3.31)과 (3.32)에서 벽 전단응력을 소거하면 다음과 같이 된다.

$$-\Delta p = p_1 - p_2 = \underbrace{2 f_{\mathrm{F}} \rho u_{\mathrm{m}}^2 \frac{L}{D}}_{\text{Friction}} + \underbrace{\rho g \Delta z}_{\text{Gravity}} = \frac{32 f_{\mathrm{F}} \rho Q^2 L}{\pi^2 D^5} + \rho g \Delta z. \tag{3.33}$$

여기서 두 번째 형태는 평균 속도 대신에 부피 유속 Q를 사용하였다. 따라서 압력 강하는 두 개의 인자(파이프의 마찰과 중력)에 의존한다는 것을 알 수 있다. 앞의 분석은 *상향* 유동에 대한 것이지만, 식 (3.33)이 *하향* 유동에 대해서도 성립하는지를 확인해 보아야 한다.

식 (3.33)과는 다른 좀 더 일반적이고 유용한 형태는 단위 질량당 *마찰 소산*(frictional dissipation)을 검토해 봄으로써 얻을 수 있다. 식 (3.33)을 다시 정리하면, 다음과 같은 결과를 얻을 수 있다.

$$g \Delta z + \frac{\Delta p}{\rho} + 2 f_{\mathrm{F}} u_{\mathrm{m}}^2 \frac{L}{D} = 0. \tag{3.34}$$

그러나 총괄 (비압축성) 에너지 수지, 식 (2.17)은 다음과 같다.

$$\underbrace{\Delta \left(\frac{u^2}{2} \right)}_{\text{zero}} + g \Delta z + \frac{\Delta p}{\rho} + \underbrace{w}_{\text{zero}} + \mathcal{F} = 0. \tag{3.35}$$

속도가 일정하기 때문에 관 유동에 대한 운동 에너지의 변화는 0이고, 펌프나 터빈이 없는 경우에 일도 0임을 주의하라. 식 (3.34)와 (3.35)를 비교하면 단위 질량당의 마찰 소산을 다음과 같이 나타낼 수 있다.

$$\mathcal{F} = 2 f_{\mathrm{F}} u_{\mathrm{m}}^2 \frac{L}{D} = \frac{32 f_{\mathrm{F}} Q^2 L}{\pi^2 D^5}, \tag{3.36}$$

이 결과는 층류나 난류 유동에 대해 모두 성립한다.

그러나 층류 유동의 특수한 경우에 대해, 식 (3.16)으로부터 다음의 결과를 알고 있다.

$$\mathcal{F} = 2f_{\mathrm{F}}u_{\mathrm{m}}^2\frac{L}{D} = \frac{8\mu u_{\mathrm{m}}L}{\rho a^2}. \tag{3.37}$$

$a = D/2$이므로, *층류 유동*에 대한 마찰인자는 다음과 같이 된다.

$$f_{\mathrm{F}} = \frac{16\mu}{\rho u_{\mathrm{m}}D} = \frac{16}{\mathrm{Re}}. \tag{3.38}$$

실험적으로, 마찰인자 f_{F}는 Reynolds 수, Re에 의존하며 유동이 난류이면, 파이프의 거칠기비, ε/D에 의존한다. 중요한 특징들을 그림 3.10의 *마찰-인자 도면*에 나타내었다.

다음 사항들에 대해 주의하라.

1. *층류 유동*(근사적으로 $\mathrm{Re} \le 2{,}000$)은 식 (3.38)이 적용된다.
2. *전이* 영역(근사적으로 $2{,}000 < \mathrm{Re} \le 4{,}000$)에 대해서는 명확한 상관식이 존재하지 않으며, f_{F}에 대한 값이 존재하지 않는다. 이러한 불확실성 때문에, 이 영역에서의 파이프 설계는 피해야 한다.

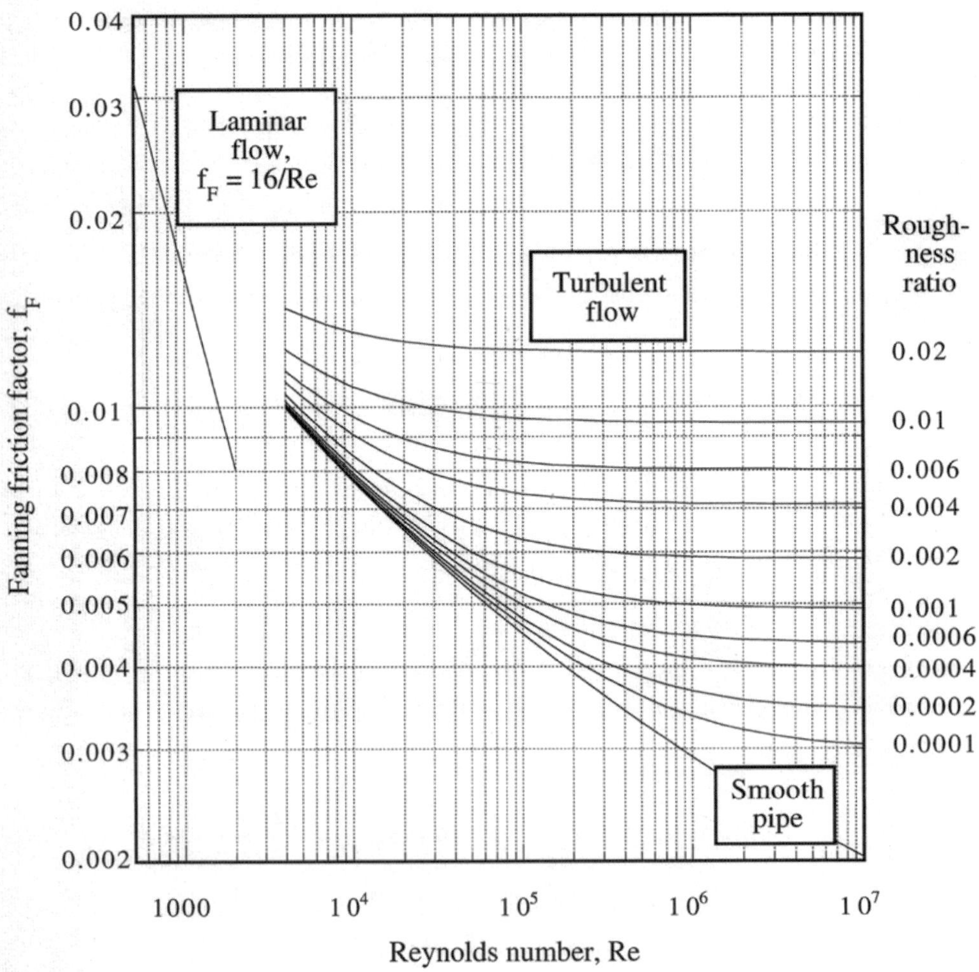

그림 3.10 관 유동에 대한 Fanning 마찰인자. 난류 영역은 Colebrook과 White 식을 활용하였다.

3. *난류 유동*(Re > 4,000)의 경우, 상대 거칠기 ε/D가 증가함에 따라 f_F가 증가하는 그래프 군이 존재한다. 매끄러운 파이프를 제외하면(그림 3.10 참조), Reynolds 수가 큰 영역에서는 f_F가 Reynolds 수에 무관하게 된다.

관 거칠기

*거칠기*의 길이 차원 ε을 특정한 물질의 벽 표면과 관련시킬 수 있었는지에 관한 의문이 생길 것이다. Nikuradse가 파이프의 내벽에 지름을 알고 있는 모래 입자를 단일층으로 도포하여 인위적으로 거칠게 만든 파이프에 대해 압력 강하 실험을 최초로 실행하였다.[4] 이에 관한 상황을 그림 3.11에 나타내었고, 여기서 ε은 모래 입자의 지름이다.

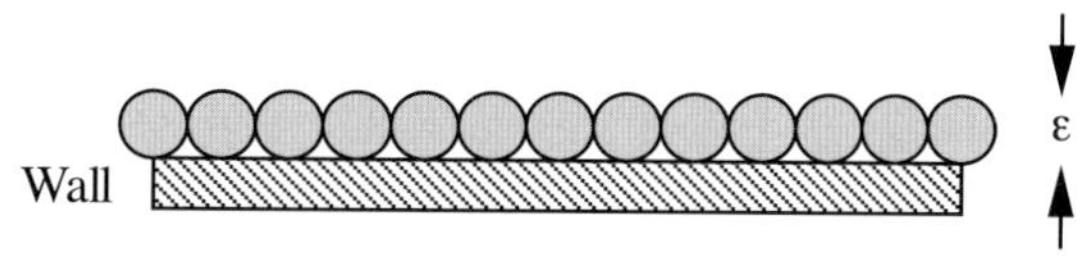

그림 3.11 ▶ 인위적으로 거칠기를 생성시킨 벽.

이어서 Nikurades는 많은 경우에 대한 마찰인자를 구하였고, 그림 3.10에 실제 표면의 경우와 아주 비슷한 *인위적으로* 거칠기를 생성시킨 파이프에 대한 마찰인자 도표를 얻을 수 있었다. 두 그림을 비교해 보면, 실제 표면의 유효 거칠기 ε/D와 결과적으로는 ε을 간단히 정할 수 있다. 표 3.2에는 다양한 표면에 대한 대표적인 값들이 주어져 있다.

표 3.2 ▶ 유효 표면 거칠기[5]

Surface	ε (ft)	ε (mm)
Concrete	0.001−0.01	0.3−3.0
Cast iron	0.00085	0.25
Galvanized iron	0.0005	0.15
Commercial steel	0.00015	0.046
Drawn tubing	0.000005	0.0015

마찰-인자 공식

*Colebrook*과 *White* 식으로 알려져 있는 다음 식은 난류 영역에서 실험적으로 결정된 마찰인자 값을 잘 예측할 수 있으며, 그림 3.10의 난류 영역에 대한 기초가 된다.

[4]J. Niluradse, "Stromungsgesetze in rauhrn Rohren," *VDI-Forschungsarbeiten*, No. 362 (1933).

[5]G.G. Brown et al., *Unit Operations*. Wiley & Sons, New York, 1950, p. 140 참고.

$$\frac{1}{\sqrt{f_F}} = -4.0\log_{10}\left(\frac{\varepsilon}{D} + \frac{4.67}{\mathrm{Re}\sqrt{f_F}}\right) + 2.28$$
$$= -1.737\ln\left(0.269\frac{\varepsilon}{D} + \frac{1.257}{\mathrm{Re}\sqrt{f_F}}\right), \quad (3.39)$$

여기서 e를 밑으로 하는 log는 2번째 형태에서 주어졌다. *수력학적으로 매끄러운 표면*(hydraulically smooth surface)의 경우는 *Blasius* 식으로 알려진 다음 식이 Reynolds 수가 100,000 이하의 난류 유동에 대한 실험적 결과들과 잘 들어맞는다.

$$f_F = 0.0790\,\mathrm{Re}^{-1/4}. \quad (3.40)$$

*수력학적으로 매끈하다*는 것은 표면의 고르지 못함이 벽에 바로 인접해 있는 층류 경계층(laminar boundary layer) 밖으로 돌출되지 않았다는 것을 의미한다(3.5절 후반부 참조). 따라서 표면 거칠기가 그리 중요하지는 않다(만일 표면의 고르지 못한 정도가 난류 중심부(turbulent core)에 도달할 정도로 충분히 큰 경우에는 표면 거칠기가 난류의 정도를 증가시키고, 따라서 마찰인자에 영향을 미치게 됨).

아쉽게도 식 (3.39)는 마찰인자에 관하여 양함수가 아니다. 즉 Reynolds 수가 주어졌을 때, f_F가 식의 양변에 나타나기 때문에 f_F를 직접 계산할 수 없다. 그러나 f_F에 대한 첫 번째 추정치를 반영하여 우변을 계산하면 $1/\sqrt{f_F}$가 되고, 이로부터 두 번째 추정치를 얻을 수 있다. 이 두 번째 추정치를 다시 우변에 반영하는 방식으로 이 과정을 반복한다. *연속치환법*(successive substitution)으로 알려진 이와 같은 반복 계산 과정을 거치면 원하는 마찰인자 값에 신속하게 수렴하게 된다.

마찰인자에 관해 쉽게 이용할 수 있는 식에 관한 논문에서, Olujić은 Shacham이 첫 번째 추정치를 $f_F = 0.0075$로 시작하면, 단 *한 번*의 반복으로 다양한 Reynolds 수와 거칠기 비율에 대해 평균 정밀도가 1% 이내로 수렴한다고 언급한 점에 주목하였다.[6] 따라서 이 초기 추정치를 식 (3.39)에 바로 적용하는 것이 합리적이며, 따라서 마찰인자에 대한 양함수 형태를 다음과 같이 얻을 수 있다.

$$f_F = \left\{-1.737\ln\left[0.269\frac{\varepsilon}{D} - \frac{2.185}{\mathrm{Re}}\ln\left(0.269\frac{\varepsilon}{D} + \frac{14.5}{\mathrm{Re}}\right)\right]\right\}^{-2}. \quad (3.41)$$

거친 파이프에 대한 마찰인자를 구하기 위해 다음 사항을 추천한다.

1. 수계산에는 그림 3.10을 사용한다.
2. 컴퓨터 프로그램 및 스프레드시트 계산 시 난류 영역($\mathrm{Re} > 4{,}000$)에 대해서는 식 (3.41)을 사용하고, 층류 영역($\mathrm{Re} \le 2{,}000$)에서는 $f_F = 16/\mathrm{Re}$을 사용한다. 전이영역($2{,}000 < \mathrm{Re} \le 4{,}000$)에서의 설계는 피하라.

상업용 강관은 *표준 크기*로 생산되며, 이들 중 일부를 표 3.3에 열거하였다. 표 3.3에서 명목 크기(nominal size)는 대략 내부 지름과 같고, 벽 두께는 *schedule* 수(schedule number) n에 의존함에 주목하라.

---

[6] Ž. Olujić, "Compute friction factors fast for in pipes." *Chemical Engineering*, (December 14. 1981), pp. 91−94.

표 3.3 ▶ 대표적인 관 크기[7]

Nominal Size (in.)	Outside Diameter (in.)	Schedule Number	Wall Thickness (in.)	Inside Diameter (in.)
1/2	0.840	40	0.109	0.622
		80	0.147	0.546
3/4	1.050	40	0.113	0.824
		80	0.154	0.742
1	1.315	40	0.133	1.049
		80	0.179	0.957
2	2.375	40	0.154	2.067
		80	0.218	1.939
3	3.500	40	0.216	3.068
		80	0.300	2.900
		160	0.437	2.626
4	4.500	40	0.237	4.026
		80	0.337	3.826
		160	0.531	3.438
6	6.625	40	0.280	6.065
		80	0.432	5.761
		160	0.718	5.189
8	8.625	40	0.322	7.981
		80	0.500	7.625
		160	0.906	6.813
10	10.75	40	0.365	10.020
		80	0.593	9.564
		160	1.125	8.500
12	12.75	40	0.406	11.938
		80	0.687	11.376
		160	1.312	10.126
16	16.00	40	0.500	15.000
		80	0.843	14.314
		160	1.562	12.876
24	24.00	40	0.687	22.626
		80	1.218	21.564
		160	2.312	19.376

[7] J.H. Perry, ed., *Chemical Engineers' Handbook*, 3rd ed., McGraw-Hill, New York, 1950, pp. 415, 416 참조.

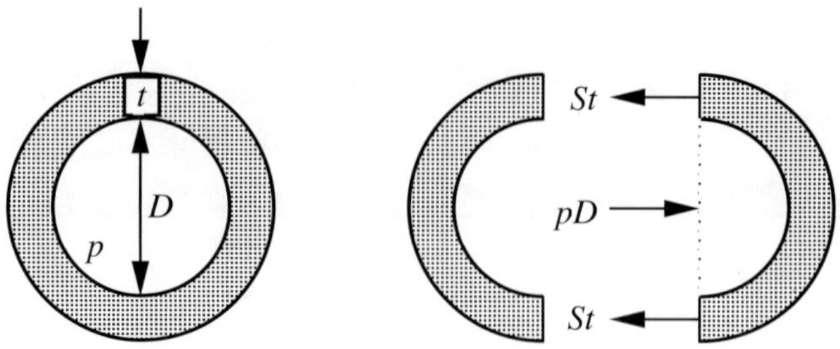

그림 3.12 관 벽에서의 hoop stress.

$$n = 1{,}000\ \frac{p_{max}}{S_a}, \tag{3.42}$$

여기서 p_{max}는 파이프의 최대 허용 압력이고, S_a는 파이프 벽에서 허용 가능 장력(tensile stress)이다.

식 (3.42)는 그림 3.12를 연구해 보면 명확히 해석할 수 있으며, 그림에서 후프응력(hoop stress) S는 압력이 p인 지름 D인 파이프가 반으로 분할되는 상황을 가정하면 구할 수 있다. 오른쪽(또는 왼쪽) 반을 날려버리려는 단위 길이당 압력 힘은 pD이다. 또한 벽 두께가 t라고 한다면, 파이프 벽 내부의 총 복원력 $2St$가 존재하게 된다. p와 S가 각각의 한계치 p_{max}와 S_a에 도달했을 때, 이 두 힘을 같게 두면

$$p_{max}D = 2S_a t, \tag{3.43}$$

또는

$$\frac{t}{D} = \frac{p_{max}}{2S_a}. \tag{3.44}$$

이다. 따라서 식 (3.42)의 schedule 수는 파이프 지름에 대한 요구되는 벽 두께의 비율의 2,000배가 된다. (이러한 해석은 벽이 얇은 파이프의 경우에 가장 적합하다.)

간단한 배관 문제의 해

그림 3.13와 같이 파이프를 통해 1 지점에서 2 지점까지 유체 수송에 관해 고려해 보자. 여기서 다음 사항들은 알고 있다고 가정한다(이는 실제의 경우에도 대체로 성립함).

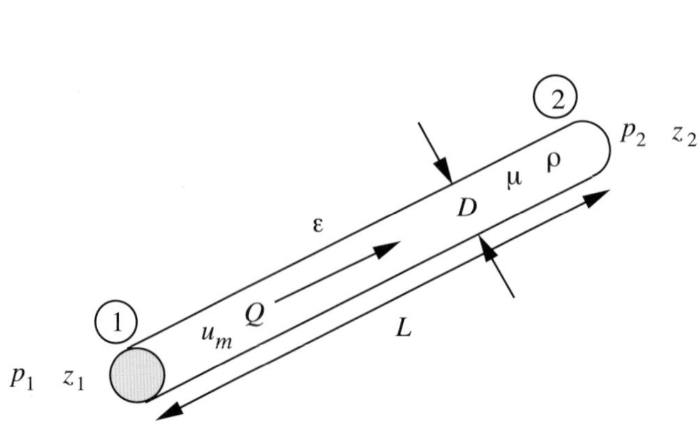

그림 3.13 관-유동 문제에 관련된 변수들.

1. 고도 증가, $\Delta z = z_2 - z_1$는 양, 0, 또는 음의 값을 갖는다.
2. 파이프의 길이 L.
3. 파이프의 재질과 파이프의 벽 거칠기 ε.
4. 유체의 밀도 ρ와 점도 μ.

다음의 추가적인 변수들은 매우 중요하다.

1. 부피 유속, Q
2. 내부 관 지름, D
3. 압력 강하, $-\Delta p = p_1 - p_2$

Q, D, $-\Delta p$ 변수들 중 임의의 두 변수가 결정된 경우(세 가지 경우가 있음), 남은 한 개의 변수를 계산할 수 있다. 다음의 알고리즘은 수계산이나 스프레드시트와 같은 컴퓨터를 이용한 계산에 적용할 수 있다.

1. 유속과 지름이 알려진 경우

Q와 D를 모두 알고 있는 경우가 가장 쉬운 상황이고, 이때는 압력 강하 $-\Delta p$를 계산하기 위해 다음의 (반복적이지 않은) 단계를 거치면 되고, 이를 통해 요구되는 펌프의 크기를 계산할 수 있다.

(a) 평균속도, $u_\mathrm{m} = 4Q/\pi D^2$, Reynolds 수 $\mathrm{Re} = \rho u_\mathrm{m} D/\mu$, 그리고 상대 거칠기 ε/D를 계산한다.
(b) Re와 ε/D의 값에 근거하여, 마찰인자 도표 또는 마찰인자 계산식으로부터 마찰인자 f_F를 계산한다.
(c) 식 (3.33)으로부터 압력 강하를 계산한다.

$$-\Delta p = p_1 - p_2 = 2 f_\mathrm{F} \rho u_\mathrm{m}^2 \frac{L}{D} + \rho g \Delta z. \tag{3.33}$$

2. 지름과 압력 강하가 알려진 경우

D와 $-\Delta p$가 알려진 경우에는 유속 Q를 계산해야 한다. 유속을 모르기 때문에 Reynolds 수를 바로 계산할 수 없으며, 상대 거칠기를 안다고 하더라도 마찰인자를 알 수 없다. 일반적으로 다음과 같은 단계들을 따라야 한다.

(a) 상대 거칠기 ε/D를 계산한다.
(b) Reynolds 수 Re에 대한 첫 번째 추정치를 *예측* 또는 가정한다. 대부분의 관-유동 문제는 난류 영역에 속하므로, Re = 10,000 또는 100,000의 값을 고려한다. 만약 점성이 큰 고분자 물질의 유동이라면, 유동은 아마도 층류일 것이고, 이 경우에는 Re = 1,000이 적절한 값이 될 수 있다.
(c) ε/D와 Re 값을 토대로 마찰인자 도표 또는 마찰인자 계산식으로부터 마찰인자 f_F를 계산한다.
(d) 다음 식으로부터 평균속도 u_m을 계산하고,

$$-\Delta p = p_1 - p_2 = 2 f_\mathrm{F} \rho u_\mathrm{m}^2 \frac{L}{D} + \rho g \Delta z, \tag{3.33}$$

이를 u_m에 관해 다시 정리하면 다음 식을 얻을 수 있다.

$$u_\mathrm{m} = \sqrt{\frac{D}{2 f_\mathrm{F} \rho L}\left[(p_1 - p_2) - \rho g \Delta z\right]}. \tag{3.45}$$

(e) Reynolds 수 $\mathrm{Re} = \rho u_\mathrm{m} D/\mu$를 계산한다. 만약 계산된 값이 (c) 단계에서 사용한 값과 충분히 근사하면 문제가 풀린 것이며, (f) 단계로 진행한다. 만약 그렇지 않으면, 다시 (c) 단계로 돌아간다.

(f) $Q = u_\mathrm{m}\pi D^2/4$로부터 유속을 계산한다.

3. 유속과 압력 강하가 알려진 경우

Q와 $-\Delta p$를 아는 경우, 문제는 D를 구하는 것이 된다. 지름이 알려져 있지 않으면 Reynolds 수나 상대 거칠기를 알 수 없으며, 따라서 마찰인자 역시 알려져 있지 않기 때문에 바로 어려움에 직면한다. 다음과 같은 단계가 필요하다(다른 접근법도 가능하지만, (e) 단계에 주어지는 지름에 대한 식이 가장 빠른 수렴성을 보임).

(a) 관 지름 D를 추산하거나 가정한다. 그런 후 이에 해당하는 평균속도를 $u_\mathrm{m} = 4Q/\pi D^2$를 이용하여 계산한다.

(b) Reynolds 수 $\mathrm{Re} = \rho u_\mathrm{m} D/\mu$를 계산한다.

(c) 상대 거칠기 ε/D를 계산하라.

(d) 계산된 ε/D와 Re의 값을 근거로 하여, 마찰인자 도표나 마찰인자 계산식으로부터 마찰인자 f_F를 계산한다.

(e) 다음 식으로부터 지름을 계산한다.

$$D = \left[\frac{32 f_\mathrm{F} \rho Q^2 L}{\pi^2 (p_1 - p_2 - \rho g \Delta z)}\right]^{1/5}. \tag{3.46}$$

(이 식은 식 (3.33)과 $Q = u_\mathrm{m}\pi D^2/4$에서 평균 속도를 소거하여 구한 식임을 주목한다.)

(f) 평균속도 $u_\mathrm{m} = 4Q/\pi D^2$을 계산한다.

(g) Reynolds 수 $\mathrm{Re} = \rho u_\mathrm{m} D/\mu$를 계산한다. 만약 (d) 단계에서 사용된 값과 충분히 근사하면 문제가 풀린 것이다. 만약 그렇지 않으면 다시 (c) 단계로 돌아간다.

위의 세 경우는 예제 3.2, 3.3, 3.4에서 각각 경우 1, 2, 3에 관해 자세히 다룰 것이다. 또한 예제 3.5에서는 예제 3.2~3.4에서 다루지 않은 일부 미진한 부분에 관해 다룰 것이다. 독자들이 서로 다른 해결 과정을 익히는 데 집중할 수 있도록 의도적으로 전체적인 물리적 조건을 동일하게 다루었다.

예제 3.2 유조선으로부터 원유 하역: 유속과 지름이 주어진 경우

일반 사항. 다음은 예제 3.2, 3.3, 3.4, 3.5에 동일하게 적용된 사항들이다. 그림 E3.2는 35°API인 원유를 유조선으로부터 기름 저장탱크로 정상 상태로 이송하는 펌프를 보여준다. 유조선과 기름 저장탱크의 자유 표면은 대기에 노출되어 있다. 부품들을 포함한 상업용 강철 파이프의 유효 길이는 6,000 ft이다. 점 4에서의 배출지점은 유조선의 원유의 자유 표면 높이와 같고 펌프 출구로부터 200 ft 위에 있다. 그러나 중간에 언덕이 있어 점 3의 높이는 점 4보다 높다. 점 1과 2 사이에서의 손실은 무시할 수 있다.

원유의 물성은 다음과 같다. $\rho = 53\ \mathrm{lb_m/ft^3}$, μ= 13.2 cP, 증기압 $p_v = 4.0$ psia.

예제 3.2에만 적용되는 사항. 사례 1-형 문제에 대한 알고리즘을 적용한다. 만약 배관이 명목 지름이 6 in이고, Schedule 40 파이프이고, 요구되는 유속이 506 gpm이라면, 펌프 출구에서 요구되는 압력 p_2는 얼마인가? 문제를 먼저 손 계산으로 계산한 후에 스프레드시트를 이용하여 풀어라.

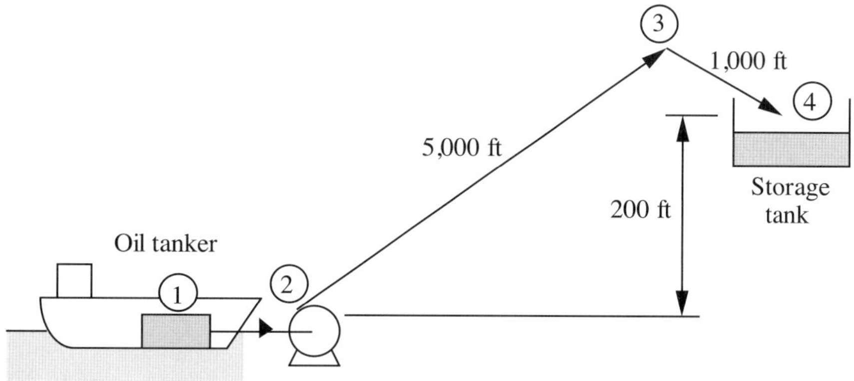

그림 E3.2 ▶ 중간에 언덕이 있는 경우의 유조선으로부터 원유 하역(수직 척도는 실제와 다를 수 있음).

풀이

(a) 계산의 주요 부분은 ft, lb_m, s 단위계를 일관되게 사용한다. 우선 유속 506 gpm을 초당 ft^3으로 변환시킨다(여러분들은 사용될 환산 인자들을 잘 활용할 수 있어야 한다).

$$Q = \frac{506}{7.48 \times 60} = 1.127\ \frac{\text{ft}^3}{\text{s}}. \tag{E3.2.1}$$

표 3.3으로부터 명목지름 6-in. Schedule 40 파이프의 실제 내부 지름은 $D = 6.065$ in. $=$ 0.5054 ft이다. 평균 속도는 유속을 단면적으로 나누어서 얻어진다.

$$u_\text{m} = \frac{Q}{\pi D^2/4} = \frac{4Q}{\pi D^2} = \frac{4 \times 1.127}{\pi \times 0.5054^2} = 5.62\ \frac{\text{ft}}{\text{s}}, \tag{E3.2.2}$$

이 값으로부터 Reynolds 수는 다음과 같이 계산할 수 있다.

$$\text{Re} = \frac{\rho \text{u}_\text{m}\text{D}}{\mu} = \frac{53 \times 5.62 \times 0.5054}{13.2 \times 0.000672} = 16{,}790. \tag{E3.2.3}$$

표 3.2로부터 상업용 강철 파이프의 거칠기는 $\varepsilon = 0.00015$ ft이고, 따라서 파이프의 상대 거칠기는 다음과 같다.

$$\frac{\varepsilon}{D} = \frac{0.00015}{0.5054} = 0.000297 \tag{E3.2.4}$$

(b) 위의 상대 거칠기와 (명백히 난류임을 보여주는) Reynolds 수에 근거하여, Fanning 마찰인자는 그림 3.10으로부터 대략 $f_\text{F} = 0.0070$로 근사값을 구하거나, 더 정확하게는 Shacham의 식으로 계산할 있다.

$$f_\text{F} = \left\{-1.737 \ln\left[0.269 \times 0.000297 - \frac{2.185}{16{,}790} \ln\left(0.269 \times 0.000297 + \frac{14.5}{16{,}790}\right)\right]\right\}^{-2}$$
$$= 0.00692. \tag{E3.2.5}$$

표 E3.2 ▶ 사례-1형 문제에 대한 스프레드시트 해

Flow in a Pipeline: Case 1, Specified Diameter and Flow Rate

Constants

g =	32.2	ft/s^2	pi =	3.1416
(lbm/ft s)/cp =	0.000672		gal/ft^3 =	7.48
g_c =	32.2	lbm ft/lbf s^2	s/min =	60
in/ft =	12		in^2/ft^2 =	144

Input data

D =	6.065	in	Q =	506	gpm
rho =	53	lbm/ft^3	mu =	13.2	cp
deltaz =	200	ft	L =	6,000	ft
eps =	0.00015	ft			

Intermediate values

D =	0.5054	ft	Q =	1.127	ft^3/s
mu =	0.00887	lbm/ft s	u_m =	5.620	ft/s
eps/D =	0.000297		Re =	16,970	

Pressure-drop calculations

fF =	0.00690	
2(fF)(rho)(u_m^2)L/D =	59.1	psi
(rho)g(deltaz) =	73.6	psi

Final solution

(-) deltap =	132.7	psi
p_2 =	132.7	psig

(c) 이제 점 2와 점 4 구간에 대한 총괄 에너지 수지를 적용하자. 운동 에너지의 변화와 일 항이 없으므로 다음과 같이 된다.

$$
\begin{aligned}
p_2 - p_4 &= \underbrace{2f_F\rho u_{\mathrm{m}}^2\frac{L}{D}}_{\text{Friction}} + \underbrace{\rho g(z_4 - z_2)}_{\text{Hydrostatic}} \\
&= \frac{1}{32.2\times 144}\Bigg(\underbrace{2\times 0.00692\times 53\times 5.620^2\times\frac{6{,}000}{0.5054}}_{275{,}043} + \underbrace{53\times 32.2\times 200}_{341{,}268}\Bigg) \\
&= 132.9\ \text{psi}.
\end{aligned}
\tag{E3.2.6}
$$

동일한 계산 과정을 Excel이나 다른 스프레드시트를 이용하여 표 E3.2에 같이 진행할 수 있다. 스프레드시트에서 모든 값들의 대수 기호와 그에 해당하는 단위가 명확하게 정의되어 있는 것을 주목하라. 또한 모든 필요한 상수와 단위 변환 인자들이 사용되는 식들에 "내재"되어 있지 않고, 명백히 표시되어 있다는 것도 주의하라. 식 (E3.2.5)로 계산한 마찰인자와 10을 밑으로 하는 상용로그를 사용하는 스프레드시트에서 계산된 마찰인자의 근소한 차이는 절삭오차 때문이다.

만일 이런 형태의 문제를 푼다고 한다면, 손 계산이 문제를 구현하는 새로운 스프레드시트를 만드는 것보다 빠르다는 것을 알 수 있다. 그러나 이와 같은 문제를 다른 데이터를 가지고 같은 형태의 계산을 반복해야 하는 경우라면 스프레드시트를 사용하는 것이 월등하게 우월하다는 것은 의심할 여지가 없다.

예제 3.3 유조선으로부터 원유 하역: 지름과 압력 강하가 주어진 경우

예제 3.2의 서두에 기술한 상황을 계속 적용한다. 그러나 이제는 사례 2-형의 문제에 대한 알고리즘을 구현해야 한다. 만약 명목 지름이 6 in., Schedule 40인 배관으로 구성되어 있고, 펌프 출구에서 가용한 압력이 $p_2 = 132.7$ psig라면, 예상되는 부피 유속 Q (gpm)는 얼마인가?

풀이

(a) 예제 3.2에서와 같이 파이프의 지름 D는 0.5054 ft이고, 상대 거칠기는 $\varepsilon/D = 0.000297$이다.

(b) Reynolds 수에 대한 첫 번째 추정치는 Re = 100,000으로 가정한다(이 방법의 신속한 수렴성을 보이기 위해 의도적으로 매우 큰 값을 선택하였음).

(c) 위의 상대 거칠기와 (난류에 해당하는) Reynolds 수에 근거하여, 그림 3.10에서 Fanning 마찰인자 $f_\mathrm{F} = 0.005$로 근사값을 구할 수 있거나 또는 더 정확하게 Shacham 식으로부터 구할 수 있다.

$$f_\mathrm{F} = \left\{-1.737 \ln\left[0.269 \times 0.000297 - \frac{2.185}{10^5} \ln\left(0.269 \times 0.000297 + \frac{14.5}{10^5}\right)\right]\right\}^{-2} \\ = 0.00488. \tag{E3.3.1}$$

(d) 이에 해당하는 평균 속도에 대한 첫 번째 추산은 다음과 같다.

$$u_\mathrm{m} = \sqrt{\frac{D}{2 f_\mathrm{F} \rho L}\left[(p_1 - p_2) - \rho g \Delta z\right]} \\ = \sqrt{\frac{0.5054}{2 \times 0.00488 \times 53 \times 6{,}000}\left[132.7 \times 32.2 \times 144 - 53 \times 32.2 \times 200\right]} \\ = 6.681 \text{ ft/s}. \tag{E3.3.2}$$

(e) Reynolds 수를 재계산하라.

$$\mathrm{Re} = \frac{53 \times 6.681 \times 0.5054}{13.2 \times 0.000672} = 20{,}175. \tag{E3.3.3}$$

이 값은 (c) 단계에서 가정한 100,000과 다르므로, Reynolds 수의 값에 현저한 차이가 없을 때까지 (c), (d), (e) 단계를 반복하라. 연속적인 계산 결과를 표 E3.3.1에 요약하였다.

표 E3.3.1 ▸ 해가 수렴해 가는 값들

Re	f_F	u_m(ft/s)
100,000	0.00488	6.681
20,175	0.00663	5.729
17,301	0.00687	5.630
17,002	0.00690	5.619
16,968	0.00690	5.617

(f) 최종적으로, 요구되는 부피 유속은 다음과 같이 계산된다.

$$Q = \frac{\pi D^2}{4} u_{\mathrm{m}} = 7.48 \times 60 \times \frac{\pi \times 0.5054^2}{4} \times 5.617 = 506 \text{ gpm}. \qquad \text{(E3.3.4)}$$

스프레드시트 해는 표 E3.3.2에 주어져 있다. "반복값(iterated values)" 부분에서 Re에 대한 식은 u_{m}을, f_{F}에 대한 식은 Re, u_{m}에 대한 식은 f_{F}를 포함하고 있기 때문에 Reynolds 수, 평균속도, 마찰인자 값들을 포함하는 셀은 "순환참조(circular reference)" 관계를 형성한다. 그러나 Excel 스프레드시트의 반복적인 특성이 이 값들을 서로 일관되는 값으로 수렴시키고, 최종 수렴 결과를 보여진다. Excel에 의하여 계산된 값들의 정확한 순서는 알 수 없다.

표 E3.3.2 ▸ 사례 2-형 문제에 대한 스프레드시트 해

Flow in a Pipeline: Case 2, Specified Diameter and Pressure Drop

Constants

g =	32.2	ft/s^2	pi =	3.1416
(lbm/ft s)/cp =	0.000672		gal/ft^3 =	7.48
g_c =	32.2	lbm ft/lbf s^2	s/min =	60.0
in/ft =	12.0		in^2/ft^2 =	144

Input data

D =	6.065	in	(-) deltap =	132.7	psi
rho =	53	lbm/ft^3	mu =	13.2	cp
deltaz =	200	ft	L =	6,000	ft
eps =	0.00015	ft			

Intermediate values

D =	0.5054	ft	(-) deltap =	615,303	lbm/ft s^2
mu =	0.00887	lbm/ft s	eps/D =	0.000297	

Iterated values

Re =	16,963		fF =	0.00690
u_m =	5.617	ft/s		

Final solution

Q =	1.127	ft^3/s	Q =	506	gpm

예제 3.4 유조선으로부터 원유 하역: 유속과 압력 강하가 주어진 경우

예제 3.2의 서두에 기술된 사항을 다시 고려하자. 그러나 여기서는 사례 3-형 문제에 대한 알고리즘을 구현한다. 만약 부피 유속이 $Q = 506$ gpm으로 지정되었고, 펌프 출구에서 가용한 압력이 $p_2 = 132.7$ psig이라면, 필요한 파이프의 지름 D (in.)는 얼마인가?

손 계산은 다음의 두 가지 이유로 여기서는 다루지 않는다.

1. 예제 3.2와 3.3에서 손 계산에 관해 자세히 다루었기 때문에, 독자들은 이미 사례 1과 2로부터 일반적인 개념을 이해하고 있을 것이다.
2. 사례 3에 대한 반복 계산에는 더 많은 물리량들이 관련되어 있고, 스프레드시트 계산에 대해 설

표 E3.4 ▶ 사례 3-형 문제에 대한 스프레드시트 해

Flow in a Pipeline: Case 3, Specified Flow Rate and Pressure Drop

Constants

g =	32.2	ft/s^2	pi =	3.1416	
(lbm/ft s)/cp =	0.000672		gal/ft^3 =	7.48	
g_c =	32.2	lbm ft/lbf s^2	s/min =	60.0	
in/ft =	12		in^2/ft^2 =	144	

Input data

Q =	506	gpm	(-) deltap =	132.7	psi
rho =	53	lbm/ft^3	mu =	13.2	cp
deltaz =	200	ft	L =	6,000	ft
eps =	0.00015	ft			

Intermediate values

Q =	1.127	ft^3/s	(-) deltap =	615,303	lbm/ft s^2
mu =	0.00887	lbm/ft s			

Iterated values

D =	0.5055	ft	u_m =	5.618	ft/s
Re =	16,968		eps/D =	0.000297	
fF =	0.00690				

Final solution

D =	6.066	in

명할 사항이 많이 남아 있다.

따라서 최종 스프레드시트 해는 표 E3.4에 주어져 있다. 상호 의존적인 물리량 5개, D, u_m, Re, ε/D, f_F가 있음에 주목하라. 제시된 최종값으로 빠르게 수렴시키기 위하여 Excel의 반복적인 특성이 다시 사용한다.

예제 3.5 유조선으로부터 원유 하역: 기타 부수적인 계산

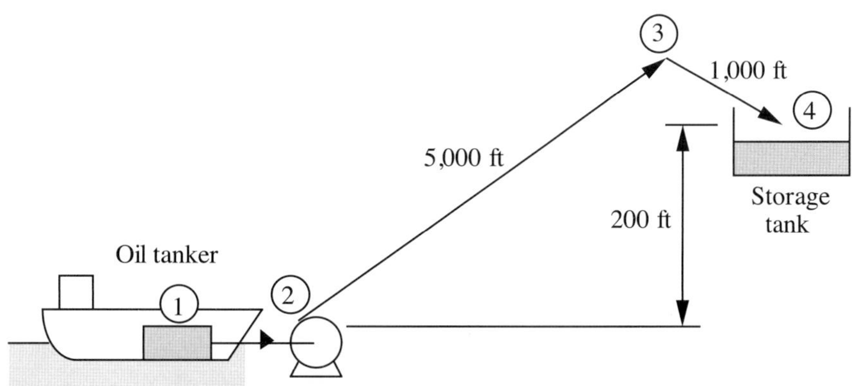

그림 E3.5 (E3.2) ▶ 중간에 언덕 있는 경우에 유조선으로부터 원유 하역.

그림 E3.5에 나타낸 바와 같이, 예제 3.2, 3.3, 3.4에서 다루었던 상황을 다시 고려하자. 여기서 $D = 0.5054$ ft, $p_2 = 132.7$ psig, $Q = 506$ gpm이다. 다음의 추가적인 질문에 답하라.

(a) 만일 펌프와 모터 조합의 전체 효율이 80%이라면, 펌프를 구동하기 위해 필요한 전기적 일률(kW)은 얼마인가?

(b) 만일 증기 폐색(vapor lock)을 방지하기 위해, 배관에서의 압력이 원유의 증기압보다 항상 커야 한다면, 점 4에 대한 점 3의 허용 가능한 최대 고도는 얼마인가?

(c) 만약 배관에서의 유동이 층류의 상한에 해당된다면, 필요한 펌프의 출구 압력은? (이 문제는 마찰인자 도표를 사용하지 않고 답하라.)

풀이

(a) 필요한 수송 동력을 얻기 위하여 먼저(운동 에너지[8] 또는 고도의 변화가 없고 마찰에 대한 명확한 식이 없이) 펌프의 점 1과 2 사이의 영역에 대한 에너지 수지를 적용한다.

$$\frac{p_2 - p_1}{\rho} + w = 0. \tag{E3.5.1}$$

원유의 단위 질량당 가해진 일은 다음과 같다.

$$-w = 132.7\ \frac{\text{lb}_\text{f}}{\text{in}^2} \times 144\ \frac{\text{in}^2}{\text{ft}^2} \times \frac{1}{53}\ \frac{\text{ft}^3}{\text{lb}_\text{m}} = 360\ \frac{\text{ft lb}_\text{f}}{\text{lb}_\text{m}}. \tag{E3.5.2}$$

원유의 질량 유속은 다음과 같다.

$$m = \frac{506 \times 53}{7.48 \times 60} = 59.75\ \frac{\text{lb}_\text{m}}{\text{s}}. \tag{E3.5.3}$$

효율이 80%인 점을 염두에 두면, 펌프에 제공되어야 하는 전력 요구량은 다음과 같다.

$$P = \frac{360 \times 59.75}{737 \times 0.80} = 36.48\ \text{kW}. \tag{E3.5.4}$$

(b) 증기 폐색은 가장 높은 고도(즉 점 3)에서 발생할 가능성이 가장 높다는 사실에 주의하라. 따라서 증기 폐색이 발생하지 않는 점 3의 최대 고도를 구하기 위해 운동 에너지의 변화 및 일 항이 없는 에너지 식을 점 3과 4 사이에 적용하자.

$$g(z_4 - z_3) + \frac{p_4 - p_3}{\rho} + 2 f_F u_\text{m}^2 \frac{L}{D} = 0, \tag{E3.5.5}$$

$$32.2(z_4 - z_3) + \underbrace{\frac{(14.7 - 4) \times 32.2 \times 144}{53}}_{936.1} + \underbrace{2 \times 0.00692 \times 5.617^2 \times \frac{1{,}000}{0.5054}}_{864.0} = 0. \tag{E3.5.6}$$

고도차에 관해 풀면 다음과 같이 된다.

$$z_3 - z_4 = 55.9\ \text{ft}. \tag{E3.5.7}$$

[8]운동 에너지 항 $\Delta(u^2)/2 = 0.490$ ft lb$_\text{f}$/lb$_\text{m}$는 $\Delta p/\rho = 363.3$ ft lb$_\text{f}$/lb$_\text{m}$에 비해 작다.

즉, 배관의 최대 높이는 최종 하역지점인 점 4보다 55.9 ft 높은 고도까지로 제한된다. 만약 이보다 더 높으면, 압력이 원유의 증기압(4.0 psia)으로 감소되어 원유가 증발하기 *시작한다*. 증발의 정도는 필요한 증발 잠열을 공급하기 위해 가용한 열의 양에 의하여 제한된다.

(c) 만약 유속이 층류의 상한 영역에 해당된다면, Reynolds 수는 $\mathrm{Re} = \rho u_\mathrm{m} D/\mu = 2{,}000$이 되고, 이에 해당하는 평균 유속은 다음과 같이 된다.

$$u_\mathrm{m} = \frac{2{,}000 \times 13.2 \times 0.000672}{53 \times 0.5054} = 0.662\ \frac{\mathrm{ft}}{\mathrm{s}}. \tag{E3.5.8}$$

이에 해당하는 단위 질량당 마찰 소산은 다음과 같이 된다.

$$\mathcal{F} = \frac{8\mu LQ}{\pi a^4 \rho} = \frac{8\mu L u_\mathrm{m}}{a^2 \rho} = \frac{8 \times 13.2 \times 0.000672 \times 6{,}000 \times 0.662}{\left(\dfrac{0.5054}{2}\right)^2 \times 53} = 83.32\ \frac{\mathrm{ft}^2}{\mathrm{s}^2}. \tag{E3.5.9}$$

$p_4 = 0$ 그리고 $\Delta z = 200$ ft의 조건에서 점 2와 4 구간에 대한 에너지 수지를 적용하면, 다음과 같이 된다.

$$-\frac{p_2 \times 144 \times 32.2}{53} + 200 \times 32.2 + 83.32 = 0, \tag{E3.5.10}$$

따라서 필요한 펌프 출구압력은 다음과 같다.

$$p_2 = 74.6\ \mathrm{psig}. \tag{E3.5.11}$$

연립 비선형 방정식을 활용한 또 다른 접근법

예제 3.2, 3.3, 3.4에서 논의한 간단한 배관 문제에 대한 다르지만 동등한 접근법은 상황이(사례 1, 2, 3 경우 중 어떤 경우를 다루던지 간에) 다음의 *연립 비선형 방정식*에 의하여 지배된다는 것을 인식해야 한다.

압력 강하:

$$-\Delta p = p_1 - p_2 = 2 f_\mathrm{F} \rho u_\mathrm{m}^2 \frac{L}{D} + \rho g \Delta z. \tag{3.47}$$

유속:

$$Q = \frac{\pi D^2}{4} u_\mathrm{m}. \tag{3.48}$$

Reynolds 수:

$$\mathrm{Re} = \frac{\rho u_\mathrm{m} D}{\mu}. \tag{3.49}$$

마찰인자 도표를 구성하는 식들($2{,}000 < \mathrm{Re} \le 4000$은 *피하라*):

$$\text{Re} \le 2{,}000: \quad f_{\text{F}} = \frac{16}{\text{Re}},$$

$$\text{Re} > 4{,}000: \quad f_{\text{F}} = \left\{-1.737 \ln\left[0.269\frac{\varepsilon}{D} - \frac{2.185}{\text{Re}} \ln\left(0.269\frac{\varepsilon}{D} + \frac{14.5}{\text{Re}}\right)\right]\right\}^{-2}. \tag{3.50}$$

해를 필요로 하는 어떤 특정 경우에 따라 알고 있는 양들과 알려지지 않은 양들의 다른 그룹들이 존재한다. 그러나 Excel과 같은 스프레드시트("Solver" 기능)와 Polymath와 같은 공학용 프로그램들을 즉시 이용할 수 있으므로, 위의 식들은 비교적 쉽게 풀 수 있다.

3.5 비원형 덕트에서의 유동

파이프의 단면은 거의 대부분 원형이나, 다른 형태도 있을 수 있다. 예를 들면, 직사각형 단면의 많은 가정용 고온 공기 가열 덕트는 미국인들에게는 매우 흔한 형태이다. *수평* 덕트에 대한 상황이 그림 3.14에 주어져 있다. 단면의 형태는 정해져 있지 않으며, 모든 위치에서 일정하기만 하면 된다(그림에 주어져 있는 바와 같이 반드시 직사각형일 필요는 없음). 그림에서 A는 단면적, P는 실제 유체와 접하고 있는 벽의 길이로 정의되는 *젖음 둘레*(wetted perimeter)이다. 기체 유동의 경우에는 P는 언제나 덕트의 전체 둘레이다. 그러나 액체의 경우에는 액체가 자유 표면을 가지고 있고, 전체 단면을 완전히 채우지 않는다면 전체 둘레보다는 약간 작을 것이다.

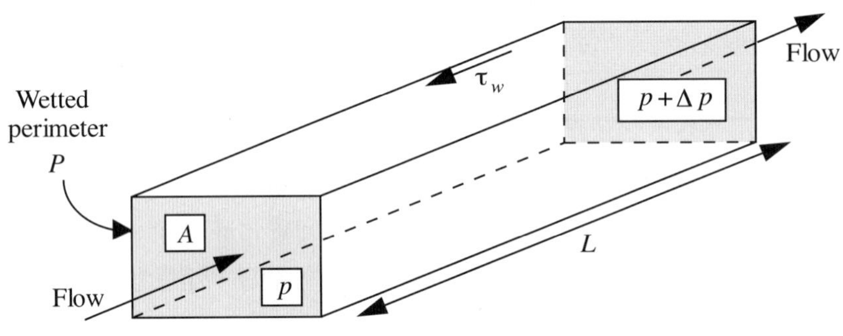

그림 3.14 비원형 단면의 덕트에서의 유동.

만약 τ_{w}가 벽 전단응력이고, 길이 L에 걸쳐서 압력강하 $-\Delta p$가 발생한다면, 유동 방향에서의 운동량 수지는 다음과 같이 된다.

$$[p - (p + \Delta p)]A - \tau_{\text{w}} PL = 0. \tag{3.51}$$

따라서 압력 상하는 다음과 같이 된다.

$$-\Delta p = \tau_{\text{w}} \frac{PL}{A} = \underbrace{\frac{\tau_{\text{w}}}{\frac{1}{2}\rho u_{\text{m}}^2}}_{f_{\text{F}}} \frac{1}{2}\rho u_{\text{m}}^2 \frac{PL}{A} \tag{3.52}$$

$$= 2 f_{\text{F}} \rho u_{\text{m}}^2 \frac{L}{4A/P} = 2 f_{\text{F}} \rho u_{\text{m}}^2 \frac{L}{D_{\text{e}}}. \tag{3.53}$$

따라서 압력 강하에 대한 이 식은 D를 다음과 같이 정의되는 *수력학적 평균 지름*(hydraulic

mean diameter) D_e로 대체시키면, 원형 파이프에 대한 식 (3.33)과 동일해진다.

$$D_\mathrm{e} = \frac{4A}{P}. \tag{3.54}$$

독자들은 원형 덕트의 경우에 $D_e = D$인지를 확인하고 싶을 것이다. 앞에서 사용되었던 것과 비슷한 과정을 거치면, 단위 질량당의 마찰 소산은 다음과 같이 유도된다.

$$\mathcal{F} = 2f_\mathrm{F}u_\mathrm{m}^2\frac{L}{D_\mathrm{e}}, \tag{3.55}$$

이 방정식은 비원형 단면의 *기울어진* 덕트에 대하여 적용할 수 있다.

열린 유로에서의 정상 상태 유동

그림 3.15에 나타낸 바와 같이, 강이나 관개 수로와 같이 수평에서 각도 θ만큼 기울어진 유로를 정상 상태로 흘러내리는 액체에 대해서도 비슷한 해석을 적용할 수 있다. 마찬가지로 유로 전체의 단면이 일정하기만 하면, 유로가 반드시 직사각형일 필요는 없으며, 임의의 형태가 되어도 상관이 없다. 여기서 구동력은 중력이고, 자유 표면이 전체적으로 대기압에 노출되어 있기 때문에 압력의 변화는 없다.

만약 젖음 둘레가 P, 액체가 차지하는 단면적이 A이면, 유동 방향으로의 정상 상태 운동량 수지는 다음과 같이 된다.

$$\rho ALg\sin\theta - \tau_\mathrm{w}PL = 0. \tag{3.56}$$

다음을 적용하자

$$L\sin\theta = z_1 - z_2 = -\Delta z, \tag{3.57}$$

식 (3.56)을 $-\rho A$로 나누면 다음과 같다.

$$g\Delta z + \frac{\tau_\mathrm{w}PL}{\rho A} = 0, \tag{3.58}$$

여기서 두 번째 항은 다음과 같이 다시 쓸 수 있다.

$$2\,\frac{\tau_\mathrm{w}}{\frac{1}{2}\rho u_\mathrm{m}^2}\,u_\mathrm{m}^2\,\frac{L}{4A/P} = 2f_\mathrm{F}u_\mathrm{m}^2\,\frac{L}{4A/P}. \tag{3.59}$$

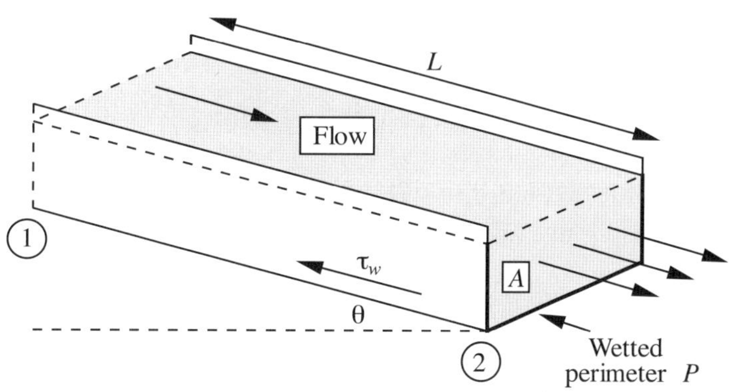

그림 3.15 열린 유로에서의 유동.

총괄 에너지 수지와 비교하면 다음과 같다.

$$g\Delta z + \mathcal{F} = 0, \tag{3.60}$$

단위 질량당의 마찰 소산은 다음과 같이 된다.

$$\mathcal{F} = 2f_{\mathrm{F}}u_{\mathrm{m}}^2\frac{L}{D_{\mathrm{e}}}, \quad \text{where } D_{\mathrm{e}} = \frac{4A}{P}, \tag{3.61}$$

이 식은 식 (3.54), (3.55)와 완전히 같은 형태이다.

예제 3.6 관개 수로에서의 유동

그림 E3.6에는 단면이 너비 6 ft × 깊이 6 ft인 관개 수로를 나타내었다. 이 수로는 위치 1에서 2로 물을 수송하는데, 이 두 위치 사이에는 고도 차이가 있다.

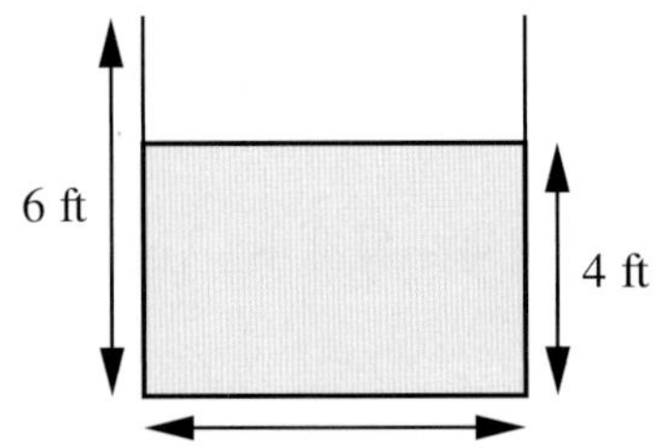

그림 E3.6 관개 수로의 단면.

수로를 흐르는 물의 수심은 4 ft이고, 유속은 $Q = 72\ \mathrm{ft}^3/\mathrm{s}$이다. 만약 동일한 수로가 두 위치 사이에서 수심이 6 ft로 완전히 채워진 상태로 물을 수송한다면, 유속은 몇 % 증가하겠는가? 점 1과 2 사이에 대한 총괄 에너지 수지를 적용하는 것으로 시작하고, 마찰인자는 일정하다고 가정하라.

풀이

거리 L만큼 떨어진 두 점 사이에서 에너지 식을 적용하자.

$$\underbrace{\Delta\frac{u^2}{2}}_{\text{Zero}} + g\Delta z + \underbrace{\frac{\Delta p}{\rho} + w}_{\text{Zero}} + \underbrace{2f_F u_{\mathrm{m}}^2\frac{L}{D_e}}_{\mathcal{F}} = 0,$$

또는

$$g\Delta z + 2f_F u_{\mathrm{m}}^2\frac{L}{D_e} = 0. \tag{E3.6.1}$$

수로가 4 ft 또는 6 ft까지 채워져 있던지 간에 식 (E3.6.1)에서 u_{m}과 D_e를 제외한 나머지 모든 양들은 동일하다. 따라서 다음과 같다.

$$u_{\mathrm{m}}^2 = cD_e, \tag{E3.6.2}$$

여기서, c는 상수인 모든 양들을 포함하는 인자이다.

사례 1. 수로가 깊이 4 ft까지만 채워진 경우, 수력학적 평균 지름은 다음과 같다.

$$D_e = \frac{4A}{P} = \frac{4 \times 24}{14} = 6.86 \text{ ft}. \tag{E3.6.3}$$

그러나 평균 속도는 다음과 같다.

$$u_{\text{m}} = \frac{Q}{A} = \frac{72}{24} = 3.0 \ \frac{\text{ft}}{\text{s}}, \tag{E3.6.4}$$

따라서 식 (E3.6.2)의 상수 값은 다음과 같다.

$$c = \frac{3^2}{6.86} = \ 1.31 \ \frac{\text{ft}}{\text{s}^2}. \tag{E3.6.5}$$

사례 2. 수로가 깊이 6 ft까지 채워진 경우, 수력학적 평균 지름은 다음과 같다.

$$D_e = \frac{4A}{P} = \frac{4 \times 36}{18} = 8.00 \text{ ft}. \tag{E3.6.6}$$

식 (E3.6.2)와 (E3.6.5)로부터 평균 속도는 다음과 같다.

$$u_{\text{m}} = \sqrt{1.31 \times 8} = \ 3.24 \ \frac{\text{ft}}{\text{s}}, \tag{E3.6.7}$$

부피 유속은 다음과 같이 된다.

$$Q = u_{\text{m}}A = 3.24 \times 36 = \ 116.7 \ \frac{\text{ft}^3}{\text{s}}. \tag{E3.6.8}$$

따라서 유속의 증가 백분율은 다음과 같다.

$$\frac{116.7 - 72}{72} \times 100 = 62\%. \tag{E3.6.9}$$

따라서 유속의 증가는 물의 깊이 증가보다 50% *이상* 증가한다. 그 이유는 유동을 위해 증가된 면적에 비해 젖음 둘레 길이의 증가가 상당히 작기 때문이다.

관 부속을 가로지르는 압력 강하

대부분의 배관 설계 시 굽은 관(elbow)과 같은 다양한 *부속*(fitting)들이 사용된다. 이러한 부속들은 불가피하게 흐름이 정상적인 직선 경로를 벗어나게 하며, 추가적인 난류와 마찰 소산을 유발시킨다. 실제로 야기되는 추가 압력 강하는 종종 배관 자체에서의 압력 강하와 비교될 만한 정도이다.

기본적인 절차로는 부속들은 추가적인 압력 강하를 발생시키는데, 이는 부속이 설치되는 파이프의 일정 길이에 의해서 유발되었을 수 있다는 것을 아는 것이다. 따라서 부속들의 상당 길이(equivalent length)$(L/D)_e$를 근거로 하여 부속들을 파이프의 추가 길이로 대체한다. 예를 들면, 표 3.4를 참고하면, 지름 6-in.인 배관에 설치된 표준 90° 엘보 3개는 파이프의 추가적인 45 ft와 동등한 압력 강하를 유발시킨다.

게이트 밸브(gate valve)는 양단의 위치를((a) 유동을 완전히 폐쇄시키거나, 또는 (b) 완전히 개방시키는) 갖는 개폐형 원형 판을 사용한다. 게이트 밸브는 유속을 정교하게 제어하는 데는 사용될 수 없다. 정교한 유속 제어를 위해서는 작은 오리피스를 부분적으로 막을 수 있는 조절 가능한

표 3.4 ▶ 파이프 부속의 상당 길이[9,10]

Type of Fitting	$(L/D)_e$
Angle valve (open)	160
Close return bend	75
Gate valve (open)	6.5
Globe valve (open)	330
Square 90° elbow	70
Standard 90° elbow	30
Standard "T" (through side outlet)	70
45° elbow	15
Sudden contraction, 4:1	15
Sudden contraction, 2:1	11
Sudden contraction, 4:3	6.5
Sudden expansion, 1:4	30
Sudden expansion, 1:2	20
Sudden expansion, 3:4	6.5

플러그 또는 바늘을 사용하는 구형 밸브(globe valve) 또는 니들 밸브(needle valve)가 더 효과적이다.

층류 및 난류 속도 분포

파이프에서의 *층류* 유동의 속도 분포는 포물선형이라는 것을 이미 보았고, 그림 3.16의 좌측에 다시 나타내었다. 우측에는 *난류* 유동에 대한 속도 분포의 일반적인 형태를 처음으로 나타내었다. 9장에는 난류 유동에서의 속도 성분들이 임의적으로 변동하지만, *시간 평균* 축방향 속도의 항으로

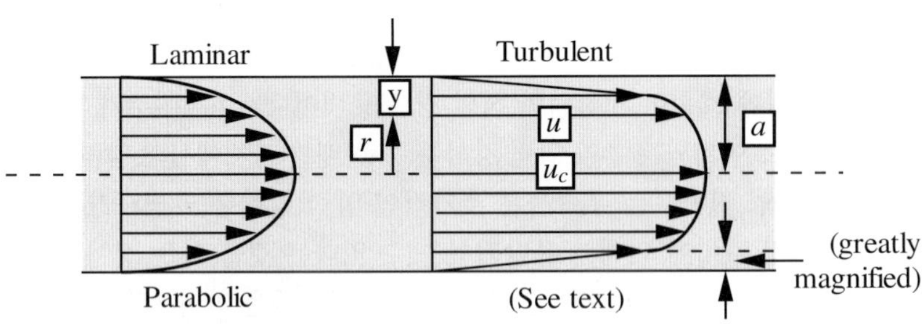

그림 3.16 ▶ 층류 및 난류 속도 분포.

---

[9] G.G. Brown et al., *Unit Operations*, Wiley & Sons, New York, 1950, p. 140 참조.

[10] 급속한 확장과 축소에 관해서는 표 3.4의 *diameter ratio* 참조할 것. 또한 이들 경우의 상당 길이는 더 작은 직경을 기초로 하였음.

다룰 수 있다는 것을 설명할 것이다. 간략화를 위해 이 양들을 9장에서는 v_z와 같은 기호로 대체할 것이지만, 현 단계에서는 u로 표시할 것이다.

일반적으로 속도가 더 크다는 사실과 함께, 전반적인 난류 속도 분포는 현저히 다른 두 영역으로 구성되어 있다는 것을 알아야 한다.

1. *층류 저층*(laminar sublayer)으로 알려진 아주 얇은 영역에서는 난류 효과가 거의 없으며, 전단 응력이 거의 일정하며, 속도구배가 매우 가파르다. 9.7절에서 파이프의 지름에 대한 층류 저층의 상대적 두께 δ를 파이프에서의 Reynolds 수의 함수로 주어지는 다음과 같은 식을 유도할 것이다.

$$\frac{\delta}{D} \doteq 62 \text{ Re}^{-7/8}. \tag{3.62}$$

Reynolds 수가 증가함에 따라 강도가 더 큰 난류가 벽에 더 가깝게 확장하므로 층류 저층은 얇아진다.

2. *난류 중심부*(turbulent core)가 파이프 단면의 거의 전체로 확장된다. 이 영역에서는 반지름 방향의 급한 난류 운동량 전달로 인해 속도의 차이가 고르게 되는 경향이 있기 때문에 속도 분포는 비교적 편평하다. 벽으로부터의 거리 y에서의 속도 u와 중심선에서의 속도 u_c의 비에 대한 대표적인 식은 다음과 같다.

$$\frac{u}{u_{\text{c}}} = \left(\frac{y}{a}\right)^{1/n}, \tag{3.63}$$

여기서 지수 n은 표 3.5에 주어져 있는 바와 같이 Reynolds 수에 따라 변한다. $n = 1/7$에 대한 식 (3.63)은 그림 9.11에 주어져 있다.

표 3.5 ▸ 식 (3.63)의 지수[11]

Re	n
4.0×10^3	6
2.3×10^4	6.6
1.1×10^5	7
1.1×10^6	8.8
2.0×10^6	10
3.2×10^6	10

3.6 배관에서 압축성 기체 유동

압축성 기체(compressible gas) 유동에 관한 완벽한 논의는 이 책의 범위를 넘어서며, 두 개의 중요한 예제(이 절에서 하나와 다음 절에서 하나)를 다루는 것으로 충분하다.

[11] H. Schlichting, *Boundary-Layer Theory*, McGraw-Hill, New York, 1955, p. 403.

지금까지의 대부분의 논의는 비압축성 유체(주로 액체)이고, 압력과 밀도의 변화가 크지 않은 경우의 기체에 관해 근사적으로 다루었다. 그러나 완전히 잘못된 결과를 피하기 위해 압력(그리고 온도도 가능) 변화로 인한 밀도의 변화를 반드시 고려해야 하는 기체를 포함된 경우가 있다. 천연가스를 지하 배관으로 장거리 수송하는 경우가 이러한 유동 형태의 한 예이다. 이때의 땅속은 기본적으로 동온 조건(isothermal conditions)이 유지된다.

그림 3.17에 나타낸 것과 같이 지름 D, 길이 L인 긴 수평 배관을 통해 흐르는 분자량이 M_w인 이상기체의 정상 상태 유동을 고려하자. 배관의 입구와 출구의 압력과 밀도는 각각 p_1, ρ_1 그리고 p_2, ρ_2이다. 배관은 지름에 비하여 길이가 충분히 길고, 주위와 열적 평형 상태에 있다고 가정하고, 따라서 유동은 절대온도 T로 등온(isothermal) 조건이다.

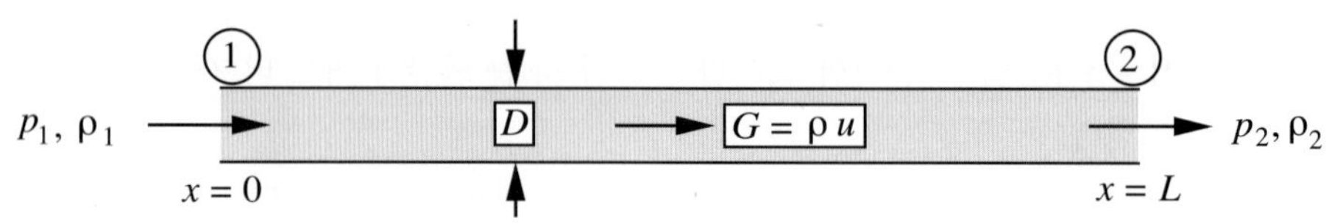

그림 3.17 배관에서 기체의 등온 유동.

만약 평균 속도가 u이고 압력이 p이면, 길이 dx에 대한 미분 에너지 수지는 다음과 같게 된다.

$$d\left(\frac{u^2}{2}\right) + \frac{dp}{\rho} + d\mathcal{F} = 0. \tag{3.64}$$

밀도의 변화는 기체가 가속되거나 감속되기 때문에 운동 에너지의 변화를 무시할 수 없음에 주의해야 한다. 미분량은 전개하고, $d\mathcal{F}$를 다른 표현식으로 치환하고, u^2으로 나누면 다음과 같이 된다.

$$\frac{du}{u} + \frac{dp}{\rho u^2} + 2f_F\frac{dx}{D} = 0. \tag{3.65}$$

연속방정식에 의하면, *질량 속도*(mass velocity) $G = \rho u$는 일정하며,

$$dG = 0 = \rho\ du + u\ d\rho, \tag{3.66}$$

또는, 밀도가 절대 압력에 비례하므로, 다음과 같은 관계를 얻을 수 있다.

$$\frac{du}{u} = -\frac{d\rho}{\rho} = -\frac{dp}{p}. \tag{3.67}$$

또한 다음 관계도 성립한다.

$$\frac{1}{\rho u^2} = \frac{\rho}{G^2} = \frac{\rho_1}{p_1}\frac{p}{G^2}. \tag{3.68}$$

식 (3.65), (3.67), (3.68)로부터 다음 결과를 얻을 수 있다.

$$-\int_{p_1}^{p_2}\frac{dp}{p} + \frac{\rho_1}{p_1 G^2}\int_{p_1}^{p_2} pdp + \frac{2f_F}{D}\int_0^L dx = 0. \tag{3.69}$$

G가 상수이고 기체의 점도가 압력과 거의 무관하므로, Reynolds 수 $\mathrm{Re} = \rho u D/\mu = GD/\mu$는 거

의 상수이다. 따라서 Reynolds 수와 거칠기 비에만 의존하는 마찰인자 f_F는 식 (3.69)에서 적분 밖으로 빼낼 수 있다.

식을 적분하면, 다음과 같이 된다.

$$\frac{4f_\mathrm{F}L}{D} = (p_1^2 - p_2^2)\ \frac{\rho_1}{p_1 G^2}\ +\ \ln\left(\frac{p_2}{p_1}\right)^2. \tag{3.70}$$

따라서 배관에서의 질량 속도는 다음과 같다.

$$G^2 = \frac{\rho_1}{p_1}\ \frac{p_1^2 - p_2^2}{\dfrac{4f_\mathrm{F}L}{D} - \ln\left(\dfrac{p_2}{p_1}\right)^2} = \frac{M_\mathrm{w}}{RT}\ \frac{p_1^2 - p_2^2}{\dfrac{4f_\mathrm{F}L}{D} - \ln\left(\dfrac{p_2}{p_1}\right)^2}. \tag{3.71}$$

식 (3.64)의 운동 에너지 항으로부터 유도된 분모의 마지막 항은 일반적으로 상당히 작은 값을 갖는다. 만약 이 항을 무시한다면(이 가정은 수치로 확인해야 한다), 다음의 *Weymouth* 식이 얻어진다.

$$G^2 = \frac{M_\mathrm{w}}{RT}\ \frac{D}{4f_\mathrm{F}L}\ (p_1^2 - p_2^2). \tag{3.72}$$

그러나 만일 절대 압력의 비 p_2/p_1이 1보다 훨씬 작으면, 식 (3.71)의 분모의 마지막 항은 무시될 수 없다. 그림 3.18에 나타낸 바와 같이 출구 압력 p_2가 점차적으로 p_1 이하로 감소하는 상황을 고려해 보자. 예상한 바와 같이, 식 (3.71)은 p_2가 p_1 이하로 감소함에 따라, 질량 속도 G가 초기에 증가하는 것을 보인다. 그러나 p_2가 임계값 p_2^*에 도달하면, G가 최대값에 도달한다. 출구 압력이 추가적으로 감소하면 외견상 G가 *감소*하게 된다.

최대값에서 다음의 관계가 성립하므로, 임계 출구 압력이 구해진다.

$$\frac{dG^2}{dp_2} = 0, \tag{3.73}$$

이 식을 식 (3.71)에 적용하면, 약간의 대수적 조작을 통해 다음 식을 얻을 수 있다.

$$\left(\frac{p_1}{p_2^*}\right)^2 - \ln\left(\frac{p_1}{p_2^*}\right)^2 = 1 + \frac{4f_\mathrm{F}L}{D}, \tag{3.74}$$

이 식은 p_2^*에 관해 풀 수 있다. 상응하는 최대 질량 속도 G_max는 다음 식을 따른다는 것을 보일 수

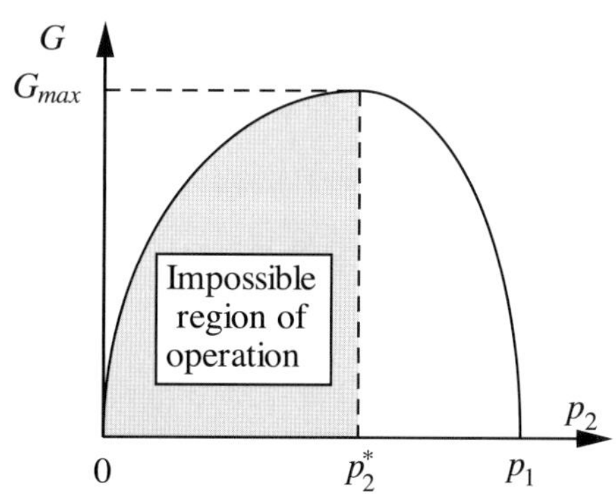

그림 3.18 출구 압력의 함수로 주어지는 질량 속도.

있다.[12]

$$G_{\max}^2 = \frac{\rho_1 p_1}{1 + \dfrac{4f_F L}{D} + \ln \dfrac{p_1 \rho_1}{G_{\max}^2}}, \tag{3.75}$$

이 식은 연속 치환법(successive substitution)이나, Newton 방법을 사용하여 $G_{\max}$를 풀 수 있다.

그림 3.18의 $0 < p_2 < p_2^*$ 영역에서의 곡선은 실제로는 허상이고, p_2를 p_2^* 이하로 감소시켜도 유속을 감소되지 않는다. 대신, 출구 압력은 p_2^*로 유지되고, 관의 출구 p_2^*에서 출구를 막 벗어난 점에서 $p_2(< p_2^*)$로 압력이 감소하는 급작스러운 비가역적 팽창 또는 *충격파*(shock wave)가 발생한다.

다음 관계를 보일 수 있다.

$$G_{\max} = \sqrt{p_2^* \rho_2^*} = \rho_2^* u_2^*, \tag{3.76}$$

여기서 별표는 최대 질량 유속 하에서의 조건을 나타낸다. 또한 이에 상응하는 출구 속도는

$$u_2^* = \sqrt{\frac{p_2^*}{\rho_2^*}}, \tag{3.77}$$

이며, 이 속도는 음속과 이상기체에 관한 다음의 관계들이 있기 때문에 출구 조건에서 가상의 *등온 음파*(isothermal sound wave)의 속도로 해석할 수 있다.

$$c = \sqrt{\frac{dp}{d\rho}}, \qquad \frac{p}{\rho} = \frac{RT}{M_w}. \tag{3.78}$$

따라서 가상의 등온 음파는 다음과 같이 주어진다.

$$\text{등온 조건:} \quad c = \sqrt{\frac{RT}{M_w}}. \tag{3.79}$$

그러나 실질적인 음파는 거의 *등엔트로피*(isotropically)로 이동하고, 따라서 음속은 다음과 같다.

$$\text{등엔트로피 조건:} \quad c = \sqrt{\frac{\gamma RT}{M_w}}, \tag{3.80}$$

여기서 $\gamma = c_p/c_v$는 일정 부피에서의 비열(specific heat)에 대한 일정 압력에서의 비열의 비이다.

3.7 노즐에서의 압축성 유동

압축성 유동을 포함하는 또 다른 경우는 고압 저장소로부터 "목(throat)"까지 좁아지는 수렴부(converging section)에 이어서 발산부(diverging section) 또는 "확산기(diffuser)"로 구성되는 노즐(nozzle)을 통한 기체의 배출에서 나타난다. 대표적인 예로는 로켓으로부터 연소 기체의 유동,

---

[12] 식 (3.75)의 유도는 약간 까다롭다. 우선 식 (3.71)과 (3.74)에서 $\ln(p_1/p_2^*)^2$를 소거하면,

$$G_{\max}^2 = \frac{\rho_1}{p_1}(p_2^*)^2. \tag{1}$$

그런 후 식 (3.71)의 분자와 분모에 식 (1)의 $(p_2^*)^2$를 대입한다. 다시 정리하면 식 (3.75)가 된다.

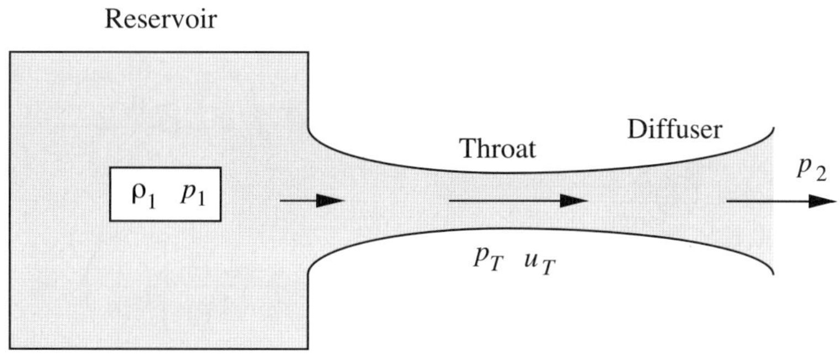

그림 3.19 수렴/발산 노즐을 통한 유동.

(비말 동반(entrainment)에 의한 부분 진공을 생성하는 데 사용되는) 증기분사 배출기(steam-jet ejector), 고압 반응기의 파열판을 통한 기체의 긴급 방출, 그리고 초음속 유동(supersonic flow)의 유발 등에서 볼 수 있다.

그림 3.19에 나타낸 바와 같이 저장소의 기체가 절대 압력 p_1와 밀도 ρ_1를 갖는다. 최종적으로 절대압이 p_2인 대기로 방출된다. 기체의 이동은 신속하며 노즐 벽에서의 열전달이 거의 없기 때문에 단열 유동(adiabatic flow)이 된다. 더욱이 노즐의 길이가 짧기 때문에, 마찰을 무시할 수 있으며, 따라서 팽창은 다음 식에 의하여 지배되는 *등엔트로피*(isentropic) 공정이다.

$$\frac{p}{\rho^\gamma} = c = \frac{p_1}{\rho_1^\gamma}, \quad \text{or} \quad \rho = \rho_1 \left(\frac{p}{p_1}\right)^{1/\gamma}, \tag{3.81}$$

여기서 c는 상수이고, $\gamma = c_p/c_v$로 비열의 비이다. 기체는 이상기체이고 비열은 일정한 값을 가지는 것으로 가정한다.[13]

속도가 u이고 압력이 p인 저장소와 하류부의 임의의 지점 사이의 수평 유동에서의 Bernoulli

[13]식 (3.81)의 증명은 간단하지 않으며, 여기서는 한 가지 방법에 관해 소개한다. (몰당) 내부에너지 u의 미소 변화량은 다음과 같다.

$$du = Tds - Pdv. \tag{1}$$

그러나 이상기체의 내부 에너지는 온도에만 의존하므로 다음과 같다.

$$c_v = \left(\frac{\partial u}{\partial T}\right)_v = \frac{du}{dT}. \tag{2}$$

식 (1)과 (2)로부터 다음 식을 얻을 수 있다.

$$c_v dT = Tds - Pdv. \tag{3}$$

또한 이상기체의 경우,

$$Pv = RT. \tag{4}$$

그러나 마찰이 없는 단열 유동의 경우, 엔트로피의 변화는 없다. 따라서 c_v가 일정하다고 가정하면, 식 (3)과 (4)로부터 다음의 식을 얻을 수 있다.

$$c_v dT = -RT\frac{dv}{v} \qquad \text{or} \qquad c_v \int_{T_1}^{T_2} \frac{dT}{T} = -R \int_{v_1}^{v_2} \frac{dv}{v}, \tag{5}$$

식은 다음과 같다.

$$\frac{u^2}{2} - \frac{u_1^2}{2} + \int_{p_1}^{p} \frac{dp}{\rho} = 0. \tag{3.82}$$

이 식에서의 적분항은

$$\int_{p_1}^{p} \frac{dp}{\rho} = \frac{p_1^{1/\gamma}}{\rho_1} \int_{p_1}^{p} \frac{dp}{p^{1/\gamma}} = \frac{\gamma}{\gamma - 1} \frac{p_1}{\rho_1} \left[\left(\frac{p}{p_1} \right)^{(\gamma-1)/\gamma} - 1 \right]. \tag{3.83}$$

와 같다. 저장소에서의 속도 u_1은 거의 0이므로, 위의 두 식으로부터 흐르는 기체의 임의의 지점에서의 속도와 압력 사이의 관계를 구할 수 있다.

$$u^2 = \frac{2\gamma}{\gamma - 1} \frac{p_1}{\rho_1} \left[1 - \left(\frac{p}{p_1} \right)^{(\gamma-1)/\gamma} \right]. \tag{3.84}$$

임의의 지점에서 $m = \rho u A$, 여기서 m은 질량 유속이고, A는 노즐의 단면적이기 때문에, 식 (3.84)는 다음과 같이 쓸 수 있다.

$$\left(\frac{m}{A} \right)^2 = \frac{2\gamma}{\gamma - 1}\, p_1 \rho_1 \left[1 - \left(\frac{p}{p_1} \right)^{(\gamma-1)/\gamma} \right] \left(\frac{p}{p_1} \right)^{\frac{2}{\gamma}}. \tag{3.85}$$

질량 속도 m/A는 명백하게 목에서 최대가 되며, 이때의 값은 m/A_T이다. 그러나 목에서의 압력은 여전히 변수이고, p에 대한 m/A_T의 최대값은 다음 조건에서 발생한다.

$$\frac{d(m/A_\mathrm{T})}{d(p/p_1)} = 0. \tag{3.86}$$

따라서 결과는 다음과 같다.

$$c_v \ln \frac{T_2}{T_1} = -R \ln \frac{v_2}{v_1} \qquad \text{or} \qquad \frac{v_2}{v_1} = \left(\frac{T_2}{T_1} \right)^{-c_v/R}. \tag{6}$$

식 (4)를 활용하면, 온도 비율을 다음과 같이 다시 쓸 수 있다.

$$\frac{v_2}{v_1} = \left(\frac{P_2 v_2}{P_1 v_1} \right)^{-c_v/R}, \tag{7}$$

또는

$$\frac{P_2}{P_1} = \left(\frac{v_2}{v_1} \right)^{\left(1+\frac{c_v}{R}\right)\left(-\frac{R}{c_v}\right)}. \tag{8}$$

그러나 이상기체의 경우 $c_p - c_v = R$이므로, 식 (8)의 지수는 다음과 같이 간단히 할 수 있다.

$$\left(1 + \frac{c_v}{R} \right) \left(-\frac{R}{c_v} \right) = -\left(\frac{R}{c_v} + 1 \right) = -\frac{c_p}{c_v} = -\gamma, \tag{9}$$

여기서 $\gamma = c_p/c_v$이다. 최종 관계식은 다음과 같다.

$$P_1 v_1^{\gamma} = P_2 v_2^{\gamma}. \tag{10}$$

약간의 대수적 조각을 거치면, 앞에서의 두 식은 가능한 최대 질량 유속에 해당하는 목에서의 임계압력을 구할 수 있다.

$$\frac{p_{\mathrm{cT}}}{p_1} = \left(\frac{2}{\gamma+1}\right)^{\gamma/(\gamma-1)}. \tag{3.87}$$

식 (3.81), (3.84), (3.87)을 약간의 대수적 계산을 거치면, 상응하는 목에서의 속도 u_{cT}을 구할 수 있다.

$$u_{\mathrm{cT}}^2 = \left(\frac{2\gamma}{\gamma+1}\right)\frac{p_1}{\rho_1} = \frac{\gamma p_{\mathrm{cT}}}{\rho_{\mathrm{cT}}} = \frac{\gamma R T_{\mathrm{cT}}}{M_{\mathrm{w}}}, \tag{3.88}$$

여기서 하첨자 c는 임계 조건들을 나타낸다. 즉 목에서의 기체 속도는 국지적으로 식 (3.80)과 같은 음속과 같게 된다. *초킹*(chocking)으로 알려진 이러한 조건들 하에서, 목에서의 임계 질량 유속 m_c는 다음과 같게 된다.

$$m_{\mathrm{c}} = A_{\mathrm{T}}\sqrt{\gamma p_1 \rho_1 \left(\frac{2}{\gamma+1}\right)^{(\gamma+1)/(\gamma-1)}}. \tag{3.89}$$

이제 저장소 압력 p_1으로부터 점차적으로 감소하는 다양한 출구 압력 p_2에 어떤 변화가 발생하는지 고려해 보도록 하자.

(A) 만약 출구 압력이 저장소 압력보다 약간 낮다면, 유속은 작을 것이고, 식 (3.85)에 $A = A_2$ (출구 면적)와 $p = p_2$로 대입하여 계산할 수 있다. 그러면 식 (3.85)는 노즐에서의 압력 변화를 구할 수 있다. 이 유동은 항상 아음속(subsonic)이다.

(B) 질량 유속이 증가한다는 것 외에는 A와 같다.

(C) 만약 출구 압력이 충분히 낮아지면, 목에서의 속도는 식 (3.88)에 주어진 임계값으로 증가한다. 발산부에서 압력은 증가하고 유동은 아음속이다.

(D) 출구 압력이 C와 E 사이에 속하는 경우, 연속적인 해는 불가능하다. 임계 유동은 목(throat)을 넘어서면 일정구간 동안 초음속(supersonic)이 된다. 그러나 더 지나게 되면, *충격*(shock)으로 알려진 급속한 압력 강하가 발생하고, 유동은 아음속(subsonic)이 된다. 충격은 분자 몇 개 정도의 아주 얇은 두께에서 속도, 압력, 온도의 급격한 변화에 기인하는 비가역 현상이다.

(E) C에서와 같은 임계 질량 유속에 대하여, 식 (3.85)는 그림 3.20의 E에서의 출구 압력에 해당하는 두 번째 근을 갖는다. 하지만, 이 경우에는 확산부에서 압력의 연속적으로 *감소*하고, 유동은 *초음속*(supersonic)이 된다.

(F) E보다 낮은 출구 압력에서는 노즐의 출구를 막 벗어난 지점에서 또 다른 비가역 팽창이 발생한다.

만일 확산부가 없다면, 유동은 본질적으로 고압 저장소에서의 오리피스를 통과하는 유동과 같다. 만약 출구 압력이 p_{cT}보다 크면, 유동은 아음속이 될 것이다. 만약 출구 압력이 p_{cT}와 같으면, 오리피스를 통한 음속의 임계 유동이 발생한다. 그리고 만약 이 값 작으면, 여전히 임계 유동이 발생하지만, 오리피스를 막 벗어난 지점에서 추가적인 비압축성 팽창이 발생한다.

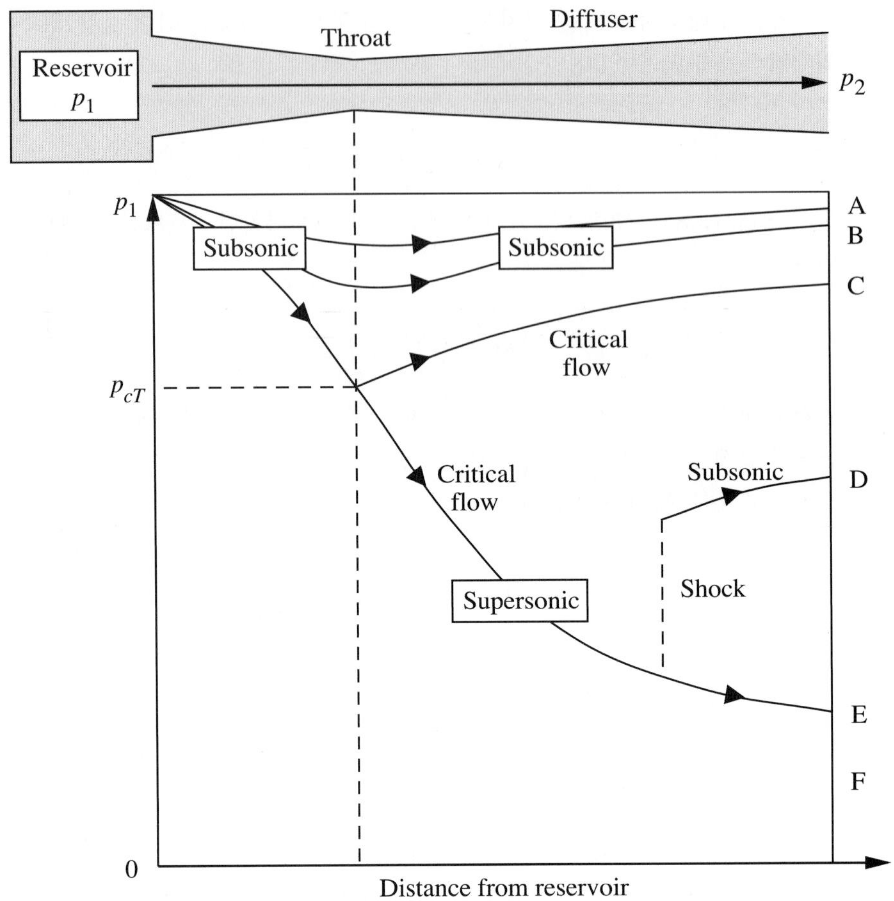

그림 3.20 노즐 유동에 대한 출구 압력 변화의 효과.

3.8 복잡한 배관계

화학공학도는 지금까지 이 장에서 논의된 예들 보다 훨씬 복잡한 펌프 및 배관 시스템을 처리할 수 있는 준비가 되어 있어야 한다. 여기서 고려할 복잡한 계의 한 형태는 정상 상태 비압축성 유동을 포함하는 가장 간단한 예에 관한 것이다. 그림 E3.7의 개략도를 대충 훑어보면 앞에서 공부한 계의 난이도가 중간 정도의 수준임을 알 수 있다. 여기서는 물이 낮은 위치의 저장조에서 파이프로 펌핑되다가 두 *갈래*로 분지되어 두 개의 높은 위치에 있는 탱크로 수송된다.

이 문제의 자세한 해는 상황에 따라 다르지만, 일반적인 접근법은 우선 계를 탱크, 파이프, 펌프와 같이 여러 개의 분리된 요소 또는 장치로 나누는 것이다. 각 요소들은 두 연결점 또는 *교점*(node)들 사이에 위치하고, 이 연결점에서 이웃하는 하나 또는 그 이상의 요소들과 연결된다. 그러면 다음과 같은 원리에 기초한 연립방정식들이 유도된다.

(a) 질량(또는 비압축성 유체의 경우에는 부피)의 연속성: 임의의 교점에서 유입되는 유동의 유속들의 합은 유출되는 유동의 유속들의 합과 같아야 한다. 예를 들면, 만약 파이프 A가 교점에 도달하고, 파이프 B와 C가 노드로부터 나간다면 다음과 같이 된다.

$$Q_A = Q_B + Q_C. \tag{3.90}$$

(b) 두 교점을 연결하는 파이프의 모든 부분에 대한 에너지 수지: 관례적으로 평균속도를 부피 유속으로 대체한다.

$$Q = \frac{\pi D^2}{4} u_m, \tag{3.91}$$

따라서 대표적인 에너지 수지는 다음과 같이 된다.

$$g\Delta z + \frac{\Delta p}{\rho} + \frac{32 f_F Q^2 L}{\pi^2 D^5} = 0. \tag{3.92}$$

(c) 각 펌프에 대한 방정식:

$$\Delta p = a - bQ^2 \qquad \text{or} \qquad \frac{\Delta p}{\rho} + w = 0, \tag{3.93}$$

여기서 a와 b는 펌프에 따라 달라지는 계수이다. 식 (3.93)의 두 번째 형태는 다음 변수들 중 두 개의 변수가 정의되었을 때만 사용된다. (a) 펌프 입구 압력, (b) 펌프 배출 압력, (c) 흐르는 단위 질량당 가해진 일.

파이프와 펌프에 Q^2 항이 포함되어 있기 때문에 연립 방정식들은 비선형이 될 것이고, 미지의 압력과 유속을 구하는 방법은 계의 난이도에 크게 영향을 미친다.

(a) 교점의 수가 많지 않은 경우(20개 이하인 경우)에는 Excel 또는 Polymath와 같은 표준 소프트웨어를 사용할 수 있다. 아래의 예제 3.7에서의 설명과 유사하게, 이러한 각각의 해는 특정한 문제에 바로 적용할 수 있지만, 다른 경우에 대해서 일반화시킬 수는 없다.

(b) 교점이 더 많은 계, 특히 다수의 배관 및 수송 문제들을 고려해야 할 경우, 다음 단계들을 수행할 범용 컴퓨터 프로그램을 작성해서 할 수 있다.

(i) 다양한 요소들에 관한 정보들과 이들의 (파이프 길이와 같은) 특정 매개인자들, 그리고 요소들이 어떻게 상호 연관되어 있는지를 판독한다.

(ii) 요구되는 계의 성능에 대한 정보를 판독한다. 예를 들면, 탑 내의 물의 자유 표면의 압력은 대개 계기압력 0으로 설정할 것이고, 어떤 소화전으로부터 1,000 gpm의 급수 속도가 요구될 것이다.

(iii) 압력이 정해지지 않은 각 교점에 대해 연속성 원리를 적용하여, 미지의 교점 압력에 대한 비선형 연립방정식을 생성한다.

(iv) 표준 범용 비선형 연립방정식 풀이 루틴, 전형적으로 Newton-Raphson 법을 호출하여 미지의 교점 압력을 계산한다.

(v) 모든 압력이 계산되면, 미지의 유속을 계산한다.

(vi) 결과를 편리한 형식으로 제시한다.

예제 3.7에 간단한 계에 대해 이러한 단계들을 설명하였다.

예제 3.7 배관/수송 문제의 해

그림 E3.7에 나타낸 장치를 고려해 보자. 여기서 공급 탱크와 펌프 사이의 짧은 구간의 파이프에서의 마찰은 무시될 수 있으며, 교점 1과 2는 같은 고도이다. 원심 펌프를 통한 압력 증가(psi)는 다음의 식으로 주어진다(식 (4.4) 참조).

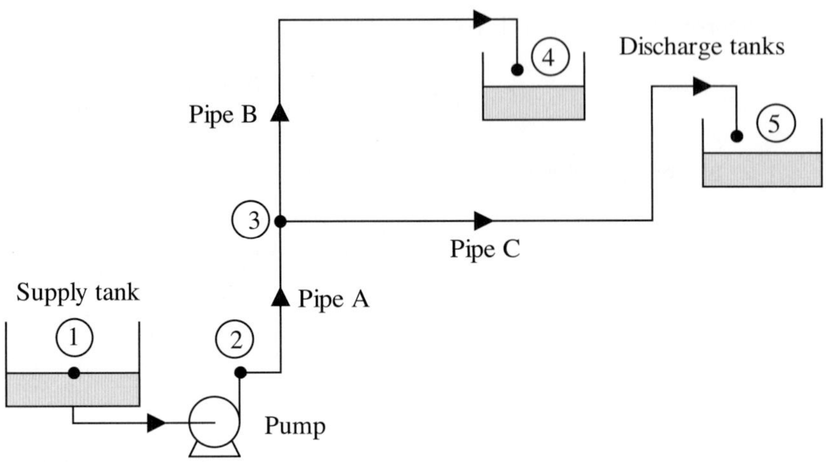

그림 E3.7 수송 및 배관 장치.

$$\Delta p = p_2 - p_1 = a - bQ_A^2, \quad \text{(E3.7.1)}$$

여기서 $a = 72$ psi, $b = 0.0042$ psi/(gpm)^{2}이다. 세 파이프에서의 마찰인자는 $f_{FA} = 0.00523$, $f_{FB} = 0.00584$, $f_{FC} = 0.00556$이고, 수송되는 물의 밀도는 $\rho = 62.4$ lb$_m$/ft^{3}이다.

다른 매개인자들은 표 E3.7.1과 E3.7.2에 주어져 있다. 파이프 길이는 부속(fitting)들과 밸브들의 상당길이가 이미 포함하고 있다고 가정한다.

표 E3.7.1 ▸ 교점의 고도

Node	Elevation, ft
1	0
2	0
3	25
4	80
5	60

표 E3.7.2 ▸ 파이프의 매개인자

Pipe	*D*, in.	*L*,ft
A	3.068	80
B	2.067	300
C	2.067	500

풀이

식 (3.92)를 g로 나누고, π의 값을 대입하고, 적절한 환산인자를 대입하면 파이프 요소들에 대한 에너지 수지는 다음과 같이 된다.

$$\Delta z \ + \ 4.636 \times 10^3 \frac{\Delta p}{\rho g} \ + \ 4.01 \frac{f_F Q^2 L}{g D^5} \ = \ 0, \tag{E3.7.2}$$

여기서 변수들은 다음과 같은 단위를 갖는다. z, ft; p, psi; ρ, $\mathrm{lb_m/ft^3}$; Q, gpm; L, ft; g, $\mathrm{ft/s^2}$와 D, in. 에너지 수지는 세 번 적용된다.

점 2와 3 사이

$$f_1 = z_3 - z_2 \ + \ 4.636 \times 10^3 \frac{p_3 - p_2}{\rho g} \ + \ 4.01 \frac{f_{FA} Q_A^2 L_A}{g D_A^5} \ = \ 0. \tag{E3.7.3}$$

점 3과 4 사이

$$f_2 = z_4 - z_3 \ + \ 4.636 \times 10^3 \frac{p_4 - p_3}{\rho g} \ + \ 4.01 \frac{f_{FB} Q_B^2 L_B}{g D_B^5} \ = \ 0. \tag{E3.7.4}$$

점 3과 5 사이

$$f_3 = z_5 - z_3 \ + \ 4.636 \times 10^3 \frac{p_5 - p_3}{\rho g} \ + \ 4.01 \frac{f_{FC} Q_C^2 L_C}{g D_C^5} \ = \ 0. \tag{E3.7.5}$$

분지점 3에서의 연속성과 펌프의 성능을 고려하면, 다음과 같은 식이 얻어진다.

3점에서의 연속성

$$f_4 = Q_A - Q_B - Q_C = 0, \tag{E3.7.6}$$

점 1과 2 사이

$$f_5 = p_2 - (p_1 + a - bQ_A^2) = 0. \tag{E3.7.7}$$

이들 최종 결과식들은 5개의 비선형 연립 방정식을 나타낸다. 5개의 미지의 값들 p_2, p_3, Q_A, Q_B, Q_C는 표 E3.7.3에 결과가 나타낸 바와 같이 Excel Solver를 이용하여 구한다. 수렴된 경우에 f_i, $i = 1, \ldots, 5$ 값들이 각각 0이 되어야 하지만, Solver는 *한* 셀만을 최소화한다. 따라서 "Sum"으로 정의된 셀은 절대값들의 합 $\sum_{i=1}^{5} |f_i|$이고, 만약 이 값이 0에 가까우면, 각각의 f_i 값 모두가 0이 되어야 한다.

초기 추정치가 다른 5개의 변수들에 대해 2개의 미지의 압력들과 3개의 유속에 대한 최종 결과값들은 동일하다. 각각의 f_i 값들이 본질적으로 0이고, $Q_A = Q_B + Q_C$인 연속성이 유지된다는 것을 볼 수 있다. 탱크, 펌프, 파이프의 동일한 기본 구성에 관한 풀이들도 예를 들면, 높이값과 펌프 특성치들, 적절한 입력값을 바꾸고 풀이 과정을 반복하면 쉽게 해를 얻을 수 있다. 그러나 만일 계가 다른 경우에는 스프레드시트의 구조가 바뀌어야 한다.

이 예제에서 간략화를 위하여 파이프 A, B, C의 마찰인자들을 상수 또는 실질적인 값을 적용하였다. 마찰인자가 식 (3.50)에서와 같이 Reynolds 수와 거칠기 비의 변화를 허용하기 위해 추가 입력 항들을 포함시킬 수도 있다.

표 E3.7.3 ▸ 스프레드시트에서 얻어진 결과

Example 3.7: Solution of Pumping/Piping System

A. Input data

Elevations

z_1 =	0	ft
z_2 =	0	ft
z_3 =	25	ft
z_4 =	80	ft
z_5 =	60	ft

Pipe parameters

D_A =	3.068	in
D_B =	2.067	in
D_C =	2.067	in
L_A =	80.0	ft
L_B =	300.0	ft
L_C =	500.0	ft

Pump coefficients

a =	72	psi
b =	0.0042	psi/(gpm)^2

Constants

rho =	62.4	lbm/ft^3
g =	32.2	ft/s^2
c_1 =	4.636E+03	in^2 lbm/ft lbf s^2
c_2 =	4.01	in^5 ft/gpm^2 s^2

Friction factors

f_FA =	0.00523	f_FB =	0.00584	f_FC =	0.00556

B. Converged solution

Pressures

p_1 =	0.0	psi
p_2 =	38.4	psi
p_3 =	26.9	psi
p_4 =	0.0	psi
p_5 =	0.0	psi

Flow rates

Q_A =	89.42	gpm
Q_B =	35.06	gpm
Q_C =	54.36	gpm

Functional values

f_1 =	0.000
f_2 =	0.000
f_3 =	0.000
f_4 =	0.000
f_5 =	0.000

Sum = 0.001 (of absolute functional values)

연습 문제 Problems for Chapter 3

**별도의 언급이 없는 경우, 모든 파이프는 Schedule 40, 상업용 강철 파이프이다.*
물인 경우, $\rho = 62.3\ lb_m/ft^3 = 1{,}000\ kg/m^3$, $\mu = 1.0\ cP$이다.

1. *층류 유동에서의 운동량 플럭스—M.* 파이프에서 층류 유동에 대하여, 흐르는 단위 질량당 총 운동량 플럭스를 평균 속도 $u_{\rm m}$ 항으로 표현식을 유도하라.

2. *기름 색 바꾸기—M(C).* 층류 속도 분포 $u = \alpha(a^2 - r^2)$와 관련하여, 벽과 반지름 방향 위치 $r = R$ 구간을 흐르는 총 부피유속에서의 *마찰* f이 다음과 같음을 증명하라.

$$f = \left(1 - \frac{R^2}{a^2}\right)^2.$$

입구에 있는 흐름(stream)이 갑자기 무색 기름으로 바뀌었을 때, 형광체로 채색된 기름이 길이 L인 긴 파이프 내에서 평균 속도 $u_{\rm m}$인 층류 유동이다. 무색의 기름이 파이프 출구에서 나오기 시작한 후에 채색된 기름과 무색 기름의 경계의 대표적인 위치를 보여주는 그림을 그려라. 출구에서의 유동이 99%의 무색의 기름으로 구성되는 데 필요한 시간 t를 $L/u_{\rm m}$의 배수로 구하라.

3. *층류 탱크 배출—M.* 그림 P3.3에 나타낸 탱크와 파이프는 초기에 점도 μ, 밀도 ρ인 액체로 채워져 있다. 층류 유동이라 가정하고, 파이프에서의 마찰이 유일한 저항이며, 출구에서의 운동 에너지 효과를 무시한다면, 탱크를 비우는 데 걸리는 시간이 다음과 같음을 증명하라.

$$t = \frac{8\mu L R^2}{\rho g r^4} \ln\left(1 + \frac{H}{L}\right).$$

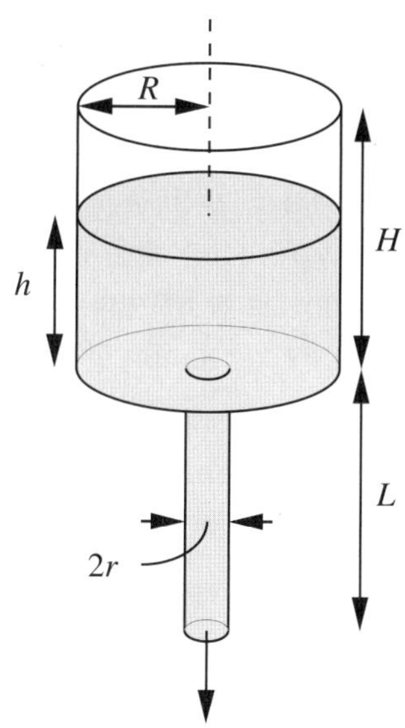

그림 P3.3 층류 유동으로 탱크 비움.

4. *마찰인자 도시—E.* 마찰인자 도표에서 Fanning 마찰인자에 관해 다음을 검토하라.
   (a) 층류-유동 영역에서 $f_F = 16/\text{Re}$
   (b) 출판된 다른 마찰인자 도표에서 나타나는 $\mathcal{F}/[(4\Delta x/D)(V^2/2)]$이 $f_F = \tau_w/(\frac{1}{2}\rho u_m^2)$와 같다.
   (c) $5{,}000 < \text{Re} < 100{,}000$ 영역에서의 Blasius 식의 정밀도.

5. *환형 주 배관에서의 유동—M.* 그림 P3.5는 빌딩 내의 같은 층의 여러 곳으로 물을 공급하기 위하여 사용될 수 있는 연속되는 파이프 루프로 구성된 *수평* 환형 주 배관을 보여준다. 물은 주 배관 A 지점에서 50 psig의 압력으로 유입되고, B와 C 지점에서 각각 20 gpm과 60 gpm으로 배출된다. 주 배관을 구성하는 파이프에 대한 시험에서 마찰에 의한 압력 강하(psi)는 $-\Delta p = 0.0002\, Q^2 L$이고, 여기서 L은 관의 길이 ft이고, Q는 유속 gpm이다. AC 구역에서의 유속과 B에서의 압력을 추산하라. 시험이 진행되는 동안 유동은 층류인가 난류인가?

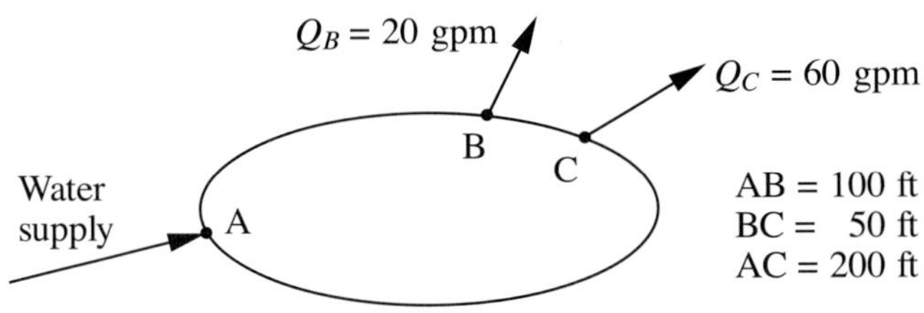

그림 P3.5 수평 환형 주 배관.

6. *배관 부식—E.* 수평 배관이 주어진 ε, L, Q, ρ, μ, Δp를 반영해 설계되었으며, 모든 기호들은 통상적인 의미를 가지며, 최종적으로 구해지는 지름의 값은 D이다. 추후에 물때 또는 부식이 발생할 수 있으며, ε이 *10배* 증가할 수 있고, f_F가 원래 값의 두 배가 될 수 있음을 알았다.

   물때 또는 부식이 발생하는 것을 고려한다면, Q와 Δp가 동일한 값을 유지하기 위해서는 설계 지름은 원래 값의 몇 배가 되어야 하는가?

7. *두 Reynolds 수—E.* 액체가 매끄러운 수평 유리관을 $\text{Re} = 10{,}000$으로 난류로 흐른다. 마찰인자 도표에서 $f_F = 0.0080$으로 주어졌다. 같은 관을 흐르는 유체의 유속을 $\text{Re} = 100{,}000$이 되게 10배 증가시키면, 마찰인자는 0.0045로 감소하였다. 유속이 더 큰 경우에 단위 길이당 마찰에 의한 압력 강하가 증가될지 또는 감소될 것인가? 또 어떤 인자에 의해서인가?

8. *마찰인자 오류—E.* 1.0-in. I.D. 수평 파이프를 통해 물이 평균 속도 $u_m = 10$ ft/s로 난류로 흐르고, Fanning 마찰인자 $f_F = 0.0060$이다. 만약 이 마찰인자 값을 쓰지 않고, (실수로) 유동이 층류라고 가정했을 때, 압력 강하에는 얼마의 오차가 발생하게 될까?

9. *등유 수송—M.* 그림 P3.9는 압력 $p_n = 15.0$ psig인 질소 기체를 이용하여 75 °F인 등유($\rho = 51.0$ lb$_m$/ft^3, $\mu = 4.38$ lb$_m$/ft hr)를 20 ft 높은 곳으로 수송하는 방법을 보여준다. 두 탱크를 연결하는 명목 지름이 2-in.인 파이프의 (부품을 포함한) 유효 길이가 150 ft이라면, 등유의 유속은 몇 gpm이 되는가? 출구 운동 에너지 효과는 무시하라.

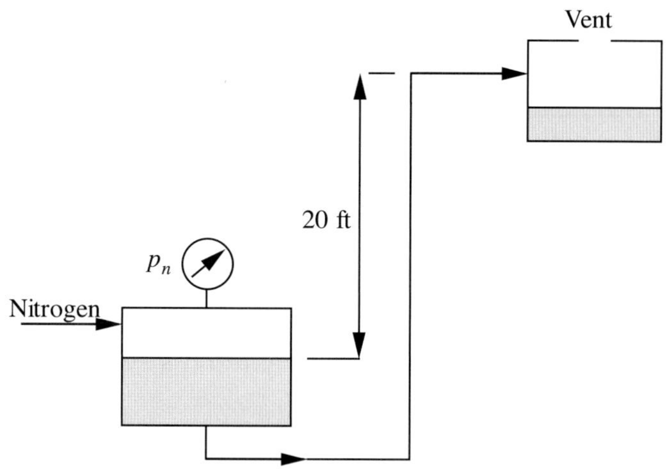

그림 P3.9 등유 수송.

10. *산장에 물 공급하기—M.* 국립공원 내에 있는 저수지는 200 ft 아래에 있는 산장에 최소 40 psig의 압력으로 Q = 200 gpm의 유속으로 물을 공급하고 있다. 만약 파이프의 유효길이가 2,000 ft이면, 요구되는 최소 표준 파이프 크기는 얼마인가? 출구 운동 에너지 효과는 무시하라.

11. *수력 발전 설비—M.* 그림 P3.11은 소규모의 수력 발전 설비를 보여준다. 산 저수지로부터 물이 명목 지름이 12-in.이고 유효길이가 1,500 ft인 강철 관을 통하여 터빈으로 유입된다. 물은 최종적으로 짧은 12-in. 파이프를 통해 저수지의 자유 표면보다 600 ft 아래의 대기 중으로 배출된다.

만약 물의 유속이 12.5 ft^3/s이고, 터빈/발전기가 425 kW의 유용한 전력을 생산한다면, 다음을 추산하라.

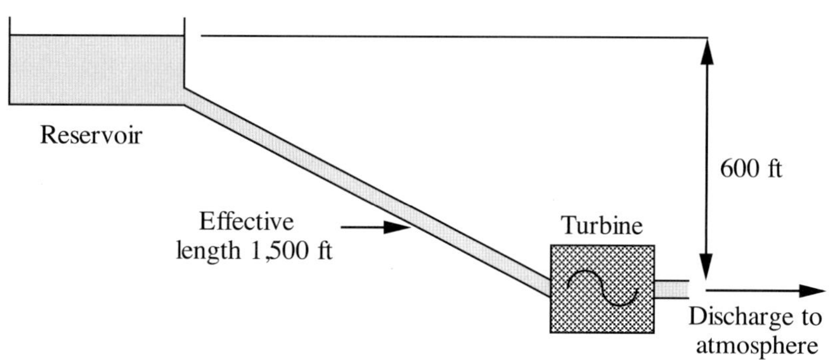

그림 P3.11 수력 발전 설비.

(a) 터빈/발전기 조합의 효율
(b) 터빈 입구에서의 압력(psig)
(c) 파이프 마찰에 의하여 소산되는 동력(kW)
(d) 파이프 벽에서의 속도 구배(s^{-1})

또한 만약 돌발 사태 동안에 터빈 입구에 있는 큰 게이트 밸브가 갑자기 수 초 동안 폐쇄된다면, 어떤 현상이 발생할 수 있는가?

데이터: 관의 내부 지름 = 11.939 in.
유효 거칠기 = 0.00015 ft.
물의 점도 = 1.475 cP.

12. *천공 진흙의 순환—M.* 지름이 d_1 및 d_2인 두 동심 원통들 사이의 환형 공간에서의 유동에 대한 상당 지름 또는 수력학적 평균 지름이 $D_e = d_1 - d_2$임을 증명하라.

그림 P3.12는 유전 천공 장치에 있는 진흙 순환 장비를 보여준다. 천공 진흙은 혼합탱크로부터 펌프 P의 입구로 흘러들어가 BD를 통하여 드릴파이프 DE 내부로 수송된다. 천공 중에는 진흙이 $Q =$ 100 gpm의 속도로 정상 상태로 흐른다. 진흙은 평균 유동 온도 70°F에서 $\mu = 5.0$ cP이고, 가압제 및 다른 첨가제 때문에 밀도가 $\rho = 67\ \mathrm{lb_m/ft^3}$인 뉴턴성 액체이다.

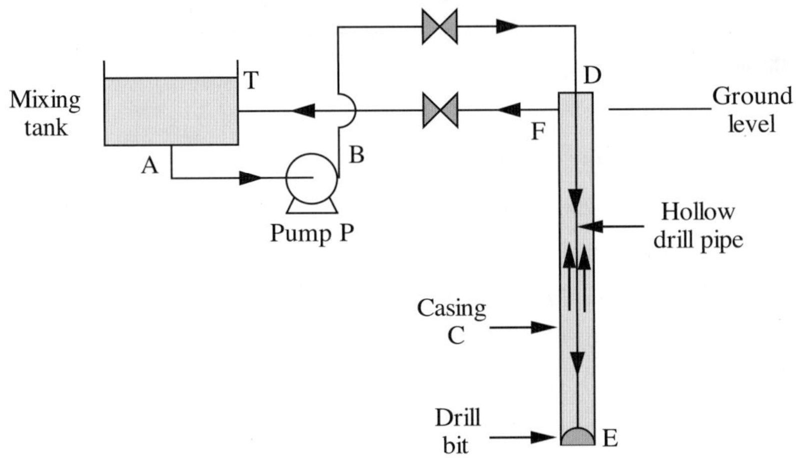

그림 P3.12 천공 진흙의 순환 장치.

깊이 10,000 ft인 드릴 파이프 DE는 케이싱 C로 둘러싸여 있다. 밑 부분에서 진흙이 드릴날을 통해 분사되고 원통 사이의 공간을 통해 F로 재순환되고, 탱크 T로 다시 보내진다. 표면 배관은 총 상당 길이가 (밸브, 굽힘관 등을 포함하여) 1,000 ft이다. 연강(mild steel) 파이프의 거칠기는 $\varepsilon = 0.00015$ ft이다. 배관계의 다른 특성들은 표 P3.12에 주어져 있다.

다음을 계산하라.

(a) 시스템을 통해 흐르는 유속 Q ($\mathrm{ft^3/s}$ 단위로)

(b) 지상 배관, 드릴 파이프, 케이싱과 관 사이의 원환 공간에서의 평균 속도(ft/s)

일단 모든 마찰인자들이 동일하다고 가정하고, 원환 공간에서의 마찰소산 $\mathcal{F}$는 지상과 드릴 파이

표 P3.12 ▸ 관에 대한 데이터 (Schedule 80 기준)

Pipe	Nominal Size	O.D. (in.)	I.D. (in.)	Cross-Sectional Area (sq in.)
Surface piping	2 in.	2.375	1.939	2.953
Drill pipe DE	2 in.	2.375	1.939	2.953
Drill casing C	6 in.	6.625	5.761	26.07

프 $\mathcal{F}$의 1%의 수준이고, 따라서 합리적으로 무시될 수 있음을 보여라.

마지막으로, 만약 펌프가 총괄 효율 79%로 가동되고 있다면, 요구되는 수송 펌프의 마력을 2% 이내로 계산하라.

13. *수송 및 배관—M.* 그림 P3.13은 (연결부를 포함하여) 명목상 지름이 4-in.인 (부속류를 포함한) 1,000 ft 파이프를 통해 한 탱크에서 다른 탱크로 물을 수송하는 원심 펌프를 보여준다.

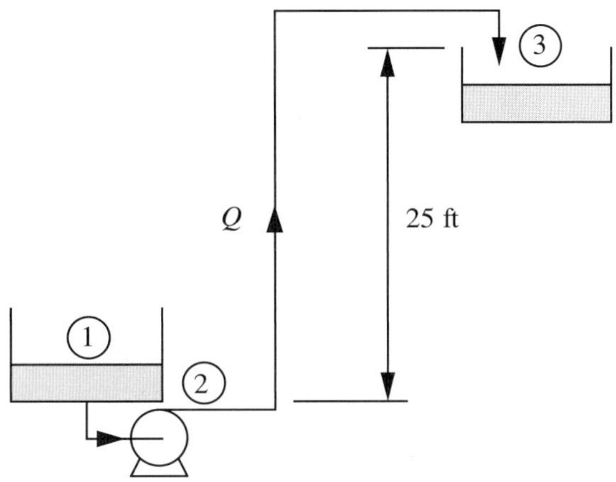

그림 P3.13 수송 장치.

점 2와 3 사이의 배관에서의 압력 강하(psi)가 유속 Q (ft^3/s)의 항으로 다음과 같이 주어짐을 증명하라.

$$p_2 - p_3 = 10.83 + 10,265 f_F Q^2,$$

여기서 f_F는 Fanning 마찰인자이다.

펌프의 성능 곡선(performance curve)은 결정되어 있고, 펌프를 가로지르는 압력 증가 Δp (psi)와 펌프를 통한 유속 Q (ft^3/s)의 관계는 다음과 같다.

$$\Delta p = 19.2 - 133.4 Q^{4.5}.$$

만약 물의 점도가 1 cP라고 하면, 다음을 결정하라.

(a) 유속, Q (ft^3/s).

(b) 펌프에 의한 압력 증가, Δp (psi).

(c) 배관에서의 Reynolds 수, Re

(d) Fanning 마찰인자, f_F

14. *소화전을 위한 환형 주 배관—D.* 경사진 관에서의 물의 유동이 다음과 같음을 증명하라.

$$32.2\Delta z + 74.3\Delta p + 4.00 f_F Q^2 \frac{L}{D^5} = 0.$$

여기서 기호들은 통상적인 의미를 가지나, 사용된 단위들은 Δz (ft), Δp (psi), Q (gpm), D (in.)다.

그림 P3.14는 연못에서 물을 흡입하여 화학공장의 소화전에 물을 공급하는 환형 주 배관으로 물을 수송하는 펌프를 보여준다. 모든 파이프의 내부 지름은 명목상 6-in.이다. 펌프 출구에서 관은 즉시 두 개의 분지로 나뉜다. 점 1과 2는 같은 고도에 있고, 펌프 유입부에서의 손실은 무시할 수 있다.

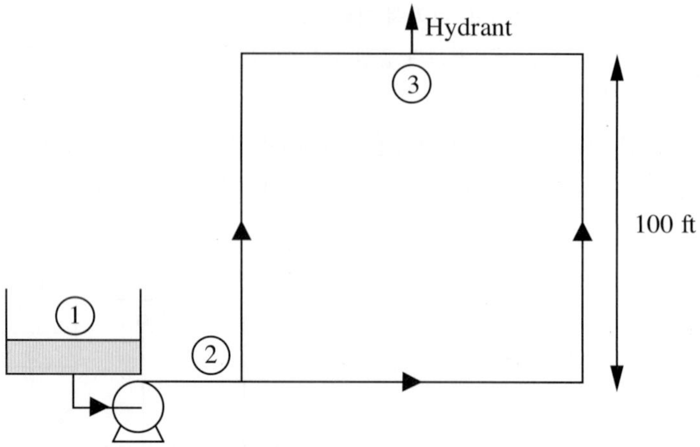

그림 P3.14 소화전에 물을 공급하기 위한 환형 주 배관.

만약 펌프 출구 압력(분기점 2에서도 압력은 p_2)이 85 psig라면, 소화전으로부터 두 분지들이 합쳐지는 점 3에서의 총 유속을 결정하라. 점 3의 고도는 펌프 출구보다 100 ft 위에 있고, 점 3에서의 수송 압력 $p_3 = 20$ psig이다. 점 2와 3 사이의 (모든 부품들을 포함한) 유효 길이는 짧은 경로는 1,000 ft이고, 긴 경로는 2,000 ft이다. Fanning 마찰인자는 단일 추정치를 사용하라(마찰인자 값을 개선하기 위한 반복 계산으로 시간을 소비하지 말라). 또한 펌프와 모터의 전체 효율이 75%이면, 펌프를 구동하는 필요한 동력(HP)은 얼마인가?

15. *최적 관 지름—D.* 마찰인자가 $f_{\rm F}$인 길이 L m의 수평 배관을 통해 밀도 ρ kg/m^{3}인 원유를 Q m^3/s의 유속으로 수송하기 위해 펌프가 동력 P kW로 가동되고 있다. 배관의 설치비용은 $\$c_1 D^m L$(여기서 $m = 1.4$)이고, 수송기지의 설치비용은 $\$(c_2 + c_3 P)$이다. 두 비용 모두 n년에 걸쳐서 할부로 상환한다. 전기 요금은 kWh당 $\$c_4$이고 펌프의 효율은 η이다. c_1, c_2, c_3, c_4의 값은 알고 있다. 펌프 입구와 배관의 출구 압력은 같다. 만약 1년에 N시간 동안 운전한다면, 연간 총 비용을 최소화시킬 수 있는 최적의 관 지름이 다음과 같이 주어짐을 증명하라.

$$D_{\rm opt} = \left(\frac{5\alpha}{\beta m}\right)^{1/(m+5)}, \quad \text{여기서} \quad \alpha = \left(\frac{32 f_{\rm F} \rho Q^3 L}{\pi^2}\right)\left(\frac{N c_4}{1{,}000\eta} + \frac{c_3}{n}\right), \quad \beta = \frac{c_1 L}{n}.$$

만약 $c_1 = 2{,}280$, $c_2 = 95{,}000$, $c_3 = 175$, $c_4 = 0.11$, $\rho = 850$, $L = 50{,}000$, $\eta = 0.75$, $f_{\rm F} = 0{,}0065$라면, 모든 단위들은 위와 동일하다면, $n = 10$ 및 20년에 대해 $Q = 0.05, 0.2, 0.5$ m^3/s인 6개의 조합에 대한 $D_{\rm opt}$를 모두 계산하라.

16. *환기 덕트 교체—M.* 현재 설치되어 있는 길이 L의 수평 환기 덕트의 단면은 한 변의 길이가 d인 정사각형이다. 이 덕트를 단면이 $d \times 2d$인 직사각형 덕트로 교체하려고 한다. 더 큰 덕트를 설치하는 과정의 어려움 때문에, 덕트의 길이는 $2L$이 될 것이다. 만약 총 압력 강하가 변하지 않는다면, 새로운 덕트에서의 부피 유속은 몇 % 개선될 것으로 기대할 수 있을까? 벽 마찰을 제외한 모든 손실을 무시하고, 간략화를 위하여 무차원 벽 전단응력 $f_{\rm F} = \tau_w / \frac{1}{2}\rho u_{\rm m}^2$은 두 경우 모두 동일하다고 가정하라.

17. *콘크리트 수로에서의 유동—M.* 개방형 콘크리트 수로의 표면 거칠기가 $\varepsilon = 0.01$ ft이고, 직사각형 단면을 갖는다. 수로의 폭은 10 ft이고, 수로 mile당 고도가 10.5 ft가 감소한다. 이 수로를 통하여 60 °F에서 150,000 gpm의 물을 수송하려 한다. 만약 $f_{\rm F} = 0.0049$라면, 이 수로가 범람하지 않도록 하기

위한 최소 깊이는 얼마인가?

18. *천연 가스 배관—M.* 천연 가스(메탄, 이상기체로 가정)가 55 °F에서 $f_F = 0.035$이고, 길이가 20 mile인 명목 지름이 12 in.인 수평 배관을 통해 정상 상태로 흐르고 있다. 만약 입구 압력이 100 psia 이면, 관을 통해 흐르는 최대 유속에 해당되는 출구 압력은 얼마인가? 만약 실제 출구 압력이 10 psia 라면, 기체의 질량 유속은 몇 lb_m/hr인가?

19. *에틸렌 수송—D.* 에틸렌 기체가 내부 지름이 6 in.이고 길이가 5 mile인 관을 통해 질량 유속 2.0 lb_m/s로 수송된다. 관의 끝에서 수송 압력은 절대압으로 2기압(2 atm absolute)이고, 유동 온도가 60 °F로 등온 상태라고 고려한다. 만약 $f_F = 0.0030$이라면, 요구되는 입구 압력을 계산하라. 기체를 이상 기체로 가정하고, 추가적인 가정에 관해 타당성을 제시하라.

20. *서지탱크에서의 유동—D.* 그림 P3.20는 고도가 H인 저수지로부터 터빈으로 물을 이송하는 설비를 나타내었다. 서지탱크의 지름은 D이고, 긴급 상황에서 밸브가 급격히 닫힐 때, 관 내의 압력이 과도하게 높아지는 것을 방지하기 위한 장치이다.

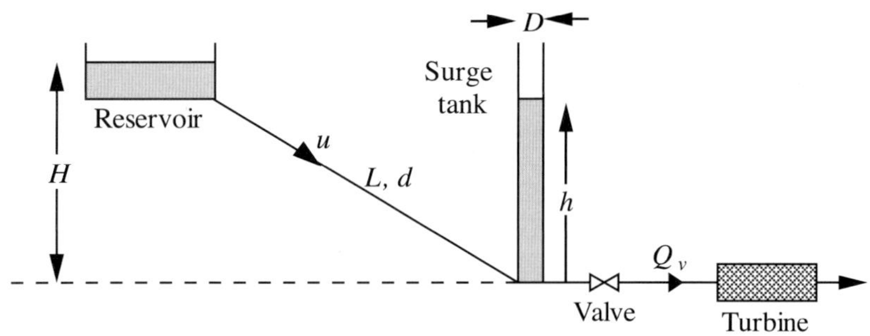

그림 P3.20 터빈 장치를 위한 서지탱크.

밀도가 일정하다고 가정하고, (서지탱크의 지름이 상대적으로 크기 때문에) 가속 효과와 서지탱크에서의 물의 마찰은 무시하고, μ가 음의 값을 가질 가능성을 허용했을 때, 관 내의 물에 대한 운동량 수지는 다음과 같음을 증명하라.

$$g(H-h) - 2f_F\frac{L}{d}u|u| = L\frac{du}{dt}. \qquad \text{(P3.20.1)}$$

여기서 h = 서지탱크의 물 수위(정상 상태 조건에서는 h_0), f_F = Fanning 마찰인자, u = 관에서의 평균 속도, g = 중력 가속도, t = 시간이다.

또한 다음을 증명하라.

$$\frac{\pi d^2}{4}u = \frac{\pi D^2}{4}\frac{dh}{dt} + Q_v. \qquad \text{(P3.20.2)}$$

밸브가 닫히는 시점의 $0 \le t \le t_c$ 동안 밸브를 통해 흐르는 유량 Q_v의 근사치는 다음과 같다.

$$Q_v = k\left(1 - \frac{t}{t_c}\right)\sqrt{h - h^*}, \qquad \text{(P3.20.3)}$$

여기서 k는 밸브의 특성에 의존하고, 하류의 높이압 h^*는 터빈의 긴급 상황에 의존한다.

h^*의 물리적 의미는 무엇인가? 밸브가 긴급하게 폐쇄되는 과정이나 폐쇄된 후에 시간에 따른 관에서의 속도의 변화와 서지탱크의 수위 변화를 계산하라. 상미분 방정식 풀이는 컴퓨터 프로그램이나 스프레드시트로 구현된 Euler 법을 이용하는 것을 제안한다. 시간 $0 \le t \le t_{\max}$에 대한 u와 h를 도시하고, 그 결과를 물리적인 의미를 설명하라.

시험 데이터

$g = 32.2$ ft/s^2, $H = 100$ ft, $h_0 = 88$ ft, $f_{\text{F}} = 0.0060$, $L = 2{,}000$ ft, $d = 2$ ft, $t_c = 6$ s, $k = 21.4$ ft$^{2.5}$/s, $t_{\max} = 500$ s, $D = 4$ ft. h^*에 대한 두 극한 값을 사용하라. (a) 최초 정상 상태의 값, $h_0 - Q_{v0}^2/k^2$, 여기서 Q_{v0}는 최초 정상 상태의 유량이다. (b) 0.

21. *난류 유동에서의 층류 저층—E.* 그림 P3.21은 유체의 난류 관 유동에 대해 아주 이상적인 속도 분포를 보여준다. 속도가 u_{m}으로 균일한 중심의 난류 중심부가 관 단면 거의 전체를 차지하고, 관 벽과 난류 중심부 사이에 아주 얇은 두께, δ의 층류 저층이 존재한다고 가정하자.

만약 유체의 점도가 μ이면, 벽 전단응력 τ_w를 나타내는 식을 μ, u_{m}, δ 항으로 기술하라. 만약 Fanning 마찰인자가 Blasius 식으로 주어진다면, 무차원 비 δ/D (여기서 D는 관 지름)에 대한 식을 Reynolds 수 Re의 항으로 유도하라. Re $= 10^4$, 10^5, 10^6에 대하여 이 무차원 비를 계산하고, 그 결과에 관해 설명하라.

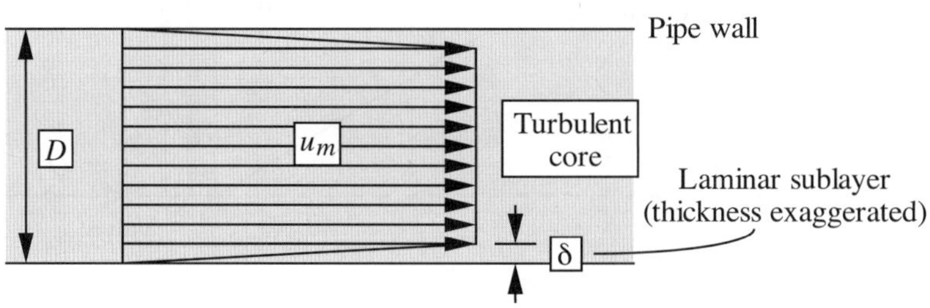

그림 P3.21 층류 저층을 포함하는 난류 속도 분포.

22. *저수지 및 관형 주 배관—M.* (a) 배관에서의 유체 유동과 관련하여, 식 (3.36)로부터 단위 질량당 마찰 소산이 다음과 같이 주어짐을 증명하라.

$$\mathcal{F} = cLQ^2, \quad \text{여기서} \quad c = \frac{32 f_F}{\pi^2 D^5}.$$

여기서 Q는 부피 유속이고, 다른 모든 기호는 통상적인 의미를 갖는다.

그림 P3.22는 고도가 H인 저수지로부터 지름이 D, 길이가 L인 배관을 통하여 물을 공급받는 수평 환형 주 배관 구조이다. 교점 2와 3 사이에서 환형 주 배관은 두 개의 분지가 있고, 각각은 지름이 D, 길이가 $2L$이다. 운동 에너지의 변화는 무시할 수 있다.

(b) 교점 3의 소화전을 통한 유량 Q에 대한 방정식을 유도하라. 교점 3에서 요구되는 수송 압력은 계기압으로 p_3이다. Q를 L, H, c, g, p_3, ρ 항으로 나타내라. *힌트*: 두 단계에서 에너지 수지를 사용하라. 우선 교점 1과 2 사이, 그 다음은 교점 2와 3 사이에서 동일한 구간 중 하나에 대하여 에너지 수지를 사용하라.

(c) 만약 배관이 Schedule 40, 명목 지름 12 in.인 상업용 강관이고, Reynolds 수가 아주 크다면, f_{F}에 대한 적절한 근사치는 얼마인가? $H = 250$ ft, $p_3 = 20$ psig, $L = 2{,}500$ ft일 때, Q를 ft^3/s로 결정하라. f_{F}는 하나의 값만을 사용하고, 반복 계산은 하지 않는다.

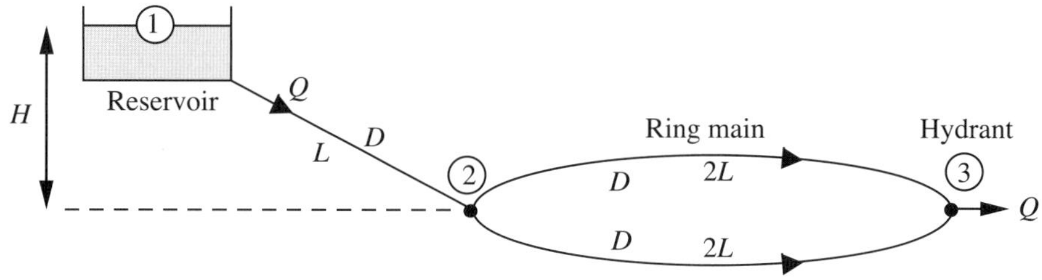

그림 P3.22 물 배분 계.

23. *또 다른 환형 주 배관—M (C).* 지름이 1 ft인 수평 환형 주 배관 ABCDEA로 공장에 냉각수를 공급한다. 물은 점 A에서 주 배관으로 100 psig의 압력으로 공급된다. 표 P3.23은 (a) 순차적으로 물이 회수되는 지점, (b) 주 배관의 각 구간 사이의 거리를 보여준다.

주 배관의 어느 지점에서 유동이 역전되는가? 계 내부에서의 최소 압력을 계산하라. $f_F = 0.0040$으로 가정하라.

표 P3.23 ▶ 물이 회수되는 지점과 분지 길이

Withdrawal Point	Flow Rate (ft^3/s)	Leg	Length (Yards)
B	10	AB	200
C	5	BC	400
D	8	CD	600
E	8	DE	400
		EA	400

24. *플랜지(flange)에서 누출—D (C).* h만큼 이격된 두 평행 판 사이에서 흐르는 단방향 점성 유동에서 압력구배가 $-12\mu u_m/h^2$임을 증명하라. 여기서 μ는 유체의 점도이고, u_m은 평균 속도이다.

그림 P3.24에 나타낸 바와 같이, 점성 액체가 계기압력 P에서 외부 지름이 $D = 2R$인 플랜지가 설치되어 있는 지름 $2mR$인 관 내에 포함되어 있다. 누출이 발생하여, 액체가 플랜지 사이의 간격 h를 통해 반지름 방향 외부로 흐른다. 관성 효과를 무시하고, 누출에 의한 유량 Q와 플랜지에 가해지는 축 방향 추력 F가 다음과 같음을 증명하라.

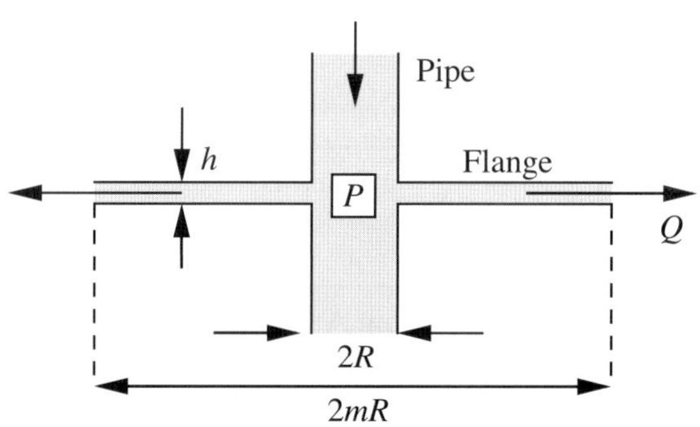

그림 P3.24 플랜지에서의 액체 누출.

$$Q = \frac{\pi h^3 P}{6\mu \ln m}, \qquad F = P\pi R^2 \left(\frac{m^2 - 1}{2\ln m} - 1 \right).$$

25. *마찰인자 식들의 비교—M.* Fanning 마찰인자 f_F에 대한 Shacham 식인 식 (3.41)이 Colebrook과 White 식을 나타낸 식 (3.39)를 정확히 대체될 수 있다. 스프레드시트를 사용하여 다음의 36개 조합에 대한 두 식의 값들을 비교하라. $\varepsilon/D = 0.05, 0.01, 0.001, 10^{-4}, 10^{-5}, 10^{-6}$ 그리고 $\mathrm{Re} = 4{,}000, 10^4, 10^5, 10^6, 10^7, 10^8$. Colebrook과 White 식으로 얻어지는 값과 비교했을 때, Shacham 식으로 얻어지는 값의 (a) 평균 퍼센트 편차와 (b) 최대 퍼센트 편차는 얼마인가?

26. *간단한 배관 문제를 위한 범용 스프레드시트—D.* 가능한 한 넓은 범위의 간단한 배관 문제를 다룰 수 있는 범용 스프레드시트를 작성하라. 이 스프레드시트로 사례 1, 2, 3형의 문제들을 다룰 수 있는 것을 확인하라. 이 스프레드시트가 이 문제들에 대하여 출력되어야 한다. 사용한 방법을 기술하는 문서를 함께 제출하라.

27. *모세관에서 액체 상승—M.* 내부 지름 d인 아주 작은 긴 연직 관을 밀도 ρ, 점도 μ, 표면장력 ρ인 액체의 표면 바로 아래에 잠겨 있다. 액체가 관에 접촉각이 0°로 적신다고 가정하면, 액체가 관 내에서 높이 h만큼 상승하는 데 소요되는 시간 t에 관한 방정식을 유도하라. 층류 유동으로 가정하고, 운동 에너지 효과를 무시하라.

힌트: 먼저 액체가 중간 정도의 높이 h만큼 상승했을 때의 상황을 고려하라. 이때 평균 상승속도 u_m을 $\rho, g, \sigma, \mu, h, d$를 항으로 하는 방정식으로 유도하라.

28. *복잡한 배관계—D.* 그림 P3.28에 나타낸 배관계를 고려하자. 압력 p_1과 p_5는 모두 대기압(0 psig)이다. 점 4와 5 사이에서 고도가 증가하지만, C와 D는 수평이다. 원심 펌프에 대한 높이압-배출 곡선은 다음과 같다.

$$\Delta p = a - bQ^2,$$

여기서 Δp는 펌프를 가로지르는 압력 증가(psig), Q는 유속(gpm), a와 b는 특정 펌프에 의존하는 상수이다.

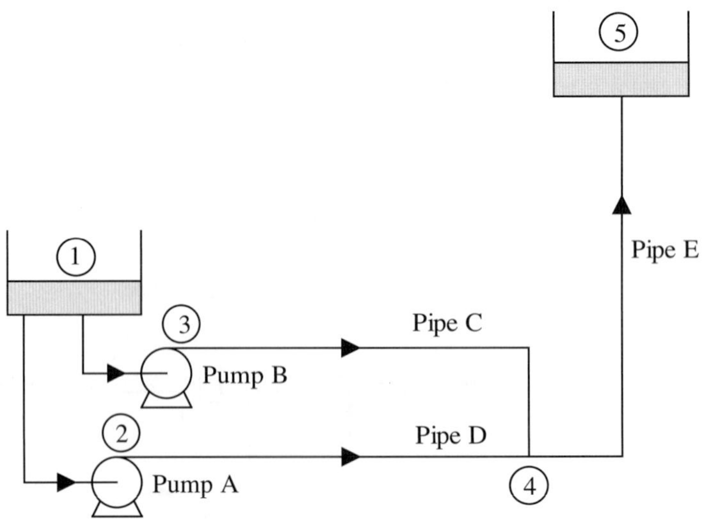

그림 P3.28 위의 탱크로 공급하는 펌프 두 개.

a_A, b_A, a_B, b_B, $z_5 - z_4$, D_C, L_C, D_D, L_D, D_E, L_E와 Fanning 마찰인자를 입력할 수 있는 스프레드시트를 사용하라. 그리고 나서, 미지수들인 Q_C, Q_D, Q_E, p_2, p_3, p_4에 관해 풀어라. 표 P3.28.1과 P3.28.2에 주어진 매개변수들과 함께 $z_5 - z_4 = 70$ ft와 $f_F = 0.00698$로 놓는다.

표 P2.38.1 ▸ 펌프 매개변수 값

Pump	*a*, psi	*b*, psi/(gpm)^2
A	156.6	0.00752
B	117.1	0.00427

표 P2.38.2 ▸ 관 매개변수 값

Pipe	*D*, in.	*L*,ft
C	1.278	125
D	2.067	125
E	2.469	145

위의 관 길이는 연결부와 밸브들의 상당 길이를 포함되어 있다고 가정한다.

29. *U자관에서 액체의 변동—M.* 직장 상사가 액체를 U자 관에 채우고 관의 한쪽에 순간적으로 압력을 가했다가 제거한 후에 액체의 진동 주기를 관찰하면 액체의 밀도를 결정할 수 있다고 제안하였다. 상사는 주기가 길수록 밀도가 더 큰 액체에 해당한다고 제안하였다. 제안된 방법의 타당성을 결정하기 위하여 철저하게 분석을 진행하라. 간략화를 위해 마찰은 무시하라.

30. *따뜻한 산으로부터의 에너지—D.* 산 밑으로 들어가 정상으로 나오는 터널이나 통로를 고려해 보자. 만약 사막의 태양이 산을 따뜻한 온도로 유지하지만, 밤에는 외부의 공기가 상당히 차가워지면, 터널 안에 터빈을 설치하여 전력을 생산하려는 가능성에 대해 평가하라.

31. *연직관에서의 층류 유동—E.* 연직관에서의 유동에 관한 3.2절의 분석을, 상향 유동에 관해 다시 적용해 보도록 한다. 속도가 다음과 같이 주어짐을 증명하라.

$$u = \frac{1}{4\mu}\left(-\frac{dp}{dz} - \rho g\right)(a^2 - r^2).$$

32. *층류 관 유동의 양상—M.* 밀도 $\rho = 0.8$ g/cm^3, 점도 $\mu = 230$ cP인 고분자가 지름이 10 cm인 수평관 내를 유속 $Q = 1{,}560$ cm^3/s로 흐른다. 다음을 CGS 단위로 계산하라. (a) 평균속도 u_m, (b) Reynolds 수 Re와 이에 따라 유동이 층류임을 증명하고, (c) 최대속도, u_{max}; (d) 단위 길이당 압력 강하, $-dp/dz$; (e) 벽 전단응력, τ_w; (f) Fanning 마찰인자, f_F; (g) 길이 100 cm인 관에서의 마찰 소산 $\mathcal{F}$.

33. *플런저에서의 점성 유동—M:* 지름 D = 2.0 cm, 길이 L = 100 cm인 관에 최초 밀도 $\rho = 1.0$ g/cm^3, 점도 $\mu = 100$ P인 액체로 채워져 있다. 그림 P3.33과 같이 이 액체를 플런저로 일정한 힘 $F = 10^5$ dyne을 가해 배출된다.

유동이 층류라고 가정하고, 액체의 절반을 배출하는 데 소요되는 시간을 계산하라. 그런 후 층류 유동임을 확인하라.

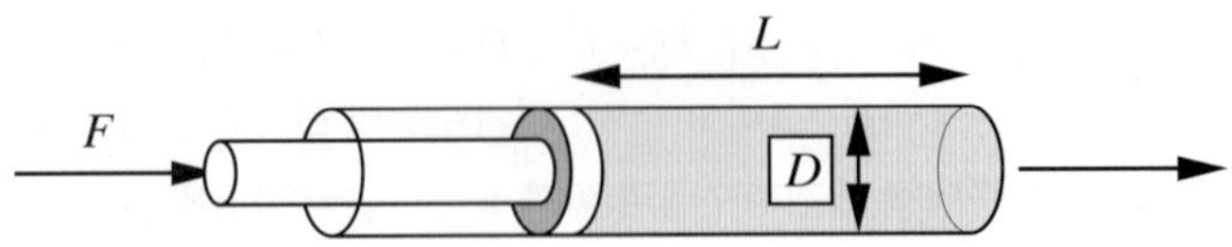

그림 P3.33 막대 피스톤에 의한 관 비우기.

34. *참/거짓.* *참*(T)과 *거짓*(F)에 표시하라.

(a) Reynolds 수는 점성력에 대한 관성력의 비의 척도이다. T □ F □

(b) 관에서 층류 유동에 대한 전단 응력의 분포는 반지름에 대해 포문선형으로 변한다. T □ F □

(c) 관에서의 층류 유동과 관련하여, 전단 응력 τ는 중심선에서부터의 거리에 따라 선형적으로 변하는 반면, 난류 유동에서는 중심선에서부터의 거리의 제곱에 따라 변한다. T □ F □

(d) Hagen-Poiseuille 법칙은 층류 관 유동에서 반지름 방향의 거리에 따른 전단응력의 변화를 예측한다. T □ F □

(e) 압력 구배가 일정한 수평 배관에서의 층류 유동와 관련하여, 지름을 두 배로 증가시키면 유속이 두 배가 된다. T □ F □

(f) 관에서의 층류 유동의 평균 속도가 u_{m}인 경우, 단위 질량당 운동 에너지는 평균 속도의 제곱의 절반이다. 즉 $u_{\mathrm{m}}^2/2$이다. T □ F □

(g) 관에서의 난류 유동에 관하여 단위 질량당의 운동 에너지는 대략 $u_{\mathrm{m}}^2/2$이다. T □ F □

(h) 그림 3.7을 참고하여, 사람이 활자 B로 점프하는 경우, 활자 A의 운동량이 손실되기 때문에 감속된다. T □ F □

(i) 전단응력과 점도를 연관시키는 Newton의 법칙은 분자 수준에서의 운동량의 전달에 연관시킬 수 있다. T □ F □

(j) 마찰인자는 무차원 벽 전단응력이다. T □ F □

(k) 이상 기체는 압력이 증가하면 분자들이 더 가까워지고 더 많은 저항이 발생하기 때문에, 이상 기체의 점도는 압력이 증가함에 따라 증가한다. T □ F □

(l) 난류 유동에서 에디 점도 ε은 대개 분자 점도 μ와 비슷한 정도의 크기를 갖는다. T □ F □

(m) 난류 전단응력에 대한 단순 에디 전달 모델은 마찰인자가 일정한 결과를 준다. T □ F □

(n) 수평 유동에서 구한 마찰 소산 항 $\mathcal{F}$는 동일한 유속의 경사진 유동에도 사용될 수 있다. T □ F □

(o) Shacham 식은 마찰인자에 대해 양함수이다. T □ F □

(p) 관 유동에 대한 마찰 소산항은 $2f_{\mathrm{F}}\rho u_{\mathrm{m}}^2 L/D$(에너지/단위 질량)이다. T □ F □

(q) 거친 관에서 Fanning 마찰인자는 Reynolds 수가 증가함에 따라 계속적으로 감소한다. T □ F □

(r) 만일 배관 문제에서 관의 지름, 거칠기, 유속 그리고 유체의 물성들이 주어져 있다면, 마찰인자, 즉 압력 강하에 대한 적절한 값은 일반적으로 몇 번의 반복 계산만으로 수렴하게 된다. T □ F □

(s) 만약 수평 배관에서 마찰인자와 압력 구배가 일정하다면, 지름을 두 배로 하면 유속은 16배 증가한다. T □ F □

(t) 주어진 부피 유속 Q에 대하여, 관에서 난류 유동의 압력 강하는 대략적으로 $1/D^5$에 비례한다. 여기서 D는 관의 지름이다. T □ F □

(u) 점 1로부터 점 2까지의 비압축성 관 유동에서, $E_2 - E_1 + \mathcal{F} = 0$ 식에서 $\mathcal{F}$는 결코 음이 될 수 없다. 여기서 E는 운동 에너지, 위치 에너지, 압력 에너지의 합이다. ($w = 0$이라고 가정하라.) T □ F □

(v) 관 유동에서, 층류에서 난류까지 Reynolds 수가 증가함에 따라 마찰인자는 *서서히* 변화한다. T □ F □

(w) Colebrook과 White 식은 마찰인자에 대하여 *양함수적*이다. T □ F □

(x) 수력학적으로 매끈한 관은 벽 표면의 불규칙성이 벽 근처의 층류 경계층을 넘어서지 않는 관이다. T □ F □

(y) 깊이 D이고 너비 $3D$인 열린 사각형 수로의 수력학적 평균 지름은 $1.5D$이다. (수로는 물이 가득 차 있다고 가정하라.) T □ F □

(z) 깊이 D, 너비 $3D$인 환기통로의 수력학적 평균 지름은 $2D$이다. T □ F □

(A) 내부 지름이 D인 약간 경사진 관의 절반이 액체로 채워진 채로 흐르는 경우에도 상당지름은 D이다. T □ F □

(B) 명목지름이 6 in.인 관에서 닫힌 되돌림 관의 유효 길이는 약 37.5 ft이다. T □ F □

(C) 명목지름이 12 in.인 관에서 열린 게이트 밸브의 유효 길이는 약 100 ft이다. T □ F □

(D) 난류 유동에서, Reynolds 수가 증가함에 따라 층류 저층의 두께가 증가한다. T □ F □

(E) Reynolds 수가 100,000일 때, 관 유동의 층류 저층 두께는 대략 관 지름의 1/10이다. T □ F □

(F) 난류 유동에서 층류 저층은 벽 근처의 아주 얇은 영역이고, 이 층을 가로질러서 속도가 현저하게 변한다. T □ F □

(G) 배관에서 압축성 기체의 정상 상태 유동에 대하여, 질량 유속은 모든 위치에서 동일하다. T □ F □

(H) 배관에서 압축성 기체의 정상 상태 등온 유동과 관련하여, 관의 마찰이 무시된다면 Weymouth 방정식이 성립한다. T □ F □

(I) 배관에서 압축성 기체의 등온 유동에 대하여, 질량 유속은 압력 강하에 비례한다. T □ F □

(J) 수평 배관에서 압축성 기체의 등온 유동에 대하여, 마찰 극복과 기체의 운동 에너지로 변환으로 인해 약간의 압력 에너지가 소모된다. T □ F □

제 4 장

화학공학 장치에서의 유동

Flow in Chemical Engineering Equipment

4.1 서론

많은 화학공정 조작에서 유체역학의 중요한 적용을 논의하면서, 이 장에서 *거시적인* 주제에 관해 다루는 것을 마무리한다. 화학공정 조작은 매우 다양하기 때문에, 모든 것을 다 다루는 것은 불가능하다. 따라서 유체역학이 화학 공정에서 기본적인 역할을 하는 대표적인 주제들에 관심을 집중하게 될 것이다. 사실, 일반적인 주제는 “단위조작”이라는 과목의 기초가 되는 기본적인 이론이다. 고분자가공 공정, 2상 유동, 유동층에서의 기포들을 포함하는 다른 적용 분야에서는 이들 분야를 해석하기 위하여 *미시적인* 유체역학에 대한 지식이 더 필요하게 되고, 이에 대해서는 6장에서 10장까지에서 다룰 것이다.

대부분의 경우에 이론은 간략화되고 때때로는 근사적인 예측을 하게 된다. 그러나 여러분들은 이를 통하여 중요한 문제들에 대한 지식을 얻어야 하고, 이 지식들은 화학공장을 설계해야 할 경우에 일반적으로 필요하게 되는 장치 핸드북, 공정설계 소프트웨어 등에서 얻을 수 있는 지식을 검토할 수 있도록 도와준다.

공정장치의 설계와 사용은 화학공학의 핵심이다. 학생들이 화학공학 실험실, 화학공장, 정유공장, 설탕 제조공장, 제지 공장, 유리병 공장, 고분자 가공공장, 의약품 제조공장, 양조 공장 및 폐기물처리 공장 등을 방문하여, 이와 같은 다양한 장치들을 직접 체험할 기회를 가질 것을 추천하고 싶다. 직접 방문하기 전까지는 Susan Motegomery와 동료들[1]이 제작한 CD에서 얻을 수 있는 정보가 직접 방문하여 얻는 것을 대체할 수 있을 것이다. 이 CD는 물질이동, 열 전달, 분리, 공정 용기, 혼합, 화학 반응기, 공정 변수, 공정제어 등의 제목 하에 정리된 장치에 대한 설명과 함께 사진들로 구성되어 있다. Visual Encyclopedia라 불리는 이 소프트웨어는 사용하기가 매우 쉽고, 허가를 받아서, 그림 4.1~4.4에 대표적인 4개의 화면을 나타내었다.

4.2 펌프와 압축기

유체는 다음과 같은 두 가지 기본적인 방법에 의하여 한 장소에서 다른 장소로 전달될 수 있다.

[1] *Material Balances & Visual Equipment Encyclopedia of Chemical Engineering Equipment*, CD produced by the Multimedia Education Laboratory, Department of Chemical Engineering, University of Michigan, Susan Montgomery (Director), 2002.

그림 4.1 Visual Equipment Encyclopedia의 타이틀 화면.

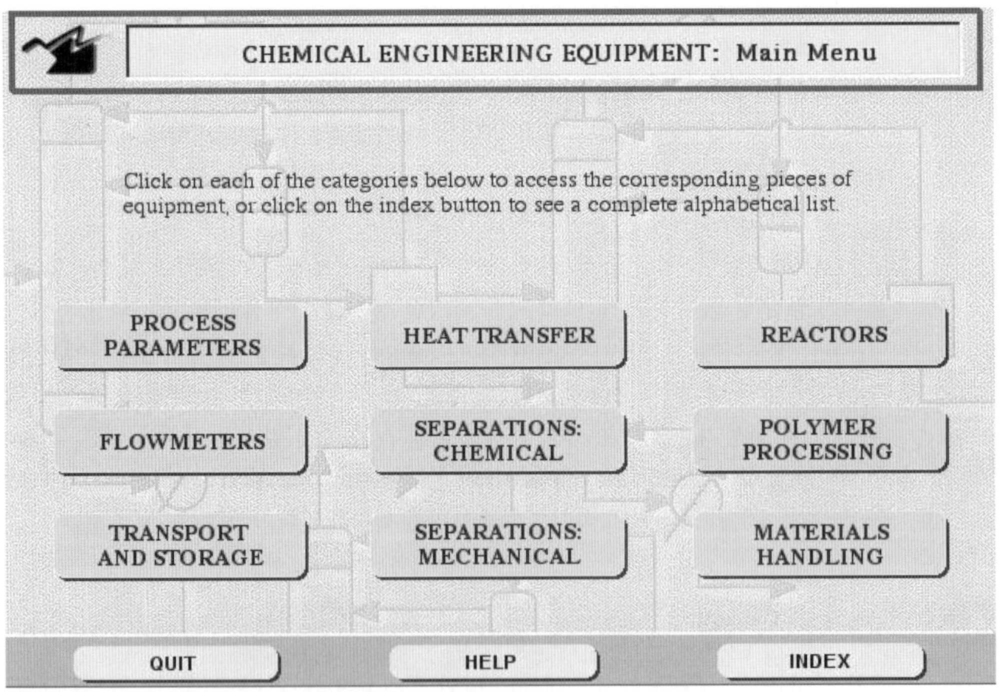

그림 4.2 Visual Equipment Encyclopedia의 메인 메뉴.

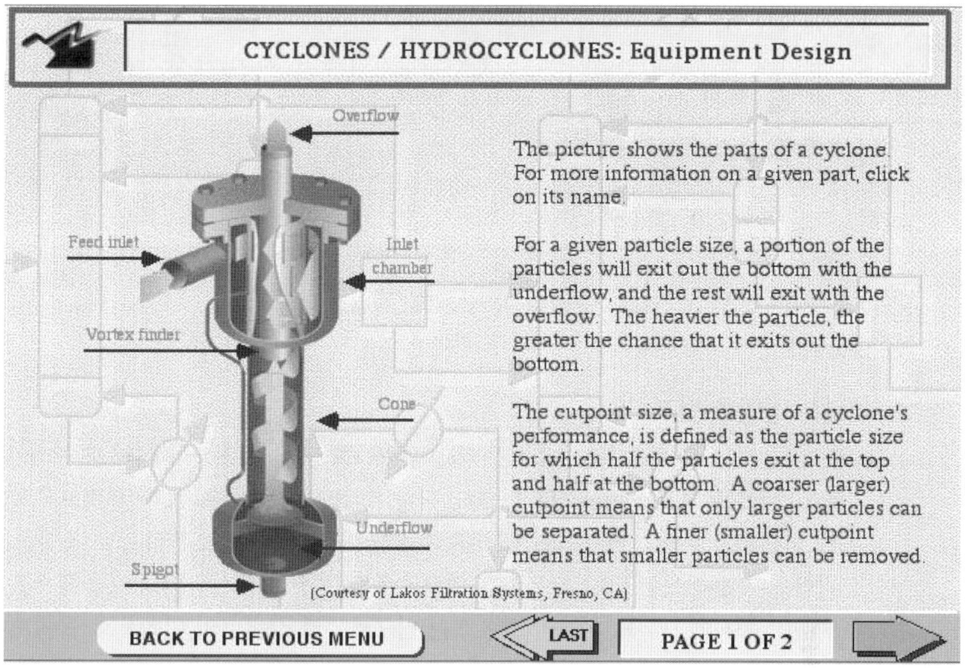

그림 4.3 장치를 설명하는 전형적인 소개 화면—사이클론과 하이드로 사이클론.

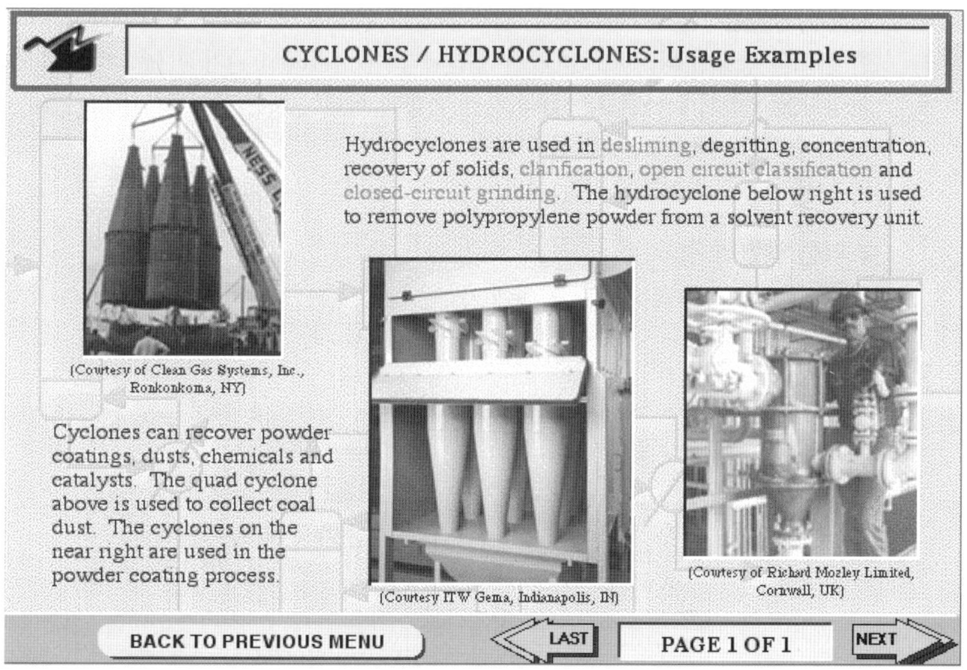

그림 4.4 장치를 보다 상세히 설명하는 전형적인 화면.

1. 유체가 액체이고 고도차가 있으면, 중력장 하에서 낙하한다.
2. 유체에 에너지를 전달하는, 전형적으로 압력(또는 속도)을 증가시키는 펌프나 압축기와 같은 기계를 통하여 유체를 흐르게 한다. 펌프나 압축기는 유체가 흐를 관의 저항을 이겨낼 수 있도록 한다.

흐르는 유체의 압력을 증가시키는 장치들은 다음의 두 범주 중의 하나에 속한다. 이 범주들 중의 첫 번째는 다음과 같은 세부 범주로 나뉜다.

1. *왕복*하거나 *회전*하는 양변위 펌프
2. 원심펌프, 팬, 송풍기

왕복 양변위 펌프

그림 4.5는 유체를 수송하는 데 사용되는 실린더 안에서 피스톤이 어떻게 앞뒤로 움직이는지를 보여준다. 펌프는 복동식(double-acting)이다. 피스톤이 오른쪽 또는 왼쪽으로 움직이느냐에 따라 네 개의 밸브가 유체를 연속적으로 수송되게 한다. 피스톤이 오른쪽으로 움직이는 어떤 특정 시점을 나타낸다. D밸브는 닫히고 유체는 열린 C밸브를 통하여 실린더의 오른쪽으로부터 출구 쪽으로 수송된다. 동시에 B밸브가 열리고 유체는 입구로부터 실린더의 왼쪽으로 들여보내진다. 복귀 행정에서는 A와 D 밸브만이 열리고, 유체가 입구로부터 실린더의 오른쪽에 채워지는 동안 왼쪽으로부터 출구로 수송된다.

왕복 펌프는 기체나 액체 모두에 사용될 수 있고, 고압을 얻는 데 좋다. 기체의 경우에(이 경우 펌프는 *압축기*로 불림) 아주 높은 압력을 얻기 위하여 몇 개의 펌프를 직렬로 연결할 경우에는 상당한 온도의 상승이 나타나고 따라서 중간냉각기(intercooler)가 필요하게 된다. 피스톤과 실린더를 확실히 밀봉하기 위하여 마찰을 피하는 변형된 형태는 맥동 유연 격막(diaphragm)을 사용하는 것이다. 출구 쪽의 밸브가 우연히 닫혔을 때 왕복 펌프가 손상되는 것을 막기 위하여 안전밸브나 재순환 부가 자동으로 열리게 하는 설비가 반드시 설치되어야 한다.

회전 양변위 펌프

그림 4.6은 주물 안쪽에서 서로 반대 방향으로 회전하는 두 로브가 입구와 출구 사이에서 유체의 압

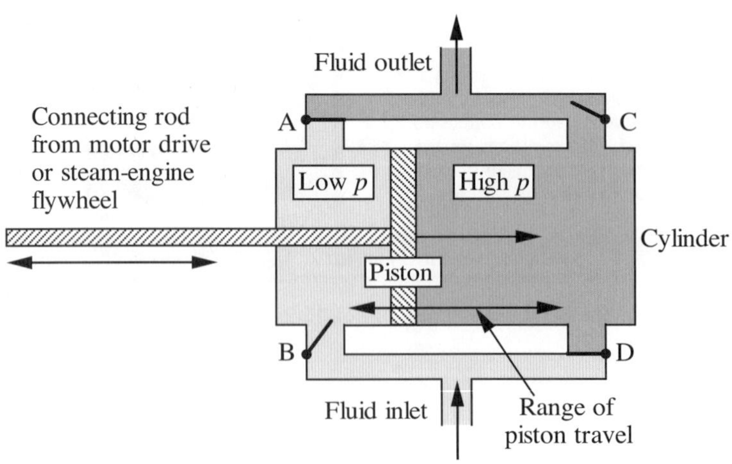

그림 4.5 이상화된 왕복 양변위 펌프.

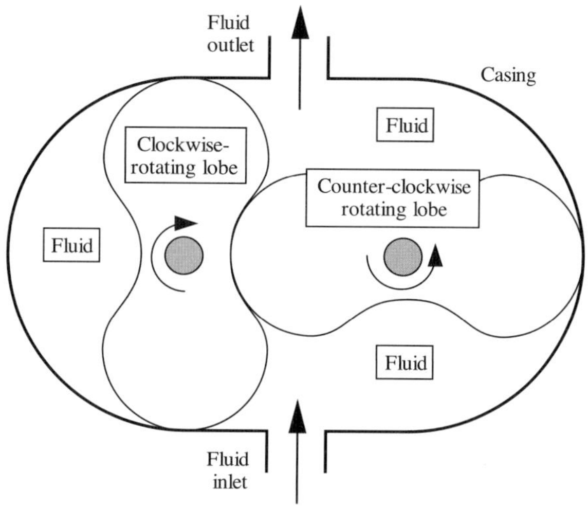

그림 4.6 이상화된 회전 양변위 펌프.

력을 올리는 방법을 보여준다. 두 개의 삼중 로브 또는 두 개의 서로 맞물린 기어와 같은 다양한 형태가 가능하다. 회전 펌프는 점도가 높은 액체를 다루는 데 적합하나, 정밀한 공차가 요구되기 때문에 유속(flowrate)이 큰 경우에 적합한 원심 펌프와 경쟁할 정도의 크기로는 제작될 수가 없다.

원심 펌프

그림 4.7에 보여주는 것과 같이 원심 펌프는 전형적인 가열 요소가 없는 헤어드라이어를 닮았다. 일반적으로 임펠러는 정지상태의 틀 안에서 회전하는 몇 개의 구부러진 날개와 거리 d만큼 떨어진 두 개의 평판으로 이루어지는 것이 보통이다. 유체는 (위치 1의) 구멍 또는 중심의 "눈(eye)"을 통하여 임펠러로 들어오고, 틀의 주위(2)로 원심력에 의하여 보내지고, 그 곳에서부터 볼루트 실(volute chamber)과 펌프 출구(3)로 보내진다. 원심 펌프는 유속이 큰 경우와 입자가 현탁된 액체를 처리하는 데 특히 적합하다. 다음은 *간략화된* 해석이고, 이 해석의 핵심은 다음과 같이 임펠러 출구에서 다양한 속도를 이해하는 것이다.

1. 바깥 반지름이 r_2이고 각속도 ω로 회전하는 임펠러는 그 둘레에서 선속도 $u_2 = \omega r_2$를 갖는다.
2. 유체는 임펠러의 둘레와 β의 각을 이루는 날개에 의하여 유도되기 때문에 임펠러에 대한 유체의 *상대속도* v_2 역시 이 날개 방향이어야 한다.
3. 정지상태의 관측자에 의하여 관측되는 유체의 실제 출구 속도 c_2는 u_2와 v_2의 합성이다.
4. 이 유체 속도 c_2는 반경 방향의 밖으로 향하는 성분 f_2를 가지며, 펌프를 통한 유속 $Q = 2\pi r_2 d f_2$과 관련이 있다.
5. 실제 속도 c_2는 임펠러의 접선방향으로의 성분 w_2를 가지며, 이는 "소용돌이(swirl)" 속도로 알려져 있다.

임펠러의 입구에서 비슷한 종류의 속도들이 있다. 그러나 이 속도들은 그 크기가 상당히 작고 개론 수준의 해석에서 무시될 수 있다.

식 (2.75)로부터 임펠러를 구동하는 데 필요한 토크와 유체로 전달되는 동력은 다음과 같이 된다.

$$T = mr_2w_2, \qquad P = \omega T = m(\omega r_2)w_2 = mu_2w_2, \tag{4.1}$$

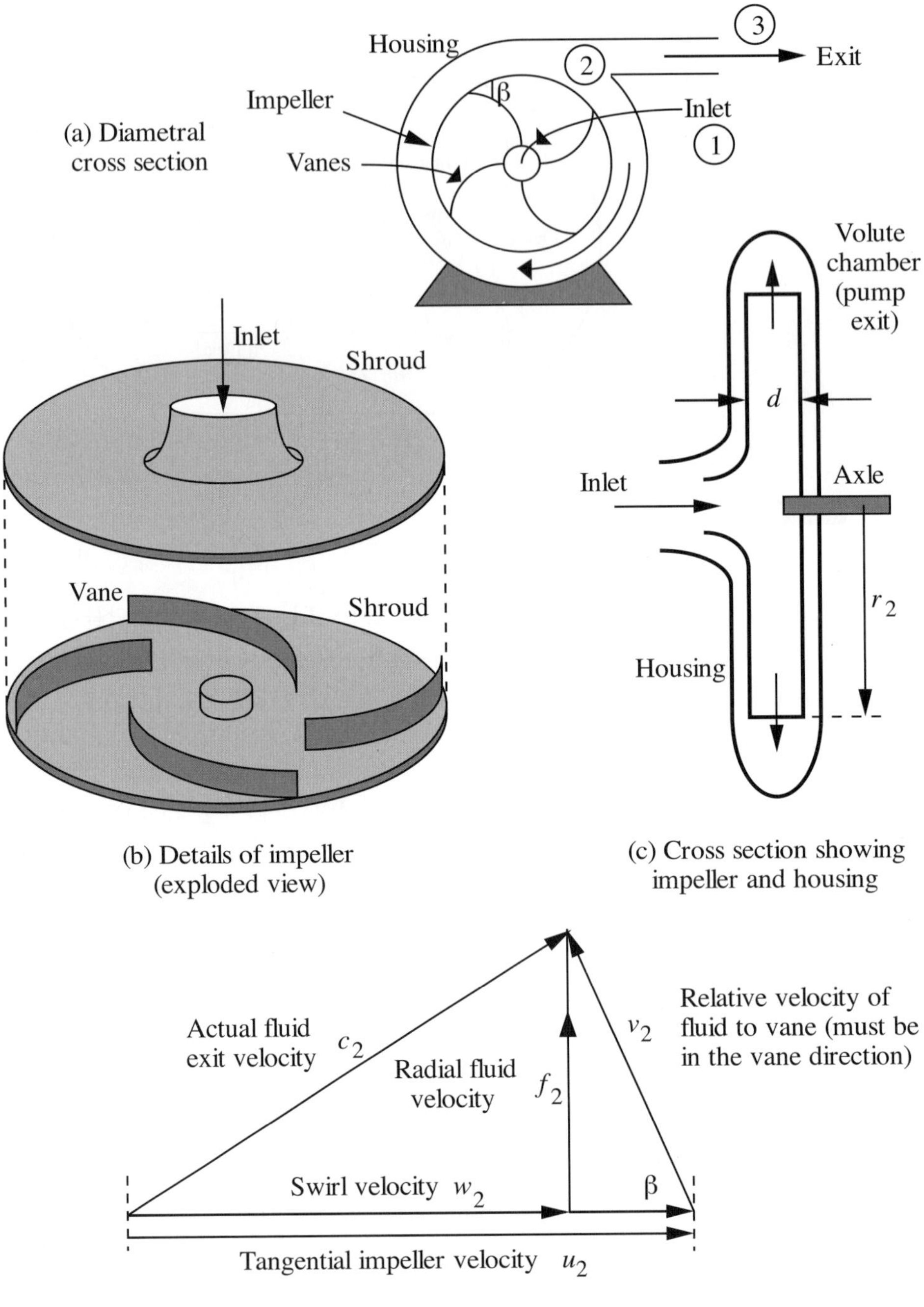

그림 4.7 원심 펌프의 상세도.

여기서 m은 펌프를 통한 질량 유속이다. 소용돌이 속도를 사용함에 주목하라. 유체에 주어지는 추가적인 수두 Δh는 단위 질량당 증가한 에너지를 중력 가속도로 나눈 것과 같다.

$$\Delta h = \frac{P}{mg} = \frac{u_2 w_2}{g} = \frac{u_2(u_2 - f_2 \cot \beta)}{g}. \tag{4.2}$$

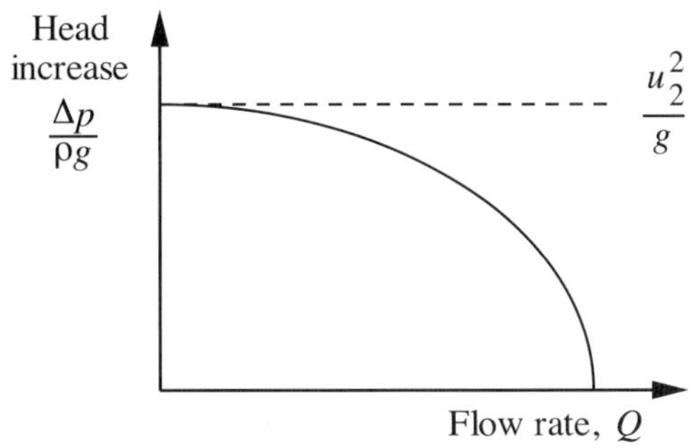

그림 4.8 원심 펌프에 대한 수두/배출 곡선.

임펠러 내에서는 이 증가된 수두는 대부분이 입구에서의 속도에서 c_2로 증가된 유체의 속도에 의하여 반영된 것이다. 그러나 볼루트 실에서는 결과적으로 속도가 *감소하고*, 얻은 운동 에너지만큼 압력 에너지로 전환된다. 따라서 총괄 압력 증가분은 다음과 같이 된다.

$$\Delta p = p_3 - p_1 = \rho g \Delta h = \rho u_2 w_2 \doteq \rho u_2^2, \tag{4.3}$$

여기서 마지막 근사치($w_2 \doteq u_2$라는 가정)는 그림 4.7(d)로부터 유속이 작은 경우, 즉 f_2가 작은 경우에 현실적임을 알 수 있을 것이다. 식 (4.2)는 f_2에 비례하는 유속이 증가함에 따라 Δh는 선형적으로 감소한다는 것을 예측함에 주목하라. 이와 같은 감소하는 수두/배출 특성은 "후퇴각(swept-back)"을 가진 날개 ($\beta < 90°$)에 대하여 직접 얻어지는 결과이고, 펌프 및 설계에서 안정성을 보장하는 바람직한 특성이다. 전진각(swept-forward)을 가진 날개는 일반적으로 바람직하지 않다.

실제 상황에서는 증가된 난류 및 다른 손실 때문에, 유속 Q가 증가함에 따라 Δh는 선형적으로 감소하지 않고 그림 4.8에 나타낸 것과 같은 특성을 보인다. 많은 경우에 곡선은 a, b, n은 상수이고, n은 근사적으로 2인 다음과 같은 관계에 의해 매우 잘 나타낼 수 있다.

$$\Delta h = a - bQ^n, \tag{4.4}$$

이에 부가하여 위의 간략화된 해석은 기하학적으로 유사한, 즉 크기를 떠나서 모양이 비슷하게 보이는 설계의 모든 펌프에 대해 사용될 수 있는 두 개의 *무차원군*을 제시한다. N이 임펠러의 회전 속도를 나타낸다고 하면, 다음과 같이 된다.

$$\omega = 2\pi N, \quad u_2 = \omega r_2 = \omega \frac{D}{2} = \pi N D. \tag{4.5}$$

낮은 유속에서의 압력 증가는 다음과 같이 근사된다.

$$\Delta p \doteq \rho u_2^2 = \rho \left(\frac{\omega D}{2} \right)^2 = \rho \pi^2 D^2 N^2, \tag{4.6}$$

따라서 무차원군 $\Delta p / (\rho D^2 N^2)$은 낮은 유속에서 거의 일정해야 한다.

부피 유속은 임펠러의 디스크들 사이(주어진 펌프 설계에서는 폭 넓이 $c_1 D$는 D에 대하여 선형적으로 증가한다)의 면적 $\pi D c_1 D$와 반경 방향의 밖으로 향하는 속도 $c_2 u_2$(이와 같은 간단한 이론은 유속은 임펠러의 접선 방향 속도에 근사적으로 비례한다는 것을 제안함)를 곱하여 얻어진다. 여기서 c_1과 c_2는 상수이다. 따라서 다음과 같은 결과를 얻을 수 있다.

$$Q = (\pi D)(c_1 D)(c_2 u_2). \tag{4.7}$$

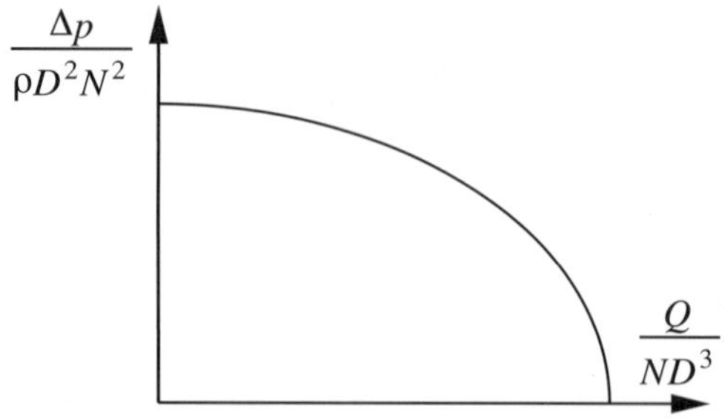

그림 4.9 원심 펌프에 대한 일반적인 특징 곡선.

식 (4.5)로부터 u_2를 대입하면, 다음과 같이 된다.

$$Q = c_1 c_2 \pi^2 D^3 N. \tag{4.8}$$

따라서 무차원군 $Q/(ND^3)$은 낮은 유속에서 거의 일정해야 한다. 실제 상황에서는 위에 한 가정들은 유속이 증가함에 따라 점차적으로 맞지 않게 된다. 그럼에도 불구하고 위에서 유도된 두 무차원군(압력 증가와 유속)은 모든 펌프 설계에 대해 유속이 얼마이든지에 관계없이 특징짓는 데 적당하다. 따라서 모든 펌프들은 그림 4.9에 보여주는 것과 같이 Δp, ρ, D, Q, N의 개별적인 값이 아닌 계산된 두 그룹의 값으로 *단일* 곡선에 의해 특징지을 수 있다.

예제 4.1 펌프의 직렬 및 병렬 연결

어떤 형태의 원심 펌프에 대하여, 수두의 증가 Δh(ft)는 다음 식에 의해 유속 Q(gpm)와 밀접하게 연관지어진다.

$$\Delta h = a - bQ^2, \tag{E4.1.1}$$

여기서 a와 b는 펌프에 대하여 시험을 거쳐서 결정되는 상수들이다. 두 개의 동일한 펌프가 그림 E4.1(a)와 같이 직렬 또는 병렬로 연결된다.

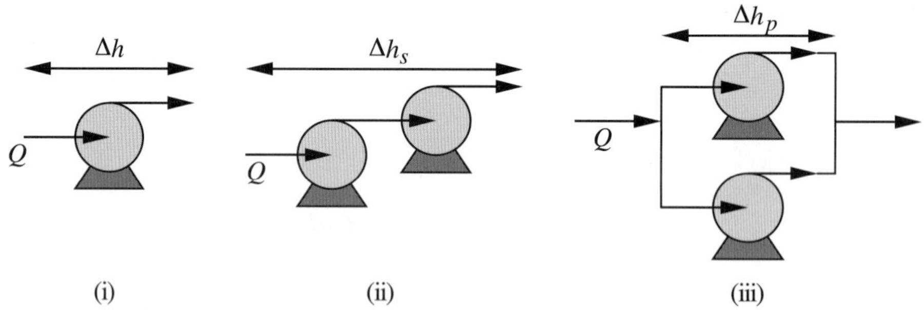

그림 E4.1(a) 원심 펌프 배치: (i) 단일 펌프, (ii) 직렬 연결된 두 펌프, (iii) 병렬 연결된 두 펌프.

펌프를 통과하는 총 유속 Q의 항으로 두 배치에 대한 수두 증가 Δh_s와 Δh_p에 대한 방정식을 유도하라. 또한 $a = 25$ ft, $b = 0.0025$ ft/(gpm)^{2}에 대하여 결과를 그래프로 도시하라.

풀이

펌프들이 *직렬* 연결인 경우에는 수두 증가는 더해질 수 있고, 총 증가는 단일 펌프의 증가의 2배이다.

$$\Delta h_s = 2\left(a - bQ^2\right). \tag{E4.1.2}$$

병렬 연결인 경우에는 각 펌프를 통과하는 유속은 $Q/2$이다. 총괄 수두 증가는 각 펌프가 독자적으로 작동하는 경우와 같게 된다.

$$\Delta h_p = a - b\left(\frac{Q}{2}\right)^2. \tag{E4.1.3}$$

주어진 상수 값에 대하여 결과들이 그림 E4.1(b)에 주어져 있다. 직렬과 병렬 배치가 각각 증가된 수두와 유속에서 조업하는 데 유용하다는 것을 관찰하라.

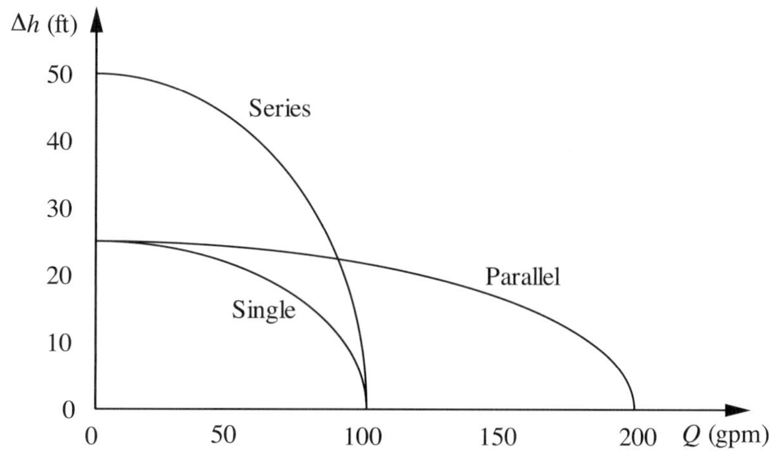

그림 E4.1(b) 서로 다른 세 펌프 배치에 대한 성능 곡선.

4.3 유체에서 고체 입자에 작용하는 항력

그림 4.10(a)는 유체 흐름(stream)에 놓여 있는 정지상태의 지름 D의 매끄러운 구를 보여준다. 구로부터 멀리 떨어진 유체의 속도는 오른쪽으로 u_∞이다. 유동이 전적으로 층류인 속도가 아주 낮은 경우를 제외하고는 구에서 바로 하류에 있는 후류(wake)는 불안정하고, 구 주위의 여러 위치에서 층류 또는 난류 와류들이 연속적으로 흐른다. 난류 때문에 구의 하류 측의 압력은 상류 측의 압력으로 완전히 복원될 수 없고, 구에 작용하는 오른쪽 방향으로의 순 *형태 항력*이 존재할 것이다. (완전한 층류의 경우에는 압력 회복은 완전하고 따라서 형태 항력은 0이 된다.) 구 주위에 속도 구배가 존재하기 때문에 오른쪽 방향으로의 순 *점성 항력*도 존재하게 될 것이다. 이 두 효과의 합은 (총) 항력 F_D로 알려져 있다. 비슷한 항력이 정지된 유체 중에서 *움직이는* 구 또는 다른 물체에 대해서도 발생한다. 중요한 것은 *상대* 속도이다. 만일 유체와 고체가 각각 V_f와 V_s로 움직인다면 항력은 상대 속도 $V_f - V_s$의 방향으로 작용한다.

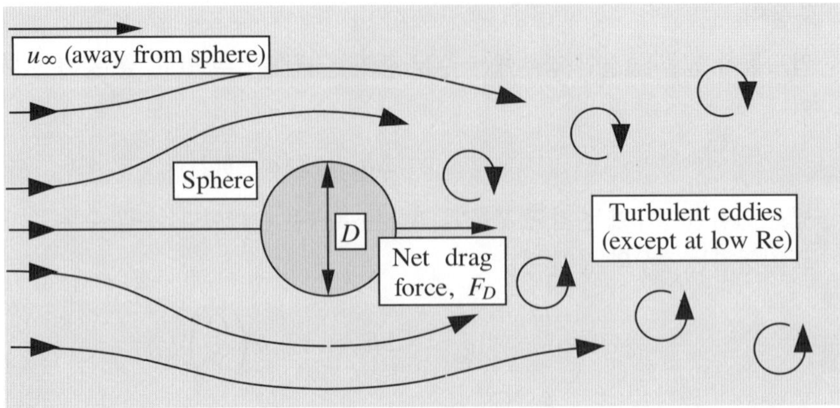

그림 4.10(a) 구의 주위의 유동.

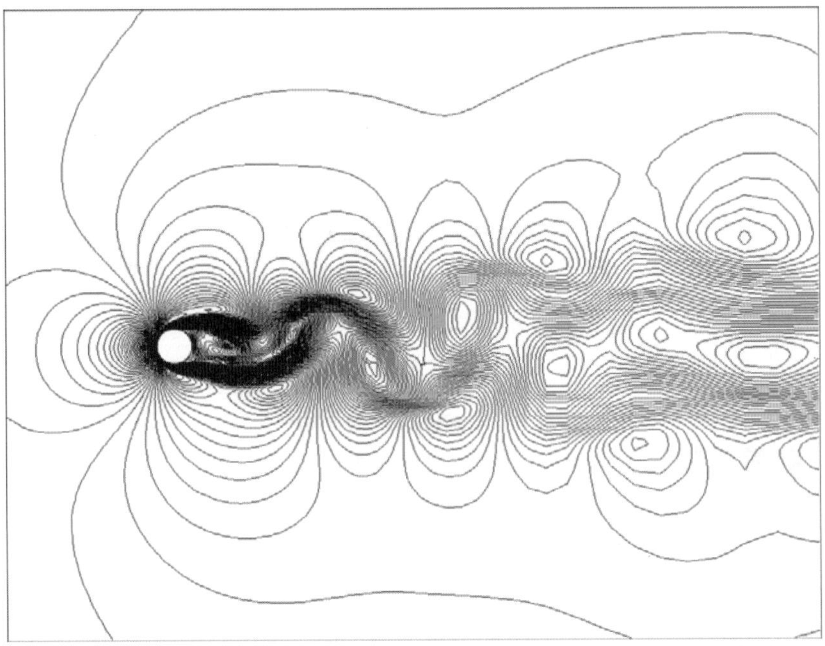

그림 4.10(b) 실린더 주위를 흐르는 계에 대한 Re = 100에서 Fluent 전산 유체역학 프로그램으로 계산한 순간 속도 동고선. 유동이 실린더를 지난 후 와류는 시계 방향(상단)과 반시계 방향(하단)로 선택적으로 흐른다. (Fluent사 제공)

이 책의 2부에서는 컴퓨터 소프트웨어로 계산된 유체의 유동 패턴에 대한 몇 가지 예제를 다룰 것이다. 이러한 분야를 *전산 유체역학*(computational fluid dynamics) 또는 CFD라 한다. 실린더 주위로 흐르는 유체의 유동(구와 어느 정도는 유사함)에 대한 결과이므로 일부분만을 발췌하여 그림 4.10(b)에 나타내었다. 여기에 나타낸 경우는 Re = 100로 층류이지만 비정상 유동이고 그림에서 같은 등고선으로 나타낸 것은 어떤 순간 속도가 같다는 의미이다. 시간이 경과함에 따라 소용돌이(vortice)들이 실린더 양쪽으로 교대로 왔다갔다하기 때문에 형태는 진동한다.

표 4.1 ▸ 구에 작용하는 항력

Range of Re	Type of Flow in the Wake	Correlation for C_D
$Re < 1$	Laminar	$C_D = 24/Re$
$1 < Re < 10^3$	Transition	$C_D \doteq 18Re^{-0.6}$
$10^3 < Re < 2 \times 10^5$	Turbulent	$C_D \doteq 0.44$

매끄러운 관에서 다음과 같은 두 무차원군(마찰 인자(또는 무차원 벽 전단응력)와 Reynolds 수) 사이의 상관관계가 존재한다는 사실을 기억해 냄으로써 해석은 더 빨리 진행된다.

$$f_F = \frac{\tau_w}{\frac{1}{2}\rho u_m^2}, \qquad Re = \frac{\rho u_m D}{\mu}. \tag{4.9}$$

같은 방법으로, 매끄러운 구에 작용하는 항력에 대한 실험 결과는 다음과 같은 두 개의 무차원군(*항력 계수* C_D와 Reynolds 수)의 항으로 상관지어질 수 있다.

$$C_D = \frac{F_D/A_p}{\frac{1}{2}\rho u_\infty^2}, \qquad Re = \frac{\rho u_\infty D}{\mu}, \tag{4.10}$$

여기서 $A_p = \pi D^2/4$는 운동 방향으로의 구의 *투영 면적*(projected area)이고, ρ와 μ는 유체의 물성이다.

상관관계가 그림 3.10의 마찰 인자 그림과 상당히 비슷한 그래프로 그림 4.11에 $\psi = 1$로 표시된 "표준 항력곡선(standard drag curve)"으로 주어져 있다(다른 곡선들은 나중에 설명될 것이다). 표 4.1에 보여주는 것과 같은 최소한 세 개의 뚜렷한 영역이 존재한다.

Kaeamanev[2]는 약 200,000 정도인 한계 Reynolds 수까지 전체 곡선을 Turton과 Levenspiel[3]의 *단일식*으로 아주 정확하게 표현할 수 있었다.

$$C_D = \frac{24}{Re}\left(1 + 0.173\,Re^{0.657}\right) + \frac{0.413}{1 + 16{,}300\,Re^{-1.09}}. \tag{4.11}$$

그는 또한 독창적인 방법으로 유체에서 고체 입자가 낙하하는 속도를 구할 수 있는 방법을 제시하였고, 고체가 주위의 유체보다 가벼운 경우 고체가 상승하는 속도에 관한 중요한 관찰을 하였다. 이 부분은 이절의 마지막 부분에서 다룰 것이다.

그림 4.11과 연관지어 다음에 주의하라.

1. 층류에서 난류 유동으로의 전이는 관 유동에서보다 훨씬 더 점차적이다. 관 유동의 제한적인 특성 때문에, 가상적으로 전체 유동장이 난류가 되는 것이 가능하나, 무한한 유체에 놓인 구의 경우에 모든 곳에서 유체를 난류로 만드는 것은 불가능할 정도로 많은 에너지가 요구되기 때문에 난류로의 전이는 부분적으로만 진행된다.

---

[2] Private communication, March18 2002.

[3] R. Turton and O. Levenspiel, "A short note on the drag correlation for spheres," *Powder Technology*, Vol. 47, p. 83 (1986).

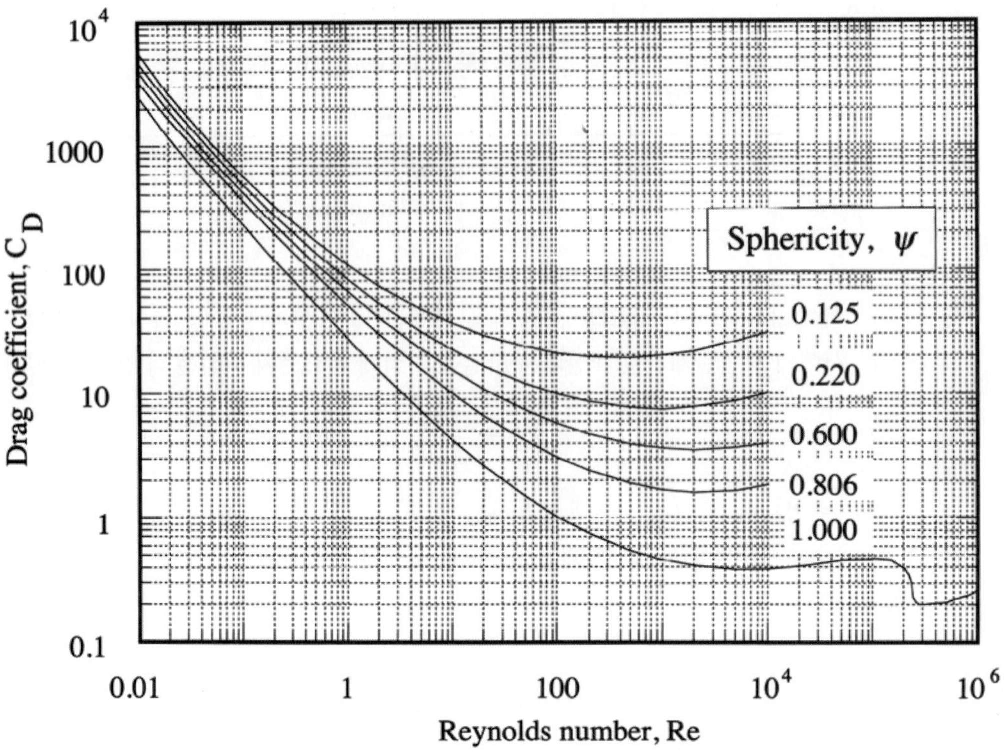

그림 4.11 서로 다른 구형도 값을 갖는 물체에 대한 항력 계수들; $\psi = 1$에 대한 곡선은 구에 해당한다.[4]

2. 순수한 층류 유동의 상한선은 약 Re = 1이다. 이에 반하여 관 유동의 경우에는 Re = 2,000이다. 이의 주된 이유는 구의 후류에서 나타나는 급격한 확장에서 유동의 매우 불안정한 특성 때문이다.

3. 약 Re = 200,000에서 구에서의 경계층이 갑자기 층류에서 난류로 바뀌기 때문에, 항력계수가 갑자기 감소한다. 골프공의 옴폭 들어간 곳들은 더 낮은 수에서 이러한 형태의 전이를 촉진시킨다. (좀 더 완벽한 설명은 8.7절을 참조하라.)

층류 유동 영역에서 $C_D = 24/\mathrm{Re}$ 법칙은 쉽게 재배열하여 다음과 같은 관계를 준다.

$$F_D = 3\pi\mu u_\infty D, \tag{4.12}$$

이 관계는 *Stokes 법칙*[5]으로 알려져 있고, 미시적인 운동 방정식(즉, Navier-Stokes 방정식)에서 출발하여 이론적으로 증명될 수 있다(하지만 쉽지는 않음).

---

[4]Based on values published in G.G. Brown et al., *Unit Operations*, Wiley & Sons, New York, 1950, p. 76.

[5]G.G. Stokes. "On the effect of the internal friction of fluids on the motion of pendulums," *Cambridge Philosophical Transactions*, Part II, Vol. IX, pp. 8 (1850).

Stokes, George Gabriel 경. 1819년 아일랜드의 Sligo 카운티에서 태어났고, 1903년 영국의 캠브리지에서 사망하였다. 그는 캠브리지 펨브로크(Pembroke) 대학의 수학과에 입학하여 1841년 최우수 등급으로 졸업하였고, 같은 해에 그의 대학의 연구원으로 선출되었다. Stokes는 1849년 루커스 수학 석좌 교수가 되었다. 1885년부터 1890년까지 왕립학회(Royal Society)의 회장을 역임하였다. 그는 이론 및 실험 수물리학에 모두 탁월하였다. 1842년부터 1850년까지 출판된 그의 초기 논문은 수력학, 마찰이 있는 유체의 운동, 파동, 그리고 선박에 대한 항력을 다루었다. 후기에는 소리 파동의 전파, 빛의 회절과 편광, 자외선을 조사한 물질의 형광, 유리와 망원경 개선의 광학적 성질, Röntgen 광선(rays), 그리고 철도 교량의 응력과 변형에 관련된 미분방정식을 포함하여 다양한 주제를 중심으로 연구하였다.

출처: The Encyclopedia Britannica, 11ed., Cambridge University Press (1910−1911).

비 구형 입자

구가 아닌 입자에 대해서는 두 가지 물리량이 우선 정의되어야 한다.

1. *입자의 구형도* ψ

$$\psi = \frac{\text{입자와 동일 부피인 구의 표면적}}{\text{입자의 표면적}}. \tag{4.13}$$

$\psi = 1$이 구에 해당한다는 것은 보여주기 쉽다. 주어진 부피에서 구가 가능한 최소 표면적을 보이기 때문에 모든 다른 입자들의 구형도는 1 이하여야 한다.

2. *상당 입자 지름* D_p는 입자와 같은 부피를 갖는 구의 지름으로 정의된다.

식 (4.10)에 의하여 정의된 항력 계수는 그림 4.11로부터 얻을 수 있다. D_p는 Reynolds 수와 관련이 있고, ψ는 곡선 군의 매개인자이다. A_p의 값은 유체 유동의 직각 방향으로 투영 면적이지만, 입자가 움직이는 경우에는 입자가 회전한다든지 일정한 방향성이 부족하기 때문에 이 정의는 정확하지 않게 된다.

중력장 하에서의 침강

그림 4.12에 보여주는 것과 같이 중력장 하에서 밀도 ρ_f, 점도 μ_f인 유체에서 침강하는 지름 D, 밀도 ρ_s인 입자를 고려하자. 아래 방향으로의 운동량 수지식은 아래 방향으로의 구의 무게와 위 방향으로의 부력 및 위 방향으로의 항력의 차를 아래 방향으로의 구의 운동량 증가 속도와 같게 한다.

$$\underbrace{\frac{\pi D^3}{6}(\rho_s - \rho_f)g}_{\text{Net Weight}} - \underbrace{F_D}_{\text{Drag}} = \underbrace{\frac{d}{dt}\left(\frac{\pi D^3 \rho_s}{6}u\right)}_{\substack{\text{Rate of increase} \\ \text{of momentum}}}$$

$$= \frac{\pi D^3 \rho_s}{6}\frac{du}{dt} \quad \text{(for constant mass).} \tag{4.14}$$

질량이 일정하다는 간략화는 많은 상황에서 적용되나, 증발하는 액체 구와 같은 경우에는 예외이다. 식 (4.14)를 적분하면 속도 u를 시간의 함수로 구할 수 있다.

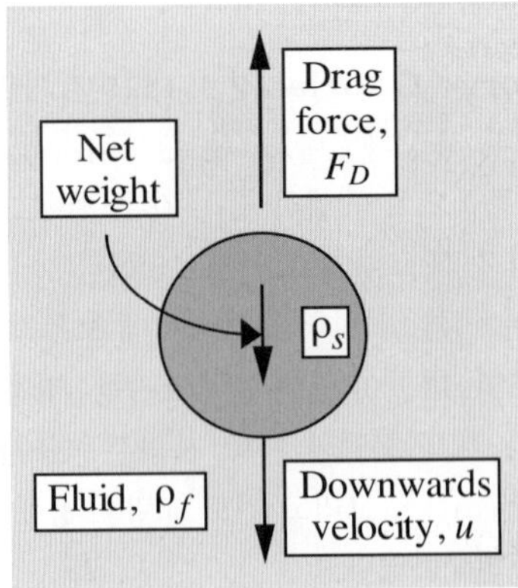

그림 4.12 중력장 하에서 구의 침강.

종말 속도

식 (4.14)의 중요한 경우는 구가 정상상태 *종말 속도* u_t로 움직일 때 나타난다. 이 경우에, 구의 실제 무게는 항력에 의하여 정확히 상쇄되고 따라서 가속도가 없게 된다. 즉 $du/dt = 0$이고

$$F_D = \frac{\pi D^3}{6}(\rho_s - \rho_f)g. \tag{4.15}$$

이 된다. 이에 해당하는 항력 계수는 다음과 같이 된다.

$$C_\text{D} = \frac{F_D/\left(\frac{\pi D^2}{4}\right)}{\frac{1}{2}\rho_f u_t^2} = \frac{4}{3}\ \frac{gD}{u_t^2}\ \frac{\rho_s - \rho_f}{\rho_f}. \tag{4.16}$$

대표적인 문제가 u_t 값을 주고 해당하는 C_D 값을 구하는 것이나 그 역이다. 식 (4.16)의 좌변과 우변 모두에 미지수를 포함하고 있기 때문에, 식 (4.16)은 특별히 유용한 것은 아니다. 독자들이 그 타당성을 검토해 볼 다른 형태는 다음과 같다.

$$C_\text{D}Re^2 = \frac{4}{3}\frac{g\rho_f D^3}{\mu^2}(\rho_s - \rho_f). \tag{4.17}$$

$$\frac{C_\text{D}}{Re} = \frac{4}{3}\ \frac{g\mu}{\rho_\text{f}^2 u_t^3}(\rho_s - \rho_f). \tag{4.18}$$

명백히 식 (4.17)의 우변은 u_t에 무관하고 만약 u_t를 찾아야 할 경우에는 이 식이 유용하게 될 것이다. 이 경우에 곱 $C_D\text{Re}^2$는 알려져 있고, 항력 계수와 Reynolds 수(즉 u_t)는 그림 4.11을 참고로 하여 계산될 수 있다. 마찬가지로, 식 (4.18)의 우변은 D에 무관하고, 이 식은 D를 찾아야 할 경우라면 유용하다. C_D의 적절한 값은 표 4.1, 그림 4.11 또는 식 (4.11)로부터 얻을 수 있다.

입자의 상승 또는 하강 종말 속도의 빠른 계산에 대한 Karamanev 방법.

Karamanev는 *Archimedes* 수[6]에 근거한 방법을 개발하였다.

[6] D.G. Karamanev, "Equations for calculating of the terminal velocity and drag coefficient of solid spheres and gas bubbles," *Chemical Engineering Communications*, Vol. 147, pp. 75–84 (1996).

$$\text{Ar} = \frac{D^3 g|(\rho_s - \rho_f)|\rho_f}{\mu^2} = \frac{3}{4}\text{Re}^2 C_D, \tag{4.19}$$

여기서 절대값 $|(\rho_s - \rho_f)|$는 입자가 주위를 둘러싸고 있는 유체보다 무겁거나(상승 종말 속도), 가볍거나(침강 종말 속도) 상관없이 두 경우 모두 다 사용될 수 있다. Karamanev는 다음과 같이 약 200,000 정도인 한계 Reynolds 수까지의 전체 곡선은 다음의 *단일* 식으로 표현할 수 있음을 보였다.

$$C_D = \frac{432}{\text{Ar}}\left(1 + 0.0470\,\text{Ar}^{2/3}\right) + \frac{0.517}{1 + 154\,\text{Ar}^{-1/3}}. \tag{4.20}$$

따라서 입자의 직경과 밀도 그리고 유체의 성질을 알면 스프레드시트 적용에 아주 적절한 형태로 Archimedes 수와 다음에 항력 계수를 빠르고 정확하게 계산할 수 있다.

침강 종말 속도. Ar와 C_D가 계산되면 입자가 침강하는 경우($\rho_s > \rho_f$)의 종말 속도를 다음과 같이 주어진다.

$$u_t = \sqrt{\frac{4gD|\rho_s - \rho_f|}{3\rho_f C_D}}. \tag{4.21}$$

상승 종말 속도. Karamanev는 고체 입자의 밀도가 주위의 유체 밀도보다 상당히 낮아서 상승하는 경우 ($\rho_s \ll \rho_f$)의 실험적 관찰 결과를 다음과 같이 요약하였다.

1. Re < 135인 경우(Ar < 13,000에 해당됨), 표준 항력곡선이 여전히 적용될 수 있다. 상승 종말 속도는 식 (4.20)과 (4.21)으로부터 계산될 수 있다.

2. Re > 135인 경우(Ar > 13,000에 해당됨), 표준 항력곡선을 *더 이상* 사용할 수 없다. 대신, 항력계수는 일정한 값 $C_D = 0.95$로 갑자기 변하고, 이 값을 식 (4.21)에 대입하여 상승 종말 속도를 계산할 수 있다. C_D 값이 이렇게 큰 경우에는 구형 입자는 직선으로 상승하는 것이 아니라 스프링의 코일 형태처럼 빙글 빙글 돌면서 상승하게 된다. 이때 수평면과 나선형 접선과 이루는 각도는 항상 60도에 가까운 값을 갖는다. 액체에서 *기체방울* 상승하는 경우에도 유사한 실험 결과를 보인다.

응용

위의 입자 역학 이론의 대표적인 네 가지 응용이 그림 4.13에 묘사되어 있고 다음과 같이 설명된다.

(a) *입자들을 약간 경사진 유로*를 흘러내리는 액체의 흐름에 도입시켜 서로 다른 크기와 밀도의 입자들을 분리할 수 있을 것이다. 상대적인 침강 속도에 따라서 서로 다른 형태의 입자들이 용기 A, B 등에 모이게 될 것이다. 입자들 상호간의 인력은 명백히 이 주제를 복잡하게 하지만, 위에 주어진 간단한 이론은 초기 설계를 하는 데 적합할 것이다.

(b) *전기 집전기*는 빠르게 움직이는 굴뚝 기체의 흐름에서(예를 들어, 양전하를 띤) 미세한 먼지 입자나 액적을 음의 전하를 띠는 전극으로 이동하도록 한다. 입자가 입자들이 포집될 전극에 실제로 도달하는지 여부는 주위 기체가 입자들에 작용하는 항력의 영향을 받는다.

(c) *분무 건조기*는 분유, 세제 분말, 비료, 인스턴트 커피 및 많은 입자상 물질들을 만드는 데 사용된다. 이 경우에 고체 용액은 탑의 꼭대기를 통하여 물방울 형태로 도입된다. 액적으로부터 물을 증발시키기 위하여 뜨거운 공기가 탑의 하부를 통하여 위로 보내진다. 따라서 순수한 고체

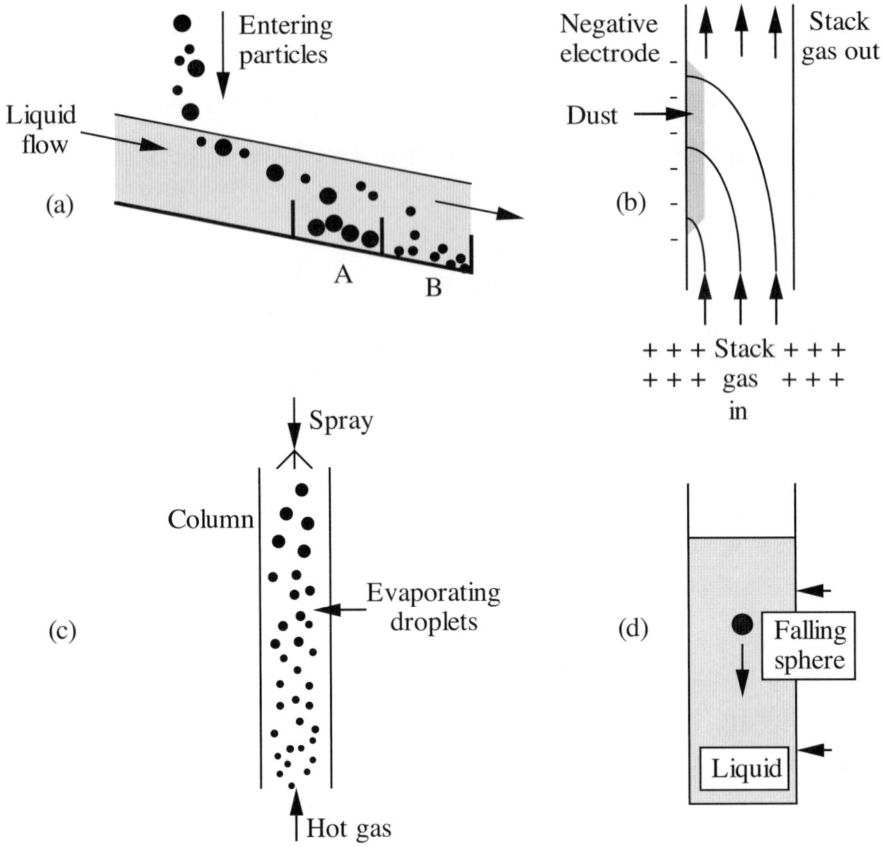

그림 4.13 항력 이론의 적용: (a) 입자 분리, (b) 전기 집전기, (c) 분무 건조기, (d) 낙하하는 구 점도계.

가 탑의 하부에서 회수될 수 있다. 이 경우에 입자의 지름은 계속하여 변하고 완전한 해석을 위해서는 물질 및 열전달에 대한 고려가 필요하다.

(d) *낙하하는 구 점도계*는 고분자 액체의 점도를 결정하는 데 사용될 수 있다. Stokes 영역이 유지되도록 충분히 작게 선택된 구 입자의 낙하 시간을 측정하여 식 (4.12)로부터 점도가 유도될 수 있다.

예제 4.2 납 탄환의 제조

지름 d, 밀도 ρ인 납 탄환이 탄환 탑의 꼭대기에서 납 용융액을 분사시켜 제조된다. 이 탑에서 뜨거운 납 구슬들이 거리 H를 낙하하는 동안에 주위 공기에 의하여 냉각되고 납의 밑 부분에 있는 물의 완충 풀에 도달하는 시간 동안에 고화된다. 열전달 전문가인 여러분의 동료를 돕기 위하여 탄환의 낙하 시간 t를 지름의 함수로 나타내는 식으로 유도하라. 높은 수준의 정밀도는 필요하지 않다(간략화하는 어떤 타당한 가정이라도 하라).

풀이

식 (4.14)에 $\pi D^3 \rho_s/6$을 먼저 나누고, ρ_s에 비하여 ρ_f를 무시하면 다음과 같게 된다.

$$g - \frac{6F_D}{\pi D^3 \rho_s} = \frac{du}{dt}. \tag{E4.2.1}$$

그러나 $A_p = \pi D^2/4$이므로, 식 (4.10)으로부터 다음과 같은 결과를 얻는다.

$$F_D = \frac{1}{8}\pi D^2 \rho_f u^2 C_D,$$

따라서 식 (E4.2.1)은 다음과 같이 된다.

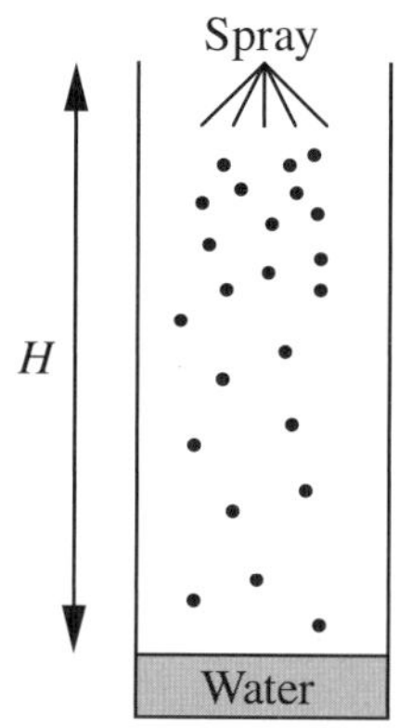

그림 E4.2 탄환 탑.

$$g - \frac{3\rho_f C_D u^2}{4\rho_s D} = g - cu^2 = \frac{du}{dt}, \tag{E4.2.2}$$

여기서 $c = 3\rho_f C_D/4\rho_s D$이다.

초기의 짧은 기간 후에는 항력 계수는 일정하므로 c는 상수라고 가정하자. 변수를 분리하고 분사 노즐에서 탑의 밑 부분까지 적분하면 다음과 같게 된다.

$$\int_0^t dt = \int_0^u \frac{du}{g - cu^2}, \tag{E4.2.3}$$

또는 부록 A를 사용하여 적분값을 구하면 다음과 같다.

$$t = \frac{1}{2\sqrt{gc}} \ln \frac{\sqrt{g} + u\sqrt{c}}{\sqrt{g} - u\sqrt{c}}. \tag{E4.2.4}$$

속도에 대하여 식 (E4.2.4)를 풀면 다음과 같다.

$$u = \frac{dx}{dt} = b\,\frac{e^{at} - 1}{e^{at} + 1}, \tag{E4.2.5}$$

여기서

$$a = 2\sqrt{gc}, \qquad b = \sqrt{\frac{g}{c}}. \tag{E4.2.6}$$

식 (E4.2.5)를 적분하면 다음과 같은 결과를 얻는다.

$$\int_0^x dx = b\int_0^t \frac{e^{at}}{e^{at}+1}\,dt - b\int_0^t \frac{dt}{e^{at}+1},$$

$$\begin{aligned} x &= \frac{b}{a}\ln\left(e^{at}+1\right)\Big|_0^t - \frac{b}{a}\Big[at - \ln\left(1+e^{at}\right)\Big]_0^t \\ &= \frac{1}{2c}\left[2\ln\left(\frac{e^{at}+1}{2}\right) - at\right]. \end{aligned} \tag{E4.2.7}$$

$x = H$를 대입하면, 식 (E4.2.7)은 구가 연직 거리 H를 낙하하는 데 걸리는 시간 t를 준다. e^x와 $\ln(1 + x)$에 대한 표준 전개를 사용함으로써, 여러 행의 대수는 c 및/또는 t가 작아지는 한계 내에서 식 (E4.2.7)이 다음과 같이 됨을 보여준다.

$$x \doteq \frac{1}{2}gt^2 - \frac{1}{12}cg^2t^4, \tag{E4.2.8}$$

여기서 첫 번째 항은 어떤 항력도 없는 경우의 자유 낙하에 해당하고, 두 번째 항을 항력 효과를 설명한다.[7]

4.4 충전층에서의 유동

충전층을 통한 유동은 화학공학의 여러 분야에서 나타난다. 그 예는 촉매 입자를 포함하는 관형 반응기를 통한 기체의 유동과 탈이온 수(deionized water)를 얻기 위하여 이온 교환 수지로 충전된 원통을 통한 물의 유동이다. 다공성 암석층 구조를 통한 기름의 유동도 밀접히 연관된 현상이고, 이 경우에 각 입자들은 융합되어 있다. 모든 경우에서, 어떤 유동에 대한 압력 강하를 예측하는 것이 필요하고, 특히 입자들이 작은 경우에는 핵심 사항이 될 수도 있다.

중력의 복잡한 효과를 피하기 위하여, 그림 4.14에 보여주는 것과 같이 *수평* 충전층의 경우에 대하여 해석을 한다. 표 4.2에는 관련된 표기법이 나열되어 있다.

여러분들은 표 4.2에서 정의된 D_p가 구형 입자의 경우에는 구의 실제 지름으로 된다는 것을 확인해 보아야 한다.

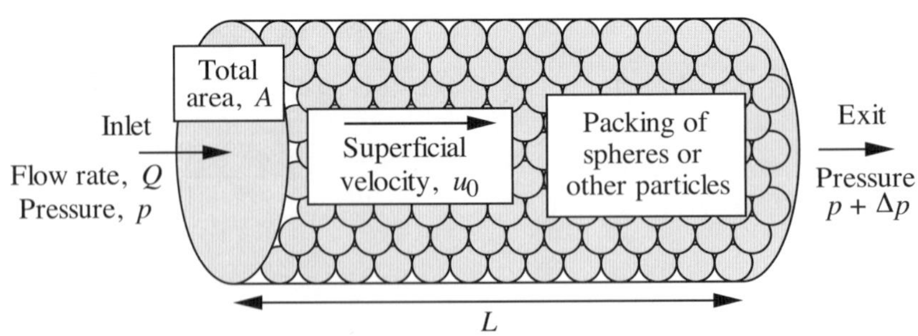

그림 4.14 충전층을 통한 유동.

[7]저자는 식 (E4.2.8)을 확인하기 위하여 Mathematica를 사용한 나의 동료 Robert Ziff에게 감사드린다.

표 4.2 ▸ 충전층을 통한 유동에 대한 표기법

Symbol	Meaning
A	Cross-sectional area of bed
a_v	Surface area of a particle divided by its volume
D_p	Effective particle diameter, $6/a_v$
L	Bed length
Q	Volumetric flow rate
u_0	Superficial fluid velocity, Q/A
ε	Fraction void (not occupied by particles)
ρ, μ	Fluid density and viscosity

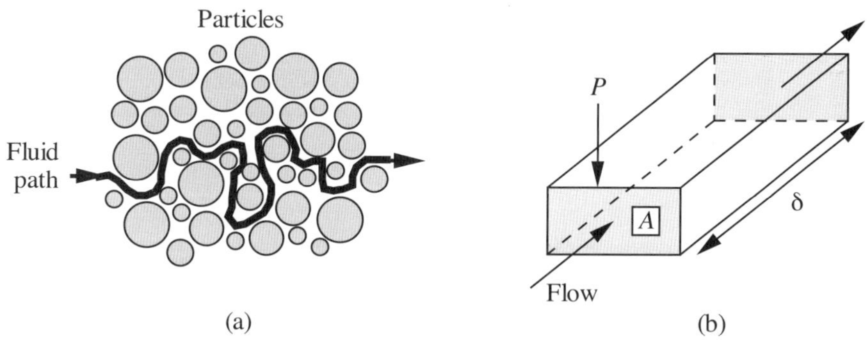

그림 4.15 ▸ 공극을 통한 유동; (a) 입자들 사이의 꾸불꾸불한 경로, (b) 이상화된 공극(단면은 직사각형일 필요 없이 어떤 모양도 될 수 있음).

이런 상황은 그림 4.15(a)를 참고로 하여 어느 정도까지 해석될 수 있다. 이 그림은 유체가 입자들 사이의 틈새 또는 공극 뚫고 나가면서 취하는 꾸불꾸불한 경로를 보여준다. 그림 4.15(b)는 단면적이 A이고, 젖음 둘레가 P인 단위 길이의 이상화된 공극을 보여준다. 주어진 총 부피 V에 대하여, 해당하는 수력학적 평균 지름은 다음과 같이 된다.

$$D_{\mathrm{e}} = 4\,\frac{(\text{Cross sectional area A}) \times \delta}{(\text{Wetted perimeter P}) \times \delta} = 4\,\frac{\text{Volume of voids}}{\text{Wetted surface area}}$$
$$= 4\,\frac{\varepsilon V}{V(1-\varepsilon)a_{\mathrm{v}}} = \frac{4\varepsilon}{a_{\mathrm{v}}(1-\varepsilon)}. \tag{4.22}$$

수평 기공에 대해 압력 강하는 다음과 같게 된다.

$$-\Delta p = 2 f_{\mathrm{F}} \rho u_{\mathrm{m}}^2 \frac{L}{D_{\mathrm{e}}} = 2 f_{\mathrm{F}} \rho \left(\frac{u_0}{\varepsilon}\right)^2 L\,\frac{a_{\mathrm{v}}(1-\varepsilon)}{4\varepsilon} \tag{4.23}$$

$$= 3 f_{\mathrm{F}} \rho u_0^2 \frac{(1-\varepsilon)}{\varepsilon^3}\frac{L}{D_p}. \tag{4.24}$$

식 (4.24)를 재배열하면 다음과 같이 된다.

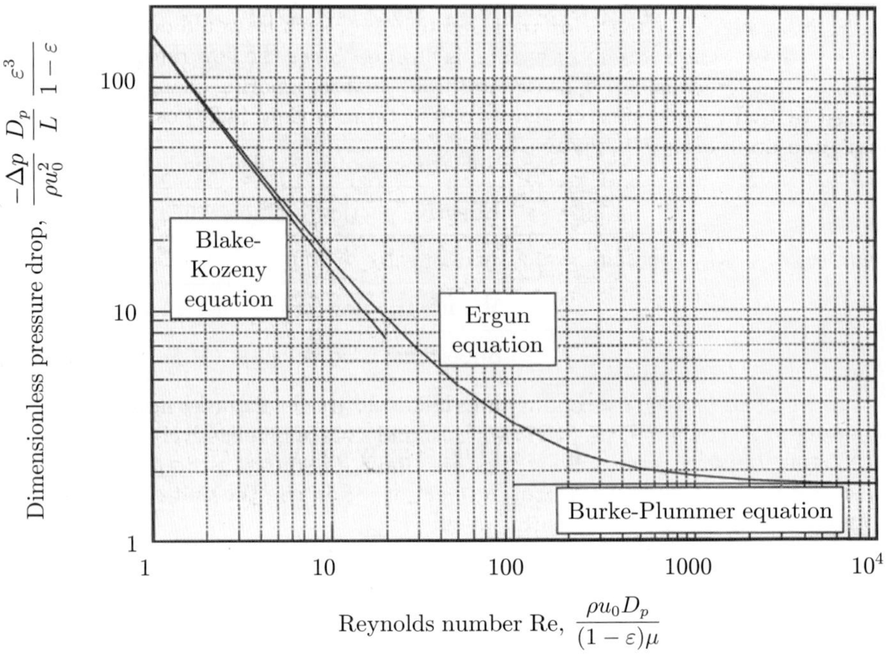

그림 4.16 Ergun 식.

$$\frac{-\Delta p}{\rho u_0^2}\frac{D_p}{L}\frac{\varepsilon^3}{1-\varepsilon} = 3f_{\mathrm{F}} = 1.75 \text{ (experimentally)}. \tag{4.25}$$

따라서 이론은 f_{F}가 원래 상수인 난류 유동에 대하여 식 (4.25)의 좌변에 있는 익숙하지 않은 무차원군이 상수이어야 한다는 것을 알려준다. 이 예측은 실험을 통하여 완벽하게 실증되었고 상수의 값은 1.75이다.

그러나 좀 더 일반적으로 Reynolds 수가 작은 경우에 층류의 기여를 고려해야 한다. 결과로 나온 식이 화학공학에서 가장 성공적인 상관관계의 하나인 다음과 같은 *Ergun 식*이다.

$$\frac{-\Delta p}{\rho u_0^2}\frac{D_p}{L}\frac{\varepsilon^3}{1-\varepsilon} = \underbrace{\frac{150}{Re}}_{\text{Laminar}} + \underbrace{1.75}_{\text{Turbulent}}, \tag{4.26}$$

여기서 Reynolds 수는 다음과 같다.

$$Re = \frac{\rho u_0 D_p}{(1-\varepsilon)\mu}. \tag{4.27}$$

Ergun 식은 그림 4.16에 보여준다. Reynolds 수가 작은 극한과 큰 극한의 경우는 각각 Blake-Kozeny 식과 Burke-Plummer 식으로 불린다. 이 두 가지 형태(하나는 Reynolds 수의 역수에 비례하고, 다른 하나는 상수)는 관에서의 마찰 인자에 대한 앞에서의 경험, 즉 첫 번째는 층류, 두 번째는 격렬한 난류유동과 유사하다.

충전층에 대한 마찰 소산 항

지금까지는 *수평* 층에 대해서만 관심을 두어 왔다. 이 경우에 총괄 에너지 수지는 다음과 같게 된다.

$$\frac{\Delta p}{\rho} + \mathcal{F} = 0, \tag{4.28}$$

따라서 식 (4.22)로부터 흐르는 단위 질량당의 마찰 소산 항은 다음과 같다.

$$\mathcal{F} = -\frac{\Delta p}{\rho} = \frac{150 u_0 \mu L (1-\varepsilon)^2}{\rho D_p^2 \varepsilon^3} + 1.75 \frac{u_0^2 L (1-\varepsilon)}{D_p \varepsilon^3}. \tag{4.29}$$

비록 식 (4.29)에서 $\mathcal{F}$가 (순수한 마찰 효과를 분리시키기 위하여) 수평 층에 대하여 유도되었지만, 이 관계는 경사지거나 연직 층에 대한 적절한 에너지 수지식으로도 대입될 수 있다.

Darcy 법칙

위의 이론은 기름이 유동하는 사암층 구조에서와 같이 입자들이 서로 달라붙어 있는 다져진 *매질* 또는 *다공성*의 매질에 대하여 적용될 수 있다. 유속이 작을 것이고 *수평* 유동으로 고려되기(즉 유체 정역학적 효과에 의하여 유발되는 압력 변화를 무시하기) 때문에 식 (4.26)에 있는 난류 항은 근사적으로 무시되어 다음과 같이 된다.

$$\frac{-\Delta p}{\rho u_0^2} \frac{D_p}{L} \frac{\varepsilon^3}{1-\varepsilon} = \frac{150(1-\varepsilon)\mu}{\rho u_0 D_p}. \tag{4.30}$$

위 식을 정리하면 겉보기 속도는 다음과 같은 *Darcy 법칙*으로 주어진다.

$$u_0 = \frac{-\Delta p}{L\mu} \underbrace{\frac{D_p^2 \varepsilon^3}{150(1-\varepsilon)^2}}_{\kappa} = -\frac{\kappa}{\mu}\frac{\Delta p}{L}. \tag{4.31}$$

개별 입자 지름의 개념은 더 이상 존재하지 않기 때문에 식 (4.31)에서 아래 중괄호로 묶어진 부분 κ는 *투과도*(permeability)로 알려진 다공성 매질의 또 다른 물성으로 고려됨에 주목하라. 만약 u_0를 cm/s로, Δp를 atm, μ를 cP, L을 cm 단위로 측정하면 투과도의 단위는 *darcy*이고, 다음과 같이 나타낼 수 있다.

$$1 \text{ darcy} = 1 \ \frac{\text{cm/s cP}}{\text{atm/cm}} \doteq 0.986 \times 10^{-8} \text{ cm}^2 = 1.06 \times 10^{-11} \text{ ft}^2. \tag{4.32}$$

1차원에서 Darcy 법칙의 *미분형*은 다음과 같다.

$$u_0 = -\frac{\kappa}{\mu}\frac{dp}{dx}, \tag{4.33}$$

이 식은 *플럭스*(여기서는 단위 면적당의 부피 유속)가 *전도도*(κ/μ)와 퍼텐셜 구동력의 구배(dp/dx)의 음의 값의 곱에 비례함은 나타내는 고전적인 형태의 관계이다.

더 일반적인 Darcy 법칙의 벡터 형태는 식 (7.76)에 주어진 $\mathbf{v} = -(\kappa/\mu)\nabla p$이다.

예제 4.3 충전층 반응계에서의 압력 강하

액체 반응물이 그림 E4.3에 보여주는 것과 같은 촉매 반응기를 통하여 보내진다. 이 반응기는 지름 $d_1 = 2.0$ mm인 구형 촉매로 충전된 수평 원통으로 이루어져 있다. 표 E4.3에 요약된 시험 결과는 서로 다른 두 부피 유속 Q에서 반응기를 가로지르는 압력 강하 $-\Delta p$를 보여준다.

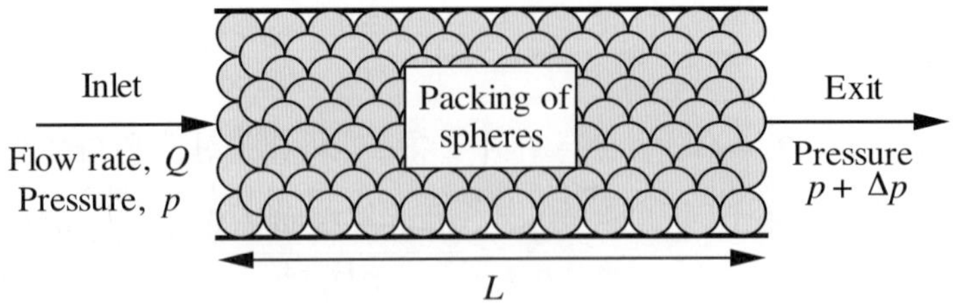

그림 E4.3 ▶ 충전층 반응기

표 E4.3 ▶ 충전층 압력 강하

Q, ft^3/hr	$-\Delta p$, psi
12.0	9.6
24.0	24.1

만약 최대 압력 강하가 펌프에 의하여 50 psi로 제한되어 있다면, 유속의 상한은 얼마인가? 존재하는 촉매가 소비된 후에는 불행하게도 비슷한 촉매는 이용할 수 없고, 반응기는 $d_2 = 1.0$ mm인 새로운 촉매로 충전되어야만 한다. 만약 펌프는 여전히 50 psi로 제한되어 있다면 허용 가능한 새로운 최대 유속은 얼마인가?

풀이

식 (4.29)로부터 μ, L, ε, ρ가 일정한 경우에 u_0는 Q에 비례하고 모든 환산 인자는 다음과 같이 상수 a와 b에 흡수될 수 있다는 것에 주목하라.

$$-\Delta p = \frac{aQ}{D_p^2} + \frac{bQ^2}{D_p}. \tag{E4.3.1}$$

표 E4.3의 값을 대입하면, 다음과 같이 된다.

$$9.6 = \frac{12a}{2^2} + \frac{144b}{2} = 3a + 72b, \tag{E4.3.2}$$

$$24.1 = \frac{24a}{2^2} + \frac{576b}{2} = 6a + 288b. \tag{E4.3.3}$$

이 두 연립 방정식의 해는 $a = 2.38$과 $b = 0.0340$이다. 따라서 최대 유속 Q_{max}는 다음과 같은 2차 식으로 주어진다.

$$50 = \frac{2.38\,Q_{max}}{2^2} + \frac{0.0340\,Q_{max}^2}{2}, \tag{E4.3.4}$$

위의 식으로부터 $Q_{max} = 39.5$ ft^3/hr이다.

새로운 촉매 입자에 대하여, 이제는 D_p는 1.0이므로 새로운 최대 유속은 다음과 같은 식을 따른다.

$$50 = \frac{2.38Q_{max}}{1^2} + \frac{0.0340Q_{max}^2}{1}, \tag{E4.3.5}$$

이 식은 $Q_{max} = 16.9\ \mathrm{ft}^3/\mathrm{hr}$를 준다. 충전물의 크기가 줄어들수록 유속은 현저하게 감소함에 주목하라.

4.5 여과

서론 및 판-틀 여과기

여과기는 (보통은 액체인) 유체 흐름으로부터 고체 입자를 제거하기 위한 장치이다. 여과기가 사용되는 예는 다음과 같다.

1. 제지 산업에서 물/펄프 현탁액으로부터 종이 펄프를 제거하기 위하여
2. 설탕 정제공정에서 설탕 용액을 정제하거나 슬러리로부터 원하는 당밀을 제거하기 위하여
3. 바닷물로부터 마그네슘을 회수하는 공정에서 불용성인 수산화 마그네슘을 분리하기 위하여
4. 야금 추출공정에서 시안화 용액에 의하여 추출되는 은과 금으로부터 원하지 않는 광물질 잔여물을 제거하기 위하여
5. 자동차에서 연료와 공기를 정화하기 위하여
6. 정수장에서 물을 정화하기 위하여

여과기의 기본 요소들은 그림 4.17에 보여준다.

액체와 현탁 입자를 포함하는 *슬러리*는 입구 압력 p_1에서 헝겊, 망사 또는 아주 고운 입자층과 같은 여과 *매질*을 통하여 흐른다. 깨끗한 액체 또는 *여과액*이 압력이 p_2인 영역으로 부피 유속 Q로 여과 매질을 통하여 흘러가고, 반면에 현탁 입자는 두께 L이 계속 증가하는 다공성 반고체상의 *케이크*를 형성한다.

*판-틀 여과기*는 병렬식으로 운전되는 위와 같은 장치 몇 개로 이루어져 있다. 천은 다공성 금속판에 의하여 지지되고, 연속적인 판들이 틀에 의하여 구분된다. 이 틀들은 슬러리를 공급하고 여과액을 제거하는 다양한 유로들로 이루어져 있다. 케이크들이 쌓이기 시작하여 연속하는 판들 사이의 전체 공간을 차지하면, 케이크를 제거하기 위하여 여과기는 분해되고 여과기를 세척한 후에, 조업

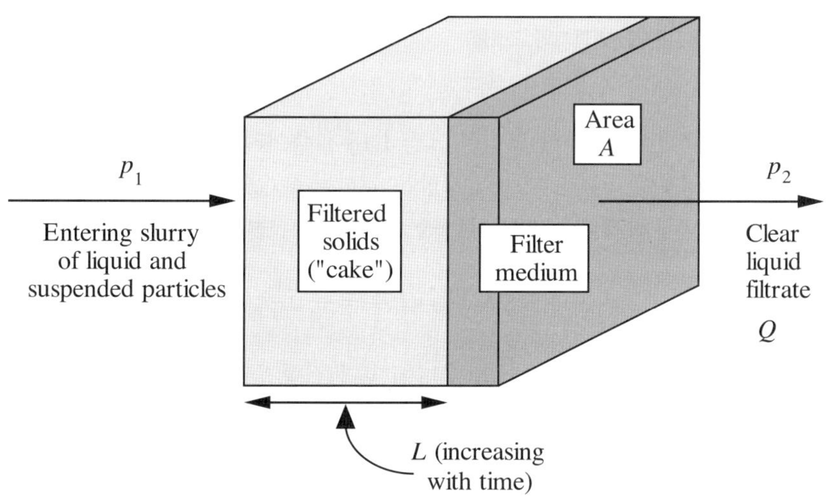

그림 4.17 여과기 케이크와 매질을 통한 유동.

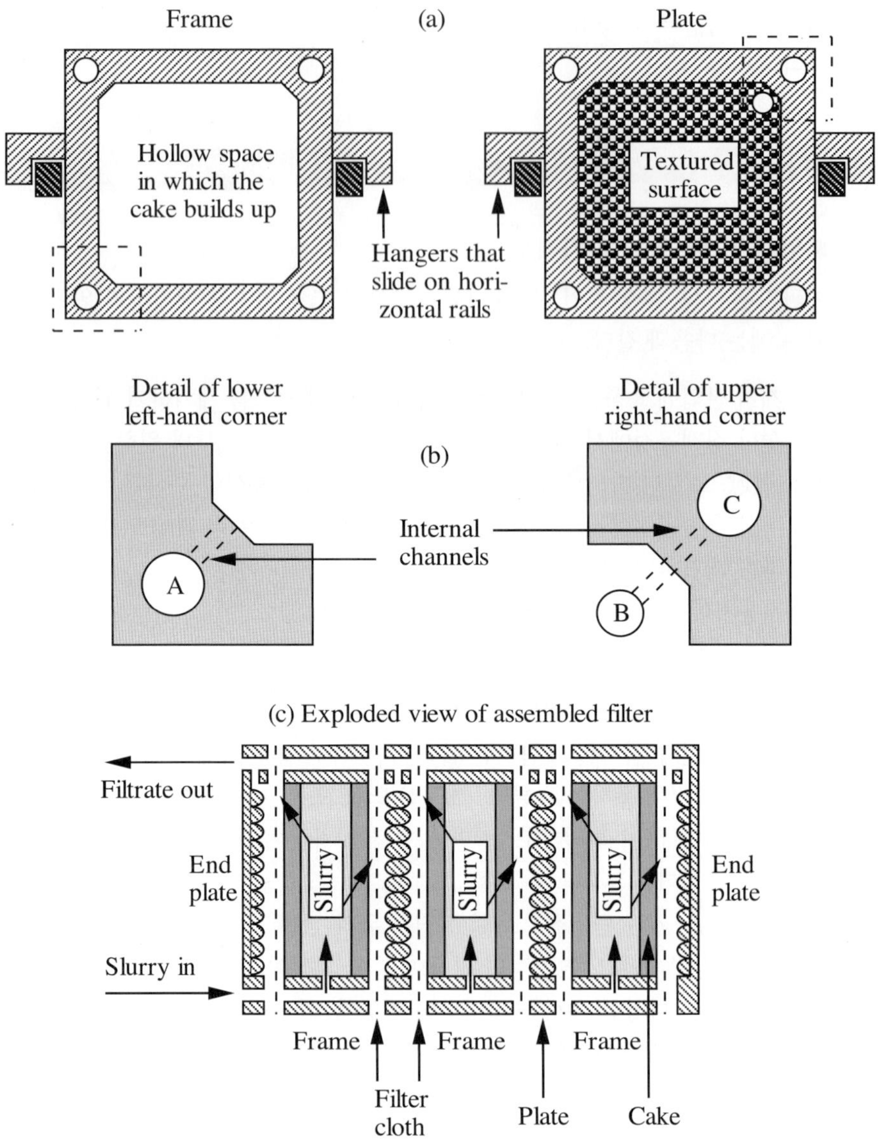

그림 4.18 판-틀 여과기의 요소들.

을 다시 시작한다. 상세한 그림은 그림 4.18에 주어져 있다.

많은 경우에 여과기 매질의 저항은 무시될 수 있다. 만약 A가 여과기의 면적이고, V가 $t=0$에서 $L=0$ 이후의 통과된 여과액의 총 부피를 나타낸다면, Darcy 법칙은 다음과 같은 관계를 준다.

$$u_0 = \frac{Q}{A} = \frac{1}{A}\frac{dV}{dt} = \frac{\kappa(p_1 - p_2)}{\mu L}. \tag{4.34}$$

그러나 케이크 두께는 여과액의 부피에 따라 선형적으로 증가한다. 따라서

$$L = \frac{\alpha V}{A}, \tag{4.35}$$

이 되고, 여기서 α는 여과액 단위 부피당 침적된 케이크의 부피이다. 따라서 다음과 같이 된다.

$$\frac{1}{A}\frac{dV}{dt} = (p_1 - p_2)\,\frac{\kappa A}{\alpha\mu V}. \tag{4.36}$$

주로 압력 하에서 슬러리를 공급하는 펌프의 특성에 따라서 두 가지 형태의 주 조업 모드들을 고려한다.

1. *일정 압력* 조업은 원심 펌프가 펌프의 최대 유속 근처에서 조업하지 않는 경우에 근사적으로 나타난다. 압력 강하 $(p_1 - p_2)$가 일정하게 유지되는 경우에 식 (4.36)을 시간 t까지 적분하면 다음과 같이 된다.

$$\frac{\alpha\mu}{\kappa A^2}\int_0^V V\,dV = (p_1 - p_2)\int_0^t dt. \tag{4.37}$$

즉, 여과액의 부피는 다음 식에 따라서 경과된 시간의 제곱근에 비례하여 변한다.

$$V = \sqrt{\frac{2\kappa A^2(p_1 - p_2)t}{\alpha\mu}}. \tag{4.38}$$

2. *일정 유속* 조업은 양변위 펌프가 사용될 때 나타난다. 이 경우에 입구 압력은 단순히 유속 Q를 정상상태 값에서 유지하기 위하여 필요한 값에 맞춰진다. $V = Qt$이므로, 미분하면 다음과 같이 된다.

$$\frac{dV}{dt} = Q. \tag{4.39}$$

식 (4.36)으로부터 dV/dt에 대입하면, 압력 강하와 유속 사이의 다음과 같은 관계가 얻어진다.

$$p_1 - p_2 = \frac{\alpha\mu Q^2 t}{\kappa A^2}. \tag{4.40}$$

회전 진공 여과기

판-틀 여과기의 단점은 조업이 연속적이 아니라는 것이다. 판-틀 여과기는 케이크가 판들 사이의 전체 면적을 차지하게 되면 분해하여 청소되어야 한다. 일반적으로 여과의 경우에 화공 기술자들은 그림 4.19에 보여주는 회전 진공 여과기에 의하여 이루어질 수 있는 *연속* 조업을 선호한다.

여과될 슬러리는 큰 용기에 연속적으로 공급되고, 이 용기에 반쯤 잠겨 있는 다공성의 드럼이 각속도 ω로 천천히 회전한다. 드럼은 내부적으로 몇 개의 횡방향 요소로 나뉘고, 각 요소들은 (여기서 보여주지 않은) 복잡한 밸브 계에 의하여 대기압보다 낮거나 높은 압력으로 유지된다. 따라서 잠긴 요소들에 작용된 부분 진공이 여과가 일어나게 하고, 케이크가 드럼의 표면에 쌓이고, 여과액이 드럼 안으로 투과하여 (역시, 여기서 보여주지 않은) 배관계의 끝에서 여과액이 제거된다. 부분 진공은 역시 세척액을 케이크를 통과하여 투과시키며, 이 또한 드럼이 끝에 있는 부가적인 배관에 의하여 모여진다. 씻겨진 케이크는 긁는 기구에 접근하는 요소 안쪽의 작은 양압의 도움을 받는 긁는 기구 또는 날카로운 칼에 의하여 최종 분리된다.

회전 진공 여과기의 해석은 판-틀 여과기의 해석과 비슷하다. 판-틀 여과기에서의 조업 시간은 완전히 한 바퀴 회전하는 주기$(2\pi/\omega)$에 진공 하의 요소가 슬러리와 접촉하는 분율을 곱한 것에 해당한다. 대기압에 비해 드럼 내부의 일정한 진공 때문에 거의 일정한 압력에서의 조업이 필수적이다.

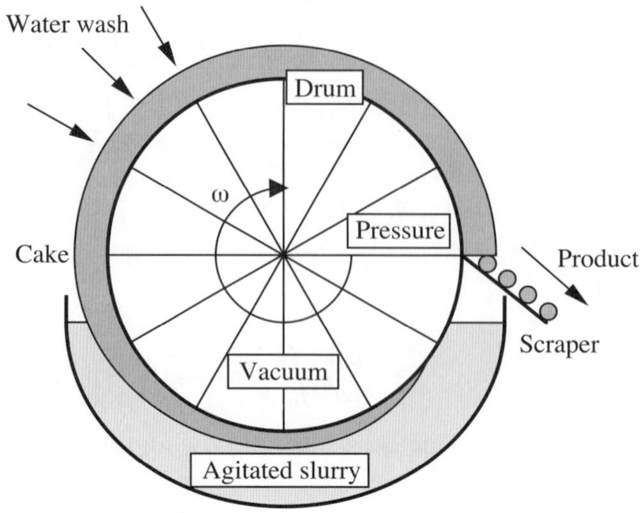

그림 4.19 회전하는 진공 여과기의 단면

원심 여과기

*원심 여과기*의 한 가지 형태가 그림 4.20에 주어져 있다. 이 여과기는 여과포로 덮여 있는 고속으로 회전하는 (세척기에 있는) 다공성 연직 표면으로 된 원통형 망으로 이루어져 있다. 내부로 분무된 슬러리는 원심력의 작용에 의하여 바깥 방향으로 내보내지고, 벽의 내부에 있는 케이크 내층에 침적되기 시작한다. 여과액은 천공을 통하여 배출되고 외부 용기에 모인다. 적당한 양의 케이크가 침적된 후에, 슬러리 공급은 중단되고 통은 감속된다. 이 단계에서 케이크는 세척되고 벽으로부터 제거된다. 그 다음 밑면에 있는 열릴 수 있는 문을 통하여 케이크는 저장소에 저장된다.

원심여과기의 해석은 표준 방법을 따른다. 원심력의 작용 때문에 *슬러리*에서 압력은 $r = r_1$에

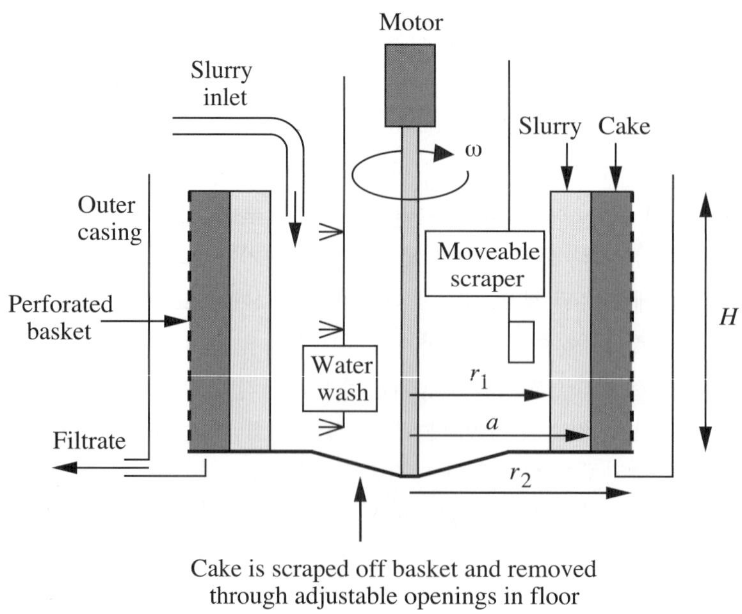

그림 4.20 원심 여과기의 이상화된 단면.

서 대기압으로부터 $r = a$에서 최대값까지 증가한다. *케이크*에서 원심력의 작용은 압력을 증가시키는 경향이 있지만 마찰이 이 효과를 제거한다. 따라서 $r = r_2$의 배출부에서의 압력은 다시 대기압으로 된다. 케이크에서 마찰을 극복하는 데 필요한 구동력을 제공하기에 충분한 적절한 반지름 r_1까지 액체는 뒤로 물러가게 될 것이다.

슬러리와 케이크에서 압력을 지배하는 기본 식은 다음과 같다.

$$\text{Slurry:}\ \frac{dp}{dr} = \rho_S \omega^2 r; \qquad \text{Cake:}\ \frac{dp}{dr} = \rho_F \omega^2 r - \frac{\mu Q}{2\pi r \kappa H}. \tag{4.41}$$

여기서 κ는 케이크의 투과도이고, Darcy 법칙을 위한 겉보기 속도는 $u_0 = Q/(2\pi r H)$로 간주될 수 있다. 여기서 Q는 여과액의 유속이다. 따로 명시되지 않으면, 여과 매질의 저항은 보통 무시되고, 슬러리와 여과액의 밀도 ρ_S와 ρ_F는 같은 값 ρ가 된다. 슬러리 내에서의 압력을 구하기 위하여 슬러리 식은 $p = 0$인 r_1으로부터 *순방향* 적분이 될 수 있다. 케이크 내에서의 압력을 구하기 위하여 케이크 식은 $p = 0$인 r_2로부터 *역방향* 적분이 될 수 있다. 물론, 압력에 대한 두 방정식은 슬러리/케이크 계면인 $r = a$에 일치해야만 한다.

케이크의 침적 속도를 고려하면, 케이크의 안쪽 반지름 a는 고체들이 침적됨에 따라 다음 식을 따르면서 점차적으로 *감소한다*.

$$\alpha Q = -2\pi a H \frac{da}{dt}, \tag{4.42}$$

여기서 α는 여과액의 단위 부피당의 케이크의 부피이다.

4.6 유동화

그림 4.21(a)는 지름이 D_p인 입자로 충전된 초기 높이가 h_0인 층을 통한 위 방향으로의 유체의 유동을 설명한다. 그림 4.21(b)는 실제 층의 높이 h와 공탑 속도 u와의 관계를 보여준다.

u가 작은 경우에는 h는 초기값에서 거의 변하지 않는다. 하지만 u가 증가함에 따라 압력 강하 $p_1 - p_2$ 역시 증가하고 결국에는 입자의 아래 방향으로의 무게와 평형을 이루기에 충분한 값으로 증가된다. u가 *초기 유동화 속도* u_0에 도달하게 되는 이 점에서 입자들은 본질적으로 무게가 없게

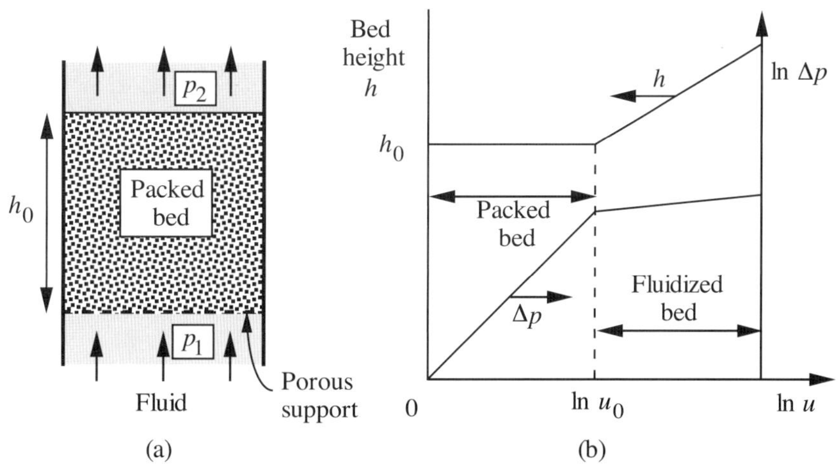

그림 4.21 유동화: (a) 충전층을 통한 상향 유동, (b) 겉보기 속도에 따른 층 높이의 변화.

되고 입자들은 마치 액체처럼 실질적으로 순환하기 시작한다. u를 더 증가시키면 층은 (여전히 유동화 상태로) 팽창되지만 압력 강하는 아주 조금 증가한다.

유동층은 어떤 촉매 반응기에서 요구되는 유체와 고체 상의 혼합과 접촉을 주는 데 훌륭한 장치이다. (유동층에 대한 더 자세한 사항, 특히 *미립자*와 *집합체*와 관련된 내용은 10.6절을 참조하라.) 초기 유동화 속도의 값은 다음과 같은 조작을 거쳐서 얻어질 수 있다. 층의 입구와 출구 사이에서 에너지 수지를 적용하면 다음과 같이 된다.

$$gh_0 + \frac{p_2 - p_1}{\rho_f} + \mathcal{F} = 0. \tag{4.43}$$

이제 압력 강하는 분리될 수 있고 단위 면적당의 입자와 유체의 아래 방향으로의 무게와 같게 둘 수 있다.

$$p_1 - p_2 = \rho_f \mathcal{F} + gh_0\rho_f = \underbrace{gh_0[(1-\varepsilon_0)\rho_s + \varepsilon_0\rho_f]}_{\substack{\text{Total downward weight} \\ \text{of particles and fluid}}}, \tag{4.44}$$

여기서 ε_0는 유동화하기 직전의 층의 공극률이다. 마찰 소산 항에 대하여 정리하면 다음과 같이 된다.

$$\rho_f \mathcal{F} = gh_0(1-\varepsilon_0)(\rho_s - \rho_f). \tag{4.45}$$

그러나 $\mathcal{F}$는 식 (4.29)의 우변에 의하여 다음과 같이 주어진다.

$$\mathcal{F} = \frac{150 u_0 \mu h_0 (1-\varepsilon_0)^2}{\rho_f D_p^2 \varepsilon_0^3} + 1.75\,\frac{u_0^2 h_0 (1-\varepsilon_0)}{D_p \varepsilon_0^3}. \tag{4.46}$$

따라서 식 (4.45)와 (4.46)로부터, $(1-\varepsilon_0)h_0$를 소거한 후에, 초기 유동화 속도 u_0는 다른 이미 알려진 양으로부터 다음과 같이 주어진다.

$$\frac{150(1-\varepsilon_0)\mu u_0}{D_p^2 \varepsilon_0^3} + 1.75\,\frac{\rho_f u_0^2}{D_p \varepsilon_0^3} = g(\rho_s - \rho_f). \tag{4.47}$$

유동층에 대한 훨씬 더 완벽한 논의는 10장의 후반부에 주어진다.

4.7 기포-캡 증류탑에서의 동역학

지금까지 배워온 기본 원리들은 그림 4.22(a)에 보여주는 것과 같은 단면의 증류탑의 만족스러운 조업을 보장하는 데 적용될 수 있다. 이와 같은 탑은 원료 흐름(feed stream)에 있는 성분들이 끓는점 또는 휘발도 차를 이용하여 혼합물을 분리하거나 *분류*하는 데 사용되며, 원료 흐름은 전형적으로 에탄올과 물, 또는 "가벼운(끓는점이 낮은)" 탄화수소와 "무거운(끓는점이 높은)" 탄화수소의 혼합물로 구성될 수 있다. 가장 휘발성이 큰 성분은 탑의 꼭대기를 향하고 거기에서 농축되고, 가장 휘발성이 작은 성분은 탑의 밑을 향한다.

탑의 주요 부분은 다음과 같다.

1. 수증기로 가열되는 *재비기*는 탑의 밑 부분으로부터 액체를 끓인다. 탑의 밑부분에서 나오는 일부는 무거운 성분들이 농축된 탑저 생성물로 회수된다. 나머지 액체는 증발되고 탑으로 보내진다.

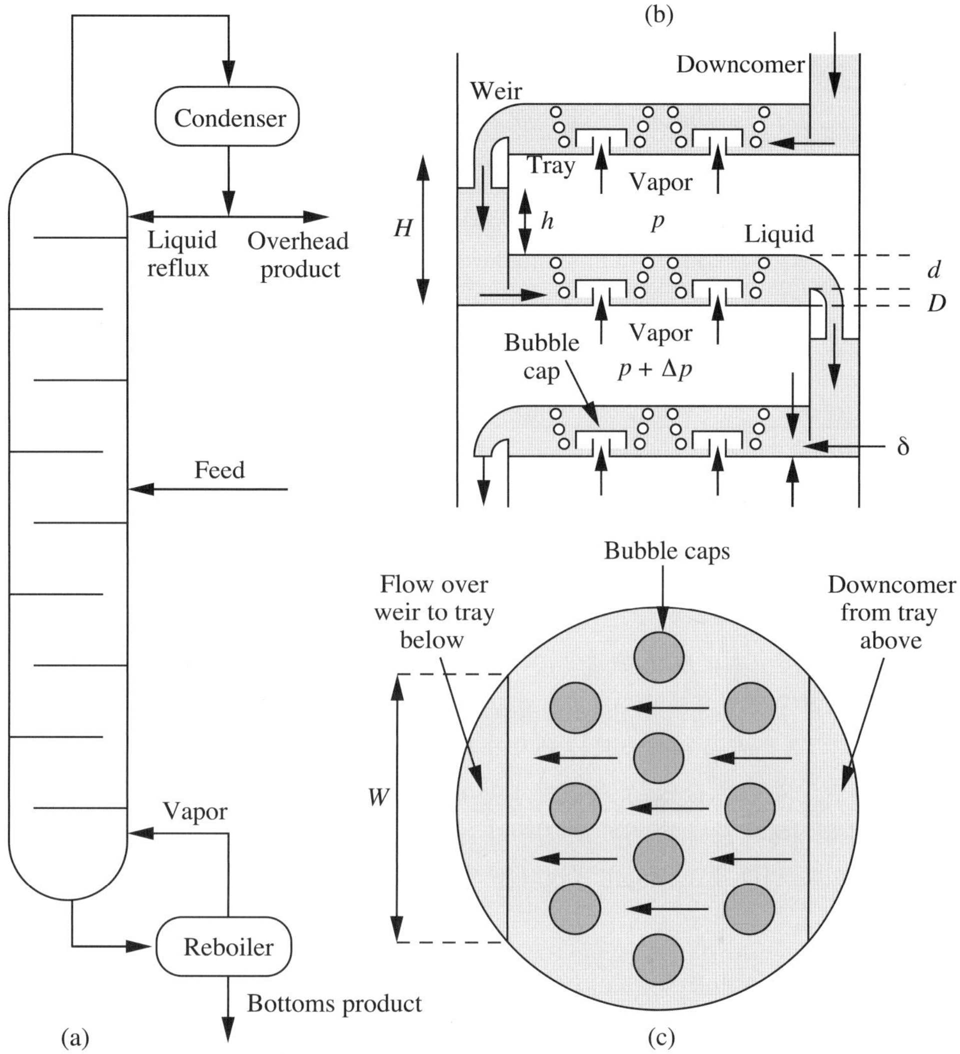

그림 4.22 증류탑: (a) 전체 그림, (b) 연속되는 세 단에서의 액체의 상세도: (c) 한 단의 평면도.

2. 액체 혼합물은 연속적인 *단*에서 끓는다. 더 가벼운 증기로 좀 더 농축된 증기는 윗단으로 상승한다. 더 무거운 성분으로 좀 더 농축된 액체는 아랫단으로 하강한다.

3. 전형적으로 물로 냉각시키는 *응축기*는 꼭대기 단으로부터의 증기를 액화한다. 액체의 일부분은 *환류*(reflux)로서 꼭대기 단으로 되돌려 보내지고, 나머지는 가벼운 성분들이 농축된 탑상 생성물로 회수된다.

그림 4.22(b)에서 보여주는 것과 같이 끓는 액체는 연속적으로 각 단의 측면에 있는 둑(weir) 위를 흘러넘쳐, 거기에서 *하강 유로*(downcomer)를 통하여 그리고 수축부를 통과하여 아랫단으로 흐른다. 각 단에서 증발된 증기는 *기포 캡*(bubble cap)을 통하여(액체가 아래로 흐르는 것을 방해하며, 그림에서는 몇 개만 나타냄) 바로 윗단의 끓는 액체로 동시 다발적으로 상승한다. 우리는 이 배치가 안정하다는 것을 보장하기를 원한다.

표 4.3에 주어지는 표기법을 채택하자. 단을 떠나는 증기의 압력은 윗단에 있는 액체의 유체 정

표 4.3 ▸ 증류탑에 쓰이는 표기법

Symbol	Meaning
D	Height of weir above tray
d	Depth of liquid above weir
H	Distance between successive trays
h	Height of liquid in downcomer above the liquid surface on the next tray below
L	Liquid flow rate
W	Width of weir
δ	Depth of opening at bottom of downcomer

역학적 압력을 이겨낼 정도로 충분히 커서 기포 캡을 통하여 증기가 흐를 수 있어야 한다. 필요한 과잉 압력은 다음과 같이 근사된다.

$$\Delta p = \rho_L g(d + D), \tag{4.48}$$

이 압력은 $(d + D)$의 액체의 수두에 해당한다. 여기서 고려하지 않지만, 좀 더 개선된 해석에서는 증기가 포종을 통하여 구부러진 경로를 따라 흐를 때의 작은 추가 압력 손실이 포함된다.

다음은 둑을 넘어 흐르는 액체의 유동을 고려하자. 둑에서의 압력은 어디에서나 균일하다(예를 들면, p와 같은 값으로). 윗면에서 아래 방향으로의 깊이 y에서 액체는 압력이 $p + \rho_L gy$인 상류부의 위치에서 오게 될 것이고, 깊이가 더 깊어지기 때문에 속도는 더 작아지게 되고 무시될 수 있을 것이다. 따라서 Bernoulli 방정식을 적용하면, 둑 위치에서의 속도는 다음과 같이 근사된다.

$$u = \sqrt{2gy}. \tag{4.49}$$

적분하면 액체의 유속은 다음과 같이 주어진다.

$$L = C_D \int_0^d W\sqrt{2gy}\,dy = \frac{2}{3} C_D \sqrt{2g}\, W d^{3/2}. \tag{4.50}$$

여기서 액체가 둑을 흘러넘침에 따라 액체 흐름은 더 축소되기 때문에, 대략 0.62 정도의 값을 갖는 배출 계수 C_D가 이론으로부터의 편차를 고려하기 위하여 도입되었다.

이용 가능한 구동 수두는 다음 두 저항을 극복해야 한다.

1. 기체를 흐르게 하는 데 필요한 수두$(d + D)$
2. 하강 유로의 바닥에서 액체 제트로서 액체가 단을 들어갈 때 소산되는 에너지 손실

따라서 이 두 효과들을 같게 두면 다음과 같이 된다.

$$h = d + D + \frac{1}{2g}\left(\frac{L}{W\delta}\right)^2. \tag{4.51}$$

충분히 큰 액체 유속들에 대하여, 임의의 하강 유로에서의 수위는 윗둑으로부터의 유동을 방해하기 시작하기 전에 윗단의 수위까지 보충할 수 있다. 이와 같은 경우에 단 간격은 그림 4.22(b)에 보여주는 세 개의 각 높이의 합이 된다.

$$H = h + d + D. \tag{4.52}$$

이러한 조건 하에서 식 (4.51)을 이용하면 다음과 같은 결과를 얻는다.

$$H = 2(d + D) + \frac{1}{2g}\left(\frac{L}{W\delta}\right)^2. \tag{4.53}$$

식 (4.50)으로부터 다음 식과 같이 됨에 주목하라.

$$d = \left(\frac{9L^2}{8gC_D^2W^2}\right)^{1/3}, \tag{4.54}$$

식 (4.53)과 (4.54)로부터 미지수 d를 소거하면 최종적으로 다음과 같은 결과를 얻을 수 있다.

$$D + \left(\frac{9L_{\max}^2}{8gC_D^2W^2}\right)^{1/3} + \frac{1}{4g}\left(\frac{L_{\max}}{W\delta}\right)^2 = \frac{1}{2}H. \tag{4.55}$$

따라서 탑이 성공적으로 조업될 수 있는 최대 액체 유속 $L_{\max}$는 식 (4.55)로 주어진다. $L_{\max}$ 이상으로 액체 유속을 증가시키려는 어떤 시도도 "범람(flooding)"으로 알려진 액체가 전체 탑을 차지하는 현상을 야기한다. 이런 상황에서는 증기를 위한 공간이 없어지고 효과적인 증류탑으로서의 정상 조업이 중단된다.

4.8 사이클론 분리기

고체 입자는(먼지까지도) 유체(보통 기체) 흐름에서 사이클론에 의하여 분리될 수 있고, 사이클론의 요소들이 그림 4.23에 주어져 있다. 해석을 위한 표기는 표 4.4에 나타나 있다.

입자를 포함하는 기체의 부피 유속 Q는 단면적 A인 입구를 통하여 접선 방향으로 반지름 r_2의 거의 비어 있는 원통의 위 부분으로 들어간다. 빙빙 도는 운동은 입자를 사이클론의 벽으로 밀어낸다. 그 이후에 관 벽에서 입자들은 중력의 작용으로 입자를 모으기 위한 아래의 원뿔형 부분으로 떨

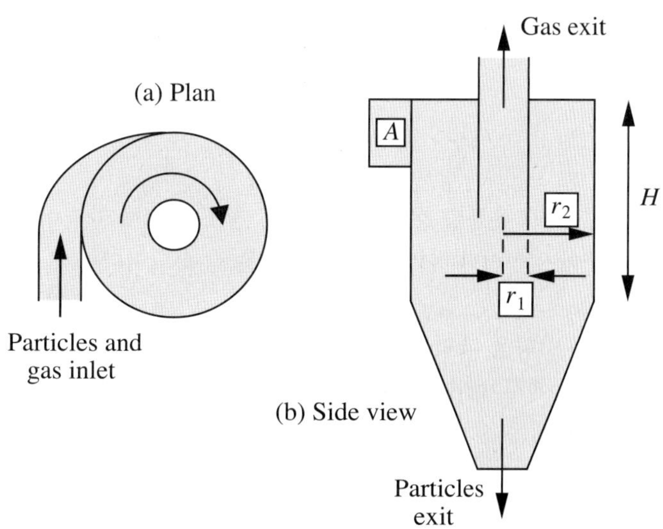

그림 4.23 ▶ 사이클론 분리기.

표 4.4 ▶ 사이클론 분리기에 대한 표기

Symbol	Meaning
A	Cross-sectional area of inlet port
D	Particle diameter (critical value D^*)
H	Height of cylindrical part of cyclone
m	Particle mass
Q	Volumetric flow rate of gas
r	Radial coordinate
r_1	Radius of gas exit pipe
r_2	Radius of cylindrical part of cyclone
v_r	Radially inward velocity component
v_θ	Tangential velocity component
μ	Viscosity of gas
ρ_p	Particle density

어진다. 입자가 제거된 기체는 반지름 r_1인 큰 관을 통하여 배출된다.

사이클론의 효율은 원심력과 입자에 작용하는 유체의 항력을 고려하는 간단한 해석을 통하여 근사될 수 있다. 원통에서의 기체의 속도는 세 성분을 가진다.

1. 기체가 입구에서 출구로 움직일 때, 안쪽으로 향하는 반지름 방향 속도 v_r. 만약 원통의 높이가 H라면 대략적인 근사로써 연속 조건은 다음과 같은 결과를 준다.

$$v_r \doteq \frac{Q}{2\pi r H}. \tag{4.56}$$

2. 접선 방향 속도, v_θ는 자유 와류에서와 같이 반지름에 반비례한다(7.2절 참조). 입구에서의 v_θ의 값이 반지름 r_2에서 Q/A이므로, 임의의 작은 반지름 r에서의 v_θ의 값은 다음과 같이 주어진다.

$$v_\theta = \frac{Qr_2}{Ar}. \tag{4.57}$$

식 (4.57)은 각 운동량 보존 법칙(2.6절 참조)으로부터 얻어질 수 있다. 각 운동량 보전 법칙에서는 ωr^2이 일정하다. 여기서 $\omega = v_\theta/r$은 각 속도이다.

3. 연직 방향속도 v_z는 입구에서부터 처음에는 아래로(원뿔형 부분으로까지) 하강하다가 궁극적으로는 그 방향을 바꿔 기체 출구로 상승한다. 여기서의 간략화된 해석에서는 v_z는 무시될 수 있으나, 7장에서 주어진 방법을 따라 상황을 퍼텐셜 유동 문제처럼 취급함으로써 포함될 수 있다. 이 경우에는 전체 유동 형태에 대해 적절하게 묘사하기 위하여 컴퓨터를 이용하는 비교적 복잡한 수치해석법이 필요하게 된다.

Stokes 법칙이 적용될 수 있을 정도로 작다고 가정될 수 있는 밀도 ρ_p의 대표 입자에 작용하는 힘들을 고려하자. (더 큰 입자에 대해서는 적절한 항력 계수가 해석에 도입되어야 한다.) 다음의 식과 같이 반지름 방향의 *바깥으로* 향하는 원심력이 *안으로* 향하는 항력과 균형을 이룰 때는 입자는 반지름 방향의 위치 r에 머물게 될 것이다.

$$\frac{mv_\theta^2}{r} = 3\pi\mu v_r D. \tag{4.58}$$

식 (4.56)과 (4.57)의 두 속도 성분을 대입하고, 입자의 질량이 $m = \rho_\text{p}\pi D^3/6$임을 주목하라. 임의의 반경 r에서 내부로 향하는 항력과 바깥으로 향하는 원심력이 같을 것이므로, 입자의 지름은 다음과 같이 구해진다.

$$D = \frac{r}{r_2}\sqrt{\frac{9\mu A^2}{\pi p_P Q H}}. \tag{4.59}$$

가장 비관적인 관점을 취하면, $r = r_2$로 설정함으로써 우리가 확신하는 가장 큰 입자의 지름 D^*는 가스 출구 쪽으로 끌려가지 않을 것이다.

$$D^* = \sqrt{\frac{9\mu A^2}{\pi p_P Q H}}. \tag{4.60}$$

지름이 D^*와 같거나 큰 입자는 벽에서 포집될 것이고 중력에 의하여 내려가서 기체로부터 분리된다. 그러나 $D < D^*$인 입자는 출구 관으로 끌려가게 되고 기체로부터 분리되지 않을 것이다. 작은 값의 A와 큰 값의 Q가 D^*를 줄이게 되고 따라서 더 작은 입자를 수집하는 것을 가능하게 한다는 것에 주목하라.

만일 식 (4.59)에서 $r = r_1$로 두면, 그 크기보다 작은 모든 입자가 출구 관에 빠져나가는 지름 D_min을 구할 수 있다.

$$D_\text{min} = \frac{r_1}{r_2}\sqrt{\frac{9\mu A^2}{\pi p_P Q H}}. \tag{4.61}$$

연직 방향으로의 움직임은 무시되었으며, 위의 결과들은 단지 근사치임을 주지해야 한다.

4.9 침강

유체에서 *단일* 입자의 상대적 운동은 4.3절에서 다루었다. 특히, 유체에서 중력장 하에서 단일 입자의 *종말속도* u_t를 구하는 방법이 논의되었다. 몇몇 화공 조업에서는 입자들이 서로 충분히 가까워서 앞에서 다룬 이론이 더 이상 적용되지 않는 경우가 *많다*.

다행스럽게도 입자들의 군의 종말속도 u를 공극률 ε(유체가 차지하는 전체 부피의 분율)의 함수로 나타내는 데 다음과 같은 Richardson-Zaki[8] 상관식을 사용할 수 있다.

$$u = u_t\varepsilon^n. \tag{4.62}$$

여기서 지수 n의 값은 표 4.5에 보여주는 것과 같이 주로 Reynolds 수 $\text{Re} = \rho_f uD/\mu$의 함수이다.

---

[8] J.F. Richardson and W.N. Zaki, "Sedimentation and Fluidisation," *Transactions of Institution of Chemical Engineers*, Vol. 32, p. 35 (1954)

표 4.5 ▶ Richardson-Zaki 지수의 값

Re	n
Re < 0.2	4.65
0.2 < Re <1	$4.35\text{Re}^{-0.03}$
1 < Re < 500	$4.45\text{Re}^{-0.1}$
Re > 500	2.39

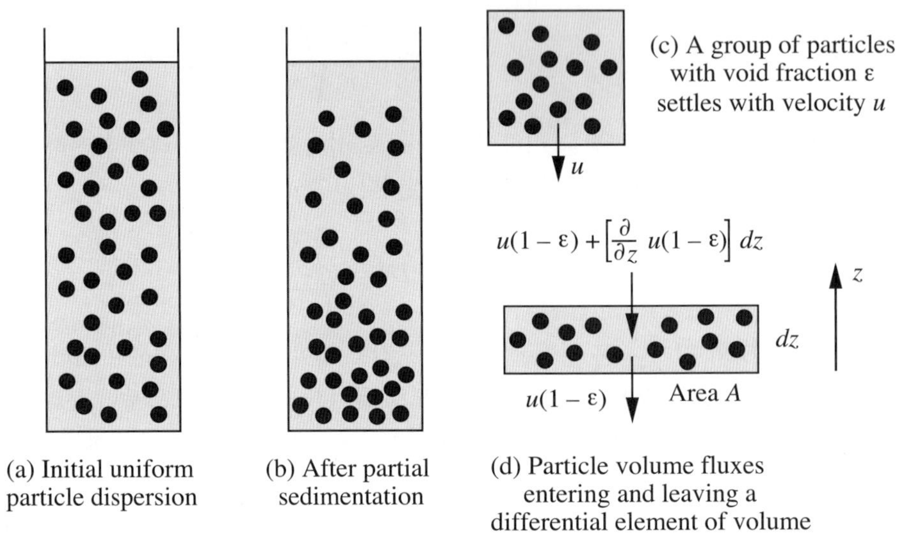

그림 4.24 ▶ 입자 침강.

(Richardson과 Zaki는 또한 n은 용기의 지름에 대한 입자의 지름의 비에 아주 작은 범위에서 의존한다는 것을 발견하였다. 이 사실은 여기서는 합리적으로 무시되었다.) 공극률이 $\varepsilon = 1$인 경우 식 (4.62)는 $u = u_t$ (단일 입자의 종말속도)로 됨에 주목하라.

이제는 그림 4.24에 보여주는 것과 같이 용기 내에서 입자들의 무리가 액체에서의 침강을 살펴보자. 초기에 입자들은 (a)에서와 같이 액체 전체에 균일하게 분포하고 있다. 약간의 시간이 지난 후, (b)에서와 같이 입자들은 용기의 밑 부분에 모이는 경향이 있다. 즉, 공극률은 용기의 꼭대기에서 상대적으로 큰 값으로부터 용기의 밑 부분에서 상대적으로 작은 값까지 변한다. 우리는 높이 z와 시간 t의 함수로 공극률 ε의 변화를 지배하는 미분 방정식을 유도하기를 원한다.

그림 4.24(d)에서와 같이 단면적이 A이고, 높이가 dz인 미분 요소를 고려하자. 입자들이 차지하는 부피의 분율은 $(1 - \varepsilon)$이므로, 미분 요소의 밑 부분을 통하여 *입자* 부피가 나가는 속도는 단위 면적당 $u(1 - \varepsilon)$이다. 입자 부피가 요소의 윗면을 통하여 들어오는 속도는 그림에서 보여주는 것과 같이 미분량만큼 크다. 다음으로, 요소로 들어오는 순 입자 부피의 속도를 요소 내의 입자 부피의 증가 속도와 같게 두면, 다음과 같은 결과를 얻는다.

$$A\frac{\partial}{\partial z}[u(1-\varepsilon)]dz = \frac{\partial}{\partial t}[(1-\varepsilon)A\,dz]\,. \tag{4.63}$$

식 (4.62)로부터 입자 속도를 치환하면 다음과 같은 미분 방정식을 얻는다.

$$u_t \varepsilon^{n-1}[n-(n+1)\varepsilon]\frac{\partial \varepsilon}{\partial z}+\frac{\partial \varepsilon}{\partial t}=0. \tag{4.64}$$

불행하게도 식 (4.64)의 해석적 해는 존재하지 않는다. 그러나 $t=0$에서 알려진 초기 ε의 분포로 시작하여 공극률 ε이 고도 z와 시간 t에 따라서 어떻게 변하는지를 결정하는 데 수치해법이 적용될 수 있다.

4.10 차원 해석

차원 해석은 변수들 간의 관계를(해석적인 해든지 또는 실험적인 상관관계든지) 아주 간결하게 나타낼 수 있으므로 중요하다. 여러 변수들이 서로 *독립적으로* 관련시킬 수 있는 관계를 만들려고 노력하는 대신에, 훨씬 간단한 관계가 비교적 *적은* 수의 변수들의 *그룹* 사이에 만들어진다. 적절한 실험 계획을 통해서 이 기법은 어떤 연구에 필요한 실험들의 수를 줄일 수도 있다. 적절한 무차원군을 결정하는 데에는 해석적 해 또는 비슷한 모델이 이미 알려져 있는지 여부에 따라 두 가지 주요 방법이 있다.

1. 존재하는 해를 무차원군으로 재정리하는 첫 번째 접근법의 4가지 예는 이미 공부한 자료로부터 이용이 가능하다.

(a) 회분식 여과기의 일정 압력 조업에 대한 식 (4.38)을 고려하자.

$$V=\sqrt{\frac{2\kappa A^2(p_1-p_2)t}{\alpha\mu}}. \tag{4.38}$$

무차원군 Π의 항으로 정리하면 다음과 같다.

$$\Pi=\frac{\alpha\mu V^2}{2\kappa A^2(p_1-p_2)t}=1, \tag{4.65}$$

이 식은 V, μ 등의 개별적인 값들이 어떠하든지 간에 모든 필터의 성능은 다음과 같은 식으로 나타낼 수 있음을 보여준다.

$$\Pi=1. \tag{4.66}$$

(b) 회전하는 유체의 자유 표면의 형태는 다음과 같다.

$$\frac{gz}{\omega^2 r^2}=\frac{1}{2}. \tag{1.47}$$

좌변에 있는 변수들의 그룹과 우변의 분수는 모두 무차원임에 주목하라.

(c) 예제 2.1의 탱크를 비우는 경우에 무차원 압력 비 p/p_0는 무차원 시간 vt/V의 함수이다.

$$\frac{p}{p_0}=e^{-vt/V}. \tag{E2.1.6}$$

(d) 마지막으로, 매끄러운 관에서 난류 유동에 대한 무차원 벽 전단응력을 (무차원) Reynolds 수의 항으로 표현하는 반경험적인 Blasius 관계식인 다음과 같은 식 (3.40)을 고려하자.

$$f_F = 0.0790\,\mathrm{Re}^{-1/4}, \tag{3.40}$$

이 식은 다음과 같이 완전하게 쓸 수 있다.

$$\frac{\tau_w}{\frac{1}{2}\rho u_m^2} = 0.0790\left(\frac{\mu}{\rho u_m D}\right)^{1/4}. \tag{4.67}$$

무차원군의 항으로 나타낸 상관관계는 각각 변수들로 나타낸 상관관계보다 훨씬 간결하다는 것에 다시 한 번 주목하라.

2. 적절한 무차원군을 찾아야 하는 두 번째 접근법은 모델이나 해가 존재하지 않는 경우에 유용하다. 우선 표 4.6에서 보여주는 것과 같이 4개의 *기본 차원*들을 정하자. 온도는 완벽을 기하기 위하여 주어졌지만 대부분의 유체역학 문제에서는 일반적으로 불필요하다.

표 4.6 ▸ 기본 차원들

Fundamental Dimension	Symbol
Length	L
Mass	M
Time	T
Temperature	deg

이제는 *유도된 양*들로 알려진 다른 변수들의 차원을 표 4.7에 보여주는 것과 같이 기본 차원의 항으로 나타내자. 여기서 "deg"는 적절한 Kelvin, degree, Fahrenheit 등을 나타낸다.

관 유동에 대한 벽 전단 응력

일반적인 접근법을 특정 경우에 대하여 설명한다. 경험에 근거하여, 관 유동에서 벽 전단응력 τ_w는 입구에서의 거리 x, D, u_m, ρ, μ 및 벽 거칠기 ε에만 의존한다고 가정하자. 즉, 다음과 같이 된다고 가정하자.

$$\tau_w = \psi(x,\ D,\ u_m,\ \rho,\ \mu,\ \varepsilon), \tag{4.68}$$

여기서 ψ는 지금은 미지인 함수관계를 나타낸다. 따라서 7가지 변수 상호 간에 어떤 관계가 존재하고, 다음과 같이 쓰인다.

$$\psi(\tau_w,\ x,\ D,\ u_m,\ \rho,\ \mu,\ \varepsilon) = 0. \tag{4.69}$$

식 (4.68)과 (4.69)에서 함수 ψ는 다르다는 것에 주목하라. 두 식에서 ψ는 모두 미지수이기 때문에 매번 다른 기호를 사용하는 것은 의미가 없다. 따라서 ψ는 정말로 "일반적인" 함수 종속성이다. 표 4.8에 여러 물리량에 대한 차원이 주어져 있다.

다음으로, 기본 차원의 수만큼(이 경우에는 세 개) *기본 물리량*을 택하자. 이 기본 물리량들은 이 물리량 사이에서 모든 기본 차원들을 명시적으로 포함해야 한다. 예를 들면, 차원들 L, M, T는 D, ρD^3, D/u_m에서 나올 수 있기 때문에 D, ρ, u_m (L, M/L^3, L/T)을 기본 물리량으로 택한다. 그러나 x, D, μ (L, L, M/LT)는 개별적으로 M과 T를 생성하는(비 M/T가 지속됨) 이들 변수 조합이 존재하지 않기 때문에 적절하지 못한 선택이다. D, ρ, u_m를 선택하고 남아 있는 물리량들 τ_w,

표 4.7 ▸ 유도된 양들의 차원들

Quantity	Representative Symbol	Dimensions
Angular acceleration	$\dot{\omega}$	T^{-2}
Angular velocity	ω	T^{-1}
Area	A	L^2
Density	ρ	M/L^3
Energy	E	ML^2/T^2
Force	F	ML/T^2
Heat-transfer coefficient	h	M/T^3 deg
Kinematic viscosity	ν	L^2/T
Linear acceleration	a	L/T^2
Linear velocity	u	L/T
Mass diffusivity	$\mathcal{D}$	L^2/T
Mass flow rate	m	M/T
Mass transfer coefficient	h_d	L/T
Momentum	$\mathcal{M}$	ML/T
Power	P	ML^2/T^3
Pressure	p	M/LT^2
Rotational speed	ω	T^{-1}
Sonic velocity	c	L/T
Specific heat	c_p	L^2/T^2 deg
Stress	τ	M/LT^2
Surface tension	σ	M/T^2
Thermal conductivity	k	ML/T^3 deg
Thermal diffusivity	α	L^2/T
Viscosity	μ	M/LT
Volume	V	L^3

표 4.8 ▸ 관 유동에 대한 물리량들의 차원

Quantity:	τ_w	x	D	u_m	ρ	μ	ε
Dimensions:	M/LT^2	L	L	L/T	M/L^3	M/LT	L

μ, x, ε에 대하여 일반적인 기호 Π로 주어지는 무차원 비들을 다음과 같이 만들자.

τ_w에 대하여, 첫 번째 무차원군은 다음과 같이 수식화된다.

$$\Pi_1 = \frac{\tau_w}{D^a \rho^b u_m^c}. \tag{4.70}$$

다음으로, 이 Π_1이 무차원이 되도록 지수 a, b, c를 택하자.

$$\text{Dimensions of } \tau_w = \text{Dimensions of } D^a \rho^b u_m^c$$
$$\text{M L}^{-1}\text{T}^{-2} = (\text{L})^a \left(\frac{\text{M}}{\text{L}^3}\right)^b \left(\frac{\text{L}}{\text{T}}\right)^c. \tag{4.71}$$

각 기본 차원들, M, L, T를 차례로 고려하면 다음과 같은 세 개의 연립 방정식이 얻어진다.

$$\begin{aligned} \text{M}: &\quad 1 = b, \\ \text{L}: &\quad -1 = a - 3b + c, \\ \text{T}: &\quad -2 = -c, \end{aligned} \tag{4.72}$$

이 방정식들의 해는 $a = 0, b = 1, c = 2$가 된다. 따라서 첫 번째 무차원군은 다음과 같다.

$$\Pi_1 = \frac{\tau_w}{\rho u_m^2}. \tag{4.73}$$

유사한 과정을 μ, x, ε에 대하여 적용하면 다음과 같은 무차원군들을 얻을 수 있다.

$$\Pi_2 = \frac{\mu}{D\rho u_m}, \qquad \Pi_3 = \frac{x}{D}, \qquad \Pi_4 = \frac{\varepsilon}{D}. \tag{4.74}$$

이와 같이 형성된 무차원군들 사이에는 어떤 관계가 존재한다는 것은 *Buckingham π 정리*로 알려진 기본 원리이다.

$$\psi(\Pi_1,\ \Pi_2,\ \Pi_3,\ \Pi_4) = 0, \tag{4.75}$$

*일곱 개*의 변수들 사이의 상관관계를 도출하는 원래의 문제가 *네 개*의 무차원군들 상의 상관관계를 찾아내는 문제로 굉장히 간략화된 것에 주목하라.

식 (4.75)의 Π 그룹들에 대입하면, 다음과 같이 된다.

$$\psi\left(\frac{\tau_w}{\rho u_m^2},\ \frac{\mu}{D\rho u_m},\ \frac{x}{D},\ \frac{\varepsilon}{D}\right) = 0. \tag{4.76}$$

벽 전단응력이 가장 관심 있는 양이므로, 식 (4.76)은 다음과 같이 명백하게 변형된다.

$$\frac{\tau_w}{\rho u_m^2} = \psi\left(\frac{\mu}{D\rho u_m},\ \frac{x}{D},\ \frac{\varepsilon}{D}\right) = \psi\left(\frac{\rho u_m D}{\mu},\ \frac{x}{D},\ \frac{\varepsilon}{D}\right). \tag{4.77}$$

즉, τ_w, x, D, u_m, ρ, μ, ε이 실험값들이 주어진다면, 차원해석은 모든 관 유동 데이터들은 ε/D를 매개인자로 하여 $\rho u_m D/\mu$에 대하여 알려진 x/D 값들과 $\tau_w/\rho u_m^2$ 값들로 각각 도시한 일련의 도표에 의하여 상관지을 수 있다. 이 결론은 실험에 의하여 완전히 입증되었고 정량화되었다. 실제로 층류 유동에서 관 입구를 제외하면 x/D는 부차적으로 중요하고, 종종 무시된다. 이 경우에 그림 3.10의 마찰 인자 도표가 얻어진다.

표 4.9는 화학공학자에게 가장 유익한 무차원군들(열전달에서 나타나는 무차원군을 포함)을

표 4.9 ▸ 두 물리량의 비 $\mathcal{N}/\mathcal{D}$인 중요한 무차원 인자들

Dimensionless Number	Symbol	Typical Formula	$\mathcal{N}$	$\mathcal{D}$
Capillary number	Ca	$\mu u/\sigma$	Viscous forces	Surface forces
Drag coefficient	C_D	$F_D/\frac{1}{2}\rho u_\infty^2 A_p$	Total drag force	Inertial force
Friction factor	f_F	$\tau_w/\frac{1}{2}\rho u_m^2$	Shear force	Inertial force
Froude number	Fr	u^2/gD	Inertial force	Gravitational force
Grashof number	Gr	$\beta g\Delta TL^3\rho^2/\mu^2$	Buoyancy force	Viscous force
Mach number	M	u/c	Local velocity	Sonic velocity
Nusselt number	Nu	hD/k	Total heat transfer	Conductive transfer
Peclet number	Pe	Du/α	Convective transfer	Conductive transfer
Prandtl number	Pr	$\mu c_p/k$	Kinematic viscosity	Thermal diffusivity
Rayleigh number	Ra	Gr × Pr	—	—
Relative roughness	ε/D	ε/D	Wall roughness	Pipe diameter
Reynolds number	Re	$\rho uD/\mu$	Inertial force	Viscous force
Schmidt number	Sc	$\mu/\rho\mathcal{D}$	Kinematic viscosity	Mass diffusivity
Sherwood number	Sh	$h_d D/\mathcal{D}$	Total mass transfer	Diffusional transfer
Stokes number	St	$\rho g D^2/\mu u$	Gravitational force	Viscous force
Weber number	We	$u^2\rho D/\sigma$	Inertial forces	Surface forces

나타낸다. 거의 모든 경우에 각 무차원군들은 두 개의 경쟁하는 효과 $\mathcal{N}$(분자)을 $\mathcal{D}$(분모)로 나눈 비에 해당한다. 예를 들면, Reynolds 수는 점성 효과 $\mu u_m/D$에 대한 관성효과 ρu_m^2의 비이다.

다음과 같은 용어들이 차원 해석에서 자주 사용된다.

1. *동적 유사성*은 비교되는 두 경우에서 적절한 무차원군들이 동등함을 나타낸다. 예를 들어 Reynolds 수로 설명하면, 동적 유사성은 두 상황에서 관성력과 점성력의 균형이 같음을 의미한다.
2. *기하학적 유사성*은 크기를 제외하면 기하학적 형태가 같음을 나타낸다. 예를 들면, 완전한 크기의 유조선의 성능을 비례 모델에서 시험하려면, 모델은 유조선이어야 하며 보트놀이용 배여서는 안 된다.

예제 4.4 층류 저층의 두께

그림 E4.4는 지름이 D인 관에서 난류 유동에 대한 이상화된 속도 분포를 보여준다. 단면적의 대부분을 차지하는 가운데 난류 중심은 균일한 (시간 평균된) 속도 u를 가진다. 이에 부가하여 벽 근처에는 두께 δ의 얇은 층류 저층(laminar sublayer)이 있고, 여기서는 속도는 벽에서 0으로부터 난류 중심부와의 교차점에서 u까지 선형적으로 증가한다.

실험으로부터 무차원 전단응력(마찰 인자)은 Reynolds 수가 큰 영역에서 유속에 무관하게 상수임이 알려져 있다.

$$\frac{\tau_w}{\frac{1}{2}\rho u^2} = c, \tag{E4.4.1}$$

층류 저층의 두께 δ가 속도 u에 따라 무차원적으로 어떻게 변하는지를 결정하라.

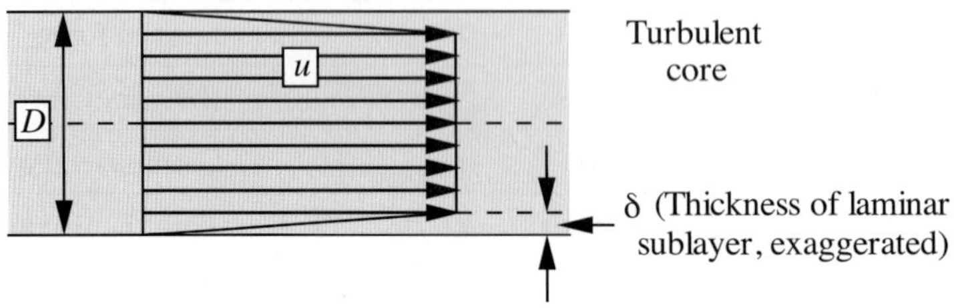

그림 E4.4 이상화된 난류 속도 분포.

풀이

벽 전단응력은 점도와 층류 저층에서의 속도 구배의 곱이다.

$$\tau_w = \mu \frac{u}{\delta}. \tag{E4.4.2}$$

식 (E4.4.1)과 (E4.4.2)에서 τ_w를 소거하면 다음과 같이 된다.

$$\frac{1}{2} c\rho u^2 = \mu \frac{u}{\delta}. \tag{E4.4.3}$$

δ에 대하여 풀고 D로 나누면, 식 (E4.4.3)은 두 무차원군 사이의 관계로 원하는 결과를 얻을 수 있다.

$$\frac{\delta}{D} = \frac{2\mu}{c\rho u D} = \frac{2}{c\mathrm{Re}}, \tag{E4.4.4}$$

여기서 Re는 Reynolds 수, $\rho uD/\mu$이다. 따라서 층류 저층의 두께는 Reynolds 수의 역수에 비례한다. 즉, Re가 증가함에 따라 층류 저층은 벽 근처의 얇은 영역에 한정되어 중심부에서의 유동은 난류가 심화된다. 식 (E4.4.4)를 사용하면 δ/D를 추산할 수 있다. 예를 들면, 대표 값으로 $c = f_F = 0.00325$, $\mathrm{Re} = 50{,}000$로 택하면, $\delta/D = 0.0123$임을 알 수 있다.

마지막으로 여기서의 결과가 식 (3.62)와 잘 비교됨에 주목하라. 난류 중심부에서 좀 더 정교한 (1/7 멱수 법칙과 같은) 모델을 채택했다면 다음과 같은 식 (3.62)와 일치할 것이다.

$$\frac{\delta}{D} \doteq 62\ Re^{-7/8}. \tag{3.62}$$

연습 문제

Problems for Chapter 4

**별도의 언급이 없는 경우, 모든 파이프는 Schedule 40, 상업용 강철 파이프이다.*
물인 경우, $\rho = 62.3\ lb_m/ft^3 = 1{,}000\ kg/m^3$, $\mu = 1.0\ cP$이다.

1. *공기와 기름 수송—E.* 공기($\rho = 0.075\ \mathrm{lb_m/ft^3}$)와 기름($\rho = 50\ \mathrm{lb_m/ft^3}$)을 수송할 때, 지름이 6 in와 12 in인 임펠러를 갖는 원심 펌프를 가로질러서 예측되는 압력 증가는 이상적으로는 몇 psi인가? 4개의 답이 요구된다. 임펠러는 1,200 rmp에서 운전된다.

2. *펌프와 배관—M.* 원심 펌프의 수두/배출 곡선이 그림 P4.2에 주어져 있다. 펌프의 출구는 공칭(nominal) 지름 2 in(D = 2.067 in), 길이 1,000 ft의 수평 관에 연결되어 있다. 기대되는 물의 유속(flowrate, $\mathrm{ft^3/s}$)은 얼마인가? 펌프의 입구와 출구에서는 대기압이고, $f_F = 0.00475$로 가정하라.

3. *펌프 축소 모델—M.* 1,800 rmp에서 운전되는 원심 펌프가 비중의 0.95인 액체 탄화수소를 처리하기 위하여 설계될 예정이다. 펌프의 성능을 검토하기 위하여 물을 수송하는 1,200 rmp에서 조업되는 반 정도 크기의 모델이 시험될 것이다. 축소 모델은 22.6 ft의 수두 증가와 함께 200 gpm을 이송하는 것으로 밝혀졌다. 동적 유사성(적당한 무차원군들의 동등성)을 가정하면, 실제 크기의 펌프에 대해 해당하는 유속(gpm)과 수두 증가(ft)는 얼마인가?

4. *펌프의 차원 해석—M.* 원심 펌프를 가로질러서 액체의 단위 질량당 에너지의 증가는 $g\Delta h$이다. 여기서 g는 중력 가속도이고 Δh는 수두의 증가이다. 이 물리량 $g\Delta h$는(두 물리량의 조합을 하나의 물리량으로 다루자) 임펠러의 지름 D, 회전속도 N, 액체의 밀도 ρ(점도의 함수는 아님) 및 유속 Q의 함수이다. 기본 가설로부터 차원 해석을 수행하라. 여기서 $g\Delta h$와 Q는 서로 다른 두 개의 무차원군에 포함된다.

1,450 rpm에서 운전되는 원심 펌프가 비중의 0.95인 액체 탄화수소를 처리하기 위하여 설계될 예정이다. 펌프의 성능을 예측하기 위하여 비중이 0.90인 경질유를 수송하는, 725 rpm에서 조업되

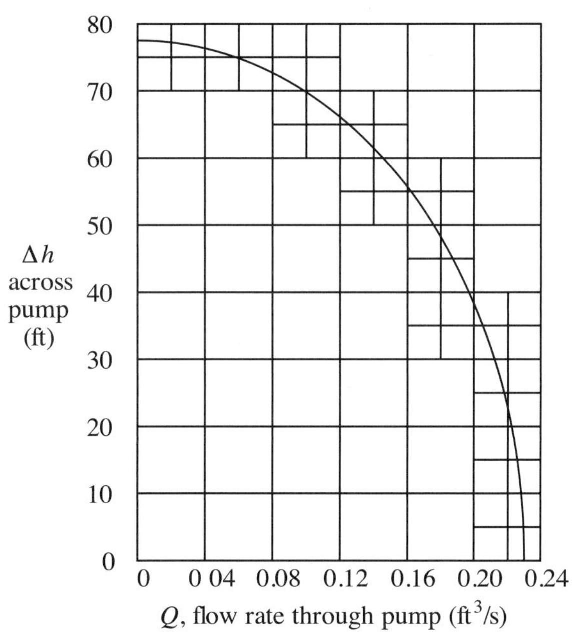

그림 P4.2 펌프의 수두/배출 특성 곡선

는 반 정도 크기의 모델이 시험될 것이다. 축소 모델은 20 ft의 수두 증가에서 200 rpm을 수송하는 것으로 밝혀졌다. 동적 유사성을 가정하면, 실제 크기의 펌프에 대해 해당하는 수두 증가와 유속은 얼마인가?

5. *직렬 및 병렬 연결된 펌프들—M.* 동일한 세 개의 펌프들의 서로 다른 직렬/병렬 배치가 그림 P4.5에 주어져 있다. 각 단일 펌프를 가로지르는 수두 증가 Δh는 유속 Q에 다음 관계를 따라서 변한다.

$$\Delta h = a - bQ^2.$$

이 두 배치에 대하여, a와 b 및 유속 Q의 항으로 수두 증가 $\Delta h_{(a)}$와 $\Delta h_{(b)}$에 대한 방정식을 유도하라. 여러분들의 결과를 그래프로 나타내고, 단일 펌프에 대한 성능 곡선을 포함시켜라. *주의*: (b)의 경우에 한쪽 분지에서 직렬 연결된 두 펌프는 세 번째 펌프를 압도하고 세 번째 펌프를 통하여 유동의 *역류*를 야기하는 것이 가능할 수도 있다. 이와 같은 가능성은 *정방향*으로의 유동만을 허용하는 체크(check) 밸브에 의하여 방지될 수 있다.

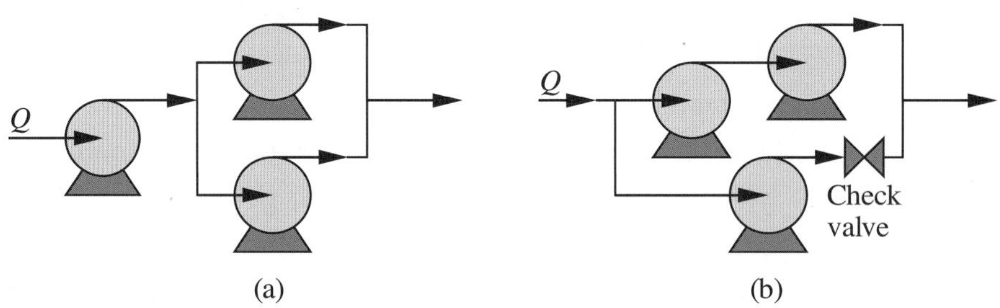

그림 P4.5 펌프의 직렬/병렬 배치.

6. *태양광 자동차의 성능—E.* 태양광 자동차는 전면부의 면적이 12.5 ft^2이고 항력계수가 0.106이다.[9] 만약 바퀴를 구동하기 위하여 전기 모터가 1.2 kW의 유용한 동력을 전달하고 있다면, 호주의 오지인 Alice Springs 근처에서 이 동력에 해당하는 최대 속도를 추산하라.

7. *우박의 종말 속도—M.* Ann Arbor에는 가끔 지름이 1.0 in인 우박이 떨어진다. 이 우박의 종말 속도는 몇 ft/s인가? 첫 번째 근사로 $C_D = 0.40$으로 택하고, 나머지는 합리적으로 가정하라. *데이터*: 밀도(lb_m/ft^3): 얼음, 57.2; 공기, 0.0765; 공기의 점도: 0.0435 $lb_m/ft \cdot hr$.

8. *열기구의 위급 상황—E.* 팽창시키지 않았을 때, 부속 장치를 포함한 열기구의 질량은 500 lb_m이다. 팽창되었을 때, 열기구는 지름이 80 ft인 완전한 구처럼 가동하며, 밀도가 0.0774 lb_m/ft^3인 50°F의 공기 중에서 상승한다. 불행하게도, 버너가 고장이 나고, 열기구 내의 공기가 냉각되며, 열기구는 거의 모든 부력을 잃게 되고, 곧 정상상태의 아래 방향으로의 종말 속도에 도달한다. 다행인 것은 아직도 모양은 구형을 유지한다.

열기구에 여러분이 타고 있다. 만약 여러분이 유체역학을 수강하였다면, 여러분은 빠른 계산에 익숙하여 10 ft/s 속도의 충돌을 준비하던지 그렇지 않으면 낙하산을 사용할 것이다. 여러분은 Reyn-

[9]이 문제는 University of Michigan 공대 학생들에 의하여 12개월에 걸쳐서 설계되고 만들어진 태양광 자동차 *Sunrunner*의 성공에서 영감을 받았다. 1990년 7월 General Motors *Sunrayce*에서, 다른 31개 대학 팀들 중에서 *Sunrunner*는 Florida의 Epcot Center에서 Michgan의 Warren에 있는 GM Technical Center까지의 11일간의 경기에서 1등을 하였다. 1990년 10월, Darwin에서 Adelaide까지의 World Solar Challenge race에서 *Sunrunner*는 대학 팀들 중에서 1등을 하였다(프로팀들을 포함한 총 36팀 중 3등을 하였음). *Sunrunner*의 모터는 3 HP짜리였고, 따라서 축전지로부터 추가적인 전기를 뽑아 쓸 수 있었다면, 실제로는 1.2 kW 이상의 동력을 낼 수 있었다.

olds 수가 아주 큰 경우에 항력 계수는 0.44의 일정한 값을 갖는다는 것을 알고 있다. 위의 사실에 근거하여 여러분은 낙하산을 사용할 것인가? 그 이유를 설명하라.

9. *점도 결정—M.* 이 문제는 작은 베어링 구가 액체 내에서 이미 알고 있는 연직 거리를 정상상태로 낙하하는 데 소요되는 시간을 측정하여 액체의 점도를 결정하는 것과 관련이 있다.

지름 $d = 1$ mm, 밀도 $\rho_s = 7{,}870$ kg/m^{3}인 스테인레스 강철 구가 중력장 하에서 밀도 $\rho_f = 1{,}052$ kg/m^3, 점도 $\mu = 0.1$ kg/m · s (Pa · s)인 고분자 액체 내에서 정상상태로 낙하한다. 구의 아래 방향으로의 종말 속도는 몇 cm/s인가?

10. *상승하는 열기구—M.* 지름이 40 ft이고 자체의 질량이 500 lb_m인 구형 열기구가 50 °F의 정체된 공기 중에 띄웠다. 기구 내의 기체는 200 °F에서의 공기로 볼 수 있다. 항력 계수를 $C_D = 0.60$으로 일정하다고 가정하여 다음을 추산하라.

(a) 기구의 위 방향으로 종말 속도.

(b) 종말 속도의 99%에 도달하는 데 걸리는 시간은?

공기의 밀도($\text{lb}_\text{m}/\text{ft}^3$)는 50 °F에서 0.0774이고, 200 °F에서 0.0598이다. 부록 A에 주어지는 적분 표가 도움이 될 것이다.

11. *야구공의 이동—M.* 야구공의 지름은 2.9 in이고 질량은 0.32 lb_m이다. 만약 항력 계수가 $C_D = 0.50$이라면, 야구공에 작용하는 공기($\rho = 0.075$ $\text{lb}_\text{m}/\text{ft}^3$)의 항력을 u^2의 항으로 나타내는 방정식을 구하라. 만약 투수판에서 투수가 이 공을 100 mph의 속도로 던진다면, 60 ft 떨어져 있는 홈 플레이트에 도달할 때의 속도를 추산하라. *힌트*: 적분하기 전에 표준 운동량 방정식을 변수가 (u와 t가 아닌) u와 x인 미분 방정식으로 바꾸기 위하여 $u = dx/dt$를 사용하라.

12. *충전탑 유동—M.* 길이 L인 충전탑을 통하여 공탑 속도 u_0로 흐르는 유동에 대한 에너지-방정식 마찰 소산 항이 다음과 같은 형태로 나타낼 수 있다고 가정할 수 있는 근거를 간략히 서술하라.

$$\mathcal{F} = (au_0 + bu_0^2)L, \tag{P4.12.1}$$

여기서 a와 b는 충전층의 특성과 충전층을 흐르는 유체의 물성에 의존하는 상수이다.

그림 P4.12에 보여주는 것과 같이 길이 $L = 2$ cm의 이온 교환 수지 층이 원통 용기의 바닥에서 유동에 저항을 거의 주지 않는 금속 망에 의하여 지지되고 있다. 액체($\mu = 1$ cP, $\rho = 1$ g/cm^{3}로 본질

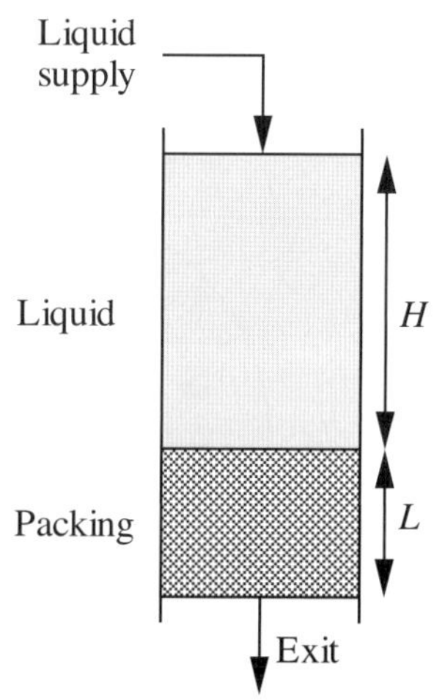

그림 P4.12 충전탑을 통한 유동.

적으로 물인)가 층을 통하여 *아래로* 꾸준히 흐른다. 물의 자유 표면과 층의 출구에서의 압력은 둘 다 대기압이다.

액체 깊이 H에 대하여 공탑 속도 u_0의 함수로 다음과 같은 결과를 얻었다.

H (cm):	2.5	75.4
u_0 (cm/s):	0.1	1.0

첫째로, 충전층에 대하여 상수 a와 b의 값을 구하라. (*힌트*: 모든 출구 운동 에너지 효과를 무시하고 액체 입구와 충전층 출구 사이에서 총괄 에너지 수지를 세워라.) 둘째로, 유속이 *매우 작은* 경우에 충전층에 대한 Darcy 법칙 투과도는 몇 cm^2인가?

셋째로, 같은 형태의 이온 교환 수지 입자가 두 금속 망 사이에 포함된 바깥 반지름이 5 cm이고 안쪽 반지름이 0.5 cm인 중공 원통 형태의 시범 장치를 만들 예정이다. 중공 원통의 cm당 10 m^3/s의 정상상태 물의 유속을 얻는 데 필요한 압력 차이는 몇 bar인가? (필요하면 물은 바깥쪽에서 안쪽으로 흐른다고 가정하라.) *힌트*: 식 (P4.12.1)에서 시작하여 dp/dr을 주는 미분 방정식을 얻어라.

13. *우물의 성능—M.* 그림 P4.13은 압력 p_1 및 단위 깊이당 Q의 부피 유속에서 물을 용출하는 고운 모래 층에서 반지름이 r_1인 우물의 수평 단면을 보여준다. 물은 우물의 중심을 축으로 바깥 영역에서 안쪽으로 반경 방향으로 흐른다. 압력 변환기로 반지름 방향 위치 r_2에서의 압력 p_2를 모니터링할 수 있다.

반경 방향 내부로 향하는 물의 공탑 속도 u_0는 다음과 같이 반경 위치 r에 따라 변함을 증명하라.

$$u_0 = \frac{Q}{2\pi r}.$$

다음 데이터는 $r_1 = 3$ in와 $r_2 = 300$ in에서 얻어진 것들이다.

Q (gpm/ft):	100	200
$p_2 - p_1$ (psi):	20	50

$Q = 300$ gpm/ft에 대하여 $p_2 - p_1$을 계산하라. 또한 $Q = 100$ gpm/ft, $p_1 = 0$ psi에 대하여 $r =$ 6 in에서의 압력은 얼마인가?

다음과 같이 이 문제에 적합한 형태로 바꿀 수 있는 Ergun 식에서 출발하라.

$$\frac{dp}{dr}\frac{d_p}{\rho u_0^2}\frac{\varepsilon^3}{1-\varepsilon} = 1.75 + \frac{150(1-\varepsilon)\mu}{\rho u_o d_p}.$$

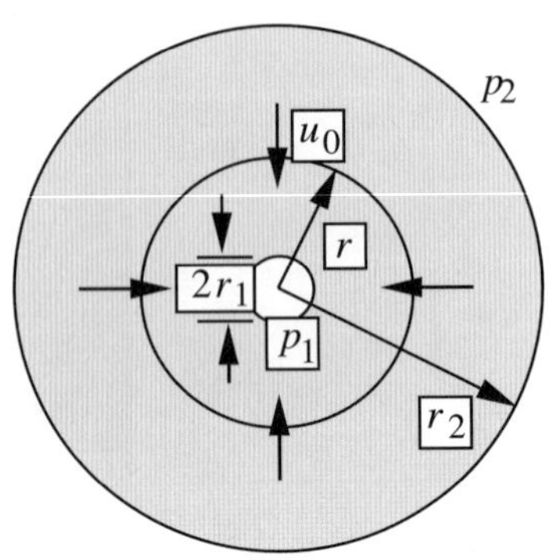

그림 P4.13 우물의 수평 단면.

14. *이온 교환 층에서의 압력 강하—E.* 수평 정수 장치가 이온 교환 수지 입자로 충전되어 있는 중공 원통으로 구성되어 있다. 이 장치를 통과하여 흐르는 물에 대한 시험에서 다음 결과들이 얻어졌다.

Flow rate Q (gallons/hr):	10.0	20.0
Pressure drop, $-\Delta p$ (psi):	4.0	10.0

만약 이용 가능한 펌프가 이 장치에서의 압력 강하를 최대 54 psi로 제한된다면, 이 펌프를 통하여 수송될 수 있는 물의 최대 유속은 얼마인가?

15. *판-틀 여과기—M.* 다음 데이터가 압력 차 $\Delta p = 0.1$ atm에서 조업하는 총 면적이 $A = 500$ cm^{2}인 판-틀 여과기에 대하여 얻어졌다.

Time t (min):	50	75	100
Volume of filtrate V (liter):	9.7	12.3	14.0

여과액은 본질적으로 물이다. 케이크의 부피는 통과한 여과액의 부피의 1/10이다. 여과기 매질의 저항은 무시될 수 있다.

(a) 적절한 도시를 통하여 케이크의 투과율 κ(darcies)를 추산하라.

(b) 가동하기 시작한지 시간 t 후에, 여과기의 가동을 멈춘다. 이어서 t_c의 청소시간 동안 쌓인 케이크를 제거하고, 여과 포가 청소된 다음 재조립된다. 이와 같은 조업-청소의 주기적인 형태가 계속된다. 만약 $t_c = 30$ min이면 단위 시간당에 생산된 여과액의 평균 부피를 최대로 만드는 t의 값은 얼마인가?

(c) 이때 투과액의 최대 평균 부피 유속의 값(liter/min)은 얼마인가?

16. *배 모델에 대한 차원 해석—M.* 배 또는 축소 모델의 운동에 저항하는 총 힘 F는 액체의 밀도 ρ와 점도 μ, 중력 가속도 g, 배의 길이 L 및 배의 속도 u에 의존한다. 배의 운동과 연관된 어떤 현상에 g가 관여하는가? 만약 (각각 서로 다른 L을 갖는) 여러 모델들에 대하여 F를 결정하기 위한 시험을 실시한다면, $F/\rho u^2 L^2$이 결과들을 상관짓는 데 적절한 무차원군들 중의 하나임을 보여라. 다른 무차원군은 무엇인가?

실제 어떤 액체들이 시험에 사용될 것 같은가? 모델들과 실제 크기의 배 사이에서 모든 무차원군을 상수로 유지하는 것이 가능할까? 점도의 효과가 부수적이라면 여러분이 제안할 수 있는 것은 무엇인가? 여러분의 대답을 설명하라.

17. *펌프의 동력에 대한 차원 해석—E.* 특정 형태의 원심 펌프를 구동하는 데 필요한 동력 P는 대략적으로 회전 속도 N, 부피 유속 Q, 임펠러의 지름 D와 수송되는 유체의 밀도 ρ에만 의존하고 유체의 점도에는 무관하다. P를 Q항으로 상관시키는 데 사용될 수 있는 무차원군은 무엇인가?

18. *원판을 돌리는 데 필요한 토크에 대한 차원 해석—E.* 큰 부피의 액체에 잠겨진 원판을 회전시키는 데 필요한 토크 T는 액체의 밀도 ρ 및 점도 μ, 각속도 ω와 원판의 지름 D에 의존한다. 차원해석을 사용하여 토크를 점도의 함수로 실험 데이터를 상관시키기 위한 무차원군을 찾아라. D, ρ, ω를 기본 변수로 택하라. 만약 존재한다면, 어느 무차원군이 Reynolds 수에 해당하는가?

19. *자동차의 출력—E.* Maryland주의 바로 서쪽 I-68[10] 고속도로에 두 개의 경사가 있다. 하나는 오르막이고 다른 하나는 내리막이며, 둘 다 5.5%의 경사도를 갖는다. 질량이 1,800 lb$_m$인 여러분의 차가 내리막에서 타력 운전(freewheeling)을 할 때 63 mph의 일정한 속력을 낼 수 있고, (동력하에서) 57 mph로 오르막을 오를 수 있다. 여러분의 차의 유효 HP는 얼마인가?

[10] I-68은 1991년 8월 2일에 개통되었다.

20. *배수 도랑의 용량—M.* 고속도로 옆에 있는 3%의 완만한 경사가 진 배수 도랑은 깊이 4 ft, 너비 8ft의 직사각형 단면을 갖는다. 토양 유실을 막기 위하여 이 도랑은 유효 지름이 5 in이고, 구형도가 0.8, 공극률이 0.42인 자갈로 완전히 채워져 있다. 폭풍우가 치는 동안 수위가 도랑의 꼭대기에 막 도달한다면 도랑의 최대 용량(gpm)은 얼마인가?

21. *원심 펌프의 차원 해석—M.* 주어진 설계의 원심 펌프들에 대하여(즉, 원심 펌프들은 *기하학적으로 유사함*) 다음과 같은 형태의 함수 관계가 존재한다.

$$\psi(Q, P, \rho, N, D) = 0,$$

여기서 P는 펌프를 구동하는 데 필요한 동력(차원은 $\mathrm{ML^2/T^3}$), Q은 부피 유속($\mathrm{L^3/T}$), ρ는 수송되는 유체의 밀도($\mathrm{M/L^3}$), N은 임펠러의 회전 속도($\mathrm{T^{-1}}$), D는 임펠러의 지름(L)이다.

ρ, N, D를 기본 물리량으로 택함으로써 주어진 설계의 모든 펌프들에 대한 데이터를 나타내기 위한 Q와 P에 대한 두 무차원군을 만들 수 있다. Q에 대한 무차원군은 $\Pi_1 = Q/ND^3$임을 보이고, P를 포함하는 무차원군 Π_2를 결정하라.

밀도 $\rho_2 = 50\ \mathrm{lb_m/ft^3}$의 기름을 수송할 때 $Q_2 = 1{,}000$ gpm의 유속으로 $N_2 = 750$ rpm에서 가동을 하려고 하는 실제 크기의 펌프($D_2 = 1.5$ ft)의 성능을 예측하기 위하여, 1/3 크기의 모델 펌프($D_1 = 0.5$ ft)는 $Q_1 = 100$ gpm의 속도로 물($\rho_1 = 62.4\ \mathrm{lb_m/ft^3}$)을 수송할 때 시험되었다.

만약 동적 유사성(무차원군들의 동등성)이 유지되려면:

(a) 어떤 회전 속도 N_1 rpm에서 축소 모델이 구동되어야 하는가?

(b) 만약 이 조건에서 크기 모델을 구동하기 위하여 $P_1 = 1.20$ HP의 동력이 필요하다면, 실제 크기의 펌프를 구동하는 데 필요한 동력 P_2는 얼마인가?

22. *연료 액적의 연소—D.* 연료 액적의 초기 지름은 D_0이다. 액적이 공기 중에서 연소되면서 현재의 표면적에 비례하는 속도로 질량이 감소한다. 만약 액적이 완전히 연소되는데 t_b의 시간이 필요하다면, 지름 D는 다음과 같이 시간에 따라 감소함을 보여라.

$$D = D_0\left(1 - \frac{t}{t_b}\right).$$

만약 액적이 중력장 하에서 층류 유동으로 낙하한다면, 액적이 낙하한 거리 x는 다음의 미분 방정식에 의하여 지배됨을 보여라.

$$\frac{d^2x}{dt^2} + \frac{1}{D^2}\left(\frac{18\mu}{\rho} - \frac{3DD_0}{t_b}\right)\frac{dx}{dt} - g = 0,$$

여기서 ρ는 (공기의 밀도보다 훨씬 큰) 액적이 밀도이고, μ는 공기의 점도이다. (D는 t에 의존하기 때문에 이 미분 방정식을 상당히 복잡하고, 이 방정식의 해는 수치해법에 의하여 가장 쉽게 구해질 수 있다.)

만약 액적이 항상 종말 속도에 있다면 액적이 완전히 타기 전에 낙하한 거리 L은 다음과 같이 주어짐을 보여라.

$$L = \frac{D_0^2\rho g t_b}{54\mu}.$$

23. *유동층으로부터 입자의 분출—M(C).* 그림 P4.23은 유동층의 표면으로부터 초기 속도 v_s로 연직의 상부 방향으로 표면 위로부터 분출된 질량이 M인 입자를 보여준다. 층 위의 유동화 기체의 속도는 v_g

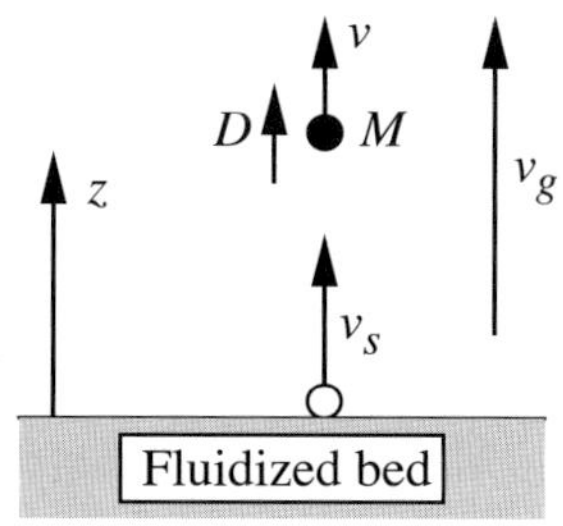

그림 P4.23 ▶ 유동층 상부로부터 입자의 방출.

이고, 따라서 입자에 작용하는 항력은 $D = c(v_g - v)$이다. 여기서 c는 상수이고, v는 입자의 현재 속도이다.

입자가 층 위로 비말 동반될 수 있는 최대 높이 h는 다음과 같이 주어짐을 증명하라.

$$h = \frac{v_g - v_b}{g}\left[v_s + v_b \ln\left(1 - \frac{v_s}{v_b}\right)\right],$$

여기서 v_b는 항력과 중력이 균형을 이루었을 때 입자의 정상상태 상향 속도이다. *힌트*: v와 z로 나타내어지는 필요한 미분 방정식을 전개하기 위하여 여러분은 두 가지 접근법 중 하나를 택할 수 있다.

(a) 일반적인 운동량 수지를 세우고, $v = dz/dt$의 관계를 포함시켜라.

(b) 입자의 운동 에너지 감소의 미분량은 입자가 미분 거리 dz를 이동하는 동안에 아래 방향의 힘이 입자에 한 일과 같음을 실현하라.

24. *판-틀 여과기 및 회전 진공 여과기—D(C).* 압축성 슬러지로부터 여과액의 생산은 판-틀 여과기와 연속적으로 조업되는 회전 진공 여과기 둘 모두를 사용하여 유지된다. 판-틀 여과기는 압력이 60 psig를 넘지 않도록 하는 안전밸브와 연결된 100 gpm 용량의 슬러리 펌프를 사용하여 하루 평균된 값으로 50 gpm의 여과액을 생산한다. 여과기를 청소하는 데 필요한 시간은 25분이다.

회전 진공 여과기의 지름은 5 ft이고, 너비는 5 ft이다. 총 여과 면적의 20%는 언제나 유효하도록 내부 요소들을 배치하였다. 여과기 드럼은 분당 반바퀴를 회전하고, 드럼 내부의 압력이 8.2 psia일 때 25 gpm의 속도로 여과액을 생산하고, 드럼 압력이 3.2 psia로 감소되었을 때 30 gpm으로 생산한다. 슬러리 통은 대기압 하에 있다.

판-틀 여과기에 요구되는 최소 표면적은 얼마인가? 여과 속도는 다음과 같이 주어진다고 가정하라.

$$\frac{dV}{dt} = \frac{c(\Delta p)^n}{V},$$

여기서 V는 시간 t 동안에 여과기 단위 면적당에 생산되는 여과액의 부피, Δp는 여과기를 가로지르는 압력차, 그리고 c와 n은 상수이다.

25. *원심 여과기에서의 압력—D.* 그림 4.20에서 주어진, 표기법과 식을 사용하여 원심 여과기를 고려하자. 식 (4.41)로부터 시작하여 케이크와 슬러리에서의 압력이 다음과 같은 무차원 형태로 주어짐을 증명하라.

$$\text{Slurry}:\ P = R^2 - R_1^2; \qquad \text{Cake}:\ P = R^2 - 1 + \frac{(1 - R_1^2)\ln R}{\ln R_a}.$$

여기서, $P = 2p/(\rho\omega^2 r_2^2)$, $R = r/r_2$이고, 아래첨자 1과 a는 각각 반지름 r_1과 a에 해당한다.

$R_a = 0.8$에서 조업되는 여과기에 대하여, $R_1 = 0.7, 0.75, 0.78, 0.8$에서 단일 그래프에 R에 대한 P를 도시하라. 여러분이 발견한 것에 대하여 언급하라.

26. *원심 여과기에서의 과도 효과—D.* 그림 4.20에서 주어진 표기법과 식을 사용하여 원심 여과기를 고려하자.

만약 여과액의 유속이 정상상태이고, 초기에 케이크가 없다면, t 시간 후의 슬러리의 안지름이 다음과 같이 주어짐을 증명하라.

$$r_1 = \sqrt{r_2^2 - \frac{\mu Q}{\pi\kappa H\rho\omega^2}\ln\frac{r_2}{\sqrt{r_2^2 - (Q\varepsilon t/\pi H)}}}.$$

힌트: 슬러리/케이크 계면에서 압력 p_a에 대한 두 방정식을 얻기 위해 식 (4.41)에서 dp/dr에 대한 관계를 사용하여 시작하라. 그 후 p_a를 소거하고 r_1에 대한 관계를 구하라.

원심 여과기는 다음의 수치하에서 작동을 한다. $r_2 = 0.5$ m, $\rho = 1{,}000$ kg/m^3, $\omega = 40\pi$ rad/s, $\kappa = 3.2 \times 10^{-13}$ m^2, $H = 0.5$ m, $Q = 0.005$ m^3/s, $\varepsilon = 0.1$, $\mu = 0.001$ kg/m · s이다. 5분 후 r_1과 a의 값은 얼마인가?

27. *다공성 매질에서의 유동—D(C).* 그림 P4.27은 다공성 매질층에서 유동을 연구하기 위한 장치를 보여준다. 점도 μ가 큰 유체가 균일한 압력 구배 dp/dx하에서 두 평행 판 PP 사이를 흐른다. 두 평행판 사이 중간에 공극률이 ε, 투과도가 κ인 다공성 매질로 된 평판(slab) S가 있다. 그림은 유체에서의 속도 분포를 보여준다. 평판에서의 속도는 다음과 같은 틈새(interstitial) 속도이다.

$$u_i = -\frac{\kappa}{\mu}\frac{dp}{dx}.$$

평판 표면에서의 경계조건에 특히 신경을 쓰면서, 속도 분포가 주어진 형태가 되어야 하는 이유를 설명하라. 단위 너비당의 총 유속 Q는 다음과 같이 주어짐을 보여라.

$$Q = \frac{1}{\mu}\left(-\frac{dp}{dx}\right)\left[\frac{a^3}{6} + \kappa(a + \varepsilon h)\right].$$

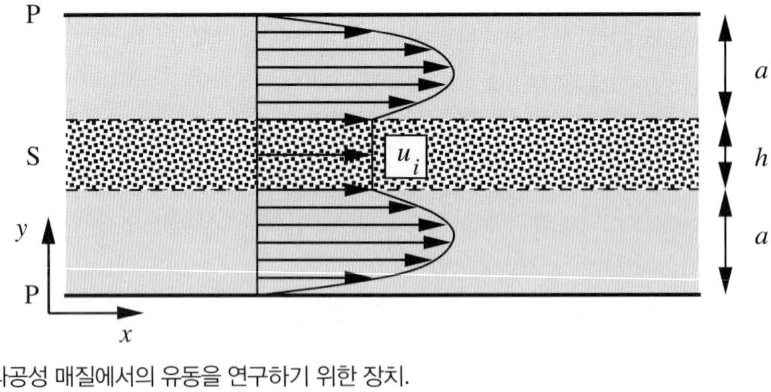

그림 P4.27 다공성 매질에서의 유동을 연구하기 위한 장치.

28. *판-틀 여과기—M(C).* 일정 속도 주기에 이어 일정 압력 주기에 대한 일반적인 여과 방정식의 유도 과정을 개략적으로 설명하라.

$$\frac{t - t_r}{V - V_r} = \frac{r}{A \Delta p} \left[\frac{V_c}{2A}(V - V_r) + \frac{V_c V_r}{A} + \frac{c}{r} \right],$$

여기서 t는 총 여과 시간, t_r은 일정 속도에서의 여과 시간, V는 총 여과 부피, V_r은 일정 속도 기간에 수집한 여과액의 부피, A는 여과 경로의 총 단면적, r은 여과 케이크의 비저항, c는 여과포의 저항 계수, V_c는 수집된 여과액의 단위 부피 당 형성된 여과 케이크의 부피, 그리고 Δp는 여과기에서의 압력 강하이다.

판-틀 여과기는 각 조업 사이클에서 300 m^3의 슬러리를 여과하도록 설계되어 있다. 1 bar의 압력 강하에서 단면적이 0.1 m^2로 작은 여과기에 대한 시험에서 다음과 같은 결과를 얻었다.

Time (s):	250	500	750	1,000
Volume of filtrate collected (m^3):	0.0906	0.1285	0.1570	0.1815

여과포에서의 저항은 무시할 수 있다고 가정하고, 조업 사이클이 $2 \times 10^{-3}\ m^3/s \cdot m^3$의 일정 속도 주기에서 반시간 운전 후 이어서 일정 속도 주기에서 도달한 압력으로 반시간 운전으로 구성되는 실제 크기의 여과기에서 요구되는 여과 면적을 추산하라. 일정 속도 주기에서 도달한 압력을 계산하라.

29. *원심 펌프 효율—M(C).* 1단 원심 펌프가 후퇴각을 가진 날개를 가지고 있다. 날개는 지름이 D이고, 출구에서 바깥지름에서의 접선과 β의 각을 가진다. 바깥 둘레에서 축 너비는 b이고, 회전 속도는 단위 시간 당 N 회전이다. 볼루트 실에서 운동 에너지의 회복은 없고, 실제 소용돌이 속도는 이상적인 값이다. 입구에서 유동은 반지름 방향이라고 가정하고, 출구 수두가 다음과 같음을 보여라.

$$H = \frac{u^2 - f^2 \mathrm{cosec}^2 \beta}{2g},$$

여기서 $u = \pi DN$이고, f는 출구에서 유동의 반지름 방향 속도이다. 투입 동력에 대한 방정식을 유도하고, 최대 효율이 $1/(1 + \sin \beta)$임을 보여라.

30. *증류탑 범람—E.* 4.7절의 표기법을 따르면, 기포-캡 증류탑은 $H = 1$ ft, $C_D = 0.62$, $D = 0.1$ ft, $W = 2$ ft, $\delta = 0.1$ ft을 가진다. 만약 범람을 간신히 피하고자 한다면, 수용될 수 있는 액체의 최대 액체 유속 $L(\mathrm{ft}^3/\mathrm{s})$은 얼마인가? 하강 유로의 바닥에 있는 구멍을 통한 액체의 속도와 둑의 액체의 높이는 얼마인가?

31. *사이클론 분리기의 성능—E.* 4.8절의 표기법을 따르면 사이클론 분리기는 $A = 0.2\ \mathrm{ft}^2$, $H = 2$ ft, $Q = 5\ \mathrm{ft}^3/\mathrm{s}$, $\mu = 0.034\ \mathrm{lb_m/ft \cdot hr}$, $\rho_p = 120\ \mathrm{lb_m/ft^3}$의 값을 가진다. 사이클론에 의하여 분리될 수 있는 입자의 최소 지름은 얼마인가? ft와 μm로 답하라.

32. *공룡은 얼마나 빨리 갔을까?—M.* R McNeil Alexander가 *Scientific American*의 1991년 4월호에 제시한 "공룡은 어떻게 달렸을까?" 문제에서처럼, 화학공학자는 종종 다재다능할 것이라고 기대한다. 걷거나 뛰거나 질주하는 동물의 속도 u는 동물들의 다리의 길이 ℓ, 보폭 s와 g(걷거나 뛰거나 질주하는 운동은 상하 방향의 운동이 포함되므로)에 의존한다고 가정하라. 비 s/ℓ가 Froude 수 $u^2/g\ell$의 함수가 되어야 함을 보이기 위하여 표준적인 차원 해석을 행하라.

고양이로부터 코뿔소까지 다른 네 다리를 가진 동물, 두 종류의 두 다리를 가진 동물(사람과 캥거루)에 대한 관찰에 근거하여, 이 논문은 데이터가 약간 흩어짐(scatter)이 있지만 $\ln(s/\ell) \doteq 0.618 + 0.308 \ln(\mathrm{Fr}) + 0.035 [\ln(\mathrm{Fr})]^2$으로 주어진다고 보고하였다.[11] 대부분의 동물들의 경우에 다리 길이

[11]논문은 역시 Fr = 2.55에서 뛸 때부터 질주하는 걸음걸이로의 전이를 보였고, 이는 그 동물이 흰족제비든지 코뿔소든 간에 마찬가지였다.

는 근사적으로 발의 길이 또는 지름의 4배이다.

텍사스 주의 협곡에 발자국을 남긴 화석화된 공룡은 대략 지름이 0.95 m이고, 보폭이 4.5 m인 발자국을 남겼다. 그 당시 공룡의 속력은 얼마였을까?

33. *구형 반응기에서의 압력 강하—M.* 그림 P4.33은 (적도를 중심으로 대칭적으로 배치된) 높이 H만큼 지름이 d인 구형 촉매 입자로 공극률 ε으로 충전된 내부 지름이 D인 구형 반응기를 보여준다. 밀도 ρ, 점도 μ인 액체가 Q의 부피 유속으로 충전층을 통과하여 흐른다.

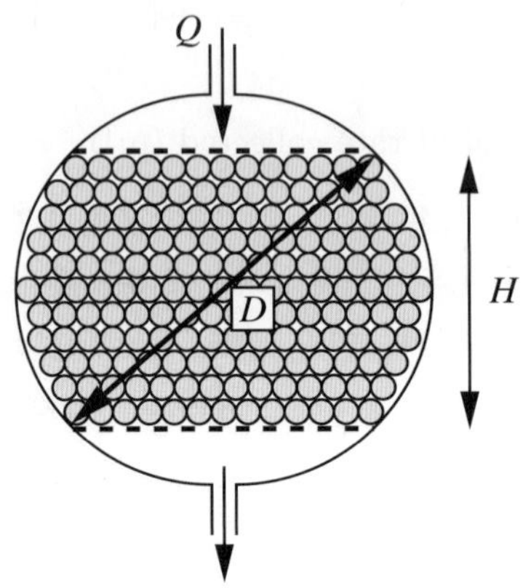

그림 P4.33 구형 반응기를 통한 유동.

압력 강하는 어떻게 결정할 수 있을까? 여러분의 계획에 근거하여 다른 사람들이 모든 필요한 계산을 할 수 있게 방안을 충분히 자세히 제시하라.

34. *여과기로 수송—E.* 그림 P4.34는 압력이 $p_2 - p_1 = a - bQ^2$ atm으로 증가되는 슬러리를 판-틀 여과기로 수송하는 원심 펌프를 보여준다. 여기서 a와 b는 이미 알려진 상수이다. 여과기의 단면적은 A cm^2, 케이크의 투과도는 κ, darcies [(cm/s) cP/(atm/cm)] 여과액의 점도는 μ cP, 케이크와 여과액의 부피 비는 ε이다. 총 부피 V cm^{3}의 여과액이 통과한다. 펌프 입구에서의 압력과 여과기 출구에서의 압력은 같다.

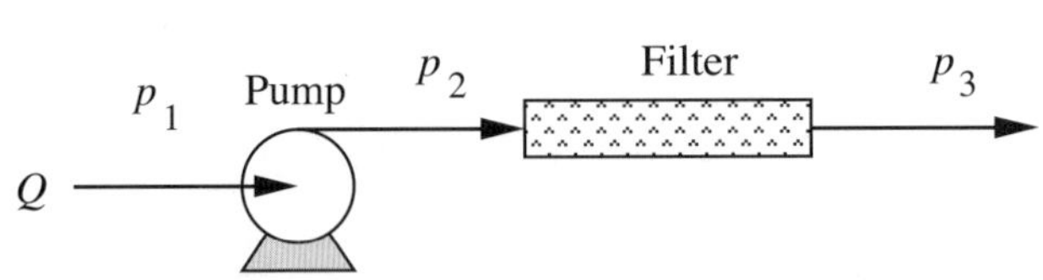

그림 P4.34 여과기로의 수송.

만약 $a = 0.2$, $b = 10^{-5}$, $A = 100$, $\kappa = 100$, $\mu = 1$, $\varepsilon = 0.1$, $V = 10^4$이고, 모든 단위는 위의 정의와 일치한다면, 현재의 부피 유속 Q m^3/s를 계산하라. 슬러리의 부피와 여과액의 부피 사이의 약간의 차이는 무시하라.

35. *장치 백과사전—M.* 다음 10가지 질문들에 답하기 위하여 4.1절에서 논의된 *Material Balances & Visual Equipment Encyclopedia of Chemical Engineering Equipment CD*를 시험하라.

(a) 단 증류탑의 애니메이션에서 얼마나 많은 단이 있는가?

(b) 단 증류탑의 어떤 직경의 값이 가장 비용 효율이 높은가?
(c) 하이드로사이클론에서 유체 매체는 무엇인가?
(d) 사이클론에서 일류(overflow)에 작은 입자가 포함되는가 혹은 큰 입자가 포함되는가?
(e) 여과기에서 여과액의 부피에 대하여 세척액의 부피의 최대 비는 얼마인가?
(f) 회전 진공 여과기에서 슬러리 안에 잠기는 드럼의 비율은 대략 얼마인가?
(g) 전기집진기에서 얼마나 많은 모양의 수집기가 사용될 수 있는가?
(h) 충전층 반응기에서 생성물 농도의 변화에 대해 두 단어 어구는 무엇인가?
(i) 원심 펌프 절에서 단일 그래프에 얼마나 많은 수두/유속 곡선을 보여주는가?
(j) 유동층 반응기에서 전형적인 촉매 입자의 크기의 범위는 얼마인가?

36. *낙하 구에 대한 근사 해—M.* 예제 4.2를 참고하여 짧은 시간에 대하여 식 (E4.2.7)이 식 (E4.2.8)에 접근됨을 증명하라.

37. *참/거짓.* *참*(T)과 *거짓*(F)에 표시하라.

(a)	원심 펌프에서 압력 증가의 대부분은 유체가 임펠러의 날개를 통과할 때 발생한다.	T □ F □
(b)	대부분의 원심 펌프 설계에 대하여 유속이 증가함에 따라 운동 에너지가 커지기 때문에 수두는 증가한다.	T □ F □
(c)	주어진 설계의 원심 펌프에 대한 데이터는 $Q/(ND^3)$에 대하여 $\Delta p/(\rho D^2 N^2)$을 도시함으로써 상관지어질 수 있다.	T □ F □
(d)	만약 두 원심 펌프가 병렬로 배치된다면, 주어진 총 유속 Q에 대한 총괄 압력 증가는 같은 유속 Q에 대한 단일 펌프의 압력 증가의 두 배가 된다.	T □ F □
(e)	회전 속도 N은 회전 각속도 ω와 $N = 2\pi\omega$의 식으로 연관된다.	T □ F □
(f)	항력 계수는 단위 면적당 무차원 힘이다.	T □ F □
(g)	Reynolds 수가 1,000인 경우에 구 주위의 유동은 층류이다.	T □ F □
(h)	구에 작용하는 항력에 대한 Stokes 법칙은 $F = 3\pi\mu u_\infty D$이다.	T □ F □
(i)	구 주위의 유동에 대하여, 층류에서 난류로 전이 영역이 존재하고, 이 영역에서는 항력계수는 확정되어 있지 않다.	T □ F □
(j)	유체에서 종말 속도로 침강하는 구를 고려하자. 만약 다음의 무차원군이 10,000의 값을 가진다면, $$\frac{4}{3}\frac{g\rho_f D^3}{\mu^2}(\rho_s - \rho_f),$$ 해당하는 항력계수의 값은 대략 2.5이다.	T □ F □
(k)	낙하하는 구가 종말 속도에 도달하였을 때, Stokes 법칙은 항상 만족한다.	T □ F □
(l)	분무 건조탑의 성능 해석에는 입자에 작용하는 항력에 대한 지식이 필요하다.	T □ F □
(m)	육면체는 같은 부피의 구보다 표면적이 크기 때문에, 육면체의 구형도는 같은 부피의 구의 구형도보다 크다.	T □ F □
(n)	충전탑을 통한 난류 유동은 비원형 덕트를 통한 유동으로 모델링될 수 있다.	T □ F □
(o)	Ergun 식은 층류와 난류의 모든 경우에 적용된다.	T □ F □
(p)	Burke-Plummer 식과 Blake-Kozeny 식은 각각 Reynolds 수가 작은 경우와 큰 경우에 대한 Ergun 식의 극한 형태이다.	T □ F □

(q) 관형 반응기가 지름이 1 cm, 길이가 2 cm인 원통형 촉매 입자로 충전되어 있다. 이 입자의 유효 지름은 0.5 cm이다. T □ F □

(r) 투과도가 크다는 것은 다공질 층이 이 층을 통과하는 유체에 큰 저항을 준다는 것을 의미한다. T □ F □

(s) 다공질 물질을 통한 유동에 대하여, 압력 강하는 보통 유속의 제곱에 비례한다. T □ F □

(t) 충전층에서의 유동에 대한 마찰 소산 항 $\mathcal{F}$를 정립한 후에, 이 항은 유속이 변하지 않는다면 수평, 연직, 또는 경사진 방향으로 유동에 대한 에너지 수지식에 사용될 수 있다. T □ F □

(u) Darcy를 cm^2으로 바꾸기 위해서는 대략 1.06×10^{-11}을 곱한다. T □ F □

(v) 여과기의 일정 압력 조작에서 통과한 여과액의 양은 경과된 시간에 직접 비례한다. T □ F □

(w) 만약 판-틀 여과기가 일정 유속에서 조업된다면, 이를 가로지르는 압력 강하는 경과시간의 제곱근에 비례한다. T □ F □

(x) 유동화된 입자는 액체처럼 거동한다. T □ F □

(y) 물에서 헤엄칠 수 있는 사람은 만약 유동층이 충분히 크다면 모래 입자의 유동층에서도 헤엄칠 수 있다. T □ F □

(z) 동적 유사성은 축소 모델의 크기가 다르다는 것을 제외하고는 실제 크기의 물체(펌프나 배 등)와 정확히 같아 보임을 의미한다. T □ F □

(A) 기하학적 유사성은 축소 모델(펌프나 배 등)이 이에 해당하는 실제 크기의 물체의 무차원군의 값(예를 들면, Reynolds 수와 같은)과 정확히 같은 값을 가짐을 의미한다. T □ F □

(B) 마찰 인자는 점성력에 대한 전단력의 비이다. T □ F □

(C) Stokes 수는 관성력에 대한 중력의 비이다. T □ F □

(D) Grashof, Nusselt, Peclet, Prandtl 수는 열전달과 관련이 있다. T □ F □

(E) Froude 수는 중력에 대한 관성력의 비의 척도이다. T □ F □

(F) Froude 수는 중력에 대한 점성력의 비를 나타내기 때문에, 배에 작용하는 항력을 결정하는 데 중요하다. T □ F □

(G) 판-틀 여과기는 간헐적인 조작을 해야 하는 단점을 가진다. T □ F □

(H) 판-틀 여과기의 일정 압력 조업에서 여과액의 부피는 경과 시간에 비례한다. T □ F □

(I) 원심 여과기에서 반지름 방향의 바깥으로 나가면서 압력은 슬러리에서는 증가하고 케이크에서는 감소한다. T □ F □

(J) 기포-캡 증류탑이 처리할 수 있는 액체 처리량에는 명백한 한계가 있다. T □ F □

(K) 사이클론의 기체 입구와 출구 사이에서 강제 와류가 존재하고, 이 영역에서 접선 방향의 속도 v_θ는 중심선으로부터의 반지름 방향 거리에 비례한다. T □ F □

(L) 사이클론의 유속이 작은 경우에 기체로부터 입자들은 더욱 쉽게 분리할 수 있다. T □ F □

제 2 부

미시유체역학

Microscopic Fluid Mechanics

제 5 장

유체역학의 미분방정식

Differential Equations of Fluid Mechanics

5.1 벡터 해석 입문

유체역학에서 사용하는 다양한 양들은 *스칼라*(scalar), *벡터*(vector), *텐서*(tensor)로 나눌 수 있다. 공간과 시간상에의 임의의 점, 예를 들면 온도, 부피, 밀도 등을 나타내기 위한 *스칼라*는 단 한 개의 수만 필요하다. 그러나 힘, 속도, 운동량 등을 나타내는 *벡터*는 *크기*와 *방향*을 갖는다. 예를 들면, 1 kg에 *연직으로 아래 방향*으로 작용하는 중력은 g newtons(여기서 g는 중력가속도임)이다. *텐서*는 좀 더 복잡하며, 이에 관한 논의는 5.7절에서 전단-응력 텐서에 관해 공부할 때 논의하기로 한다. 여기서 다루지 않는 몇 가지 중요한 벡터와 텐서 연산에 관해서는 부록 C에서 자세히 기술하였다.

벡터

그림 5.1에 나타낸 $\mathbf{v}$와 같은 벡터는 크기(또는 길이)와 그리고 방향에 의하여 결정된다. 또한 *단위 벡터* $\mathbf{e}_x$, $\mathbf{e}_y$, $\mathbf{e}_z$들도 그림에 나타내었는데, 이들은 단위 길이를 가지며, 각 좌표축 방향을 향하고 있다.

벡터들은 통상적으로 진한 활자체(bold-face type)로 표시한다. 그러나 손으로 쓸 때는 대개 $\vec{v}$, $\overline{v}$ 또는 대신에 $\underline{v}$와 같은 가는 활자체를 사용한다.

기본적으로 대부분의 유체 역학 문제에서는 좌표계를 고려해야 하는데, 가장 간단한 좌표계는 *3개*의 거리 좌표 x, y, z를 사용하는 *직교 Cartesian 좌표계*(rectangular Cartesian coordinate

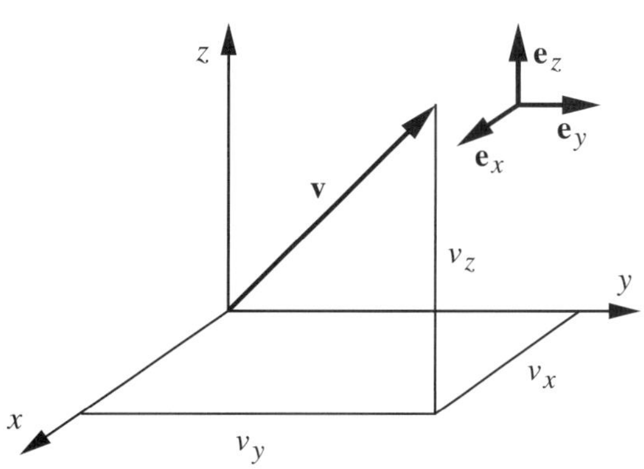

그림 5.1 직교 Cartesian 좌표계에서 벡터 $\mathbf{v}$와 단위 벡터들 $\mathbf{e}_x$, $\mathbf{e}_y$, $\mathbf{e}_z$.

System), 즉 RCCS이다. 이 좌표계에서 $\mathbf{v}$와 같은 벡터는 세 단위 벡터 $\mathbf{e}_x$, $\mathbf{e}_y$, $\mathbf{e}_z$들의 선형 조합으로 다음과 같이 표시할 수 있다.

$$\mathbf{v} = v_x\mathbf{e}_x + v_y\mathbf{e}_y + v_z\mathbf{e}_z, \tag{5.1}$$

여기서 그림 5.1에 보이는 바와 같이 v_x, v_y, v_z는 벡터의 x, y, z 방향에 대한 각각의 *성분*들이다.

5.2 벡터 연산

벡터 덧셈과 뺄셈

만약 벡터 $\mathbf{u}$를 벡터 $\mathbf{v}$에 더한 결과로 얻어지는 벡터 $\mathbf{w}$의 성분은 다음과 같이 벡터 $\mathbf{u}$와 $\mathbf{v}$의 해당 성분들의 합과 같다.

$$w_x = u_x + v_x, \qquad w_y = u_y + v_y, \qquad w_z = u_z + v_z. \tag{5.2}$$

한 벡터에서 다른 벡터를 빼는 경우에도 비슷한 결과를 얻을 수 있다.

벡터 곱

벡터 $\mathbf{v}$에 스칼라를 곱하면 벡터 $s\mathbf{v}$가 된다. 이 벡터의 성분들은 s가 곱해진 것을 제외하면 벡터 $\mathbf{v}$의 성분들과 같다. 두 가지 형태의 *벡터 곱*이 특히 중요하다.

1. 두 벡터 $\mathbf{u}$와 $\mathbf{v}$의 *내적*(dot product) $\mathbf{u}\cdot\mathbf{v}$는 스칼라(scalar)양이며, 각 벡터의 크기 $|\mathbf{u}|$와 $|\mathbf{v}|$ 그리고 두 벡터 사이각 θ의 cosine 값의 곱이다(그림 5.2(a)).

$$\mathbf{u}\cdot\mathbf{v} = |\mathbf{u}||\mathbf{v}|\cos\theta, \tag{5.3}$$

   이 값은 두 변이 $|\mathbf{u}|$와 $|\mathbf{v}|\cos\theta$인 직사각형의 면적과 같다. 두 단위 벡터 $\mathbf{e}_i$와 $\mathbf{e}_j$의 내적은 다음과 같이 간단하게 표시할 수 있다.

$$\mathbf{e}_i\cdot\mathbf{e}_j = \delta_{ij}, \tag{5.4}$$

   여기서 $i \neq j$이면 *Kronecker delta*, $\delta_{ij} = 0$이고, $i = j$이면 $\delta_{ij} = 1$이다. 예를 들면 다음과 같다.

$$\mathbf{e}_x\cdot\mathbf{e}_x = 1, \qquad \mathbf{e}_x\cdot\mathbf{e}_y = 0, \qquad \mathbf{e}_x\cdot\mathbf{e}_z = 0. \tag{5.5}$$

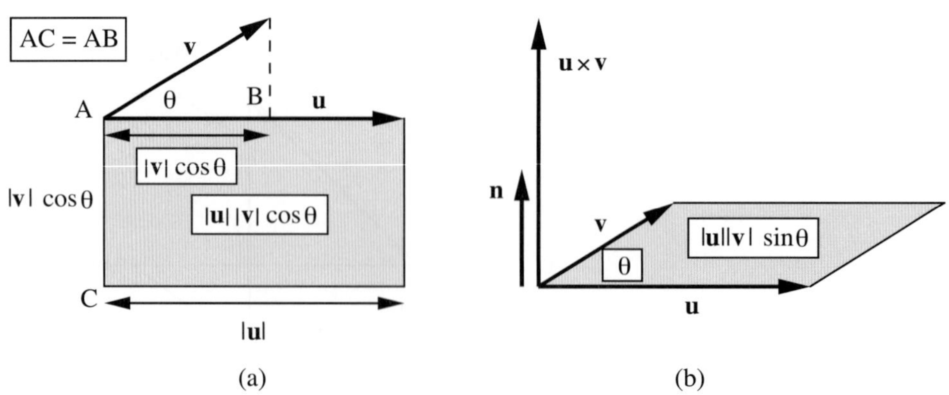

그림 5.2 ▶ 벡터 곱의 기하학적 표현; (a) 내적(dot product); (b) 외적(cross product).

따라서 벡터의 내적은 다음과 같이 각 벡터의 성분들로 나타낼 수 있다.

$$\mathbf{u} \cdot \mathbf{v} = u_x v_x + u_y v_y + u_z v_z. \tag{5.6}$$

2. 두 벡터 **u**와 **v**의 *외적*(cross product), **u** × **v**은 *벡터*(vector)이며, *그 크기*는 **u**와 **v**로 이루어지는 평행사변형의 면적과 같다. 즉 이 벡터양의 크기는 각 벡터의 크기와 두 벡터 사이각 θ의 sine 값을 곱한 값이 된다. **u** × **v**의 *방향*(direction)은 **u**와 **v**가 이루는 평면에 수직인 단위 벡터 **n** 방향이다. 따라서 **u**, **v**, **n**은 그림 5.2(b)에 나타낸 것과 같이 오른손 법칙을 따르는 세트를 형성한다.

$$\mathbf{u} \times \mathbf{v} = |\mathbf{u}||\mathbf{v}|\mathbf{n}\,\sin\theta. \tag{5.7}$$

단위 벡터들이 외적이 0이 아닌 대표적인 경우는 다음과 같다.

$$\mathbf{e}_x \times \mathbf{e}_y = \mathbf{e}_z, \quad \mathbf{e}_y \times \mathbf{e}_z = \mathbf{e}_x, \quad \mathbf{e}_z \times \mathbf{e}_x = \mathbf{e}_y, \quad \mathbf{e}_x \times \mathbf{e}_z = -\mathbf{e}_y, \quad \mathbf{e}_x \times \mathbf{e}_x = \mathbf{0}, \tag{5.8}$$

여기서 0은 영 벡터(null vector)이다. 외적은 편리하게 각 벡터 성분들의 항과 행렬식 형태로 다음과 같이 나타낼 수 있다.

$$\mathbf{u}\times\mathbf{v} = (u_y v_z - u_z v_y)\mathbf{e}_x + (u_z v_x - u_x v_z)\mathbf{e}_y + (u_x v_y - u_y v_x)\mathbf{e}_z = \begin{vmatrix} \mathbf{e}_x & \mathbf{e}_y & \mathbf{e}_z \\ u_x & u_y & u_z \\ v_x & v_y & v_z \end{vmatrix}. \tag{5.9}$$

좀 더 복잡한 두 벡터의 이중 적(double-dot)과 다이애드 곱(dyadic products)은 11.3절과 11.4절에서 논의한다.

벡터 미분

벡터 미분 연산자 ∇(nabla 또는 del)을 도입하면 이어지는 전개 과정에서 유용하게 이용될 수 있다. RCCS 계에서는 다음과 같이 정의된다.

$$\nabla = \mathbf{e}_x \frac{\partial}{\partial x} + \mathbf{e}_y \frac{\partial}{\partial y} + \mathbf{e}_z \frac{\partial}{\partial z}, \tag{5.10}$$

여기서는 해당하는 도함수에 대하여 단위 벡터들이 가중치로 적용되고 있다.

구배(Gradient)

그림 5.3은 만일 RCCS 계에서 스칼라인 $s = s(x,y,z)$가 위치함수이면, s의 상수값, 즉 $s = s_1$은 표면을 정의함을 보여준다. 점 P에서 grad s (∇s와 동일함이 바로 보여질 것임)로 표시되는 스칼라 s의 *구배*는 *방향 도함수*(directional derivative)이다. 이 구배는 거리의 변화에 따라 s가 가장 급격하게 증가하는 *방향*의 *벡터*로 정의되고, *그 크기*는 증가 속도(rate of increase)와 같다.

구배에 대한 식은 먼저 임의의 방향에 대한 단위 벡터 **r**을 고려하면 다음과 같이 얻어진다.

$$\mathbf{r} = \frac{dx}{dr}\mathbf{e}_x + \frac{dy}{dr}\mathbf{e}_y + \frac{dz}{dr}\mathbf{e}_z, \tag{5.11}$$

(이의 크기는 기하학적인 고려를 통하여, 1이 됨을 쉽게 보일 수 있다.) 벡터 ∇s를 다음과 같이 적용한다.

$$\nabla s = \frac{\partial s}{\partial x}\mathbf{e}_x + \frac{\partial s}{\partial y}\mathbf{e}_y + \frac{\partial s}{\partial z}\mathbf{e}_z. \tag{5.12}$$

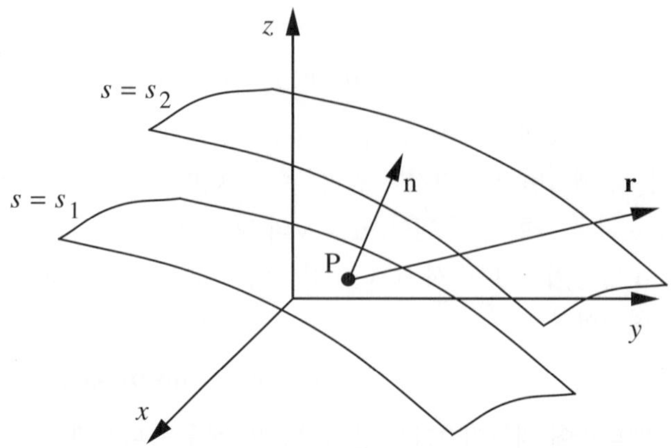

그림 5.3 거리에 대하여 s가 가장 급하게 증가하는 방향은 **n**이고, P 점에서 s가 일정한 표면에 대하여 수직이며, s가 증가하는 방향을 향하고 있다.

$\mathbf{r}$의 방향에서 ∇s의 성분은 다음과 같은 내적이다.

$$\nabla s \cdot \mathbf{r} = \frac{\partial s}{\partial x}\frac{dx}{dr} + \frac{\partial s}{\partial y}\frac{dy}{dr} + \frac{\partial s}{\partial z}\frac{dz}{dr}. \tag{5.13}$$

또한 s의 미분 변화량과 $\mathbf{r}$의 방향에서 그것의 변화율은 다음과 같이 주어짐을 주목해야 한다.

$$ds = \frac{\partial s}{\partial x}dx + \frac{\partial s}{\partial y}dy + \frac{\partial s}{\partial z}dz, \qquad \frac{ds}{dr} = \frac{\partial s}{\partial x}\frac{dx}{dr} + \frac{\partial s}{\partial y}\frac{dy}{dr} + \frac{\partial s}{\partial z}\frac{dz}{dr}. \tag{5.14}$$

따라서 식 (5.13)과 식 (5.14)로부터 다음과 같이 된다.

$$\nabla s \cdot \mathbf{r} = \frac{ds}{dr}. \tag{5.15}$$

$\mathbf{r}$이 $\mathbf{n}$과 일치할 때, 거리에 대한 s의 변화율, ds/dr은 최대가 되고 $ds/dn = \nabla s$과 같이 된다. 그러나 이 최대값은 ∇s가 $\mathbf{n}$과 동일 직선상에 있을 경우에만 발생한다(내적에서 $\cos\theta$가 1이 되고, $\nabla s \cdot \mathbf{n} = |\nabla s|$일 때임). 따라서 식 (5.12)에서 정의된 ∇s는 s의 구배인 grad s와 같다.

예제 5.1 스칼라의 구배[1]

스칼라 c가 다음과 같이 위치에 따라 변한다.

$$c = x^2 + 4y^2. \tag{E5.1.1}$$

즉, c의 일정한 값들에 대한 표면들은 타원들이며, 이중에서 두 가지 경우($c = 4$와 $c = 16$)가 그림 E5.1에 보여진다. $c = 16$인 타원 상에 표시된 4개의 대표적인 점들 A, B, C, D에서 c의 구배를 구하라. 이들 지점의 좌표 값들은 $(-4, 0)$, $(4, 0)$, $(2, \sqrt{3})$과 $(0, 2)$이다.

[1] 예제 5.1에서 5.4까지는 2차원적 상황들이 선택하였다. 왜냐하면, (a) 2차원은 가시화하기 쉽고, (b) 이 책에서는 대체적으로 2차원 문제 정도만을 다루기 때문이다.

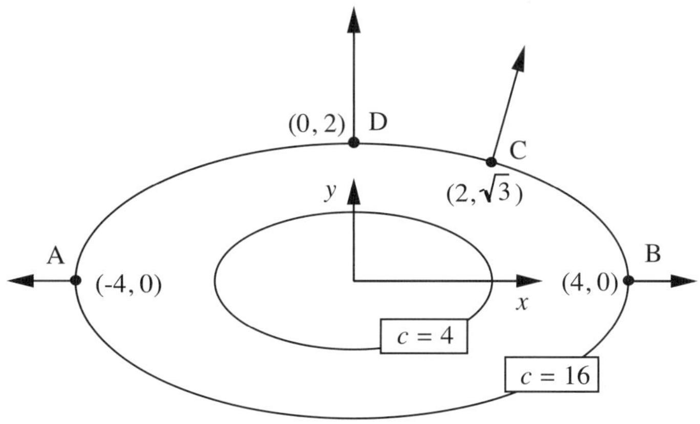

그림 E5.1 네 개의 대표적 점들에서의 c의 구배.

풀이

두 좌표 방향에 대한 c의 도함수와 그에 상응하는 구배들은 다음과 같다.

$$\frac{\partial c}{\partial x} = 2x, \qquad \frac{\partial c}{\partial y} = 8y, \qquad \nabla c = 2x\,\mathbf{e}_x + 8y\,\mathbf{e}_y. \tag{E5.1.2}$$

표 E5.1 ▶ 네 점들에서의 구배 ∇c와 $|\nabla c|$의 크기

Point	x	y	∇c	$\lvert\nabla c\rvert$
A	-4	0	$-8\,\mathbf{e}_x$	8
B	4	0	$8\,\mathbf{e}_x$	8
C	2	$\sqrt{3}$	$4\,\mathbf{e}_x + 8\sqrt{3}\,\mathbf{e}_y$	$4\sqrt{13}$
D	0	2	$16\,\mathbf{e}_y$	16

네 점에서의 구배와 그 크기를 각각 표 E5.1에 나타내었다. 각각의 구배는 타원으로부터 수직으로 외부 방향, 즉 c가 증가하는 방향이며, ∇c의 크기는 타원들이 가장 근접하게 간격인 y축 상의 D점에서 가장 크다는 것을 확인하라.

플럭스

어떤 크기 양(extensive quantity)인 X의 *플럭스*(flux) $\mathbf{v}$는 X가 (유동, 확산, 대류 등에 의하여) 일반적으로 단위 면적당 전달되는 방향과 속도를 나타낸다. 질량, 운동량, 에너지 그리고 부피의 플럭스들이 그 예이다. 이들 중 부피의 플럭스를 특별히 우리가 잘 알고 있는 속도라고 하고, 그 단위는 $(\text{m}^3/\text{s})/\text{m}^2$(단위 면적당, 단위 시간당 전달되는 부피) 또는 m/s이다. 비록 최종적으로는 속도로서의 $\mathbf{v}$에 집중할 것이지만, 전개 과정은 다른 벡터 플럭스에도 성립한다. 만일 단위 면적당이 아닌 *전체* 플럭스로 사용하는 경우, 이에 대해 표시할 것이다.

그림 5.4(a)는 벡터 플럭스 $\mathbf{v}$와 벡터 플럭스가 관통하는 표면의 요소들 간의 관계를 보여준다. 외부 방향 법선 $\mathbf{n}$으로 표면을 dS 관통하는 X의 전체 플럭스의 크기는 $\mathbf{v}\cdot\mathbf{n}\,dS$이고, $\mathbf{v}$가 dS 표면

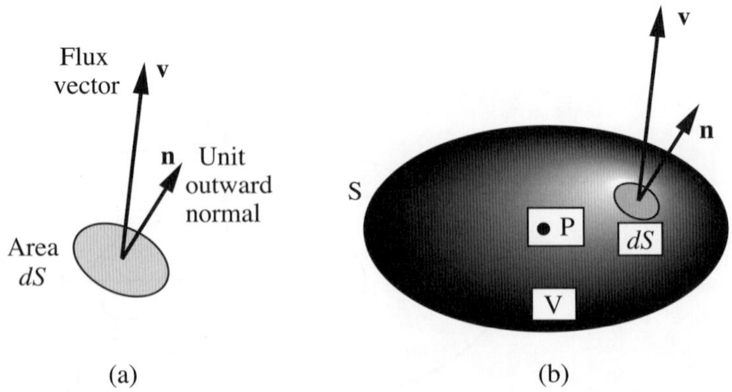

그림 5.4 (a) 미소 면적 dS를 관통하는 플럭스; (b) V 부피의 경계 표면의 S의 일부분으로서의 dS.

상에 존재하면 그 양은 0이고, $\mathbf{v}$가 dS에 수직이면 그 양은 $|\mathbf{v}|\,dS$이 된다.

발산

여기서 P점에서 div $\mathbf{v}$로 표시되는 벡터 $\mathbf{v}$의 *발산*(추후에 $\nabla \cdot \mathbf{v}$와 동일함을 보일 것임)에 관해 소개한다. 그림 5.4(b)에 나타낸 바와 같이 P를 둘러싸는 미소 부피 V를 고려하고, 이 부피에 해당하는 표면을 S라고 한다. 그러면 벡터 $\mathbf{v}$의 발산(divergence)은 다음과 같이 된다.

$$\operatorname{div} \mathbf{v} = \lim_{V \to 0} \frac{1}{V} \iint_S \mathbf{v} \cdot \mathbf{n}\, dS. \tag{5.16}$$

만약 dS가 표면의 요소이면, $\mathbf{v} \cdot \mathbf{n}\, dS$는 dS를 관통하여 *외부 방향*으로 향하는 X의 플럭스의 크기로 볼 수 있다. 따라서 발산은 점 P에서 부피가 매우 작아질 때, 단위 부피당 X의 순 유출유동 속도가 된다.

div $\mathbf{v}$에 대한 수식은 그림 5.5에 보이는 바와 같은 RCCS 좌표계에서 부피가 $dx\, dy\, dz$의 미분량의 직육면체 요소를 참고하여 유도될 수 있다.

면 ABCD을 관통하여 부피 요소로 유입되는 전달속도를 고려해 보자. 이 면은 x축과 수직이므로, 속도는 v_x(벡터 플럭스의 x 성분)와 $dy\, dz$(면의 면적)의 곱이다.

$$v_x\, dy\, dz. \tag{5.17}$$

마찬가지로, 면 EFGH를 가로질러 이 부피 요소들로부터 유출되는 전달속도는

$$\left(v_x + \frac{\partial v_x}{\partial x} dx\right) dy\, dz, \tag{5.18}$$

와 같이 표시되는데, 이는 속도 v_x는 x 방향의 속도의 변화율 $\partial v_x/\partial x$와 미소증분 dx의 곱만큼 증가하기 때문이다. 이 두 면을 통해 유출되는 순 유출속도는 식 (5.18)에서 식 (5.17)을 빼면 얻을 수 있다.

$$\left(v_x + \frac{\partial v_x}{\partial x} dx\right) dy\, dz - v_x\, dy\, dz = \left(\frac{\partial v_x}{\partial x} dx\right) dy\, dz. \tag{5.19}$$

다른 네 면들에 대해서도 이와 유사하게 설명할 수 있다. 따라서 *여섯* 면 모두를 통한 총 *유출유동 속도*(total outflow rate)는 다음과 같다.

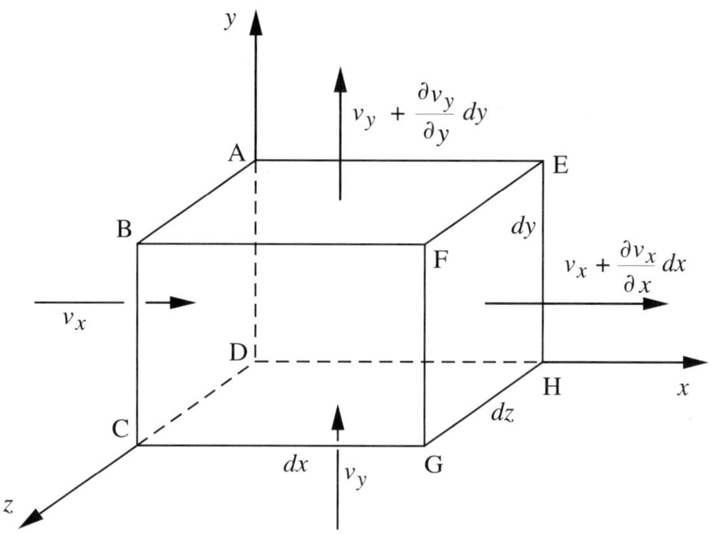

그림 5.5 x와 y축에 수직인 네 개의 면들을 관통하는 플럭스들. 명확하게 나타내기 위해서 다른 두 면을 관통하는 플럭스들은 생략하였다.

$$\left(\frac{\partial v_x}{\partial x} dx\right) dy\, dz + \left(\frac{\partial v_y}{\partial y} dy\right) dz\, dx + \left(\frac{\partial v_z}{\partial z} dz\right) dx\, dy. \tag{5.20}$$

위 식을 부피요소 $dx\ dy\ dz$로 나누고, 식 (5.16)의 정의를 사용하면 다음과 같게 된다.

$$\operatorname{div} \mathbf{v} = \frac{\partial v_x}{\partial x} + \frac{\partial v_y}{\partial y} + \frac{\partial v_z}{\partial z}. \tag{5.21}$$

추후에 사용되는 또 다른 표기법 $\nabla \cdot \mathbf{v}$은 이제 쉽게 이해할 수 있다.

$$\begin{aligned}\nabla \cdot \mathbf{v} &= \left(\mathbf{e}_x \frac{\partial}{\partial x} + \mathbf{e}_y \frac{\partial}{\partial y} + \mathbf{e}_z \frac{\partial}{\partial z}\right) \cdot (v_x \mathbf{e}_x + v_y \mathbf{e}_y + v_z \mathbf{e}_z) \\ &= \frac{\partial v_x}{\partial x} + \frac{\partial v_y}{\partial y} + \frac{\partial v_z}{\partial z} = \operatorname{div} \mathbf{v}.\end{aligned} \tag{5.22}$$

벡터 플럭스의 예로는 매질 내에서 온도 T의 구배에 의해 열이 전도되는 속도(rate) $\mathbf{q}$ (방향 있음)이다. 이 경우에 있어서는 매우 간단한 실험을 통해 Fourier 법칙을 따른다는 것을 보여준다.

$$\mathbf{q} = -k\nabla T, \tag{5.23}$$

여기서 k는 매질의 *열전도도*이다. 음의 부호는 열의 유동은 온도가 *감소*하는 방향으로 발생함을 의미한다.

이제 유체역학에서 가장 흔히 발생하는 경우, 즉 $\mathbf{v}$가 실제로 속도, 즉 부피의 플럭스인 경우에 관해 고려해 보자. 비압축성 유체의 경우에 밀도는 일정하다. 따라서 무한소의 유체 요소로부터 유출되는 순 유출유동(또는 순 유입유동)은 존재할 수 없다. 만일 $\nabla \cdot \mathbf{v} = 0$이면, 이는 비압축성 유체에서 성립하는데, 부피의 축적이나 감소는 존재하지 않는데, 이런 유동을 *관상*(solenoidal)이라고 한다. 발산(divergence) 값이 양(또는 음)이면, 감소(또는 축적)된다는 의미이다. 예를 들면, 무한소 부피요소로부터 부피의 유출유동에 의해 밀도가 감소하고, 따라서 부피요소의 압력이 감소하는 압축성 기체의 경우, $\nabla \cdot \mathbf{v}$ 값이 양이 된다.

다음의 항등식은 임의의 스칼라 c와 벡터 $\mathbf{v}$에 대하여 성립하며, 때때로 유용할 수 있다.

$$\nabla \cdot c\mathbf{v} = c\nabla \cdot \mathbf{v} + \mathbf{v} \cdot \nabla c. \tag{5.24}$$

$c = \rho$(유체의 밀도)인 특별한 경우에 대하여, 식 (5.24)의 물리적 해석은 예제 5.6에서 다루도록 한다.

예제 5.2 벡터의 발산

다음과 같은 성분을 갖는 진행파(7.11절 참조)의 속도를 나타내는 벡터 $\mathbf{v} = v_x e_x + v_y e_y$의 발산을 구하라.

$$v_x = -ce^{ky}\sin(kx - \omega t), \qquad v_y = ce^{ky}\cos(kx - \omega t). \tag{E5.2.1}$$

▶ 풀이

발산은 적절한 도함수들을 합하여 계산할 수 있다.

$$\begin{aligned}\nabla \cdot \mathbf{v} &= \frac{\partial v_x}{\partial x} + \frac{\partial v_y}{\partial y} = \frac{\partial}{\partial x}\left[-ce^{ky}\sin(kx - \omega t)\right] + \frac{\partial}{\partial y}\left[ce^{ky}\cos(kx - \omega t)\right] \\ &= -cke^{ky}\cos(kx - \omega t) + cke^{ky}\cos(kx - \omega t) = 0.\end{aligned} \tag{E5.2.2}$$

이 책의 예제에서 다루는 대부분의 유동은 비압축성이고, $\nabla \cdot \mathbf{v} = 0$이다. 시간 t가 세 개의 독립변수들(x, y, z) 중의 하나이지만, 발산을 계산하는 데 포함되지 않는다.

예제 5.3 미분 요소에 대한 또 다른 해석

위와 유사한 연산을 수행할 때, $\Delta x \times \Delta y \times \Delta z$ 차원과 같은 *유한* 부피를 우선적으로 고려하고, 그 후에 이 부피를 미분 부피로 축소하는 경우도 있다. 이와 같은 해석 방법에 대해 알아보자.

▶ 풀이

x축과 수직인 면을 관통하는 *빠져나가*는 순 유출유동 속도는 x와 $x + \Delta x$에서의 속도 차이와 유출유동이 발생하는 면적의 곱으로 나타낼 수 있다.

$$\left(v_x|_{x+\Delta x} - v_x|_x\right)\Delta y \Delta z. \tag{E5.3.1}$$

다른 네 면을 관통하여 유출되는 유동에 대해서도 비슷한 논리를 적용하면, 총 여섯 개의 면을 통해 발생하는 총 유출유동 속도는 다음과 같이 주어진다.

$$\left(v_x|_{x+\Delta x} - v_x|_x\right)\Delta y \Delta z + \left(v_y|_{y+\Delta y} - v_y|_y\right)\Delta z \Delta x + \left(v_z|_{z+\Delta z} - v_z|_z\right)\Delta x \Delta y. \tag{E5.3.2}$$

이 식을 부피 $\Delta x \Delta y \Delta z$로 나누면, 단위부피당 발생하는 유출유동 속도를 다음과 같이 얻을 수 있다.

$$\frac{v_x|_{x+\Delta x} - v_x|_x}{\Delta x} + \frac{v_y|_{y+\Delta y} - v_y|_y}{\Delta y} + \frac{v_z|_{z+\Delta z} - v_z|_z}{\Delta z}. \tag{E5.3.3}$$

여기서 각 차원을 *미분* 값으로 축소할 수 있다. 도함수의 정의에 따라 다음과 같이 된다.

$$\lim_{\Delta x \to 0} \frac{v_x|_{x+\Delta x} - v_x|_x}{\Delta x} = \frac{\partial v_x}{\partial x}. \tag{E5.3.4}$$

이와 비슷하게, 식 (E5.3.3)의 두 번째와 세 번째 항은 각각 $\partial v_y/\partial y$와 $\partial v_z/\partial z$가 된다. 따라서 속도의 발산으로 정의된 단위 부피당 발생하는 총 유출 속도는 앞에서 얻은 결과와 동일하다.

$$\nabla \cdot \mathbf{v} = \frac{\partial v_x}{\partial x} + \frac{\partial v_y}{\partial y} + \frac{\partial v_z}{\partial z}. \tag{E5.3.5}$$

미분 요소로 시작하느냐 또는 유한 요소로 시작하여 미분 요소로 축소하고 도함수의 정의를 사용하느냐는 개인의 선호도에 따라 결정된다. 이 책에서는 전자를 선호하지만(따라서 전반적으로 이 방법을 이용함), 후자를 선호하는 사람들도 있다. 유한 요소를 활용하는 방법은 질량 수지와 5.6절에서 논의되는 운동량 수지를 동시에 계산할 때 채택되기도 한다.

각속도

그림 5.6에는 OQ축을 중심으로 각속도(angular velocity) $\boldsymbol{\omega}$로 원형경로를 따라 회전하는 유체(또는 고체) 입자 P를 나타내었다. 각속도(단위 시간당의 라디안(radian))는 축의 회전과 동일한 방향의 벡터이다. $\mathbf{r}$은 원점 O에 대하여 회전축 상의 *임의의* 점 P의 위치를 나타내는 벡터 OP라고 둔다.

ω와 r이 각각 $\boldsymbol{\omega}$와 r의 크기라고 한다면, P의 속도의 *크기*는 ω와 $r \sin\theta$(축으로부터 P의 거리)의 곱이다. 속도의 *방향*은 $\boldsymbol{\omega}$, $\mathbf{r}$, $\mathbf{v}$로 이루어지는 오른손 좌표계에 의해 정해진다. 이와 같은 조건에 근거하여, 여러분들은 P의 선속도가 다음과 같은 행렬식으로 표시되는 벡터 $\boldsymbol{\omega} \times \mathbf{r}$와 동일한지 확인하고 싶을 수도 있다.

$$\mathbf{v} = \boldsymbol{\omega} \times \mathbf{r} = \begin{vmatrix} \mathbf{e}_x & \mathbf{e}_y & \mathbf{e}_z \\ \omega_x & \omega_y & \omega_z \\ r_x & r_y & r_z \end{vmatrix}. \tag{5.25}$$

이 결과는 원점 O가 회전축 상에 위치하기만 한다면 원점의 위치에 무관하다.

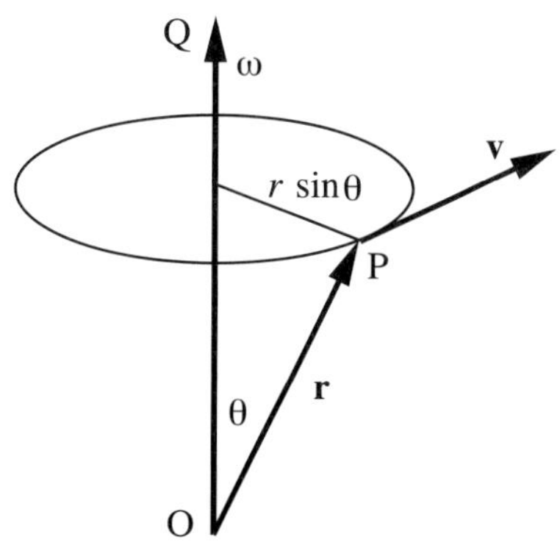

그림 5.6 축 OQ를 중심으로 P의 회전(rotation).

컬(Curl)

우선 그림 5.7(a)에서 양의 법선 방향의 $\mathbf{n}$과 경계곡선 C를 갖는 면적 A를 참조하자, 점 P에서 $\mathbf{n}$ 방향으로의 벡터 $\mathbf{v}$의 *순환*(circulation) $\mathcal{C}$는 다음과 같이 정의된다.

$$\mathcal{C} = \lim_{A\to 0} \frac{1}{A} \int_C \mathbf{v} \cdot \mathbf{ds}, \tag{5.26}$$

일반적으로 이 값은 A의 배향(orientation), 즉 A의 법선벡터 $\mathbf{n}$의 방향에 의존한다. 경로는 $\mathbf{n}$ 벡터의 양의 방향으로 향한 관측자에게 있어 *시계 방향*이며, 이는 경계 C의 벡터 요소 ds의 방향임에 주의해야 한다. 순환(circulation)이 중요한데, 이는 만일 모든 방향에 대하여 0이면(대체로 점도가 낮은 유동의 경우에 해당) 유동 형태는 7장에서 논의되는 바와 같이 좀 더 간단하게 다루어질 수도 있기 때문이다.

(나중에 $\nabla \times \mathbf{v}$와 같음을 보이게 될) curl $\mathbf{v}$로 표시되는 점 P에서의 벡터 $\mathbf{v}$의 *컬*(curl)은 *벡터*이며, 이 벡터의 세 x, y, z 성분은 방향의 순환과 다. Curl $\mathbf{v}$가 임의의 방향 $\mathbf{n}$에서 분해되면, 그 성분 (curl $\mathbf{v}$) $\cdot$ $\mathbf{n}$는 그 방향에서 순환이 된다.

우선 다음과 같이 정의되는 curl $\mathbf{v}$의 z 성분을 살펴보자.

$$\text{curl}_z \mathbf{v} = \lim_{A\to 0} \frac{1}{A} \int_C \mathbf{v} \cdot \mathbf{ds}. \tag{5.27}$$

여기서 A는 그림 5.7(b)와 (c)에서와 같이 점 P를 포함하는 x/y 평면의 면적이고, C는 그 경계 (밑에서부터) z 방향에서 평면을 봤을 때 시계 방향으로 고려되는 ds는 C의 (벡터)요소를 나타낸다. 정의는 0으로 축소되는 임의의 형태의 면적에 대해서도 성립하나, 그림 5.7에 나타낸 바와 같이 면적 $dxdy$의 직사각형을 편의상 선택하였다.

C 주위에 대해 적분을 행하고, ds의 네 개의 크기가 각각 dy, $-dx$, $-dy$, dx가 된다는 점을 주의하면, 식 (5.27)은 다음과 같이 된다.

$$\begin{aligned}\text{curl}_z \mathbf{v} &= \frac{1}{dxdy}\left[\left(v_y + \frac{\partial v_y}{\partial x}dx\right)dy - \left(v_x + \frac{\partial v_x}{\partial y}dy\right)dx - v_y dy + v_x dx\right] \\ &= \frac{\partial v_y}{\partial x} - \frac{\partial v_x}{\partial y}.\end{aligned} \tag{5.28}$$

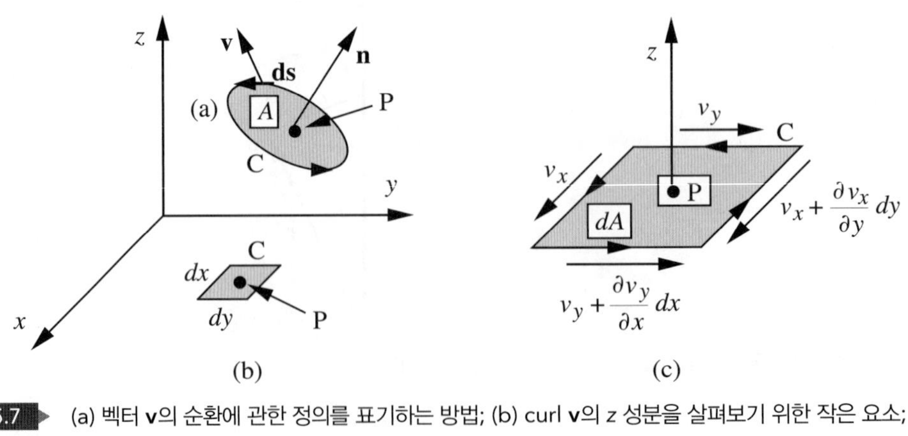

그림 5.7 (a) 벡터 $\mathbf{v}$의 순환에 관한 정의를 표기하는 방법; (b) curl $\mathbf{v}$의 z 성분을 살펴보기 위한 작은 요소; (c) 경계를 따라 적분하기 위한 속도 성분을 확대한 그림.

이와 비슷하게 x와 y 성분을 구하면 curl $\mathbf{v}$는 다음과 같이 된다.

$$\begin{aligned}\operatorname{curl}\mathbf{v} &= \left(\frac{\partial v_z}{\partial y}-\frac{\partial v_y}{\partial z}\right)\mathbf{e}_x+\left(\frac{\partial v_x}{\partial z}-\frac{\partial v_z}{\partial x}\right)\mathbf{e}_y+\left(\frac{\partial v_y}{\partial x}-\frac{\partial v_x}{\partial y}\right)\mathbf{e}_z\\ &= \begin{vmatrix}\mathbf{e}_x & \mathbf{e}_y & \mathbf{e}_z\\ \dfrac{\partial}{\partial x} & \dfrac{\partial}{\partial y} & \dfrac{\partial}{\partial z}\\ v_x & v_y & v_z\end{vmatrix} = \nabla\times\mathbf{v}.\end{aligned} \tag{5.29}$$

curl $\mathbf{v}$를 $\nabla \times \mathbf{v}$로 표기할 수 있는 타당성을 보였기 때문에, 이후로는 curl $\mathbf{v}$를 $\nabla \times \mathbf{v}$로 표기할 것이다. 표 5.4에 주어지는 바와 같이 CCS와 SCS에서 $\nabla \times \mathbf{v}$에 대한 표현은 훨씬 더 복잡하다.

특별하고 또 가장 빈번한 경우로서, $\mathbf{v}$가 속도벡터일 때, *와류도*(vorticity)라고도 알려진 $\nabla \times \mathbf{v}$ 의 물리적 의미를 유추할 수 있다. 독자들은 식 (5.25)와 (5.29)를 사용하여 강체의 회전과 같은 각속도가 일정한 경우에 대하여 다음 결과를 유도할 수 있어야 한다(연습 문제 5.2 참조).

$$\begin{aligned}\nabla\times\mathbf{v} &= \left(\mathbf{e}_x\frac{\partial}{\partial x}+\mathbf{e}_y\frac{\partial}{\partial y}+\mathbf{e}_z\frac{\partial}{\partial z}\right)\times(\boldsymbol{\omega}\times\mathbf{r})\\ &= 2\left(\omega_x\mathbf{e}_x+\omega_y\mathbf{e}_y+\omega_z\mathbf{e}_z\right)=2\boldsymbol{\omega}.\end{aligned} \tag{5.30}$$

즉, $\nabla \times \mathbf{v}$는 임의의 지점에서의 유체의 각속도의 *2배*이다.

비회전성

유체의 속도(단위 면적당 부피 플럭스)가 스칼라 ϕ의 구배로 주어지는 특수한 경우를 고려하자.

$$\mathbf{v} = \nabla\phi, \tag{5.31}$$

이는 단위 면적당 전도에 의한 열 플럭스 $\mathbf{q}$가 Fourier의 법칙에 의하여 $\mathbf{q} = -k\nabla T$로 주어지는 것과 매우 유사하다. 여기서 k는 열전도도이고, T는 온도이다. $\mathbf{v} = \nabla\phi$이면 속도의 컬(curl)은 모든 곳에서 0이 된다는 것은 쉽게 보일 수 있다(연습 문제 5.3 참조).

$$\nabla\times\mathbf{v} = 0, \tag{5.32}$$

따라서 식 (5.30)에서 각속도는 0이 된다. 이와 같은 경우의 유동을 *비회전성*(irrotational) 또는 *퍼텐셜*(potential) 유동이라 하고, 스칼라 함수 ϕ를 *속도 퍼텐셜*이라고 한다. 이와 같은 유동은 점도의 효과가 작을 때 비교적 큰 Reynolds 수의 경우에 대체적으로 발생한다.

점도가 0인 극한 경우, 전단 응력은 0이 되고 추기에 각속도가 0인 흐르는 유체 요소는 결코 회전하지 않는다. 물리적으로 *유사한* 예로서, 커피가 들어 있는 잔에 크림을 넣은 경우 커피의 표면을 가시화할 수 있다. 커피 잔을 회전시킨 경우, 예를 들면 반 바퀴 회전시킨 경우 커피의 점도가 비교적 작기 때문에 커피는 거의 회전하지 않는다. 그러나 잔을 *계속적으로* 회전시킬 경우 결국에는 점도 효과에 의해 컵 속의 모든 액체가 컵의 각속도와 동일한 속도로 회전하게 된다.

비회전성 유동에 있어, 유체 요소는 *변형*될 수 있으나 회전하지 않는다. 2차원에서 예를 들어 작은 정사격형 요소가 마름모로 변형될 수 있으나, 비록 마름모의 대각선들 중 한 대각선은 길어지고 다른 대각선은 짧아질 수 있지만, 정사각형의 대각선들과 같은 *방향*을 유지한다, 이와 같은 상황을 그림 5.8에 나타내었다.

더욱이 대개의 비압축성 유체의 경우에는 다음과 같은 관계가 성립한다.

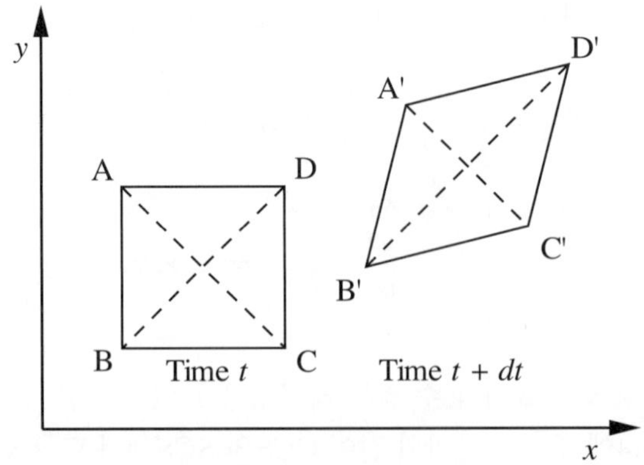

그림 5.8 이동 및 변형이 발생하지만 회전하지 않는 유체 요소.

$$\nabla \cdot \mathbf{v} = 0, \tag{5.33}$$

식 (5.31)에 주어진 속도를 위 식에 대입하면 다음과 같은 결과를 얻을 수 있다.

$$\nabla^2 \phi = \nabla \cdot \nabla \phi = \left(\mathbf{e}_x \frac{\partial}{\partial x} + \mathbf{e}_y \frac{\partial}{\partial y} + \mathbf{e}_z \frac{\partial}{\partial z} \right) \cdot \left(\mathbf{e}_x \frac{\partial \phi}{\partial x} + \mathbf{e}_y \frac{\partial \phi}{\partial y} + \mathbf{e}_z \frac{\partial \phi}{\partial z} \right)$$
$$= \frac{\partial^2 \phi}{\partial x^2} + \frac{\partial^2 \phi}{\partial y^2} + \frac{\partial^2 \phi}{\partial z^2} = 0, \tag{5.34}$$

이 식은 RCCS에서 속도 퍼텐셜을 구하는 데 이용되는 유명한 *Laplace 방정식*이다. 여기서 ∇^2은 *Laplace 연산자*라고 불린다. 7장에서 나타낸 바와 같이, Laplace 방정식은 비회전성 유동을 공부하는 데 매우 중요하다.

예제 5.4 벡터의 컬

다음 두 경우에 대해 속도벡터 $\mathbf{v} = v_x \mathbf{e}_x + v_y \mathbf{e}_y$의 컬(curl)을 계산하라(두 경우 모두 $v_z = 0$).

$$\text{(a)}\ \ v_x = -\omega y, \quad v_y = \omega x; \qquad \text{(b)}\ \ v_x = -\frac{cy}{x^2 + y^2}, \quad v_y = \frac{cx}{x^2 + y^2}. \tag{E5.4.1}$$

풀이

두 경우 모두 $v_z = 0$이고, 남지 두 성분 v_x와 v_y는 좌표 z에 의존하지 않다. 그러므로, $\nabla \times \mathbf{v}$(단위 벡터 $\mathbf{e}_x$와 $\mathbf{e}_y$의 곱하게 됨)의 x와 y 성분들은(식 (5.29)에 의해) 모두 0이 된다. 따라서 단위 벡터 $\mathbf{e}_z$가 곱해지는 성분 z만 구하면 된다.

경우 (a)

$$\text{curl}_z \mathbf{v} = \frac{\partial v_y}{\partial x} - \frac{\partial v_x}{\partial y} = \frac{\partial(\omega x)}{\partial x} - \frac{\partial(-\omega y)}{\partial y} = \omega - (-\omega) = 2\omega. \tag{E5.4.2}$$

따라서 속도에 의해 나타나는 유동은 $2\omega \mathbf{e}_z$의 와류도(vorticity)와 $\omega \mathbf{e}_z$의 각속도(angular velocity)를 갖는다. 이는 추후에 7.2절에서 다루게 될 *강제 와류*(forced vortex)에 해당한다.

경우 (b)

$$\begin{aligned}\mathrm{curl}_z\mathbf{v} &= \frac{\partial v_y}{\partial x} - \frac{\partial v_x}{\partial y} = \frac{\partial}{\partial x}\left(\frac{cx}{x^2+y^2}\right) - \frac{\partial}{\partial y}\left(-\frac{cy}{x^2+y^2}\right) \\ &= \frac{c(y^2-x^2)}{(x^2+y^2)^2} - \frac{c(y^2-x^2)}{(x^2+y^2)^2} = 0. \end{aligned} \tag{E5.4.3}$$

따라서 속도에 의해 나타나는 유동은 0의 와류도(vorticity)와 0의 각속도(angular velocity)를 갖는다. 이는 7.2절에서 자세히 다룰 *자유 와류*(free vortex)에 해당한다.

위의 두 경우는 연습 문제 5.12에서 다루어진 원통형 좌표계에서 좀 더 쉽게 이해할 수 있는데, 이에 관해서는 다음 절에서 자세히 다루기로 한다.

예제 5.5 스칼라의 Laplacian

다음 스칼라의 Laplacian을 구하라.

$$\phi = ce^{ky}\cos(kx-\omega t). \tag{E5.5.1}$$

풀이

Laplacian, $\nabla^2\phi$를 이루는 데 필요한 도함수들은 다음과 같다.

$$\begin{aligned} \frac{\partial \phi}{\partial x} &= -cke^{ky}\sin(kx-\omega t), \qquad & \frac{\partial^2 \phi}{\partial x^2} &= -ck^2e^{ky}\cos(kx-\omega t), \\ \frac{\partial \phi}{\partial y} &= cke^{ky}\cos(kx-\omega t), \qquad & \frac{\partial^2 \phi}{\partial y^2} &= ck^2e^{ky}\cos(kx-\omega t). \end{aligned} \tag{E5.5.1}$$

따라서 ϕ의 Laplacian은 다음과 같이 된다.

$$\frac{\partial^2 \phi}{\partial x^2} + \frac{\partial^2 \phi}{\partial y^2} = -ck^2e^{ky}\cos(kx-\omega t) + ck^2e^{ky}\cos(kx-\omega t) = 0. \tag{E5.5.2}$$

스칼라 ϕ는 심해의 표면을 이동하는 비회전성 파동에 대한 퍼텐셜 함수와 밀접하게 관련이 있으며, 이에 관해서는 7.11절에서 자세히 다루기로 한다. 시간 t가 세 독립 변수들 중 하나이지만, Laplacian을 구하는 데에는 포함되지 않는다는 점에 주의해야 한다.

5.3 다른 좌표계들

유체역학 문제에서 가장 빈번하게 쓰이는 좌표계는 이미 우리에게 익숙한 다음의 좌표계이다.

1. *직교 Cartensian 좌표계*(rectangualr Cartesian coordinate system, RCCS)는 이미 논의되었다.
2. *원통형 좌표계*(cylindrical coordinate system, CCS)

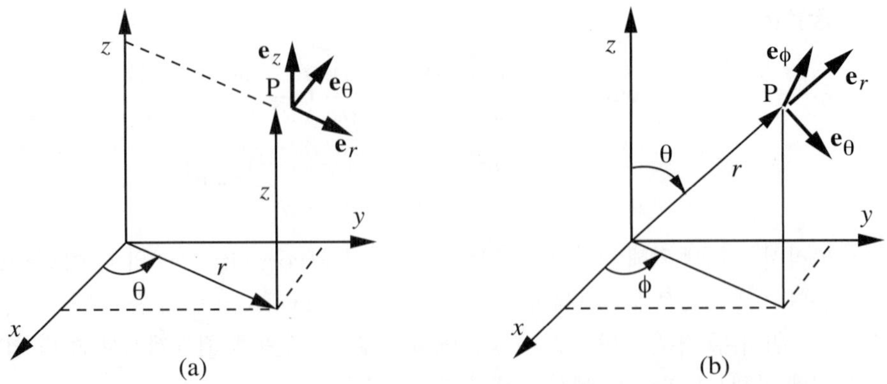

그림 5.9 (a) 원통형 좌표계와 (b) 구형좌표계(어떤 문헌에서는 θ와 ϕ가 바뀌져 사용되기도 함).

3. *구형 좌표계*(spherical coordinate system, SCS)

원통형 좌표계와 구형 좌표계를 그림 5.9에 나타내었다. 가끔 한 좌표계에서 다른 좌표계로 변환시킬 필요가 있기 때문에, 두 경우 모두 RCCS가 중첩되어 있음에 주목하라. 가능한 한 좌표계는 다르고자 하는 문제의 기하학적 형태에 가장 적합하도록 선택해야 한다. 예를 들면 관 관내의 유동에 관한 연구에서, 관의 벽은 일정한 반지름 방향 좌표값을 갖기 때문에(예, $r = a$), CCS를 선택해야 한다.

원통형 좌표계(CCS). 점 P의 위치를 나타낼 때, CCS 좌표계에서는 *두 개*의 거리 좌표 r과 z, 그리고 *한 개*의 각 θ(0에서 2π까지)가 필요하다. CCS에서 $\mathbf{v}$와 같은 벡터는 단위 벡터 $\mathbf{e}_r$, $\mathbf{e}_\theta$, $\mathbf{e}_z$로 나타낼 수 있다.

$$\mathbf{v} = v_r\mathbf{e}_r + v_\theta\mathbf{e}_\theta + v_z\mathbf{e}_z, \tag{5.35}$$

여기서 v_r, v_θ, v_z는 각각 r, θ, z 좌표 방향의 벡터 성분들이다. RCCS와 SCS의 관계는 다음과 같다.

$$\begin{aligned} &x = r\cos\theta, \qquad && y = r\sin\theta, \qquad && z = z, \\ &r = \sqrt{x^2+y^2}, && \theta = \tan^{-1}\frac{y}{x}, && z = z. \end{aligned} \tag{5.36}$$

$$\mathbf{e}_r = \cos\theta\,\mathbf{e}_x + \sin\theta\,\mathbf{e}_y, \quad \mathbf{e}_\theta = -\sin\theta\,\mathbf{e}_x + \cos\theta\,\mathbf{e}_y, \quad \mathbf{e}_z = \mathbf{e}_z. \tag{5.37}$$

구형 좌표계(SCS). 구형 좌표계에서 P 점을 위치에 나타내기 위해, *한 개*의 거리 좌표 r과 두개의 각도 θ(0에서 π까지)와 ϕ(0에서 2π까지)가 필요하다. 구형 좌표계에서 벡터 $\mathbf{v}$는 단위 벡터 $\mathbf{e}_r$, $\mathbf{e}_\theta$, $\mathbf{e}_\phi$로 나타낼 수 있다.

$$\mathbf{v} = v_r\mathbf{e}_r + v_\theta\mathbf{e}_\theta + v_\phi\mathbf{e}_\phi, \tag{5.38}$$

여기서 v_r, v_θ, v_ϕ는 각각 r, θ, ϕ 좌표 방향에서의 벡터 성분들이다. RCCS와 SCS 사이의 관계는 다음과 같다.

$$\begin{aligned} &x = r\sin\theta\cos\phi, \qquad && y = r\sin\theta\sin\phi, \qquad && z = r\cos\theta, \\ &r = \sqrt{x^2+y^2+z^2}, && \theta = \tan^{-1}\frac{\sqrt{x^2+y^2}}{z}, && \phi = \tan^{-1}\frac{y}{x}. \end{aligned} \tag{5.39}$$

$$\begin{aligned}\mathbf{e}_r &= \sin\theta\cos\phi\,\mathbf{e}_x + \sin\theta\sin\phi\,\mathbf{e}_y + \cos\theta\,\mathbf{e}_z,\\ \mathbf{e}_\theta &= \cos\theta\cos\phi\,\mathbf{e}_x + \cos\theta\sin\phi\,\mathbf{e}_y - \sin\theta\,\mathbf{e}_z,\\ \mathbf{e}_\phi &= -\sin\phi\,\mathbf{e}_x + \cos\phi\,\mathbf{e}_y.\end{aligned} \tag{5.40}$$

CCS와 SCS에서 "del" 연산자의 형태는 이 연산자가 사용되는 내용에 의존하며, del은 원통형 좌표계와 구형 좌표계에 특별히 유용한 개념이 아니다. 그러나 ∇s, $\nabla \cdot \mathbf{v}$, $\nabla \times \mathbf{v}$와 $\nabla^2 s$는 모든 좌표계에서 구배(gradient), 발산(divergence), 컬(curl), 그리고 Laplacian에 대한 표기법으로 편리하게 사용된다.

CCS와 SCS에서 구배, 발산, 컬, Laplacian에 대한 표현은 RCCS에서 해당하는 표현으로부터 유도할 수 있다. 좌표 변환을 포함하는 *유도과정*은 상당히 힘들고, 이 절의 논의의 범위를 벗어난다. 유발되는 어려움 중 하나는 단위 벡터에 관한 것이다. RCCS에서는 단위 벡터들이 불변량이지만 CCS와 SCS에서 이 단위 벡터들 중 일부의 방향은 좌표 자체의 함수이고, 미분 과정에서 상당한 주의가 필요하다. 그러나 여러분들은 일부의 결과들 중의 필요할 경우가 있으며, 그 결과들은 (RCCS에서의 *결과*들과 함께) 표 5.1~5.5에 나타내었다.

표 5.1 ▸ Del 연산자에 대한 수식들

직교:	$\nabla = \mathbf{e}_x\dfrac{\partial}{\partial x} + \mathbf{e}_y\dfrac{\partial}{\partial y} + \mathbf{e}_z\dfrac{\partial}{\partial z}.$
원통형:	$\nabla = \mathbf{e}_r\dfrac{\partial}{\partial r} + \mathbf{e}_\theta\dfrac{1}{r}\dfrac{\partial}{\partial \theta} + \mathbf{e}_z\dfrac{\partial}{\partial z}.$
구형:	$\nabla = \mathbf{e}_r\dfrac{\partial}{\partial r} + \mathbf{e}_\theta\dfrac{1}{r}\dfrac{\partial}{\partial \theta} + \mathbf{e}_\phi\dfrac{1}{r\sin\theta}\dfrac{\partial}{\partial \phi}.$

표 5.2 ▸ 스칼라의 구배에 대한 수식들

직교:	$\nabla s = \dfrac{\partial s}{\partial x}\mathbf{e}_x + \dfrac{\partial s}{\partial y}\mathbf{e}_y + \dfrac{\partial s}{\partial z}\mathbf{e}_z.$
원통형:	$\nabla s = \dfrac{\partial s}{\partial r}\mathbf{e}_r + \dfrac{1}{r}\dfrac{\partial s}{\partial \theta}\mathbf{e}_\theta + \dfrac{\partial s}{\partial z}\mathbf{e}_z.$
구형:	$\nabla s = \dfrac{\partial s}{\partial r}\mathbf{e}_r + \dfrac{1}{r}\dfrac{\partial s}{\partial \theta}\mathbf{e}_\theta + \dfrac{1}{r\sin\theta}\dfrac{\partial s}{\partial \phi}\mathbf{e}_\phi.$

표 5.3 ▸ 벡터의 발산에 대한 수식들

직교:	$\nabla \cdot \mathbf{v} = \dfrac{\partial v_x}{\partial x} + \dfrac{\partial v_y}{\partial y} + \dfrac{\partial v_z}{\partial z}.$
원통형:	$\nabla \cdot \mathbf{v} = \dfrac{1}{r}\dfrac{\partial (r v_r)}{\partial r} + \dfrac{1}{r}\dfrac{\partial v_\theta}{\partial \theta} + \dfrac{\partial v_z}{\partial z}.$
구형:	$\nabla \cdot \mathbf{v} = \dfrac{1}{r^2}\dfrac{\partial (r^2 v_r)}{\partial r} + \dfrac{1}{r\sin\theta}\dfrac{\partial (v_\theta \sin\theta)}{\partial \theta} + \dfrac{1}{r\sin\theta}\dfrac{\partial v_\phi}{\partial \phi}.$

표 5.4 ▶ 벡터의 컬에 대한 수식들

직교:	$\nabla \times \mathbf{v} = \left(\frac{\partial v_z}{\partial y} - \frac{\partial v_y}{\partial z}\right)\mathbf{e}_x + \left(\frac{\partial v_x}{\partial z} - \frac{\partial v_z}{\partial x}\right)\mathbf{e}_y + \left(\frac{\partial v_y}{\partial x} - \frac{\partial v_x}{\partial y}\right)\mathbf{e}_z.$
원통형:	$\nabla \times \mathbf{v} = \left(\frac{1}{r}\frac{\partial v_z}{\partial \theta} - \frac{\partial v_\theta}{\partial z}\right)\mathbf{e}_r + \left(\frac{\partial v_r}{\partial z} - \frac{\partial v_z}{\partial r}\right)\mathbf{e}_\theta + \frac{1}{r}\left(\frac{\partial (r v_\theta)}{\partial r} - \frac{\partial v_r}{\partial \theta}\right)\mathbf{e}_z.$
구형:	$\nabla \times \mathbf{v} = \frac{1}{r\sin\theta}\left(\frac{\partial (v_\phi \sin\theta)}{\partial \theta} - \frac{\partial v_\theta}{\partial \phi}\right)\mathbf{e}_r + \left(\frac{1}{r\sin\theta}\frac{\partial v_r}{\partial \phi} - \frac{1}{r}\frac{\partial (r v_\phi)}{\partial r}\right)\mathbf{e}_\theta + \frac{1}{r}\left(\frac{\partial (r v_\theta)}{\partial r} - \frac{\partial v_r}{\partial \theta}\right)\mathbf{e}_\phi.$

표 5.5 ▶ 스칼라의 Laplacian에 대한 수식들

직교:	$\nabla^2 s = \frac{\partial^2 s}{\partial x^2} + \frac{\partial^2 s}{\partial y^2} + \frac{\partial^2 s}{\partial z^2}.$
원통형:	$\nabla^2 s = \frac{1}{r}\frac{\partial}{\partial r}\left(r\frac{\partial s}{\partial r}\right) + \frac{1}{r^2}\frac{\partial^2 s}{\partial \theta^2} + \frac{\partial^2 s}{\partial z^2}.$
구형:	$\nabla^2 s = \frac{1}{r^2}\frac{\partial}{\partial r}\left(r^2\frac{\partial s}{\partial r}\right) + \frac{1}{r^2\sin\theta}\frac{\partial}{\partial \theta}\left(\sin\theta\frac{\partial s}{\partial \theta}\right) + \frac{1}{r^2\sin^2\theta}\frac{\partial^2 s}{\partial \phi^2}.$

5.4 대류 도함수

Laplacian 관점에 의거한 새로운 형태의 도함수를 도입하면 유체역학과 관련된 미분방정식을 전개하고 이해하는 데 도움을 준다. 이 도함수는 특성 또는 변수 X에 대해 다음과 같은 기호로 나타낸다.

$$\frac{\mathcal{D}X}{\mathcal{D}t}. \tag{5.41}$$

이 도함수는 *유체의 경로에 따른* 시간에 관하여 X의 변화 속도로 정의되며, *대류*(convective) 도함수 또는 *실질*(substantial) 도함수로 알려져 있다.

설명을 위해 5.5절에서 즉시 사용될 밀도에 관한 대류 도함수 $\mathcal{D}\rho/\mathcal{D}t$를 고려해보자. 일반적으로 밀도는 시간과 위치의 함수이다. 즉 $\rho = \rho(t,\, x,\, y,\, z)$이다. 따라서 밀도의 전미분(total differentiation)은 다음과 같이 된다.

$$d\rho = \frac{\partial \rho}{\partial t}\,dt + \frac{\partial \rho}{\partial x}\,dx + \frac{\partial \rho}{\partial y}\,dy + \frac{\partial \rho}{\partial z}\,dz. \tag{5.42}$$

그림 5.10과 같이 시간 증분 dt에 걸쳐서 유체 요소가 이동하는 거리에 상응하는 공간 증분을 dx, dy, dz라 두자.

$$dx = v_x\,dt, \qquad dy = v_y\,dt, \qquad dz = v_z\,dt. \tag{5.43}$$

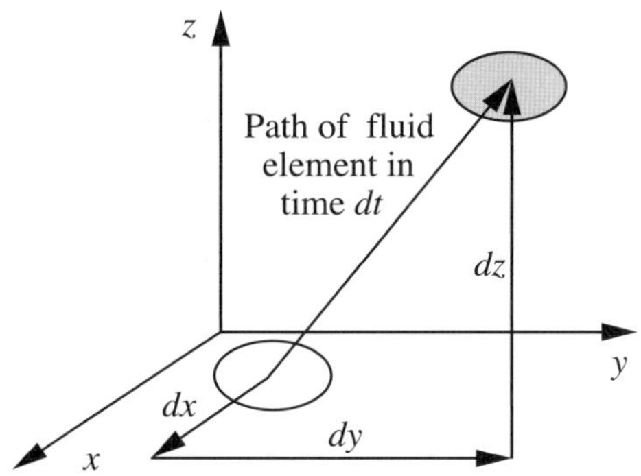

그림 5.10 유체 요소의 미분 운동.

식 (5.42)를 dt로 나누고 식 (5.34)의 dx, dy, dz를 대입하면, 유체와 같이 움직이는 관찰자가 느끼는 시간에 따른 밀도의 변화를 다음과 같이 구할 수 있다.

$$\frac{\mathcal{D}\rho}{\mathcal{D}t} = \left(\frac{d\rho}{dt}\right)_{\left(\substack{\text{Moving} \\ \text{with fluid}}\right)} = \frac{\partial\rho}{\partial t} + \underbrace{v_x\frac{\partial\rho}{\partial x} + v_y\frac{\partial\rho}{\partial y} + v_z\frac{\partial\rho}{\partial z}}_{\substack{\text{Rate of change of density with} \\ \text{time due to fluid motion}}} = \frac{\partial\rho}{\partial t} + \underbrace{\mathbf{v}\cdot\nabla\rho}_{\text{See text}}. \tag{5.44}$$

식 (5.44)의 마지막 항인 $\mathbf{v}\cdot\nabla\rho$의 물리적 중요성에 관해서는 예제 5.6에서 알아보도록 하자.

식 (5.44)를 보면, 대류 도함수는 두 부분으로 구성되어 있음을 알 수 있다.

1. *Euler*의 관점과 상응하는, *고정된 점*에서의 시산에 따른 밀도의 변화 $\partial\rho/\partial t$.
2. 식 (5.44)에서 유체의 운동에 기인하여 발생하는 추가적인 항

따라서 대류 미분 연산자는 다음과 같이 정의된다.

$$\frac{\mathcal{D}}{\mathcal{D}t} = \frac{\partial}{\partial t} + v_x\frac{\partial}{\partial x} + v_y\frac{\partial}{\partial y} + v_z\frac{\partial}{\partial z} = \frac{\partial}{\partial t} + \mathbf{v}\cdot\nabla. \tag{5.45}$$

5.5 미분 질량 수지

연속 방정식(continuity equation)으로 알려진 미분 질량 수지는 그림 5.11에 나타낸 *고정된* 일부 부피요소 dV의 내부의 질량 변화를 고려함으로써 쉽게 유도할 수 있다.

dV는 충분히 작아서 어떠한 순간에도 내부 밀도가 균일하다고 가정하면, 대상 부피의 질량은 ρdV이다. 유체의 유동 때문에, 이 부피요소 내로 질량의 유입 및 배출이 발생하는데, 국지적 질량

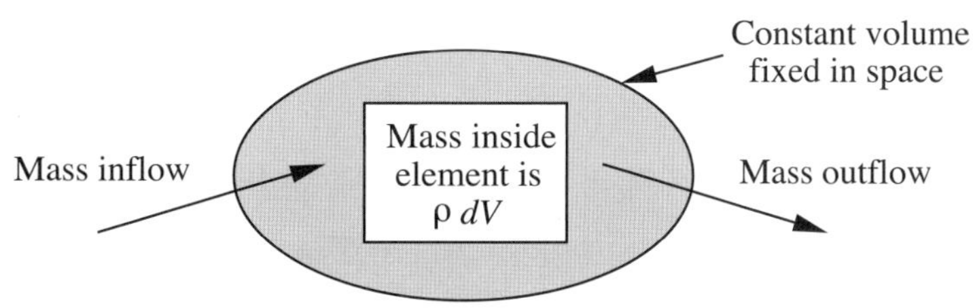

그림 5.11 미분 질량 수지를 위한 대상 부피(control volume).

표 5.6 ▶ 미분 질량 수지

직교 좌표계:

$$\frac{\partial \rho}{\partial t} + \frac{\partial(\rho v_x)}{\partial x} + \frac{\partial(\rho v_y)}{\partial y} + \frac{\partial(\rho v_z)}{\partial z} = 0. \tag{5.48}$$

원통형 좌표계:

$$\frac{\partial \rho}{\partial t} + \frac{1}{r}\frac{\partial(\rho r v_r)}{\partial r} + \frac{1}{r}\frac{\partial(\rho v_\theta)}{\partial \theta} + \frac{\partial(\rho v_z)}{\partial z} = 0. \tag{5.49}$$

구형 좌표계:

$$\frac{\partial \rho}{\partial t} + \frac{1}{r^2}\frac{\partial(\rho r^2 v_r)}{\partial r} + \frac{1}{r\sin\theta}\frac{\partial(\rho v_\theta \sin\theta)}{\partial \theta} + \frac{1}{r\sin\theta}\frac{\partial(\rho v_\phi)}{\partial \phi} = 0. \tag{5.50}$$

플럭스는 $\rho\mathbf{v}$가 된다. 식 (5.16) 바로 다음의 발산의 정의를 상기하면 단위 부피당의 순 *배출유동* 속도(net outflow rate)는 $\nabla \cdot \rho\mathbf{v}$가 된다. 순 질량 *유입유동* 속도(배출 속도의 음의 값)를 요소 내에서의 축적 속도(rate of accumulation)와 같게 두면,

$$-(\nabla \cdot \rho\mathbf{v})\, dV = \frac{\partial(\rho dV)}{\partial t}. \tag{5.46}$$

일정한 부피 값인 dV를 소거하고 정리하면 다음과 같은 관계를 얻을 수 있다.

$$\frac{\partial \rho}{\partial t} + \nabla \cdot \rho\mathbf{v} = 0. \tag{5.47}$$

RCCS에서 이 미분 질량 수지는 다음과 같이 나타낼 수 있다.

$$\frac{\partial \rho}{\partial t} + \frac{\partial(\rho v_x)}{\partial x} + \frac{\partial(\rho v_y)}{\partial y} + \frac{\partial(\rho v_z)}{\partial z} = 0. \tag{5.48}$$

세 종류의 주요 좌표계에 대한 완전한 형태를 표 5.6에 나타내었다. 이 식들은 밀도와 속도 성분들이 임의적으로 변화할 수 없고, 질량이 보존되도록 각자의 변화가 제약된다는 것을 상술하고 있다.

예제 5.6 순 질량 배출속도에 대한 물리적 해석

식 (5.24)에 의하면, 식 (5.47)에서 발산에 관한 항은 다음과 같이 전개할 수 있다.

$$\underbrace{\nabla \cdot \rho\mathbf{v}}_{1} = \underbrace{\rho\nabla \cdot \mathbf{v}}_{2} + \underbrace{\mathbf{v} \cdot \nabla\rho}_{3}. \tag{E5.6.1}$$

식 (E5.6.1)에서 세 항의 각각의 물리적 의미를 설명하라.

▶ 풀이

각 항은 다음과 같은 물리적 의미를 가지는 단위 부피당의 속도에 해당한다.

1. 앞에서 설명한 바와 같이 위 식의 좌변 항은 *총괄* 또는 순 질량 손실 속도이다.
2. 위 식의 우변의 첫 번째 항과 관련하여, 발산의 정의로부터 $\nabla \cdot \mathbf{v}$는 (단위 부피당의) 부피의 유

출 속도임에 주목해야 한다. 이런 상황은 유체(아마도 기체)가 압력 감소에 의해 팽창하는 경우에 발생한다. 이 경우 고정된 단위 부피의 경계를 가로질러서 부피가 유출될 수 있다. 이 항에 밀도를 곱하면 *팽창*에 의한 질량 손실 속도가 된다.

3. 설명의 편의상 그림 5.5에 나타낸 직육면체 유체 요소를 고려하자. 이때 0이 아닌 유일한 속도 성분은 x축 방향으로 *균일한* v_x이다. 또 밀도가 x 방향으로 증가하고, 따라서 $\partial\rho/\partial x$는 양이 되며, $\nabla\rho \neq 0$이 된다고 가정하자. 왼쪽 면을 통하여 요소로 유입되는 유동이 오른쪽 면을 통하여 요소로부터 유출되는 유동보다 작게 된다. 따라서 *유동*에 의하여 질량의 손실이 발생하게 된다. 다른 두 좌표 방향에서 유동에 기인하여 유사한 손실이 축적되는데, 식 (E5.6.1)의 우변의 두 번째 항이 이를 나타낸다.

만일 밀도가 일정하다면, 연속방정식은 매우 간단해지는데, 이는 대부분의 액체의 경우 근사적으로 성립한다. 이 경우 $\partial\rho/\partial t$ 항은 0이 되고, 다른 모든 항으로부터 ρ를 소거할 수 있다.

$$\nabla \cdot \mathbf{v} = 0. \tag{5.51}$$

세 종류의 좌표계에서 이 식의 간략화된 형태는 표 5.6에서 직접 얻거나, 표 5.3에 주어진 발산들을 0으로 두면 얻을 수 있다. 이들 중 가장 익숙한 형태는 RCCS 좌표계에 관한 형태이다.

$$\frac{\partial v_x}{\partial x} + \frac{\partial v_y}{\partial y} + \frac{\partial v_z}{\partial z} = 0. \tag{5.52}$$

예제 5.7 연속 방정식의 다른 유도 방법

연속 방정식 유도와 관련하여 동등하지만 다른 방법이 있다. 설명을 위해, 그림 E5.7에서 묘사한 바와 같이 경로 A−B−C를 따라 부피가 변하는 *일정한 질량*을 갖는 유체 요소의 이동을 따르는 연속 방정식을 벡터 형태로 유도하라.

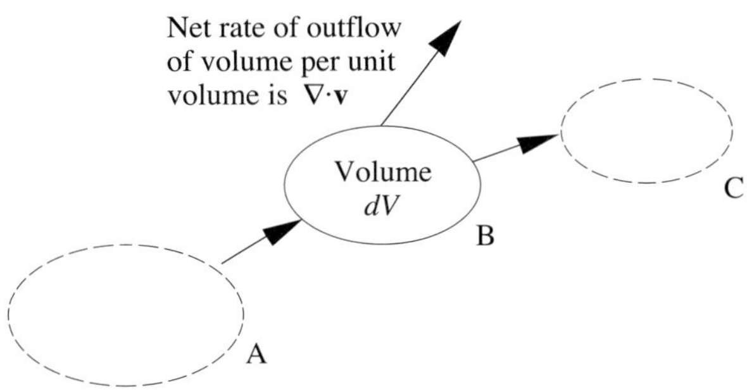

그림 E5.7 경로 A−B−C를 따라서 유체 요소의 운동.

풀이

부피 dV인 유체 요소가 위치 B에서 있는 경우에 대해 고려해 보자, 단위 부피당 부피의 순 유출 속도인 속도 벡터의 발산의 정의에 의하면, 부피 요소가 증가하는 부분 속도는 $\nabla \cdot \mathbf{v}$이다. (발산이 양의 값을 가지는 경우, 일정한 질량이 차지하는 부피가 더 증가한다는 의미인데, 그 이유는 부피는 최초의 부피와 확장 또는 팽창에 의한 부피변화량이 더해지기 때문이다.) 그러나 요소의 질량은 일정하기 때문에, 밀도는 동일한 부분 속도로 *감소*해야 한다. 유체의 경로를 따르기 때문에, 후자는 $(\mathcal{D}\rho/\mathcal{D}t)\rho$로 주어진다. 따라서 두 양들의 관계는 다음과 같이 된다.

$$\frac{1}{\rho}\frac{\mathcal{D}\rho}{\mathcal{D}t} = -\nabla \cdot \mathbf{v}, \tag{E5.7.1}$$

또는

$$\frac{\mathcal{D}\rho}{\mathcal{D}t} + \rho\nabla \cdot \mathbf{v} = 0. \tag{E5.7.2}$$

여러분들은 식 (5.47)과 식 (E5.7.2)가 동등함을 증명할 수 있다(연습 문제 5.6 참조). 추가적인 예제로서 연습 문제 5.7은 연속 방정식을 유도하는 다른 방법에 관한 예를 보여준다.

5.6 미분 운동량 수지

5.5절에서는 벡터 표기법과 세 개의 통상적인 좌표계들을 이용하여 미분 질량 수지식, 또는 연속방정식을 유도하였다. 이제는 좌표 방향에 대해 한 개씩 *세 개*의 미분 *운동량* 수지식을 유도해 보기로 하자. 다음의 유도 과정은 꽤 복잡하고 집중을 요구한다. 그럼에도 불구하고, 이 운동량 수지식들은 유체역학의 기본 방정식들을 이해하기 위한 필수적인 것이다. 비슷한 방정식들이 에너지와 물질 전달에 대해서도 유도될 수 있다. 따라서 여기서 주어지는 개념들은 화학공학의 다른 분야들에서도 주요한 개념이다.

응력에 대한 부호 규칙

그림 5.12에서와 같이 대표적인 성분들은 τ_{yx}와 τ_{xx}으로 표시되는 점성작용에 의한 접선 및 수직응력들에 관한 표기법과 부호규칙을 먼저 정하기로 하자. 먼저 화살표로 표시된 응력들을 고려하자. 각각의 화살표는 두 개의 아래첨자를 갖는 기호 "τ"로 표시되었다.

첫 번째 아래첨자는 응력이 작용하는 *표면*을 나타내다. 예를 들면, 응력 τ_{yx}는 y가 일정한(그림에서 Y−Y로 주어지는) 표면에 작용하고, τ_{xx}는 x가 일정한(X−X) 표면에 작용한다.

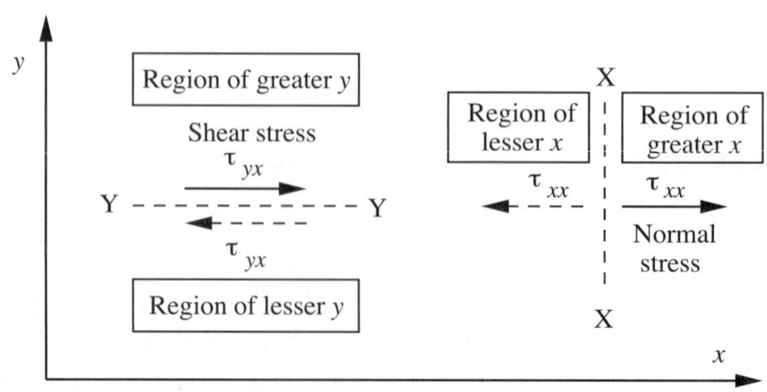

그림 5.12 x와 y가 일정한 표면들에 작용하는 접선 및 수직 응력 τ_{yx}와 τ_{xx}.

두 번째 아래첨자는 응력이 작용하는 *방향*을 나타내는데, "첫 번째 아래첨자"의 값이 큰 영역의 유체가 "첫 번째 아래첨자"의 값이 작은 유체에 작용하는 경우를 양으로 간주한다. 예를 들면 τ_{yx}는 x 방향으로(두 번째 아래첨자에 상응하는) 첫 번째 첨자 y의 값이 더 큰 (Y−Y 선의 상부의) 유체가 y 값이 작은 영역에 (Y−Y 선의 하부에) 작용한다. 이와 유사하게 τ_{xx} 역시 x 방향으로(두 번째 아래첨자에 상당하는) 첫 번째 아래첨자 x의 값이 더 큰 영역의 (X−X 선의 오른쪽에) 유체가 x 값이 작은 영역에 (X−X 선의 왼쪽에) 작용한다.

응력들은 X−X 또는 Y−Y로 표시된 표면들을 가로질러서 항상 완벽하게 균형을 이루고 있음에 주목해야 한다. 따라서 (점선 화살표로 표시된) Y−Y 표면 *아래*의 응력 τ_{yx}는 Y−Y 표면 위의 응력과 크기는 정확히 동일하지만, 방향은 *정반대*이다. τ_{xx}의 경우에도 이와 같은 논리가 적용된다. 만약 응력들의 크기가 다르다면, 질량이 0인 표면에 작용하는 유한한 힘이 존재하게 되고, 결과적으로 무한한 가속도가 발생하게 된다. 이는 이치에 맞지 않다!

미분 운동량 수지

이제는 그림 5.13에 보인 차원이 $dx \times dy \times dz$인 미분 직육면체에 작용하는 접선 및 수직응력에 관해 고려해 보기로 하자. (각 면에 하나씩) 6개의 수직응력들이 존재하고, (각 면에 두 개씩) 12개의 접선 또는 전단응력들이 존재하므로, 총 18개의 응력들이 존재한다. 그러나 너무 많은 기호들로 인한 혼동을 피하기 위해 z축에 수직인 면에 작용하는 6개의 응력들은 생략하였다. 모든 응력들의 방향이 앞에서 설명한 부호 규칙을 따르는지 살펴보라.

기호 τ는 통상적으로 *접선* 또는 점성 전단응력(shear stress)을 표시할 때 사용된다. 그러나 수직응력은 다른 기호 σ로 표시하는데, 그 이유는 σ_{xx}와 같은 수직응력들은 $\sigma_{xx} = -p + \sigma_{xx}$와 같이

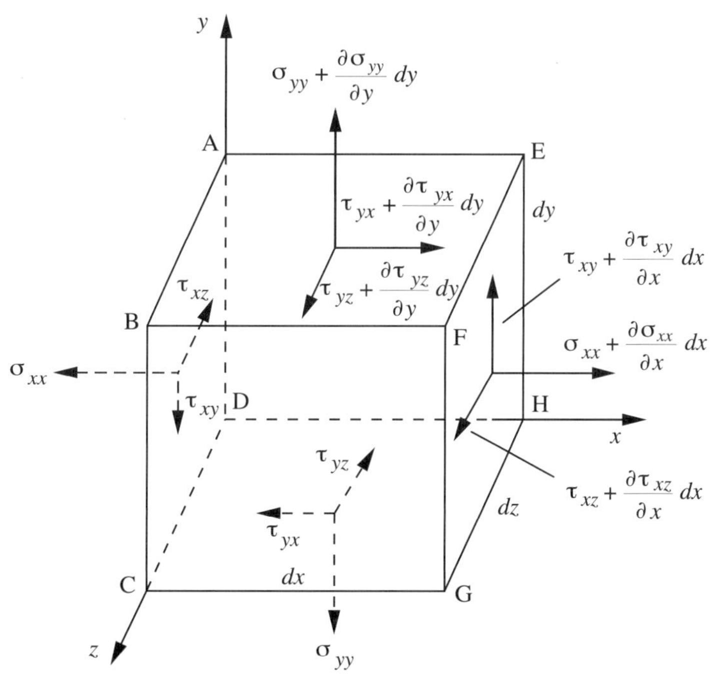

그림 5.13 직육면체 요소에 작용하는 접선 및 수직응력들, 혼동하지 않도록 z가 일정한 경우에 작용하는 응력들은 생략하였다.

두 부분으로 나누어질 수 있기 때문이다. 즉,

1. *압축성*인 경우, 부호 규칙의 반대 방향으로 작용하는 압력에 대해 $-p$와 같이 음의 부호를 붙인 유체압력 항
2. τ_{xx}와 같은 점성 작용에 의한 부가적인 기여 항

다른 경우와 마찬가지로, 응력은 한쪽 면에서 반대쪽의 다른 면까지 미분량만큼 변한다. 예를 들면, 밑면에 음의 x 방향에서 작용하는 τ_{yx}는 윗면에 양의 x 방향에서 작용하는 $\tau_{yx} + (\partial \tau_{yx}/\partial y)dy$로 증가한다.

또한 세 좌표축 방향으로 단위 질량당 작용하는 체력(body force)을 각각 g_x, g_y, g_z로 표시한다. 기호 "g"는 중력이 명백한 체력이므로 사용되었다. 전자기력과 같은 부가적인 체력이 작용할 경우에는 체력 항은 적절하게 대체되거나 증가할 수 있다. 대개 z축이 연직으로 상부 방향을 향하는 경우 $g_x = g_y = 0$이고, $g_z = -g$이다. 여기서 g는 중력 가속도이다.

이제는 *유체와 함께 이동하는* 질량이 일정한 요소($\rho\, dx\, dy\, dz$)에 대하여 각 좌표 방향당 한 개씩 세 개의 연속된 운동량 수지식을 세워보자. 이러한 관점은 여섯 면 각각을 관통하는 운동량의 대류 전달을 고려할 필요가 없으므로, 유도 과정이 간략화된다. (연습 문제 5.10에서는 *공간에 고정된* 요소에 대한 운동량 수지식에 따라서 대류 전달을 고려해야 되는, 정확히 동일한 결과에 이르게 된다는 사실을 검토한다.)

x 방향에서의 운동량 수지식은 다음과 같이 된다.

$$\underbrace{\rho\, dx\, dy\, dz \frac{\mathcal{D}v_x}{\mathcal{D}t}}_{\substack{\text{Rate of increase}\\ \text{of x momentum}}} = \underbrace{\left(\frac{\partial \sigma_{xx}}{\partial x}\, dx\right) dy\, dz + \left(\frac{\partial \tau_{yx}}{\partial y}\, dy\right) dz\, dx + \left(\frac{\partial \tau_{zx}}{\partial z}\, dz\right) dx\, dy}_{\substack{\text{Net viscous and pressure}\\ \text{force in the x direction}}} + \underbrace{g_x \rho\, dx\, dy\, dz}_{\text{Body force}}. \tag{5.53}$$

유체와 함께 이동하는 요소에 대해서 운동량 수지를 세웠으므로 좌변에 *대류* 도함수가 포함시켜야 함을 주의해야 한다.

식 (5.53)을 공통 부피 $dx\, dy\, dz$로 나누고, 다른 좌표 방향에 대해서도 반복하면 다음과 같은 결과를 얻을 수 있다.

$$\begin{aligned}
\rho \frac{\mathcal{D}v_x}{\mathcal{D}t} &= \frac{\partial \sigma_{xx}}{\partial x} + \frac{\partial \tau_{yx}}{\partial y} + \frac{\partial \tau_{zx}}{\partial z} + \rho g_x,\\
\rho \frac{\mathcal{D}v_y}{\mathcal{D}t} &= \frac{\partial \tau_{xy}}{\partial x} + \frac{\partial \sigma_{yy}}{\partial y} + \frac{\partial \tau_{zy}}{\partial z} + \rho g_y,\\
\rho \frac{\mathcal{D}v_z}{\mathcal{D}t} &= \frac{\partial \tau_{xz}}{\partial x} + \frac{\partial \tau_{yz}}{\partial y} + \frac{\partial \sigma_{zz}}{\partial z} + \rho g_z.
\end{aligned} \tag{5.54}$$

식 (5.54)의 좌변에 간편한 표기법이 사용되고 있음에 주목해야 한다. 즉 대류 도함수들은 식 (5.45)의 정의에 따라 좀 더 완전하게 풀어 쓸 수 있다. 우변에 응력 성분들이 포함되어 있는 식 (5.54)는 비뉴턴성(non-Newtonian) 유체의 *응력*에 대한 특정한 식들이 존재하는 경우에는 유용하지만, 다음 절에서 다루게 되는 특이하지만 매우 중요한 *뉴턴성*(Newtonian) 유체의 경우 응력들은 속도 항들로 전개하는 것이 좋다.

5.7 직교 좌표계에서의 뉴턴성 응력 성분들

일반적으로 그림 5.14(a)에서 나타낸 바와 같이 유체내의 임의의 점에는 9개의 응력이 작용한다.

이 9개의 성분들을 행렬 형태로 묶은 형태를 *텐서*(tensor)라고 한다. 따라서 점성 응력과 총 응력은 다음과 같이 나타낸다.

$$\boldsymbol{\tau} = \begin{pmatrix} \tau_{xx} & \tau_{xy} & \tau_{xz} \\ \tau_{yx} & \tau_{yy} & \tau_{yz} \\ \tau_{zx} & \tau_{zy} & \tau_{zz} \end{pmatrix}, \qquad \boldsymbol{\sigma} = \begin{pmatrix} \sigma_{xx} & \tau_{xy} & \tau_{xz} \\ \tau_{yx} & \sigma_{yy} & \tau_{yz} \\ \tau_{zx} & \tau_{zy} & \sigma_{zz} \end{pmatrix}. \tag{5.55}$$

(텐서의 정의에 대해서는 더 많은 내용들이 있다. 다른 좌표계로 바뀔 때 텐서 성분들의 변환에는 규칙이 있지만, 여기서 더 논의할 필요는 없다.) 여기서 *6개*의 전단응력 성분들 중에서 *3개*만 독립적임을 보일 것이다. 그림 5.14(b)에 나타낸 바와 같이 x/y 평면에서 정사각형인 단면적이 $dx \times dy$이고, z축 방향으로 임의의 길이 L만큼 뻗쳐 있는 직육면체의 유체 요소에 대해 고려해 보자. 화살표로 표시되는 4개의 관련 전단응력들이 존재한다. 이 응력들이 균형을 이루지 못할 경우, 요소가 회전할 수 있다. 원점 O 주위로 시계 방향 순 모멘트(net moment)를 유체의 관성 모멘트 I와 각속도의 증가속도 $d\omega/dt$의 곱과 같게 둔다.

$$\underbrace{\underbrace{\underbrace{L\,dx}_{\text{Area}}\,(\tau_{yx} - \tau_{xy})}_{\text{Net force}}\,dx}_{\text{Clockwise moment}} = I\,\frac{d\omega}{dt}. \tag{5.56}$$

이 식의 좌변에서 두 번째 dx는 토크를 구하기 위해 순 입을 곱하기 위한 팔(arm)의 반지름을 의미한다. 유체 요소에 대해 I가 $(dx)^4$에 비례한다는 것을 보일 수 있다. $(dx)^2$을 소거하면 우변에 $(dx)^2$의 인수가 남는다. dx가 0으로 접근함에 따라 $d\omega/dt$는 유일한 한 값을 갖는데, 이는 다음과 같은 경우에만 성립하게 된다.

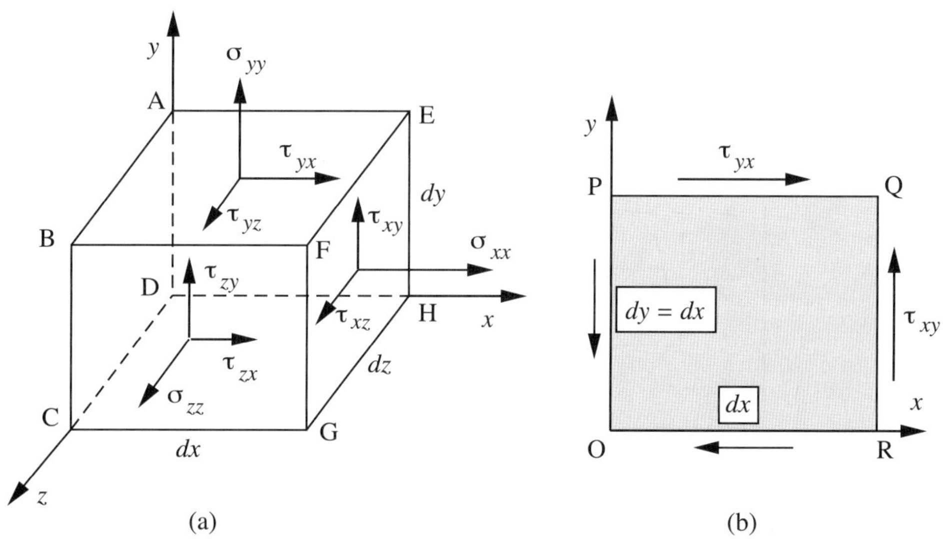

그림 5.14 (a) 9개의 수직 및 전단 응력 성분들; (b) x/y 평면에 속해 있는 요소에 작용하는 전단 응력.

$$\tau_{yx} = \tau_{xy}. \tag{5.57}$$

이와 유사하게, $\tau_{zy} = \tau_{yz}$, $\tau_{xz} = \tau_{zx}$가 된다. 즉, 단지 3개의 전단응력 성분들만이 독립적이다.

뉴턴성 유체에 대한 기본 관계

그림 5.15(a~c)에는 유체가 이동할 수 있는 세 가지의 기본적인 경로들을 나타내었다. 각 경우에 점선으로 표시된 외형선은 x/y 평면에서 유체 요소의 초기의 형태를 나타낸다. 단시간 내에 유체 요소가 실선으로 표시된 새로운 형태를 가지게 된다. 이때 다음과 같은 상황이 발생할 수 있다.

(a) *병진*(translation) — 유체 요소가 형태의 변화 없이 새로운 위치로 이동한다.

(b) *회전*(rotation) — 유체 요소가 무게 중심의 변화 없이 회전한다.

(c) *전단*(shear) — 유체 요소가 평행사변형으로 변형한다.

그림 5.15(d)에는 이 세 종류의 운동들을 모두 조합한 결과를 나타내었다. 이들 가운데서 짧은 시간간격 경화 후 약간 감소하는 직각으로부터 각도 α의 변화속도를 계산함으로써 구할 수 있는 *전단* 성분만을 구하고자 한다.

우선 요소의 밑면 AB를 고려해 보자. y 방향으로 임의의 점이 이동하는 속도는 국지속도 v_y 값에 의존하며, x에 따라서 변화하여 밑면은 한 방향이나 다른 방향으로 기울어져 더 이상 x축과 평행하지 않게 된다. 따라서 시간 dt 동안, 점 B는 점 A에 관하여 $(\partial v_y/\partial x)dx\,dt$ 만큼 앞서가게 되고, 따라서 밑면 AB는 반시계 방향으로 각도 $(\partial v_y/\partial x)dt$만큼 기울어지게 된다. 비슷한 논리로, 요소

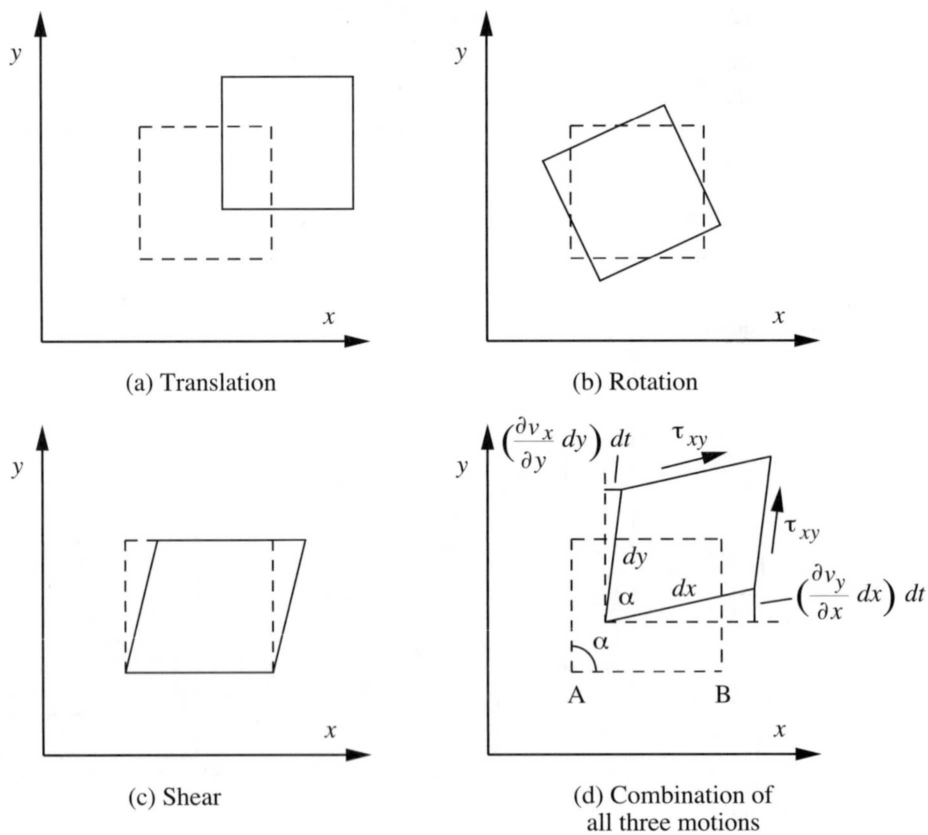

그림 5.15 유체 운동의 기본 형태. 점선으로 표시된 외형선은 유체 요소의 초기 위치를 나타낸다. 실선으로 된 외형선은 병진, 회전, 전단 또는 이 세 운동을 조합한 후의 유체 요소의 위치를 보여준다.

의 왼쪽 면도 각도 $(\partial v_x/\partial x)dt$만큼 시계 방향으로 기울어지게 된다. (그림과 같이) 이 두 작용들은 각도 α를 감소시키게 된다. 이 두 효과를 합한 후 dt로 나누면 다음과 같이 된다.

$$\frac{d\alpha}{dt} = -\left(\frac{\partial v_x}{\partial y} + \frac{\partial v_y}{\partial x}\right). \tag{5.58}$$

뉴턴성 유체에 있어서 실험을 통하여 입증된 것으로, 변형을 야기하는 전단응력은 α가 감소하는 속도(*전단 속도*(shear rate)로도 알려진)에 비례한다는 것은 기본 가정이다.

$$\tau_{xy}\ (= \tau_{yx}) = -\mu\,\frac{d\alpha}{dt} = \mu\left(\frac{\partial v_x}{\partial y} + \frac{\partial v_y}{\partial x}\right). \tag{5.59}$$

비례상수 μ는 *점도*이다. 다른 전단응력들에 대하여 비슷한 관계를 유도할 수 있다. 총괄적으로 *뉴턴의 점도 법칙*을 나타내는 종합적인 방정식들이 직교 좌표계에 대하여 표 5.7의 상반부에 열거하였다.

수직응력에 관한 관계식도 비슷하게 유도될 수 있지만, 이는 훨씬 더 복잡하기 때문에 여기서는 다루지 않는다. 그 대신 최종적인 결과를 표 5.7의 하반부에 나타내었다. 따라서 앞에서 언급된 바와 같이 (부호 규칙에 의하여 인장을 유발할 때를 양으로 간주하는) 수직응력은 유체의 압력 p(압축—음의 부호)와 점성 작용에 의하여 유발되는 성분들과 같은 두 부분으로 이루어져 있다. 점성 작용은 다음과 같이 주어진다.

$$\begin{aligned}\tau_{xx} &= 2\mu\,\frac{\partial v_x}{\partial x} - \frac{2}{3}\mu\,\nabla\cdot\mathbf{v},\\ \tau_{yy} &= 2\mu\,\frac{\partial v_y}{\partial y} - \frac{2}{3}\mu\,\nabla\cdot\mathbf{v},\\ \tau_{zz} &= 2\mu\,\frac{\partial v_z}{\partial z} - \frac{2}{3}\mu\,\nabla\cdot\mathbf{v}.\end{aligned} \tag{5.62}$$

표 5.7 ▶ 직교 좌표계에서의 응력 성분들[2]

$$\begin{aligned}\tau_{xy} &= \tau_{yx} = \mu\left(\frac{\partial v_x}{\partial y} + \frac{\partial v_y}{\partial x}\right),\\ \tau_{yz} &= \tau_{zy} = \mu\left(\frac{\partial v_y}{\partial z} + \frac{\partial v_z}{\partial y}\right),\\ \tau_{zx} &= \tau_{xz} = \mu\left(\frac{\partial v_z}{\partial x} + \frac{\partial v_x}{\partial z}\right).\end{aligned} \tag{5.60}$$

$$\begin{aligned}\sigma_{xx} &= -p + 2\mu\,\frac{\partial v_x}{\partial x} - \frac{2}{3}\,\mu\,\nabla\cdot\mathbf{v},\\ \sigma_{yy} &= -p + 2\mu\,\frac{\partial v_y}{\partial y} - \frac{2}{3}\mu\,\nabla\cdot\mathbf{v},\\ \sigma_{zz} &= -p + 2\mu\,\frac{\partial v_z}{\partial z} - \frac{2}{3}\mu\,\nabla\cdot\mathbf{v}.\end{aligned} \tag{5.61}$$

[2]식 번호는 표 5.7~5.9에도 표시되어 있다. 표들은 쪽의 구성 중에 주변으로 종종 옮겨질 수 있기 때문에, 여기에 있거나 또는 다음의 두 쪽에 보이는 몇몇 수식들에 대하여는 순서가 뒤바뀔 수도 있다.

식 (5.62)의 우변의 첫 항들에 관한 정상적인 설명은 이미 구해져 있다. 예를 들어, 만약 유체가 축 방향으로 잡아당겨지면, $\partial v_x/\partial x$는 양이 되고, 이를 위해서 결과적으로 τ_{xx}(즉, *인장력*(tension))는 양의 값이 된다.

위와 비슷한 논리로, 그림 5.16에서 유체 요소의 *회전* 속도 역시 성분들의 도함수들로 나타낼 수 있으며, 이에 관해서는 7.2절에서 각속도와 와류도(vorticity)를 공부할 때 좀 더 자세히 다루기로 한다.

완전하게 하기 위해, 원통형 좌표계와 구형 좌표계에서의 응력 성분들을 표 5.8과 5.9에 나타내었다.

여기서 전단응력과 수직 응력의 관계식을 식 (5.60), (5.61), (5.54)의 세 개의 운동량 수지식들에 대입한다. 이에 관해서는 예제 5.8에서 자세하게 다루게 된다. 명백하게 최종적인 관계식들은 상당히 복잡하며, 개론 수준에서는 *점도가 일정*하다고 가정하여 간략화한다. 최종 결과는 다음과 같다.

표 5.8 ▸ 원통형 좌표계에서의 응력 성분들

$$\begin{aligned}
\tau_{r\theta} = \tau_{\theta r} &= \mu\left(r\frac{\partial}{\partial r}\left(\frac{v_\theta}{r}\right) + \frac{1}{r}\frac{\partial v_r}{\partial \theta}\right),\\
\tau_{\theta z} = \tau_{z\theta} &= \mu\left(\frac{\partial v_\theta}{\partial z} + \frac{1}{r}\frac{\partial v_z}{\partial \theta}\right),\\
\tau_{zr} = \tau_{rz} &= \mu\left(\frac{\partial v_z}{\partial r} + \frac{\partial v_r}{\partial z}\right).
\end{aligned} \tag{5.63}$$

$$\begin{aligned}
\sigma_{rr} &= -p + 2\mu\frac{\partial v_r}{\partial r} - \frac{2}{3}\mu\nabla\cdot\mathbf{v},\\
\sigma_{\theta\theta} &= -p + 2\mu\left(\frac{1}{r}\frac{\partial v_\theta}{\partial \theta} + \frac{v_r}{r}\right) - \frac{2}{3}\mu\nabla\cdot\mathbf{v},\\
\sigma_{zz} &= -p + 2\mu\frac{\partial v_z}{\partial z} - \frac{2}{3}\mu\nabla\cdot\mathbf{v}.
\end{aligned} \tag{5.64}$$

표 5.9 ▸ 구형 좌표계에서 응력 성분들

$$\begin{aligned}
\tau_{r\theta} = \tau_{\theta r} &= \mu\left(r\frac{\partial}{\partial r}\left(\frac{v_\theta}{r}\right) + \frac{1}{r}\frac{\partial v_r}{\partial \theta}\right),\\
\tau_{\theta\phi} = \tau_{\phi\theta} &= \mu\left(\frac{\sin\theta}{r}\frac{\partial}{\partial \theta}\left(\frac{v_\phi}{\sin\theta}\right) + \frac{1}{r\sin\theta}\frac{\partial v_\theta}{\partial \phi}\right),\\
\tau_{\phi r} = \tau_{r\phi} &= \mu\left(\frac{1}{r\sin\theta}\frac{\partial v_r}{\partial \phi} + r\frac{\partial}{\partial r}\left(\frac{v_\phi}{r}\right)\right).
\end{aligned} \tag{5.65}$$

$$\begin{aligned}
\sigma_{rr} &= -p + 2\mu\frac{\partial v_r}{\partial r} - \frac{2}{3}\mu\nabla\cdot\mathbf{v},\\
\sigma_{\theta\theta} &= -p + 2\mu\left(\frac{1}{r}\frac{\partial v_\theta}{\partial \theta} + \frac{v_r}{r}\right) - \frac{2}{3}\mu\nabla\cdot\mathbf{v},\\
\sigma_{\phi\phi} &= -p + 2\mu\left(\frac{1}{r\sin\theta}\frac{\partial v_\phi}{\partial \phi} + \frac{v_r}{r} + \frac{v_\theta\cot\theta}{r}\right) - \frac{2}{3}\mu\nabla\cdot\mathbf{v}.
\end{aligned} \tag{5.66}$$

점도가 일정한 뉴턴성 유체에 대한 운동량 수지

$$\rho\left(\frac{\partial v_x}{\partial t}+v_x\frac{\partial v_x}{\partial x}+v_y\frac{\partial v_x}{\partial y}+v_z\frac{\partial v_x}{\partial z}\right)=-\frac{\partial p}{\partial x}+\mu\left(\frac{\partial^2 v_x}{\partial x^2}+\frac{\partial^2 v_x}{\partial y^2}+\frac{\partial^2 v_x}{\partial z^2}\right)+\rho g_x+\frac{1}{3}\mu\frac{\partial}{\partial x}\nabla\cdot\mathbf{v},$$

$$\rho\left(\frac{\partial v_y}{\partial t}+v_x\frac{\partial v_y}{\partial x}+v_y\frac{\partial v_y}{\partial y}+v_z\frac{\partial v_y}{\partial z}\right)=-\frac{\partial p}{\partial y}+\mu\left(\frac{\partial^2 v_y}{\partial x^2}+\frac{\partial^2 v_y}{\partial y^2}+\frac{\partial^2 v_y}{\partial z^2}\right)+\rho g_y+\frac{1}{3}\mu\frac{\partial}{\partial y}\nabla\cdot\mathbf{v},$$

$$\rho\left(\frac{\partial v_z}{\partial t}+v_x\frac{\partial v_z}{\partial x}+v_y\frac{\partial v_z}{\partial y}+v_z\frac{\partial v_z}{\partial z}\right)=-\frac{\partial p}{\partial z}+\mu\left(\frac{\partial^2 v_z}{\partial x^2}+\frac{\partial^2 v_z}{\partial y^2}+\frac{\partial^2 v_z}{\partial z^2}\right)+\rho g_z+\frac{1}{3}\mu\frac{\partial}{\partial z}\nabla\cdot\mathbf{v}. \tag{5.67}$$

식 (5.67)의 세 개의 관계식은 단일 벡터 방정식의 x, y, z 성분으로 간주할 수 있다.

$$\rho\frac{\mathcal{D}\mathbf{v}}{\mathcal{D}t}=-\nabla p\ +\ \mu\nabla^2\mathbf{v}\ +\ \rho\,\mathbf{g}+\frac{1}{3}\mu\,\nabla(\nabla\cdot\mathbf{v}). \tag{5.68}$$

부록 C에 나타낸 바와 같이, $\nabla^2\mathbf{v}$ 항은 x, y, z 방향의 성분들을 가지며, 각각은 개별 속도 성분들인 v_x, v_y, v_z의 Laplacian에 해당되고, g는 g_x, g_y, g_z를 성분으로 갖는 벡터이다. 그리고 $\nabla(\nabla\cdot\mathbf{v})$은 $\partial(\nabla\cdot\mathbf{v})/\partial x$, $\partial(\nabla\cdot\mathbf{v})/\partial y$, $\partial(\nabla\cdot\mathbf{v})/\partial z$ 성분을 갖는 속도 벡터의 발산의 구배이다.

세 가지 중요한 텐서

비압축성 뉴턴성 유체에 있어서 전단 응력과 변형률 속도 사이의 관계는 텐서 형태로 좀 더 간결하게 나타날 수 있다. *점성 응력*과 *총 응력* 텐서는 이미 다음과 같이 정의되었다.

$$\boldsymbol{\tau}=\begin{pmatrix}\tau_{xx}&\tau_{xy}&\tau_{xz}\\ \tau_{yx}&\tau_{yy}&\tau_{yz}\\ \tau_{zx}&\tau_{zy}&\tau_{zz}\end{pmatrix},\qquad \boldsymbol{\sigma}=\begin{pmatrix}\sigma_{xx}&\tau_{xy}&\tau_{xz}\\ \tau_{yx}&\sigma_{yy}&\tau_{yz}\\ \tau_{zx}&\tau_{zy}&\sigma_{zz}\end{pmatrix}. \tag{5.69}$$

변형 속도(rate of deformation), *변형률 속도*(rate of strain) 또는 간단히 *변형률 속도*(strain rate) 텐서는 다음과 같이 정의된다.

$$\dot{\boldsymbol{\gamma}}=\begin{pmatrix}2\dfrac{\partial v_x}{\partial x}&\left(\dfrac{\partial v_x}{\partial y}+\dfrac{\partial v_y}{\partial x}\right)&\left(\dfrac{\partial v_x}{\partial z}+\dfrac{\partial v_z}{\partial x}\right)\\ \left(\dfrac{\partial v_y}{\partial x}+\dfrac{\partial v_x}{\partial y}\right)&2\dfrac{\partial v_y}{\partial y}&\left(\dfrac{\partial v_y}{\partial z}+\dfrac{\partial v_z}{\partial y}\right)\\ \left(\dfrac{\partial v_z}{\partial x}+\dfrac{\partial v_x}{\partial z}\right)&\left(\dfrac{\partial v_z}{\partial y}+\dfrac{\partial v_y}{\partial z}\right)&2\dfrac{\partial v_z}{\partial z}\end{pmatrix}=\nabla\mathbf{v}+(\nabla\mathbf{v})^T, \tag{5.70}$$

여기서 *다이애드곱* $\nabla\mathbf{v}$와 이의 전치행렬 $(\nabla\mathbf{v})^T$에 관해서는 부록 C에서 정의하였다. 비압축성 유체의 경우 $\nabla\cdot\mathbf{v}=0$이기 때문에, 식 (5.60)~(5.62)는 다음과 같이 표현될 수 있다.

$$\boldsymbol{\tau}=\mu\dot{\boldsymbol{\gamma}},\qquad \boldsymbol{\sigma}=-p\mathbf{I}+\mu\dot{\boldsymbol{\gamma}}, \tag{5.71}$$

여기서 $\mathbf{I}$는 *단위 텐서*로서, 대각선 요소들이 1이고 그 외의 요소들은 0이다.

예제 5.8 속도 구배의 항으로 표시한 점도가 일정할 경우의 운동량 수지

식 (5.54)의 운동량 수지식으로부터 식 (5.60)과 (5.61)을 응력 σ_{xx}, τ_{yx}, τ_{zx},에 대입하여 식 (5.67)의 세 운동량 수지식들 중 첫 번째 수지식을 증명하라.

풀이

위에서 언급한 바와 같이 대입하면 다음과 같이 된다.

$$\begin{aligned}\rho\frac{\mathcal{D}v_x}{\mathcal{D}t} &= \frac{\partial\sigma_{xx}}{\partial x}+\frac{\partial\tau_{yx}}{\partial y}+\frac{\partial\tau_{zx}}{\partial z}+\rho g_x\\ &= \frac{\partial}{\partial x}\left(-p+2\mu\frac{\partial v_x}{\partial x}-\frac{2}{3}\mu\nabla\cdot\mathbf{v}\right)+\frac{\partial}{\partial y}\left[\mu\left(\frac{\partial v_x}{\partial y}+\frac{\partial v_y}{\partial x}\right)\right]\\ &\quad+\frac{\partial}{\partial z}\left[\mu\left(\frac{\partial v_x}{\partial z}+\frac{\partial v_z}{\partial x}\right)\right]+\rho g_x.\end{aligned} \tag{E5.8.1}$$

점도가 일정한 경우 비슷한 항들을 모아서 다시 정리하면 다음과 같이 된다.

$$\begin{aligned}\rho\frac{\mathcal{D}v_x}{\mathcal{D}t} &= -\frac{\partial p}{\partial x}+\mu\left(\frac{\partial^2 v_x}{\partial x^2}+\frac{\partial^2 v_x}{\partial y^2}+\frac{\partial^2 v_x}{\partial z^2}\right)+\rho g_x\\ &\quad+\mu\underbrace{\left[\frac{\partial}{\partial x}\left(\frac{\partial v_x}{\partial x}\right)+\frac{\partial}{\partial y}\left(\frac{\partial v_y}{\partial x}\right)+\frac{\partial}{\partial z}\left(\frac{\partial v_z}{\partial x}\right)\right]}_{\text{See text}}-\frac{2}{3}\mu\frac{\partial}{\partial x}\nabla\cdot\mathbf{v}.\end{aligned} \tag{E5.8.2}$$

그러나 편미분의 순서는 바꿀 수 있으므로, 위의 식 우변의 두 번째 대괄호 안의 항들은 $\nabla\cdot\mathbf{v}$의 x축 방향 도함수가 되어 그 다음 항과 결합될 수 있다. 좌변의 대류 도함수를 전개하면, 구하고자 하는 x축 방향의 운동량 수지식을 다음과 같이 얻을 수 있다.

$$\begin{aligned}\underbrace{\rho\left(\frac{\partial v_x}{\partial t}+v_x\frac{\partial v_x}{\partial x}+v_y\frac{\partial v_x}{\partial y}+v_z\frac{\partial v_x}{\partial z}\right)}_{\text{Inertial or acceleration terms}} &= \underbrace{-\frac{\partial p}{\partial x}}_{\text{Pressure term}}+\underbrace{\mu\left(\frac{\partial^2 v_x}{\partial x^2}+\frac{\partial^2 v_x}{\partial y^2}+\frac{\partial^2 v_x}{\partial z^2}\right)}_{\text{Primary viscous terms}}\\ &\quad\underbrace{+\ \rho g_x}_{\text{Body force term}}+\underbrace{\frac{1}{3}\mu\frac{\partial}{\partial x}\nabla\cdot\mathbf{v}}_{\text{Secondary viscous term}}.\end{aligned} \tag{E5.8.3}$$

y 및 z 방향 방정식에 대한 유도도 비슷한 과정을 거친다.

대부분의 상황에서 액체의 경우 유체는 본질적으로 비압축성이고, 이 경우에 $\nabla\cdot\mathbf{v}$ 항은 무시할 수 있다, 이와 같은 경우에 운동량 수지식을 *Navier-Stokes 방정식*이라 부른다.

이 장에서는 세 개의 중요 좌표계들의(응력 항으로 나타낸) 운동량 수지식과 Navier-Stokes 방정식(표 5.10~5.12)을 열거하고, 점도가 변하는 경우에 대한 간단한 예제를 다룸으로써 매듭지기로 한다.

표 5.10 ▸ 직교좌표계에서의 운동량 방정식

응력 항으로(모든 상황에서): (5.72)

$$\rho\left(\frac{\partial v_x}{\partial t}+v_x\frac{\partial v_x}{\partial x}+v_y\frac{\partial v_x}{\partial y}+v_z\frac{\partial v_x}{\partial z}\right)=-\frac{\partial p}{\partial x}+\frac{\partial \tau_{xx}}{\partial x}+\frac{\partial \tau_{yx}}{\partial y}+\frac{\partial \tau_{zx}}{\partial z}+\rho g_x,$$

$$\rho\left(\frac{\partial v_y}{\partial t}+v_x\frac{\partial v_y}{\partial x}+v_y\frac{\partial v_y}{\partial y}+v_z\frac{\partial v_y}{\partial z}\right)=-\frac{\partial p}{\partial y}+\frac{\partial \tau_{xy}}{\partial x}+\frac{\partial \tau_{yy}}{\partial y}+\frac{\partial \tau_{zy}}{\partial z}+\rho g_y,$$

$$\rho\left(\frac{\partial v_z}{\partial t}+v_x\frac{\partial v_z}{\partial x}+v_y\frac{\partial v_z}{\partial y}+v_z\frac{\partial v_z}{\partial z}\right)=-\frac{\partial p}{\partial z}+\frac{\partial \tau_{xz}}{\partial x}+\frac{\partial \tau_{yz}}{\partial y}+\frac{\partial \tau_{zz}}{\partial z}+\rho g_z.$$

ρ와 μ가 일정한 뉴턴성 유체의 경우에 관해 속도 항으로: (5.73)

$$\rho\left(\frac{\partial v_x}{\partial t}+v_x\frac{\partial v_x}{\partial x}+v_y\frac{\partial v_x}{\partial y}+v_z\frac{\partial v_x}{\partial z}\right)=-\frac{\partial p}{\partial x}+\mu\left(\frac{\partial^2 v_x}{\partial x^2}+\frac{\partial^2 v_x}{\partial y^2}+\frac{\partial^2 v_x}{\partial z^2}\right)+\rho g_x,$$

$$\rho\left(\frac{\partial v_y}{\partial t}+v_x\frac{\partial v_y}{\partial x}+v_y\frac{\partial v_y}{\partial y}+v_z\frac{\partial v_y}{\partial z}\right)=-\frac{\partial p}{\partial y}+\mu\left(\frac{\partial^2 v_y}{\partial x^2}+\frac{\partial^2 v_y}{\partial y^2}+\frac{\partial^2 v_y}{\partial z^2}\right)+\rho g_y,$$

$$\rho\left(\frac{\partial v_z}{\partial t}+v_x\frac{\partial v_z}{\partial x}+v_y\frac{\partial v_z}{\partial y}+v_z\frac{\partial v_z}{\partial z}\right)=-\frac{\partial p}{\partial z}+\mu\left(\frac{\partial^2 v_z}{\partial x^2}+\frac{\partial^2 v_z}{\partial y^2}+\frac{\partial^2 v_z}{\partial z^2}\right)+\rho g_z.$$

Navier, Claude-Louis-Marie-Henri. 1785년 프랑스의 디종에서 출생하여, 1836년 파리에서 사망하였다. Navier는 파리 Ecole Polytechnique에서 그의 스승들 중 한 명이었던 Fourier의 조수 및 동료가 되었다. 1807~1813년 사이의 그의 초창기 시절은 대부분 두 종류의 업적을 편집하고 출판하는 데 집중하였다. 즉, (a) 유명한 토목 공학자인 작은 할아버지 Emiland Gauthey의 논문 초고들과 (b) Bélidor의 *Science des ingénieurs*의 개정판이었다. Navier 자신의 공학적인 업적에 있어서 중요한 부분은 나무, 돌 및 철과 같은 재료의 구조 역학을 중심으로, 토목 공학도에게 중요한 해석 도구들을 제공한 것이다. 그는 파리 센(Seine) 강을 가로지르는 현수교를 설계하여 거의 완성 단계까지 이르렀지만, 사고로 파손된 하수설비로 인해 홍수가 발생하여 다리가 기울어지게 되었다. 보수가 가능하였음에도 정치권에 의해 다리가 철거되었다. 고체와 액체의 운동에 관한 그의 이론적 연구에 의해 그의 이름과 Stokes의 이름을 따라 명명된 유명한 방정식들을 유도하게 되었다. 프랑스 혁명 이후 Navier는 정부에게 도로 건설 및 교통, 나라 전체의 철도 체계를 세우는 정책들을 제안하는 중요한 자문가가 된다.

출처: Navier, Claude-Louis-Marie-Henri. (2008). In *Complete Dictionary of Scientific Biography*, (Vol. 10, pp. 2–5). Detroit: Charles Scribner's Sons.

표 5.11 ▸ 원통형 좌표계에서의 운동량 방정식

응력 항으로(모든 상황에서): (5.74)

$$\rho\left(\frac{\partial v_r}{\partial t} + v_r\frac{\partial v_r}{\partial r} + \frac{v_\theta}{r}\frac{\partial v_r}{\partial \theta} - \frac{v_\theta^2}{r} + v_z\frac{\partial v_r}{\partial z}\right) = -\frac{\partial p}{\partial r} + \frac{1}{r}\frac{\partial (r\tau_{rr})}{\partial r} + \frac{1}{r}\frac{\partial \tau_{r\theta}}{\partial \theta} - \frac{\tau_{\theta\theta}}{r} + \frac{\partial \tau_{rz}}{\partial z} + \rho g_r,$$

$$\rho\left(\frac{\partial v_\theta}{\partial t} + v_r\frac{\partial v_\theta}{\partial r} + \frac{v_\theta}{r}\frac{\partial v_\theta}{\partial \theta} + \frac{v_r v_\theta}{r} + v_z\frac{\partial v_\theta}{\partial z}\right) = -\frac{1}{r}\frac{\partial p}{\partial \theta} + \frac{1}{r^2}\frac{\partial (r^2\tau_{r\theta})}{\partial r} + \frac{1}{r}\frac{\partial \tau_{\theta\theta}}{\partial \theta} + \frac{\partial \tau_{\theta z}}{\partial z} + \rho g_\theta,$$

$$\rho\left(\frac{\partial v_z}{\partial t} + v_r\frac{\partial v_z}{\partial r} + \frac{v_\theta}{r}\frac{\partial v_z}{\partial \theta} + v_z\frac{\partial v_z}{\partial z}\right) = -\frac{\partial p}{\partial z} + \frac{1}{r}\frac{\partial (r\tau_{rz})}{\partial r} + \frac{1}{r}\frac{\partial \tau_{\theta z}}{\partial \theta} + \frac{\partial \tau_{zz}}{\partial z} + \rho g_z.$$

ρ와 μ가 일정한 뉴턴성 유체의 경우에 관해 속도 항으로: (5.75)

$$\rho\left(\frac{\partial v_r}{\partial t} + v_r\frac{\partial v_r}{\partial r} + \frac{v_\theta}{r}\frac{\partial v_r}{\partial \theta} - \frac{v_\theta^2}{r} + v_z\frac{\partial v_r}{\partial z}\right) = -\frac{\partial p}{\partial r} + \mu\left[\frac{\partial}{\partial r}\left(\frac{1}{r}\frac{\partial (r v_r)}{\partial r}\right) + \frac{1}{r^2}\frac{\partial^2 v_r}{\partial \theta^2} - \frac{2}{r^2}\frac{\partial v_\theta}{\partial \theta} + \frac{\partial^2 v_r}{\partial z^2}\right] + \rho g_r,$$

$$\rho\left(\frac{\partial v_\theta}{\partial t} + v_r\frac{\partial v_\theta}{\partial r} + \frac{v_\theta}{r}\frac{\partial v_\theta}{\partial \theta} + \frac{v_r v_\theta}{r} + v_z\frac{\partial v_\theta}{\partial z}\right) = -\frac{1}{r}\frac{\partial p}{\partial \theta} + \mu\left[\frac{\partial}{\partial r}\left(\frac{1}{r}\frac{\partial (r v_\theta)}{\partial r}\right) + \frac{1}{r^2}\frac{\partial^2 v_\theta}{\partial \theta^2} + \frac{2}{r^2}\frac{\partial v_r}{\partial \theta} + \frac{\partial^2 v_\theta}{\partial z^2}\right] + \rho g_\theta,$$

$$\rho\left(\frac{\partial v_z}{\partial t} + v_r\frac{\partial v_z}{\partial r} + \frac{v_\theta}{r}\frac{\partial v_z}{\partial \theta} + v_z\frac{\partial v_z}{\partial z}\right) = -\frac{\partial p}{\partial z} + \mu\left[\frac{1}{r}\frac{\partial}{\partial r}\left(r\frac{\partial v_z}{\partial r}\right) + \frac{1}{r^2}\frac{\partial^2 v_z}{\partial \theta^2} + \frac{\partial^2 v_z}{\partial z^2}\right] + \rho g_z.$$

표 5.12 ▶ 구형 좌표계에서의 운동량 방정식

응력 항으로(모든 상황에서): (5.76)

$$\rho\left(\frac{\partial v_r}{\partial t}+v_r\frac{\partial v_r}{\partial r}+\frac{v_\theta}{r}\frac{\partial v_r}{\partial\theta}+\frac{v_\phi}{r\sin\theta}\frac{\partial v_r}{\partial\phi}-\frac{v_\theta^2+v_\phi^2}{r}\right)=-\frac{\partial p}{\partial r}$$
$$+\frac{1}{r^2}\frac{\partial}{\partial r}(r^2\tau_{rr})+\frac{1}{r\sin\theta}\frac{\partial(\tau_{r\theta}\sin\theta)}{\partial\theta}+\frac{1}{r\sin\theta}\frac{\partial\tau_{r\phi}}{\partial\phi}-\frac{\tau_{\theta\theta}+\tau_{\phi\phi}}{r}+\rho g_r,$$

$$\rho\left(\frac{\partial v_\theta}{\partial t}+v_r\frac{\partial v_\theta}{\partial r}+\frac{v_\theta}{r}\frac{\partial v_\theta}{\partial\theta}+\frac{v_\phi}{r\sin\theta}\frac{\partial v_\theta}{\partial\phi}+\frac{v_r v_\theta}{r}-\frac{v_\phi^2\cot\theta}{r}\right)=-\frac{1}{r}\frac{\partial p}{\partial\theta}$$
$$+\frac{1}{r^2}\frac{\partial(r^2\tau_{r\theta})}{\partial r}+\frac{1}{r\sin\theta}\frac{\partial(\tau_{\theta\theta}\sin\theta)}{\partial\theta}+\frac{1}{r\sin\theta}\frac{\partial\tau_{\theta\phi}}{\partial\phi}+\frac{\tau_{r\theta}}{r}-\frac{\cot\theta}{r}\tau_{\phi\phi}+\rho g_\theta,$$

$$\rho\left(\frac{\partial v_\phi}{\partial t}+v_r\frac{\partial v_\phi}{\partial r}+\frac{v_\theta}{r}\frac{\partial v_\phi}{\partial\theta}+\frac{v_\phi}{r\sin\theta}\frac{\partial v_\phi}{\partial\phi}+\frac{v_\phi v_r}{r}+\frac{v_\theta v_\phi\cot\theta}{r}\right)=-\frac{1}{r\sin\theta}\frac{\partial p}{\partial\phi}$$
$$+\frac{1}{r^2}\frac{\partial(r^2\tau_{r\phi})}{\partial r}+\frac{1}{r}\frac{\partial\tau_{\theta\phi}}{\partial\theta}+\frac{1}{r\sin\theta}\frac{\partial\tau_{\phi\phi}}{\partial\phi}+\frac{\tau_{r\phi}}{r}+\frac{2\cot\theta}{r}\tau_{\theta\phi}+\rho g_\phi.$$

ρ와 μ가 일정한 뉴턴성 유체의 경우에 관해 속도 항으로: (5.77)

$$\rho\left(\frac{\partial v_r}{\partial t}+v_r\frac{\partial v_r}{\partial r}+\frac{v_\theta}{r}\frac{\partial v_r}{\partial\theta}+\frac{v_\phi}{r\sin\theta}\frac{\partial v_r}{\partial\phi}-\frac{v_\theta^2+v_\phi^2}{r}\right)$$
$$=-\frac{\partial p}{\partial r}+\mu\left[\frac{1}{r^2}\frac{\partial}{\partial r}\left(r^2\frac{\partial v_r}{\partial r}\right)+\frac{1}{r^2\sin\theta}\frac{\partial}{\partial\theta}\left(\sin\theta\frac{\partial v_r}{\partial\theta}\right)\right.$$
$$\left.+\frac{1}{r^2\sin^2\theta}\frac{\partial^2 v_r}{\partial\phi^2}-\frac{2v_r}{r^2}-\frac{2}{r^2}\frac{\partial v_\theta}{\partial\theta}-\frac{2v_\theta\cot\theta}{r^2}-\frac{2}{r^2\sin\theta}\frac{\partial v_\phi}{\partial\phi}\right]+\rho g_r,$$

$$\rho\left(\frac{\partial v_\theta}{\partial t}+v_r\frac{\partial v_\theta}{\partial r}+\frac{v_\theta}{r}\frac{\partial v_\theta}{\partial\theta}+\frac{v_\phi}{r\sin\theta}\frac{\partial v_\theta}{\partial\phi}+\frac{v_r v_\theta}{r}-\frac{v_\phi^2\cot\theta}{r}\right)$$
$$=-\frac{1}{r}\frac{\partial p}{\partial\theta}+\mu\left[\frac{1}{r^2}\frac{\partial}{\partial r}\left(r^2\frac{\partial v_\theta}{\partial r}\right)+\frac{1}{r^2\sin\theta}\frac{\partial}{\partial\theta}\left(\sin\theta\frac{\partial v_\theta}{\partial\theta}\right)\right.$$
$$\left.+\frac{1}{r^2\sin^2\theta}\frac{\partial^2 v_\theta}{\partial\phi^2}+\frac{2}{r^2}\frac{\partial v_r}{\partial\theta}-\frac{v_\theta}{r^2\sin^2\theta}-\frac{2\cos\theta}{r^2\sin^2\theta}\frac{\partial v_\phi}{\partial\phi}\right]+\rho g_\theta,$$

$$\rho\left(\frac{\partial v_\phi}{\partial t}+v_r\frac{\partial v_\phi}{\partial r}+\frac{v_\theta}{r}\frac{\partial v_\phi}{\partial\theta}+\frac{v_\phi}{r\sin\theta}\frac{\partial v_\phi}{\partial\phi}+\frac{v_\phi v_r}{r}+\frac{v_\theta v_\phi\cot\theta}{r}\right)$$
$$=-\frac{1}{r\sin\theta}\frac{\partial p}{\partial\phi}+\mu\left[\frac{1}{r^2}\frac{\partial}{\partial r}\left(r^2\frac{\partial v_\phi}{\partial r}\right)+\frac{1}{r^2\sin\theta}\frac{\partial}{\partial\theta}\left(\sin\theta\frac{\partial v_\phi}{\partial\theta}\right)\right.$$
$$\left.+\frac{1}{r^2\sin^2\theta}\frac{\partial^2 v_\phi}{\partial\phi^2}-\frac{v_\phi}{r^2\sin^2\theta}+\frac{2}{r^2\sin\theta}\frac{\partial v_r}{\partial\phi}+\frac{2\cos\theta}{r^2\sin^2\theta}\frac{\partial v_\theta}{\partial\phi}\right]+\rho g_\phi.$$

예제 5.9 벡터 형태 운동량 수지

기본적으로 밀도가 일정하지만 경우에 따라서는 점도가 상당히 변화되는 경우가 있는데(특히 비뉴턴성 유체와 난류 유동에서), 이때에는 앞에서 적용한 단순화를 더 이상 적용할 수 없다. 예제 5.8의 첫 번째 방정식으로부터 다시 시작하면,

$$\rho \frac{\mathcal{D}v_x}{\mathcal{D}t} = \frac{\partial \sigma_{xx}}{\partial x} + \frac{\partial \tau_{yx}}{\partial y} + \frac{\partial \tau_{zx}}{\partial z} + \rho g_x$$
$$= \frac{\partial}{\partial x}\left(-p + 2\mu \frac{\partial v_x}{\partial x} - \frac{2}{3}\mu \nabla \cdot \mathbf{v}\right) + \frac{\partial}{\partial y}\left[\mu\left(\frac{\partial v_x}{\partial y} + \frac{\partial v_y}{\partial x}\right)\right]$$
$$+ \frac{\partial}{\partial z}\left[\mu\left(\frac{\partial v_x}{\partial z} + \frac{\partial v_z}{\partial x}\right)\right] + \rho g_x. \qquad \text{(E5.9.1)}$$

빈번하게 접하게 되는 비압축성 유체의 경우 $\nabla \cdot \mathbf{v} = 0$이 되며, x축 방향에 대한 운동량 수지식을 다음과 같이 구할 수 있다.

$$\rho\left(\frac{\partial v_x}{\partial t} + v_x\frac{\partial v_x}{\partial x} + v_y\frac{\partial v_x}{\partial y} + v_z\frac{\partial v_x}{\partial z}\right) = -\frac{\partial p}{\partial x} + \frac{\partial}{\partial x}\left[2\mu\frac{\partial v_x}{\partial x}\right]$$
$$+\frac{\partial}{\partial y}\left[\mu\left(\frac{\partial v_x}{\partial y} + \frac{\partial v_y}{\partial x}\right)\right] + \frac{\partial}{\partial z}\left[\mu\left(\frac{\partial v_z}{\partial x} + \frac{\partial v_x}{\partial z}\right)\right] + \rho g_x. \qquad \text{(E5.9.2)}$$

유사한 y축과 z축 운동량 수지식들을 묶으면(응력텐서의 항으로 표시된 버전을 포함하여), 이 마지막 방정식은 벡터 형태로 다음과 같이 요약될 수 있다.

$$\rho \frac{\mathcal{D}\mathbf{v}}{\mathcal{D}t} = \rho\left(\frac{\partial \mathbf{v}}{\partial t} + \mathbf{v}\cdot\nabla\mathbf{v}\right) = -\nabla p + \nabla\cdot\boldsymbol{\tau} + \mathbf{F}$$
$$= -\nabla p + \nabla\cdot\mu(\nabla\mathbf{v} + (\nabla\mathbf{v})^T) + \mathbf{F}. \qquad \text{(E5.9.3)}$$

여기서 $\mathbf{F}$는 세 개의 개별적인 중력 항들을 포함하고 있다. 부록 C에서 다이애드(dyad)곱 $\nabla\mathbf{v}$와 이의 전치행렬은 식 (E5.9.2)와 y축 및 z축 방향에서의 유사식들은 세 개의 점성 항들의 묶음으로 전개된다.

난류 유동의 연산을 위하여 k–ε 방법이 논의될 때, 식 (E5.9.3)의 간략한 형태가 9.5절에서 사용될 것이다.

연습 문제 Problems for Chapter 5

1. *각속도 항으로 표현되는 선속도—E.* 크기와 방향에 관하여 $\omega \times \mathbf{r}$의 의미에 주목하면서, 이것이 그림 5.6의 $\mathbf{v}$와 같음을 보여라. 또한 $\mathbf{v} = \boldsymbol{\omega} \times \mathbf{r}$을 식 (5.25)의 행렬식으로 나타낼 수 있음을 증명하라.

2. *각속도와 컬—E.* 식 (5.30)을 증명하라. 즉, 속도의 컬(curl)이 강제 회전과 같이 일정하다고 가정할 수 있는 각속도의 두 배와 같음을 증명하라. *힌트*: RCCS 좌표계에서 임의의 위치 벡터 성분들이 $r_x = x$, $r_y = y$, $r_z = z$임에 주목하라.

3. *스칼라의 구배의 컬—E.* 만약 벡터 $\mathbf{v}$가 $\mathbf{v} = \nabla\phi$에서와 같이 스칼라의 구배로 주어진다면, 식 (5.32)

에서와 같이 속도의 컬(curl)이 0이 됨을 증명하라. 그리고 이 결과의 중요성에 대해 설명하라.

4. *원통형 좌표계—E.* CCS 좌표계에서 r, θ, z가 일정한 값을 갖는 표면은 어떤 형태이겠는가?

5. *구형 좌표계—E.* CCS 좌표계에서 r, θ, ϕ가 일정한 값을 갖는 표면은 어떤 형태이겠는가?

6. *연속 방정식의 또 다른 형태—E.* 벡터 항등식 $\nabla \cdot \rho\mathbf{v} = \mathbf{v} \cdot \nabla\rho + \rho\nabla \cdot \mathbf{v}$을 이용하여 연속 방정식이

$$\frac{\partial \rho}{\partial t} + \nabla \cdot \rho\mathbf{v} = 0, \tag{5.47}$$

다음의 동등한 형태로 표현될 수 있음을 증명하라.

$$\frac{\mathcal{D}\rho}{\mathcal{D}t} + \rho\nabla \cdot \mathbf{v} = 0. \tag{E5.7.2}$$

7. *연속 방정식의 다른 유도방법—M.* 그림 P5.7에 나타낸 정지상태의 대상 부피 ABCDEFGH에 대한 과도 상태 질량 수지를 취하여, 식 (5.48)로 주어진 RCCS 좌표계의 연속 방정식을 다시 구할 수 있는지를 검토하라.

8. *수직 응력 항으로 표현된 압력—E.* 식 (5.61)로부터 압력이 세 수직 응력의 평균의 음의 값임을 보여라.

9. *경계층 내에서의 횡방향 속도(I)—M.* 편평한 판 위의 경계층 내의 비압축성 유체의 유동(8.2절 참조)을 매우 간략화하면 x축 방향 속도 성분 v_x와 경계층 두께 δ를 다음과 같은 무차원 군으로 나타낼 수 있다.

$$\frac{v_x}{v_{x\infty}} = \frac{y}{\delta}, \qquad \text{where} \qquad \frac{\delta}{x} = 3.46\sqrt{\frac{\nu}{v_{x\infty}x}}.$$

여기서 $v_{x\infty}$는 평판형에서 멀리 떨어진 위치에서의 x 속도이고 x, y는 각각의 평판에 평행한 방향과 평판에 수직인 방향의 좌표이고, ν는 유체의 동점도이다.

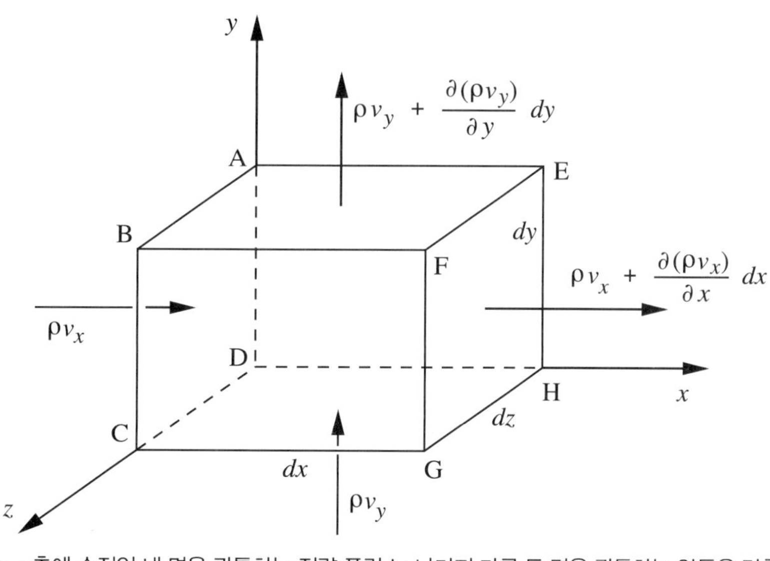

그림 P5.7 x, y축에 수직인 네 면을 관통하는 질량 플럭스; 나머지 다른 두 면을 관통하는 양들은 명확성을 위해 생략하였다.

만약 $y = 0$(평판)에서 $v_y = 0$이면 다음의 (v_x와 v_y를 포함하는) 두 개의 무차원 속도들을 무차원 거리 ζ와 연관시키는 두 개의 방정식을 유도하라.

$$\frac{v_x}{v_{x\infty}}, \qquad v_y\sqrt{\frac{x}{\nu v_{x\infty}}}, \qquad \zeta = y\sqrt{\frac{v_{x\infty}}{\nu x}}.$$

$\zeta = 0, 1, 2, 3$일 때, x, y 방향의 무차원 속도가 (정확한 Blasius 해에 근거한) 그림 8.5의 속도들과 일치하는 범위를 구하라.

10. *고정 대상 부피에 대한 운동량 수지—M.* 5.6절의 x축 방향에 대한 미분 운동량 수지식을 다시 세우되, 그림 5.13에 나타낸 직육면체 모양의 대상 부피가 공간상에 *고정*되어 있다고 가정하여 구하라. 이때 고려해야 할 대류 운동량 플럭스는 *6개*이며, 그 중 4개는 그림 P5.10에 표시되었다. 식 (5.53)의 우변에 있는 모든 항들은 변화가 없지만, 좌변의 대류 도함수들은 더 이상 사용할 필요가 없다. 또한 연속 방정식 (5.48)을 사용할 필요가 있을 것이다.

11. *경계층 내의 횡방향 속도(II)—M.* 평판 위의 경계층 내에서의 비압축성 유체의 유동(8.2절 참조)을 단순화시키면, x축 방향의 속도 성분 v_x와 경계층 두께 δ를 다음의 무차원 군으로 나타낼 수 있다.

$$\frac{v_x}{v_{x\infty}} = \sin\frac{\pi y}{2\delta}, \qquad \text{where} \qquad \frac{\delta}{x} = 4.79\sqrt{\frac{\nu}{v_{x\infty}x}}.$$

여기서 $v_{x\infty}$는 평판에서 멀리 떨어진 위치에서의 속도이고, x와 y는 각각 평판에 평행한 방향과 평판에 수직인 방향의 좌표이고, ν는 유체의 동점도이다.

만약 $y = 0$(평판)에서 $v_y = 0$이면 다음의 (v_x와 v_y를 포함하는) 두 개의 무차원 속도들을 무차원 거리 ζ와 연관시키는 두 개의 방정식을 유도하라.

$$\frac{v_x}{v_{x\infty}}, \qquad v_y\sqrt{\frac{x}{\nu v_{x\infty}}}, \qquad \zeta = y\sqrt{\frac{v_{x\infty}}{\nu x}}.$$

$\zeta = 0, 1, 2, 3$일 때, x, y 방향의 무차원 속도들이 (정확한 Blasius 해에 근거한) 그림 8.5의 속도들

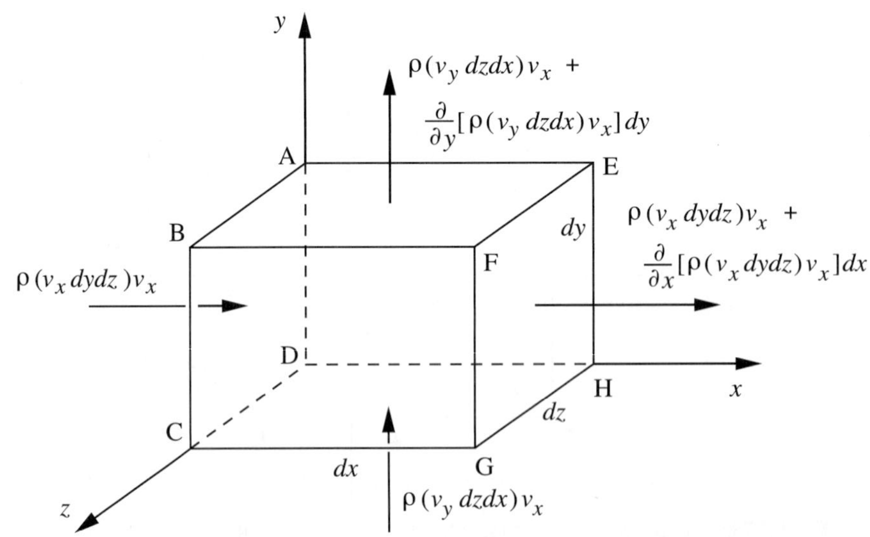

그림 P5.10 x, y축에 수직인 네 면을 관통하는 대류 운동량 플럭스; 나머지 다른 두 면을 관통하는 양들은 그림을 명확하게 하기 위하여 생략되었다.

과 일치하는 범위를 설명하라.

12. *와류와 각속도—E.* 강제 및 자유 와류와 같이 두 종류의 와류에 관해 7장에서 설명할 것이다. 원통형 좌표계에서 그림 7.1(a)의 *강제* 와류(forced vortex)들에 대한 속도 성분들은 다음과 같다.

$$v_r = 0, \quad v_\theta = r\omega, \quad v_z = 0,$$

반면에 그림 7.1(b)의 *자유* 와류(free vortex)에 대한 속도 z 성분들은 다음과 같다.

$$v_r = 0, \quad v_\theta = \frac{c}{r}, \quad v_z = 0.$$

각 경우에 대해 와류도의 성분과 각속도를 구하라.

13. *원통 주위의 유동—M.* 임의의 비압축성 유동에 있어서, 속도 벡터 $\mathbf{v}$는 스칼라 ϕ의 구배이다. 즉 $\mathbf{v} = \nabla\phi$이며, 원통형 좌표계에서 유동은 다음과 같게 된다.

$$\phi = U\left(r + \frac{a^2}{r}\right)\cos\theta.$$

(유동은 그림 7.8에 나타낸 것과 같이 원통을 지나는 균일 흐름(stream)이다.)

(a) 0이 아닌 두 속도 성분들이 아래와 같음을 증명하라.

$$v_r = U\left(1 - \frac{a^2}{r^2}\right)\cos\theta, \qquad v_\theta = -U\left(1 + \frac{a^2}{r^2}\right)\sin\theta.$$

(b) 이 속도들이 연속 방정식을 만족함을 증명하라.

(c) 와류도 $\nabla \times \mathbf{v}$의 z 성분과 위치함수로서의 각속도 $\boldsymbol{\omega}$의 z 성분을 계산하라.

14. *구 주위의 유동—E.* 구 주위를 지나는 비압축성 유체의 유동(그림 7.17)에 대하여, 원통형 좌표계에서 속도 성분들은 다음과 같다.

$$v_r = U\cos\theta\left(1 - \frac{a^3}{r^3}\right), \qquad v_\theta = U\sin\theta\left(1 + \frac{a^3}{2r^3}\right), \qquad v_\phi = 0.$$

불행하게도 v_θ에 대한 위의 표현은 부호에 착오가 있다. 이 착오를 알아내고, 바로잡기 위하여 연속 방정식을 사용하라. 그런 후 유동이 각속도는 모든 위치에서 0임을 증명하라.

15. *관 유동의 와류도—E.* 반지름이 a인 관에서 층류 점성 유동에 대해 임의의 반지름 $r(\le a)$에서의 방향이 속도 성분은 다음과 같다.

$$v_z = \frac{1}{4\mu}\left(-\frac{\partial p}{\partial z}\right)(a^2 - r^2),$$

여기서 μ는 점도이고, $\partial p/\partial z$는 압력 구배이다. 다른 두 속도 성분 v_r과 v_θ는 모두 0이다. 위치의 함수로써의 와류도 $\nabla \times \mathbf{v}$의 세 개의 성분들을 계산하라.

16. *음파의 전파—D.* 일차원 음파가 정지상태 비점성 압축성 유체를 통해 전파될 때, 밀도 ρ와 속도 v_x는 초기값 ρ_0와 0으로부터 각각 매우 작은 양인 ρ'과 v_x'만큼 변화한다.

$$\rho = \rho_0 + \rho',$$
$$v_x = 0 + v_x' = v_x'.$$

일차원으로 단순화된 질량과 운동량 수지식으로부터 밀도의 변화량 ρ'이 다음의 식을 따름을 보여라.

$$\frac{\partial^2 \rho'}{\partial t^2} = c^2 \frac{\partial^2 \rho'}{\partial x^2},$$

여기서 $c = \sqrt{dp/d\rho}$는 공기와 물에 대해서 각각 대략 1,000과 4,000 ft/s인 유체의 물성이다(연습 문제 2.27 참조). 2차 이상의 작은 양들은 무시하라.

아래의 관계식이 밀도 변동치에 관한 해가 될 수 있음을 위의 식에 대입함으로써 증명하라.

$$\rho' = A \sin\left[\omega\left(\frac{x}{c} - t\right)\right],$$

여기서 A는 일정한 진폭이다. 또 다음 물음에 대해 답하라.

(a) $\rho'(x) = \rho'(x + \lambda)$임을 증명함으로써, $\lambda = 2\pi c/\omega$가 *파장*임을 증명하라.

(b) 파의 속도는 얼마인가? *힌트*: 경과시간 $t + T$, 어느 정도 지났을 때 $\rho'(t) = \rho'(t + T)$가 되는가? 추가 시간 T 동안, 파동은 거리 λ만큼 이동함에 주의하라.

(c) $v_x'(x,t)$에 상응하는 함수는?

17. *음파에 대한 연속 방정식—M.* 파장이 λ인 일차원의 음파가 속도 c로 이동한다. 속도와 밀도의 변화를 다음과 같이 표시할 수 있다.

$$v_x = \frac{Ac}{\rho_0} \sin\left[\omega\left(\frac{x}{c} - t\right)\right],$$
$$\rho = \rho_0 + A \sin\left[\omega\left(\frac{x}{c} - t\right)\right].$$

진폭이 작은($A \ll \rho_0$) 파동에 대하여, ρv_x의 발산을 유도하고, 연속 방정식 (5.48)이 만족함을 증명하라.

18. *원뿔형 오르간 관에서의 음파—M.* 그림 P5.18에 보인 원뿔형 오르간 관내의 압력 변동을 해석하라. 원뿔의 꼭지점($r = 0$)에서 리드(reed)의 진동은 압력 변화를 유발하고, 다른 쪽 끝은 대기압($p = 0$)에 노출되어 있다. 원뿔형이기 때문에 구형 좌표가 적절하고, $v_\theta = v_\phi = 0$이다. 밀도, 속도, 압력은 각각 $\rho = \rho_0 + \rho'$, $v_r = 0 + v_r'$, $p = p_0 + p'$의 관계를 가지며, 여기서 ρ', v_r', p'은 각각의 정상상태의 값 ρ_0, 0, p_0로부터의 작은 변화량을 나타낸다. 점도와 중력 효과는 무시한다. 음속은 $c^2 = dp/d\rho$이다.

(a) 구형 좌표계에서 연속 방정식과 r 방향 운동량 수지식을 간략화하라.

(b) ρ, v_r, p에 대하여 변동 성분들(fluctuating components)의 항으로 대체하고, 프라임(′)이 붙은 양이 두 번 나타나는 모든 항들을 무시하였을 때, 압력 변화가 다음의 식을 만족함을 보여라.

$$\frac{\partial^2 p'}{\partial t^2} = \frac{c^2}{r^2}\frac{\partial}{\partial r}\left(r^2 \frac{\partial p'}{\partial r}\right). \qquad \text{(p5.18.1)}$$

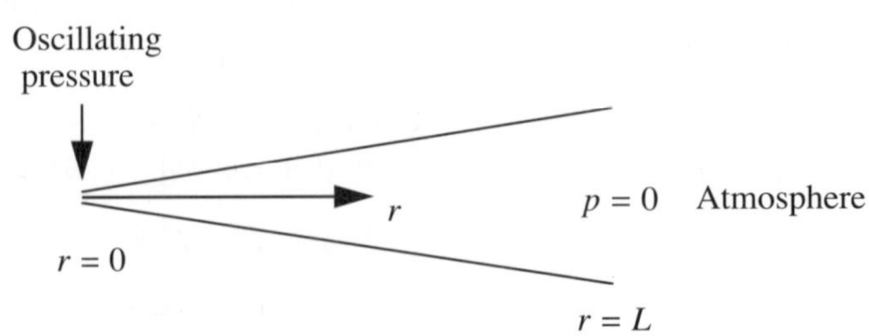

그림 P5.18 $r = 0$에서 압력이 진동하는 원뿔형 오르간 관.

(c) *증명할 필요 없이* 식 (P5.18.1)의 해가 다음과 같다고 가정할 수 있다.

$$p' = \frac{1}{r}(A\cos kr + B\sin kr)\sin\omega t, \tag{p5.18.2}$$

여기서 $\omega = kc$이고, k는 아직 결정되지 않았다.

(i) 왜 A가 0인가?

(ii) k의 값으로 허용 가능한 값을 길이 L의 항으로 나타내어라.

19. *벡터 연산—M.* 만약 $\mathbf{u} = 3y^2\mathbf{e}_x - x\mathbf{e}_y + 5\mathbf{e}_z$, $\mathbf{v} = x\mathbf{e}_x + (y-z)\mathbf{e}_x$, $a = 5x^3 - y + yz$이라면, 다음을 계산하라

(a)	$\mathbf{u}\cdot\mathbf{v}$	(b)	$\mathbf{u}\times\mathbf{v}$	(c)	$\nabla\times\mathbf{v}$
(d)	∇a	(e)	$\nabla^2 a$	(f)	$\nabla\cdot\mathbf{u}$

위의 문제에 대한 답에 근거하여, 다음의 설명을 참/거짓으로 답하라.

(a) 두 벡터의 내적은 스칼라이다.

(b) 두 벡터의 외적은 스칼라이다.

(c) 벡터의 컬(curl)은 벡터이다.

(d) 스칼라의 구배는 스칼라이다.

(e) 스칼라의 Laplacian은 벡터이다.

(f) 스칼라의 발산은 벡터이다.

20. *참/거짓.* *참*(T)과 *거짓*(F)에 표시하라.

(a) 단위 벡터와 그 자신과의 내적은 0이다. T□ F□

(b) 두 벡터의 외적의 크기는 인접하는 두 변이 두 벡터와 같은 평행사변형의 면적과 같다. T□ F□

(c) 만약 언덕의 정상까지 최소의(동일한) 걸음걸이 수로 올라가기를 원한다면 길이 모든 장소에서 고도의 구배 방향을 따라야 한다. T□ F□

(d) 속도는 질량 플럭스를 표현하는 또 다른 방법이다. T□ F□

(e) 속도 벡터의 발산은 단위 부피당 부피의 순 유출 속도이다. T□ F□

(f) 만약 밀도가 일정하다면, 미분 질량 수지식은 $\nabla\times\mathbf{v} = 0$이 된다. T□ F□

(g) 각속도는 와류도의 두 배이다. T□ F□

(h) Laplacian 연산자는 구배 연산자의 발산과 같다. T□ F□

(i) 구형 좌표계에서 세 단위 벡터들은 $\mathbf{e}_z$, $\mathbf{e}_\theta$, $\mathbf{e}_\phi$이다. T□ F□

(j) 대류 도함수는 유체의 따르는 경로를 따라 발생하는 물리량의 변화 속도를 나타낸다. T□ F□

(k) 뉴턴의 점도 법칙은 가해진 전단응력 하에서 변형되는 유체 요소의 각도 변화 속도와 관계된다. T□ F□

(l) Navier-Stokes 방정식에는 관성, 점성, 중력과 같은 세 가지 형태의 주요 항들이 있다. T□ F□

(m) 원통형 좌표계에서 점 P의 위치는 한 개의 거리와 두 개의 각도로 지정될 수 있다. T□ F□

(n) 수직응력에 대한 부호 약속은 압력과 같은 압축응력인 경우에 양으로 간주한다. T□ F□

(o) 유체의 운동의 기본적인 모드는 병진, 회전, 전단이다. T□ F□

(p) 원통형 좌표계에서 단위 벡터 $\mathbf{e}_r$은 모든 r, θ, z 값에서 항상 같은 방향을 가리킨다. T□ F□

(q) $\rho\nabla \cdot \mathbf{v}$ 항은 작은 기체 요소의 압력이 증가하는 경우에 나타나는 것과 같이 질량이 증가하는 속도를 나타낸다. T□ F□

(r) 정상상태 유동에 대하여 연속 방정식은 항상 $\nabla \cdot \mathbf{v} = 0$이다. T□ F□

(s) 속도 벡터의 컬(curl)은 각속도와 같다. T□ F□

(t) σ_{xx}, τ_{xy}, τ_{yx} 등과 같은 총 응력 텐서의 9개 성분들 중에서 6개만이 독립적이다. T□ F□

제 6 장

점성 유동 문제들의 해

Solution of Viscous-Flow Problems

6.1 서론

직교 좌표계, 원통형 좌표계, 구형 좌표계에서의 질량 및 운동량 보존 관계식(운동 방정식)들을 5장에서 유도하였다. 이 관계식들은 유체 역학에 있어서 가장 기본적인 방정식들이라는 것이 실험적으로 증명되었으며, 원칙적으로 뉴턴성 유체의 유동에 포함된 모든 상황에 적용된다는 것을 보여준다. 그러나 이 방정식들은 모든 사항들을 포함하고 있는 특성 때문에, 아주 간단한 경우를 제외하고는 명확한 형태의 해를 구하기가 어렵거나 아예 불가능한 경우가 많다. 그러나 다음의 이유로 인해 "Navier-Stokes 방정식"을 이해하고 있는 것이 중요하다.

1. 이 장에서 예제로 다루게 될 간단하지만 중요한 문제들에서 이 방정식들을 통해 분석적인 엄밀해를 구할 수 있다.
2. 이 방정식들은 화학공학의 다른 분야에서 심층 연구를 위한 기초가 된다.
3. 만약 현실적인 *단순화 가정*들을 적용한다면, 이 방정식들을 통해 다양한 공학적 목적을 위해 충분히 수용 가능한 근사해를 구할 수 있다. 경계층, 파동, 윤활, 필름 및 비점성(비회전성) 유동 등이 대표적인 예가 된다.
4. 멱수급 및 점근적 전개(asymptotic expansion). *특히* 컴퓨터를 활용한 수치해석과 같은 좀 더 복잡한 기법들을 사용하려면(CFD 또는 Fluent, COMSOL과 같은 유체역학 계산프로그램 등을 활용하면) 고분자의 사출 성형이나 기후 예측과 같은 매우 논해한 문제들과 같은 중급 또는 고급 수준의 문제들에 대한 해를 구할 수 있다.

이어지는 절에서는 CFD와 관련된 예제와 함께 직교 좌표계, 원통형 좌표계, 구형좌표계에서 비교적 간단한 예제에서 운동 방정식의 엄밀해를 구하게 된다. 이 장 전체에 걸쳐서 특별한 언급이 없는 한 모든 유동은 *정상상태*, *층류*, *뉴턴성*이며, 밀도가 점도가 *일정한* 유체로 가정한다. 이러한 가정들은 해를 얻기 위해 필요하지만, 여러 경우에 있어서 실질적이며 유효하다.

대부분의 산업공정에서 유동은 *난류*이기 때문에 한층 복잡하므로 대학 과정에서는 많이 다루지 않는다. 따라서 이러한 경우에 유동을 층류로 간주하는 경우 부정확한 결과를 가져오게 된다.

이 장의 모든 예제들은 Reynolds 수가 작은 경우에 해당된다. 즉, 점성력(viscous force)이 관성력(inertial force)보다 더 중요한 영향을 미치며, 압력이나 중력 효과에 의하여 균형이 이루어진다. 미세유체공학이나 점도가 큰 고분자 유동 등이 대표적인 응용 예이다. 점성 효과가 비교적 *중요하지 않은* 조건에 관해서는 7장에서 논의한다.

해를 구하는 순서

문제를 푸는 일반적인 *순서*는 다음과 같은 단계를 따른다.

1. 문제를 간략화를 위한 합리적인 가정을 설정한다. 이 장에서 다루게 되는 거의 대부분의 경우에 있어서 좌표계의 *한* 방향에 대한 *뉴턴성* 유체의 *비압축성 정상상태* 유동에 관한 경우이다. *중력*은 중요할 수도 있고 중요하지 않은 수도 있으며, 일정 정도의 *대칭성*이 나타난다.
2. *운동 방정식*(질량(연속)과 운동량 수지식)을 쓰고 앞에서 설정한 가정에 따라서 이 방정식들을 간략화하고, 0인 항을 삭제한다. 전형적으로는 미분방정식 내에 단지 몇 개의 항들(경우에 따라서는 아마도 단 한 개의 항)만이 남게 된다. 대개 간략화된 연속 방정식은 운동량 방정식을 간략화하는 데 이용될 수 있는 조건을 제공한다.
3. 속도와 압력과 같은 종족 변수에 대한 관계식을 얻기 위해 간략화된 방정식을 *적분*한다. 이 단계까지는 관계식에 미지의 임의의 상수들을 포함되어 있다(속도의 경우에는 *두 개*(운동량 방정식에서 속도는 2계 도함수이므로), 압력의 경우에는 *하나*(압력은 1계 도함수로 나타나므로)).
4. 앞 단계에서 나타난 상수들을 결정하기 위해 *경계조건*들을 적용하라. *압력*의 경계조건들은 대개 어떤 지점에서 특정한 압력을 갖는다(예를 들면, 관의 입구, 대기에 노출된 자유 표면). 속도의 경계조건은 다음과 같은 조건들 중 하나가 된다.
   (a) 속도의 연속성은 *미끄러지지 않는다*는 조건에 해당한다. 따라서 고체 표면과 접촉하고 있는 유체의 속도는 표면의 속도와 같게 된다(만약 표면이 정지하고 있는 상태라면 0임).[1] 그리고 한 유체(A)가 서로 섞이지 않는 다른 유체(B)와 접촉하는 경우, 두 유체의 접촉면에서의 유체 A의 속도는 유체 B의 속도와 같다.
   (b) 전단 응력의 연속성은 대개 두 유체 A와 B 사이, 유체 A와 B의 접촉면에서 점도와 속도 구배의 곱은 동일한 값을 갖게 된다. 만약 유체 A가 액체이고, 유체 B가 상대적으로 정체된 기체라면(기체의 점도가 작기 때문에) 상당한 전단 응력을 가질 수 없고, 따라서 공통 전단 응력은 사실상 0이 된다.
5. 이 단계에서 문제는 압력과 속도에 관하여 실질적으로 해결되었다. 최종적으로, 만일 필요하다면 전단 응력의 분포는 속도를 미분하여 속도 *구배*를 구함으로써 유도될 수 있다. 공정 변수들은 수치해석을 통하여 예측해 볼 수도 있다.

유동의 종류

이 장에서는 넓은 의미에서 두 종류의 점성 유동에 관해 설명한다.

1. *Poiseuille 유동*. 압력차는 정지상태의 두 표면 사이의 유체에 운동을 유발시킨다.
2. *Couette 유동*. 움직이는 표면에 연접해 있는 유체를 표면을 따라 끌어당기고, 따라서 유체의 다른 부분에 움직임을 유발시킨다.

때때로 예제 6.5에서 분석된 스크류 압축기에서와 같이 두 형태의 운동이 동시에 발생하는 것이 가능할 수도 있다.

---

[1] 몇 가지 예외적인 경우에 고체와 유체 사이의 점착력이 부족할 수 있고, 이 경우에 미끄러짐이 일어날 수 있다.

6.2 직교 좌표계에서 운동 방정식의 해

이 장의 나머지 부분은 점성-유동 문제를 풀기 위해 위에서 언급한 단계를 설명하는 일련의 예제들로 구성되었다.

예제 6.1 두 평형 판 사이의 유동

그림 E6.1.1에는 z 방향으로의 너비가 y 방향의 간격에 비하여 아주 큰 두 직사각형 평판 사이를 x 방향으로 흐르는 점도 μ의 유체를 나타내었다. 이와 같은 상황은 고분자가 출구에서 얇은 판(sheet)으로 압출될 때 발생할 수 있다. 압출된 얇은 판은 냉각되어 고체화된다. 입구와 출구 사이의 압력 강하 및 다른 물리량들과 유속(flow rate) 간의 관계를 결정하라.

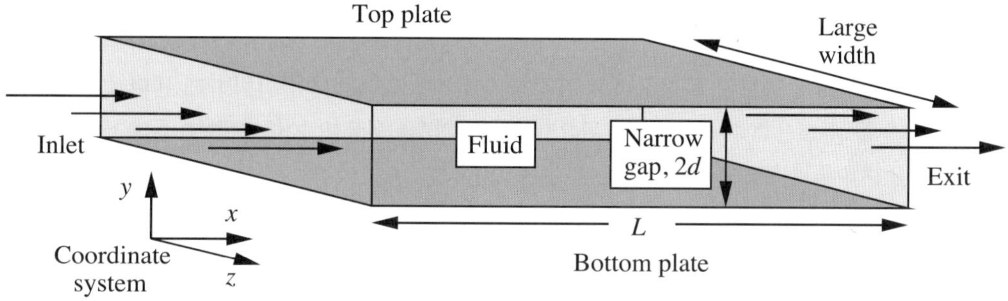

그림 E6.1.1 사각 도관을 통한 유동의 기하학적 형태. 두 판 사이의 간격은 도관의 길이에 비하여 과장되었다.

간략화를 위한 가정

이와 같은 상황은 그림 E6.1.2에 보인 바와 같은 임의의 고정된 z 값에서 취해진 도관의 단면을 참고하여 해석된다. 깊이를 $2d$(대칭축 또는 중심선인 $y = 0$의 위와 아래로 $\pm d$), 길이를 L이라 두자. 운동(motion)은 가해진 압력차($p_1 - p_2$)에 의하여 발생하게 되기 때문에, *Poiseuille* 형태이다. 유동에 대하여 다음과 같은 실질적인 *가정*을 세우도록 하자.

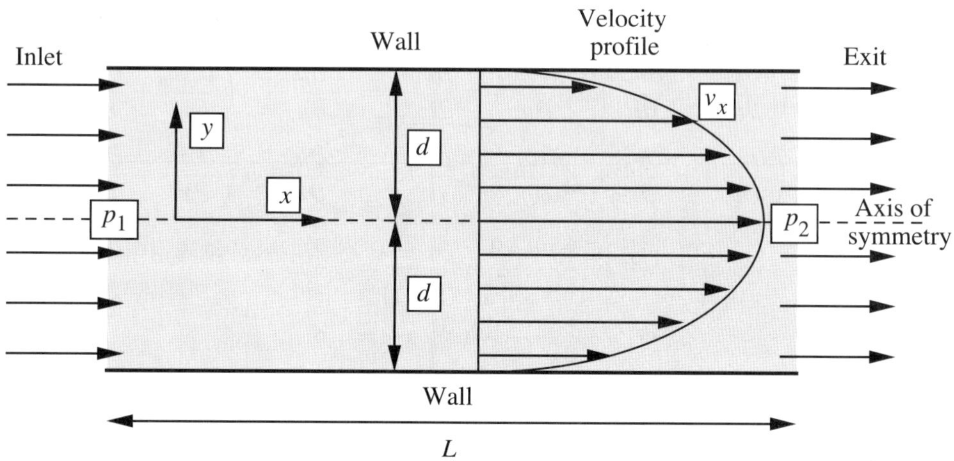

그림 E6.1.2 직사각형 도관을 통한 유동의 기하학적 형태.

1. 이미 언급된 바와 같이 정상상태이고, 밀도와 점도가 일정한 뉴턴성이다. (이 가정들은 당연한 것으로 받아들이고 다음부터는 언급하지 않는다.)
2. 입구효과(entrance effect)는 무시될 수 있기 때문에, 유동은 완전히 발달한 상태이고, 단 하나의 속도 성분, 즉 유동 방향의 속도 성분 v_x만 0이 아니다. 따라서 $v_y = v_z = 0$이다.
3. 간격 $2d$에 비하여 판은 z 방향으로 아주 길게 뻗어 있으므로, z 방향으로의 모든 위치는 서로 동등한 조건을 갖는다. 특히 방향으로 속도의 변화는 없다. 따라서 $\partial v_x/\partial z = 0$이다.
4. 중력은 연직의 아래 방향으로 작용한다. 따라서 $g_y = -g$이고, $g_x = g_z = 0$이다.
5. 판과 접촉하고 있는 유체의 속도는 0이다. 따라서 $y = \pm d$이고, $v_x = 0$이다.

연속식

일반적인 연속 방정식(continuity equation) (5.48)을 검토해 보자.

$$\frac{\partial \rho}{\partial t} + \frac{\partial(\rho v_x)}{\partial x} + \frac{\partial(\rho v_y)}{\partial y} + \frac{\partial(\rho v_z)}{\partial z} = 0, \tag{5.48}$$

위 식에서 밀도가 일정하다고 가정하면, 식 (5.52)와 같이 간략하게 된다.

$$\frac{\partial v_x}{\partial x} + \frac{\partial v_y}{\partial y} + \frac{\partial v_z}{\partial z} = 0. \tag{5.52}$$

그러나 $v_y = v_z = 0$이므로

$$\frac{\partial v_x}{\partial x} = 0, \tag{E6.1.1}$$

이 된다. 따라서 v_x는 입구로부터의 길이에 무관하고, 속도 분포는 모든 x의 값에서 동일하게 된다. $\partial v_x/\partial z = 0$이므로(가정 3), $v_x = v_x(y)$는 y만의 함수가 된다.

운동량 수지식

앞에서 언급한 가정을 밀도와 점도가 일정한 뉴턴성 유체에 적용하면, 식 (5.73)으로부터 방향으로의 운동량 수지식을 구할 수 있다.

$$\rho\left(\frac{\partial v_x}{\partial t} + v_x\frac{\partial v_x}{\partial x} + v_y\frac{\partial v_x}{\partial y} + v_z\frac{\partial v_x}{\partial z}\right) = -\frac{\partial p}{\partial x} + \mu\left(\frac{\partial^2 v_x}{\partial x^2} + \frac{\partial^2 v_x}{\partial y^2} + \frac{\partial^2 v_x}{\partial z^2}\right) + \rho g_x,$$

$$\rho\left(\frac{\partial v_y}{\partial t} + v_x\frac{\partial v_y}{\partial x} + v_y\frac{\partial v_y}{\partial y} + v_z\frac{\partial v_y}{\partial z}\right) = -\frac{\partial p}{\partial y} + \mu\left(\frac{\partial^2 v_y}{\partial x^2} + \frac{\partial^2 v_y}{\partial y^2} + \frac{\partial^2 v_y}{\partial z^2}\right) + \rho g_y,$$

$$\rho\left(\frac{\partial v_z}{\partial t} + v_x\frac{\partial v_z}{\partial x} + v_y\frac{\partial v_z}{\partial y} + v_z\frac{\partial v_z}{\partial z}\right) = -\frac{\partial p}{\partial z} + \mu\left(\frac{\partial^2 v_z}{\partial x^2} + \frac{\partial^2 v_z}{\partial y^2} + \frac{\partial^2 v_z}{\partial z^2}\right) + \rho g_z.$$

$v_y = v_z = 0$(가정 2로부터), $\partial v_x/\partial x = 0$(간략화된 연속 방정식 (E6.1.1)로부터), $g_y = -g$, $g_x = g_z = 0$(가정 4), 정상상태 유동(가정 1)을 이용하면, 위의 운동량 수지식은 엄청나게 간략화된다.

$$\mu\frac{\partial^2 v_x}{\partial y^2} = \frac{\partial p}{\partial x}, \tag{E6.1.2}$$

$$\frac{\partial p}{\partial y} = -\rho g, \tag{E6.1.3}$$

$$\frac{\partial p}{\partial z} = 0. \tag{E6.1.4}$$

압력 분포

간략화된 운동량 수지식들 중 마지막 식인 식 (E6.1.4)는 계의 너비를 따라서는 압력의 변화가 없다는 것을 의미하는데, 이는 그리 놀랄 만한 결과는 아니다. 적분하면. 간략화된 운동량 수지식들 중 두 번째 식 (E6.1.3)은 다음의 관계식으로부터 압력이 변한다는 것을 예측할 수 있다.

$$p = -\rho g \int dy + f(x) = -\rho g y + f(x). \tag{E6.1.5}$$

편미분 방정식을 적분하는 것이므로, 적분 상수가 아니라 적분 *함수* $f(x)$를 얻게 된다는 사실에 주의해야 한다.

추후에 증명하겠지만 $\partial p/\partial x$가 일정하다고 가정하면, 중심선($y = 0$)의 압력은 다음과 같은 선형 함수의 형태를 얻는다.

$$p_{y=0} = a + bx. \tag{E6.1.6}$$

상수 a와 b는 다음과 같이 입구와 출구의 중심선에서 압력으로부터 결정할 수 있다.

$$x = 0: \qquad p = p_1 = a, \tag{E6.1.7}$$

$$x = L: \qquad p = p_2 = a + bL, \tag{E6.1.8}$$

이러한 조건으로부터 다음의 결과를 얻는다.

$$a = p_1, \qquad b = -\frac{p_1 - p_2}{L}. \tag{E6.1.9}$$

따라서 중심선 압력은 입구에서 p_1으로부터 출구에서 p_2로 *선형적*으로 감소한다.

$$f(x) = p_1 - \frac{x}{L}(p_1 - p_2), \tag{E6.1.10}$$

따라서 전체적인 압력 분포는 다음과 같이 된다.

$$p = p_1 - \frac{x}{L}(p_1 - p_2) - \rho g y. \tag{E6.1.11}$$

즉, 압력은 하부평판에서 상부평판으로, 입구에서 출구로 선형적으로 감소한다. 대부분의 응용 사례에서, $2d \ll L$이고, y 방향의 비교적 작은 압력 변화는 통상적으로 무시한다. 따라서 p_1과 p_2는 엄밀하게 말하면 입구와 출구의 *중심선*에서의 압력이지만, 각각 입구와 출구의 압력으로 취급한다.

속도 분포

식 (E6.1.1)로부터 v_x는 x에 의존하지 않으므로, 식 (E6.1.2)에서 포함된 $\partial^2 v_x/\partial y^2$ 항은 전미분이 되고, 이 방정식은 다음과 같이 쓸 수 있다.

$$\mu \frac{d^2 v_x}{dy^2} = \frac{\partial p}{\partial x}, \tag{E6.1.12}$$

이 식은 2계 상미분 방정식이고, 압력 구배는 입구와 출구 사이에서 다음과 같이 *일정하게* 될 것이다.

$$-\frac{\partial p}{\partial x} = \frac{p_1 - p_2}{L}. \tag{E6.1.13}$$

$\partial p/\partial x$가 음이므로 좌변에 음의 부호가 사용되었다. 따라서 식 (E6.1.13)의 양변이 모두 양의 값이 된다.

식 (E6.1.12)는 두 번 적분하면, 속도 분포식을 구할 수 있다. 전체적으로 dy를 곱한 후, 첫 번째 적분을 수행하면 다음의 결과를 얻게 된다.

$$\int \frac{d^2 v_x}{dy^2}\, dy = \int \frac{d}{dy}\left(\frac{dv_x}{dy}\right) dy = \int \frac{1}{\mu}\left(\frac{\partial p}{\partial x}\right) dy,$$

$$\frac{dv_x}{dy} = \frac{1}{\mu}\left(\frac{\partial p}{\partial x}\right) y + c_1. \tag{E6.1.14}$$

식 (E6.1.14)를 한 번 더 적분하면, 다음의 결과를 얻는다.

$$\int \frac{dv_x}{dy}\, dy = \int \left[\frac{1}{\mu}\left(\frac{\partial p}{\partial x}\right) y + c_1\right] dy,$$

$$v_x = \frac{1}{2\mu}\left(\frac{\partial p}{\partial x}\right) y^2 + c_1 y + c_2. \tag{E6.1.15}$$

두 적분 상수 c_1과 c_2는 다음의 경계조건을 적용하여 구할 수 있다.

$$y = 0: \qquad \frac{dv_x}{dy} = 0, \tag{E6.1.16}$$

$$y = d: \qquad v_x = 0, \tag{E6.1.17}$$

그 결과는 다음과 같이 된다.

$$c_1 = 0, \qquad c_2 = -\frac{1}{2\mu}\left(\frac{\partial p}{\partial x}\right) d^2. \tag{E6.1.18}$$

식 (E6.1.15)와 (E6.1.18)로부터 다음과 같은 속도 분포식을 얻을 수 있다.

$$v_x = \frac{1}{2\mu}\left(-\frac{\partial p}{\partial x}\right)(d^2 - y^2), \tag{E6.1.19}$$

여기서 $-\partial p/\partial x$와 $(d^2 - y^2)$은 모두 양의 값이다. 속도 분포는 포물선형이 되고, 그림 E6.1.2에 나타내었다.

다른 적분 방법

위의 해애서는 *부정적분*을 사용하였고, 적분 상수를 구하기 위해 경계조건을 도입하였다. 다른 적분 방법으로는 식 (E6.1.12)를 두 번 적분하지만, 적분의 상한과 하한에 경계조건을 대입하는 *정적분*의 형태로 적분하는 방법이다.

따라서 변수를 분리하고, 적분을 한 번하고 $y = 0$에서 $dv_x/dy = 0$인 중심선에서의 대칭을 주목하면, 다음과 같은 결과를 얻을 수 있다.

$$\mu \int_0^{dv_x/dy} d\left(\frac{dv_x}{dy}\right) = \frac{\partial p}{\partial x}\int_0^y dy, \tag{E6.1.20}$$

또는

$$\frac{dv_x}{dy} = \frac{1}{\mu}\left(\frac{\partial p}{\partial x}\right) y. \tag{E6.1.21}$$

$y = d$에서 $v_x = 0$(상부위 평판과 접하는 속도는 0, 미끄러지지 않는 고정 조건)임을 유의하면서 두 번째 적분을 수행하면 다음의 결과를 얻을 수 있다.

$$\int_0^{v_x} dv_x = \frac{1}{\mu}\left(\frac{\partial p}{\partial x}\right)\int_d^y y\,dy. \tag{E6.1.22}$$

즉 다음과 같이 된다.

$$v_x = \frac{1}{2\mu}\left(-\frac{\partial p}{\partial x}\right)(d^2 - y^2), \tag{E6.1.23}$$

여기서 두 개의 괄호 내에 있는 양들이 모두 양의 값이 되도록 하기 위해 두 개의 음의 부호가 우변에 도입되었다. 이 결과는 앞에서 유도한 관계식 (E6.1.19)와 동일하다. 학생들은 개인적으로 선호하는 방법을 결정하기 전에, 두 방법들 모두에 익숙해질 필요가 있다.

또한 중심선 주위로 대칭이라는 가정($y = -d$에서 $v_x = 0$이라는 사실을 사용하지 않은 것)에 대해 이해가 잘 안 되는 학생들은 식 (E6.1.15)로부터 출발하여 다음의 방법을 통해 충분히 이해가 되도록 해야 한다.

$$v_x = \frac{1}{2\mu}\left(\frac{\partial p}{\partial x}\right) y^2 + c_1 y + c_2. \tag{E6.1.24}$$

두 경계조건인 $y = \pm d$에서 $v_x = 0$을 적용하면 다음의 결과를 얻을 수 있다.

$$c_1 = 0, \qquad c_2 = -\frac{1}{2\mu}\left(\frac{\partial p}{\partial x}\right) d^2, \tag{E6.1.25}$$

위 결과를 종합하면 대칭이라는 가정을 사용하지 *않고도* 식 (E6.1.19)의 속도 분포식을 다시 얻을 수 있었다.

부피 유속

속도 분포를 적분하면 계의 단위 너비 당의 부피 유속(volumetric flow rate) Q에 대한 관계식을 얻을 수 있다. 우선 깊이가 dy인 요소를 통해 흐르는 미분 유속은 $dQ = v_x dy$라는 사실을 알면, 다음과 같은 결과를 얻을 수 있다.

$$Q = \int_0^Q dQ = \int_{-d}^d v_x\,dy = \int_{-d}^d \frac{1}{2\mu}\left(-\frac{\partial p}{\partial x}\right)(d^2 - y^2)\,dy = \frac{2d^3}{3\mu}\left(-\frac{\partial p}{\partial x}\right). \tag{E6.1.26}$$

총괄 거시적 수지로부터 Q가 상수이므로, $\partial p/\partial x$ 또한 거리에 무관한 상수이다. 따라서 식 (E6.1.6)과 식 (E6.1.13)에서 도입된 가정이 증명되었다. *평균 속도*(mean velocity)는 단위 깊이 당의 총 유속이므로 다음과 같이 주어진다.

$$v_{xm} = \frac{Q}{2d} = \frac{d^2}{3\mu}\left(-\frac{\partial p}{\partial x}\right), \tag{E6.1.27}$$

따라서 평균 속도는 중심선 $y = 0$에서의 속도이며, 최대 속도 $u_{x\max}$의 2/3가 된다.

전단 응력 분포

마지막으로 전단 응력의 분포는 식 (5.60)을 사용하여 얻을 수 있다.

$$\tau_{yx} = \mu\left(\frac{\partial v_x}{\partial y} + \frac{\partial v_y}{\partial x}\right). \tag{5.60}$$

식 (E6.1.15)의 v_x를 대입하고, $v_y = 0$임을 이용하면, 전단 응력은 다음과 같게 된다.

$$\tau_{yx} = -y\left(-\frac{\partial p}{\partial x}\right). \tag{E6.1.28}$$

그림 5.12에서 설명한 부호 규칙을 참고하면, 식 (E6.1.28)의 첫 번째 음의 부호는 양의 방향 y에 대하여 y가 큰 영역의 유체가 y가 더 작은 영역의 유체에 *음의* x 방향으로 작용하는 경우를 의미한다. 따라서 이는 y와 중심선 사이의 유체를 감속시키며, 압력 구배와 반대로 작용한다. 식 (E6.1.28)로 주어지는 압력과 응력 분포가 그림 E6.1.3에 묘사되어 있다. 좀 더 정확하게 설명하면, 왼쪽과 오른쪽에 있는 화살표들은 $x = 0$과 $z = L$ 사이에 포함되어 있는 유체에 작용하는 외부 압력을 나타낸다.

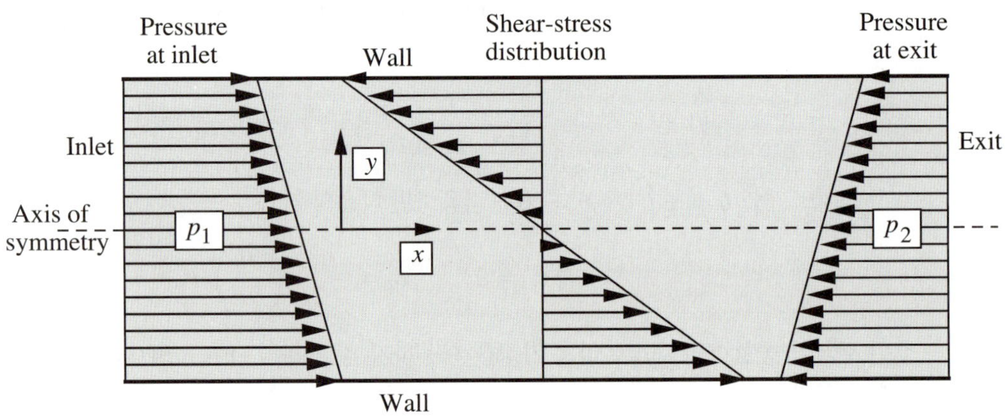

그림 E6.1.3 압력과 전단 응력 분포.

6.3 셀 수지를 이용하는 또 다른 해

수평인 평판 사이의 유동이 첫 번째 예제이었기 때문에, 예제 6.1에서의 분석은 의도적으로 아주 철저하게 계산하여 최대한의 정보를 얻을 수 있도록 하였다. 다른 응용예제에서의 속도 분포와 유량이 가장 중요한 물리량으로 간주된다. 따라서 향후 이 장의 예제들은 특정한 성질에 집중하고 다른 성질들은 무시할 것이므로 상당히 짧아질 것이다.

예제 6.1의 문제는 일반적인 운동 방정식을 간략화 함으로써 해결하였다. 예제 6.2에 설명된 또 다른 접근법은 유체의 미분 요소("셀(shell)")에 직접 운동량 수지식을 적용하는 방법이다.

예제 6.2 두 평면판 사이의 유동에 대한 셀 수지

예제 6.1에서 공부한 동일한 문제를 풀기 위하여 셀 수지 접근법을 적용하자.

가정들

필요한 셀은 실제적으로는 그림 E6.2에 나타낸 유체의 미분 요소이다. 그림의 평면상에서 크기가 dx와 dy인 요소는 그림에 수직인 깊이 dz까지(임의의 다른 길이를 갖는) 확장된다.

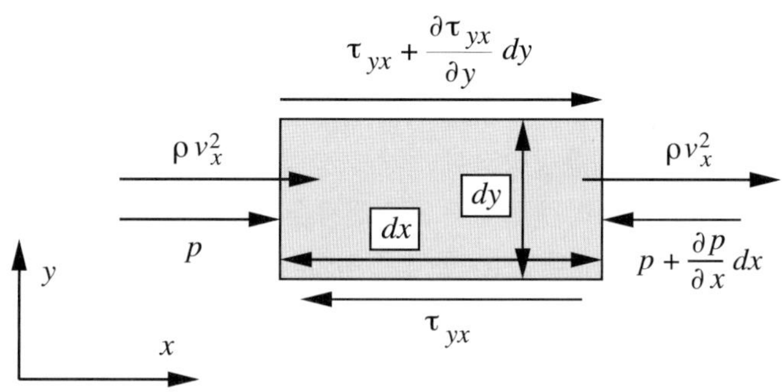

그림 E6.2 유체 요소에 대한 운동량 수지.

이 요소를 공간상에 고정된 계로 취하면, 방향으로 계 내에 전달되는 세 개의 다른 형태의 운동량 전달속도가 존재한다.

1. 왼쪽 면을 통하여 유입되는 $\rho v_x^2\,dy\,dz$ 대류 전달량은 이와 동일한 양이 오른쪽 면을 통하여 유출된다. 여기서 'v_x는 도관을 따라 일정하다.'라는 식 (E6.1.1)로 표현되는 연속 방정식이 결과를 암묵적으로 가정하였음을 주의하라.
2. 왼쪽 면과 오른쪽 면에 작용하는 압력 힘. 실제로는 $\partial p/\partial x$가 음이기 때문에, 오른쪽에 작용하는 압력이 더 작을 것이다.
3. 아랫면과 윗면에 작용하는 전단 응력. 화살표의 방향은 5.6절에서 확립한 부호 규칙을 엄격하게 따르고 있음을 주모해야 한다.

가속되지 않는 유체 요서에 대한 운동량 수지식은 다음과 같게 된다.

$$\underbrace{\underbrace{\rho v_x^2\,dy\,dz}_{\text{In}} - \underbrace{\rho v_x^2\,dy\,dz}_{\text{Out}}}_{\text{Net convective transfer}} + \underbrace{\underbrace{p\,dy\,dz}_{\text{Left}} - \underbrace{\left(p+\frac{\partial p}{\partial x}dx\right)dy\,dz}_{\text{Right}}}_{\text{Net pressure force}}$$

$$+\underbrace{\underbrace{\left(\tau_{yx}+\frac{\partial \tau_{yx}}{\partial y}dy\right)dx\,dz}_{\text{Upper}} - \underbrace{\tau_{yx}\,dx\,dz}_{\text{Lower}}}_{\text{Net shear force}} = 0. \tag{E6.2.1}$$

통상적인 소거과정을 거치면, 다음과 같은 결과를 얻을 수 있다.

$$\frac{d\tau_{yx}}{dy} = \frac{\partial p}{\partial x}, \tag{E6.2.2}$$

여기서 전미분은 전단 응력은 y에만 의존하고 x에는 의존하지 않는다는 것을 의미한다. $v_y = 0$인 경우에 식 (5.60)을 τ_{yx}에 대입하면 다음과 같이 된다.

$$\mu\frac{d^2 v_x}{dy^2} = \frac{\partial p}{\partial x}, \tag{E6.2.3}$$

이 식은 간략화된 Navier-Stokes 방정식으로부터 유도되는 식 (E6.1.12)와 동일하다. 따라서 나머지 전개 과정은 앞의 예제와 같이 진행된다. 만약 유체와 같이 *움직이도록* 선택된 요소에 대하여 운동량 수지식을 세우면, 유체 요소로 유입 또는 유출 유동이 없기 때문에, 대류 항을 고려할 필요가 없어진다는 사실에 주목하라.

접근법의 선택은(운동방정식 전체를 간략화하거나 셀 수지식을 위하는가 하는) 개인적인 선호에 따라 다르지만, 우리는 일반적으로 전자를 선호한다. 좀 더 복잡한 Navier-Stokes 방정식을 사용하는 것은 각 문제에 대한 (운동량 수지식의) 새로운 도구를 만들 필요가 없으며, 어떤 항도 생략되지 않았다는 확신을 줄 수 있다는 장점을 가진다. 반대로 예제 6.8에서 논의될 구형 좌표계에 관한 문제에서 나타나는 *곡면*을 갖는 유체에 대해서 셀 수지식을 세우는 것이 쉽지는 않지만, 셀 수지식은 비교적 간단하다는 장점을 가진다.

이 절은 액체에 대해 두 개의 다른 경계조건을 적용하는 경우에 대해 고려해 보는 것으로 마무리한다. 경계조건들 중 하나는 *움직이는* 표면과 접하여 움직이는 조건이며, 또 다른 조건은 *전단이 없는* 기/액 계면이다.

예제 6.3 움직이는 기판 위에서의 필름 유동

그림 E6.3.1은 수평으로부터 각도 θ만큼 기울어져 있는 상태에서 정상상태 속도 U로 롤러에 의해 공정 수조로부터 끌어올려지는 사진용 필름을 피복하는 실험을 나타내었다. 필름이 수조를 떠나면서 액체를 동반하게 되고, 이 특정 실험에서 다음과 같은 단계들에 이르게 된다. (a) 필름과 접하고 있는 액체의 속도는 $y = 0$에서 $v_x = U$, (b) 액체의 두께는 δ로 일정, (c) 순 액체의 유동은 없다(필름에 의하여 끌어올려지는 양은 중력에 의하여 낙하하는 양과 같게 됨). (만약 필름이 영구적인 피복을 유지하려면, 액체의 상방향 순 유동이 필요하다는 것은 명백하다.)

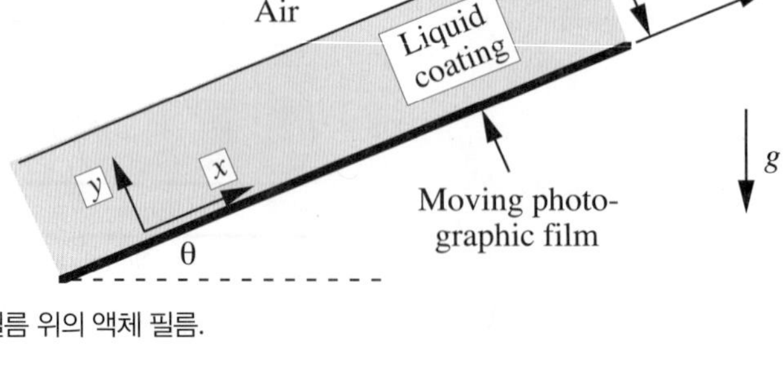

그림 E6.3.1 사진 필름 위의 액체 필름.

다음 사항들을 수행하도록 한다.

1. 미분 물질 수지를 세우고, 이를 간략화하라.
2. x, y 방향에 대한 미분 운동량 수지를 세워라. g_x와 g_y는 g와 θ로는 얼마인가? 가능한 한 운동량 수지식을 간략화하라.
3. 간략화된 y 방향 운동량 수지식으로부터 y, ρ, δ, g, θ의 함수인 압력 p에 대한 관계식을 유도하고, $\partial p/\partial x = 0$을 보여라. 주위 공기의 압력은 모든 곳에서 0으로 가정하라.
4. $y = \delta$에서 액체의 표면에 작용하는 공기에 의한 전단 응력 τ_{yx}은 무시할 만하다고 가정하고, 간략화된 x 방향 운동량 수지식으로부터 U, y, δ, α의 함수인 액체의 속도 v_x에 대한 관계식을 유도하라. 여기서 $\alpha = \rho g \sin\theta/\mu$이다.
5. 또한 U, δ, α 항으로 순 액체 유속 Q(그림 E6.3.1의 평면에 수직인 단위 너비당)에 대한 관계식을 유도하라. $Q = 0$임에 주의하면서 U와 α 항의 액체 필름의 두께 δ에 대한 관계식을 유도하라.
6. 모든 중요한 특징을 표시하면서, 속도 분포 v_x를 그려라.

가정과 연속식

다음과 같은 가정들은 합리적이다.

1. 유동은 정상상태이고, 밀도 ρ와 점도 μ가 일정한 뉴턴성 유체이다.
2. 그림의 평면에 수직인 z 방향은 완전히 무시될 수 있다. 따라서 v_z가 0일 뿐만 아니라 $\partial v_x/\partial z$와 같은 z 방향에 관한 모든 도함수들 또한 0이다.
3. 사진 필름의 운동 방향의 속도 성분 v_x만이 0이 아니다. 따라서 $v_y = v_z = 0$이다.
4. 중력은 연직의 아래쪽으로 작용한다.

밀도가 일정하다는 가정에 의해 식 (5.48)의 연속 방정식은 앞에서와 마찬가지로 다음과 같이 간략화된다.

$$\frac{\partial v_x}{\partial x} + \frac{\partial v_y}{\partial y} + \frac{\partial v_z}{\partial z} = 0. \tag{E6.3.1}$$

그러나 $v_y = v_z = 0$이므로, 다음과 같이 된다.

$$\frac{\partial v_x}{\partial x} = 0. \tag{E6.3.2}$$

따라서 v_x는 필름의 길이 x에 무관하다. 또한 v_x가 z에 의존하지 않으므로(가정 2), 속도 분포 $v_x = v_x(y)$는 y에만 의존하게 되고, 모든 x 값에 대하여 같게 될 것이다.

운동량 수지식

앞에서 언급된 밀도와 점도가 일정한 뉴턴성 유체에 대한 가정에 의하여, 식 (5.73)은 다음과 같이 x와 y 방향 운동량 수지식을 얻을 수 있다.

$$\rho\left(\frac{\partial v_x}{\partial t} + v_x\frac{\partial v_x}{\partial x} + v_y\frac{\partial v_x}{\partial y} + v_z\frac{\partial v_x}{\partial z}\right) = -\frac{\partial p}{\partial x} + \mu\left(\frac{\partial^2 v_x}{\partial x^2} + \frac{\partial^2 v_x}{\partial y^2} + \frac{\partial^2 v_x}{\partial z^2}\right) + \rho g_x,$$

$$\rho\left(\frac{\partial v_y}{\partial t} + v_x\frac{\partial v_y}{\partial x} + v_y\frac{\partial v_y}{\partial y} + v_z\frac{\partial v_y}{\partial z}\right) = -\frac{\partial p}{\partial y} + \mu\left(\frac{\partial^2 v_y}{\partial x^2} + \frac{\partial^2 v_y}{\partial y^2} + \frac{\partial^2 v_y}{\partial z^2}\right) + \rho g_y,$$

$g_x = -\sin\theta$와 $g_y = -g\cos\theta$임을 주목하면, 이 운동량 수지식들은 다음과 같이 간략화된다.

$$\frac{\partial p}{\partial x} + \rho g \sin\theta = \mu \frac{\partial^2 v_x}{\partial y^2}, \tag{E6.3.3}$$

$$\frac{\partial p}{\partial y} = -\rho g \cos\theta. \tag{E6.3.4}$$

식 (E6.3.4)를 자유 표면 $y = \delta$ (계기 압력 0)와 임의의 위치 y (압력 p) 사이를 적분하면 다음과 같이 된다.

$$\int_0^p dp = -\rho g \cos\theta \int_\delta^y dy + f(x), \tag{E6.3.5}$$

따라서

$$p = \rho g \cos\theta(\delta - y) + f(x). \tag{E6.3.6}$$

편미분 방정식을 적분하였으므로, 적분 *함수* $f(x)$가 다시 도입하여야 한다는 것에 주의해야 한다. 다른 측면에서 고려해 보면, 만약 식 (E6.3.6)이 y에 대하여 미분되면 $\partial f(x)/\partial y = 0$이므로, 원래의 식 (E6.3.4)를 얻을 수 있다는 것이다.

그러나 모든 x 값에 대하여 (기/액 계면인) $y = \delta$에서 $p = 0$이기 때문에, 함수 $f(x)$는 0이 되어야 한다. 따라서 압력 분포

$$p = (\delta - y)\rho g \cos\theta, \tag{E6.3.7}$$

는 p가 x의 함수가 아님을 보여준다.

위의 결과의 관점에서 $\partial p/\partial x = 0$을 식 (E6.3.3)의 x 방향 운동량 수지식에 대입하면, 다음과 같이 된다.

$$\frac{d^2 v_x}{dy^2} = \frac{\rho g}{\mu} \sin\theta = \alpha, \tag{E6.3.8}$$

여기서 상수 α는 $\rho g \sin\theta/\mu$를 대신하여 도입되었다. v_x는 y만의 함수이므로 속도에 대한 2계 도함수는 *전미분*이 된다.

식 (E6.3.8)을 y에 대하여 한 번 적분하면,

$$\frac{dv_x}{dy} = \alpha y + c_1. \tag{E6.3.9}$$

이 된다. 자유 표면에서의 전단 응력이 0인 경계조건을 적용하면,

$$\tau_{yx} = \mu\left(\frac{\partial v_y}{\partial x} + \frac{\partial v_x}{\partial y}\right) = \mu \frac{dv_x}{dy} = 0. \tag{E6.3.10}$$

을 얻는다. 따라서 식 (E6.3.9)와 $y = \delta$에서 식 (E6.3.10)으로부터 첫 번째 적분 상수를 결정할 수 있다.

$$\frac{dv_x}{dy} = \alpha\delta + c_1 = 0, \qquad \text{or} \qquad c_1 = -\alpha\delta. \tag{E6.3.11}$$

식 (6.3.9)를 y에 관하여 두 번째 적분하면,

$$v_x = \alpha\left(\frac{y^2}{2} - y\delta\right) + c_2. \tag{E6.3.12}$$

을 얻을 수 있다. 두 번째 적분 성수 c_2는 $y = 0$에서 액체가 속도가 움직이는 사진 필름의 속도와 같다는 경계조건으로부터 결정할 수 있다. 즉 $y = 0$에서 $v_x = U$이면, $c_2 = U$가 된다. 따라서 최종 속도 분포는 다음과 같다.

$$v_x = U - \alpha y\left(\delta - \frac{y}{2}\right). \tag{E6.3.13}$$

포물선형인 속도 분포는 다음과 같은 두 부분으로 구성되어 있다.

1. 필름 속도 U에서 기인하는 양의 상수 부분

2. 필름으로부터의 y 방향으로 거리가 증가할수록 v_x를 감소시키고, 결과적으로는 속도가 음이 되게 하는 중력에 기인하는 음의 변수 부분

정확히 얼마만큼의 액체가 위와 아래로 유동하는지 변수 U와 δ의 α 값에 의존한다. 그러나 액체의 순 유동이 없는 경우에 대해 고려해야 한다. 즉 필름에 의하여 끌어올려지는 양과 중력에 의하여 흘러내려지는 양이 같은 경우에 대해 고려해야 한다. 이 경우,

$$Q = \int_0^\delta v_x\,dy = \int_0^\delta \left[U - \alpha y\left(\delta - \frac{y}{2}\right)\right]\,dy = U\delta - \frac{1}{3}\alpha\delta^3 = 0, \tag{E6.3.14}$$

로부터 액체 필름의 두께는

$$\delta = \sqrt{\frac{3U}{\alpha}}. \tag{E6.3.15}$$

와 같이 구할 수 있다. $Q = 0$인 경우의 속도분포는 그림 E6.3.2에 나타내었다.

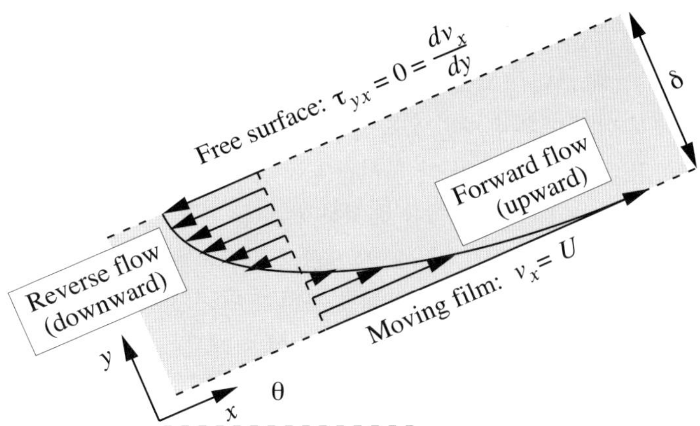

그림 E6.3.2 액체의 순 유속이 0인 경우에 대해 움직이는 사진 필름 위에서의 얇은 액체 필름 내부의 속도 분포.

예제 6.4 운동량의 과도적인 점성 확산(COMSOL)

이 예제는 이 책에서 많이 다루지 않는 *과도적인* 또는 비정상 상태의 유체 유동에 관한 문제이다. 이 예제는 확산적인 점성의 영향 하에서 운동량이 어떻게 전달되는지에 관해 설명하고 있다.

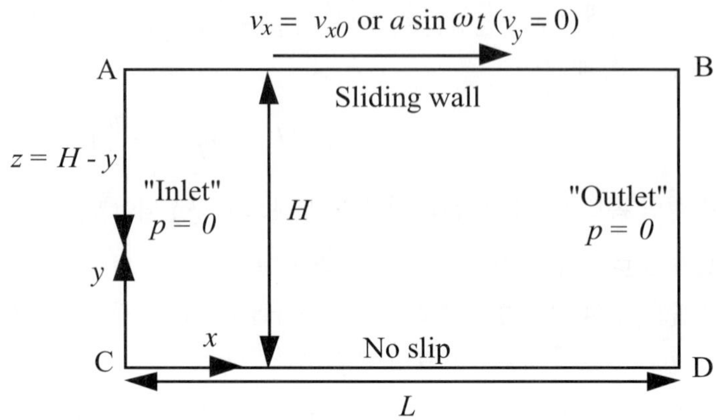

그림 E6.4.1 4개의 COMSOL 경계조건을 갖는 액체 영역.

그림 E6.4.1에 설명된 바와 같이, 밀도 $\rho = 1$ g/cm^{3}이며, 점도(점도의 값은 추후에 부여될 것임)를 갖는 액체가 길이 $L = 2$ cm이고, 간격 $H = 1$ cm인 두 개의 평행한 판 AB와 CD 사이에 담겨 있다. 아래에 위치한 판 CD는 정지상태이며, 위에 위치한 판 AB는 두 종류의 운동을 할 수 있다.

1. 시간 $t = 0$일 때, 상부 판이 갑작스럽게 x 방향으로 일정한 속도, $v_x = v_{x0}$로 운동하는 경우이다. 본 예제에서 $v_{x0} = 1$ cm/s, $\mu = 0.5$ g/cm s $= 0.5$ P이다.
2. 시간 $t = 0$일 때, 상부 판이 x 방향 속도가 시간에 따라 $v_{x0} = a \sin \omega t$로 변하는 방법으로 좌우로 진동하는 경우이다. 본 예제에서 진폭(amplitude)이 $a = 1$ cm/s, 각속도(angular velocity)가 $\omega = 2\pi$ s^{-1} 그리고 점도는 $\mu = 0.1$ 또는 0.5 P이다.

그림 1.1에 나타낸 바와 같이 비록 움직이는 표면의 이격거리가 더욱 작아지더라도, 동심원통 점도계에서 이와 매우 유사한 움직임이 발생할 수 있다.

COMSOL를 사용하여 다른 시간별로 하부판과 상부판의 중간 지점들 사이에 v_x가 어떻게 변하는지를 조사하고, 그 결과들을 해석하자. 모든 마우스 클릭은 특별히 우클릭(right click, R)으로 표기하지 않는 한 좌클릭(L-click, *Select*(선택)와 동일)이다.

COMSOL에서는 이 문제의 해를 구하기 위해 전체 Navier-Stokes 방정식들과 연속방정식을 이용한다. 그러나 0이 아닌 속도성분이 v_x이기 때문에, 다음의 확산-형태의 방정식의 해를 효과적으로 구할 수 있다.

$$\rho \frac{\partial v_x}{\partial t} = \mu \frac{\partial^2 v_x}{\partial y^2}. \qquad \text{(E6.4.1)}$$

풀이—사례 1(일정한 상부-판 속도)

Physics의 선택

1. COMSOL을 열어 모델 마법사(Model Wizard), 2D, Fluid Flow (회전하는 작은 삼각형을 "glyph"라고 함), Single-Phase Flow, Laminar Flow, Add를 클릭한다. COMSOL에서 사용되는 기호 u, v, w는 속도성분들이고, p는 압력임에 유의한다.

2. Study, Time Dependent, Done을 클릭한다.

매개변수(Parameter)의 정의

3. Global Definition을 우클릭한 후, 매개변수(Parameters)를 선택한다. Model Builder 창(window)의 오른쪽에 있는 Settings 창에서 Name 열(column)에 매개변수 $vx0$를 입력하고, Expression 열에 값과 단위를 1 [cm/s]와 같이 입력한다. 유사하게, $L = 2$ [cm], $H = 1$ [cm], $rho1 = 1$ [g/cm^3], $mu1 = 0.5$ [g/cm/s]를 정의한다.

기하구조(Geometry)의 설정

4. Geometry를 우클릭한 후, Rectangle를 선택한다. 기본값은 (0, 0)에 있는 왼쪽 하단 모서리를 기반으로 한다. Width(폭)와 Height(높이)에 대한 값들은 L과 H로 입력하라. Build를 선택한다.

유체 특성의 정의

5. Component 1에 Material node를 우클릭한 후, Blank Material을 선택하라. 새로운 재료(material) 매개인자들은 문제의 물리학에 기초하여 요구되는 물질 매개인자(material parameter)들을 갖게 될 것이다. 밀도와 점도(dynamic viscosity)에 대한 값으로 매개인자 $rho1$과 $mu1$을 입력한다.

경계조건의 정의

6. Laminar Flow, Wall 1을 클릭하고, 기본값인 No Slip 경계조건들이 강조 표시되고 있는지 확인한다.

7. Laminar Flow node를 우클릭한 후 Inlet을 선택하여 입구(inlet) 경계조건을 정의하고, 왼쪽 경계(#1)를 클릭하여 그 경계를 입구(inlet)로 선택한다. 경계를 클릭하면, 경계의 색깔이 빨간색에서 파란색으로 바뀐다. Settings 창에서 경계조건 노드의 드롭다운 상자를 클릭하여 Pressure(0과 같음)를 선택하고, Suppress backflow를 선택 취소하여 Normal flow가 체크된 상태로 둔다. Laminar Flow node를 우클릭한 후 Outlet을 선택하고, 오른쪽 경계(#4) 클릭하여 그 경계를 출구(outlet)로 선택한다. 압력이 0이고, Normal flow를 체크하여, Suppress backflow는 체크하지 않은 상태로 둔다. Laminar Flow node를 우클릭한 후 Wall을 선택한다. 상부 경계를 선택하고(빨간색에서 다시 파란색으로 변함), Settings 창에서 Boundary Condition(경계 조건)을 No Slip에서 Sliding wall로 변경한다. 접선 속도 Uw의 값으로 $vx0$를 입력한다.

메쉬(Mesh) 생성 및 문제의 풀이

8. Mesh node를 클릭하고, Settings 창에서 Element Size(요소 크기)를 Fine으로 변경한다. Build All를 클릭하여 메쉬를 구축한다. Mesh 1을 우클릭하면, 메쉬가 대략 4,000 요소(element)를 포함하고 있음이 Statistics에 나타날 것이다.

9. Study 1의 작은 삼각형 글리프(glyph)를 클릭한 후, Step 1 Time Dependent node를 선택하고, *range function*을 사용하여 출력 범위의 조각들을 정의한다. 요청된 출력 시간들에 대하여, 다음 3개의 영역(range)들을 입력한다. range(0.01, 0.01, 0.1) range(0.2, 0.1, 0.5) range(1.0, 0.5, 2.0).
10. Study node를 우클릭한 후 Compute를 선택한다. (대략 15초 후에) 속도들의 크기들에 대한 표면 플롯이 나타나게 된다. 바닥 근처에서는 낮은(파란색) 값, 중간층에서는 중간(청록색) 값, 상부 근처에서는 높은(빨간색) 값으로 나타난다.
11. 가끔씩 결과들을 저장하라(예를 들면 Ex6.4-11.mph 파일).

결과의 디스플레이(사례 1)

12. y 방향의 중간점(midpoint)에서 데이터 세트(data set)를 생성한다. Results tree 안의 Data Sets node를 우클릭한 후, Cut Line 2D를 선택한다. Settings 창에서 Points 1과 2에 대한 (L/2, 0)과 (L/2, H) 값들을 입력한다. 절단선(cut line)을 디스플레이하기 위해 Settings 창 상부 근처의 Plot을 선택한다.
13. Results를 우클릭한 후, 1D Plot Group를 선택한다. Settings 창에서 dropdown dialog를 클릭하고, 데이터 세트를 Cut Line 2D 1으로 변경한다. 이는 앞서 생성되었다. 시간 선택(Time selection)을 "From list"로 변경하고, CTRL 키(Mac에서는 Command 키)를 누른 상태에서 개별 값 0.01, 0.02, 0.05, 0.1, 0.2, 0.5, 2.0을 클릭하여 개별 플롯 타임을 지정한다.
14. 1D Plot Group 3를 우클릭한 후, Line Graph를 선택한다. Settings 창 Expression 필드(field)에 x 성분 속도 u에 대한 변수들을 입력한다.
15. 왼쪽의 삼각형 글리프(glyph)를 클릭한 후, 색상(Coloring)과 스타일(Style) 영역을 확장시킨다. 드롭다운 대화 상자(dropdown dialog box)를 클릭하여, 색상(Color) 옵션을 검은색(Black)으로 변경한다.
16. Settings 창에서 Plot을 클릭하여, 플롯을 업데이트한다. Ex6.4-16.mph 또는 이와 유사한 이름으로 저장한다.

사례 1에 대한 토의(일정한 상부-판 속도)

그림 E6.4.2에는 여러 시점에서 속도 v_x가 하부 판으로부터의 거리 y에 따라 변한다는 사실을 나타내었다. 이 결과는 확산의 전통적인 경우에 해당된다(이 경우에서, 판 아래에 있는 액체로의(1 cm/s로 움직이는 상부판의 운동에 의해 유발된) x 방향 운동량임). 그래프에 표시된 가장 작은 시간(t = 0.01 s)에 있어서, y = 0~0.7 cm까지의 대부분의 액체는 기본적으로 교란되지 않은 상태이며, y = 0.7~1 cm 사이에서 v_x가 증가한다. 초기 시점에 대하여(또는 무한히 깊은 액체에 대해), 하부 판의 영향이 감지되기 전에 다음과 같은 해석 해가 존재한다.

$$\frac{v_x}{v_{x0}} = \text{erfc}\frac{z}{2\sqrt{\nu t}}, \tag{E6.4.2}$$

여기서 $z = H - y$는 상부 판으로부터 아래 방향으로의 거리이며, $\nu = \mu/\rho$는 동점도(kinematic viscosity)이며, $erfc$는 여오차함수(complementary error function)이다.

시간이 경과됨에 따라 상부 판으로부터의 x 방향 운동량의 확산에 의해 더욱더 많은 양의 액체가 움직이게 된다. 결국에는(이론적으로 $t = \infty$이지만, 실질적으로는 약 2초 정도에서) 정상상태에 도달하게 되는데, 이때는 상부 판에 의해 발생한 전단응력이 정지된 하부에 의한 반대 방향으로의 전단응력에 의해 균형을 이루게 되는 상태이다. 속도분포가 선형이기 때문에 dv_x/dy는 일정하다. 즉 이러한 전단응력들은 모두 $\tau_{yx} = \mu dv_x/dy$로 주어지기 때문에, 반대 방향이지만 동일한 크기이다.

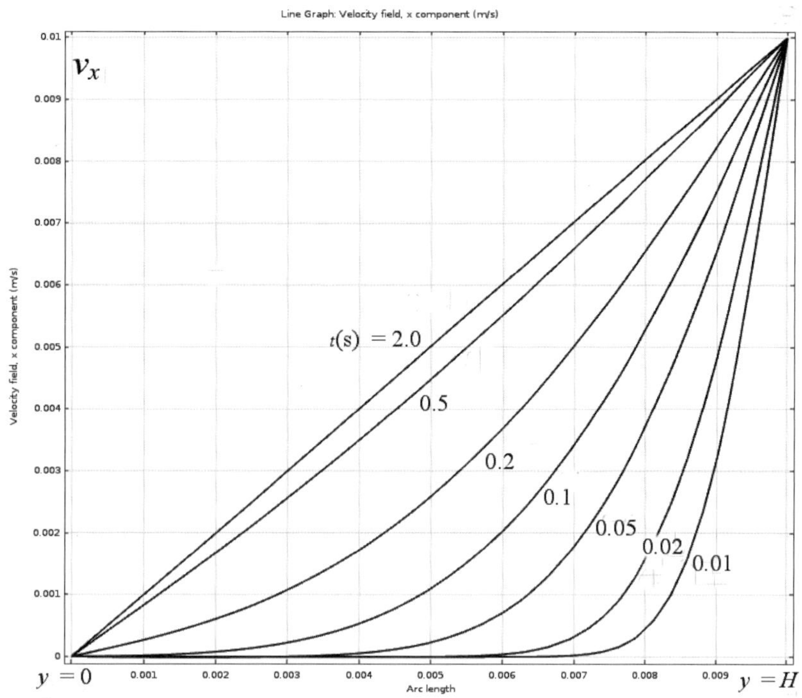

그림 E6.4.2 표시된 시간(s)에 대해 하부 판의 중간점에서 상부 판의 중간점 사이의 거리 y에 대한 v_x (m/s)의 플롯.

풀이—사례 2(진동하는 상부-판 속도)

17. 이제 Ex6.4-17.mph(또는 원하는 파일 이름)와 같은 새 이름으로 모델을 저장하여 진동 표면 시간-의존 문제의 해를 구한다.

18. 1.0 [cm/s]와 2*pi [1/s]의 값으로 a와 $omega$에 대한 매개변수를 추가하기 위해 앞의 3단계(Parameter under Global Definitions)를 따르도록 한다. 또한 $mu1$의 값을 0.1 [g/cm/s]로 변경하여 점도를 업데이트하라.

19. 상단 벽 경계 조건인 Wall 2를 업데이트하라. Laminar Flow, Wall 2를 클릭한 후, 접선 속도 값 a*sin(omega*t)를 입력한다.

20. 요청한 출력 시간을 업데이트하라. Study 1, Step 1 Time Dependent node를 클릭하고, 범위를 range(0, 2, 18) range(19, 0.25, 20)로 입력한다.

21. Study 1 node를 우클릭한 후, Compute를 선택한다. 이 해는 저자의 컴퓨터에서 약 100초가 걸렸다. 결과는 속도 크기를 보이는 표면 플롯이며, 여기서는 필요하지 않다.

22. 1D Plot Group 3을 선택하여, 요청된 시간들을 업데이트하라. Settings 창에서 Time selections를 t = 19, 19.25, 19.5, 19.75, 20 s로 변경한다. 첫 번째 값 19를 클릭하고 Shift + 좌클릭으로 20을 선택하면, 5개의 값이 위와 같이 모두 주어진다. Plot을 클릭한다.

23. 예제와 같이 Ex6.4-23.mph에 모델을 저장한다.

24. Step 3를 사용하여 $mu1$의 값을 0.5 [g/cm/s]로 업데이트하라.

25. Study node를 우클릭한 후, Compute를 선택한다.

26. 1D Plot Group 3를 클릭하여, 솔루션에 대한 변경사항을 확인하고, 최종 파일을 저장한다.

사례 2에 대한 토의(진동하는 상부-판 속도)

두 개의 점도에 대한 결과를 그림 E6.4.3과 E6.4.4에 나타내었다. $\omega = 2\pi$이기 때문에, 진동의 주기는 $T = 1$ s이다. 따라서 $t = 0, 0.25T, 0.5T, 0.75T, T$인 한 번의 완전한 사이클에 대해 0.25 s 이격된 속도분포를 얻을 수 있다. 두 개의 주요 효과들에 대해 유의하라.

(a) *침투 깊이.* $\mu = 0.1$ P와 같이 점도가 낮은 경우, 표면의 진동은 $\mu = 0.5$ P의 점도가 높은 경우와 같이 액체 내로 많이 침투하지 못한다. 다르게 설명하면, 점도가 낮으면 점도가 높은 경우처럼 신속한 운동량의 확산이 허용되지 않는다.

(b) *상 변화.* $t = T$에 대해, 상부 판의 속도가 0일 때 대부분의 액체는 $t = 0.75T$와 같은 초기에, 표면속도의 확산효과가 음이 되기 때문에 속도가 음이 된다. 이와 유사한 결과들은 다른 시간대에서도 관찰할 수 있다.

이 두 효과들은 비뉴턴성 유체를 평가하는 데에도 활용될 수 있다. 이에 대해 응력과 변형률 사이의 위상 변화는 변위로 표시된다. 속도 v_x가 이동한 거리에 대한 도함수이므로, 상부 판의 변위 D는 다음과 같다.

$$D = -\frac{a}{\omega}\cos\omega t. \tag{E6.4.3}$$

무한히 깊은 액체에 대해 다음과 같은 엄밀해가 주어진다.

$$v_x = ae^{-\beta z}\sin(\omega t - \beta z), \tag{E6.4.4}$$

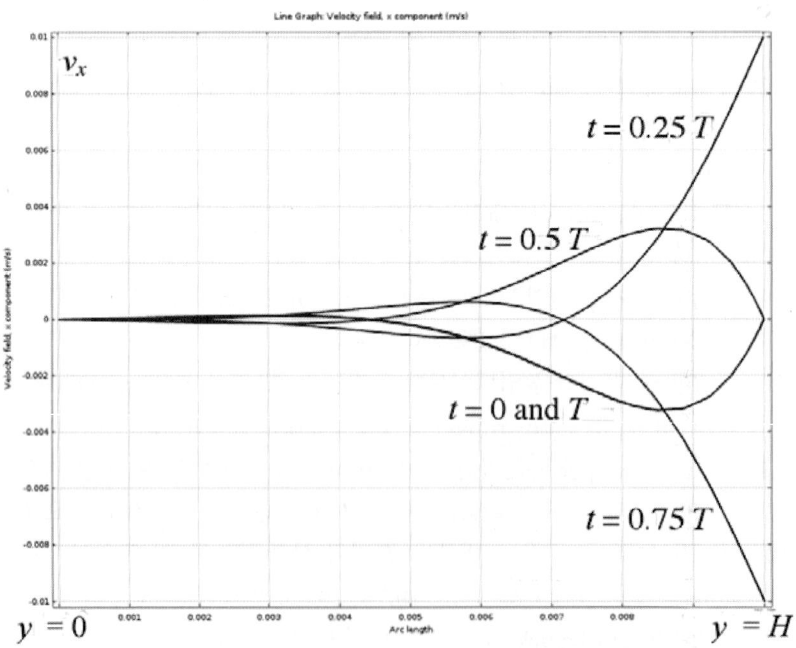

그림 E6.4.3 상부 판의 한 번의 완전 주기(cycle)에 대하여, 거리 y (m)에 대한 v_x (m/s)의 플롯. 점도 $\mu = 0.1$ *P*.

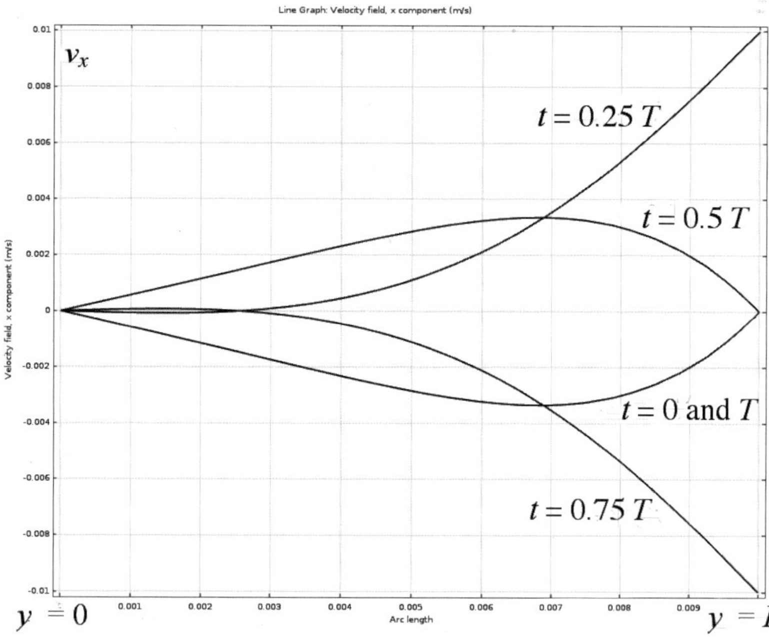

그림 E6.4.4 상부 판의 한 번의 완전 주기에 대하여, 거리 y (m)에 대한 v_x (m/s)의 플롯. 점도 $\mu = 0.5\ P$.

여기서 z는 깊이이고, 다음의 관계가 주어진다.

$$\beta^2 = \frac{\omega}{2\nu}. \tag{E6.4.5}$$

깊이 z의 변화에 따른 감쇠(attenuation)와 위상 변화(phase change)는 식 (E6.4.4)로부터 매우 명백하다.

6.4 고분자 가공 공정에서의 Poiseuille 및 Couette 유동

고분자 가공 공정에 대한 연구는 화학공학의 영역이다. 우선 나일론, 폴리에스터, 폴리에틸렌과 같은 고분자가 화학 반응에 의하여 고체나 액체의 형태로 생산된다. (후자의 경우에는 더 가공하기 위해 액체 상태로 한다.) 둘째로, 적절한 장치를 사용하여 고분자를 필름, 섬유, 병 또는 다른 성형된 물체로 만들어야 한다. 표 6.1에 나타낸 방법들이 고분자 가공 공정에서 사용되는 대표적인 공정들이다.

일반적으로 고분자는 점도가 매우 높기 때문에, 고분자의 유동은 점성 운동 방정식을 풀어야 구할 수 있다. 이 장에서는 압출, 다이 유동, 일발 또는 방사와 관련된 기초사항에 대해 다룬다. 캘린더링(calendering)과 피복(coating)에 관한 해석은 상당히 복잡하지만, 8장에서 논의할 *윤활 근사법*(lubrication approximation)으로 알려진 합리적으로 간략화시키면 다루기가 용이하다. 사출성형(injection molding)과 중공성형(blow molding)은 이 책의 범위를 넘어서기 때문에 다루지 않기로 한다.

표 6.1 ▶ 대표적인 고분자-가공 공정

공정	설명
압출(extrusion)	용융 고분자는 싱글 파이프 또는 트윈 스크류 또는 피스톤(램)이나 기어 펌프와 같은 다른 수단을 통해 좁은 구멍(*다이*라고 함)을 통과하여 연속 파이프, 튜브, 프로파일, 시트, 필름 또는 필라멘트를 형성하게 된다. 다이로부터의 "압출물(extrudate)"은 일반적으로 공기 또는 물로 냉각되어 제품은 수집된다(권취, 길이로 절단 등). 대표적인 예로 폴리염화비닐(polyvinyl chloride, PVC) 파이프(배수용 및 하수도), 폴리에틸렌(polyethylene, PE) 필름(비닐봉지) 및 나일론 필라멘트(칫솔모)가 있다.
연신(drawing) 또는 "스피닝(spinning)"	용융 고분자는 필름 또는 필라멘트의 형태로 좁은 개구를 통해 유동하여 필름 또는 필라멘트의 형태가 되는데, 뻗어내는 (연신하는) 롤러에 의해 당겨진다. 롤러는 필름 또는 필라멘트를 "연신 방향(direction of draw)"으로 배향한다. 예로는 비료를 포장하기 위한 직조된 비닐봉지 제조에 사용되는 방향성 폴리프로필렌(OPP) 필름, 직물과 의복(블라우스, 양말 등)을 제조하기 위한 나일론, 폴리에스테르와 같은 플라스틱 섬유가 있다.
사출 성형 (injection molding)	용융 고분자(일반적으로 열가소성 물질)는 차가운 금형에 고압으로 가해져 냉각되어 금형 캐비티의 형태로 고형화된다. 이 공정은 양동이와 그릇(고밀도 폴리에틸렌, HDPE), 국내 전화(아크릴로 니트릴 부타디엔 스티렌, ABS), 운반상자(PP), 배관 부속품(경질 PVC) 그리고 CD, DVD, 비디오테이프와 같은 다수의 제품을 제조하는 데 사용된다(PP 또는 범용 폴리스티렌, GPPS).
캘린더링 (calendering)	용융 고분자머가 균일하게 두꺼운 필름 또는 시트로 성형되는 연속적으로 고도로 연마된 롤의 틈새를 통과하게 된다. 롤 표면의 특성은 매끄럽거나, 표면이 알갱이 모양이거나 또는 엠보싱된 필름 또는 시트의 최종 외관에 큰 영향을 미친다(예, 모조 가죽). 이 공정의 주요 제품은 파일(문구류)의 뒷받침과 자동차 시트 커버 및 내부 라이닝(가죽은 더 고가인 자동차에 사용됨)에 사용되는 캘린더링된 유연 PVC 시트이다. 고무 산업은 또한 광범위하게 캘린더링을 사용한다.
중공 성형 (blow molding)	용융 고분자의 압출 튜브(parison)는 두 개의 금형 반쪽 사이에 고정되고 압축 공기를 압출 튜브의 가운데로 주입하여 팽창된다.압출 튜브는 풍선이 부풀듯이 팽창하여 금형 캐비티를 채우고, 냉각되어 단단한 제품(일반적으로 고밀도 폴리에틸렌으로 만들어진 병)으로 경화된다. 강성(rigid) PVC는 일반적으로 중공 성형으로 제조된다(예, 투명한 샴푸 및 샤워젤 병).
피복(coating) 또는 퍼짐(spreading)	저점도 고분자는 종이, 천 또는 다른 폴리머 시트 또는 필름과 같은 기질 위에 강철 블레이드("닥터" 블레이드)에 의해 필름으로 도포된다. PVC "인조가죽천(leathercloth)"이 이 공정에 의해 만들어진다. 플라스틱 PVC 페이스트가 면(cotton) 또는 합성 섬유 직물에 코팅한 다음 오븐에서 가열하여 PVC를 고형화시킨다(자동차 실내 장식용으로 많이 사용됨).

예제 6.5 단일 스크류 압출기(single-screw extruder)

일반적으로 용융 고분자들은 점도가 아주 높기 때문에, 다이를 통하여 밀어내기 위해서는 고압이 필요할 수 있다. 이와 같은 압력을 얻기 위해 사용되는 "펌프"의 한 예로 그림 E6.5.1에 *압출기*를 나타내었다. 고분자는 깔때기 모양의 주입구를 통하여 작은 응집체(pellet) 형태로 들어가 주입부의 스크류 관으로 내려가면, 스크류에 의해 전방으로 밀리게 된다. 이때 스크류는 출구에서 바라보면 축을 기준으로 시계 방향으로 각속도가 ω로 회전한다(스크류는 왼손 방향으로 감겨 있는 것에 주의). 가열된 원통부(barrel)는 전단효과와 함께 응집체들을 녹이고, 측정부에 도입되기 전에 유체로 된다.

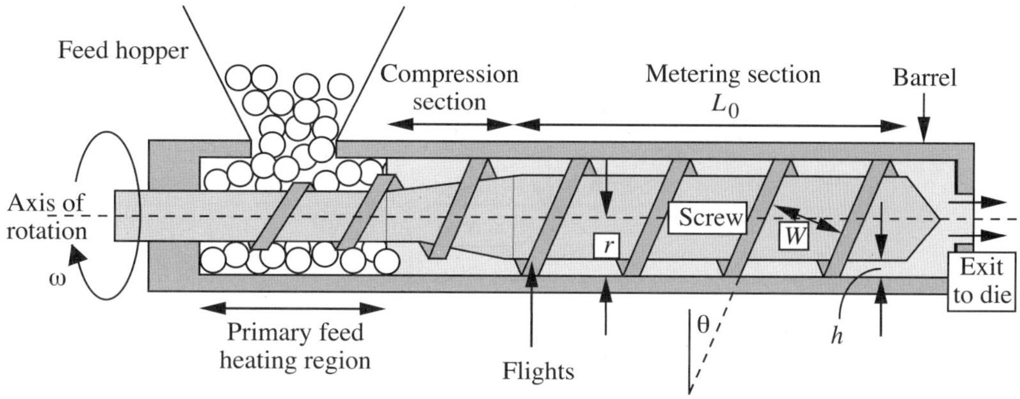

그림 E6.5.1 스크류 압출기.

압출기는 다음과 같이 세 부분으로 구성된다.

1. *주입부*에서는 알갱이들이 원통부로 수송되는데, 압축부로 도입되기 직전에 녹는다. 주입부의 일정한 깊이의 큰 채널은 측정부의 하류부에 있는 용융체의 압력이 무시할만하다는 것을 의미한다.
2. *압축부* 또는 "전이"부에서는 주입부로부터 측정부까지 채널의 길이가 감소한다. 따라서 용융체가 압축부를 따라 이동함에 따라 압력이 점차적으로 증가하게 되며, 측정부의 시작지점에 이르러서는 최대가 된다.
3. 길이 L_0인 *측정부*의 스크류 채널은 일정한 깊이 h가 되며(또한 $h \ll r$), 채널의 용융체는 균일하게 된다. 따라서 스크류의 측정부는 스크류가 일정한 속도로 회전하기 때문에 밀도가 일정한 펌프와 같이 작동하게 된다. 용융체가 측정부를 따라 통과할 때, 용융체의 압력은 균일하게 증가한다. *압출기의 생산량* 계산은 스크류의 *측정부*의 조건이 균일한 상태이기 때문에 비교적 간단하다.

여기에서 다루게 되는 예비적인 분석에서는 측정부에서 발생할 수 있는 열전달 효과를 무시하고, 고분자의 뉴턴성 점도 μ가 일정하다고 가정한다.

스크류에 위치해 있는 가상적인 관찰자의 관점에서 분석을 진행하자. 이 경우에는 그림 E6.5.2과 같이 스크류의 표면과 날개(flight)는 정지상태로 보이며, 스크류 날개에 대하여 *나선의 각도*가 일 θ일 때, 원통부는 속도 $V = r\omega$가 된다. 관찰자가 *원통부의 내부 표면*에 위치하여 관찰하게 되는 경우, 날개가 *움직이는* 경계로 보이게 될 뿐만 아니라 날개가 관찰자를 지날 때마다 주기적으로 관찰이 *방해*받기 때문에 분석이 그리 용이하지는 않다. 날개 플랭크의 연직면에 수직으로 측정한 스크류의 채널의 너비를 W라고 하자.

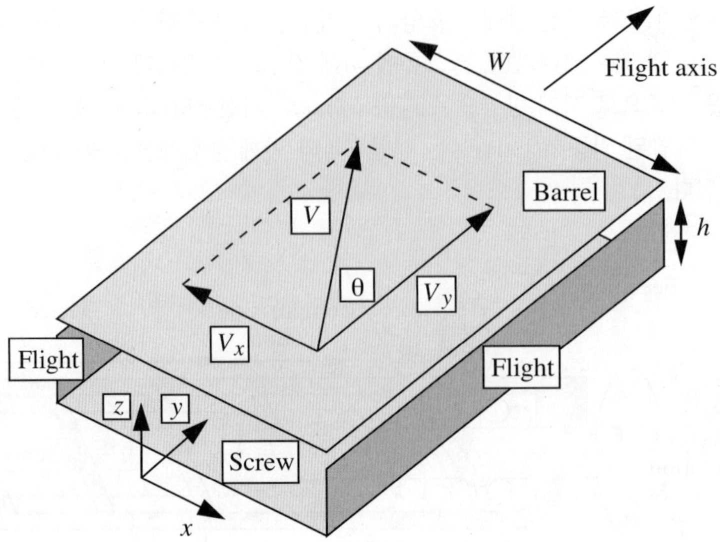

그림 E6.5.2 날개에 대각선 방향으로의 원통의 움직임.

풀이

다음의 두 개의 주된 방향으로의 운동(motion)을 고려한다.

1. (실질적으로 정지상태인) 날개와 스크류에 대한 원통부의 속도, $V_y = V\cos\theta = r\omega\cos\theta$,에 의하여 유발되는 날개의 축에 평행인 유동
2. (정지상태에 있는) 날개와 스크류에 대한 원통부의 속도, $V_x = -V\sin\theta = -r\omega\sin\theta$에 의하여 유발되는 날개의 축에 수직인 유동

각각의 경우에 있어서 일차원의 유동으로 간주하고, 날개가 존재함으로써 유발되는 "말단 효과(end effect)"는 중요하지 않은 것으로 간주한다. 그림 E6.5.3(b)를 잘 관찰하면 일반적인 개념을 얻을 수 있다. x 방향의 유동은 날개들 가까이로 접근함에 따라 역류되어야 하겠지만, $h \ll W$인 경우, 유동이 본질적으로 z 방향으로 양이나 음에 되는 중심영역이 실제로 존재한다고 가정하는 것은 합리적이다.

1. *날개 축 방향의 운동.* 여러분들은 y 방향 운동량 수지식이 다음과 같이 되는 추가적인 간략화 가정에 대하여 알기를 원할 것이다.

$$\frac{\partial p}{\partial y} = \mu \frac{d^2 v_y}{dz^2}. \tag{E6.5.1}$$

두 번 적분하면 속도 분포는 다음과 같이 된다.

$$v_y = \frac{1}{2\mu}\left(\frac{\partial p}{\partial y}\right)z^2 + c_1 z + c_2 = \underbrace{\frac{1}{2\mu}\left(-\frac{\partial p}{\partial y}\right)(hz - z^2)}_{\text{Poiseuille flow}} + \underbrace{\frac{z}{h}r\omega\cos\theta}_{\text{Couette flow}}. \tag{E6.5.2}$$

여기서 적분 상수 c_1와 c_2는 다음의 경계조건을 이용하는 통상적인 방법으로 구한다.

$$z = 0: \quad v_y = 0; \qquad z = h: \quad v_y = V_y = V\cos\theta = r\omega\cos\theta. \tag{E6.5.3}$$

압력 구배의 음의 값은 입구 압력 p_1, 출구 압력 p_2, 스크류의 날개 축 방향으로 측정한 총 길이 $L\ (= L_0/\sin\theta)$의 항으로 나타낼 수 있고,

$$-\frac{\partial p}{\partial y} = -\frac{p_2 - p_1}{L} = \frac{p_1 - p_2}{L}, \tag{E6.5.4}$$

스크류의 작용은 압력을 상승시켜서 $p_2 > p_1$가 되므로, 이 양은 음의 값이 된다. 따라서 식 (E6.5.2)를 이용하면, (역 압력 구배에 의한) Poiseuille 형태의 *역방향 유동*(역방향의 압력구배에 의해 발생하는)과 Couette 형태의 *정방향 유동*(스크류에 대해 상대적인 원통부피의 운동에 의해 발생하는)을 예측할 수 있다. 이들의 조합은 그림 E6.5.3(a)에 나타내었다.

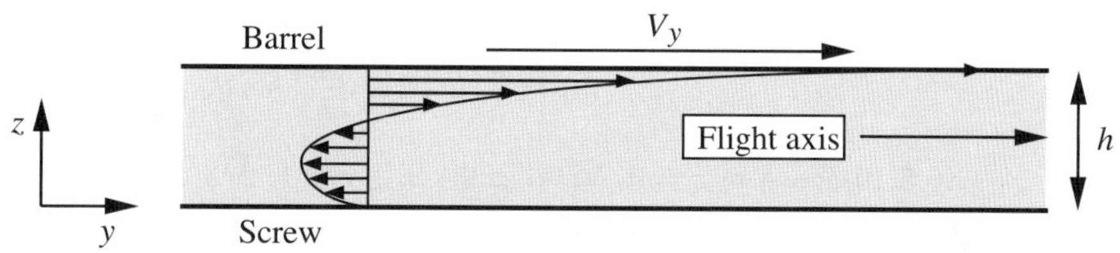

(a) Cross section along flight axis, showing velocity profile.

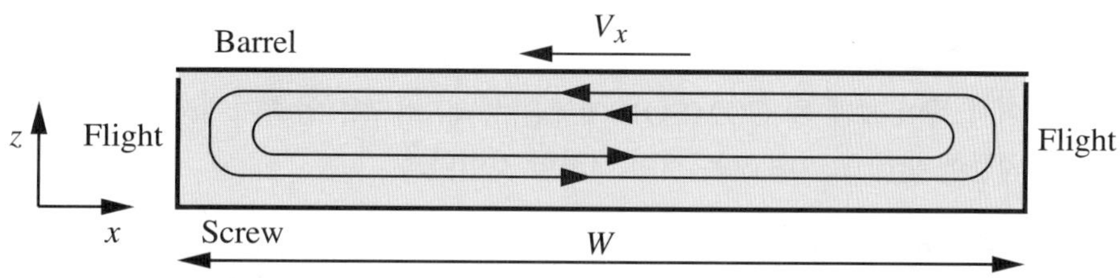

(b) Cross section normal to flight axis, showing streamlines.

그림 E6.5.3 스크류에 위치한 관찰자가 관찰할 때의 유체운동: (a) 날개 축 방향의, (b) 날개 축에 수직 방향.

응용된 고분자의 날개 축 방향의 총 유량 Q_y은 스크류와 원통부 사이에서 속도를 적분하여 얻을 수 있으며, 날개들 사이의 간격이 W임에 주의하라.

$$Q_y = W\int_0^h v_y\,dz = \underbrace{\frac{Wh^3}{12\mu}\left(\frac{p_1 - p_2}{L}\right)}_{\text{Poiseuille}} + \underbrace{\frac{1}{2}Whr\omega\cos\theta}_{\text{Couette}}. \tag{E6.5.5}$$

Q_y의 실제 값은 압출기 출구에 있는 다이의 저항에 의존한다. 다이에 의한 전항이 없는 가상적인 경우에는, 압출기 내부에서 압력이 증가되지 않으므로($p_2 = p_1$), 식 (E6.5.5)에서 Couette 항만 남게 된다. 다이가 현저한 저항을 유발하는 실제의 경우에는, Poiseuille 항은 Couette 항에 의하여 발생하는 유속을 *감소*시킨다.

2. *날개 축에 수직 방향의 운동.* 날개 축 방향의 유동에 관한 전개와 유사하게 전개하면, 다음과 같은 식을 얻을 수 있다.

$$\frac{\partial p}{\partial x} = \mu\frac{d^2 v_x}{dz^2}, \tag{E6.5.6}$$

$$v_x = \underbrace{\frac{1}{2\mu}\left(-\frac{\partial p}{\partial x}\right)(hz - z^2)}_{\text{Poiseuille flow}} - \underbrace{\frac{z}{h}r\omega\sin\theta}_{\text{Couette flow}}, \tag{E6.5.7}$$

$$Q_x = \int_0^h v_x\, dz = \underbrace{\frac{h^3}{12\mu}\left(-\frac{\partial p}{\partial x}\right)}_{\text{Poiseuille}} - \underbrace{\frac{1}{2}\, hr\omega \sin\theta}_{\text{Couette}} = 0. \tag{E6.5.8}$$

여기서 Q_x는 날개 축 방향의 단위 깊이 당의 x 방향 유속이고, 경로의 양단면의 날개가 장벽으로 작용하기 때문에, 이 유속은 0이 되어야 한다. 따라서 압력 구배의 음수값은 다음과 같게 된다.

$$-\frac{\partial p}{\partial x} = \frac{6\mu r\omega \sin\theta}{h^2}, \tag{E6.5.9}$$

따라서 속도 분포는 다음과 같게 된다.

$$v_x = \frac{z}{h} r\omega \left(2 - 3\frac{z}{h}\right) \sin\theta. \tag{E6.5.10}$$

식 (E6.5.10)으로부터 $z = 0$(스크류 표면) 또는 $z/h = 2/3$에서 v_x가 0이 됨에 주목하라. 학생들은 $v_x(z)$의 일반적인 형태를 그려보기 바란다.

대표적인 값들

이어서 풀어 보게 될 COMSOL 예제를 통해, 스크류 압출기에서의 고분자의 성질과 전형적인 측정치들에 관해 고려해 보는 것이 적절할 것이다.[2]

1. 스크류의 그기는 직경이 20 mm인 실험용에서부터 직경이 150 mm(상당히 일반적으로) 또는 훨씬 더 큰(600 mm까지) 대량 생산을 위한 기계용까지 다양한 크기의 스크류를 이용한다.
2. 나선의 각도는 거의 대부분 피치 P가 스크류의 외경 $D = 2r$인 "사각나사" 스크류의 형상에 해당되는 $\theta = \tan^{-1}(1/\pi) = 17.66°$이다.
3. 직경이 100 mm인 스크류의 경우, 전형적인 채널의 깊이(측정부)는 약 $h = 5$ 또는 6 mm이다.
4. 스크류 rpm은 약 30 rpm인 저속에서부터 고속인 150 rpm의 범위를 갖는다. 대개 큰 압출기는 낮은 rpm 속도로 운전된다. 폴리에틸렌을 압출하기 위한 전형적인 스크류 표면 속도(스크류에 대한 원통 속도)는 0.5 m/s이다. 100 mm 스크류의 경우 전형적인 스크류의 속도는 65 rpm이다.
5. *측정부*의 길이 L_0은 현재 사용하고 있는 고분자의 종류에 의존한다(즉, 무결정형, 반정질 등). 이 길이는 대개 스크류 직경의 배수로 표현되는데, 예를 들면 $L_0 = 6.5D$이다. 전형적으로 압출기 스크류의 *전체* 길이는 $25D$이다.
6. 고분자는 일반적으로 전단속도가 증가되면, 전단 박화(shear thinning) 현상이 발생하는데, 따라서 점도는 용융온도 이하의 스크류 채널 내에 고분자 융용체의 전단속도(rpm과 대한)에

[2] 이 값과 표 6.1의 대부분의 정보를 제공한 고분자가공 전문가 John W. Ellis에게 진심으로 사의를 표한다. Ellis는 이전에 방콕에 있는 출라 롱콘(Chulalongkorn) 대학교의 석유 및 석유화학 대학(the Petroleum and Petrochemical College)의 교수였다. 그는 현재 플라스틱 및 고무 산업을 위한 실험실 크기의 가공 기계를 만드는 회사인 Labtech Engineering Co., Ltd의 R&D 관리자이다. Ellis는 공동 저자 David Morton-Jones (Chapman and Hall, 1986)와 함께 *Polymer Products: Design, Materials and Processing*을 집필하기도 했다. 그의 최신 저서인 *Introduction to Plastic Foams*는 Duanghathai Pentrakoon (Chulalongkorn University, Bangkok 학부 교수)과 공동 저술을 통해 Chulalongkorn University Press (2005)에서 출간되었다.

의존한다. 그러나 압출공정에 있어서 폴리올레핀(LDPE, HDPE, PP)의 압출에 있어서 용융체의 점도가 200에서 1,000 N s/m^2(즉, Pa s) 정도라고 가정할 수 있다.

예제 6.6 스크류 압출기에서의 유동 형태(COMSOL)

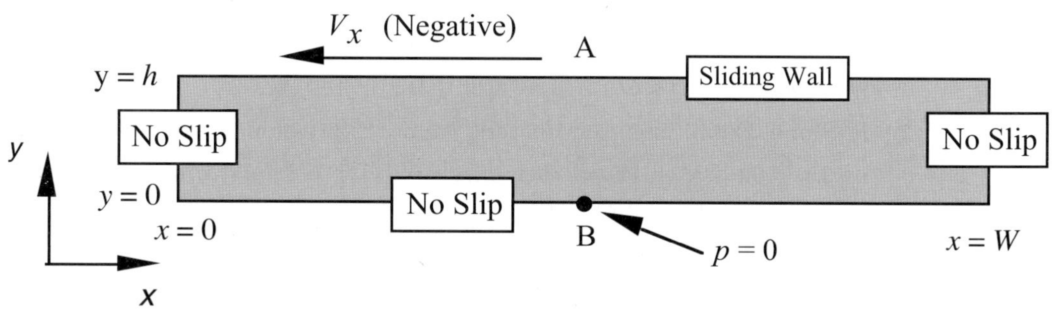

그림 E6.6.1 날개 축에 수직인 스크류 압출기의 단면. 경계조건 형태가 표시되어 있다. 압력은 하부 벽의 중간 점 B에서 0으로 지정된다. 결국에는 상부 및 하부 표면의 중간점들인 A와 B 사이에서 속도 교차-플롯(velocity cross-plot)이 만들어질 것이다. 횡단 좌표(transverse coordinate)는 COMSOL 규칙을 준수하기 위해 z에서 y로 변경되었다.

예제 6.5에서 논의한 스크류 압출기를 고려하라. 날개 축에 수직인, 그림 E6.5.3(b)에서 근사적으로 주어진 유동 형태(flow pattern)를 가능한 정확하게 결정하기 위한 운동방정식을 풀어라. 압력은 "부동(float)"이 될 수 없지만, 그림 E6.6.1에 나와 있는 단면의 중간 점 B와 같은 임의의 한 점에서 임의의 값으로 지정해야 한다.

예제 6.5의 끝 부분에 있는 주석을 바탕으로 폴리올레핀의 압출(extrusion)과 관련된 다음 값을 사용하라.

1. 고분자 성질: $\rho = 800\ \mathrm{kg/m^3}$, $\mu = 500\ \mathrm{Pa\ s(N\ s/m^2)}$
2. 회전속도 $N = 65$ rpm, 따라서 $\omega = 2\pi \times 65/60 = 6.8$ rad/s
3. 채널의 깊이 $h = 5$ mm $= 0.005$ m
4. 사각피치(square pitch)의 경우, 피치 P와 스크류 직경 D은 동일하며, 100 mm $= 0.1$ m로 간주한다. 날개 사이의 거리는 $W = P\cos\theta = 0.1 \times \cos 17.66° = 0.0953$ m이다. 내용을 간단하기 위해 반올림하여, $W = 0.1$ m로 쓴다.
5. 상대속도는 $V = \omega r = \omega D/2 = 6.8 \times 0.1/2 = 0.340$ m/s이며, x 성분은 $V_x = -0.340 \times \sin\theta = -0.340 \times \sin 17.66° = -0.103 \doteq -0.1$ m/s을 갖는다.
6. 유동 형태를 구한 후에, 다음의 플롯을 만들도록 한다.
   (a) 10개의 유선(streamlines)을 보이는 그림, 하나는 실제 종횡비, 다른 하나는 y축이 5배로 늘어난(stretched) 것
   (b) x 속도의 화살표 플롯
   (c) 압력 분포의 등고선(contour) 플롯
   (d) 상부의 이동 표면의 중간점 A(0.05, 0.005)와 하부의 고정 표면의 중간점 B(0.05, 0) 사이의 x 속도의 단면도

▶ 풀이

모든 마우스 클릭은 특별히 우클릭(R)으로 표시되지 않는 한 좌클릭(*Select*(선택)와 동일)이다.

Physics 선택

1. 모델 마법사(Model Wizard)에서 2D, Fluid Flow (작은 회전 삼각형을 "글리프(glyph)"라고 함), Single-Phase Flow, Laminar Flow, Add를 선택한다. 압력과 속도에 대한 COMSOL의 기호를 표시한다. Study, Stationary, Done.

매개변수(Parameter)의 정의

2. R-Global Definitions, Parameters. Name/Expression 열 아래에서 $rho1 = 800$ [kg/m^3], $mu1 = 500$ [Pa*s], $Vx = -0.1$ [m/s]를 입력한다. (rho와 mu라는 이름은 COMSOL에서 자체사용으로 지정되어 있으므로 사용할 수 없다.)

기하구조(Geometry)의 설정

3. R-Geometry, Rectangle. Corner(모서리)는 $x = 0$, $y = 0$에 있음을 참조하라. 너비 Width = 0.1, 높이 Height = 0.005. Build는 선택되었다. R-Geometry, Point(여기서 $p = 0$으로 지정). x와 y에 대해 0.05와 0.00을 입력한다. Build는 선택되었다.

유체 특성의 정의

4. Component 1에서 R-Materials, Blank Material로 한다. $rho1$와 $mu1$을 값으로 입력하라. 해결되는 방정식을 보려면, Laminar Flow를 클릭한 후 설정(Settings) 창에서 방정식 글리프(glyph)를 선택한다.

경계조건의 정의

5. R-Laminar Flow, Wall, Wall 2. 상부 벽 위로 마우스를 가져가서(빨간색으로 변함) 클릭하여 선택한다. Boundary Condition, Sliding Wall. Uw에 Vx를 입력한다. R-Laminar Flow, Points, Pressure Point Constraint로 압력의 제약 조건을 설정한다. 하부 중심점 위로 마우스를 가져가 클릭하여 선택한다(압력은 0임). 활성 창(Active Window)에 Point 1이 나타난다.

메쉬(Mesh) 생성 및 문제의 해결

6. Mesh 1, Element size, Coarse, Build All. R-Mesh 1, Statistics와 14,695 요소(element) 참조. 일부 요소들(elements)을 보려면 Zoom(확대/축소) 아이콘을 세 번 사용하고, 되돌리려면 Zoom Extents를 사용한다.
7. R-Study, Compute(약 4초 소요). 여기에 관심이 없는 속도의 크기를 제공한다.

유선(Streamline)의 디스플레이

8. R-Results, 2D Plot Group. R-2D Plot Group 3, Streamline. 설정 창(Settings window), Positioning, Start point controlled, 20 points가 그림 E6.6.2를 가져다준다.

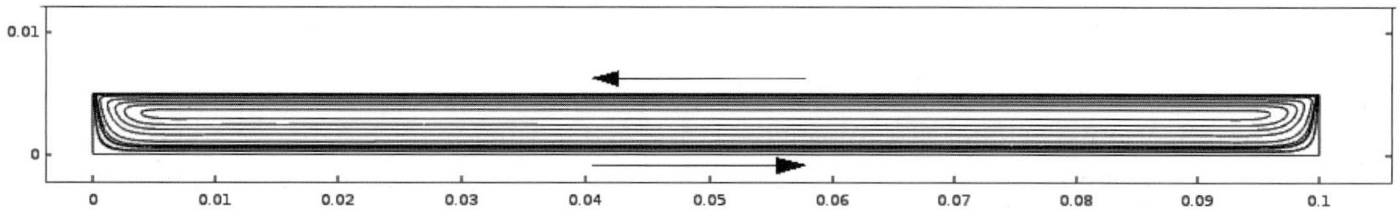

그림 E6.6.2 유선(streamlines), 종횡비가 문제의 지문과 동일하다. 유동의 시계 반대 방향을 강조하기 위해 두 개의 화살표가 추가되었다.

9. y축을 늘려 R-Definitions(Component 1 아래에서), View. View 2 왼쪽의 글리프(glyph)를 클릭하여 tree인 축(Axis)을 확장한다. Settings(설정), View Scale(보기 배율), Manual(수동), y-scale factor = 5, Update(업데이트), Zoom Extents(확대/축소 배율). 그 결과, Streamline 1은 그림 E6.6.3을 보여준다.

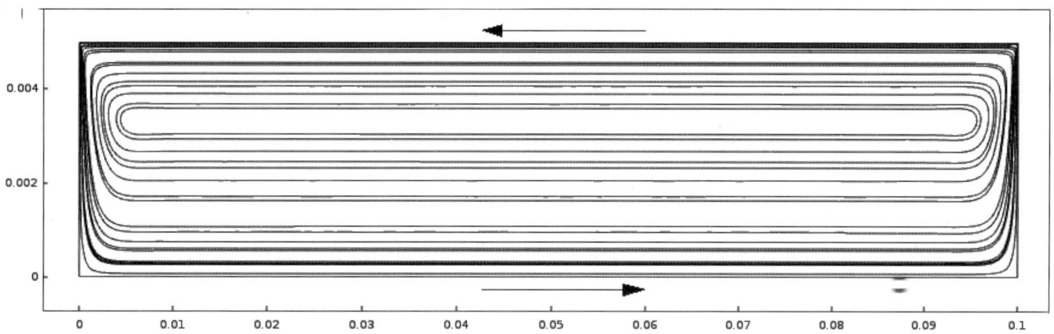

그림 E6.6.3 유선(streamlines), 좀 더 자세히 보이도록 $y = 0$에서 0.005 m까지의 높이가 "늘어나" 있다. 유동의 시계 반대 방향을 강조하기 위해 두 개의 화살표가 추가되었다.

화살표 속도 플롯의 디스플레이

10. View 1. Results, 2D Plot Group을 우클릭한다. 2D Plot Group 4, Arrow Surface 1을 우클릭한다. Plot. Scale Factor(배율 인자) 슬라이더를 오른쪽으로 이동하여 배율 인자가 0.034가 되도록 하고, 검은색을 지정한다.

11. 그래픽(Graphics) 창에서 (a) 가운데 마우스 버튼을 누른 상태에서 마우스를 앞뒤로 움직이거나, (b) 그래픽 창 위의 Zoom(확대/축소)을 클릭하고, 오른쪽 마우스 버튼을 누른 채로 그래픽을 움직이면, 그림 E6.6.4가 표시된다.

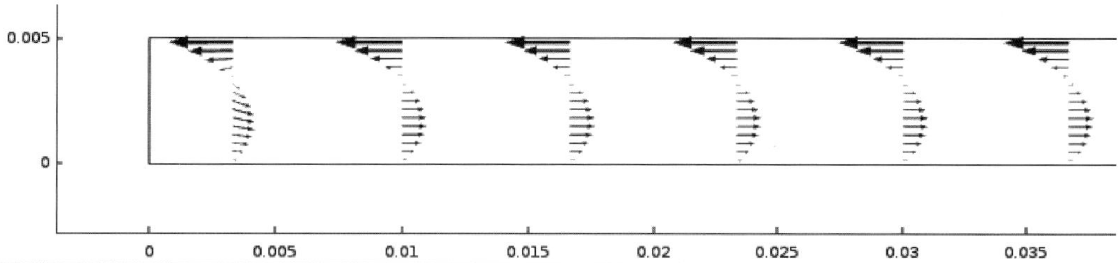

그림 E6.6.4 화살표 길이가 국지 속도에 비례하는 화살표 플롯. 가독성을 높이기 위해 왼쪽 부분만 복사하여 확대하였다.

등압(Isobars)의 디스플레이

12. Results를 우클릭하고, 2D Plot Group를 선택한다.

13. View를 위하여 (Component 1에 대한 Definitions하에서) 드롭박스를 클릭하고, View 1을 선택한다.

14. 새로운 2D Plot Group 5를 우클릭하고, Contour(등고선)을 선택한다.

15. 설정(Settings)에 Expression field(필드)에서 압력 p를 입력한다. Level field에서 Entry Method를 Levels의 수에서 Levels로 변경한다. Levels field에서 압력 범위를 range(−0.6e6, 0.1e6, 0.6e6)으로 입력하고, Plot; "range"는 시작(start)과 끝(end)을 표시하는 처음(first)과 최종(last) 매개인자의 함수이다. 중간 매개인자는 증가분이다.

16. 색상 바로 나타난 등압선을 비교하거나 또는 Level Labels를 선택하면, 압력이 오른쪽 끝의 중간점에서 근사적으로 -5.9×10^5 Pa부터 왼쪽 끝의 중간점에서 근사적으로 5.9×10^5 Pa까지 변화한다(중간은 0).

17. Coloring을 Uniform으로 변경하고, Color를 검은색으로 하여 그림 E6.6.5를 생성한다.

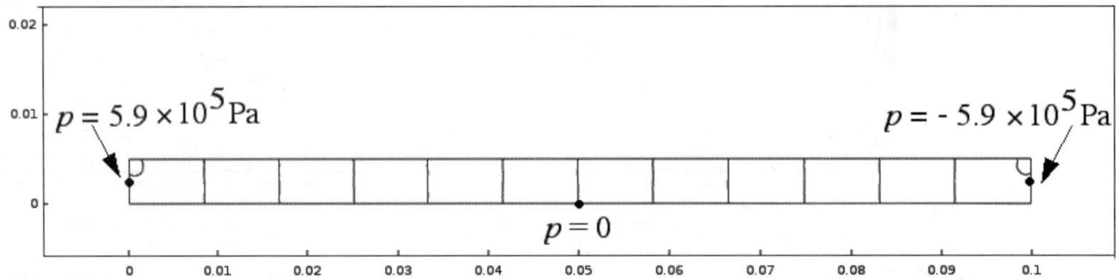

그림 E6.6.5 등압선(isobar) 중간점에서 압력은 $p = 0$이고, 오른쪽(끝의 중간점에서 $p \doteq 5.9 \times 10^5$ Pa으로부터 왼쪽) 끝의 중간점에서 $p \doteq 5.9 \times 10^5$ Pa까지 변한다. 움직이는 경계와 고정(no-slip) 경계 사이에서 속도들에 충돌이 있는 경우인 두 개의 위쪽 모서리를 제외하고, 압력은 수평 좌표 x에만 의존한다.

속도 교차플롯 구성

18. y 방향으로 중간점에서 데이터 세트를 선택한다. Result tree에서 Data Sets를 우클릭하고, Cut Line 2를 선택한다. 설정(Settings) 창에서 Points 1과 2에 (0.05, 0)과 (0.05, 0.005)를 입력한다. Plot를 클릭하여 절단선(cut line)을 디스플레이한다.

19. Results(결과)를 우클릭하고, 1D Plot Group 6를 선택한다. 설정 창에서 드롭다운 대화상자(dropdown dialog box)를 클릭하여, 데이터 세트를 Cut Line 2D 1으로 변경한다.

20. 1D Plot Group 6를 우클릭하고, Line Graph 1을 선택한다.

21. 설정(Settings), Expression field(필드)에서, x-속도성분 u를 입력한다. 왼쪽에서 삼각형 글리프를 클릭하여 Coloring과 Style section(영역)을 확대한다.

22. 드롭다운 대화상자를 클릭하여 Color 옵션을 Black(검은색)으로 변경한다.

23. 설정(Settings) 창의 상부에 있는 Plot을 클릭하여 플롯을 업데이트한다. Quality section(영역)아래 설정 창의 아래쪽에 Recovery(복구) 옵션이 있다. Domains에 Recover Within을 선택하면, 다항식 평활화(polynomial smoothing)를 통해 그림 E6.6.6을 나타낸다.

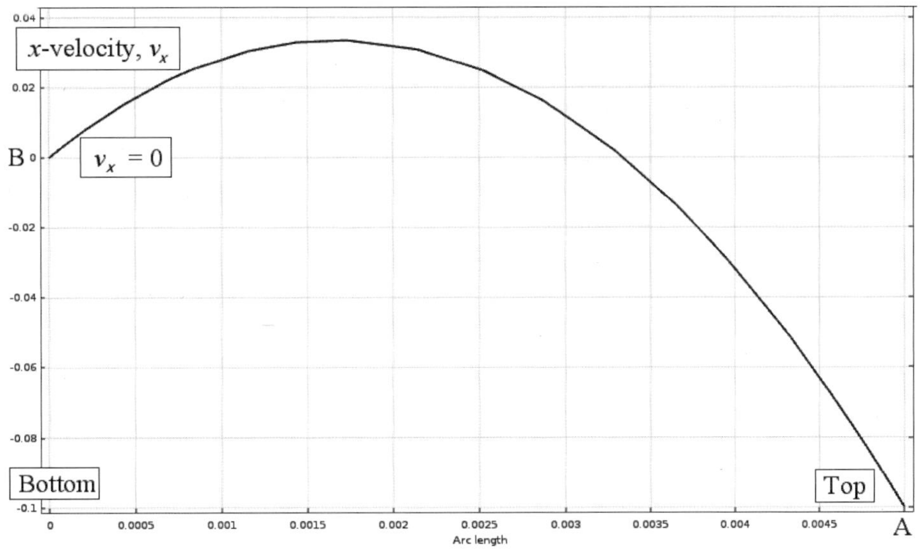

그림 E6.6.6 수평 속도 v_x가 상부 표면의 중간점 A(전적으로 음의 값)부터 바닥 표면의 중간점 B(여기서는 0)까지 어떻게 변화하는지를 보여주는 교차-플롯(cross-plot).

결과에 대한 논의

COMSOL 결과들을 그림 E6.6.2~E6.6.6에 나타내었다. 그림 E6.6.4의 화살표 플롯은 횡단면의 전체 폭에 걸쳐 속도 프로파일이 사실상 변하지 않음을 명확하게 보여준다. 상부 표면 근처에서 유동은 이동 표면에 의해 음의 x 방향으로 유도된다. 고정된 바닥면을 향하여 유동의 역전이 존재하므로, 임의의 x 값에서 순 유속(net flow rate) $Q = \int_0^h v_x\, dy$는 0이 된다.

20개의 유선(streamline)을 포함하는 그림 E6.6.2는 이제 필수적인 역전 유동이 단면의 각 끝에 매우 가깝게 발생하는 것을 보여준다. 유동 형태(flow pattern)를 보다 명확하게 하기 위해 유선(streamline)은 그림 E6.6.3에서 반복하였으며, 여기서 y축 방향으로 더 큰 축척이 적용된다(즉, x/y 기하구조(geometry)는 더 이상 축척되지 않음).

압력 분포는 그림 E6.6.5에 일련의 등압선으로 나타나 있다. 등압선이 매우 균등하게 이격되어 있고, 오른쪽에서 왼쪽으로(끝 중간점에서) 압력이 -5.9×10^5 Pa에서 5.9×10^5 Pa 또는 1.18×10^6 Pa인 점에 유의한다.

간략화된 이론으로부터 압력구배는 다음과 같이 나타낼 수 있다.

$$-\frac{\partial p}{\partial x} = \frac{6\mu r\omega \sin\theta}{h^2}. \tag{E6.5.9}$$

따라서 오른쪽에서 왼쪽으로 압력의 이론적인 증가는 다음과 같다.

$$0.1\left(\frac{6 \times 500 \times 0.05 \times 6.8 \times \sin 16.77^\circ}{0.005^2}\right) = 1.18 \times 10^6 \text{ Pa}, \tag{E6.6.1}$$

이는 그림 E6.6.5에 나타낸 Navier-Stokes 방정식에 의한 2차원의 해와 매우 정확하게 일치한다.

최종적으로, 그림 E6.6.6에 나타낸 바와 같이 어떻게 v_x가 상부 표면의 중점 A에서 하부 표면의 중점 B로 변하는지를 보여준다. 식 (E6.5.7)에서 설명한 바와 같이 이 속도분포에는 두 종류의 기여 요소가 있다.

1. 왼쪽으로 이동하는 상부 표면에 의해 발생하는 오른쪽에서 왼쪽 방향으로 진행되는 Couette 유동
2. 왼쪽의 초과 압력에 의해 발생하는 왼쪽에서 오른쪽 방향으로 진행되는 Poiseuille 유동

6.5 원통형 좌표계에서 운동 방정식의 해

다수의 화학공학 운전은 z축에 대한 대칭성과 주어진 z 값에서 일정한 반지름을 가지는 하나 또는 그 이상의 표면을 포함한다. 예제들로는 관에서의 유동, 섬유 압출, 한 원통이 회전하는 동심원통 사이의 유동을 포함하는 점도계 등이다. 이와 같은 경우에는 자연스럽게 원통형 좌표계에서 해를 구해야 하며, 두 개의 예제에서 이에 관해 다루도록 한다.

예제 6.7 원환(annular) 다이를 통한 유동

앞 절에서 논의한 고분자 가공에 이어서 예제 6.6의 스크류 압출기 출구에 설치된 다이를 통한 유동에 관해 고려해 보자. 고분자 *관*을 만드는 다이를 생각해보자(다른 형태로는 판과 섬유가 될 것이다). 그림 E6.7의 길이 D인 다이에서, 압력 차 $p_2 - p_3$에 의해 점도 μ인 액체가 고정된 두 동심 원통 사이의 원환을 통해 왼쪽에서 오른쪽으로 정상상태로 흐르고 있다. 입구 압력 p_2를 예제 6.5에서의 압출기 출구 압력에 상응하도록 선택했음을 주의한다. 내부 원통은 고체이고 외부 원통은 속이 비어 있다. 이들 원통의 반지름은 각각 r_1과 r_2이다. 플라스틱 관의 압출 시 발생할 수 있는 문제는 원환 공간에서의 속도분포와 총 부피 유속 Q를 구하는 것이다. *원통형* 좌표계를 사용하는 점에 주의해야 한다.

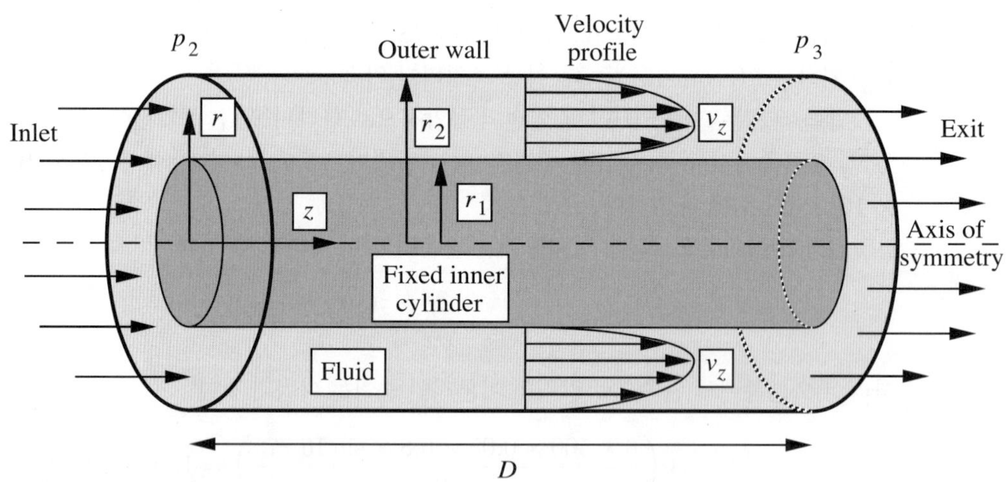

그림 E6.7 원환 다이를 통한 유동의 기하구조.

가정과 연속 방정식

다음과 같은 가정들은 실질적인 가정들이다.

1. 0이 아닌 속도 성분이 하나뿐이다. 즉, 유동 방향으로 v_z이다. 따라서 $v_r = v_\theta = 0$이다.
2. 중력은 연직의 아래쪽으로 작용한다. 따라서 $g_z = 0$이다.
3. 축 방향 속도는 각 위치에 무관하다. 즉 $\partial v_z/\partial\theta = 0$이다.

이와 같은 상황을 해석하기 위하여, 식 (5.49)의 연속 방정식으로부터 다시 시작하자.

$$\frac{\partial\rho}{\partial t} + \frac{1}{r}\frac{\partial(\rho r v_r)}{\partial r} + \frac{1}{r}\frac{\partial(\rho v_\theta)}{\partial\theta} + \frac{\partial(\rho v_z)}{\partial z} = 0, \tag{5.49}$$

이 식에서는 밀도가 일정하고, $v_r = v_\theta = 0$이므로,

$$\frac{\partial v_z}{\partial z} = 0, \tag{E6.7.1}$$

이므로, 이 식은 v_z가 입구로부터의 거리에 무관하고 속도 분포 $v_z = v_z(r)$이 모든 z 값에 대하여 같다는 것을 증명한다.

운동량 수지식

r, θ, z 방향에 대하여 각각 한 개씩 세 개의 운동량 수지식이 있다. 이 식들을 살펴보면, 세 식의 첫 두 식들은 궁극적으로 임의의 단면에서 r과 θ 방향에 대한 압력 변화에 관한 것이며, 이 문제에서는 중요한 사항이 아니다. 따라서 식 (5.75)로부터 방향으로의 운동량 수지식만을 이용한다.

$$\rho\left(\frac{\partial v_z}{\partial t} + v_r\frac{\partial v_z}{\partial r} + \frac{v_\theta}{r}\frac{\partial v_z}{\partial\theta} + v_z\frac{\partial v_z}{\partial z}\right)$$
$$= -\frac{\partial p}{\partial z} + \mu\left[\frac{1}{r}\frac{\partial}{\partial r}\left(r\frac{\partial v_z}{\partial r}\right) + \frac{1}{r^2}\frac{\partial^2 v_z}{\partial\theta^2} + \frac{\partial^2 v_z}{\partial z^2}\right] + \rho g_z. \tag{E6.7.2}$$

$v_r = v_\theta = 0$이고(가정 1로부터), $\partial v_z/\partial z = 0$(식 (E6.7.1)로부터), $\partial v_z/\partial\theta = 0$(가정 3으로부터), $g_z = 0$(가정 2로부터)이므로, 이 운동량 수지식은 다음과 같이 간략화된다.

$$\mu\left[\frac{1}{r}\frac{d}{dr}\left(r\frac{dv_z}{dr}\right)\right] = \frac{\partial p}{\partial z}, \tag{E6.7.3}$$

여기서 v_z가 r만의 함수이므로 전미분을 사용하였다.

압력 구배는 다이의 입구와 출구 사이에서 균일하고, 다음과 같이 표시할 수 있음을 바로 증명할 것이다.

$$-\frac{\partial p}{\partial z} = \frac{p_2 - p_3}{D}, \tag{E6.7.4}$$

이 식에서 양변은 양의 값을 갖는다. 식 (E6.7.3)을 두 번 연속 적분하면 다음과 같은 결과를 얻을 수 있다.

$$v_z = -\frac{1}{4\mu}\left(-\frac{\partial p}{\partial z}\right)r^2 + c_1 \ln r + c_2. \tag{E6.7.5}$$

두 적분상수는 다음과 같이 내벽과 외벽에서의 속도가 0이라는 경계조건을 활용하여 계산할 수 있고,

$$r = r_1:\ v_z = 0, \qquad r = r_2:\ v_z = 0, \tag{E6.7.6}$$

그 결과는 아래와 같다.

$$c_1 = \frac{1}{4\mu}\left(-\frac{\partial p}{\partial z}\right)\frac{r_2^2 - r_1^2}{\ln(r_2/r_1)}, \qquad c_2 = \frac{1}{4\mu}\left(-\frac{\partial p}{\partial z}\right) r_2^2 - c_1 \ln r_2. \tag{E6.7.7}$$

적분상수에 대한 이 값들을 식 (E6.7.5)에 대입하면, 속도 분포에 대한 최종 식을 다음과 같이 얻을 수 있다.

$$v_z = \frac{1}{4\mu}\left(-\frac{\partial p}{\partial z}\right)\left[\frac{\ln(r/r_2)}{\ln(r_2/r_1)}(r_2^2 - r_1^2) + (r_2^2 - r^2)\right], \tag{E6.7.8}$$

이 식은 그림 E6.7에 나타내었다. 최대 속도가 내부 실린더에서 외부 실린더 사이의 거리의 절반에 이르기 전에 발생한다는 사실에 주의해야 한다.

부피 유속

최종적으로 구하고자 하는 양은 부피 유속 Q이다. 우선 안쪽 반지름과 바깥 반지름 $r + dr$의 원환을 통해 흐르는 부피 유속이 $dQ = v_z 2\pi r\, dr$이므로, 이를 적분하면 다음과 같은 결과를 얻는다.

$$Q = \int_0^Q dQ = \int_{r_1}^{r_2} v_z 2\pi r\, dr. \tag{E6.7.9}$$

v_z에 대한 표현에 r 1n r이 포함되어 있으므로, 다음과 같은 부정적분이 필요하며,

$$\int r \ln r\, dr = \frac{r^2}{2}\ln r - \frac{r^2}{4}, \tag{E6.7.10}$$

적분 결과는 다음과 같게 된다.

$$Q = \frac{\pi(r_2^2 - r_1^2)}{8\mu}\left(-\frac{\partial p}{\partial z}\right)\left[r_2^2 + r_1^2 - \frac{r_2^2 - r_1^2}{\ln(r_2/r_1)}\right]. \tag{E6.7.11}$$

다이 전체를 통해 Q, μ, r_1, r_2가 일정하므로, $\partial p/\partial z$ 역시 일정하다. 따라서 앞에서 설정한 한 개의 가정이 입증되었다. $r_1 \to 0$인 극한의 경우, 식 (E6.7.11)은 식 (3.12)에서 이미 언급한 Hagen-Poiseuille 법칙으로 간략화된다.

이 문제는 내부 반지름이 r, 외부 반지름이 $r + dr$인 *원환*으로 이루어진 길이 dz인 셀에 대하여 운동량 수지식을 세워서도 풀 수 있다.

예제 6.8 고분자 섬유의 방사

점도가 μ인 뉴턴성 고분자 액체를 그림 E6.8에 나타낸 장치로 뽑는다(화학적 경화조를 통하여 고화되기 전에 잡아당김으로써 지름이 작은 섬유나 필라멘트로 뽑힘).

액체의 부피 유속은 Q이고, $z = 0$과 $z = L$에서의 섬유의 지름은 각각 D_0와 D_L이다. 첫 번째 근사치로써 중력, 관성 및 표면 장력의 효과를 무시한다(표면 장력 효과를 무시하는 경우에 관해서는 문제 6.26에서 자세히 다루도록 한다). 필라멘트를 아래로 잡아당기는 데 필요한 인장력(tensile force) F에 대한 표현을 유도하라. 임의의 연직 위치에서 축 방향 속도 분포가 편평하며, v_z는 *하류*

방향이 양으로 간주되는 z에만 의존한다고 가정한다. 또한 하류 방향 속도 v_z를 z의 함수로 표시하라. 그림 E6.8 내의 삽입도(inset)는 사사와 관련된 기호들을 자세하게 보여주고 있다.

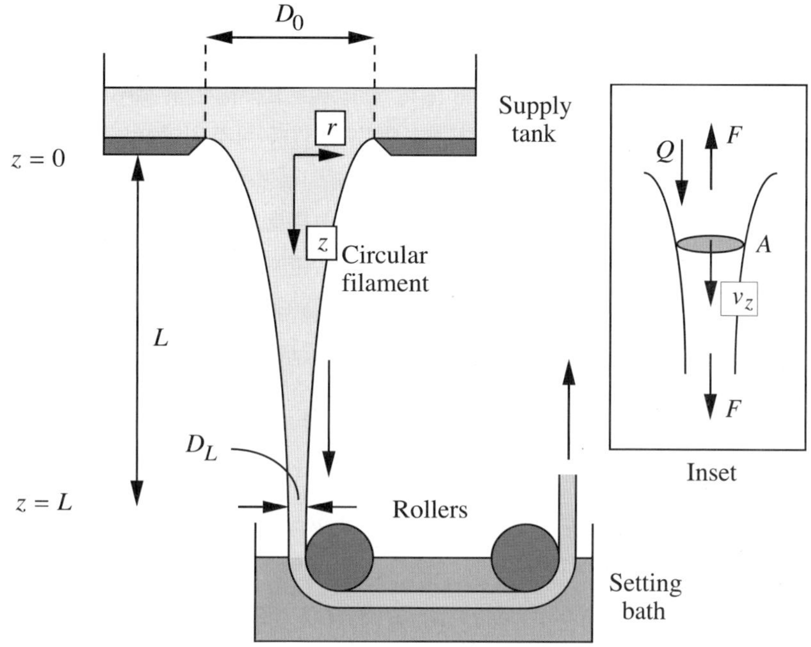

그림 E6.8 고분자 필라멘트의 방사. 그림에서 길이에 비하여 지름을 과장되게 표현하였다.

풀이

우선 반경 방향 속도와 필라멘트의 내부압력을 결정하는 것이 필요하다. 연속 방정식으로부터 다음과 같은 결과를 얻을 수 있다.

$$\frac{1}{r}\frac{\partial(rv_r)}{\partial r} + \frac{\partial v_z}{\partial z} = 0. \tag{E6.8.1}$$

v_z가 z에만 의존하므로, v_z의 축 방향 도함수는 z만의 함수이다. 즉 $dv_z/dz = f(z)$이므로 식 (E6.8.1)을 재정리하고, 일정한 z에서 적분하면 다음과 같이 된다.

$$\frac{\partial(rv_r)}{\partial r} = -rf(z), \qquad rv_r = -\frac{r^2 f(z)}{2} + g(z). \tag{E6.8.2}$$

그러나 중심에서 v_r이 무한대가 되는 것을 피하기 위해 $g(z)$는 0이 되어야 한다. 따라서 다음과 같이 된다.

$$v_r = -\frac{rf(z)}{2}, \qquad \frac{\partial v_r}{\partial r} = -\frac{f(z)}{2}. \tag{E6.8.3}$$

간편하게 진행하기 위해 약간의 간략화 과정이 필요하다. 주된 효과(필라멘트와 주위 대기의 압력 차)를 고려한 후, 부차적인 효과는 무시할 수 있다고 가정한다. 즉 압력은 반경 방향의 위치에는 무관하다(연습 문제 6.27 참조). 외부(계기) 압력은 모든 위치에서 0임에 주의하고, 자유 표면에 대한 식 (5.64)의 첫 부분을 적용하자.

$$\sigma_{rr} = -p + 2\mu\frac{\partial v_r}{\partial r} = -p - \mu f(z) = 0, \quad \text{or} \quad p = -\mu\frac{dv_z}{dz}. \tag{E6.8.4}$$

따라서 축 방향 응력은 다음과 같게 된다.

$$\sigma_{zz} = -p + 2\mu\frac{dv_z}{dz} = 3\mu\frac{dv_z}{dz}. \tag{E6.8.5}$$

또 다른 가정으로부터도 같은 결과를 얻을 수 있다는 것은 흥미 있는 일이다.[3] 섬유 내의 축 방향 인장력은 단면적과 국지 축 방향 응력의 곱과 같다.

$$F = A\sigma_{zz} = 3\mu A\frac{dv_z}{dz}. \tag{E6.8.6}$$

중력 효과는 중요하지 않다고 언급되었으므로, 연직 방향의 위치에 상관없이 F는 일정하게 된다.

임의의 위치에서 부피 유속은 단면적과 축 방향 속도의 곱과 같게 된다.

$$Q = Av_z. \tag{E6.8.7}$$

속도에 대한 미분 방정식은 위의 두 방정식을 나눈 후 재정리하면 다음의 결과를 얻을 수 있다.

$$\frac{1}{v_z}\frac{dv_z}{dz} = \frac{F}{3\mu Q}. \tag{E6.8.8}$$

$z = 0$에서 입구 속도는 $v_{z0} = Q/(\pi D_0^2/4)$임에 주의하면서 적분하면 다음과 같은 결과를 얻는다.

$$\int_{v_{z0}}^{v_z} \frac{dv_z}{v_z} = \frac{F}{3\mu Q}\int_0^z dz, \qquad \text{where} \quad v_{z0} = \frac{4Q}{\pi D_0^2}, \tag{E6.8.9}$$

그 결과 축 방향 속도는 거리에 다음과 같이 지수함수적으로 증가한다.

$$v_z = v_{z0}e^{Fz/3\mu Q}. \tag{E6.8.10}$$

롤러에 의하여 필라멘트가 감겨지기 직전의 장력은 식 (E6.8.7)과 식 (E6.8.10)을 적용하면 다음과 같이 구할 수 있다.

$$v_{zL} = \frac{4Q}{\pi D_L^2} = v_{z0}e^{FL/3\mu Q}. \tag{E6.8.11}$$

위 식을 변형하여 다음과 같은 결과를 얻는다.

$$F = \frac{3\mu Q}{L}\ln\frac{v_{zL}}{v_{z0}}, \tag{E6.8.12}$$

이 식을 통해 점도, 유속, 끌어당김 비(v_{zL}/v_{z0})가 증가할수록 힘이 *증가*하고, 필라멘트의 길이가 증가할수록 *감소*한다는 것을 예측할 수 있다.

식 (E6.8.10)과 식 (E6.8.12)로부터 F를 소거하면, 다음과 같이 원래 정의된 변수에만 의존하는 속도에 대한 표현을 얻을 수 있다.

[3] S. Middleman의 *Fundamentals of Polymer Processing*, McGraw-Hill, New York, 1977의 p.235를 참고하라. 여기서 저자는 $p = -(\sigma_{zz} + \sigma_{rr} + \sigma_{\theta\theta})/3$의 항등식을 사용한 후에 $\sigma_{rr} + \sigma_{\theta\theta} = 0$이라고 가정하였다.

$$v_z = v_{z0}\left(\frac{v_{zL}}{v_{z0}}\right)^{z/L} = v_{z0}\left(\frac{D_0}{D_L}\right)^{2z/L}, \tag{E6.8.13}$$

이 결과는 점도에 무관하다.

6.6 구형 좌표계에서 운동 방정식의 해

대부분의 기초적인 점성-유동 문제는 직교 좌표계나 원통형 좌표계에서 그 해를 구할 수 있다. 때때로 예제 6.9에서와 같이 *구형* 좌표계를 사용해야할 경우가 발생한다. 이 문제는 상당히 고급 수준의 문제이다. 우선은 관련된 포괄적인 단계들을 인식한 후, 세부적인 사항을 살펴보아야 한다.

예제 6.9 원뿔판 레오미터의 해석

이 예제는 액체의 점도를 측정하기 위해 1950년대에 Karl Weissenberg 교수에 의해 개발된 “Weissenberg rheogoniometer”[4]라고 알려진 원뿔-원판(cone-and-plate) 레오미터(rheometer)에 대해 분석해보자. 그림 E6.9에 주요부의 단면을 나타내었다. 액체 시료는 반경 R인 회전하는 하부의 원판과 연직축에 대하여 각 β를 이루는 상부의 원뿔 사이의 좁은 공간에 표면장력에 의하여 놓여 있다. 원판은 ϕ 방향으로 각속도 ω로 일정하게 회전하고 있으며, 이로 인해 공간에 놓인 액체가 동심원 방향으로 속도 v_ϕ로 이동하게 된다. (실제로는 원뿔의 끝은 원판과의 마찰을 피하기 위하여 약간 잘려져 있다.) 유동이 *Couette*형임에 주의하라.

비틀림 막대로 작용하는 상부 축의 상단을 단단히 고정시킨다. 그러나 점성 마찰로 인해 원뿔과 상부 축의 하단의 약간 비틀어진다. 움직임의 정도는 끝에 변환기가 연결되어 있는 가벼운 가로대(arm)에 의하여 감지된다. 변환기는 가로대에 부착된 조그마한 강철 조각으로 전선 코일이 둘러싸여 있다. 코일의 인덕턴스를 측정하여 비틀림 각을 얻을 수 있다. 축의 탄성 성질에 관한 정보에 의해 저지하는 우력 T를 구할 수 있다. 아래의 분석을 통해 시료의 점도를 환산할 수 있다. 기기는 매우 민감하기 때문에 액체가 없는 경우, 공간에 있는 공기의 점도까지도 측정할 수 있다.

원뿔과 원판의 표면은 각도 θ의 *일정한* 값, 즉 β와 $\pi/2$로 나타낼 수 있기 때문에 *구형* 좌표계를 이용하면 이 예제를 가장 쉽게 풀 수 있다.

가정과 연속 방정식

이 문제를 풀기 위해 다음과 같은 실질적인 가정을 세운다.

1. ϕ 방향으로의 속도성분 v_ϕ만이 0이 아니다. 따라서 $v_r = v_\theta = 0$이다.
2. 중력은 연직으로 아래 방향으로만 작용한다. 따라서 $g_\phi = 0$이다.
3. 액체 내에서 압력이 어떻게 변하는지에 대해서는 알 필요가 없다. 따라서 이에 대한 정보를 제

[4]저자가 Weissenberg 교수(1893~1976)를 처음 본 것은 그가 런던에서 열린 계측기기 박람회에 참가하고 있었을 때이다. 그곳에서 Weissenberg 교수의 정체를 모르는 젊은 판매자가 rheogoniometer를 시연하고 있었다. 계측기가 어떻게 작동하는지를 물었을 때, 판매자는 “죄송합니다. 작동원리가 매우 복잡해서 이해하지 못하실 것이라고 생각합니다.”라고 대답하였다.

공하는 r과 θ 방향으로의 운동량 수지식은 필요하지 않다.

분석은 식 (5.50)의 연속 방정식으로부터 시작한다.

$$\frac{\partial \rho}{\partial t}+\frac{1}{r^2}\frac{\partial(\rho r^2 v_r)}{\partial r}+\frac{1}{r\sin\theta}\frac{\partial(\rho v_\theta \sin\theta)}{\partial \theta}+\frac{1}{r\sin\theta}\frac{\partial(\rho v_\phi)}{\partial \phi}=0, \tag{5.50}$$

이 식은 밀도가 일정하고 $v_r = v_\theta = 0$인 경우에 다음과 같이 된다.

$$\frac{\partial v_\phi}{\partial \phi}=0, \tag{E6.9.1}$$

위 식은 v_ϕ가 각 위치 ϕ에 무관하다는 것을 보여준다. 따라서 그림 E6.9에 보인 단 하나의 단면에 대하여 고찰하는 것이 타당하게 된다.

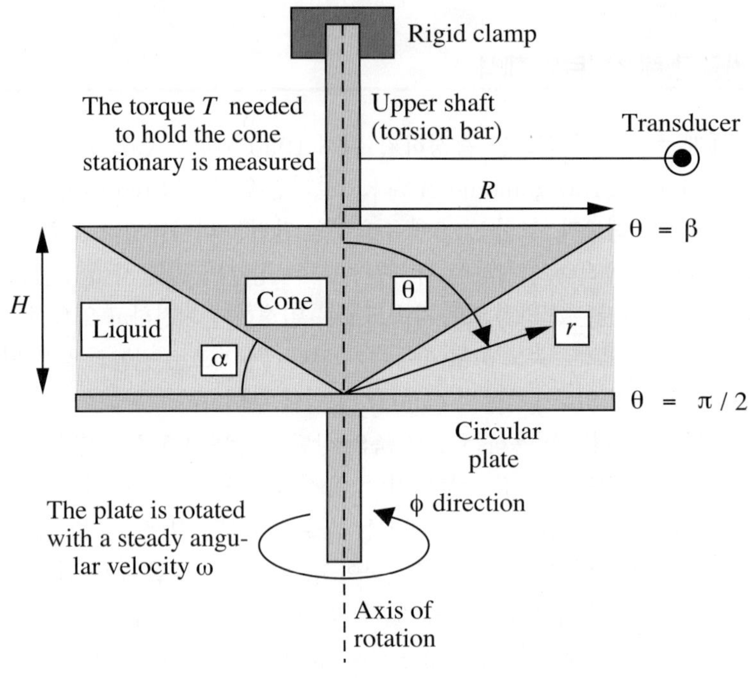

그림 E6.9 Weissenberg rheogoniometer의 기하학적 형태. (원뿔과 원판 사이의 각을 확대하였다.)

운동량 수지식

r, θ, ϕ 방향에 대하여 하나씩 세 개의 운동량 방정식이 있다. 위의 세 번째 가정으로부터 첫 두 수지식들은 별 의미가 없다. 따라서 식 (5.77)로부터 ϕ 방향에 대한 수지식만 남는다.

$$\begin{aligned}\rho\left(\frac{\partial v_\phi}{\partial t}+v_r\frac{\partial v_\phi}{\partial r}+\frac{v_\theta}{r}\frac{\partial v_\phi}{\partial \theta}+\frac{v_\phi}{r\sin\theta}\frac{\partial v_\phi}{\partial \phi}+\frac{v_\phi v_r}{r}+\frac{v_\theta v_\phi \cot\theta}{r}\right)\\ =-\frac{1}{r\sin\theta}\frac{\partial p}{\partial \phi}+\mu\left[\frac{1}{r^2}\frac{\partial}{\partial r}\left(r^2\frac{\partial v_\phi}{\partial r}\right)+\frac{1}{r^2\sin\theta}\frac{\partial}{\partial \theta}\left(\sin\theta\frac{\partial v_\phi}{\partial \theta}\right)\right.\\ \left.+\frac{1}{r^2\sin^2\theta}\frac{\partial^2 v_\phi}{\partial \phi^2}-\frac{v_\phi}{r^2\sin^2\theta}+\frac{2}{r^2\sin\theta}\frac{\partial v_r}{\partial \phi}+\frac{2\cos\theta}{r^2\sin^2\theta}\frac{\partial v_\theta}{\partial \phi}\right]+\rho g_\phi.\end{aligned} \tag{E6.9.2}$$

$v_r = v_\theta = 0$ (가정 1에 의해), $\partial v_\phi/\partial \phi = 0$ (식 (E6.9.1)로부터), $g_\phi = 0$(가정 2에 의해)이

므로 운동량 수지식은 다음과 같이 간략화된다.

$$\frac{\partial}{\partial r}\left(r^2\frac{\partial v_\phi}{\partial r}\right)+\frac{1}{\sin\theta}\frac{\partial}{\partial\theta}\left(\sin\theta\frac{\partial v_\phi}{\partial\theta}\right)-\frac{v_\phi}{\sin^2\theta}=0. \tag{E6.9.3}$$

속도 분포 결정

먼저 원점으로부터의 거리 r과 밑 원판의 각속도 ω에 비례하는 ϕ 방향의 속도에 대한 표현을 보자. 그러나 θ축 방향의 변화가 결정되어야 한다. 따라서 그 해를 다음과 같은 형태로 가정하자.

$$v_\phi = r\omega f(\theta), \tag{E6.9.4}$$

여기서 함수 $f(\theta)$를 결정해야 한다. 식 (E6.9.4)의 v_ϕ를 식 (6.9.3)에 대입하고 f'과 f''을 θ에 대한 f의 1계와 2계 *전미분*이라고 하면, 다음과 같은 결과를 얻는다.

$$\begin{aligned} & f''+f'\cot\theta+f(1-\cot^2\theta) \\ & \equiv \frac{1}{\sin^2\theta}\frac{d}{d\theta}(f'\sin^2\theta-f\sin\theta\cos\theta) \\ & = \frac{1}{\sin^2\theta}\frac{d}{d\theta}\left[\sin^3\theta\frac{d}{d\theta}\left(\frac{f}{\sin\theta}\right)\right]=0. \end{aligned} \tag{E6.9.5}$$

여기서 약간 까다롭겠지만 독자들은 생략한 대수 및 삼각함수 관계에 대해 검토해 보기 바란다.[5]

식 (E6.9.5)에 $\sin^2\theta$를 곱하고, 적분하면, 괄호 안의 값은 $-2c_1$으로 일정한 값이 된다. 여기서 "-2"를 사용한 이유는 추후에 동일한 인자에 의하여 소거되기 때문이다.

$$\sin^3\theta\frac{d}{d\theta}\left(\frac{f}{\sin\theta}\right)=-2c_1. \tag{E6.9.6}$$

변수를 분리하고 (지정된 상한과 하한이 없는) 부정적분을 실시하면,

$$\int d\left(\frac{f}{\sin\theta}\right)=\frac{f}{\sin\theta}=-2c_1\int\frac{d\theta}{\sin^3\theta}. \tag{E6.9.7}$$

계산을 더 진행하기 위해서는 다음과 같은 두 개의 표준 부정적분과 하나의 삼각 항등식이 필요하게 된다.[6]

$$\int\frac{d\theta}{\sin^3\theta}=-\frac{1}{2}\frac{\cot\theta}{\sin\theta}+\frac{1}{2}\int\frac{d\theta}{\sin\theta}, \tag{E6.9.8}$$

$$\int\frac{d\theta}{\sin\theta}=\ln\left(\tan\frac{\theta}{2}\right)=\frac{1}{2}\ln\left(\tan^2\frac{\theta}{2}\right), \tag{E6.9.9}$$

$$\tan^2\frac{\theta}{2}=\frac{1-\cos\theta}{1+\cos\theta}. \tag{E6.9.10}$$

---

[5] 여기서의 접근법은 Bird, R.B., Stewart, W.E and Lightfoot. E.N., *Transport Phenomena*, Wiley, New York (1960)의 98쪽에 주어지는 것과 상당히 다르지만 여기서의 식 (E6.9.5)와 동등한 표현을 얻는 과정에서 위의 제자들은 많은 힌트를 제공하여 주었다.

[6] Perry J. H. ed., *Chemical Engineer's Handbook*, 3rd ed., McGraw-Hill, New York (1950)의 페이지 87(적분)과 72(삼각 항등식) 참조.

위와 같은 관계를 이용하면 식 (E6.9.7)은 f에 관해 다음과 같은 관계식이 된다.

$$f = c_1 \left[\cot\theta + \frac{1}{2}\left(\ln\frac{1+\cos\theta}{1-\cos\theta}\right)\sin\theta\right] + c_2, \tag{E6.9.11}$$

여기서 c_2는 두 번째 적분 상수이다.

경계조건의 구현

상수 c_1과 c_2는 두 경계조건을 활용하여 구한다.

1. $\theta = \pi/2$인 아래 판에서 식 (E6.9.11)의 괄호 안의 표현은 0이다. 따라서 $f = c_2$이고, 속도는 단순하게 각속도와 반지름의 곱이 된다.

$$v_\phi \equiv r\omega f = r\omega c_2 = r\omega, \quad \text{or} \quad c_2 = 1. \tag{E6.9.12}$$

2. 원뿔의 표면에서는 $\theta = \beta$이고. 속도 $v_\phi = r\omega f$는 0이다. 따라서 $f = 0$이고, 식 (E6.9.11)은 다음과 같이 된다.

$$c_1 = -c_2 g(\beta) = -g(\beta), \quad \text{where} \quad \frac{1}{g(\beta)} = \cot\beta + \frac{1}{2}\left(\ln\frac{1+\cos\beta}{1-\cos\beta}\right)\sin\beta. \tag{E6.9.13}$$

c_1과 c_2에 관한 이 식들을 식 (E6.9.11)에 대입하고, $v_\phi = r\omega f$임을 알면, 속도에 대한 다음과 같은 최종적인 관계식을 얻을 수 있다.

$$v_\phi = r\omega\left[1 - \frac{\cot\theta + \dfrac{1}{2}\left(\ln\dfrac{1+\cos\theta}{1-\cos\theta}\right)\sin\theta}{\cot\beta + \dfrac{1}{2}\left(\ln\dfrac{1+\cos\beta}{1-\cos\beta}\right)\sin\beta}\right]. \tag{E6.9.14}$$

결과에 대한 부분적인 검토로써 식 (E6.9.14)는 $\theta = \pi/2$일 때 $v_\phi = r\omega$가 되고, $\theta = \beta$일 때 $v_\phi = 0$이 됨을 주목하라.

전단 응력과 우력

이와 같은 분석의 주된 목표는 원뿔을 정지상태로 유지하는 데 필요한 우력(torque) T를 결정하는 것이다. 액체에 의한 원뿔의 벽에 작용하는 전단 응력은 $\tau_{\theta\phi}$이다. 이 양은 원뿔의 아래 면에(첫 아래 첨자가 $\theta = \beta$로 일정한) 양의 방향으로 작용한다(부호 규칙과 응력의 표시를 표시한 그림 5.12 참조). 이 방향은 아래 판의 회전 방향과 같으므로, $\tau_{\theta\phi}$는 양의 값이 될 것이다. 따라서 유체는 아래 판이 회전하는 방향으로 원뿔을 회전시키려는 작용을 한다.

식 (5.65)의 두 번째 식으로부터, 이 전단 응력에 관한 관계식은 다음과 같다.

$$\tau_{\theta\phi} = \mu\left[\frac{\sin\theta}{r}\frac{\partial}{\partial\theta}\left(\frac{v_\phi}{\sin\theta}\right) + \frac{1}{r\sin\theta}\frac{\partial v_\theta}{\partial\phi}\right]. \tag{E6.9.15}$$

$v_\theta = 0$이므로, 식 (E6.9.4), (E6.9.6), (E6.9.13)의 관계를 이용하면, 원뿔에서의 전단응력은 다음과 같다.

$$(\tau_{\theta\phi})_{\theta=\beta} = \mu\left[\frac{\sin\theta}{r}\frac{\partial}{\partial\theta}\left(\frac{r\omega f}{\sin\theta}\right)\right]_{\theta=\beta} = -\left(\frac{2c_1\omega\mu}{\sin^2\theta}\right)_{\theta=\beta} = \frac{2\omega\mu g(\beta)}{\sin^2\beta}. \tag{E6.9.16}$$

이 결과의 중요성 가운데 하나는 전단 응력이 r에 무관하며, 전단 응력과 변형률이 액체 전체에 관해 일정하다는 것이다. 이는 비뉴턴성 유체에 대한 실험 결과의 판독에서는 무리한 단순화이다. r값이 큰 경우에 원뿔과 원판 사이의 속도 차가 증가하면 이 둘이 떨어진 거리에 정확하게 비례하여 효과적으로 상쇄된다.

액체에 의해 원뿔에 작용한 우력은(양의 ϕ 방향으로) 다음과 같이 구해진다. 반지름 r과 $r + dr$ 사이의 원뿔의 면적은 $2\pi r \sin\beta\, dr$이고, 대칭축으로부터 지렛대상의 $r \sin\beta$에 위치한다. 전단 응력을 곱하고 적분하면 다음과 같은 결과를 얻는다.

$$T = \int_0^{R/\sin\beta} \underbrace{(2\pi r \sin\beta\, dr)}_{\text{Area}}\ \underbrace{r\sin\beta}_{\substack{\text{Lever}\\ \text{arm}}}\ \underbrace{(\tau_{\theta\phi})_{\theta=\beta}}_{\text{Stress}}, \tag{E6.9.17}$$

식 (E6.7.16)의 $(\tau_{\theta\phi})_{\theta=\beta}$을 대입하고, 적분하면 우력은 다음과 같이 주어진다.

$$T = \frac{4\pi\omega\mu g(\beta)R^3}{3\sin^3\beta}. \tag{E6.9.18}$$

원뿔과 판 사이의 각이 작은 경우에 연습 문제 6.15의 방법을 사용하면 근본적으로 동일한 결론에 훨씬 신속하게 도달할 수 있다. 원뿔을 정지상태로 유지하기 위한 우력은 같은 값이며, 물론 ϕ 방향으로 음의 값을 갖는다.

R과 $g(\beta)$는 식 (E6.9.13)과 함께 반지름과 원뿔의 각도 β로부터 결정될 수 있으므로, 최종적으로 액체의 점도 μ가 결정될 수 있다.

연습 문제 Problems for Chapter 6

별도의 언급이 없으면, 모든 유동은 정상상태이고, 밀도와 점도가 일정한 뉴턴성 유체에 관한 것이다.

1. *액체 필름의 연신—M.* 부호 규칙에 주의하면서, 넓은 의미에서 다음 두 식의 의미를 설명하라.

$$\sigma_{xx} = -p + 2\mu\frac{\partial v_x}{\partial x}, \qquad \sigma_{yy} = -p + 2\mu\frac{\partial v_y}{\partial y}.$$

그림 P6.1은 거리 L만큼 떨어져 있는 두 막대 사이에 연신되어 있는 점성 액체 필름을 나타내고 있다. 만일 필름의 두께가 균일하고, 액체의 총 부피가 V라면 상대 속도 dL/dt로 막대를 분리시키는 데 필요한 힘은 다음과 같다는 것을 증명하라.

$$F = \frac{4\mu V}{L^2}\frac{dL}{dt}.$$

2. *전선 피복(wire coating)—M.* 그림 P6.2는 내부 반지름이 r_2이고, 길이가 L인 수평한 다이를 통하여 속도 V로 연속적으로 당겨지는 반지름 r_1의 막대 모양의 전선을 보여준다. 전선과 다이의 축은 동일하고, 이 둘 간의 공간에는 점도 μ의 액체로 채워져 있다. 다이의 양 말단의 압력은 대기압이다. 전선은 다이로부터 나오면서 액체로 피복되고, 피복의 두께는 최종적으로 균일한 두께 δ가 된다. 말단 효과를 무시하고, 원통형 좌표계에서의 운동 방정식을 사용하여 다음에 대한 관계식을 유도하라.

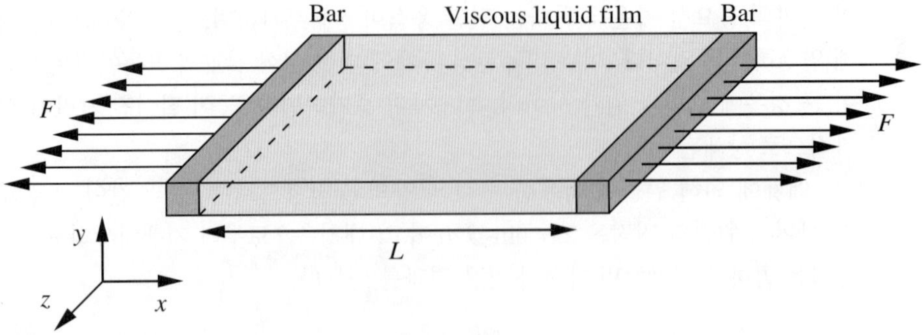

그림 P6.1 두 막대 사이의 액체 필름의 연신.

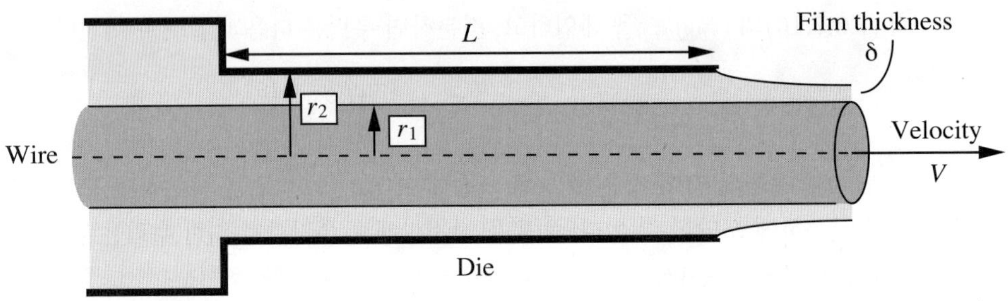

그림 P6.2 다이를 통해 잡아당겨지는 선의 피복.

(a) 원환 내의 속도 분포. v_z만이 0이 아닌 속도 성분이고, 이 속도 성분은 반경 방향의 위치에만 의존한다고 가정하라.
(b) 원환을 통한 총 부피 유속 Q.
(c) 만약 r_1이 0으로 접근하는 경우의 유속 Q 극한치.
(d) 전선에 피복되는 최종 두께 δ (여기서는 δ를 계산하기 위해서는 단지 한 개의 방정식만 필요하다).
(e) 전선을 당기는 데 필요한 힘 F.

3. *이심(off-center) 원환 유동—D (C).* 그림 P6.3(a)에서 나타낸 것과 같은 단면적을 갖는 다이의 좁은 원환 공간을 통해 압력 구배 $\partial p/\partial z$에 의해 액체가 유동하고 있다. z 좌표는 그림의 평면에 수직인 축 방향이다. 다이는 P에 중심을 둔 반지름 b의 고체 내부 원통과 O에 중심을 둔 반지름 a인 내부가 비어 있는 외부 원통으로 구성되어 있다. 점 O와 P는 일치하게 되어 있었으나, 조립상의 실수로 작은 거리 δ만큼 이격되어 있다.

삼각형 OPQ에 관하여 간단한 기하학적 고찰에 의하여, 두 원통 사이의 간격 Δ는 근사적으로 다음과 같이 놓을 수 있다.

$$\Delta \doteq a - b - \delta\cos\theta,$$

여기서 각도 θ는 그림에서 정의되었다.

이제는 각도 $d\theta$를 회전하는 반지름 의 부분을 고려하자. 이동한 호의 길이는 $bd\theta$이다. 그림 P6.3(b)의 어두운 부분을 통한 유속 dQ는 근사적으로 폭이 $bd\theta$이고, 간격이 Δ인 평행한 판 사이의 유속으로 간주할 수 있다. 따라서 다이를 통한 유속(flow rate)은 다음과 같이 근사적으로 나타낼 수 있음을 증명하라.

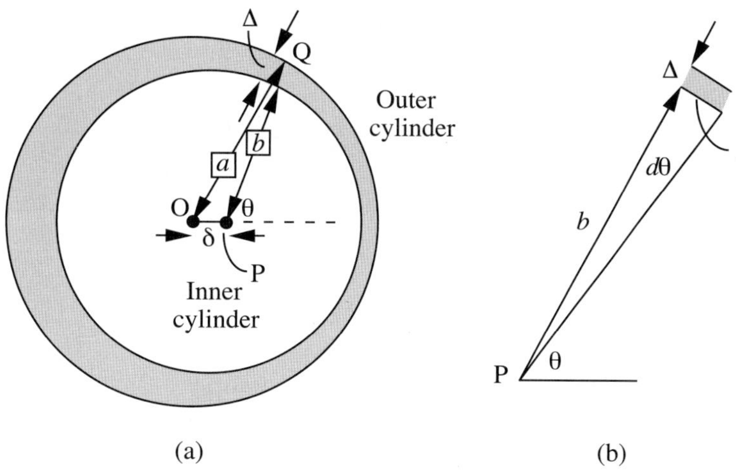

그림 P6.3 다이 내부의 이심 원통(원통 간의 간격은 과장되게 표시되어 있다). (a) 전체 단면, (b) θ의 증가의 효과.

$$Q = \pi bc(2\alpha^3 + 3\alpha\delta^2),$$

여기서

$$c = \frac{1}{12\mu}\left(-\frac{\partial p}{\partial z}\right), \qquad \text{and} \qquad \alpha = a - b.$$

이다. 식 (E6.1.26)으로부터 h만큼 떨어진 두 평판에서 단위 너비 당의 유속은 다음과 같음을 알 수 있다.

$$\frac{h^3}{12\mu}\left(-\frac{\partial p}{\partial z}\right).$$

만약 두 원통이 한 점에서 만나는 경우의 유속과 동심 원통의 경우의 유속의 비는 어떻게 되는가?

4. *압축 성형(compression molding)—M.* 그림 P6.4에는 고점도 μ를 갖는 액체처럼 거동하는 재료를 초기 높이 H_0, 반지름 R_0의 실린더로부터 최종적으로 높이 H_1, 반지름 R_1인 디스크 판으로 압축 성형하는 과정의 (a) 초기, (b) 중간, (c) 최종 단계를 보여준다.
성형 과정에서 상부 판 A는 일정한 속도 V로 정지된 아래 판 B를 향하여 밀려진다.
(a) t, H_0, R_0를 함수로 하는 H와 R에 대한 관계식을 유도하라.
(b) 그림 P6.4(b)에서 반지름이 r인 원통을 단면의 단위 둘레당 방사 방향의 외부로 향하는 부피유속에 대해 구하라. Q를 V와 r의 함수로 표시하라.

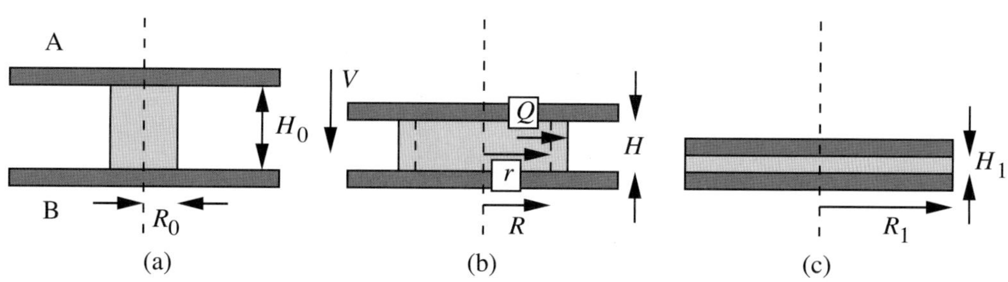

그림 P6.4 두 판 사이에서의 압축 성형.

(c) 식 (E6.1.26)에서와 같이 깊이 H의 도관 단위 너비당 부피 유속이 다음과 같이 주어진다고 사정하라.

$$Q = \frac{H^3}{12\mu}\left(-\frac{\partial p}{\partial r}\right).$$

(d) z 방향에서의 작은 압력 변화를 무시하고, 방사 방향의 압력 변화에 관한 관계식을 구하라.

(e) 상부 판에 아래 방향으로 작용해야 할 총 압축력 F가 다음과 같음을 증명하라.

$$F = \frac{3\pi\mu V R^4}{2H^3}.$$

(f) 시간에 따른 F의 변화를 간단한 도표로 나타내어라.

5. *필름 배출—M.* 그림 P6.5에 중력 하에서 연직 평판의 측면을 따라 흘러내리는 점도 μ의 액체 필름을 이상적으로 나타내었다. 이와 같은 상황은 *근사적으로* 밑면의 넓은 구멍을 통하여 갑작스럽게 배출할 때 탱크 벽에 잔류하는 필름으로 볼 수 있다.

벽의 꼭대기에서부터 임의의 거리 x에서의 속도 분포를 다음과 같이 가정할 수 있는 근거는 무엇인가?

$$v_x = \frac{\rho g}{2\mu} y(2h - y),$$

여기서 $h = h(x)$는 국지의 필름 두께인가? 이에 해당하는 (그림 평면에 수직인) 벽의 단위 너비당 아래로 향하는 질량 유속 m의 표현을 유도하라.

필름의 미분 요소에 대한 상태 질량 수지식을 세우고, h가 시간과 위치에 따라 다음과 같이 변화됨을 증명하라.

$$\frac{\partial h}{\partial t} = -\frac{1}{\rho}\frac{\partial m}{\partial x}.$$

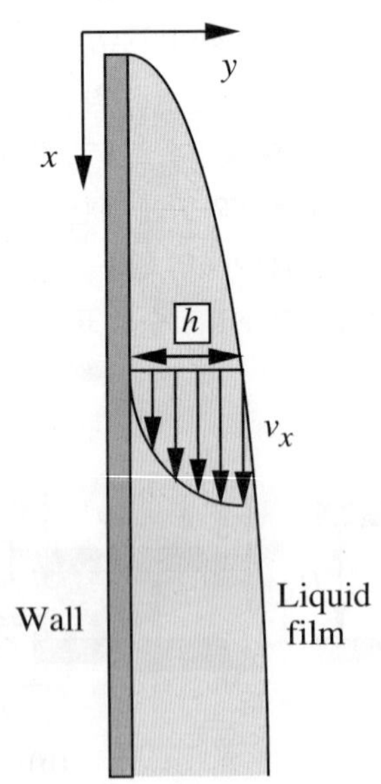

그림 P6.5 연직 벽을 따라 배출되는 액체.

이제 위에서 구한 m을 대입하여 h에 대한 편미분 방정식을 구하라. 이때 다음과 같은 형태의 해를 구하라.

$$h = c\,t^p x^q,$$

그리고 미지수 c, p, q를 결정하라. 여러분의 해의 한계성에 관하여 논하라.

기판을 피복액 통에서 갑자기 끌어올릴 때 이와 비슷한 상황이 나타날 수 있음을 기억하자.

6. *시트 방사(sheet spinning)—M.* 점도 μ의 뉴턴성 고분자 액체가 그림 P6.6에 보이는 장치에서 시트형으로 방사되고 있다(화학적 경화조를 통해 잡아당겨지면서 경화되기 전에 두께가 얇은 시트로 인장됨).

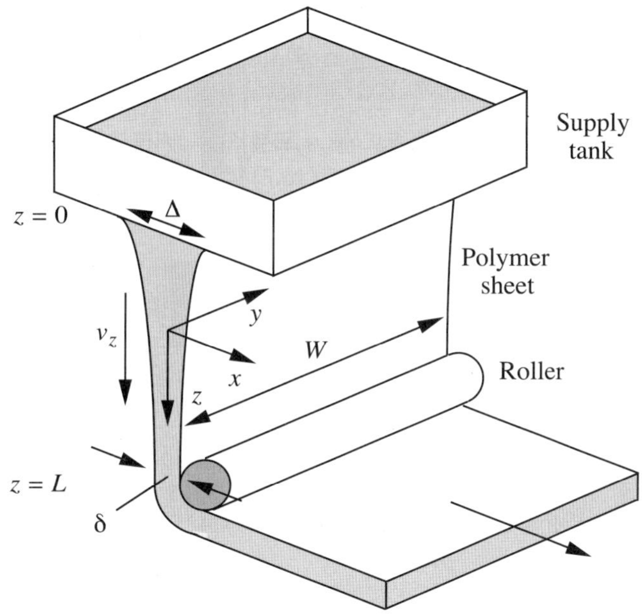

그림 P6.6 고분자 시트의 방사.

액체의 부피 유속은 Q이고, 시트의 두께는 $z = 0$과 $z = L$에서 각각 Δ와 δ이다. 중력, 관성, 표면장력의 효과는 무시된다. 필라멘트를 아래로 잡아당기는 데 필요한 인장력에 대한 표현을 유도하라. *힌트*: 연직 하방 속도 v_z는 z에만 의존하고, 횡방향 속도 v_y는 0이라고 가정하여 시작하라. 또한 연직 하방 속도 v_z를 z의 함수로 유도하라.

7. *관 유동에 대한 상세사항—M.* 밀도가 ρ이고 점도가 μ인 액체가 그림 P6.7에 보이는 반지름 a, 길이 L인 관을 통하여 흐르고 있다. 입구와 출구의 중심의 압력은 각각 p_1과 p_2이다. 속도 성분 v_z만이 유일하게 0이 아니며, 이 속도 성분은 각 좌표 θ의 함수가 아니라고 가정할 수 있다.

추가적으로 필요한 가정들은 명시하고, 다음 사항에 대해 a, L, p_1, p_2, ρ, μ와 r, θ, z을 항으로 하는 관계식을 유도하라.

(a) 속도 분포 $v_z = v_z(r)$

(b) 관을 통한 총 부피 유속 Q

(c) 임의의 점 (r, θ, z)에서의 압력 p

(d) 전단 응력 τ_{rz}.

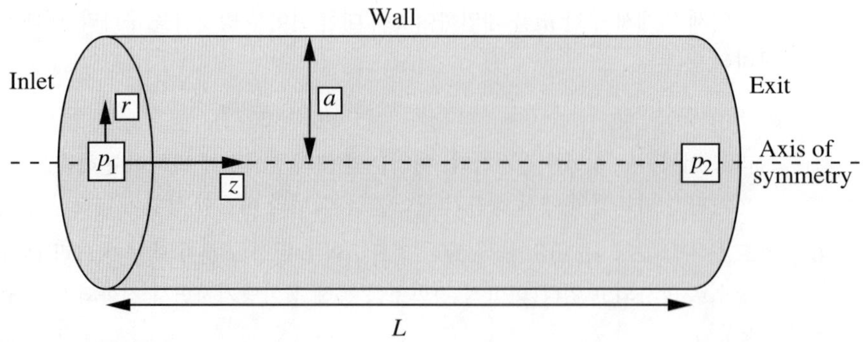

그림 P6.7 수평 관에서의 액체의 유동.

8. *자연대류—M.* 그림 P6.8은 $2d$만큼 떨어진 두 개의 무한 연직 벽들을 보여준다. 점도, 부피 팽창 계수 β의 액체가 두 판 사이의 공간을 채우고 있다. 두 평판 벽은 일정한 온도 T_0(cold)와 T_2(hot)로 유지되고, 온도는 다음과 같이 x 방향으로 선형적으로 변한다고 가정할 수 있다(이에 대한 증명은 열 전달 강의에서 다룬다).

$$T = \overline{T} + \frac{x}{d}\left(\frac{T_2 - T_1}{2}\right), \qquad \text{where} \qquad \overline{T} = \frac{T_1 + T_2}{2}.$$

밀도는 일정하지 않고 다음과 같이 변한다.

$$\rho = \overline{\rho}\left[1 - \beta\left(T - \overline{T}\right)\right],$$

여기서 $\overline{\rho}$는 $x = 0$에서 나타내는 평균 속도, $\overline{T}$에서의 밀도이다. 만약 자연대류 유동이 정상상태이면, 두 평판 사이에서의 속도 분포 $v_y = v_y(x)$에 대한 관계식을 유도하기 위해 운동 방정식을 사용하라. v_y에 대한 표현은 x, d, T_1, T_2, $\overline{\rho}$, μ, β, g 모두 또는 일부의 항으로 구해야 한다.

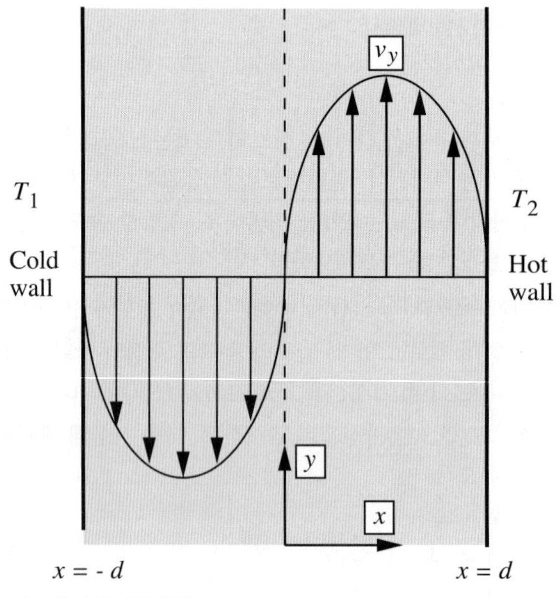

그림 P6.8 두 연직 벽들 사이에서의 자연대류.

힌트: y 방향 운동량 수지식에서 다음과 같은 조합을 찾아내야 한다.

$$-\frac{\partial p}{\partial y} + \rho g_y,$$

여기서 $g_y = -g$이다. 이 두 항은 거의 균형을 이루지만 반드시 그러지는 않으며, 자연대류를 일으키는 작지만 중요한 부력 효과를 유발한다. y 방향에서의 압력 변화는 다음과 같은 통상적인 정역학적 변화를 취한다.

$$\frac{\partial p}{\partial y} = -g\overline{\rho}.$$

따라서 다음과 같은 관계가 얻을 수 있고,

$$-\frac{\partial p}{\partial y} + \rho g_y = g\overline{\rho} + \overline{\rho}\left[1 - \beta\left(T - \overline{T}\right)\right](-g) = \overline{\rho}\beta g\left(T - \overline{T}\right),$$

이는 y 방향 운동량 수지식에 중요한 기여를 하게 됨을 알게 될 것이다.

9. *사각 도관의 속도 분포—M.* 직교 좌표계의 어떤 유동에서 속도 성분 v_z만이 0이 아니며, 이 속도 성분은 z 방향에서 변화가 없다. 반일 체력이 작용하지 않는다면, z 방향 운동량 수지에 대한 Navier-Stokes 방정식을 기술하라.

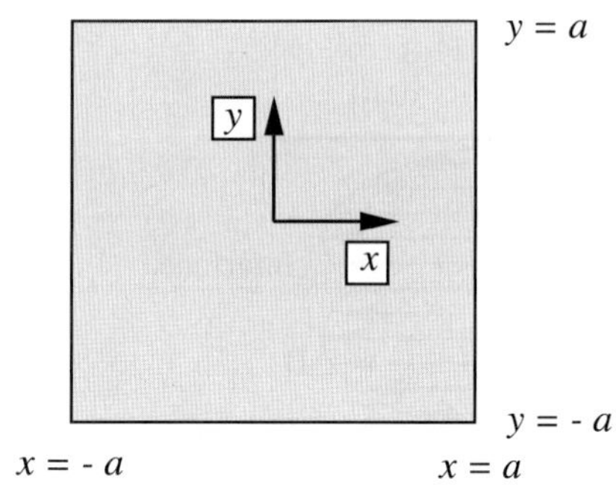

그림 P6.9 도관의 정사각형 단면.

한 변의 길이가 $2a$인 정사각형 도관의 단면이 그림 P6.9에 나타내었다. 이 도관측 축에 평행한 z 방향에서의 압력 구배 $\partial p/\partial z$하에서 일차원으로 완전히 전개된 정상상태로 유동이 발생하고 있다. 속도 분포가 다음과 같이 식으로 제안되었다.

$$v_z = \frac{1}{2\mu}\left(-\frac{\partial p}{\partial z}\right)a^2\left[1 - \left(\frac{x}{a}\right)^2\right]\left[1 - \left(\frac{y}{a}\right)^2\right].$$

운동량 수지식을 적분하지 않고, 위에서 제시된 v_z에 대한 해가 갖는 실질적인 장점을 조사하라. 이 식이 옳은지 그르지를 설명하라.

10. *정사각형 도관에 대한 Poisson 방정식—E.* 일정한 점도 μ의 고분자 유체가 그림 6.10에 보이는 한 변의 길이가 $2a$인 정사각형 단면을 갖는 긴 도관을 압력에 의하여 흐른 후 압출된다. 유동은 모든 부분에서 그림의 평면에 수직인 정사각형 도관의 축에 평행한 방향인 z 방향으로 흐른다.

만일 $\partial p/\partial z$, μ, a의 값이 주어졌다면, 축 방향 속도 분포 $v_z = v_z(x,y)$를 얻는 문제는 $\nabla^2\phi = f(x,$

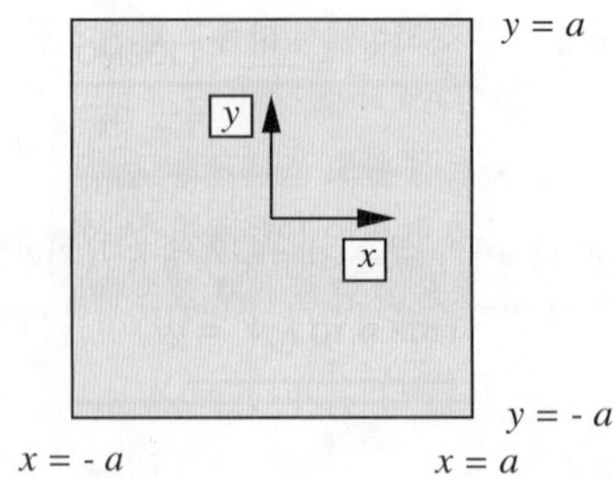

그림 P6.10 도관의 정사각형 단면.

y)형의 Poisson 문제를 푸는 것에 해당됨을 보여라. 여기서 f는 지정되어 있으며, ϕ는 미지의 함수이다. 또한 Poisson 방정식은 전산유체역학 프로그램인 COMSOL을 이용하여 수치해석학적으로 풀 수 있음을 알아두자(예제 7.4 참조).

11. *가능한 속도 분포—E.* 전단 응력 τ_{yx}를 고려해 보자. 왜 전단 응력은 갑작스런 변화를 보이지 않고 연속적이어야 하는가(예를 들어 방향에서)? 서로 *섞이지 않는* 두 뉴턴성 유체가 두 수평 편판 상이에서 정상상태에서 층류로 흐르고 있다. 만약 그림 P6.11에서 불가능한 속도 분포가 존재한다면 어느 것인가? A의 속도 분포는 (b)에서 중심선과 수직으로 만나고, (c)에서는 각도를 이루고 만나며, (d)의 최대 속도는 중심선과 일치하지 않는다. 여러분의 답을 주의 깊게 설명하라.

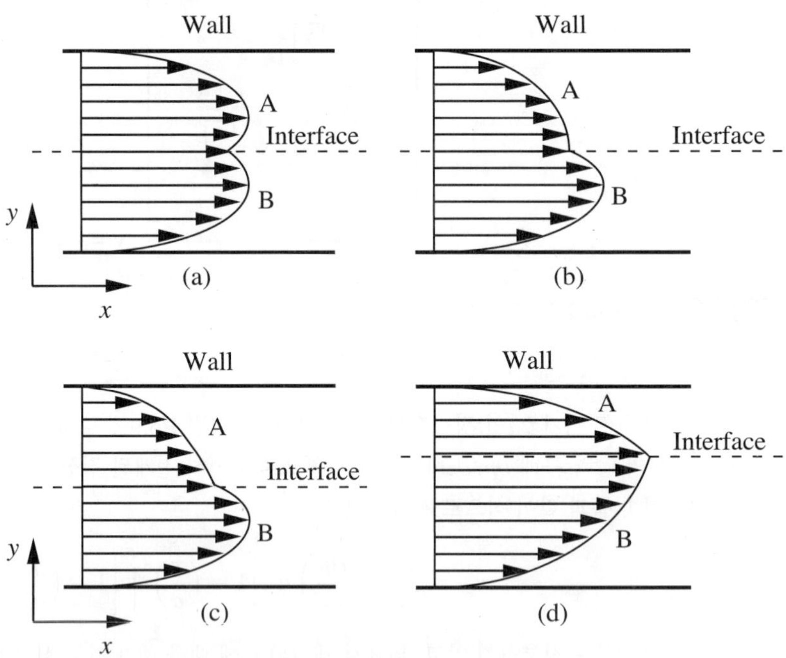

그림 P6.11 서로 섞이지 않는 액체들에 대해 제안된 속도 분포.

12. *구 주위를 지나는 미동 유동—D.* 그림 P6.12는 점도 μ의 액체가 반지름이 a인 구 주위를 지나는 정상상태 미동(매우 느린) 유동을 보여준다. 구로부터 멀리 떨어진 곳의 압력은 p_∞이고, 구의 영향을 받지 않는 양의 z 방향 속도는 U이다. 구형 좌표계에서 다음과 같은 속도 성분 및 압력이 제안되었다.

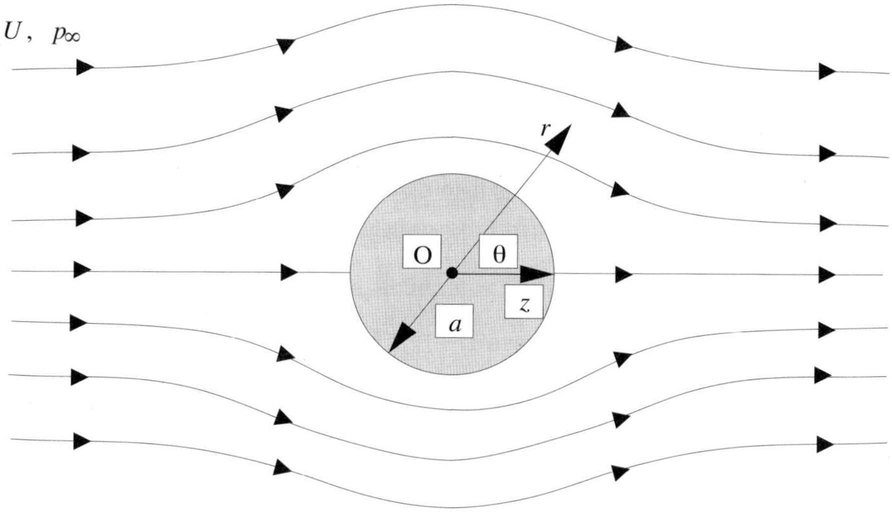

그림 P6.12 구 주위의 점성 유동.

$$p = p_\infty - \frac{3\mu U a}{2r^2}\cos\theta,$$
$$v_r = U\left(1 - \frac{3a}{2r} + \frac{a^3}{2r^3}\right)\cos\theta,$$
$$v_\theta = -U\left(1 - \frac{3a}{4r} - \frac{a^3}{4r^3}\right)\sin\theta,$$
$$v_\phi = 0.$$

속도는 충분히 작아서 $v_r(\partial v_r/\partial r)$과 같은 항들이 무시할 만하며, 중력은 중요하지 않다고 가정하였을 때, 이 식들이 다음의 조건들을 만족시키고, 따라서 위의 식들이 이 문제의 해임을 증명하라.

(a) 연속 방정식

(b) r과 θ 방향의 운동량 수지식

(c) 구에서 멀리 떨어진 곳에서의 압력 p_∞와 z 방향의 속도 U

(d) 구의 표면에서는 속도 성분들이 0

또한 유체에 의해 가해진 z 방향의 순 힘에 대한 관계식을 유도하고, 이를 식 (4.11)로 주어지는 Stokes 법칙과 비교하라.

이 문제는 *구형* 좌표계에 관한 것이고, 축은 각도를 측정하는 데 있어서 기준이 되는 방향의 역할을 하는 것을 제외하고는 특정한 의미를 갖지 않는다는 것에 주의하라. 이 축을 중심으로 대칭이 되므로 ϕ 방향의 도함수들은 0이 된다. *주의*: 운동 방정식으로부터 이와 같은 속도들을 *유도*하는 것은 상당히 어렵다!

13. *점도계에서의 우력—M.* 그림 P6.13은 수평한 동심 원통 또는 Couette 점도계의 단면을 나타내고 있다. 이 점도계는 두 연직 원통사이에 놓인 유체의 점도를 측정하는 장치이다. 내부 원통과 외부 원통의 반지름은 각각 r_1과 r_2이다. 만약 내부 원통이 일정한 각속도 ω로 회전하고 외부 원통이 정지되어 있다면, 방사 방향 v_θ(θ 방향 속도 성분)를 방사 방향의 위치를 나타내는 r의 함수로 유도하라.

추가적으로 만일 내부 원통의 단위 길이당 이 원통을 회전시키는 데 필요한 우력이 T라면, T, ω, r_1, r_2의 항으로 미지의 점도 μ를 계산할 수 있는 관계식을 유도하라. *힌트*: 표 5.8에 주어진 전단 응력들 중 하나를 이용해야 한다.

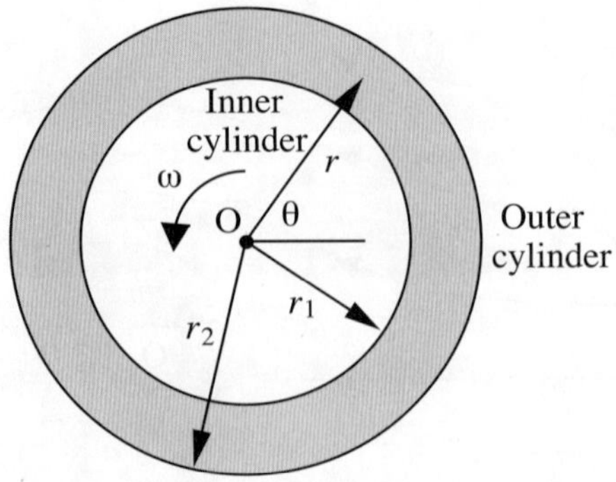

그림 P6.13 점도계의 단면.

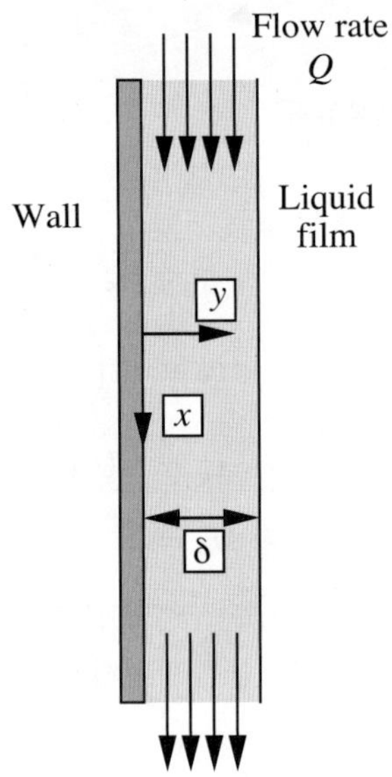

그림 P6.14 젖음-벽 컬럼.

14. *젖음-벽 컬럼—M.* 그림 P6.14는 점도 μ의 반응 액체의 얇은 필름이 기체 흡수 연구에서 볼 수 있는, 벽의 평면을 따라 일정하게 유동하는 젖음-벽 컬럼(wetted-wall column)을 보여준다. 액체의 부피 유속(volumetric flow rate)은 벽의 단위 너비(그림의 평면에 수직)당 Q로 지정되어 있다.

속도 성분 v_x만이 0이 아니며, 이 속도 성분은 x 방향에서 변화가 없으며, 기체에 의해 액체 필름에 가해지는 전단 응력은 무시할 만하다고 가정하자. 운동 방정식으로부터, 속도 v_x의 분포에 대한 관계식(ρ, μ, g, y, δ의 함수)을 유도하라. 그리고 필름 두께 δ에 대한 관계식(ρ, μ, g, Q의 함수)을 유도하라.

15. *Weissenberg rheogoniometer에 관한 간단한 고찰—M.* 그림 E6.9를 참조하면서, 원뿔이 아주 작은 Weissenberg rheogoniometer에서 α가 아주 작은 $\beta = \pi/2 - \alpha$의 경우에 관하여 생각해 보도록 하자.

(a) 예제 6.9에서 다룬 복잡한 방법을 따르지 말고, 원뿔의 임의의 위치에서의 전단 응력이 다음과 같이 가정할 수 있는 이유를 제시하라.

$$(\tau_{\theta\phi})_{\theta=\beta} = \frac{\omega\mu}{\alpha}.$$

(b) 원뿔을 정지상태로 유지하는 데 또는 밑판을 회전시키는 데 필요한 우력이 다음과 같음을 증명하라.

$$T = \frac{2}{3}\frac{\pi\omega\mu R^4}{H}.$$

(c) $\beta = \pi/2 - \alpha$를 식 (E6.9.13)에 대입하고 여러 함수들을 멱급수 형태로 전개함으로써(일부 항만 필요), $g(\beta) = 1(2\alpha)$이고, 식 (E6.9.18)이 위의 (b)에서 얻어진 우력과 동일한 식이 얻어진다는 것을 증명하라.

16. *평행 원판 레오미터—M.* 그림 P6.16은 마주보는 두 원판으로 구성된 점도계의 원형 단면을 보여준다. 원판의 반지름은 R이고, 연직 거리 H만큼 떨어져 있다. 두 원판 사이에는 점도가 μ이고, 밀도가 일정한 액체가 채워져 있다. 상부 원판은 정지상태이고, 하부 원판은 일정한 각속도 ω로 θ 방향으로 회전한다.

속도 성분 중 v_θ만이 0이 아니다. 따라서 액체는 모든 부분은 원형으로 움직인다. 원통형 좌표계에 대한 일반 연속 방정식을 간략화하고, 이로부터 v_θ가 어느 좌표에 따라 변하는지를 추론하라.

여기서 θ 성분의 운동량 방정식에서 0이 되는 모든 항을 무시할 수 없는지를 간략하게 설명하라. 그리고 (a) $\partial p/\partial\theta$ 항이 0이 되는 이유와 (b) $\partial^2 v_\theta/\partial z^2$ 항을 무시할 수 *없는지*를 간략하게 설명하라.

또한 θ 방향의 속도를 $v_\theta = r\omega f(z)$ 형태로 가정할 수 있는 논리를 간략히 설명하라. 여기서 $f(z)$는 아직 결정되지 않은 상태이다. 이제는 이 식을 간략화 된 θ 방향 운동량 수지식에 대입하여 $f(z)$를 결정하되, 이때 v_θ가 상부 판에서는 0이고, 하부 판에서는 $r\omega$라는 경계조건을 활용하라.

액체에 의해 아래 판에 가해지는 전단 응력을 $\tau_{z\theta}$로 지정하는 이유를 설명하라. 이 응력을 반지름의 함수로 나타내라.

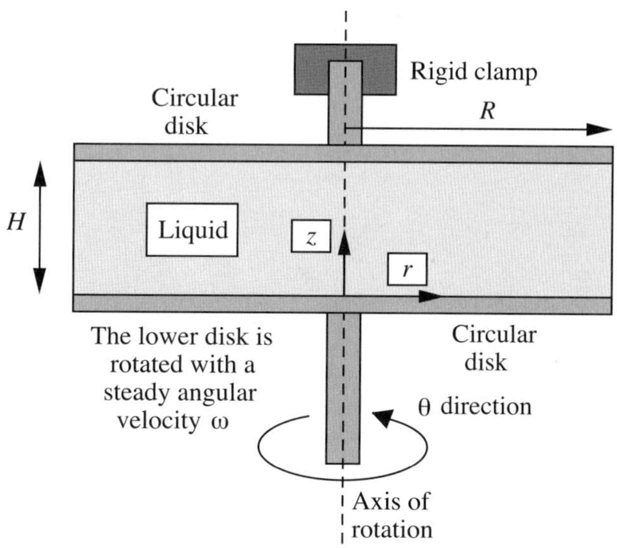

그림 P6.16 평행 원판 레오미터의 단면.

17. *스크류 압출기 최적 각도—M.* 예제 6.7의 식 (E6.7.11)에 주어진 다이를 통해 흐르는 유속(flow rate)을 다음과 같이 표현할 수 있다.

$$Q = \frac{c(p_2 - p_3)}{\mu D},$$

여기서 c는 기하학적 형태를 설명하는 인자이다.

이 다이를 예제 6.5에서 고려한 압출기의 출구에 연결하였고, 양쪽의 압력에 대기압, 즉 $p_1 = p_3 = 0$이라고 가정하자. 압출기와 다이를 통한 유속 Q_y를 *최대화*시키는 최적 비행각도 θ_{opt}에 대한 관계식을 유도하라. 이 관계식이 c, D, h, L_0, r, W, $\mu\omega$와 전부 또는 일부를 항으로 하는 관계식을 구하라.

압출기 출구에서의 압력이 최대값 p_{2max}이 되는 c의 값은 얼마인가? p_{2max}에 대한 관계식을 유도하라.

18. *다이에서의 원환 유동—E.* 다이에서의 원환 유동(annular flow)에 관한 예제 6.7를 참고하여, 다음 두 질문에 대해 설명과 함께 답하라.

(a) 내부 원통의 반지름 r_1이 무시할 수 있을 정도로 작아질 때, 속도 분포 $v_z = v_z(r)$은 어떤 형태가 되는가?

(b) 최대 속도는 내부 원통과 외부 원통의 중간 부위에서 발생하는가, 아니면 기타 다른 위치에서 발생하는가?

19. *유체 내에서 회전하는 막대—M.* 그림 P6.19(a)는 점도가 μ인 다량의 액체 내에서 반시계 방향으로 각속도 ω로 일정하게 회전하는 반지름이 a인 긴 연직 원통의 수평 단면을 보여주고 있다. 유체는 속도가 0으로 간주할 수 있는 곳까지 무한히 확장되어 있다고 가정하자. 원통의 축은 z축과 일치한다.

(a) 어떤 형태의 유동이 발생하는가? 이런 조건에서는 어떤 좌표계가 적절한가?

(b) 질량미분방정식과 세 개의 일반적인 운동량 수지식들 중, 속도 v_θ를 결정하는 데 가장 적절하게 적용할 수 있는 한 개의 식을 써라.

(c) 조건을 간단히 하여 v_θ를 종속 변수로 하고 r을 독립 변수로 하는 상미분 방정식을 얻을 수 있도록 하는 가정들을 명확히 설명하라.

(d) 이 미분 방정식을 적분하고, 경계조건들을 설정하고, $v_\theta = \omega a^2/r$임을 증명하라.

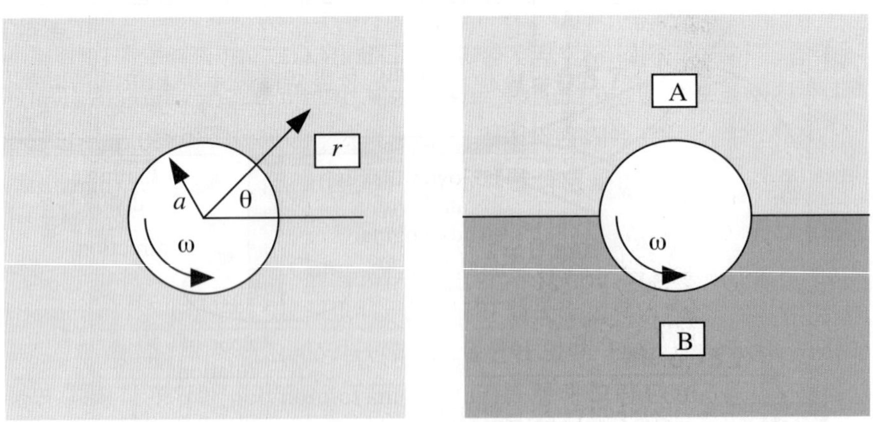

(a) (b)

그림 P6.19 회전하는 원통: (a) 단일 유체, (b) 서로 섞이지 않는 두 액체들.

(e) 원통 표면에서의 전단 응력 $\tau_{r\theta}$에 대한 관계식을 유도하라. 이 식에서 양의 부호와 음의 부호를 주의 깊게 설명하라.

(f) 원통을 회전시키려 할 때, 원통 단위 길이당 필요한 우력 T에 대한 식을 유도하라.

(g) 와류도 성분$(\nabla \times \mathbf{v})_z$에 대한 표현을 유도하라. 여러분의 결과에 대하여 설명하라.

(h) 그림 P6.19(b)는 점도와 밀도가 동일한 서로 섞이지 않는 두 액체 A와 B 사이에 놓인 원통에 의한 혼합 실험의 초기 상태를 나타내고 있다. 원통이 한 바퀴를 완전히 회전했을 때, A와 B 사이의 계면의 대표적인 위치를 나타내는 그림을 그려라.

20. *2상의 서로 섞이지 않는 유동—M.* 그림 P6.20에는 그림의 평면에 수직 방향으로 무한히 뻗어 있는 두 개의 평행한 판 사이에 서로 섞이지 않는 두 유체가 유동할 때 압력 강하를 측정하기 위한 장치를 보여준다. 두 액체 A와 B는 각각 점도 μ_A와 μ_B밀도 ρ_A와 ρ_B(그림의 평면에 수직인 단위 길이당) 부피유속 Q_A와 Q_B를 갖는다. 중력은 중요하지 않으므로, 압력은 수평거리인 x만의 함수이다.

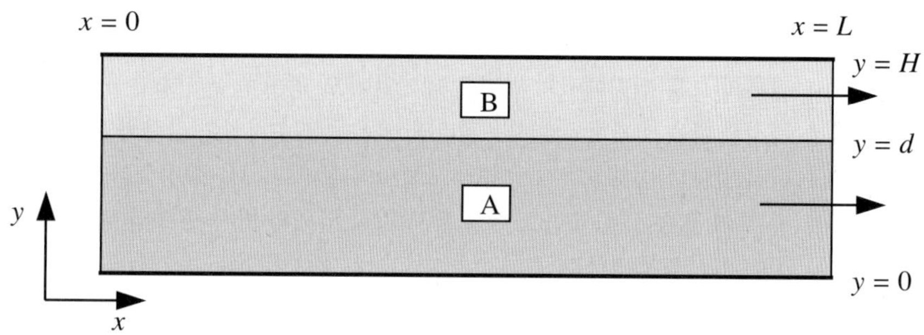

그림 P6.20 평행 평판 사이의 2상 유동(two-phase flow).

(a) 어떤 유동이 발생하는가?

(b) A층과 관련하여 질량 및 운동량 수지식에 대해 적용되는 가정을 명확히 상술함으로써, 수평 속도 v_{xA}를 연직 거리 y와 연관시키는 미분 방정식을 얻을 수 있도록 조건을 간략히 하라.

(c) 이 식을 적분하여, v_{xA}를 y와 d, dp/dx, μ_A, ρ_A 중 일부 또는 전체의 항과 (압력 구배가 일정하다고 가정하여) 두 임의의 적분 상수 c_{1A}과 c_{2A}의 항으로 표현되는 관계식을 구하라. 이와 비슷한 관계가 v_{xB}에도 적용된다고 가정하라.

(d) 네 개의 경계 및 계면 조건을 명확히 밝히고 4개의 상수에 대한 표현을 유도하여, 두 층에서의 속도 분포를 구하라.

(e) 위 판과 아래 판 사이에서 속도분포와 τ_{yx}에 대한 전단응력의 분포를 그려라.

(f) 현재까지는 계면의 높이가 $y = d$로 알려져 있다고 가정하였다. 그러나 실제로는 계면의 위치는 Q_A와 Q_B의 상대적 유량에 의존한다. 이 의존성을 어떻게 얻을 수 있는지 명백히 보여라. 그러나 이에 관한 분석을 완전히 진행할 필요는 없다.

21. *실내 가습기—M.* 그림 P6.21은 원형 날개가 축을 중심으로 각속도 ω로 회전하는 실내 가습기를 나타내었다. 원뿔형 돌출부가 수조 속에 잠겨서 액체(밀도 ρ, 점도 μ)를 빨아올린다. 이렇게 빨려 올라온 액체는 각속도 ω로 회전하는 날개 위로 펴져 얇은 층류층 형태로 퍼지게 되고, 최종적으로 날개의 말단에 도달한 후에 액적으로 떨어져 나간다.

(a) 비압축성 정상상태 유동이고, 연직 (z) 축을 중심으로 대칭하며, v_z가 비교적 작다고 가정하면, 연속 방정식으로부터 다음 항에 대하여 어떻게 설명할 수 있는가?

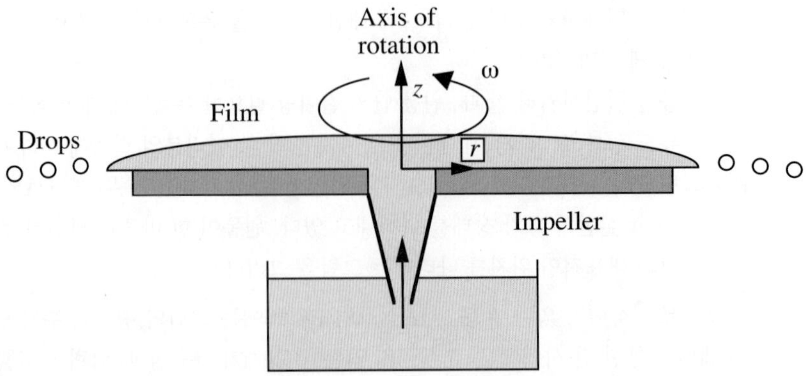

그림 P6.21 회전 날개 가습기.

$$\frac{\partial(rv_r)}{\partial r}?$$

(b) 필름의 모든 위치에서의 압력은 대기압이고, 중요한 관성항은 v_θ^2/r뿐이며, (a)의 정보는 한 개의 특정한 항을 소거하는데 사용된다면, r 운동량 수지식이 간략화 되었을 때 남는 두 항은 무엇인가?

(c) 방사 방향의 속도 v_r은 z 방향의 포물선의 절반이 됨을 증명하라.

(d) 총 부피 유속 Q에 대한 표현을 유도하고, 임의의 방사 방향의 위치에서의 필름 두께가 다음과 같이 주어짐을 증명하라.

$$\delta = \left(\frac{3Q\nu}{2\pi r^2\omega^2}\right)^{1/3},$$

여기서 ν는 동점도이다.

22. *내부 원통의 이동—M (C).* 그림 P6.22에 나타낸 바와 같이 반지름 r_c, 길이 L인 긴 고체 원통이 L보다 훨씬 작은 반지름 a의 관 내에서 짧은 관의 밀도와 같은 밀도를 갖는 점성 액체에 의하여 이동하고 있다. 원환의 간격 $a - r_c$는 a에 비하여 아주 작다. 가정: (a) *관 내*에서 관통들은 같은 중심선 상에 있다. (b) 원환 간격에서의 유동은 층류이다. (c) 전단 응력은 원환 전반에 걸쳐 일정하다. (d) 입구 및 출구 효과는 무시될 수 있다. 원통의 속도는 다음의 식으로 상당히 정확하게 나타낼 수 있음을 증명하라.

$$v_c = \frac{2Q}{\pi(a^2 + r_c^2)},$$

여기서 Q는 원통의 상류와 하류에서의 부피 유속이다. *힌트*: 우선 물리적 상황을 이해하는 데 관심을 집중하라. Navier-Stokes 방정식을 사용한 정확한 해석을 하지 않는다.

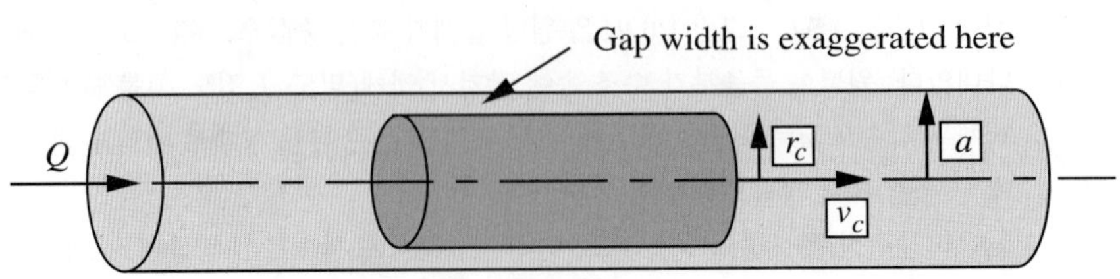

그림 P6.22 내부 원통의 이동.

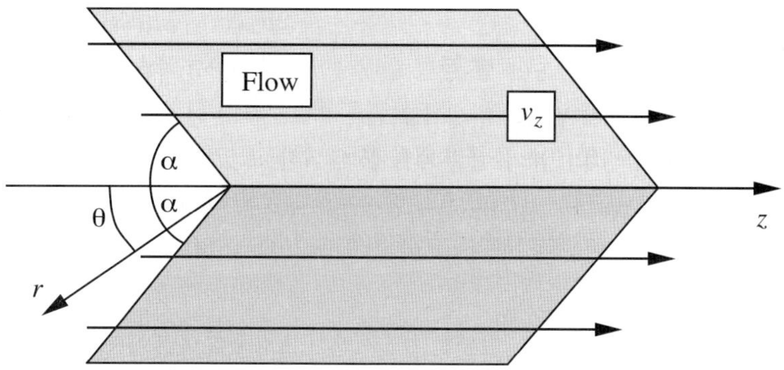

그림 P6.23 경사진 평판 사이에서의 유동.

23. *경사진 평판 사이에서의 유동—M (C).* 사이 각이 2α인 두 개의 무한 평판 사이에서 점성 액체가 유동한다. 모든 위치에서 두 평판의 교선에 평행한 액체의 속도가 다음과 같이 주어짐을 증명하라.

$$v_z = \frac{r^2}{4\mu}\left(\frac{\cos 2\theta}{\cos 2\alpha} - 1\right)\left(-\frac{\partial p}{\partial z}\right),$$

여기서 z, r, θ는 원통형 좌표들이다. z축은 평판과 교선이고, $\theta = 0$에서 r축이 두 평한 사이의 각을 양분한다. 유체는 다음과 같이 주어지는 층류 유동이라고 가정하고,

$$\frac{\partial p}{\partial z} = \mu\nabla^2 v_z = \mu\left[\frac{1}{r}\frac{\partial}{\partial r}\left(r\frac{\partial v_z}{\partial r}\right) + \frac{1}{r^2}\frac{\partial^2 v_z}{\partial \theta^2}\right],$$

풀이는 해가 $v_z = r^n g(\theta)(-\partial p/\partial z)/\mu$의 형태임을 제안하는 것으로부터 시작하라. 이를 이용하여 지수 n와 함수 $g(\theta)$를 결정하라.

24. *관 내의 서로 섞이지 않는 유동—D (C).* 점도가 μ_1인 액체 필름이 반지름이 $(\lambda + \Delta)$인 원형 관의 내벽을 타고 아래로 유동하고 있다. 중심부는 점도가 μ_2인 섞이지 않는 또 다른 유체에 의해 채워져 있는데, 이 영역에서는 연직 방향으로 순 유동은 없다. 말단 효과는 무시될 수 있으며, 중심부에서의 순환은 정상상태에 도달하였다. 만약 두 액체의 유동이 층류이면, 속도 분포가 그림 P6.24에 나타낸 바와 같이 포물선임을 증명하라.

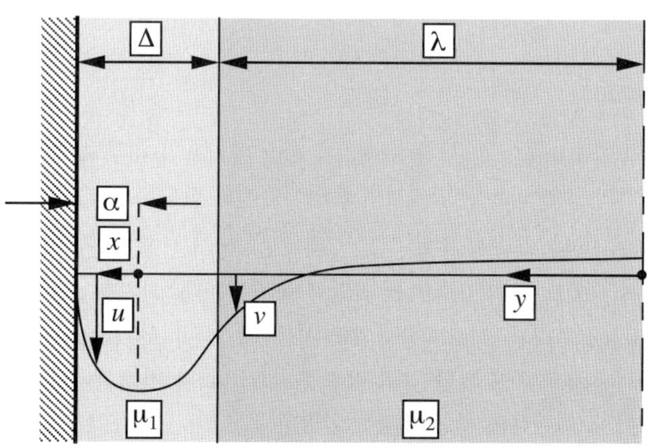

그림 P6.24 파이프에서 두 개 서로 섞이지 않는 액체의 유동. 벽 근처에서 필름의 두께 Δ는 강조되어 있다.

$$\alpha = \frac{2\mu_2\Delta^2 + \lambda\mu_1\Delta}{4\mu_2\Delta + \lambda\mu_1},$$

여기서 Δ는 액체 필름의 두께이고, α는 벽으로부터 이 액체 필름내의 속도가 최대가 되는 위치까지의 거리이다. 그림 P6.24가 이 문제를 풀기 위한 표기법을 제시하여 준다. 시간을 절약하기 위하여 증명 없이 속도 분포를 $u = a + bx + cx^2$와 $v = d + ey + fy^2$으로 사용하라.

$\lambda + \Delta \to \infty$일 경우와 $\mu_2/\mu_1 \to 0$, $\mu_1/\mu_2 \to 0$일 경우에 어떤 현상이 나타날 것인지에 관해 설명하라.

25. *폴리에틸렌 기포—D.* 원통형 좌표계에서 비압축성 유체에 대하여 다음 물음에 답하라.

(a) 연속 방정식과 이를 간략화하라.

(b) 점성 수직 응력 σ_{rr}과 $\sigma_{\theta\theta}$을 압력, 점도, 변형률 속도 항으로 표시하라.

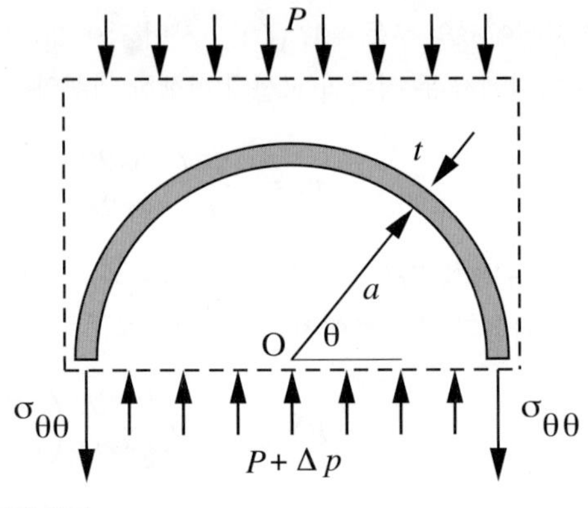

그림 P6.25 원통형 기포의 반의 단면.

폴리에틸렌 필름은 일정한 길이에서 응용 고분자의 원통형 기포를 효과적으로 팽창시켜 만들어진다. 기포의 반쪽 단면을 그림 P6.25에 나타내었다. 기포 내부의 초과 압력은 외부 압력 P에 비해 작다. 따라서 $\Delta p \ll P$이고, $\sigma_{rr} \doteq -P$이다.

제시된 대상 부피에 대하여 적절한 임의 수지로부터 원주 방향의 응력이 $\sigma_{\theta\theta} = -P + a\Delta p/t$로 주어짐을 증명하라. 유사 정상상태를 가정하라. 즉 원주 방향의 응력은 초과 압력과 평형을 이루고, 가속 효과는 무시된다.

따라서 ($r = a$에서) 기포의 팽창 속도 v_r은 다음과 같이 주어짐을 증명하고,

$$v_r = \frac{a^2\Delta p}{4\mu t},$$

반지름이 1.0 m이고, 필름 두께가 1 mm인 기포가 내부 계기 압력이 $\Delta p = 40\ \mathrm{N/m^2}$일 때 이 속도를 계산하라. 해당되는 온도에서의 폴리에틸렌의 점도는 $10^5\ \mathrm{N\,s/m^2}$이다.

26. *방사에서 표면장력의 효과—M.* 예제 6.8에서는 표면장력의 효과를 무시하였다. 표면장력은 반지름 R인 필라멘트 내의 압력이 σ/R만큼 증가되는데, 여기서 σ는 표면장력이다. 이 양은 $\mu = 10^4$ P, $\sigma = 0.030\ \mathrm{kg/s^2}$, $L = 1$ m, (출구의 반지름) $R_L = 0.0002$ m, $v_{z0} = 0.02$ m/s, $v_{zL} = 2$ m/s인 고분자에 있어서 점성효과에 의한 압력 감소분 $\mu dv_z/dz$와 비교하라. 필라멘트의 입구와 출구에서의 조건들을 고려하라. 여러분이 구한 결과를 설명하라.

27. *방사에서 반경 방향의 압력 변화—M.* 예제 6.8에서 필라멘트를 지름 방향에서의 압력 변화는 무시

된다고 가정하였다. 다음과 같이 적절하게 간략화된 운동량 수지식으로부터 이 가정의 타당성을 조사하라.

$$\frac{\partial p}{\partial r} = \mu \left[\frac{\partial}{\partial r} \left(\frac{1}{r} \frac{\partial (r v_r)}{\partial r} \right) + \frac{\partial^2 v_r}{\partial z^2} \right].$$

만일 v_z가 국지의 축 방향 속도라면, 이에 해당하는 자유 표면의 바로 안쪽으로부터(p_R) 중심선(p_0)까지의 압력의 증가가 다음과 같이 표현됨을 증명하라.

$$p_0 - p_R = \frac{\mu v_z (\ln \beta)^3 R^2}{4L^3},$$

여기서 $\beta = v_{zL}/v_{z0}$이다. 비 $\xi = (p_R - p_0)/(\mu dv_z/dz)$에 대한 표현을 구하라. 여기서 분모는 공기에서 계면을 가로질러 필라멘트로 횡단할 때 점성에 의한 압력 강하이고, 이는 예제 6.6에서 설명하였다.

$\mu = 10^4$ P, $L = 1$ m, (출구의 반지름) $R_L = 0.0002$ m, $v_{z0} = 0.02$ m/s, $v_{zL} = 2$ m/s인 경우, 필라멘트의 시작점에서의 ξ를 추산하라. 여러분이 얻은 결과에 관하여 간략히 설명하라.

28. *점도의 변화에 따른 응축기—M.* 응축기에서 점성 액체가 중력 작용에 의해 냉각된 연직 평판을 따라서 일정한 속도로 유동하고 있다. 전도에 의하여 액체의 온도 T는 냉각된 평판에서 T_0로부터 더 뜨거운 기/액 계면에서 T_1으로 필름을 관통하여 $T = T_0 + y(T_1 - T_0)/h$로 표현되는 선형적으로 변한다. 액체의 점도는 근사적으로 $\mu = \mu^*(1 - \alpha T)$으로 표현되며, 여기서 μ^*와 α는 상수이다.

임의의 위치에서의 점도는 다음과 같이 다시 쓸 수 있음을 증명하라.

$$\mu = \mu_0 + cy, \qquad \text{in which} \qquad c = \frac{\mu_1 - \mu_0}{h},$$

여기서 μ_0와 μ_1은 각각 온도 T_0와 T_1에서의 점도이다.

x 방향으로 일정한 유동에 대하여 액체가 나타내는 전단 응력의 τ_{yx}에 관한 관계식을 구하라. 속도 v_x를 y의 함수로 표현하라. 풀이 과정에서 점도가 *일정*하다는 가정을 근거로 하는 방정식을 활용하지 *말아야 한다.*

α 값이 큰 경우와 작은 경우에 대한 속도 분포를 그려라.

29. *회전하는 구—M.* μ인 무한한 양의 액체에 잠겨 있는 반지름이 R인 구가 z축을 중심으로(그림 5.6(b) 참조) ϕ 방향으로 일정한 각속도 ω로 회전하고 있다. 속도 성분들 중 ϕ 방향의 속도성분만이 0이 아니며, $v_\phi = c \sin\theta / r^2$의 형태라고 가정할 수 있다

(a) v_ϕ에 관하여 제안된 식이 적절한 운동량 수지식을 만족시킴을 증명하고, c를 R과 ω의 항으로 구하라.

(b) 액체 내에서 방사 방향의 임의의 위치에서의 전단응력이 $\tau_{r\phi} = -3\mu c \sin\theta / r^3$임을 증명하고, 음의 부호에 대해 설명하라.

(c) 구를 회전시키기 위해 필요한 우력을 T의 R, ω, μ 함수로 표시하라. 이 문제를 풀기 위해서는 다음의 부정적분 관계를 활용해야 한다.

$$\int \sin^3\theta \, d\theta = -\cos\theta + \frac{1}{3}\cos^3\theta.$$

30. *이동하는 판—M.* 예제 6.4의 첫 부분과 유사하게, 무한 범위의 동점도가 ν인 점성 유체와 이 유체의 표면에 길고 편평한 판에 관해 고려해 보자. $t = 0$에서 평판은 갑자기 x축 방향으로 일정한 속도 v_{x0}로 움직였다. $\partial v_x/\partial t = v\partial^2 v_x/\partial z^2$와 경계조건을 고려하여 깊이가 z일 때 유체의 속도가 결과적으로 다

음과 같이 됨을 증명하라.

$$\frac{v_x}{v_{x0}} = \text{erfc}\frac{z}{2\sqrt{\nu t}}. \tag{E6.4.2}$$

다음을 가정할 수 있다.

$$\text{erfc } y = \frac{2}{\sqrt{\pi}}\int_y^\infty e^{-s^2}\,ds, \quad \frac{d}{dy}\text{erfc } y = -\frac{2}{\sqrt{\pi}}e^{-y^2}, \quad \text{erfc}(0) = 1. \tag{P6.30.1}$$

31. *진동하는 판—M.* 예제 6.4의 두 번째 부분과 유사하게, 무한 범위의 동점도가 ν인 점성 유체와 이 길고 편평한 판에 관해 고려해 보자. 이판에 축 방향으로 속도 $v_{x0} = a \sin \omega t$로 진동한다. 임의의 초기 과도 상태가 지난 후에 $\partial v_x/\partial t = v\partial^2 v_x/\partial z^2$와 경계조건을 고려하여 깊이가 z일 때 유체의 속도가 결과적으로 다음과 같이 됨을 증명하라.

$$v_x = ae^{-\beta z}\sin(\omega t - \beta z), \tag{E6.4.4}$$

여기서

$$\beta^2 = \frac{\omega}{2\nu}. \tag{E6.4.5}$$

32. *참/거짓.* 참(T)과 *거짓*(F)에 표시하라.

(a) 평행한 판들로 이루어진 사각 도관에서 수평한 액체 유동에서, 압력은 유동 방향과 판에 수직인 방향 모두에서 선형적으로 변한다. T□ F□

(b) 평행한 판들로 이루어진 사각 도관에서 수평한 액체 유동에서, 경계조건은 한 개의 판에서 속도를 0으로 정하고, 다른 판에서 속도를 0으로 설정할 수 있다. T□ F□

(c) 평행한 판들로 이루어진 사각 도관에서 수평한 액체 유동에서, 전단 응력은 판에서 0이고, 중심선에서의 최대값이 되게 변한다. T□ F□

(d) 평행한 판들로 이루어진 사각 도관에서 수평한 액체 유동의 압력 구배를 측정하면, 전단 응력 분포를 구할 수 있다. T□ F□

(e) 유체 역학에서 편미분 방정식을 적분하면 한 개 이상의 *적분상수*들을 얻게 되는데, 이들은 경계 조건들을 이용하여 그 값을 결정할 수 있다. T□ F□

(f) 원형좌표계에서 $r = 0$과 $r = a$ 사이에서 발생하는 유동에서 $\ln r$ 항은 최종적으로 구한 속도 성분들 중 한 개 성분에 포함된다. T□ F□

(g) 도관과 관에서의 유동에 대해 부피 유속은 속도 분포 관계식을 미분하여 얻을 수 있다. T□ F□

(h) 자연 대류에 대한 분석은 밀도가 위치에 따라 변한다는 조건에 의거한다. T□ F□

(i) Weissenberg rheogoniometer의 주된 특징은 방사 방향의 모든 위치에서 상부 원뿔형 표면이 원뿔과 판 사이의 속도 구배가 일정하다는 사실이다. T□ F□

(j) 만일 3차원에서 압력이 $\partial p/\partial y = -\rho g$의 방정식을 따르고, $\partial p/\partial x$와 $\partial p/\partial z$가 0이 아니라면, 이 방정식을 적분하여 압력을 $p = -\rho gy + c$와 같이 얻을 수 있다. 여기서 c는 상수이다. T□ F□

(k) 만약 서로 섞이지 않은 두 액체 A와 B가 두 평형판 사이에서 x 방향으로 유동하고 있다면, y 좌표에 수직이면 A와 B 사이의 전단응력 τ_{yx}는 모두 연속이다. T□ F□

(l) 두 판 사이에서 원판의 압축 성형에서 판을 누르는 데 필요한 힘은 시간이 경과함에 따라 감소한다. T□ F□

(m) 젖음-벽 컬럼에서의 유동에 있어서 기/액 계면에서의 압력은 대기압이며, 벽에서의 최대값이 되는 형태로 증가한다. T□ F□

(n) 관 내에서 1차원적 유동이 발생할 때(층류 또는 난류)전단 응력 τ_{rz}는 벽에서 0이고, 중심선에서 최대가 되도록 선형적으로 변화한다. T□ F□

(o) 예제 6.1 두 평행판 사이의 유동에서, 전단 응력 τ_{yx}는 상반부($y > 0$)에서 음이 되는데, 이는 부호 규칙에 의하여 물리적으로 제시된 방향과 반대 방향으로 전단 응력이 작용한다는 것을 의미한다. T□ F□

제 7 장

Laplace 방정식, 비회전성 및 다공성 매질 유동

Laplace's Equation, Irrotational and Porous-Media Flows

7.1 서론

점도가 항상 중요한 역할을 하는 유체의 운동을 앞장에서 주로 다루었다. 그러나 고체 경계로부터 멀어지게 되면, 점도의 효과는 작아지게 되고 무시할 수도 있게 된다. 예로는 5.2절의 커피가 들어 있는 컵의 회전에 관한 논의에서 다루었다. 여기서 인지할 수 있을 정도의 액체 자체의 회전은 발생하지 않는다. 그러나 당밀을 담고 있는 컵의 경우에는 상황이 전혀 달라진다.

유체를 *비점성*으로 취급할 수 있는 실제적인 경우가 많은데, 비행기에 대한 공기의 유동, 호수와 항구에서의 물의 유동, 물 수면에서의 파도, 토네이도 내의 공기의 운동 등을 예로 들 수 있고, 이번 장에서는 이에 관련하여 논의하게 된다. 따라서 다음과 같은 두 가지 경우에 해당되는 운동에 관해서는 다루지 않을 것이다.

1. 고체의 경계에 매우 근접한 영역. 이 영역에서는 점도의 작용이 매우 중요한데, 이에 관해서는 8장에서 다룰 것이다.
2. 고체 장애물의 후류(wake). 이 경우에는 높은 Reynolds 수에서 층류의 불안정성이나 난류가 발생할 수 있다. 예를 들면, 예제 9.4(오리피스 판을 통한 유동)에서 COMSOL이나 Fluent를 이용하는 전산유체역학의 경우를 참고하면 된다.

7.3절에서는 이와 같은 비점성 유동에는 *Laplace* 방정식을 적용할 수 있다는 것을 보여준다. 약간은 역설적으로 7.9절에서는 Laplace 방정식이 영역의 또 다른 극단에서도 적용될 수 있음을 보여준다. 즉 원유 생산, 천연가스의 지하 저장, 지하수의 유동 등에서 매우 실질적이고도 중요한 다공성 매질 내에서의 *점성* 유체의 유동과 같은 경우이다. 그리고 10장에서 논의하겠지만, Laplace 방정식은 액체와 유동층 반응기 내에서 큰 기포가 상승하는 속도에 있어서 중요한 역할을 하며, 유동층 반응기의 입자상 내의 압력분포를 결정하는 데 응용할 수 있다.

비점성 유체 운동

비점성 유체(inviscid fluid)에 대한 Bernoulli 방정식을 다시 유도해 보자. 그러나 이번에는 임의의 공간 차원에 대하여 유도하자. 이 경우에 $\mu = 0$ 조건에서, 비압축성 유체의 일반적인 경우에 대해 식 (5.68)로부터 소위 *Euler 방정식*이라고 하는 다음의 관계를 얻을 수 있다.

$$\frac{\mathcal{D}\mathbf{v}}{\mathcal{D}t} = -\frac{1}{\rho}\nabla p + \mathbf{F}, \tag{7.1}$$

여기서 체력(body force) 벡터 $\mathbf{F}$는 전형적으로(*체력 퍼텐셜*로 알려진) 스칼라 Φ의 구배이다.

$$\mathbf{F} = -\nabla\Phi = -\nabla gz, \tag{7.2}$$

여기서 중력은 체력이고, z는 연직으로 위 방향이다. ρ가 일정하므로, 식 (7.1)과 식 (7.2)는 다음과 같이 된다.

$$\frac{\mathcal{D}\mathbf{v}}{\mathcal{D}t} = -\nabla\left(\frac{p}{\rho} + gz\right). \tag{7.3}$$

다음의 벡터 항등식은 증명하지 않고 그냥 사용하도록 한다.

$$\frac{\mathcal{D}\mathbf{v}}{\mathcal{D}t} = \frac{\partial\mathbf{v}}{\partial t} + \nabla\left(\frac{1}{2}\mathbf{v}^2\right) - \mathbf{v}\times\boldsymbol{\zeta}, \tag{7.4}$$

여기서 $\mathbf{v}^2 = \mathbf{v}\cdot\mathbf{v}$이고, 식 (5.30)에서 와류도 $\boldsymbol{\zeta}$가 다음과 같이 된다는 것을 이미 증명하였다.

$$\boldsymbol{\zeta} = \left(\frac{\partial v_z}{\partial y} - \frac{\partial v_y}{\partial z}\right)\mathbf{e}_x + \left(\frac{\partial v_x}{\partial z} - \frac{\partial v_z}{\partial x}\right)\mathbf{e}_y + \left(\frac{\partial v_y}{\partial x} - \frac{\partial v_x}{\partial y}\right)\mathbf{e}_z = \nabla\times\mathbf{v} = 2\boldsymbol{\omega}, \tag{5.29}$$

여기서 $\boldsymbol{\omega}$는 임의의 점에서 유체의 각속도이다.

따라서 식 (7.3)과 식 (7.4)로부터 다음의 식을 구할 수 있다.

$$\frac{\partial\mathbf{v}}{\partial t} - \mathbf{v}\times\boldsymbol{\zeta} = -\nabla\left(\frac{p}{\rho} + \frac{1}{2}\mathbf{v}^2 + gz\right), \tag{7.5}$$

이 식은 *정상상태* 유동에 대하여 다음과 같이 표시할 수 있다.

$$\mathbf{v}\times\boldsymbol{\zeta} = \nabla\left(\frac{p}{\rho} + \frac{1}{2}\mathbf{v}^2 + gz\right). \tag{7.6}$$

즉, 벡터 $\mathbf{v}\times\boldsymbol{\zeta}$는 다음의 표면들에 대해 수직이 된다.

$$\frac{p}{\rho} + \frac{1}{2}\mathbf{v}^2 + gz = c, \tag{7.7}$$

여기서 c는 특정한 표면에 대한 상수이며, 이 표면은 반드시 $\mathbf{v}$(*유선*)과 $\boldsymbol{\zeta}$(*와류선*(vortex line))을 포함하여만 한다. 유선에 대한 접선은 속도 방향이며, 와류선에 대한 접선은 와류도의 방향을 갖는다. 와류도가 0인($\boldsymbol{\zeta} = \mathbf{0}$) *비회전성* 유동에 있어서, 상수 c는 유체 전체에 대해 동일하며, *마찰이 없는* 이상적이 유체의 운동에 매우 중요한 *Bernoulli 방정식*이 된다.

과도적인 비회전성 유동은 식 (7.5)의 또 다른 특수한 경우에 해당된다.

$$\frac{\partial\mathbf{v}}{\partial t} = -\nabla\left(\frac{p}{\rho} + \frac{1}{2}\mathbf{v}^2 + gz\right), \tag{7.8}$$

이 식은 7.11절의 표면파에 대한 연구에 응용된다.

7.2 회전성 및 비회전성 유동

회전성 및 비회전성 유동의 예를 그림 7.1에 나타내었다. 용기에 담긴 유체의 자유표면 위에서 본 유선들은 동일한 중심을 갖는 원들이다. 유동을 가시화하기 위하여 코르크를 액체 위에 띄우고, 대각선과 튀어나온 화살표가 표시된 사각형으로 나타내었다. 두 유동 모두 유체의 입자들이 원형 경로를 따라 움직이는 와류이지만, 서로 상당히 다르다.

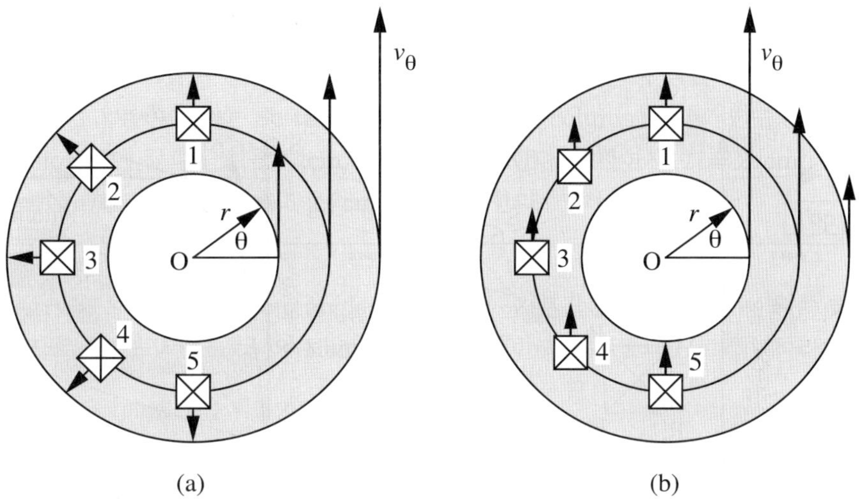

그림 7.1 (a) 강제 와류 (회전성) 유동, (b) 자유 와류 (비회전성) 유동.

(a) 첫 번째 경우는 강제 와류에 해당된다. (여기서 주로 용기의 회전과 점도 작용에 의하여) 액체는 마치 고체처럼 일정한 각속도 ω로 회전한다. 따라서 유일한 속도 성분은 반지름에 따라 *증가하는* $v_\theta = r\omega$이다. 경로 1–2–3–4–5를 따라가면, 코르크는 시계 반대 방향의 각속도를 나타내면서, 명백히 시계 반대 방향으로 회전한다. 따라서 유동은 *회전성*(rotational)이다.

(b) 두 번째 경우는 기본적으로 비점성 액체에서 나타나는 *자유 와류*에 해당한다. 유일한 속도 성분은 반지름에 반비례하며, 즉 $v_\theta = c/r$이다. 경로 1–2–3–4–5를 따라가면, 코르크는 원래 방향을 유지하므로, 와류도가 0이 된다. 따라서 이 유동은 *비회전성*(irrotational)이다.

4.8절에서 논의한 사이클론 분리기는 장치의 중앙부에서 자유 와류가 형성되는 예이다. 하지만 분리기의 입구 부분의 좁은 영역에서 유동은 유입기체의 구동 효과 때문에 대체적으로 강제 와류로 근사된다. 욕조나 싱크대의 배수는 배수구에 접근할수록 각 방향의 속도가 증가하기 때문에 자유 와류의 예에 해당된다. 배수구로의 회전 *방향*에 관해서는 Cope에 의하여 잘 설명되었다.[1]

[1]그것은 사실이다. 만약 배수구 마개를 뽑기 전에는 유체가 *완전히* 정지되어 있는 상태하면, 욕조 내의 와류의 회전 방향은 북반구에 있거나 남반구에 있는 것에 의존하지 않는다. 하지만, 물이 아주 작은 임의의 초기 회전이 존재한다면, 지구의 자전에 의한 발생하는 이러한 자연적인 효과를 압도한다. Winston Cope는 *American Scientist*, Vol. 71 (Nov/Dec 1983)의 편집자에게 제출한 서신에서 다음과 같이 기술하였다. “나는 1974년의 대부분을 미 해군과 함께 남극에서 보냈다. 남극에서의 내 연구과제들 중의 하나는 Coriolis 효과를 증명하는 것이었다. Coriolis 효과는 극에서 최대가 되고, 우리는 Dr. Sibulkin이 언급한 것보다 더 작은 50 gallon 드럼의 반 정도 되는 탱크를 사용하였다. 실내 온도가 물의 어는점보다 낮아서 에틸렌 글라이콜 용액을 사용하였다. 물을 채우는 것에 기인한 회전효과를 제거하는 데 3~5일이 걸렸다. 그러나 유체가 배수됨으로 인해 작지만, 지속적으로 시계 방향으로 회전하는 와류가 발생하였다. 유체의 움직임은 표면에 있는 운모 입자에 의하여 쉽게 감지할 수 있었다. 유체가 노즐을 통하여 바닥으로 배수되던지 또는 위로부터 사이펀을 이용하여 노즐을 통하여 배출되던지 간에 와류의 회전 방향은 같았다.”

와류도와 각속도

어떤 점에서 각속도는 다음과 같이(이차원으로) 주어지는 와류도(vorticity)의 절반에 해당된다는 사실을 이미 알고 있다.

$$\omega = \frac{1}{2}\left(\frac{\partial v_y}{\partial x} - \frac{\partial v_x}{\partial y}\right), \tag{7.9}$$

이 식은 이차원 유동에 관한 설명 및 증명에 활용될 것이다.

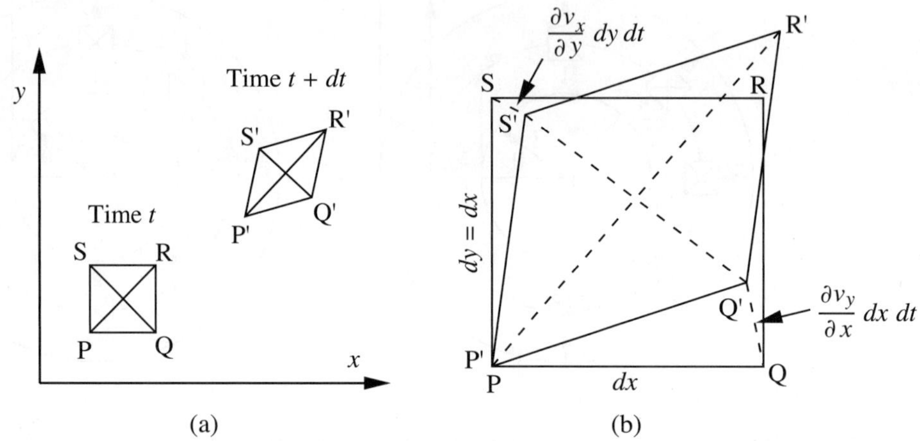

그림 7.2 (a) 유체 요소가 평행이동하고 회전한다. (b) 각속도의 결정.

그림 7.2(a)의 경우에 관해 고려하자. 여기서는 작은 시간 간격 dt에 걸쳐서 초기의 정사각형 유체 요소 PQRS가 새로운 위치 P′Q′R′S′로 이동한다. 그림 5.15에서 이미 논의된 바와 같이, 유체 요소가 이동하고, 변형하고 회전하는 것을 관찰하자. 그림 7.2(b)는 두 유체 요소를 확대하여 왼쪽 아래 모서리가 같은 점을 갖도록, 즉 P와 P'이 일치하도록 중첩시켜 놓은 상태이다. 유체 요소의 각속도는 대각선 PQ가 새로운 위치 P′Q′로 회전한 정도를 측정함으로써 결정할 수 있다. PQ는 시계 반대 방향으로 회전하는 새로운 위치 P′Q′로 이동하였다. Q의 y 방향 속도 v_y는 P의 y 방향 속도보다 $(\partial v_y/\partial x)dx$만큼 크다. 따라서 시간 dt 동안 QQ′의 거리는 $(\partial v_y/\partial x)dx\ dt$가 될 것이다. 따라서 각 Q′PQ는 $(\partial v_y/\partial x)dt$이고, 결과적으로 (시계 반대 방향으로의) PQ의 각속도는 $\partial v_y/\partial x$가 된다. 비슷한 과정을 통하면 PS의 시계 방향 각속도는 $\partial v_x/\partial y$가 된다.

대각선 PR의 시계 반대 방향의 각속도는 PQ와 PS의 각속도들의 평균이 된다.

$$\omega = \frac{1}{2}\left(\frac{\partial v_y}{\partial x} - \frac{\partial v_x}{\partial y}\right). \tag{7.10}$$

식 (5.29)와 같이 표시되는 와류도의 z 성분과 비교하면,

$$\frac{\partial v_y}{\partial x} - \frac{\partial v_x}{\partial y}, \tag{7.11}$$

각속도가 와류도의 절반과 같다는 것을 다시 보여준다.

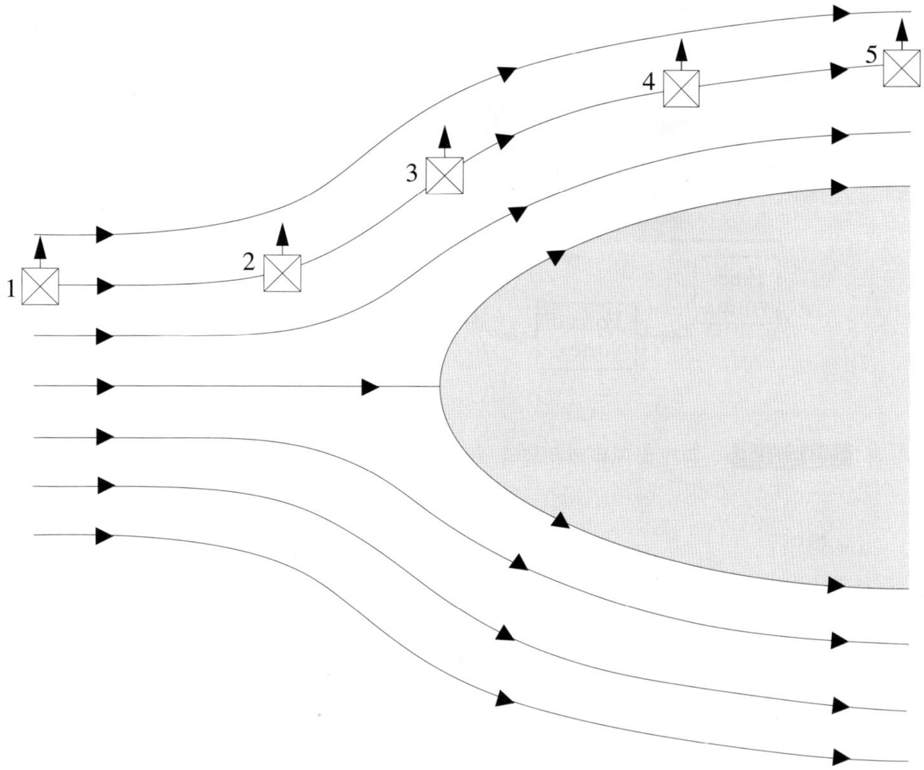

그림 7.3 뭉뚝한 코 모양의 물체를 지나는 비회전성 유동.

그림 7.3에는 비회전성 유동에 대한 추가적인 예를 나타내었다. 그림에는 뭉뚝한 코 모양의 물체를 지나는 액체를 자유 표면의 위에서 관측된 것이다. 떠있는 코르크는 일정한 방향을 유지하고 있다. 고체 물체와 접촉하는 유체의 "고정(no-slip)" 경계조건을 무시하고 유동을 지연하는 점성 응력이 없기 때문에 고체 표면에서 *유한한* 속도를 갖는 이상적인 경우를 주목하자. 물론 실제적으로는 경계에서의 속도는 0이 된다. 그러나 매우 얇은 경계층을 가로지르는 "주흐름(mainstream)"의 속도가 된다. 따라서 이와 같은 경계층을 *제외하면*, 비회전성 유동에 대한 해는 전체적인 유동을 상당히 정확하게 설명할 수 있다.

예제 7.1 강제 및 자유 와류

폐쇄된 큰 원통형 탱크 내에서 교반에 의한 액체에서의 유동 형태는 그림 E7.1.1에 나타낸 것처럼 방사 방향으로 무한하게 바깥 방향으로 확장된 *자유* 와류에 둘러싸인 반지름 a와(교반기의 위치에 해당하는) 각속도 ω의 강제 와류로 근사적으로 나타낼 수 있다.

만약 r 값이 아주 클 때의 압력이 p_∞이라면, 접선 방향 속도 v_θ와 압력 p에 관한 표현을 방사 방향의 위치 r의 함수로 유도하고 도시하라. 만약 탱크의 윗면을 제거하여 액체가 자유 표면을 가질 수 있게 하였을 때, 그 모양에 관하여 언급하라. 또한 이 예제에서 어떻게 자유 와류가 생성되는지에 관하여 논의하라.

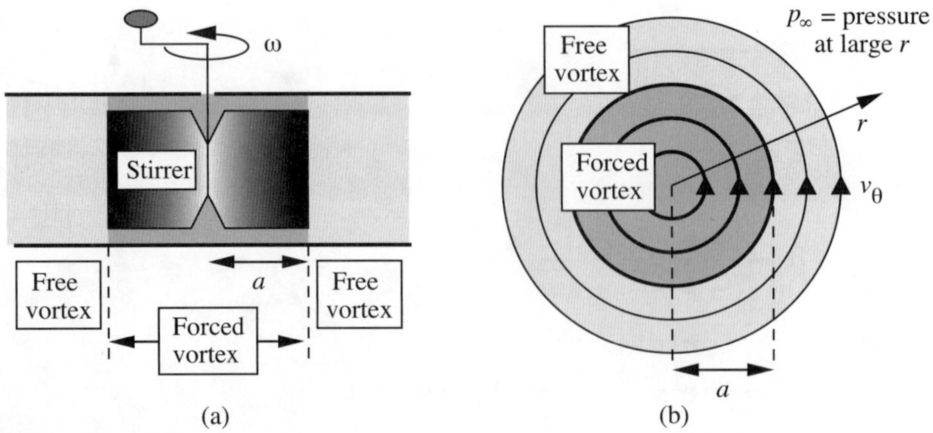

그림 E7.1.1 강제 및 자유 와류 영역. (a) 정면도, (b) 평면도.

풀이

우선 두 영역의 접선 방향의 속도 v_θ에 관해 고려해 보자.

$$\textit{Forced vortex}\ (r \le a):\ \ v_\theta = r\omega; \qquad \textit{free vortex}\ (r \ge a):\ \ v_\theta = \frac{c}{r}. \tag{E7.1.1}$$

$r = a$인 두 영역의 접점에서 속도들은 같아야 하므로, $(v_\theta)_{r=a} = a\omega = c/a$이다. 따라서 상수는 $c = \omega a^2$이고 두 영역의 속도는

$$\textit{Forced vortex}:\ v_\theta = r\omega; \qquad \textit{free vortex}:\ v_\theta = \frac{\omega a^2}{r}, \tag{E7.1.2}$$

이고, 대표적인 분포를 그림 E7.1.2에 나타내었다.

둘째로, *자유* 와류에서는 와류도가 0이고 Bernoulli 방정식이 적용되므로, r이 큰 경우에는 속도가 0으로 감소됨에 주목해야 한다.

$$\textit{Free vortex}:\ \frac{p}{\rho} + \frac{v_\theta^2}{2} = \frac{p_\infty}{\rho}, \quad \text{or} \quad p = p_\infty - \frac{\rho\omega^2 a^4}{2r^2}, \tag{E7.1.3}$$

따라서 두 와류의 접점에서의 압력은 다음과 같다.

$$p_a = p_\infty - \frac{1}{2}\rho\omega^2 a^2. \tag{E7.1.4}$$

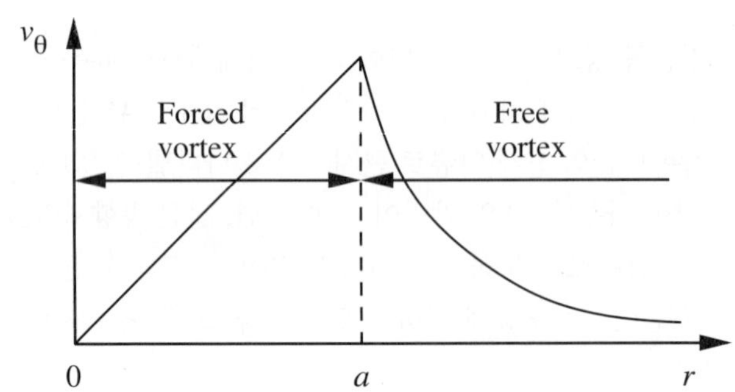

그림 E7.1.2 강제 와류와 자유 와류 속도 분포.

강제 와류의 경우, 방사 방향으로의 압력 변화는 이미 식 (1.44)로 주어져 있다.

$$\frac{dp}{dr} = \rho r \omega^2, \tag{E7.1.5}$$

이 결과는 식 (5.75)의 원통형 좌표계에서의 r 방향 전체에 대한 운동량 수지식을 적절히 간략화하고 $v_\theta = r\omega$를 대입하여도 얻을 수 있다. $r = a$에서 $p = p_a$임에 주목하고, 식 (E7.1.5)를 적분하면 다음과 같은 결과를 얻을 수 있다.

$$Forced\ \ vortex:\ p = p_a - \frac{1}{2}\rho\omega^2(a^2 - r^2) = p_\infty - \rho\omega^2\left(a^2 - \frac{1}{2}r^2\right). \tag{E7.1.6}$$

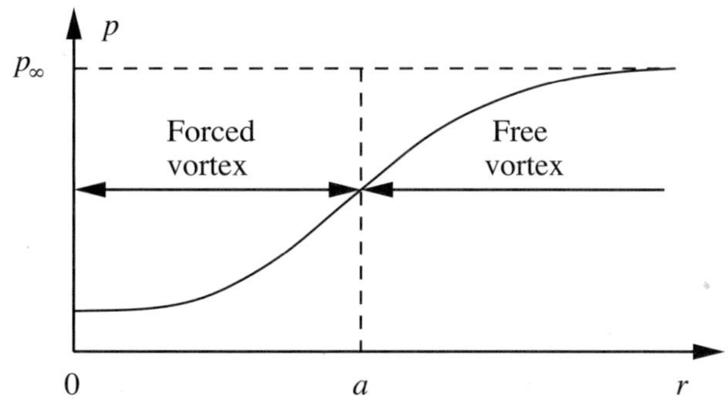

그림 E7.1.3 강제 와류와 자유 와류 압력 분포.

그림 E7.1.3에 전체에 대한 대표적인 압력 분포를 나타내었다. 두 와류 사이에서의 총괄 압력 변화는 $(\rho\omega^2 a^2/2)$와 동일하다는 시실에 주의해야 한다. 만약 액체가 자유 표면을 가지면, 용기의 바닥 방향의 압력은 자유 경계까지 확장되는 액체의 액두에 의해 수력학적으로 평형을 이루어야 한다. 따라서 자유 표면은 그림 E7.1.3의 그래프와 유사한 형태가 되어야 하고, 이는 실험에 의하여 실증된다.

자유 와류의 형성과 관련하여, 교반기를 작동시키기 직전까지 정지 상태에 있는 $r > a$ 영역의 액체의 경우를 고려해 보자. 적절한 간략화를 통해 θ-운동량 수지식은 다음과 같이 된다.

$$\rho\frac{\partial v_\theta}{\partial t} = \mu\frac{\partial}{\partial r}\left(\frac{1}{r}\frac{\partial(rv_\theta)}{\partial r}\right), \tag{E7.1.7}$$

이 식은 v_θ가 어떻게 그림 E7.1.2에서와 같은 최종값으로 되는지를 결정하게 된다. 식 (E7.1.7)의 우변은 최종값에 이르는 단계에서 0이다. 이 예제에서 약간은 역설적이지만, 최종적인 자유 와류 영역에서 와류도가 영임에도 불구하고, 점도는 최종 속도분포를 결정하는 데 있어서 중요한 역할을 한다.

7.3 정상상태 2차원 비회전성 유동

직교 좌표계

이 절에서의 중요한 관계들을 2차원 원통형 좌표계에서 다시 설명한 후 대부분의 전개는 x/y 좌표계로 나타낸다.

비점성 유체에 대해 압력, 속도, 높이의 변화에 관한 Bernoulli 방정식 식 (7.7)은 이미 설명하였다. 여기서는 다음과 같은 *연속방정식*을 사용한다.

$$\frac{\partial v_x}{\partial x} + \frac{\partial v_y}{\partial y} = 0, \tag{7.12}$$

그리고 유동은 Laplace 방정식을 따르는 속도 *퍼텐셜* ϕ로 나타낼 수 있으므로, *비회전성 조건*이 포함된다.

먼저 유체 요소의 각속도는 유체 요소의 표면에 접선 방향으로 작용하는 *전단 응력*에 의해 유발되고, 유체 요소의 무게 중심 주위로 순 운동량을 가지게 되며, 결과적으로 유체 요소를 회전하게 한다는 사실에 주의해야 한다. (압력 힘은 유체 요소의 표면에 수직으로 작용하고, 운동량을 가지지 않으며, 따라서 유체 요소의 회전을 유발할 수 없다.) 점도가 없는 경우에는 전단 응력도 존재하지 않는다. 따라서 각속도가 0으로 시작된 유체 요소는 각속도를 얻을 수가 없게 된다. 따라서 식 (7.10)으로부터 각속도가 0이라는 것은 다음을 의미한다.

$$\frac{\partial v_y}{\partial x} = \frac{\partial v_x}{\partial y}. \tag{7.13}$$

속도 퍼텐셜

이제는 새로운 함수인 속도 *퍼텐셜* ϕ를 고려해보자. 속도 성분 v_x와 v_y는 ϕ를 x, y 방향으로 미분하여 얻는다.

$$v_x = \frac{\partial \phi}{\partial x}, \qquad v_y = \frac{\partial \phi}{\partial y}. \tag{7.14}$$

즉 속도벡터는 속도 퍼텐셜의 *구배*가 된다.[2]

$$\mathbf{v} = v_x \mathbf{e}_x + v_y \mathbf{e}_y = \nabla \phi. \tag{7.15}$$

여러분들은 속도 퍼텐셜 개념이 비회전성 조건을 나타내는 식 (7.13)을 *자동적으로* 만족시키는지 확인해 볼 수 있을 것이다. 식 (7.14)의 속도 성분을 연속 방정식 (7.12)에 대입하면 속도 *퍼텐셜*에 대한 *Laplace 방정식*을 구할 수 있다.

$$\frac{\partial^2 \phi}{\partial x^2} + \frac{\partial^2 \phi}{\partial y^2} = 0. \tag{7.16}$$

[2]저자에 따라 속도 퍼텐셜을 음의 부호를 사용하여 정의하기도 한다. $\mathbf{v} = -\nabla \phi$, 따라서 어떤 부호 규칙을 사용하는지 주의해야 한다.

Laplace, Pierre Simon Marquis de. 1749년 Normandy의 Beaumint-en-Auge에서 출생하여 1927년 프랑스 Arcueil에서 사망하였고, Normandy 농부의 아들이었다. 그 후 경력은 그를 "프랑스의 Newton"으로 알려지게 하였다. 수학과 천문학에서 뛰어났고, 뛰어난 초기 업적은 태양계의 안정성을 설명하는 기기였다. 그의 걸작은 1977년에서 1825년 사이에 출판된 5권으로 된 *Mécanique céleste*이었다. 1785년에 Academy of Science 회원이 되었다. 그의 퍼텐셜 함수에 대한 개념은 탄성, 자기, 열에 관한 이론들의 기초가 되었다. Gauss와 Legendre의 업적을 확장하여 최소 제곱법에 대한 통계학적인 기초를 수립하였다. 그는 토성 고리의 안정성, 음속, 비열, 모세관 작용, 수치 보간, Laplace 변환 등 대단히 넓은 영역에 걸쳐서 많은 기여를 하였다. 겸손은 Laplace에게 어울리지 않았다. 그는 정치권력과 직함 등에 애착을 가졌다. 죽기 전의 마지막 말은 "Ce que nous ignorons est immense. (우리가 알고 있는 것은 별로 없지만, 우리가 모르는 것은 너무도 많다)"이다.

출처: *The Encyclopedia Britanica*, 11th ed. Cambridge University Press (1910~1911).

흐름 함수

또 다른 대안으로써 y와 $-x$ 방향에서 미분하여 속도 성분 v_x와 v_y를 얻을 수 있는 *흐름 함수* (stream function) ψ를 정의할 수 있다.

$$v_x = \frac{\partial \psi}{\partial y}, \qquad v_y = -\frac{\partial \psi}{\partial x}. \tag{7.17}$$

식 (7.14)와 비교해 보면, x와 y의 순서가 바뀌었고, v_y에 대한 표현에 음의 부호가 있음에 주의하라.

독자들은 흐름 함수의 개념이 식 (7.12)의 연속 방정식을 *자동적으로* 만족시킨다는 것을 확인할 수 있다. 식 (7.17)의 속도 성분들을 식 (7.13)의 비회전성 조건에 대입하면 2차원의 비회전성 유동에서의 흐름 함수에 대한 *Laplace 방정식*을 얻을 수 있다.

$$\frac{\partial^2 \psi}{\partial x^2} + \frac{\partial^2 \psi}{\partial y^2} = 0. \tag{7.18}$$

속도 퍼텐셜과 흐름 함수에 대한 위의 사실들을 표 7.1에 요약하였다. 다음 절에서 ψ가 일정한 등고선은 유체가 따라가는 경로를 나타냄을 보일 것이다.

표 7.1 ▸ 속도 퍼텐셜과 흐름 함수의 기본 성질

Quantity	Automatically Satisfies	To Obtain Laplace's Equation, Combine It With
ϕ	Irrotationality	Continuity
ψ	Continuity	Irrotationality

2차원 원통형 좌표계

우선 보다 일반적으로 발생하는 경우, 즉 $v_z = 0$가 되는 경우에 대해 고려해보자. x/y 좌표계에서 (그림 7.4에 r/θ 좌표계에 관하여 나타낸) 해당 속도 성분과 퍼텐셜 및 흐름 함수와의 상관관계를 다음과 같이 증명할 수 있다.

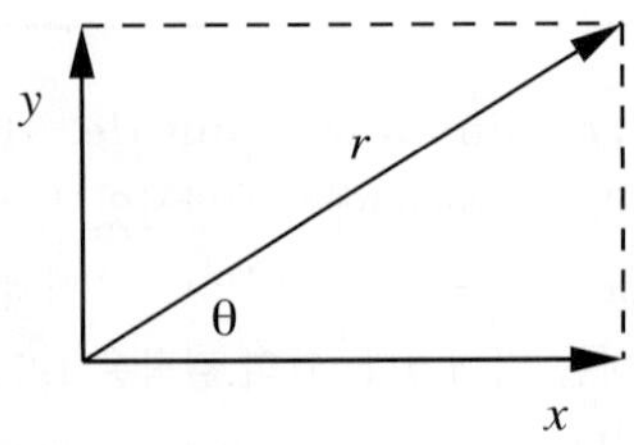

그림 7.4 원통형(r/θ)와 직교(x/y) 좌표계.

$$v_r = \frac{\partial \phi}{\partial r}, \qquad v_\theta = \frac{1}{r}\frac{\partial \phi}{\partial \theta}, \tag{7.19a}$$

$$v_r = \frac{1}{r}\frac{\partial \psi}{\partial \theta}, \qquad v_\theta = -\frac{\partial \psi}{\partial r}. \tag{7.19b}$$

식 (5.49)와 표 5.4로부터 연속 방정식과 비회전성 조건은 다음과 같다.

$$\text{Continuity}: \quad \frac{\partial (r v_r)}{\partial r} + \frac{\partial v_\theta}{\partial \theta} = 0. \qquad \text{Irrotationality}: \quad \frac{\partial v_r}{\partial \theta} = \frac{\partial (r v_\theta)}{\partial r}. \tag{7.20}$$

적절히 치환하면 퍼텐셜 함수와 흐름 함수에 대한 Laplace 방정식을 얻을 수 있다.

$$\frac{1}{r}\frac{\partial}{\partial r}\left(r\frac{\partial \phi}{\partial r}\right) + \frac{1}{r^2}\frac{\partial^2 \phi}{\partial \theta^2} = 0, \qquad \frac{1}{r}\frac{\partial}{\partial r}\left(r\frac{\partial \psi}{\partial r}\right) + \frac{1}{r^2}\frac{\partial^2 \psi}{\partial \theta^2} = 0. \tag{7.21}$$

두 번째, $v_\theta = 0$이고, v_r와 v_z가 원하는 속도 성분인 원통형 좌표계에서도 2차원의 유동이 존재할 수 있음에 주목해야 한다. 이 경우에 속도, 퍼텐셜 함수, 흐름 함수에 대한 적절한 관계는 다음과 같다.

$$v_r = \frac{\partial \phi}{\partial r} = \frac{1}{r}\frac{\partial \psi}{\partial z}, \qquad v_z = \frac{\partial \phi}{\partial z} = -\frac{1}{r}\frac{\partial \psi}{\partial r}. \tag{7.22a}$$

$$\frac{\partial^2 \phi}{\partial r^2} + \frac{1}{r}\frac{\partial \phi}{\partial r} + \frac{\partial^2 \phi}{\partial z^2} = 0, \qquad \frac{\partial^2 \psi}{\partial r^2} - \frac{1}{r}\frac{\partial \psi}{\partial r} + \frac{\partial^2 \psi}{\partial z^2} = 0. \tag{7.22b}$$

흐름 함수에 대한 이차 방정식이 더 이상 Laplace 방정식이 아님에 주의하자.

다공성 매질에서의 유동

7.9절에서 투과성 암석층과 같은 다공성 매질에서 원유와 같은 점성 유체의 유동 역시(예를 들면, 2차원 지교 좌표계에서) Laplace 방정식을 만족함을 보일 것이다.

$$\nabla^2 p = \frac{\partial^2 p}{\partial x^2} + \frac{\partial^2 p}{\partial y^2} = 0. \tag{7.23}$$

따라서 이 장에서 논의될 사항은 본질적으로 *비점성* 유체뿐만 아니라 다공성 매질에서의 *점성* 유체의 유동에 관해 논의할 것이다. 중요한 응용 분야는 지하 암석층으로부터 원유 회수, 토양에서의 지하수의 운동, 천연가스 지하 저장 등이 있다. 대표적인 예는 7.9절에서 다루기로 하자.

7.4 흐름 함수의 물리적 해석

x/y 좌표계에서 2차원의 정상상태 유동에 대하여, 흐름 함수에 대한 식 (7.17)의 정의에 대안적이거나 또는 동등한 정의를(ψ가 일정한 선들) *유선군*이 표시된 그림 7.5(a)를 참고하여 얻을 수 있다. 흐름 함수의 값이 ψ_1와 ψ_2인 유선들 *사이에서* 그림 평면에 수직인 단위 깊이당의 유속(flow rate) Q를 고려해 보자.

식 (7.17)과 동등한 관점에서 유속 Q를 흐름 함수의 두 값 사이의 차이, 즉 $Q = \psi_2 - \psi_1$로 정의하도록 한다. 부호 규칙은 ψ_1에서 ψ_2로의 경로 PS를 가로질러 왼쪽에서 오른쪽으로 유동하는 경우, Q는 양이다. 즉, 유동이 물리적으로 표시된 방향이라면 $\psi_2 > \psi_1$이다. 만일 반대 방향이면, $\psi_2 < \psi_1$이다.

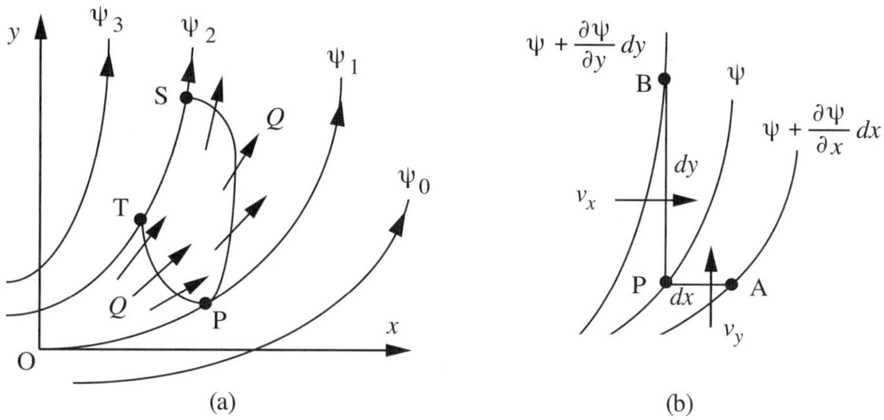

그림 7.5 (a) 값이 ψ_1와 ψ_2인 유선을 연결하는 PS와 PT를 가로지르는 유속 Q, (b) 이웃하는 유선 사이의 dy와 선분을 가로지르는 속도 성분 v_x와 v_y.

ψ의 값이 유선을 따라 일정하기 때문에, 유속(flow rate) Q는 여전히 동일하게 PT와 같은 다른 경로를 관통한다. 따라서 유동은 항상 임의의 점을 *통과하는* 유선의 방향을 갖는다. Q와 ψ의 대표적인 단위는 m^2/s이다.

이와 같은 관점이 식 (7.17)과 완전히 일치한다는 사실을 입증하기 위하여 미분량만큼 분리된 세 유선들 상의 세 점 P, A, B을 보여주는 그림 7.5(b)를 고려해 보자. 위에서 정의된 유동의 방향에 주목하면 PB와 PA를 가로지르는 단위 깊이당의 유속 dQ_x와 dQ_y는 다음과 같이 된다.

$$dQ_x = v_x\, dy = \frac{\partial \psi}{\partial y}\, dy, \qquad dQ_y = -v_y\, dx = \frac{\partial \psi}{\partial x}\, dx. \tag{7.24}$$

따라서 식 (7.24)로부터 속도 성분들은 앞에서 주어진 것과 동일하게 된다.

$$v_x = \frac{\partial \psi}{\partial y}, \qquad v_y = -\frac{\partial \psi}{\partial x}. \tag{7.17}$$

유동의 방향이 퍼텐셜 선에 수직임은 이미 보였으므로, 유선들과 등퍼텐셜 선들은 모든 곳에서 서로 *직교*해야 한다. 대표적인 상황을 그림 7.6에 나타내었다.

만일 흐름 함수값 $\psi_1 \ldots \psi_4$들이 상승 또는 감소하는 순서로 되어 있다면, 유동의 *방향*과 등퍼텐셜 선 값 $\phi_1 \ldots \phi_4$들을 고려해야 한다.

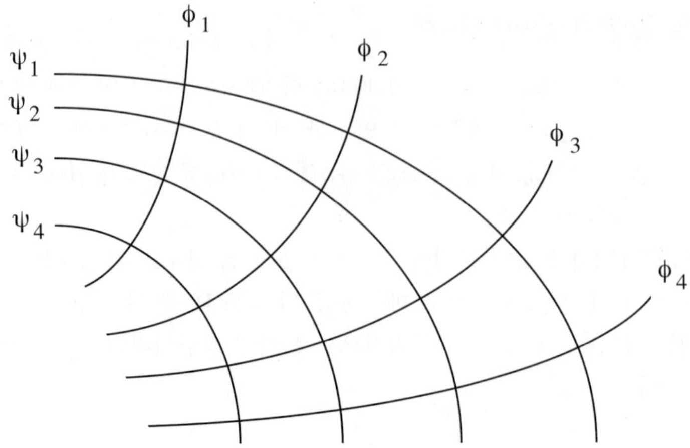

그림 7.6 유선(ψ)와 등퍼텐셜 선(ϕ)의 직교성.

7.5 평판 비회전성 유동의 예

여기서는 2차원 비회전성 유동의 몇 가지 예를 살펴본다. 문제의 유형에 따라서 직교 좌표계 (x/y)나 원통형 좌표계 (r/θ)로 문제를 푸는 것에 익숙해져야 한다.

균일 흐름

가장 간단한 유동 중의 하나가 그림 7.7에 보인 것처럼 x 방향으로의 균일 흐름(uniform stream)에 해당하는 두 속도 성분이 $v_x = U$(지정된 값)와 $v_y = 0$인 경우이다. 여러분들은 속도 퍼텐셜 흐름 함수가 다음과 같이 주어짐을 확인해 볼 수 있다.

$$\phi = Ux, \tag{7.25}$$

$$\psi = Uy. \tag{7.26}$$

만약 ϕ나 ψ에 대한 함수가 알려지면, *다른 하나*는 쉽게 유도될 수 있음에 주목하라. 예를 들어, ϕ가 식 (7.25)로 주어져 있다고 가정하자. 식 (7.14)의 정의를 이용하여 x, y 방향의 속도성분들을 구할 수 있고, 그에 해당하는 식 (7.17) 흐름 함수의 도함수들과 같게 둘 수 있다.

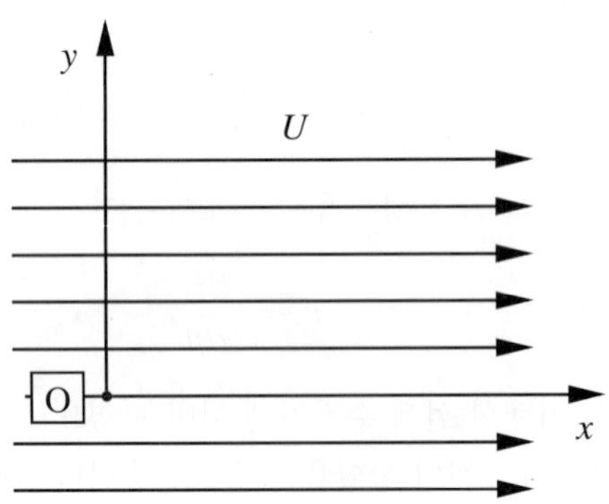

그림 7.7 x 방향으로의 균일 흐름.

$$v_x = \frac{\partial \phi}{\partial x} = U = \frac{\partial \psi}{\partial y}, \qquad v_y = \frac{\partial \phi}{\partial y} = 0 = -\frac{\partial \psi}{\partial x}. \tag{7.27}$$

식 (7.27)의 두 관계를 적분하면 흐름 함수에 대한 다음과 같은 두 표현을 얻을 수 있다.

$$\psi = Uy + f(x), \qquad \psi = g(y), \tag{7.28}$$

여기서 $f(x)$와 $g(y)$는 임의의 적분 함수이다. (여기서 우리는 *상미분* 방정식이 아니라 *편미분* 방정식을 적분하였음을 기억하라. 따라서 적분 *상수*가 아닌 적분 *함수*를 얻는다.) 하지만, 식 (7.28)의 ψ에 대한 두 표현이 서로 일치할 수 있는 유일한 경우는 $f(x) = c$이고, $g(y) = Uy + c$인 경우뿐이다. 여기서 c는 상수이며, 편의상(그러나 필수는 아니지만) 0으로 놓을 수 있다. 따라서 결과적으로 $\psi = Uy$는 식 (7.26)에서 언급된 함수와 일치한다고 할 수 있다.

원통을 지나는 유동

그림 7.8은 반지름 a인 원통을 지나는 비점성 유체의 유동을 설명하여 준다. 원통에서 멀리 떨어진 곳에서 x 방향으로의 속도는 U이고, y 방향으로의 속도는 0이다. 이와 같은 특정한 경우에서 x와 y에 추가하여 극좌표 r과 θ를 도입하면 편리하다.

$$x = r\cos\theta, \qquad y = r\sin\theta. \tag{7.29}$$

$$\phi = U\left(r + \frac{a^2}{r}\right)\cos\theta, \tag{7.30}$$

$$\psi = U\left(r - \frac{a^2}{r}\right)\sin\theta. \tag{7.31}$$

이 함수들은 다음과 같은 세 조건을 만족하면 그 타당성이 입증된다.

1. *Laplace 방정식.* 이 식과 식 (7.22)와의 호환성의 증명은 연습 문제로 남겨둔다.

$$\frac{1}{r}\frac{\partial}{\partial r}\left(r\frac{\partial \phi}{\partial r}\right) + \frac{1}{r^2}\frac{\partial^2 \phi}{\partial \theta^2} = 0, \qquad \frac{1}{r}\frac{\partial}{\partial r}\left(r\frac{\partial \psi}{\partial r}\right) + \frac{1}{r^2}\frac{\partial^2 \psi}{\partial \theta^2} = 0. \tag{7.32}$$

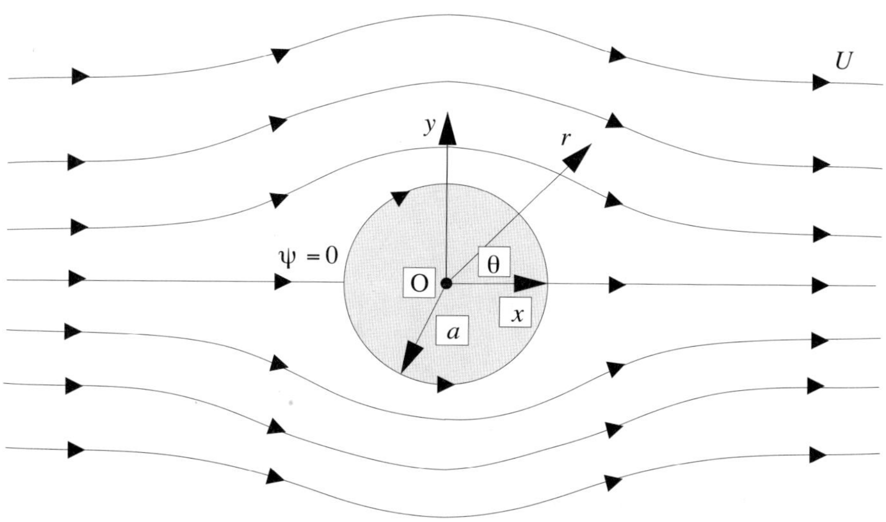

그림 7.8 원통 주위를 지나는 유동에 대한 유선들.

2. *원통형으로부터 멀리 떨어진 지점의 균일한 x 방향 속도.* 방사 방향 좌표가 커짐에 따라($r \rightarrow \infty$) 퍼텐셜 함수와 흐름 함수는 다음과 같이 된다.

$$\phi = Ur\cos\theta = Ux, \tag{7.33}$$

$$\psi = Ur\sin\theta = Uy, \tag{7.34}$$

위 식들은 원통에서 멀리 떨어진 곳에서 $v_x = U$와 $v_y = 0$과 일치한다는 것을 쉽게 보일 수 있다.

3. *원통 표면에서 방사 방향 속도는 0.* 여기서의 이상화(idealization)에서 점도가 없다고 하였기 때문에 원통의 표면에서 경계층이 형성되지 않고 표면 자체가 유선, 좀 더 정확하게 말하면 원통의 양면 주위의 유동이 형성되기 때문에 *분할된* 유선이다. 따라서 $r = a$에서 방사 방향 속도 성분이 없다고 할 수 있다. 속도 퍼텐셜과 흐름 함수에 대하여 다음과 같은 관계를 얻는다.

$$\left(\frac{\partial\phi}{\partial r}\right)_{r=a} = \left[U\left(1-\frac{a^2}{r^2}\right)\cos\theta\right]_{r=a} = 0, \tag{7.35}$$

$$\psi = 0 \text{ (surface of cylinder is a streamline)}. \tag{7.36}$$

예제 7.2 정체 유동

x/y 좌표계에서 흐름 함수가 다음과 같이 주어지는 퍼텐셜 유동을 고려하자.

$$\psi = cxy. \tag{E7.2.1}$$

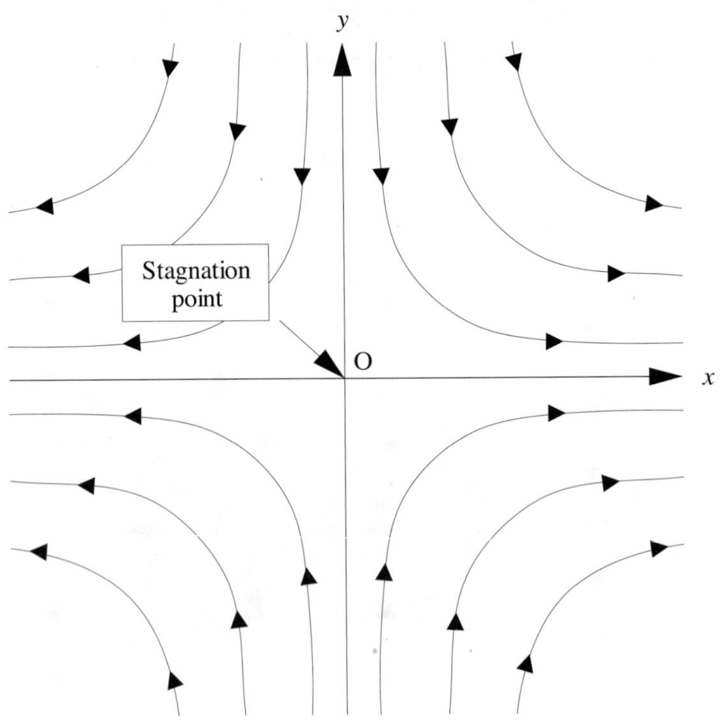

그림 E7.2.1 퍼텐셜 정체 유동.

풀이

식 (7.17)로부터 두 속도 성분들은 다음과 같다.

$$v_x = \frac{\partial \psi}{\partial y} = cx, \qquad v_y = -\frac{\partial \psi}{\partial x} = -cy, \tag{E7.2.2}$$

이는 다음의 관찰 결과를 가져다준다(c는 양의 값으로 가정).

1. x축($y=0$)을 따라 $v_y = 0$이고, 유동은 x축에 평행하다. x 값이 양인 경우에 유동은 오른쪽을 향하고, x 값이 음인 경우에는 왼쪽을 향한다.
2. y축($x=0$)을 따라 $v_x = 0$이고, 유동은 y축에 평행하다. y 값이 양인 경우에 유동은 아래쪽을 향하고, y 값이 음인 경우에는 위쪽을 향한다.
3. 흐름 함수에 대한 방정식 $\psi = cxy$는 쌍곡선들의 군에 관한 방정식이다.
4. 원점 O에 정체점이 존재한다.

위의 사항을 염두에 두면 그림 E7.2.1에서 보인 유동 형태를 추론하는 것이 가능하다. 이는 두 유선들이(한 흐름은 $+y$ 방향으로부터 오고, 다른 흐름은 $-y$ 방향으로부터 오는) 만날 때 발생할 수 있다. 흐름들은 편향되어 $+x$ 방향과 $-x$ 방향으로 나간다.

그러나 또 다른 가능성이 있을 수 있다. 음의 y에 해당되는 하부의 반쪽 영역을 단순하게 무시할 수 있다. 이 경우 유동은 지표면과 같이 수평한 평판을 향하여 아래 방향으로 향한 바람이 된다. 오른쪽 사분면을 고려하면, 이 영역에서 위와 같은 유동이 발생한다.

해당 속도 퍼텐셜의 유도는 연습 문제에서 끌어보도록 하자.

선원

그림 7.9(a)는 대칭축을 따라서 무한히 뻗어가는 "선원(line source)"을 보여준다. 이 선원으로부터 방사 방향으로 균일하게 유동이 발생한다. 원(source)의 세기 m은 원의 단위 길이로부터 방출되는

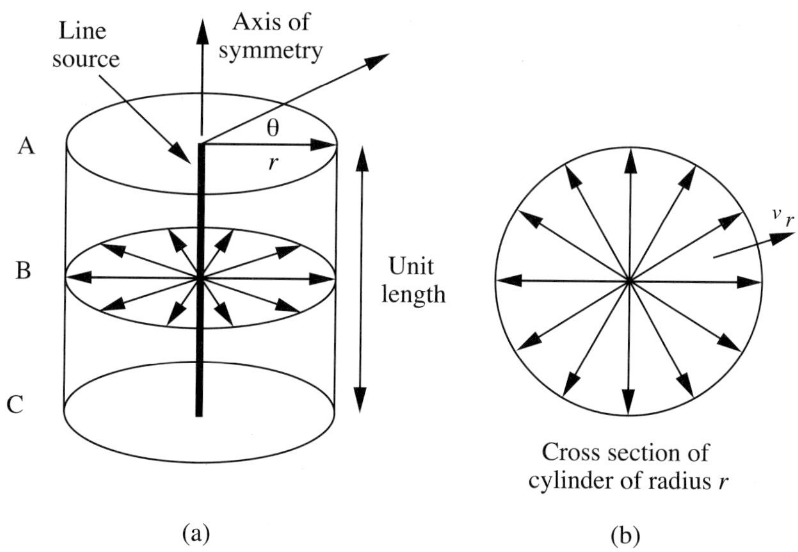

그림 7.9 (a) 총괄적인 관점, (b) 속도가 v_r이 되는 반지름 r에서 관찰한 단면.

부피 유속이 $2\pi m$이 되도록 정의되었다. (인자 2π는 이어지는 방정식을 간략화하기 때문에 편의상 포함되었다.)

B와 같은 임의의 위치에서 반지름 r의 원형부를 축 방향을 따라 관찰한 도면을 그림 7.9(b)에 나타내었다. 만약 외부로 향하는 방사 방향 속도가 v_r이면, 단위 깊이 다의 총 부피 유속은 속도 v_r과 유동이 통과하는 가상적인 원통 셀의 표면적 $2\pi r$의 곱이 된다.

$$2\pi m = 2\pi r v_r, \tag{7.37}$$

따라서

$$v_r = \frac{m}{r} = \frac{\partial \phi}{\partial r} = \frac{1}{r}\frac{\partial \psi}{\partial \theta}, \qquad v_\theta = \frac{1}{r}\frac{\partial \phi}{\partial \theta} = -\frac{\partial \psi}{\partial r} = 0. \tag{7.38}$$

소용돌이가 없기 때문에 $v_\theta = 0$임에 주의하자. 따라서 선원에 해당하는 퍼텐셜 함수와 흐름 함수는 상수는 아니고 다음과 같이 된다.

$$\phi = m \ln r, \qquad \psi = m\theta. \tag{7.39}$$

선원은 예제 7.3에서 보게 될 2차원 유동 형태를 구성할 "주춧돌"이 된다. 음의 세기를 가지는 선원은 *선 소멸*(line sink)이고 기름이나 물과 같은 액체가 주위 토양이나 다공성 암석으로부터 유동하는 연직 우물(vertical well)과 비슷하다.

예제 7.3 균일 흐름과 선 소멸의 조합(C)

그림 E7.3.1에 나타낸 것과 같이 비점성 유체가 속도 U로 벽에 평행하게 유동한다. 좁은 슬롯 S는 그림에 수직인 방향으로 길며 단위 길이당의 부피 유속 Q로 유체가 배출된다. ($x = X$에서 위치한 입자는 이 예제에서는 필요하지는 않으나 연습 문제 7.13에서는 중요하다.)

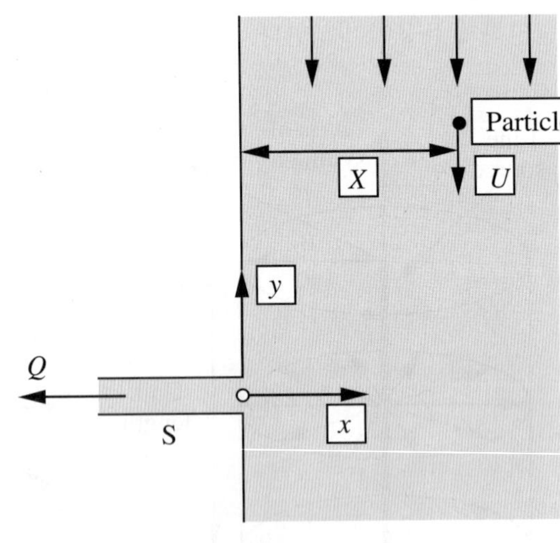

그림 E7.3.1 슬롯을 통한 흐름(stream)의 부분 분할.

흐름 함수를 유도하고 대표적인 유선들을 그려라. y 값이 큰 경우에 분할하는 유선에 대한 x 값은 얼마인가? 이와 같은 형태의 유동의 실제적인 응용에 관하여 논의하라.

풀이

총괄 흐름 함수(overall stream function)는 다음과 같이 두 유동들에 대한 흐름 함수들의 합이다.

1. 음의 y축 방향으로 균일 흐름(uniform stream). 식 (7.26)과의 유사성을 이용하면 $\psi = Ux$, 이 식으로부터 다음과 같은 관계를 얻을 수 있다.

$$\psi = Ux, \quad \text{since this gives}: \ v_x = \frac{\partial \psi}{\partial y} = 0, \ \ v_y = -\frac{\partial \psi}{\partial x} = -U. \tag{E7.3.1}$$

2. 슬롯의 폭이 좁기 때문에 그림 평면에 수직 방향으로의 축을 가지는 선 소멸점이다. 단위 깊이당 유속(flow rate) Q가 전체 평면의 *반*으로부터 배출되므로, 그림 7.9(b)의 전체 평면에 대해서 $2Q$가 된다. 따라서 식 (7.39)와 관련하여 사용하기 위한 해당된 *원*의 세기는 $m = -Q/\pi$이고, 슬롯에 대한 흐름 함수를 다음과 같이 구할 수 있다.

$$\psi = -\frac{Q}{\pi}\theta = -\frac{Q}{\pi}\tan^{-1}\frac{y}{x}. \tag{E7.3.2}$$

균일 흐름과 선 소멸의 조합에 대한 흐름 함수는 다음과 같다.

$$\psi = Ux - \frac{Q}{\pi}\tan^{-1}\frac{y}{x}. \tag{E7.3.3}$$

대표적인 유선들을 그림 E7.3.2에 나타내었다. 슬롯을 통하여 전환되어 들어오는 흐름의 폭(width)은 Q/U이다(이 값에 속도 U를 곱하면, 원하는 슬롯 유속 Q를 얻을 수 있음).

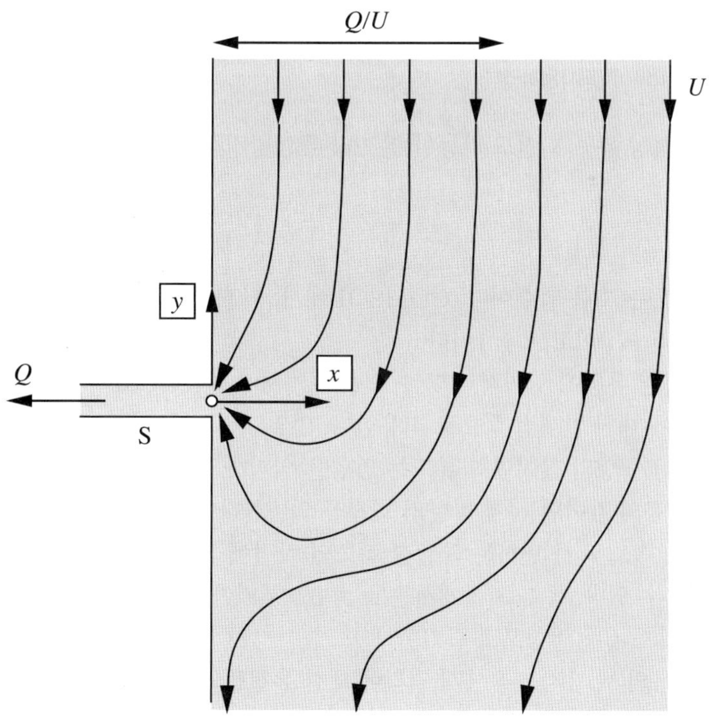

그림 E7.3.2 슬롯을 통한 유선들의 분할.

이 유동은 넓은 강의 작은 배출 수로로의 분할, 또는 기체의 시료 채취부로의 분할과 관련된 경우이므로 중요하다. 그리고 만약 Q의 방향이 역전되며, 유동은 강으로의 작은 지류가 될 것이다.

예제 7.4 호수 내에서의 유동 형태(COMSOL)

그림 E7.4.1에는 호수의 형태가 두 개의 타원과 두 개의 직사각형이 합병되어 형성된 호수를 나타내고 있다. 이들 직사각형은 AB에서 "서쪽"으로, CD에서 "남쪽"으로 돌출되어 호수의 유입구 및 유출구로 사용될 수 있다.

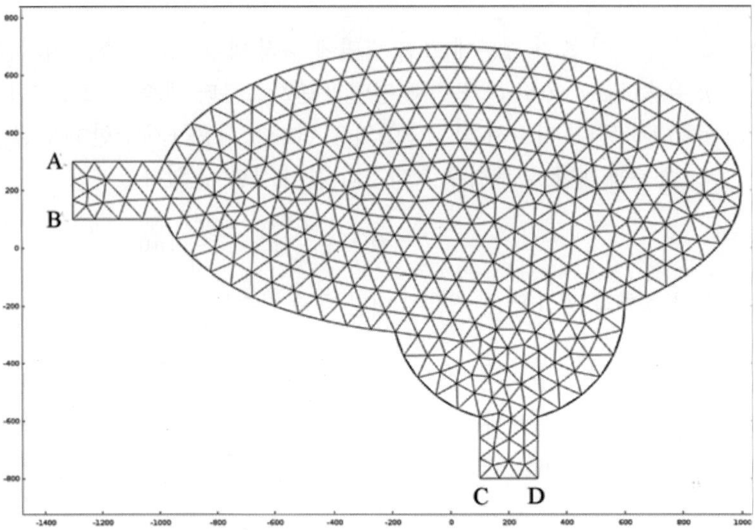

그림 E7.4.1 두 개의 타원과 두 개의 직사각형이 합체되어 만들어진 호수, 유한-요소 메쉬(mesh)는 "세분화 설정(finer setting)"을 사용하였다.

비점성 유동(회전도 가능한)은 Poisson 방정식에 의해 결정됨을 주의해야 한다.

$$-\nabla^2\psi = -\left(\frac{\partial^2\psi}{\partial x^2} + \frac{\partial^2\psi}{\partial y^2}\right) = f, \tag{E7.4.1}$$

여기서 ψ는 흐름 함수이다. COMSOL에서, 식 (E7.4.1)은 $\nabla\cdot(-c\nabla u) = f$이며, 이 예제의 경우에서는 $u = \psi$이고, $c = 1$이다.

2차원 유동에 있어서 $-\nabla^2\psi = \zeta$, 여기서 $\zeta = (\partial v_y/\partial x - \partial v_x/\partial y)$는 *와류도*이며, 따라서 f는 와류도에 대한 발생점 항으로 작용한다. 만일 $f = 0$이면 와류도는 0이며, 회전은 존재하지 않는다. 그러나 f가 *양*의 값이면 와류도는 *양*임을 의미하고, 이는 *시계 반대 방향*의 회전을 의미한다. 그리고 f가 음의 값이면 *시계 방향*의 회전을 의미한다. 이러한 회전은 그림 E7.4.2에 보인 바와 같이 x에 따라 속도 v_y가 변하는 *균일한* 속도의 바람에 의해서 호수의 표면에 가해지는 전단응력에 의해 유발될 수 있다. 동부 지역에서는($x > 0$), 세기가 *동쪽* 방향으로 증가하고, 서부 지역에서는($x < 0$), 세기가 *서쪽* 방향으로 증가한다.

다음의 세 가지 경우에서 각각에 대한 유선들의 형태에 관한 해를 SI 단위를 사용하여 구하라.

1. 흐름 함수는 B 지점에서 C 지점 사이의 강기슭을 따라 $\psi = 0$이 되고, 지점과 지점 사이에서 강기슭으로부터 떨어진 부분은 $\psi = 100$이 된다. B에서 C 지점까지, C에서 D 지점까지는 ψ는 선형적으로 0에서 100까지 변화한다. 모든 곳에서 $f = 0$이다.
2. 강물이 분지되면, 호수는 고립되어 호수의 경계가 단일 유선 $\psi = 0$이 된다. 그러나 이제 와류도 발생점 항은 $f = 2.5 \times 10^{-6}x\ \mathrm{s}^{-1}$이다. 따라서 $x > 0$에 대해 시계 반대 반향 회전이 발생하

게 되고, $x < 0$일 때는 시계 방향의 회전하게 된다.

3. 최종적으로, 강의 유동과 불균일한 속도의 바람을 *모두* 고려해 보자. 경계조건들은 사례 1과 같다. 그러나 f에 대한 식은 사례 2와 같다.

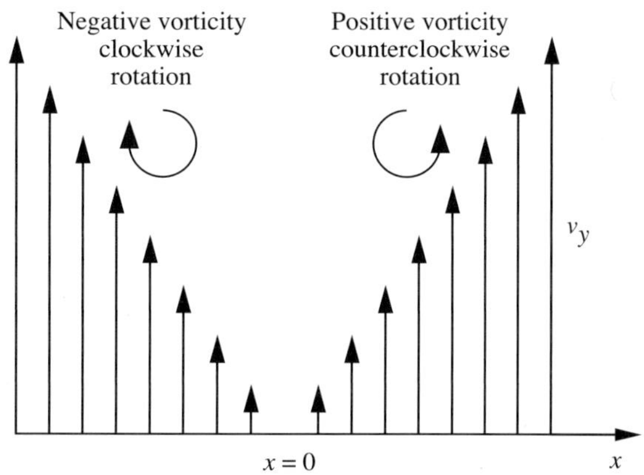

그림 E7.4.2 호수의 수면에 전단을 가하여 표시된 것처럼 와류도를 유발시키는 불균일한 속도의 바람에 해당하는 속도 v_y.

풀이

모든 마우스 클릭들은 특별히 우클릭(R)으로 표시되어 있지 않으면, 좌클릭(L-click, *선택*(Select)과 동일)이다.

Physics의 선택

1. COMSOL을 연다. Model Wizard, 2D, Mathematics(회전하는 작은 삼각형으로 "글리프(glyph)"라고 함), Classical PDEs, Poisson's Equation, Add(추가)를 선택한다. Unit(단위) 영역에서 스크롤 다운하여 Dependent variable(종속변수)을 Velocity potential(속도 퍼텐셜) (m^2/s) 그리고 Source(생성) term(항)을 Fluid conductance (1/s)로 설정한다.

2. Study, Stationary, Done을 클릭한다.

기하구조(Geometry)의 설정

3. Geometry를 우클릭하고, Rectangle을 선택한다. Width(폭)과 Height(높이)의 값을 400과 200 (모든 길이는 미터 단위, m)으로 입력한다. 기본값은 (0, 0)인 아래 왼쪽을 기준으로 한다. 모서리 위치의 값들을 −1300과 100으로 업데이트하고, Build를 선택한다.

4. 단계 3을 반복하여 Width와 Height를 200과 300 그리고 모서리 위치를 (100, −800)으로 하고, Build를 선택한다. Graphics 창(window) 상부에서 Zoom Extents를 선택하여, 양쪽 기하구조를 디스플레이한다.

5. Geometry를 우클릭하여 Ellipse를 선택한다. a 반-축(semi-axis)과 b 반-축(semi-axis)에 대한 값을 1000과 500으로 입력한다. Position option(위치 옵션) Base가 Center임을 확인하고, x와 y의 위치에 대한 값을 0과 200으로 입력한다.

6. Geometry를 우클릭하여 Circle을 선택한다. 반지름의 값으로 400을 입력한다. Position option(위치 옵션) Base가 Center임을 확인하고, x와 y의 위치에 대한 값을 200과 −200으로 입력한다.

7. 설정 창(Settings window)에서 Build All Objects를 클릭하고, 그래픽 창(Graphics window)의 상부에서 Zoom Extents를 클릭한다.
8. 설정 패널(Setting panel)에서 Keep interior boundaries option(내부 경계 유지 옵션)이 선택되지 않았는지 확인한다. Build가 선택되었다.

표 E7.4.1 ▸ 3가지 사례에 대한 하위 도메인과 경계 설정

Case	Subdomain Coefficients	Dirichlet Boundary Settings, in which u is called r in COMSOL
1	$c = 1$ (default value), $f = 0$	Near shore (B to C): $r = 0$ Far shore (D to A): $r = 100$ AB: $r = 0.5(y - 100)$ CD: $r = 0.5(x - 100)$
2	$c = 1$, $f = 2.5 \times 10^{-}6x$	All boundary segments: $r = 0$
3	$c = 1$, $f = 2.5 \times 10^{-}6x$	Same as for Case 1

경계조건과 생성항의 정의(사례 1)

9. Poisson's Equation의 왼쪽에서 글리프(glyph)를 클릭하고, Source를 선택하여, Poisson's Equation 1으로 되돌아가서 설정(Setting) 창에서 f를 0으로 설정한다.
10. Poisson's Equation을 우클릭하여, Dirichlet Boundary Condition을 선택한다. 새로이 생성된 Dirichlet Boundary Condition 1을 우클릭한다. Rename을 선택하고, North Shore, OK를 입력한다. 설정(Settings) 창에서 r에 대하여 100의 값과 u는 사전의 값을 입력하라. 그래픽 패널(Graphics panel)에서 여섯 개의 세그먼트를 각각 연속적으로 클릭하면 각 세그먼트의 색깔이 빨간색에서 파란색으로 바뀌면서 AD를 정의하는 경계들이 추가된다.
11. BC의 네 세그먼트와 사전의 u가 0인 경우인, South Shore 과정을 반복한다.
12. Poisson Equation을 우클릭하고 Inlet이라는 명칭으로 Dirichlet Boundary Condition을 생성한다. 0.5[m/s]*(y − 100)의 u에 대해 사전의 값을 입력한다((y − 100)의 단위는 m인 것으로 암시되므로, 전체적으로 m^2/s가 됨). Graphic 창에서 세그먼트(segment) AB를 클릭한다. *주의*: 만일 단위가 일치하지 않으면 경계 조건이 연한 갈색으로 표시된다. 구문에 오류가 있으면 경계 조건이 빨간색으로 표시된다.
13. Outlet segment CD를 0.5[m/s]*(x − 100)의 사전의 값을 사용하여 반복한다.

메쉬(Mesh) 생성 및 문제의 해결

14. Element size에서 Mesh 1과 Finer를 선택한다. Build All를 선택한다.
15. Study node를 우클릭하여 Compute를 선택한다. 오른쪽에 컬러 막대 또는 "범례"가 있는 표면 플롯은 흐름 함수의 값을 제공한다. 임의의 점을 클릭하면 해당 점의 좌표와 흐름 함수의 보간된 값이 그래픽 창(Graphics window) 바로 아래 창에 나타난다.

결과의 디스플레이(사례 1)

16. Results를 우클릭하고, 2D Plot Group를 선택한다. 새로운 2D Plot Group 2를 우클릭하고 Contour를 선택한다. Plot을 실행한다. 설정 패널(Settings panel)에서(흑백 프린터에서 쉽

게 재현될 수 있도록), Coloring을 Uniform, Color을 Black으로 설정하고, Color 범례(legend) 선택을 해제한다. Plot을 실행하면, 그림 E7.4.3이 나타난다.

17. 재생산을 쉽게 하기 위해 이미지를 x축과 y축에 더 가깝게 “드래그(drag)”하려면 우클릭과 hold를 사용한다.

18. 파일 풀다운(File pull-down) 메뉴에서 Ex-7.4-Case 1.mph 또는 이와 비슷한 이름으로 저장(Save)한다.

19. Poisson's Equation physics tree에서 Poisson's Equation 1 node을 클릭하여, 생성 항의 값 f를 총괄적으로 s^{-1}의 단위를 갖는 2.5e−6[1/(s*m)]*x로 변경한다.

20. Study node를 우클릭하고, Compute를 선택한다.

21. Results를 우클릭하고, 2D Plot Group를 선택한다. 새로운 2D Plot Group 3를 우클릭하고, Contour을 선택한다. Plot을 실행한다. 흑백 프린터에서 단계 16을 수행한다.

22. File pull-down 메뉴에서 Ex-7.4-Case-3.mph 또는 이와 비슷한 이름으로 저장(Save)한다.

사례 2에 대한 반복

23. North Shore, South Shore, Inlet, Outlet boundary conditions를 클릭하고, 설정 창(Settings window)에서 사전의 값을 0으로 설정한다.

24. Study node를 우클릭하고, Compute를 선택한다.

25. Results를 우클릭하고, 2D Plot Group를 선택한다. 새로운 2D Plot Group 4를 우클릭하고, Contour을 선택한다. Plot을 행한다. 흑백 프린터에서 단계 16을 수행한다.

26. File pull-down 메뉴에서 Ex-7.4-Case-2.mph 또는 이와 비슷한 이름으로 저장(Save)한다.

결과에 대한 논의

사례 1. 이에 관한 유선들을 그림 E7.4.3에 나타내었다. COMSOL 결과는 유동의 방향을 나타내지는 않지만, 이를 다음과 같이 쉽게 확인할 수 있다. $v_x = \partial\psi/\partial y$가 양인 부분과 $v_y = -\partial\psi/\partial x$이 음인 호수의 대부분을 관찰한다. 명백하게 유동은 AB에서 유입되고 CD에서 유출되며, 이러한 효과에 대해 화살표가 첨부되어 있다.

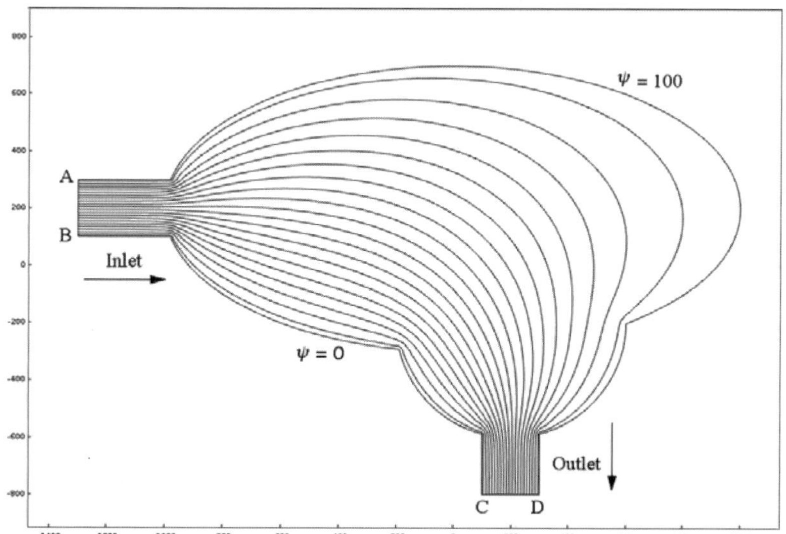

그림 E7.4.3 사례 1. 강은 AB에서 유입되고, CD에서 유출된다. 바람은 불지 않는다.

가까운 기슭 BC에 대해 ψ를 100으로 놓거나, 먼 기슭 DA에 대해 ψ를 0으로 놓음으로써 유동의 방향을 쉽게 역류될 수 있다. 흐름 함수가 B에서 0으로부터 A에서 100으로 변하는 Dirichlet 경계조건이 입구에 대해 이용되었음에 유의해야 한다.

사례 2. 이에 관한 유선들은 그림 E7.4.4에 나타내었다. 호수는 이제 완전히 폐쇄되었기 때문에 강물의 유동이 없다. 따라서 전체적인 해안선은 단일 유선 $\psi = 0$이다. 그러나 여기서 불균일한 바람이 불고 있는 그림 E7.4.2에 해당하는 존재에 의해 결과적으로 호수의 두 절반에 해당하는 부분에서 역회전 원형 형태가 발생한다. 화살표는 움직임의 방향을 나타내기 위해 추가되었다. 종속변수 u ($=\psi$)는 아무 위치에나 클릭함으로써 구할 수 있다(이는 "Snap"에서 더블클릭하고, "snap to grid" 기능을 불가능하게 한 후 가능). 이러한 사항들을 상기하면서 COMSOL 결과들은 흐름 함수가 왼쪽 절반의 "눈"에서 근사적으로 $\psi = -68.9\ \mathrm{m^2/s}$이고, 우편 절반의 "눈"에서 $\psi = 73.7\ \mathrm{m^2/s}$임을 보여준다.

사례 3. 이에 관한 유선들을 그림 E7.4.5에 나타내었다. 강은 다시 연결되었고, 불균일 바람이 여전히 불고 있다. 결과들은 기본적으로 사례 1과 2를 조합한 것이다. 강은 여전히 AB에서 유입되고 CD를 유출되지만, 두 원형 형태 사이를 천천히 진행함에 따라 약간은 더 구불구불한 경로를 따라야만 한다. 흐름 함수는 근사적으로 왼쪽 눈에서 $\psi = -27.5\ \mathrm{m^2/s}$이고 오른쪽 눈에서는 $\psi = 165.9\ \mathrm{m^2/s}$이다.

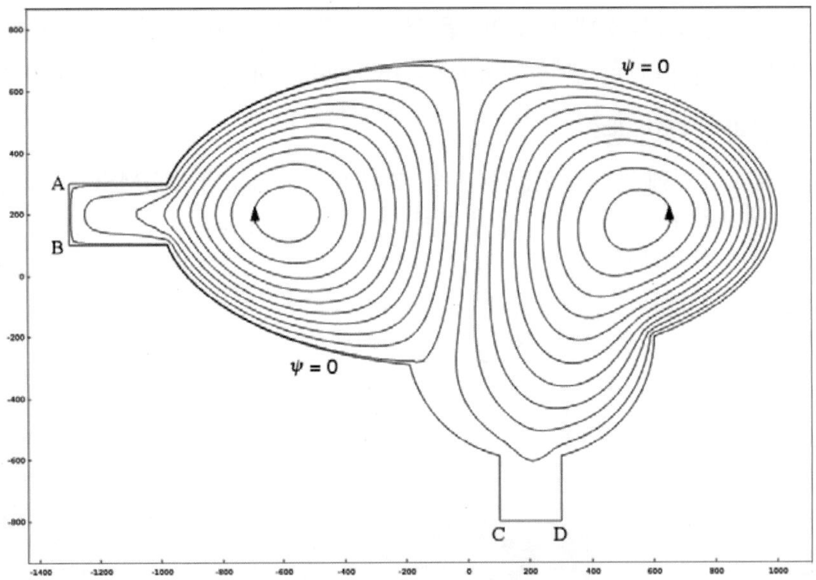

그림 E7.4.4 ▶ 사례 2. 호수는 폐쇄되어 있다. 따라서 전체 해안선은 유선이 $\psi = 0$이다. 바람이 불균일하게 불고, 결과적으로 이에 응하는 역방향으로, 여기서 왼쪽에서 와류도가 음이고, 오른쪽의 와류도가 양이다. 와류도의 중심은 폐쇄지역이며, 다시 원상태로 복귀되지 않는다.

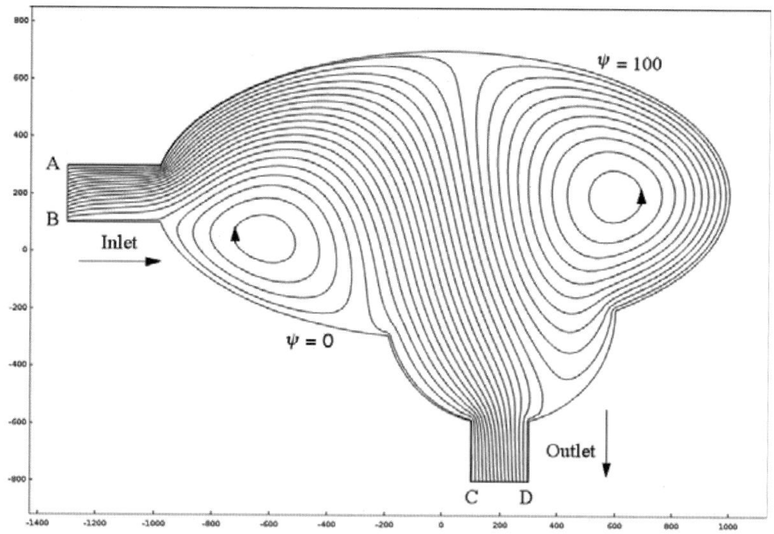

그림 E7.4.5 사례 3. 강은 AB에서 유입되고, CD를 유출된다. 불균일한 바람이 불지만, 강물 유동 때문에 와류도는 좀 더 작은 영역으로 축소되어 있다.

7.6 축대칭 비회전성 유동 비회전성 유동[3]

퍼텐셜 유동의 또 다른 중요한 부류는 축 주위로 *회전성 대칭*이 존재하는 경우에 발생한다. 균일한 흐름(uniform stream)이 구 또는 구형 기포 주위를 흐를 때의 유동을 예로 들 수 있다. 이와 같은 유동들에 대하여 *구형* 좌표계 r, θ를 사용하는 것이 편리하다. 대칭 조건은 방위각(ϕ) 방향으로의 도함수들을 모두 0으로 만든다. 그림 7.10(b)에 나타낸 좌표축에서는 축 방향 z로부터 측정된다. 따라서 r, θ, z 좌표계에서 해석을 진행하고 있음을 발견할 수 있을 것이다. 하지만 이 좌표계는 일상적인 원통형 좌표계와 *다르다*는 것을 알아야 한다.

이와 같은 축 대칭 경우에 있어서 그림 7.10(a)를 참고하여 새로운 흐름 함수를 정의한다. 즉 만일 대칭축 주위로를 회전시켜서 얻어지는 원을 통하여 *오른쪽에서 왼쪽으로* 흐르는 유속이 $2\pi\psi$이면 P와 같은 점에서의 흐름 함수는 ψ이다. 인자 2π는 비슷한 양에 의하여 곧 상쇄되기 때문에 포함시켰다.

그림 7.10(b)에 보이는 두 속도 성분과 v_r, v_θ는 그림 7.10(c)를 참고하여 추론할 수 있다. 예를 들면 PS를 z축 주위로 회전시켜 얻어지는 표면을 오른쪽에서 왼쪽으로 가로지르는 유속(flow rate)은 점 S와 점 P에서의 흐름 함수들의 차에 2π를 곱한 값과 같다.

$$-v_r \underbrace{(2\pi r \sin\theta \, r d\theta)}_{\text{Area of PS, rotated}} = 2\pi \underbrace{\left(\psi + \frac{\partial \psi}{\partial \theta} d\theta - \psi\right)}_{\psi_S - \psi_P}, \tag{7.40}$$

따라서

[3] 7.6~7.8절의 주된 목적은 구 주위에서의 유동이며, 10장에서 액체나 유동층 반응기에서 큰 기포가 상승하는 것을 연구할 때 필요하다.

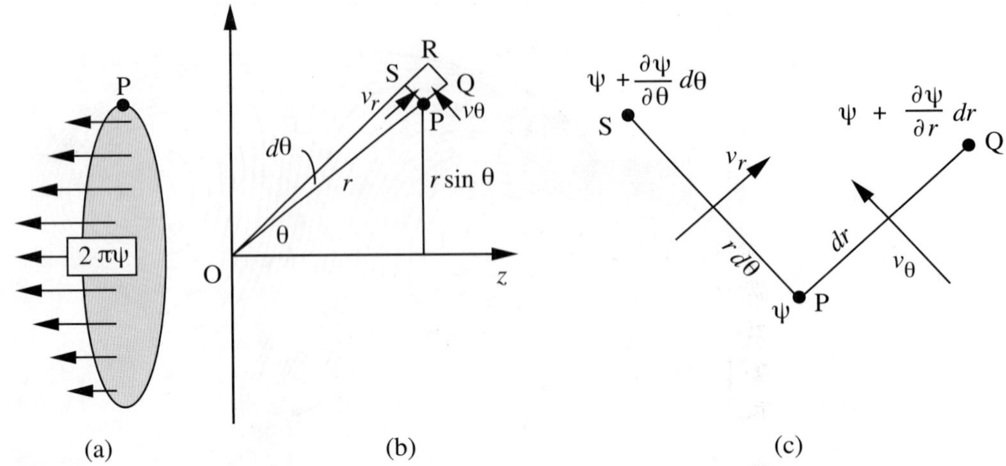

그림 7.10 z축 주위의 축 대칭인 유동에 대한 흐름 함수.

$$v_r = -\frac{1}{r^2 \sin\theta}\frac{\partial \psi}{\partial \theta}. \tag{7.41}$$

비슷하게

$$v_\theta \underbrace{(2\pi r \sin\theta\, dr)}_{\text{Area of PQ, rotated}} = 2\pi \underbrace{\left(\psi + \frac{\partial \psi}{\partial r} dr - \psi\right)}_{\psi_Q - \psi_P}, \tag{7.42}$$

는 다음과 같은

$$v_\theta = \frac{1}{r \sin\theta}\frac{\partial \psi}{\partial r}. \tag{7.43}$$

$\mathbf{v} = \nabla\phi$이므로, 속도들은 다음과 같이 퍼텐셜 ϕ의 항으로 주어진다.

$$v_r = \frac{\partial \phi}{\partial r}, \qquad v_\theta = \frac{1}{r}\frac{\partial \phi}{\partial \theta}. \tag{7.44}$$

연속방정식

정상상태 조건에서 그림 7.10(b)의 PQRS 요소에는 축적이 생기지 않기 때문에

$$\frac{\partial}{\partial r}(v_r 2\pi r \sin\theta\, r d\theta)\, dr + \frac{\partial}{\partial \theta}(v_\theta 2\pi r \sin\theta\, dr)\, d\theta = 0, \tag{7.45}$$

또는

$$\sin\theta \frac{\partial (r^2 v_r)}{\partial r} + r\frac{\partial (v_\theta \sin\theta)}{\partial \theta} = 0, \tag{7.46}$$

이 된다. 위 식은 축대칭 좌표계에서의 *연속 방정식*이며, 식 (5.50)에 $r^2 \sin\theta$를 곱한 것과 동일하다. 식 (7.41)과 식 (7.43)의 흐름 함수로 주어지는 속도 성분들이 식 (7.46)을 자동적으로 만족하는지를 검토해보기 바란다.

비회전성 조건

와류도의 ϕ 성분이 0이면, 유동은 비회전성이 될 것이다. 구형 좌표계에서 표 5.4의 요소로부터 비회전성 조건은 v_r과 v_θ를 포함하는 평면에 수직인 $\nabla \times \mathbf{v}$의 ϕ 성분을 0으로 두면 구할 수 있다.

$$\frac{1}{r}\frac{\partial(rv_\theta)}{\partial r} - \frac{1}{r}\frac{\partial v_r}{\partial \theta} = 0. \tag{7.47}$$

x/y 좌표계의 경우와 유사하게, 식 (7.44)의 퍼텐셜 함수는 이 새로운 비회전성 조건과 조화될 수 있음을 보일 수 있을 것이다.

Laplace 방정식

앞에서의 x/y 좌표계의 경우와 마찬가지로, 비회전성 조건을 만족시키는 속도 퍼텐셜로부터 유도되는 속도 성분들을 연속방정식인 식 (7.46)에 대입하여 다음의 식을 얻는다.

$$\sin\theta\,\frac{\partial}{\partial r}\left(r^2\frac{\partial\phi}{\partial r}\right) + \frac{\partial}{\partial\theta}\left(\sin\theta\,\frac{\partial\phi}{\partial\theta}\right) = 0, \tag{7.48}$$

이 식은 구형 좌표계에서 $r^2 \sin\theta$를 곱한(ϕ 방향의 도함수가 0인) Laplace 방정식이다(표 5.5 참조).

유사하게 만약 연속 방정식을 만족하는 흐름 함수를 비회전성 조건에 대입하면 다음과 같은 식을 얻을 수 있다.

$$\frac{1}{\sin\theta}\frac{\partial^2\psi}{\partial r^2} + \frac{1}{r^2}\frac{\partial}{\partial\theta}\left(\frac{1}{\sin\theta}\frac{\partial\psi}{\partial\theta}\right) = 0. \tag{7.49}$$

비록 식 (7.49)가 흐름 함수에 대한 2계 도함수로 주어져 있지만, 이 식은 더 이상 Laplace 방정식이 아니며, Laplace 방정식에 어떤 것을 곱한 식도 아니다.

7.7 균일 흐름과 점 원들

이제는 축대칭 유동의 몇 가지 예를 고찰해 보자 이 경우에는 그림 7.11에 나타낸 구형 좌표계와 직교 좌표계 모두를 이용하는 것이 편리하다.

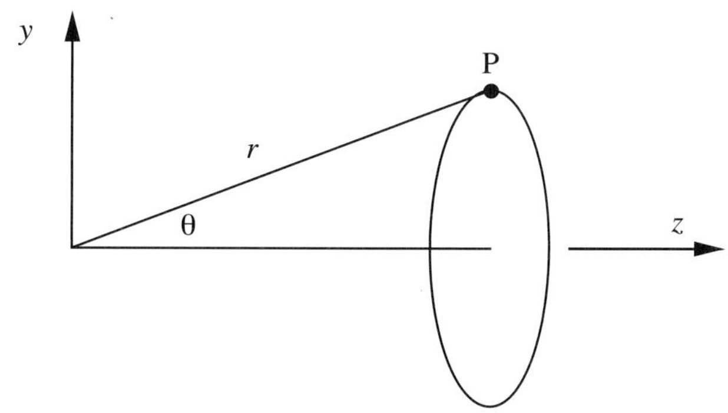

그림 7.11 축 대칭 유동을 위한 좌표계.

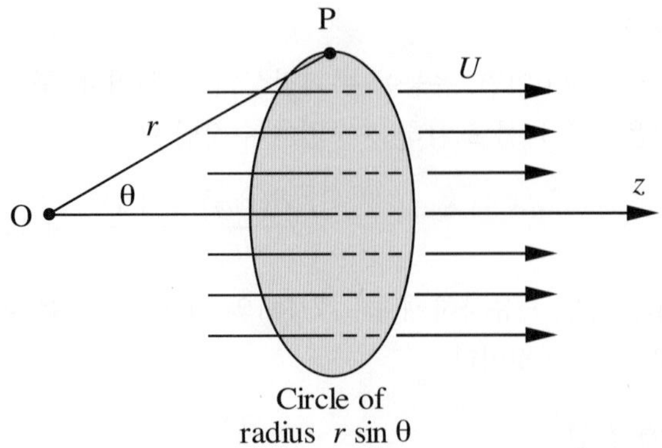

그림 7.12 z 방향으로 균일 흐름.

균일 흐름

양의 z 방향에서 속도 U로 유동하는 *균일 흐름*(uniform stream)을 그림 7.12에 나타내었다. 정의에 의하여 반지름 $r \sin \theta$의 원을 통해 점을 통과하는 음의 z 방향으로 유속(flow rate)은 P에서의 흐름 함수에 2π를 곱한 것과 같다.

$$-\pi(r\sin\theta)^2 U = 2\pi\psi, \tag{7.50}$$

따라서

$$\psi = -\frac{1}{2}Ur^2\sin^2\theta. \tag{7.51}$$

속도 퍼텐셜은 식 (7.44)에 주어진 관계식을 적분하여 얻을 수 있다.

$$v_r = \frac{\partial\phi}{\partial r} = U\cos\theta, \qquad v_\theta = \frac{1}{r}\frac{\partial\phi}{\partial\theta} = -U\sin\theta, \tag{7.52}$$

따라서 다음과 같은 결과를 얻는다.

$$\phi = Ur\cos\theta + f(\theta), \qquad \phi = Ur\cos\theta + g(r). \tag{7.53}$$

만일 $f(\theta) = g(r) = c$이면, 위의 두 식은 일치한다. 여기서 c는 편의상(필수적이지는 않지만) 0으로 취해지는 상수이다. 따라서 다음과 같은 관계를 얻는다.

$$\phi = Ur\cos\theta = Uz. \tag{7.54}$$

ϕ는 스칼라이므로 좌표계에 따라 변하지 않는다. 그러나 서로 다른 두 좌표계에서 편도함수를 사용할 때 편미분 과정에서 어떤 좌표를 일정하게 두는지에 대해 주의해야 한다. $\partial\phi/\partial z$ (y는 일정)는 z 방향 속도 성분이라는 사실에 주의한다.

점 원

그림 7.13은 모든 방사 방향으로 균일한 유동(uniform flow)을 내는 "점 원(point source)"을 보여주고 있다. 만약 총 부피유속이 $4\pi m$이면 점 원의 *세기*는 m으로 정의된다. 이 부피 유속은 임의의 반지름 r에서 방사 방향의 속도 v_r과 유동이 통과하는 가상의 구형 셀의 표면적 $4\pi r^2$의 곱과 같다.

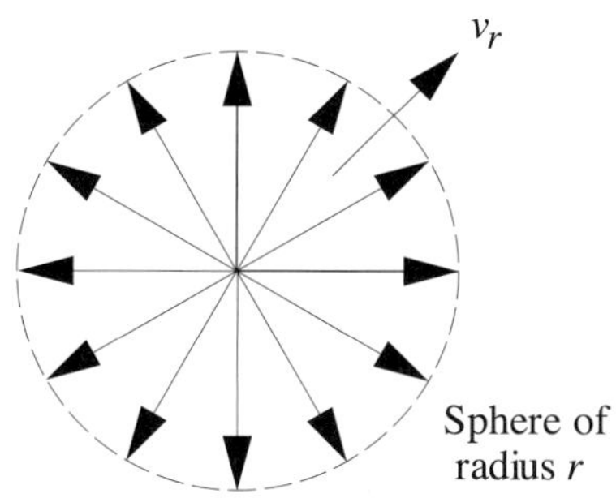

그림 7.13 점 원으로부터 퍼져 나오는 유동.

$$4\pi m = v_r \, 4\pi r^2. \tag{7.55}$$

따라서 방사 방향의 속도는 다음과 같다.

$$v_r = \frac{m}{r^2} = \frac{\partial \phi}{\partial r} = -\frac{1}{r^2 \sin\theta}\frac{\partial \psi}{\partial \theta}. \tag{7.56}$$

$r = 0$에서의 방사 방향 속도는 0이므로 점 원 자체는 완전히 사실적인 것은 아니다. 그럼에도 불구하고, 이는 곧 바로 알게 되겠지만 중요한 개념이다. 식 (7.56)을 적분하면 다음과 같은 속도 퍼텐셜과 흐름 함수를 준다.

$$\phi = -\frac{m}{r}, \qquad \psi = m\cos\theta = \frac{mz}{r}. \tag{7.57}$$

(임의의 적분 함수는 0인 v_θ에 대한 관계식을 적분하여(0으로 둘 수 있는) 상수로 됨을 보일 수 있다.)

균일 흐름에서의 점 원

앞의 두 개념을 *조합하는* 가능성을 알아보도록 하자. 그림 7.14에서 설명된 바와 같이 원점 O에 위치한 세기 m의 점 원을 가정해 보자. 이 유동에 z 방향으로 속도 U로 흐르는 균일 흐름(uniform stream)이 중첩된다. 앞에서 유도한 속도 퍼텐셜과 흐름 함수는 *더해질* 수 있으며, 다음과 같이 된다.

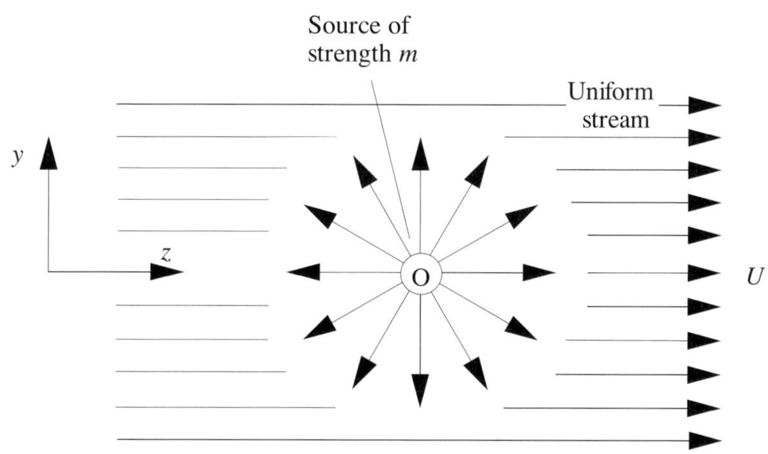

그림 7.14 세기 m의 점 원과 속도 U의 균일 흐름의 조합. 유동은 z축에 대하여 축대칭이다.

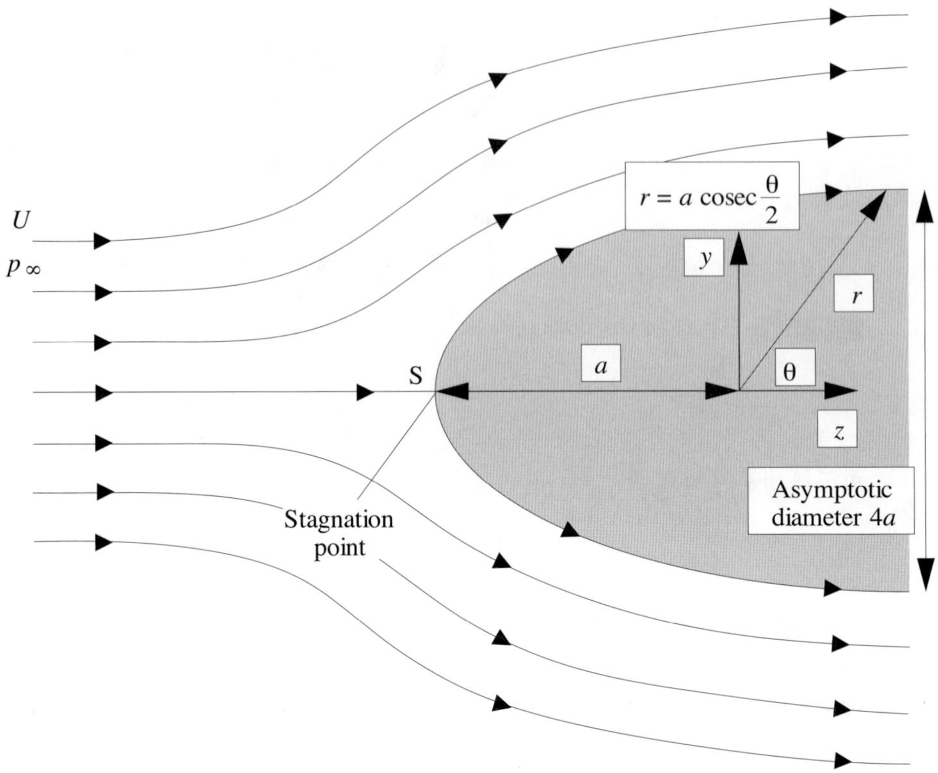

그림 7.15 그림 7.14에서 보인 조합은 뭉툭한 코 모양의 물체 주위를 흐르는 축대칭 비회전성 유동으로 된다.

$$\phi = Ur\cos\theta - \frac{m}{r}, \qquad \psi = -\frac{1}{2}Ur^2\sin^2\theta + m\cos\theta. \tag{7.58}$$

그림에서 왼쪽으로 흐르는 점 원의 일부분은 왼쪽으로부터 유동하는 흐름에 대립하여 결과적으로 상쇄되는 경향을 나타낸다. 사실 속도 성분이 0이 되는($v_r = v_\theta = 0$) *정체점*(stagnation point) S가 다음을 만족하는 곳에서 나타난다.

$$v_r = -\frac{1}{r^2\sin\theta}\frac{\partial\psi}{\partial\theta} = U\cos\theta + \frac{m}{r^2} = 0, \tag{7.59}$$

$$v_\theta = \frac{1}{r\sin\theta}\frac{\partial\psi}{\partial r} = -U\sin\theta = 0. \tag{7.60}$$

따라서 정체점의 좌표는 그림 7.15에 나타낸 바와 같이 다음과 같다.

$$\theta = \pi, \qquad r^2 = \frac{m}{U} \equiv a^2, \tag{7.61}$$

여기서 점 원의 세기와 흐름 속도의 비가 새로운 양 a의 제곱으로 대체되었다.

식 (7.58)과 식 (7.61)로부터 정체점에서의 흐름 함수의 값은 $\psi = -m = -Ua^2$이다. 따라서 정체점을 지나는 유선은 다음과 같은 식을 갖는다.[4]

---

[4]이는 실제로 유체가 정체점을 *통과하여* 흐른다는 것을 의미하지는 않는다. 무한소의 유체 요소가 유선을 따라서 왼쪽으로부터 정체점 S에 근접하게 되면, 이 유체 요소는 계속하여 감속되게 되며, 따라서 유체 요소가 S에 도달하는 시간이 무한대가 된다는 것을 보일 수 있다.

$$\psi = -\frac{1}{2} U r^2 \sin^2 \theta + m \cos \theta = -U a^2. \tag{7.62}$$

다음과 같은 항등식에 의하여

$$y = r \sin \theta, \qquad 1 + \cos \theta = 2 \cos^2 \frac{\theta}{2}, \qquad \sin \theta = 2 \sin \frac{\theta}{2} \cos \frac{\theta}{2}, \tag{7.63}$$

이 유선상의 점들의 y와 r 좌표값은 다음과 같이 된다.

$$y^2 = 2a^2(1 + \cos \theta), \tag{7.64}$$

$$r = a \ \mathrm{cosec} \frac{\theta}{2}. \tag{7.65}$$

식 (7.65)는 그림 7.15에 표시되어 있는데, 곡면의 코 부위에 정체점 S가 존재하는 축 대칭 곡면으로 주어진다. 따라서 균일 흐름에서의 원(source)의 조합은 축 대칭 뭉툭한 "코" 모양의 물체를 지나는 퍼텐셜 유동을 나타낸다고 할 수 있다. 이 물체의 점근선적인 지름은 $4a$와 같음을 쉽게 보일 수 있으나 여기서는 생략하였다. 임의의 점에서의 압력 속도의 제곱이 다음과 같다는 쉽게 보일 수 있다. 물론 방정식은 물체(이것은 무엇인가?) "내부"에서의 유동 형태로 예측할 수 있으나 여기서는 생략하였다.

임의의 점에서의 *압력*은 속도의 제곱이 다음과 같다는 사실로부터 구할 수 있다.

$$\begin{aligned} \mathbf{v}^2 = v_r^2 + v_\theta^2 &= \left(U \cos \theta + \frac{m}{r^2}\right)^2 + (-U \sin \theta)^2 \\ &= U^2 \left(1 + 2 \frac{a^2}{r^2} \cos \theta + \frac{a^4}{r^4}\right). \end{aligned} \tag{7.66}$$

만일 교란되지 않은 균일 흐름의 (물체에서 멀리 떨어진 지점에서의) 압력이 p_∞이면(정역학적인 효과를 무시하면) Bernoulli 방정식으로부터 임의의 점에서의 압력을 다음과 같이 구할 수 있다.

$$\frac{p}{\rho} = \frac{p_\infty}{\rho} - \frac{1}{2} U^2 \left(2 \frac{a^2}{r^2} \cos \theta + \frac{a^4}{r^4}\right). \tag{7.67}$$

다른 조합을 취함으로써 좀 더 복잡한 유동 형태로 만들어 낼 수 있으나, 여기서의 목적은 여러분들에게 그와 같은 가능성을 알게 하는 것이다. 그러나 다음 절에서 또 다른 흥미로운 조합에 대해 고려하게 될 것이다.

7.8 이중선과 구 주위의 유동

이중선(doublet)은 전기나 자기장에서 *쌍극자*(dipole)와 매우 유사하며, 그림 7.16(a)에 나타내었다.

원점에서 z축의 오른쪽과 왼쪽으로 a만큼 떨어져 있고, 세기가 각각 m과 $-m$인 점 원(point source)과 점 소멸(point sink)을 고려해 보자. 원(source)로부터 나오는 유동은 궁극적으로 소멸점으로 흘러 들어간다. 이와 같은 조합에 대하여, 점 P에서의 속도 퍼텐셜은 다음과 같이 주어진다.

$$-\phi = \frac{m}{r_2} - \frac{m}{r_1} = m \frac{r_1 - r_2}{r_1 r_2}. \tag{7.68}$$

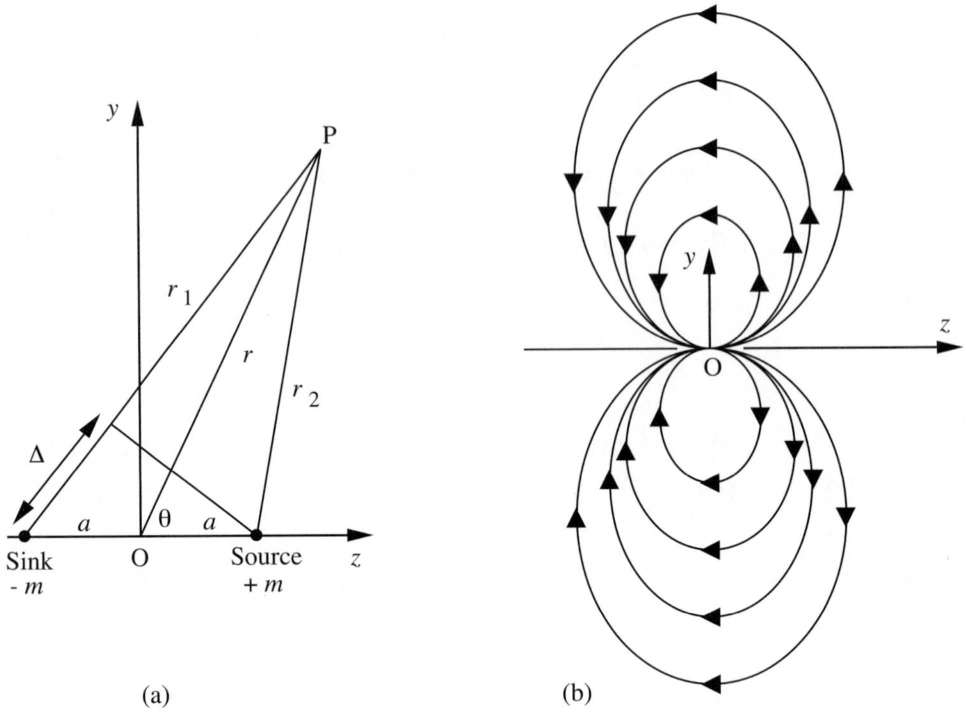

그림 7.16 (a) 서로 아주 근접하면 점 원과 소멸점이 이중선으로부터의 유동이 된다. (b) 결과적인 유선들. 유동은 z축에 대해 축 대칭이다.

이제는 $a \to 0$, $m \to \infty$로 둔다. 그러나 곱 $2am \equiv s$는 유한하며, 여기서 s는 *이중선 세기*로 알려져 있는데, 이 값은 원(source)에서 소멸점으로의 방향의 음의 z 방향으로 향할 때 양이 된다. 속도 퍼텐셜은 다음과 같이 된다.

$$-\phi = \frac{m\Delta}{r^2} = \frac{m(2a\cos\theta)}{r^2} = \frac{s\cos\theta}{r^2}. \tag{7.69}$$

이와 비슷한 방법으로 이중선에 대한 흐름 함수는 다음과 같이 된다.

$$\psi = -s\,\frac{\sin^2\theta}{r}. \tag{7.70}$$

관련된 유선들을 그림 7.16(b)에 나타내었다.

이중선과 균일 흐름의 조합

앞 절에서의 설명한 *원*과 균일 흐름의 조합과 같은 방법으로, 이제는 *이중선*과 균일 흐름의 중첩을 고려해 보자.

z 방향에서 속도 U의 *균일 흐름*에 대한 속도 퍼텐셜과 흐름 함수는 다음과 같음을 기억하자.

$$\phi = Uz = Ur\cos\theta, \qquad \psi = -\frac{1}{2}Ur^2\sin^2\theta. \tag{7.71}$$

또한 원점에서 세기 $s = Ua^3/2$의 *이중선*을 고려하자. 여기서 U는 여전히 균일 흐름의 속도이고 a는 변수이다. 음의 부호는 이중선의 방향이 그림 7.16과는 *반대로* 원(source)에서 싱크의 왼쪽으로

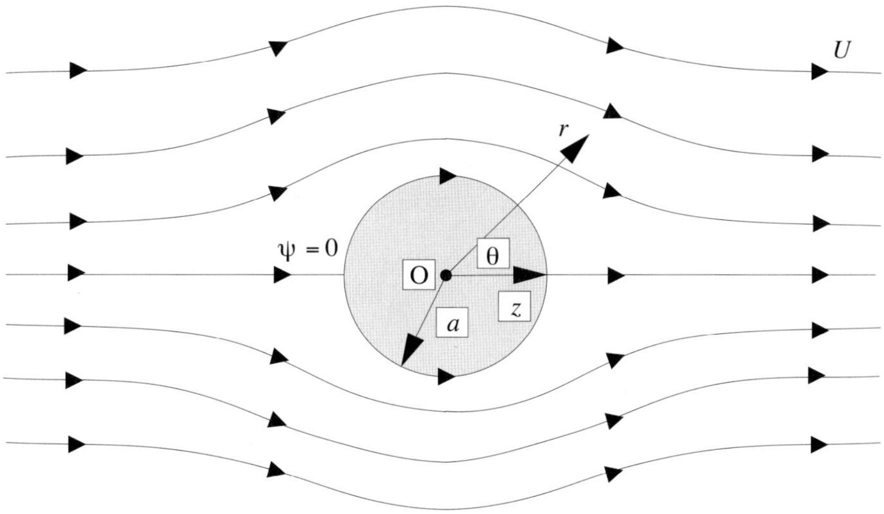

그림 7.17 구 주위의 퍼텐셜 유동. 유동은 z축에 대하여 축 대칭이다.

향한다는 것을 의미한다.

$$\phi = \frac{1}{2}\frac{Ua^3\cos\theta}{r^2}, \qquad \psi = \frac{1}{2}Ua^3\frac{\sin^2\theta}{r}. \tag{7.72}$$

따라서 이중선과 균일 흐름을 조합하면 다음과 같은 결과를 얻을 수 있다.

$$\phi = U\left(r + \frac{a^3}{2r^2}\right)\cos\theta, \tag{7.73}$$

$$\psi = -\frac{1}{2}Ur^2\left(1 - \frac{a^3}{r^3}\right)\sin^2\theta. \tag{7.74}$$

식 (7.73)과 (7.74)를 검토해 보면 다음과 같은 결론에 이른다.

1. 유선 $\psi = 0$은 $\theta = 0$ 또는 π, 또는 $r = a$에서 나타난다. 따라서 $r = a$인 구는 고체 경계로 간주할 수 있다.

2. ϕ와 ψ 모두는 일반적인 축 대칭 유동 방정식 (7.78)과 (7.79)를 만족한다.

3. 식 (7.73)과 (7.74)를 이용하면 구에서 멀리 떨어진 곳에서 z 방향에 대한 균일한 속도 U를 계산할 수 있다.

4. 이 방정식들로 구의 표면에서 방사 방향의 속도 v_r이 0이 된다는 것을 예측할 수 있다.

균일 흐름과 이중선(방향이 반대)의 조합은 그림 7.17에 보이는 바와 같이 고체 구가 배치된 균일 흐름의 퍼텐셜 유동을 나타낸다. 이 결과는 10장에서 액체 내 그리고 유동층에서 기포들의 운동을 예측하는 데 도움을 줄 것이다.

7.9 다공성 매질에서의 단일상 유동

Laplace 방정식은 투과성 암반층과 같은 다공성 매질에서 기름과 같은 점성 유체의 유동도 결정할 수 있다. 1차원 유동에 대한 겉보기 속도 v_x가 압력 구배에 비례한다는 4.4절의 Darcy 법칙을 생각해 보자.

$$v_x = -\frac{\kappa}{\mu}\frac{dp}{dx}, \tag{7.75}$$

여기서 κ는 매질의 투과도이고, μ는 유체의 점도이다. 음의 부호는 유동은 압력이 감소하는 방향으로 흐르기 때문에 포함되었다. 식 (7.75)는 벡터 $\mathbf{v}$를 사용하고 압력 구배를 dp/dx로 대체하면 3차원 유동으로 일반화할 수 있다.

$$\mathbf{v} = -\frac{\kappa}{\mu}\nabla p. \tag{7.76}$$

그러나 비압축성 유체의 경우 연속 방정식은 다음과 같다.

$$\nabla \cdot \mathbf{v} = 0. \tag{7.77}$$

여기서 앞의 두 식으로부터 속도는 소거될 수 있다. 만약 투과도/점도의 비 κ/μ가 변수이면, 음의 부호를 소거한 후에 다음과 같은 식을 얻을 수 있다.

$$\nabla \cdot \frac{\kappa}{\mu}\nabla p = 0, \tag{7.78}$$

이 식은 κ/μ가 상수인 경우에는 다음과 같이 간략화된다.

$$\nabla^2 p = \frac{\partial^2 p}{\partial x^2} + \frac{\partial^2 p}{\partial y^2} = 0. \tag{7.79}$$

즉 압력 분포 역시 Laplace 방정식을 따른다. 여기서는 2차원 직교 좌표계에 관한 것이지만 다른 좌표계에 대해서도 적용할 수 있다. 따라서 이장에서의 대부분의 이론은 *비점성* 유동뿐만 아니라 다공성 매질에서의 *점성* 유체의 유동에 대해서도 적용할 수 있다. 지하 암반층으로부터 원유를 회수하거나 토양의 지하수 운동(motion) 등이 중요한 응용분야이다.

예제 7.5 지하수의 유동

어떤 회사가 미량의 화학 약품(1,4-dioxane)이 포함된 물을 반지름 a의 연직 관정 A를 통하여 지하의 투수층으로 주입시켜 폐기하여 왔다. 그 결과 지하수가 약간 오염되었다. 그림 E7.5.1(a)에 나타낸 바와 같이 A로부터의 거리 L만큼 떨어진 곳에 동일한 반지름을 갖는 두 번째 관정을 뚫어서 정화 작업을 함으로써 상황을 개선하겠다는 계획을 제안하였다. 오염된 물을 A로부터 단위 깊이당 부피 유속 Q로 뽑아 올려서 자외선으로 독성을 제거한 다음 정화된 물을 관정를 통하여 지하로 다시 주입하려고 한다. A를 선 싱크로 B를 선 원으로 모델링하여 두 관정 사이의 압력차 $p_B - p_A$를 Q, a, L, κ, μ의 항으로 유도하라. 여러 개의 유선과 등압선을 표시하라.

풀이

다공성 매질에서의 비압축성 액체의 유동에 있어서, 겉보기 속도 벡터(단위 면적당의 부피 유속) $\mathbf{v}$는 Darcy 법칙에 의해 다음과 같이 나타내어진다.

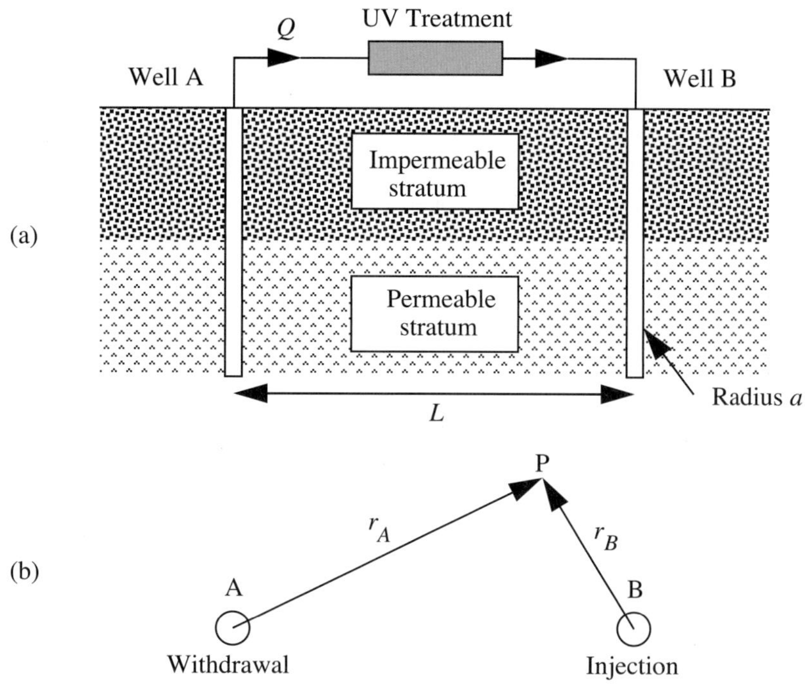

그림 E7.5.1 배수 및 함양 관정 A와 B. (a) 암반층을 통하는 연직부에 대한 측면도, (b) 점 P의 방사 방향 좌표와 함께 나타낸 투수층의 수평부에 대한 평면도.

$$\mathbf{v} = -\frac{\kappa}{\mu}\nabla p. \tag{E7.5.1}$$

압력 변화는 Laplace 방정식을 따르고, 압력은 비회전성 유동에서의 속도 퍼텐셜과 같은 방법으로 다루어진다.

특수층의 평면도를 그림 E7.5.1(b)에 나타내었다. 여기서 P와 같은 일반적인 점은 관정 A와 B의 중심에서 방사 방향으로 각각 r_A와 r_B만큼 떨어진 위치에 존재한다.

만일 B가 (그림 E7.5.1(b)의 평면에 수직인) 단위 연직 길이당 총 유속 Q의 선원이라면, 이 점에서의 임의의 거리 r_B만큼 떨어진 곳에서의 방사 방향 바깥쪽으로 향하는 속도 v_{rB}는 연속 방정식과 Darcy 법칙으로부터 구할 수 있다.

$$v_{rB} = \frac{Q}{2\pi r_B} = -\frac{\kappa}{\mu}\frac{\partial p_B}{\partial r_B}. \tag{E7.5.2}$$

이에 해당하는 압력은 적분을 통해 구할 수 있다.

$$p_B = -\frac{\mu Q}{2\pi\kappa}\ln r_B + f(z). \tag{E7.5.3}$$

관정 A에서 선 소멸점으로 향하는 유동에 있어서, 이때의 압력은 다음과 같다.

$$p_A = \frac{\mu Q}{2\pi\kappa}\ln r_A + f(z). \tag{E7.5.4}$$

앞의 두 식에서 적분 함수 $f(z)$는 압력이 연직 방향의 거리 z에 따라서도 변한다는 것을 나타낸다. 깊이가 고정되었다면, 이 함수는 적분 상수 p_0가 된다.

주입 및 흡출 관정들을 조합한 효과를 통해 압력 분포를 구할 수 있다.

$$p = p_0 + \frac{\mu Q}{2\pi\kappa} \ln \frac{r_A}{r_B}, \tag{E7.5.5}$$

여기서 추가된 압력 p_0는 지하의 깊이와 가압되는 총괄 수위에 따라 결정된다.

다음으로 식 (E7.5.5)를 각 관정의 외부 반지름, 즉 $r_B = a$와 $r_A \doteq L$ (관정 B에서) 및 $r_A = a$, $r_B \doteq L$ (관정 A에서)에 적용하면,

$$p_B = p_0 + \frac{\mu Q}{2\pi\kappa} \ln \frac{L}{a}, \qquad p_A = p_0 + \frac{\mu Q}{2\pi\kappa} \ln \frac{a}{L}. \tag{E7.5.6}$$

따라서 두 관정 사이에서 요구되는 압력 차는 다음과 같이 된다.

$$p_B - p_A = \frac{\mu Q}{2\pi\kappa} \ln \frac{L^2}{a^2} = \frac{\mu Q}{\pi\kappa} \ln \frac{L}{a}. \tag{E7.5.7}$$

최종적으로 그림 E7.5.2는 여러 개의 (관정 근처에서는 거의 원형인) 등압선과 이와 관련된 유선들을 보여준다.

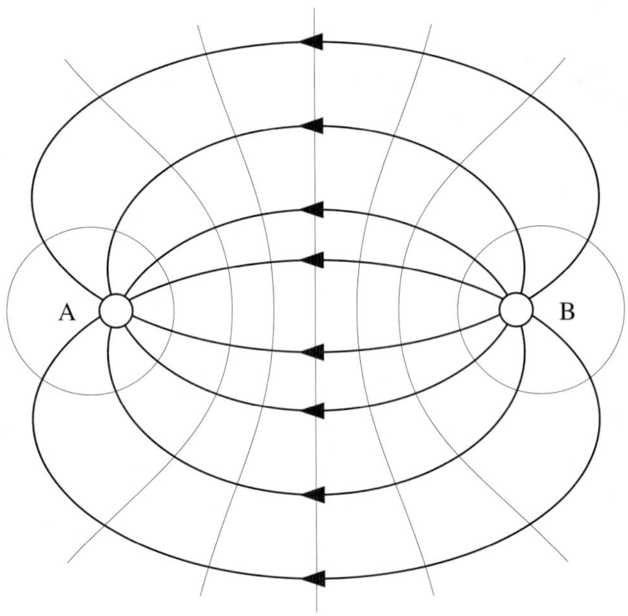

그림 E7.5.2 투수층의 수평변의 평면도, 유선(진한 색)과 등압선(연한 색)을 보여준다.

7.10 다공성 매질에서의 2상 유동

유체역학은 원유가 발견된 다공 암석층의 공극에서의 원유의 유동에 관해 연구하는 데 중요하게 응용되고 있다. 다음과 같은 몇 단계에 걸쳐서 더 많은 양이 원유가 회수될 수 있다.

1. *1차 회수.* 가능한 한 많은 양을 뽑아낸다.
2. *2차 회수.* 전형적으로 선택한 관정에 물을 주입하여 원유를 대치시키고, 그런 후 다른 관정에

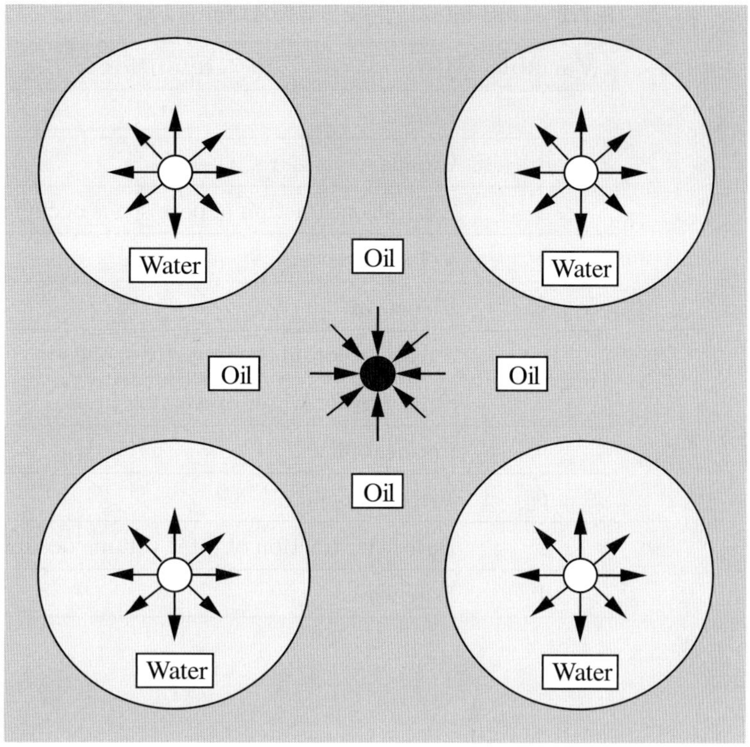

그림 7.18 물 압입을 위한 5개의 관정들의 배열.

서 원유를 채취한다. 그림 7.18의 "5 지점" 유형을 자주 사용한다. 단일 압입의 존속 기간은 수년이고, 원유의 생산을 최대화하기 위하여 미리 결과를 가능한 정확하게 모사하는 것이 중요하다. 예를 들어 물이 관정으로 너무 급속히 주입되면, 계획된 생산 관정으로 "손가락" 모양으로 침투하고 원유 대신 물이 뽑아 올라오게 된다.

3. *3차 회수.* 이 과정에서는 물과 원유 사이의 모세관 압력을 감소시키기 위하여 계면활성제를 자주 사용하여 잔유(residual oil)를 쉽게 회수할 수 있도록 한다.

여기서는 주로 물과 기름이 두 개의 섞이지 않는 상으로 흐르는 경우에 대한 2차 회수에 관해 논의하기로 하자. 자하수를 치환하여 천연가스를 지하에 저장하는 경우, 이와 비슷한 방정식들을 적용할 수 있다. 앞으로 사용될 변수들의 정의를 표 7.2에 요약하였다.

*Darcy 법칙*은 두 상에 대해 각각 적용된다.

$$\mathbf{v}_o = -\frac{\kappa_o}{\mu_o}\nabla\Phi_o, \tag{7.80}$$

$$\mathbf{v}_w = -\frac{\kappa_w}{\mu_w}\nabla\Phi_w, \tag{7.81}$$

여기서 유체 퍼텐셜은 압력과 정역학적 효과를 합한 것이다.

$$\Phi_o = p_o + \rho_o g z, \qquad \Phi_w = p_w + \rho_w g z. \tag{7.82}$$

식 (7.80)과 (7.81)에서 투과도들은 물의 포화도의 강하게 의존하는 함수이며. 상대적인 값들을 그림 7.19에 나타내었다. 전형적인 최대값은 10~100 md (millidarcies) 정도의 범위에 해당된다. 각

표 7.2 ▸ 서로 섞이지 않는 2상 유동에 대한 변수들

Variable	Definition
p	Pressure
p_c	Capillary pressure, $p_o - p_w$
S	Saturation, fraction of pore space occupied by water
$\mathbf{v}$	Velocity vector
z	Elevation
o	Subscript for oil or nonwetting phase
w	Subscript for water or wetting phase
κ	Permeability
θ	Viscosity
ε	Porosity—fraction of total volume occupied by pores
Φ	Potential

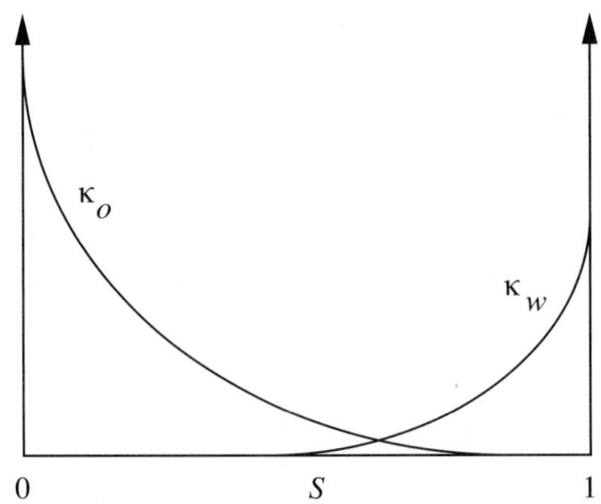

그림 7.19 ▸ 기름과 물에 대한 대표적인 투과도들.

투과도는 특정한 범위의 투과도에서 0이 된다는 시실에 주목하라. 물은 물의 포화도가 특정한 문턱치에 이르지 않으면 유동이 발생하지 않을 것이며, 기름 또한 그렇다.

모세관 압력은 젖음(wetting) 상의 잉여 압력에 대한 비젖음(nonwetting) 상의 잉여 압력이다.

$$p_c = p_o - p_w, \tag{7.83}$$

그리고 그림 7.20(c)에 나타낸 바와 같이 물의 포화도에 강하게 의존하는 함수이다. 그림에는 극한 값들과 함께 *정규화된* 포화도 $\overline{S}$를 나타내었다.

1. *동생수*(connate water, 기름을 포함하는 지층에 처음부터 존재하던 물)의 경우, $\overline{S} = 0$이다.
2. 잔유(residual oil, 기름을 포함하는 다공성 매질이 물로 채워질 때 남아 있는 기름)의 경우, $\overline{S} = 1$이다.

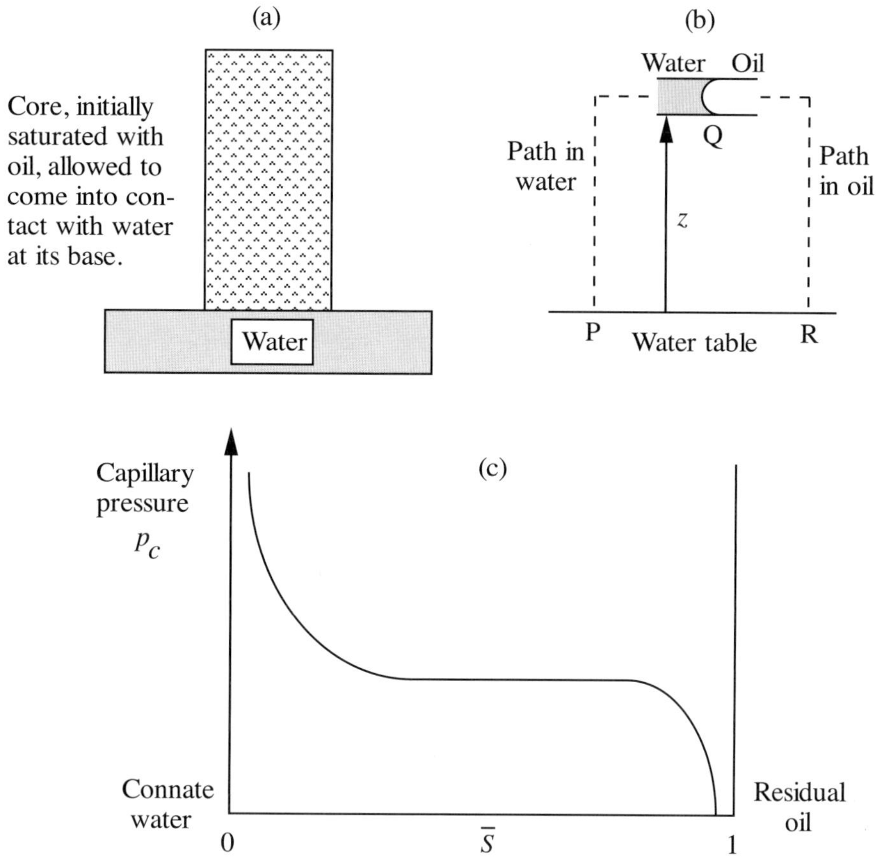

그림 7.20 원유와 물에 대한 모세관 압력.

모세관 압력은 이전에 기름으로 포화되어 있던 암석 덩어리의 밑 부분을 물과 접촉하게 함으로써 그림 7.20(a)에 나타낸 바와 같이 결정할 수도 있다. 모세관 인력에 의해 물이 암석덩어리 내부로 상승되게 되고, 여기서 포화도는 고도 z에 따라 변하게 된다.

만약 그림 7.20(b)에서 경로 PQR을 거치게 되면, $p_R = p_P$이므로 총괄 압력 변화는 0이 되어야 한다.

$$p_R = p_P - \rho_w gz + p_c + \rho_o gz, \quad \text{or} \quad p_c = (\rho_w - \rho_o)gz. \tag{7.84}$$

만약 물이 미량의 염화나트륨과 같은 전해질을 포함하고 있으면, 전기전도도를 측정하여 여러 z 값에 있어서의 포화도를 결정할 수 있으므로 p_c는 S 또는 $\overline{S}$의 함수로 결정될 수 있다.

단위 부피에 대한 부피 수지식(밀도는 일정)은 다음과 같이 된다.

$$\begin{aligned} \nabla \cdot \mathbf{v}_o &= -\varepsilon \frac{\partial(1-S)}{\partial t} = \varepsilon \frac{\partial S}{\partial t}, \\ \nabla \cdot \mathbf{v}_w &= -\varepsilon \frac{\partial S}{\partial t}. \end{aligned} \tag{7.85}$$

식 (7.80)과 (7.81)의 속도를 대입하면,

$$\nabla \cdot \left(\frac{\kappa_o}{\mu_o} \nabla \Phi_o \right) = -\varepsilon \frac{\partial S}{\partial t}, \tag{7.86}$$

$$\nabla \cdot \left(\frac{\kappa_w}{\mu_w} \nabla \Phi_w \right) = \varepsilon \frac{\partial S}{\partial t}. \tag{7.87}$$

포화도의 시간에 대한 도함수는 퍼텐셜 차의 도함수의 항으로 다시 표현할 수 있다.

$$\frac{\partial S}{\partial t} = \frac{\partial p_c}{\partial t} \underbrace{\frac{dS}{dp_c}}_{S'} = S' \frac{\partial (\Phi_o - \Phi_w)}{\partial t}, \tag{7.88}$$

여기서 $S' = dS/dp_c$는 적절한 포화값에서 모세관 압력 곡선의 기울기를 측정하여 구할 수 있다.

위의 사실을 적용하면, 전달 방정식은 다음과 같이 된다.

$$\nabla \cdot \left(\frac{\kappa_o}{\mu_o} \nabla \Phi_o \right) = -\varepsilon S' \frac{\partial (\Phi_o - \Phi_w)}{\partial t}, \tag{7.89}$$

$$\nabla \cdot \left(\frac{\kappa_w}{\mu_w} \nabla \Phi_w \right) = \varepsilon S' \frac{\partial (\Phi_o - \Phi_w)}{\partial t}. \tag{7.90}$$

식 (7.89)과 (7.90)은 수치적으로 풀어야 하며, 퍼텐셜과 이동도의 합과 차를 정의하기 위해 적절히 재배열한다.

$$P = \frac{1}{2}(\Phi_o + \Phi_w), \qquad R = \frac{1}{2}(\Phi_o - \Phi_w), \tag{7.91}$$

$$M = \frac{\kappa_o}{\mu_o} + \frac{\kappa_w}{\mu_w}, \qquad N = \frac{\kappa_o}{\mu_o} - \frac{\kappa_w}{\mu_w}, \tag{7.92}$$

따라서 식 (7.89)과 (7.90)은 다음과 같이 쓸 수 있다.

$$\nabla \cdot (M \nabla P) + \nabla \cdot (N \nabla R) = 0, \tag{7.93}$$

$$\nabla \cdot (N \nabla P) + \nabla \cdot (M \nabla R) = -4\varepsilon S' \frac{\partial R}{\partial t}. \tag{7.94}$$

마지막 두 식은 각각 *타원형*(elliptic)과 *포물선형*(parabolic)이고, Goddin 등[5]이 사용한 연속적 과도이완법(successive over-relaxation)과 IAD(implicit alternative-direction)법과 같은 표준 수치해석 방법들을 이용하여 풀 수 있다.

천연 가스의 지하 저장

미국 북부의 여러 지역은 경우에 따라서는 1,000~2,000마일 떨어진 남부 및 남서부지역에서 배관을 통하여 공급되는 천연 가스에 주로 의존한다. 비용을 최소화하기 위하여 이 배관을 연중 지속적으로 작동시키는 것이 바람직하다. 그러나 천연 가스에 대한 소비자의 수요는 여름에는 최저가 되고 경루에는 최대가 되는 등 차이가 심하다. 여름에 공급받는 잉여분은 지하의 다공성 암석층에 저장하는 것이 매우 효과적일 것이다. 고갈된 가스전이나 유전은 누출을 방지할 수 있는 불투과성의 "모암(caprock)"으로 둘러싸여 있기 때문에 선호된다.

일반적인 구성을 그림 7.21에 나타내었다. 저장 영역을 대개 돔 형태로 되어 있으며, 정(well) 근처의 고도가 가장 높기 때문에, 가스를 저장할 수 있으며, 측면으로 누출되는 것을 방지해 준다.

[5]C.S. goddin, Jr., F.F. Craig, M.R. Tek, and J.O. Wilkes, "A numerical study of waterflood performance in a stratified system with crossflow," *J. Petroleum Technology*, 18, pp. 765–771 (1966). 또한 B. Carnahan, H.A. Luther, and J.O. Wikes, *Applied Numerical Methods*, Wiley, New York (1969)의 7장을 참조하라.

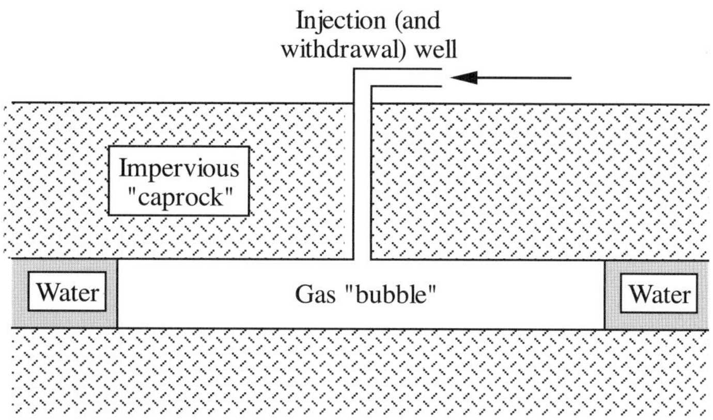

그림 7.21 가스 저장소.

여름철에는 가스를 하나 또는 그 이상의 정을 통해 저장 영역의 다공성 암석층에 저장하게 되는데, 이 저장 영역은 수평 방향으로 범위가 수천 ft까지 퍼져 있을 수도 있음에도 불구하고, 가스 "기포(bubble)"라고 한다. 저장 영역으로써 전형적인 연직 두께(vertical thickness)는 100 ft 정도이고, 투과는 50~500 md 정도이다. 가스가 주입됨에 따라 가스는 자연적으로 채워져 있던 물을 밀어내게 된다. 겨울철에는 가스를 뽑아내게 되고, 다시 물로 채워지게 된다.

가스와 물의 이동의 연간 주기는 원유와 물에 대하여 이미 유도한 식과 비슷한 식들을 따른다. 그러나 가스와 물 영역을 실질적으로 단일상 영역으로 다루어질 수 있기 때문에 상당히 단순*화시킬* 수 있다. 다음의 식은 가스의 압력 변화 $p(x, y, t)$를 나타내는 대표적인 방정식이다. 여기서 x, y는 가스 기포의 수평면에서의 좌표축이고, t는 시간이다.

$$\frac{\partial}{\partial x}\left(\frac{p}{zT}\frac{h\kappa}{\mu}\right)\frac{\partial p}{\partial x}+\frac{\partial}{\partial y}\left(\frac{p}{zT}\frac{h\kappa}{\mu}\right)\frac{\partial p}{\partial y}-\frac{MhR}{M_w}=\varepsilon h\frac{\partial(p/zT)}{\partial t}. \tag{7.95}$$

여기서 $M(x, y)$는 (주위에 우물이 없으면 0이 되는) 국지에서의 단위 부피당 가스 질량 회수 속도이고, $h(x, y)$는 국지 암석층의 두께, $\kappa(x, y)$는 국지 투과도, z는 가스의 압축인자, μ는 점도, T는 절대온도, M_w는 가스의 분자량, ε은 다공도 또는 공극률, R은 기체 상수이다.

7.11 수심이 깊은 물에서의 파동운동

7장은 퍼텐셜 유동 이론(potential flow theory)(열린 수체(body of water)에서의 파동운동)이라고 하는 또 하나의 상당히 특이한 응용 예에 관해 논의하는 것으로 마무리 짓도록 하자. 여기서 우리는 자유 표면 아래의 물의 속도가 위치와 시간에 따라 어떻게 변하는가를 알고자 한다.

그림 7.22에는 점도를 무시할 수 있는 아주 깊은 물의 수면 위에서 오른쪽(x 방향)으로 움직이는 연속적인 파를 나타내었다. 자유 표면에 대한 방정식은 다음과 같다.

$$h=a\sin(kx-\omega t)=a\sin\frac{2\pi}{\lambda}(x-ct), \tag{7.96}$$

여기서 a는 진폭 λ는 파장, $k=2\pi/\lambda$는 파수(wave number), ω는 원 주파수, $c=\omega/k$는 파의 전파속도이고, 원점 $y=0$은 파가 없을 경우의 수면의 수위에 해당된다.

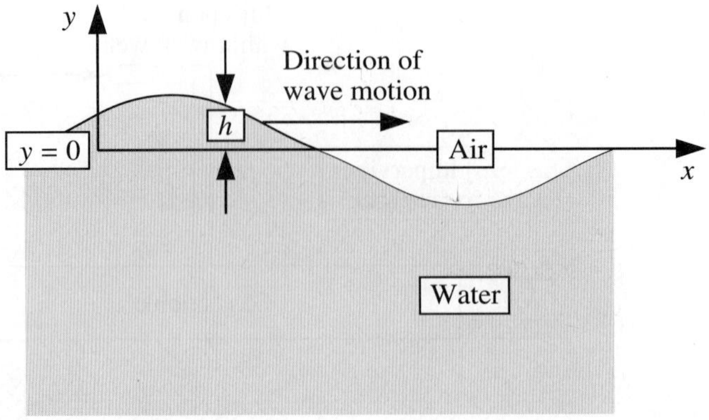

그림 7.22 수심이 깊은 물의 표면파 운동.

물의 운동에 대해 다음과 같은 퍼텐셜 함수가 제안되었다.

$$\phi = ace^{ky}\cos(kx - \omega t), \tag{7.97}$$

이 식은 다음과 같은 관계에 의하여 Laplace 방정식을 만족한다.

$$\frac{\partial^2 \phi}{\partial x^2} = -\frac{\partial^2 \phi}{\partial y^2} = -k^2 ace^{ky}\cos(kx - \omega t). \tag{7.98}$$

수심이 아주 깊은 부분에서는 y는 음으로 아주 큰 수가 되고, 퍼텐셜 함수와 속도는 0으로 접근한다.

비점성, 비회전성이지만, *과도* 상태 유동에 대한 식 (7.8)은 y가 연직 좌표축을 나타낸다고 하면 다음과 같이 된다.

$$\frac{\partial \mathbf{v}}{\partial t} = -\nabla\left(\frac{p}{\rho} + \frac{1}{2}\mathbf{v}^2 + gy\right). \tag{7.99}$$

즉, 괄호 내에 있는 값이 임의로 변화되면, 그에 따라 속도의 변화 속도를 유발시킬 것이다. $\mathbf{v} = \nabla\phi$를 대입하고 구배와 편미분 연산자의 순서를 서로 바꿀 수 있다는 사실을 이용하면 다음과 같은 관계를 얻을 수 있다.

$$-\frac{\partial \phi}{\partial t} = \frac{p}{\rho} + \frac{1}{2}\mathbf{v}^2 + gy. \tag{7.100}$$

식 (7.100)을 $y = h$인 자유 표면에 적용한다. 진폭이 작은 파동의 경우 운동 에너지 항은 무시될 수 있으므로, 다음과 같은 관계를 구할 수 있다.

$$gh = -\left(\frac{\partial \phi}{\partial t}\right)_{y=h}. \tag{7.101}$$

자유 표면에서는 압력이 일정하므로, 식 (7.101)을 시간에 관하여 미분하면 다음의 식을 얻을 수 있다.

$$g\frac{\partial h}{\partial t} = -\left(\frac{\partial^2 \phi}{\partial t^2}\right)_{y=h}. \tag{7.102}$$

자유 표면은 식 $h = y$로 기술된다. 표면 위의 점은 액체와 함께 이동하므로, 액체에 이어서 미분(즉 *물질 도함수*를 도입하면) 다음과 같은 식을 얻을 수 있다.

$$\frac{\mathcal{D}h}{\mathcal{D}t} = \frac{\mathcal{D}y}{\mathcal{D}t}, \tag{7.103}$$

또는

$$\frac{\partial h}{\partial t} + v_x \frac{\partial h}{\partial x} = v_y. \tag{7.104}$$

식 (7.104)의 좌변의 항들은 다음과 같은 물리적 의미를 갖는다.

1. 첫 번째 항, $\partial h/\partial t$는 자유 표면 자체의 고도가 증가되는 속도를 나타낸다.
2. 두 번째 항, $v_x(\partial h/\partial x)$는 속도 v_x로 이동하는 유체 입자의 고도 증가 속도를 의미하고, 자유 표면 등고선을 따르도록 제한되어 있다.

이 둘을 결합하면 실제 y 방향 속도 성분, v_y를 얻을 수 있는 효과가 있다. 이 상황은 만약 지진 등에 의하여 언덕 자체가 위로 상승할 때, 언덕을 오르는 사람의 고도의 증가의 속도와 아주 유사하다.

진폭이 작은 파동의 경우 기울기 $\partial h/\partial x$를 포함하고 있는 항은 작기 때문에 무시할 수 있기 때문에 다음과 같은 결과를 얻을 수 있다.

$$\frac{\partial h}{\partial t} = (v_y)_{y=h} = \left(\frac{\partial \phi}{\partial y}\right)_{y=h}. \tag{7.105}$$

식 (7.102)와 (7.105)에서 $\partial h/\partial t$를 소거하면, 다음과 같이 된다.

$$\left(\frac{\partial \phi}{\partial y}\right)_{y=h} = -\frac{1}{g}\left(\frac{\partial^2 \phi}{\partial t^2}\right)_{y=h}. \tag{7.106}$$

식 (7.97)의 퍼텐셜 함수가 알려져 있는 경우, 이 두 도함수들을 풀어서 다음과 같은 결과를 얻을 수 있다.

$$k = \frac{\omega^2}{g}. \tag{7.107}$$

그러나 파동의 속도는 $c = \omega/k$, $k = 2\pi/\lambda$이므로, 다음과 같이 된다.

$$c = \sqrt{\frac{g\lambda}{2\pi}}, \tag{7.108}$$

이 식은 파동의 속도뿐만 아니라 장파장의 파동들이 단파장의 파동들보다 더 빨리 이동한다는 것을 보여준다. 서로 다른 파장의 파동의 조합들의 경우 여러 파장들 간에 *분산*(dispersion)이 발생한다.

최종적으로 개별적인 액체 입자들의 경로를 살펴보자. 퍼텐셜 함수를 미분함으로써 속도 성분들은(간략화를 위해 $x = 0$인 위치에 대해) 다음과 같다.

$$v_x = -acke^{ky}\sin(kx - \omega t) = acke^{ky}\sin\omega t, \tag{7.109}$$

$$v_y = acke^{ky}\cos(kx - \omega t) = acke^{ky}\cos\omega t. \tag{7.110}$$

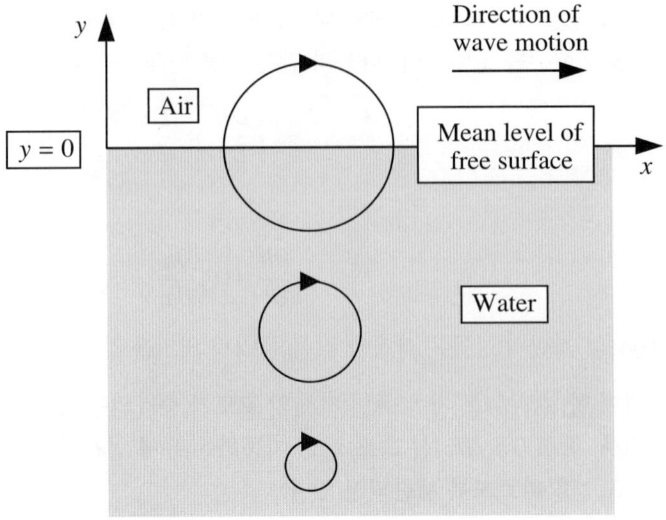

그림 7.23 액체 입자가 이동하는 원형 경로.

ωt가 변함에 따라 액체 입자가 x와 y 방향으로 이동한 거리는 식 (7.109)와 (7.110)을 시간에 관하여 적분함으로써 구할 수 있다.

$$x = \int v_x \, dt = -\frac{ack}{\omega} e^{ky} \cos \omega t + c_1, \qquad y = \int v_y \, dt = \frac{ack}{\omega} e^{ky} \sin \omega t + c_2. \tag{7.111}$$

두 적분 상수가 0이 되도록 출발점을 선택할 수 있으며, 식 (7.111)로부터 다음과 같은 관계를 구할 수 있다.

$$x^2 + y^2 = \left(\frac{ack}{\omega}\right)^2 e^{2ky} = a^2 e^{2ky}. \tag{7.112}$$

즉, 액체 입자는 그림 7.23에 보이는 바와 같이 반지름이 ae^{ky}인 원을 따라 이동하며, 이 원은 자유 표면으로부터 떨어져 수심이 깊어질수록 급격히 감소하게 된다. 특히 자유 표면($y = 0$)에서의 운동 반지름은 진행파의 진폭 a와 같아야만 한다.

연습 문제 Problems for Chapter 7

별도의 언급이 없으면, 모든 유동은 밀도와 점도가 일정한 정상상태 유동이다(후반부에는 다공성 매질층 유동에 대해서도 공통임)

1. *구 주위의 유동—M.* 식 (7.73)과 (7.74)로 주어지는 바와 같은 반지름이 a인 구 주위를 균일한 속도 U로 흐르는 비점성 유동에 대한 속도 퍼텐셜과 흐름 함수를 고려하자. 이 함수들이 다음과 같음을 증명하라.

(a) 적절한 축 방향의 대칭 방정식들 식 (7.48)과 (7.49)를 만족한다.

(b) 구에서 멀리 떨어진 곳에서 z 방향으로의 균일속도가 U를 예측할 수 있다.

(c) 구의 표면에서 방사 방향의 속도 v_r이 0임을 예측할 수 있다.

(d) $\theta = 0$ 또는 π, 또는 $r = a$에서 유선 $\psi = 0$임을 보임으로써, $r = a$인 구를 고체 경계로 간주할 수 있다.

2. *연속 및 비회전성—E.* x/y 좌표계에서 비회전성 유동에 대하여 다음을 증명하라.

(a) 식 (7.14)에서 퍼텐셜로 정의되는 속도 성분들은 비회전성 조건을 자동적으로 만족시키고, 연속 방정식에 대입하였을 때, ϕ에 대한 Laplace 방정식을 구할 수 있다.

(b) 식 (7.17)에서 흐름 함수로 정의되는 속도 성분들은 연속 방정식을 자동적으로 만족시키고, 비회전성 조건에 대입하였을 때, ψ에 대한 Laplace 방정식을 구할 수 있다.

3. *원통 주위의 유동—E.* 식 (7.30)과 (7.31)로 주어진 바와 같이, 비점성 유체가 균일한 속도 U로 반지름이 a인 원통에 접근하여 그 주위를 흐를 때의 속도 퍼텐셜과 흐름 함수를 고려해 보자. 이 함수들에 대해 다음을 증명하라.

(a) 식 (7.32)의 Laplace 방정식을 만족한다.

(b) 원통에서 멀리 떨어진 곳에서 x 방향의 균일한 속도가 U이고, y 방향으로의 속도는 영임을 예측할 수 있다.

(c) $\theta = 0$ 또는 π, 또는 $r = a$에 대하여 유선이 $\psi = 0$이 되고, 따라서 $r = a$를 고체 경계로 취해짐을 보이면서 유선 $\psi = 0$임을 준다. 또 $r = a$에서 $v_r = 0$임을 증명하라.

4. *정체 및 다른 유동—E.* 다음 두 부분에 대하여 답하라.

(a) 흐름 함수가 식 (E7.2.1)에 의하여 $\psi = cxy$로 주어지는 정체 유동에 대하여 속도 퍼텐셜 함수 $\phi(x, y)$를 유도하라. 유선과 등퍼텐셜 몇 개를 그려라.

(b) 어떤 유동에 대하여 속도 퍼텐셜은 다음과 같이 주어진다.

$$\phi = ax + by.$$

a와 b의 물리적 의미를 설명하라. 이에 상당하는 흐름 함수 $\psi(x, y)$를 유도하라. 6개의 등퍼텐셜과 유선을 그려라.

5. *축 대칭 연속 방정식과 비회전성 조건—E.* 축 대칭 비회전성 유동에 대하여 다음을 증명하라.

(a) 식 (7.44)에서 속도 퍼텐셜로 정의된 속도 성분들은 비회전성 조건을 자동적으로 만족하고, 연속 방정식에 대입되면 ϕ에 대한 식 (7.48)을 구할 수 있다.

(b) 식 (7.41)과 (7.43)에서 흐름 함수로 정의되는 속도 성분들은 연속 방정식을 자동적으로 만족하고, 비회전성 조건에 대입되면 ψ에 대한 식 (7.49)를 구할 수 있다.

6. *균일 유동, 점 원, 선 소멸점—M.* 그림 P7.6은 원점과 점 $z = a$ 사이에서 x축을 따라서 균일하게 분포되어 있는 총 세기 m의 *선 원*을 나타내고 있다. 따라서 이 원의 미분 길이 $d\zeta$의 요소는 세기는 $m\,d\zeta/a$이며, 좌표가 (r, θ)인 점 P에서 이에 해당하는 흐름 함수는 다음과 같다.

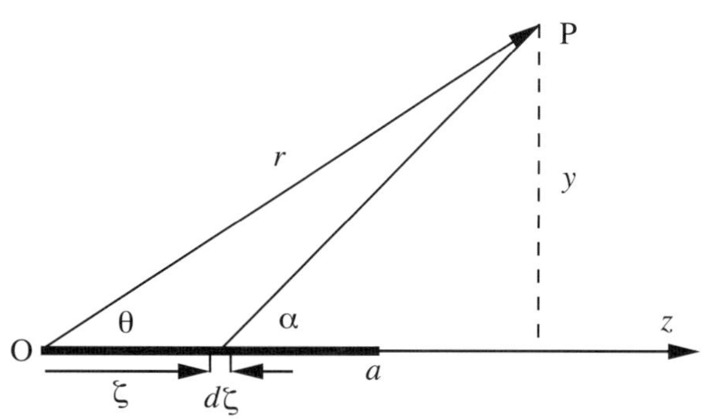

그림 P7.6 O와 점 a 사이의 선 원.

$$d\psi = \frac{m\,d\zeta}{a}\cos\alpha.$$

이와 같은 축 대칭 유동 문제에 대하여 $\zeta = 0$에서 $\zeta = a$까지 적분하여 전체 선 원에 의한 점 P에서의 흐름 함수가 다음과 같이 주어짐을 증명하라.

$$\psi = \frac{m}{a}\left(r - \sqrt{r^2 - 2az + a^2}\right).$$

이제는 다음과 같은 세 가지 항목의 조합 효과를 고려하자.

(a) z 방향에서의 균일 유동 U

(b) 원점에서 세기가 m인 *점 원*

(c) 대칭축에서 원점 O와 점 $z = a$에 걸친 총 세기가 m인 *선 소멸점*

임의의 점에서 흐름 함수 ψ에 대한 표현을 유도하고, 이는 어떤 형태의 유동을 나타내는지를 설명하고, 대표적인 유선 실례를 그려라.

7. *토네이도 유동—M.* 이 문제는 축 대칭 *원통형* 좌표계에 관한 문제이다. 다음과 같은 두 유동에 대한 속도 퍼텐셜에 대한 함수를 유도하라.

(a) 원점에 중심을 둔 자유 와류, 여기서 0이 아닌 속도 성분은 $v_\theta = \alpha/r$뿐이다.

(b) z축을 따른 선 소멸점에서 0이 아닌 속도 성분은 $v_r = -\beta/r$뿐이다.

힌트: *원통형* 좌표계에서는 $\nabla\phi$의 성분들을 포함시켜야 한다는 것을 기억하라.

다음과 같은 조합에 의해 추정할 수 있는 토네이도에 대한 몇 개의 유선을 그려라.

(a) 원점 $r = 0$에 중심을 둔 자유 와류

(b) 원점을 향하는 선 소멸점 유동

토네이도의 눈(중심)으로부터 $r = 2{,}000$ m의 거리에서의 압력은 1.0 bar이고, 0이 아닌 두 속도 성분은 $v_r = -0.25$ m/s와 $v_\theta = 0.5$ m/s이다. 공기 밀도는 1.2 kg/m^{3}이다. 눈으로부터 거리 $r = 10$ m에서의 속도 성분들과 압력을 계산하라, 토네이도의 중심 부근에 있는 집에는 무슨 일이 일어날 것인가?

8. *다공성 배질에서의 구형 구멍—M.* 특정한 압력 구배가 존재하는 투과도가 κ로 균일한 다공성 매질에서 스며나오는 액체의 속도 $\mathbf{v}$는 Darcy 법칙에 의하여 다음과 같이 주어진다.

$$\mathbf{v} = -\frac{\kappa}{\mu}\nabla p.$$

축 대칭 유동에 대하여 해당하는 겉보기 속도 성분들이 다음과 같이 주어진다고 가정할 수 있다.

$$v_r = -\frac{\kappa}{\mu}\frac{\partial p}{\partial r}, \qquad v_\theta = -\frac{\kappa}{\mu}\frac{1}{r}\frac{\partial p}{\partial \theta},$$

여기서 r과 θ는 구형 좌표들이다. 압력 p가 다음 관계를 만족함을 증명하라.

$$\sin\theta\frac{\partial}{\partial r}\left(r^2\frac{\partial p}{\partial r}\right) + \frac{\partial}{\partial\theta}\left(\frac{\partial p}{\partial\theta}\sin\theta\right) = 0.$$

그림 P7.8에 나타낸 바와 같이 압력이 각각 P와 $-P$이고 거리가 $2L$만큼 떨어진 두 개의 무한히 넓은 판 AB와 CD에 갇혀 있는 다공성 매질을 통하여 물이 왼쪽에서 오른쪽으로 유출된다.

이 판들의 가운데 위치에 반지름이 a이고, 유동에는 저항을 주지 않는 구형의 공간이 매질 내에 존재하고, 내부의 압력은 $p = 0$이다. 크기의 차원은 $a/L \ll 1$이다.

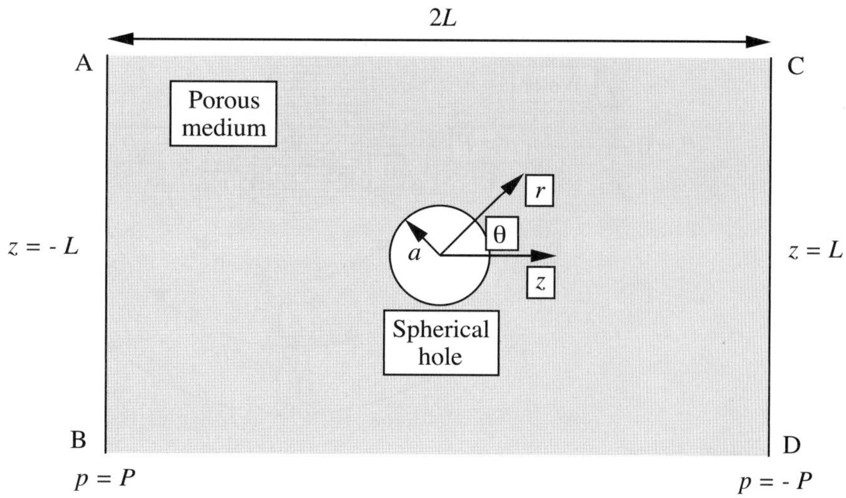

그림 P7.8 다공성 매질에 있는 구형 구멍.

압력 분포는 근사적으로 다음과 같음을 증명하라.

$$p = \left(\alpha r + \frac{\beta}{r^2} \right) \cos \theta,$$

그리고 계수 α와 β를 L, P 및 a의 항으로 나타내어라. *힌트*: p에 대한 이 표현은 주된 미분 방정식과 모든 경계조건들을 만족하는지 검토하라.

몇 개의 유선들을 그리고, 이 구멍을 통한 부피 유속이 다음과 같이 주어짐을 증명하라.

$$Q = \frac{3\kappa P \pi a^2}{\mu L}.$$

필요하다면 $\sin 2\theta = 2\sin \theta \cos \theta$를 이용한다. (이 문제는 촉매 입자로 구성된 유동층 반응기에서 기포가 상향으로 상승하는 경우와 밀접하게 관련성이 있는데, 여기서 상당한 양의 유동화 기체가 기포를 통해 빠져나감으로써 촉매와의 접촉이 감소된다.)

9. *댐 하부에서의 누출—M.* 투과도 κ가 균일한 다공성 매질을 통과하는 점도 μ가 일정한 *비압축성* 유체의 겉보기 속도는 Darcy 법칙에 의하여 다음과 같이 주어진다.

$$\mathbf{v} = -\frac{\kappa}{\mu} \nabla p, \tag{P7.9.1}$$

여기서 p는 통상적인 정역학적 효과로 인해 발생하는 압력을 *초과하는* 압력이다.

(a) 유동이 비회전성이라고 예상하는 이유를 한 두 문장으로 설명하라.

(b) 벡터 형태의 연속 방정식을 이용하여 과잉 압력이 Laplace 방정식 $\nabla^2 p = 0$을 따른다는 것을 증명하라. (이 경우에 과잉 압력은 $\nabla^2 \phi = 0$인 비회전성 유동의 속도 퍼텐셜, ϕ와 매우 유사하게 거동한다는 사실에 주의하라.)

그림 P7.9는 댐 상류부에 저수된 물에 의해 발생하는 과잉 압력 P로 인해 댐 하부의 땅을 통해 물이 누출되는 현상을 보여주고 있다. 댐은 지하에 반지름이 r_D인 반원형 기저부를 형성하고 있다. 땅에서의 과잉 압력에 대해 다음과 같은 관계식이 제안되었다.

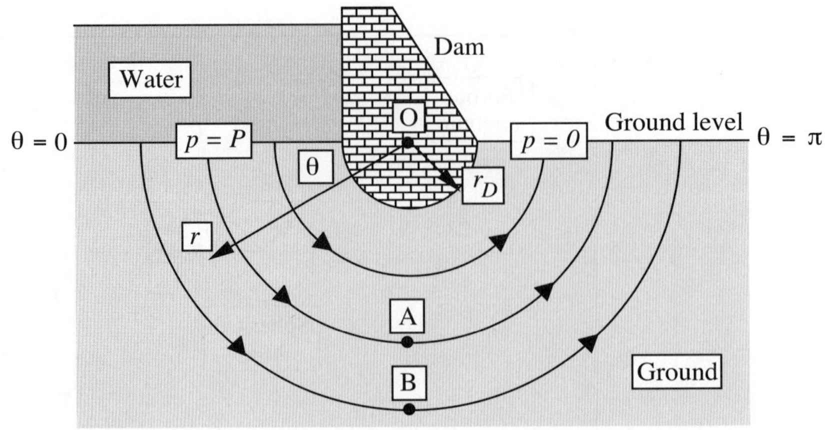

그림 P7.9 댐 하부로의 물의 누수.

$$p = P\left(1 - \frac{\theta}{\pi}\right). \tag{P7.9.2}$$

(c) 식 (P7.9.2)가 다음 사항을 만족한다는 것을 증명함으로써 이 식이 적절하다는 것을 증명하라.

(i) 지표면(ground level)에서의 압력에 대한 조건

(ii) 원통형 좌표계($r/\theta/z$)에서의 Laplace 방정식 $\nabla^2 p = 0$, 여기서 z 방향에 대한 모든 도함수들이 0이다.

(iii) 댐의 기저부에서 반지름 방향 유동이 0이다.

(d) 원통형 좌표계($r/\theta/z$)에서 ∇p의 r과 θ 성분은 무엇인가? r과 θ의 항으로 v_r과 v_θ에 대한 표현은 어떻게 되는가? 만약 이 속도 성분들에 대한 흐름 함수 ψ의 항으로 나타낸 표현이 다음과 같을 때,

$$v_r = -\frac{1}{r}\frac{\partial \psi}{\partial \theta}, \qquad v_\theta = \frac{\partial \psi}{\partial r}, \tag{P7.9.3}$$

흐름 함수에 대한 관계식을 r과 θ의 항으로 유도하고, 유선들이 반원이라는 것을 증명하라. 유선과 등압선을 보이는 그림을 몇 개를 그려라(일정 압력의 선들(등퍼텐셜과 매우 흡사)).

(e) A와 B 점 사이에서 약간의 구리 성분을 포함하고 있는 토양이 관측되었다. 이 독성 속이 녹아 나와 댐 하류에 나쁜 영향을 주었을 가능성이 있다. 이러한 위험서의 범위를 평가하기 위해 A와 B 점 사이의 물의 부피 유속 Q(그림에 수직인 z 방향의 단위 길이당)에 대한 표현을 유도하라. 여러분의 답에서 Q를 P, κ, μ, r_A, r_B의 항으로 나타내어라.

10. *균일 흐름과 선 소멸점—M.* 이 2차원 문제에서, 특별히 y 좌표 값이 요구되는 한 지점을 제외한 조건에서 r과 θ 좌표의 항으로 답하라.

(a) 원점 O의 선 소멸점이 그림 P7.10에 보이는 평면에 수직인 방향으로 퍼져 있다. 이 소멸점으로 부터의 누출되는 단위 길이당 총 부피 유속이 $2\pi Q$이라면, 속도 퍼텐셜이 다음과 같음을 증명하라.

$$\phi = -Q \ln r.$$

흐름 함수 ψ에 상응하는 방정식은 무엇인가?

(b) 이제는 소멸점으로 부터 멀리 떨어진 곳에서 x 방향의 균일한 속도가 U인 액체의 흐름이 추가된 경우를 고려해 보자. 균일 흐름과 소멸점의 조합에 대해 $\phi = Ur\cos\theta - Q\ln r$임을 보이고, 이에 해당하는 ψ에 대한 관계식을 구하라.

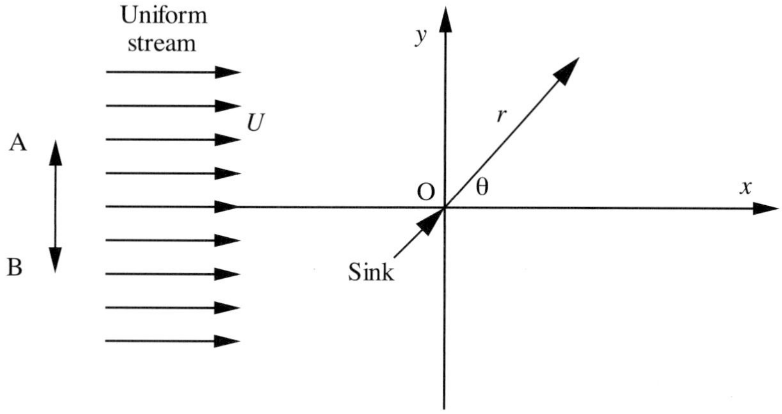

그림 P7.10 균일 흐름과 소멸 점에 대한 좌표계.

(c) 속도 성분 v_r과 v_θ에 대한 관계식을 구하고, 이 속도 성분들로부터 유동이 비회전성임을 증명하라.

(d) 단일 정체점 S가 어디에 위치하는가? S를 통과하는 유선의 방정식은 무엇인가? 따라서 소멸점으로부터 멀리 떨어진 상류의 이 유선의 y 좌표를 고려함으로써 소멸점으로 유입되는 균일 흐름 부분인 AB의 너비를 U와 Q의 항으로 유도하라.

(e) 균일 흐름과 소멸(sink)의 조합에 대한 등퍼텐셜 선과 유선을 몇 개 그려라.

(f) 다공성 매질에서의 비압축성 액체의 유동에 대해 Darcy 법칙에 따라 겉보기 속도 벡터(단위당의 부피 유속) $\mathbf{v}$가 다음과 같이 주어진다.

$$\mathbf{v} = -\frac{\kappa}{\mu}\nabla p,$$

여기서 κ는 균일한 투과도, μ는 일정한 점도, p는 압력이다. 압력이 다음과 같은 Laplace 방정식을 따름을 보여라.

$$\nabla^2 p = 0,$$

따라서 압력은 비회전성 유동에 대해서 공부한 속도 퍼텐셜과 거의 같게 다룰 수 있다. 유일한 차이는 인자 $-\kappa/\mu$이다. 따라서 만일 그림 P7.10이 다공성 토양층에서의 관정의 수평 단면을 나타낸다고 하면, 압력이 정체점에서의 값 p_S으로부터 얼마나 편행되는지에 대한 표현을 유도하라.

11. *불투과성 장벽 근처의 주입 유정—M.* 이 문제는 (축 대칭 구형 좌표계가 아닌) 2차원에서의 퍼텐셜 유동을 포함한다. 편의상 x, y와 r, θ 좌표계가 사용될 것이다.

(a) 우선 원점 O에 x, y 평면에 수직으로 펼쳐지는 선 원을 고려해 보자, 유동은 모든 곳에서 방사 방향의 외부로 향하고(여기서 $v_\theta = 0$), 이 원(source)으로부터 유출되는 총 부피 유속은 단위 깊이 당(원의 세기 Q에 해당하는)은 $2\pi Q$이다. 방사 방향 속도에 대한 간단한 관계식을 방사 방향 거리의 함수로 유도하고, 따라서 속도 퍼텐셜이 다음과 같이 주어짐을 증명하라.

$$\phi = Q \ln r.$$

흐름 함수 ψ에 상응하는 방정식은 어떻게 되는가?

(b) 원(source)으로부터 방사 방향으로 $r = R$인 지점까지 유체 입자가 이동하는 데 드는 시간에 대한 표현을 유도하라.

(c) 그림 P7.11(a)는 좌표값이 $x = a$와 $y = 0$인 점 B에 위치한 선 원을 보여준다. y축으로 무한정 확

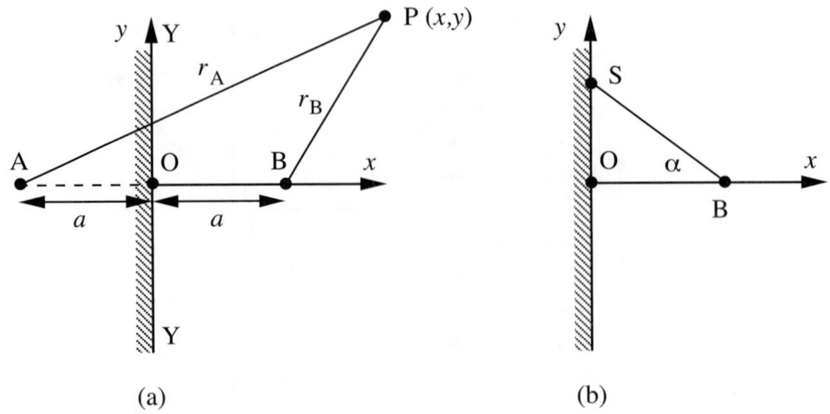

그림 P7.11 두 원(source) A와 B의 기하학적 위치.

장되는 Y−Y 평면을 따라서 유동에 대한 불투과적인 장벽이 있다. 좌표값이 (x, y)인 점 P에서의 속도 퍼텐셜 ϕ와 흐름 함수 ψ는 선 원 B에 좌표값이 $x = -a$와 $y = 0$인 점 A에 세기는 Q로 동일한 선 원을 더함으로써 모델링될 수 있는 이유를 밝혀라.

(d) 두 원(source)의 조합에 대해 점 P에서의 흐름 함수를 Q, x, y의 함수로 나타내어라. 필요한 경우 다음과 같은 항등식을 사용하라.

$$\tan^{-1}\left(\frac{y}{x+a}\right) + \tan^{-1}\left(\frac{y}{x-a}\right) = \tan^{-1}\left(\frac{2xy}{x^2 - y^2 - a^2}\right).$$

(e) 유동의 방향을 명백히 나타내는 유선 몇 개를 도시하라($x \geq 0$에서만). 만약 정체점이 존재하면, 이를 표시하라. 만약 존재하지 않으면, 그 이유를 설명하라.

(f) 점 P에서의 퍼텐셜 함수 ϕ를 Q, r_A, r_B의 항으로 나타내어라. 등퍼텐셜 선들을 그림에 도시하라.

(g) 그림 P7.11(b)는 좀 더 명확하게 하기 위해 몇 개의 직선을 지운 것 외에는 기본적으로 같은 상황을 보여준다. 장벽 상의 S점에서 (y 방향에서의) 속도 v_y를 고려해보자. α가 어떤 값을 가질 때 v_y가 최대가 되는가? 이를 설명하라.

(h) 이제는 투과도가 κ인 다공성 층에서 B에 중심을 둔 반지름 $R(R \ll a$인)의 관정 W가 있다고 가정하자. 이 관정으로 점도가 μ인 처리된 폐수를 부피 유속 Q로 주입한다. 이 관정 W와 원점 O 사이의 압력차 $p_W - p_O$에 대한 표현을 유도하라.

힌트: 다공성 매질을 통한 유동은 만약 ϕ를 $-\kappa p/\mu$로 대체하면 퍼텐셜 유동으로 모델링될 수 있다는 것을 기억하라.

12. *와류에서의 순환—E.* Curl **v**의 적절한 성분을 조사하여 예제 7.1의 강제 와류 영역과 자유 와류 영역에서 순환(식 (5.26)으로 정의됨)에 대한 표현을 유도하라. 여러분이 유도한 결과에 대하여 설명하라.

13. *퍼텐셜 유동에서 입자의 운동—D.* 이 문제는 비말 동반된 입자를 위해 유체의 시료를 채취에 응용된다. 우선 예제 7.3을 검토해 보자. 지름이 d_p이고, 밀도가 ρ_p인 작은 구형입자가 초기($t = 0$) 속도 성분 ($v_{x0}^p = 0$, $v_{y0}^p = -U$)으로 위치가 지정되어야 할 슬롯의 상류로 유입된다. 입자의 크기는 충분히 작기 때문에, Stokes 법칙을 사용하여 입자에 작용하는 항력을 다음과 같이 계산할 수 있다.

$$F_x = 3\pi\mu_f d_p(v_x^f - v_x^p), \qquad F_y = 3\pi\mu_f d_p(v_y^f - v_y^p),$$

여기서 μ_f는 유체의 점도이고, 위첨자 f와 p는 각각 유체와 입자의 속도이다.

다음의 무차원 미분 방정식으로 두 주된 방향에서의 입자의 가속을 구할 수 있음을 증명하라.

$$\xi \frac{dV_X^p}{d\tau} = -\frac{X}{X^2+Y^2} - V_X^p, \qquad \xi \frac{dV_Y^p}{d\tau} = -1 - \frac{Y}{X^2+Y^2} - V_Y^p,$$

여기서

$$\tau = \frac{\pi U^2 t}{Q}, \quad \xi = \frac{\pi \rho_p d_p^2 U^2}{18\mu_f Q}, \quad X = \frac{\pi U x}{Q}, \quad Y = \frac{\pi U y}{Q}, \quad V_X^p = \frac{v_x^p}{U}, \quad V_Y^p = \frac{v_y^p}{U}.$$

이다.

스프레드시트, MATLAB 또는 다른 표준 컴퓨터 소프트웨어를 사용하여 $\tau = 0$에서부터 (a) 입자가 슬롯으로 들어가거나, (b) 입자가 벽과 충돌하거나, (c) 입자가 슬롯을 벗어나 진행하고 V_X^p 값이 무의미할 때까지 시간의 함수로 (X와 Y로 측정되는) 입자의 위치를 결정하라. 미분 방정식들을 풀기 위하여 시간 간격 $\Delta\tau$를 사용한 Euler 법을 사용할 수 있다(부록 A 참조).

만약 스프레드시트를 사용한다면, 연속적인 시간 간격에서 다양한 양들을 제대로 추가하기 위하여 τ, X, Y, V_X^f, V_Y^f, V_X^p, V_Y^p, $dV_X^p/d\tau$, $dV_Y^p/d\tau$를 각 열의 제목으로 사용하면 좋을 것이다.

Y_0를 충분히 크게 잡아서 이의 특정한 값이 중대한 영향을 비치지 않도록 한다. X_0와 ξ에 대한 여러 가지의 값에 대하여 입자의 대표적인 궤적에 대해 4개를 도시하고, 각 궤적에 짧게 설명하라.

14. *충전탑에서의 범람—D (C).* 반지름이 a인 구 주위에 점성이 거의 없는 밀도 ρ_G의 기체의 상향 유동에 대해 고려해 보자. 구로부터 충분히 떨어진 곳에서 기체의 상향 속도는 U이고, 흐름 함수는 다음과 같다.

$$\psi = -\frac{1}{2} U r^2 \sin^2\theta \left(1 - \frac{a^3}{r^3}\right), \tag{P7.14.1}$$

여기서 r은 구의 중심으로부터 방사 방향의 거리이고, 각도 θ는 연직으로부터 *아래 방향*에서 측정되었다. $v^2 = {v_r}^2 + {v_\theta}^2$에 대한 관계를 r과 θ의 함수로 유도하라. 또한 구의 표면에서 방향으로의 압력 구배가 다음과 같음을 증명하라.

$$\left(\frac{\partial p}{\partial \theta}\right)_{r=a} = -\frac{9}{4}\rho_G U^2 \sin\theta\cos\theta. \tag{P7.14.2}$$

충전층의 범람(계속적으로 증가하는 아래 방향의 액체 유동과 위 방향의 기체 유동을 수용할 수는 없음)에 대해 연구하기 위한 실험에서, 밀도가 ρ_L인 비점성 액체가 중력장 하에서 고체 구의 표면을 따라 자유롭고 대칭적으로 흐른다. 밀도가 ρ_G인 기체가 구 주위를 따라 위쪽으로 흐르고, 이의 흐름 함수는 식 (P7.14.1)과 같다.

중심에서 $d\theta$에 대하는 유체 요소의 평형 상태를 고려함으로써, 액체가 아래로 흘러내리는 것을 막기 위한 기체에서의 압력 구배가 다음과 같이 주어짐을 보여라.

$$\frac{\partial p}{\partial \theta} = \rho_L g a \sin\theta, \tag{P7.14.3}$$

그리고 이 식은 다음과 같은 조건에서 우선적으로 만족함을 보여라.

$$U^2 = \frac{4\rho_L g a}{9\rho_G}. \tag{P7.14.4}$$

15. *와류선(vortex line)과 유선—E.* 예제 7.1에서와 같이 혼합되는 액체의 강제 와류 영역을 고려해 보자. 중력의 효과를 무시하면, $p/\rho + \mathbf{v}^2/2 + gz$가 상수인 표면의 형태는 어떻게 되는가? 대표적인 점에서 속도와 와류도의 방향과 $p/\rho + \mathbf{v}^2/2 + gz$가 증가하는 방향을 보여주는 그림을 그려라.

16. *속도 퍼텐셜/흐름 함수—M (C).* 어떤 2차원 비회전성 유동에서 속도 퍼텐셜이 다음과 같이 주어졌다.

$$\phi = a(x^2 + by^2),$$

여기서 $a = 0.1\ \text{s}^{-1}$이다.

상수 b를 구하고, 상응하는 흐름 함수에 대한 관계식을 유도하라. $x > 0$, $y > 0$인 영역에 대해 대표적인 유선들을 몇 개 나타내고, ϕ가 나타내는 유동 형태를 결정하라.

만약 시간이 $t = 0$에서 유체 요소가 점 P ($x = 10$ cm, $y = 20$ cm)에 있다면, 시간 $t = 2$ s에서의 유체의 위치 Q를 찾고 그 경로를 그림으로 나타내어라.

17. *두 관정 사이에서의 물의 유동—M.* 예제 7.4에 나타낸 조건과 관련하여 $\mu = 1$ cP, $\kappa = 15$ darcy, $L = 1{,}000$ m라고 하자. 만일 이용 가능한 펌프가 두 관정 사이의 압력 차를 5.0 bar로 한정한다면, 지층의 연직 단위 길이당 물의 부피 유속은 얼마로 예상되는가? 답을 깊이 m당 m^3/s와 깊이 ft당 gpm로 나타내어라.

이 조건에서 두 관정 사이의 가운데 점에서 물의 겉보기 속도(m/s)는 얼마인가? 이 속도하에서 지층의 공극률이 0.30이라면, 물은 1년에 얼마나 이동하겠는가?

18. *표면 아래의 파동의 효과—E.* 파고가 5 m 간격인 평행 파가 수심이 깊은 물의 표면에서 연속적으로 이동하고 있다. 이 파들이 속도(m/s)는 얼마인가? 변위가 표면에서의 변위의 1/100이 되는 수심은 얼마인가?

19. *유체 시료 채취—M.* *축 대칭* 비점성인 비압축성 유동은 다음의 두 가지 기본 요소들의 조합으로 구성되다.

(i) 양의 z 방향에서의 속도 U인 유체의 균일 흐름.

(ii) 원점 $r = 0$에 위치한 점 소멸점. 이 소멸점은 유체 시료를 일정한 부피유속 $4\pi Q$로 시료를 채취한다.

두 유동의 조합에 대하여

(a) 구형 좌표계(r과 θ)에서 흐름 함수와 퍼텐셜 함수에 대한 관계식을 구하라.

(b) 유선과 등퍼텐셜 선들을 몇 개 그리고 관련된 모든 세부 사항들을 나타내어라.

(c) 흐름 함수로부터 해당하는 속도 성분 v_r과 v_θ를 유도하라.

(d) 정체점이 존재하는가? 만약 존재한다면, 그 위치와 존재하는 이유에 관해 설명하라. 만약 존재하지 않는다면 그 이유를 설명하라.

(e) 음의 z 방향으로 멀리 떨어진 곳의 유체가 시료 채취점에서 채취될 수 있기 위해서는 y 방향에서의 반지름 a의 최대치는 얼마인가? y와 z 좌표는 그림 7.11에 주어졌다.

(f) 상류의 어떤 지점($z = -D$; $y = H$)에서 시작되는 유체의 작은 효소를 고려해보자. 이 유체 요소가 소멸점에 도달하는 데 걸리는 시간을 어떻게 계산할 수 있는지에 관해 설명하라. 결론에 이르기까지 완전히 유도할 필요는 없지만 (시간이 충분히 주어진다면) 다른 누군가가 완전히 유도할 수 있을 정도로 충분히 자세하게 설명해야 한다.

20. *천연가스 저장—E.* 천연 가스를 지하에 저장하는 과정에서 발생한 기포 내의 압력 변화에 대한 식 (7.95)를 증명하라. 차원이 $dx \times dt \times h$인 요소에 대한 과도 상태 수지식을 활용하라.

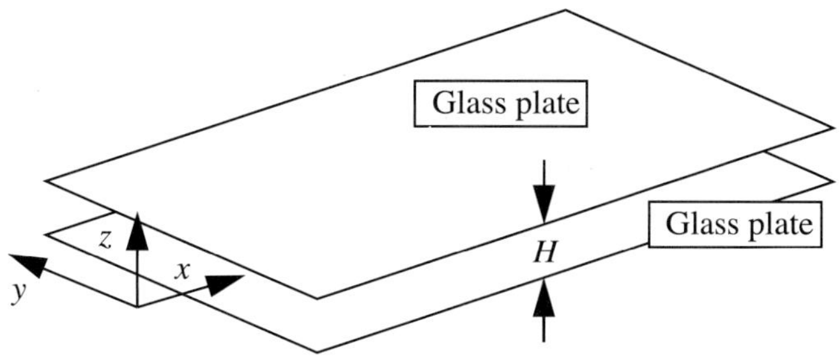

그림 P7.21 Hele-Shaw 판.

21. *Hele-Shaw 유동—M.* 그림 7.21에 나타낸 바와 같이 2개의 투명한 유리판이 작은 간격만큼 떨어진 상태로 평행하게 배열되어 있고, 이 사이를 점도가 μ인 액체가 흐르고 있다. 누출을 방지하기 위해 액체가 유입되고 유출되는 곳을 제외한 판의 모서리 주변은 밀봉되어 있다. 물감이나 작은 입자를 주입하게 되면, 평판의 위쪽을 통해(평판 사이에 끼워져 있는 방해물 주위를 지나는 유동을 포함한) 유동 형태를 관찰할 수 있을 것이다. 이 문제의 목적은 유동이 비록 점성이지만 x/y 평면에서의 평균 속도 성분 $\overline{v}_x$와 $\overline{v}_y$는 스칼라 ϕ의 구배이고, 따라서 유동은 마치 비회전성인 것처럼 거동하고, 해당하는 유선들을 관찰할 수 있게 된다.

x 속도 성분은 다음의 간략화된 운동량 방정식을 따른다.

$$\frac{\partial p}{\partial x} = \mu \frac{\partial^2 v_x}{\partial z^2} = \mu \frac{d^2 v_x}{dz^2}, \tag{P7.21}$$

여기서 z는 두 판에 수직으로 측정되는 연직 좌표이다(가운데 평면에서 $z = 0$). y 속도 성분도 비슷한 식으로 나타낼 수 있다.

(a) 식 (P7.21)에 암시하는 간략화를 위한 가정들을 상술하라.

(b) v_x에 대한 관계식을 H, z, μ와 $\partial p/\partial x$의 항으로 유도하고 $\overline{v}_x$(두 평판 사이에서 v_x의 평균값)는 H, μ와 $\partial p/\partial x$의 항으로 유도하라.

(c) 증명하지 않고, y 방향 평균 속도 성분인 $\overline{v}_y$에 해당되는 표현을 써라.

(d) 속도 벡터의 성분들은 $\overline{v}_x$와 $\overline{v}_y$인 $\overline{\mathbf{v}} = \nabla\phi$로 나타낼 수 있는 퍼텐셜 함수 ϕ는 무엇인가?

22. *관정에 대한 유동 형태—M.* 연습 문제 7.21의 Hele-Shaw 장치는 (그림 P7.22를 위에서 보는 관점

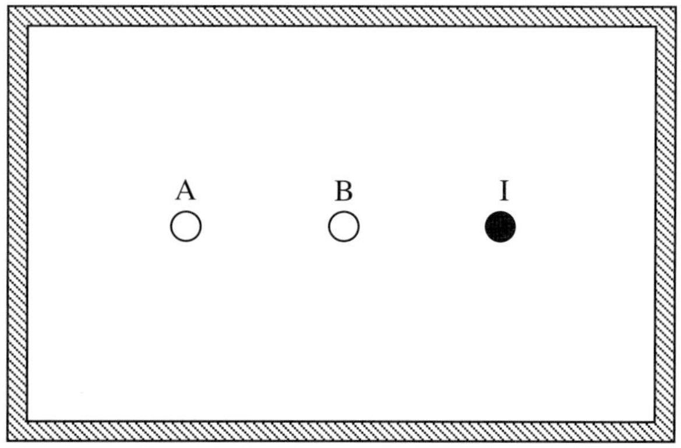

그림 P7.22 주입 관정(I)과 배수 관정(A와 B).

에서) 평판에서 한 주입 관정 I과 (압력이 동일할 필요성은 없지만, 주입되는 물을 똑같이 나누어 가지는) 두 배수 관정 A와 B 사이에서의 다공성 매질 유동을 모사하는 데 사용될 수 있다. 이 상황은 예제 7.5와 매우 흡사하지만, *두 개*의 배수 관정이 있고, 주면 영역에 *불투과성 경계*가 있다는 점이 다르다.

(a) Hele-Shaw 장치가 다공성 매질에서의 유동을 모사할 수 있는 이유를 *간략히* 설명하라.

(b) 결과적인 유동 형태와 관련하여 다음과 같이 대략적으로 표시하라.

 (i) 유선 8개(화살표 실선으로)와 등압선 또는 등퍼텐셜 선 6개(점선으로)를 한 페이지 전체에 그려라.

 (ii) 어떤 계산도 하지 말라.

 (iii) 관정 주위에서만이 아니라 전체 면적에 대해 모두 포함시켜야 한다.

 (iv) 대칭을 통해 얻어지는 유선들도 포함시킨다. 그러나 요구되는 8개에는 포함되지 않는다.

 (v) 속도가 영되는 모든 점들 "S"(stagnation, 정체)로 명백히 나타내어라.

23. *쐐기-모양 영역에서의 유동—M.* 다음의 퍼텐셜 함수를 증명하라.

$$\phi = -cr^3 \cos 3\theta,$$

이때 c는 상수이고, 이 함수는 $\theta = 0$와 $\theta = \pi/3$인 면들로 제한되는 쐐기 모양(wedge-shape) 영역에서 2차원 비회전성 유동을 가져다준다. 유동 방향을 명백하게 나타내는 몇 개의 유선을 그려라. 정체점이 있는가? 만일 존재한다면 어디인가?

24. *회전이 있는 비점성 유동—E.* 예제 7.5를 참조하라.

(a) $-\nabla^2\psi = \zeta$의 유효성을 증명하라. 여기서 $\zeta = (\partial v_y/\partial x - \partial v_x/\partial y)$는 와류도(vorticity)이다.

(b) $-\nabla^2\psi = \zeta$의 사용이 여전히 연속방정식이 만족되고 있다는 것을 암시하고 있는가?

25. *참/거짓.* 참(T)과 거짓(F)에 표시하라.

(a)	Euler 방정식은 관성 효과는 무시되고, 점성 효과가 포함된 경우이다.	T□ F□
(b)	강제 와류에서 속도 성분 v_θ는 어느 곳에서나 일정하다.	T□ F□
(c)	유체가 모든 위치에서 동심원 형태로 움직일 때 비회전성 유동이 가능하다.	T□ F□
(d)	각속도는 와류도의 2배이다.	T□ F□
(e)	퍼텐셜 함수의 항 $v_x = \partial\phi/\partial x$, $v_y = \partial\phi/\partial y$으로 주어진 속도 분포는 자동적으로 연속 방정식을 만족한다.	T□ F□
(f)	유선들은 서로 교차될 수 있다.	T□ F□
(g)	속도 성분들은 속도 퍼텐셜이나 흐름 함수에 대한 표현으로부터 유도될 수 있다.	T□ F□
(h)	흐름 함수 $\psi = Ux$는 방향의 균일한 유동을 나타낸다.	T□ F□
(i)	원통을 지나는 비회전성 유동 문제는 축 대칭 구형 좌표계에서 가장 잘 풀린다.	T□ F□
(j)	퍼텐셜 흐름에 대한 해제에서, 고체 경계에서 속도는 항상 0이다.	T□ F□
(k)	축 대칭 비회전성 유동에 대한 흐름 함수는 Laplace 방정식을 만족한다.	T□ F□
(l)	세기가 m인 점 원은 단위 시간당 총 부피 유속 m을 방출한다.	T□ F□
(m)	단순한 퍼텐셜 유동들을 조합하면 좀 더 복잡한 유동을 모사할 수 있다.	T□ F□
(n)	압력이 최소가 될 때 정체점이 발생한다.	T□ F□
(o)	유체 이중성(doublet)은 모든 방향에서 동일한 효과를 나타낸다.	T□ F□
(p)	서로 반대 방향인 이중선과 균일 흐름의 조합은 고체 구 주위를 지나는 비회전성 유동을 나타낸다.	T□ F□

(q) 그림 7.1(a)의 강제 와류에서 전단 응력 $\tau_{r\theta}$는 0이다. T □ F □

(r) 그림 7.7에 나타낸 바와 같이 x축에 평행인 유동의 경우, 흐름 함수는 y 방향으로 감소한다. T □ F □

(s) 세기 m인 점 원으로부터 어떤 거리에서의 방사 방향 속도는 $v_r = m/r$이다. T □ F □

(t) Tornado 유동은 선 소멸점과 강제 와류를 조합하여 근사적으로 나타낼 수 있다. T □ F □

(u) 특정한 진폭을 갖는 파동이 수면을 이동할 때 수심이 깊을수록 ω 값이 큰 파동이 ω 값이 작은 파동보다 속도에 더 큰 영향을 미친다. T □ F □

(v) 원통을 지나는 퍼텐셜 유동을 이론적으로 다룰 때, 해는 원통의 표면에서 접선 방향의 속도 v_θ가 0임을 만족시켜야 한다. T □ F □

(w) Laplace 방정식은 다공성 매질에서 단일 상의 정상상태 유동에 대한 압력 분포를 나타낸다. T □ F □

제 8 장

경계층 유동과 거의 한방향 유동

Boundary-Layer and Other Nearly Unidirectional Flows

8.1 서론

비록 Navier-Stokes 방정식을 뉴턴성 유체의 유동에 적용한다 하더라도, 일반적으로 이 방정식을 엄밀히 푸는 것은 매우 어렵다. 또한 난류나 다른 불안정성들 때문에 Reynolds 수가 큰 경우에는 명백히 옳은 해가 물리적으로 비현실적인 경우가 되는 문제가 있을 수 있다.

문제를 좀 더 용이하게 다룰 수 있도록 하기 위해, Reynolds 수(관성과 점성 효과의 비)의 범위에 따라 두 가지 특정한 형태의 간략화 근사를 할 수 있다.

1. 6장 예제에서 다룬 것처럼 관성 항을 생략한다. 그 결과로부터 얻어지는 방정식은 점성 작용이 중요한 고정 경계 근처의 유동에 특히 적합하다. (6장에서는 다루지 않았지만, 또 다음 예에서는 구 주위의 "미동(creeping)" 유동에 대한 Stokes 해를 얻었다. 그러나 이 해는 $\mathrm{Re} < 1$인 경우에만 유효하다.)
2. 7장에서 다룬 것처럼 점성 항을 생략한다. 그 결과로부터 얻어지는 비점성 유동에 대한 방정식은 다루기가 훨씬 용이하고, 경계로부터 멀리 떨어져 점성 작용이 중요하지 않은 영역에 적용하는 것이 적절하다.

그러나 일반적으로는 점성과 관성 항들이 서로 유사한 크기를 갖는 영역이 있을 수 있다. 저점도 유체의 경우에 있어서도 고체 경계 근처에서 이와 같은 영역이 존재하며 전단속도가 크다. 이와 같은 영역을 *경계층*(boundary layer)이라 부르고, 이 영역을 관통하는 열 및 물질 확산이 열 및 물질전달 속도를 제어하기 때문에 화학공학에서 매우 중요하다. 또한 항공공학이나 조선술에서 경계층 이론을 이용하여 비행기 동체와 날개 또는 선체에서 발생하는 마찰을 결정하는 데 중요하다.

경계층 해석의 핵심사항은 주 유동 방향이 존재한다는 것이며, 이 방향의 속도성분 v_x는 횡단 또는 이차 방향의 속도성분, 즉 v_y에 비해 현저하게 크다. $v_x \gg v_y$라는 사실은 근본적으로 횡단 방향에서의 압력 변화가 거의 없다는 사식을 암시한다. 실질적인 간략화라고 할 수 있다. 이와 같은 간략화는 윤활 문제, 고분자 캘린더링, 페인트 퍼짐, 그리고 그 밖의 거의 한방향 유동(nearly unidirectional flow) 등에 적용할 수 있다.

8.2 평판을 흐르는 층류 유동에 대한 간략화 해법

경계층 유동에 대한 Navier-Stokes 방정식의 완전한 해를 얻는 것은 거의 불가능하다. 따라서 8.2~8.5절에서 간략화를 하고 다음과 같은 두 가지 접근법에 의하여 실용적인 해를 얻는 것에 만족하도록 하자.

1. 경계층 요소에 대한 질량 및 운동량 수지식을 세우고, 속도 분포에 대한 합리적인 *가정*을 하고, 최종적으로 층류에 대해서는 이 절에서 설명하는 방법을 이용하고, 난류에 대해서는 8.5절에서 요약된 방법을 이용하여 풀면 된다.
2. 층류 경계층에 대해서는 Navier-Stokes 방정식에서부터 시작하되, 값이 작은 항들(8.3절 참조)을 제거하는 고전적인 *Blasius 해법*을 따른다. 8.4절에서 논의된 바와 같이 변수를 적절히 변화시키면, 3계 *상미분* 방정식을 얻을 수 있다. 이 방정식은 속도를 구하기 위해 수치적으로 풀 수 있다.

추가적으로, 예제 8.3과 8.5에서 경계층과 윤활 유동에 대한 Navier-Stokes 방정식을 풀기 위한 전산유체역학(computational fluid dynamics)을 어떻게 적용하는지에 대해 설명하였다.

여기에서는 그림 8.1에 나타낸 바와 같이 평판을 지나는 정상상태 2*차원 층류* 유동을 고려해보자. 유체의 속도는 평판에서 0이고, *주흐름*(mainstream)에서 $v_{x\infty}$으로 변하는 얇은 영역인 *경계층*이 존재한다고 가정하자. (점성의 효과가 무시되는) 주흐름에서의 속도 $v_{x\infty}$는 여기서는 상수로 가정한다. 따라서 Bernoulli 방정식에 의거하여 주흐름에서의 압력은 변하지 않는다. 더구나 경계층을 *가로질러* 발생하는 압력 변화는 무시될 수 있기 때문에(좀 더 엄밀한 증명은 8.3절 참조), 경계층의 압력도 일정하다.

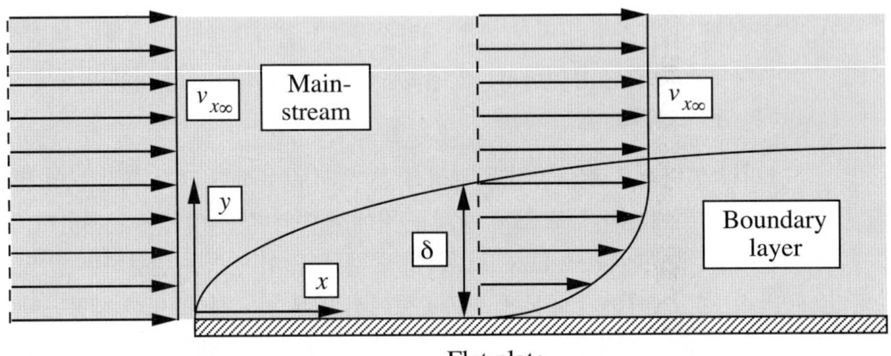

그림 8.1 평판 위의 층류 경계층의 형성.

8.4절에서 다루게 될 거의 엄밀한 Blasius 해는 평판의 선단에서부터 임의의 거리 x까지 평판에 작용하는 전단응력 τ_w은 *항력계수* c_f에 의해 무차원 형태로 다음과 같음을 보인다.

$$c_f = \frac{\tau_w}{\frac{1}{2}\rho v_{x\infty}^2} = \frac{0.664}{\sqrt{\mathrm{Re_x}}}, \quad \text{where} \quad \mathrm{Re}_x = \frac{\rho v_{x\infty} x}{\mu}. \tag{8.1}$$

이 절에서는 그림 8.2에 나타낸 바와 같이 경계층의 요소에 대한 질량 및 운동량 수지를 세워서 비슷한 결과를 좀 더 쉽게 구할 것이다.

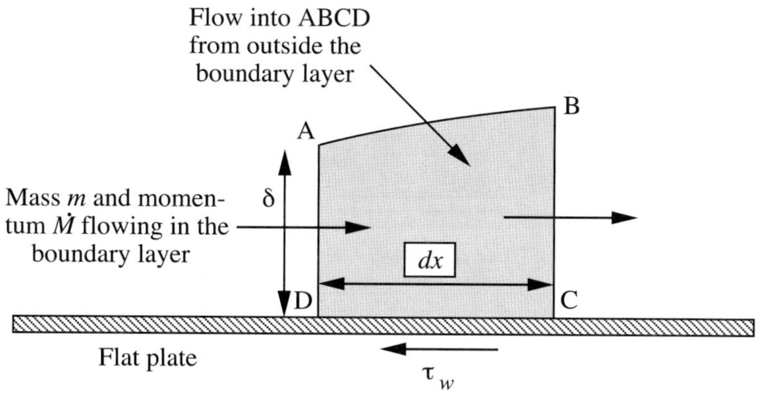

그림 8.2 경계층 요소로 유입 및 유출되는 플럭스들.

이 요소의 길이를 dx라 하고, 그림의 평면에 수직 방향의 단위 너비에 대해 고려하자. 평판이 x 속도 성분을 지연시키기 때문에, y 방향 속도 성분 v_y가 발생하게 된다. 따라서 $\partial v_x/\partial x$는 음이 되고, 연속 방정식에 의하여 $\partial v_y/\partial y$는 양이 되어야 한다. 벽에서의 $v_y = 0$이므로, 벽으로부터 멀어짐에 따라 점점 양의 값이 증가하게 된다. 경계층 두께에 대해 적분하게 되면, 다음과 같이 왼쪽 면 AD를 통해 유입되는 질량(m)과 운동량($\dot{\mathcal{M}}$)의 플럭스를 구할 수 있다.[1]

$$
\begin{aligned}
m &= \rho \int_0^\delta v_x \, dy, \\
\dot{\mathcal{M}} &= \rho \int_0^\delta v_x^2 \, dy.
\end{aligned}
\tag{8.2}
$$

일반적인 논의에 따라 BC 면을 통하여 흘러나가는 질량 플럭스는 $m + (dm/dx)dx$가 된다. 즉 질량 플럭스 $(dm/dx)dx$이 경계면 AB를 통하여 주흐름으로부터 대상 부피 ABCD로 유입되어야 한다. 주흐름의 속도는 $v_{x\infty}$이므로, $(dm/dx)dxv_{x\infty}$의 x 방향 운동량 플럭스를 동반하게 된다. ABCD에서 x 방향 운동량 플럭스는 다음과 같게 된다.

$$
\dot{\mathcal{M}} + \frac{dm}{dx}\,dx\,v_{x\infty} - \tau_w dx - \left(\dot{\mathcal{M}} + \frac{d\dot{\mathcal{M}}}{dx}\,dx \right) = 0. \tag{8.3}
$$

8.1절에서 표현된 경계층의 정의와 일관되게 *관성*과 (벽에서의 전단 응력인 τ_w에 의한) *점성* 항들이 모두 포함되어 있음을 주목하라. 압력은 어디에서나 일정하기 때문에, 압력을 포함한 항은 나타나지 않는다. 식 (8.2)의 m과 $\dot{\mathcal{M}}$를 대입하고, ρ로 나누면 다음과 같이 된다.

$$
v_{x\infty} \frac{d}{dx} \int_0^\delta v_x \, dy = \frac{\tau_w}{\rho} + \frac{d}{dx} \int_0^\delta v_x^2 \, dy. \tag{8.4}
$$

만일 속도 분포 $v_x = v_x(x, y)$를 알고 있다면, 벽에서의 전단 응력과 경계층 두께를 식 (8.4)로 x의 함수로 표현할 수 있다. 여기서 추구하는 간략화 접근법은 속도 분포는 다음의 법칙을 따른다고 가정하는 것이다.

[1] m 위에 도트(dot) 표시를 할 필요는 없는데, 이는 이미 질량 전달 속도 M으로 정의되었다.

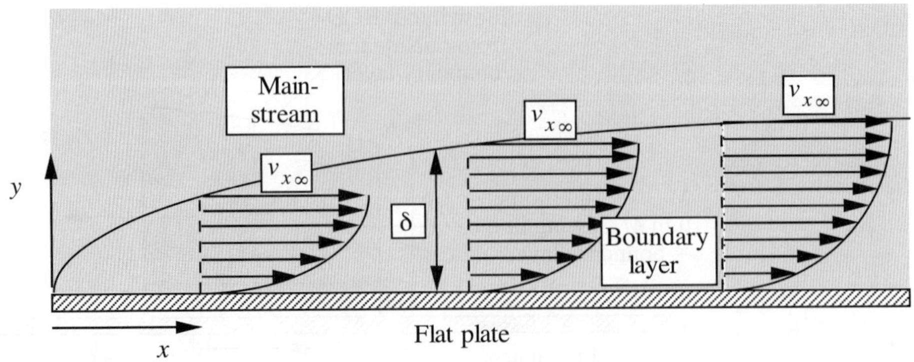

그림 8.3 유사한 속도 분포들.

$$\frac{v_x}{v_{x\infty}} = f(\zeta), \quad \text{where} \quad \zeta = \frac{y}{\delta(x)}. \tag{8.5}$$

경계층 두께 δ가 x에 의존한다 할지라도, 식 (8.5)는 선단으로부터 모든 거리 x에 대하여 성립한다고 가정된다. 즉, 속도 분포는 비슷한 모양을 가지더라도, 그림 8.3과 같이 선단으로부터의 거리가 멀어질수록 y 방향으로 더 "확장"된다. ζ는 평판에 수직인 *무차원 거리*임에 주목하라. 속도 분포의 유사성 원리가 적용되었다. 즉 판으로부터 특정한 위치에서(국지의 경계층 두께의 분율로 표시된) 속도는 선단으로부터의 거리 x와는 *무관하게* 주흐름 속도의 일정 분율까지 전개된다.

다음 단계는 최소한 다음 조건들을 만족해야 할 $f(\zeta)$의 형태에 관하여 합리적으로 고찰한다.

1. $f(0) = 0$ ($\zeta = 0$인 벽에서 속도는 0).
2. $f(1) = 1$ ($\zeta = 1$인 경계층의 가장자리에서 주흐름 속도 $v_{x\infty}$가 다시 회복된다.)
3. $f'(1) = 0$ (경계층과 주흐름의 접점에서 속도 분포가 기울기는 0이다.)

필요하다면 다음과 같이 간략화된 x 방향 운동량 수지식을 연속적으로 미분하여 $y = 0$과 $y = \delta$에서 고계 도함수들을 구할 수 있다(자세한 사항은 8.3절 참조).

$$\begin{aligned} v_x \frac{\partial v_x}{\partial x} + v_y \frac{\partial v_x}{\partial y} &= -\frac{1}{\rho}\frac{\partial p}{\partial x} + \frac{\mu}{\rho}\frac{\partial^2 v_x}{\partial y^2} = v_{x\infty}\frac{dv_{x\infty}}{dx} + \frac{\mu}{\rho}\frac{\partial^2 v_x}{\partial y^2} \\ &= \frac{\mu}{\rho}\frac{\partial^2 v_x}{\partial y^2} \qquad \text{for constant mainstream velocity.} \end{aligned} \tag{8.6}$$

예를 들면,

$$\text{At } y = 0: \quad v_x = v_y = 0; \quad \frac{\partial^2 v_x}{\partial y^2} = 0, \ \frac{\partial^3 v_x}{\partial y^3} = 0, \ \text{etc.} \tag{8.7}$$

$$\text{At } y = \delta: \quad \frac{\partial v_x}{\partial x} = \frac{\partial v_x}{\partial y} = 0; \quad \frac{\partial^2 v_x}{\partial y^2} = 0, \ \frac{\partial^3 v_x}{\partial y^3} = 0, \ \text{etc.} \tag{8.8}$$

여기서는 다음과 같은 선택을 하게 되면,

$$\frac{v_x}{v_{x\infty}} = \sin\left(\frac{\pi y}{2\delta}\right), \tag{8.9}$$

이 식은 위의 조건 1, 2, 3을 만족시킬 뿐만 아니라 다음과 같이 적분값을 구할 수 있다.

$$\frac{1}{v_{x\infty}}\int_0^\delta v_x\,dy = \frac{2\delta}{\pi}, \qquad \frac{1}{v_{x\infty}^2}\int_0^\delta v_x^2\,dy = \frac{\delta}{2}. \tag{8.10}$$

식 (8.10)의 두 식을 x에 대해 미분하고, $v_{x\infty}^2$을 곱하면 다음과 같이 된다.

$$v_{x\infty}\frac{d}{dx}\int_0^\delta v_x\,dy = v_{x\infty}^2\frac{2}{\pi}\frac{d\delta}{dx}, \qquad \frac{d}{dx}\int_0^\delta v_x^2\,dy = \frac{v_{x\infty}^2}{2}\frac{d\delta}{dx}, \tag{8.11}$$

위 식들은 식 (8.4)의 운동량 수지식에 대입하면 다음과 같이 된다.

$$v_{x\infty}^2\frac{2}{\pi}\frac{d\delta}{dx} = \frac{\tau_w}{\rho} + \frac{v_{x\infty}^2}{2}\frac{d\delta}{dx}. \tag{8.12}$$

식 (8.12)는 선단으로부터의 거리에 따른 경계층 두께의 변화를 나타내는 상미분 방정식이다. 그리고 이 방정식은 벽에서의 전단 응력이 알려지기만 하면, 쉽게 적분할 수 있다. 속도 분포, 식 (8.9)는 다음과 같은 결과를 얻는다.

$$\tau_w = \mu\left(\frac{dv_x}{dy}\right)_{y=0} = \frac{\mu\pi v_{x\infty}}{2\delta}. \tag{8.13}$$

따라서 식 (8.12)는 다음과 같이 된다.

$$\frac{d\delta}{dx}cv_{x\infty}^2 = \frac{\mu\pi v_{x\infty}}{2\rho\delta}, \quad \text{where} \quad c = \frac{2}{\pi} - \frac{1}{2} \doteq 0.137. \tag{8.14}$$

변수를 분리하고, 적분하면 다음과 같이 된다.

$$\frac{2c}{\pi}\int_0^\delta \delta\,d\delta = \frac{\mu}{\rho v_{x\infty}}\int_0^x dx. \tag{8.15}$$

즉, 경계층 두께는 선단으로부터의 거리에 따라 다음과 같이 변한다.

$$\frac{\delta}{x} = \sqrt{\frac{\pi}{c}}\sqrt{\frac{\mu}{\rho v_{x\infty}x}} = \frac{4.79}{\sqrt{\mathrm{Re_x}}}. \tag{8.16}$$

여기서 식 (8.13)과 (8.16)으로부터 벽에서의 전단응력을 구할 수 있다. 약간의 대수적인 조작을 거치면 다음과 같은 결과를 얻을 수 있다.

$$c_f = \frac{\tau_w}{\frac{1}{2}\rho v_{x\infty}^2} = \frac{\sqrt{c\pi}}{\sqrt{\mathrm{Re_x}}} = \frac{0.656}{\sqrt{\mathrm{Re_x}}}. \tag{8.17}$$

여기서 취한 간략화된 접근법을 고려해 본다면, 최종적인 결과는 8.4절의 해와 상당히 비슷함을 알 수 있다.

물론 속도 분포에 대하여 $v_x/v_{x\infty} = a\zeta + b\zeta^2 + c\zeta^3 + \ldots$와 같은 다른 근사도 행해질 수 있다. 결과는 비슷하게 되고, 식 (8.17)의 계수에 해당하는 값들을 표 8.1에 나타내었다.

표 8.1 ▶ 다르게 취해진 속도 분포들에 대한 해

Approximation for $v_x/v_{x\infty}$	$c_f\sqrt{\text{Re}_x}$
ζ	0.578
$2\zeta - \zeta^2$	0.730
$\frac{3}{2}\zeta - \frac{1}{2}\zeta^3$	0.646
$2\zeta - \zeta^3 + \zeta^5$	0.686
$\sin\left(\frac{\pi}{2}\zeta\right)$	0.656
Exact (Blasius)	0.664

예제 8.1 공기 흡입구에서의 유동(C)

그림 E8.1에 나타낸 장치는 엔진의 원형 흡입구로 들어가는 밀도가 ρ인 공기의 유동을 측정하는 데 이용된다. 기본적으로 이 장치는 (a) 속도가 0이고 압력이 p_1인 흡입구에서 멀리 떨어진 상류, 그리고 (b) 측정되는 압력이 p_2로서 입구로부터 x만큼 떨어진 압력 측정구로 구성되어 있다. 이 두 점 사이에 Bernoulli 방정식을 사용한다.

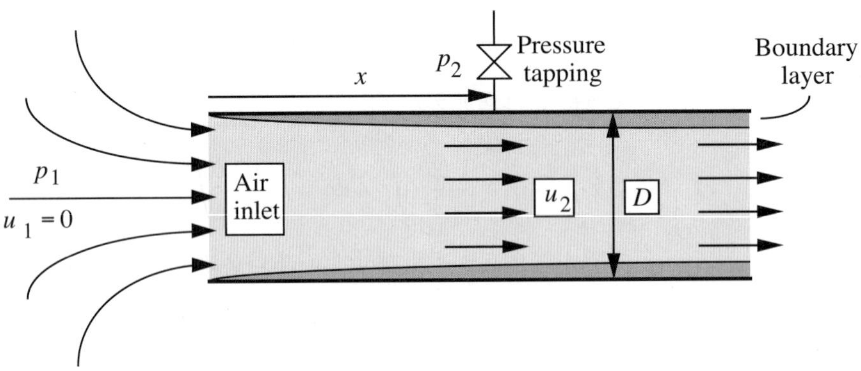

그림 E8.1 ▶ 흡입구로 들어가는 공기의 유속을 측정하기 위한 장치.

공기가 흡입구로 유입됨에 따라 경계층이 형성되므로 조건이 복잡해진다. 따라서 압력 측정부 위치에서의 속도 분포는 (a) 속도가 u_2로 일정한 중심부와 (b) 속도가 주흐름에서의 값 $v_{x\infty} = u_2$로부터 0으로 감소하는 벽까지의 경계층으로 이루어진다.

$u_1 \doteq 0$인 외부 공기에서 출발하여(점도가 무시되는) 중심부에 이르기까지 Bernoulli 방정식을 적용하면, 다음과 같은 결과를 얻을 수 있다.

$$u_2 = \sqrt{\frac{2(p_1 - p_2)}{\rho}}. \tag{E8.1.1}$$

그러나 최종적인 목표는 (총 유속을 총 면적으로 나눈 값으로 정의되는) *평균* 속도 u_m을 결정하는 것이며, 이를 위해서는 배출 계수 C_D를 도입해야 할 필요가 있으며, 결과적으로 다음과 같이 된다.

$$u_{\mathrm{m}} = C_D\sqrt{\frac{2(p_1 - p_2)}{\rho}}. \tag{E8.1.2}$$

따라서 공기의 총 유속은 다음과 같이 된다.

$$m = \rho u_{\mathrm{m}} A, \tag{E8.1.3}$$

여기서 A는 내부 지름이 D인 관의 단면적이다.

만일 $D = 2$ in, $x = 1$ ft, $v = 1.59 \times 10^{-4}$ ft^2/s 그리고 $u_m = 20$ ft/s이라면 C_D를 계산하라.

풀이

우선 경계층의 특성을 추정해 보자. Reynolds 수의 최대값은 $x = 1$ ft인 압력 측정부의 반대쪽에서 나타난다. 또한 주흐름 속도를 대략 u_{m}로 추정하면, $v_{x\infty} \doteq 20$ ft/s가 된다. 따라서 최초 근사치는 다음과 같다.

$$\mathrm{Re}_x \doteq \frac{v_{x\infty} x}{\nu} \doteq \frac{20 \times 1}{1.59 \times 10^{-4}} = 1.26 \times 10^5. \tag{E8.1.4}$$

따라서 8.5절에 의거하면 경계층 내에서의 유동은 입구에서부터 압력 측정부가지 모든 영역에서 층류가 된다. 또한 속도 분포를 $v_x/v_{x\infty} = \sin(\pi y/2\delta)$로 근사한 것에 근거한 식 (8.16)의 결과를 다음과 같이 적용하면,

$$\frac{\delta}{x} = \frac{4.79}{\sqrt{\mathrm{Re_x}}} = \frac{4.79}{1.26 \times 10^5} = 0.0135, \tag{E8.1.5}$$

경계층의 두께는 다음과 같은 근사치를 얻을 수 있다.

$$\delta \doteq 0.0135 \times 12 = 0.162 \text{ in}. \tag{E8.1.6}$$

따라서 경계층의 외부 지름은 2.000 in이며, 내부 지름은 $(2.000 - 2 \times 0.162) = 1.676$ in이며, 평균 지름은 $D_{\mathrm{m}} = (2.000 + 1.676)/2 = 1.838$ in이다.

비록 흡입구가 원형이지만, 경계층은 대략적으로 폭이 πD_{m}인 평판의 경계층으로 간주할 수 있다. 이 경계층에서의 질량 유속은 다음과 같게 된다.

$$m \doteq \pi\rho D_{\mathrm{m}} \int_0^\delta v_x\,dy = \pi\rho D_{\mathrm{m}}\left(\frac{2\delta v_{x\infty}}{\pi}\right) = 2\rho D_{\mathrm{m}}\delta v_{x\infty}. \tag{E8.1.7}$$

평균 속도를 기준으로 하는 총 질량 유속은 중심부에서의 유속과 경계층에서의 유속의 합과 같게 된다.

$$\underbrace{\left(\frac{\pi \times 2.000^2}{4}\right)\rho \times 20.0}_{\text{Total flow rate}} = \underbrace{\left(\frac{\pi \times 1.676^2}{4}\right)\rho v_{x\infty}}_{\text{Flow rate in core}} + \underbrace{2\rho \times 1.838 \times 0.162\, v_{x\infty}}_{\text{Flow rate in boundary layer}}, \tag{E8.1.8}$$

이 결과를 사용하면 개선된 추정치 $v_{x\infty} \doteq 22.4$ ft/s를 얻을 수 있다. 계산은 반복되고, 한 번의 반복계산으로 수렴한 결과 $v_{x\infty} \doteq 22.29$ ft/s를 얻을 수 있다. Bernoulli 방정식으로부터 압력 강하가 $v_{x\infty} \doteq 22.29$이므로, 실제 평균 속도는 이 보다 작은 $u_{\mathrm{m}} = 20.0$이고 배출 계수는 다음과 같다.

$$C_D = \frac{20.0}{22.29} = 0.897. \tag{E8.1.9}$$

8.3 운동 방정식의 간략화

여기서 Navier-Stokes 방정식과 연속 방정식으로부터 시작하여, 중요하지 않은 항들 판정하여 그 항들은 소거하여 방정식을 간략화시킨다. 2차원에서 중력 효과가 없고 정상상태 유동이라고 가정하면, 다음과 같은 방정식으로부터 시작할 수 있다.

$$\frac{\mathcal{D}v_x}{\mathcal{D}t} = v_x\frac{\partial v_x}{\partial x} + v_y\frac{\partial v_x}{\partial y} = -\frac{1}{\rho}\frac{\partial p}{\partial x} + \nu\left(\frac{\partial^2 v_x}{\partial x^2} + \frac{\partial^2 v_x}{\partial y^2}\right), \tag{8.18}$$

$$\frac{\mathcal{D}v_y}{\mathcal{D}t} = v_x\frac{\partial v_y}{\partial x} + v_y\frac{\partial v_y}{\partial y} = -\frac{1}{\rho}\frac{\partial p}{\partial y} + \nu\left(\frac{\partial^2 v_y}{\partial x^2} + \frac{\partial^2 v_y}{\partial y^2}\right), \tag{8.19}$$

$$\frac{\partial v_x}{\partial x} + \frac{\partial v_y}{\partial y} = 0. \tag{8.20}$$

여기서 식 (8.18), (8.19), (8.20)의 여러 항들의 상대적 크기를 비교해 보자. "O"를 "order of(~의 크기의 정도)"를 나타낸다고 하면, 예를 들면, 대부분의 경계층 영역에 대하여 x 방향 속도 성분 v_x는 주흐름 속도 $v_{x\infty}$의 의미 있는 분율(예를 들면 0.1 또는 그 이상)이고, 모든 위치에서 $v_{x\infty}$가 v_x보다 크기 때문에 $v_x = \mathrm{O}(v_{x\infty})$이다. 또한 임의의 위치 x에서 다음과 같은 두 개의 중요한(그리고 현실적인) 가정을 세우도록 하자.

1. 도함수 $\partial v_x/\partial x$는 원점에서 x 사이에서의 평균 구배와 같은 크기 정도를 갖는다. 이와 관련된 상황을 그림 8.4(a)에 나타내었다. 이 그림에서 특정한 y 값에서, x 값이 증가할 때, v_x가 선단($x = 0$)에서의 ∞으로부터 어떻게 이보다 훨씬 작은 값으로 감소하는지를 보여주고 있다. 평균 속도 구배를 나타내는 현의 기울기의 크기는 대략적으로 $v_{x\infty}/x$이며, 그림에서 대표적인 두 점에서의 속도 분포의 기울기가 $v_{x\infty}/x$와 크게 다르지 않음을 알 수 있다. 따라서 $\partial v_x/\partial x = \mathrm{O}(v_{x\infty}/x)$이다.
2. y 방향의 v_x의 속도 구배는 $y = 0$에서부터 $y = \delta$ 사이에서 이와 관련된 평균 구배와 같은 크기 정도를 갖는다. 이 상황은 그림 8.4(b)에 나타나 있으며, 특정한 x에서 v_x가 벽($y = 0$)에서 0으

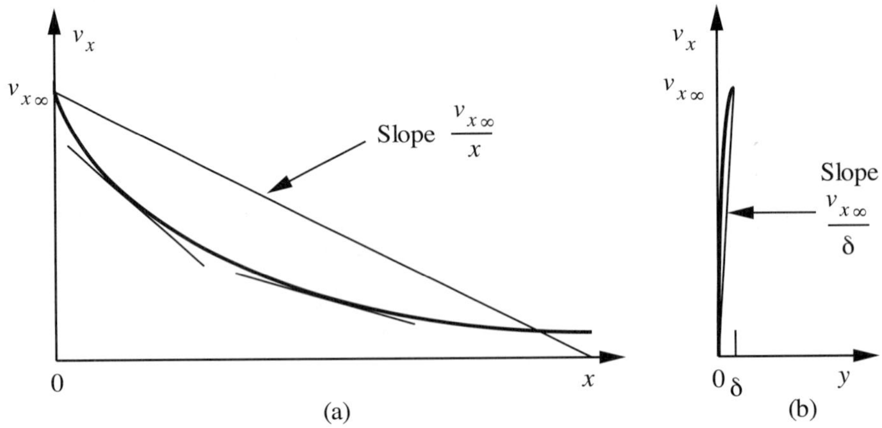

그림 8.4 크기 정도의 설명. (a) $\partial v_x/\partial x$와 관련하여 두 종류의 대표적인 접선들, (b) $\partial v_x/\partial y$. v_x가 아주 짧은 거리 δ에서 0으로부터 $v_{x\infty}$로 변하기 때문에 (b)에서의 기울기가 (a)보다 훨씬 크다는 것에 주의한다.

로부터 경계층의 가장자리($y = \delta$)에서 $v_{x\infty}$로 증가하는 경향을 보여준다. 평균 속도 구배를 나타내는 현의 기울기의 크기는 대략적으로 $v_{x\infty}/\delta$이다. 좀 더 고려해 보면 벽과 경계층의 가장자리 사이에 있는 대표적인 몇 개의 점에서의 속도 분포의 기울기가 $v_{x\infty}/\delta$와 크게 다르지 않음을 알 수 있다. 즉 $\partial v_x/\partial y = \mathrm{O}(v_{x\infty}/x)$이다. δ는 x보다 훨씬 작기 때문에 그림 8.4(b)에서의 기울기가 그림 8.4(a)의 기울기보다 훨씬 크다. 그리고 전형적인 기울기는 명확하게 나타낼 수 없다.

개별 도함수의 크기 정도

앞의 두 가정에 근거하여 비슷한 논의에 따라 식 (8.20)의 연속 방정식을 활용하면, 다음과 같은 크기 정도를 얻을 수 있다.

$$\frac{\partial v_x}{\partial x} = \mathrm{O}\left(\frac{v_{x\infty}}{x}\right), \qquad \frac{\partial^2 v_x}{\partial x^2} = \mathrm{O}\left(\frac{v_{x\infty}}{x^2}\right); \tag{8.21}$$

$$\frac{\partial v_x}{\partial y} = \mathrm{O}\left(\frac{v_{x\infty}}{\delta}\right), \qquad \frac{\partial^2 v_x}{\partial y^2} = \mathrm{O}\left(\frac{v_{x\infty}}{\delta^2}\right); \tag{8.22}$$

$$\frac{\partial v_y}{\partial y} = -\frac{\partial v_x}{\partial x} = \mathrm{O}\left(\frac{v_{x\infty}}{x}\right). \tag{8.23}$$

$y = 0$에서 $v_y = 0$이므로, 식 (8.23)은 다음과 같은 결과를 준다.

$$v_y = \mathrm{O}\left(v_{x\infty}\frac{\delta}{x}\right). \tag{8.24}$$

따라서 v_y에 대한 여러 도함수들은 다음과 같은 크기 정도를 가진다.

$$\frac{\partial^2 v_y}{\partial y^2} = \mathrm{O}\left(\frac{v_{x\infty}}{x\delta}\right), \qquad \frac{\partial v_y}{\partial x} = \mathrm{O}\left(v_{x\infty}\frac{\delta}{x^2}\right), \qquad \frac{\partial^2 v_y}{\partial x^2} = \mathrm{O}\left(v_{x\infty}\frac{\delta}{x^3}\right). \tag{8.25}$$

x 방향 운동량 수지식에 관한 고찰

위의 결과에 근거하여 식 (8.18)에서 압력 구배를 제외한 모든 항을 적절한 크기 정도로 지정할 수 있을 것이다.

$$\begin{array}{lccccccc} & v_x\dfrac{\partial v_x}{\partial x} & + & v_y\dfrac{\partial v_x}{\partial y} & = & -\dfrac{1}{\rho}\dfrac{\partial p}{\partial x} & + & \nu\left(\dfrac{\partial^2 v_x}{\partial x^2} + \dfrac{\partial^2 v_x}{\partial y^2}\right), \\ \text{Order :} & \dfrac{v_{x\infty}^2}{x} & & \dfrac{v_{x\infty}^2}{x} & & ? & & \nu\left(\dfrac{v_{x\infty}}{x^2} \quad \dfrac{v_{x\infty}}{\delta^2}\right). \end{array} \tag{8.26}$$

가설에 의해 경계층의 두께는 선단으로부터 거리에 비해 매우 작다. 따라서 $\delta \ll x$이고, 식 (8.26)의 우변에서 v_x의 x에 대한 2계 도함수는 y에 대한 도함수와 비교해보면 무시할 만하다. 또한 경계층 내에서 관성항과 점성항이 모두 중요하고 각 항의 크기 정도를 같게 둘 수 있으므로, 다음과 같은 결과를 얻는다.

$$\frac{v_{x\infty}^2}{x} = \mathrm{O}\left(\frac{\nu v_{x\infty}}{\delta^2}\right) \quad \text{or} \quad \left(\frac{\delta}{x}\right)^2 = \mathrm{O}\left(\frac{\nu}{v_{x\infty}x}\right). \tag{8.27}$$

따라서 $\delta \ll x$이므로, $\mathrm{Re}_x = v_{x\infty}x/\nu$는 큰 값을 갖게 되며, 이러한 해석은 선단에 아주 근접한 부분에는 적용되지 않는다. 또한 다음과 같은 결과에 주목하라.

$$\nu = \mathrm{O}\left(\frac{\delta^2 v_{x\infty}}{x}\right), \quad \frac{1}{\rho}\frac{\partial p}{\partial x} = \mathrm{O}\left(\frac{v_{x\infty}^2}{x}\right). \tag{8.28}$$

이와 같은 최종적인 식으로부터, 압력 구배 $\partial p/\partial x$가 중요하다면, 압력 구배 $\partial p/\partial x$의 크기 정도를 구할 수 있다. 그러나 특정한 경우(특히 주흐름 속도가 일정한 경우) 이 압력 구배는 0이 된다.

y 운동량 수지식에 관한 고찰

식 (8.19)에서 크기 정도를 알지 못하는 압력 구배를 제외한 다른 항들에 대해 유사한 논의를 적용될 수 있다.

$$\begin{array}{lccccccc} & v_x\dfrac{\partial v_y}{\partial x} & + & v_y\dfrac{\partial v_y}{\partial y} & = & -\dfrac{1}{\rho}\dfrac{\partial p}{\partial y} & + & \nu\left(\dfrac{\partial^2 v_y}{\partial x^2}+\dfrac{\partial^2 v_y}{\partial y^2}\right), \\ \text{Order :} & \dfrac{v_{x\infty}^2\delta}{x^2} & & \dfrac{v_{x\infty}^2\delta}{x^2} & & ? & & \dfrac{\delta^2 v_{x\infty}}{x}\left(\dfrac{v_{x\infty}\delta}{x^3} \quad \dfrac{v_{x\infty}}{x\delta}\right). \end{array} \tag{8.29}$$

$\partial^2 v_y/\partial x^2$ 항의 크기 정도는 다른 항들에 비해 작기 때문에, 따라서 무시할 수 있다는 사실에 주목해야 한다. 따라서 다음의 결과를 얻을 수 있다.

$$\frac{1}{\rho}\frac{\partial p}{\partial y} = \mathrm{O}\left(\frac{v_{x\infty}^2\delta}{x^2}\right) \ll \mathrm{O}\left(\frac{v_{x\infty}^2}{x}\right). \tag{8.30}$$

즉 y 방향의 경계층을 가로지르는 압력의 변화는 x 방향에서의 변화에 비하여 작다(식 (8.28) 참조). 따라서 p는 단지 x만의 함수이다.

$$p = f(x). \tag{8.31}$$

따라서 간략화된 운동 방정식은 다음과 같다.

$$v_x\frac{\partial v_x}{\partial x} + v_y\frac{\partial v_x}{\partial y} = -\frac{1}{\rho}\frac{\partial p}{\partial x} + \nu\frac{\partial^2 v_x}{\partial y^2}, \tag{8.32}$$

$$p = f(x), \tag{8.33}$$

$$\frac{\partial v_x}{\partial x} + \frac{\partial v_y}{\partial y} = 0. \tag{8.34}$$

주흐름에서 압력 변화

가정에 따라서 점도 효과를 무시할 만한 주흐름에서,

$$v_x\frac{\partial v_x}{\partial x} + v_y\frac{\partial v_x}{\partial y} = -\frac{1}{\rho}\frac{\partial p}{\partial x}. \tag{8.35}$$

따라서 주흐름에서 상당한 속도구배가 존재하면 $(\partial p/\partial x)/\rho$는 $v_x(\partial v_y/\partial x)$와 동일한 크기 정도, 즉 $\mathrm{O}(v_{x\infty}^2/x)$를 갖는다. 그리고 식 (8.18)의 x 방향 운동량 수지식에 포함되어야 한다. 판의 경우 제외되어 점성 효과가 무시되었던 주흐름에 대한 또 다른 관점은 Bernoulli 방정식을 적용한 후 미분하는 것이다.

$$\frac{p}{\rho} + \frac{v_{x\infty}^2}{2} = \text{constant}, \tag{8.36}$$

$$v_{x\infty}\frac{\partial v_{x\infty}}{\partial x} = -\frac{1}{\rho}\frac{\partial p}{\partial x}, \tag{8.37}$$

이 결과는 v_y를 포함하는 항이 무시된다면, 식 (8.35)로부터 얻어지는 결과와 같다.

8.4 경계층 유동에 대한 해

8.3절에서는 여러 도함수들의 상대적인 크기를 고려하여 운동 방정식을 상당히 간략화시켰다. 만약 주흐름 속도가 일정하다고 추가적으로 가정하면 모든 부분에서의 압력도 일정하게 되어, 다음과 같은 x 방향 운동량 수지식과 연속 방정식만 고려하면 된다.

$$v_x\frac{\partial v_x}{\partial x} + v_y\frac{\partial v_x}{\partial y} = \nu\frac{\partial^2 v_x}{\partial y^2}, \tag{8.38}$$

$$\frac{\partial v_x}{\partial x} + \frac{\partial v_y}{\partial y} = 0, \tag{8.39}$$

추가적인 경계조건은 판에서 두 속도 성분들이 0이고, 판으로부터 멀리 떨어진 위치에서 주흐름 속도가 다시 회복된다는 것이다.

$$y = 0: \quad v_x = v_y = 0, \tag{8.40}$$

$$y = \infty: \quad v_x = v_{x\infty}. \tag{8.41}$$

이와 같이 간략화된 문제의 해를 얻기 위해서는 x와 y를 조합하는 *새로운* 공간변수 ζ를 도입하는 것이다. 이 새로운 공간변수 ζ는 간략화된 적분 운동량 수지식에서 δ가 $\sqrt{\nu x/v_{x\infty}}$에 비례한다는 관찰 결과로부터 착안한 것이다.

$$\zeta = y\sqrt{\frac{v_{x\infty}}{\nu x}}. \tag{8.42}$$

또한 다음과 같은 관계를 만족하는 *흐름 함수*(stream function, 7.3절 참조) ψ를 도입한다.

$$v_x = \frac{\partial \psi}{\partial y}, \qquad v_y = -\frac{\partial \psi}{\partial x}, \tag{8.43}$$

이 흐름 함수는 식 (8.39)의 연속 방정식을 *자동적으로* 만족시킨다. 다음과 같은 형태로 변수를 분리한다.

$$\psi = g(x)f(\zeta). \tag{8.44}$$

$$v_x = \frac{\partial \psi}{\partial y} = g(x)f'(\zeta)\sqrt{\frac{v_{x\infty}}{\nu x}}. \tag{8.45}$$

$g(x)$를 다음과 같이 선택하여, $v_x/v_{x\infty}$를 ζ만의 함수로 취한다.

$$g(x) = \sqrt{\nu x v_{x\infty}}, \tag{8.46}$$

여기서 다음과 같은 결과를 얻는다.

$$\frac{v_x}{v_{x\infty}} = \frac{df(\zeta)}{d\zeta} \equiv f'(\zeta), \tag{8.47}$$

$$v_y = -\frac{\partial \psi}{\partial x} = \frac{1}{2}\sqrt{\frac{\nu v_{x\infty}}{x}}\,(\zeta f' - f). \tag{8.48}$$

v_y와 v_x 그리고 식 (8.47)과 (8.48)로부터 얻어지는 v_x에 대한 도함수들을 식 (8.38)에 대입하면 다음과 같은 *상미분* 방정식이 얻어진다.

$$f\,\frac{d^2 f}{d\zeta^2} + 2\,\frac{d^3 f}{d\zeta^3} = 0, \tag{8.49}$$

경계조건들은 다음과 같다.

$$\zeta = 0: \quad f = f' = 0, \tag{8.50}$$

$$\zeta = \infty: \quad f' = 1. \tag{8.51}$$

Blasius의 최초의 해법은 $\zeta = 0$에서 ∞까지를 두 영역으로 나누고, 각 영역에 대한 (무한 급수와 이중 적분을 포함하는) 근사해를 얻는 것이다. 이 해에는 세 개의 임의의 상수가 포함되어 있고, 이 상수들은 두 영역의 접점에서 f, f', f''의 연속 조건에 의해 결정된다.

연립 미분 방정식들을 풀 수 있는 컴퓨터 소프트웨어가 개발됨에 따라 식 (8.49)~(8.51)에 대한 수치해석의 해를 얻으면, 우선 f를 ζ의 함수로 구하게 되고, 식 (8.47)과 (8.48)을 이용하여 속도 성분들을 구한다. 그림 8.5에 나타낸 값들은 Blasius의 본래의 해와 완벽하게 일치한다. 이 결과들

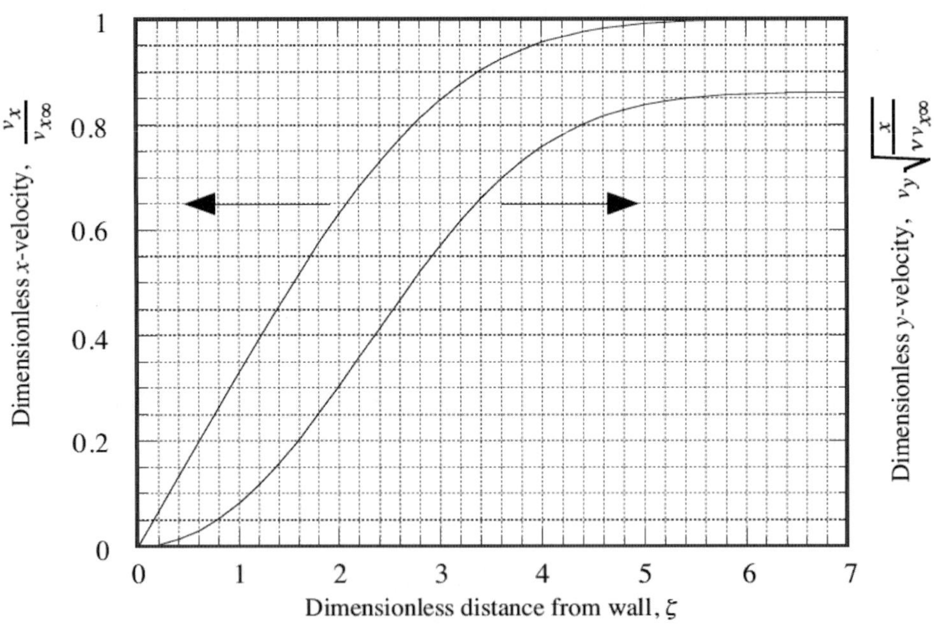

그림 8.5 Blasius 문제에서 계산된 속도들. B. Carnahan, H.A. Luther와 J.O. Wilkes의 *Applied Numerical Methods*의 413쪽으로부터 구해진 값들을 사용하여 도시하였다. 이는 John Wiley & Sons Inc.의 허락을 받았음.

을 검토해 보기 원하면 쉽게 검토해 볼 수 있다(연습 문제 8.14 참조).[2]

부산물로서 벽에서의 f의 2계 도함수에 대한 해를 다음과 같이 구할 수 있다.

$$\zeta = 0: \quad f'' = 0.332, \tag{8.52}$$

이 식으로부터 벽에서의 전단 응력을 다음과 같은 식으로 추론해 볼 수 있다.

$$\tau_w = \mu \left(\frac{\partial v_x}{\partial y}\right)_{y=0} = \mu v_{x\infty}\sqrt{\frac{v_{x\infty}}{\nu x}}\, f''(0) = 0.332\,\mu v_{x\infty}\sqrt{\frac{v_{x\infty}}{\nu x}}. \tag{8.53}$$

무차원 전단 응력인 항력 계수는 다음과 같게 된다.

$$c_f = \frac{\tau_w}{\frac{1}{2}\rho v_{x\infty}^2} = \frac{0.664}{\sqrt{\mathrm{Re_x}}}. \tag{8.54}$$

Nikuradse의 실험에 의해 (Re_x가 1.08×10^5에서 7.28×10^5까지의 범위에서) 예측된 속도 분포의 타당성이 입증되었다. Reynolds 수가 큰 경우에 층류에서 난류로의 전이가 발생한다.

8.5 난류 경계층

앞서 8.2~8.4절에서의 해석은 *경계층*에서의 층류에 관한 것이다. 그러나 만약 Reynolds 수, Re_x가 대략적으로 3.2×10^5을 초과하면 평판에서의 경계층이 *난류*로 전이된다는 것이 실험적으로 관찰되었다. 이에 대해서는 다음 절에서 논의하기로 한다. 단순화하기 위해 유동이 판의 선단($x = 0$)으로부터 모든 영역에서 난류라고 가정하자. 실제적으로 경계층은 선단 부근에서는 층류일 것이고, x가 충분히 증가하면 난류로 전이된다. 따라서 경계층의 별도의 영역(층류 및 난류)에 대하여 각각 해석하고 추후에 결합하면 된다.

경계층 요소에 대한 운동량 수지식으로부터 식 (8.4)를 유도하는 방법과 동일하게 해석을 시작한다.

$$v_{x\infty}\frac{d}{dx}\int_0^\delta v_x\,dy = \frac{\tau_w}{\rho} + \frac{d}{dx}\int_0^\delta v_x^2\,dy. \tag{8.55}$$

관 유동에서의 난류 속도 분포에 대한 경험으로부터 난류 경계층에서의 시간 평균 x 방향 속도에 대해 1/7 멱급수 법칙이 적용된다고 가정하자(이 가정은 합리적임).

$$\frac{v_x}{v_{x\infty}} = \left(\frac{y}{\delta}\right)^{1/7}. \tag{8.56}$$

이 최종 식은 식 (8.55)에 있는 두 적분 항에 대입하기가 적당하지만, 식 (8.13)에서와 같이 벽 ($y = 0$)에서의 속도 구배가 무한대가 되기 때문에 벽에서의 전단 응력을 구하기 위해서는 사용할 수 없다.

전단 응력을 구하기 위해 난류 관 유동에 대한 전단 응력과 유사성을 도출해야 한다. 실험에 의거하여 Blasius 식 (3.40)이 매끄러운 관의 경우에서 Reynolds 수가 약 10^5까지 성립하는 것을 기

[2] 그림 8.5에 나타낸 값들은 b. Carnahan, H.A. Luther와 J.O. Wilkes에 의해 식 (8.49)의 *수치* 해석의 해로부터 계산된 결과이다. 이 값들은 이들의 저서인 *Applied Numerical Methods*, Wiley & Sons, New York, 1969의 414쪽에 게재되어 있다.

억하자.

$$f_F = 0.079\,\mathrm{Re}^{-1/4} = 0.079\left(\frac{\rho v_m D}{\mu}\right)^{-1/4}, \tag{8.57}$$

이 식에서 평균 속도 v_m을 중심선에서의 속도 또는 최고 속도 v_{max}로 대체하면 다음과 같이 다시 쓸 수 있다.

$$\frac{\tau_w}{\frac{1}{2}\rho v_{max}^2} = 0.0450\left(\frac{\nu}{v_{max}a}\right)^{1/4}, \tag{8.58}$$

여기서 ν는 동점도이고, a는 관의 반지름이다. 따라서 경계층의 경우 벽에서의 전단 응력에 대해 기본적으로 동일한 법칙을 가정하여, 즉

$$\frac{\tau_w}{\frac{1}{2}\rho v_{x\infty}^2} = 0.0450\left(\frac{\nu}{v_{x\infty}\delta}\right)^{1/4}. \tag{8.59}$$

식 (8.55), (8.56), (8.59)로부터 다음과 같은 결과를 얻을 수 있다.

$$0.0225\left(\frac{\nu}{v_{x\infty}\delta}\right)^{1/4} = \frac{7}{72}\frac{d\delta}{dx}, \tag{8.60}$$

위 식을 적분하면 다음과 같은 결과를 얻는다.

$$\frac{\delta}{x} = \frac{0.376}{\mathrm{Re}_x^{1/5}}, \qquad \text{where} \qquad \mathrm{Re}_x = \frac{v_{x\infty}x}{\nu}, \tag{8.61}$$

이와 관련된 국지 마찰 계수는 다음과 같다.

$$c_f = \frac{\tau_w}{\frac{1}{2}\rho v_{x\infty}^2} = \frac{0.0576}{\mathrm{Re}_x^{1/5}}. \tag{8.62}$$

예제 8.2 층류 및 난류 경계층의 비교

전이 Reynolds 수 $\mathrm{Re}_x = 3.2 \times 10^5$에서 층류 경계층과 난류 경계층의 상대 두께와 항력 계수를 비교하라.

풀이

1. *두께.* δ/x의 비와 관련된 식과 주어진 Reynolds 수에서 이에 대한 값들은 다음과 같다.

$$\text{Laminar:} \quad \frac{4.79}{\sqrt{\mathrm{Re_x}}} = 0.00847; \qquad \text{Turbulent:} \quad \frac{0.376}{\mathrm{Re}_x^{1/5}} = 0.02980, \tag{E8.2.1}$$

따라서 전이점에서 난류 경계층 두께는 층류 경계층 두께보다 약 3.52배 더 두껍다.

2. *항력 계수.* c_f와 관련된 식과 주어진 Reynolds 수에서 이에 대한 값들은 다음과 같다.

$$\text{Laminar:} \quad \frac{0.656}{\sqrt{\mathrm{Re_x}}} = 0.00116; \qquad \text{Turbulent:} \quad \frac{0.0576}{\mathrm{Re}_x^{1/5}} = 0.00456, \tag{E8.2.2}$$

따라서 전이점에서 난류 경계층의 항력 계수는 층류 경계층의 항력 계수의 3.93배이다.

하지만 *비유선형* 물체의 후류에서의 난류는 경계층 *분리*를 지연시키고 항력을 감소시킨다 (8.7절 참조).

8.6 경계층 문제의 차원 해석

지배 방정식들과 경계조건들에 대한 차원해석을 통해서 Blasius 해와 관련된 다양한 정보들을 얻을 수 있다.[3] 식 (8.38)과 (8.39)로부터

x 운동량:

$$v_x \frac{\partial v_x}{\partial x} + v_y \frac{\partial v_x}{\partial y} = \nu \frac{\partial^2 v_x}{\partial y^2}. \tag{8.63}$$

연속 방정식:

$$\frac{\partial v_x}{\partial x} + \frac{\partial v_y}{\partial y} = 0. \tag{8.64}$$

경계조건들:

$$y = 0: \qquad v_x = v_y = 0, \tag{8.65}$$

$$y = \infty: \qquad v_x = v_{x\infty}. \tag{8.66}$$

우선, 다음의 무차원 좌표계와 속도들을 도입하자.

$$X = \frac{x}{x_r}, \quad Y = \frac{y}{y_r}, \quad U = \frac{v_x}{v_{xr}}, \quad V = \frac{v_y}{v_{yr}}. \tag{8.67}$$

여기서 x_r과 y_r은 기준 거리이고, v_{xr}과 v_{yr}은 기준 속도이다. 이 단계에서 x_r과 y_r, 또한 v_{xr}과 v_{yr}를 같지 않게 하는 것이 중요한데, 이는 제한을 너무 설정하여 선택 사항이 제한이 될 수도 있기 때문이다. 따라서 v_{xr} 또는 v_{yr}를 주흐름 속도인 $v_{x\infty}$와 수식화하려는 유혹에 넘어가지 말아야 것임을 주지하여야 한다.

지배 방정식들을 무차원 변수들의 항으로 다음과 같이 된다.

x 운동량:

$$U \frac{\partial U}{\partial X} + \frac{v_{yr} x_r}{v_{xr} y_r} V \frac{\partial U}{\partial Y} = \frac{\nu x_r}{v_{xr} y_r^2} \frac{\partial^2 U}{\partial Y^2}. \tag{8.68}$$

연속 방정식:

$$\frac{\partial U}{\partial X} + \frac{v_{yr} x_r}{v_{xr} y_r} \frac{\partial V}{\partial Y} = 0. \tag{8.69}$$

[3]이와 같은 접근법에 대하여, J.D. Hellums와 S.W. Churchill는 "Simplification of the mathematical description of boundary and initial value problems," *American Institute of Chemical Engineers Journal*, Vol. 10, No. 1, pp. 110–114 (1964)에 잘 요약되어 있다.

경계조건들:

$$Y = 0: \qquad U = V = 0, \tag{8.70}$$

$$Y = \infty: \qquad U = \frac{v_{x\infty}}{v_{xr}}. \tag{8.71}$$

이 방정식들이 문제를 완전히 상술하기 때문에, 종속 변수 U와 V는 독립 변수 X, Y 그리고 이 방정식들에 포함되어 있는 무차원 군들의 함수이어야 한다.

$$U = f\left(X,\ Y,\ \frac{v_{yr}x_r}{v_{xr}y_r},\ \frac{\nu x_r}{v_{xr}y_r^2},\ \frac{v_{x\infty}}{v_{xr}}\right), \tag{8.72}$$

$$V = g\left(X,\ Y,\ \frac{v_{yr}x_r}{v_{xr}y_r},\ \frac{\nu x_r}{v_{xr}y_r^2},\ \frac{v_{x\infty}}{v_{xr}}\right). \tag{8.73}$$

여기서 f와 g 함수는 아직까지는 미지의 함수이다.

기준량들이 임의의 양이므로 각 무차원 군을 상수로 놓을 수 있으며, 단순화하기 위해 이 무차원 군들의 값을 1로 취하자.

$$\frac{v_{x\infty}}{v_{xr}} = 1, \quad \frac{\nu x_r}{v_{xr}y_r^2} = 1, \quad \frac{v_{yr}x_r}{v_{xr}y_r} = 1. \tag{8.74}$$

식 (8.74)를 이용하여 *세 개*의 기준량, 즉 v_{xr}, y_r, v_{yr}을 *네 번째* 기준량인 x_r의 항으로 나타낼 수 있다.

$$v_{xr} = v_{x\infty}, \quad y_r = \sqrt{\frac{\nu x_r}{v_{x\infty}}}, \quad v_{yr} = \sqrt{\frac{\nu v_{x\infty}}{x_r}}. \tag{8.75}$$

따라서 x 속도 성분에 대한 함수 관계는 다음과 같이 된다.

$$U = \frac{v_x}{v_{x\infty}} = f\left(\frac{x}{x_r},\ \frac{y}{y_r}\right) = f\left(\frac{x}{x_r},\ y\sqrt{\frac{v_{x\infty}}{\nu x_r}}\right). \tag{8.76}$$

x_r이 문제에서 언급되어 있지 않기 때문에, 식 (8.76)에 포함되지 않아야 한다. 따라서 f는 첫 번째 군을 두 번째 군을 제곱으로 나눈 값의 함수가 되어야 한다.

$$\frac{v_x}{v_{x\infty}} = f\left(\frac{\nu x}{y^2 v_{x\infty}}\right) = f\left(y\sqrt{\frac{v_{x\infty}}{\nu x}}\right). \tag{8.77}$$

엄밀하게 말하면 식 (8.77)의 두 번째 함수는 첫 번째 함수 관계와 차별화되어야 한다. 그러나 두 함수 모두 미지이므로, 공통적으로 "f"로 표시하여 사용했다. 식 (8.76)에서 식 (8.77)로 진행되는 과정에서 단지 $x_r = x$로 둔 것처럼 보이지만, 이는 사실이 *아니다*.

이와 유사하게 y 방향 속도 성분에 대한 함수관계를 다음과 같이 둔다.

$$V = \frac{v_y}{v_{yr}} = g\left(\frac{x}{x_r},\ \frac{y}{y_r}\right), \tag{8.78}$$

$$v_y\sqrt{\frac{x_r}{\nu v_{x\infty}}} = g\left(\frac{x}{x_r},\ y\sqrt{\frac{v_{x\infty}}{\nu x_r}}\right) = g\left(\frac{x}{x_r},\ y\sqrt{\frac{v_{x\infty}}{\nu x}}\right). \tag{8.79}$$

x_r이 문제의 정의에 나타나 있지 않기 때문에 식 (8.79)의 양변에서 제거되어야 하며, 다음과 같은 형태가 되어야 한다.

$$v_y\sqrt{\frac{x_r}{\nu v_{x\infty}}} = \sqrt{\frac{x_r}{x}}\, g\left(y\sqrt{\frac{v_{x\infty}}{\nu x}}\right), \tag{8.80}$$

따라서

$$v_y\sqrt{\frac{x}{\nu v_{x\infty}}} = g\left(y\sqrt{\frac{v_{x\infty}}{\nu x}}\right). \tag{8.81}$$

위의 전개 과정에서 다음과 같은 중요한 사항들에 대해 주의해야 한다.

1. 식 (8.77)과 (8.81)은 실험 데이터를 어떻게 가장 경제적으로 상관지을 수 있는지(즉, 다음의 관계에 대한 도표를 통해서) 보여준다.

$$\frac{v_x}{v_{x\infty}} \text{ vs. } y\sqrt{\frac{v_{x\infty}}{\nu x}}, \quad \text{and} \quad v_y\sqrt{\frac{x}{\nu v_{x\infty}}} \text{ vs. } y\sqrt{\frac{v_{x\infty}}{\nu x}}. \tag{8.82}$$

2. 기준 거리와 속도들이 같지 *않다*. 이는 처음에 $x_r = y_r = \nu/v_{x\infty}$, $v_{xr} = v_{yr} = v_{x\infty}$로 고집했던 것보다 좀 더 정확한 결과에 이른다.

3. 위의 해석에서는 새로운 공간 변수를 도입하도록 명백하게 제안되었다.

$$\zeta = y\sqrt{\frac{v_{x\infty}}{\nu x}}, \tag{8.83}$$

그리고 이는 실제로 Blasius 해에서 활용되었다.

벽에서의 전단 응력에 대한 식은 다음과 같다.

$$\begin{aligned}\tau_w = \mu\left(\frac{\partial v_x}{\partial y}\right)_{y=0} &= \mu\frac{\partial}{\partial y}\left[v_{x\infty} f\left(y\sqrt{\frac{v_{x\infty}}{\nu x}}\right)\right]_{y=0}\\ &= \mu v_{x\infty}\sqrt{\frac{v_{x\infty}}{\nu x}}\, f'(0),\end{aligned}$$

이는 다음과 같이 무차원 형태로 표시할 수 있다.

$$\frac{\tau_w}{\rho v_{x\infty}^2} = \sqrt{\frac{\mu}{\rho v_{x\infty} x}}\, f'(0) = \mathrm{Re}_x^{-1/2} f'(0) = c\mathrm{Re}_x^{-1/2}. \tag{8.84}$$

하나의 미지의 계수인 c를 제외하면 차원 해석은 Blasius 해로부터 나온 식 (8.54)와 완전히 일치하는 형태를 예측한다는 것을 알 수 있다. 원칙적으로는 단 한 번의 정밀한 실험으로부터 $c \doteq 0.332$라는 해를 얻을 수 있다.

8.7 경계층 분리

앞 절에서 평판에서의 층류 및 난류 경계층에 관하여 논의하였다. 평판 위의 주흐름 속도는 일정하고, 따라서 압력도 일정하다. 이제 식 (8.32)를 v_x와 v_y가 모두 작아지는 벽 부근에 대해 적용한 경우에 대해 고려해 보자. 따라서 식 (8.32)는 다음과 같이 된다.

$$\frac{\partial p}{\partial x} \doteq \mu\frac{\partial^2 v_x}{\partial y^2} = \mu\frac{\partial}{\partial y}\left(\frac{\partial v_x}{\partial y}\right). \tag{8.85}$$

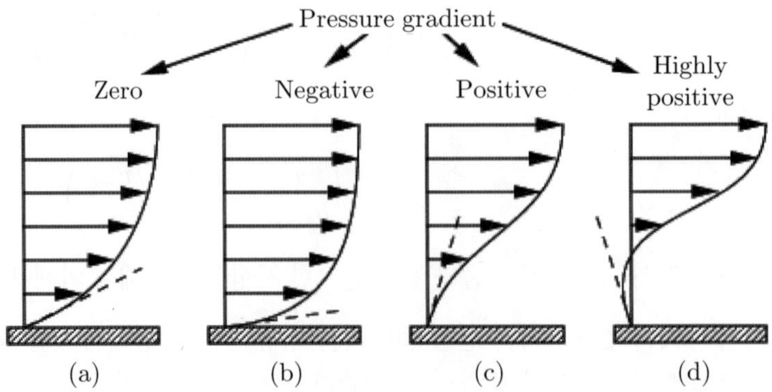

그림 8.6 경계층의 속도 분포에 대한 여러 압력 구배의 영향.

$\partial p/\partial x = 0$이므로, 속도의 2계 도함수 역시 0이 되므로, 속도 구배 $\partial v_x/\partial y$는 그림 8.6(a)에서와 같이 벽 근처에서 일정하게 된다.

좀 더 복잡한 상황에서는, 주흐름은 일정하지 않고 다음과 같은 가능성을 가진다.

(a) 음의 압력 구배 $\partial p/\partial x < 0$의 경우, 벽 근처에서의 속도 구배는 벽으로부터 멀어짐에 따라 *감소한다*. 속도는 경계층의 가장자리의 주흐름 속도와 반드시 대등해야 하므로, 이 경우는 그림 8.6(b)와 같이 속도 구배가 벽에서 *더 가파르다*는 것을 의미한다.
(b) 양의 압력 구배 $\partial p/x > 0$의 경우, 벽 근처에서의 속도 구배는 벽으로부터 멀어짐에 따라 *증가한다*. 속도는 경계층의 가장자리의 주흐름 값과 대등해야 하므로, 이 경우에는 그림 8.6(c)와 같이 속도 구배가 벽에서 *더 완만해진다*는 것을 의미한다. $\partial p/\partial x$가 더 큰 양수가 되는 극단적인 경우, 벽에서의 속도 구배는 그림 8.6(d)와 같이 0(또는 작은 음수)이 된다.

압력 구배에 의한 속도 분포의 수정은 그림 8.11에 나타낸 베어링에서의 윤활유 유동과 비슷하다.

이제는 그림 8.7(a)에 나타낸 구와 같은 유선형이 아닌 물체 주위의 유동을 고려하자. 상류부의 반구에서 유선들은 서로 밀려 밀착되고, 따라서 유동 방향에서 속도는 증가하고 압력은 감소한다

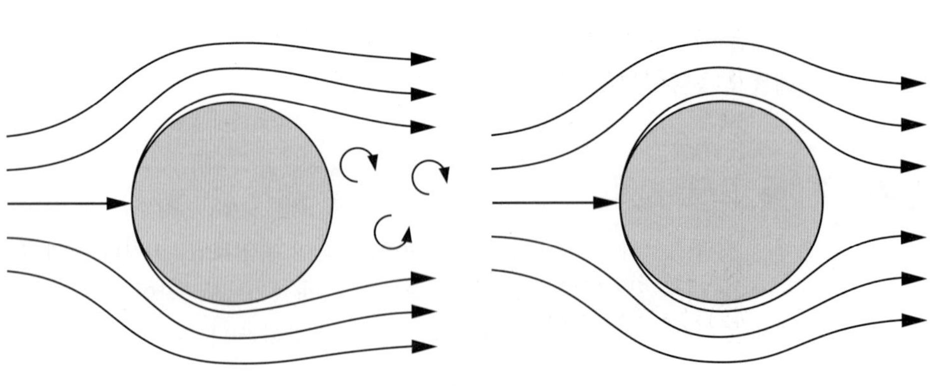

그림 8.7 경계층 분리. (a) 초기, (b) 후기.

(비교적 안정한 경우임). 하류부의 반구에서는 반대 상황이 발생한다. 압력은 유동 방향으로 증가하고 그림 8.6(c), (d)에 나타낸 상황이 발생한다.

이와 같은 상황에서는 경계층은 더 이상 표면을 "감싸지" 않으며, 표면으로부터 *분리되어* 구의 후류(wake)에서 상당한 난류와 압력 손실을 유발하게 되며, 따라서 마찰을 상당히 증가하게 된다. 대부분의 경우에 있어서 분리가 발생하는 것을 지연시키는 것이 바람직하고, 비행기의 날개와 같은 유선형의 표면을 지나는 유동에서는 이러한 분리가 실제로 완전히 방지될 수 있다. 경계층의 분리에 대해서는 Ludwig Prandtl에 의해 처음으로 심도 있게 연구되었다.

경계층의 분리를 지연시키는 또 다른 방법은 약간은 역설적이다. 골프공의 오목하게 들어간 곳(dimple)[4]과 같이 표면의 일부 또는 전체를 거칠게 하여 경계층이 *난류*가 되도록 한다. 이와 같은 난류 상황에서는 속도 형태로 운동량이 주흐름으로부터 경계층으로 보다 신속히 전달되고, 따라서 경계 근처의 속도가 정체되지 않고 양의 값을 갖도록 한다. 따라서 그림 8.7(b)와 같이 분리가 발생하는 것이 지연된다.

이제 그림 4.7에 보인 바와 같이 Reynolds 수가 큰 경우에 구에 대한 항력 계수가 갑작스럽게 감소되는 현상이 설명될 수 있다. 이는 존재하지 않기 때문이다. 이러한 현상은(회전과 봉합선의 배향과 관련하여) 또한 야구공의 궤도를 결정할 정도로 중요한 영향을 미치게 된다.[5]

Ludwig Prandtl. 1875년 독일의 Freising에서 태어나 1953년 독일의 Göttingen에서 사망하였다. 1894~1900에 Prandtl은 Munich에 있는 Technische Hochschule에서 공학을 공부하였고, 여기서 굽힘(bending)에서 보(beam)의 측면 방향의 불안정성에 관해 박사학위 논문을 썼다. 그는 1901년에 Hanover Techschule의 교수가 되었다. 얼마 지나지 않아 그의 연구 분야는 유체역학으로 바뀌었다. 공장에서 대팻밥을 저거하기 위한 흡입장치를 개선하는 요청을 받았을 때 벽으로부터 주흐름의 분리에 이르는 발산 관을 발견하였다. 1904년에 Prandtl은 유명한 경계층 이론을 발표하였다. 그는 Göttingen University의 석좌 교수가 되었다. 항공 역학 및 초음속 유동에 대한 연구를 진행하였고, 독일 최초의 풍동을 개발하였다. Prandtl은 개인적으로 또는 학생들과 함께하는 연구에는 뛰어났으나 강의는 썩 잘하진 못하였다. 그의 가장 우수한 제자로는 Theodore von Kármán가 있다. Kármán은 어떤 물체 이후의 마찰의 증가는 경계층 이론만으로 설명될 수 있다는, 비행운이 흔들림에 관한 "Kármán sheet"의 중요성을 발견하였다. Prandtl의 실험과 Kármán의 이론이 합해져서 1933년 이 난류 혼합 길이 이론을 유도하여 발표하였다. Prandtl은 2차 세계대전 중의 주로 로켓에 관한 독일의 과학적 노력에서 소외되었다.

출처: Prandtl, Ludwig. (2008). *Complete Dictionary of Scientific Biography* (Vol. 11, pp. 123–125)에 있음. Detroit: Charles Scribner's Sons, *New Dictionary of Scientific Biography*, 1E.

[4]골프공에 얼마나 많은 오목한 홈(dimple)들이 있을까? *Scientific American*, Feb, 1997의 96쪽의 "Mathematical Recreations"에서 Ian Stewart는 대칭을 고려하여 가장 자주 나타나는 dimple의 수는 252, 286, 332, 336, 360,384, 392, 410, 416, 420, 422, 432, 440, 480, 492, 500이라고 하였다.

[5]A.T. Baill, D.G. Baldwin, J. Venkateswaran, "Prdicting a baseball's path." *Scientific American*, 218~225쪽 (5월/6월 2005).

예제 8.3 두 평판 사이에서의 경계층 유동(COMSOL)

이 예제는 본질적으로 몇 년 전 COMSOL Model Library의 일부인 시범 문제 중 하나를 재현한 것이며, 개념에 있어 COMSOL에 동의하는 바이다.

밀도가 1,000 kg/m^{3}이고, 점도가 0.01 kg/m s인 유체가 y 방향에서 초기의 균일한 속도 $v_o = 0.02$ m/s로 자유롭게 유동하고 있다. 거리 $y = 0.01$ 이후에 $x = \pm 0.01$ m인 지점에 위치해 있는 길이가 0.04인 평판을 만나게 된다(모든 단위는 SI). 평판으로부터의 출구 압력은 $p = 0$이다. 이에 상응하는 경계조건들은 그림 E8.3.1에 나타내었다.

속도들을 풀고 이에 따르는 플롯을 하여, 그 결과에 대하여 의견을 제시하고자 한다.

1. 유선(streamlines)
2. 속도 벡터를 보이는 화살표
3. 속도의 2차원 등고선 플롯(contour plot)

부가적으로 $y = 0.015$에 대해 다음과 같은 단면 플롯들을 만들어서 의견을 제시하고자 한다.

4. y 속도
5. x 속도
6. 와류도(vorticity)

최종적으로, 그림 E8.3.1에서 P로 표시되어 있는 $x = 0$, $y = 0.01$과 출구($x = 0$. $y = 0.05$)에서 압력과 y 속도의 상대적인 값들에 대하여 의견을 제시한다.

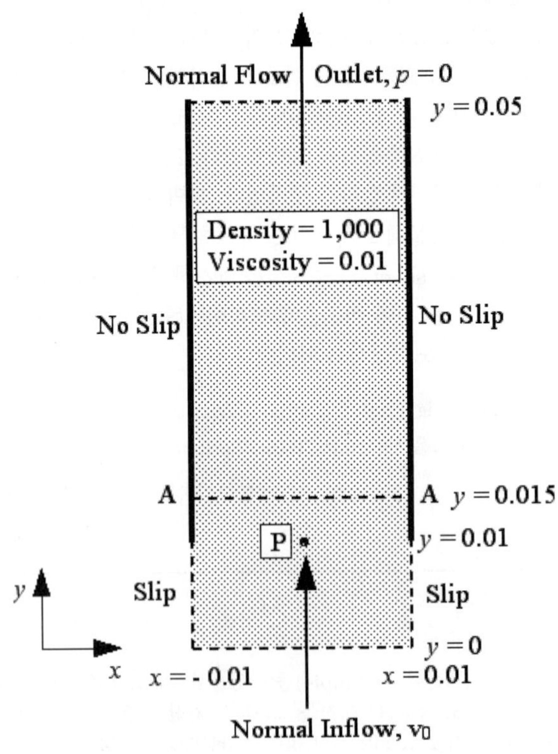

그림 E8.3.1 두 평판 사이의 유동에 대한 경계조건과 다른 정보. 모든 단위는 SI이다.

풀이

모든 마우스 클릭들은, 특별히 우클릭(R)으로 표시되어 있지 않으면, 좌클릭(L-click, *Select*(선택)과 동일)이다.

Physics의 선택

1. COMSOL을 연다. Model Wizard, 2D, Fluid Flow (회전하는 작은 삼각형으로 "글리프(glyph)"라고 함), Single-Phase Flow, Laminar Flow를 클릭한다. Add를 클릭한다. COMSOL에서는 u, v, w를 3가지 속도 성분, 그리고 p는 압력을 명명함을 주목하자.

2. Study, Stationary, Done을 클릭한다.

3. Windows 메뉴를 Desktop Layout으로 가져온 다음 Regular Screen Layout(더 많은 그래픽 창 공간이 제공됨). 그러나 Model Builder(모델 작성기)와 Settings 창을 다소 줄이게 되어, 아래로 스크롤해야 할 수도 있다.

매개변수(Parameter)의 정의

4. Global Definitions를 우클릭하고, Parameters를 선택한다. Settings(설정) 창에서(이제는 Model Builder 창 아래에 있음), Name 열에 있는 매개변수 $rho1$을 Expression 열에서 1000 [kg/m^3]으로 입력한다. 유사하게, $mu1 = 0.01$ [Pa*s]. $v0 = 0.02$ [m/s], $x0 = -0.01$ [m], $y0 = 0.015$ [m], $x1 = 0.01$ [m], $y1 = 0.015$ [m]를 정의한다. 마지막으로, 미끄럼 경계의 길이와 전체 도메인의 높이로서, $ySlip = 0.01$ [m]와 $H = 0.05$ [m]을 부가한다.

기하구조(Geometry) 설정

5. Geometry를 우클릭하고, Rectangle을 선택한다. 기본값(default)이 (0, 0)에 있는 아래 왼쪽 모서리를 기초로 하고 있음을 주목하라. Width와 Height의 값들을 $x1 - x0$와 H로 입력한다. 기초 모서리의 값들을 ($x0$, 0)이 되도록 수정한다. Build Selected를 클릭한다.

6. 전체 미끄럼(slip) 조건에 대한 영역을 형성하기 위하여 삽입된 사각형을 추가한다. Geometry를 우클릭하고 Rectangle을 선택한다. Width와 Height의 값들을 $x1 - x0$와 $ySlip$로서 입력한다. ($x0$, 0)에서 기초 모서리를 설정하고, Build Selected를 클릭한다.

7. Geometry를 우클릭하고, Boolean, Partitions, Union을 선택한다. 두 개의 기하구조를 Graphics 창에서 각각을 클릭하여 단일체로 합친다. 설정(Settings)에서 내부경계 옵션이 선택되었는지 확인하고 좌클릭하여 설정을 선택하라.

유체 특성의 정의

8. Component 1 안에서 Material node를 우클릭하여, Blank Material을 선택한다. 매개변수들 $rho1$과 $mu1$에 대하여 밀도(Density)와 점도(Dynamic Viscosity)에 대한 값들로 입력한다.

경계조건의 정의

9. Laminar Flow 글리프(glyph)를 클릭하고, Wall 1을 선택한다. 6개의 기본값 고정(no-slip) 경계조건들을 유의하라.

10. Laminar Flow node를 우클릭하고, 입구 경계조건을 설정하기 위하여 Inlet를 선택한다. 하부 경계(bottom boundary)(#2)를 클릭하여, 그것을 입구(inlet)로 선택한다. Settings 창 안에서 Boundary Condition에 대한 기본값 형태(default form)가 Velocity인 것에 유의한다. Normal inflow velocity의 값을 $v0$로 변경한다.

11. Laminar Flow node를 우클릭하고, 출구 경계조건을 설정하기 위하여 Outlet를 선택한다. 상부 경계(top boundary)(#5)를 클릭하여, 그것을 출구(outlet)로 선택한다. 부가적으로, Supress backflow(역류 억제) 옵션(option)을 *선택 해제*하고, Normal flow(정상유동) 옵션(option)을 *선택*한다. 출구 압력이 0이 되도록 유의하라.

12. 기본값 Wall(벽) 경계조건의 부분을 겹치도록 하여 미끄럼 경계 조건을 부가한다. Laminar Flow node를 우클릭하고, Wall을 클릭한다. 설정창에서 Boundary Condition을 No Slip(고정)으로부터 Slip(미끄럼)으로 변경한다. 두 개의 하부 연직 세그먼트들(#1과 #6)을 클릭함으로써 2개의 미끄럼 벽들을 Boundary selection에 부가한다.

메쉬(Mesh) 생성 및 문제의 풀이

13. Mesh node를 클릭하여, 설정창에서 Element Size를 Fine으로 변경한다. Build All을 클릭하여 메쉬를 구축한다. 근사적으로 4,000요소(element)를 포함하고 있다.

14. Study node를 우클릭하여, Compute를 선택한다. 5초 정도 소요되며, 그림 E8.3.2(c)와 같이 속도의 크기에 대한 플롯을 가져다준다.

15. 모델 파일을 정상적으로 저장한다!

결과의 디스플레이

16. A−A 지역을 나타내는 라인 세그먼트에 data set를 생성한다. Results tree 안에서 Data Sets node를 우클릭하여, Cut Line 2D를 선택한다. 설정창에서 Point 1과 2에 대하여, ($x0$, $y0$)와 ($x1$, $y1$)의 값들을 입력한다. 절단선(cut line)을 디스플레이하기 위해 설정창의 상부 근처에서 Plot을 클릭한다.

17. 유선(streamline) 플롯을 생성한다. Results node를 우클릭하고, 2D Plot Group을 선택한다. 이렇게 새로이 생성된 Plot Group 3를 우클릭하고, Steamline을 선택한다. 설정창에서 기본값 위치 지정 옵션이 On selected boundaries에 설정되어 있음을 유의하라. 입구(#2)를 위치 설정 경계로 선택하고, Number를 40으로 설정한다. Plot를 클릭하면, 그림 E8.3.2(a)가 나타난다.

18. 속도 벡터 플롯을 생성한다. Results node를 우클릭하여, 2D Plot Group을 선택한다. 이렇게 새로이 생성된 Plot Group 4를 우클릭하고, 2D Plot Group을 선택한다. 설정창에서 x 그리드 점들에 대한 점들의 수를 20으로 수정한다. 설정창의 상부에 있는 Plot을 클릭하면, 그림 E8.3.2(b)가 나타난다. 더 나은 인쇄를 위해 색상을 검은색으로 변경하고, 화살표 길이를 늘인다.

19. 단면 A−A을 가로지르는 상향 속도에 대한 플롯을 생성한다. Results를 우클릭하고, 1D Plot Group을 선택한다. 설정창에서 드롭다운 대화상자(dropdown dialog)를 클릭하고, 위에서 생성된 Cut Line 2D에 데이터 세트를 변경한다. 1D Plot Group 5를 우클릭하고, Line Graph를 선택한다. 설정창에서 속도 v의 y 성분에 대한 값들을 Expression field에서 입력한다. 부가적으로, 드롭다운 대화상자를 사용하여 x-Axis Data Parameter가 Expression이 되도록 변경하고, 식 x를 입력한다. 설정창의 상부에 있는 Plot를 클릭하면, 그림 E8.3.3이 나타난다.

20. 단면 A−A을 가로지르는 횡단 속도에 대한 플롯을 생성한다. Results를 우클릭하고, 1D Plot Group을 선택한다. 설정창에서 드롭다운 대화상자(dropdown dialog)를 클릭하고, 위에

서 생성된 Cut Line 2D에 데이터 세트를 변경한다. 1D Plot Group 6를 우클릭하고, Line Graph를 선택한다. 설정창에서 속도 u의 x 성분에 대한 값들을 Expression field에서 입력한다. 부가적으로, 드롭다운 대화상자를 사용하여 x-Axis Data Parameter가 Expression이 되도록 변경하고, 식 x를 입력한다. 설정창의 상부에 있는 Plot를 클릭하면, 그림 E8.3.4가 나타난다.

21. 단면 A−A을 가로지르는 와류도에 대한 플롯을 생성한다. Results를 우클릭하고, 1D Plot Group을 선택한다. 설정창에서 드롭다운 대화상자(dropdown dialog)를 클릭하고, 위에서 생성된 Cut Line 2D에 데이터 세트를 변경한다. 1D Plot Group 7을 우클릭하고, Line Graph를 선택한다. Expression Builder (y-Axis Data line, 오른쪽 끝에 있는 작은 글리프(glyph))를 사용하여, 와류도(vorticity)를 플롯한다. Component 1, Laminar Flow, Velocity와 pressure를 클릭한다. Vorticity field, spf.vorticityz-Vorticity field, z-component를 클릭한다. 부가적으로, 드롭다운 대화상자를 사용하여 x-Axis Data Parameter를 Arc Length에서 Expression으로 변경하고, 식 x를 입력한다. Plot을 클릭한다.

22. 와류도(vorticity) 플롯은 구배성 데이터(gradient data)에 기초하므로, 불연속 성질에 주의한다. 설정창에서 Quality section에 접속하여 데이터를 부드럽게 한다. 도메인(domains) 안에서 Recovery option을 변경한다. Plot 클릭하면, 그림 E8.3.5가 나타난다.

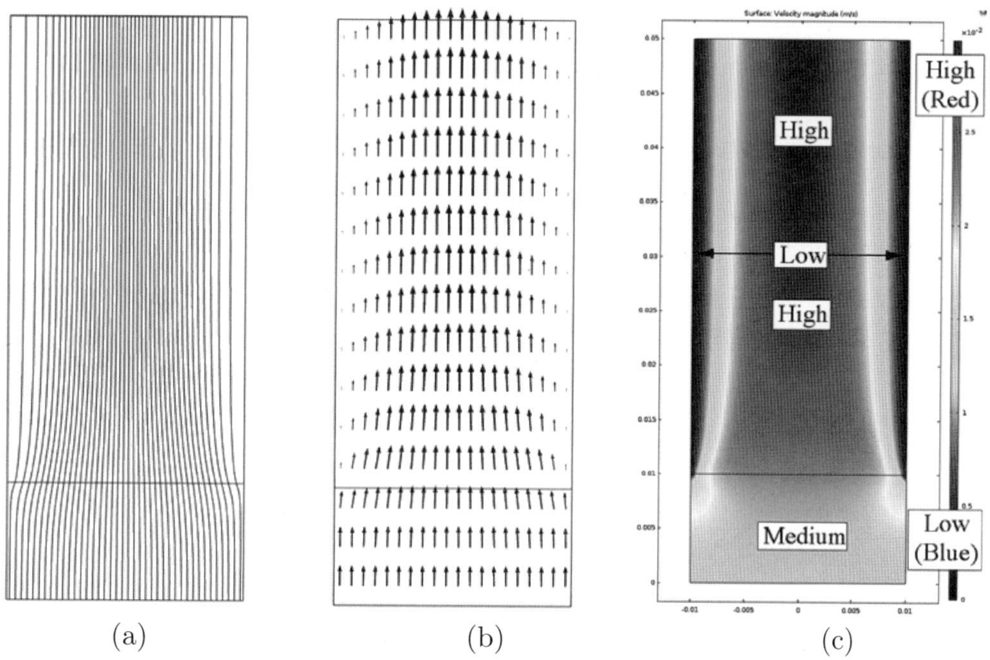

그림 E8.3.2 유동에 대한 세 종류의 전체적인 개관. (a) 도면 변수들에 의거한 40개의 유선으로 명시된 상부 방향으로 움직이는 유선들. 수평선은 그림 E8.3.1의 A−A 부분을 나타내며 단면도를 실행한 후에만 자동적으로 나타난다. (b) 속도 벡터. (c) 속도를 나타내는 2차원 도면(원본은 컬러임). 규모에 따라 대략적으로 진하게 표시되었다.

결과에 대한 토의

전체적인 도면. 유동의 전체적인 픽처가 그림 E8.3.2에 디스플레이되어 있다. 초기의 작은 "자유-유동" 입구 영역 이후에 두 개의 판에서 경계층을 형성하는 것은, 판에서 흐르는 유선의 움직임을 조사하거나 판에 인접한 속도의 감소를 지적하게 되면 매우 분명하다. 연속성으로부터 이와 같은 속도의 감소는 또한 흐름(stream)의 중간에서 가속을 유발한다.

단면 A–A에 대한 결과들이 그림 E8.3.3~E8.3.5에 나타나 있으며, 이에 대한 의견은 다음과 같다.

1. 주 유동 방향에서의 속도 v_y는 중앙부에서는 기본적으로 여전히 평평하고, 벽에 접근하면서 0으로 떨어지게 된다.

(a) 명백하게 *경계층*에 속해 있는 x 값, 예를 들면 그림 E8.3.3에서 $x = -0.008$, $x = 0.008$에서와 같이 v_y는 y 방향으로 지속적으로 감소하게 된다. 따라서 이 위치에서 $\partial v_y/\partial y$는 음이 된다.

(b) 중앙 핵심부에서는 v_y는 그림 E8.3.2(c)에 나타낸 바와 같이 계속적으로 가속되어서 역전이 발생하고, $\partial v_y/\partial y$는 양이 된다.

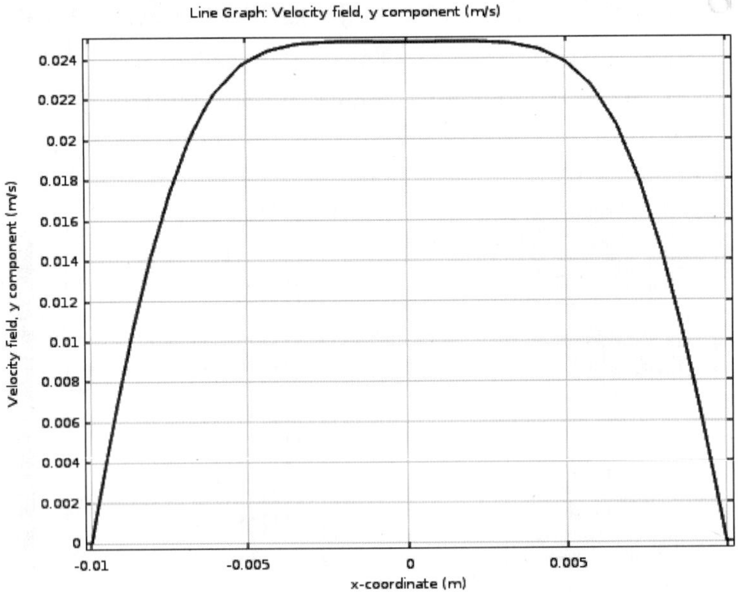

그림 E8.3.3 판 사이에서 상부 방향 y 속도(m/s).

2. Item 1(a)에 이어서, 연속방정식 $\partial v_x/\partial x + \partial v_y/\partial y = 0$에 따라 $\partial v_x/\partial x$는 경계층 내에서 반드시 양이 되어야 하며, 이는 그림 E8.3.4에서 예를 들면 $x = -0.008$과 $x = 0.008$에서 명확히 알 수 있다. 반대로 Item 1(b)로부터 $\partial v_x/\partial x$는 중앙 코어에서 반드시 음이 되어야 한다. 이 또한 명확하게 보인다.

3. 와류도(vorticity)는 $\zeta = \partial v_y/\partial x - \partial v_x/\partial y \doteq \partial v_y/\partial x$이므로(왜냐하면 $v_y \gg v_x$이기 때문), 왼쪽 한 부근에서 양의 와류도(반시계 방향 회전)가 되고, 오른쪽 판 부근에서 음의 와류도(시계 방향 회전)가 된다. 중심 지역에서는 v_y가 보이듯이 일정하기 때문에, 와류도는 필연적으로 0이 된다.

점 P에서의 값. 최종적으로 입구(지점 P)와 출구에서의 압력 p와 속도 v_y를 조사하도록 하자. p에 대한 표면 플롯을 구성하고(우리는 이미 본질적으로 v인 속도의 크기에 대해 하나를 가지고 있음),

P$(x = 0,\ y = 0.01)$와 출구$(x = 0,\ y = 0.05)$를 클릭하면, 지점 P에서 $p = 0.3340$ Pa와 $v_y = 0.02215$ m/s를 찾게 된다. 유사하게, 출구 중심선 값은 $p = 0$(주어진 값)이고, $v_y = 0.02984$이다. 중심선에서는 예측되는 대로 P부터 출구까지는 가속과 이에 상응하는 압력의 감소가 있다. 이와 같은 사실은 이 값이 Bernoulli 방정식에 어느 정도 부합하는지를 여러분들이 수치로 확인할 수 있을 것이다.

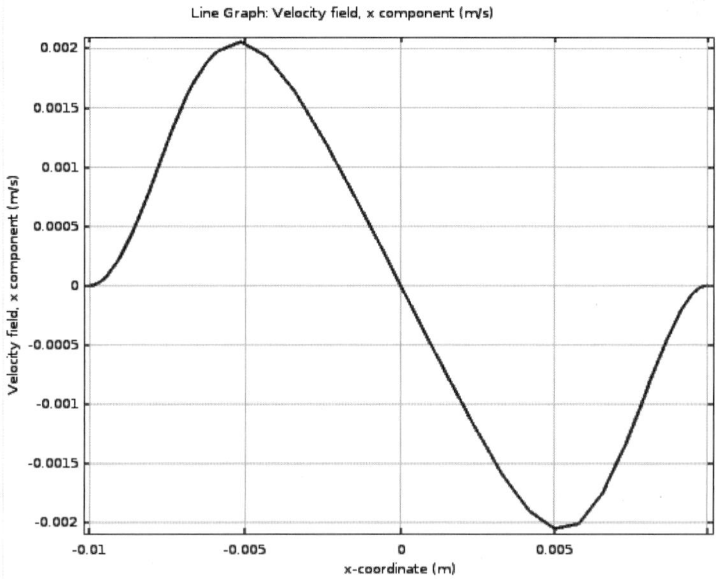

그림 E8.3.4 x 방향 횡단속도 v_x (m/s)는 왼쪽, 오른쪽, 중간 판에서 0이며, 그 판 사이에서 양과 음의 피크가 있다.

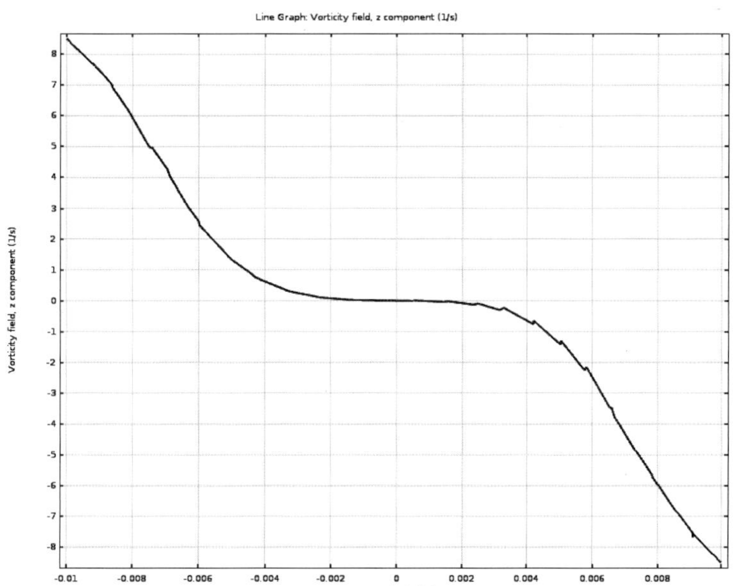

그림 E8.3.5 판 사이에서 와류도 ζ(1/s)의 변화, 왼쪽에서는 양, 중간에서는 0, 오른쪽에서는 음의 값을 보이고 있다.

예제 8.4 평판 사이의 층류 유동의 입구 영역

예제 6.1에서는 두 평판 사이의 층류 유동이 포함되므로, 축 방향 속도 v_x만이 0이 아니라고 간주하였다. 실제로는 속도 분포는 입구에서 평평하지만, 벽에 의한 점성 작용에 의해 최종적으로 포물선 형태로 변한다. 그림 E8.4.1에서는 이와 전개 과정의 대표적인 3가지 단계를 나타내며, 입구에서 $\delta = 0$의 두께에서 $y = d$의 최종값까지 경계층이 형성된다. 문제는 필요한 거리 $x = L$을 결정하는 것이다. 질량 수지를 만족시키기 위해 "주흐름" 속도 V가 일정하지는 않지만, 경로 A–B–C를 따라 하류를 계속해서 증가시킨다. 해는 $L/d = c\rho\overline{V}d/\mu$의 형태이어야 하며, 여기서 c의 값이 결정되어야 한다.

풀이

아래 쪽 벽과 중심선 사이의 반쪽 영역에 대해 집중적으로 해석하기로 하자. 이는 나머지 반쪽은 대칭에 의하여 자동적으로 얻어질 수 있기 때문이다. 모든 향은 그림의 평면에 수직인 단위 길이를 기준으로 한다. 우선 경계층 내의 속도 분포를 합리적으로 가정하자. 즉 벽에서의 속도가 0이고, 주흐름 속도(V)와 그 도함수가 $y = \delta$에서 일치한다.

$$v_x = V\left(2\frac{y}{\delta} - \frac{y^2}{\delta^2}\right). \tag{E8.4.1}$$

이와 같은 속도 분포는 C 지점에 도달했을 때 잘 알려진 포물선형 속도 분포가 되는 추가적인 장점도 가지고 있다.

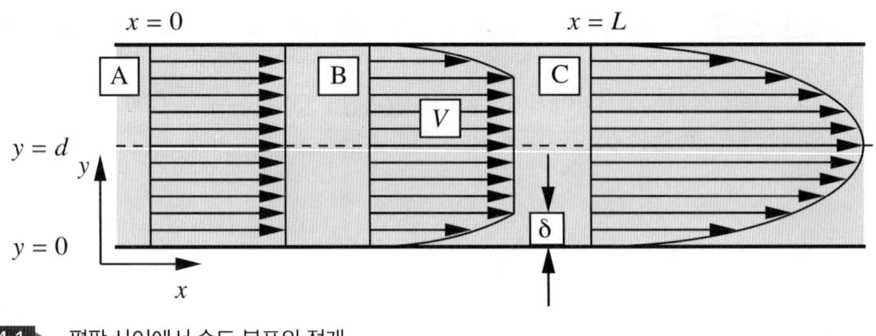

그림 E8.4.1 평판 사이에서 속도 분포의 전개.

이와 같은 속도 분포에 근거하여 다음의 유용한 값들을 결정할 수 있다. 여기서 분율 α를 다음과 같이 정의하면 편리하다.

$$\alpha = \frac{\delta}{d}. \tag{E8.4.2}$$

질량 플럭스

$$m = \underbrace{\rho V(d-\delta)}_{\text{Mainstream}} + \underbrace{\rho\int_0^\delta v_x\,dy}_{\text{Boundary layer}} = \rho V(d-\delta) + \frac{2}{3}\rho V\delta = \rho V d\left(1 - \frac{\alpha}{3}\right). \tag{E8.4.3}$$

운동량 플럭스

$$\dot{\mathcal{M}} = \underbrace{\rho V^2(d-\delta)}_{\text{Mainstream}} + \underbrace{\rho \int_0^\delta v_x^2\, dy}_{\text{Boundary layer}} = \rho V^2(d-\delta) + \frac{8}{15}\rho V^2 \delta = \rho V^2 d\left(1 - \frac{7}{15}\alpha\right). \quad \text{(E8.4.4)}$$

벽에서의 전단 응력

$$\tau_w = \mu\left(\frac{dv_x}{dy}\right)_{y=0} = \frac{2\mu V}{\delta} = \frac{2\mu V}{\alpha d}. \quad \text{(E8.4.5)}$$

평균 속도와 주흐름 속도와의 관계

$$m = \rho\overline{V}d = \rho V d\left(1 - \frac{\alpha}{3}\right), \quad \text{or} \quad \overline{V} = V\left(1 - \frac{\alpha}{3}\right) \quad \text{or} \quad V = \frac{3\overline{V}}{3-\alpha}. \quad \text{(E8.4.6)}$$

주흐름에서 Bernoulli 방정식

$$\frac{V^2}{2} + \frac{p}{\rho} = c, \quad \text{or} \quad \frac{dp}{dx} = -\rho V\frac{dV}{dx}. \quad \text{(E8.4.7)}$$

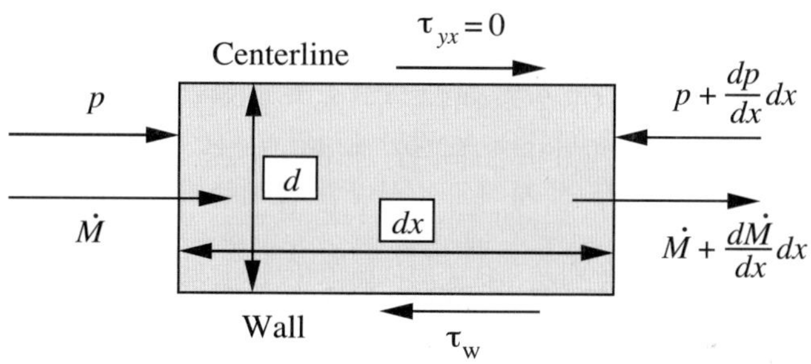

그림 E8.4.2 유체의 직사각형 요소에 대한 운동량 수지.

이제는 중심선에서 속도 구배가 0이고, 따라서 전단 응력이 0이라는 사실을 염두에 두고, 벽과 중심선 사이에 위치한 그림 E8.4.2에 보이는 직사각형 요소에서 x 방향 운동량 수지식을 세우자.

$$\dot{\mathcal{M}} + pd - \tau_w dx - \left(\dot{\mathcal{M}} + \frac{d\dot{\mathcal{M}}}{dx}dx\right) - \left(p + \frac{dp}{dx}dx\right)d = 0, \quad \text{(E8.4.8)}$$

또는

$$\tau_w + \frac{d\dot{\mathcal{M}}}{dx} + \frac{dp}{dx}d = 0. \quad \text{(E8.4.9)}$$

식 (E8.4.4)를 x에 대하여 미분하면

$$\frac{d\dot{\mathcal{M}}}{dx} = \rho d\left[2V\frac{dV}{dx}\left(1 - \frac{7}{15}\alpha\right) - \frac{7}{15}V^2\frac{d\alpha}{dx}\right]. \quad \text{(E8.4.10)}$$

이 식을 적절하게 대입하면, 식 (E8.4.9)는 α에 대한 상미분 방정식을 x의 함수로 구할 수 있다.

$$\frac{10\mu}{\rho\overline{V}d^2} = \frac{\alpha(6+7\alpha)}{(3-\alpha)^2}\frac{d\alpha}{dx}. \quad \text{(E8.4.11)}$$

변수 분리 후에 유입구에서 경계층이 중심선까지 도달하는 위치까지 적분하면 다음과 같이 된다.

$$\frac{10\mu}{\rho\overline{V}d^2}\int_0^L dx = \int_0^1 \frac{\alpha(6+7\alpha)\,d\alpha}{(3-\alpha)^2} \doteq 1.048. \tag{E8.4.12}$$

즉, 무차원 입구 길이는(이 경우 두 판 사이의 거리의 절반을 근거한) Reynolds 수에 비례한다.

$$\frac{L}{d} = 0.1048\,\frac{\rho\overline{V}d}{\mu}. \tag{E8.4.13}$$

*직경*이 D인 파이프에서의 유동에 대하여 이에 상응하는 결과는 $L/D \doteq 0.061\ \mathrm{Re}$이다. 이때 $\mathrm{Re} = \rho\overline{V}D/\mu$이다.

8.8 윤활(lubrication)근사

이 장의 나머지 부분에서는 앞에서 논의한 경계층 해석에서 접했던 것과 다르지 않은 상황에 대해 논의하기로 한다. 즉 한 방향에서 주된 속도 성분이 존재한다는 것이다.

그림 8.8(a)에 나타낸 *이심 베어링*(journal bearing)의 간략화한 단면을 고려하자. 단위 길이당의 무게가 W인 무거운 축이 얇은 점성 윤활유 필름으로 분리되어 있는 틀 내부에서 반시계 방향으로 회전한다. 윤활유 필름의 두 말단에서의 압력은 대기압이지만(예를 들면, $p = 0$), 다음의 해석은 축의 회전이 이 두 점 사이에서 상당한 압력 증가를 발생시킨다. 이는 축의 무게를 지지하기에 충분하다. 평면에 도달하였을 때 축과 틀은 동심이 *아니며*, 따라서 그림 8.8(a)에서 과장되게 표시한 윤활유 필름의 두께는 회전 방향으로 더 얇아지게 된다. 축은 매우 작은 정도지만 자동적으로 중심에서 벗어난다.

윤활유 필름은 매우 얇기 때문에, 이 필름을 펴서 그림 8.8(b)에 확대된 부분인 속도 V로 움직이는 위 표면(축)과 아래 변의 정지 표면(틀)에 채워져 있는 쐐기 모양이라고 간주함으로써 적절하게 해석할 수 있다. 윤활유는 기본적으로 계속하여 좁아지는 공간으로 압착되는 경향이 있으며, 이로 인해 압력이 증가된다.

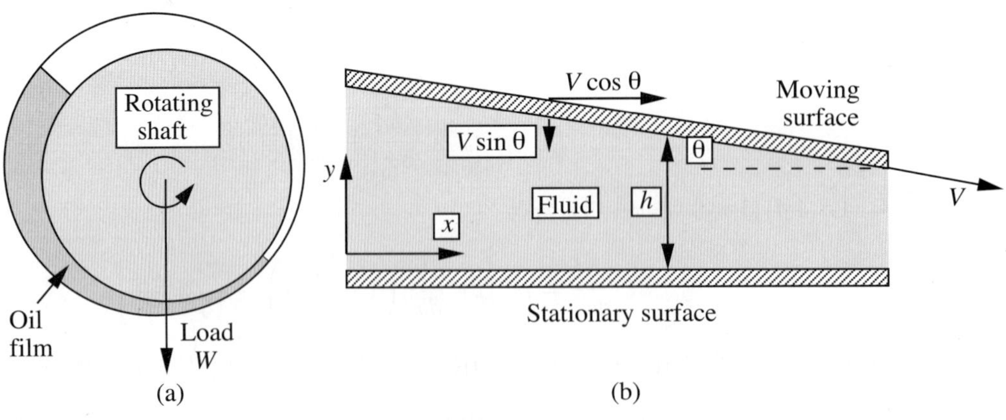

그림 8.8 (a) 윤활유 필름의 두께를 확대한 이심 베어링, (b) 확대된 윤활유 필름.

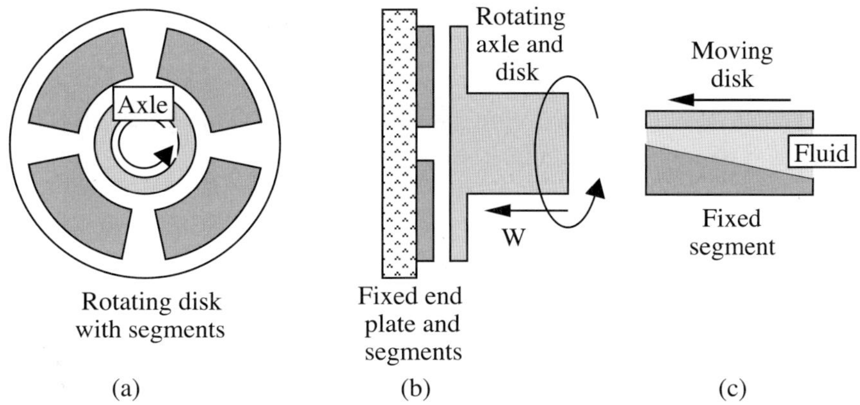

그림 8.9 추력 베어링의 상세도. (a) 단편들과 끝판의 정면도, (b) 축부분의 측면도, (c) 끝판에 고정된 단편들 중 하나에 대한 원판의 운동.

이와 유사한 상황(추력(thrust) 베어링의 경우)을 그림 8.9에 나타내었다. 이 경우에 축의 *수평* 추력 W가, 일련의 쐐기 모양의 단편에 의하여 저항을 받는다. 이 단편들은 회전하는 축에 붙어 있는 원판에 이웃한 고정된 끝판에 원형으로 배열되어 있다. 원판과 단편들 사이에 있는 유체는 윤활유일 필요는 없으며, 대부분의 경우에 이 유체는 공기이다.

이심 베어링에 대하여 해석하기 위해 다음과 같은 간략화 가정을 설정한다. 이 모든 가정들은 평판에서 경계층의 형성에 대한 해석 시 설정한 바와 유사한 논의에 의하여 정당화될 수 있다.

1. 주된 속도 성분은 한 방향(예를 들면 x 방향)이다.
2. 압력은 x 좌표면의 함수이다. 즉, 주 유동 방향의 함수이며, 횡 방향 좌표 y에는 무관하다. 따라서 $p = p(x)$이며, $\partial p/\partial y = 0$이다.
3. 주된 효과인 압력과 점성력에 비하여 관성과 중력은 무시할 수 있다.
4. 그림의 평면에 수직인 z 방향으로의 유동은 없다. 이에 관해서는 여기서 다루지 않지만, 일부의 경우에 있어서 바람직하지 못한 가정, 즉 축 방향을 따라서 축적된 윤활유가 연속적으로 누출되는 경우가 이에 해당된다(이 누출에 대응하여 베어링 표면 부근에서 윤활유가 주입됨).

베어링에서의 유동에 대한 기본 방정식

위의 1번 항의 가정은 완전한 Navier-Stokes 방정식에서 x 방향 운동량 수지만이 필요하다는 것을 의미한다.

$$\rho\left(\frac{\partial v_x}{\partial t}+v_x\frac{\partial v_x}{\partial x}+v_y\frac{\partial v_x}{\partial y}+v_z\frac{\partial v_x}{\partial z}\right)=-\frac{\partial p}{\partial x}+\mu\left(\frac{\partial^2 v_x}{\partial x^2}+\frac{\partial^2 v_x}{\partial y^2}+\frac{\partial^2 v_x}{\partial z^2}\right)+\rho g_x.$$

*윤활 근사*로 알려진 앞에서의 간략화에 의하여 운동량 수지식은 다음과 같이 된다.

$$\frac{dp}{dx}=\mu\frac{\partial^2 v_x}{\partial y^2}. \tag{8.86}$$

경계조건으로, 유체는 고정된 밑 표면에서 속도가 0이 되고, 움직이는 위의 표면에서는 속도 $V\cos\theta \doteq V$(θ는 상당히 작음)로 움직인다.

$$y = 0: \quad v_x = 0,$$
$$y = h: \quad v_x = V. \tag{8.87}$$

식 (8.86)을 위한 두 경계조건에 대하여 두 번 적분하면, x 방향의 임의의 지점에서도 속도 분포에 대해 다음과 같은 표현을 얻을 수 있다.

$$v_x = \frac{yV}{h} + \frac{1}{2\mu}\frac{dp}{dx}y(y-h). \tag{8.88}$$

식 (8.88)의 우변에 나타나는 두 항에 대한 설명에 주목하자.

1. 첫 번째 항은 *Couette* 유동을 나타낸다. 이 유동에서는 속도 v_x는 정지상태인 아래 표면에서 0 이며 움직이는 위 표면에서 V로 선형적으로 증가한다.
2. 두 번째 항은 압력으로부터 유도되는 *Poiseuille* 유동에 해당한다. 이 유동에서는 속도는 두 표면에서 모두 0이고 두 표면 사이에서 포물선형으로 변한다.

이 문제는 dp/dx가 미지이기 때문에 아직 완전히 풀리지 않았다. 따라서 이제는 압력과 압력 구배가 베어링의 길이에 따라서 어떻게 변하는지에 관심을 집중하자. 베어링을 따라서 흐르는 윤활유의 부피유속은 윤활유 필름을 가로질러 적분함으로써 얻을 수 있다.

$$Q = \int_0^h v_x\,dy = \int_0^h \left[\frac{yV}{h} + \frac{1}{2\mu}\frac{dp}{dx}y(y-h)\right]dy = \frac{Vh}{2} - \frac{h^3}{12\mu}\frac{dp}{dx}. \tag{8.89}$$

유속(flow rate)에 대한 Couette 그리고 압력-유발 기여 항들에 대하여 주목하자. (2차원 베어링에서 발생할 수 있는 것처럼) 그림 8.8의 평면에 수직 방향으로 윤활유가 누출되지 않는 한, Q는 반드시 일정하게 유지되어야 한다. 따라서 $dQ/dx = 0$으로 두면 베어링을 따라서 발생하는 압력의 변화를 결정하는 다음과 같은 미분 방정식을 바로 구할 수 있다.

$$\frac{d}{dx}\frac{h^3}{\mu}\frac{dp}{dx} = 6V\frac{dh}{dx}, \tag{8.90}$$

이 식은 *Poisson 방정식*의 예이다. 여기서 우변은 압력을 지지하는 효과적인 생성항이다. 두 표면의 상대속도(V)와 그 표면들의 경사가 완급도(dh/dx)는 압력 증가를 유발시키는 중요한 인자들이다.

베어링에서의 압력의 변화

베어링에서 점성 마찰은 온도의 변화를 유발하므로, 점도는 위치에 의존한다. 이와 같은 경우에 식 (8.90)은 압력에 관하여 항상 수치적으로 풀어야 한다. 그러나 입문 수준에서 좀 더 해석적으로 진행하기 위해서 다음과 같은 간략화를 위한 가정들을 도입해야 한다.

1. 유체의 점도 μ는 일정하다.
2. 경사 dh/dx 역시 일정하다.
3. 최종적으로, 추가적인 간략화를 위해 윤활유의 평균 필름 두께 h_m을 도입할 수 있다.

양의 값을 갖는 양을 다음과 같이 정의하면

$$\alpha = -6\mu V\frac{dh}{dx}, \tag{8.91}$$

(dh/dx가 음의 값을 가진다는 사실에 주의하며) 압력 방정식은 다음과 같이 된다.

$$\frac{d}{dx}h^3\frac{dp}{dx} = -\alpha, \tag{8.92}$$

위 식을 한 번 적분하면

$$\frac{dp}{dx} = -\frac{\alpha x}{h^3} + \frac{c_1}{h^3}, \tag{8.93}$$

여기서 c_1은 적분 상수이다.

식 (8.93)을 정확하게 적분하기 위해서는 필름의 두께에 대한 정확한 표현 $h = h(x)$를 활용해야 한다(연습 문제 8.10 참조). h가 그 평균값인 h_m을 유지한다고 가정하면 근사해를 다음과 같이 구할 수 있다.

$$p = -\frac{\alpha x^2}{2h_m^3} + \frac{c_1 x}{h_m^3} + c_2. \tag{8.94}$$

필름의 시작($x = 0$)과 끝($x = L$)에서 압력이 0이 되는 경계조건을 적용하면

$$c_2 = 0, \qquad c_1 = \frac{1}{2}\alpha L. \tag{8.95}$$

식 (8.94)와 (8.95)로부터 압력은 두 말단 지점 사이에서 *포물선형* 분포를 따른다.

$$p = \frac{\alpha}{2h_m^3}x(L - x), \tag{8.96}$$

그림 8.10에서 압력을 중심에서 최대값인 p와 함께 곡선 A로 나타내었다.

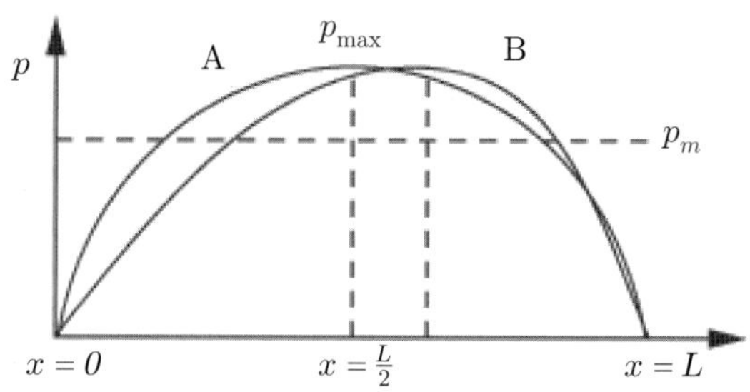

그림 8.10 윤활유 필름을 따라서 발생하는 압력의 변화. 곡선 A와 B는 각각 간략화한 방법(식 (8.96))과 엄밀한 방법(연습 문제 8.10)에 해당된다.

윤활유 필름에서의 평균 압력은 적분하면 다음과 간이 쉽게 구할 수 있다.

$$p_m = \frac{1}{L}\int_0^L p\,dx = \frac{\alpha L^2}{12h_m^3} = \frac{2}{3}p_{max}, \tag{8.97}$$

여기서 p_{max}는(여기서의 간단한 처리에서) $x = L/2$에서 발생하는 최대 압력이다. 실제적으로 만일 $h \doteq h_m$의 가정이 설정되지 *않았다면*, 최대 압력의 위치는 중간점의 오른쪽으로 약간 이동될 것이다.

표면의 구부러진 고유한 특성을 상기하면, 윤활유 필름에서 발생되는 압력에 의하여 지지되는 축의 단위 길이당의 총 무게는 다음과 같다.

$$W = \int_0^L p(x) \cos\phi \, dx, \tag{8.98}$$

여기서 ϕ는 연직(vertical)과 베어링의 중심으로부터 필름의 두꺼운 말단에서 거리 x 떨어진 지점까지 그려진 선 사이의 각도이다. 얇은 필름의 두께를 포함하는 대표적인 값들을 대입하면 W는 상당한 값을 가지게 된다.

이제는 압력의 분포가 근사적으로 알려져 있으므로, 압력 구배는 다음과 같다.

$$\frac{dp}{dx} = \frac{\alpha}{h_m^3}\left(\frac{L}{2} - x\right), \tag{8.99}$$

이 식을 원래의 표현인 식 (8.88)에 대입하면 속도 분포는 다음과 같이 된다.

$$v_x = \frac{yV}{h} + \underbrace{\frac{1}{2\mu}\frac{\alpha}{h_m^3}}_{\text{Positive}}\left(\frac{L}{2} - x\right)\underbrace{y(y-h)}_{\text{Negative}}. \tag{8.100}$$

식 (8.100)은 그림 8.11에서 베어링을 따라 존재하는 대표적인 세 곳의 위치에 대해 나타내었다.

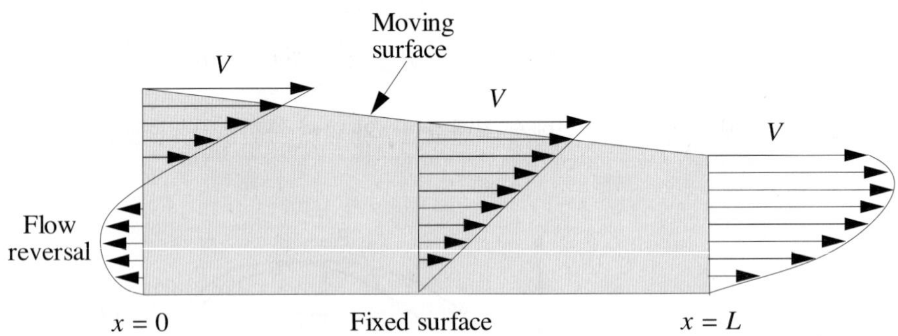

그림 8.11 베어링을 따라 형성되는 윤활유 속도 분포.

물론 움직이는 표면에서의 속도는 V이다. 가운데 지점에서 압력 구배 dp/dx가 0이므로 속도 분포는 순전히 Couette 특성을 가진다. 그러나 그림 8.10에 의하면 $x = 0$과 $x = L$에서 압력 구배가 현저하므로, 이들 지점에서 추가적이 Poiseuille 형태의 성분들이 생성된다. "출구"($x = L$)에서 속도 분포는 Couette 값 이내인 반면, "입구"($x = 0$)에서는 Couette 속도보다 줄어들고 실제로 약간의 역류가 발생한다. 실제로는 양 말단에서의 윤활유의 누출을 보충해주기 위해 윤활유 박으로 윤활유가 주입된다. 압력 구배에 의한 속도 분포의 변형은 그림 8.6에 나타낸 경계층 분리에 관한 것과 비슷하다.

예제 8.5 윤활유를 적용한 베어링에서의 유동(COMSOL)

그림 E8.5.1에 나타낸 경사진 판(표면 3)이 $y = 0$에서 정지해 있는 판에 대하여 속도 V로 움직이고 있는 상황에 대해 고려하자. 두 판 사이의 공간은 밀도 1,000이고 점도 1.0인 뉴턴성 유체로 채워져 있다. 모든 단위는 상호 일관성이 있다(달리 지정하지 않으면, COMSOL에 의해 SI로 택해진다). 움직이는 판의 속도 성분들은 x 방향으로 $u_0 = 0.05$이고, y 방향으로 $v_0 = -0.01$이다. 다른 세 개의 경계 조건들을(표면 1, 2, 그리고 4) 그림 E8.5.1에 나타내었다. $x = -1.4$와 $x = 1.4$의 두 말단에서는 압력이 $p = 0$에 노출되어 있다. 실제로 베어링의 평균 두께/길이의 비는 훨씬 더 작고, 보다 많은 내부 압력을 생성할 수도 있으나, 현재 선택한 조건에 의해 y 좌표를 늘리지 않아도 주요 특성들을 나타낼 수 있다.

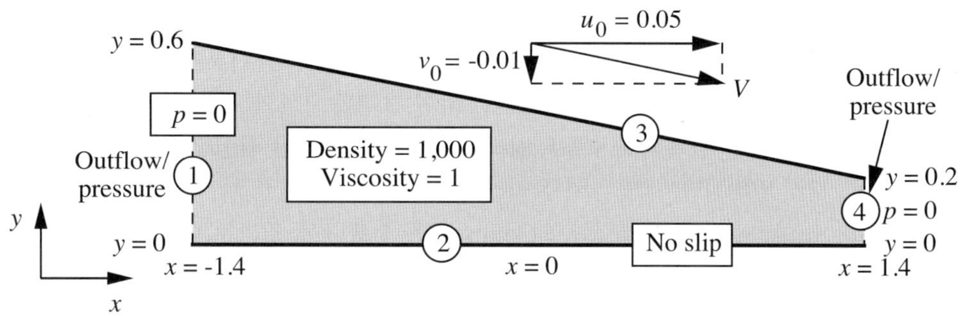

그림 E8.5.1 윤활유를 가한 베어링에서의 유동에 대한 경계조건들과 다른 정보.

유선들, 압력 분포, 그리고 반대편 양 말단(좌표 (−1.4, 0.3)과 (1.4, 1.0) 지점 사이)의 중간점 사이의 직선을 다른 압력 변화에 대해 해를 구하라.

풀이

모든 마우스 클릭은 특별히 우클릭(R)으로 표시되어 있지 않으면, 좌클릭(L-click, *Select*(선택)와 동일)이다.

Physics의 선택

1. COMSOL을 연다. Model Wizard, 2D, Fluid Flow(작은 회전하는 삼각형으로 "글리프(glyph)"라고 함), Single-Phase Flow, Laminar Flow, Add를 클릭한다.
2. Study, Stationary, Done을 클릭한다.

기하구조(Geometry)의 설정

3. Geometry를 우클릭하고, Polygon을 선택한다. 설정창의 Coordinates에서 x 값들을 −1.4, 1.4, 1.4, −1.4로, y 값들을 0.0, 0.0, 0.2, 0.6으로 입력한다(단위는 자동적으로 meter임). Build Selected를 클릭한다.

유체 특성의 정의

4. Component 1 안에서 Material node를 우클릭하여, Blank Material을 선택한다. *rho*와 *mu*에 대하여 1000과 1을 입력한다. 단위는 자동적으로 kg/m^{3}과 Pa s를 갖는다.

경계조건의 정의

5. Laminar Flow를 우클릭하고, Wall을 선택하여, 상부 벽에 대한 속도 경계조건을 정의한다. 상단 벽 위로 빨간색이 될 때까지 마우스를 가져간 후, 클릭하여 선택하고 파란색으로 변하는 것을 주목하라. Boundary Condition을 클릭하여 Moving Wall로 변경하고, 벽 속도 성분 값

들을 0.05와 −0.01로 입력한다(m/s로 가정).

6. Laminar Flow node를 우클릭하여, Outlet을 선택한다. 각 세그먼트를 클릭하여 왼쪽과 오른쪽의 경계 세그먼트를 추가하고, 각 세그먼트에 대해 Pressure Conditions이 $p = 0$을 제공하는지 확인한다. Supress backflow option(역류억제 옵션)의 선택을 취소한다. Laminar Flow 글리프(glyph)를 클릭하고, Settings(설정)에서 Equation 글리프를 선택하여, 방정식이 풀리는지를 확인한다.

메쉬(Mesh) 생성 및 문제의 풀이

7. Mesh node를 클릭하여, Element Size를 Fine으로 변경한다. Build All을 클릭한다. 그 후 Mesh를 우클릭하여 Statistics까지 당겨 내리면, 근사적으로 7,000요소(element)를 포함하는지를 확인하게 된다. Zoom을 3번 하면 경계들 근처의 요소(element)는 사각형(rectangular)이고, 모든 안쪽의 요소들은 삼각형(triangular)임을 확인할 수 있다.

8. 다시 말하지만, 작업은 자주 저장하라.

9. Study node를 우클릭하고 Compute를 선택한다. 결과는 속도 크기에 대한 표면 플롯인데, 이는 특별히 원하는 것은 아니다.

결과의 디스플레이

10. Result node를 우클릭하고, 2D Plot Group을 선택한다. 새로운 2D Plot Group 3를 우클릭하고, Streamline을 선택한다. Streamline Positioning에서 Positioning option을 선택하고, Start point controlled를 선택한다. Plot을 클릭한다. Points를 20에서 25로 변경하고, Plot을 실행하면 그림 E8.5.2이 나타난다.

11. Result node를 우클릭하고, 2D Plot Group을 선택한다. 새로운 2D Plot Group 4를 우클릭하고, Surface를 선택한다. Expression field에서 p를 입력한다. Plot을 클릭하면, 그림 E8.5.3이 나타나는데, 오른쪽에 색상 바(color bar)가 있다.

12. Results tree에서 Data Sets를 우클릭하고, Cut Line 2D를 선택한다. 설정창에서 Points 1과 2에 대한 값으로 (−1.4, 0.3)과 (1.4, 0.1)을 입력한다. 설정 상단에 있는 Plot을 클릭한다.

13. Results를 우클릭하고, 1D Plot Group을 선택한다. 설정창에서 드롭다운 대화상자를 마우스로 클릭하고, 데이터 세트(data set)를 Cut Line 2D 1으로 변경한다.

14. 1D Plot Group을 우클릭하고, Line Graph를 선택한다. 설정창에서 Expression field에 압력 p에 대한 변수를 입력하라. 최종적으로 Plot을 클릭하면, 그림 E3.5.4이 나타난다.

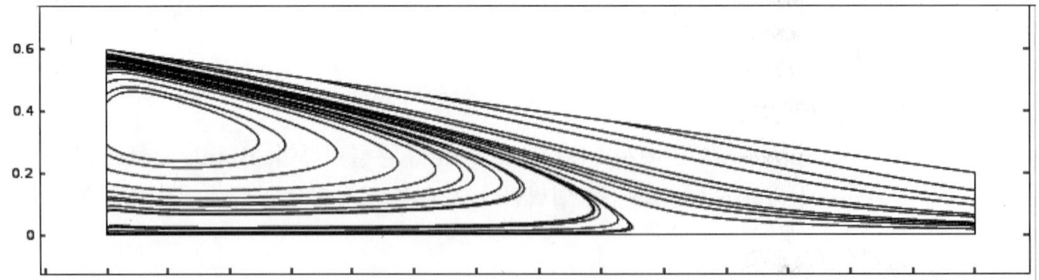

그림 E8.5.2 유선들. 왼쪽의 절반에 해당되는 영역에서는 유동은 시계 방향, 그리고 오른쪽 절반의 영역에서는 유동은 왼쪽에서 오른쪽이다.

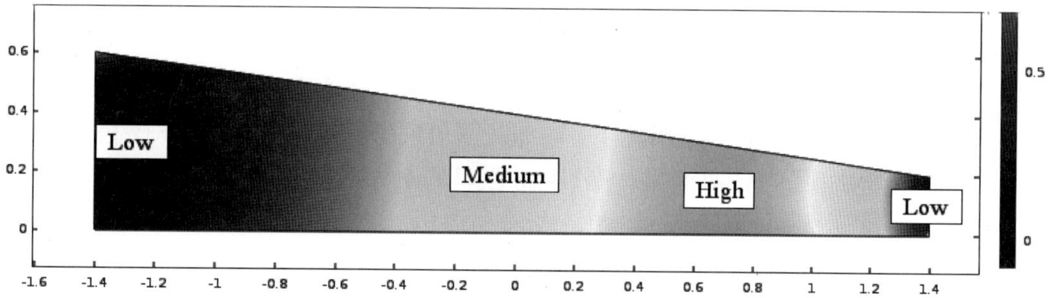

그림 E8.5.3 근사 크기가 추가된 압력 분포를 보여주는 2차원 표현(원본은 컬라임).

COMSOL 결과들을 그림 E8.5.2~E8.5.4에 나타내었다. 첫 번째 그림은 유선(streamline)들을 나타내고 있다. 왼쪽의 상단 부분과 오른쪽의 거의 모든 부분에서, 움직임은 왼쪽에서 오른쪽이며, 이는 움직이는 상부 판에 의해 구동된다. 그러나 왼쪽의 상당 부분은 시계 방향 회전의 와류 형태 유동에 의해 점유되어 있다. 이 와류의 아래쪽 절반에서는 음의 x 방향인 유동에 대한 이유가 그림 E8.5.3을 검토하면 용이하게 알 수 있는데, 이는 다음의 중요한 특성들을 보여준다.

(a) 압력은 기본적으로 y 방향이 아닌 x 방향에만 의존한다. 이는 경계층과 윤활 형태의 유동에 대한 간략화된 해석에 있어서 핵심적인 사항이다.
(b) 고압 지역은 좌측 끝단으로부터 대략 75%인 $x = 0.75$에 중심을 둔 고압 영역. 최대 압력은 대략 $p = 2.2$ Pa이다.

그림 E8.5.4는 양 끝단의 중간점(점 (−1.4, 0.3)과 (1.4, 0.1)) 사이에서의 압력 변화를 명백하게 나타내고 있다. 압력 변화는 대략적으로 포물선형이지만 피크는 중심의 오른쪽으로 약간 편향되어 있다.

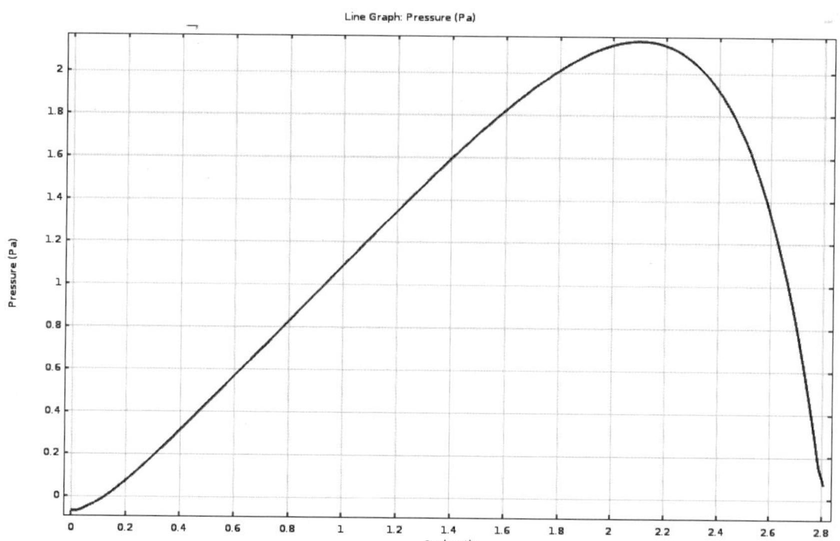

그림 E8.5.4 양 끝단, 즉 점 (−1.4, 0.3)와 (1.4, 0.1)의 중간 지점 사이의 압력(Pa) 단면도.

8.9 캘린더링에 의한 고분자 가공

캘린더링(calendering)은 아주 근접하게 배열된 상퇴에서 서로 반대 방향으로 회전하는 롤들로 구성된 한 개 또는 그 이상의 롤러 쌍을 통하여 중간 정도 용융시킨 재료를 주입하여 연속적으로 시트를 제근하는 과정이다. 캘린더링은 고무 산업에서 처음으로 활용되었으며, 현재에도 광범위하게 활용되고 있다. 플라스틱 산업에서 캘린더링에 가장 일반적으로 사용되는(전체적으로 거의 80~85%) 플라스틱은 PVC이다(유연한 PVC와 단단한 PVC 모두). 캘린더링을 이용하는 다른 플라스틱들에는 주로 LDPE, HDPE, PP 등이 있다.

캘린더링된 재료가 갖는 두 가지의 주된 장점은 다음과 같다.

1. 최종 두께를 아주 정밀하게 만들 수 있다.
2. 롤의 표면 성질에 따라 부드럽고, 거친 또는 형태를 갖는 표면이 최종 시트에 새겨질 수 있다.

그림 8.12를 참조하면 가열하여 연화된 상태이지만, 완전히 용융된 상태가 아닌 재료를 롤 1과 2 사이의 틈으로 일정하게 주입한다. 첫 번째 틈에서 완전하게 용융되고 일부 첨가제들(가소제, 안정제, 충전제, 윤활제, 착색제 등)을 혼합할 수 있으며, 롤러 역시 가열된다. 정상적으로 롤 2가 롤 1보다 빨리 회전하기 때문에 전단 효과가 발생할 수 있다. 이 작용은 밴드(생성된 필름)가 롤 2에 부착되게 하여 아래쪽 롤로 진행되게 한다. 롤의 온도는 롤 1에서 3으로 진행될수록 약간 상승하지만, 롤 4의 온도는 롤 3보다 약간 낮아서 필름이 롤 4로부터 잘 이탈되게 한다. 틈의 간격은 점차적으로 더 작아지는데, 롤 3과 4 사이의 간격은 필름의 최종 두께와 거의 같아야 한다.

세 개의 틈의 기능은 다음과 같다.

1. 첫 번째 틈(롤 1과 2 사이). 캘린더를 통해 주입되는 속도는 이 지점에서 결정된다. 이는 재료의 비교적 짧은 체류시간과도 관련된다(분해되기 쉬운 PVC의 경우 바람직한 조건). 롤의 속도는

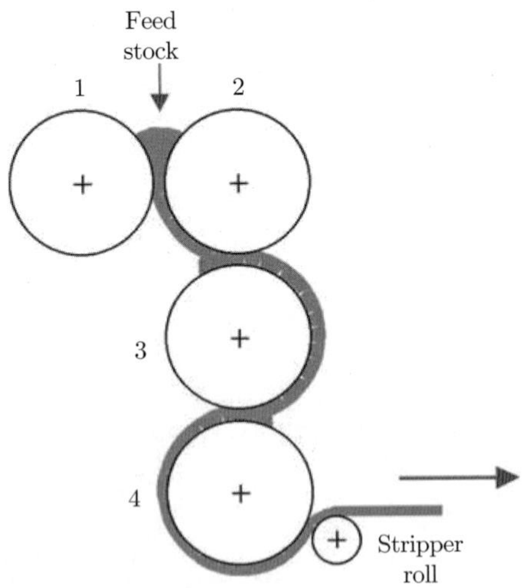

그림 8.12 역전된 "L"형 4-롤 캘린더(John W. Ellis).[6]

[6]Mr. Ellis는 플라스틱 및 고무 산업을 위한 실험실용 가공 기계를 만드는 회사인 Labtech Engineering Co., Ltd의 R&D 관리자이다. 이 절에서 캘린더 작성에 관한 실제 정보를 모두 제공해 주신 것에 대해 사의를 표한다.

이러한 인자들에 영향을 미치는 것이 분명하다.

2. 두 번째 틈(롤 2과 3 사이). 이 틈은 일종의 측정 장치 역할을 한다. 용융체는 비록 대부분의 축 방향 퍼짐이 첫 번째 틈에서 발생하지만, 롤의 축 방향을 따라 최종적인 너비까지 퍼지게 된다.
3. 세 번째 틈(롤 3과 4 사이). 최종적인 성형 단계이며, 시트의 사출 거푸집과 유사하다.

고도로 광택을 낸 정밀한 롤과 부가적인 기기로 캘린더링을 하는 작업은 매우 자본집약적인 조작이다. 전형적인 조작 조건은 다음과 같다.

1. 롤의 직경은 일반적으로 40~90 cm 범위이다. 롤의 길이는 전형적으로 1~2.5 m이고, 이에 응하는 길이 대 직경의 비는 2와 3 사이이다.
2. 롤의 분리 간격("틈 간격 크기")은 롤의 쌍들에 따라 변하지만, 약 5 mm까지 조정할 수 있다. 생산 캘린더는 두께 허용오차가 ±0.005 mm인 시트를 생산하게 된다.
3. 롤 속도. 선 속도는 생산기계의 경우 일반적으로 30~120 m/min(100~400 ft/min) 정도이다. 실제로 롤 속도는 상당히 낮다(예를 들면 20 rpm). 만일 예를 들어 롤 직경이 70 cm이고 회전 속도가 20 rpm인 경우, 이는 선속도가 44 m/min로 계산된다. 캘린더링에 발생하는 전단속도의 범위는 1~100 s^{-1} 정도이다.

캘린더링 과정 중에서 용융체의 상당히 점성을 가져야 한다. 그렇지 않으면 캘린더 롤러 전체에 걸쳐 넘치게 된다. 그러나 반대로 점도가 너무 높으면 롤러 사이에 발생하는 고압(800 bar까지)에 의해 과도한 롤의 굽힘이 발생하게 된다. 전형적인 점도는 1 또는 2 정도에 해당되며, 이는 용융체 점도가 10^3에서 10^4 N s/m^2(10^4에서 10^5 poise)에 해당된다.

캘린더링에 대한 이상적인 개략도를 그림 8.13에 나타내었다. 이때 각속도가 ω이고, 반지름이 R이며, 가장 근접한 분리 간격이 $2H$인 서로 반대 방향으로 회전하는 롤러를 이용하여 재료의 시트의 두께를 감소시킨다. 이상적인 조건을 만족시키기 위해 점도가 μ이며, 초기 값이 $2H_1$에서 최종값 $2H_2$로 변한다.

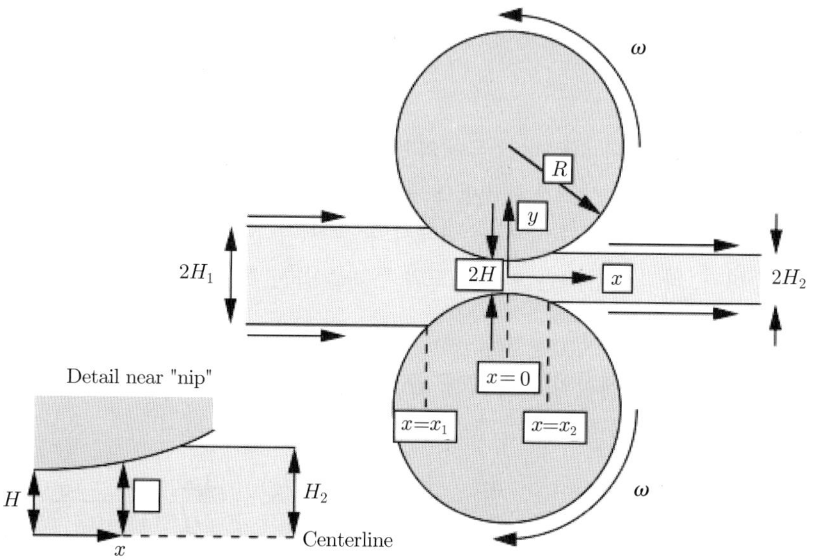

그림 8.13 캘린더링 작동(시트의 두께와 롤러 간격을 확대하여 표시함).

해석에 있어서 핵심적인 양은 $y = 0$인 중심선으로부터 롤러의 거리 $h = h(x)$이다. 수치 해석에 전적으로 의존하지 않고 적절하게 진행하기 위해서, x/R이 작다고 가정할 필요가 있다. 이 가정은 롤러 사이의 간격이 작고 압력 구배가 최대가 되는 가장 관심이 깊은 영역("nip" 영역)에서는 근사적으로 사실이다. 피타고라스의 정리(Pythagoras' theorem)를 적용하면 다음과 같이 된다.

$$h = R + H - \sqrt{R^2 - x^2} \doteq H + \frac{x^2}{2R} = H(1 + \alpha x^2), \text{ with } \alpha = \frac{1}{2HR}, \quad (8.101)$$

여기서 $\sqrt{1-2\varepsilon} \doteq 1 - \varepsilon$의 근사가 $\varepsilon = x/R$ 값이 작은 경우에 대하여 적용되었다.

현재의 조건과 가정이 앞 절에서 공부한 문제와 아주 유사하고, 윤활 근사에 의해 압력이 지배 방정식과 함께 x만의 함수라는 결론에 이르게 된다. 지배 방정식은 다음과 같게 된다.

$$\frac{dp}{dx} = \mu \frac{\partial^2 v_x}{\partial y^2}. \quad (8.102)$$

속도 v_x에 대한 경계조건은 간격의 끝($y = h$)에서의 속도는 대략적으로 롤러의 회전속도와 같고, 시트의 중심선($y = 0$)에 대해서 대칭이 된다.

$$y = h : v_x = R\omega, \qquad y = 0 : \frac{\partial v_x}{\partial y} = 0. \quad (8.103)$$

따라서 속도 분포가 다음과 같음을 보이는 것은 용이하다.

$$v_x = \frac{1}{2\mu}\frac{dp}{dx}(y^2 - h^2) + R\omega, \quad (8.104)$$

여기서 현재까지는 압력 구배는 미지수이고, 그림 8.13의 평면에 수직인 단위 깊이당의 유속은 다음과 같게 된다.

$$Q = 2\int_0^h v_x\, dy = 2h\left(R\omega - \frac{h^2}{3\mu}\frac{dp}{dx}\right), \quad (8.105)$$

위의 식을 재배열하면 다음과 같이 압력 구배를 얻을 수 있다.

$$\frac{dp}{dx} = \frac{3\mu}{2h^3}(2R\omega h - Q). \quad (8.106)$$

이제는 압착된 시트가 그 두께의 반이 $y = H_2$로 롤러를 이탈하는 점 $x = x_2$에 관심을 집중하자. 이 지점 이후에는 시트가 대기에 노출되므로, 압력은 시트의 모든 부위에서 일정하게 된다. 따라서 시트가 롤러를 떠난 후에 시트 내에서와 같이 이탈점에서 속도 분포가 편평하다고 가정하는 것은 적절하다. 따라서 유속은 회전 속도와 두께를 곱한 것이 된다.

$$Q = 2R\omega H_2, \quad (8.107)$$

이 식은 이 단계에서의 압력 구배 dp/dx가 0이라고 말하는 것과 동등하다. 식은 식 (8.106)은 식 (8.101)을 참고로 하여 다음과 같이 된다.

$$\frac{dp}{dx} = \frac{3\mu R\omega(h - H_2)}{h^3} = \frac{3\mu\omega}{2H^3}\frac{x^2 - x_2^2}{(1 + \alpha x^2)^3}. \quad (8.108)$$

해석을 더 진행하기 위하여 다음과 같은 적분이 필요하다. 이 적분 과정은 "Maple"이라는 컴퓨터 프로그램을 통해 쉽게 구할 수 있다.

$$\int \frac{x^2}{(1+\alpha x^2)^3}\,dx = \frac{1}{8\alpha}\left[-\frac{2x}{(1+\alpha x^2)^2} + \frac{x}{1+\alpha x^2} + \frac{1}{\sqrt{\alpha}}\tan^{-1}(x\sqrt{\alpha})\right] \quad (8.109)$$

$$\int \frac{1}{(1+\alpha x^2)^3}\,dx = \frac{1}{8}\left[\frac{2x}{(1+\alpha x^2)^2} + \frac{3x}{1+\alpha x^2} + \frac{3}{\sqrt{\alpha}}\tan^{-1}(x\sqrt{\alpha})\right]. \quad (8.110)$$

롤러로부터 이탈하는 점에서 압력이 0으로 떨어진다는 사실에 주목하면서, 식 (8.101)을 적분하여 다음과 같은 관계식을 얻는다.

$$\begin{aligned} p = \int_0^p dp &= \int_{x_2}^{x} \frac{3\mu\omega}{2H^3}\frac{x^2-x_2^2}{(1+\alpha x^2)^3}\,dx \\ &= \frac{3\mu\omega}{2H^3}\frac{1}{8\alpha^{3/2}}\left[\frac{x\sqrt{\alpha}[\alpha x^2(1-3\alpha x_2^2)-1-5\alpha x_2^2]}{(1+\alpha x^2)^2} + \frac{x_2\sqrt{\alpha}(1+3\alpha x_2^2)}{1+\alpha x_2^2}\right. \\ &\quad \left. + (1-3\alpha x_2^2)[\tan^{-1}(x\sqrt{\alpha}) - \tan^{-1}(x_2\sqrt{\alpha})]\right]. \end{aligned} \quad (8.111)$$

상술된 유입 시트의 두께 $2H_1$에 대하여, 이에 해당하는 x_1 값은 식 (8.101)로부터 구할 수 있다. (시트가 롤러를 떠나는 점인) x_2 값은 상류에서의 경계조건 $p(x_1) = 0$(대기압)과 결합되어 식 (8.111)을 사용하여, 다음 식을 x_2에 관해 풀어서 결정할 수 있다.

$$\begin{aligned} &\frac{x_1\sqrt{\alpha}[\alpha x_1^2(1-3\alpha x_2^2)-1-5\alpha x_2^2]}{(1+\alpha x_1^2)^2} + \frac{x_2\sqrt{\alpha}(1+3\alpha x_2^2)}{1+\alpha x_2^2} \\ &\quad + (1-3\alpha x_2^2)[\tan^{-1}(x_1\sqrt{\alpha}) - \tan^{-1}(x_2\sqrt{\alpha})] = 0. \end{aligned} \quad (8.112)$$

예제 8.6 압착된 시트에서의 압력 분포

앞의 해석을 예시하기 위하여 $R = 0.35$ m, $H = 0.00025$ m이고, $x_1 = -0.01$ m인 캘린더링 작업에 있어서 이탈점과 압력 분호를 계산하라. 롤(roll)의 회전수는 20 rpm이고, 용융물의 점도는 0.5 $\times 10^4$ P이다.

풀이

우선 $\alpha = 1/2HR = 1/(2 \times 0.00025 \times 0.35) = 5{,}714\ \text{m}^{-2}$임에 주의하라. 식 (8.112)는 비선형 방정식의 표준 수치해법에 의하여 풀린다. Excel의 "해 찾기(Goal-Seek)" 기능에 의하여 분리가 일어나기 전의 하류 거리를 $x_2 = 0.00403$ m으로 구할 수 있다.

x_2가 구해지면, 식 (8.111)로부터 완전한 압력 분포를 구할 수 있으며, 이 계산은 스프레드시트 프로그램을 이용하면 된다. 계산 결과를 그림 E8.4에 표시하였다. 그림은 밀접하게 연관된 값(즉, 식 (8.111)의 대괄호 안에 있는 항)을 횡좌표로 나타내었다.

$$p^* = \frac{16H^3\alpha^{3/2}}{3\mu\omega}p. \quad (E8.6.1)$$

압력은 입구에서 0으로부터 "틈"의 상류에서 최대값으로 상승하고 다시 시트가 캘린더를 떠남에 따라 0으로 감소한다. 앞에서의 관찰 결과와 일치하게 출구에서의 압력 구배가 0임에 주목하라.

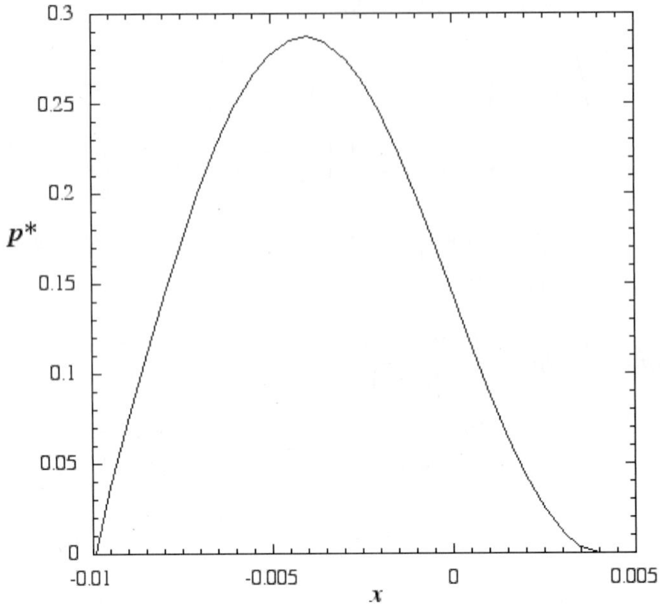

그림 E8.6 압착된 시트를 따라 발생하는 압력 분포.

롤의 각속도는 $\omega = 2\pi \times 20/60 = 2.09$ rad/s이다. p^*의 최대값이 약 0.288이므로, 롤 사이의 최대 압력은,

$$p_{\max} = \frac{3\mu\omega p^*}{16H^3\alpha^{3/2}} = \frac{3 \times 0.5 \times 10^4 \times 2.09 \times 0.288}{16 \times 0.00025^3 \times 5{,}714^{3/2}} = 8.38 \times 10^7 \text{ Pa} = 838 \text{ bar}.$$

앞에서 언급한 바와 같이 최대 압력은 단순히 매우 클 수 있다.

8.10 얇은 필름과 표면 장력

이 장에서는 앞에서 논의한 경계층 해석에서 다루었던 것과는 다르지 않은 상황에 대하여 계속 진행하도록 한다. 즉, 주된 속도 성분은 한 방향이며, 표면 장력이 중요할 수 있다. 그림 8.14는 비교적 간단한 기하학적 형태로 기체 흡수와 반응의 연구에 사용될 수 있는 젖음-벽 탑의 꼭대기에 있는 분배기를 떠나는 밀도 ρ, 점도 μ의 얇은 액체 필름(thin liquid film)을 보여준다. 여기서 액체가 분배기의 영향에서 벗어났을 때의 자유 표면의 형태가 관심의 대상이다. 이 문제는 Nedderman과 Wilkes[7]에 의하여 이론 및 실험적으로 연구되었다.

필름이 얇기 때문에 원통형 관의 벽에서의 곡률 효과는 무시될 수 있고, 문제는 x/y 좌표에서 풀 수 있으며, 다음과 같은 포물선형 속도 분포가 된다.

[7] R.M. Nedderman과 J.O. Wilkes, "The measurement of velocities in thin films of liquid." *Chemical Engineering Science*, 17, pp. 177–187 (1962). 이 연구는 이 책에 헌정된 Terence Fox 교수에 의하여 시작되었고, Fox 교수가 시작한 권위 있는 연구 가운데서 저자에게 알려진 유일한 경우이다(머리말 참조).

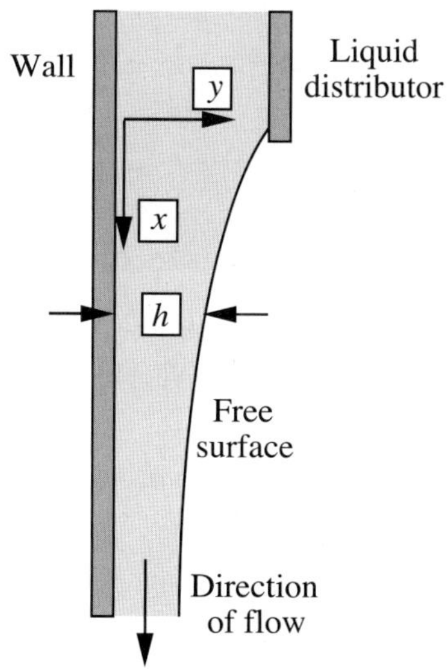

그림 8.14 젖음-벽 탑에서의 액체 필름.

$$v_x = \frac{3Q}{2h^3}\left(2hy - y^2\right). \tag{8.113}$$

여기서 Q는 (그림의 평면에 수직인 면의 단위 길이당) 총 부피 유속이고, h는 국소의 필름 두께이며, y는 벽에서 유체 쪽으로 측정된 좌표이다.

그림 8.15에 보이는 유체 요소에 대하여 8.2절에서 경계층 유동에 대한 해석과 비슷하게 운동량 수지식을 세우자. 표면 BC를 액체/공기 계면의 *액체* 쪽으로 취하면, 이 표면에 수직으로 작용하는 압력의 평균값은 $p + (dp/dx)(dx/2)$이다.

만약 $\dot{\mathcal{M}}$이 필름에서 대류 운동량 플럭스이면, 아래 방향으로 정상상태 운동량 수지식은 다음과 같게 된다.

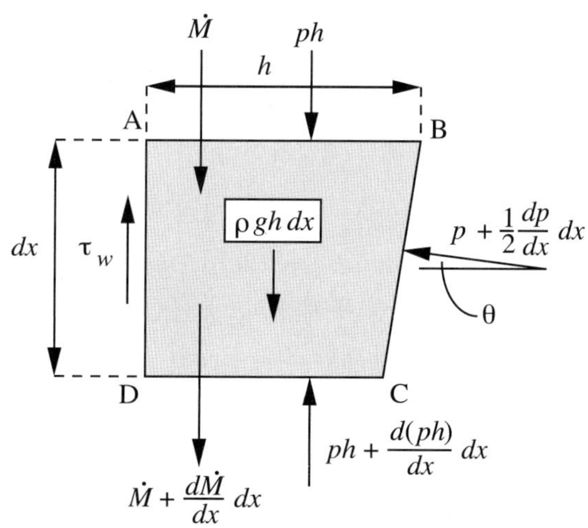

그림 8.15 필름의 요소에 대한 운동량 수지.

$$\dot{\mathcal{M}} + ph + \rho gh\,dx - \tau_w\,dx - \left(\dot{\mathcal{M}} + \frac{d\dot{\mathcal{M}}}{dx}\,dx\right) - \left(ph + \frac{d(ph)}{dx}\,dx\right) - \left(p + \frac{1}{2}\frac{dp}{dx}\,dx\right)dx\,\sin\theta = 0. \tag{8.114}$$

여기서 $\sin\theta$ 항은 표면 BC에 작용하는 수직력(normal force)은 연직(vertical) 방향으로 분해되어야 된다는 것을 나타낸다. $\sin\theta \doteq -dh/dx$임에 주의하면서 벽에서의 전단 응력을 대입하고, 2계 미분량$(dx)^2$을 무시하면, 식 (8.114)는 다음과 같이 간략화된다.

$$\frac{d\dot{\mathcal{M}}}{dx} = \rho gh - \mu\left(\frac{\partial v_x}{\partial y}\right)_{y=0} - h\frac{dp}{dx}. \tag{8.115}$$

여기서 필름에서 단위 깊이당의 운동량 플럭스는 다음과 같음을 주목하자.

$$\dot{\mathcal{M}} = \rho\int_0^h v_x^2\,dy = \frac{6\rho Q^2}{5h}. \tag{8.116}$$

필름에서의 압력 p는 일반적으로 표면장력 σ 때문에 액체 박 외부의 기체의 압력 $p_0 = 0$와는 다르다. 자유 표면에서 필름으로 진행함에 따라 압력은 표면장력과 필름의 곡률의 곱만큼 *감소한다*. 만일 $|dh/dx| \ll 1$이면, 부록 A에 주어진 곡률에 대한 표현을 사용하여, 결과를 다음과 같이 간략화할 수 있다.

$$p = p_0 - \sigma\underbrace{\frac{\dfrac{d^2h}{dx^2}}{\left[1 + \left(\dfrac{dh}{dx}\right)^2\right]^{3/2}}}_{\text{Surface curvature}} \doteq -\sigma\frac{d^2h}{dx^2}. \tag{8.117}$$

즉, 식 (8.115)~(8.117)은 필름 두께의 변화를 지배하는 3계 비선형 상미분 방정식을 구할 수 있다. 여기서 $\nu = \mu/\rho$는 동점도이다.

$$\sigma\frac{d^3h}{dx^3} + \frac{6\rho Q^2}{5h^3}\frac{dh}{dx} - \frac{3\mu Q}{h^3} = -\rho g. \tag{8.118}$$

일반적으로 식 (8.118)은 해석적으로 풀리지 않는다. 그러나 Nedderman과 Wikes는 다음과 같은 제한적인 경우에 대한 해를 제시하였다.

1. 표면 장력을 무시할 수 있는 경우, 해석적 해는 필름의 두께가 최종 정상상태 점근값(final steady asymptotic value) $h_\infty = (3Q\mu/\rho g)^{1/3}$로 접근함을 보여준다.
2. 표면 장력이 유한하고 필름 두께가 h_∞에 근접하는 경우, 박 두께에 대한 근사해는 다음과 같은 두 부분으로 구성되는 h에 대한 표현을 구할 수 있다.
   (a) 하류로 진행되면서 감소하는 교란.
   (b) 하류로 가면서 증폭되는 일련의 정상파. 즉 필름은 불안정해진다. 그러나 진폭이 현저하게 커지면, 속도 분포가 포물선형이라고 한다. 가정의 타당성이 의문스러워진다. 즉 위의 간략화된 이론을 너무 넓게 적용할 수 없다는 의미이다.

표면 장력은 연습 문제 8.6 및 8.13에 의해 제안된 바와 같이 코팅작업 및 페인트 단차의 안정화 또는 불안정화에 중요한 역할을 할 수 있다.

연습 문제 Problems for Chapter 8

별도의 언급이 없으면, 모든 유동은 정상상태이고, 밀도와 점도는 일정하다.

1. *선형 속도 분포를 갖는 경계층—E.* 8.2절에서 논의한 평판 위의 경계층에 대한 간략화된 접근법을 다시 살펴보자. 식 (8.9)를 대신하여 경계층 내에서의 다음과 같은 속도 분포를 이용하여 다시 전개하라.

$$\frac{v_x}{v_{x\infty}} = \zeta = \frac{y}{\delta}.$$

식 (8.16)과 (8.17)과 유사하게 δ/x와 c_f에 관한 표현을 유도하라. 표 8.1을 참조하라. 이와 같은 선형 속도 분포의 장점과 단점을 무엇인가?

2. *흡입이 존재하는 경계층—M.* 8.2절에서 그림 P8.2는 다공성 판 위에서 경계층의 전개를 보여준다. 이 *다공성* 판에서 유체가 경계층으로부터 판에 수직으로 겉보기 속도가 v_s로 흡입(suction)된다. (이와 같은 배열은 비행기의 날개를 위해 제안되었는데, 이는 Reynolds 수가 큰 경우에 경계층이 난류가 되는 것을 방지하여 항력을 감소시키기 위한 방법이다.)

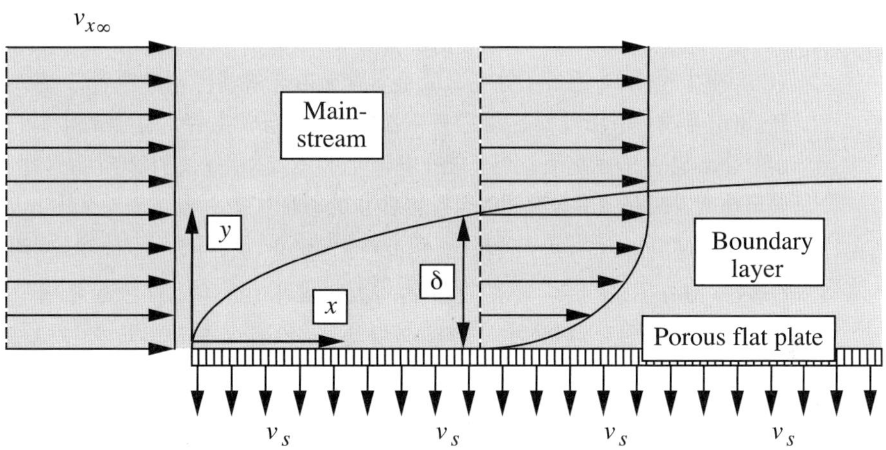

그림 P8.2 흡입이 있는 경계층.

식 (8.4)의 운동량 수지식이 다음과 같이 되는 것을 간략화한 접근법을 사용하여 증명하라.

$$v_{x\infty}\frac{d}{dx}\int_0^\delta v_x\,dy = \frac{\tau_w}{\rho} - v_{x\infty}v_s + \frac{d}{dx}\int_0^\delta v_x^2\,dy.$$

속도 분포를 $v_x/v_{x\infty} = 2\zeta - \zeta^2$로 가정하고, δ에 대한 표현을 x의 함수로 유도하라. 여기서 $\zeta = y/\delta$이다. 따라서 경계층은 궁극적으로 *일정한* 두께에 도달하게 됨을(x에 따라 변화가 없음) 보이고, 한계 두께에 관한 표현을 유도하라.

3. *경계층이 존재하는 탱크 배출—M.* 평판 위의 층류 경계층에 대하여, 8.2절에서의 해가 선단에서 거리 x만큼 떨어진 곳에서의 벽 전단 응력을 다음과 같이 표현하였다.

$$\frac{\tau_w}{\frac{1}{2}\rho v_{x\infty}^2} = \frac{0.656}{\sqrt{\mathrm{Re_x}}}. \qquad \text{(P8.3)}$$

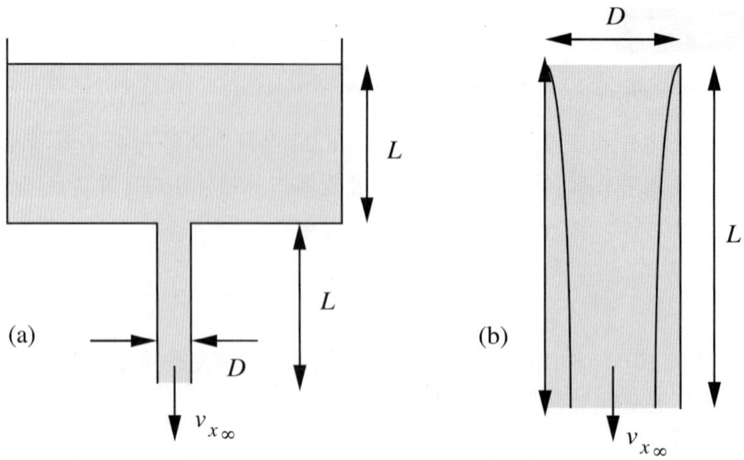

그림 P8.3 (a) 탱크 배출, (b) 경계층의 상세도.

길이 L의 평판에 의해 유체에 가해진 그림 8.3의 평면에 수직인 단위 길이당의 총 항력 F에 대한 표현을 유도하라. F에 대한 해는 $v_{x\infty}$, L, ρ와 μ 또는 ν의 항으로 나타내어라.

그림 P8.3(a)에서 보는 바와 같이 점성 액체가 지름이 큰 탱크로부터 일정하게 배출되고 있다. 유체가 지름 D, 길이 L인 관으로 유입됨에 따라 유체는 편평한 속도 분포를 가지며, 이어서 그림 P8.3(b)에 보이는 바와 같은 얇은 층류 경계층이 형성된다. 주흐름에서 액체의 속도 $v_{x\infty}$를 D, L, g, ρ, μ의 항들 일부 또는 모두를 이용하여 유도하라. 경계층은 $v_{x\infty}$가 거의 일정할 정도로 매우 얇고, 또한 속도가 작기 때문에 운동량 방정식에서 관성 항을 무시할 수 있다고 가정한다. 만일 $L = 1$ m, $D = 0.1$ m, $\rho = 1{,}000$ kg/m^3, $g = 9.81$ m/s^2, $\mu = 1$ kg/m · s이라면 $v_{x\infty}$를 계산하라.

4. *Queen Mary호의 동력—M.* Queen Mary호가 1936년 5월 27일에 영국 South Hampton에서 대서양을 횡단하는 처녀항해를 시작하였다. New York에 도착할 때까지의 평균 속력은 29.13 knot(1 knot = 1.15 mile/hour)였다. 배가 바닷물과 접하는 길이는 1,004 ft, 흘수(draft)는 38.75 ft이고, 배의 폭은 118 ft이다. 이 배가 조선소에서 건조될 때, 이 배 *아래*에 있어본 사람이라면 누구나 이 배의 밑면이 거의 평평하다고 말할 것이다. Queen Mary호의 처녀항해에서 외판의 마찰을 극복하는 데 필요한 동력을 마력으로 계산하고, 이 배의 4중 스크류가 제공하는 명목상의 총 160,000마력과 비교하라. 바닷물의 밀도는 64.0 lb$_m$/ft^{3}이고, 점도가 3.45 lb$_m$/ft hr라고 가정하라. 간략화를 위해 설정한 가정에 대해 명백히 설명하라.

5. *베어링에서의 압력—E.* 이심 베어링에서 축의 지름이 2 ft이고, 60 rpm으로 회전한다. 윤활 필름이 축의 아래쪽 절반에 이르기까지의 모든 방향으로 최대 및 최소 두께가 각각 0.003 ft와 0.001 ft로 퍼진다. 만일 윤활유의 점도가 $\mu = 1{,}000$ cP이라면, 필름에서의 평균 압력(psi)을 계산하라.

6. *이동하는 기판의 피복—M.* 그림 P8.6에 나타낸 바와 같이 유연한 금속 기판을 일정한 속도 V로 연속적으로 오른쪽으로 잡아당겨서 고분자 용액의 저장소를 떠날 때 점도 μ, 표면장력 σ의 고분자 피복이 도포된다.

압력과 점성력이 중요하다고 가정하면, 간략화한 x 방향 운동량 수지식은 어떻게 되는가? 액체 필름에서의 압력이 x에만 의존한다면, 속도 분포가 다음과 같이 주어짐을 보여라.

$$v_x = V - \frac{1}{2\mu}\left(\frac{dp}{dx}\right) y(2h - y),$$

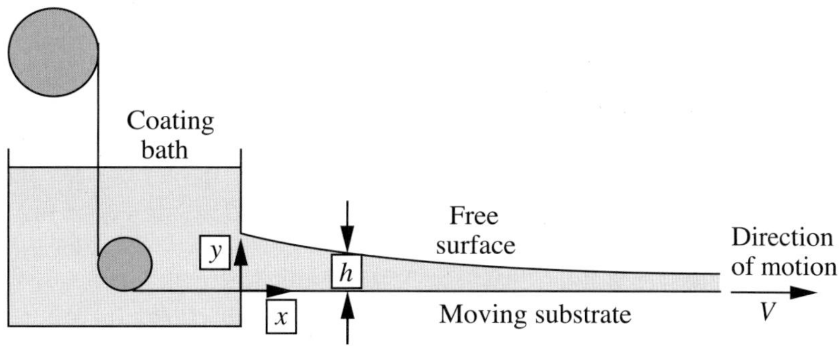

그림 P8.6 이동하는 기판의 피복.

여기서 $h = h(x)$는 국지에서의 필름 두께이다. 만일 표면장력이 중요하다면, 그림 P8.6에 나타낸 자유 표면 형태에 대하여 필름 내에서 dp/dx가 왜 양이 되는가? 이에 해당하는 속도 분포를 그려라.

만일 피복의 최종 두께가 h_∞이면, 중간 단계에서의 피복의 두께는 다음의 식에 따른다는 것을 증명하라.

$$\frac{\sigma}{3\mu V h_\infty} h^3 \frac{d^3h}{dx^3} + \frac{h}{h_\infty} = 1.$$

7. *표면장력의 효과가 중요하지 않은 젖음-벽 탑—M.* 8.10절에서 논의한 젖음-벽 탑의 필름에 대하여, 필름 두께의 변화는 다음과 같은 미분 방정식으로 표현할 수 있다.

$$\sigma \frac{d^3h}{dx^3} + \frac{6\rho Q^2}{5h^3}\frac{dh}{dx} - \frac{3\mu Q}{h^3} = -\rho g. \tag{P8.7.1}$$

표면장력이 무시할 만한 경우에 대해서 고려하자.

식 (P8.7.1)의 해석적인 해는 약간 복잡하다. 그러나 만일 필름 두께가 점근적인 값으로부터 크게 벗어나지 않는다면($h/h_\infty = 1$), 해는 다음과 같이 근사적으로 구할 수 있음을 보여라.

$$\frac{h}{h_\infty} \doteq 1 + ce^{-15\mu x/2\rho Q h_\infty}. \tag{P8.7.2}$$

여기서 $h_\infty = (3Q\mu/\rho g)^1/^3$이고, c는 적분 상수이다. 식 (P8.7.2)의 물리적 의미를 설명하라.

8. *표면장력 효과가 중요한 젖음-벽 탑—D.* 8.10절에서 논의한 젖음-벽 탑의 필름에 대하여, 필름 두께의 변화는 다음과 같은 미분 방정식으로 표현할 수 있다.

$$\sigma \frac{d^3h}{dx^3} + \frac{6\rho Q^2}{5h^3}\frac{dh}{dx} - \frac{3\mu Q}{h^3} = -\rho g. \tag{P8.8.1}$$

필름 두께가 정상상태 값에 근접하다고 가정하면(즉, $h = h_\infty + \varepsilon$, 여기서 $\varepsilon \ll h_\infty$이고, $h_\infty = (3Q\mu/\rho g)^{1/3}$), 지배 방정식은 다음과 같음을 보여라.

$$\sigma \frac{d^3\varepsilon}{dx^3} + \frac{6\rho Q^2}{5h_\infty^3}\frac{d\varepsilon}{dx} + \frac{3\rho g \varepsilon}{h_\infty} = 0. \tag{P8.8.2}$$

이제는 해를 다음과 같은 형태로 구해보자.

$$\varepsilon = ae^{\alpha x} + be^{\beta x} + ce^{\gamma x}, \tag{P8.8.3}$$

위의 해를 대표하는 항은

$$\varepsilon = de^{\delta x}, \tag{P8.8.4}$$

이고, δ에 대한 3차 방정식을 유도하라. 여기서 $(\delta-\alpha)(\delta-\beta)(\delta-\gamma)=0$ 식에서

$$\alpha = -\eta, \qquad \beta = \frac{\eta}{2} + i\zeta, \qquad \gamma = \frac{\eta}{2} - i\zeta, \tag{P8.8.5}$$

이고, 이를 3차 방정식과 비교하라. 따라서 δ에 대한 세 근이 식 (P8.8.5)에 주어진 것과 같음을 증명하라. 여기서 $i=\sqrt{-1}$, η와 ζ는 모두 실수이고 η는 양이다. b와 c는 복소수가 되어야 한다는 것을 상기하면서, 최종해가 실수이어야 한다면 해는 다음과 같음을 보여라.

$$h = h_\infty + ae^{-\eta x} + \kappa e^{\eta x/2}\sin(\zeta x + \lambda), \tag{P8.8.6}$$

여기서 a, κ, λ는 미지의 실수인 상수이다. 식 (P8.8.6)의 각 항들의 물리적 의미를 설명하라.

9. *얇은 필름에 대한 운동량 수지식의 또 다른 형태—E.* 그림 8.14와 같이 얇은 필름(thin-film)의 요소에 대하여 운동량 수지식을 *주의 깊게* 세우자. 그러나 이제는 표면 BC를 액체/공기 계면의 공기 쪽으로 취하자. 따라서 여기에 작용하는 압력은 $p_0=0$이다. 최종 결과는 식 (8.115)와 동일한 결과를 얻어야 한다. 계면을 따라 접선 방향으로 표면장력 σ(그림 8.14의 평면에 수직인 단위 깊이당)가 작용하고, 이 표면장력들은 연직 방향(vertical direction)으로(B와 C에서 약간 차이가 나는 각도를 통해) 분해되어야 한다.

10. *윤활유 필름에서의 정확한 압력 분포—D.* 8.8절에서 윤활유 필름에서의 압력 분포에 대한 최종 표현인 식 (8.96)은 필름의 두께 h가 평균값 h_m으로 유지된다고 가정하였다. 이제는 필름 두께 $h(x)$가 h_0 ($x=0$에서)과 $h_L(x=L$에서) 사이에서 다음과 같이 선형으로 변할 때, 식 (8.93)을 정확하게 적분하여 좀 더 개선된 해를 구하라.

$$h = h_0 - \beta x, \qquad \text{where} \qquad \beta = \frac{h_0 - h_L}{L}. \tag{P8.10.1}$$

압력 분포가 다음과 같이 주어짐을 증명하라.

$$p = \frac{\alpha x(L-x)}{(h_0-\beta x)^2(2h_0-\beta L)}. \tag{P8.10.2}$$

Excel과 같은 컴퓨터 프로그램을 이용하여 $\beta L/h_m = 0,\ 0.1,\ 0.5$일 때, x/L에 대하여 $ph_m^3/\alpha L^2$을 도시하라.

11. *온기 유지 시도—M.* 여러분은 0 °F의 공기가 "주흐름(mainsteam)" 속도 $v_{x\infty}=30$ mph로 바람이 불고 있는 Chicago 거리를 거닐고 있다. 공기가 사거리의 모퉁이에 있는 건물의 모서리에 부딪치면서 평판에서 발생하는 것과 같이 건물의 측면을 따라서 경계층이 생성된다.

너무 추워지는 것을 방지하기 위해 경계층 내에 있으려고 한다. 경계층의 너비가 최소한 2가 되는 지점은 모서리로부터 최소한 어느 정도의 거리인가? 공기의 성질은 $\rho=0.086\ \text{lb}_\text{m}/\text{ft}^3$, $\mu=0.0393\ \text{lb}_\text{m}/\text{ft hr}$이다.

12. *캘린더링에서의 속도 분포—M.* 압력 분포가 그림 E8.6으로 주어진 캘린더링 문제에 있어서, $x=-0.05,\ -0.025,\ 0,\ 0.0225$에서의 속도를 스프레드시트 프로그램을 사용하여 도시하라. y/h에 대하여 v_x/ω를 도시하는 것이 추천된다. 얻은 결과에 관하여 간단히 설명하라.

13. *페인트 필름의 평탄화—M.* 정부가 저분자량의 고분자 페인트를 사용하도록 지시함에 따라 이 페인

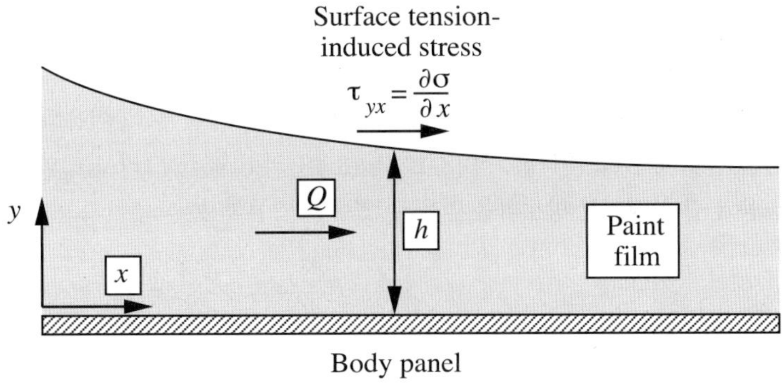

그림 P8.13 페인트 필름의 평탄화.

트가 자동차 차체에 뿌려진 후에 페인트 필름의 평탄화가 상당히 중요하게 되었다.[8] 이상적인 상황에 대해 그림 P8.13에 나타내었다. 여기서 밀도 ρ, 뉴턴성 점도 μ인 페인트 필름이 초기 시간 $t = 0$에 $h = h_0(x)$의 불균일한 두께를 갖는다. 만일 당신이 컨설턴트로 초청되어 h가 시간 t와 x 거리에 따라서 어떻게 변하는지를 나타내는 미분 방정식을 유도하도록 요청을 받았다고 가정해보자.

다음과 같은 가정을 할 수 있다.

(a) 페인트 필름을 오븐에서 구웠기 때문에, 온도 변화와 필름의 표면을 따라 발생하는 표면장력 σ를 알고 있다. 이로부터 표면의 모든 지점에서의 전단 응력은 $(\tau_{yx})_{y=h} = \mu(\partial v_x/\partial x)_{y=h} = \partial\sigma/\partial x$로 주어진다.

(b) 표면장력에 의해 식 (8.117)과 같은 형태로 압력이 필름의 외부 면에서 대기압(0)이고 필름의 바로 내부에서 다른 값으로 변하게 한다. 또한 *중력이 중요해지고*, 압력이 자유표면의 바로 안쪽으로부터 차체 판넬까지 정역학적으로 증가하게 된다.

(c) 통상적인 윤활 근사/경계층 이론이 성립한다. 즉 관성 효과는 무시될 수 있으며, 필름 내에서의 유동은 주로 한 방향으로 진행되며 따라서 속도 성분 v_x만을 고려하면 된다.

다음에 답하라.

(a) 필름 내의 임의의 지점에서의 압력 p를 ρ, σ, g, h, x, y의 함수로 유도하라. 그 다음으로 $\partial p/\partial x$를 구하고, 이 항이 y의 함수가 아님을 보여라.

(b) x 운동량 수지식이 어떤 두 항으로 간략화되는가? 이를 y에 관하여 두 번 적분하고, 경계조건을 적용하면, 속도 분포가 다음과 같아지는 것을 보여라.

$$v_x = \frac{1}{\mu}\left[\frac{\partial p}{\partial x}\left(\frac{y^2}{2} - yh\right) + y\frac{\partial \sigma}{\partial x}\right]. \qquad \text{(P8.13.1)}$$

(c) 속도를 적분하여 페인트 필름에서의 유량 Q에 대한 표현을 구하라.

(d) 높이 h, 폭 dx의 요소에 대한 물질 수지로부터 시간에 따라 필름 두께 h가 변화되는 현상을 거리에 따른 유량 Q의 변화와 연관됨을 보여라.

$$\frac{\partial h}{\partial t} = -\frac{\partial Q}{\partial x}. \qquad \text{(P8.13.2)}$$

---

[8] 이 문제는 General Motors Corporation의 Richard Blunk의 박사 논문의 일부에서 따왔다. 그의 도움과 직관에 진심으로 감사드린다.

(e) x와 t에 따른 h의 변화를 결정하는 미분 방정식을 얻기 위하여 무엇을 해야 되는지에 관해 간단히 설명하라. (그러나 이 단계들을 진행하지는 말라.)

14. *Blasius 문제 검토—M.* Blasius 문제의 해를 구하는 데 이용되는 수학과 관련하여 우선 식 (8.48)을 검토하자. 그런 다음, 식 (8.47)과 (8.48)의 v_x와 v_y 그리고 v_x의 도함수를 식 (8.38)에 대입하여 다음과 같은 상미분 방정식을 얻을 수 있음을 입증하자.

$$f\,\frac{d^2 f}{d\zeta^2} + 2\,\frac{d^3 f}{d\zeta^3} = 0, \tag{P8.14.1}$$

경계조건들은 다음과 같이 된다.

$$\zeta = 0: \quad f = f' = 0, \tag{P8.14.2}$$

$$\zeta = \infty: \quad f' = 1. \tag{P8.14.3}$$

15. *Blasius 문제의 수치해—D.* 이 문제는 위의 문제 P8.14에 다시 요약되어 있는 식 (8.49)~(8.51)로 주어지는 3계 상미분 방정식과 경계조건들의 해를 구하는 것이다.

(a) 새로운 $z = \zeta$, $f_0 = f$, $f_1 = df/dz$, $f_2 = d^2f/d\zeta^2$을 정의함으로써, 식 (8.49)를 다음과 같은 *세 개*의 1계 상미분 방정식으로 표현할 수 있음을 입증하라.

$$\frac{df_0}{dz} = f_1, \qquad \frac{df_1}{dz} = f_2, \qquad \frac{df_2}{dz} = -\frac{1}{2}f_0 f_2, \tag{P8.15.1}$$

경계조건들은 다음과 같이 된다.

$$z = 0: \;\; f_0 = f_1 = 0, \qquad z = \infty: \;\; f_1 = 1. \tag{P8.15.2}$$

(b) 부록 A에서 논의한 바와 같이, 식 (P8.15.2)로 주어지는 경계조건 하에서 $z = 0$에서 $z = 10$까지 Euler 법을 활용하여 식 (P8.15.1)을 풀기 위해 스프레드시트를 이용하자($z = 10$은 실질적으로 무한대에 해당함). (미분 방정식을 풀기 위해 다른 표준 소프트웨어를 사용해도 무방하다.) $\Delta z = 0.1$ 또는 그 이하의 구간간격이 제안되는데, 이는 구간 간격이 이보다 크면 Euler 법은 매우 정확하지는 않기 때문이다. Δz에 대하여 다른 값들을 사용하여 어떤 현상이 일어나는지에 대해 이해할 수 있을 것이다.

(c) 이 실제 경계조건이 $z = 10$에서 f_1, $f_1 = 1$에 아주 가까운 값을 가지기 위하여 $z = 0$에서의 f_2에 대한 빠져 있는 경계조건을 제공할 필요가 있다. 만약 여러분이 Excel을 사용한다면, “Formula” 접이식 메뉴하의 “Goal-Seek” 기능이 아주 유용함을 알게 될 것이다.

(d) 모든 것이 만족스럽게 작용하면, 무차원 y 속도를 위하여 또 다른 열을 추가하고, 벽으로부터의 무차원 거리에 대하여 두 무차원 속도를 도시하라. 모든 사항에 라벨을 붙이고, 여러분의 결과를 그림 8.5에 주어진 결과와 비교하라.

16. *경계층 전개—M.* 동점도 ν인 정체된 액체에서, 시간 $t = 0$에서 각속도 ω로 회전하는 반지름 a의 원통을 고려하자. 원통 주위에 형성되어 시간에 따라 증가하는 경계층 두께 $\delta = \delta(t)$를 계산하려 한다. $\delta \ll a$이므로 이 상황을 그림 P8.16에 보이는 바와 같은 x/y 좌표계에 근사적으로 나타낼 수 있다. 여기서 $U = a\omega$는 원통 표면의 속도이고 y는 외부로 향하는 방사 방향이다.

만약 압력이 모든 위치에서 일정하다면, v_x가 다음의 식을 만족한다는 가정은 어떻게 정당화될 수 있는가?

$$\frac{\partial v_x}{\partial t} = \nu\frac{\partial^2 v_x}{\partial y^2}\;? \tag{P8.16.1}$$

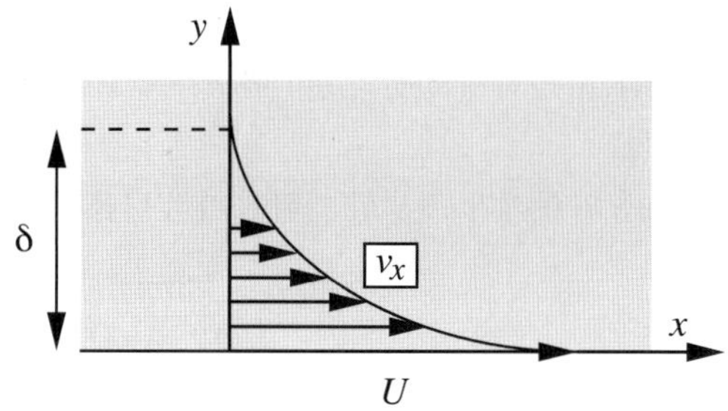

그림 P8.16 경계층의 전개.

식 (P8.16.1)을 근사적으로 풀기 위하여, 속도 분포가 모든 δ 값에 대하여 다음과 같은 형태를 따른다고 가정하는 유사변수 접근법을 사용하라.

$$v_x = U\left(1 - 2\frac{y}{\delta} + \frac{y^2}{\delta^2}\right). \tag{P8.16.2}$$

(a) 식 (P8.16.2)로 주어지는 v_x 형태가 왜 합리적인가를 설명하라.

(b) 식 (P8.16.2)를 식 (P8.16.1)에 대입하고 양변을 $y = 0$에서 $y = \delta$까지 적분하고, 결과적으로 얻어지는 미분 방정식을 δ와 t에 대해 적분한다. 경계층의 두께가 시간에 대하여 다음과 같이 변한다는 것을 증명하라.

$$\delta = \sqrt{c\nu t}, \tag{P8.16.3}$$

그리고 상수 c 값을 결정하라.

17. *전선 위의 경계층—M (C).* 그림 P8.17에 반지름이 인 얇은 원통형 전선의 축과 평행한 주흐름 속도가 $v_{x\infty}$인 유체 유동들의 흐름을 나타내었다. 전선 표면에 형성되는 층류 경계층 내부의 유체의 속도 분포는 $v_z = v_{z\infty}\sin(\pi r/2\delta)$로 나타낼 수 있다. 여기서 δ는 경계층 두께이고, r은 전선의 표면으로부터의 반지름 방향의 거리이고, z는 축 방향 좌표이다. 축 방향 길이 dz의 경계층 요소에 대해 간략화된 운동량 수지식을 세워라.

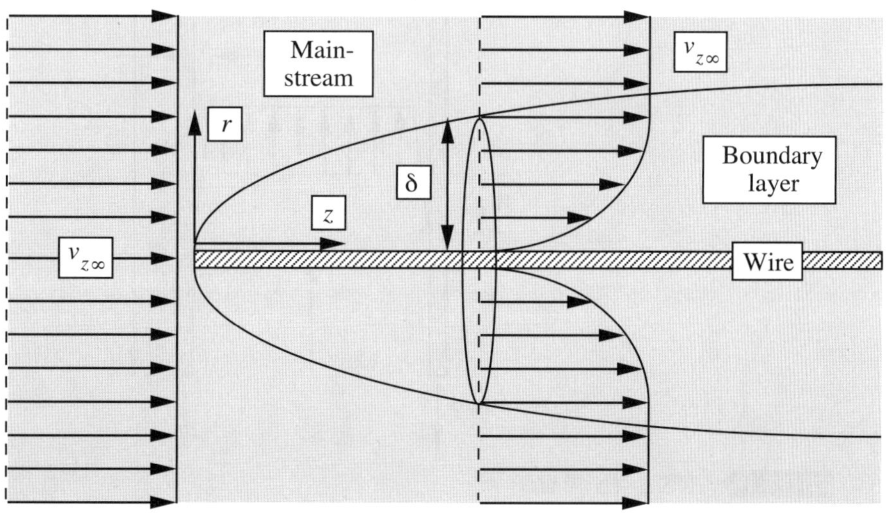

그림 P8.17 전선 위에 형성된 경계층.

전선은 아주 얇다고 가정하라. 다라서 질량과 운동향 플럭스들에 대한 모든 적분에서 적분 하한을 $r = 0$으로 취한다. 유일하게 전선의 반지름 a가 필요한 때는 벽에서의 전단 응력이 작용하는 면적이 필요할 때뿐이다.

따라서 경계층의 두께가 축 방향 거리에 따라 다음과 같이 변화됨을 증명하라.

$$\delta^3 = \frac{3\pi^3}{(12 - \pi^2)} \frac{a\nu z}{v_{z\infty}}. \tag{P8.17.1}$$

이 결과를 세 개의 무차원 군 δ/z, a/z, $v_{z\infty}z/\nu$의 항으로 재배열하라. 다음의 적분공식들은 증명할 필요 없이 사용해도 된다.

$$\int r \sin \alpha r \, dr = \frac{1}{\alpha^2} \sin \alpha r - \frac{r}{\alpha} \cos \alpha r,$$
$$\int r \sin^2 \alpha r \, dr = \frac{r^2}{4} - \frac{r}{4\alpha} \sin 2\alpha r - \frac{1}{8\alpha^2} \cos 2\alpha r.$$

18. *젖음-벽 탑에서의 경계층*—*D (C)*. 그림 P8.18은 길이가 L이고 h만큼 떨어진 두 개의 넓은 평행판으로 구성된 젖음-벽 탑내의 이상화된 유동을 보여준다. 평판의 내부는 균일한 두께의 얇은 액체 필름으로 덮여 있으며, 이 필름의 표면은 속도 W로 아래로 움직인다. 밀도 ρ, 점도 μ의 공기가 탑의 상부의 압력보다 약간 높은 압력 P로 유지되는 저장소로부터 탑의 하부로 들어간다.

W의 값은 공기유동에 영향을 받지 않는다. 임의의 점에서의 공기의 형태는 위쪽으로 균일한 속도 U인 중심부와 속도가 중앙과 액체 필름 사이에서 선형적으로 변하는 두께 $\delta = \delta(x)$인 경계층으로 구성되어 있다.

$\delta = h(U - U_0)/(U + W)$임을 보여라. 여기서 U_0는 탑의 하부에서의 U 값이다. 임의의 부분에서 그림의 평면에 수직인 단위 길이당의 이 부분을 가로지르는 운동량이 다음과 같음을 증명하라.

$$\rho \left[(h - 2\delta)U^2 + \frac{2\delta(U^3 - W^3)}{3(U + W)} \right]. \tag{P8.18.1}$$

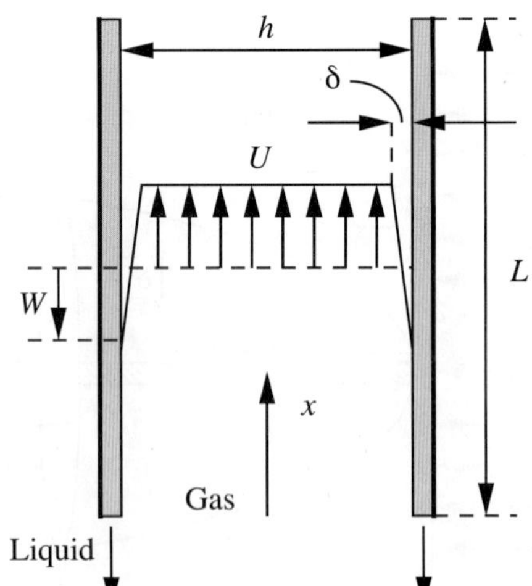

그림 P8.18 평행판 젖음-벽 탑.

U_0를 L, h, W, ρ, μ의 함수로 나타내는 데 필요한 단계들을 대략적으로 설명하라. 완벽하게 하려고 시도하지는 말라. *힌트*: 예제 8.1의 전개 과정을 고려하라. 중력 효과는 무시하라.

19. *속도가 같은 조건에서 먼지가 많은 기체 시료 채취—D (C).* 밀도가 ρ이고 점도가 μ인 유체에서 주흐름 속도 $v_{x\infty}$인 층류가 평판 위를 따라 전개되는 두께 δ의 경계층을 고려하자.

(a) 만일 경계층 내의 속도 분포가 다음과 같은 형태이면

$$\frac{v_x}{v_{x\infty}} = 2\frac{y}{\delta} - \left(\frac{y}{\delta}\right)^2, \tag{P8.19.1}$$

δ/x의 비를 선단으로부터 거리 x에 근거한 Reynolds 수 $Re_x = \rho v_{x\infty} x/\mu$의 함수로 유도하라. 만약 필요하면, 적분 운동량 수지식을 증명할 필요 없이 사용해도 된다.

(b) 따라서 이에 해당하는 벽에서의 평균 전단 응력이 다음과 같이 주어짐을 증명하라.

$$\frac{\tau_w}{\frac{1}{2}\rho v_{x\infty}^2} = \frac{0.730}{\sqrt{Re_x}}. \tag{P8.19.2}$$

(c) 만약 $x = 0$과 $x = L$ 사이의 벽에서의 평균 전단 응력이 다음과 같이 정의된다면

$$\overline{\tau}_w = \frac{1}{L}\int_0^L \tau_w \, dx, \tag{P8.19.3}$$

전체 길이 L에 대해 Reynolds 수 $Re_L = \rho v_{x\infty} L/\mu$를 포함한다는 사실을 제외하면, 식 (P8.19.2)와 매우 유사한 τ_w에 대한 식을 유도하라.

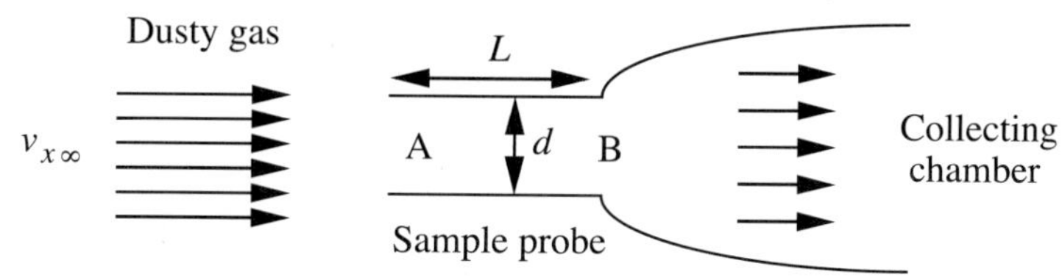

그림 P8.19 먼지가 많은 공기를 채취하기 위한 탐침(probe).

(d) 그림 P8.19는 미세한 먼지 입자를 포함하는 밀도가 ρ, 동점도가 μ인 기체의 시료를 채취하기 위한 길이가 L이고 내부 지름이 d인 탐침을 나타내고 있다. 탐침의 상류에서 주흐름 속도는 $v_{x\infty}$이고, 탐침 입구 A에서의 속도는 기본적으로 같아야 한다는 것이 중요하다. 그렇지 않으면 편향된 시료가 채취된다. (예를 들면, 만약 A에서의 속도가 $v_{x\infty}$보다 크면, 일부 먼지 입자들은 관성 때문에 그들의 경로에서 벗어나게 되고, 속도가 보다 크면, 일부 먼지 입자들은 관성 때문에 그들의 경로에서 벗어나게 되고, 시료 채취관 안을 빨려 들어가지 않게 된다.) 이와 같은 속도가 같은 조건에서 시료를 채취하기 위해, B에서의 압력은 A에서의 압력보다 작아야 한다. 이는 시료 채취탐침의 내부 벽을 덮고 있는 경계층에서 생겨나는 전단응력을 보상하기 위함이다. 속도가 같은 조건에서 시료를 측정하는 데 필요한 압력 차($p_A - p_B$)에 대한 근사적인 표현식을 유도하라.

20. *정체 유동에서의 경계층—M.* 예제 7.2의 퍼텐셜 정체 유동의 상부의 절반 평면($y \geq 0$)에 대해 고려하고, x축의 바람이 연직 아래쪽으로 충돌하는 지표면으로 간주한다. 점도는 $y = 0$인 고체 표면에 근접한 부분에서 중요하므로, 경계층에 발달하게 된다. 대칭에 의하여 $x > 0$인 영역만을 고려해도 됨을 주목하면, 경계층 두께는 원점으로부터의 거리의 함수가 될 것이다.

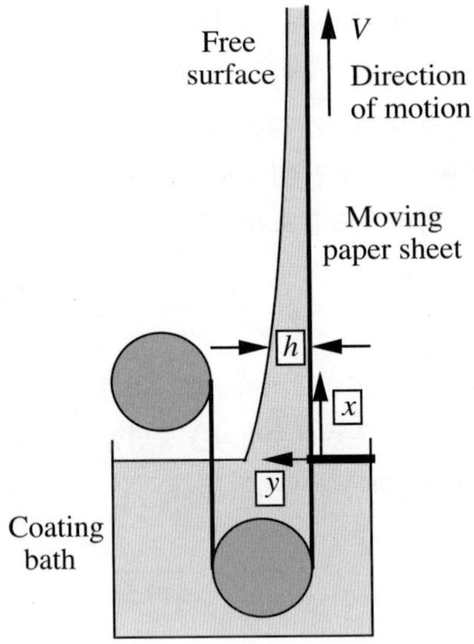

그림 P8.21 연속적인 종이 시트의 피복.

정체 유동에 있어서, $v_x = v_{x\infty} = cx$이므로, 주흐름 속도는 일정하지 않다. 따라서 압력 $p = p(x)$ 역시 위치의 함수가 될 것이다. $v_y = -cy$이고 y는 아주 작으므로, 주흐름 속도의 y 성분은 무시하라.

만약 유동이 $v_x/v_{x\infty} = \sin[\pi y/(2\delta)]$인 층류하면, 경계층 요소에 대하여 간략화된 운동량 수지를 세우고 δ를 x의 함수로 나타내는 미분 방정식을 구하라. 만약 경계층 두께가 일정한 점근적인 값(이 경우에는 미분 방정식을 풀 필요 없이 $d\delta/dx = 0$라고 가정)에 도달한다면, 이 값이 $0.5\pi\sqrt{\nu/c}$임을 증명하라.

21. *필름 두께의 변화—M.* 그림 P8.21에 나타낸 피복 실험에서 유연한 종이 시트가 밀도 ρ, 점도 μ, 표면장력 σ, 국지 두께 h인 뉴턴성 고분자 액체를 포함하는 피복액조로부터 연직 상방으로 일정한 속도 V로 당겨진다. 운동량 수지로부터 다음과 같은 속도 분포를 구했다고 가정하라.

$$v_x = V - \frac{1}{2\mu}\left(\rho g + \frac{dp}{dx}\right) y(2h - y). \qquad \text{(P8.21)}$$

만약 위쪽으로의 (그림 P8.21의 평면에 수직인 단위 길이당의) 액체의 순 유량 Q가 0이면(중력에 의하여 내려가는 양만큼 위로 당겨진다.), 거리 x에 따라 필름 두께 h의 변화를 결정하는 미분 방정식을 유도하라. 정상상태 유동으로 가정하라. 즉 시간에 대한 도함수가 없다.

만약 x 값이 크다면, 필름의 일정한 두께 h_∞가 되면 h_∞를 μ, V, ρ, g의 항으로 표현하라.

필름 두께가 h_∞로부터 작은 양 ε만큼 벗어난다고 가정하자. 즉 $h = h_\infty + \varepsilon$이다. ε에 대한 미분 방정식을 x의 함수로 유도하라. 해를 $\varepsilon = de^{\delta x}$의 형태로 구하라. δ가 계산될 수 있는 방정식을 구하라(하지만 이 값을 얻으려고 시도하지는 말아라.) 만약 필요하면 $1/[1 + (\varepsilon/h_\infty)] \doteq 1 - (\varepsilon/h_\infty)$인 관계를 이용하라.

22. *참/거짓.* *참*(T)과 *거짓*(F)에 표시하라.

(a) 경계층은 점성과 관성 항 모두를 무시할 수 없는 영역이다. T□ F□

(b) 항력 계수는 관성력에 대한 점성력의 비의 척도이다. T□ F□

(c) 경계층에서 "속도 분포의 유사성"은 v_x의 분포가 x와 y의 양방향으로 늘려졌다는 것을 의미한다. T□ F□

(d) 평판 위의 경계층에 대한 간략화된 해석에서 $v_x = y/\delta$라는 가정은 항력 계수를 Blasius의 엄밀해에 의하여 예측된 값과 5% 이내에 일치하는 값을 준다. T□ F□

(e) 경계층 해석에서 Bernoulli 방정식은 주흐름 속도 $v_{x\infty}$가 거리 x의 함수로 주어져 있으면, $\partial p/\partial x$를 추산하는 데 사용될 수 있다. T□ F□

(f) 경계층 문제의 Blasius 해석은 편도함수를 포함하고 있는 운동 방정식을 2계 상미분 방정식으로 전환시킨다. T□ F□

(g) 층류에서 난류 또는 난류에서 층류로 전이에서 층류 경계층은 난류 경계층보다 훨씬 더 얇다. T□ F□

(h) 서로 약간 기울어진 두 표면의 상대적인 운동은 두 표면 사이의 좁은 간격에 있는 유체에 상당한 압력 상승을 유발시킨다. T□ F□

(i) 윤활 해석에서 Couette 유동 성분은 포물선형 속도 분포를 의미한다. T□ F□

(j) 캘린더링에서 롤러의 기하학적 형태와 속력 및 롤러로 들어가는 시트의 두께를 안다면 롤러를 떠나는 시트의 두께를 결정할 수 있다. T□ F□

(k) Blasius 문제에서 차원 해석은 한 미지의 상수를 제외하고는 Reynolds 수와 항력 계수 사이의 관계에 대한 정확한 관계를 준다. T□ F□

(l) 윤활 필름에서 최대 압력은 더 두꺼운 두께를 갖는 필름의 끝점에 가까운 곳에서 나타난다. T□ F□

(m) 평판 위의 경계층에서 유동은 평판에 완전히 평행하고, 판에 수직인 방향으로의 속도는 0이다. T□ F□

(n) 구를 지나치는 유동에 대한 항력계수 도면에서, 큰 Reynolds 수에서 갑작스럽게 잠시 내려갔다가 올라가는 "딥(dip)"이 있는데, 이는 경계층이 갑자기 난류로 되기 때문이다. T□ F□

(o) 평판 위의 경계층에 대한 간략화된 해석에서 $v_{x\infty}$가 일정할 때, 판에서의 $\partial^2 v_x/\partial y^2$의 값은 0이다. T□ F□

(p) 발산 유로에서 유동에서 경계층 분리가 발생할 가능성이 있다. T□ F□

(q) 평판에 수직인 공기의 원형 분사 유동("정체 유동")에서 경계층 분리가 발생할 가능성이 있다. T□ F□

(r) 이심 베어링에서 윤활 필름에 의해 지지될 수 있는 축의 총 무게는 윤활유의 점도가 감소함에 따라 증가한다. T□ F□

(s) 계면 활성제의 첨가는 액체의 표면장력을 감소시키므로, 액체의 얇은 필름(thin-film) 유동의 불안정성을 증가시킬 것 같다. T□ F□

제 9 장

난류 유동

Turbulent Flow

9.1 서론

난류 유체 운동은 여러 물리량들이 시간과 공간 좌표들에 대한 무작위적인 변화를 나타내는 불규칙적인 유동 조건으로 설명되며, 통계적으로 뚜렷한 평균값들을 식별할 수 있다.[1]

난류에 대한 완전한 이해가 현재까지 이루어지고 있지 않으며, 가까운 미래에도 결코 이루어질 수 없을 수도 있다. 이로 인해, 이 주제는 서론 수준의 유체역학 과정에서는 때때로 무시된다. 그럼에도 불구하고, (층류에 대한 명확한 해가 있는 것에 반하여) 난류가 유체유동에 있어서 발생되는 상황이 더 많기 때문에, 난류에 대하여 무언가를 배우려는 노력을 북돋워야 한다. 확실히 유동이 진짜 층류인 중요한 예로, 고분자가공(전형적으로 고점도)과 미세유동(매우 가느다란 통로)과 같은 적어도 두 개의 유동장을 들 수 있다. 그러나 장거리의 가스관에서의 기체 유동, 열교환기 내에서 액체의 유동, 심장에서의 혈액유동, 가스 연소, 많은 산업용 반응기와 같이 난류를 포함하는 셀 수 없을 만큼 무수히 다른 상황도 있다.

Parviz Moin과 John Kim[2]이 회상한 다음과 같은 유명한 상기해보자. "난류에 대한 어려움은 영국의 물리학자인 Horace Lamb이 1932년에 간략히 표현했다. 영국과학진흥협회(British Association for the Advancement of Science)에 대한 축사에서 기록되어 있는 바와 같이 '나는 지금 노인이기에 내가 죽어서 천국에 가게 되더라도 깨달음을 바라는 두 가지 문제가 있습니다. 하나는 양자 전자역학과 다른 하나는 유체의 난류 운동입니다. 그리고 첫 번째 문제가 오히려 더 희망적입니다.'라고 하였다."

이번 장에서는 다음과 같은 목표가 제시될 것이다.

1. 관, 유로, 제트에서의 난류 운동에 대한 중요한 이해를 얻게 될 것이다.
2. 운동량과 열에너지의 난류 전달 간의 유사성을 조사하게 될 것이다.
3. 특정 운동방정식들의 수치해를 통해 매우 복잡한 상황 속에 있는 난류를 전산유체역학(CFD)이 어떻게 다룰지를 배우게 될 것이다. 특히, 난류 운동 에너지의 생성과 소멸을 다루고 있는 k–ε 방법을 학습하게 될 것이다. 비록 이 방법이 몇 가지 제한이 있지만 (Fluent과 COMSOL에 의한) 비교적 쉬운 구현을 통하여, 많은 경우에 있어서 그럴듯하고 유용한 결과에 도달할 수

[1] J.O. Hinze, *Turbulence - An Introduction to Its Mechanism and Theory*, McGraw-Hill, New York (1959)

[2] *Tackling Turbulence with Supercomputers*, http://turb.seas.ucla.edu/~jkim/sciam/turbulence.html

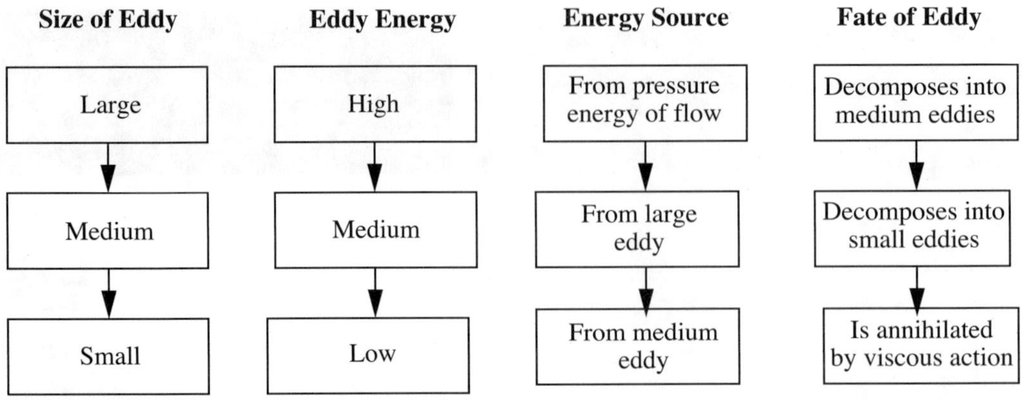

그림 9.1 단계별 과정에 대한 단순화된 전반적인 묘사.

있게 될 것이다.

여러분들은 점성효과에 대한 관성효과의 상대적인 중요성의 수단으로의 Reynolds 수가 난류가 생성될 것인지 아닌지를 결정하는 데 있어서 중요한 인자임을 이미 알고 있다. Reynolds 수가 작은 영역에서는 점성효과가 지배적이므로, 유동장에서 모든 작은 교란들은 *상쇄*될 것이다. 그러나 Reynolds 수가 매우 큰 영역에서는 이런 현상이 더 이상 유효하지 않으며, Navier-Stokes 방정식에서의 비선형 관성항들이 우세하게 되어 작은 교란들이 증폭하게 될 것이다. 그 결과는 유동의 일반적인 경향 이외에 겹쳐있는 *에디*(eddy)가 생기고, 전형적으로 회전하고 있는 영역으로 와류도(vorticity)를 가지고 있게 되어 작은 소용돌이(whirlpool)처럼 거동하게 된다. 관 유동에서는 처음에 압력에너지를 소모하여 생성된 에디들이 관의 직경 크기와 같은 차수를 갖는 크기를 보이게 된다. 그러나 에디들이 더욱 커지게 되면 스스로 불안정하게 되어 점차적으로 작은 에디들로 부숴지게 된다. 이와 같은 개요가 그림 9.1에 단순화된 형태로 나타나고 있다.

비록 에디당 에너지는 에디가 커질수록 커지지만, 작은 에디들이 더욱 많아질수록 사슬 또는 *단계*를 거친 역학적 에너지의 총량은 필연적으로 일정한 값을 유지하게 된다. 그러나 에디들이 매우 작아져서 속도 변화가 (Kolmorogov 극한으로 알려져 있는) 매우 작은 거리 이상에서 발생하게 되면 이 과정이 최종적으로 종결되게 되며, 그 결과로서 높은 속도구배들로 인하여 점성을 일으켜 역학적 에너지를 열로 전환하게 한다.

난류에 대한 훌륭하고 이해하기 쉬운 소개라는 책의 저자인 Mathieu와 Scott는 커다란 난류 에디로부터 작은 난류 에디로의 에너지 전달은 Lewis F. Richardson[3]에 의하여 처음으로 제안되었다고 보고하고 있다. Richardson의 서적에서는 다음과 같은 유명한 문구로서 자기의 신념을 요약했다.

> 커다란 소용돌이들은 작은 소용들이들을 가지고 있으며,
> 이는 그들의 속도에 의하여 유지되어진다.
> 그리고 작은 소용돌이는 더 작은 소용돌이를 가지고 있으며,
> 그리하여 점도를 가지게 된다.

[3] J. Mathieu and J. Scott, *An Introduction to Turbulent Flow*, Cambridge University Press, 2000, p. 61. 다음과 같은 참조가 주어진다. L.F. Richardson, *Weather Prediction by Numerical Process*, Cambridge University Press, 1922.

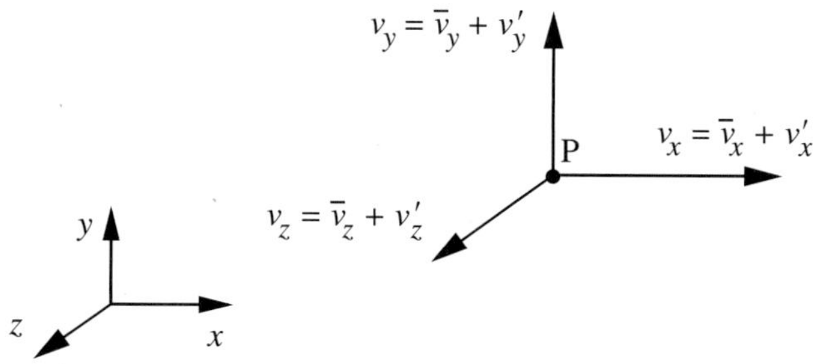

그림 9.2 속도 성분들의 요동.

비록 난류는 Reynolds 수가 클 때 발생하기가 보다 쉽지만, 고체 표면의 전단 활동에 의해서도 촉진되며, 비행기의 날개 또는 골프공과 같은 물체의 하부류 궤적에서도 상승하는 경향이 있다. 그러나 적당한 크기의 Reynolds 수에서는, *불안정*하지만 난류로 구분될 수 없는 *층류* 유동이 존재할 수 있다는 것을 주목하자. 그 경우에는 층류 유동의 불안정성이 와류(vortex)들을 생성시켜 원통의 반대쪽으로부터 교대로 나타나게 하여 *Kármán 와류길*(*Kármán vortex street*)을 생성시킨다. 그러나 와류들은 규칙적인 형태로 생성되어서 난류를 특정짓는 무작위성 또는 혼돈성 행동의 기준을 만족하지 않는다.

일반적으로 난류는 Reynolds 수가 상당히 큰 경우에 발생한다. 이 조건에서 층류는 불안정해지고, 속도들과 압력은 더 이상 일정한 값이나 부드럽게 변하는 값을 가지지 않는다. 관 유동에 대해 일반적인 묘사는 2가지로 이루어지는데, 첫 번째는 비교적 큰 회전성의 에디가 벽 근처의 고 전단 영역에서 생성되고, 두 번째는 이 큰 에디들이 점점 더 작은 에디들로 되며 여기서 에너지가 점성의 작용에 의하여 열로 소산된다는 것이다.

구체적으로 살펴보기 위하여, 난류는 본래 3차원 현상이므로 그림 9.2에 보이는 바와 같이 임의의 점 P에서 시간 변화에 대하여 3개의 속도요소에 요동들이 있게 된다는 것을 인지하도록 하자.[4] 각 개별 변동의 시간 척도에 비하여 매우 큰 시간 주기 T에 대하여 물리량의 평균으로 정의되는(윗줄(overbar)로 표시되는) *시간 평균량*의 개념을 도입하는 것이 필요하다. 따라서 $\overline{v}_x$는 x 방향 속도 성분 v_x의 시간 평균값이다.

임의의 공간상의 점에서, *어떤 시점*에서의 세 개의 속도 성분과 압력은 다음과 같이 주어진다.

$$\begin{aligned} v_x &= \overline{v}_x + v'_x, \qquad & v_y &= \overline{v}_y + v'_y, \\ v_z &= \overline{v}_z + v'_z, \qquad & p &= \overline{p} + p'. \end{aligned} \tag{9.1}$$

여기서 v'_x 등은 평균값으로부터의 변동을 나타내고, 그림 9.3에 보이는 바와 같이 1/1000초 단위로 매우 빠르게 변할 수 있다. 그러한 경우 방금 설명한 시간 평균에 대해 T는 약간의 초 정도면 적절하다. 이 장에서는 *평균적인 의미에서 정상 상태*인 관에서의 유동과 제트(jet)와 같은 유동을 주로 다룬다. 즉, 시간 평균된 양은 시간에 따라 변하지 않는다. 다른 상황에서는 이 양들이 시간에 따라 천천히 변할 수 있다.

---

[4]그럼에도 불구하고 난류에 대한 유용한 정보들은 관 유동에서 고려되는 r과 z처럼 주로 관심 대상의 2가지 좌표만 갖는 상황에서도 여전히 얻을 수 있다.

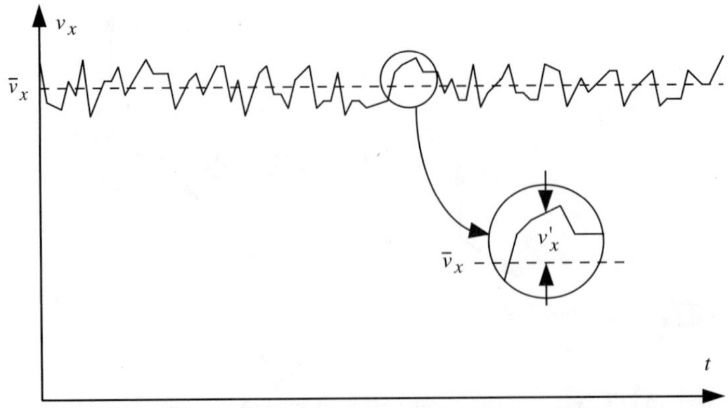

그림 9.3 시간 t에 따른 순간 속도 v_x의 변화. 변동은 일반적으로 수 밀리 초 동안 발생함.

만일 그림 9.3에 나타나 있는 변동들이 점점 더 강력해지는 돋보기로 관찰될 수 있다면, 변동들은 매끄럽지 않을 것이며 일정량의 "보풀 모양"이 보일 것이다. 이는 전반적인 에너지 단계 내에서 연속적으로 더 작은 에디들에 해당한다. 그러나 결국에는 극한(Kolmorogov 극한)에 도달하게 될 것이며, 이때에는 길이 척도가 충분히 작아져서 변동들이 최종적으로 매끄러운 형태를 보이게 된다.

정의에 의하면, 평균적인 의미로 평균 이상의 양과 평균 이하의 양은 같으므로 변동들의 시간 평균은 0이다.

$$\overline{v'_x} = \overline{v'_y} = \overline{v'_z} = \overline{p'} = 0. \tag{9.2}$$

따라서 평균량의 시간 평균은 평균량 그 자체가 된다.

$$\overline{\overline{v}_x} = \overline{v}_x. \tag{9.3}$$

난류의 *강도*는 다음과 같은 영역의 값으로 주어진다.

$$\frac{\widetilde{v'}}{\overline{v}} \sim 0.01 \text{ to } 0.1, \tag{9.4}$$

여기서 변동 속도 성분의 제곱-평균-제곱근(RMS)은 다음과 같이 정의된다.

$$\widetilde{v'} = \sqrt{\overline{v'^2}}. \tag{9.5}$$

시간-평균 연속 방정식

식 (5.52)로부터 밀도가 일정한 경우의 연속 방정식은 다음과 같이 된다.

$$\frac{\partial v_x}{\partial x} + \frac{\partial v_y}{\partial y} + \frac{\partial v_z}{\partial z} = 0. \tag{9.6}$$

식 (9.1)로부터 순간적인 속도 성분들을 대입하고 전체 방정식을 시간 평균한다. 재배열을 거친 후의 대표적인 항은 다음과 같이 된다.

$$\overline{\frac{\partial(\overline{v}_x + v'_x)}{\partial x}} = \frac{\partial\overline{(\overline{v}_x + v'_x)}}{\partial x} = \frac{\partial(\overline{\overline{v}_x} + \overline{v'_x})}{\partial x} = \frac{\partial \overline{v}_x}{\partial x}. \tag{9.7}$$

여기서 수행된 4개의 중간 단계를 살펴보자.

1. 어떤 물리량의 편도함수에 대한 시간 평균은 물리량의 시간 평균의 편도함수와 같다.
2. 두 물리량의 합에 대한 시간 평균은 각각의 시간 평균량의 합과 같다.
3. 식 (9.3)으로부터 평균량의 시간 평균은, 이 경우에는 v_x, 그 평균량 자체와 같다.
4. 식 (9.2)로부터 변동 요소의 시간 평균은 0이다.

다른 도함수들에 대해서도 시간 평균을 하면 다음과 같은 *시간 평균된* 연속 방정식을 얻을 수 있다.

$$\frac{\partial \overline{v}_x}{\partial x} + \frac{\partial \overline{v}_y}{\partial y} + \frac{\partial \overline{v}_z}{\partial z} = 0, \tag{9.8}$$

이 식은 순간적인 속도 대신에 시간 평균된 속도가 쓰여진 것을 *제외하면* 원래의 연속 방정식과 동일하다.

시간-평균 운동량 수지식

(번거로운 유도에 흥미가 없거나 이를 위한 시간이 없다면, 식 (9.9)로부터 최종 결과인 식 (9.13)으로 바로 넘어갈 수 있다.) (예를 들어) 식 (5.72)로부터 *점성* 응력항으로 쓰여진 x 방향 운동량 수지식은 다음과 같다.

$$\rho\left(\frac{\partial v_x}{\partial t} + v_x\frac{\partial v_x}{\partial x} + v_y\frac{\partial v_x}{\partial y} + v_z\frac{\partial v_x}{\partial z}\right) = -\frac{\partial p}{\partial x} + \underbrace{\frac{\partial \tau_{xx}}{\partial x} + \frac{\partial \tau_{yx}}{\partial y} + \frac{\partial \tau_{zx}}{\partial z}}_{\text{Viscous stress terms}} + \rho g_x. \tag{9.9}$$

식 (9.1)로부터 순간적인 속도 성분을 대입하고, 그 방정식에 시간 평균을 취하면 *시간 평균된* x 방향 운동량 수지식을 얻을 수 있다. 하지만 좌변의 비선형 항들을 연관시키는 중간 과정을 따라가는 것이 유용하다. 우선 이 항들이 식 (9.6)의 연속 방정식의 도움을 받아서 다음과 같이 다시 쓸 수 있다는 것에 주목하라.

$$v_x\frac{\partial v_x}{\partial x} + v_y\frac{\partial v_x}{\partial y} + v_z\frac{\partial v_x}{\partial z} = \frac{\partial (v_x v_x)}{\partial x} + \frac{\partial (v_x v_y)}{\partial y} + \frac{\partial (v_x v_z)}{\partial z}. \tag{9.10}$$

식 (9.10)의 좌변을 $\mathbf{v}\cdot\nabla v_x$로 쓸 수 있다는 것을 지적함으로써 식 (9.10)은 증명될 수 있다. 비압축성 유체에 대한 벡터 항등식 $\nabla\cdot(v_x\mathbf{v}) = v_x\nabla\cdot\mathbf{v} + \mathbf{v}\cdot\nabla v_x = \mathbf{v}\cdot\nabla v_x$ (식 (5.24) 참조)을 이용하면 식 (9.10)의 우변을 얻을 수 있다.

식 (9.1)로부터 순간적인 속도 성분을 식 (9.10)의 우변에 대입하고, 그 식에 시간 평균을 취하자. 이제는 $v_x v_y = (\overline{v}_x + v'_x)(\overline{v}_y + v'_y) = (\overline{v}_x\overline{v}_y + \overline{v}_x v'_y + v'_x\overline{v}_y + v'_x v'_y)$와 같은 시간 평균된 양을 다루어야 한다. 일반적인 방법으로 시간 평균을 취하면, 이 항들은 다음과 같이 된다.

$$\begin{aligned}&\overline{\frac{\partial(\overline{v}_x\overline{v}_x + \overline{v}_x v'_x + v'_x\overline{v}_x + v'_x v'_x)}{\partial x}} + \overline{\frac{\partial(\overline{v}_x\overline{v}_y + \overline{v}_x v'_y + v'_x\overline{v}_y + v'_x v'_y)}{\partial y}}\\ &+ \overline{\frac{\partial(\overline{v}_x\overline{v}_z + \overline{v}_x v'_z + v'_x\overline{v}_z + v'_x v'_z)}{\partial z}}\\ &= \frac{\partial(\overline{v}_x\overline{v}_x)}{\partial x} + \frac{\partial(\overline{v}_x\overline{v}_y)}{\partial y} + \frac{\partial(\overline{v}_x\overline{v}_z)}{\partial z} + \frac{\partial(\overline{v'_x v'_x})}{\partial x} + \frac{\partial(\overline{v'_x v'_y})}{\partial y} + \frac{\partial(\overline{v'_x v'_z})}{\partial z},\end{aligned} \tag{9.11}$$

이 식은 식 (9.8)의 시간 평균된 연속 방정식의 도움을 받아서 다음과 같이 다시 쓸 수 있다.

$$\overline{v}_x \frac{\partial \overline{v}_x}{\partial x} + \overline{v}_y \frac{\partial \overline{v}_x}{\partial y} + \overline{v}_z \frac{\partial \overline{v}_x}{\partial z} + \frac{\partial(\overline{v'_x v'_x})}{\partial x} + \frac{\partial(\overline{v'_x v'_y})}{\partial y} + \frac{\partial(\overline{v'_x v'_z})}{\partial z}. \tag{9.12}$$

식 (9.9) 좌변의 시간 평균된 비선형 항들을 식 (9.12)로 대체하면, 완전 시간 평균된 x 방향 운동량 수지식은 다음과 같이 된다.

$$\begin{aligned}\rho\left(\frac{\partial \overline{v}_x}{\partial t} + \overline{v}_x \frac{\partial \overline{v}_x}{\partial x} + \overline{v}_y \frac{\partial \overline{v}_x}{\partial y} + \overline{v}_z \frac{\partial \overline{v}_x}{\partial z}\right) &= -\frac{\partial \overline{p}}{\partial x} \\ &+ \frac{\partial(\overline{\tau}_{xx} - \rho\overline{v'_x v'_x})}{\partial x} + \frac{\partial(\overline{\tau}_{yx} - \rho\overline{v'_x v'_y})}{\partial y} + \frac{\partial(\overline{\tau}_{zx} - \rho\overline{v'_x v'_z})}{\partial z} + \rho g_x.\end{aligned} \tag{9.13}$$

여기서 $\overline{\tau}_{xx}$와 같은 시간 평균된 점성 전단 응력은 시간 평균된 속도 분포에 근거한 뉴턴의 점도 법칙의 통상적인 방법을 기반으로 한다. 다음과 같은 사항을 제외하고는 시간 평균된 운동량 수지식은 원래의 (순간적인) 운동량 수지식과 같음을 살펴보라.

1. 시간 평균된 값들이 원래의 순간적인 값들을 대치한다.
2. *Reynolds 응력*으로 알려진 추가적인 응력들이 우변에 나타나고, 이 항들은 난류 속도 변동에 기인한 운동량 전달을 나타낸다. 다음 절에서 이런 응력들에 대한 물리적인 설명이 주어진다. 난기류의 가장 낮은 강도를 제외한 모든 것에 대한 계산은 $\tau^t_{yx} = -\rho\overline{v'_x v'_y}$(위 첨자 t는 난류를 나타냄)와 같은 Reynolds 응력이 점성 또는 분자 상대 $\overline{\tau}_{yx}$(벽에 매우 가깝다는 것을 제외하고)보다 훨씬 크기 때문에 대부분의 상황에서 후자를 무시할 수 있다는 것을 보여준다.

시간 평균된 y와 z 운동량 수지식도 비슷한 결과를 준다.

예제 9.1 Reynolds 응력항의 수치해

전형적인 Reynolds 응력에 나타나는 $\overline{v'_x v'_y}$와 같은 항들에 대한 이해를 돕기 위한 짧은 예제가 주어진다. 단순화를 위해서 변동 성분들의 "양자값(quantum value)"만이 허용되며, v'_x과 v'_y 각각은 -1 (low)이나 $+1$ (high) 값만이 허용되는 가상적인 상황을 고려하자. $\overline{v'_x v'_y}$의 가능한 값을 살펴보자. (좀 더 정교한 해석에서는 속도의 *연속적인 분포*에 대한 통계적인 해석이 포함되나, 요점은 여기에서 주어지는 좀 더 기본적인 해석과 크게 다르지 않다.)

표 E9.1 ▸ 속도 변동에 대한 가능한 값

Correlated			Correlated			Independent		
v'_x	v'_y	$v'_x v'_y$	v'_x	v'_y	$v'_x v'_y$	v'_x	v'_y	$v'_x v'_y$
−1	−1	1	−1	1	−1	−1	−1	1
−1	−1	1	−1	1	−1	−1	1	−1
1	1	1	1	−1	−1	1	−1	−1
1	1	1	1	−1	−1	1	1	1
Average:		1	Average:		−1	Average:		0

풀이

표 E9.1은 변동 v_x'과 v_y'이 연관된(correlated) 두 가지 경우와 서로 독립적인(independent) 한 가지 경우 등 세 개의 가능성을 보여준다.

첫 두 경우는 곱의 시간 평균값 $\overline{v_x'v_y'}$은 *0이 아니다*. 개별 변동들이 서로 같이 움직일 때(높은 값과 낮은 값이 같이 일어날 때)는 $(1+1+1+1)/4=1$이며, 서로 반대일 때(하나의 높은 값은 다른 하나의 낮은 값에서 발생함)는 -1이다. 세 번째 예의 경우처럼 변동들이 서로 독립적으로 일어날 때는 시간 평균값 $\overline{v_x'v_y'}$은 0이다. 따라서 Reynolds 응력은 서로 다른 좌표 방향의 변동치들이 서로 연관되어 있을 경우에만 0이 아니다. 이와 같은 상관관계가 난류 유동에서 나타나는 경향이 있다.

9.2 Reynolds 응력의 물리적 설명

Reynolds 응력은 그림 9.4에 보이는 바와 같이 유체의 조각(fragment) 또는 난류운동으로 인해 평면 X−X의 단위 면적을 갑자기 뛰어넘는 “에디(eddy)들”을 고려함으로써 이해될 수 있다. 여기서 $v_x=\overline{v}_x+v_x'$와 $v_y=0+v_y'$(y 방향으로의 총괄적인 운동은 없다)인 2차원 유동을 고려한다.

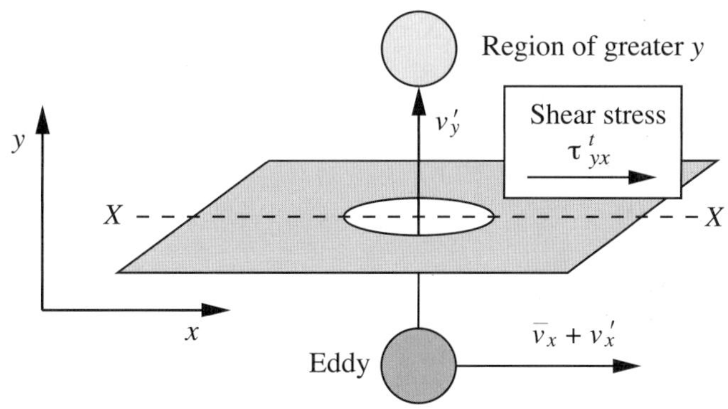

그림 9.4 X−X 평면을 가로질러 상부 방향으로의 에디의 운동.

x 방향 운동량의, (평면 X−X 아래에서 위로의) y 방향으로의 *순간적인* 전달 속도는 단위 면적당 다음과 같이 주어짐을 살펴보자.

$$\rho v_y'(\overline{v}_x+v_x'). \tag{9.14}$$

이 결과는 에디의 x 방향 운동량은 단위 부피당 $\rho(\overline{v}_x+v_x')$이고, y 방향으로부터의 부피 플럭스가 단순히 v_y'임을 알면 얻어진다. 따라서 평면 X−X의 위나 아래에서 이 평면을 가로지르는 유체를 고려하면, y 방향으로의 x 방향 운동량의 전달 속도의 *시간 평균값*은 단위 면적당 다음과 같이 된다.

$$\overline{\rho v_y'(\overline{v}_x+v_x')}=\overline{\rho v_y'}\,\overline{v}_x+\overline{\rho v_y'v_x'}=0+\rho\overline{v_y'v_x'}. \tag{9.15}$$

전단 응력에 대한 통상적인 방향은 그림 5.12과 그림 9.4의 박스 안에 표현되어 있으므로, 평면 X−X의 *위에서 아래로*의, 즉 음의 y 방향으로의 x 방향 운동량의 전달 속도가 필요하다. 따라서 *난*

류 변동에 의한 전단 응력은 음의 부호를 포함하여야 한다.

$$\tau_{yx}^{t} = -\rho\overline{v_y' v_x'}. \tag{9.16}$$

9.3 혼합 길이(mixing length) 이론

불행하게도 식 (9.16)의 난류 전단 응력을 예측할 수 있는 만능의 법칙은 없다. 따라서 실험적인 관찰 결과에 연결되어 있는 준이론적인 접근에 의존하는 것이 필요하다

x 방향 운동량 전달 속도 $\dot{\mathcal{M}}$를 고려하자. 이것의 시간-평균량은 단위부피당 $\rho\overline{v}_x$이며, 그림 9.5에 보이는 바와 같이 대표적인 X−X 평면을 가로지르는 방향이다. 이 운동량이 평균적으로 y 방향으로 λ 거리를 움직인 후, 자기들의 실체를 잃어버리고 주변의 유체들과 완벽하게 혼합되는 연속적인 에디들에 의하여 한 평면에서 다른 평면으로 전달된다고 가정하자.

좀 더 자세히 설명하면, X−X의 *위와 아래*로부터 λ의 거리에 있고 A−A와 B−B의 평면들로부터 v_y'의 속도들로 다가오는 유체의 성분들에 의하여 X−X의 단위면적을 가로지르는 x 방향 운동량이 있을 것이다. v_y'와 λ가 같은 에디에 대하여 동일한 부호를 가지고 있기 때문에(둘 다 B−B로부터의 에디에 대하여는 양의 값이며, 둘 다 A−A로부터의 에디에 대하여는 음의 값임), 동일한 방정식이 양쪽의 방향에 대하여 유효하다. 따라서 B−B로부터 상부 방향으로 이동하는 에디들에 대하여만 고려하면 된다.

또한 그림 9.5로부터 만일 X−X 중간면에서 운동량의 크기가 $\rho\overline{v}_x$이면, 아래쪽에 있는 B−B 면에서는 이보다 작은 값을 갖게 될 것임을 주목하자. 구배 $d(\rho\overline{v}_x)/dy$가 거의 상수라고 가정하면, 그 부족분은 $\lambda d(\rho\overline{v}_x)/dy$이 된다. 시간-평균 속도분포가 완전하게 설정되는 것으로 가정하면, 총 미분(total derivative)이 사용된다.

단위 면적당 X−X를 가로질러 B−B로부터의 x 방향 운동량의 난류 전달 속도는 다음과 같다.

$$\dot{\mathcal{M}} = v_y'\left(\rho\overline{v}_x - \lambda\frac{d(\rho\overline{v}_x)}{dy}\right) \quad \text{(upward)}. \tag{9.17}$$

주지하는 바와 같이 식 (9.17)은 양쪽 방향에서의 전달에 대하여 동등하게 잘 성립한다.

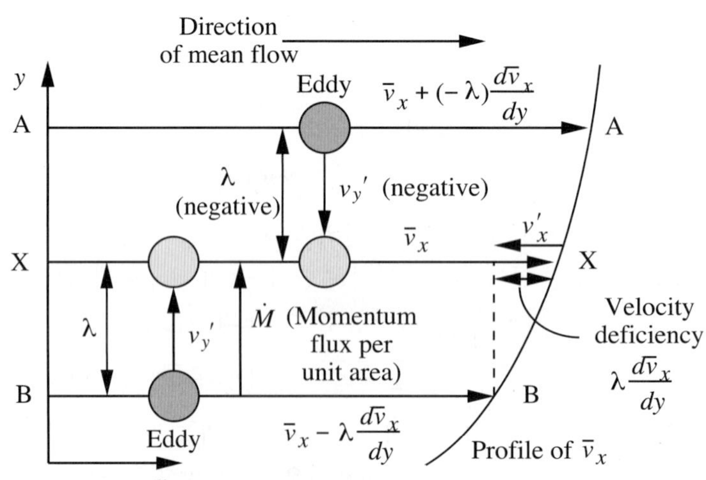

그림 9.5 X−X 평면을 가로지르는 방향 운동량의 전달.

y 방향으로의 시간 평균된 상방향 순 전달 속도는 다음과 같이 된다.

$$\overline{\dot{\mathcal{M}}} = \overline{v'_y \left(\rho\overline{v}_x - \lambda\frac{d(\rho\overline{v}_x)}{dy}\right)} = \overline{v'_y}\rho\overline{v}_x - \overline{v'_y\lambda}\frac{d(\rho\overline{v}_x)}{dy}. \tag{9.18}$$

그러나 정의에 의하여 $\overline{v'_y} = 0$이다. 이 영역에 걸쳐서 구배 $d(\rho\overline{v}_x)/dy$가 일정하다고 가정하면, 다음과 같이 된다.

$$\overline{\dot{\mathcal{M}}} = -\overline{v'_y\lambda}\,\frac{d(\rho\overline{v}_x)}{dy} = -\nu_{\mathrm{T}}\,\frac{d(\rho\overline{v}_x)}{dy}, \tag{9.19}$$

여기서 시간 평균된 양 $\nu_{\mathrm{T}} = \overline{v'_y\lambda}$은 에디 *동점도*라고 한다. 아래첨자 T는 난류량임을 강조하고 있다.

해석을 더 진행하기 위해서는 $\overline{v'_y\lambda}$을 좀 더 다루기 쉬운 것으로 변환해야 한다. 우선 이 항을 각 항의 RMS(제곱근 평균 제곱) 값과 상관 계수 R의 곱으로 다시 나타낼 수 있다.

$$\overline{v'_y\lambda} = R\widetilde{v'_y}\widetilde{\lambda}. \tag{9.20}$$

그림 9.5의 곡선이 시간 평균된 x 방향 속도 $\overline{v}_x$를 나타내고 있음을 주목하여, 중앙 평면 X−X에서 x 속도 성분에서 난류 변동 v'_x을 일으키는 메커니즘을 고려하자. 확실히, 평면 B−B에서의 x 방향 속도는 가운데 평면 X−X에서의 값보다 속도 *결핍*(velocity deficiency)으로 알려져 있는 $\lambda d\overline{v}_x/dy$만큼 작다. 따라서 B−B에서 X−X로 갑자기 움직이는 에디는 x 방향 운동량의 결핍을 가지게 될 것이고, 평면 X−X에서 x 방향 속도에 음의 "반동(kick)"을 주게 된다. 이렇게 해서 생기게 되는 변동은 속도 결핍에 비례하게 될 것이다. 만약 α가 상수라면, 근사적으로 다음과 같이 나타낸다.

$$v'_x = -\alpha\lambda\frac{d\overline{v}_x}{dy}. \tag{9.21}$$

A−A로부터 X−X로 아래로 움직이는 에디에 대해서도 같은 결과가 성립된다. 이 경우 λ은 음이 되고, 변동은 양이 된다. RMS 값의 항으로 다음과 같이 나타내자.

$$\widetilde{v'_x} = \alpha\widetilde{\lambda}\left|\frac{d\overline{v}_x}{dy}\right|. \tag{9.22}$$

실험적으로 $\widetilde{v'_y}$은 $\widetilde{v'_x}$에 비례하는 경향이 있음이 알려져 있다. 즉, 속도 변동들은 일반적으로 서로 상관되어 있다.

$$\widetilde{v'_y} = \beta\widetilde{v'_x} = \alpha\beta\widetilde{\lambda}\left|\frac{d\overline{v}_x}{dy}\right|. \tag{9.23}$$

여기서 계수 β는 *등방성 난류*의 경우에는 1이 되며, 이때에는 모든 방향으로 난류의 강도가 균일하다.

식 (9.19), (9.20), (9.23)으로부터

$$\begin{aligned}\overline{\dot{\mathcal{M}}} &= -R\widetilde{v'_y}\widetilde{\lambda}\,\frac{d(\rho\overline{v}_x)}{dy} = -R\alpha\beta\widetilde{\lambda}\widetilde{\lambda}\,\frac{d(\rho\overline{v}_x)}{dy}\left|\frac{d\overline{v}_x}{dy}\right| \\ &= -\ell^2\left|\frac{d\overline{v}_x}{dy}\right|\frac{d(\rho\overline{v}_x)}{dy},\end{aligned} \tag{9.24}$$

이 되고, 이 결과는 1925년에 Prandtl에 의하여 얻어진 것이다. 여기서

$$\ell = \widetilde{\lambda}\sqrt{R\alpha\beta} \tag{9.25}$$

는 *Prandtl의 혼합 길이*이다.

에디 동점도는 Prandtl의 혼합 길이와 속도 구배의 항으로 다음과 같이 나타남에 주목하라.

$$\nu_{\mathrm{T}} = \ell^2 \left|\frac{d\overline{v}_x}{dy}\right|. \tag{9.26}$$

유사한 분석이 열과 질량(다른 화학 물질이 존재할 때 전형적으로 하나의 화학 물질에 대한 최종의 것)의 난류 이동 속도에 대해 수행될 수 있다. 모든 결과는 표 9.1에 요약되어 있는데, c_p는 비열을 나타내고, $\overline{T}$와 $\overline{c}$는 각각 시간 평균 온도와 물질 농도이다. 전단 응력은 전통적으로 *음의* y 방향(9.2절 참조)에서 운동량 전달을 나타내기 때문에, τ_{yx}^t 앞에 마이너스 기호가 있다. 그러나 열 및 물질 전달은 전통적으로 *양의* y 방향으로 취해지므로, 이 경우에는 마이너스 부호가 필요하지 않다. 열교환기 또는 관형 반응기에서 $\overline{T}$와 $\overline{c}$는 횡 방향(y) 및 주 유동 방향에서 거의 확실하게 변하기 때문에, 편미분이 온도 및 농도 구배에 사용된다.

표 9.1 ▶ 난류 전달에 관한 관계식 정리

Property Being Transported		Rates of Turbulent Transport $\overline{N}^t$				
Momentum	$\rho\overline{v}_x$	$-\rho\nu_{\mathrm{T}}\dfrac{d\overline{v}_x}{dy}$	=	$-\rho\ell^2\dfrac{d\overline{v}_x}{dy}\left\|\dfrac{d\overline{v}_x}{dy}\right\|$	=	$-\tau_{yx}^t$
Heat	$\rho c_p\overline{T}$	$-\rho c_p\nu_{\mathrm{T}}\dfrac{\partial\overline{T}}{\partial y}$	=	$-\rho c_p\ell^2\dfrac{\partial\overline{T}}{\partial y}\left\|\dfrac{d\overline{v}_x}{dy}\right\|$	=	q^t
Mass	$\overline{c}$	$-\nu_{\mathrm{T}}\dfrac{\partial\overline{c}}{\partial y}$	=	$-\ell^2\dfrac{\partial\overline{c}}{\partial y}\left\|\dfrac{d\overline{v}_x}{dy}\right\|$	=	N^t

표 9.1에서는 에디 열확산도 α_T, 에디 확산도 $\mathcal{D}_T$가 에디 동점도 ν_{T}와 동일한 것으로 가정되어 있는데, 이는 첫 번째 근사에서만 성립된다. 9.13절은 난류 열전달과 운동량 전달간의 관계를 보다 자세히 나타내고 있다.

9.4 에디 동점도와 혼합 길이의 결정

에디 동점도는 위치의 함수로서 적절히 잘 결정될 수 있음을 주목하자. 그림 9.6에 나타나 있는 바와 같이, 평행한 판상의 유동과 관 유동에 대하여 요소들에 대한 운동량 수지를 세우면 다음과 같다.

$$\text{Parallel plates: } \tau_{yx}^{\ell} + \tau_{yx}^{t} \doteq \tau_{yx}^{t} = y\left(\frac{dp}{dx}\right), \quad \text{Pipe flow: } \tau_{rz}^{\ell} + \tau_{rz}^{t} \doteq \tau_{rz}^{t} = \frac{r}{2}\left(\frac{dp}{dz}\right), \tag{9.27}$$

여기서 y는 중심선으로부터 측정된다. 전형적으로 매우 작은 층류 $\tau_{yx}^{\ell} = \mu d\overline{v}_x/dx$ 또는 점성 전단 응력 $\tau_{rz}^{\ell} = \mu d\overline{v}_z/dr$은 무시되었으나, 특히 벽면과 같이 높은 정밀도가 요구되는 상황에서는 쉽게

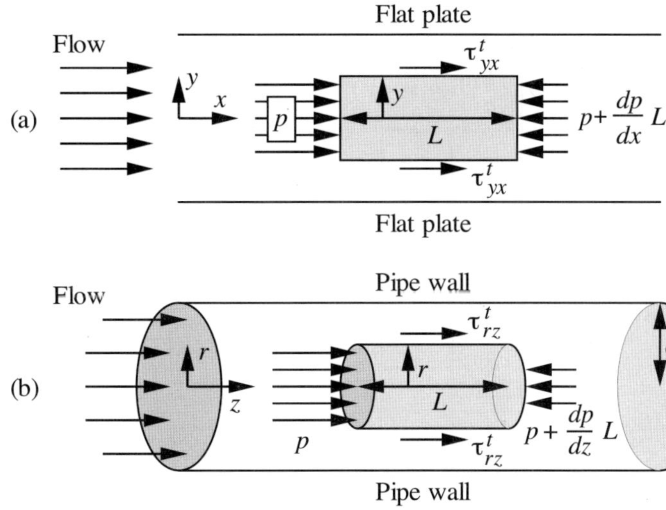

그림 9.6 (a) 평행판 및 (b) 관에서 전달 응력.

유지될 수 있었다. 압력강하와 이에 따른 압력구배가 쉽게 측정될 수 있기 때문에, 난류 전단 응력 τ^t_{yx} 또는 τ^t_{rz}가 어떤 위치에서든 추론될 수 있다. 속도분포와 이로 인한 $d\overline{v}_x/dy$와 같은 속도구배들 또한 Pitot 관 또는 Laser-Doppler 속도계로 측정할 수 있다. 혼합길이 ℓ과 에디 동점도 ν_T는 다음의 관계로부터 얻을 수 있다.

$$\text{Parallel plates}: \ \tau^t_{yx} = \rho \underbrace{\ell^2 \left|\frac{d\overline{v}_x}{dy}\right|}_{\nu_\mathrm{T}} \frac{d\overline{v}_x}{dy}, \quad \text{Pipe flow}: \ \tau^t_{rz} = \rho \underbrace{\ell^2 \left|\frac{d\overline{v}_z}{dr}\right|}_{\nu_\mathrm{T}} \frac{d\overline{v}_z}{dr}. \tag{9.28}$$

매끄럽거나 거친 각각의 관들에 대하여, 실험적 결과들은 관 반경에 대한 혼합길이의 비를 다음과 같은 식으로 매우 정확도가 높게 표시하고 있다.[5]

$$\frac{l}{a} = 0.14 - 0.08\left(1 - \frac{y}{a}\right)^2 - 0.06\left(1 - \frac{y}{a}\right)^4, \tag{9.29}$$

위의 식은 그림 9.7에 도시되어 있다. 벽에 접근할수록 $l = 0.4y$가 되며, 이는 Prandtl 가설에서 사용된 단순화된 결과와 동일함을 주목하자. 그러나 벽면에서부터 멀어질수록 에디들은 더 많은 자유도를 갖게 되어 떠나가게 되고, 최대값은 중심선에서 도달하게 된다.

더구나 매끄러운 관에서의 Nikuradse의 실험은 무차원 에디 동점도를 다음과 같은 식으로 근사적으로 표시한다.

$$\frac{\nu_\mathrm{T}}{a\sqrt{\tau_\mathrm{w}/\rho}} \doteq 0.32\,\frac{y}{a}\left(1 - \frac{y}{a}\right), \tag{9.30}$$

더욱 정확도 높은 근사식은 다음과 같다.

[5] *Boundary Layer Theory* (H. Schlichting, Pergamon Press, New York, 1955)의 Eqn (20.18)을 참고하라.

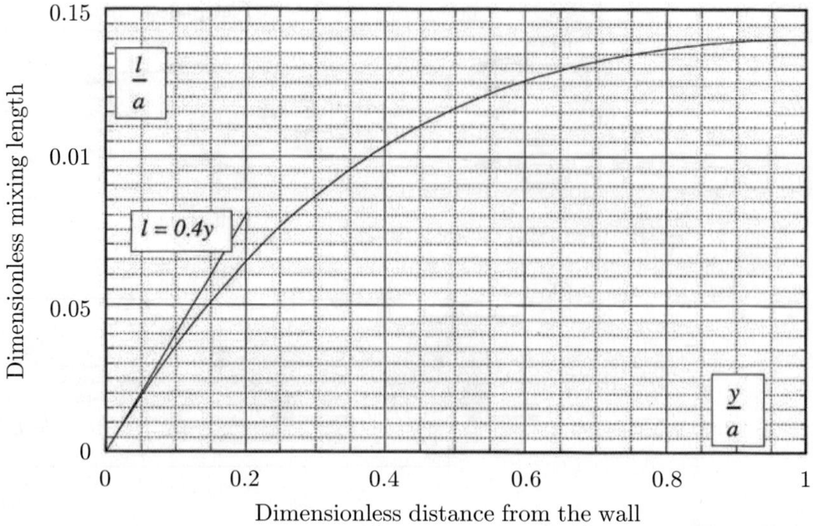

그림 9.7 위치별 무차원 혼합길이의 변화.

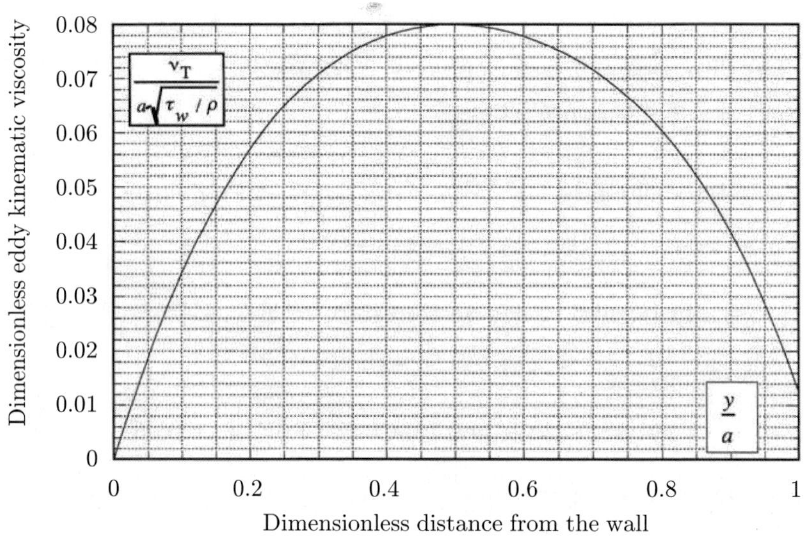

그림 9.8 위치별 무차원 에디 점도의 변화.

$$\frac{\nu_T}{a\sqrt{\tau_w/\rho}} = 0.4070\,\frac{y}{a} - 0.7012\left(\frac{y}{a}\right)^2 + 0.4505\left(\frac{y}{a}\right)^3 - 0.1437\left(\frac{y}{a}\right)^5, \tag{9.31}$$

여기서 $(y/a)^4$에 대한 항은 없다. 식 (9.31)의 정확한 상관관계는 그림 9.8에 도시되어 있다.

에디 점도가 혼합길이의 제곱과 속도구배의 크기와의 곱으로 주어진다는 것을 식 (9.28)로부터 상기하자.

$$\nu_T = l^2\left|\frac{d\overline{v}_z}{dr}\right| = l^2\left|\frac{d\overline{v}_z}{dy}\right|. \tag{9.32}$$

그림 9.8에서 곡선의 모양은 이제 설명하기가 쉽다. 벽으로부터 멀리 떨어지게 되면, 즉, l이 증가하게 되면 에디 점도 또한 증가하게 되고, 이에 따라 중심선까지의 절반 지점에서 최대치에 도달하게 된다. 그 후에는 감쇄하는 속도구배가 중요한 인자가 되며, 에디 점도는 중심선에 도달할 때 현격히 떨어지게 된다(그러나 0까지는 아님).

9.5 혼합 길이 이론에 근거한 속도 분포들

Prandtl 가설

축 방향 좌표가 z인 관 유동을 고려하자. 가장 간단한 Prandtl 모델은 혼합 길이 ℓ가 벽에서부터의 거리 y에 선형적으로 비례한다고 가정하는 것이다. 이러한 개념의 논지는 에디들이 벽으로부터 멀리 떨어질수록 더 많은 운동의 자유도를 갖는다는 것이다. 또한 일정한 전단 응력 τ^t_{yz}를 벽에서의 전단 응력 τ_w와 같다고 가정하는 것이다. 이 가정은 벽 근처의 작은 간격에 대해서만 엄밀하게 적용된다.

$$\ell = ky, \tag{9.33}$$

$$\tau^t_{yz} \doteq \tau_w. \tag{9.34}$$

식 (9.33)과 (9.34)는 ℓ과 τ^t_{yz}에 대하여 너무 과대 평가된 것이다. 뜻밖에도 이와 같은 두 개의 과대평가가 서로 상쇄되어 난류 속도 분포에 대한 아주 좋은 결과를 주는 경향이 있다. 잠시 동안 횡방향 좌표로 r보다는 y를 사용하는 것이 좀 더 편하다. 따라서 τ^t_{yz}의 표기법을 사용한다.

혼합 길이 이론은 다음과 같은 식을 가져다준다.

$$\tau^t_{yz} = \rho\ell^2 \left(\frac{d\overline{v}_z}{dy}\right)^2, \tag{9.35}$$

여기서 시간 평균된 속도는 벽으로부터의 거리가 증가할수록 증가하므로 $d\overline{v}_z/dy$는 양의 값으로 인식된다.[6] 위의 관계들로부터

$$\tau_w = \rho k^2 y^2 \left(\frac{d\overline{v}_z}{dy}\right)^2, \tag{9.36}$$

이 되고, 적분하여 다음과 같은 관계를 얻는다.

$$\overline{v}_z = \frac{1}{k}\sqrt{\frac{\tau_w}{\rho}} \ln y + c, \tag{9.37}$$

여기서 c는 적분상수이다. $k \doteq 0.4$인 경우 식 (9.37)의 속도 분포는 관의 중심 영역에 잘 맞는다는 것이 실험적으로 알려져 있다. 이러한 사실은 상당히 놀라운 일이다. $\ln y$는 y의 변화에 꽤 둔감하므로 식 (9.34)는 실험적 관찰과 일치하는 상당히 평평한 난류 속도 분포를 예측한다.

로그법칙은 벽면에 *매우* 근접할수록 유효할 수 없다는 것을 주목하라. 왜냐하면 y가 0으로 접근함에 따라 그것은 항상 증가하는 음의 속도와 항상 증가하는 속도 구배를 가져다주기 때문이다.

---

[6]이 장의 나머지 부분에서 "시간 평균된"이라는 표현은 사용되지 않는다. 윗줄이 그어진 양은 시간 평균된 양으로 가정된다.

예제 9.2 Kármán 가설 검증

Von Kármán은 혼합길이가 속도의 처음 두 도함수의 비에 비례해야 한다고 제안하였다.

$$\ell = -k\,\frac{d\overline{v}_z/dy}{d^2\overline{v}_z/dy^2}, \tag{E9.2.1}$$

여기서 k는 무차원 상수이다. 이 가설의 장점을 조사하고, 이 가설에 의해서 예측된 속도 분포와 Prandtl의 속도 분포를 비교하라.

풀이

Prandtl 가설은 혼합 길이를 벽으로부터의 거리로 표현하고 있다. 하지만 난류는 벽으로부터 멀리 떨어진 곳(극단적인 예는 대기권 상부)에서 발생할 수 있는데, 이곳은 벽의 영향이 적어 ℓ의 근거가 되는 분명한 길이 척도가 없다.

우선 식 (E9.2.1)에서 속도의 1계 도함수와 2계 도함수의 비가 원하는 길이 차원을 갖는지를 살펴보라. Von Kármán 가설의 명백한 장점은 혼합 길이를 길이 차원을 위한 벽의 존재에 의존하기보다는 속도 분포의 *국지적* 거동으로부터 나타낼 수 있다는 것이다.

벽 근처에서 $\tau^t_{yz} \doteq \tau_w$라고 가정하면, 식 (9.32)와 (E9.2.1)로부터 다음과 같은 관계를 얻을 수 있다.

$$\sqrt{\frac{\tau_w}{\rho}} = \ell\,\frac{d\overline{v}_z}{dy} = -k\,\frac{(d\overline{v}_z/dy)^2}{d^2\overline{v}_z/dy^2}, \tag{E9.2.2}$$

위 식을 적분하여 다음과 같은 결과를 얻을 수 있다.

$$\int \frac{d\left(\dfrac{d\overline{v}_z}{dy}\right)}{\left(\dfrac{d\overline{v}_z}{dy}\right)^2} = -\frac{k}{\sqrt{\tau_w/\rho}}\int dy, \qquad \text{or} \qquad \frac{1}{\dfrac{d\overline{v}_z}{dy}} = \frac{ky}{\sqrt{\tau_w/\rho}} + c_1. \tag{E9.2.3}$$

만약 속도 구배 $d\overline{v}_z/dy$가 $y = 0$인 벽에서 아주 급격하게 무한대로 접근하면, 적분 상수 c_1은 소거된다. 두 번째 적분 결과는 다음과 같이 된다.

$$\overline{v}_z = \frac{1}{k}\sqrt{\frac{\tau_w}{\rho}}\ln y + c, \tag{E9.2.4}$$

이 식은 Prandtl의 가설에서 얻은 결과와 동일하다.

Von Kármán 가설의 단점은 $d^2\overline{v}_z/dy^2$이 0이 되는 경우에는 이 가설을 적용할 수 없다는 것이다. 이런 상황은 쉽게 나타날 수 있는데, 그 예로 9.13절에서 다룰 난류 제트의 속도 분포의 변곡점을 들 수 있다.

관 유동에 대한 좀 더 현실적인 전단 응력 분포 $\tau^t_{rz} = -\tau_w(r/a)$이 식 (9.29)의 혼합길이 이론과 예제 9.2의 von Kármán 가설과 함께 사용된다고 가정하자. 여기서 a는 관의 반지름이고, r은 중심선으로부터의 거리이다. 적분 상수 하나를 결정하기 위하여 벽에서 무한대의 속도 구배를 사용하면서 두 번 적분하면 다음과 같은 결과를 얻는다.

$$\overline{v}_z = (\overline{v}_z)_{r=0} + \frac{1}{k}\sqrt{\frac{\tau_w}{\rho}}\left[\sqrt{\frac{r}{a}} + \ln\left(1 - \sqrt{\frac{r}{a}}\right)\right],$$

여기서 $(\overline{v}_z)_{r=0}$은 중심선에서의 속도이다. 앞에서 이미 주어진 이유 때문에, 이와 같은 좀 더 복잡하고 세련된 해석은 식 (9.34)의 간단한 법칙에 비하여 정확하지 않다.

9.6 매끄러운 관에 대한 범용 속도 분포

식 (9.37)의 로그 법칙은 무차원 변수의 항으로 다시 표현된다. 우선 벽으로부터의 무차원 거리 y^+와 무차원 속도 v_z^+를 다음과 같이 정의하자.

$$y^+ = \frac{y\sqrt{\tau_w/\rho}}{\nu}, \tag{9.38}$$

$$v_z^+ = \frac{\overline{v}_z}{\sqrt{\tau_w/\rho}}, \tag{9.39}$$

여기서 ν는 동점도이다. 식 (9.37)은 다음과 같이 쓰여질 수 있다.

$$\frac{\overline{v}_z}{\sqrt{\tau_w/\rho}} = A + B\ln\frac{y\sqrt{\tau_w/\rho}}{\nu}, \tag{9.40}$$

또는

$$v_z^+ = A + B\ln y^+, \tag{9.41}$$

여기서 A는 적분 상수이고 $B = 1/k$이다. $\sqrt{\tau_w/\rho}$의 양은 *마찰 속도*(friction velocity)로 알려져 있으며, 기호 $\overline{v}_z^*$로 주어진다.

식 (9.41)은 *매끄러운 관*에서 매우 넓은 범위의 Reynolds 수에 걸쳐서 실험적인 속도와 특별히 잘 일치하기 때문에, 이 식을 *범용속도분포*(universal velocity profile)라고 한다.[7] 실험적으로, 상수들은 $A = 5.5$, $B = 2.5$이고, 속도 분포는 다음과 같이 된다.

$$v_z^+ = 5.5 + 2.5\ln y^+. \tag{9.42}$$

물론, 식 (9.42)는 벽에 가까운 영역에서는 적용되지 않는다. 층류 저층 영역에서는 $\tau_{yz} = \mu\, d\overline{v}_z/dy$를 적분하여 다음과 같은 분포를 얻는다.

$$v_z^+ = y^+. \tag{9.43}$$

그림 9.9에서 보이는 바와 같이, 식 (9.42)와 (9.43)의 난류와 층류 속도 분포는 $y^+ \doteq 11.63$에서 교차한다.

층류 저층과 완전히 전개된 난류 중심부 사이의 *완충 영역*(buffer region)에 대한 Nikuradse의 실험 데이터를 나타내기 위해 von Kármán은 완전한 속도 분포를 다음과 같이 세 영역으로 나누었다.

[7]예를 들면, 앞서 언급된 Schlichting의 책에서 405페이지에 표시된 속도를 참조하라.

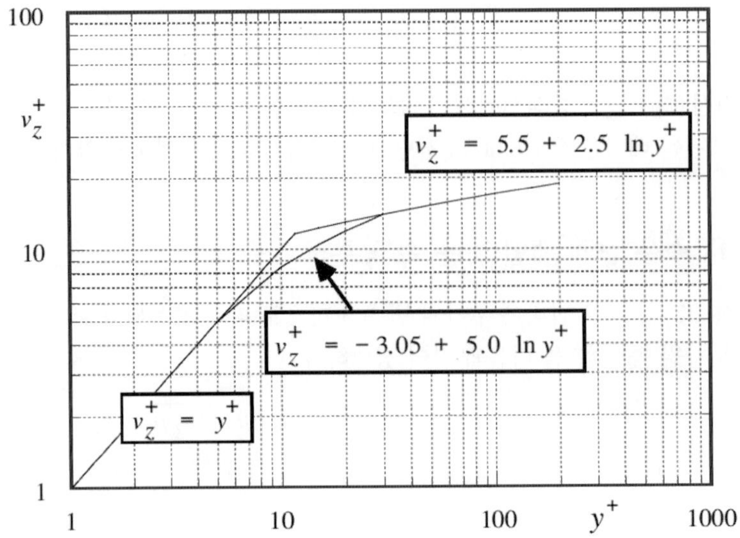

그림 9.9 범용 속도 분포(universal velocity profile).

층류 저층:

$$0 < y^+ < 5: \qquad v_z^+ = y^+. \tag{9.44}$$

완충 영역:

$$5 < y^+ < 30: \qquad v_z^+ = -3.05 + 5 \ln y^+. \tag{9.45}$$

난류 중심:

$$30 < y^+: \qquad v_z^+ = 5.5 + 2.5 \ln y^+. \tag{9.46}$$

Sleicher의 이론에 근거를 둔 다음과 같은 속도 분포도 층류 저층과 완충 영역에서 난류 속도를 아주 잘 맞춘다. 이에 대해서는 연습 문제 9.10에서 자세히 논의된다.

$$v_z^+ = \frac{1}{0.088} \tan^{-1}(0.088 y^+). \tag{9.47}$$

9.7 매끄러운 관에 대한 Reynolds 수의 마찰인자 항

총 유속(total flow rate), 즉 평균 속도를 얻기 위해서는, 층류 저층이 아주 얇아서 유동에는 거의 기여를 하지 않기 때문에, log 분포 $v_z^+ = A + B \ln y^+$가 관의 전 영역에 걸쳐서 성립한다고 가정한다. 따라서 평균 z 방향 속도는 다음과 같이 나타내어지고,

$$\overline{v}_{zm} = \frac{1}{\pi a^2} \int_0^a 2\pi r \overline{v}_z \, dr, \tag{9.48}$$

적분(예제 9.3 참조)을 하면 다음과 같이 나타낼 수 있다.

$$\overline{v}_{zm} = \sqrt{\frac{\tau_w}{\rho}} \left[B \ln \frac{a\sqrt{\tau_w/\rho}}{\nu} + A - \frac{3}{2} B \right]. \tag{9.49}$$

따라서 식 (9.46)에서 $A = 5.5$, $B = 2.5$인 다음과 같은 속도 분포에 대하여,

$$v_z^+ = 5.5 + 2.5 \ln y^+, \tag{9.46}$$

적분은 다음과 같이 된다.

$$\overline{v}_{zm} = \sqrt{\frac{\tau_w}{\rho}} \left[2.5 \ln \left(\frac{D\overline{v}_{zm}}{2\nu} \sqrt{\frac{\tau_w}{\rho \overline{v}_{zm}^2}} \right) + 1.75 \right]. \tag{9.50}$$

다음과 같이 정의되는 Fanning 마찰인자를 기억해 보자.

$$f_F = \frac{\tau_w}{\frac{1}{2}\rho \overline{v}_{zm}^2}, \tag{9.51}$$

여기서 $\overline{v}_{zm}$은 제3장에서 사용된 u_m과 같은 의미이다. 식 (9.50)과 (9.51)로부터 범용 속도 분포에 근거한 마찰인자와 Reynolds 수와의 관계는 다음과 같이 주어진다.

$$\sqrt{\frac{1}{f_{\mathrm{F}}}} = 1.77 \ln \left(\mathrm{Re} \sqrt{f_{\mathrm{F}}} \right) - 0.601. \tag{9.52}$$

실험적으로는 식 (9.52)와 비슷한 다음과 같은 관계가 주어진다.

$$\sqrt{\frac{1}{f_{\mathrm{F}}}} = 1.74 \ln \left(\mathrm{Re} \sqrt{f_{\mathrm{F}}} \right) - 0.391, \tag{9.53}$$

이때 넓은 범위의 Re(5×10^3에서 최소한 3.4×10^6까지, 그리고 아마도 그 이상)에 걸쳐서 매끄러운 관에 대한 실험 결과와 잘 일치한다.

예제 9.3 평균 속도에 대한 표현

$v_z^+ = A + B \ln y^+$로 주어진 속도 분포에 대하여, 식 (9.49)로 주어지는 평균 속도에 대한 식을 증명하라.

풀이

무차원 속도와 벽으로부터의 거리에 대한 정의에 주목하면, 주어진 속도 분포는 다음과 같이 다시 쓰여질 수 있다.

$$\overline{v}_z = \sqrt{\frac{\tau_w}{\rho}} \left[A + B \ln \frac{y\sqrt{\tau_w/\rho}}{\nu} \right]. \tag{E9.3.1}$$

따라서 평균 속도 $\overline{v}_{zm}$은

$$\frac{1}{\pi a^2} \int_{r=0}^{r=a} 2\pi r \overline{v}_z \, dr = \frac{1}{\pi a^2} \int_{y=0}^{y=a} 2\pi \overline{v}_z (a-y) \, dy \ = \tag{E9.3.2}$$

$$\frac{2}{a^2} \sqrt{\frac{\tau_w}{\rho}} \left[\int_0^a A(a-y) \, dy + \int_0^a B(a-y) \ln y \, dy + \int_0^a B(a-y) \ln \frac{\sqrt{\tau_w/\rho}}{\nu} \, dy \right] \ =$$

$$\frac{2}{a^2} \sqrt{\frac{\tau_w}{\rho}} \left[\int_0^a \left(A + B \ln \frac{\sqrt{\tau_w/\rho}}{\nu} \right) (a-y) \, dy + \int_0^a Ba \ln y \, dy - \int_0^a By \ln y \, dy \right].$$

$\int \ln y\, dy = y \ln y - y$와 $\int y \ln y\, dy = (y^2/2) \ln y - (y^2/4)$의 관계를 이용하여, 적분하고 상한과 하한을 대입하여 정리하면 다음과 같이 된다.

$$\overline{v}_{zm} = \sqrt{\frac{\tau_w}{\rho}} \left[B \ln \frac{a\sqrt{\tau_w/\rho}}{\nu} + A - \frac{3}{2}B \right], \tag{9.49}$$

위 식이 원하는 결과이다.

9.8 층류 저층의 두께

Reynolds 수가 증가할수록 좀 더 격렬한 난류 에디가 벽에 좀 더 가까이 접근하게 되므로 층류 저층의 두께는 감소하게 된다. 이어지는 해석에서, 단순화를 위하여 완충 영역의 존재를 무시하고 단지 두 영역으로 이루어진 "두 조각 모델(two-piece model)"을 가정하자. 이는 9.13절의 Prandtl-Taylor 유사성에서도 사용될 것이다.

그림 9.10에 주어진 두 영역에 대한 알려진 속도 분포로 시작하자.

층류 저층:

$$0 < y^+ < 11.6 : \qquad v_z^+ = y^+. \tag{9.54}$$

난류 중심:

$$11.6 < y^+ : \qquad v_z^+ = 5.5 + 2.5 \ln y^+. \tag{9.55}$$

층류 저층의 두께 δ는 Reynolds 수의 함수로 결정되어야 한다. 두 영역의 교점에서 속도는 서로 같아야 한다.

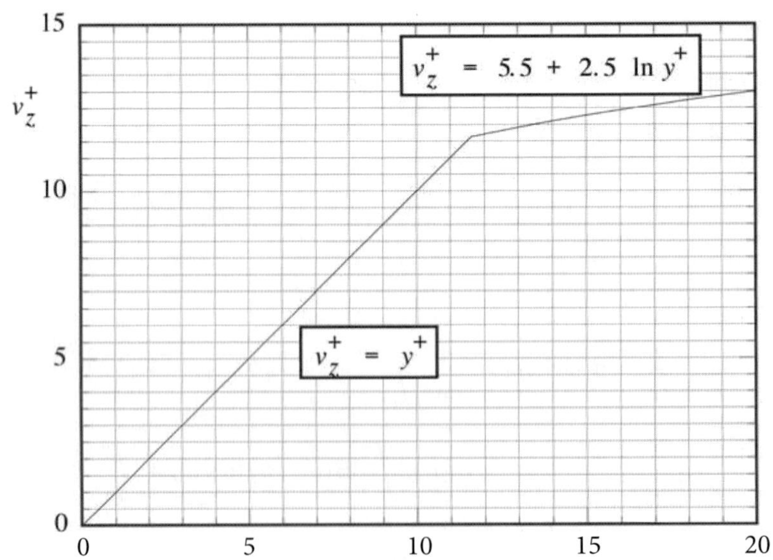

그림 9.10 층류 저층과 난류 중심의 일부에서의 속도 분포.

$$v_z^+ = y^+ = 5.5 + 2.5 \ln y^+, \qquad \text{giving} \qquad y^+ = 11.6. \tag{9.56}$$

즉, 층류 저층의 두께 δ와 층류 저층/난류 중심의 교점에서의 속도 $\overline{v}_{z\delta}$는 다음과 같이 주어진다.

$$\delta = 11.6 \frac{\nu}{\sqrt{\tau_w/\rho}}, \qquad \text{and} \qquad \overline{v}_{z\delta} = 11.6\sqrt{\frac{\tau_w}{\rho}}. \tag{9.57}$$

즉,

$$\frac{\delta}{D} = 11.6 \frac{\mu}{\rho \overline{v}_{zm} D}\sqrt{\frac{\rho \overline{v}_{zm}^2}{\tau_w}} = \frac{16.4}{\text{Re}\sqrt{f_\text{F}}}. \tag{9.58}$$

을 얻을 수 있다.

비록 f_F가 식 (9.53)으로 주어져 있더라도, 좀 더 제한적인 영역($\text{Re} < 10^5$)에서의 비교적 간단한 관계는 다음과 같은 *Blasius 법칙*이다.

$$f_\text{F} = 0.0790\,\text{Re}^{-1/4}. \tag{9.59}$$

식 (9.56)과 (9.57)로부터 관의 지름에 대한 층류 저층의 두께의 비는 다음과 같이 주어진다.

$$\frac{\delta}{D} = \frac{58.3}{\text{Re}^{7/8}}. \tag{9.60}$$

약간 다른 속도-분포 방정식에 대하여, 1/7 지수 법칙은 다음과 같이 적용된다.

$$\frac{\overline{v}_z}{\overline{v}_{zc}} = \left(\frac{y}{a}\right)^{1/7}, \tag{9.61}$$

여기서 $\overline{v}_{zc}$는 중심선에서의 속도이며, 그 결과는 단지 약간만 다르게 된다.

$$\frac{\delta}{D} = \frac{61.7}{\text{Re}^{7/8}}. \tag{9.62}$$

만일 Reynolds 수의 대표적인 값을 위의 방정식들에 대입하면, 다음과 같은 결과를 보여줄 것이다.

1. 층류 저층은 *매우* 얇은 영역이고, 이 영역을 가로질러서 속도는 중심선에서의 값의 상당 비율까지 증가한다.

2. 층류 저층의 두께는 Reynolds 수의 값에 거의 비례하여 감소한다.

만일 그림 9.9에서 *세 조각* 속도 분포가 고려되면, 층류 저층의 바깥쪽 선단이 $y^+ = 5$에서 나타나게 되며, δ/D의 비율은 다음과 같이 된다.

$$\frac{\delta}{D} = \frac{25.2}{\text{Re}^{7/8}}. \tag{9.63}$$

9.9 거친 관에 대한 속도분포와 마찰인자

난류 유동에서는, 벽면의 불규칙성이 층류 저층에 걸쳐 나타나 있거나 또는 그렇지 않을 수도 있다. 3.4절에서 논의된 바와 같이 벽면 거칠기도 ε의 정도에 의존하여(각각 실험적으로 지지되듯이) 마찰인자에 대하여 서로 다른 의존성으로 세 개의 영역이 묘사될 수 있다.

수력학적으로 매끄러운 관:

$$0 < \frac{\varepsilon \overline{v}_z^*}{\nu} < 5: \qquad f_F = f_F(\text{Re}). \tag{9.64}$$

전이 상태:

$$5 < \frac{\varepsilon \overline{v}_z^*}{\nu} < 70: \qquad f_F = f_F\left(\text{Re}, \ \frac{\varepsilon}{a}\right). \tag{9.65}$$

완전히 거친 관:

$$70 < \frac{\varepsilon \overline{v}_z^*}{\nu}: \qquad f_F = f_F\left(\frac{\varepsilon}{a}\right). \tag{9.66}$$

모든 세 영역에 대하여 난류 속도 분포들은 다음과 같이 표현될 수 있다.

$$\frac{\overline{v}_z}{\overline{v}_z^*} = 2.5 \ln \frac{y}{\varepsilon} + B, \tag{9.67}$$

여기서 B의 값들과 이에 대응하는 속도 분포들이 전이 영역만을 제외하고, 다음과 같이 주어진다.

수력학적으로 매끄러운 관:

$$B = 5.5 + 2.5 \ln \frac{\varepsilon \overline{v}_z^*}{\nu}, \qquad \frac{\overline{v}_z}{\overline{v}_z^*} = 5.5 + 2.5 \ln \frac{y\sqrt{\tau_w/\rho}}{\nu}. \tag{9.68}$$

완전히 거친 관:

$$B = 8.5, \qquad \frac{\overline{v}_z}{\overline{v}_z^*} = 8.5 + 2.5 \ln \frac{y}{\varepsilon}. \tag{9.69}$$

매끄러운 관에 대하여 식 (9.68)이 범용 속도 분포임을 이미 알고 있다. 완전히 거친 관에 대하여는, 식 (9.69)가 관의 반경에 무관하므로 그 식의 유효성은 거칠기 비율 ε/D의 매우 넓은 영역에 걸쳐서 실험적으로 완벽하게 입증된다.[8]

*Colebrook와 White 방정식*은 위의 실험값들과 일치하고 있으며, 매우 넓은 영역의 거칠기도와 (난류) Reynolds 수에 걸쳐서, 상대 거칠기도와 Reynolds 수에 대한 Fanning 마찰인자의 변화를 다음과 같이 나타내고 있다.

$$\frac{1}{\sqrt{f_F}} = -1.737 \ln\left(0.269 \frac{\varepsilon}{D} + \frac{1.257}{\text{Re}\sqrt{f_F}}\right). \tag{9.70}$$

9.10 Blasius형 법칙과 멱급수-법칙 속도 분포

매끄러운 관에 대해 Reynolds 수가 10^5보다 크지 않다고 가정하면, 실험적으로 다음과 같은 관계가 얻어진다.

[8] 실험적 증거에 대해, 앞서 언급된 Schlichting 책의 420쪽을 참조하라.

$$f_{\mathrm{F}} = 0.0790 \left(\frac{2a\overline{v}_{zm}}{\nu} \right)^{-1/4}. \tag{9.71}$$

좀 더 일반적으로 다른 Reynolds 수에 대해서는 다음과 같은 관계식을 얻는다.

$$f_{\mathrm{F}} = A \left(\frac{a\overline{v}_{zm}}{\nu} \right)^{-1/n}. \tag{9.72}$$

그러나 마찰인자의 정의에 의하여 다음과 같이 된다.

$$\tau_w = \frac{1}{2} f_{\mathrm{F}} \rho \overline{v}_{zm}^2 = \rho (\overline{v}_z^*)^2. \tag{9.73}$$

식 (9.71)과 (9.72)로부터 마찰인자를 소거하면 다음과 같이 된다.

$$\frac{\overline{v}_{zm}}{\overline{v}_z^*} = \left(\frac{2}{A} \right)^{n/(2n-1)} \left(\frac{\overline{v}_z^* a}{\nu} \right)^{1/(2n-1)}. \tag{9.74}$$

다음과 같이 일반적인 형태의 멱급수 법칙 속도 분포를 취하자.

$$\frac{\overline{v}_z}{\overline{v}_z^*} = c \left(\frac{y}{y^*} \right)^m, \tag{9.75}$$

적절한 적분을 한 후에 다음과 같은 결과를 얻을 수 있다.

$$\frac{\overline{v}_{zm}}{\overline{v}_z^*} = \left(\frac{\overline{v}_z^* a}{\nu} \right)^m \frac{2c}{(m+1)(m+2)}. \tag{9.76}$$

식 (9.74)와 (9.76)에 있는 Reynolds 수에 대한 지수를 같게 두면 다음과 같이 된다.

$$m = \frac{1}{2n-1}. \tag{9.77}$$

예를 들어, 만일 $n = 4$이면 $m = 1/7$이 된다. 이는 잘 알려진 결과로서 그림 9.11에 나타내었다.

속도 분포에서의 c와, f_{F}의 표현식에서의 A 사이에는 또 다른 관계가 있다. 이들 중 어느 하나를 결정하면 실험적으로 $c = 8.74$인 것을 보여준다. 따라서

$$\frac{\overline{v}_z}{\overline{v}_z^*} = 8.74 \left(\frac{y\overline{v}_z^*}{\nu} \right)^{1/7}. \tag{9.78}$$

위 식을 $\overline{v}_z^*$에 대해서 풀면

$$\overline{v}_z^* = 0.150\, \overline{v}_z^{7/8} \left(\frac{\nu}{y} \right)^{1/8}, \tag{9.79}$$

이 된다. 이 결과를 식 (9.73)의 벽에서의 전단 응력에 대한 표현에 대입하면 다음과 같이 된다.

$$\tau_w = \rho (\overline{v}_z^*)^2 = 0.0225\, \rho \overline{v}_z^2 \left(\frac{\nu}{\overline{v}_z y} \right)^{1/4}. \tag{9.80}$$

위의 마지막 식은 Blasius 법칙과 비슷하지만, 벽에서 일정 거리 y만큼 떨어진 곳에서의 속도 $\overline{v}_z$를 포함하고 있다. 8.5절에서 난류 경계층 두께를 구하는 데 이 식이 사용되었음을 주목하라.

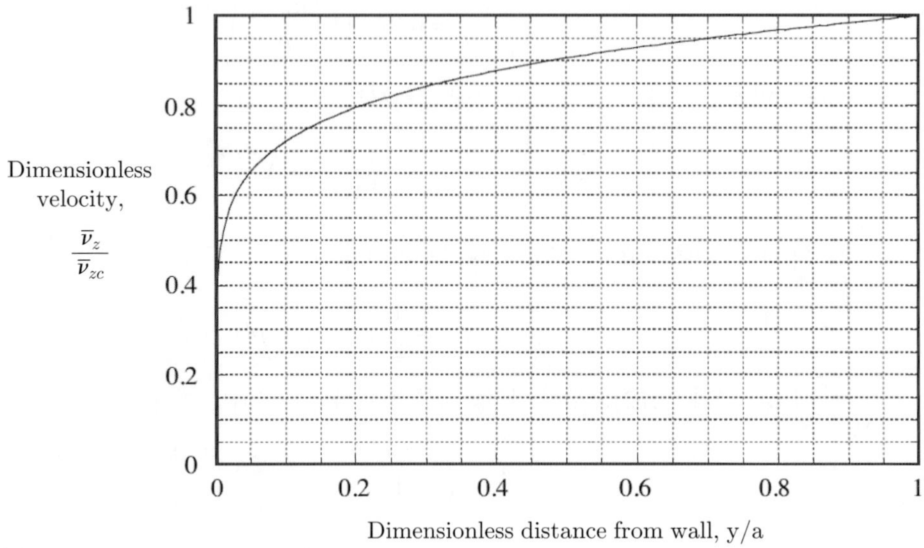

그림 9.11 1/7 멱급수 법칙 속도 분포.

9.11 Reynolds 응력에 관한 상관식

그림 9.12는 관 내에서 유동에 대한 총 전단응력이 어떻게 점성 영향과 난류의 영향의 합이 되는지를 보여준다. 난류 또는 Reynolds 응력항은 대부분의 영역에 걸쳐서 지배적이지만 벽면에서는 급격히 감소하여 0에 이르게 되어, 점성항이 벽면에 매우 가까운 지역에서는 주요한 영향임을 주목하라.

최근에 Churchill과 Zajic은 간단한 기하구조들에서 유동의 혼합 길이와 에디 점도 상관식에 대한 가치 있는 대안을 제안하였는데, 그들의 접근은 Reynolds 응력항에 초점이 맞추어져 있다.[9]

관 유동에 대하여, 식 (9.13)과 유사한 시간-평균화된 z 방향 운동량 방정식으로부터 시작하기로 하자. 일반적인 단순화 규칙에 의하면 다음과 같다.

$$\frac{d\overline{p}}{dz} = \frac{1}{r}\frac{d[r(\overline{\tau}_{rz} - \rho\overline{v'_z v'_r})]}{dr}. \tag{9.81}$$

벽면 전단 응력 τ_w는 전통적으로 양의 크기를 갖고 있는데, 식 (9.27)에 의하여 다음과 같은 압력 구배와 관련되어 진다.

$$-\tau_w = \frac{a}{2}\frac{d\overline{p}}{dz}. \tag{9.82}$$

따라서 식 (9.81)을 변수 분리하고 적분하면 다음과 같다.

$$-2\frac{\tau_w}{a}\int_0^r r\,dr = \int_0^r d[r(\overline{\tau}_{rz} - \rho\overline{v'_z v'_r})], \tag{9.83}$$

---

[9] S.W. Churchil and S.C. Zajic, "Prediction of fully developed turbulent convection with minimal explicit empiricism," *American Institute of Chemical Engineers Journal*, Vol. 48. No. 5 (May 2002), p.927.

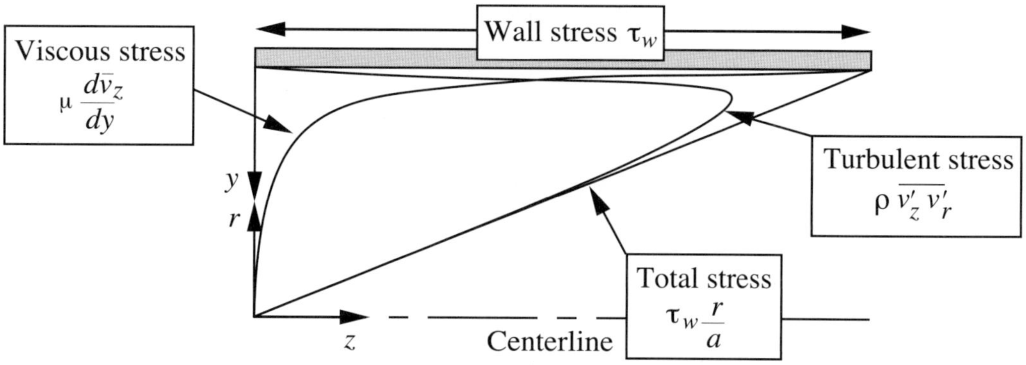

그림 9.12 총 전단 응력이 점성 응력과 난류 응력의 합임을 도시적 설명. 모든 양들은 양의 값임. (수치에 비례하지 않음.)

양변의 적분에 대한 하한 값들이 모두 0이므로, 그 적분 결과는 다음과 같다.

$$\tau_w \frac{r}{a} = -\bar{\tau}_{rz} + \rho\overline{v'_z v'_r}. \tag{9.84}$$

그러나 벽면으로부터의 거리가 $y = a - r$인 관계에서 점성 응력이 $\bar{\tau}_{rz} = \mu\, d\bar{v}_z/dr = -\mu\, d\bar{v}_z/dy$으로 주어지기 때문에 다음과 같이 된다.

$$\underbrace{\tau_w \frac{r}{a}}_{\text{Total}} = \underbrace{\mu \frac{d\bar{v}_z}{dy}}_{\text{Viscous}} + \underbrace{\rho\overline{v'_z v'_r}}_{\text{Reynolds}}. \tag{9.85}$$

그림 9.12는 점성 응력과 Reynolds 응력이 어떻게 변하며 그들의 합이 총 응력과 같은지를 근사적으로 보여주면서 식 (9.85)를 설명하고 있다.

Churchill과 동료 연구자들은 $(\overline{v'_z v'_r})^{++}$, 즉 Reynolds 응력에 기여하는 총 응력의 분율인 $\rho\overline{v'_z v'_r}/[\tau_w(r/a)]$을 나타내는 크기에 대한 정확한 상관식을 다음과 같이 개발하였다.

$$(\overline{v'_z v'_r})^{++} = \frac{\rho\overline{v'_z v'_r}}{\tau_w(r/a)} = f(y^+, a^+) = \left(\left[0.7\left(\frac{y^+}{10}\right)^3\right]^{-8/7} + \left|\exp\left(\frac{-1}{0.436y^+}\right) - \frac{1}{0.436a^+}\left(1 + \frac{6.95y^+}{a^+}\right)\right|^{-8/7}\right)^{-7/8}. \tag{9.86}$$

여기서, 계수들의 형식과 수치들은 가능한 실험적 자료들을 최선으로 맞추는 다양한 방법에 의하여 선정된 것이다.

지수들이 보이기에 특이한 형태인 것은 Churchill과 Usagi[10]에 의하여 보고된 바 있는, 두 개의 근사치들 혹은 두 개의 극한치들 사이의 내삽을 통한 독창적인 방법에 의하여 다음의 형태와 같이 직접적으로 유도되었기 때문이다.

$$[y(x)]^p \doteq [y_0(x)]^p + [y_\infty(x)]^p. \tag{9.87}$$

[10] S.W. Churchil and R. Usagi, "A general expression for the correlation of rates of transfer and other phenomena," *American Institute of Chemical Engineers Journal*, Vol. 18, p. 1121(1972).

함수 $y_0(x)$와 $y_\infty(x)$는 x의 양 극단에서 각각 지배적인 함수로 정렬되어지며, $y(x)$는 양 극단에서는 정확하게 표현된다. 지수 p는 이와 같은 극한치들 간에 가장 정확하게 자료들을 나타내는 수치로 선정된다.

Churchill[11]은 식 (9.86)의 상관식의 주요한 의도는 거의 정확한 값으로 $\overline{v}_z$과 $\overline{v}_{zm}$에 대한 예측식을 제공하는데 있음을 지적한다. 식 (9.85)로부터 시작하여, 식 (9.86)으로부터 $\rho\overline{v_z'v_r'}$을 대체하고, $y = a - r$의 관계에서 식을 재정리하면 다음과 같다.

$$\tau_w\left(1-\frac{y}{a}\right)\left(1-f(y^+,a^+)\right)=\mu\frac{d\overline{v}_z}{dy}. \tag{9.88}$$

$\overline{v}_z$과 y를 무차원화 수식으로 표시한 후, 이 미분방정식을 연속적으로 적분하면 속도 분포와 평균 속도를 구할 수 있게 될 것이다. 그리고 9.7절에서의 방법과 유사한 전개를 하면 마찰인자를 도출할 수도 있다.

Churchill, Shinoda, Arai의 추가적인 논문에서 관에서 난류 유동에 대한 몇 가지 상관관계가 있는 전략적 기법에 대한 뛰어난 역사적 정리를 접할 수 있다.[12]

9.12 k–ϵ 방법에 의한 난류의 계산

이번 장의 전반부에 나타나 있는 것처럼 혼합-길이 이론은 관에서 난류 속도에 대한 좋은 설명자료를 제공하고 있지만, 좀 더 일반적인 상황에서 난류 유동에 대한 기초로서 극복하기 어려운 2개의 결함이 있다.

1. 그것은 필연적으로 *지역적인* 현상만을 묘사한다. 그러나 한 지점에서 난류는 상부 난류 또는 재회전류에 경우의 하부 난류(그림 2.19의 오리피스 판에서의 에디들 또는 그림 2.21에서 급격 팽창(sudden expansion))와 같은 난류로부터의 대류 기류에 의하여 쉽게 영향을 받을 수 있다.
2. 그것은 복잡한 기하구조가 포함되는 어떠한 새로운 상황에 대하여 난류 유동 형태를 예측할 수 없다.

지금까지로 봐서는, 혼합-길이 이론이 v_x'과 같은 난류 속도 변동을 가져다주었고, 그것은 식 (9.21)에서 $d\overline{v}_x/dy$와 같은 평균 속도구배에 비례하였다. 그러나 Prandtl과 Kolmorogov는 v_x'와 같은 양들 그리고 Reynolds 응력들을 *난류 자체*의 고유성으로 연결시키는 것이 보다 논리적이라고 주장하였다. 이에 관한 2개의 특성은 다음과 같다.

1. 변동하는 성분의 단위 질량당 난류 *운동 에너지*: $k = ({v_x'}^2 + {v_y'}^2 + {v_z'}^2)/2$로서 L^2/T^2의 차원을 가지고 있음. *지수 기호법*에서는 반복되는 아래첨자들로 합을 표시할 수 있으므로, 운동 에너지는 $k = v_i'v_i'/2$로 표시될 수 있다.
2. 이 운동 에너지의 *난류소산속도*(turbulent dissipation rate) ε는 L^2/T^3의 차원을 가지고 있다.

---

[11]Private communication, April 2005.

[12]S.W. Churchil M. Shinoda, and N. Arai, "An appraisal of experimental, predictive, and correlative contributions to fully developed turbulent flow in a round tube," *Thermal Science & Engineering*, Vol. 10, No. 2 (2002).

예제 5.9로부터 점도는 *변하되* 밀도가 일정한 유체에 대한 3개의 운동량 수지식들의 벡터 형태를 상기하자.

$$\rho\frac{\partial \mathbf{v}}{\partial t}+\rho\mathbf{v}\cdot\nabla\mathbf{v}=-\nabla p+\nabla\cdot\mu(\nabla\mathbf{v}+(\nabla\mathbf{v})^T)+\mathbf{F}. \tag{9.89}$$

*난류*에 대하여는, 분자 점도 μ를 난류 에디 점도 $\rho\nu_{\mathrm{T}}$로 증가시켜 Reynolds 응력들이 포함될 수 있다. 시간-평균화된 속도 $\overline{\mathbf{v}}$와 압력 $\overline{p}$를 실질적으로 고려하여 식에 포함시키면 다음과 같은 식을 얻게 된다.

$$\rho\frac{\partial \overline{\mathbf{v}}}{\partial t}+\rho\overline{\mathbf{v}}\cdot\nabla\overline{\mathbf{v}}=-\nabla\overline{p}+\nabla\cdot(\mu+\rho\nu_T)(\nabla\overline{\mathbf{v}}+(\nabla\overline{\mathbf{v}})^T)+\mathbf{F}, \tag{9.90a}$$

$$\nabla\cdot\overline{\mathbf{v}}\ =0. \tag{9.90b}$$

여기서 연속방정식은 완전한 구성을 위하여 포함시켰다.

$k-\varepsilon$ 방법은 어느 점에서 에디 동점도는 그 점에서의 k와 ε에 의존하여야 함을 강조한다. ν_{T}가 L^2/T의 차원을 갖고 있기 때문에, 다음을 만족하게 된다.

$$\nu_T=C_\mu\frac{k^2}{\varepsilon}, \tag{9.91}$$

여기서 C_μ는 5개의 조정가능한 계수들의 첫 번째이다.

이제 k와 ε이 어떻게 시간과 위치의 함수로 계산되는지에 관한 문제에 직면하게 될 것이다. 시간-평균화된 운동방정식들로부터 시작하여, 그리고 또한 점성 작용 에너지의 소산속도를 고려하여, 약간의 경험식과 함께 길지만 내재되어 있는 유도를 통해 운동 에너지에 대한 전달 방정식에 도달하게 될 것이다. 이 과정에 대하여 자세한 내용 그리고/또는 관계되어 있는 내용을 공부하기를 원하는 독자들은 제시한 무수한 참고문헌을 참조하면 된다.[13,14,15,16,17] 여기서는 난류 운동 에너지에 대한 다음과 같은 최종적인 전달 방정식만이 필요하다.

$$\rho\frac{\partial k}{\partial t}+\rho\overline{\mathbf{v}}\cdot\nabla k=\nabla\cdot\left[\left(\mu+\rho\frac{C_\mu k^2}{\sigma_k\varepsilon}\right)\nabla k\right]+\rho C_\mu\frac{k^2}{\varepsilon}(\nabla\overline{\mathbf{v}}+(\nabla\overline{\mathbf{v}})^T)^2-\rho\varepsilon. \tag{9.92}$$

광범위한 유사성을 덜 엄격하게 고려하면, 다음과 같은 유사한 방정식이 소산 속도의 변화를 지배하게 된다.

$$\rho\frac{\partial \varepsilon}{\partial t}+\rho\overline{\mathbf{v}}\cdot\nabla\varepsilon=\nabla\cdot\left[\left(\mu+\rho\frac{C_\mu k^2}{\sigma_\varepsilon\varepsilon}\right)\nabla\varepsilon\right]+\rho C_{\varepsilon1}C_\mu k(\nabla\overline{\mathbf{v}}+(\nabla\overline{\mathbf{v}})^T)^2-\rho C_{\varepsilon2}\frac{\varepsilon^2}{k}. \tag{9.93}$$

$k-\varepsilon$ 방법이 실험자료와 합리적으로 잘 일치하는 예측을 제공하도록 5개의 모델 상수들이 다음과

[13] B.E. Launder and D.B. Spalding, *Lectures in Mathematical Models of Turbulence*, Academic Press, London, 1972.

[14] H. Tennekes and J.L. Lumley, *A First Course in Turbulence*, The MIT Press, Cambridge, MA, 1972.

[15] P.A. Libby, *Introduction to Turbulence*, Taylor & Francis, Washington, D.C., 1996.

[16] P.A. Durbin and B.A. Petterson Reif, *Statistical Theory and Modeling for Turbulent Flows*, Wiley & Sons, Ltd., Chichester, 2001.

[17] J. Mathieu and J. Scott, *An Introduction to Turbulent Flow*, Cambridge University Press, Cambridge, 2000.

같이 선정된다.

$$C_\mu = 0.09, \quad C_{\varepsilon 1} = 1.44, \quad C_{\varepsilon 2} = 1.92, \quad \sigma_k = 1.0, \quad \sigma_\varepsilon = 1.3. \tag{9.94}$$

$k-\varepsilon$ 방법은 식 (9.90a), (9.90b), (9.92), (9.93)을 동시에 풀어내면서 구현된다. 이는 참으로 좌절할 만큼 힘든 작업이며 경우에 따라서는 디지털 컴퓨터를 사용하여 해를 구해야 하는 경우도 있다. 경계 벽면 근처의 점성층에서 방정식들이 적용되지 않거나, 정확한 결과를 얻기 위하여 벽면 근처에서 불가능하리만큼 미세한 메쉬(mesh)가 필요한 부가적인 문제들이 발생한다. COMSOL에 의해 구현될 수 있는 한 가지의 접근 방법은 (약간은 합리적으로) 범용 속도 분포에서와 같이 벽면에 평행한 속도 요소가 벽면으로부터 거리의 로그 함수라는 가정을 적용하는 것이다. 필요한 경우 상세한 내용들을 COMSOL 매뉴얼로부터 찾아볼 수 있다.[18]

이 방법을 구현하기 위한 2개의 소프트웨어 예제들이 이 책에 주어진다. 이번 장에서 유한 요소법에 기초한 COMSOL과 유한부피법에 기초한 Fluent이다. 모든 전산모사들에 대해 사용자들은 적어도 결과들이 합리적이지 아닌지를 고민하게 될 것이다. 비록 많은 경우에 대하여 합리적으로 좋은 결과를 제공하더라도, 분명히 $k-\varepsilon$ 방법이 모든 난류-유동 문제들을 완벽하게 해결할 수 있다는 착각을 가져서는 안 된다.

예제 9.4 오리피스 판을 통한 유동(COMSOL)

그림 2.19에 나타나 있는 오리피스 판을 포함하는 관의 짧은 구역(segment) 내에서 유동 형태를 조사하기 위해 COMSOL을 사용하라. 유체는 물이고, 밀도는 $\rho = 62.4\ \text{lb}_\text{m}/\text{ft}^3$이고 동점도는 $\nu = 1.077 \times 10^{-5}\ \text{ft}^2/\text{s}$이다. 그림 E9.4.1에서 feet의 차원으로 $L = 0.5$, $D = 0.1$, $b = 0.1$이다. 오리피스 판을 나타내는 관입 부분의 차원은 아래의 5~7단계에서 주어진다. 축방향 입구 속도는 균일하게 $v_\text{inlet} = 1.0$ ft/s(반경 방향 속도 $u_0 = 0$)이며, 이에 상응하는 Reynolds 수는 9,285이므로 오리피스 판의 상류에는 난류-유동 영역이다. 출구 압력은 0이다.

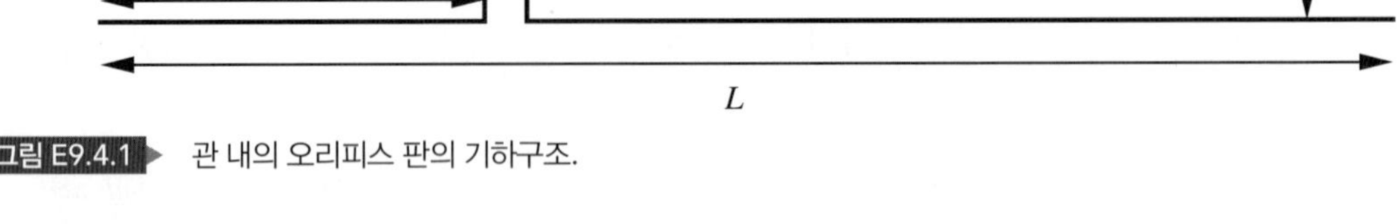

그림 E9.4.1 관 내의 오리피스 판의 기하구조.

다음 다이어그램을 작성하라.

1. 유한 요소 메쉬
2. 흐름선(모든 후속 값에 대해 시간 평균된)

[18] 예를 들어, COMSOL Multiphysize 실행 중 도움말 pull-down 메뉴에 있는 *COMSOL Docuweutation.*

3. 속도 크기, 난류 동점도, 운동 에너지, 소산 속도의 로그에 대한 표면 플롯

▶ 풀이

모든 마우스 클릭은 특별히 마우스 우클릭(R)으로 표시되지 않는 한 좌클릭(*Select*(선택)과 동일)이다.

Physcis의 선택

1. COMSOL을 열고 Model Wizard, 2D Axisymmetric, Fluid flow(작은 회전 삼각형을 "글리프(glyph)"라고 함), Single Phase, Turbulent Flow, Turbulent Flow $k-\varepsilon$, Add를 선택한다. COMSOL은 속도 성분에 대해 기호 u, v, w를 사용하고, 난류 운동 에너지에 대해서는 k를, 난류 소산율에 대해서는 ep를 사용한다.
2. Study, Stationary, Done을 클릭한다.

매개변수(Parameters)의 정의

3. Global Definitions을 우클릭하고, Parameters를 선택한다. Model Builder의 오른쪽에 있는 Setting panel에서 Name column에 매개변수 *rho*1을 입력하고, Expression column에 62.4 [lb/ft^3]를 (lb/ft^3으로) 입력한다. 마찬가지로 동점도 *nu*1을 1.077e-5 [ft^2/s]로 입력하고, 입구 속도 *Vinlet*을 1.0 [ft/s]로 입력한다. SI 단위로의 자동 변환에 유의한다.

기하구조(Geometry)의 설정

4. Geometry를 우클릭하고, Rectangle을 선택한다. Width와 Height 값을 0.05 [ft]와 0.5 [ft]로 입력한다. 기본 위치는 (0,0)에 있는 왼쪽 하단 모서리를 기반으로 한다. Build Selected를 선택한다.
5. Geometry를 우클릭하고, Rectangle을 선택한다. Width와 Height 값을 0.02 [ft]와 0.01 [ft]로 입력한다. 왼쪽 하단 모서리의 좌표 (r, z)를 0.03 [ft] 및 0.1 [ft]로 변경한다. Build Selected를 선택한다.
6. Geometry를 우클릭하고, Boolean, Partitions, Difference를 선택한다. 큰 사각형을 선택하여 추가할 객체를 선택한다. On/Off toggle을 선택하고 작은 사각형을 선택하여 뺄 Object를 활성화한다. Build Selected를 선택한다.
7. Geometry를 우클릭하고, Circle을 선택한다. Radius를 0.005 [ft]로 입력하고, 중앙의 r과 z 값을 0.03 [ft]와 0.105 [ft]로 변경한다. Build Selected를 선택한다.
8. Geometry를 우클릭하고, Boolean, Partitions, Difference를 선택한다. 추가할 Object에 추가하기 위해 6단계의 물체를 선택한다. On/Off toggle을 선택하여 뺄 Object를 활성화하고, 원을 선택한다. Build Selected를 선택한다.

유체 특성의 정의

9. Component 1 내에 있는 Materials node를 우클릭하고, Blank Materials을 선택한다. 신규 물질은 우리가 요구하는 물성 매개변수를 가지고 있어야 함을 주목한다. 매개변수 *rho1*과 *nu1*rho1*을 Density와 Dynamic viscosity의 값으로 입력한다. 풀어야 할 식을 보기 위해 Turbulent Flow $k-\varepsilon$를 클릭한 후, Setting 하의 Equations glyph를 클릭한다.

경계조건의 정의

10. Turbulent Flow $k-\varepsilon$ tree에 있는 Wall 1과 Axial Symmetry 1 nodes를 선택하고, 해당하는 파란색 경계를 검사한다. 기본 벽 경계 조건은 Wall Functions임을 주목한다.

11. Turbulent Flow $k-\varepsilon$를 우클릭하고, 입구 경계 조건을 정의하기 위해 Inlet을 선택한다. 가장 낮은 가장자리인 입구를 선택한다. U_0 값을 *Vinlet*으로 변경한다.

12. Turbulent Flow $k-\varepsilon$를 우클릭하고, 출구 경계 조건을 정의하기 위해 Outlet을 선택한다. 가장 높은 가장자리인 출구를 선택한다. 기본은 Pressure outlet이고 기준 압력이 0임을 주목한다.

메쉬(Mesh) 생성 및 문제의 풀이

13. Mesh node를 선택하고 Element size가 Normal임을 주목한다. Build All을 선택한다. Mesh를 우클릭하고, Statistics를 선택하면 18,078 요소가 있는 것을 주목한다.

14. Study 1을 우클릭하고, Parametric sweep을 선택한다. Setting panel에서 Study setting을 찾아라. Parameter definition의 하단에서 study에 대한 매개변수를 추가하기 위해 '+' 아이콘을 선택한다. 그러면 *nu1*을 고르기 위해 drop-down box를 사용할 수 있다. 매개변수 목록에 1.077e-3, 1.077e-4, 1.077e-5을 입력하고, 매개변수 단위를 ft^2/s으로 설정한다(*참고*: 여기서 괄호는 사용하면 안 됨. 오류 알림으로 연결됨). 그 결과, COMSOL은 어떤 불안정성을 없애기 위해 인위적으로 높은 점도(실제 값의 100배)로 시작한 다음, 실제 값에 도달할 때까지 점차적으로 점도를 줄임으로써 솔루션에 접근한다. 중간값 1.077e-4는 해당 단계의 현재 솔루션(점도가 실제 값의 10배인 경우)이 저장되고, 필요에 따라 최종 플로팅(plotting)에 사용할 수 있음을 의미합니다.

15. Study node를 우클릭하고, Compute를 선택한다. Graphics 창에서 Progress 단추를 클릭하여 솔루션의 진행 상황을 볼 수 있다. 51,820 자유도, 즉 동시 비선형 방정식의 미지수(Dirichlet 경계 조건 포함)의 수를 관찰한다. 이 솔루션은 저자의 컴퓨터에서 약 5분이 걸렸다. ("거친(Coarse)" 메쉬를 사용하는 유사한 솔루션의 경우, 9,702개의 요소와 29,585개의 자유도가 있으며 솔루션은 약 1분이 걸렸다.)

솔루션 살펴보기, 메쉬 시작하기

16. Results를 우클릭하고, 2D Plot Group을 선택한다. Setting 창에서 *nu1*의 값에 대한 관심 최종 매개 변수, 즉 1.077e-5를 Data 섹션에서 선택한다.

17. 새로운 2D Plot Group 5를 우클릭하고, Mesh를 선택한다. Element 색을 White로 설정한다. Plot을 클릭하지 않아도 메쉬가 나타날 것이다.

흐름선

18. Results를 우클릭하고, 2D Plot Group을 선택한다.

19. 새로운 2D Plot Group 6를 우클릭하고, Streamline을 선택한다. Settings 창에서 정확한 속도 성분 u와 w가 선택되었는지 확인한다. Positioning을 Start point controlled로 변경한다. 역시, 자동으로 플로팅된다.

난류 동점도, 운동 에너지, 소산 속도

20. Results를 우클릭하고, 2D Plot Group을 선택한다.

21. 새로운 2D Plot Group 7을 우클릭하고, Surface 7을 선택한다. Settings 창에서 Expression

Builder(삼각형 모양)를 선택하여 그려진 Expression을 Expression의 오른쪽 끝으로 변경하고, Component 1, Turbulent Flow $k-\varepsilon$, Turbulence variables, *spf.nuT* (Turbulent kinematic viscosity)를 선택한다. Plot을 선택한다. 대안으로는 *spf.nuT*(여기서 *spf*는 단일상 유동을 나타냄)라는 이름을 간단히 입력할 수 있다.

22. 플롯을 연구하고 Expression Builder를 사용하거나 간단히 이름 *k*를 사용하여 Expression을 Turbulent Kinetic Energy로 변경한다.

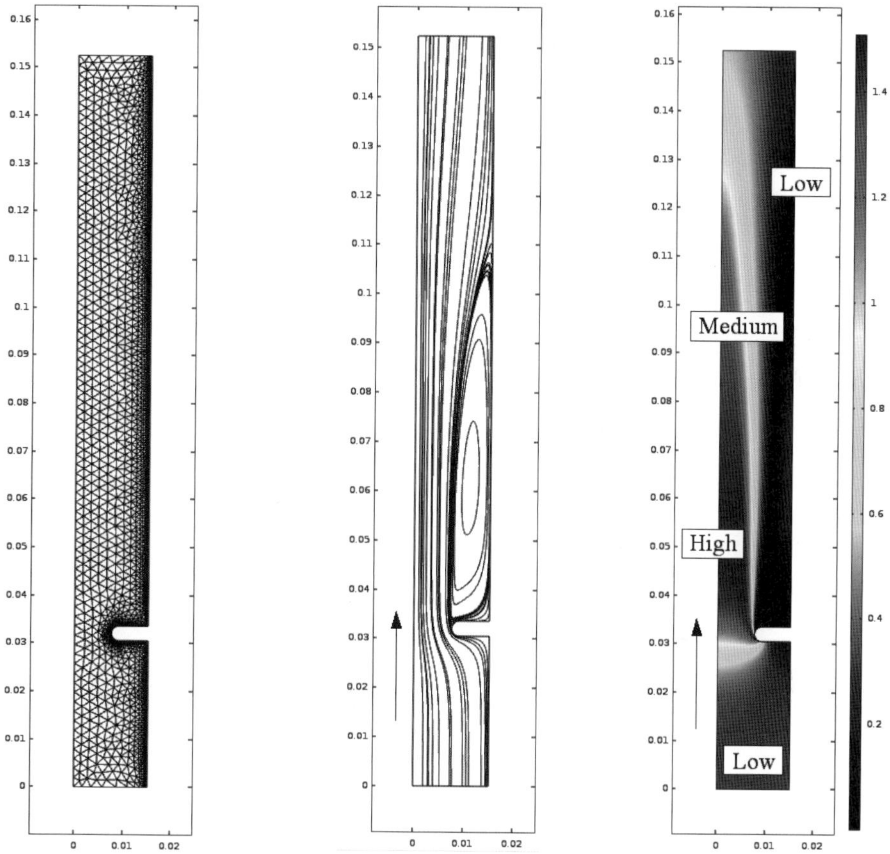

(a) (b) (c)

그림 E9.4.2 (a) 유한-요소 메시(명확하게 하기 위해 extra-coarse, normal은 실제 솔루션에 사용됨), (b) 흐름선(화살표는 유동의 일반적인 방향을 보여줌), (c) 속도의 크기를 보여주는 표면 플롯. 가로 좌표와 세로 좌표는 미터 단위 거리를 제공함.

23. 다시 플롯을 연구하고 Expression을 *log* (*ep*)로 바꾼다. 이 로그는 소산율의 밑수(base) *e*에 대한 로그로, *ep* 값이 낮은 영역을 더 잘 표현할 수 있다(오리피스 판의 끝 부분에서는 매우 많이 집중되는 높은 *ep* 값이 보인다).

압력 교차 플롯

24. 대칭축을 따라 데이터 세트를 작성한다. Results tree에 있는 Data Sets을 우클릭하고 Cut Line 2D를 선택한다. Setting 창에서 Point 1과 2에 (0.0, 0.0)과 (0.0, 0.5)를 입력하고, 각 숫자 다음에 [ft]를 붙여라. 절단선을 표시하기 위해 Settings 창의 상단 부근에 있는 Plot을 선

택한다.

25. Results를 우클릭하고, 1D Plot Group을 선택한다. Settings 창에서 드롭다운(dropdown) 대화 상자를 선택하고, 데이터 세트를 Cut Line 2D 1으로 변경한다. Parameter selection을 Last로 변경하여 *nu1*에 대한 올바른 매개 변수 값을 선택했는지 확인한다.

26. 1D Plot Group 8을 우클릭하고, Line Graph를 선택한다. Settings 창에서 Expression을 압력 *p*까지의 Plot으로 변경한다. Coloring and style 부분에서 Color를 Black으로 바꾼다. Plot을 선택한다.

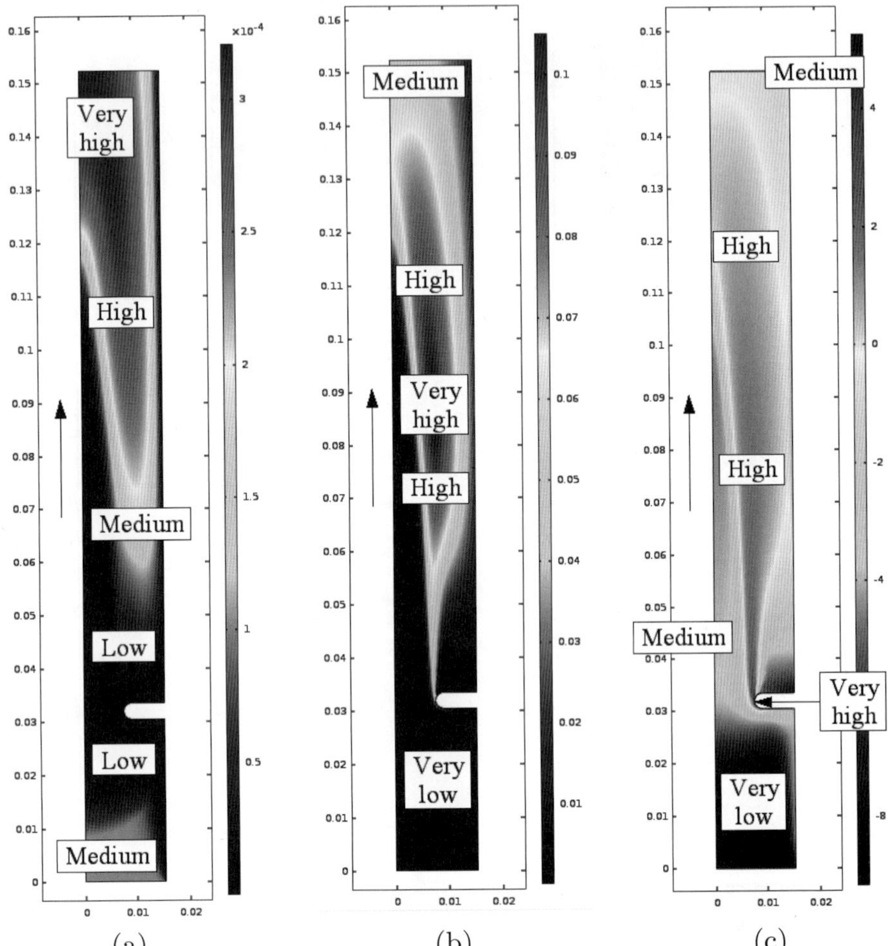

그림 E9.4.3 (a) 난류 동점도 ν_T, (b) 난류 운동 에너지 *k*, (c) 난류 소산율 *ep*의 $\log_e$ (밑수에 대한 로그)의 표면 플롯. 화살표는 유동의 일반적인 방향을 나타냄. 가로 좌표와 세로 좌표는 미터 단위 거리를 제공함.

결과에 대한 토의

그림 E9.4.2

(a) "normal" 유한 요소 메쉬가 계산에 사용되었지만, 여기서 재현되면 너무 세밀하여 세부 정보를 표시할 수 없다. 대신, 우리는 3,281 요소를 포함하는 "extra coarse" 메쉬를 표시한다. COMSOL이 벽 근처, 특히 오리피스 판에 있는 요소에 집중하는 것을 주목하라. 이 위치에서 가장 높은 속도 구배가 발생한다.

(b) 흐름선(streamlines)들은 *시간 평균* 운동을 나타내며, 물에 의해 취해진 경로는 나타내지 *않는다*. 오리피스를 통과하는 수축과 오리피스 판의 하류 바로 아래에 있는 "역류" 내의 매우 실질적인 재순환 소용돌이를 관찰하라.

(c) 표면 플롯은 속도의 *크기*를 보여준다. 원래 색상의 일부 정보가 흑백으로 손실되기 때문에 값의 일반적인 추세를 나타내는 상자가 추가되었다. 오른쪽의 원래 색상 막대를 보거나 다이어그램의 여러 부분을 클릭하여, 가장 높은 속도가 오리피스에서 약간 하류인(입구에서 0.05 m 또는 약 0.16 ft) 중심선에서 발견된다. 이 곳에서 1.0 ft/s의 입구 속도와 비교되는 약 1.48 m/s 또는 4.85 ft/s의 값을 갖는다.

그림 E9.4.3

여기서 세 가지 표면 플롯을 제시된다. 부득이 컬러에서 흑백으로 바뀌었지만 상대적인 크기를 나타내는 레이블이 추가되었다. 각각의 경우에 오리피스로부터 나오는 "기둥(plume)"이 있으며, 거기에서 난류 효과가 크게 향상된다.

(a) 기둥에서는 난류 동점도 ν_T가 출구까지 계속 증가한다. ν_T의 최대값은 분자 동점도의 550배에 가까운 약 5.9×10^{-3}이다. 이 값은 $\nu_\mathrm{T} = C_\mu k^2/\varepsilon$이며, 난류 운동 에너지($k$) 및 소산($ep$) 수치를 ν_T와 비교하여 원근감 있게 나타낼 수 있다.

(b) 난류 운동 에너지는 먼저 기둥을 따라 계속 증가하지만, 유동이 출구에 도달할 때 상당히 가라앉았다.

(c) 난류 소산율은 오리피스 판에서 매우 높으며, 실제로 그 값은 다른 모든 위치에서의 값을 완전히 능가한다. 선형 플롯에서 오리피스 판에 극도로 높은 지점이 있지만, 소산율은 다른 어느 곳에도 낮습니다. 분포의 훨씬 더 좋은 아이디어는 여기에 표시된 대로 밑수 ε의 로그인 $\log(ep)$를 그려 얻을 수 있다. 일반적인 분포는 난류 운동 에너지와 거의 같지만 다소 빠르게 감소한다는 점에 유의하라.

그림 E9.4.4

여기서 입구에서 출구까지의 중심선을 따른 압력의 교차 플롯을 볼 수 있다. 속도가 1.0에서 약 4.85 ft/s로 증가함에 따라 Bernoulli의 방정식에서 병목부(*vena contracta*)가 $z \doteq 0.13$ ft 위치에 도달할 때 압력이 날카롭지만 완만하게 감소한다. 그 후, 일부 운동 에너지가 압력 에너지로 다시 변환될 때, 94쪽의 거시적 분석과 일치하여 출구에 접근함에 따라 약간의 압력 회복이 일어난다.

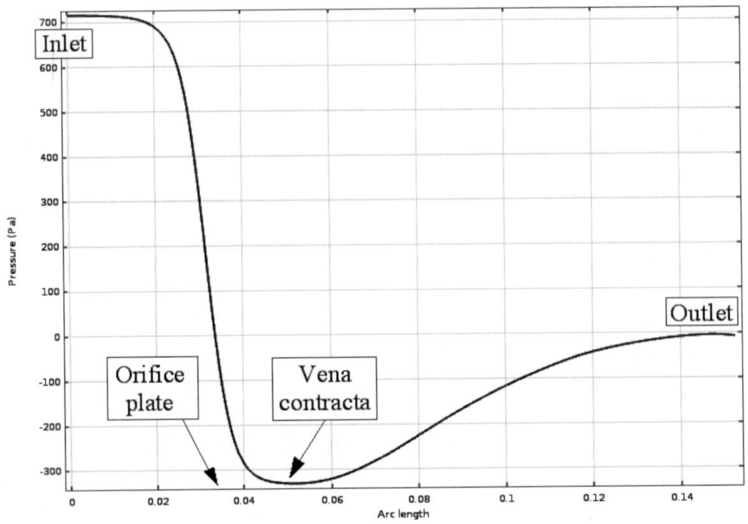

그림 E9.4.4 입구에서 720 Pa에서부터 출구에서 0까지의 압력 변화. 횡좌표는 입구로부터의 거리(m)임.

예제 9.5 방해받는 U-덕트 내의 난류 유동(COMSOL)

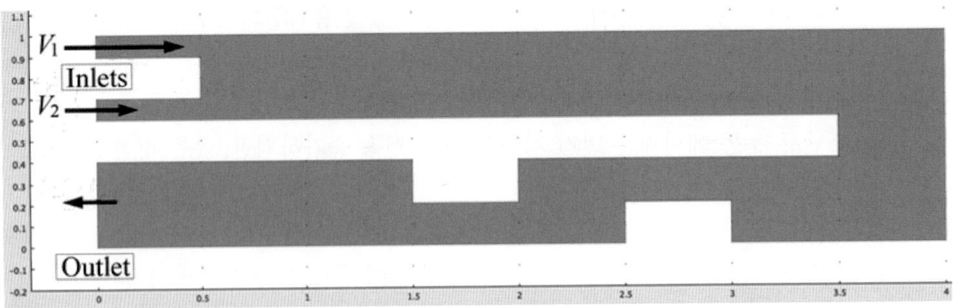

그림 E9.5.1 채널 내부로 들어온 제트들의 유동. 축은 미터 단위임.

문제 설명

그림 E9.5.1에 표시된 x/y 평면의 덕트를 고려하라. 치수는 미터 단위이며, 다이어그램 평면에 대해 수직으로 무한 확장된다. 밀도 $\rho = 1.18\ \mathrm{kg/m^3}$ 및 동점도 $\nu = 1.83 \times 10^{-5}\ \mathrm{m^2/s}$인 두 개의 반응 가스가 왼쪽 상단에 속도 $V_1 = 30\ \mathrm{m/s}$ 및 $V_2 = 10\ \mathrm{m/s}$로 들어오고, 왼쪽 하단에서 압력 0로 나간다.

(a) Reynolds 수를 계산하고(가스가 섞인 후 0.4 m의 채널폭을 기준으로), 난류가 될 수 있는지 확인하라(즉, Re > 5,000).

(b) 유동이 실제로 난류라면 COMSOL을 가지고 $k-\varepsilon$ 방법을 사용하여 문제를 해결하라.

(c) 다음 도표를 작성하고 주석을 작성하라.

1. 속도 크기
2. 난류 동점도
3. 압력
4. 난류 운동 에너지의 로그
5. 난류 소산율의 로그
6. 속도 벡터를 나타내는 화살표
7. 흐름선(streamline)

풀이

모든 마우스 클릭은 특별히 마우스 우클릭(R)으로 표시되지 않는 한 좌클릭(*Select*(선택)과 동일)이다.

Reynolds 수의 확인

각 입구의 폭은 0.1 m이고 혼합 후의 폭은 $W = 0.4$ m이다. 그러므로 혼합 후의 평균 속도는 $\bar{V} = (30 \times 0.1 + 10 \times 0.1)/0.4 = 10$ m/s이다. 따라서 Reynolds 수는 $\bar{V}W/\nu = 10 \times 0.4/1.83 \times 10^{-5} = 218{,}530$이고, 매우 난류이다.

Physics의 선택

1. COMSOL을 열고, Model Wizard, 2D, Fluid Flow(작은 회전 삼각형을 "글리프(glyph)"라고 함), Single Phase, Turbulent Flow, Turbulent Flow k–ε, Add를 선택한다. Study, Stationary, Done을 선택한다.

매개변수(Parameter)의 정의

2. Global Definitions을 우클릭하고 Parameters를 선택한다. Model Builder의 오른쪽에 있는 Setting panel에서 Name column에 매개변수 *rho*1을 입력하고, Expression column에 1.18 [kg/m^3]를 (kg/m^3으로) 입력한다. 마찬가지로 동점도 *nu*1을 1.83e-5 [m^2/s]로 입력하고, 2개의 입구 속도 *V*1와 *V*2를 30 [m/s]와 10 [m/s]로 각각 입력한다. 나중에 편의를 위해 *nu*1**rho*1 식을 사용하여 동적 점도 *mu*1을 정의한다.

기하구조(Geometry)의 설정

3. 간단한 직사각형 및 Boolean 연산을 사용하여 형상을 만들어라. Geometry 1을 우클릭하고, 직사각형 *r*1을 만들기 위해 Rectangle을 선택한다. Width와 Height 값을 4 [m]와 1 [m]로 입력한다. 기본 위치는 (0,0)에 있는 왼쪽 하단 모서리를 기반으로 한다. 기본값은 [m]이므로 단위를 생략 할 수 있다. Build Selected를 선택한다.
4. 비슷하게 폭, 높이, 밑변 조합이 있는 다음 네 개의 직사각형을 만듭니다. *r*2, Size (3.5, 0.2), Base (0.0, 0.4); *r*3, Size (0.5, 0.2), Base (0.0, 0.7); *r*4, Size (0.5, 0.2), Base (1.5, 0.2); *r*5, Size (0.5, 0.2), Base (2.5, 0.0). Build All을 선택한다.
5. 최종 Geometry를 형성한다. Geometry를 우클릭하고, Boolean, Partitions, Difference를 선택한다. 가장 큰 사각형을 선택하는데, 추가할 Object의 아래에 나타나는 것을 주목한다. On/Off toggle을 선택하여 뺄 Object를 활성화하고, 뺄 Object 아래의 있는 그것들을 포함하기 위해 나머지 삽입된 사각형인 *r*2에서 *r*5를 선택한다. Build Selected를 선택한다.

유체 특성의 정의

6. Component 1 내에 있는 Materials node를 우클릭하고, Blank Materials을 선택한다. $rho1$과 $mu1$을 Density와 Dynamic viscosity의 값으로 입력한다.

경계 조건의 정의

7. Turbulent Flow $k-\varepsilon$ tree에 있는 Wall 1 node를 선택하고, 기본 벽 경계 조건은 Wall Functions임을 주목한다. Turbulent Flow $k-\varepsilon$를 우클릭하고, 입구 경계 조건 Inlet 1을 정의하기 위해 Inlet을 선택한다. Inlet 1인 가장 높은 왼쪽 가장자리(#7)를 선택한다. U_0 값을 $V1$로 변경한다. 유사하게, 다음으로 낮은 가장자리(#4)를 선택하고 U_0 값을 $V2$로 변경하여, 두 번째 inlet 경계 조건 Inlet 2을 추가한다.
8. 압력 0인 출구 조건을 정의한다. Turbulent Flow $k-\varepsilon$를 우클릭하고, 출구 경계 조건을 정의하기 위해 Outlet을 선택한다. 가장 낮은 왼쪽 가장자리(#1)인 출구를 선택한다. 기본은 Pressure outlet이고 기준 압력이 0임을 주목한다. 추가적으로, Suppress backflow를 선택 취소하고 Normal flow을 선택한다. Turbulent Flow $k-\varepsilon$를 선택한 다음, Settings 아래 Equartion glyph를 클릭하여 해결할 수식을 확인한다.

메쉬(Mesh) 생성 및 문제의 풀이

9. Mesh node를 선택하고, Element size를 mesh용으로 합리적인 시작 크기인 Fine으로 놓는다. Build All을 선택하고, 그래픽 기능을 사용하여 기본 경계층 메쉬를 확대/축소하고 검사한다. 이미지는 Mac에서 Control 키를 누른 상태에서(또는 Windows 및 Linux의 경우 우클릭) 이미지를 "잡아" 움직일 수 있다. Mesh 1을 우클릭한 후, Statistics 아래에 36,886 요소가 해결해야 할(알려지지 않은) 137,685 자유도와 함께 있는 것을 주목한다.
10. 여기서는 권장사항으로 경계층 메쉬를 수정한다. Settings 아래의 Mesh node에서 Sequence type을 User-controlled mesh로 변경하여, 경계 레이어 메쉬에 대한 사용자 정의 설정을 허용한다. 이전 단계의 원래 메쉬 설정은 현재 사용자 설정에도 쓰인다. 왼쪽에 있는 글리프를 선택하여 Boundary Layers node를 확장하고, Boundary Layer Properties를 선택한다. 그림 E9.5.2와 같이 Number of boundary layers, Boundary layer stretching factor, Thickness adjustment factor를 각각 8, 1.1, 1로 변경한다. 이렇게 하면 점성 단위로 합리적인 벽 이탈(lift-off)이 있는 경계 메쉬가 생성된다. Build Selected을 선택한다.

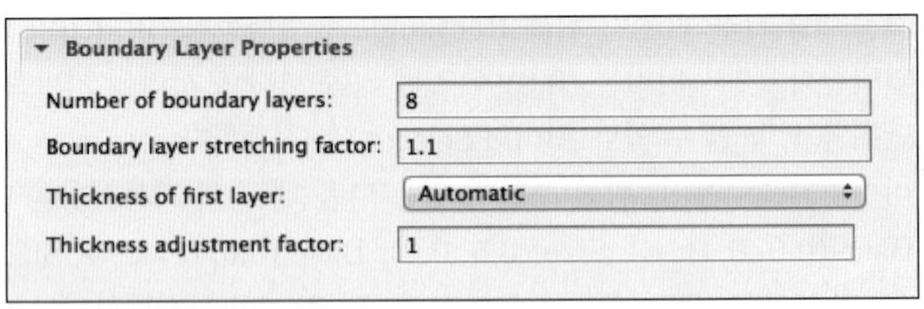

그림 E9.5.2 경계층 특성 항목.

11. 모델 파일을 주기적으로 저장한다.
12. Study node를 우클릭하고, Compute을 선택한다. 이것은 다른 예제보다 해결하는 데 더 많은 시간이 소요될 것이다. Graphics 창 위의 Convergence Plot 탭을 선택하여 솔루션 수렴(저자

컴퓨터의 경우 466초)을 관찰하면 속도 크기의 표면 플롯이 생긴다.

13. 이 physics의 기본 결과를 검사한다. 특히 기본 Wall Resolution plot을 주의 깊게 살펴볼 필요가 있다.

필요한 플롯의 작성

14. 솔루션 변수를 검사하기 위해 표면 플롯을 만들어라. Results를 우클릭하고, 2D Plot Group을 선택한다. 새로운 2D Plot Group 4를 우클릭하고, Surface를 선택한다. Settings 창에서 Expression의 오른쪽 끝에 있는 Expression Builder(삼각형 모양)를 선택하여 그려진 Expression을 변경하고, Component 1, Turbulent Flow $k-\varepsilon$, Turbulence variables, spf. nuT- Turbulent kinematic viscosity를 선택한다. Plot을 선택한다.

15. Results를 우클릭하고, 2D Plot Group을 선택한다. 새로운 2D Plot Group 5를 우클릭하고, Surface를 선택한다. Settings 창에서 Expression을 변수 p (압력)로 바꾼다. Plot을 선택한다.

16. 2D Plot Group 6과 난류 운동 에너지의 로그인 $log(k)$(k 자체보다 더 나은 개요를 제공)를 사용하여 단계 15를 반복한다. Plot을 선택한다(여기에 표시되지 않음).

17. 2D Plot Group 7과 난류 소산율의 로그인 log(ep)(*ep* 자체보다 더 나은 개요를 제공)를 사용하여 단계 15를 반복한다. Plot을 선택한다.

18. 유동 방향을 시각화하는 화살표 그림을 만들어라. Result를 우클릭하고, 2D Plot Group 8을 선택한다. 새로 생성된 플롯 그룹을 우클릭하고, Arrow Surface를 선택한다. Plot을 선택하여 벡터 장면을 업데이트한다. 기본 화살표 해상도가 너무 낮아 유동을 시각화할 수 없음을 주목한다. Settings Panel에서 x 및 y 그리드 포인트의 수를 40으로 변경한다. Plot을 선택하여 장면을 업데이트한다.

19. 흐름선(streamline)을 표시한다. Results를 우클릭하고, 2D Plot Group 9을 선택한다. 새 2D Plot Group을 우클릭하고, Streamline을 클릭한다. 이 예에서 여러 재순환 구역은 흐름선 시작 위치를 정의하는 데 문제가 있다. 따라서 Settings panel의 Streamline Positioning 섹션에서 Positioning 옵션을 Uniform density로 변경한다. Separating distance를 0.01로 변경한다. Plot을 선택한다.

결과 표시 및 해석

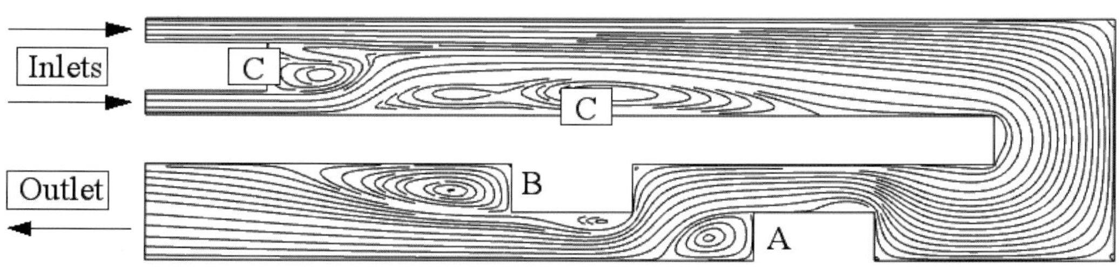

그림 E9.5.3 시간 평균 운동을 보여주는 흐름선. 더 빠르게 움직이는 상부 제트는 더 느리게 움직이는 하부 제트를 동반하며 또한 두 개의 시계 방향으로 회전하는 와류를 생성함(C). 바닥 부분에는 각 "단계"(A(반시계 방향)와 B(시계 방향)) 직후보다 느리게 움직이는 와류가 있음.

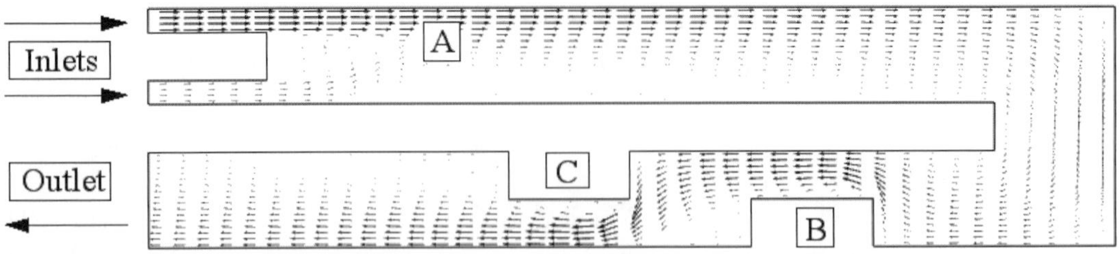

그림 E9.5.4 화살표 플롯. 빠르게 움직이는 상부 제트는 그 운동량이 난류에 의해 횡 방향으로 전달됨에 따라 확산 및 감속함. 더 높은 속도는 A(유입 상부 제트) 및 B 및 C(수축 면적)에 있음.

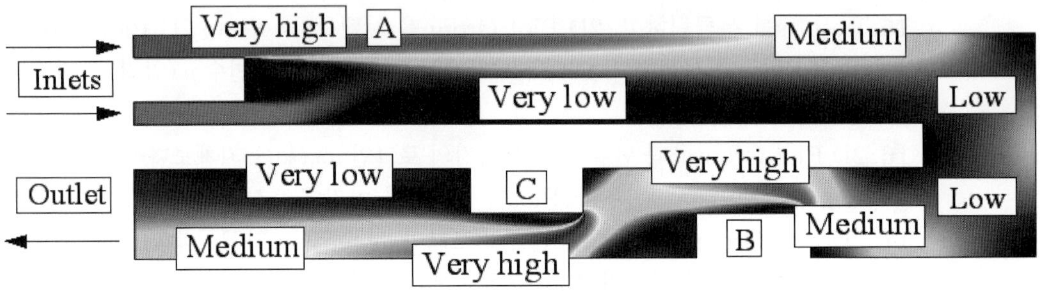

그림 E9.5.5 속도의 크기. 원본에서 오른쪽의 색상 막대는 낮음(파란색)에서 높음(빨간색)까지임. 위쪽의 제트가 A에서, 그리고 B와 C의 두 개의 제한된 영역에서 유입될 때 매우 높은 값이 발생함.

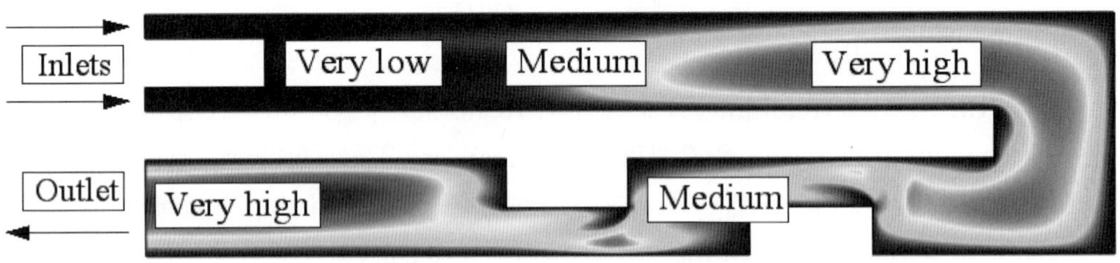

그림 E9.5.6 난류 동점도 ν_T. 매우 높은 값은 유입구와 두 개의 낮은 수축구의 하류에서 잘 발생함. 난류 동점도의 최대값은 약 0.170 m^2/s이며, 분자 동점도 $\nu = 1.83 \times 10^{-5}$ m^2/s의 약 9,290배임.

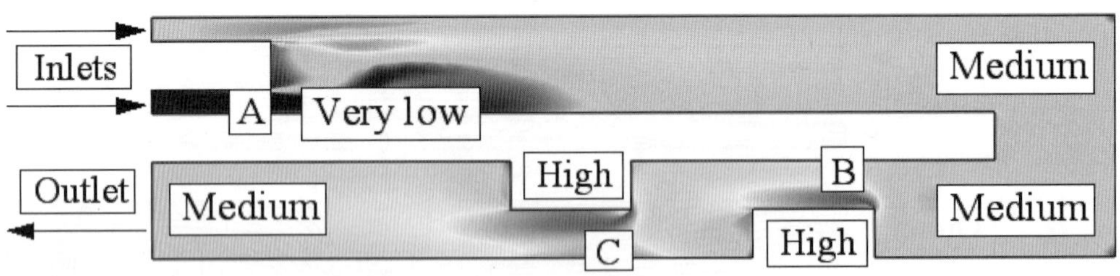

그림 E9.5.7 난류 소산율 ε의 로그는 느리게 움직이는 입구의 낮은 제트 A에서 매우 낮으며 B와 C의 날카로운 모서리에 충돌할 때 매우 빠르게 증가함. ε (로그가 아닌)이 그려지면, 두 개의 높은 지역이 우위를 차지할 것이고, 다른 모든 것은 매우 낮고, 균일하게 불분명한 것처럼 보임.

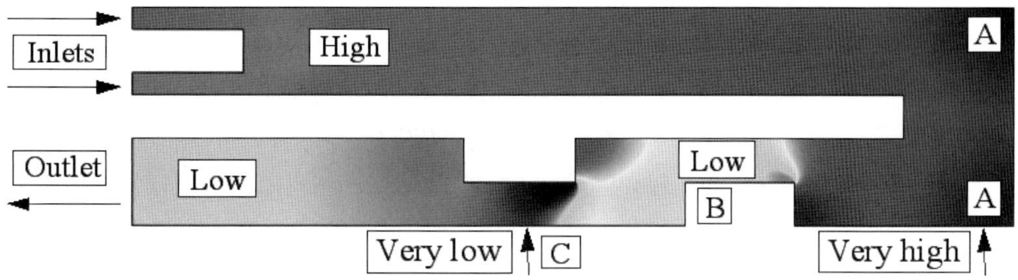

그림 E9.5.8 입구에서 자연적으로 높고 출구에서 낮은 압력 분포. 이 흐름(stream)은 A로 표시된 두 모퉁이에서 정체되어, 그 위치에서 매우 높은 압력을 초래함. B와 C에서의 감소 영역 때문에 유체가 가속되고 Bernoulli 효과 때문에 압력이 감소함. 출구 근처에는 감속이 있고 압력은 다소 회복됨.

9.13 운동량과 열전달 사이의 유사성

난류 에디는 운동량뿐만 아니라 열 및 물질도 전달할 수 있음을 9.3절에서 이미 언급되었다. 그러면 다음과 같이 질문할 수 있다. *운동량* 전달에 대한 실험적 관측 결과를 *열전달*을 예측하는 데 사용할 수 있을까? 이에 대한 대답은 앞으로 살펴볼 것과 같이 현실적인 모델이 사용된다면 "그렇다"이다.

Reynolds 유사성

그림 9.13은 *Reynolds 유사성*에 쓰이는 가장 간단한 모델을 보여준다. 이 모델에서 이상화된 난류 에디들이 난류 중심 또는 주흐름(mainstream)과 관이나 유로의 벽 사이에서 양방향으로 계속하여 움직이고 있다. m을 이와 같은 양방향 운동의 (단위 면적당 단위 시간당의 질량인) 질량 플럭스라 두자. 주흐름에서 벽으로의 z 방향 운동량의 전달 속도는 $m\overline{v}_{zm}$이다. 여기서 $\overline{v}_{zm}$은 주흐름의 평균 속도이다. 반대 방향으로의 전달 속도는 벽에서 $\overline{v}_{zm}$가 0이므로 $m\overline{v}_{zm} = 0$이다. 이 두 전달 속도의 차가 유체가 벽에 작용하는 순 전단력에 해당한다.

순 운동량 전달 속도:

$$\tau_w = m\overline{v}_{zm} - m\overline{v}_{zw} = m\overline{v}_{zm}. \tag{9.95}$$

위와 비슷하게 주흐름에서 벽으로의 열전달 속도는 $mc_p\overline{T}_m$이다. 여기서 $\overline{T}_m$은 주흐름의 평균 온도이며, c_p는 비열이다. 반대 방향으로의 전달 속도는 $mc_p\overline{T}_w$이다. 이 두 전달 속도의 차가 주 흐

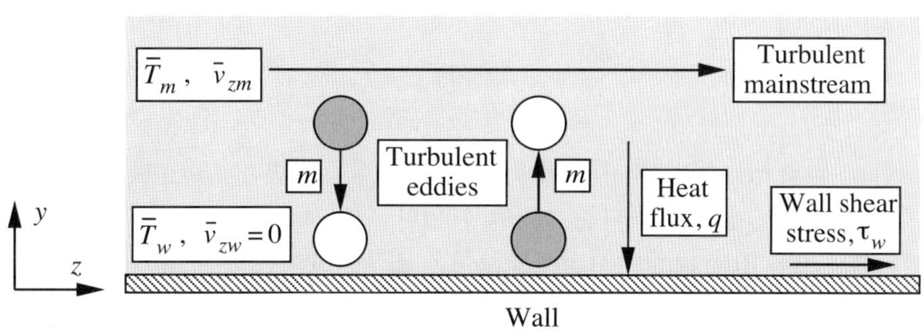

그림 9.13 난류 에디들에 의한 운동량 및 열의 전달.

름에서 벽으로의 순 열속에 해당한다.

순 열전달 속도:

$$q = mc_p\overline{T}_m - mc_p\overline{T}_w = mc_p(\overline{T}_m - \overline{T}_w). \tag{9.96}$$

미지의 질량 플럭스 m은 식 (9.95)와 (9.96)으로부터 쉽게 소거되어 다음과 같은 식을 준다.

$$\frac{\tau_w}{\overline{v}_{zm}} \ [= m] = \frac{q}{c_p(\overline{T}_m - \overline{T}_w)}. \tag{9.97}$$

$\rho\overline{v}_{zm}$으로 나누면 다음과 같은 결과를 얻는다.

$$\frac{\tau_w}{\rho\overline{v}_{zm}^2} = \frac{q}{\rho\overline{v}_{zm}c_p(\overline{T}_m - \overline{T}_w)}. \tag{9.98}$$

위 식의 좌변은 Fanning의 마찰인자 f_F의 반이고, 열전달 계수 h의 정의로부터 $q = h(\overline{T}_m - \overline{T}_w)$을 대입하면 다음과 같이 된다.

$$\frac{1}{2}f_F = \frac{h}{\rho\overline{v}_{zm}c_p} = \text{St}, \tag{9.99}$$

여기서 St는 *Stanton* 수로 알려진 무차원 군이다.

식 (9.99)의 각 무차원 군은 물리적 해석을 가지고 있다는 것에 주목하라. 마찰인자는 주흐름(mainstream)에서의 관성 효과에 대한 (벽으로의) 총괄 운동량 전달의 비를 측정하고, Standton 수는 주흐름에서의 대류 효과에 대한 (벽으로의) 총괄 열전달의 상대적 중요성을 나타낸다. 사실상, Reynolds 유사성은 운동량과 열의 전달에 대하여 같은 기본적 모델을 가정하였기 때문에 이 두 비가 동일하다는 결과를 보여준다.

Prandtl-Taylor의 유사성

*Prandtl-Taylor 유사성*에서 채택된 Reynolds 유사성에 대한 명백한 개선은 벽과 에디 사이에 두께 δ의 *층류 저층*을 끼워 넣는 것으로, 난류 효과는 무시되고 운동량 전달은 점성에 의하여 열전달은 열전도에 의하여 지배된다. 그림 9.14에 보이는 일반적인 구조와 표기법을 참조하고, 매우 얇은 층류 저층에서 속도와 온도 변화를 선형으로 가정하면, 두 전달 속도는 다음과 같이 된다.

순 운동량 전달 속도:

$$\tau_w = \mu\frac{\overline{v}_{z\delta} - 0}{\delta} = m(\overline{v}_{zm} - \overline{v}_{z\delta}). \tag{9.100}$$

순 열전달 속도:

$$q = k\frac{\overline{T}_\delta - \overline{T}_w}{\delta} = mc_p(\overline{T}_m - \overline{T}_\delta). \tag{9.101}$$

m과 δ를 소거하기 위하여 위의 두 쌍의 식을 변변끼리 나눈다. 이렇게 하여 남게 되는 두 식에서 $\overline{T}_\delta$와 $\overline{v}_{z\delta}$ 둘 중의 하나는 소거될 수 있다. 알려져 있는 것이 별로 없으므로 전자를 소거하는 것이 선호된다. Reynolds 유사성에서 보아온 조작을 포함한 몇 줄의 대수적인 조작으로 다음과 같은 결과를 얻을 수 있다.

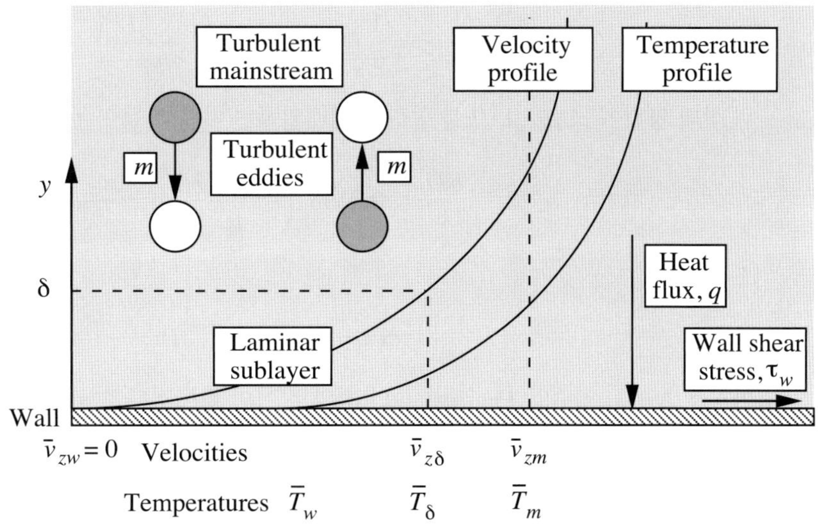

그림 9.14 난류 주흐름에 층류 저층의 추가.

$$\text{St} = \frac{f_F/2}{1 + \dfrac{\overline{v}_{z\delta}}{\overline{v}_{zm}}(\text{Pr} - 1)}. \tag{9.102}$$

Pr = 1인 경우에는 Prandtl-Taylor 유사성은 Reynolds 유사성으로 간략화된다. 또한 식 (9.61)와 (9.62)로부터 요구되는 속도비는 다음과 같게 된다.

$$\frac{\overline{v}_{z\delta}}{\overline{v}_{zm}} = \frac{2.44}{\text{Re}^{1/8}}. \tag{9.103}$$

난류 주흐름과 층류 저층 사이에 완충 영역을 끼워 넣음으로써 좀 더 나은 개선을 할 수도 있다. 물질전달도 이 유사성에 포함될 수 있다.

예제 9.6 운동량/열-전달 유사성의 평가

다음과 같이 주어지는 매끄러운 관에서 *실험적으로 결정된* 열전달 계수에 근거하는 상관식으로 잘 알려진 Dittus-Boelter 식에서 얻은 결과와 Reynolds 및 Prandtl-Taylor 유사성으로부터 얻어지는 Nusselt 수 $\text{Nu} = hD/k$를 비교하여 각 유사성의 장점을 조사하라.

$$\text{Nu} = 0.023\,\text{Re}^{0.8}\,\text{Pr}^{0.4}. \tag{E9.6.1}$$

풀이

1. *Reynolds 유사성.* 마찰인자를 예측하는 데 넓은 Reynolds 수 범위에서 적용되는 다음과 같은 Blasius 식을 사용하자.

$$f_F = 0.0790\,\text{Re}^{-1/4}. \tag{E9.6.2}$$

식 (9.99)와 (E9.6.2)를 결합하면 다음과 같은 결과를 얻을 수 있다.

$$\frac{h}{\rho \overline{v}_{zm} c_p} = \frac{1}{2} f_{\mathrm{F}} = 0.0395 \left(\frac{\rho \overline{v}_{zm} D}{\mu} \right)^{-1/4}. \tag{E9.6.3}$$

위 식의 양변에 $\rho \overline{v}_{zm} c_p D/k$를 곱하고 재배열하면 다음과 같이 된다.

$$\frac{hD}{k} = 0.0395 \left(\frac{\rho \overline{v}_{zm} D}{\mu} \right)^{3/4} \frac{\mu c_p}{k}, \tag{E9.6.4}$$

또는

$$\mathrm{Nu} = 0.0395\, \mathrm{Re}^{3/4} \mathrm{Pr}, \tag{E9.6.5}$$

여기서 *Nusselt* 수와 *Pradntl* 수의 정의는 이미 주어졌다. 따라서 Nusselt 수로 열전달 계수 h를 예측할 수 있는 기초를 가지고 있다. 대표적인 Reynolds 수 Re = 50,000의 경우, 표 E9.6에는 3개의 다른 Pradntl 수에 대해서 식 (E9.6.5)에서 계산된 Nu의 값이 "RA(Reynolds analogy)" 열에 주어져 있다. 실험값을 대표하는 잘 알려진 Dittus-Boelter 식 (E9.6.1)로부터 주어진 Nusselt 수에 대한 값을 제공하는 "DB" 열도 참고하라.

$$\mathrm{Nu} = 0.023\, \mathrm{Re}^{0.8}\, \mathrm{Pr}^{0.4}. \tag{E9.6.6}$$

표 E9.6 ▶ Re = 50,000에서의 Nusselt 수

Pr	RA	DB	PTA
0.5	67	100	95
1.0	130	130	130
2.0	264	173	162

Pr = 1에서 Reynolds 유사성 예측과 Dittus-Boelter식에 의한 실험 결과가 잘 *일치*하고, Pr = 0.5와 2에서는 두 값들 사이에는 현저한 *차이*가 있음에 주목하라. 이와 같은 불일치의 본질은 Pradntl 수를 다음과 같이 표현함으로써 발견될 수 있다.

$$\mathrm{Pr} = \frac{\mu c_p}{k} = \frac{\dfrac{\mu}{\rho}}{\dfrac{k}{\rho c_p}} = \frac{\nu}{\alpha}, \tag{E9.6.7}$$

여기서 ν와 α는 각각 동점도와 열확산계수이다. 이들은 Reynolds 유사성에서는 완전히 무시되는 인자인 분자 운동에 의한 유체의 운동량 및 열확산 속도를 나타낸다.

2. *Prandtl-Taylor 유사성.* 만약 Blasius 식이 마찰인자에 대하여 적용된다고 가정하면, 위에서와 비슷한 논의를 거쳐 식 (9.102)의 Prandtl-Taylor 유사성은 다음과 결과를 준다.

$$\mathrm{Nu} = \frac{0.0395\, \mathrm{Re}^{3/4} \mathrm{Pr}}{1 + \dfrac{\overline{v}_{z\delta}}{\overline{v}_{zm}} (\mathrm{Pr} - 1)}, \tag{E9.6.8}$$

여기서 속도 비는 식 (9.103)으로 주어진다.

식 (E9.6.8)로써 예측되는 Nusselt 수는 계산되어 대표적인 세 값이 표 E9.4의 마지막 열

에 주어져 있다. Dittus-Boelter 식에 의한 값과의 일치도는 Pr = 0.5와 2에서도 훨씬 개선되어, 좀 더 현실적인 Prandtl-Taylor 유사성의 성공을 나타낸다.

9.14 난류 제트

이 장의 앞 절에서는 유동 형태에 큰 영향을 주는 벽이 존재하는 경우의 난류에 대하여 논의하였다. 지금까지 전개된 개념을 경계에 영향을 받지 않는 *자유 난류*(free turbulence) 상황에 적용할 수 있다. 다음과 같은 두 상황이 흥미를 끈다.

1. 유체가 좁은 제한부를 통하여 나오며 폭은 계속하여 증가하고, 속도는 감소하는 난류 기둥(plume)이 형성되는 난류 *제트*.
2. 유체 흐름(stream)에 위치한 정지 상태의 비유선형 물체의 뒤에서 발생하는 난류 *후류*(wake) (정지 상태의 유체에서 움직이는 물체에서도 발생됨). 하류로 갈수록 후류도 넓어진다.

우선 근사적으로 제트와 후류가 제8장에서 논의된 경계층과 5개의 중요한 특성을 공유한다고 하자.

1. 유동은 주로 제트의 축에 해당하는 하나의 주된 방향에 주로 있다.
2. 하류로 갈수록 난류의 범위가 점차 증가하는 영역이 있다.
3. 유동의 주된 방향에 대한 속도의 도함수보다 제트나 후류를 가로지르는 방향에 대한 속도의 도함수가 상당히 크다.
4. 크기 정도 해석이 운동 방정식을 간략화하는데 사용될 수 있다.
5. 어떤 경우에는 흐름 함수(stream function)를 도입하는 것이 해석에 도움이 된다.

이러한 상황 하에서 8.3절에서 운동 방정식을 간략화하는 데 사용된 결과를 적용할 수 있다. 물론 여기서는 시간 평균된 속도가 사용된다는 점은 다르다. 이외에도 두 가지가 변형된다. (a) 난류 전단 응력이 점성 응력 대신에 사용되고, (b) 후류인 경우에 물체 바로 뒤의 영역을 제외한 영역에서 압력은 거의 일정하다. 상호 작용하는 (제트와 그 주위로 대표되는) 두 반응물의 반응을 다루는 화공학자는 난류 제트에 관심이 많으므로, 여기서는 난류 제트만을 다룬다. 다음과 같은 두 가지 형태의 제트가 고려된다.

1. 긴 슬롯(slot)을 통해 나오는 제트 — 평면 난류 제트
2. 작은 원형 오리피스를 통해 나오는 제트 — 축 대칭 난류 제트

평면 난류 제트

우선 x/y 평면에서 유동을 고려하자. 그림 9.15는 슬롯 형태의 좁은 구멍으로부터 오른쪽으로 압력이 일정한 유체의 "바다"로 나가는 유체를 보여준다. 유속은 제트가 난류일 정도로 충분히 크고, 비록 선험적으로 가정되지는 않더라도, 제트의 폭의 반인 b는 제트가 나옴에 따라 x 방향으로 선형적으로 증가한다. 좀 더 일반적이고 이론적으로는 약간 복잡한 경우인 축 대칭 유동은 나중에 논의한다. 단순화된 운동 방정식은 다음과 같다.

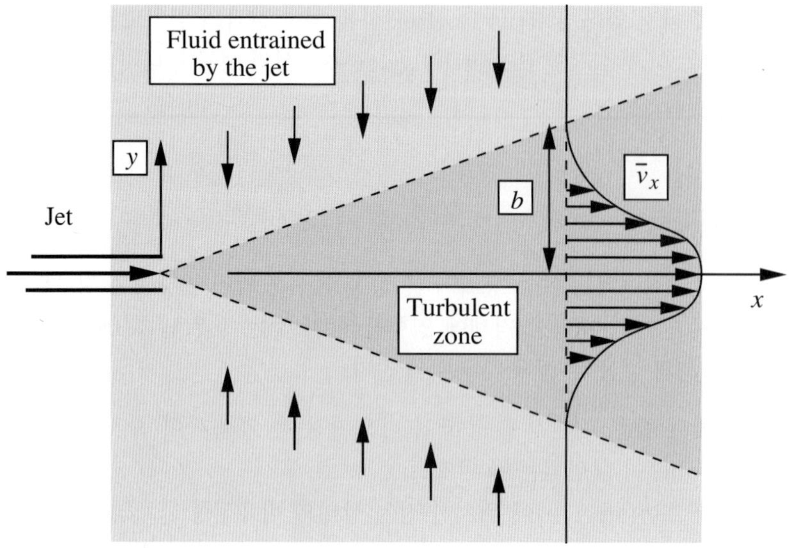

그림 9.15 비행기 난류 제트(확장 효과가 과장됨).

$$\overline{v}_x \frac{\partial \overline{v}_x}{\partial x} + \overline{v}_y \frac{\partial \overline{v}_x}{\partial y} = \frac{1}{\rho} \frac{\partial \overline{\tau}^t_{yx}}{\partial y}, \tag{9.104}$$

$$\frac{\partial \overline{v}_x}{\partial x} + \frac{\partial \overline{v}_y}{\partial y} = 0. \tag{9.105}$$

어떤 시간 도함수도 없음에 주목하라. 즉, 유동은 "평균적인 의미에서 정상상태"이다. 압력이 일정하기 때문에, 압력을 변하게 할 외력도 없고 단위 깊이당 x 방향 운동량 전달 속도 $\dot{\mathcal{M}}$도 일정해야 한다.

$$\dot{\mathcal{M}} = \rho \int_{-\infty}^{\infty} \overline{v}_x^2 \, dy. \tag{9.106}$$

다음으로 난류 전단 응력을 고려하자. 난류 전단 응력에 대해서는 에디 동점도를 나타내는 형태에 따라 두 가지의 접근이 가능하다.

1. Prandtl 혼합 길이 이론으로부터(여기서 다룸)
2. 간략화된 에디 점도 이론으로부터(다음에 다룸)

이제는 위의 두 대안 가운데 첫 번째 방법으로 해석을 진행한다. 벽이 없는 경우에도 적용되는 혼합 길이 이론에 따르면, 난류 전단 응력은 다음과 같이 주어진다.

$$\overline{\tau}^t_{yx} = \rho \nu_{\mathrm{T}} \frac{\partial \overline{v}_x}{\partial y} = \rho \underbrace{\ell^2 \left| \frac{\partial \overline{v}_x}{\partial y} \right|}_{\nu_{\mathrm{T}}} \frac{\partial \overline{v}_x}{\partial y}, \tag{9.107}$$

여기서 밑에 괄호를 친 항은 에디 동점도에 해당한다는 것을 강조한다.

경계층 문제와 같이, 속도 분포의 유사성을 얻기를 원하고 이를 다음과 같은 가정을 통하여 진척시킨다.

1. Blasius 해와 유사하게 새로운 무차원 공간 변수 ζ가 도입될 수 있다.
2. 혼합길이 ℓ은 x에만 의존하고, b에 직접 비례한다.
3. 난류 영역의 폭의 반은 x 좌표의 어떤 멱급수 p에 비례한다.
4. 속도는 ζ의 함수에 비례하고, x 좌표의 또 다른 멱급수 q에 반비례한다.

$$\ell = c_1 b, \qquad b = c_2 x^p, \qquad \zeta = c_3 \frac{y}{b} = c_4 \frac{y}{x^p}, \qquad \overline{v}_x = \frac{g(\zeta)}{x^q}. \tag{9.108}$$

p와 q의 값은 식 (9.104)와 (9.106)에서 x에 대한 각 항의 의존성을 조사하여 구할 수 있다. $\overline{v}_x$은 x^{-q}의 차수를 갖고, $\overline{v}_x^2$는 x^{-2q}의 차수를 가지며, 식 (9.106)의 적분은 x^{p-2q}의 차수임에 주의하라. 그러나 $\dot{\mathcal{M}}/\rho$는 상수이므로, 이 항은 x에 대한 의존성이 없다. 따라서 다음과 같이 된다.

$$p = 2q. \tag{9.109}$$

비슷한 과정을 거쳐서 표 9.2에 보이는 x에 대한 의존성을 알아낼 수 있을 것이다. 이 표에서 $\overline{v}_y$의 차수를 결정하기 위하여 연속 방정식, 식 (9.108)이 사용되었다.

식 (9.104)이 수지를 만족하기 위해서는 $1 + 2q = p + 2q$가 되어야 한다. 따라서 다음과 같은 결과를 얻는다.

$$p = 1, \qquad q = \frac{1}{2}. \tag{9.110}$$

물리적으로는 $p = 1$은 제트가 거리 x에 선형적으로 퍼진다는 앞에서의 추정을 확인하는 것이 되며, $q = \frac{1}{2}$은 속도가 $x^{-1/2}$에 비례하여 감소한다는 것을 나타낸다.

해는 다음과 같은 흐름 함수 ψ를 도입함으로써 신속하게 구해진다.

$$\overline{v}_x = \frac{\partial \psi}{\partial y}, \qquad \overline{v}_y = -\frac{\partial \psi}{\partial x}. \tag{9.111}$$

앞에서의 전개 과정을 염두에 두고, 다음과 같이 둔다.

$$\ell = \alpha x, \qquad \zeta = \frac{\beta y}{x}, \qquad \psi = \gamma \sqrt{x} f(\zeta), \tag{9.112}$$

위의 관계로부터 속도들은 다음과 같이 된다.

$$\overline{v}_x = \frac{\beta \gamma f'}{\sqrt{x}}, \qquad \overline{v}_y = \frac{\gamma}{\sqrt{x}} \left(\zeta f' - \frac{f}{2} \right), \tag{9.113}$$

여기서 프라임 부호($'$)는 ζ에 대한 미분을 나타낸다.

표 9.2 ▸ 항들의 차수

Term	Order
$\overline{v}_x \dfrac{\partial \overline{v}_x}{\partial x}$	$x^{-(1+2q)}$
$\overline{v}_y \dfrac{\partial \overline{v}_x}{\partial y}$	$x^{-(1+2q)}$
$\dfrac{1}{\rho} \dfrac{\partial \overline{\tau}^t_{yx}}{\partial y}$	$x^{-(p+2q)}$

속도에 대한 이러한 표현을 운동량 수지식에 대입하고, $\beta = (2\alpha^2)^{-1/3}$을 선택하면 α는 ζ의 정의 안으로 흡수된다. 약간의 대수적 조작을 거친 후, 식 (9.104)는 미지의 함수 $f(\zeta)$에 대한 다음과 같은 상미분 방정식이 된다.

$$\text{With } \beta = \frac{1}{(2\alpha^2)^{1/3}}, \qquad \left(\frac{df}{d\zeta}\right)^2 + f\,\frac{d^2 f}{d\zeta^2} = \frac{d}{d\zeta}\left(\frac{d^2 f}{d\zeta^2}\right)^2. \tag{9.114}$$

위 식을 직접 적분하여 다음과 같은 식을 얻을 수 있다.

$$f\,\frac{df}{d\zeta} = \left(\frac{d^2 f}{d\zeta^2}\right)^2, \tag{9.115}$$

중심선($\zeta = 0$)에서 대칭($\overline{v}_y = d\overline{v}_x/dy = 0$)임을 고려하면 $f = f'' = 0$이므로, 적분 상수는 0이 된다. 초기 조건 $\zeta = 0$에서 $f = 0$과 $f' = 1$을 사용하여 식 (9.115)를 수치 적분하면(적분된 속도가 임의로 지정된 제트로부터의 유속과 일치하도록 γ 값이 선택됨), 그림 9.16에 보이는 바와 같은 ζ에 대한 ($\overline{v}_x$에 필요한) f'과 ($\overline{v}_y$에 필요한) $\zeta f' - f/2$를 얻을 수 있다.

(제트의 세기에 의하여 결정되는) 임의의 γ 값과 하류 방향으로의 거리 x에 대해 두 가지 시간 평균된 난류 속도 $\overline{v}_x$와 $\overline{v}_y$가 얻어진다. 마지막으로, 수치적 결과가 Förthmann[19]에 의하여 실험적

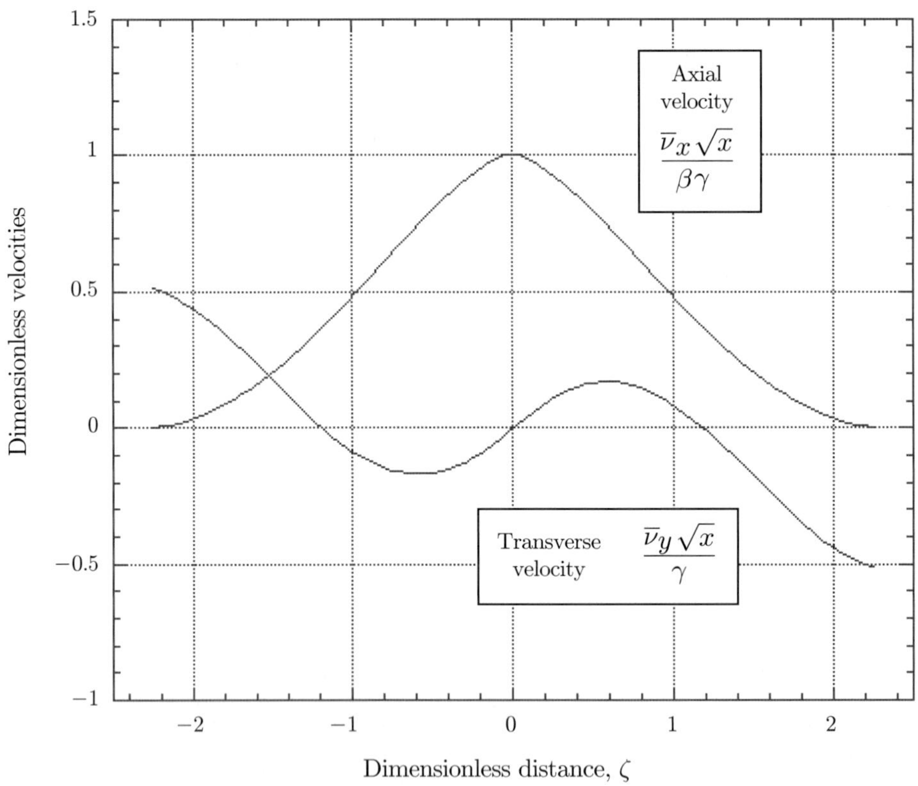

그림 9.16 평면 난류 제트에 대한 축 방향 및 횡 방향 속도.

[19]S. Goldstein의 *Modern Developments in Fluid Dynamics*, Clarendon Press, Oxford, 1957의 594쪽에 보고된 바와 같다.

으로 결정된 값과 완벽하게 일치한다는 것에 주목하라. Reichardt의 실험적 증거는 $\alpha = 0.0333$에 해당하는 $\beta = 7.67$을 준다.[20]

기대한 바와 같이 축 방향 속도는 종 모양의 곡선을 보이며, 중심선에 대하여 대칭이고, 다음과 같은 특성을 보인다.

1. $f' = \overline{v}_x\sqrt{x}/\beta\gamma$이 그려져서 실제 속도 $\overline{v}_x$는 제트로부터의 거리 x가 증가할수록 *감소*할 것이다.

2. 무차원 거리 $\zeta = \beta y/x$가 그려지기 때문에 $\overline{v}_x$가 의미를 갖는 영역은 x가 증가함에 따라 *증가*할 것이다.

즉, 제트는 널리 퍼짐과 동시에 느려지게 된다.

횡방향 속도도 몇 가지 흥미 있는 특성을 보인다. 예를 들어, 양의 횡방향 무차원 좌표를 고려하라.

1. $0 < \zeta < 1.25$에서는 $\overline{v}_y$는 양이다. 이는 제트가 퍼진다는 것에 해당한다.

2. $\zeta > 1.25$인 영역에서는 $\overline{v}_y$는 음이 되고, 결국 축 방향 속도는 0임에도 불구하고 0이 아닌 음의 값으로 줄어든다. 이 영역은 난류 영역밖에 있던 유체가 제트로의 *유입*에 해당한다.

평판 난류 제트에서 에디 동점도에 대한 다른 형태

난류 제트 문제에 대하여 해석적이고 쉽게 얻을 수 있으나, 약간 덜 정확한 해는 에디 동점도를 다음과 같은 좀 더 간단한 형태로 사용함으로써 얻어진다.

$$\nu_{\mathrm{T}} = cb\overline{v}_{xc}, \tag{9.116}$$

여기서 c는 또 다른 상수이고, b는 제트의 폭의 반, $\overline{v}_{xc}$는 중심선에서의 속도이다. ν_{T}의 차원은 아직도 L^2/T이고, ν_{T}이 다음과 같은 두 변수에 따라 증가하므로 이 모델은 물리적으로는 현실적이다.

1. 제트의 폭의 반인 b로 표현되는 난류 변동에 필요한 공간

2. 중심선에서의 속도 $\overline{v}_{xc}$로 표현되는 속도의 일반적인 세기

해는 식 (9.111)의 흐름 함수 ψ를 다시 사용하여 얻어진다. b가 x에 선형적으로 변하는 앞의 전개 과정을 염두에 두고, 다음과 같이 둔다.

$$\overline{v}_{xc} = \frac{V}{\sqrt{x}}, \quad \nu_{\mathrm{T}} = \alpha V\sqrt{x}, \quad \zeta = \frac{\beta y}{x}, \qquad \psi = \gamma V\sqrt{x}f(\zeta), \tag{9.117}$$

위 관계로부터 속도들은 다음과 같이 된다.

$$\overline{v}_x = \frac{\beta\gamma V f'}{\sqrt{x}}, \qquad \overline{v}_y = \frac{\gamma V}{\sqrt{x}}\left(\zeta f' - \frac{f}{2}\right). \tag{9.118}$$

이 속도에 대한 표현을 운동량 수지식에 대입하고, 간략화하면 다음과 같은 방정식을 얻을 수 있다.

$$\frac{d}{d\zeta}\left(f\frac{df}{d\zeta}\right) = -\frac{2\alpha\beta}{\gamma}\frac{d^3 f}{d\zeta^3}, \tag{9.119}$$

[20] H. Schlichting의 Boundary Layer Theory, McGraw-Hill, New York (1955)의 500쪽에 보고된 바와 같다.

위 식을 한번 적분하면 다음과 같은 식이 얻어진다.

$$f\frac{df}{d\zeta} = -\frac{2\alpha\beta}{\gamma}\frac{d^2f}{d\zeta^2}, \tag{9.120}$$

중심선에서 대칭임을 고려하면 $f = f'' = 0$이므로, 적분 상수는 0이 된다. 두 번째 적분을 하면 다음과 같이 된다.

$$f^2 = -\frac{4\alpha\beta}{\gamma}\frac{df}{d\zeta} + c, \tag{9.121}$$

적분 상수의 값은 중심선에서 $f = 0$과 $f' = 1$를 사용하여 구한다. 따라서 적절한 β 값에 대하여 다음과 같은 결과를 얻는다.

$$\beta = \frac{\gamma}{4\alpha}, \qquad f^2 + \frac{df}{d\zeta} = 1. \tag{9.122}$$

식 (9.122)의 해와 f'에 대한 표현을 통해 다음과 같이 축 방향 속도 분포를 얻을 수 있다.

$$f = \tanh\zeta, \qquad \frac{df}{d\zeta} = 1 - \tanh^2\zeta. \tag{9.123}$$

이 해석적인 해는 $\zeta > 1.5$인 영역에서 약간 큰 값을 예측하는 것을 제외하곤, 그림 9.16에 주어진 좀 더 정확한 수치해와 잘 일치한다.

축 대칭 난류 제트

원형 오리피스에서 나오는 제트에 대하여 그림 9.17과 같은 축대칭 원통형 좌표계가 사용된다.

간략화된 운동방정식은 다음과 같다.

$$\overline{v}_r\frac{\partial\overline{v}_z}{\partial r} + \overline{v}_z\frac{\partial\overline{v}_z}{\partial z} = \frac{1}{\rho r}\frac{\partial(r\overline{\tau}^t_{rz})}{\partial r}, \tag{9.124}$$

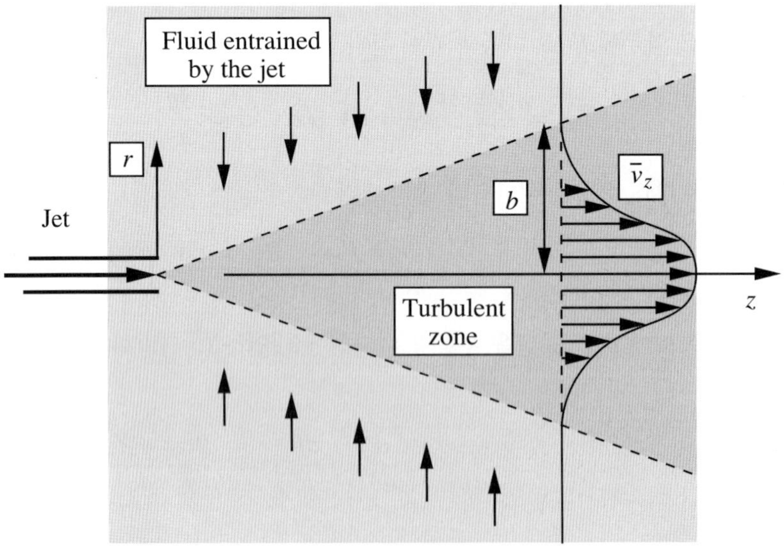

그림 9.17 축대칭 난류 제트.

$$\frac{1}{r}\frac{\partial(r\overline{v}_r)}{\partial r}+\frac{\partial\overline{v}_z}{\partial z}=0. \tag{9.125}$$

z 방향에서 운동량 전달 속도 $\dot{\mathcal{M}}$은 상수이어야 한다.

$$\dot{\mathcal{M}}=\rho\int_0^\infty 2\pi r\overline{v}_z^2\,dr. \tag{9.126}$$

난류 전단 응력과 에디 동점도 역시 다음과 같이 주어진다.

$$\overline{\tau}_{rz}^t=\rho\nu_{\mathrm{T}}\frac{\partial\overline{v}_z}{\partial r},\qquad \nu_{\mathrm{T}}=c_1 b\overline{v}_{zc}, \tag{9.127}$$

여기서 c_1은 상수이고, b는 제트의 폭의 반, $\overline{v}_{zc}$는 중심선에서의 속도이다. 앞에서 식 (9.108)의 전개과정과 비슷하게 다음을 도입할 수 있다.

$$b=c_2 z^p,\qquad \zeta=c_3\frac{r}{z^p},\qquad \overline{v}_z=\frac{g(\zeta)}{z^q}. \tag{9.128}$$

식 (9.109)와 (9.110)에 집중되었던 논의와 비슷하게 표 9.2로부터 다음을 얻을 수 있다.

$$p=1,\qquad q=1. \tag{9.129}$$

따라서 에디 동점도 ν_{T}은 어디에서나 일정하다. 따라서 방정식들은 다음과 같이 된다.

$$\overline{v}_r\frac{\partial\overline{v}_z}{\partial r}+\overline{v}_z\frac{\partial\overline{v}_z}{\partial z}=\nu_{\mathrm{T}}\frac{1}{r}\frac{\partial}{\partial r}\left(r\frac{\partial\overline{v}_z}{\partial r}\right) \tag{9.130}$$

$$\frac{1}{r}\frac{\partial(r\overline{v}_r)}{\partial r}+\frac{\partial\overline{v}_z}{\partial z}=0. \tag{9.131}$$

이 방정식들이 만만치 않게 보이지만, 그럼에도 불구하고 종 모양의 곡선[21]을 갖는 $\overline{v}_z$와 함께 다음과 같은 해석적인 해를 갖는다.

$$\overline{v}_z=\frac{3\dot{\mathcal{M}}}{8\pi\nu_{\mathrm{T}}\rho z\left(1+\dfrac{\zeta^2}{4}\right)^2}, \tag{9.132}$$

$$\overline{v}_r=\frac{1}{4z}\sqrt{\frac{3\dot{\mathcal{M}}}{\pi\rho}}\left[\frac{\zeta-\dfrac{\zeta^3}{4}}{\left(1+\dfrac{\zeta^2}{4}\right)^2}\right], \tag{9.133}$$

여기서

$$\zeta=\frac{1}{4\nu_{\mathrm{T}}}\sqrt{\frac{3\dot{\mathcal{M}}}{\pi\rho}}\,\frac{r}{z}. \tag{9.134}$$

이다. 앞에서 사용한 에디 점도가 일정하다는 가정에 반하여 혼합 길이 이론을 사용하면, ζ 값이 큰 경우에 훨씬 더 잘 맞는 결과를 줌에도 불구하고, 위의 이론적인 축 방향 속도 분포는 Reichardt의 실험적 증거에 의하여 잘 입증된다.[22] Reichardt의 결과는 $\nu_{\mathrm{T}}\rho/\dot{\mathcal{M}}=0.0161$이다.

---

[21]앞의 H. Schlichting 책의 161쪽과 500쪽 참조.

[22]앞의 H. Schlichting 책의 501쪽 참조.

연습 문제

Problems for Chapter 9

별도의 언급이 없으면, 모든 유동은 정상상태이고, 밀도와 점도는 일정하다.

1. *입자들의 교반—M (C).* 입자들의 현탁액을 포함하는 액체가 수평에 대해 각도 θ만큼 기울어진 유로를 흘러내리고 있다. 입자들은 액체의 난류 운동에 의하여 현탁액 형태로 유지된다. 액체는 깊이는 λ로 균일하다.

Prandtl 혼합 길이가 $ky\sqrt{1-(y/\lambda)}$(여기서 k는 상수) 형태로 주어진다고 가정하고, 유로의 밑면에서의 거리 y인 점에서의 속도 $\overline{v}_x$는 다음과 같은 형태로 표현될 수 있음을 보여라.

$$\overline{v}_x = \frac{1}{k}\sqrt{\lambda g \sin\theta}\,\ln y + c.$$

여기서 c는 상수이다.

모든 입자들은 액체에 대하여 일정한 연직 방향 속도 v_g로 가라앉고, 입자에 대한 혼합길이는 액체의 난류 운동과 같다고 가정하고, (밑면 근처의 영역을 제외하고는) 단위 부피당의 입자의 수 n은 다음과 같이 깊이에 따라 변함을 증명하라.

$$\frac{n}{n_0} = \left[\frac{y_0(\lambda - y)}{y(\lambda - y_0)}\right]^{\beta},$$

여기서 n_0는 유로 밑면으로부터의 y_0 거리에서의 n 값이고,

$$\beta = \frac{v_g}{k\sqrt{\lambda g \sin\theta}}.$$

이다.

만약 $y_0 = \lambda/2$이면, $\beta = 0.1$과 1에 대하여 y/λ에 대하여 n/n_0를 도시하라. 여러분의 결과를 간략히 설명하라.

2. *차원 해석으로부터의 로그(log) 속도 분포—M.* 매끄러운 관에서 완전히 발달된 난류 유동에 대하여, 속도 $\overline{v}_z$ 분포에 대하여 다음과 같이 제안되었다.

(a) 벽 근처에서 $\overline{v}_z$는 관의 반지름 a이 *아니라* ρ, μ, τ_w와 y에만 의존한다. 즉 $\overline{v}_z = f(\rho, \mu, \tau_w, y)$이다. 4.10절을 따라서 차원 해석을 행하고 $\overline{v}_z/\overline{v}_z^* = f_1(y/y^*)$임을 보여라. 여기서 $\overline{v}_z^* = \sqrt{\tau_w/\rho}$이고, $y^* = \nu/\sqrt{\tau_w/\rho}$이다.

(b) 중심부 근처에서는 중심선에서의 속도 $\overline{v}_{zc}$와의 편차는 난류에 의해서만 결정된다. 즉 $\overline{v}_z - \overline{v}_{zc} = f(\rho, a, \tau_w, y)$이고, 점도 μ에 *무관하다*. 이와 같은 난류 영역에서의 속도 편차에 대한 형태를 얻기 위하여 차원 해석을 행하라.

(c) 만약 일반적으로 $\overline{v}_z = f(\rho, \mu, \tau_w, y, a)$이면, $\overline{v}_z/\overline{v}_z^*$에 대한 일반적인 함수 형태를 얻기 위하여 차원해석을 사용하라.

만약 (a)와 (b)가 적용 가능한 완충 영역이 존재한다고 하면, 속도 분포는 완충 영역과 난류 중심부에서 로그 형태를 가져야 한다는 사실에 대한 차원 해석적 근거를 제시하라.

3. *Blasius 그리고 멱급수–법칙의 관계식—E.* 9.10절에서 다음과 같은 문장이 나타내어졌다. "속도 분포에서의 c와 f_F에 대한 방정식에서의 A 사이에는 또 다른 관계식이 있다." 이 관계식은 무엇인가?

4. *새로운 난류 속도 분포—M.* 지름이 $D = 2a$인 관에서의 난류 유동에 대하여 임의의 위치에서의 에디 동점도가 $\nu_T = cD\overline{v}_z$로 주어진다고 제안되었다. 여기서 $\overline{v}_z$는 그 위치에서의 시간-평균화된 속도이

다. 이 모델에 근거하여

(a) 상수 c의 차원은 무엇인가?

(b) 이 모델에 대한 간단한 설명을 하라.

(c) 벽 전단 응력 τ_w의 항으로 주어지는 임의의 반지름 r에서의 난류 전단 응력 τ_{rz}^t에 대한 실제적인 표현은 무엇인가?

(d) r, c, a, ρ, τ_w와 중심선에서의 속도 $\overline{v}_{zc}$의 항으로 속도 분포 $\overline{v}_z$에 대한 표현을 구하라.

(e) 이 속도 분포가 벽에서부터 전 영역에 걸쳐서 성립한다고 가정하고, r, a 및 $\overline{v}_{zc}$에만 의존하는 $\overline{v}_z$에 대한 표현을 구하라.

(f) $r/a = 0, 0.25, 0.5, 0.75, 1$에서 $\overline{v}_z/\overline{v}_{zc}$를 계산하라. 이 속도 분포가 현실적인지 아닌지에 대하여 간단히 설명하라.

5. *난류 응축 필름—M.* 그림 P9.5와 같이 연직 판으로 근사되는 연직 관의 바깥벽에 두께 λ의 액체 응축 필름 유동을 고려하자.

앞에서 논의된 범용 속도 분포에 의존하지 않고 이 유동을 두 영역에서 모델링하려 한다.

1. 두께 δ의 아주 얇은 층류 저층(LSL), 여기서 전단 응력은 벽에서의 값 τ_w와 가상적으로 같다.
2. 훨씬 두꺼운 난류 주흐름(TMS), 여기서 속도 분포는 다음과 같은 형태로 가정된다.

$$\overline{v}_x = \frac{1}{k}\sqrt{\frac{\tau_w}{\rho}}\,\ln y + c.$$

응축액의 밀도 ρ와 점도 μ는 일정하고, LSL/TMS 은 접점에서 속도와 속도 구배는 연속이라고 가정된다.

(a) $\sqrt{\tau_w/\rho} = \sqrt{\lambda g}$라고 가정하는 이유는 무엇인가?

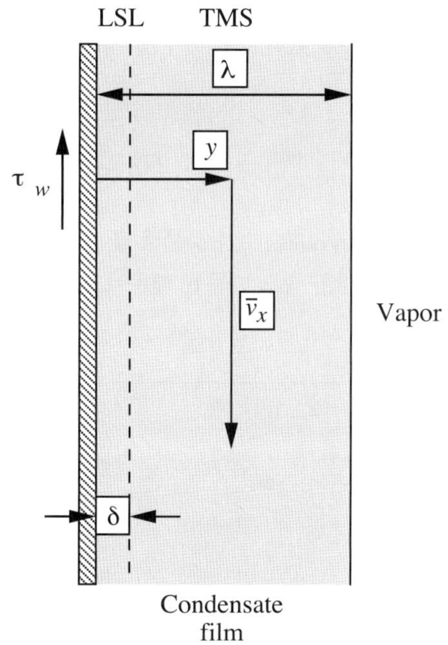

그림 P9.5 층류 저층을 갖는 난류 응축 필름.

(b) 만약 흘러내리는 액체가 iso-octane이라면, 벽 전단 응력은 $\tau_w \doteq 81.5$ dynes/cm^{2}임을 보이고 다음에 대한 수치값을 구하라.
   (i) 층류 저층의 두께 δ(cm)
   (ii) LSL/TMS 접점에서의 속도(cm/s)
   (iii) 응축액의 자유 표면에서의 속도
   데이터(99.3°C의 iso-octane에 대하여): $\rho = 0.692$ g/cm^3, $g = 981$ cm/s^2, $\mu = 0.266$ cP $=$ 0.00266 g/cm s, $\lambda = 0.12$ cm, $k = 0.40$.

6. *반응물의 난류 혼합—M (C).* 기체 A의 일정한 흐름(stream)이 매끄러운 관을 따라서 난류로 흐른다. 비교적 적은 양의 두 번째 반응물 B는 관의 축에 동심인 제트 고리에 의하여 축방향으로 주입된다. 관의 반지름 a의 분율로 표현되는 어떤 반지름 R에 제트 고리를 놓아야 A와 B 사이에 가장 빠른 초기 혼합을 얻을 수 있을까? 다음을 가정할 수 있다.

(a) 가장 빠른 혼합은 (에디 동점도 ν_T과 같다고 취해지는) 에디 확산이 최대가 되는 점에서 일어난다.

(b) 속도 분포는 다음과 같은 1/7 멱급수 법칙을 따른다.

$$\frac{\overline{v}_z}{\overline{v}_{zc}} = \left(\frac{y}{a}\right)^{1/7},$$

여기서 $\overline{v}_{zc}$는 중심선에서의 속도이다.

7. *가압 공기에 의한 입자 전달—M.* 밀도 ρ_g, 점도 μ_g의 기체가 지름이 d이고, 밀도가 ρ_p인 구형 고체 입자가 부분적으로 채워져 있는 지름 D의 수평관에서 평균 속도 $\overline{v}_{zm}$으로 난류로 흐르고 있다. 기체의 속도가 충분히 큰 경우에 입자들은 난류에 의하여 교반되고, 기체에 의하여 관을 따라 이동된다. 이 현상을 *가압 공기에 의한 전달*이라 한다. 유동 영역과 입자가 차지하는 총 부피의 분율 ν_T과 같은 실험 데이터를 연관 짓는데 사용될 수 있는 주요 무차원 군을 조사하고자 한다.

그림 P9.7에 보이는 바와 같이, 벽에서의 초기 위치에서 *단일* 입자를 드는 데 필요한 기체 속도에 대한 예비적인 조사를 하라. 다음을 가정하라.

(a) 유체 흐름(stream)에서의 구형 물체에 대한 항력과 비슷하게, 다음과 같은 무차원 항력 계수를 정의할 수 있다.

$$C_D = \frac{F_y}{\rho_g d^2 (v_y')^2},$$

이 항력 계수는 Reynolds 수가 충분히 클 경우에는 상수가 된다고 합리적으로 기대된다. 여기서 F_y는 갑작스런 횡방향 속도 변동 v_y' 때문에 y 방향으로 입자에 작용하는 힘이다.

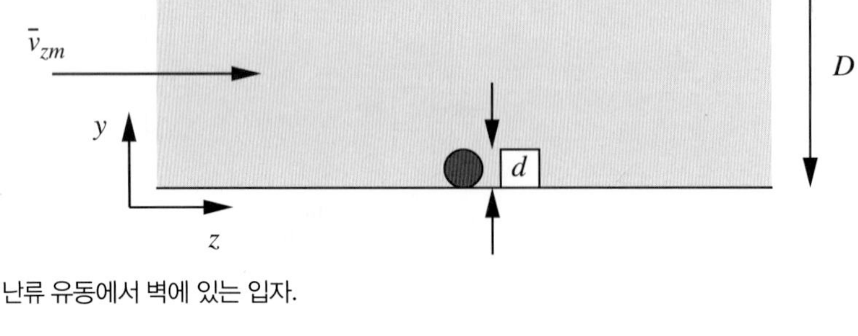

그림 P9.7 난류 유동에서 벽에 있는 입자.

(b) 변동 v_y'은 축 방향 속도 변동인 비슷한 양 v_z'의 크기에 비례한다. 이것은 혼합 길이 이론에 의하여 주어지는 표준 표현으로 나타난다.

(c) 혼합 길이 ℓ'은 관 지름에 비례한다.

위로부터 다음에 주어지는 무차원 군의 값이 벽에서 입자를 들 수 있는지 여부를 결정할 수 있다는 것을 보여라.

$$\frac{\rho_g}{\rho_p}\left(\frac{\overline{v}_{zm}^2}{gd}\right).$$

8. 층류 저층 외부 가장자리에서의 속도—*M.* (1/7 멱급수 법칙인) 식 (9.61)과 (층류 저층의 두께에 관한) 식 (9.62)로부터 시작하여, 층류 저층의 외부 가장자리에서의 속도 분포를 다음과 같이 주는 식 (9.103)을 증명하라.

$$\frac{\overline{v}_{z\delta}}{\overline{v}_{zm}} = \frac{2.44}{\mathrm{Re}^{1/8}}. \tag{9.103}$$

$\mathrm{Re} = 10^4, 10^5, 10^6$대하여 위의 속도비를 계산하고 결과에 대하여 설명하라.

9. *난류 유동에서 여러 물리량—M.* 범용 속도 분포에 대하여 *임의의* 식을 인용하여, 매끄러운 관에서의 유동에 대하여 무차원 평균 속도와 무차원 관 반지름 사이의 다음과 같은 관계를 증명하라.

$$v_{zm}^+ = 2.5 \ln a^+ + 1.75.$$

이 식을 유도하는 과정에서 한 가정에 대하여 간략히 설명하라.

물($\rho = 1{,}000$ kg/m^3, $\mu = 0.001$ kg/m s)이 수력학적으로 매끄러운 5.0 cm (0.05 m) 지름의 관을 통하여 압력 구배 $-dp/dz = 14{,}000$ N/m^{3}하에서 흐른다. 벽 전단 응력(N/m^2), 평균 속도(m/s), Reynolds 수, 층류 저층의 두께(m), 층류 저층과 완충 영역의 접점에서의 속도(m/s)를 구하라.

물과 관 벽 사이에서의 열전달 계수(W/m^2 °C)를 추산하라. 물의 비열은 $c_p = 4.184$ J/kg °C이다.

10. *Prandtl의 가설에 대한 대안—M.* Sleicher은 벽에 가까운 영역에서 에디 동점도가 다음 식을 따름을 제안하였다.[23]

$$\nu_{\mathrm{T}} = \nu(cy^+)^2.$$

전단 응력에 대한 난류와 점성의 기여를 모두 고려함으로써, 이 전단 응력은 벽 전단 응력과 같다. 이에 해당하는 속도 분포가 다음과 같이 주어짐을 증명하라.

$$v_z^+ = \frac{1}{c}\tan^{-1} cy^+.$$

만약 $c \doteq 0.088$이면, 위의 속도 분포가 크기와 기울기에서 $v_z^+ = 2.5 \ln y^+ + 5.5$에 매끄럽게 합쳐짐을 보이고, 전이가 일어나는 y^+ 값을 구하라.

11. *난류 물질전달—D.* 벽 근처의 층류 저층을 가진 중심부의 난류 중심부로 대표되는 관에서 분자량 M_w의 기체 유동을 고려하여, 주흐름(mainstream)에서의 분압이 p_{Am}이고 벽에서의 분압이 0일 때, 물질 전달과 운동량 전달 사이의 다음의 유사성을 유도하라.

[23] C.A. Sleicher Jr., "Experimental velocity and temperature profiles for air in turbulent pipe flow," *Trans. ASME*, Vol. 80, pp. 693–704 (1958).

$$N_A = \frac{\tau p_{Am}}{PM_w[u_m + u_L(\mathrm{Sc}-1)]}.$$

여기서 N_A는 몰 플럭스, P는 총 압력, $\mathrm{Sc} = \nu/\mathcal{D}$는 Schmidt 수이다. $\mathcal{D}$는 층류 저층을 관통하는 확산 계수이다.

1-butene이 2-butene로 되는 다음과 같은 촉매 이성화 반응이 800 °F, 1기압의 등온 조건에서 벽이 촉매로 작용하는 대리석이 입혀진 안지름이 2 in 도자기 관에서 유지되며 연속적으로 일어난다.

$$CH_3CH_2CH{=}CH_2 \longrightarrow CH_3CH{=}CHCH_3$$

반응 속도는 1-butene이 벽으로 확산하는 속도와 같다고 가정하여, 순수한 1-butene이 80%가 전화되는 데 필요한 길이를 구하여라. 층류 저층은 얇고 총괄 유동은 거의 기여를 하지 않고, 속도와 농도 분포는 난류 영역 대부분에서, 평평하다고 가정하라.

Data: 800 °F에서 $D = 0.59$ ft^2/hr, $\mu = 0.044$ lb$_\mathrm{m}$/ft hr, $c_f = 0.0086$, $u_L/u_m = 0.72$.

12. *층류 저층의 두께—M.* 9.8절에서 주흐름(mainstream)에서 로그 속도 분포에 대한 층류 저층의 두께는 $\delta/D = 58/\mathrm{Re}^{7/8}$으로 주어졌다.

1/7 멱급수 법칙인 $\overline{v}_z/\overline{v}_{zc} = (y/a)^{1/7}$로 주어지는 난류 영역에서의 속도 분포에 대하여, 이에 대응하는 결과를 입증하기 위하여 비슷한 유도를 행하라. Re = 10^4, 10^5, 10^6에 대하여 이 두께의 비를 계산하라. 여러분의 결과에 대하여 설명하라.

13. *난류 열전달—M (C).* 기체 냉각 원자로에서 핵분열 물질은 안쪽 지름이 D이고, 길이가 L인 곧은 관형 연료 요소로 만들어진다. 그림 P9.13과 같이 냉각제가 두께 L의 감속제 덩어리에 박혀 있는 관을 통하여 흐른다. 입구에서의 거리 x에서 단위 길이당의 열 발생 속도는 $q\sin(\pi x/L)$이다.

Reynolds 유사성을 이용하여 연료 요소의 내부 표면 온도가 최대가 되는 위치 x_m은 다음과 같이 주어짐을 증명하라.

$$x_m = \frac{L}{\pi}\tan^{-1}\left(\frac{-\pi D}{2f_\mathrm{F}L}\right),$$

여기서 f_F는 Fanning 마찰 인자이다.

에너지 수지식은 거리 x에 따른 냉각제의 온도 T의 변화에 대한 다음과 같은 식을 가져다준다고 가정하라.

$$mc_p\frac{dT}{dx} = \pi Dh(T_w - T) = q\sin\frac{\pi x}{L},$$

여기서 m은 냉각제의 질량 유속이고, c_p는 비열, h는 열전달 계수, T_w는 국지 벽 온도이다.

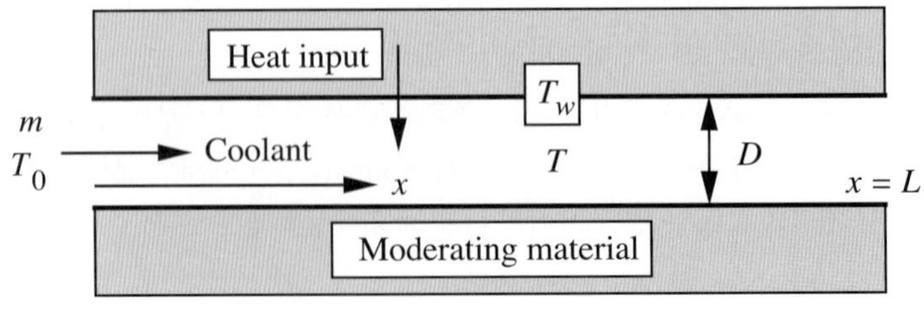

그림 P9.13 핵 반응기에서의 대표적인 냉각 관.

14. *난류 속도 분포—M(C).* 난류인 유체가 매끄러운 원형 관을 통해 흐른다. 속도 분포는 다음과 같은 식에 의하여 주어진다.

$$\overline{v}_z^+ = 5.5 + 2.5 \ln y^+, \quad \text{where} \quad \overline{v}_z^+ = \frac{\overline{v}_z}{\sqrt{\tau_w/\rho}}, \quad \text{and} \quad y^+ = \frac{y\sqrt{\tau_w/\rho}}{\nu}.$$

만약 이 방정식이 관 전 영역에 걸쳐서 성립한다면, $\text{Re} = 10^5$에서 평균 속도에 대한 최대 속도의 비를 계산하라. 이 Reynolds 수에서 평균 속도를 측정하기 위해서는 피토관(Pitot tube)은 어디에 놓아야 하는가?

15. *최소 이동 동력을 위한 Reynolds 유사성—M (C).* 분자량이 M_w인 기체가 원자로 반응기의 일부로부터 열을 제거하기 위하여 원통형 냉매 도관을 통해 이송되고 있다. 온도 상승 ΔT, 로그 평균 온도차 $\Delta T_{log\ mean}$, 전달 면적 A, 열 부하 q가 *표시되어 있으며*, 열-수지 방정식을 취하면 다음과 같다.

$$q = mc_p\Delta T = Ah\Delta T_{log\ mean}, \tag{4}$$

유일한 변수들은 질량 유동속도 m과 기체의 비열 c_p이다. 따라서 mc_p는 상수이고, 예를 들여 c_1으로 설정할 수 있다.

만일 기체가 최대 가능한 값 $M_w^2 c_p^3$으로 선정된다면, 이송 동력 $P = Q\Delta p$(여기서 Q는 부피 유량, Δp는 도관 내에서의 압력 차이)가 최저치로 되는 것을 증명하기 위하여 Reynolds 유사성을 사용하라. p, R, T를 효과적으로 상수로 사용하여 기체에 대하여 $\rho = M_w p/RT$로 가정하여, $\rho = c_2 M_w$로 설정하라. 이때 c_2는 또 다른 상수이다.

16. *난류 질량 플럭스—E.* 지름이 D, 길이가 L인 관에서 축 방향 평균 속도가 $\overline{v}_{zm}$인 유동을 고려하자. Reynolds 유사성이 벽에서 단위 면적 당의 질량 플럭스를 $m = \tau_w/\overline{v}_{zm}$으로 부여함을 주목하라. m_t를 관의 *전체 벽 면적*에 근거한 총 질량 플럭스라 두자. 또한 m_c를 관 방향의 대류 질량 플럭스라 정의하자. 지름이 $D = 0.05$ m, $\text{Re} = 10^4$인 매끄러운 관에서의 유동에 대하여 $m_t = m_c$가 되기 위하여 관의 길이는 얼마가 되어야 하는가?

17. *평판 난류 제트에 대한 이론—D.* 식 (9.114)를 전개하는 과정으로부터 이를 증명하라.

18. *평판 난류 제트에 대한 속도 계산—D.* (a) 새로운 변수들 $f_0 = f$, $f_1 = df/d\zeta$를 정의하여, 식 (9.115)이 다음과 같은 두 개의 1차 상미분 방정식으로 나타낼 수 있음을 증명하라.

$$\frac{df_0}{d\zeta} = f_1, \qquad \frac{df_1}{d\zeta} = \sqrt{f_0 f_1}, \tag{P9.18.1}$$

경계조건들은 다음과 같다.

$$\zeta = 0: \ f_0 = 0, \ f_1 = 1, \tag{P9.18.2}$$

(b) 부록 A에서 논의된 바와 같이, 식 (P9.18.2)의 경계조건 하에서 $\zeta = 0$부터 속도가 무시될 수 있는 곳까지 식 (P9.18.1)을 풀기 위한 Euler (또는 이와 유사한) 방법을 구현하는 스프레드시트를 사용하라. (미분 방정식을 풀기 위한 다른 표준 소프트웨어들을 대신 사용할 수도 있다.) 정확한 결과를 얻기 위하여 충분히 작은 구간 간격을 사용했다는 것을 확인하기 위하여 서로 다른 구간 간격 $\Delta\zeta$를 사용하여 풀어라. ζ의 음의 값과 양의 값에 대하여 f'과 $\zeta f' - f/2$를 그려라. 이것의 반쪽은 대칭에 의하여 얻어질 수 있다.

힌트: 계산된 값이 보이지 않는 경우, 대체 방법을 선택할 때 올바른 선택을 했습니까?

19. *평판 난류 제트에서 흐름선과 속도들—M.* 속도들이 그림 9.16에 주어진 난류 제트에 대하여 흐름선을 그려라. 제트의 안쪽과 바깥쪽 영역 모두 포함시켜라. 제트의 전개 과정의 세 단계에서의 축 방향 속도 분포를 보여라.

20. *평판 난류 제트에 대한 분석적 해—M.* 식 (9.123)을 전개과정으로부터 입증하고, 그림 9.16에서 얻어지는 f'에 대한 수치값과 비교하라.

21. *평판 난류 제트에 의한 유입—M.* 9.14절에서 논의된 평판 난류 제트에 대하여, 제트에서 단위 깊이 당의 총 질량 유속의 축 방향 거리 x에 대한 의존성은 어떻게 되는가? 여러분의 답에 대하여 비판적으로 설명하라.

식 (9.123)으로 주어지는 간략화된 분석적 해를 가정하라.

22. *축 대칭 난류 제트—D.* 축 대칭 난류 제트에 대하여 다음을 입증하라.

(a) 식 (9.128)에 나타나는 ζ와 $\overline{v}_z$에 대한 z의 멱급수는 $p = q = 1$이다.

(b) 식 (9.132)와 (9.133)으로 주어지는 속도들은 적절한 미분 운동량 및 질량 수지와 총 운동량 전달 속도 $\dot{\mathcal{M}}$를 만족한다.

23. *축 대칭 난류 제트에 의한 유입—M.* 9.14절에서 논의된 축 대칭 난류 제트에 대하여, 제트에서 총 질량 유속의 축방향 거리 z에 대한 의존성은 어떻게 되는가? 여러분의 답에 대하여 비판적으로 설명하라.

24. *축 대칭 난류 제트에서 흐름선 및 속도들—M.* (a) 식 (9.132)와 (9.133)의 속도가 다음과 같은 흐름 함수와 일치함을 증명하라.

$$\psi = \nu_{\mathrm{T}} z f(\zeta), \quad \text{where} \quad \zeta = \frac{\beta r}{z}, \qquad f = \frac{\zeta^2}{1 + \dfrac{\zeta^2}{4}}.$$

(b) 제트의 안쪽과 바깥쪽에 있는 흐름선들을 그려라. 제트의 전개과정의 세 단계에서의 축 방향 속도 분포를 보여라.

(c) 그림 9.16의 방식으로 무차원 축 방향 속도와 방사 방향 속도 분포를 그려라.

25. *Prandtl 수와 Reynolds 유사성—E.* 표 E9.6은 Prandtl 수가 1보다 낮을/높을 때, Reynolds 유사성이 열전달 계수를 과소/과대 예측함을 보여준다. 동점도와 열확산 계수의 비인 Prandtl 수의 정의를 참고로 하여 왜 그렇게 되는지에 대한 물리적 근거를 설명하라.

26. *난류 제트에서의 항들의 크기 정도—E.* 평판 난류 제트와 연관되어 표 9.2에 나타나는 세 항의 크기 정도를 입증하라.

27. *참/거짓.* *참*(T)과 *거짓*(F)에 표시하라.

(a)	난류 요동은 전형적으로 microsecond 차원에서 발생한다.	T □ F □
(b)	시간 평균된 연속 방정식은 순간적인 속도 대신에 시간 평균된 속도를 포함한다.	T □ F □
(c)	Reynolds 응력으로 알려진 추가적인 항은 운동량 방정식이 시간 평균되었을 때 나타난다.	T □ F □
(d)	Reynolds 응력은 난류 에디에 의한 운동량 전달을 고려함으로써 설명될 수 있다.	T □ F □
(e)	혼합길이 이론은 운동량, 열, 물질의 난류 전달의 통일을 시도한다.	T □ F □

(f) Prandtl 가설은 혼합 길이 ℓ이 벽으로부터의 거리에 의존하지 않는다고 가정한다. T□ F□

(g) 전단 응력이 근사적으로 일정하다는 가정과 결합된 Prandtl 가설은 로그 형태의 속도 분포를 준다. T□ F□

(h) 층류 저층은 난류 변동이 본질적으로 무시되는 벽 근처의 얇은 영역이다. T□ F□

(i) 마찰 인자는 관성 효과에 대한 벽 전단 응력의 비이다. T□ F□

(j) 범용 속도 분포에서 층류 저층과 난류 중심부의 접점은 근사적으로 $y^+ = 25$에서 나타난다. T□ F□

(k) Reynolds 수가 증가할수록 층류 저층의 두께는 증가한다. T□ F□

(l) Colebrook과 White 식은 관에서 층류 및 난류 유동에 대한 마찰 인자를 준다. T□ F□

(m) Blasius 법칙, $f_{\mathrm{F}} = 0.079\mathrm{Re}^{-1/4}$는 1/7 멱급수 법칙 난류 속도 분포와 일치한다. T□ F□

(n) Prandtl 가설 $\ell = ky$는 일반적인 y 값에 대한 혼합 길이를 약간 작게 예측한다. T□ F□

(o) Prandtl 수는 열 확산계수에 대한 동점도의 비이다. T□ F□

(p) 만약 무작위적인 변동 v_x'과 v_y'이 어떤 방식으로든 연관되면, $\overline{v_x' v_y'}$은 0이 아닐 것이다. T□ F□

(q) 난류에 대하여 논의한 간단한 모델에서 같은 에디가 질량, 운동량, 열에너지를 전달할 수 있다. T□ F□

(r) 수력학적으로 매끄러운 관은 벽에서의 “돌출부(hill)”가 층류 저층 이상으로 뻗지 않는 것이다. T□ F□

(s) 일반적인 운동량 수지식이 시간 평균되면, 유일한 의미 있는 변화는 (p와 같은) 순간적인 물리량이 ($\overline{p}$와 같은) 시간 평균된 값으로 대체되는 것이다. T□ F□

(t) $\mathrm{Re} = 10^5$이고 지름이 $D = 12$ in인 매끄러운 관에서의 유동에 대하여 층류 저층의 두께는 0.138 ± 0.02 in이다. T□ F□

(u) 난류 에디에 대하여 큰 Prandtl 수는 에디가 목적지에 도착하기 전에 운동량 함량이 열에너지 함량에 비하여 더 빨리 소산된다는 것을 의미한다. T□ F□

제 10 장

기포운동, 2상 유동, 유동화

Bubble Motion, Two-Phase Flow, and Fluidization

10.1 서론

둘 또는 그 이상의 서로 섞이지 않는 유체들의 동시 운동은 화학공학 분야에서 상당히 중요하고 다음과 같은 많은 사례들이 있다.

1. 석탄 입자와 물의 혼합과 배관을 통한 그 슬러리의 수송
2. 연직 유전을 통하여 상승하는 천연가스와 원유의 동시 생산
3. 연직관 증발기의 가열되는 관 내부에서 물이나 다른 액체의 기화
4. 유동층에서 촉매 입자와 반응 유체의 접촉
5. 충전탑에서 상승하는 기체 흐름(stream)과 하강 유동하는 액체 사이에서 기체 성분의 흡수
6. 반응을 위해 넓은 표면적을 제공하는 공기 방울이 있는 폭기조 생물 반응기

위의 주제들 중의 하나에 대한 완벽한 고찰을 위해서는 이 책에서 이용 가능한 공간보다 훨씬 더 많은 공간이 필요하다. 실제로, 나중에 책의 전 부분을 일차원 2상 유동에 대하여 쓴 책과 2상 유동의 원환(annular) 영역만을 다룬 책을 볼 수 있을 것이다. 하지만 여러분들은 이장을 통해서 중요한 개념을 얻을 수 있고 핵심적인 사항에 대한 중요한 식견을 가질 수 있게 될 것이다.

10.2 비제한적 액체에서 기포의 상승

연직관(10.4절)과 유동층(10.7절과 10.8절)에서 2상 유동의 성능을 예측하기 위해서, 단일 기포의 상승 속도(rate of rise)에 대한 학습이 우선적으로 필요하다.

작은 기포

반지름이 0.024 in와 0.3 in 사이의 구에 해당하는 부피를 가지는 기포에 대한 Peebles와 Graber[1]의 연구 결과들이 표 10.1에 요약되어 있다. 일반적으로 기포 크기의 증가에 따라서 4개의 구분된 상승 형태가 있다(Re_b는 기포의 상승 속도 u_b, 기포와 같은 부피를 갖는 구의 반지름 R_b에 근거한 기포의 Reynolds 수이다. R_b는 나중에 도입될 상당 지름 D_e의 반이다).

[1] E.N. Peebles and H.J. Garber, "Studies on Motion of Bubbles in Liquids," *Chemical Engineering Progress*, Vol. 49, No. 2, pp. 88–97 (1953).

표 10.1 ▶ 기포에 대한 종말 속도. Peebles와 Garber로부터 얻어진 영역 1~4에 대한 값.

Region	Range of Applicability	Terminal Velocity, u_b
1	$\mathrm{Re}_b \leq 2$	$\dfrac{2R_b^2(\rho_l - \rho_g)g}{9\mu_l}$
2	$2 < \mathrm{Re}_b \leq 4.02G_1^{-0.214}$	$0.33g^{0.76}\left(\dfrac{\rho_l}{\mu_l}\right)^{0.52} R_b^{1.28}$
3	$4.02G_1^{-0.214} < \mathrm{Re}_b \leq 3.10G_1^{-0.25}$	$1.35\left(\dfrac{\sigma}{\rho_l R_b}\right)^{0.5}$
4	$3.10G_1^{-0.25} < \mathrm{Re}_b$	$1.53\left(\dfrac{\sigma g}{\rho_l}\right)^{0.25}$
5	$R_b \geq 2.3\sqrt{\dfrac{\sigma}{g\rho_l}}$	$1.00\sqrt{gR_b}$
	In the above: $\mathrm{Re}_b = \dfrac{2\rho_l u_b R_b}{\mu_l}$,	$G_1 = \dfrac{g\mu_l^4}{\rho_l \sigma^3}$,

1. $\mathrm{Re}_b < 2$인 경우, 기포는 부력의 고체 구와 같이 거동한다. 기포의 운동은 Stokes 법칙에 의하여 지배되고 연직으로 상승한다.

2. Re_b가 큰 경우(액체의 물성치에 의하여 그 한계가 정해짐), 기포는 구처럼 연직으로 상승하나 항력 계수는 같은 부피의 고체 구보다 약간 작다.

3. 액체의 물성치에 의하여 결정되는 Re_b의 범위에서는, 기포는 납작하게 찌그러지고 지그재그형으로 상승한다. 항력 계수는 현저하게 증가한다.

4. 가장 큰 기포는 거의 연직으로 불규칙한 버섯 모양의 구 형태로 상승하고 항력 계수가 현저하게 증가한다. 이 영역에서는 Harmathy[2]가 제안한 상수가 실험 결과와 더 잘 일치하기 때문에 Peebles와 Garber가 제안한 상수 1.18보다는 Harmathy가 제안한 상수 1.53이 추천된다.[2]

Peebles와 Garber는 큰 기포에 대한 Davis와 Taylor의 결과도 보고하였으나, 표에는 포함시키지 않았다. 그러나 완성을 위해 이 결과들은 표 10.1의 영역 5에 포함시켰다. 영역 5가 적용되는 기포의 반지름 R_b의 한계는 영역 4에서 주어지는 속도와 구형-캡(spherical-cap) 기포에 대한 식 (10.8)을 서로 같게 함으로써 구해진다.

큰 "구형-캡" 기포

점도가 아주 크지 않은 정지상태의 액체의 경우에는 (기포의 부피와 같은 부피를 갖는 구의 지름이 수 mm인) 큰 기포의 모양은 그림 10.1의 윗부분에서 보여주는 것과 같은 *렌즈* 모양이거나 *구형* 캡 모양이다. 비록 이 경우에서는 기포가 거의 완전한 구에 가깝지만, 유동층 반응기에서 상승하는 큰 기포도 약간 비슷한 모양으로 나타난다.

[2] T.Z. Harmathy, "Velocity of large drops bubbles in media of infinite or restricted extent," *American Institute of Chemical Engineers Journal*, Vol. 6, No. 2, pp. 281−228 (1960).

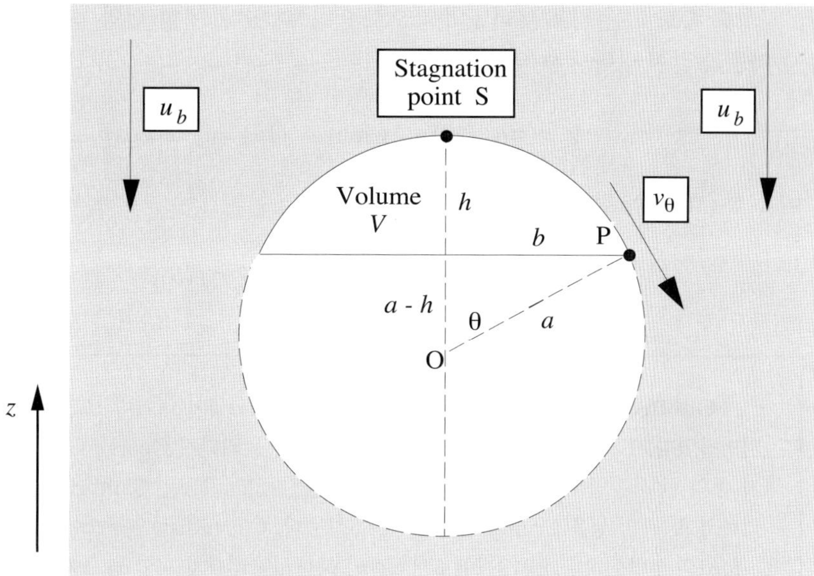

그림 10.1 구형 캡 기포 주위에서의 유동.

이와 같은 기포들의 상승 속도 u_b는 *하향* 속도 u_b를 우선 전체 계에 중첩하여 해석함으로써, 액체의 하강 흐름(퍼텐셜 유동에서) *정상상태* 구형 캡 기포를 지나쳐 흐른다. 기포가 크기 때문에 표면장력의 영향은 무시된다.

기포 내의 기체 때문에 압력이 일정하다는 것에 주의하면서 S와 P 사이에서 Bernoulli 방정식을 적용하면 P 지점에서의 접선 방향 속도 v_θ는 다음과 같이 주어진다.

$$v_\theta = \sqrt{2gh} = \sqrt{2ga(1 - \cos\theta)}. \tag{10.1}$$

그러나 구 주위의 퍼텐셜 유동에 대하여 $U = -u_b$를 이용하면 식 (7.73)으로부터 다음과 같은 관계를 얻을 수 있다.

$$v_\theta = \frac{1}{r}\frac{\partial\phi}{\partial\theta} = u_b\left(1 + \frac{a^3}{2r^3}\right)\sin\theta, \tag{10.2}$$

이 식으로부터 $r = a$인 기포 표면에서는 다음과 같은 관계를 준다.

$$v_\theta = \frac{3}{2}u_b\sin\theta. \tag{10.3}$$

만약 두 효과가 같은 결과를 준다면, 식 (10.1)과 (10.3)을 같게 둘 수 있고, 다음과 같은 결과를 얻을 수 있다.

$$2ga(1 - \cos\theta) = \frac{9}{4}u_b^2(1 - \cos\theta)(1 + \cos\theta), \tag{10.4}$$

이 식은 θ 값이 작은 경우에(즉 $1 + \cos\theta \doteq 2$인 기포의 "코" 근처에서) 다음과 같은 기포의 상승 속도를 주면서 만족될 수 있다.

$$u_b \doteq \frac{2}{3}\sqrt{ga}. \tag{10.5}$$

상승 속도 u_b는 기포 부피 V의 항으로 얻을 수 있다. 구형 캡의 높이에 대한 적분은 기포의 부피를 다음과 같이 나타낼 수 있다.

$$V = \pi a^3 f(\theta), \quad \text{where} \quad f(\theta) = \frac{2}{3} - \cos\theta + \frac{1}{3}\cos^3\theta, \tag{10.6}$$

이를 식 (10.5)와 결합하면 다음과 같이 된다.

$$u_b = \frac{2}{3\pi^{1/6}} V^{1/6}\sqrt{g}\,[f(\theta)]^{-1/6}. \tag{10.7}$$

Geoffrey Ingram Taylor. 1886년 London에서 태어나 1975년 영국의 Cambridge에서 사망하였다. Taylor의 어머니 Margaret는 유명한 논리학자 George Bool의 딸이고, 측지학의 선구자 중의 한 사람인 George Everest 경의 조카였다. Taylor는 Cambridge 대학의 자연과학부를 졸업하였고, 그의 생을 Trinity College에서 보냈다. Cavendish 연구소에서 그의 방은 Ernest Rutherford의 옆방이었다. 1912년에 6개월간의 북대서양에서의 과학 탐구여행 동안 그는 대기 저층에서의 난류 혼합에 대한 연구를 하였고, 이 연구를 통하여 난류 과정을 위한 혼합길이(mixing length) 개념을 정립하였다. 제1차 세계대전 기간에 그는 프로펠러 축의 강도에 대한 연구를 하였고, 1934년 발표한 금속 결정에서의 전위(dislocation)에 대한 이론을 정립하였다. 1923년에서 1952년까지 그는 그로 하여금 교육의 부담에서 벗어나게 하고 연구에 전념하게 한 왕립학회(Royal Society) 연구교수직을 지냈다. 이에 대해 Rutherford는 그는 아무 일도 하지 않는 조건으로 급료를 받았다라고 논평하였다. 이 기간 동안의 그의 주요 업적은 난류 확산과 난류의 통계학적 특성에 관한 것이다. 제2차 세계대전 기간에는 그는 폭발과 충격파의 전문가였고, Manhattan Project에도 참여하였다. Taylor와 그의 아내 Stephanie는 배 타는 것을 아주 좋아하는 사람이었다.

Taylor, Geoffrey Ingram. (2008). In *Complete Dictionary of Scientific Biography* (Vol. 18, pp. 896−898). Detroit: Charles Scribner's Sons. From *New Dictionary of Scientific Biography*, 1E. 2008 Gale, a part of Cengage, Inc. 허가에 의하여 전재.
www.cengage.com/permissions

Davis와 Taylor의 실험 결과도 다음과 같은 비슷한 결과를 제공해 준다.[3,4]

$$u_b = 0.792\,V^{1/6}\sqrt{g} = 0.711\sqrt{gD_e}, \tag{10.8}$$

여기서 기포의 *상당 지름* D_e는 기포의 부피와 같은 부피를 갖는 구의 지름으로 정의된다.

[3]R.M. Davis and G.I. Taylor, "The mechanics of large bubbles rising though extended liquid though liquid in tubes," *Proceeding of the Royal Society*, Vol. 200A, pp. 371−390 (1950).

[4]저자는 1967년에 University of Michigan의 150년 기념행사 동안에 G.I. Taylor의 세미나에서 참석하였다. Taylor는 짙은 안개가 낀(대략적인 방향은 알려진) 해안에서 길을 잃은 배가 위치를 찾는 기술에 대하여 이야기하였다. 서쪽 끝까지 항해하고 해안에 도달할 때까지의 거리를 기록하라. 그 후 같은 길이를 동쪽으로 항해하여 원래의 위치로 돌아가라. 그리고 북쪽으로 아는 길이만큼 항해하라. 전체 과정을 몇 번 반복하라. 적절한 축적에서 결과는 길이가 같지 않은 몇 빗살로 이루어진 빗을 닮은 것과 같이 된다. 이것을 해안의 지도와 맞은 때까지 교정하여 배의 방위각을 결정한다.

$$V = \frac{1}{6}\pi D_e^3. \tag{10.9}$$

식 (10.8)의 Davis와 Taylor의 결과를 식 (10.5)의 이론적인 결과와 직접 비교하기 위하여 $\sqrt{gD_e}$를 $\sqrt{ga}$의 항으로 다시 나타내는 것이 필요하다. 식 (10.6)과 (10.9) 그리고 그림 10.1의 기하학적 형태로부터 몇 줄의 대수적인 조작을 거치면 기포 부피에 대한 다음과 같은 두 결과가 주어진다.

$$V = \frac{2}{3}\pi a^2 h - \frac{1}{3}\pi b^2(a-h) = \frac{1}{6}\pi D_e^3, \tag{10.10}$$

위 식으로부터 표 10.2에 주어진 값들이 결정된다.

표 10.2 ▸ 구형-캡 기포에 대한 수치 값들

h/a	b/a	$V/\pi a^3$	D_e/a	c
0.100	0.436	0.0097	0.387	0.442
0.250	0.661	0.0573	0.701	0.595
0.359	0.767	0.1133	0.879	0.667
0.500	0.866	0.2084	1.077	0.738

만약 식 (10.8)의 Davis와 Taylor의 실험적 상관식이 다음과 같은 형태로 변환되면,

$$u_b = c\sqrt{ga}, \tag{10.11}$$

표 10.2는 상수 c에 대한 근사적인 값을 보여준다. 근사적인 이론값 $c = 2/3$에 해당하는 기포 각은 $\theta = \cos^{-1}(1 - 0.359) = 50.1°$이다. 좀 더 정확한 처리를 위해서는 기포의 모양이 조정되어야 하고, 유동 형태가 다시 계산되어 식 (10.1)의 Bernoulli 조건이 코 근처뿐만 아니라 *전 영역*에서 만족되어야 한다.

예제 10.1 단일 기포의 상승 속도

물에서 공기의 단일 기포에 대한 상승 속도 u_b, cm/s를 0.01 cm로부터 10 cm까지의 상당 기포 지름 D_e에 대하여 도시하라.

풀이

제1장으로부터 20 °C에서 물의 물성치는 $\rho = 0.998$ g/cm^3, $\sigma = 72.75$ dyne/cm(= g/s^2), $\mu =$ 1.21 cP 또는 0.0121 g/cm · s, g = 981 cm/s^{2}임을 알 수 있다. 표 10.1의 다섯 가지 영역에 대한 상관식을 구현하기 위하여 스프레드시트를 사용한다. u_b 대 D_e에 대한 결과는 그림 E10.1에 나타나 있다.

영역 2의 높은 끝 부분에서 최고점 u_b를 보인 후에 영역 3에서 약간의 감소가 실험적으로 관측된다. 영역 3에서 영역 4로 가면서 보이는 약간의 비약은 사용한 상관식에서 나타나는 결과이다. Reynolds 수는 0.5~70,420 범위이다.

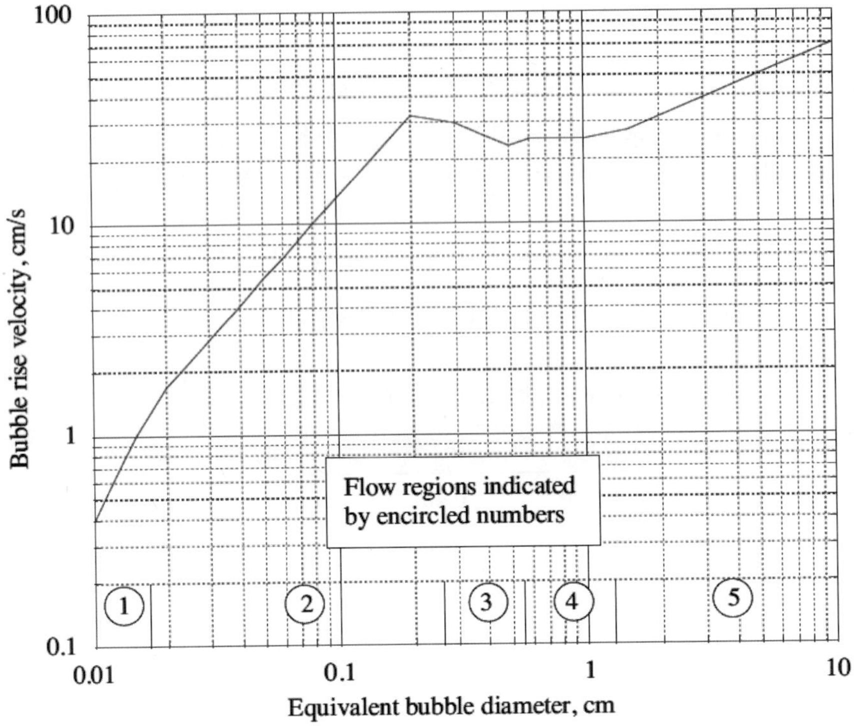

그림 E10.1 상당 지름의 함수로써의 기포의 상승 속도.

10.3 수평관에서 압력 강하 및 공극률

이 장에서는 관에서 2상 유동에 관한 논의는 폭넓게 *연직 유동*에 집중되어 있다. 그 이유는 유전과 가스전, 증발기, 생물 반응기, 보일러 등에서의 중요성 때문이다. 그러나 주제는 *수평* 관에서 2상 유동을 고려하여 소개된다. 비록 서로 다른 방식으로 (연직 유동에 대한 그림 10.3과 약간 비슷한) 기체와 액체가 상호작용하는 수평 유동에서 몇 가지 다른 영역이 있지만, 다음 모델에서는 단순한 접근법이 택하여진다. 이번 절과 다음 절에서 표기는 표 10.3을 참조하라.

공극률 ε은 기상이 차지하고 있는 관의 전체 부피의 분율이고, 개별 부피 유속(flowrate) G와 L 그리고 평균속도들 v_g와 v_l과 다음과 같이 연관지어진다.

$$G = \varepsilon v_g A, \qquad L = (1-\varepsilon) v_l A. \tag{10.12}$$

(보일러의 성능을 해석하는 데 사용되는 용어로서) 유동하는 흐름의 *질*(quality) x는 기상에 있는 총 질량 유속의 분율이다.

$$x = \frac{\rho_g G}{\rho_g G + \rho_l L}. \tag{10.13}$$

*첫 근사*로, 그림 10.2(a)의 지름 D의 수평 관에서 2상 유동에 대한 마찰 압력 강하는 (b)와 (c)에서와 같이 지름이 각각 D_g와 D_l의 원통에서 기체와 액체가 개별로 흐른다는 가정하여 추론할 수 있다. 그러면 공극률은 두 면적의 비이다.

표 10.3 ▶ 2상 기/액 유동에 대한 변수들

Variable	Definition
A	Cross-sectional area of pipe
D	Pipe diameter
f_F	Fanning friction factor
G	Gas volumetric flow rate
j	Superficial velocity (volumetric flow rate per unit area)
L	Liquid volumetric flow rate
p	Pressure
v	Mean velocity
x	Quality—fraction of flowing mass that is gas
z	Axial coordinate
ε	Void fraction
ρ	Density
ϕ^2	Multiplier used for obtaining two-phase pressure gradient
X^2	Ratio ϕ_g^2/ϕ_l^2
Subscripts	
g, l	Gas, liquid
tp	Two-phase
go	Gas only
lo	Liquid only

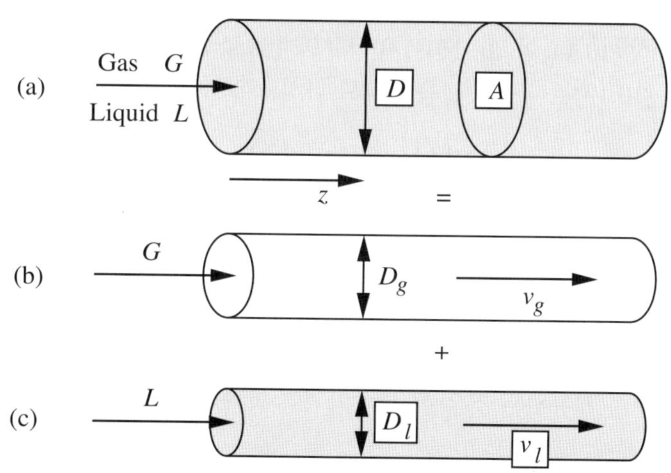

그림 10.2 ▶ 분리된 수평 유동 모델. (a)의 기/액 동시 유동을 (b)와 (c)에서처럼 기체와 액체의 유동들의 조합으로 고려된다.

$$\varepsilon = \frac{\pi D_g^2/4}{\pi D^2/4} = \frac{D_g^2}{D^2}. \qquad \text{Likewise :} \quad 1-\varepsilon = \frac{D_l^2}{D^2}. \tag{10.14}$$

또 다른 임시적인 내용으로 두 중요한 속도의 형태를 관찰하자.

1. *공탑*(superficial) 속도는 만일 다른 상이 존재하지 않을 때 단면적이 A인 관에서 각 상만이 흐를 때 나타나는 속도이다. 따라서 기체와 액체의 부피 유속이 각각 G와 L이면 각각의 공탑 속도는 다음과 같이 된다.

$$j_g = \frac{G}{A,} \qquad j_l = \frac{L}{A}. \tag{10.15}$$

2. 평균 속도는 공탑 속도들을 기체와 액체의 분율로 나눈 것이다.

$$v_g = \frac{j_g}{\varepsilon}, \qquad v_l = \frac{j_l}{1-\varepsilon}. \tag{10.16}$$

우선 다음과 같은 두 가지 경우에 대하여 기체에서 압력 구배를 고려하자.

1. 기체 자체로만 흐르고, 기체가 관의 전 영역을 차지한다.

$$\left(\frac{dp}{dz}\right)_{go} = -\frac{2f_{\mathrm{F}}\rho_g j_g^2}{D}. \tag{10.17}$$

2. 기체 자체로만 지름이 D_g인 가상적인 원통에서 흐른다. 이 경우의 압력 구배는 조합된 2상 유동에 대한 압력 구배와 같아야 함에 주의하라.

$$\left(\frac{dp}{dz}\right)_{tp} = \left(\frac{dp}{dz}\right)_{g} = -\frac{2f_{\mathrm{F}}\rho_g v_g^2}{D_g}. \tag{10.18}$$

위의 두 식의 비는 다음과 같이 된다.

$$\frac{(dp/dz)_{tp}}{(dp/dz)_{go}} = \left(\frac{v_g}{j_g}\right)^2 \frac{D}{D_g} = \frac{1}{\varepsilon^{5/2}}. \tag{10.19}$$

여기서 식 (10.14)와 (10.16)이 공극률의 항으로 v_g/j_g와 D_g/D_g를 소거하기 위하여 사용되었다.

식 (10.19)는 다음과 같은 형태로 다시 쓰일 수 있다.

$$\left(\frac{dp}{dz}\right)_{tp} = \phi_g^2 \left(\frac{dp}{dz}\right)_{go}, \quad \text{in which} \quad \phi_g^2 = \frac{1}{\varepsilon^{5/2}}. \tag{10.20}$$

비슷하게 액상에서 압력 강하를 고려하여 다음과 같은 관계식을 얻을 수 있다.

$$\left(\frac{dp}{dz}\right)_{tp} = \phi_l^2 \left(\frac{dp}{dz}\right)_{lo}, \quad \text{in which} \quad \phi_l^2 = \frac{1}{(1-\varepsilon)^{5/2}}. \tag{10.21}$$

ϕ대신 ϕ^2을 사용하는 것은 이 분야의 이전의 연구자들의 표기법을 따르는 것으로 다른 특별한 의미는 없다.

식 (10.20)과 (10.21)의 둘째 관계에서 공극률을 소거하면 다음과 같은 관계를 얻을 수 있다.

표 10.4 ▸ Lockhart와 Martinelli의 값들

X	Void Fraction ε	Liquid: Gas:	Turb Turb ϕ_g	Visc Turb ϕ_g	Turb Visc ϕ_g	Visc Visc ϕ_g
0.01			1.28	1.20	1.12	1.05
0.02			1.37	1.28	1.16	1.07
0.04			1.54	1.36	1.24	1.12
0.07	0.96		1.71	1.45	1.35	1.19
0.1	0.95		1.85	1.52	1.45	1.24
0.2	0.91		2.23	1.78	1.74	1.40
0.4	0.86		2.83	2.25	2.20	1.70
0.7	0.81		3.53	2.85	2.85	2.16
1.0	0.77		4.20	3.48	3.48	2.61
2.0	0.69		6.20	5.25	5.24	4.12
4.0	0.60		9.50	8.20	8.60	7.00
7.0	0.52		13.7	12.1	12.8	11.2
10.0	0.47		17.5	15.9	16.6	15.0
20.0	0.34		29.5	28.0	28.8	27.3
40.0	0.24		51.5	50.0	50.0	50.0
70.0	0.16		82.0	82.0	82.0	82.0
100.0	0.10		111.0	111.0	111.0	111.0

$$\frac{1}{(\phi_g^2)^{2/5}} + \frac{1}{(\phi_l^2)^{2/5}} = 1. \tag{10.22}$$

이 결과들은 *간략화된* 모델을 기반으로 하며 두 상에서 같은 마찰 인자를 갖는다고 가정한다는 것임에 주의하라. 그럼에도 불구하고, Lockhart와 Martinelli의 이전 연구 결과는 식 (10.22)를 약간 수정한 것으로 상당히 잘 상관된다.[5] 이들은 (안지름이 0.1까지의) 지름이 작은 관에서 거의 대기압의 공기와 같이 흐르는 다양한 액체의 유동을 연구하였고, 이들의 결과는 표 10.4에 나타나 있다. 그들은 각 상이 전체 단면적을 차지하여 흐르는 것처럼 계산하여, 각 상에 대하여 점성(Re $< 1{,}000$) 유동 또는 난류(Re $> 2{,}000$) 유동의 가능한 모든 조합을 고려하여 네 영역으로 구분지었다.

매개인자 X의 제곱은 액체만의 압력 구배와 기체만의 압력 구배의 비로 정의된다.

$$X^2 = \frac{(dp/dz)_{lo}}{(dp/dz)_{go}} = \frac{\phi_g^2}{\phi_l^2}. \tag{10.23}$$

[5]R.W. Lockhart and R.C. Martinelli, "Proposed correlation of data for isothermal two-phase, two-component flow in pipes," *Chemical Engineering Progress*, Vol. 45, No, 1, pp. 39−48 (1949) 참조

표 10.5 ▸ 2상 상관식에 대한 지수 값

	n	Liquid Flow	Gas Flow
	4.12	Turbulent	Turbulent
	3.61	Viscous	Turbulent
	3.56	Turbulent	Viscous
X <1 :	2.68	Viscous	Viscous
X >1 :	3.27	Viscous	Viscous

X 값이 크거나 작은 경우는 각각 액체가 주이거나 기체가 주된 유동 영역에 해당한다.

식 (10.22)는 다음과 같은 좀 더 일반적인 형태의 특수한 경우이다.

$$\frac{1}{(\phi_g^2)^{1/n}} + \frac{1}{(\phi_l^2)^{1/n}} = 1, \tag{10.24}$$

여기서 n의 값은 표 10.5에서 나타낸 것과 같이 유동 영역에 의존한다.

표에서 주어진 ε 값들은 다음과 같은 경험적 *상관식*으로 (오차가 0.02보다 크지 않게) 주어진다.

$$\varepsilon = \frac{1}{(1 + 0.0904\, X^{0.548})^{2.82}}. \tag{10.25}$$

식 (10.23)과 (10.24)로부터

$$\phi_g = (1 + X^{2/n})^{n/2}, \tag{10.26}$$

이 되고 표 10.4의 값들이 표 10.5에 주어지는 지수를 사용하는 식 (10.26)과 잘 일치함을 스프레드시트를 사용하여 보이는 것은 쉬운 일이다.

1,400 psia의 압력까지 수증기와 물을 포함하는 다양한 유체를 고찰한 Baroczy는 위의 과정을 개선하였다.[6] Chisholm은 역시 Baroczy의 결과를 증발 유동에서 압력 강하를 예측하기 위하여 채택하였다.[7]

예제 10.2 수평관에서의 2상 유동

안 지름이 $D = 0.5$ ft인 수평 송유관에서 $G = 10.0$, $L = 0.5$ ft^3/s의 부피 유속으로 가스와 기름이 흐르고 있다. 가스의 분율, 압력 구배, 각 상의 평균 속도를 추산하라. 물성치들은 $\rho_g = 0.15$, $\rho_l = 50.0$ lb$_m$/ft^3, $\mu_g = 0.025$, $\mu_l = 20.0$ lb$_m$/ft · hr이고, Fanning의 마찰인자는 $f_F = 0.0045$이다.

---

[6] C.J. Baroczy, "A systematic correlation for two-pressure drop," *Chemical Engineering Symposium Series* Vol. 62, No. 64, pp. 232–249 (1966).

[7] D. Chisholm, "Pressure gradients due to friction during the flow of evaporating two-phase mixture in smooth tubes and channels," *International Journal of Heat and Mass Transfer*, Vol. 16, pp. 347–358 (1973).

풀이

우선 다음의 양들이 계산된다.

관의 단면적

$$A = \frac{\pi D^2}{4} = \frac{\pi \times 0.5^2}{4} = 0.196 \text{ ft}^2.$$

공탑 속도

$$j_g = \frac{G}{A} = \frac{10.0}{0.196} = 51.0, \qquad j_l = \frac{L}{A} = \frac{0.5}{0.196} = 2.55 \text{ ft/s}.$$

Reynolds 수

$$\text{Re}_g = \frac{0.15 \times 51.0 \times 0.5 \times 3{,}600}{0.025} = 5.51 \times 10^5,$$

$$\text{Re}_l = \frac{50.0 \times 2.55 \times 0.5 \times 3{,}600}{20.0} = 11{,}475.$$

따라서 이 유동은 액체에 대하여 난류이고, 기체에 대하여 난류이다. 그러므로 표 10.5로부터 $n = 4.12$이다.

액상만의 압력 구배와 기상만의 압력 구배의 비인 X^2 양이 식 (10.23), (10.17) 그리고 액상의 압력 구배에 대해 비슷한 양으로부터 다음으로 계산된다. 각 경우에서 마찰 인자와 지름은 같게 되므로 상쇄되어 다음과 같은 결과를 준다.

$$X^2 = \frac{(dp/dz)_{lo}}{(dp/dz)_{go}} = \frac{\rho_l\, j_l^2}{\rho_g\, j_g^2} = \frac{50 \times 2.55^2}{0.15 \times 51.0^2} = 0.833, \quad \text{or} \quad X = 0.913.$$

식 (10.26) (또는 표 10.4)로부터 ϕ_g 값은 다음과 같이 된다.

$$\phi_g = (1 + X^{2/n})^{n/2} = (1 + 0.913^{2/4.12})^{4.12/2} = 3.99.$$

식 (10.25) (또는 표 10.4)로부터 기체의 분율은 다음과 같이 된다.

$$\varepsilon = \frac{1}{(1 + 0.0904\, X^{0.548})^{2.82}} = \frac{1}{(1 + 0.0904 \times 0.913^{0.548})^{2.82}} = 0.792.$$

이에 관련된 압력 강하는 식 (10.17)과 (10.20)으로부터 다음과 같이 얻어진다.

기체만

$$\left(\frac{dp}{dz}\right)_{go} = -\frac{2 f_{\mathrm{F}} \rho_g j_g^2}{D} = -\frac{2 \times 0.0045 \times 0.15 \times 51.0^2}{0.5 \times 32.2 \times 144} = -1.51 \times 10^{-3} \text{ psi/ft}.$$

2상 유동

$$\left(\frac{dp}{dz}\right)_{tp} = \phi_g^2 \left(\frac{dp}{dz}\right)_{go} = 3.99^2 \times (-1.51 \times 10^{-3}) = -0.0241 \text{ psi/ft}.$$

마지막으로 각 상의 평균 속도는 다음과 같이 구해진다.

기체

$$v_g = \frac{G}{\varepsilon A} = \frac{10.0}{0.792 \times 0.196} = 64.4 \text{ ft/s.}$$

액체

$$v_l = \frac{L}{(1-\varepsilon)A} = \frac{0.5}{(1-0.792) \times 0.196} = 12.3 \text{ ft/s.}$$

10.4 연직 관에서의 2상 유동

연직 관(vertical pipe)에서의 2상 기/액 유동은 증발기와 유전에서 원유와 가스의 동시 수송 등 중요한 응용 분야가 있기 때문에 좀 더 자세히 다룰 것이다. 액상과 기상의 개별 유속의 크기, 밀도, 표면장력, 점도 등의 물치성들을 포함하는 여러 인자들에 의존하는 몇 개의 유동 영역이 나타날 수 있다.

그림 10.3에 보여주는 것과 같이 기상의 유속을 증가시킴에 따라 연속적으로 나타나는 4개의 주요 영역이 있다.

(a) *기포 유동*(bubble flow), 이 영역에서는 기체가 작은 가포의 형태로 연속상인 액체 전체에 분산되어 있다.

(b) *슬러그 유동*(slug flow), 이 영역에서는 각각의 작은 기포가 기체 *슬러그*의 형태로 합체하기 시작한다. 액상은 아직도 연속상이다. 기체의 유동이 큰 경우에 슬러그 사이의 액체 "피스톤(piston)"은 좁아지기 시작하고 불규칙한 모양의 "다리(bridge)"를 형성한다. 이 상황은 *처언 유동*(churn flow)으로 알려져 있다.

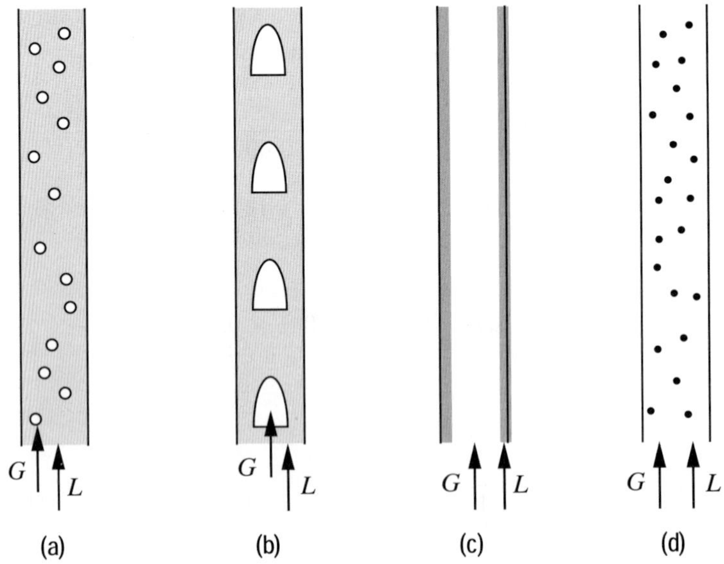

그림 10.3 증가하는 기상의 유속에서 연직 관에서의 2상 유동 영역들. (a) 기포, (b) 슬러그, (c) 원환, (d) 연무 유동. 각 경우에 기체는 하얗게 표시되고 액체는 어두운 색이나 검은 색으로 표시된다.

(c) *원환 유동*(annular flow), 이 영역에서는 빠르게 움직이는 기체 흐름이 관의 중심부를 둘러싸는 연속상이 되고 액체는 관 벽에 상대적으로 얇은 필름을 형성한다. 기체 흐름으로의 액체의 비말동반(entrainment)이 부분적으로 일어난다.

(d) *연무 유동*(mist flow), 이 영역에서는 연속적인 기상의 속도가 아주 커서 관 벽까지 미치고 모든 액체가 방울의 형태로 동반하여 흐른다.

유동 영역의 결정

기상과 액상의 부피 유속이 G와 L로 특정되어 있을 때, 압력구배 dp/dz와 공극률 ε을 계산해야 하는 대표적인 상황이 나타난다. 어떤 특정 유동 영역을 인식하고 그 영역을 위한 특정한 관계식을 전개하면, 위의 마지막 두 변수에 대한 상관식을 성공적으로 대부분 얻을 수 있을 것이다. 다음과 같은 근사적인 결정법이 고려된다.

1. *기포/슬러그 유동 전이.* 액체 기둥의 밑면에서 도입된 작은 기포들은 보통 슬러그들로 합체한다. 전이는 기포들의 크기, 어떻게 도입되었는가, 입구로부터의 거리, 표면장력의 효과에 강하게 의존하기 때문에, 전이에 대한 간단한 판별식은 없다. 압력 구배와 공극률을 결정하는 실용적인 목적에서 전이점에 대한 정확한 지식은 대체로 필요하지 않을 것이다. Nicklin의 실험은 슬러그 유동에 근거한 공극률에 대한 상관관계가 공극률이 수% 정도로 낮은 기포 영역까지 정확하게 확장될 수 있음을 보여준다.[8] 만약 $\varepsilon = 0.1$의 공극률을 전이점으로 약간은 임의적으로 택하면, 압력 구배와 공극률 계산에 심각한 오차를 주지는 않을 것이다.

2. *슬러그/원환 유동 전이.* 슬러그의 밑면에서 기체와 관 벽 사이의 좁은 간격에서 *아래 방향*으로 액체의 현저한 유동이 있고, 따라서 이 점에서 기체와 액체 사이에서 큰 상대 속도가 존재한다. 기체의 유속이 증가함에 따라 결과적으로 액체 필름은 불안정해지고, 관의 전 단면적에서 다리들이 나타나기 시작한다. 이 다리들은 기체에 의하여 순차적으로 파괴될 수 있고 따라서 유동은 혼돈상태가 된다. 궁극적으로 다리들은 사라지게 되고 유동은 중심부의 기체와 관 벽을 감싸는 액체 필름으로 이루어지게 된다. Wallis는 슬러그/원환 유동 전이에 대한 여러 관찰 결과를 보고하였다.[9] 이 결과들 중의 하나는 액체 다리의 존재 여부를 감지하기 위하여 관의 중심에 위치한 탐침을 이용하였고, 전이에 대하여 다음과 같은 상관식을 제시하였다.

$$j_g^* = 0.5 + 0.6 j_l^*, \tag{10.27}$$

여기서 기체와 액체의 무차원 공탑 속도는 다음과 같이 정의된다.

$$j_g^* = j_g \sqrt{\frac{\rho_g}{gD(\rho_l - \rho_g)}}, \qquad j_l^* = j_l \sqrt{\frac{\rho_l}{gD(\rho_l - \rho_g)}}, \tag{10.28}$$

위 식에서$(\rho_l - \rho_g)$는 보통 ρ_l로 간략화된다.

3. *원환/연무 유동 전이.* 대부분의 원환 유동은 약간의 액체 방울을 동반하기 때문에 전이는 잘 정의되어 있지 않다. Hewitt와 Hall-Taylor는 그들의 아주 포괄적인 책에서 액체 방울의 생성과 비말동반에 대하여 37쪽짜리의 장을 할애하였고, 상관식을 내는 데 기초로 한 실험 범위를

[8] D.J. Nicklin, *Two-Phase Flow in Vertical Tubes* (PhD Dissertation), University of Cambridge, Cambridge, 1961.

[9] G.B. Wallis, *One-Dimensional Two-Phase Flow*, McGraw-Hill, New York, 1969.

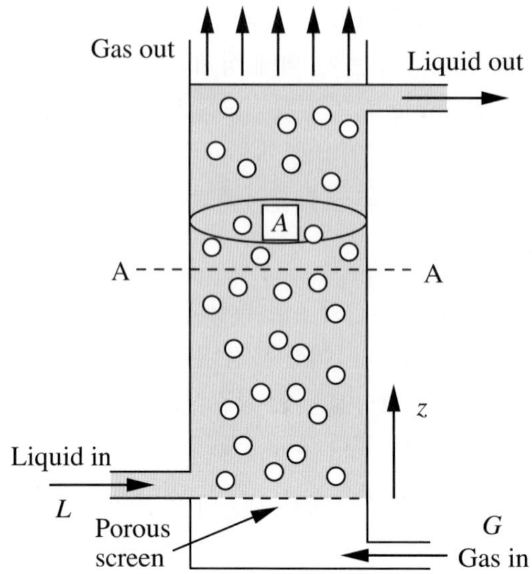

그림 10.4 기포 유동.

벗어나서 상관식을 사용할 때에는 특별한 주의를 기울였다.[10] 따라서 연무 유동 대한 어떤 일반적인 상관식도 나타낼 수 없다.

기포 유동

그림 10.4는 기포와 액체가 상향 병류로 흐르는 것을 보여준다. 액체로만 이루어지도록 그려진 평면 A−A를 고려하자. 만약 $\overline{u}_l$이 A−A 평면을 가로지른 위로 흐르는 액체의 평균 속도라 하면, 다음과 같은 연속조건이 만족되어야 한다.

$$A\overline{u}_l = G + L, \qquad \text{or} \qquad \overline{u}_l = \frac{G+L}{A}. \tag{10.29}$$

(연직 방향의 짧은 거리에 대하여, 압력은 약간 변하고 기포는 거의 일정한 부피를 갖는다.) 따라서 A−A 바로 아래 있던 기포는 이미 $\overline{u}_l$로 움직이고 있는 액체에 대하여 상대적으로 더 상승하게 되고, 기포의 속도는 다음과 같게 된다.

$$v_g = \overline{u}_l + u_b = \frac{G+L}{A} + u_b, \tag{10.30}$$

여기서 u_b는 정지상태의 액체에서 상승하는 기포의 속도이다. 그러나 기체의 총 부피 유속은 다음과 같다.

$$G = \varepsilon A v_g, \tag{10.31}$$

따라서 공극률은 다음과 같이 주어진다.

$$\frac{G}{\varepsilon A} = \frac{G+L}{A} + u_b \qquad \text{or} \qquad \varepsilon = \frac{G}{G+L+u_b A}. \tag{10.32}$$

공극률에 대한 이 관계는 G 그리고/또는 L이 음인, 즉 예제 10.3에서 논의한 것과 같이 하나 또는

[10] G.F. Hewitt and N.S. Hall-Taylor, *Annular Two-Phase Flow*, Pergamon Press, Oxford, 1970.

두 상 모두가 *아래로* 흐르는 어떤 한계에서 성립된다.

상향 연직 방향으로의 압력 구배와 관련하여, 총 부피의 $(1 - \varepsilon)$의 분율을 차지하는 액체의 밀도가 기체의 밀도보다 훨씬 크다는 것에 주목하라. 기포-유동 영역에서 접하게 되는 비교적 낮은 액체 유속에 대하여 마찰은 무시될 수 있다. 따라서 압력 구배는 정역학적 효과만을 고려해도 비교적 정확하게 주어진다.

$$\frac{dp}{dz} = -\rho_l g(1 - \varepsilon). \tag{10.33}$$

예제 10.3 기포 흐름의 극한

G와 L로 특정된 기체와 액체의 부피 유속에 대하여, 탑 내의 기포-흐름 작동의 가능성을 조사하라. 기체와 액체가 위와 아래로 흐르는 가능한 모든 4가지의 조합에 대하여 조사하라.

풀이

식 (10.32)를 기체와 액체의 유속의 항으로 공극률에 대한 관계를 다음과 같이 재배열하는 것으로 출발하자.

$$G\left(\frac{1-\varepsilon}{\varepsilon}\right) = L + u_b A. \tag{E10.3.1}$$

식 (E10.3.1)이 사실적으로 등식이 성립되고 따라서 ε에 대하여 풀릴 수 있는지를 살펴보자. 그 후 $\varepsilon < 0.1$인 경우에만 기포 유동이라는 가정을 받아들이자.

1. *기체 상승유동, 액체 상승유동.* 식 (E10.3.1)의 양변이 모두 양이고, 등식을 성립하게 하는 (0과 1 사이의) ε 값은 언제나 구할 수 있다.
2. *기체 상승유동, 액체 하강유동.* 액체 유속 L이 음이다. 식 (E10.3.1)의 좌변은 항상 양이나, L 값이 충분히 큰 음인 경우에 우변은 음이 될 수 있다. 따라서 ε에 대한 해는 아래로 흐르는 액체 유속이 그렇게 크지 않은 경우에 대하여 구할 수 있다.
3. *기체 하강유동, 액체 상승유동.* G가 음이고 L이 양이기 때문에, 식 (E10.3.1)은 성립될 수 없고 이와 같은 형태의 조업은 불가능하다.
4. *기체 하강유동, 액체 하강유동.* 식 (E10.3.1)의 좌변은 음이고, 따라서 만일 L이 충분히 큰 음일 경우에 우변도 음이 될 수 있다. 따라서 액체의 하강유동이 강할 경우에는 ε에 대한 해는 가능하다.

슬러그 유동

기체와 액체는 개별 부피 유속 G와 L로 안지름이 D인 관내에서 위로 향하여 흐르는 일반적인 상황이 그림 10.5(a)에 주어져 있다. 일반적으로 기체 슬러그의 선단 바로 앞의 평면 A−A를 가로지르는 위로 흐르는 액체 속도 $\overline{u}_l$이 존재하게 될 것이다. 연속 조건을 적용하고 기체를 짧은 거리에 걸쳐서 비압축성으로 고려하면, A−A를 가로지르는 위로 향하는 액체의 총 부피 유속은 밑면으로 도입되는 기체와 액체의 부피 유속의 *합*, 즉 $G + L$이 되어야 한다. 따라서 A−A에서의 액체의 *평균* 속

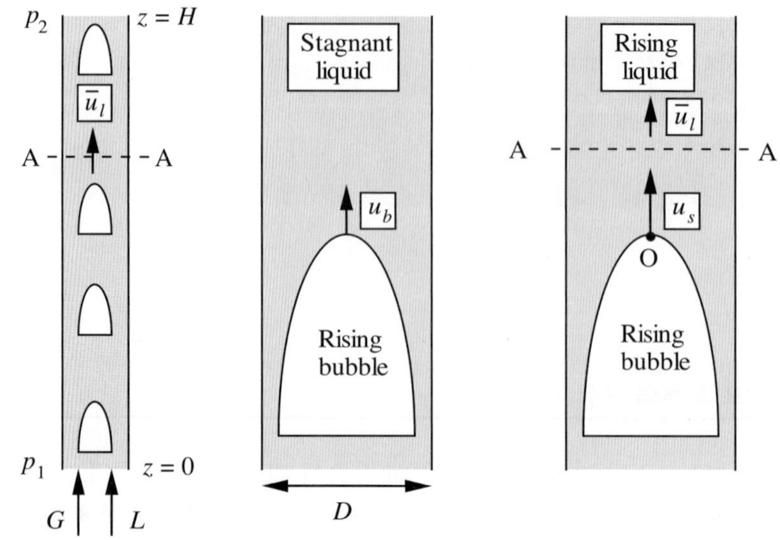

그림 10.5 연직 관에서의 2상 슬러그 유동. (a) 기체와 액체가 상승하고 있다. (b) 기포가 정체 상태의 액체에서 상승한다. (c) 기포가 움직이는 액체에서 상승한다.

도는 $\overline{u}_l = (G + L)/A$이다. 여기서 A는 관의 단면적이다.

다음은 약간 다른 상황을 보여주는, 즉 하나의 기포가 *정체된* 액체에서 상승 속도 u_b로 일정하게 상승하는 그림 10.5(b)를 고려하자. 물이나 점도가 크지 않은 기름과 같은 경우에 대하여, 이 상황은 액체에서의 *퍼텐셜* 유동의 하나에 해당한다. 이와 같은 조건에서 Davis와 Taylor는 다음과 같은 결과를 주는 근사적인 해석 해를 사용하였다(그들의 결과를 되풀이하기 위해서는 연습 문제 10.8을 참조하라).[11]

$$u_b = c\sqrt{gD}, \tag{10.34}$$

여기서 $c \doteq 0.33$이고, g는 중력 가속도이다. 실험적 증거는 상수가 $c \doteq 0.35$임을 보여준다.

그림 10.5(c)는 그림 10.5(a)의 상황을 확대한 것이다. 슬러그는 더 이상 그림 10.5(b)에서와 같은 정체 상태의 액체에서가 아니라 슬러그 앞에서의 평균 속도 $\overline{u}_l$인 액체에서 상승한다. 만일 슬러그들 사이의 Reynolds 수가 8,000을 넘으면, 속도가 최대가 되는 관의 중심에서 슬러그의 "코" O 근처에서 액체의 속도는 Nicklin, Wilkes와 Davidson이 보여준 것과 같이 약간 커져서 약 $1.2\overline{u}_l$이 된다.[12] 따라서 슬러그의 실제 상승 속도는 다음과 같이 된다.

$$u_s = 1.2\frac{G + L}{A} + u_b = 1.2\frac{G + L}{A} + 0.35\sqrt{gD}. \tag{10.35}$$

기체의 보존에 의하여 다음과 같은 관계가 성립된다.

$$G = u_s A\varepsilon, \tag{10.36}$$

여기서 ε은 *공극률*(기체가 차지하는 총 부피의 분율)이다. 따라서 식 (10.35)와 (10.36)으로부터

[11]R.M. Davis and G.I. Taylor, 전에 인용한 문헌.

[12]D.J. Nicklin, J.O. Wilkes, and J.F. Davidson, "Two-phase flow in vertical tubes," *Transactions of the Institution of Chemical Engineers*, Vol. 40. No. 1, pp. 61–68 (1962).

u_b를 소거하면 다음과 같은 결과를 얻는다.

$$\frac{G}{\varepsilon A} = 1.2\frac{G+L}{A} + 0.35\sqrt{gD}. \tag{10.37}$$

만일 G와 L을 안다면 식 (10.37)을 이용하여 연직 방향으로의 압력 구배를 결정하는 데 중요한 인자가 되는 공극률을 다음과 같이 구할 수 있다.

$$\varepsilon = \frac{G}{1.2(G+L) + 0.35A\sqrt{gD}} = \frac{j_g^*\sqrt{\dfrac{\rho_l}{\rho_g}}}{1.2\left(j_g^*\sqrt{\dfrac{\rho_l}{\rho_g}} + j_l^*\right) + 0.35}, \tag{10.38}$$

여기서 식 (10.28)의 무차원 공탑 속도의 정의에서 ρ_l과 비교하여 ρ_g를 무시하였다. 그림 10.6은 위의 이론이 Nicklin, Wilkes, Davidson(전에 언급한 것과 같이)이 보고한 실험 결과에 의하여 완전한 슬러그 유동 영역뿐만 아니라 (어느 정도 예기치 않게) 기포 유동과 반원환 유동 영역의 연결부에 대해서도 적용됨을 입증하고 있음을 보여준다.

압력 구배와 관련하여, 총 부피의 $(1-\varepsilon)$을 차지하는 액체의 밀도는 기체의 밀도에 비하여 매우 큼에 주목하라. 따라서 압력 구배는 정역학적 효과만을 고려한 것으로 다음과 같이 근사적으로 나타낼 수 있다.

$$\frac{dp}{dz} = -\rho_l g(1-\varepsilon). \tag{10.39}$$

식 (10.39)에 대한 부가적인 보정은 연속되는 기체 슬러그 사이의 액체 "피스톤"에 대한 벽 마찰이

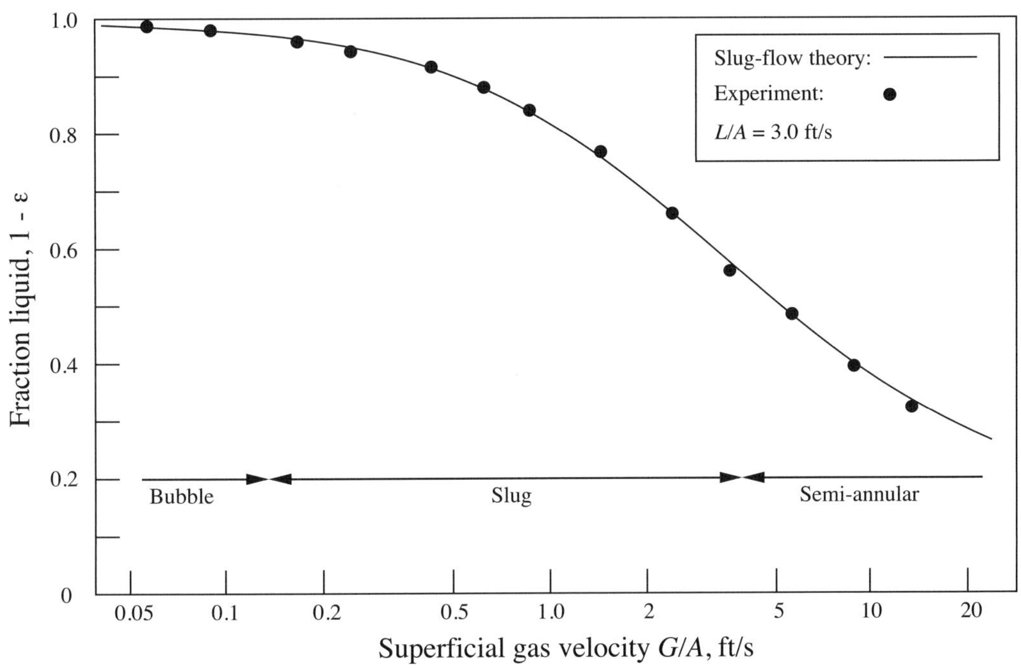

그림 10.6 직경이 1.02 in인 연직 관내에서 액체의 공탑 속도가 3.0 ft/s일 때 기체의 공탑 속도의 함수로서 공기/물의 2상 유동에 대한 액체 공극률의 실험치. D.J. Nicklin, "Two-Phase Flow in Vertical Tubes," Ph.D. dissertation, University of Cambridge, 1961.

포함되어야 한다. 따라서 만일 $(dp/dz)_{sp}$가 평균 속도 $\overline{u}_l$로 흐르는 *액체만*에 대한 단일상 마찰 압력 구배라 하면, 압력 구배에 대한 보다 정확한 표현은 다음과 같다.

$$\frac{dp}{dz} = (1-\varepsilon)\left[-\rho_l g + \left(\frac{dp}{dz}\right)_{sp}\right]. \tag{10.40}$$

위의 해석은 관성과 중력이 효과가 주가 되고 점도를 무시할 수 있는 이상(ideal) 액체에 대한 것이다. White와 Beardbmore는 다양한 유체에 대한 슬러그 상승 속도를 고찰하여 결과를 물성치 그룹 Y를 매개인자로 하여 Fr(Froude 수)를 Eo(Eötvös 수)에 대하여 도시하였다.[13] 여기서 각 무차원군은 다음과 같다.

$$\mathrm{Fr} = \frac{u}{\sqrt{gD}}, \qquad \mathrm{Eo} = \frac{\rho g D^2}{\sigma}, \qquad Y = \frac{g\mu^4}{\rho\sigma^3}. \tag{10.41}$$

모든 액체에 대하여 Eo가 증가함에 따라 Fr은 0에서 약 0.345의 점근값으로 증가한다. 그러나 Y 값이 큰 경우에는 더 천천히 증가한다. 저자들은 증류수($\rho = 0.997$ g/ml, $\mu = 0.87$ cP, $\sigma = 71.5$ g/s^2, $Y = 1.54 \times 10^{-11}$)는, 관의 지름이 $D > 2.26$ cm인 경우에 해당하는 Eo > 70에 대하여 Fr은 그 최종 값인 0.345를 가지며, 이상적으로 거동한다고 결론을 내렸다. 근본적으로 점성 효과는 실제적으로 사용되는 관에서 대부분의 저점도 유체에 대하여 비교적 중요하지 않다. 대표적인 윤활유인 Voltra oil ($\rho = 0.902$ g/ml, $\mu = 294$ cP, $\sigma = 30.8$ g/s^2, $Y = 2.8$)이 이상 유체로 고려되기 위해서는 $D > 10.22$ cm의 관에 해당하는 Eo $> 3{,}000$을 필요하게 된다.

예제 10.4 기체상승 펌프의 성능

그림 E10.4는 부피 유속이 G인 기체의 부력이 높이 H_0인 액체 저장소에서 높이 H, 지름이 D이고 단면적이 A인 연직 관에서 액체를 부피 유속 L로 상승시키기 위한 기체-상승 펌프를 보여준다. 여기서 슬러그 유동이 가정된다. 공급 관 및 연직 관에서의 액체의 마찰을 무시하라.

(a) 관 내에서 공극률 ε을 H와 H_0의 항으로 나타내는 식을 유도하라.

(b) 만약 $L = 0$이면(즉 액체가 꼭대기의 가장자리에 도달하기만 한다면), 높이 H는 다음과 같이 주어짐을 보여라.

$$\frac{H}{H_0} = \frac{1.2G/A + u_b}{0.2G/A + u_b},$$

여기서 $u_b = 0.35\sqrt{gD}$이다.

(c) 만약 G/A의 값이 u_b보다 아주 크다면, ($L = 0$인 경우에) 액체가 올라갈 수 있는 최대 높이 H_{max}는 얼마인가? H_0의 배수로 답하라.

(d) 만약 관의 지름이 $D = 0.1$ m이고, $\varepsilon = 0.5$ 및 $G/A = 2L/A$가 되도록 양의 액체 유속으로 조업한다면, G/A(m/s)의 값은 얼마인가?

[13] E.T. White and R.H. Beardbmore, "The velocity of single cylindrical air bubble though liquids contained in vertical tubes," *Chemical Engineering Science*, Vol. 17, pp. 351–361 (1962).

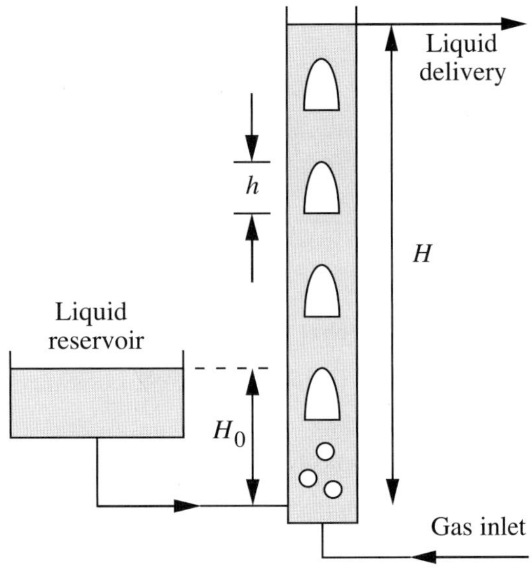

그림 E10.4 기체-상승 펌프.

풀이

(a) 정역학으로부터 관의 밑면에서의 압력은 두 가지 방법으로 얻어진다.

$$\rho_l g H_0 = \rho_l g H(1-\varepsilon), \tag{E10.4.1}$$

그 결과는 다음과 같이 된다.

$$\varepsilon = 1 - \frac{H_0}{H}. \tag{E10.4.2}$$

(b) 식 (10.38)에서 $L = 0$이고 $u_b = 0.35\sqrt{gD}$이면 다음과 같은 결과를 얻는다.

$$\varepsilon = \frac{G/A}{1.2G/A + u_b} = 1 - \frac{H_0}{H}. \tag{E10.4.3}$$

위의 식을 재배열하고 높이의 비에 대하여 풀면 다음과 같은 원하는 결과를 얻는다.

$$\frac{H}{H_0} = \frac{1.2G/A + u_b}{0.2G/A + u_b}. \tag{E10.4.4}$$

(c) $G/A \gg u_b$인 경우에 식 (E10.4.4)의 분모와 분자에 있는 속도 u_b는 무시되어 다음과 같이 된다.

$$\frac{H}{H_0} = \frac{1.2G/A}{0.2G/A} = 6. \tag{E10.4.5}$$

따라서 도달할 수 있는 최대 높이는 저장소의 높이 H_0의 6배가 된다.

(d) 수치값들을 대입하면 다음과 같이 된다.

$$u_b = 0.35\sqrt{gD} = 0.35\sqrt{9.81 \times 0.1} = 0.347 \text{ m/s}. \tag{E10.4.6}$$

$$\frac{G}{\varepsilon A} = 1.2\left(\frac{G}{A} + \frac{L}{A}\right) + u_b \quad \text{or} \quad 2\frac{G}{A} = 1.2 \times 1.5\,\frac{G}{A} + 0.347. \tag{E10.4.7}$$

따라서 기체의 공탑 속도는 다음과 같다.

$$\frac{G}{A} = 1.733 \text{ m/s}, \tag{E10.4.8}$$

이 속도이면 원하는 액체 유속을 얻기에 충분하다.

원환 유동

그림 10.7에서와 같이 *연직관*에서 기체와 액체의 동시 유동을 고려하자. Wallis(앞에서 인용한 문헌)가 추천한 접근법은 압력 강하의 마찰 부분에 Lockhart-Martinelli 상관식을 사용하고 적절한 중력항을 이에 보완하는 것이다.

우선, 내부 중심부에서 기체의 유동만을 고려하자. 기체의 속도 v_g는 전형적으로 액체의 속도에 비하여 아주 크므로, 압력 구배는 기체가 지름이 D_g인 관에서 v_g의 속도로 흐르는 것으로 가정하여 근사할 수 있고, 다음과 같은 결과를 준다.

$$\left(\frac{dp}{dz}\right)_{\text{tp}} = \left(\frac{dp}{dz}\right)_{\text{g}} = -\frac{2f_{\text{F}}\rho_g v_g^2}{D_g} - \rho_g g \tag{10.42}$$

$$= -\underbrace{\left(\frac{v_g^2 D}{j_g^2 D_g}\right)}_{\phi_g^2}\underbrace{\left(\frac{2f_{\text{F}}\rho_g j_g^2}{D}\right)}_{(dp/dz)_{go}} - \rho_g g = \underbrace{\phi_g^2\left(\frac{dp}{dz}\right)_{go}}_{\text{Friction}} - \underbrace{\rho_g g}_{\text{Gravity}}, \tag{10.43}$$

여기서 $\phi_g^2 = v_g^2 D/j_g^2 D_g$의 치환은 식 (10.19)와 (10.20)으로부터 도출된다.

둘째로, 액체의 관점으로부터 마찰 기여 항을 얻는 전체 유동을 고려하자.

$$\left(\frac{dp}{dz}\right)_{\text{tp}} = \underbrace{\phi_l^2\left(\frac{dp}{dz}\right)_{lo}}_{\text{Friction}} - \underbrace{[\varepsilon\rho_g + (1-\varepsilon)\rho_l]g}_{\text{Gravity}}. \tag{10.44}$$

특정한 기체와 액체의 유속에 대하여, 식 (10.43)과 (10.44)의 우변의 도함수들은 알려져 있다. 이 방정식들은 압력 구배 $(dp/dz)_{\text{tp}}$와 공극률 ε에 대하여 연립하여 풀린다. 적절한 해법은 다음과

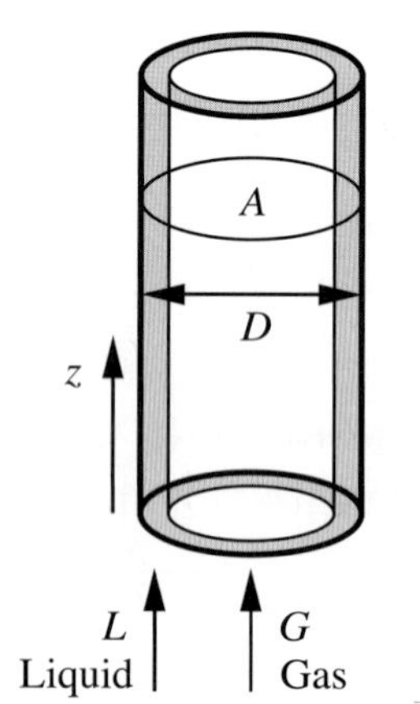

그림 10.7 연직 원환 2상 유동.

같다.

(a) 식 (10.43)과 (10.44)를 같게 둔다. 그래서 $(dp/dz)_{\mathrm{tp}}$를 소거하고 미지수 ϕ_g^2, ϕ_l^2, ε에 대한 단일 방정식을 얻는다.

(b) X와 ϕ_g^2 항을 선호하여 ϕ_l^2를 소거하기 위하여 식 (10.23)을 사용하면, 미지수 ϕ_g^2, X, ε에 대한 단일 방정식을 얻는다.

(c) 표 10.4에 주어진 정보를 이용하여 ϕ_g^2, X, ε에 대하여 푼다.

예제 10.5 연직 관에서의 2상 유동

기체와 기름이 부피 유속이 각각 $G = 10.0$, $L = 0.1\ \mathrm{ft^3/s}$로 안지름이 $D = 0.25\ \mathrm{ft}$인 연직 관에서 상향으로 흐르고 있다. 기체의 분율, 압력 구배, 각 상의 평균 속도를 예측하라. 이때 물성치들은 $\rho_g = 0.15$, $\rho_l = 50.0\ \mathrm{lb_m/ft^3}$, $\mu_g = 0.025$, $\mu_l = 20.0\ \mathrm{lb_m/ft \cdot hr}$이다. 또한 Fanning 마찰인자는 $f_F = 0.0045$이다.

풀이

다음의 양들이 우선 계산되어야 한다.

관의 단면적

$$A = \frac{\pi D^2}{4} = \frac{\pi \times 0.25^2}{4} = 0.0491\ \mathrm{ft}^2.$$

공탑 속도

$$j_g = \frac{G}{A} = \frac{10.0}{0.0491} = 204, \qquad j_l = \frac{L}{A} = \frac{0.1}{0.0491} = 2.04\ \mathrm{ft/s}.$$

식 (10.28)로부터의 무차원 공탑 속도

$$j_g^* = j_g \sqrt{\frac{\rho_g}{gD(\rho_l - \rho_g)}} = 204 \sqrt{\frac{0.15}{32.2 \times 0.25 \times (50.0 - 0.15)}} = 3.94,$$

$$j_l^* = j_l \sqrt{\frac{\rho_l}{gD(\rho_l - \rho_g)}} = 2.04 \sqrt{\frac{50.0}{32.2 \times 0.25 \times (50.0 - 0.15)}} = 0.720.$$

식 (10.27)로부터 슬러그 유동이 원환 유동으로 되는 점에서 j_g^*의 근사 값은 $0.5 + 0.6j_l^*$로 주어짐을 기억하라. 이 전이 값을 확실히 넘었으므로 유동은 원환 유동이 된다. 식 (10.43)과 (10.44)에 대입하기 위한 적절한 압력 구배는 다음과 같다.

기체만

$$\left(\frac{dp}{dz}\right)_{go} = -\frac{2f_F\rho_g j_g^2}{D} = -\frac{2 \times 0.0045 \times 0.15 \times 204^2}{0.25 \times 32.2 \times 144} = -0.0485\ \mathrm{psi/ft}.$$

액체만

$$\left(\frac{dp}{dz}\right)_{lo} = -\frac{2f_F\rho_l j_l^2}{D} = -\frac{2 \times 0.0045 \times 50.0 \times 2.04^2}{0.25 \times 32.2 \times 144} = -1.62 \times 10^{-3}\ \mathrm{psi/ft}.$$

Reynolds 수

$$\mathrm{Re}_g = \frac{0.15 \times 204 \times 0.25 \times 3{,}600}{0.025} = 1.10 \times 10^6,$$

$$\mathrm{Re}_l = \frac{50.0 \times 2.04 \times 0.25 \times 3{,}600}{20.0} = 4{,}590.$$

따라서 유동은 액체에 대해서도 난류이고, 기체에 대해서도 난류이다. (표 10.5로부터) 식 (10.26)에 사용할 $n = 4.12$이다. 식 (10.43)과 (10.44)는 다음과 같이 된다.

$$\frac{dp}{dz} = -0.0485\phi_g^2 - \frac{0.15 \times 32.2}{32.2 \times 144} = -0.0485\phi_g^2 - 0.00104,$$

$$\frac{dp}{dz} = -1.62 \times 10^{-3}\phi_l^2 - \frac{32.2[0.15\varepsilon + 50.0(1-\varepsilon)]}{32.2 \times 144} = -1.62 \times 10^{-3}\phi_l^2 - 0.347 + 0.346\varepsilon.$$

이제는 두 압력 구배를 같게 두고, 식 (10.23)으로부터 $\phi_l^2 = \phi_g^2/X^2$을 대입하고, 그리고 항을 모으면 다음과 같이 된다.

$$\phi_g^2\left(29.9 - \frac{1}{X^2}\right) = 214(1-\varepsilon),$$

이 식은 식 (10.25)와 (10.26)을 연결지어서 다음과 같이 구해질 수 있다.

$$X = 0.198, \qquad \varepsilon = 0.902, \qquad \phi_g = 2.17, \qquad \phi_g^2 = 4.70.$$

따라서 기체의 분율은 0.902이고, 기름은 관의 안쪽의 얇은 필름을 차지한다. 다음으로 압력 구배가 계산된다.

2상 유동 압력 구배

$$\left(\frac{dp}{dz}\right)_{tp} = \phi_g^2\left(\frac{dp}{dz}\right)_{go} - \rho_g g = -4.70 \times 0.0485 - \frac{0.15 \times 32.2}{32.2 \times 144} = -0.229 \text{ psi/ft}.$$

마지막으로 각 상의 평균 속도는 다음과 같이 구해진다.

기체

$$v_g = \frac{G}{\varepsilon A} = \frac{10.0}{0.902 \times 0.0491} = 226 \text{ ft/s}.$$

액체

$$v_l = \frac{L}{(1-\varepsilon)A} = \frac{0.1}{(1-0.902) \times 0.0491} = 20.8 \text{ ft/s}.$$

10.5 범람

연직 관에서 기체는 위로 흐르고 액체는 아래로 흐르는 2상 유동을 고려하자. 상대 속도가 아주 큰

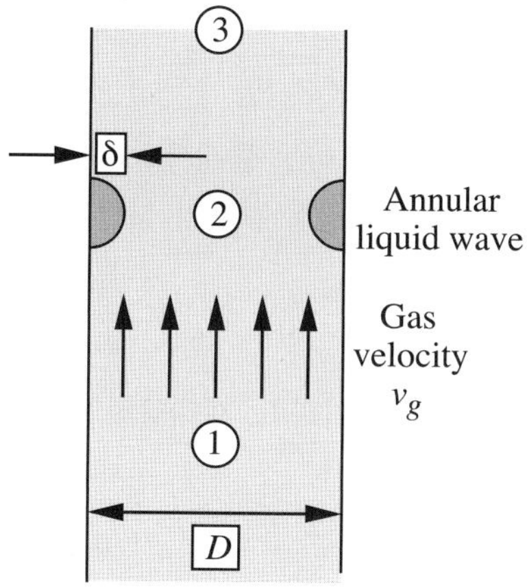

그림 10.8 범람 상관식의 모델.

경우에 기/액 계면에서 불안정한 파동이 형성되고 궁극적으로는 액체의 파편 조각이 떨어져 나오고, 기체에 의하여 위로 동반된다. 이 단계에서 보통의 향류(countercurrent) 조작은 끝이 나고 *범람*(flooding)이 발생한다. 액체의 유속이 작은 경우 Wallis(앞에서 인용한 문헌)는 액체가 아래로 흐르지 않을 조건을 다음과 같이 제시하였다.

$$j_g^* = j_g\sqrt{\frac{\rho_g}{gD(\rho_l - \rho_g)}} \doteq 0.9, \tag{10.45}$$

(여기서 j_g는 그림 10.8에서의 기체 속도 v_g와 같고), 또한 끝이 날카로운 연결부를 가지는 관에서 범람의 한계 조건을 다음과 같이 제시하였다.

$$\sqrt{j_g^*} + \sqrt{j_l^*} = 0.725, \tag{10.46}$$

만일 말단 효과가 최소화된다면 상수는 0.88~1.00의 범위로 상승한다.

이 조건은 Whalley[14]와 이 책의 연습 문제 2.44에서도 제안된 간결한 방법에 의해 유도될 수 있는 식 (10.45)에 아주 근접한다. 일반적인 개념은 그림 10.8에 보여준다. 여기서 반지름이 δ로 작은 반원 모양의 단면적을 갖는 원환 모양의 파동이 관의 안쪽 면을 감싸고 있는 얇은 필름에 생성된다고 가정한다. 위치 1과 2 사이에서 기체는 Bernoulli 효과로 압력 감소를 동반하고 가속된다. 압력은 위치 2와 3 사이에서 회복되나, 확장 유동에서의 난류 때문에 일부분만 회복된다.

식 (2.65)로부터 총괄 압력 강하는 다음과 같게 된다.

$$p_1 - p_3 = \rho_g \frac{v_g^2}{2}\left(\frac{A_1}{A_2} - 1\right)^2, \tag{10.47}$$

여기서 각 부분에서의 면적은($\delta \ll D$의 경우에) 다음과 같게 된다.

$$A_1 = \frac{\pi D^2}{4}, \qquad A_2 \doteq \frac{\pi(D-2\delta)^2}{4} \doteq \frac{\pi D(D-4\delta)}{4}. \tag{10.48}$$

따라서 면적 비와 압력 강하는 다음과 같게 된다.

[14] P.B. Whalley, Boiling, *Condensation, and Gas-Liquid Flow*, Clarendon Press, Oxford, 1987.

$$\frac{A_1}{A_2} = \frac{D^2}{D(D-4\delta)} \doteq 1 + \frac{4\delta}{D}, \qquad p_1 - p_3 = \rho_g \frac{v_g^2}{2}\frac{16\delta^2}{D^2}. \tag{10.49}$$

범람의 시작점에서, 압력 강하는 둘레가 πD이고 단면적의 $\pi\delta^2/2$인 파동의 무게와 균형을 이루기만 하면 된다. 따라서 다음과 같은 관계가 성립된다.

$$(p_1 - p_3)\frac{\pi D^2}{4} \doteq \pi D \frac{\pi\delta^2}{2}\rho_l g. \tag{10.50}$$

위의 두 식에서 $(p_1 - p_3)$를 소거하고, 재배열하면 다음과 같게 된다.

$$j_g^* = v_g\sqrt{\frac{\rho_g}{gD\rho_l}} = \sqrt{\frac{\pi}{4}} \doteq 0.886, \tag{10.51}$$

이 식은 식 (10.45)와 본질적으로 일치한다. 파동의 단면적을 다른 모양으로 가정하면, 식 (10.51)의 상수가 약간 달라짐에 주의하라. 그러나 상수에 약간의 불확실성이 있음에도 불구하고 해석 결과는 j_g^*가 범람에 대해서 시도되는 어떤 상관관계에도 포함되는 중요한 무차원군임을 보여준다. 연습 문제 7.14를 참조하라.

충전탑

충전탑은 화학공학에서 기체 흐름으로부터 액체 흐름으로의 한 성분을 흡수하기 위해서, 또 어떤 증류조작을 수행하기 위해서 사용된다. 그림 10.9에 보여주는 것과 같이 액체는 탑의 꼭대기에서 분배기에 의하여 분무되고 탑의 밑 부분으로부터 들어오는 기체와 향류로 유동한다.

물질전달을 위한 표면적을 증가시키기 위해 탑은 세라믹 Raschig ring과 같은 불활성 충전물로 채워진다. 다른 형태의 충전 물질은 종종 더 복잡한 내부 표면을 포함하는 Pall ring과 Burl saddle이다.

만일 기체와 액체의 처리량을 증가시키려 한다면, 어떤 단계에서 연직 방향의 압력 강하가 액

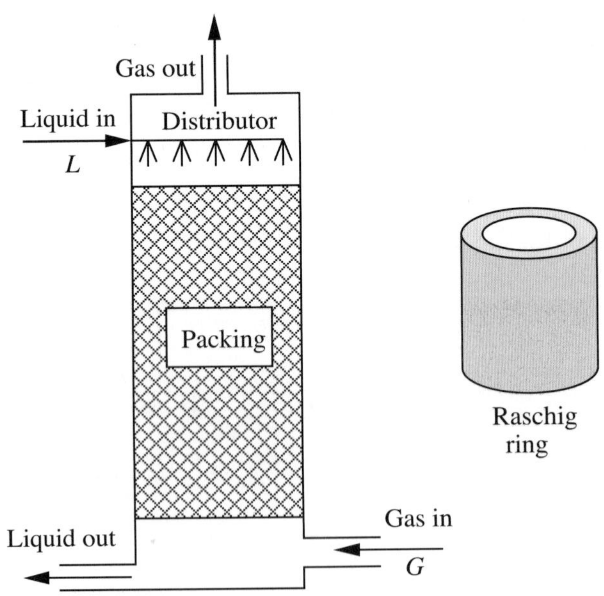

그림 10.9 기체 흡수를 위한 충전탑.

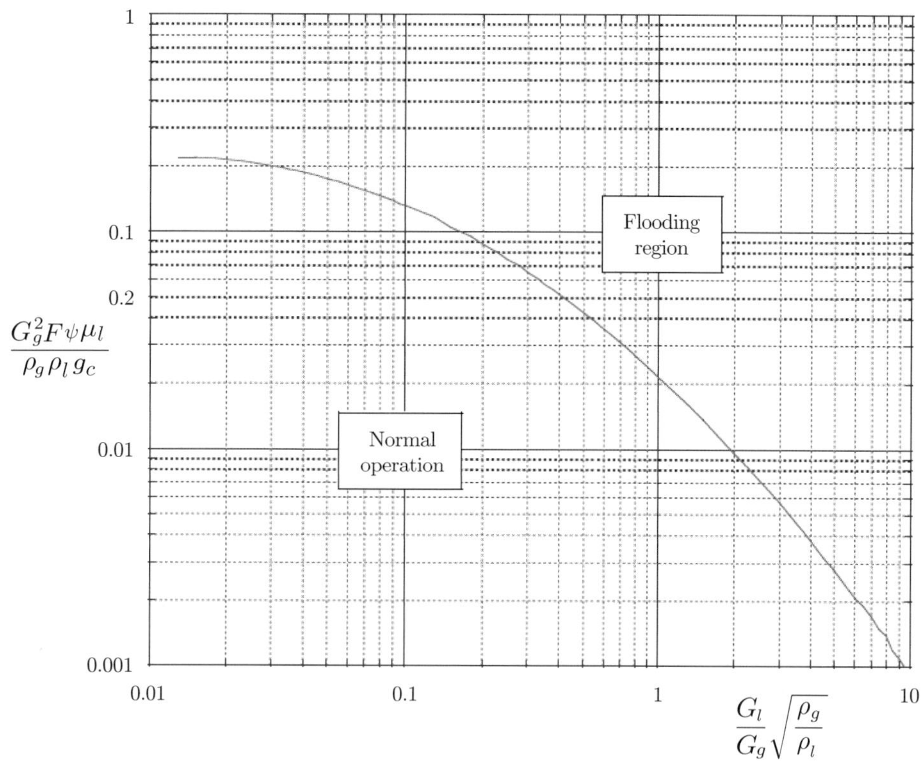

그림 10.10 충전탑에서 범람에 대한 상관관계.

체의 하강유동을 막을 수 있는 정도가 되고 탑은 액체로 채워지거나 넘치게 되어, 정상적인 조업은 멈춰지게 된다. 그림 10.10은 Eckert의 문헌[15]에 의한 정보로부터 유도되는 범람 한계를 보여준다. 종좌표는 무차원이 아니고 변수들은 표 10.6에 주어진 단위를 가져야 한다는 것에 주의하라. 종좌표가 식 (10.51)로 주어지는 무차원 속도와 연관되는 범위를 검토해 보기를 원할 수도 있다.

대표적인 충전 인자들은 표 10.7에 주어지고 탑의 능력은 충전 인자의 제곱근 $\sqrt{F}$에 반비례한다. Eckert는 여러 충전 물질을 장점과 단점에 대하여 논의하였다. 크기가 작은 충전 물질은 물질전달의 촉진시키지만, 처리 용량이 적어지고 비용은 많이 들게 된다. 대부분의 경우에는 공칭(nominal) 2-in 충전물이 최적인 것으로 보인다.

10.6 유동화 소개

작은 입자로 충전된 층을 통한 유체의 상향유동을 고려하자. (부피 유속을 단면적으로 나눈 Q/A로 정의되는) 유체의 공탑 속도 u가 증가함에 따른, 층의 높이 h와 압력 강하 $\Delta p = p_1 - p_2$가 그림 10.11에 주어져 있다. 압력 강하가 층의 단위 면적당 무게를 지지할 수 있을 때, *초기 유동화* 점에 도달한다. 이 점에서 공탑 속도는 u_0로, 공극률은 (전형적으로 0.4와 0.5 사이) ε_0으로 나타내어진다.

---

[15]J.S. Eckert, "Selecting the proper distillation column packing," *Chemical Engineering Progress*, Vol. 66, No. 3. pp. 39–44 (1970).

표 10.6 ▶ 충전탑 범람 상관관계에 사용되는 변수들

Variable	Definition
F	Packing factor (see Table 10.7)
g_c	Conversion factor, 32.2 lb_m ft/lbf s^2
G_g	Gas mass velocity, lb_m/ft^2 s
G_l	Liquid mass velocity, lb_m/ft^2 s
μ_l	Liquid viscosity, cP
ρ_g	Gas density, lb_m/ft^3
ρ_l	Liquid density, lb_m/ft^3
Ψ	Density of water divided by density of liquid

표 10.7 ▶ 충전 인자 F의 대표적인 값들.

Type	Material	Nominal 1/2	Packing 1	Size, 2	in. 3
Intalox saddles	Ceramic	200	98	40	22
Raschig rings	Ceramic	580	155	65	37
Pall rings	Plastic	—	52	25	—
Pall rings	Metal	—	48	20	—
Raschig rings (1/16-in. wall)	Metal	410	137	57	32

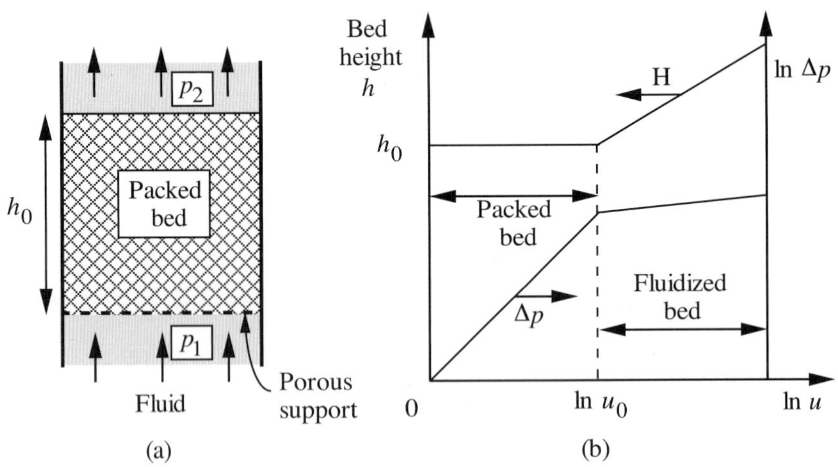

그림 10.11 ▶ 유동화. (a) 충전탑을 통한 상향유동. (b) 공탑 속도에 따른 탑 높이와 압력 강하의 변화.

$u > u_0$인 경우에 층은 팽창하기 시작하고, 결과적으로 *유체*처럼 행동한다. 유동화에는 고체 입자의 밀도 ρ_s와 유체의 밀도 ρ_f 사이의 상대적인 값에 따라 두 가지 서로 다른 모드가 있다.

입자 유동화

만일 ρ_s와 ρ_f가 거의 같은 크기 정도를 가지면, 층은 유체와 입자의 균질 혼합물이 된다. 이와 같은 상황은 실용적으로는 덜 중요한 *액체* 유동층에서 발생한다. 층은 균일하게 팽창되고 공극률은 다음과 같은 *Richardson-Zaki*[16] 상관식을 따른다.

$$\frac{u}{u_t} = \varepsilon^n, \tag{10.52}$$

여기서 u_t는 단일 입자의 종말 속도이고, 지수 n은 표 10.8에 따라서 입자 Reynolds 수, $\mathrm{Re} = \rho_f u d_p/\mu_f$에 따라 변한다. 여기서 d_p는 유효 입자 지름이고 μ_f는 유체의 점도이다.

표 10.8 ▸ Richardson-Zaki의 지수 값

Re	***n***
Re < 0.2	4.65
0.2 < Re <1	$4.35\mathrm{Re}^{-0.03}$
1 < Re < 500	$4.45\mathrm{Re}^{-0.1}$
Re > 500	2.39

응집 유동화

유체의 밀도가 입자의 밀도보다 상당히 작을 때, 층은 다음과 같은 두 개의 상으로 구성됨이 발견된다.

1. 총 유체 유속이 유동화 초기 값을 상당히 넘었음에도 공극률은 유동화 초기 값 ε_0로 유지되는 *입자상* 또는 *에멀션*
2. 초기 유동화에 필요한 것 이상의 유체를 포함하는 *기포상*

응집 유동화(aggregative fluidization)는 주로 상업적인 촉매 반응기에서 상당히 중요한 *기상* 유동층에서 발생한다. 일반적인 개략도는 그림 10.12에 주어져 있다. 입자와 기포의 상호 운동은 10.8절에서 자세히 고려된다.

10.7 기포 역학

액체에서 작은 기포의 연속적인 무리의 상승 속도

10.2절에서 기체 슬러그에 대한 논의와 마찬가지로, Nicklin은 기포 영역을 그림 10.13에 나타낸 것과 같이 한 무리의 기포들의 유동과 연속적으로 발생되는 기포의 유동으로 구분하여 2상 기/액

[16] J.F. Richardson and W.N. Zaki. "Sedimentation and fluidisation." *Transactions of the Institution of Chemical Engineers*, Vol. 32, p. 35 (1954).

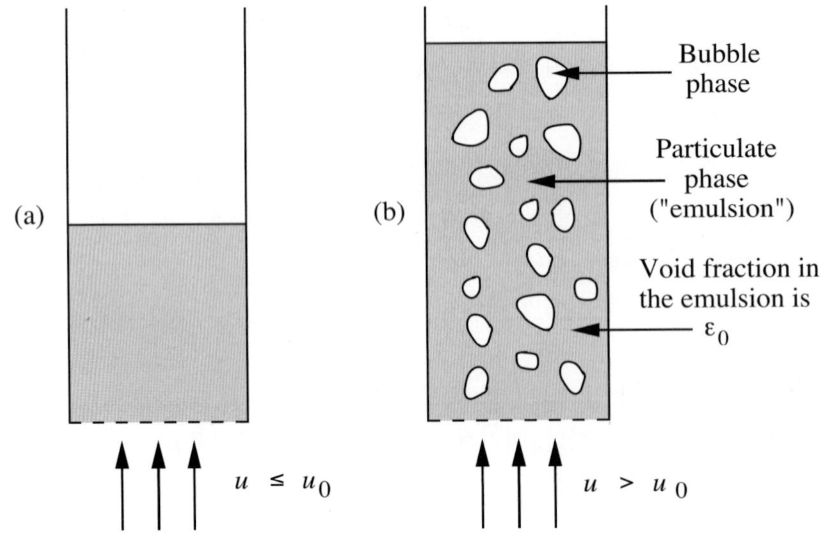

그림 10.12 응집 유동화. (a) 밀집층(compacted bed), (b) 유동층.

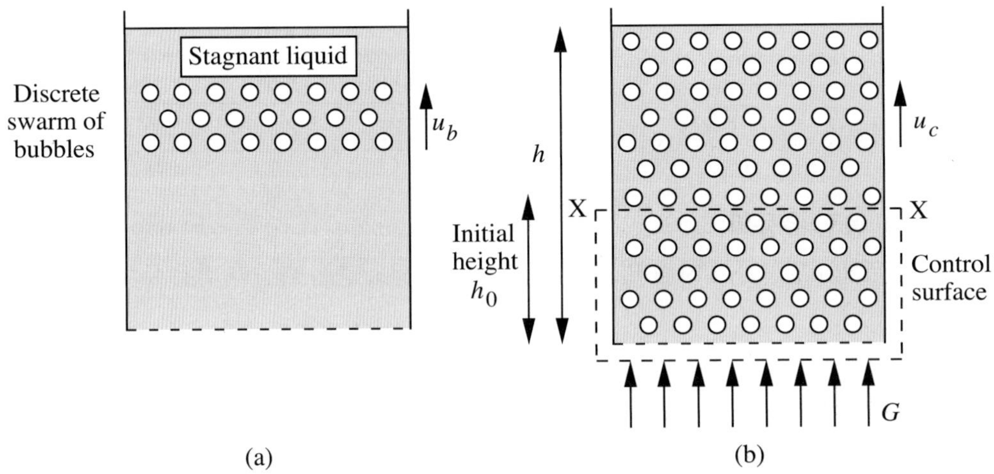

그림 10.13 기포의 상승. (a) 불연속적인 무리를 이룬 기포, (b) 연속적으로 생성된 기포.

유동으로 고려하였다. 두 경우 모두에서 기포는 액체로 채워진 단면적 A의 탑의 밑면에서 분배기의 작은 구멍을 통하여 유속 G로 흐르는 기체의 통과에 의하여 생성된다.

Nicklin의 이론은 위의 정지된 액체에 대해 기포의 동일한 *한 무리*가 u_b의 속도로 상승한다고 가정했다.[17] 그러면, 그림 10.13(b)의 대상 표면에 대한 (부피 수지인) 연속 방정식으로부터 기포의 두 층 사이의 X−X를 가로지르는 액체의 평균 상향 속도는 G/A이다. 따라서 관에서 상승하는 기체 슬러그에 대하여 적용되었던 동일한 논의에 의하여 *연속적으로 생성되는* 기포의 상승 속도 u_c는 다음과 같이 주어진다.

[17] D.J. Nicklin, "Two-phase bubble flow," *Chemical Engineering Science*, Vol. 17, pp. 693−702 (1962).

표 10.9 ▶ 상승하는 기포 무리에 대한 변수들

Variable	Definition
A	Cross-sectional area of column
D_e	Effective bubble diameter
G	Gas volumetric flow rate
h_0	Depth of undisturbed liquid
h	Depth of liquid with bubbles rising through it
u_b	Rise velocity of a single swarm of bubbles
u_c	Rise velocity of continuously generated bubbles
u_0	Incipient superficial gas velocity
V	Volume of a single bubble
ε	Fraction of total volume occupied by bubbles

$$u_c = \frac{G}{A} + u_b. \tag{10.53}$$

기포들에 대하여 운동은 (상당히) 안정되어 있고 따라서 액체 유선(streamline)은 가시화될 수 있음에 주목하라. X−X를 가로질러 액체의 한 순간 *상향유동*(upflow)을 보고 잠시 후 기포의 층이 그 위를 이동한 순간에 X−X를 가로지르는 액체의 *하강유동*(downflow)을 볼 수 있는 고정된 위치에서의 관찰자의 경우는 그러하지 않다. 만약 액체의 순 유동이 없다면 (탑에서 액체가 넘치지 않는다면) 평균적인 의미에서 두 효과는 서로 상쇄되어야 한다.

다음으로 표 10.9에서 정의된 주요 변수와 함께 상향으로 흐르는 기포에 의하여 방해받지 않던 초기 액체 층의 팽창을 고려하자. 기체의 부피 유속은 다음과 같다.

$$G = \varepsilon A u_c. \tag{10.54}$$

역시 초기에 방해받지 않던 유체 층의 팽창은 부가된 기포에 의하여 일어난다. 따라서 기체의 부피와 추가적인 부피를 같게 둔다.

$$A(h - h_0) = \varepsilon h A. \tag{10.55}$$

식 (10.53)~(10.55)로부터 다음과 같은 관계를 얻는다.

$$\frac{u_b}{G/A} = \frac{h_0}{h - h_0}, \tag{10.56}$$

이 식을 사용하여 서로 다른 G/A 값에서 층의 높이를 실험적으로 관측하여 u_b를 유추할 수 있다.

유동층으로의 확장

위의 해석은 G/A를 $(G/A - u_0)$로 대체하면 응집 유동층에 대해서도 성립한다. 이는 시작 속도 이상의 모든 기체는 기포로 층을 통과한다는 사실을 의미하며, 따라서 *연속적으로* 생성되는 기포의 상승 속도는 다음과 같이 된다.

$$u_c = \frac{G}{A} - u_0 + u_b. \tag{10.57}$$

(기포들 사이에는 어떤 양의 간섭이 있을 수 있으므로) *근사적으로* 상승 속도 u_b는 상당 기포 지름 D_e 또는 기포 부피 $V = \pi D_e^3/6$의 관점에서 이와 동등한 지름의 함수로 비점성 액체에 대한 이 장의 첫 부분에 있는 식 (10.8)로부터 추정할 수 있다.

$$\text{Inviscid liquids:} \qquad u_b \doteq 0.711\sqrt{gD_e} = 0.792 g^{1/2} V^{1/6}. \tag{10.8}$$

그러나 유동층 탑에서 상승하는 기포에 대해서는 0.792 대신에 약간 감소된 값으로 상수가 얻어진다. 다음의 두 관찰은 벽에 의하여 방해를 받지 않는 기포의 상승 속도를 구하기 위하여 필요하다. 기포의 지름이 탑의 지름에 비하여 작지 않다면 기포의 상승 속도를 낮출 수 있다.

(a) Davidson 등은 유리 구와 모래로 이루어진 3 in 지름의 유동층에서 기포의 부피가 5.80~15.0 ml 범위인 실험을 진행하였다. 그들의 결과에 의하면 상수 값은 0.728이 된다.[18]

(b) Harrison과 Leung은 61 cm의 정사각형 단면을 갖는 모래 입자가 채워진 유동층에서 25~10,000 ml의 부피를 갖는 기포의 상승을 조사하였다. 그들의 결과에 의하면 상수는 0.712가 된다.[19]

상수를 평균 값으로 0.720을 택하면, 기포 상승 속도에 대한 다음과 같은 식을 사용할 수 있다.

$$\text{Fluidized beds:} \qquad u_b \doteq 0.646\sqrt{gD_e} = 0.720 g^{1/2} V^{1/6}. \tag{10.58}$$

따라서 유동층의 팽창에 대한 식 (10.56)과의 유사성(analog)은 다음과 같이 주어진다.

$$\frac{0.720 g^{1/2} V^{1/6}}{G/A - u_0} = \frac{h_0}{h - h_0}, \tag{10.59}$$

이 식은 h를 G/A의 함수로 측정하여 기포 부피를 (및 그 상당 지름을) 추산하는 데 사용될 수 있다.

오리피스에서 생성되는 기포의 부피

퍼텐셜 유동 이론은 액체 층이나 응집 유동층에 잠겨 있는 오리피스로부터 성장하고 최종적으로는 오리피스를 떠나는 기포의 부피를 결정하는 데에도 사용될 수 있다.

그림 10.14는 그와 같은 오리피스에서 성장하는 구형 기포의 발달을 세 단계로 보여준다. 부피 V와 반지름 r의 기포가 오리피스에서 기포 중심까지의 거리 s = OC가 될 때까지(성장이 멈추는 것은 부력 때문) 계속하여 성장한다. 궁극적으로 s는 r을 초과하게 되고 기포는 오리피스로부터 떨어져 나온다. 이런 주기가 반복되고 다음과 같은 약간의 가정을 한 후에 해석될 수 있을 것이다.

1. 기체 부피 유속 G는 일정하다. (좀 더 복잡한 상황은 기체가 일정한 압력의 저장소로부터 공급되는 경우이다. 이 경우 유속은 기포가 성장하고 떨어져 나감에 따라 유속이 진동한다.)

2. 기체는 지름이 작은 관을 통하여 공급되고, 따라서 작은 점으로부터 나온다고 고려될 수 있다. (이에 대한 다른 상황은 기체가 평판에 있는 작은 구멍을 통하여 나온다. 이 경우는 기체의 하강 유동은 존재할 수 없다.)

---

[18] J.F. Davidson, R.C. Paul, M.J.S. Smith and H.A. Duxbury, "The rise of bubbles in a fluidised bed," *Transaction of the Institution of Chemical Engineers*, Vol. 37, pp. 323−328 (1959).

[19] D. Harrison and L.S. Leung, "The rate of rise of bubbles in a fluidised bed," *Transaction of the Institution of Chemical Engineers*, Vol. 40, pp. 146−151 (1962).

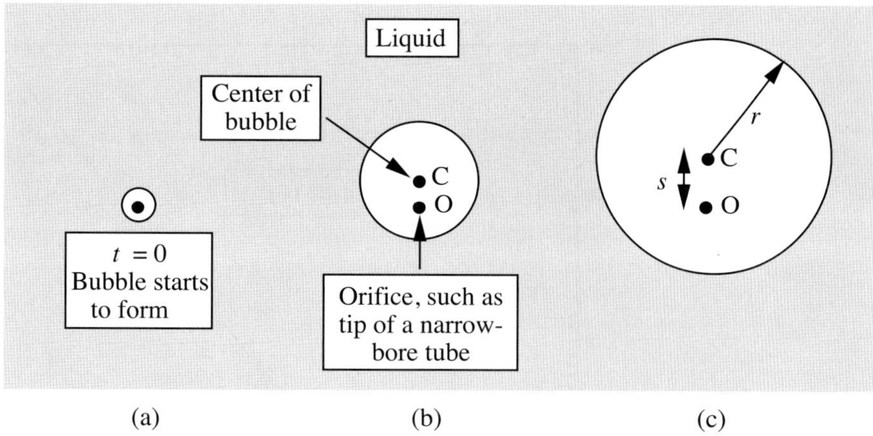

그림 10.14 오리피스에서 기포의 생성.

3. 기체의 유속은 표면장력이 중요해질 정도로 작지도 않고 기체의 관성이 중요해질 정도로 크지도 않다(유속이 큰 경우에는 제트가 형성될 수 있음). 또한 점성의 효과도 중요하지 않다. 즉 지배적인 효과는 중력과 기포 주위를 둘러싸고 있는 액체의 가속도이다.

기체 유속이 일정하기 때문에 다음과 같이 기포 부피는 시간에 따라 선형적으로 증가한다.

$$V = \frac{4}{3}\pi r^3 = Gt. \tag{10.60}$$

기포가 상승하면서 주위 유체를 가속한다. 비록 기포가 밀도는 거의 0이지만, 기포의 운동이 (상당한 밀도 ρ_l의) 주위 유체를 움직이게 하므로 기포도 *유효* 질량을 가진다. 연습 문제 10.4의 해를 구한 독자는 이 유효 질량이 구형 기포에 의하여 치환되는 유체의 질량의 반과 같다는 것을 발견할 수 있을 것이다.

부력과 기포의 유효 운동량의 증가 속도를 같게 두는 운동량 수지식은 다음과 같은 관계를 준다.

$$\rho_l V g = \frac{d}{dt}\left(\frac{1}{2}\rho_l V \frac{ds}{dt}\right). \tag{10.61}$$

식 (10.60)과 (10.61)로부터 V를 소거하고, 변수 분리 후에 두 번 적분하면 다음과 같이 놀랍게 간단한 결과를 가져다준다.

$$\rho_l G g \int_0^t t\, dt = \int_0^{\frac{1}{2}\rho_l V ds/dt} d\left(\frac{1}{2}\rho_l V \frac{ds}{dt}\right), \tag{10.62}$$

$$\rho_l G g \frac{1}{2}t^2 = \frac{1}{2}\rho_l G t \frac{ds}{dt}, \tag{10.63}$$

$$\frac{ds}{dt} = gt, \tag{10.64}$$

$$s = \frac{1}{2}gt^2. \tag{10.65}$$

식 (10.60)과 (10.65)로부터 $r = s$라 두면, 기포가 분리되는 시간은 다음과 같이 된다.

2

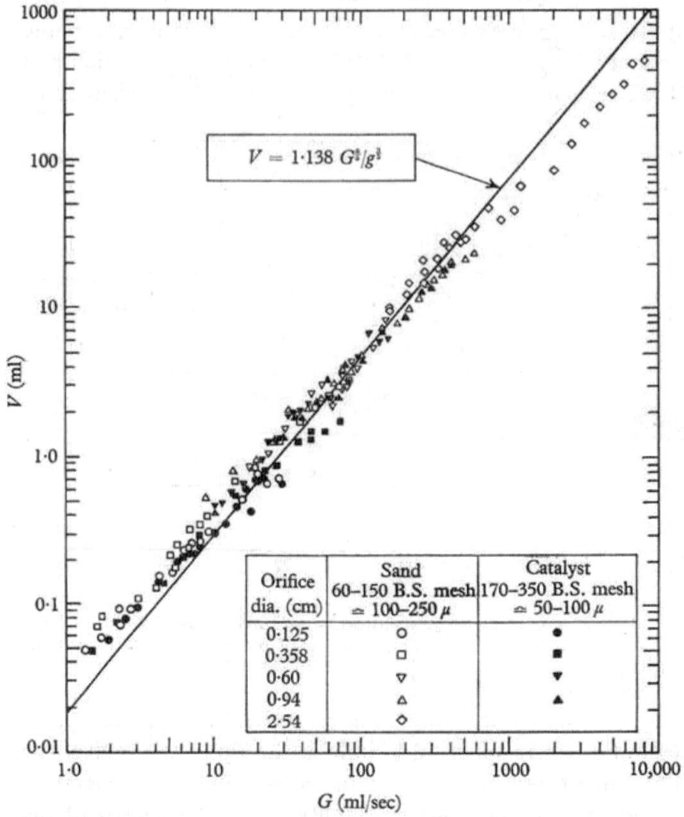

그림 10.15 초기 유동화 층의 오리피스에서 생성되는 기포들의 부피. D. Harrison and L.S. Leung, "Bubble formation at an orifice in a fluidised bed," Transaction of the Institution of Chemical Engineers, Vol. 39, pp. 409–414 (1961).

$$t_D = \left(\frac{6G}{\pi g^3}\right)^{1/5}, \tag{10.66}$$

따라서 분리 시에 부피는 다음과 같다.

$$V = Gt_D = 1.138\,\frac{G^{6/5}}{g^{3/5}}. \tag{10.67}$$

Harrison과 Leung[20]과 다른 연구자의 실험은 Davidson과 Harrison[21]에 의하여 보고된 것과 같이 액체와 유동층에 놓인 다양한 크기의 오리피스에 대하여 *매우* 넓은 범위의 기체 유속에서 그림 10.15에 보여주는 것과 같이 식 (10.67)과 잘 일치한다. Davidson과 Harrison는 (a) 완전히 구형이 아닌 기포, (b) 상승기포의 연속(train)에 의하여 오리피스 근처에서 유발되는 순환류(circulat-

[20] D. Harrison and L.S. Leung, "Bubble formation at an orifice in a fluidised bed," *Transaction of the Institution of Chemical Engineers*, Vol. 39, pp. 409–414 (1961).

[21] J.F. Davidson and D. Harrison, *Fluidised Particles*, Cambridge University Press, Cambridge, 1963, pp. 53, 59.

ing currents), 그리고 (c) 높은 기체 유속에서 기포들의 합체를 포함하여, 이론으로부터 적당한 편차에 대한 몇 가지 설명을 제공하고 있다.

수평 판에 위치한 오리피스에 대한 해석도 비슷하고, Davidson과 Schüler[22]가 이에 대해 연구하였다. 기포의 유효 질량은 기포에 의해 치환되는 액체의 질량의 11/16배이고, 최종 결과는 $V = 1.378\, G^{5/6}/g^{3/5}$이다.

10.8 응집 유동층에서의 기포

이 절의 궁극적인 목표는 응집 유동층에 대하여 상승하는 기포와 입자 상에 있는 두 기체 영역 사이의 상호작용을 조사하는 것이다. 명확하고 간결한 모델은 1963년 출간된 Harrison과 Davidson의 책(전에 인용한 문헌)에서 저자들의 접근법을 따른다. 포함되어 있는 유체역학의 원리들은 앞에서 다루었던 내용, 특히 제7장의 내용과 관련하여 뛰어난 완성도를 제공한다.

우선 표 10.10에 주어진 정의들을 고려하자. 입자와 유동화 유체는 둘 모두 비압축성으로 볼 수 있으므로 두 상에 연속 방정식을 적용할 수 있다.

표 10.10 ▸ 유동층에서 상승하는 기포에 대한 변수들

Variable	Definition
a	Bubble radius
κ	Bed permeability
p	Pressure
$r,\ \theta$	Spherical coordinates, as shown in Fig. 7.11
u_b	Absolute bubble rise velocity
u_i	Interstitial fluid velocity relative to particles, far away from the bubble
u_0	Incipient superficial fluid velocity
v^f	Fluidizing fluid velocity vector
v^p	Particle velocity vector
v_r^f, v_θ^f	Components of $\mathbf{v}^f$
v_r^p, v_θ^p	Components of $\mathbf{v}^p$
ε_0	Void fraction under incipient conditions (not the fraction of the total volume occupied by bubbles)
μ	Fluid viscosity
ξ	Vertical pressure gradient far away from rising bubble

[22] J.F. Davidson and B.O.G. Schüler, "Bubble formation at an orifice in an inviscid liquid," *Transaction of the Institution of Chemical Engineers*, Vol. 30, pp. 335–342 (1960).

유체:

$$\nabla \cdot \mathbf{v}^f = 0, \tag{10.68}$$

입자들:

$$\nabla \cdot \mathbf{v}^p = 0. \tag{10.69}$$

층은 다공성 매질과 같이 거동하므로, 다음과 같은 Darcy의 법칙이 적용된다.

$$\mathbf{v}^f - \mathbf{v}^p = -\frac{\kappa}{\mu}\nabla p. \tag{10.70}$$

비록 *공탑* 속도가 앞 절에서 다루었던 것과 같이 d'Arcy 법칙으로 주어졌지만, 식 (10.70)의 v^f는 입자 사이의 공간이나 틈새에서의 평균 *틈새* 속도(mean interstitial velocity)이다.

식 (10.68)~(10.70)을 사용하여 유체와 입자 속도 벡터는 소거될 수 있고, 그 결과는 다음과 같이 간단하고 익숙한 형태가 된다.

$$\nabla^2 p = 0. \tag{10.71}$$

즉 압력 분포는 Laplace 방정식을 따르며, 입자의 운동과는 *무관*하게 된다. 대표적인 등압선이 그림 10.16에 주어진다. 여기서 간략화를 위하여, 상승하는 구형 기포는 거리 2h만큼 떨어진 $p = \pm P$인 고압부와 저압부의 가운데에 있다고 가정하였다. 좌표축은 기포의 중심에서 $r = 0$이고 θ는 연직에서 아래 방향으로 측정된다. 독자들은 다음과 같은 압력 분포가 식 (10.71)을 만족하고, 층의 윗면과 밑면에서 경계조건을 만족하는지를 검토해 볼 수 있다. 기포의 표면에서 압력은 다음식과 같게 된다.

$$p = -\xi\left(r - \frac{a^3}{r^2}\right)\cos\theta, \tag{10.72}$$

여기서 기포에서 멀리 떨어진 곳에서의 총괄 압력 구배는 다음과 같다.

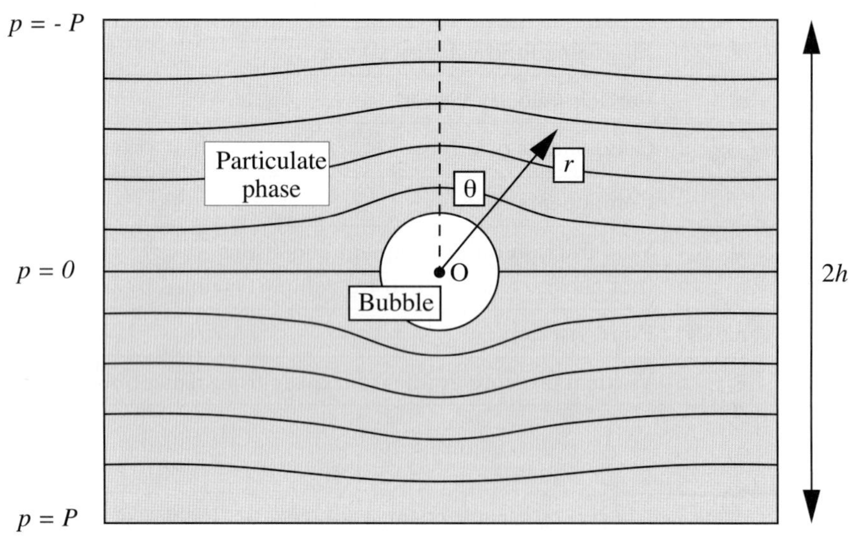

그림 10.16 기포 주위의 등압선.

$$\xi = \frac{P}{h}. \tag{10.73}$$

촉매 반응기에서 기포의 아래쪽 반구로 들어가고 위쪽 반구에서 나오는 유동화 유체의 부피 유속 Q를 아는 것이 중요할 수 있다. 연습 문제 10.5에서 요약된 전개 과정은 이와 같은 반구들 중에 하나에 대하여 적분하면 다음과 같은 결과를 얻을 수 있음을 보여준다.

$$Q = 3u_0\pi a^2. \tag{10.74}$$

기포에서 멀리 떨어진 곳에서 상향 공탑 속도는 u_0이므로, 식 (10.74)는 기포에 의하여 야기된 공동(cavity)(그리고 감소된 저항)은 정상적인 유체 유속의 3배를 끌어당긴다는 것을 보여준다.

기포에서 충분히 떨어진 곳에서 *입자*에 대한 유체의 틈새 속도 u_i는 연직 방향을 향하고 다음과 같이 d'Arcy 법칙을 따른다.

$$u_i = -\frac{\kappa}{\mu}\frac{\partial p}{\partial z} = \frac{\kappa\xi}{\mu}. \tag{10.75}$$

입자 사이의 제한된 면적이 아니라 전체 단면적에 근거한 유동화 초기의 *공탑* 속도는 상대적 틈새 속도보다는 작게 될 것이고, 공극률에 상대적 틈새 속도를 곱한 것과 같게 된다.

$$u_0 = \varepsilon_0 u_i = \frac{\varepsilon_0\kappa\xi}{\mu}. \tag{10.76}$$

입자들의 운동

기포와 함께 위로 움직이는 관측자에 대하여 입자의 흐름 운동(streaming motion)에 대한 속도 퍼텐셜은 식 (7.73)으로부터 다음과 같이 얻어진다.

$$\phi = -u_b\left(r + \frac{a^3}{2r^2}\right)\cos\theta. \tag{10.77}$$

이에 해당하는 유선들은 그림 10.17에 주어진다.

유동화 유체의 운동

유동화 유체에 대한 개별 속도 성분들은 식 (10.70)의 d'Arcy 법칙으로부터 얻을 수 있다.

$$v_r^f = v_r^p - \frac{\kappa}{\mu}\frac{\partial p}{\partial r}, \tag{10.78}$$

$$v_\theta^f = v_\theta^p - \frac{1}{r}\frac{\kappa}{\mu}\frac{\partial p}{\partial \theta}, \tag{10.79}$$

여기서 *입자* 속도 성분들은 다음과 같이 주어진다.

$$v_r^p = \frac{\partial\phi}{\partial r}, \qquad v_\theta^p = \frac{1}{r}\frac{\partial\phi}{\partial\theta}, \tag{10.80}$$

여기서 속도 퍼텐셜 ϕ는 이미 식 (10.77)에서 주어졌다.

식 (10.72), (10.75)와 식 (10.77)~(10.80)으로부터 *유체*의 속도는 다음과 같이 주어진다.

$$v_r^f = \left[\frac{a^3}{r^3}(u_b + 2u_i) - (u_b - u_i)\right]\cos\theta, \tag{10.81}$$

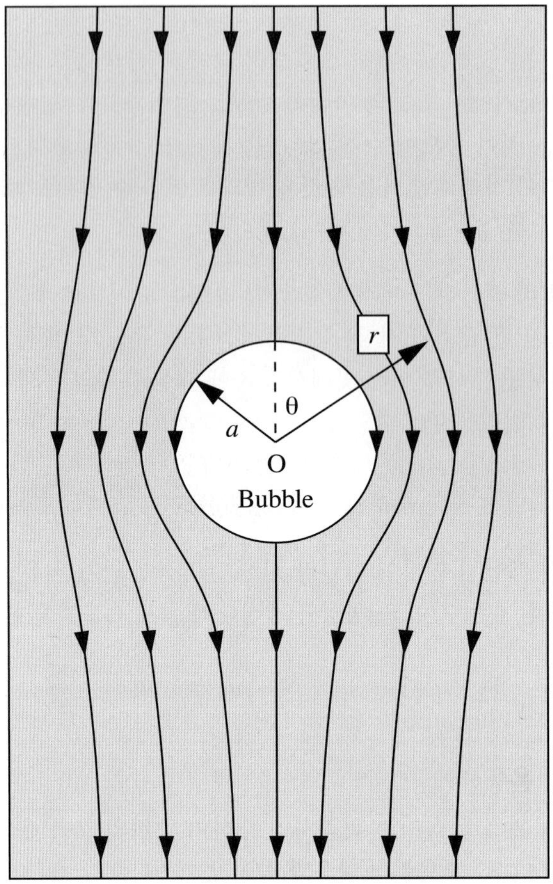

그림 10.17 기포 주위의 입자의 아래쪽을 향하는 흐름(stream).

$$v_\theta^f = \left[\frac{a^3}{r^3}\left(\frac{1}{2}u_b + u_i\right) + (u_b - u_i)\right]\sin\theta. \tag{10.82}$$

유체의 유동 형태(flow pattern)는 흐름 함수(stream function)를 살펴봄으로써 추적할 수 있다.

$$v_r^f = -\frac{1}{r^2\sin\theta}\frac{\partial\psi}{\partial\theta}, \tag{10.83}$$

$$v_\theta^f = \frac{1}{r\sin\theta}\frac{\partial\psi}{\partial r}. \tag{10.84}$$

다음의 해는 식 (10.81)~(10.84)를 만족한다.

$$\psi = \frac{1}{2}(u_b - u_i)\left(1 - \frac{\alpha^3}{r^3}\right)r^2\sin^2\theta, \tag{10.85}$$

여기서

$$\alpha^3 = a^3\left(\frac{u_b + 2u_i}{u_b - u_i}\right). \tag{10.86}$$

기포와 함께 상승하는 관측자에 대하여 유체와 입자에 대한 유선들은 그림 10.18과 그림 10.19

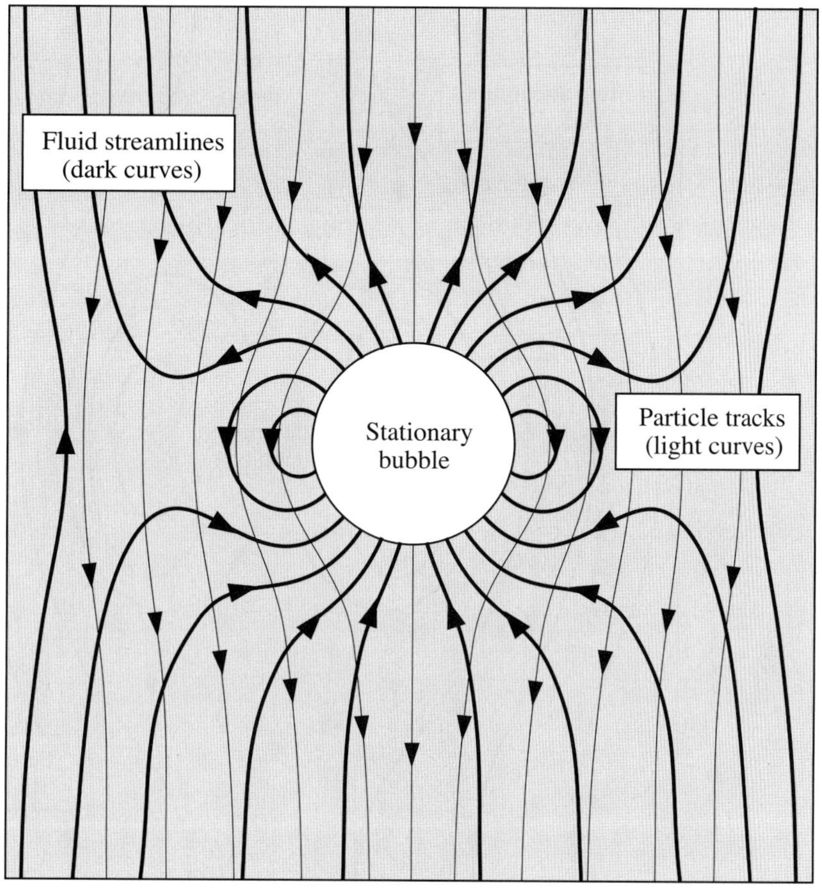

그림 10.18 기포 상승 속도 u_b는 초기 틈새 유동화 속도 u_i보다 작다.

에 나타나 있다. 이 두 경우 모두에서 입자들이 기포 주위로 동일하게 쏟아지고 있지만, 유동화 유체에 대해서는 두 개의 확연히 구분되는 유동 영역이 있다.

1. $u_b < u_i$인 경우에는 기포의 상승 속도가 초기 틈새 유동화 속도보다 작다. 일반적으로 기포와 유동층의 더 멀리 떨어진 부분과의 유체의 교환이 아주 잘 일어나고 비교적 적은 부분의 유체가 기포로 다시 돌아간다.
2. $u_b > u_i$인 경우에는 기포의 상승 속도가 초기 틈새 유동화 속도보다 크다. 이 경우에 기포와 입자들 사이의 유체의 교환은 기포 주위의 비교적 작은 영역에 한정된다. 반지름 α 안에 있는 모든 유체는 기포 안과 밖으로 계속하여 재순환된다. 이는 $r > \alpha$인 경우에 반지름 α의 구 주위의 흐름을 나타내는 식 (10.85)에서 명백해진다.

기체 흐름에 입자의 촉매 작용에 의하여 반응이 일어나는 반응성 성분이 포함되었을 때, 반응기로서의 층의 성능은 다음 예제에서 설명되는 것과 같이 위의 이론의 비교적 간단한 확장에 의하여 예측될 수 있다. 오존의 분해에 관한 Orcutt, Davidson과 Pigford[23]의 논문과 몇 개의 다른 반

[23] J.C. Orcutt, J.F. Davidson and R.L. Pigford, "Reaction time distributions in fluidized catalytic reactors," *Chemical Engineering Progress Symposium Series*, Vol. 58, No. 38 pp. 1–15 (1962).

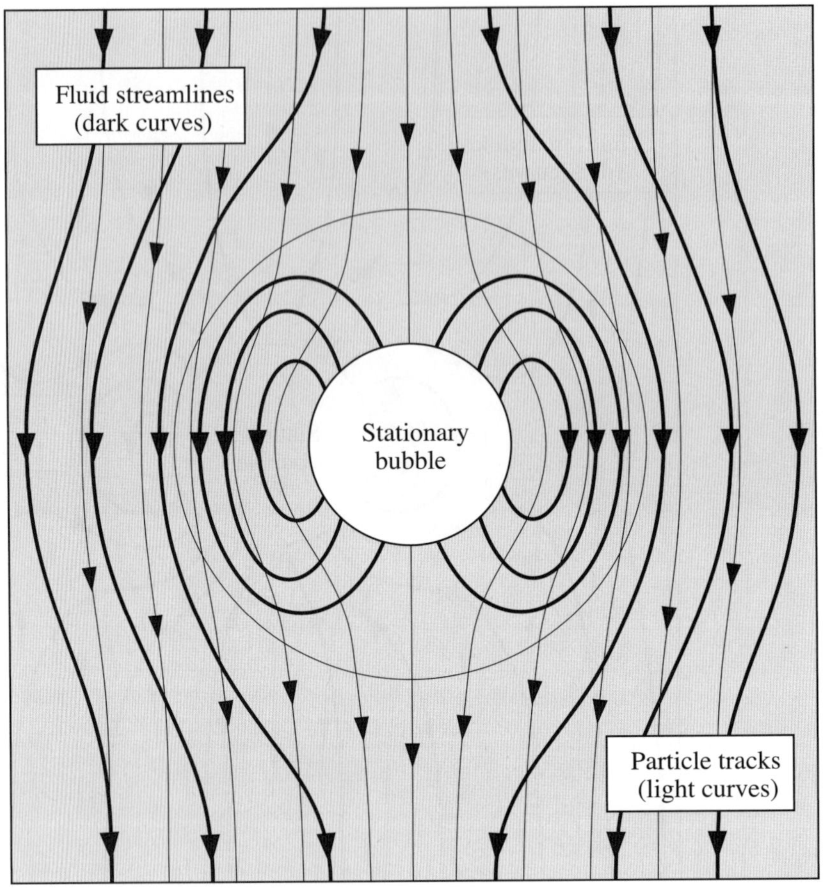

그림 10.19 기포 상승 속도 u_b는 초기 틈새 유동화 속도 u_i보다 크다.

응을 논의한 Harrison과 Davidson(전에 인용한 문헌)의 논문이 더 많은 정보를 위해 추천된다.

예제 10.6 반응이 있는 유동층(C)

그림 E10.6과 같이 입자와 접촉하면 급격히 분해되는 반응물의 적은 농도가 c_0인 기체에 의하여 공탑 속도 U로 유동화되는 입자 층은 부피 V의 균일한 기포를 포함한다.

층 꼭대기에서 배출되는 농도가 다음과 같이 주어짐을 보여라.

$$\frac{c_e}{c_0} = \left(1 - \frac{u_0}{U}\right) e^{-X},$$

여기서 $X = Qh/u_cV$, u_0는 초기 유동화 속도, Q는 기포와 입자상 사이에서의 부피 횡단-유속(cross-flow rate), h는 층의 높이, u_c는 계속해서 생성되는 기포의 절대 속도이다.

이 결과를 사용하여 $\pi D_e^3/6 = V$인 상당 지름 $D_e = 0.15$ m인 기포를 포함하는 지름이 큰 층에 대하여 c_e/c_0를 예측하라. $u_0 = 0.2$ m/s, $U = G/A = 1.5$ m/s, h_0(초기 유동화의 층의 높이) $= 0.5$ m라 택하자. 기포의 상승 속도는 $u_c = U - u_0 + 0.646\sqrt{gD_e}$이다.

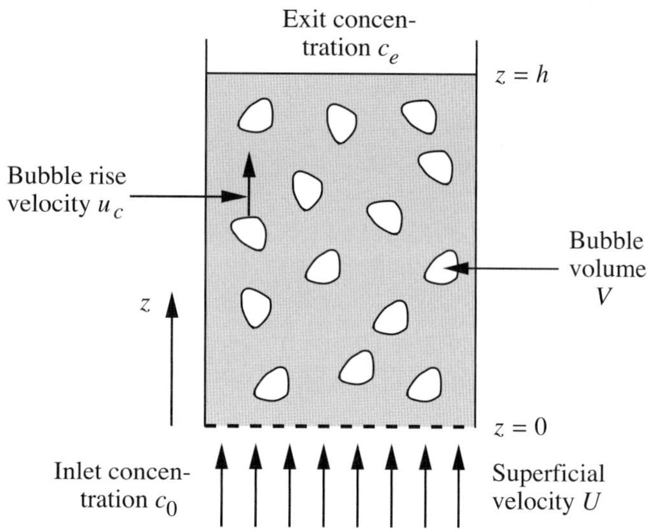

그림 E10.6 유동층에서 상승하는 반응 기체.

풀이

반응물의 농도가 c_b로부터 $c_b + (dc_b/dz)dz$까지 변하는 거리 dz(기포는 dz/u_c 시간 동안 이동할 것이다)를 고려하자. 기포의 순환에 의하여 소멸되는 반응속도는 Qc_b이다. 반응이 에멀젼 상에서 순간적으로 일어나기 때문에 기포로 들어가는 반응물은 없다. 기포에 대한 물질 수지는 다음과 같다.

$$\underbrace{V\left[c_b - \left(c_b + \frac{dc_b}{dz}dz\right)\right]}_{\text{Rate of loss of reactant}} = Qc_b\frac{dz}{u_c}. \tag{E10.6.1}$$

변수를 분리하고 입구와 기포에서의 농도가 c_{bh}가 되는 출구 사이에서 적분하면 다음과 같은 결과를 얻는다.

$$\int_{c_0}^{c_{bh}} \frac{dc_b}{c_b} = -\frac{Q}{u_cV}\int_0^h dz, \qquad \text{or} \qquad \frac{c_{bh}}{c_0} = e^{-Qh/u_cV}. \tag{E10.6.2}$$

유입되는 공탑 속도는 U이고 초기 유동화에 필요한 공탑 속도는 u_0이므로, 기포를 통과하여 지나가는 유입 기체의 분율은 $(U - u_0)/U = 1 - u_0/U$이다. 또한 에멀젼 상을 통과하는 기체는 급격히 반응하고 출구에서의 반응물의 농도에 전혀 기여를 하지 않는다. 따라서 출구에서의 순 반응물의 농도는 다음과 같이 주어진다.

$$\frac{c_e}{c_0} = \left(1 - \frac{u_0}{U}\right)e^{-Qh/u_cV}. \tag{E10.6.3}$$

반지름 a의 구형 기포에 대한 기포 안팎으로의 횡단-유속은 식 (10.74)에 의하여 다음과 같이 주어진다.

$$Q = 3u_0\pi a^2. \tag{10.74}$$

(어떤 경우에는 기포에서 주위 입자로의 기체의 확산에 의하여 이 속도가 증대될 수도 있다. 그러나 여기서는 이와 같은 효과는 무시된다.)

층의 초기 높이 h_0에서 팽창된 후의 층의 높이 h는 식 (10.59)에서 $G/A = U$를 이용하여 다음과 같이 구해진다.

$$\frac{0.646\sqrt{gD_e}}{U - u_0} = \frac{h_0}{h - h_0}, \qquad \text{or} \qquad h = h_0\left(1 + \frac{U - u_0}{0.646\sqrt{gD_e}}\right). \qquad \text{(E10.6.4)}$$

이제는 모든 필요한 양들은 다음과 같이 계산될 수 있다.

층의 높이

$$h = 0.5\left(1 + \frac{1.5 - 0.2}{0.646\sqrt{9.81 \times 0.15}}\right) = 1.33 \text{ m}.$$

기포 상승 속도

$$u_c = U - u_0 + 0.646\sqrt{gD_e} = 1.5 - 0.2 + 0.646\sqrt{9.81 \times 0.15} = 2.08\ \frac{\text{m}}{\text{s}}.$$

기포 부피

$$V = \frac{\pi D_e^3}{6} = \frac{\pi \times 0.15^3}{6} = 0.00177 \text{ m}^3.$$

횡단-유속

$$Q = 3u_0\pi a^2 = 3 \times 0.2 \times \pi \times (0.15/2)^2 = 0.0106\ \frac{\text{m}^3}{\text{s}}.$$

배출 기체 흐름에서의 반응물의 분율

$$\frac{c_e}{c_0} = \left(1 - \frac{u_0}{U}\right)e^{-Qh/u_cV} = \left(1 - \frac{0.2}{1.5}\right)\exp\left(-\frac{0.0106 \times 1.33}{2.08 \times 0.00177}\right) = 0.0188.$$

층에서의 반응 속도가 유한한 경우에 대하여 Orcuttt 등과 Davidson(전에 인용한 문헌)과 Harrison(전에 인용한 문헌)이 논의한 바와 같이 두 가지의 유용한 방법이 사용 가능하다.

1. 입자상은 전체가 잘 혼합되고 동일한 농도를 갖는 상으로 다루어라. 이 경우 반응물에 대한 총괄 물질 수지식은 층에서 세워질 수 있다.
2. 입자상에서 농도를 고도 z의 함수로 고려하라. 이 경우 층에서 반응물에 대한 *미분* 물질 수지를 세워야 한다.

연습 문제

Problems for Chapter 10

별도의 언급이 없으면, 모든 유동은 정상상태이고, 밀도와 점도는 일정하다.

1. *평행판 사이의 기체 슬러그—D (C).* 그림 P10.1은 거리 $2a$만큼 떨어진 두 평행한 연직 판들인 AA와 BB 사이의 큰 기포 OPQ를 가로지르는 단면을 보여준다. 실험적 관측을 위하여 기포에서 상향 흐름에서 멀리 떨어진 곳에서의 속도가 U인 비점성 액체의 하향 유동에 의하여 기포를 정지상태로 유지한다. 운동은 2차원적이고, 따라서 유동 형태는 그림에 평행인 평면에서 모두 같다.

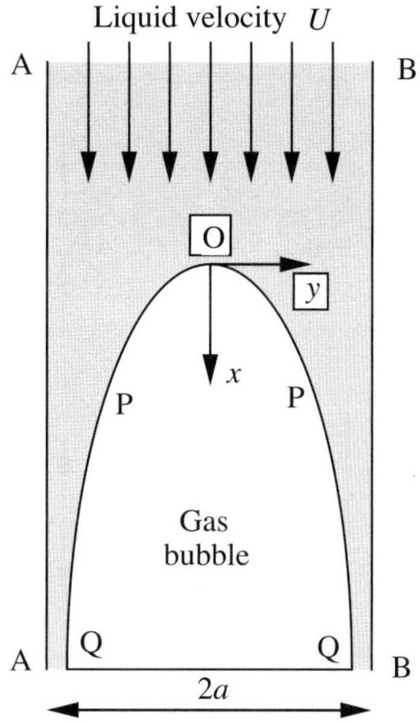

그림 P10.1 정지 상태의 기포를 지나는 하향 유동.

액체에서의 흐름 함수에 대하여 다음과 같은 관계가 근사적으로 제안되었다.

$$\psi = Uy - \frac{Ua}{\pi} e^{\pi x/a} \sin\left(\frac{\pi y}{a}\right).$$

이 흐름 함수가 다음을 만족함을 보여라.

(a) Laplace 방정식

(b) 기포에 멀리 떨어진 곳에서의 경계조건

(c) 벽 AA와 BB를 따라서의 경계조건

y 값이 작은 경우에 자유 표면 OPQ에 대한 방정식은 다음과 같이 주어짐을 보여라.

$$x = \frac{\pi y^2}{6a}.$$

이 자유 표면을 따라서 어떤 경계조건이 만족되어야만 하는가? 만약 이 경계조건이 y 값이 작은 경우에 만족되면, 정체 상태의 액체에서 기포의 상승 속도가 다음과 같이 주어짐을 보여라.

$$U = \sqrt{\frac{ga}{3\pi}}.$$

2. *슬러그 유동에서의 압력 강하—M.* 가벼운 기름과 기체가 안지름이 4.0 in인 연직 관에서 각각 $L/A = 1.2$ ft/sec, $G/A = 4.8$ ft/sec의 공탑 속도로 위로 흐른다. 기름과 기체의 점도는 각각 15.6과 0.038 $\text{lb}_\text{m}/\text{ft}\cdot\text{hr}$이고 밀도는 48과 0.42 $\text{lb}_\text{m}/\text{ft}^3$이다.

슬러그 유동이 지배적인($f_F = 0.00675$인) 상업적이 강관이라고 가정하여, 관에서 매 10 ft의 연직 상승에 대한 압력 강하(psi)를 계산하라.

3. *기체-상승 펌프—M.* 그림 P10.3은 기체의 부피 유속 G의 부력이 단면적이 A이고, 지름이 D인 연직 관의 밑 부분으로부터의 높이 H_0에 있는 액체를 높이 H까지 상승시키는 구동력으로 작용하는 기

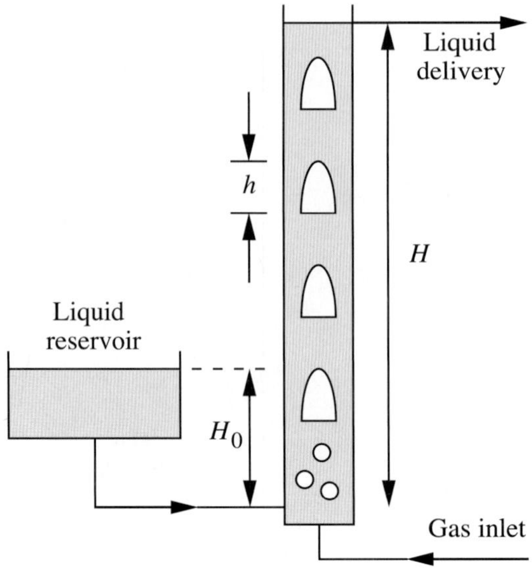

그림 P10.3 기체-상승 펌프.

체-상승 펌프를 보여준다. $L = 0$인, 즉 액체의 순 유동이 *없는* 가장 적절한 경우를 해석하라.

(a) 기체의 슬러그 유동을 가정하고 액체 기둥을 초기 H_0에서 H인 최종 높이로 높이는 데 필요한 기체의 공탑 속도 G/A는 얼마인가? $H_0 = 20$ ft, $H = 60$ ft 그리고 $D = 3$ in로 택하라.

(b) 액체의 최대 *상향* 속도는 얼마이고 어디서 나타나는가?

(c) 액체의 최대 *하향* 속도는 얼마이고 어디서 나타나는가? (평균적으로 슬러그의 길이는 2 ft이다.)

(d) 첫 번째 근사로, 만약 액체가 물이라면 기체의 입구 압력은 (psi로) 얼마인가?

4. *기포 주위의 퍼텐셜 유동—M.* 이 문제는 오리피스에서 만들어지는 기포의 부피와 관련된 10.7절과 밀접하게 연관되어 있다. 비점성 유체에서 속도 u_b로 위로 움직이는 반지름 a의 구형 기포를 고려하자. 정지상태의 관찰자에 대하여 액체 유동에 대한 퍼텐셜 함수를 다음과 같이 가정할 수 있는 근거는 무엇인가?

$$\phi = \frac{u_b a^3}{2r^2} \cos\theta?$$

상황이 적절하게 설명되는 한, 여러분의 결과를 얻기 위하여 이 장의 어떤 식도 인용할 수 있다.

다음으로 액체의 임의의 점 (r, θ)에서 속도 u의 크기는 다음과 같이 주어짐을 증명하라.

$$u^2 = \frac{u_b^2 a^6 \left(1 + 3\cos^2\theta\right)}{4r^6}.$$

마지막으로, 기포 주위의 액체의 총 운동 에너지를 고려하자.

$$\int_{r=a}^{\infty} \int_{\theta=0}^{\pi} \frac{1}{2} u^2 \, dm,$$

여기서 dm은 질량의 미분 요소이다. 이 운동 에너지는 밀도가 액체와 같고 반지름이 a인 구의 운동 에너지의 반과 같음을 증명하라. 즉, 주위 유체의 유효 질량은 구형 기포가 치환한 질량의 반과 같음을 증명하라.

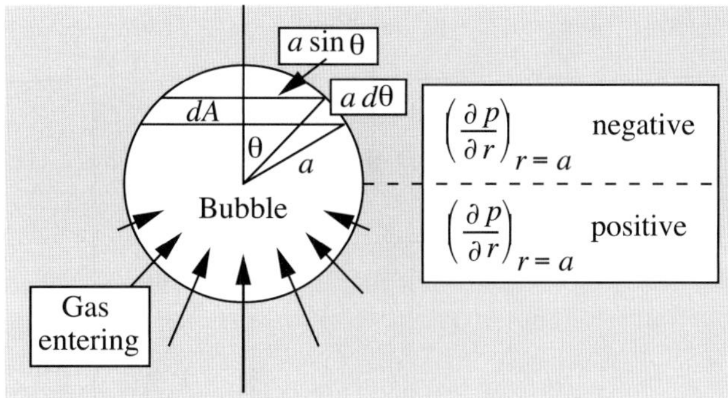

그림 P10.5 기포를 통과하는 기체를 위한 기하학적 형태.

5. *기포를 통한 기체의 침투—M.* 그림 P1.5는 그림 10.16에서 주어진 응집 유동층의 가운데에 있는 단일 기포의 상세도를 보여준다. 화살표는 하반구로 들어가는 기체의 유동을 나타낸다. (혼동을 피하기 위하여) 화살표가 생략되었지만, 거의 비슷한 양의 기체가 상반구로 나간다.

10.8절의 표기법을 따라 기포 표면 $r = a$에서 반경 방향 압력 구배를 고려하자. 반구 중 하나에 대한 적분을 통하여 유동층에서 기포로 들어가는 기체의 유속에 대한 식 (10.74)를 증명하라.

$$Q = 3u_0\pi a^2. \tag{10.74}$$

6. *유동층 내에서의 압력 분포—M.* 유동층에서 d'Arcy 법칙과 결합되어 압력에 대한 Laplace 방정식, 식 (10.71)이 될 때, 유체와 입자에 대한 연속 방정식을 점검하라. 그런 다음, 그림 10.16에 보여주는 상황에 대해 식 (10.72)로 제안된 압력 분포가 만족함을 보여라.

(a) Laplace 방정식.

(b) 기포 표면에서 $p = 0$인 조건.

(c) 유동층의 하단과 상단에서 각각 $p = \pm P$인 조건.

7. *유동층에서의 흐름 함수—M.* 유동층에서의 유체의 운동을 고려하자. 식 (10.78)과 (10.79)에서 시작하여 속도 성분 v_r^f와 v_θ^f에 대한 식 (10.81)과 (10.82)로 주어지는 관계를 증명하라. 그런 다음, 유체의 흐름 함수에 대한 식 (10.85)와 (10.86)으로 주어지는 관계를 증명하라.

8. *관에서의 슬러그 유동—D.* 이 문제는 반지름 a인 연직 관에서 정체된 비점성 액체 속을 상승하는 기체 슬러그 또는 기포의 상승 속도 u_b를 결정하기 위한 Davis와 Taylor의 연구와 유사하다.[24] 이 계에 하향 속도 u_b를 중첩함으로써, 해석은 그림 P10.8에 보여주는 것과 같이 *정체된* 기포 주위를 흐르는 액체 하향 흐름에 대해 수행된다.

z축 주위로 대칭인 그림에 보이는 좌표계에 대하여 속도, 퍼텐셜 함수 및 흐름 함수에 대하여 다음과 같은 관계가 가정될 수 있다.

$$v_r = \frac{\partial \phi}{\partial r} = \frac{1}{r}\frac{\partial \psi}{\partial z}, \qquad v_z = \frac{\partial \phi}{\partial z} = -\frac{1}{r}\frac{\partial \psi}{\partial r}. \tag{P10.8.1}$$

$$\frac{\partial^2 \phi}{\partial r^2} + \frac{1}{r}\frac{\partial \phi}{\partial r} + \frac{\partial^2 \phi}{\partial z^2} = 0, \qquad \frac{\partial^2 \psi}{\partial r^2} - \frac{1}{r}\frac{\partial \psi}{\partial r} + \frac{\partial^2 \psi}{\partial z^2} = 0. \tag{P10.8.2}$$

[24] R.M. Davis and G.I. Taylor, "The mechanics of large bubbles rising though extended liquids in tubes," *Proceedings of the Royal Society*, Vol. 200 A, pp. 375–390 (1950).

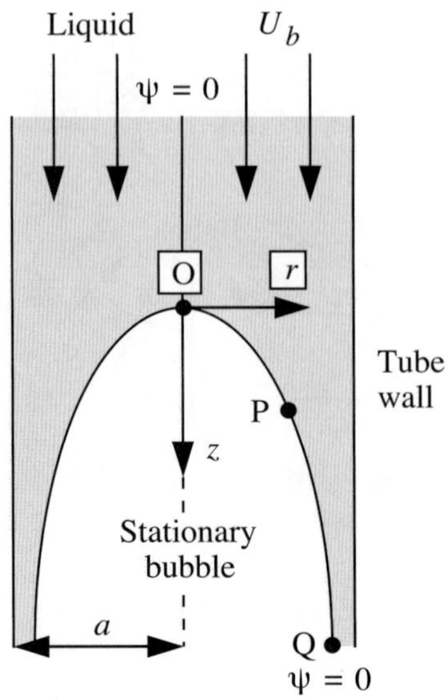

그림 P10.8 관에서의 기체 슬러그.

흐름 함수와 퍼텐셜 함수에 대하여 다음과 같은 형태가 가정된다.

$$\phi = u_b z - Ae^{kz/a} f(r), \qquad \psi = -\frac{1}{2}u_b r^2 + Are^{kz/a} g(r). \tag{P10.8.3}$$

또한 식 (P10.8.4)의 미분 방정식의

$$\frac{d^2y}{dx^2} + \frac{1}{x}\frac{dy}{dx} + \left(1 - \frac{n^2}{x^2}\right) y = 0, \tag{P10.8.4}$$

해는 $y = J_n(x)$로 주어짐에 주의하라. 여기서 $J_n(x)$는 1계의 n차 Bessel 함수이다. 다음과 같은 관계들이 필요할지도 모른다.

$$\frac{d}{dx}J_0(x) = -J_1(x), \quad \frac{d}{dx}[xJ_1(x)] = xJ_0(x), \quad J_0(0) = 1, \quad J_1(0) = 0. \tag{P10.8.5}$$

발전: 위의 사항을 염두에 두고, 다음을 입증하라.

(a) 식 (P10.8.3)의 ϕ와 ψ를 식 (P10.8.2)에 대입하여, 다음을 검토하라.

$$f(r) = J_0\left(\frac{kr}{a}\right), \qquad g(r) = J_1\left(\frac{kr}{a}\right). \tag{P10.8.6}$$

따라서 퍼텐셜 함수와 흐름 함수는 다음과 같이 주어진다.

$$\phi = u_b z - Ae^{kz/a} J_0\left(\frac{kr}{a}\right), \qquad \psi = -\frac{1}{2}u_b r^2 + Are^{kz/a} J_1\left(\frac{kr}{a}\right). \tag{P10.8.7}$$

(b) ϕ와 ψ로부터 v_r과 v_z에 대한 표현을 유도하고, 두 접근법이 서로 잘 일치함을 확인하라. 기포의 코로부터 멀리 떨어진 영역에 대하여, 속도는 균일하게 u_b로 아래 방향으로 향하고 있음을 보여라.

(c) 관 벽에서는 반경 방향 속도 성분이 없으므로, 다음을 검토하라.

$$J_1(k) = 0, \tag{P10.8.8}$$

여기서 가정할 수 있는 가장 작은 근은 $k = 3.832$인 방정식이다. (n차 해 k_n과 같은 추가적인 근들이 존재한다. 따라서 $A_n J_0(k_n r/a)$와 같은 추가적인 항들이 퍼텐셜 함수에 추가되어야 한다. 그러나 여기서는 가장 간단한 경우만을 고려한다.)

(d) 원점 O에서 기포의 코 위의 중심선인 $r = 0$을 따라서, 흐름 함수가 0임을 입증하라(기포의 표면을 따라서 P와 Q같은 점까지 이 값이 계속된다). 벽($r = a$)도 유선임을 증명하라. 여기서의 ψ의 값은 관을 통한 유속인 $\pi a^2 u_b$에 해당한다.

(e) 정체점 O에서 $v_r = 0$이 즉시 만족됨을 검토하라. 또한 v_z가 0이 되기 위한 요구사항은 다음과 같음을 증명하라.

$$A = \frac{a u_b}{k}. \tag{P10.8.9}$$

(f) 기포에서의 기체 때문에 압력은 OPQ를 따라서 일정하고, 따라서 기포 표면에서의 Bernoulli 조건은 다음과 같음에 주의하라.

$$v_r^2 + v_z^2 = 2gz. \tag{P10.8.10}$$

ϕ에 대한 근사에 한 항만이 사용되었으므로, 이 조건은 $r = a/2$인 한 점에서만 관찰된다. 유선 $\psi = 0$을 고려하고 $J_1(3.832/2) = 0.580$을 가정하여, $z/a = 0.131$일 때 이것이 일어남을 보여라. $J_0(3.832/2) = 0.273$을 가정하여 Bernoulli 조건은 다음과 같은 관계가 됨을 입증하라.

$$u_b = c_1\sqrt{ga} = c_2\sqrt{gD}, \tag{P10.8.11}$$

여기서 D는 관의 지름이다. 상수 c_1과 c_2의 값은 얼마인가?

9. *기포 반응기의 성능—M.* 그림 P10.9는 물에서 소량의 박테리아를 제거하고, 길이 H인 중심 관에서는 아래 방향으로, 주위 원환에서는 위 방향으로 물을 순환시키는 데 공기를 사용하는 *기포 반응기*를 보여준다. 각각은 동일한 단면적 A를 가진다. 공기는 밑면으로부터의 높이 h에서 부피 유속 G로 주입되고 원환 꼭대기에서 밖으로 나간다.

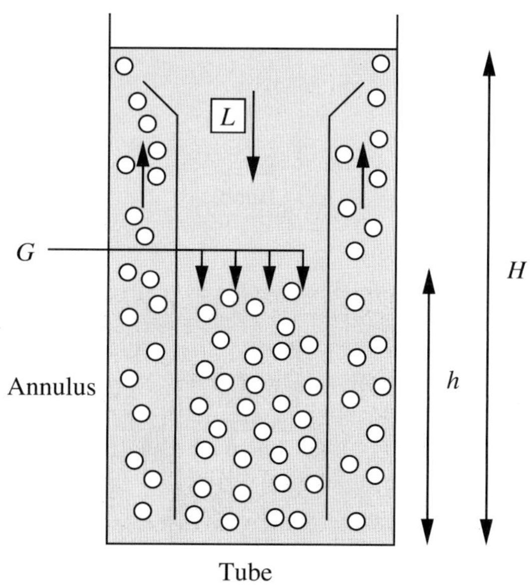

그림 P10.9 기포 반응기.

일정하다고 가정되어지는 기포의 지름은 커서 불연속적인(연속적으로 생성되지 않는) 기포의 무리가 정체된 물에서 속도 u_b로 상승한다. A, g, G, h, H, L과 u_b를 전부 또는 일부를 사용하여 다음에 답하라.

(a) A, G, L과 u_b의 항으로 *연속적으로* 생성되는 기포의 절대 속도, 관에서 아래쪽으로 향하는 속도 u_{ct}와 원환에서 위쪽으로 향하는 속도는 u_{ca}를 표현하라. 기체(G)와 액체(L)의 순 유동이 있다는 것을 염두에 두라.

(b) 공기의 총 유속이 G라는 것을 염두에 두고 A, G, L과 u_b의 항으로 공극률에 대한 표현(관에서 ε_t, 원환에서 ε_a)을 유도하라.

(c) 유체의 순환에 의한 총 수두 손실이 $c(L/A)^2$인 경우 다음을 증명하라. 여기서 c는 상수이다.

$$\frac{L}{A} = \sqrt{\frac{1}{c}(\varepsilon_a H - \varepsilon_t h)}.$$

힌트: 기체 분사 노즐과 같은 루프의 임의의 한 시작점에서 사이클을 만들고, 시작점으로 다시 왔을 때, 순 압력 변화는 0이 됨에 주의하라. 압력과 수두 차이는 $\Delta p = \rho g \Delta h$로 연관지어진다.

(d) $G/A = 0.1$ m/s, $H = 10$ m, $h = 5$ m, $L/A = 0.9$ m/s이고, $u_b = 0.25$ m/s일 때, ε_t, ε_a와 c를 계산하고, c의 단위를 제시하라.

(e) 반응기의 가동을 어떻게 추천할 것인가?

10. *유동층에서 기포의 운동—M.* 실험용 응집 유동층이 초기 공탑 속도 $u_0 = 10$ cm/s와 그에 해당하는 공극률 $\varepsilon = 0.45$로 조작되고 있다. 그림 P10.10에서 보여주는 것과 같이 구형 단일 기포가 오리피스로부터 기체 유속 $G = 100$ m^3/s에 의하여 생성되고, 그 다음 기체의 유동이 갑자기 중단되었다. 필요하면 $g = 981$ cm/s^{2}를 사용하라.

다음 질문에 답하라.

(a) 기포의 부피가 대략 4.58 cm^{3}임을 입증하라. 기포의 지름(cm)은 얼마인가?

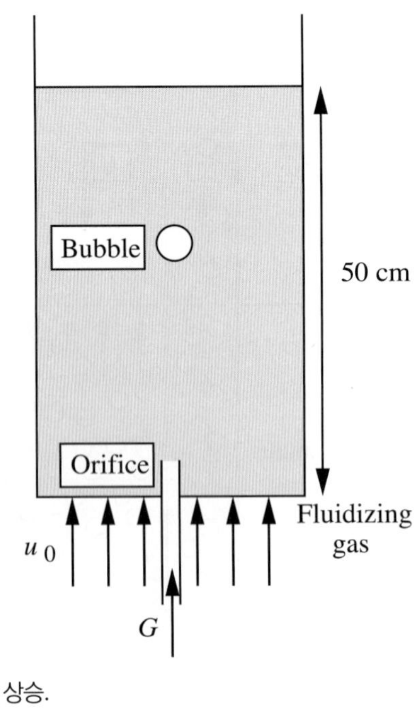

그림 P10.10 유동층에서 기포의 상승.

(b) 재빨리 정상속도에 도달한다고 가정하고, 기포의 정상상태 상승 속도(cm/s)는 얼마인가? 오리피스를 떠난 후에 기포가 유동층의 꼭대기에 도달하는 데 걸리는 시간(s)은 얼마인가?

(c) 이 기간 동안에 얼마나 많은 기포가 들어가고 기포를 떠나는가(기포 부피의 배수로 나타내어라)?

(d) (c)에서 기포로 들어가는 기체는 유동층의 다른 부분에서 오는 새로운 기체인가, 또는 주로 기포 자체에서 재순환되는 기체인가?

11. *팽창하는 기체 슬러그의 유동—D.* 지름이 D, 단면적이 A인 액체의 순 유동이 없는 연직 관에서 슬러그 유동의 경우를 고려하자. 관의 높이 H가 크기 때문에 압력이 p_T, 기체 밀도가 ρ_{gT}인 관의 꼭대기로 상승하면서 기포는 팽창한다. 벽 마찰을 무시할 수 있는 등온 이상 기체 거동을 가정하여, 관 밑면의 필요한 압력이 다음과 같이 됨을 증명하라.

$$p_B = p_T + \rho_l gH - \frac{mp_T}{\rho_{gT}Au_b}\ln\left[\frac{0.2mp_T + \rho_{gT}Au_bp_B}{0.2mp_T + \rho_{gT}Au_bp_T}\right].$$

여기서 ρ_l은 액체의 밀도, m은 기체의 질량 유속이고, 그리고 $u_b = 0.35\sqrt{gD}$는 정체 액체에서 단일 슬러그의 상승 속도이다.

12. *유동층에서 기포의 상승—M (C).* 촉매 입자를 초기 유동화를 시키는 데 필요한 공기의 공탑 속도는 5.4 cm/s이고 층의 평균 깊이는 22.2 m이다. 높은 공기의 유속에서 층은 모두가 같은 상당 지름 D_e를 갖는 기포들과 함께 밀도가 높은 상(dense phase)으로 구성된다.

공기의 공탑 속도가 28.4 cm/s이고, 평균 층 높이가 41.5 cm일 때 D_e를 추산하라. 기포가 층을 통하여 상승하는 데 얼마나 걸리고, 공기가 층을 통하여 지나가는 분율은 얼마인가? 밀도가 높은 상에서 공기의 평균 체류 시간은 얼마인가?

밀도가 높은 상의 공극률은 유동화 초기의 값인 0.4로 일정하게 유지된다고 가정하라.

13. *유동층 체류 시간—D(C).* 응집 유동층의 거동을 이해하는 데 초기 유동화 속도 u_0와 기포 상승 속도 u_b의 중요성을 설명하라. 다음과 같은 결과들을 유도하는 단계를 약술하라.

$$u_0 = \frac{\varepsilon_0^3(\rho_S - \rho_F)gD^2}{200(1-\varepsilon_0)\mu}, \qquad u_b = 0.646\sqrt{gD_e}.$$

기상의 추적자를 공기를 사용하는 구형 입자의 유동층의 밑면에 갑자기 주입하였다. 공탑 속도 $U = u_0$일 때 추적자의 평균 체류 시간을 계산하라. $U = 10$ cm/s일 때 평균 기포 지름 D_e를 2 cm로 택할 수 있다. 첫 번째 추적자 물질이 층의 꼭대기에 나타나는 시간은 얼마인가? 주입 후에 시간에 따른

표 P10.13 ▸ 데이터와 표기법

Quantity	Symbol	Value	Units
Density of particles	ρ_S	2.5	g/cm^3
Density of fluid (air)	ρ_F	0.0012	g/cm^3
Fluid viscosity	μ	0.00018	poise
Particle diameter	D	0.01	cm
Void fraction at incipient fluidization	ε_0	0.4	—
Bed height at incipient fluidization	H_0	30.0	cm

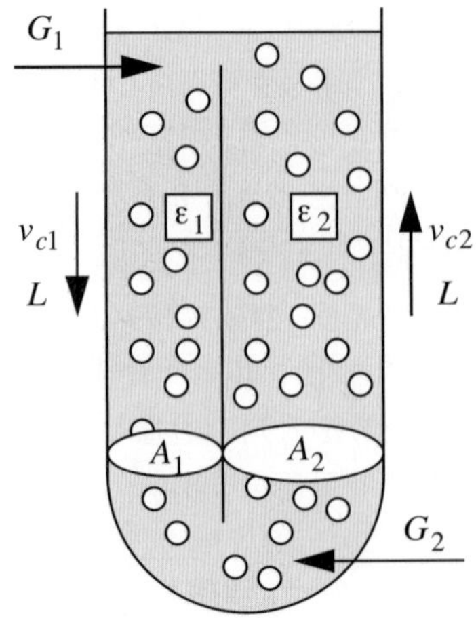

그림 P10.14 이중 기체 주입 반응기.

추적자의 출구 농도가 어떻게 변하는지를 그려라. 표 P10.13에 주어진 값들을 사용하라.

14. *U자관 기포 반응기—M.* 그림 P10.14는 부피 유속 G_1과 G_2의 기체가 각각 하강 유로의 상단과 상승 유로의 하단에서 주입되는 높이 H의 기포 반응기를 보여준다. 단면적, 공극률, 기체-기포의 절대 속도가 각각 A, ε, u_c이고 하첨자 1과 2는 각각 하강 유로와 상승 유로를 나타낸다. 액체의 부피 순환 유속은 L이다. 주입된 모든 기포들은 상승 유로의 상단에서 밖으로 나간다. 하강 유로에서 공극률이 다음과 같음을 증명하라.

$$\varepsilon_1 = \frac{G_1}{G_1 + L - u_b A_1},$$

여기서 u_b는 *정체된* 액체에 대한 불연속적인 기포 무리의 상승 속도이다. 상승 유로에서 이에 해당하는 ε_2에 대한 방정식을 구하라.

단위 깊이당의 마찰에 의한 수두 손실은 c에 해당하는 공탑 액체 속도의 제곱을 곱한 것으로 실험적으로 얻어졌다. 여기서 $c = 0.0452\ \mathrm{s^2/m^2}$이다. 만약 $A_1 = 0.02$, $A_2 = 0.1\ \mathrm{m^2}$, $G_1 = 0.01$, $G_2 = 0.05\ \mathrm{m^3/s}$이고 $u_b = 0.25$ m/s이면, ε_1, ε_2와 $L(\mathrm{m^3/s})$을 계산하라.

15. *2상 수평 유동—M.* 액상의 부피 유속이 L = 0.025 $\mathrm{ft^3/s}$로 감소한다는 유일한 변화와 함께 예제 10.2를 고려하자. X, ϕ_g, ε과 $(dp/dz)_{tp}$의 새로운 값을 계산하라. 예제 10.2에서 재사용되는 값은 새로 계산하지 말고 사용하라. *주의*: 층류 관 유동의 경우에는 $f_\mathrm{F} = 16/\mathrm{Re}$이다.

16. *유동층에서 기포의 지름—D (C).* 기체 유동화의 2상 이론을 정의하고, 이 이론이 실제에서 어떻게 적용되는지를 간략히 설명하라.

다음 관계를 보이기 위하여 이 이론을 사용하라.

$$U - u_0 = 0.646\sqrt{gD_e}\left(\frac{h - h_0}{h_0}\right)$$

기체 유동층에 대하여 u_0와 h_0는 유동화 초기에 기체의 공탑 속도와 층의 높이이고, h는 기체 속도 U에서의 층의 높이, D_e는 층에서의 상당 기포 지름이다. 여러분이 도입한 가정을 밝혀라.

지름이 $d_p = 0.03$ cm이고 밀도가 $\rho_p = 2.6\ \mathrm{g/cm^3}$인 구형 촉매 입자가 공기에 의해 유동화되는 유동층에 대하여, 유동화 초기의 층의 높이는 24.2 m이다. $U = 1.5u_0$에서 평균 유동층 높이는 30.6

cm로 관찰되었다. 공기에 대하여 $\rho_f = 0.00121\ \text{g/cm}^3$, $\mu_f = 0.0183\ \text{cP}$이다. 이와 같이 높은 기체 유속에 대하여 상당 기포 지름을 추산하라.

충전층에 대하여 다음과 같은 Ergun 식을 사용하라.

$$\frac{-\Delta p}{\rho_f u_0^2}\frac{d_p}{h_0}\frac{\varepsilon_0^3}{(1-\varepsilon_0)} = 1.75 + \frac{150}{\text{Re}}, \quad \text{where} \quad \text{Re} = \frac{\rho_f u_0 d_p}{\mu_f(1-\varepsilon_0)},$$

여기서 ε_0는 유동화 시작점에서의 공극률로서, 기포에 의하여 차지되는 팽창된 층의 분율과 구분된다. ε_0를 결정하기 위하여 구형 입자는 체심 입방 형태로 서로 접한다고 가정하라.

17. *입자 유동화—M (C).* 입자 유동화와 응집 유동화의 차이점은 무엇인가? 다음 데이터들은 공기에 의한 볼 베어링 층의 팽창에 대하여 얻었다.

Fluidizing velocity (U cm/s):	18	28	43	56
Void fraction (ε):	0.5	0.6	0.7	0.8

유체에서 단일 볼의 자유 침강 속도는 96.0 cm/s이다.

이 결과들이 Richardson과 Zaki의 상관식을 따름을 보이고, 해당하는 상관식의 지수를 계산하라. 최소 유동화 조건에서 공극률이 0.4라면, 최소 유동화 속도 U_{mf}를 구하라.

다음과 같은 결과를 보이기 위해 $F = 3\pi\mu Ud$인 Stokes 법칙이 이 결과와 연관되는지를 제시하고,

$$U_{mf} = \kappa(\rho_s - \rho_f)\frac{gd^2}{\mu},$$

상수 κ를 계산하라. 위 식에서 F는 단일 입자에 작용하는 항력이고 ρ_s와 ρ_f는 각각 고체와 유체의 밀도, μ는 유체의 점도, d는 입자의 지름이다.

18. *하수의 폭기 처리—D (C).* 그림 P10.18은 하수를 처리하기 위한 "심-축(deep-shaft)" 장치를 보여준다. (여기서 제시된 것보다 훨씬 깊은) 축은 같은 면적의 D와 R의 부분으로 나뉘어 있다. 공기는 깊이 F에서 하강 유로로 주입된다. 기포는 바닥까지 가서 상승 유로로 상승하며, 깨끗한 액체가 D로 되돌아가게 하기 위하여 S에서 분리된다. 이 순환 방향은 R로 공기 주입(그림에 나타나 있지 않음)의 시

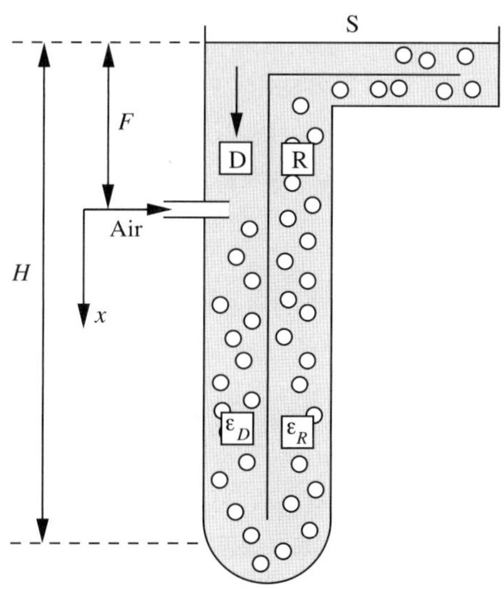

그림 P10.18 하수의 심축(deep-shaft) 폭기.

작에 의하여 정립되고, 정상 조업 중에는 공기 주입이 정지된다.

가정: (a) 공극률 ε_D, $\varepsilon_R \ll 1$; (b) 액체에 대하여 기포 상승 속도 u_b로 일정하고, (c) 기포의 흡수는 무시할 만하며, (d) 기포의 부피의 변화를 계산하는 과정에서 x에서의 압력은 $p_0 + \rho_l gx$이다. 여기서 p_0는 $x = 0$에서의 절대 압력이고 ρ_l은 액체의 밀도이다.

주어진 x에서 $\varepsilon_R/\varepsilon_D = (w - u_b)/(w + u_b)$임을 보여라. 여기서 w는 액체의 속도이다. 또 위와 같은 회로에서 마찰과 다른 수력 손실을 극복하는 데 사용되는 액체의 수두 ΔH는 다음과 같이 주어짐을 보여라.

$$\frac{\Delta H}{\varepsilon_{D0} H_0} = \left(\frac{w - u_b}{w + u_b}\right) \ln\left(\frac{H_0 + H - F}{H_0 - F}\right) - \ln\left(\frac{H_0 + H - F}{H_0}\right),$$

여기서 $\rho_l g H_0 = p_0$이고, $x = 0$에서 $\varepsilon_D = \varepsilon_{D0}$이다.

19. *슬러그 유동 유동층 반응기—M(C).* 슬러그 유동 모드로 관 지름 D에서 조업되는 것을 제외하고는 예제 10.6에 주어진 것과 동일한 유동층 반응기를 고려하자. 슬러그들은 균일한 부피 V를 가지고, 절대 속도 u_b로 상승한다. 공탑 속도는 U이고, 초기 유동화 속도는 u_0이다. 조밀할 때 층의 높이는 h_0이며 유동화 되었을 때의 높이는 h이다.

만약 확산이 무시된다면, 횡단-부피 유속이 $Q = \pi D^2 u_b/4$가 되기 위한 논의를 요약하라.

지름이 $D = 0.07$ m인 관에서 $D_e = 0.15$ m인 층에 대한 c_e/c_0를 추산하라. $h_0 = 0.5$ m, $u_0 = 0.2$ m/s, $U = 1.5$ m/s이다. $u_b = U — u_0 + 0.35\sqrt{gD}$로 택하라. 식 (E10.6.3)의 결과가 가정될 수 있다.

20. *점성 액체에서 기포의 생성—M.* 이 문제는 Davidson과 Schüler[25]의 관찰 결과에 근거한다. 동점도가 ν로 큰 액체에 있는 오리피스에서 단일 구형 기포의 성장을 고려하자. 만일 기체 유속 G가 충분히 작아서 (a) 액체에서의 관성 효과가 무시되고, (b) 기포의 속도가 항상 Stokes 법칙에서 주어지는 값을 갖는다. 이탈할 때의 기포의 부피가 다음과 같음을 증명하라.

$$V = \left(\frac{4\pi}{3}\right)^{1/4} \left(\frac{15\nu G}{2g}\right)^{3/4}.$$

21. *범람 상관식에 쓰이는 변수 그룹—E.* 그림 10.10의 종축 $G_g^2 F \psi \mu_l^{0.2}/\rho_g \rho_l g_c$이 식 (10.51)의 무차원 속도 $v_g\sqrt{\rho_g/gD\rho_l}$와 연관되는 범위를 구하라.

22. *잘 혼합된 유동층 반응기—D.* 예제 10.6의 경우를 고려하자. 그러나 이제 반응물의 농도가 c_p로 일정하고, 잘 혼합되어 있다고 가정되는 입자 상에서 반응 속도 상수가 k인 1차 반응이 일어난다.

(a) 예제 10.6에서와 동일한 표기법을 사용하여, 입구로부터의 높이가 z인 기포에서 반응물의 농도 c_b가 다음과 같이 주어짐을 증명하라.

$$c_b = c_p + (c_0 - c_p)e^{-Qz/u_c V}.$$

(b) 전체 층에서 기포로부터 입자상으로 반응물의 공급속도가 다음과 같은지를 간략하게 설명하라.

$$r_{b \to p} = \int_0^h Q c_b N A \, dz,$$

여기서 N은 단위 부피당의 기포의 수이고, A는 층의 단면적이다.

---

[25] J.F. Davidson and B.O.D. Schüler. "Bubble formation at an orifice in a viscous liquid," *Transactions of the Institution of Chemical Engineering*, Vol. 38, pp. 144–154 (1960).

(c) 전체 층의 입자상에서 반응물에 대한 물질 수지를 세우고 다음을 증명하라.

$$(c_0 - c_p)\left[u_0 + \varepsilon u_c\left(1 - e^{-Qh/u_cV}\right)\right] = h(1-\varepsilon)kc_p,$$

여기서 공극률은 $\varepsilon = NV$로 주어지고, u_0는 초기 유동화 속도이다. 반응하지 않고 층을 떠나는 반응물의 분율을 결정하라.

23. *유동층에서 원통형 기포—M.* 실험용 유동층이 사진을 쉽게 찍을 수 있기 때문에, 그림 P10.23에서 보여주는 것과 같이 원통형 기포가 투명한 두 평판 사이를 상승하는 조건에서 조업된다. 그림 10.16에서와 같이 층의 반쪽 위를 차지하는 기포 주위에서 유체 역학 문제를 해석하라.

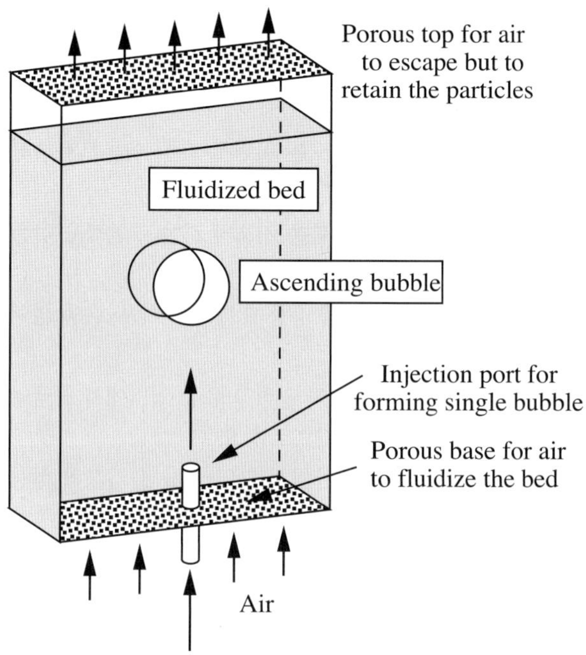

그림 P10.23 유동층에서 상승하는 원통형 기포.

(a) 입자상에서 다음과 같은 압력 분포가 적절한 Laplace 방정식을 만족함을 증명하라.

$$p = -\xi\left(r - \frac{a^2}{r}\right)\cos\theta.$$

(b) 만약 기포 주위에 있는 입자의 흐름에 대한 속도 퍼텐셜이 다음과 같다면,

$$\phi = -u_b\left(r + \frac{a^2}{r}\right)\cos\theta,$$

이를 이용하여 입자의 속도 성분 v_r^p와 v_θ^p에 대한 식을 유도하라.

(c) 마지막으로, 유동 유체의 속도 성분 v_r^f와 v_θ^f에 대한 식과 r, θ, a, u_b, u_i의 항으로 흐름 함수 ψ에 대한 식을 구하라.

24. 2상 *기포 유동—E.* 단면적이 100 cm^{2}인 연직 컬럼에서 2상 기/액 유동을 고려하자. 기포 위에 있는 정체된 액체에 대한 기포의 상승 속도는 25 cm/s이다. 기포 유동 영역에 있는 것으로 생각된다.

(a) 만약 상승하는 기체와 액체의 부피 유속이 각각 $G = 250\ \mathrm{cm^3/s}$와 $L = 0$이면, 공극률은 얼마이고, 이는 기포 유동 영역에 해당하는 것으로 보이는가? 만약 액체가 물이고, 기체의 밀도를 무시할 수 있고, 2상 혼합물의 높이가 100 cm라면 이 관에서의 압력 강하는 Pa로 얼마인가? 만약 기체가 정지된다면 액체는 얼마만한 높이만큼 가라앉는가?

(b) 두 유체 모두 $G = L = 250\ \mathrm{m^3/s}$로 상승하다면, 공극률은 얼마인가?

(c) $G = 200\ \mathrm{m^3/s}$로 상승에 대하여, 공극률 $\varepsilon = 0.08$을 얻을 수 있도록 액체 유속 L을 조절하는 것은 가능한가? 만약 그렇다면 L 값은 얼마인가? 만약 그렇지 않다면, 왜 이와 같은 공극률이 불가능한지를 설명하라.

25. *2상 연직 원환 유동—M.* 기체의 부피 유속만이 $G = 5.0\ \mathrm{ft^3/s}$로 감소된 예제 10.5를 고려하자 X, ε, ϕ_g와 $(dp/dz)_{\mathrm{tp}}$의 새로운 값을 계산하라. 예제 10.5로부터 다시 사용되는 값은 계산할 필요 없이 재사용하라.

26. *참/거짓.* *참*(T)과 *거짓*(F)에 표시하라.

(a) 구형-캡 기포의 상승 속도는 퍼텐셜-유동 이론으로부터 상당히 정확하게 결정될 수 있다. T□ F□

(b) 구형-캡 기포의 상당 지름은 기포와 같은 표면적을 갖는 구의 지름으로 정의된다. T□ F□

(c) 연직 관에서의 2상 기/액 유동에 대하여 기포-유동 영역은 기상의 유속이 작을 때 나타난다. T□ F□

(d) 연직 관에서의 2상 유동의 슬러그 유동 영역에서 공극률은 총괄 압력강하를 결정하는 데 주요 인자가 되므로 중요하다. T□ F□

(e) 정체 액체를 포함하는 관에서 단일 기체 슬러그의 상승 속도는 $0.711\sqrt{gD}$로 근사된다. 여기서 D는 관의 안지름이다. T□ F□

(f) 입자 유동화는 유동화를 일으키는 데 필요한 것 이상의 과량의 기체가 불연속적인 기포로 이동할 때 발생한다. T□ F□

(g) 액체에서 연속적으로 생성되는 기포의 상승 속도는 한 무리의 기포의 상승 속도보다 작다. T□ F□

(h) 입자 유동층은 거의 비점성 액체와 같이 거동한다. T□ F□

(i) 액체에 잠겨있는 오리피스에서 생성된 기포는 기포의 중심에서 오리피스까지의 거리가 기포의 반지름을 초과하는 순간에 오리피스에서 떨어진다. T□ F□

(j) 유동층에서 압력은 Laplace 방정식을 따른다. T□ F□

(k) 유동층 구형 기포 공동(cavity)은 공동을 통하여 정상 유속의 3배의 기체 유동을 유발한다. T□ F□

(l) 응집 유동층에서 단일 기포에 대하여 기포 주위의 입자의 운동은 기포의 상승 속도가 초기 틈새 유동화 속도를 초과하는가 여부에 의존한다. T□ F□

(m) 연직 2상 슬러그 유동에서 액체의 최대 하향 속도는 각 슬러그의 밑면에 있는 액체 필름에서 나타난다. T□ F□

(n) 연습 문제 P10.0의 기포 반응기 문제에서 반응기는 빠른 초기 공기 유속과 함께 시작되고, 유속을 다시 조절하면 원하는 순환이 이루어진다. T□ F□

(o) 저점도 액체에 잠겨있는 오리피스에서 생성되는 기포의 부피는 기체 유속과 중력 가속에 의존한다. T□ F□

(p) 유동층에서 상승하는 단일 기포는 느리게 상승할수록, 더 많은 양의 기체가 기포로 재순환된다. T □ F □

(q) 관에서 연직 2상 기/액 슬러그 유동에 대하여, 액상의 최대 상향 속도는 연속적인 기체 슬러그 사이의 가운데에서 나타난다. T □ F □

(r) 지름이 알려진 관에서 연직 2상 기/액 슬러그 유동에 대하여 기상과 액상의 유속에 대한 지식은 공극률을 예측할 수 있게 한다. T □ F □

(s) 연직 관에서 액체의 순 유동이 없는 2상 기/액 슬러그 유동에 대하여 연속적으로 생성되는 기체 슬러그의 연속은 정체된 액체에서의 단일 슬러그보다 더 느리게 상승한다. T □ F □

(t) 액체에서의 단일 기포의 상승 속도는 기포의 부피가 증가함에 따라 단조롭게 증가한다. T □ F □

(u) Lockhart-Martinelli의 2상 압력 구배 상관식은 기포 유동, 슬러그 유동, 그리고 원환 유동과 같은 유동 영역을 명백하게 인식한다. T □ F □

(v) 연직 관에서의 2상 기/액 유동에 대하여 슬러그 유동에서 원환 유동으로의 전이는 잘 정의되어 있다. T □ F □

(w) 범람의 발생 시점을 예측하는 모델 중의 하나는 액체 파동 사이에서 상승하는 기체가 가속됨에 따른 압력 강하를 결정하기 위하여 Bernoulli 방정식에 의존한다. T □ F □

(x) 연직 관에서의 2상 기/액 기포 유동에 대하여, 기상은 하향 유동이고 액상은 상향 유동인 경우에 대한 해는 존재하지 않는다. T □ F □

(y) Eötvös 수는 점성력에 대한 중력의 비의 척도이다. T □ F □

(z) 비록 Lockhart-Martinelli 상관식은 원래는 수평관에서의 2상 유동에 대하여 개발되었으나, 연직 관에서의 2상 흐름에 대한 압력 강하의 마찰 부분을 예측하는데 사용될 수 있다. T □ F □

부록 A

유용한 수학적 관계식

Useful Mathematical Relationships

여기에 흔히 사용되는 몇몇 수학적 공식을 제시한다. 이 공식들의 대부분은 이 책에서 사용될 것이다. 독자들은 아마도 이 관계식들을 대학 1, 2학년 과정의 수학 과목에서 접했을지라도, 이들을 한 자리에 정리해 두는 것이 도움이 되리라 믿는다.

기하학적 형태

표 A.1에서 r은 물체의 반지름, D는 지름이고, L은 원통의 길이이다.

표 A.1

	Circle	Sphere	Cylinder
Circumference:	$2\pi r = \pi D$	—	—
Surface area:	$\pi r^2 = \dfrac{\pi D^2}{4}$	$4\pi r^2 = \pi D^2$	$\underbrace{2\pi r^2}_{\text{Ends}} + \underbrace{2\pi r L}_{\text{Curved surface}}$
Volume:	—	$\dfrac{4\pi r^3}{3} = \dfrac{\pi D^3}{6}$	$\pi r^2 L = \dfrac{\pi D^2 L}{4}$

추가적으로 밑면이 B이고 높이가 H인 삼각형의 면적은 $A = BH/2$이고, 세로가 B이고 가로가 W인 사각형의 면적은 $A = BW$이다.

도함수(derivative)

$$\frac{d(x^n)}{dx} = nx^{n-1}, \quad \frac{d(\sin x)}{dx} = \cos x, \quad \frac{d(\cos x)}{dx} = -\sin x, \quad \frac{d(e^x)}{dx} = e^x,$$

$$\frac{d(\ln x)}{dx} = \frac{1}{x}, \quad \frac{d(uv)}{dx} = u\frac{dv}{dx} + v\frac{du}{dx}, \quad \frac{d(u/v)}{dx} = \frac{v(du/dx) - u(dv/dx)}{v^2},$$

$$\frac{da^x}{dx} = a^x \ln a, \quad \frac{d\tan^{-1} x}{dx} = \frac{1}{1+x^2}.$$

적분(integral)

다음의 적분에서는 전체에 걸쳐 적분상수가 생략된다.

$$\int x^n\,dx = \frac{x^{n+1}}{n+1}\ (n \neq -1), \qquad \int \frac{dx}{x} = \ln x, \qquad \int \sin x\,dx = -\cos x,$$

$$\int \cos x\,dx = \sin x, \qquad \int e^x\,dx = e^x, \qquad \int \frac{dx}{a+bx} = \frac{1}{b}\ln(a+bx),$$

$$\int \cos^2 x\,dx = \frac{1}{2}\left(x + \frac{1}{2}\sin 2x\right), \qquad \int \sin x \cos x\,dx = -\frac{1}{4}\cos 2x,$$

$$\int \frac{dx}{\sqrt{a+bx}} = \frac{2}{b}\sqrt{a+bx}, \qquad \int \frac{dx}{a+b\sqrt{x}} = \frac{2}{b^2}\left(b\sqrt{x} - a\ln|a+b\sqrt{x}|\right),$$

$$\int \ln y\,dy = y\ln y - y, \qquad \int \frac{dx}{a-\sqrt{b+x}} = -2\left[\sqrt{(b+x)} + a\ln\left|a - \sqrt{(b+x)}\right|\right],$$

$$\int \frac{dx}{a-bx^2} = \frac{1}{2\sqrt{ab}}\ln\frac{\sqrt{a}+x\sqrt{b}}{\sqrt{a}-x\sqrt{b}}, \qquad \int r\ln r\,dr = \frac{1}{2}r^2\left(\ln r - \frac{1}{2}\right),$$

$$\int \cos^n(ax)\,dx = \frac{1}{na}\cos^{n-1}(ax)\sin(ax) + \frac{n-1}{n}\int \cos^{n-2}(ax)\,dx,$$

$$\int \frac{x\,dx}{a+bx} = \frac{x}{b} - \frac{a}{b^2}\ln(a+bx), \qquad \int \frac{dx}{a^2+x^2} = \frac{1}{a}\tan^{-1}\frac{x}{a}.$$

삼각함수 항등식(trigonometric identity)

$$\sin 2\theta = 2\sin\theta\cos\theta, \qquad e^{i\theta} = \cos\theta + i\sin\theta,$$

$$\sin(a+b) = \sin a\cos b + \cos a \sin b, \qquad \cos(a+b) = \cos a\cos b - \sin a\sin b.$$

쌍곡선 함수(hyperbolic function)

$$\sinh x = \frac{1}{2}(e^x - e^{-x}), \qquad \cosh x = \frac{1}{2}(e^x + e^{-x}), \qquad \tanh x = \frac{\sinh x}{\cosh x},$$

$$\text{sech}\ x = \frac{1}{\cosh x}, \qquad \frac{d\tanh x}{dx} = \text{sech}^2 x, \qquad \tanh^2 x + \text{sech}^2 x = 1.$$

Taylor 전개(Taylor's expansion)

$$f(x_0+h) = f(x_0) + h\left(\frac{df}{dx}\right)_{x=x_0} + \frac{h^2}{2!}\left(\frac{d^2f}{dx^2}\right)_{x=x_0} + \frac{h^3}{3!}\left(\frac{d^3f}{dx^3}\right)_{x=x_0} + \cdots$$

만일 h를 미분 증가분 dx로 하고 $x_0 = x$인 경우, 2차 이상의 모든 도함수들은 매우 작은 계수를 가지므로 무시할 수 있다. 그 결과는 다음과 같다.

$$f(x+dx) = f(x) + \frac{df}{dx}dx,$$

위의 식은 질량, 에너지 및 운동량 수지를 수행할 때, 책 전체에 걸쳐 중요한 응용성을 갖는다. 물론 도함수의 정의와 완전히 호환된다.

$$\frac{df}{dx} = \lim_{dx \to 0} \frac{f(x+dx) - f(x)}{dx}.$$

Simpson 규칙(Simpson's Rule)

$$\int_a^b f(x)\,dx \doteq \frac{b-a}{6}\left[f(a) + 4f\left(\frac{a+b}{2}\right) + f(b)\right].$$

(만약 $f(x)$가 3차 이하의 다항식이라면 이 관계는 엄밀하게 성립한다.)

변수 분리에 의한 상미분 방정식의 해

다음과 같은 형태의 상미분 방정식을 고려한다.

$$\frac{dy}{dx} = f(x)g(y),$$

여기서 $f(x)$와 $g(y)$는 각각 x와 y만의 함수이다(상수가 될 수도 있다). 만약 $x = x_0$에서 $y = y_0$임을 알고 있다면, 상미분 방정식의 해인 $y = y(x)$는 다음과 같은 형태로 얻어진다.

$$\int_{y_0}^{y} \frac{dy}{g(y)} = \int_{x_0}^{x} f(x)\,dx.$$

Euler법에 의한 상미분 방정식의 수치 해

예제 2.1의 탱크 배출 문제에서 (다른 표기법으로) 나오는 다음과 같은 형태의 미분 방정식을 고려하자.

$$\frac{dp}{dt} = f(p) = -cp, \tag{1}$$

여기서 $c = 0.001\ \mathrm{s}^{-1}$이다. 식(1)을 *유한 차분 근사*(finite difference approximation, FDA)로 다음과 같이 근사할 수 있다.

$$\frac{p_{i+1} - p_i}{\Delta t} \doteq f(p_i) = -cp_i. \tag{2}$$

여기서 p_i와 p_{i+1}은 Δt 동안의 i번째 *시간 간격*의 처음과 끝에서의 종속 변수의 값이다. 함수 $f(p)$는 시간 간격의 *시작점*에서의 값으로 근사된다.

만약 시간 간격의 *시작*에서의 p_i 값을 알고 있으면, 시간 간격의 끝에서의 값은 다음과 같이 근사된다.

$$p_{i+1} \doteq p_i + f(p_i)\Delta t = p_i - c\Delta t\, p_i. \tag{3}$$

$t = 0$에서 $p_0 = 1$(초기 압력은 1 bar)로 시작하자. 그리고 구간 간격 $\Delta t = 100$초(sec)를 임의로 선택하자. 따라서 $c\Delta t = 0.1$이고, 100, 200, 300초 후의 압력은 다음과 같은 근사로 주어진다.

$$p_1 \doteq p_0 + f(p_0)\Delta t = p_0 - 0.1p_0 = 1.0 - 0.1 \times 1 = 0.9,$$

$$p_2 \doteq p_1 + f(p_1)\Delta t = p_1 - 0.1p_1 = 0.9 - 0.1 \times 0.9 = 0.81,$$

$$p_3 \doteq p_2 + f(p_2)\Delta t = p_2 - 0.1p_2 = 0.81 - 0.1 \times 0.81 = 0.729.$$

이 값들은 $p = e^{-0.001t}$에 의하여 주어지는 엄밀한 값들, 0.905, 0.819, 0.741과 비교하여 보면, 이와 같은 간단한 수치해법이 놀랄 만하게 좋은 결과를 줌을 알 수 있다. 만약 필요하면, 정밀도는 더 작은 구간 간격을 택함으로써(더 많은 계산을 함으로써) *쉽게* 개선된다.

이 수치 기법은 해석적 해를 구하기 어렵거나 또는 불가능한 더 복잡한 방정식의 해를 구하는데 적용될 수 있다. 더욱이 계산의 반복적인 특성 때문에, Euler 법은 표 A.2에 보이는 바와 같은 스프레드시트에 의하여 쉽게 구현된다.

표 A.2 ▸ 스프레드시트에서의 Euler 법의 구현

	A	B	C
1	c (1/s)	p_0 (bar)	
2	0.001	1.0	
3			
4	t (s)	p (bar)	dp/dt (bar/s)
5	0	1.000 (= B2)	0.001000 (= - A2*B5)
6	100	0.900 (= B5 + C5*(A6 - A5))	0.000900 (= - A2*B6)
7	200	0.810 (= B6 + C6*(A7 - A6))	0.000810 (= - A2*B7)
8	300	0.729 (= B7 + C7*(A8 - A7))	0.000729 (= - A2*B8)

이 스프레드시트와 관련하여 다음 사항을 살펴보라.

1. 수와 문자들로써 여러 열과 행을 구분한다.
2. 5번째 행부터는, 괄호 안에 있는 표현들이 셀에 들어가고 해당되는 수치값들이 나타난다.
3. 일단 셀 B6 또는 C5와 같은 기본적인 식이 입력되고 나면, 이 식들은 같은 열에서 이어지는 셀에 붙여지고 열 번호는 자동적으로 증가된다.
4. 달러($) 표시는 절대 셀 주소를 나타낸다. 이 주소들은 식이 이어지는 셀에서 붙여져도 변하지 *않을* 것이다.
5. 매개인자 c와 p_0는 어떤 식에도 들어가지 *않고* 그들 자신의 셀에 할당된다. 따라서 이 값들은 명백하게 나타날 뿐 아니라 이어지는 식을 변화시킬 필요 없이 단지 두 셀만 변화시켜서 이 값을 변하게 할 수 있다.
6. 시간 간격을 스프레드시트에 의해서 (A6 - A5)에서 계산된다. 여기서 시간 간격을 전 계산 과정에서 일정하게 유지할 필요가 없어지는 장점이 생긴다. 예를 들어, 어떤 특정 시간에서 더 정밀한 값이 필요하면 작은 시간 간격을 사용할 필요가 있다.

곡률

무한히 작은 거리에 걸쳐서, 곡선 AB는 *곡률 반경*이 R이고 원의 중심 O에서 $d\theta$의 각도에 해당하는 원의 호로 근사될 수 있다. 각도 $d\theta$는 곡선의 A와 B에서 곡선의 접선이 수평과 이루는 각도의 차이다.

호의 길이가 $\sqrt{(dx)^2 + (dy)^2}$임에 주의하고, Tayor 전개를 사용하고, $d(\tan^{-1} z)/dz = 1/(1 + z^2)$임에 주의하고, A에서의 접선의 기울기가 dy/dz임을 알면, 다음과 같은 결과를 얻을 수 있다.

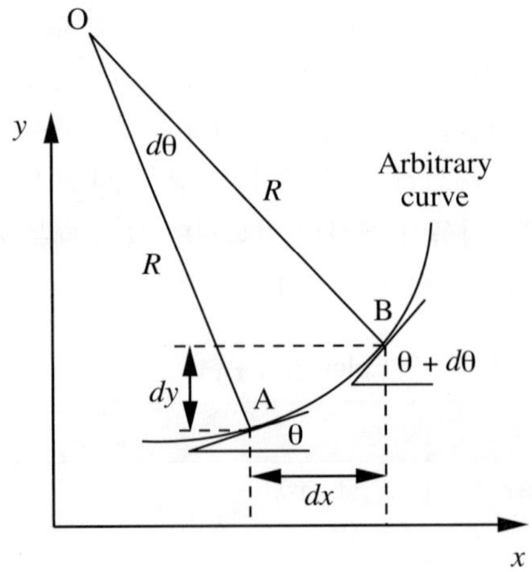

그림 A.1 곡률을 서명하기 위한 표기법.

$$d\theta = \frac{\sqrt{(dx)^2+(dy)^2}}{R} = \underbrace{\tan^{-1}\left[\frac{dy}{dx}+\frac{d}{dx}\left(\frac{dy}{dx}\right)dx\right]}_{\theta+d\theta} - \underbrace{\tan^{-1}\left(\frac{dy}{dx}\right)}_{\theta}$$

$$= \tan^{-1}\left(\frac{dy}{dx}\right) + \frac{\frac{d^2y}{dx^2}}{1+\left(\frac{dy}{dx}\right)^2}dx - \tan^{-1}\left(\frac{dy}{dx}\right) = \frac{\frac{d^2y}{dx^2}}{1+\left(\frac{dy}{dx}\right)^2}dx.$$

dx로 나누고 정리하면 곡률 반경의 역수인 국지 곡률 C를 다음과 같이 얻을 수 있다.

$$C = \frac{1}{R} = \frac{\frac{d^2y}{dx^2}}{\left[1+\left(\frac{dy}{dx}\right)^2\right]^{3/2}}.$$

기울기 dy/dx가 작은 경우에 $C \doteq d^2y/dx^2$이 된다.

Leibnitz 규칙

다음과 같은 관계(Leinbitz 규칙(rule))는 적분을 적분의 상한, 하한 모두 또는 일부에서 나타나는 변수(이 경우에는 x)에 대하여 미분할 때 유용하다.

$$\frac{d}{dx}\int_{a(x)}^{b(x)} f(x,y)\,dy = f(x,b)\frac{db}{dx} - f(x,a)\frac{da}{dx} + \int_{a(x)}^{b(x)} \frac{\partial f(x,y)}{\partial x}\,dy.$$

연속 치환법

연속 치환법은 근 α의 초기 추산치 x_1이 이용 가능하면, $f(x) = 0$ 형태의 방정식을 푸는 데 종종 유용하다. 우선, $x = F(x)$ 형태로 좌변에 x가 양함수적으로 나타나도록 식을 변형한다. $F(x)$는 x의 새로운 함수이다. 그런 다음 $x_{i+1} = F(x_i)$, $i = 1, 2, \cdots$, 형태로 계속하여 추산치를 계산한다. 변형된 함수가 x의 변화에 아주 민감하지 않다고 가정하면(초기 추산치 x_1과 근 α 사이에서 $|F(x)| < 1$이라면) 이 방법은 근으로 수렴한다.

예로 $f(x) = x^3 - 3x + 1 = 0$을 들면, $x = (x^3 + 1)/3$으로 변형할 수 있다. $x_1 = 0.5$로 시작하면, 이 방법은 $x_2 = (0.5^3 + 1)/3 = 0.375$, $x_3 = (0.375^3 + 1)/3 \doteq 0.3509$가 되고, $x \doteq 0.3473$으로 수렴한다.

거칠기 비와 Reynolds 수가 주어진 경우에, Colebrook과 White의 식 (3.39)는 log 항을 포함하고 있는 우변이 f_{F}의 변화에 아주 둔감하므로 연속 치환법에 의하여 마찰 인자 f_{F}의 해를 수하는 이상적인 예가 된다. 자세한 설명은 예제 3.3에 주어져 있다.

부록 B

참(T)/거짓(F) 주장에 대한 답

Answers to the True/False Assertions

제1장

(a)	F	(b)	T	(c)	F	(d)	T	(e)	F	(f)	T
(g)	F	(h)	F	(i)	T	(j)	T	(k)	T	(l)	T
(m)	F	(n)	F	(o)	F	(p)	F	(q)	T	(r)	T
(s)	T	(t)	T	(u)	F	(v)	F	(w)	F	(x)	F
(y)	F	(z)	F	(A)	T						

제2장

(a)	F	(b)	T	(c)	F	(d)	F	(e)	T	(f)	F
(g)	F	(h)	T	(i)	F	(j)	T	(k)	F	(l)	F
(m)	F	(n)	T	(o)	F	(p)	F	(q)	F	(r)	F
(s)	F	(t)	F	(u)	T	(v)	F				

제3장

(a)	T	(b)	F	(c)	F	(d)	F	(e)	F	(f)	F
(g)	T	(h)	F	(i)	T	(j)	T	(k)	F	(l)	F
(m)	T	(n)	T	(o)	T	(p)	F	(q)	F	(r)	F
(s)	F	(t)	T	(u)	T	(v)	F	(w)	F	(x)	T
(y)	F	(z)	F	(A)	T	(B)	T	(C)	F	(D)	F
(E)	F	(F)	T	(G)	T	(H)	F	(I)	F	(J)	T

제4장

(a)	F	(b)	F	(c)	T	(d)	F	(e)	F	(f)	T
(g)	F	(h)	T	(i)	F	(j)	F	(k)	F	(l)	T
(m)	F	(n)	T	(o)	T	(p)	F	(q)	F	(r)	F
(s)	F	(t)	T	(u)	F	(v)	F	(w)	F	(x)	T
(y)	T	(z)	F	(A)	F	(B)	F	(C)	F	(D)	T
(E)	T	(F)	F	(G)	T	(H)	F	(I)	T	(J)	T
(K)	F	(L)	F								

제 5 장

(a)	F	(b)	T	(c)	T	(d)	F	(e)	T	(f)	F
(g)	F	(h)	T	(i)	F	(j)	T	(k)	T	(l)	F
(m)	F	(n)	F	(o)	T	(p)	F	(q)	F	(r)	F
(s)	F	(t)	T								

제 6 장

(a)	T	(b)	T	(c)	F	(d)	T	(e)	F	(f)	F
(g)	F	(h)	T	(i)	T	(j)	F	(k)	T	(l)	F
(m)	F	(n)	F	(o)	T						

제 7 장

(a)	F	(b)	F	(c)	T	(d)	F	(e)	F	(f)	F
(g)	T	(h)	F	(i)	F	(j)	F	(k)	F	(l)	F
(m)	T	(n)	F	(o)	F	(p)	T	(q)	T	(r)	F
(s)	F	(t)	F	(u)	F	(v)	F	(w)	T		

제 8 장

(a)	T	(b)	T	(c)	F	(d)	F	(e)	T	(f)	F
(g)	T	(h)	T	(i)	F	(j)	T	(k)	T	(l)	F
(m)	F	(n)	T	(o)	T	(p)	T	(q)	T	(r)	F
(s)	F										

제 9 장

(a)	F	(b)	T	(c)	T	(d)	T	(e)	T	(f)	F
(g)	T	(h)	T	(i)	T	(j)	F	(k)	F	(l)	F
(m)	T	(n)	F	(o)	T	(p)	T	(q)	T	(r)	T
(s)	F	(t)	F	(u)	T						

제 10 장

(a)	T	(b)	F	(c)	T	(d)	T	(e)	F	(f)	F
(g)	F	(h)	T	(i)	T	(j)	T	(k)	T	(l)	F
(m)	T	(n)	F	(o)	T	(p)	F	(q)	F	(r)	T
(s)	F	(t)	F	(u)	F	(v)	F	(w)	T	(x)	T
(y)	F	(z)	T								

벡터와 텐서 연산

Some Vector and Tensor Operations

표 5.2~5.5는 직교좌표계, 원통형 그리고 구형 좌표계에서 (벡터의 구배(gradient), 스칼라의 Laplacian과 curl과 같은) 매우 자주 사용되는 벡터 연산들을 상세히 보여주고 있다. 여기서는 이 책의 요구들에 충분히 대처하기 위하여, 직교 Cartesian 좌표들에 대한 몇몇 추가적인 정의들을 제공한다.[1]

두 벡터들의 이진곱(dyadic product)

두 벡터 $\mathbf{u}$와 $\mathbf{v}$의 이진곱(dyadic product) $\mathbf{uv}$는 텐서이며, 그것과 그것의 전치행렬(transpose) $(\mathbf{uv})^T$의 정의들은 다음과 같다.

$$\mathbf{uv} = \begin{pmatrix} u_x v_x & u_x v_y & u_x v_z \\ u_y v_x & u_y v_y & u_y v_z \\ u_z v_x & u_z v_y & u_z v_z \end{pmatrix}, \qquad (\mathbf{uv})^T = \begin{pmatrix} u_x v_x & u_y v_x & u_z v_x \\ u_x v_y & u_y v_y & u_z v_y \\ u_x v_z & u_y v_z & u_z v_z \end{pmatrix}. \tag{C.1}$$

만약 $\mathbf{u}$가 nabla 연산자이면, 다음과 같은 특별한 이진곱(dyadic product)을 보이게 된다.

$$\nabla\mathbf{v} = \begin{pmatrix} \dfrac{\partial v_x}{\partial x} & \dfrac{\partial v_y}{\partial x} & \dfrac{\partial v_z}{\partial x} \\ \dfrac{\partial v_x}{\partial y} & \dfrac{\partial v_y}{\partial y} & \dfrac{\partial v_z}{\partial y} \\ \dfrac{\partial v_x}{\partial z} & \dfrac{\partial v_y}{\partial z} & \dfrac{\partial v_z}{\partial z} \end{pmatrix}, \qquad (\nabla\mathbf{v})^T = \begin{pmatrix} \dfrac{\partial v_x}{\partial x} & \dfrac{\partial v_x}{\partial y} & \dfrac{\partial v_x}{\partial z} \\ \dfrac{\partial v_y}{\partial x} & \dfrac{\partial v_y}{\partial y} & \dfrac{\partial v_y}{\partial z} \\ \dfrac{\partial v_z}{\partial x} & \dfrac{\partial v_z}{\partial y} & \dfrac{\partial v_z}{\partial z} \end{pmatrix}. \tag{C.2}$$

이와 같은 벡터 곱(product)은, 예를 들어, 다음과 같이 5.7절에서 나오는 변형률-속도 텐서를 요약하는 데 있어 매우 편리하다.

$$\dot{\gamma} = \begin{pmatrix} 2\dfrac{\partial v_x}{\partial x} & \left(\dfrac{\partial v_x}{\partial y} + \dfrac{\partial v_y}{\partial x}\right) & \left(\dfrac{\partial v_x}{\partial z} + \dfrac{\partial v_z}{\partial x}\right) \\ \left(\dfrac{\partial v_y}{\partial x} + \dfrac{\partial v_x}{\partial y}\right) & 2\dfrac{\partial v_y}{\partial y} & \left(\dfrac{\partial v_y}{\partial z} + \dfrac{\partial v_z}{\partial y}\right) \\ \left(\dfrac{\partial v_z}{\partial x} + \dfrac{\partial v_x}{\partial z}\right) & \left(\dfrac{\partial v_z}{\partial y} + \dfrac{\partial v_y}{\partial z}\right) & 2\dfrac{\partial v_z}{\partial z} \end{pmatrix} = \nabla\mathbf{v} + (\nabla\mathbf{v})^T. \tag{C.3}$$

[1] 원통형, 구형 좌표계를 포함하여 벡터와 텐서의 연산들을 보다 학습할 필요가 있는 독자는 다음과 같은 탁월한 교재의 부록 A를 참조하라. R.P. Bird, W.E. Bird, W.E. Stewart, and Lightfoot, *Transport Phenomena*, 2nd ed., Wiley & Sons, New York (2002).

텐서의 발산(divergence)

우선 다음과 같은 텐서를 고려하자.

$$\boldsymbol{\tau} = \begin{pmatrix} \tau_{xx} & \tau_{xy} & \tau_{xz} \\ \tau_{yx} & \tau_{yy} & \tau_{yz} \\ \tau_{zx} & \tau_{zy} & \tau_{zz} \end{pmatrix}. \tag{C.4}$$

Nabla 연산자와 *대칭* 텐서(여기서 $\tau_{yx} = \tau_{xy}$ 등)의 내적(dot product), $\nabla \cdot \boldsymbol{\tau}$은 다음과 같은 3개 좌표계 방향에 대하여 다음과 같은 성분을 갖는 벡터이다.

$$\begin{aligned} (\nabla \cdot \boldsymbol{\tau})_x &= \frac{\partial \tau_{xx}}{\partial x} + \frac{\partial \tau_{xy}}{\partial y} + \frac{\partial \tau_{xz}}{\partial z}, \\ (\nabla \cdot \boldsymbol{\tau})_y &= \frac{\partial \tau_{yx}}{\partial x} + \frac{\partial \tau_{yy}}{\partial y} + \frac{\partial \tau_{yz}}{\partial z}, \\ (\nabla \cdot \boldsymbol{\tau})_z &= \frac{\partial \tau_{zx}}{\partial x} + \frac{\partial \tau_{zy}}{\partial y} + \frac{\partial \tau_{zz}}{\partial z}. \end{aligned} \tag{C.5}$$

이와 같은 관계들의 처음 식을 구하기 위하여. 텐서의 첫 번째 열(row)을 마치 벡터인 것으로 여기게 되면, 그 것의 발산(divergence) 등을 구하게 된다. $\nabla \cdot \boldsymbol{\tau}$의 형태는 예제 5.9에서와 같이 변하는 점도의 경우에 대하여 간편한 벡터 형태의 3개의 운동량 수지식을 정리할 수 있도록 해준다.

벡터의 Laplacian

$\nabla^2 \mathbf{v}$와 같이 연산자 ∇^2와 벡터 $\mathbf{v}$의 곱은 다음과 같은 성분들을 갖는 벡터이다.

$$\begin{aligned} (\nabla^2 \mathbf{v})_x &= \frac{\partial^2 v_x}{\partial x^2} + \frac{\partial^2 v_x}{\partial y^2} + \frac{\partial^2 v_x}{\partial z^2}, \\ (\nabla^2 \mathbf{v})_y &= \frac{\partial^2 v_y}{\partial x^2} + \frac{\partial^2 v_y}{\partial y^2} + \frac{\partial^2 v_y}{\partial z^2}, \\ (\nabla^2 \mathbf{v})_z &= \frac{\partial^2 v_z}{\partial x^2} + \frac{\partial^2 v_z}{\partial y^2} + \frac{\partial^2 v_z}{\partial z^2}. \end{aligned} \tag{C.6}$$

즉, 좌표계의 방향에 대하여 개개의 성분들 v_x, v_y, v_z에 대한 2개의 Laplacian을 얻게 된다. 5.7절에서 보인 바와 같이, 이는 Navier-Stokes 방정식에서 상수-점도 항등의 간결한 표현으로 나타나게 해준다.

찾아보기

Index

ㅈ

ㅊ

ㅋ

ㅌ

ㅍ

ㅎ

기타

옮긴이 소개

- 광운대학교 화학공학과 윤도영*
- 경상대학교 화학공학과 서양곤
- 단국대학교 화학공학과 이우걸
- 호서대학교 화학공학과 서동철

*역자 대표

윌키스의
화학공학 유체역학
제3판

| 발행일 2020년 3월 1일 3판 1쇄
2022년 3월 1일 3판 2쇄
| 지은이 James O. Wilkes
| 옮긴이 윤도영, 서양곤, 이우걸, 서동철
| 발행인 박 종 성
| 발행처 사이플러스 Science plus
| 주 소 (우) 04003 서울특별시 마포구 잔다리로 101
| 전 화 02-332-6171
| 팩 스 02-332-6185
| 등 록 2005.10.20. 제2005-00222호

| ISBN 979-11-88731-15-2 93570 값 38,000원

Conversion Factors

Area	1 mile^2	=	640 acres
	1 acre	=	0.4047 ha
Density	1 kg/m^3	=	0.06243 $\text{lb}_\text{m}/\text{ft}^3$
Energy	1 BTU	=	1,055 J
	1 cal	=	4.184 J
	1 J	=	0.7376 ft lb_f
Force	1 lb_f	=	4.448 N
	1 N	=	0.2248 lb_f
Length	1 ft	=	0.3048 m
	1 m	=	3.281 ft
	1 mile	=	5,280 ft
Mass	1 lb_m	=	0.4536 kg
	1 kg	=	2.205 lb_m
Power	1 HP	=	550 ft lb_f/s
	1 kW	=	737.6 ft lb_f/s
Pressure	1 atm	=	14.696 $\text{lb}_\text{f}/\text{in}^2$
	1 atm	=	1.0133 bar
	1 atm	=	1.0133×10^5 Pa
Time	1 day	=	24 hr
	1 hr	=	60 min
	1 min	=	60 s
Viscosity	1 cP	=	2.419 lb_m/ft hr
	1 cP	=	0.001 kg/m s (Pa s)
	1 cP	=	0.000672 lb_m/ft s
Volume	1 ft^3	=	7.481 U.S. gal
	1 U.S. gal	=	3.785 liter
	1 m^3	=	264.2 U.S. gal

Constants

Quantity	*Value*	*Units*
Avogadro's number, N	6.0221×10^{23}	mol^{-1}
Boltzmann's constant, k	1.3806×10^{-23}	J/K
Dielectric constant of water, 25 °C	80	—
Faraday's constant, F	9.6485×10^4	C/mol
Gas constant, R $(= kN)$	8.3145	J/mol K
Gas constant, R	0.08206	liter atm/g-mol K
Gas constant, R	1.987	cal/g-mol K
Gas constant, R	10.73	psia ft^3/lb-mol °R
Gravitational acceleration, g	9.807	m/s^2
Gravitational acceleration, g	32.17	ft/s^2
Permittivity of free space, ε_0	8.8542×10^{-12}	C/V m (F/m)

윌키스의 화학공학 유체역학 제3판